2015版

农作物种子标准汇编

第二卷

农业部种子管理局
全国农业技术推广服务中心◎编
农业部科技发展中心

中国农业出版社

编委会名单

前　　言

农作物种子标准是促进现代种业健康发展的重要基础，也是管理部门依法监督执纪的技术支撑。当前，我国种业发展已进入改革创新、加快发展、质量提升、产业升级的关键时期。做好农作物种子标准化工作，实现《全国现代农作物种业发展规划（2012—2020年）》中提出“完善覆盖生产、加工、流通全过程的种子标准体系”的目标，对创新种质资源利用、培育突破性优异新品种、强化种子质量监管、保障用种安全、提升种子市场竞争力，推进现代种业发展具有重要意义。

新中国成立以来，农作物种子标准经历了起步探索、恢复发展、依法推进三个阶段。尤其是进入2000年以来，我国种子标准体系建设速度不断加快，内容不断丰富，体系不断完善。据统计，截至2015年底，我国现行的农作物种子国家、行业标准涉及5个方面，共计481项。一是农作物种子、种苗、苗木质量与检验检测相关标准120项；二是品种选育、区域试验及抗性鉴定评价相关标准42项；三是种子生产、加工、包装、贮藏及产地环境相关标准75项；四是种质资源描述、鉴定评价及保存相关标准75项；五是植物新品种特异性、一致性、稳定性测试相关标准169项。

为便于各级种子管理、生产、经营等部门了解、查询和利用农作物种子标准，农业部种子管理局、全国农业技术推广服务中心和农业部科技发展中心联合组织编撰了《农作物种子标准汇编　2015版》丛书，将现行的481项农作物种子国家、行业标准收录其中。

本书为《农作物种子标准汇编　2015版》丛书的第二卷，收录了农作物品种选育、区域试验及抗性鉴定评价相关标准和种子生产、加工、包装、贮藏及产地环境相关标准。本书共分为8个部分，收录标准117项。希望本书的出版对推动我国种业技术进步和现代种业发展有所裨益。

特别声明：本着尊重原著的原则，除明显差错外，对标准中所涉及的有关量、符号、单位和编写体例均未做统一改动。

由于编写人员的水平有限，书中疏漏之处在所难免，敬请批评指正。

编　者

2016年4月

目　　录

第4部分 种子生产标准

第 5 部分　种子加工标准

第 6 部分　种子包装标准

第7部分　种子贮藏标准

第8部分　产地环境标准

第1部分

品种选育标准

中华人民共和国国家标准

GB/T 21125—2007

食用菌品种选育技术规范

Technical inspection for mushroom selecting and breeding

1 范围

本标准规定了食用菌品种选育的通用技术、程序、栽培试验示范、营养成分和食用安全性分析。

本标准适用于各种方法的食用菌品种选育。

2 规范性引用文件

下列文件中的条款通过本标准的引用而成为本标准的条款。凡是注日期的引用文件,其随后所有的修改单(不包括勘误的内容)或修订版均不适用于本标准,然而,鼓励根据本标准达成协议的各方研究是否可使用这些文件的最新版本。凡是不注日期的引用文件,其最新版本适用于本标准。

GB/T 5009.11 食品中总砷及无机砷的测定

GB/T 5009.12 食品中铅的测定

GB/T 5009.15 食品中镉的测定

GB/T 5009.17 食品中总汞及有机汞的测定

GB/T 5009.19 食品中六六六、滴滴涕残留量的测定

GB 7096 食用菌卫生标准

GB/T 12532 食用菌灰分测定

GB/T 15672 食用菌总糖含量测定方法

GB/T 15673 食用菌粗蛋白质含量测定方法

GB/T 15674 食用菌粗脂肪含量测定方法

NY 5096 无公害食品 平菇

3 术语和定义

下列术语和定义适用于本标准。

3.1

品种 variety

种内或变种内在若干遗传特性上有区别的生物群体,具有显著的特异性、一致性和稳定性。

3.2

菌株 strain

种内或变种内在若干遗传特性上有区别的生物群体。

3.3

选育 selecting and breeding

中华人民共和国国家质量监督检验检疫总局
中国国家标准化管理委员会 2007-10-16 发布 2008-04-01 实施

选种和育种的简称。习惯上将自然界原有菌株通过人工选择培育新菌株的方法称作选种。而将经诱变或杂交等手段改变个体的基因型创造新品种的过程称作育种。

3.4

亲本　parent

作为选种和育种的材料。

3.5

特异性　distinctness

指新品种在申请保护时其特征应当明显区别于已知的食用菌品种。

3.6

一致性　uniformity

也称均一性，指食用菌品种遗传的均一性和由此而表现出的群体生长及外观的一致。

3.7

稳定性　stability

指一个品种经过反复繁殖后，其遗传特性不变。

3.8

常规育种　selected breeding

即自然选择选育。指利用自然界原有菌株的变异，经过选择获得新品种的育种方法，如组织分离，单孢、多孢分离选择。

3.9

抗性　resistance

抗药性、抗病性、抗逆性的统称。

3.10

标记　marker

食用菌育种中用来鉴别、区别或鉴定菌株或品种特性特征的标志。如子实体形态特征、同工酶酶谱、抗药性、分子标记等。

4　通用技术要求

4.1　育种材料选择

4.1.1　野生食用菌

4.1.1.1　子实体

要求生物种名鉴定清楚，名称准确。

4.1.1.2　基质

要求分离部位未受其他微生物和昆虫侵染，水分含量适中。

4.1.2　栽培食用菌

4.1.2.1　菌株

来源及谱系清楚，在生产中大面积推广应用或具有某些特有优良性状。

4.1.2.2　亲本选择

子实体生长健壮，形态完整，7～8分成熟，清洁无异物，未受其他微生物和昆虫侵染。

4.1.2.3　杂交亲本的选择

性状优势互补。选择生态差异大、亲缘关系远、适应性强、出菇早、产量高、特异性差异显著的菌株作亲本，亲本选择符合4.1.2.2的规定。

4.2 菌种分离

4.2.1 子实体、菌核分离

选择作为分离材料的种菇、菌核，稍风干，在无菌操作条件下，取其中适宜部位的菌肉。

4.2.2 菌索分离

把菌索稍风干，经无菌操作，切取生命力旺盛的菌索尖端部分的中央白色菌髓。

4.2.3 菇(耳)木分离

将已风干的菇(耳)木，子实体发生处下方 1 cm～1.5 cm 处，菌丝生长旺盛部位截取约 2 cm^3～2.5 cm^3的木块，经无菌操作，挑取其中米粒大小的组织块。

4.2.4 培养

把 4.2.1～4.2.3 的分离物接种到适宜培养基上，置适温下培养，经鉴定无其他微生物污染，即获得纯培养的育种材料。

4.2.5 多孢分离

4.2.5.1 孢子收集

用孢子印法或孢子弹射法，按无菌操作技术，在适宜温度和湿度条件下，使子实体的孢子弹射到无菌纸上，收集孢子。

4.2.5.2 多孢子培养物的获得

用钩悬法、贴附法，在适宜环境中使孢子弹射并萌发出菌丝，即获得该种菇(耳)多孢培养物或自然交配的双核菌丝体，经纯化鉴定后作育种材料。

4.2.6 单孢分离

用 4.2.5.1 方法得到的孢子作单孢分离材料，在无菌条件下，采用稀释分离法或显微操作器分离单孢，在适宜条件下培养，镜检、确认为单核菌丝后，移植培养，编号备用。

4.3 育种方法及程序

4.3.1 常规育种

同宗结合类食用菌常规育种方法主要是组织分离、单孢育种和多孢育种；异宗结合类食用菌常规育种方法主要是组织分离。

常规育种的程序，见附录 A。

4.3.2 杂交育种

杂交育种包括单孢杂交育种和多孢杂交育种。

单孢杂交育种应用于异宗结合的种类。单孢杂交育种的程序，见附录 B。

多孢杂交育种的程序，见附录 C。

4.3.3 诱变育种

诱变育种的程序，见附录 D。

5 栽培试验及示范

5.1 小试初筛

试验数量，瓶(袋)栽每组≥10 瓶(袋)，3 个重复；床栽每组≥5 m^2，3 个重复；段木栽培每组≥30 根，3 个重复。

5.2 小试复筛

试验数量，瓶(袋)栽每组≥30 瓶(袋)，3 个重复；床栽每组≥6 m^2，3 个重复；段木栽培每组≥50 根，3 个重复。

5.3 中间试验

试验数量,瓶(袋)栽每组≥1 000 瓶(袋);床栽每组≥100 m²;段木栽培每组≥300 根。

5.4 示范栽培

示范栽培数量,瓶(袋)栽每组≥10 000 瓶(袋);床栽每组≥1 000 m²;段木栽培每组≥3 000 根,时间 3 年。

5.5 试验设计和管理要求

设计要合理,有对照和重复;管理要规范;记录完整、数据齐全;试验结果要做统计分析。

附 录 A
(规范性附录)
常规育种程序

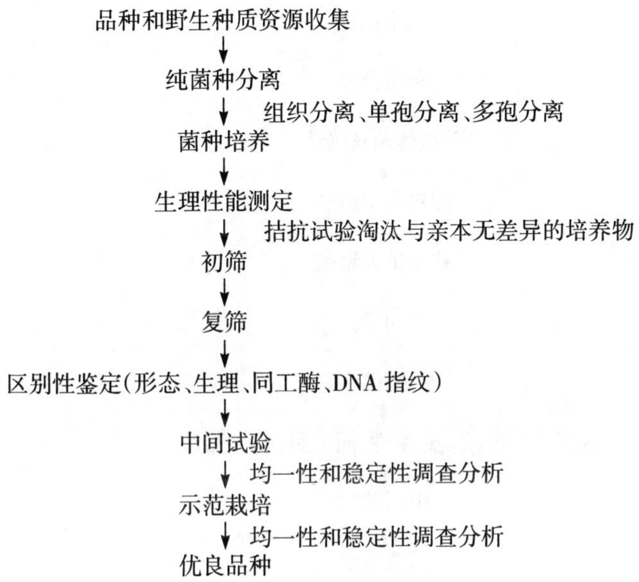

品种和野生种质资源收集
↓
纯菌种分离
↓ 组织分离、单孢分离、多孢分离
菌种培养
↓
生理性能测定
↓ 拮抗试验淘汰与亲本无差异的培养物
初筛
↓
复筛
↓
区别性鉴定(形态、生理、同工酶、DNA 指纹)
↓
中间试验
↓ 均一性和稳定性调查分析
示范栽培
↓ 均一性和稳定性调查分析
优良品种

附 录 B
(规范性附录)
单孢杂交育种程序

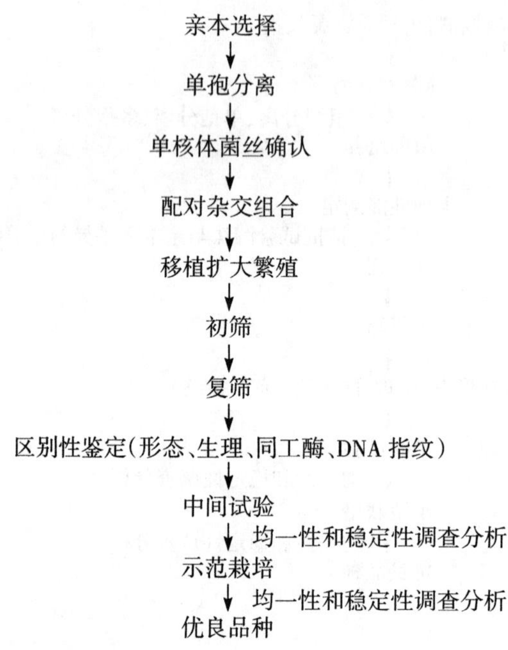

附 录 C
(规范性附录)
多孢杂交育种程序

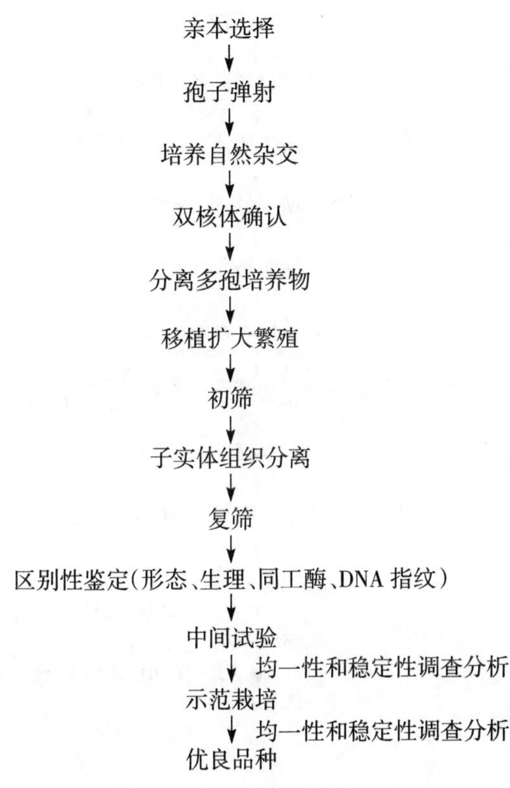

附 录 D
（规范性附录）
诱变育种程序

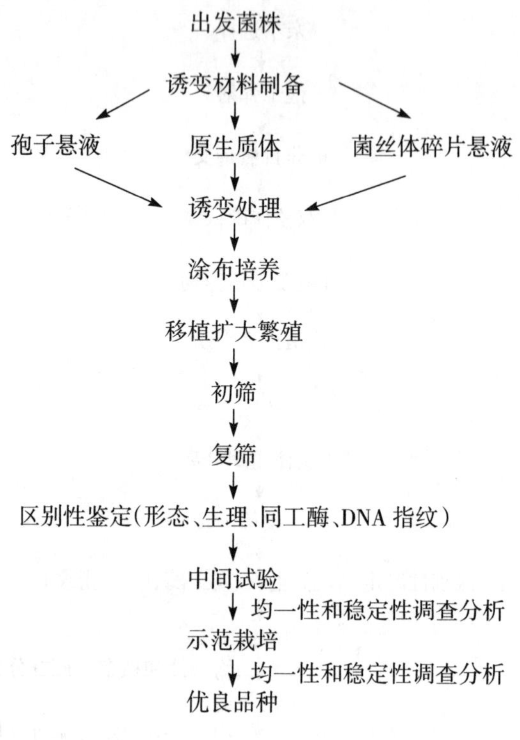

本标准起草单位：中国微生物菌种保藏管理委员会农业微生物中心、中国农业科学院土壤肥料研究所、福建省三明市真菌研究所。

本标准主要起草人：张金霞、贾身茂、郭美英、黄晨阳、左雪梅。

第 2 部分

品种区域试验标准

中华人民共和国农业行业标准

NY/T 2240—2012

国家农作物品种试验站建设标准

Building standard of station for regional test of crop variety

1 范围

本标准规定了国家农作物品种试验站建设的基本要求。

本标准适用于国家级农作物品种试验站的新建、改建、扩建；不适用于国家级农作物品种抗性、品质等特性鉴定的专用性农作物品种试验站建设；省级农作物品种试验站建设可参照本标准执行。

本标准可作为编制农作物品种试验站建设项目建议书、可行性研究报告和初步设计的依据。

2 规范性引用文件

下列文件对本文件的应用是必不可少的。凡是注日期的引用文件，仅注日期的版本适用于本文件。凡是不注日期的引用文件，其最新版本(包括所有的修改单)适用于本文件。

NY/T 1209 农作物品种试验技术规程 玉米

NY/T 1299 农作物品种区域试验技术规程 大豆

NY/T 1300 农作物品种区域试验技术规程 水稻

NY/T 1301 农作物品种区域试验技术规程 小麦

NY/T 1302 农作物品种试验技术规程 棉花

NY/T 1489 农作物品种试验技术规程 马铃薯

3 术语和定义

下列术语和定义适用于本文件。

3.1

国家农作物品种试验 national test of crop variety

由国家农业行政主管部门指定单位组织的、为品种审(认、鉴)定和推广提供依据而进行的新品种比较试验和各项鉴定检测。

国家农作物品种试验包括品种(品系、组合，下同)预备试验、区域试验、生产试验、抗性鉴定、品质检测及新品种展示等内容。

3.2

品种预备试验 preparatory test of crop variety

当申请参加区域试验品种较多，难以全部安排区域试验时，在同一生态类型区内统一安排的多个品种多点小区试验，初步鉴定参试品种的丰产性、适应性和抗性等性状，为区域试验筛选推荐品种。

3.3

品种区域试验 regional test of crop variety

在一定生态区域内和生产条件下按照统一的试验方案和技术规程安排的连续多年多点品种比较试

中华人民共和国农业部 2012-12-07 发布　　　　2013-03-01 实施

验，鉴定品种的丰产性、稳产性、适应性、抗性、品质及其他重要性状，客观评价参加试验品种的生产利用价值及适宜种植区域。

3.4

品种生产试验　production test of crop variety

在品种区域试验的基础上，在接近大田生产的条件下，对品种的各项主要性状进一步验证，同时总结配套栽培技术的试验。

3.5

新品种展示　variety show

对已经通过审(认、鉴)定的品种，在同等条件下集中种植，直观地比较不同品种的特征特性，为种子生产者、经营者、使用者选择品种提供官方信息和技术指导；是品种区域试验、生产试验的补充和延伸。

3.6

农作物品种试验站　station for regional test of crop variety

由国家认定的，承担农作物品种预备试验、区域试验、生产试验和展示任务，为品种审(认、鉴)定和推广提供依据的试验站。

4　选址条件

4.1　应符合区域或行业发展规划、当地土地利用中长期规划、建设规划的要求。

4.2　应在试验作物生产区域，能代表某一生态区域的典型生态类型(包括土壤类型、气候特点等)、耕作制度和生产水平。

4.3　应满足试验及展示需要的水、电、通信等条件，交通便利，排灌方便。

4.4　应不受林木及高大建筑物遮挡，无污染源，极端自然灾害少，且地势平坦、地力均匀、形状规整、土壤肥力中上等水平。

5　建设规模

5.1　承试能力

每年能同时承担300个以上农作物品种的预备试验、区域试验、生产试验及展示任务。

5.2　建设规模

根据不同作物品种的预备试验、区域试验、生产试验及品种展示数量确定，一般不少于8 hm^2，其中建设用地不少于0.3 hm^2(含晒场)。超过300个农作物品种试验时，建设规模根据试验品种及田间试验设计要求予以增加，但应控制在20 hm^2 以内。

6　工艺技术与配套设备

6.1　工艺技术

6.1.1　工作流程

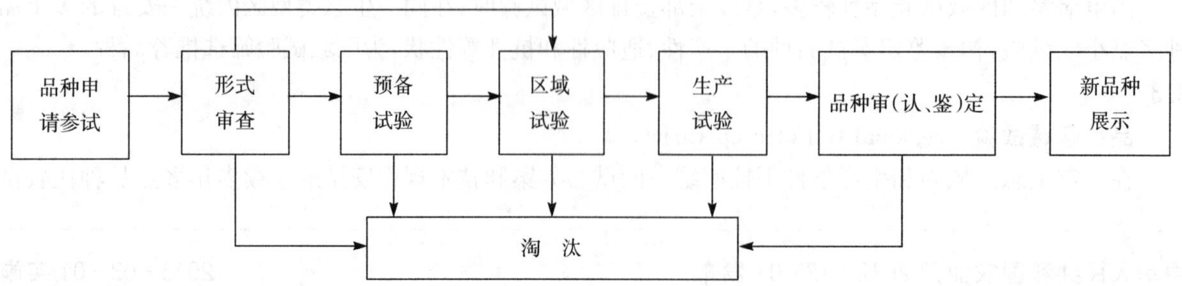

6.1.2 品种试验流程

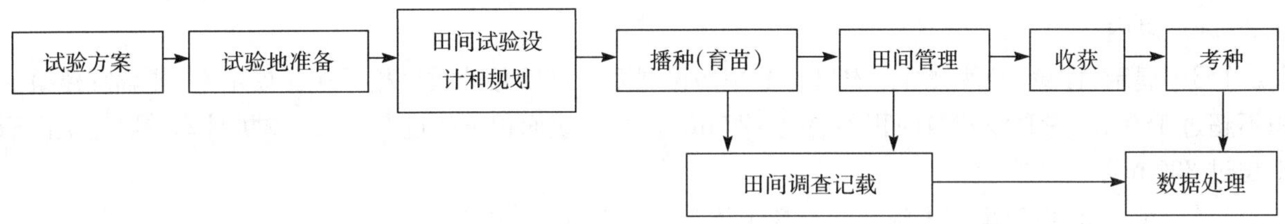

6.1.2.1 试验方案:试验组织单位统一制定并下达给试验承担单位的各作物年度试验安排。

6.1.2.2 试验地准备:了解试验地土壤肥力均匀程度、耕耙、平整、施基肥、起垄、开沟、覆膜。

6.1.2.3 播种(育苗):室内发芽试验→确定播种量→种子处理(浸种、催芽)→播种(→育苗→移植)。

6.1.2.4 田间管理:灌排、中耕、施肥、病虫草害防治,并防止鼠、鸟、禽、畜危害。

6.1.2.5 田间调查:取样、调查、记载和测量。

6.1.2.6 收获:取样、收割(采收、脱粒、轧花)、运输、晾晒(烘干、清选)、称重和储藏。

6.1.2.7 考种:挂藏晾干、性状调查(植株特征、穗粒形状、品质特性等)和数据整理。

6.1.2.8 数据处理:按照数理统计原理,对各点试验数据进行汇总分析。

6.1.3 试验设计

6.1.3.1 根据拟参加试验的品种数量和特性,制订预备试验、区域试验、生产试验的设置方案。预备试验、区域试验根据不同作物特点和参试品种数量,采用完全随机区组、间比法或拉丁方排列,生产试验采用大区随机排列;各类试验重复次数根据品种确定。区组排列遵循"区组内试验条件差异最小,区组间试验条件差异最大"的原则。

6.1.3.2 小麦、玉米、水稻、大豆、棉花、马铃薯等农作物品种试验小区面积、小区排列、区组方位、小区(大区)形状与方位以及保护行、操作道设置等要求,应分别按 NY/T 1301、NY/T 1209、NY/T 1300、NY/T 1299、NY/T 1302 和 NY/T 1489 的规定执行。

6.2 配套设施及设备

根据拟承担的试验任务,本着"实际需要、经济实用"的原则,围绕品种试验流程,确定各类功能用房,配置相关的试验、检测仪器设备和农机具等。

7 总体布局与建设内容

7.1 总体布局

7.1.1 按照"节约用地、功能分区、合理布局、便于管理"的原则,将试验站划分为管理、试验两大功能区。土建工程集中布置在管理区,试验区主要进行田间基础设施建设。原则上,管理区和试验区应相邻。

7.1.2 管理区总体布局应符合试验工作流程。土建工程及基础设施建设应符合试验工作流程和各试验环节的要求,各建(构)筑物应布局紧凑、衔接流畅,要遵循经济、合理、安全、适用的原则;各类功能用房的设置应满足相关工作要求。

7.1.3 试验区总体布局应根据预备试验、区域试验、生产试验、品种展示等工作流程合理规划,功能分区要明确,工艺线路要流畅。

7.2 建设内容及规模

7.2.1 管理区建设

7.2.1.1 管理区建设应根据实验、检测工艺和设备要求确定。包括实验室、展示室、考种室、挂藏室、种子仓库、生产资料库、农机具库、农机具棚、凉棚等主要建筑,以及配电室、门卫房、锅炉房、食堂、晒场、道路、机井及配套、室外给排水、电气工程及附属设施等。

7.2.1.2 实验用房包括天平室、发芽室、数据处理室、水分测定室、分样室等功能用房，建筑面积宜控制在 300 m² 以内。

7.2.1.3 展示、挂藏、考种、贮存、农机具等用房设置要与试验品种数量相适应。展示室、挂藏室建筑面积不超过 180 m²，考种室建筑面积不超过 120 m²，库房建筑面积不超过 250 m²，农机具库(棚)建筑面积不超过 230 m²。

7.2.1.4 场区水、电等配套设施应满足各主体工程供电、供排水等的要求。

管理区建设内容和标准详见表 1。

表 1 管理区建设内容及标准参考表

序号	内容名称	单位	规模	建设标准	备 注
1	实验、展示、考种及挂藏用房	m²	≤600	采用框架或砌体结构，地砖地面，内外墙涂料，外墙门窗保温。抗震设防类别为丙类，建筑耐火等级不低于二级，结构设计使用年限 50 年	各功能用房可根据不同作物品种特点进行调整
2	各类库房	m²	≤480	砌体或轻钢结构，抗震设防类别为丙类	包括种子仓库、生产资料库、农机具库棚等
3	机井及配套	眼	1	含井房、水泵、压力罐、电气设施	
4	配电室	m²	20	含供配电设备	
5	晒场	m²	≤1 200	混凝土面层	
6	凉棚	m²	≤200	轻钢结构	
7	门卫房及大门	座	1	砌体结构、钢门	门卫房不大于 15 m²
8	道路	m²	200～250		
9	室外给排水、电力设施	项	1		
10	锅炉房、食堂	m²	50	砌体结构，含锅炉	

7.2.2 试验区建设

7.2.2.1 试验区应根据承担的试验类别、作物种类、品种数量，确定试验地建设规模。主要包括土地平整、田间道路、田埂、排灌设施、围墙(围栏)等；根据不同作物试验的实际需要和区域特点，建设温室、大棚、网室、防鸟网和防鼠墙等。

7.2.2.2 试验地块设计对于区组排列的方向应与试验地实际或可能存在的肥力梯度方向一致。

7.2.2.3 区域试验站内道路、田间作业路等设置，应满足人工操作及机械化作业的要求。

7.2.2.4 水源应满足各作物品种试验灌溉用水要求。

7.2.2.5 灌溉保证率应达到 95%以上，井灌区为 100%；排水标准重现期不小于 15 年。

7.2.2.6 小麦、玉米、水稻、棉花、大豆、马铃薯等农作物的区域试验小区、生产试验大区、保护行(带)、操作道等设置要求同 6.1.3.2。

试验区建设内容和标准详见表 2。

表 2 试验区建设内容及标准参考表(8 hm²～20 hm²)

序号	项目名称	单位	规模	建设标准	备 注
1	土地平整	hm²	8～20		合理选择项目用地，尽量减少土地平整费用，减少对土壤肥力的影响
2	田间道路	m	1 800～4 500	混凝土或沙石路面，宽 2.5 m～4 m	

表 2（续）

序号	项目名称	单位	规模	建设标准	备　注
3	田埂	m	2 100	适用于水田。混凝土埂，宽 0.4 m，高 0.6 m	
4	排灌设施				
4.1	机井（抽水站）与配套	眼/座	1～2	北方宜采用机井，南方可采用抽水站，设计供水能力不小于 100 m^3/h。在降雨量少的北方地区，井房或抽水站采用砖混结构	
4.2	灌水渠	m	1 200～2 800	一般为明渠，混凝土衬砌或砌体衬砌，断面根据灌溉制度和过水能力确定	
4.3	排水沟	m	1 200～2 800	一般为明沟，混凝土衬砌或砌体衬砌	根据排水标准确定各级排水断面
4.4	灌溉管道（主管）	m	600～1 400	PVC 管 Φ110～Φ150	
4.5	灌溉管道（支管）	m	2 000～3 500	PVC 管 Φ90～Φ110	
5	日光温室	m^2	≤1 200	砖和钢架结构，配套灌溉设施	根据需要建设，主要用于园艺作物
6	大棚	m^2	≤2 000	轻钢结构，配套灌溉设施	
7	网室	m^2	400	轻钢结构，尼龙网 40 目	仅用于马铃薯区试繁种点
8	围墙（围栏）	m	1 200～2 000	高度 2 m～2.5 m	
9	防鸟网	m^2	14 000～21 000	简易支架，面拉铁丝，上盖塑料网	含支架和网
10	防鼠墙	m^2	1 500～2 200	砖石砌体	鼠害严重地区采用，主要用于水稻区试
11	高压线	m	300～400		架空
12	低压线	m	300～400		架空

7.2.3　仪器设备配置

主要包括农机具、种子处理及考种设备、试验数据处理设备等。

7.2.3.1　农机具

按表 3 配置相关农机具。

表 3　农机具配置选用表

序号	建设项目	单位	数量	备　注
1	拖拉机	台	2	中小型各 1 台
2	中耕施肥机	台	2	
3	小型旋耕机	台	1	
4	运输车	辆	1	
5	机动喷药机	台	1	
6	覆膜机	台	1	仅在旱地试验区配置
7	小区播种机	台	1	
8	小区收获机	台	1	
9	小型轧花机	台	1	仅在棉区配置
10	插秧机	台	1	仅在南方稻区配置
11	小型脱粒机	台	3	
注：配置选用表中的仪器设备，可针对不同作物特性和地域进行选用或补充。				

7.2.3.2　种子处理及考种设备

按表 4 配置相关种子处理及考种设备。

表 4　种子处理及考种设备配置选用表

序号	建设项目	单位	数量	备　注
1	低温箱	台	2	室温至 0℃,±1℃
2	电子干燥箱	台	2	0℃～300℃,±1℃
3	智能光照培养箱	台	3	5℃～45℃,±1℃
4	电子天平	台	3	0.01 g～0.001 g
5	电子秤	台	1	
6	红外线水分测定仪	台	2	
7	分样器	套	2	
8	数粒器	个	2	
9	容重测定仪	台	1	
10	土壤养分速测仪	台	1	
11	土壤水分测定仪	台	1	
注:配置选用表中的仪器设备,可针对不同作物特性和地域进行选用或补充。				

7.2.3.3　**试验数据处理设备**

按表 5 配置相关试验数据处理设备。

表 5　试验数据处理设备配置选用表

序号	建设项目	单位	数量	备　注
1	数码相机	台	1	
2	数码摄像机	台	1	
3	台式电脑及外设	台	2	
4	笔记本电脑	台	1	
5	实验台	m	50	
6	档案、样品柜	个	10	
注:配置选用表中的仪器设备,可针对不同作物特性和地域进行选用或补充。				

8　节能环保

8.1　建筑设计应严格执行国家规定的有关节能设计标准。

8.2　不应使用不符合环保要求的建筑材料;试验过程不应使用高毒、高残留农药。

9　投资估算指标

9.1　一般规定

9.1.1　投资估算应与当地的建设水平、市场行情相一致。

9.1.2　实验室、展室等在非采暖区的投资估算指标应减少采暖的费用。

9.2　管理区投资估算指标

管理区投资估算指标见表 6。

表 6　管理区投资估算指标参考表

序号	建设内容	单位	规模	单价 元	合计 万元	估算标准	估算内容和标准
1	实验、考种及挂藏用房	m^2	600	1 000～1 500	60～90	采用砌体结构,普通地砖地面,内外墙涂料,塑钢或铝合金保温节能门窗。水电为常规配置,实验用房采用分体式空调	估算内容包括土建工程、装饰工程、给排水及消防工程、采暖工程、照明及弱电工程、通风及空调工程等单位工程

表 6（续）

序号	建设内容	单位	规模	单价 元	合计 万元	估算标准	估算内容和标准
2	各类库房	m^2	330	800～1 000	26.4～33	砌体或轻钢结构	估算内容包括土建工程、装饰工程、给排水及消防工程、照明等单位工程
3	农机具棚	m^2	150	300～500	4.5～7.5	轻钢结构、彩钢板屋面，无围护结构或围护结构高度不超过 1.2 m	估算内容包括土建、装修、电气等单位工程
4	机井及配套	眼	1	80 000～120 000	8～12	井深 50 m～100 m	估算内容包括机井、水泵、动力机、输变电设备、井台、井房等
5	配电室	m^2	20	2 500～3 500	5～7	砖混结构，变压器容量 50 kW～100 kW	估算内容含供变压器等配电设备
6	晒场	m^2	1 200	80～120	9.6～14.4	混凝土结构，面层厚度 0.2 m	估算内容包括场地平整、土方、结构层和面层
7	凉棚	m^2	200	200～350	4～7	轻钢结构、彩钢板屋面，无维护结构或维护结构高度不超过 1.2 m	估算内容包括土建、装修等单位工程
8	门卫房及大门	m^2	15	2 000	3	砌体结构，钢大门 1 座	估算内容包括土建工程、装饰工程、给排水、采暖工程、电气照明等单位工程
9	道路	m^2	200～250	100～150	2～3.75	混凝土路面，面层厚度 0.15 m～0.2 m	估算内容包括土方挖填、垫层、结构层、面层等所有工作内容
10	锅炉房、食堂	m^2	50	3 000	15.00	砖混结构	估算内容包括土建工程、装饰工程、给排水及消防工程、照明工程、锅炉设备等单位工程
11	室外给排水、采暖、电气设施等	项	1	200 000～280 000	20～28	铸铁排水管、PVC 管、PPR 管、镀锌钢管等	估算内容包括土方挖填、垫层、管线敷设等所有工作内容
12	大小区展示牌	套	1	12 000～15 000	1.2～1.5	15 个左右	估算内容包括制作安装

9.3 试验区投资估算指标

试验区投资估算指标见表 7。

表 7 试验区投资估算指标参考表（8 hm^2～20 hm^2）

序号	项目名称	单位	规模	单价 元	合计 万元	建设标准	估算内容
1	土地平整	hm^2	8～20	2 250～3 000	1.8～6	较平坦的耕地进行平整，平整厚度在 30 cm 以内，采用机械平整方式	估算内容包括破土开挖、推土、平整等土方工程，施有机肥，换土、掺砂或石灰等分部分项工程内容
2	田间道路	m	1 800～4 500	200～350	27～108	混凝土路面，宽 2.5 m～4 m（如为沙石路面，单价指标为 90 元/米～150 元/米）	估算内容包括土方挖填、垫层、面层等全部工作内容

表 7（续）

序号	项目名称	单位	规模	单价 元	合计 万元	建设标准	估算内容
3	田埂	m	1 800～2 500	50～70	9～17.5	适用于水田。混凝土田埂，宽 0.4 m，高 0.6 m。田埂高出耕地面 0.2 m	估算内容包括土方挖填、垫层、结构层、面层等全部工作内容
4	排灌设施						
4.1	机井（抽水站）与配套	眼/座	1～2	80 000～120 000	8～24	北方宜采用机井，南方可采用抽水站，设计供水能力不小于 100 m^3/h。在降雨量少的北方地区，井房或抽水站采用砖混结构	估算内容包括机井/抽水站、水泵、动力机、输变电设备、井台、井房等全部工程内容
4.2	灌水渠	m	1 200～2 800	70～100	8.4～28	一般明渠，混凝土衬砌或砌体衬砌，断面根据灌溉定额确定	估算内容包括沟渠的土方人工或机械开挖、运土、夯实、砌砖（石）或混凝土等
4.3	排水沟	m	1 200～2 800	70～110	8.4～30.8	一般为明沟，混凝土衬砌或砌体衬砌，断面根据当地强度设计	衬砌、抹灰等分部分项工程
4.4	灌溉管道（主管）	m	600～1 400	50～70	3～9.8	PVC 管 Φ 110～Φ 150	估算内容包括首部加压系统及泵房、挖土、管道敷设、回填土、喷头安装、设备配置等分部分项工程
4.5	灌溉管道（支管）	m	2 000～3 500	30～45	6～15.75	PVC 管 Φ 90～Φ 110	估算内容包括挖土、管道敷设、回填土、喷头安装、设备配置等分部分项工程
5	日光温室	m^2	1 200	300～600	36～72	砖混合钢架结构，配套滴灌设施	估算内容包括温室本体、降温、供暖、通风、灌溉、遮阴等分部分项工程
6	大棚	m^2	2 000	150～200	30～40	采用钢架结构	估算内容包括场地平整、骨架、灌溉设施等分部分项工程
7	网室	m^2	400	150～250	3.2～6	采用钢架结构，尼龙网 40 目	估算内容包括场地平整、土方、基础、钢骨架、防虫网、灌溉系统等分部分项工程
8	围墙（围栏）	m	1 200～2 000	150～200	18～40	高度 2 m～2.5 m	估算内容包括基础、墙体（或栅栏）等分部分项工程，大门不包括门房
9	防鸟网	m^2	14 000～21 000	6～8	8.4～16.8	简易支架	估算内容包括防护网、支撑架等全部工程内容
10	防鼠墙	m^2	1 500～2 200	60～80	9～17.6	高 1.0 m～1.2 m，单砖（12 cm）墙，内、外批水泥面或贴瓷片	估算内容包括基础、墙体等分部分项工程内容
11	高压线	m	300～400	150～200	4.5～8		估算内容包括电杆、线路敷设等全部工程内容
12	低压线	m	300～400	70～100	2.1～4		估算内容包括电杆、供电线路敷设等全部工程内容

9.4 仪器设备配置投资估算指标

仪器设备配置投资估算指标见表8。

表8 仪器设备配置投资估算参考表

序号	建设项目	单位	数量	单价 万元	合计 万元	备　注
一	农机具					
1	中型拖拉机	台	1	6～9	6～9	
2	小型拖拉机	台	1	2～3	2～3	
3	中耕施肥机	台	2	0.5～1.0	1～2	
4	小型旋耕机	台	1	0.8～1.1	0.8～1.1	
5	运输车	辆	1			
6	机动喷药机	台	1	0.3～0.5	0.3～0.5	
7	覆膜机	台	1	0.5～0.8	0.5～0.8	仅在旱地试验区配置
8	小区播种机	台	1			仅在旱地试验区配置
9	小区收获机	台	1			
10	小型轧花机	台	1	1	1	仅在棉区配置
11	插秧机	台	1	2～4	2～4	仅在稻区配置
12	小型脱粒机	台	3	0.4～0.8	1.2～2.4	
二	种子处理及考种设备					
1	低温箱	台	2	1	2	0℃～1℃
2	电子干燥箱	台	2	0.3～1.5	0.6～3.0	0℃～300℃,1℃
3	智能光照培养箱	台	3	0.8	2.4	5℃～45℃,1℃
4	电子天平	台	3	0.5	1.5	1/100～1/1 000
5	电子秤	台	1	0.4	0.4	
6	红外线水分测定仪	台	2	0.35～0.8	0.7～1.6	
7	分样器	套	2	0.05～0.5	0.1～1.0	
8	数粒器	个	2	0.3～2	0.6～4	
9	容重测定仪	台	1	2	2	
10	土壤养分速测仪	台	1	0.6	0.6	
11	土壤水分测定仪	台	1	0.3～0.5	0.3～0.5	
三	试验数据处理设备					
1	数码相机	台	1	0.5	0.5	
2	数码摄像机	台	1	1.2	1.2	
3	台式电脑及外设	台	2	0.7	1.4	
4	笔记本电脑	台	1	0.8	0.8	
5	实验台	米	50	0.1	5	
6	档案、样品柜	个	10	0.3	3	

10 运行管理

10.1 应严格按照农作物品种区域试验技术相关规程和管理规定运行。

10.2 从事大田作物品种试验管理,一般总人数不低于5人。每一种作物预备试验、区域试验、生产试验,至少配备1名农学类本科以上学历或高级农艺师以上专业技术人员。

10.3 从事园艺作物品种试验管理,至少有1人为园艺作物本科以上学历或高级农艺师以上专业技术人员。

本标准起草单位:农业部工程建设服务中心、全国农业技术推广服务中心。

本标准主要起草人:廖琴、黄洁、陈应志、环小丰、邱军、谷铁城、孙世贤、刘存辉、赵青春、陈伟雄、洪俊君。

中华人民共和国农业行业标准

NY/T 1209—2006

农作物品种试验技术规程　玉米

Regulations for the variety tests of field crop
Maize (*Zea mays* L.)

1　范围

本标准规定了玉米(*Zea mays* L.)品种试验中试验点选择、参试品种确定、试验设计、田间管理、项目记载、数据处理、报告撰写的原则和技术,评价参试品种的办法。

本标准适用于国家玉米品种试验的设计、方案制定和组织实施。

2　规范性引用文件

下列文件中的条款通过本标准的引用而成为本标准的条款。凡是注日期的引用文件,其随后所有的修改单(不包括勘误的内容)或修订版均不适用于本标准,然而,鼓励根据本标准达成协议的各方研究是否可使用这些文件的最新版本。凡是不注日期的引用文件,其最新版本适用于本标准。

GB 1353　玉米

GB/T 3543.1～7　农作物种子检验规程

GB 4404.1　粮食作物种子　禾谷类

GB/T 17315　玉米杂交种繁育制种技术操作规程

GB/T 19557.1　植物新品种特异性、一致性和稳定性测试指南　总则

NY/T 3　谷类、豆类作物种子粗蛋白测定法(半微量凯氏法)

NY/T 4　谷类、豆类作物种子粗脂肪测定法

NY/T 11　谷物籽粒粗淀粉测定法

NY/T 56　谷物籽粒氨基酸测定前处理方法

NY/T 523　甜玉米

NY/T 524　糯玉米

中华人民共和国农业部2001年第44号令　主要农作物品种审定办法

3　术语和定义

下列术语和定义适用于本标准。

3.1

预备试验　pre-registration variety trial

品种试验主管部门为选拔区域试验的参试品种,在全国组织的品种筛选试验。

3.2

区域试验　regional variety trial

在一定生态区域范围内,按照统一方案进行的多品种、多点次的品种试验。

中华人民共和国农业部 2006-12-06 发布　　2007-02-01 实施

3.3

生产试验 yield potential trial

在接近生产田的条件下，在多点进行的较大面积的品种试验。

3.4

生育期 growth period

从出苗至成熟的生育日数。

4 试验区组的划分和试验点的选择

试验主管部门依据生态区划、农业区划、品种类型，结合生产实际、耕作制度、玉米播期类型，兼顾行政区划，确定试验区组；依据试验区组的气候、土壤和栽培类型，兼顾承担单位的物质条件和技术力量，选择试验点。

5 试验设计

5.1 小区面积

区域试验小区面积≥20 m^2，种植行数 5 行～6 行；生产试验小区面积≥200 m^2，8 行≤种植行数≤16 行。

5.2 小区排列

预备试验小区间比法排列，不设重复；区域试验随机区组设计，3 次重复；生产试验间比法排列，不设重复。试验地周围设立≥4 行保护区。

5.3 品种容量

预备试验品种数量≤100 个；区域试验在同一区组内的品种数量≤16 个(甜玉米、糯玉米、爆裂玉米等，根据具体情况适当调整)。生产试验根据实际情况安排品种数量。

5.4 对照品种

选择通过审定的主栽品种，每组确定 1 个～2 个。试验主管部门依据程序组织更换。

5.5 种植形式与密度

同一组别内的预备试验、区域试验密度相同；生产试验密度可依据参试单位的建议确定。

6 试验年限

预备试验 1 年；区域试验 2 年～3 年；生产试验 1 年～2 年，可与第二年区域试验同时进行。

7 试验地的选择

选择地势平坦、土壤肥力均匀、前茬作物一致、具有排灌能力、有代表性的田块。

8 区域试验品种的确定

依据预备试验结果，根据区域试验容量，按照一定程序确定参加区域试验品种的数量和组别。

9 供试种子要求

试验种子质量应符合 GB 4404.1—1996，数量满足试验需要，禁止包衣或拌种。

10 田间管理

田间管理水平略高于当地生产田，及时中耕、施肥、排灌并防治苗期地下害虫。在进行田间操作时，同一试点、同一区组、同一项技术措施在同一天完成。

11 记载项目和标准

11.1 记载项目

普通玉米：播种期、出苗期、抽雄期、吐丝期、成熟期、收获期等，芽鞘色、苗势、株高、穗位高、株型等，双穗株率、空秆率、倒伏率、倒折率、保绿度，病虫害等；穗型、穗长、穗粗、秃尖、穗行数、行粒数、粒型、粒色、轴色、百粒重、出籽率等。

特用玉米：根据品种类型制定相应的记载项目。

11.2 记载标准

见附录A、B、C、D。

12 收获和计产

12.1 区域试验

普通玉米达到成熟期后及时收获。去掉边行及每行行头两株，收取中间株，晾晒、风干后脱粒，称重，折算成标准含水量(14%)的产量。甜玉米、糯玉米、青贮玉米、爆裂玉米品种按试验方案执行。

12.2 生产试验

全区收获，折算成标准含水量(14%)的产量。

13 品质和抗性测试

13.1 品质检测

试验主管部门指定有关单位定点采集样本，送交指定的单位检测。

13.2 抗性鉴定

试验主管部门指定专业单位进行鉴定，所用种子按程序从参试种子中分取。

13.3 真实性、特异性及一致性检测

试验主管部门指定专业单位采用DNA指纹技术进行检测，所用种子按程序从参试种子中分取。

13.4 试验检查

试验主管部门组织专家对试验实施情况进行检查，并提交评估报告和建议。

14 试验报告

试验结束后，承担单位及时向试验主管部门和试验区主持单位提供试验、品质检测和抗性鉴定报告；试验主持单位及时汇总结果，撰写报告；试验主管部门及时发布试验年度报告。

15 品种的来源和处理

15.1 预备试验

15.1.1 品种来源

从省级品种试验中择优选拔。各省具体名额数由试验主管部门依据预备试验容量确定。

15.1.2 品种处理

根据区域试验容量和品种表现，择优推荐升入区域试验。

15.2 区域试验

15.2.1 品种来源

从预备试验中择优选拔或省级种子管理部门推荐。

15.2.2 品种处理

区域试验采用滚动方式进行，对第一年符合要求的品种推荐参加第二年的区域试验，同时安排生产

试验。

15.3 推荐审定

对于完成品种试验程序并符合条件的品种推荐报审。

附　录　A
（规范性附录）
国家普通玉米品种区域试验、生产试验、预备试验调查项目和标准

A.1　物候期

A.1.1　播种期：播种当天的日期（以月、日表示，下同）。

A.1.2　出苗期：小区有50%穴数的幼苗出土高度2 cm～3 cm的日期。

A.1.3　吐丝期：小区50%以上的雌穗吐出花丝的日期。

A.1.4　抽雄期：小区50%以上的植株雄穗顶端露出顶叶的日期。

A.1.5　成熟期：小区90%以上果穗的籽粒出现黑层的日期。

A.1.6　生育期：出苗至成熟的生育日数。

A.2　农艺性状

A.2.1　株型：吐丝后目测，分平展、半紧凑、紧凑型三种。

A.2.2　株高：乳熟期连续取小区内正常的植株10株，测量地表到雄穗顶端的高度，求其平均值，用厘米（cm）表示，保留整数。

A.2.3　穗位：同时测量地表到最上部果穗着生节的高度，求其平均值，用厘米（cm）表示，保留整数。

A.2.4　倒伏率：乳熟末期，植株倾斜度大于45度但未折断的植株占该试验小区总株数的百分率。

A.2.5　倒折率：乳熟末期，果穗以下部位折断的植株占该试验小区总株数的百分率。

A.2.6　空秆率：收获时调查不结果穗和果穗结实20粒以下的植株占全区总株数的百分率。

A.2.7　双穗率：收获时调查结有双穗（每穗结实20粒以上）的植株占全区株数的百分率。

A.2.8　幼苗叶鞘色：绿色、紫色等。

A.3　果穗性状（计产样本穗由大至小排列，取代表性的10穗测量1～6项）

A.3.1　穗长：穗基部到顶端的长度，求其平均值，以厘米（cm）表示。

A.3.2　穗粗：果穗头尾相间排成一行，测量果穗中部长度，求其平均值，以厘米（cm）表示。

A.3.3　秃尖长：果穗顶端不结实部分的长度，求其平均值，以厘米（cm）表示。

A.3.4　穗型：筒型、锥型。

A.3.5　穗行数：果穗中部的籽粒行数，求其平均值并标明行数变幅。

A.3.6　行粒数：每穗数一中等长度行的粒数，求其平均值。

A.3.7　粒色：黄、白、橙红、黄白等。

A.3.8　粒型：硬粒型、半马齿型、马齿型，以果穗中部籽粒为准。

A.3.9　轴色：红、紫、粉、白。

A.3.10　百粒重：随机取100粒称重，重复3次，取相近两个数值的平均数，按标准水分（14%）折算百粒重，用克（g）表示。

A.3.11　出籽率：籽粒干重占果穗干重的百分率。

A.3.12　籽粒产量:将小区计产样本的果穗风干后脱粒,称其籽粒干重,按标准水分(14%)折算出小区产量,保留两位小数,用千克(kg)表示。

A.4　品质检测

试验主管部门指定有关单位定点采集样本,送交指定的单位检测。

A.5　病(虫)害分区分组调查项目(按照《玉米病虫害田间手册》要求进行,加粗线的为主要病害)

A.5.1　京津唐夏播组:小斑病、矮花叶病、茎腐病、弯孢菌叶斑病、锈病、玉米螟。

A.5.2　东北早熟春玉米组:丝黑穗病、大斑病、弯孢菌叶斑病、茎腐病、玉米螟。

A.5.3　东华北春玉米组:丝黑穗病、大斑病、弯孢菌叶斑病、茎腐病、玉米螟。

A.5.4　黄淮海夏玉米组:小斑病、矮花叶病、茎腐病、锈病、弯孢菌叶斑病、玉米螟。

A.5.5　西南玉米组:纹枯病、大斑病、丝黑穗病、小斑病。

A.5.6　西北春玉米组:大斑病、矮花叶病、丝黑穗病、弯孢菌叶斑病、玉米螟。

A.5.7　武陵山区玉米组:纹枯病、大斑病、丝黑穗病、小斑病。

A.5.8　极早熟玉米组:丝黑穗病、大斑病、弯孢菌叶斑病、茎腐病、玉米螟。

A.5.9　东南玉米组:纹枯病、大斑病、丝黑穗病、小斑病、锈病。

A.6　指定测试性状

A.6.1　雄穗分枝:散粉盛期目测10株雄穗一级侧枝数目,求其平均值。

A.6.2　花药颜色:散粉盛期观测雄穗主轴上部1/3处新鲜花药颜色,分绿、浅紫、紫、深紫、黑紫等。

A.6.3　全生育期叶数:分别在植株第三叶、第五叶、第十叶和第十五叶点漆标记,在乳熟期统计10株全株叶片数,求其平均值。

A.6.4　穗柄长度:蜡熟期在小区边行选择10株剖开果穗苞叶,测量穗柄的长度,求其平均值。

A.6.5　果穗与茎秆角度:蜡熟期观测果穗与茎秆角度,用<45°、≥45°表示。

A.6.6　苞叶:收获前观测果穗和苞叶。果穗明显露出苞叶定为短,当苞叶刚好覆盖果穗或略超出果穗定为中,苞叶明显超出果穗定为长。

A.6.7　花丝颜色:吐丝期,新鲜花丝长出约5 cm时观测雌穗新鲜花丝颜色,分绿、浅紫、紫、深紫、黑紫等。

附　录　B
（规范性附录）
国家青贮玉米品种区域试验调查项目和标准（试行）

B.1　物候期

B.1.1　播种期：播种当天的日期（以月、日表示，下同）。

B.1.2　出苗期：小区有50%穴数的幼苗出土高度2 cm～3 cm的日期。

B.1.3　吐丝期：小区50%以上的雌穗吐出花丝的日期。

B.1.4　抽雄期：小区50%以上的植株雄穗顶端露出顶叶的日期。

B.1.5　成熟期：收获的日期。

B.1.6　生育期：出苗至成熟的生育日数。

B.2　农艺性状

B.2.1　株型：吐丝后目测，分平展、半紧凑、紧凑型三种。

B.2.2　株高：乳熟期连续取小区内正常的植株10株，测量地表到雄穗顶端的高度，求其平均值，用厘米（cm）表示，保留整数。

B.2.3　穗位：同时测量地表到最上部果穗着生节的高度，求其平均值，用厘米（cm）表示，保留整数。

B.2.4　倒伏率：乳熟末期，植株倾斜度大于45°但未折断的植株占该试验小区总株数的百分率。

B.2.5　倒折率：乳熟末期，果穗以下部位折断的植株占该试验小区总株数的百分率。

B.2.6　空秆率：收获时调查不结果穗和果穗结实20粒以下的植株占全区总株数的百分率。

B.2.7　双穗率：收获时调查结有双穗（每穗结实20粒以上）的植株占全区株数的百分率。

B.2.8　幼苗叶鞘色：绿色、紫色等。

B.3　收获期调查测定性状

B.3.1　绿叶片数：青贮收获时，连续取小区内正常的10株，调查每株绿叶片数，计算平均值。

B.3.2　收获时期：全株含水量60%～70%时收获，在籽粒乳熟末期至蜡熟期之间。

B.3.3　产量测定：

B.3.3.1　鲜重

每小区收获中间3行～4行，从地上部20 cm处全株收割。收获后立即称重，折合成亩产（kg/亩）。

B.3.3.2　干重

每小区随机选取10株，全株粉碎。随机取样1.0 kg左右，装入布袋称鲜重。在105℃条件下先烘干2 h后，用60℃温度烘干至恒重，称干重。计算水分和干物质含量。

B.4　营养品质检测

由指定的检测单位到指定的承试点取样，对烘干样品进行室内品质检测，主要测定蛋白质含量、中性洗涤纤维含量、酸性洗涤纤维含量等。

B.5　病(虫)害调查(按照《玉米病虫害田间手册》要求进行)

B.5.1　抗病性

B.5.1.1　收获前调查丝黑穗病、大斑病、小斑病、瘤黑粉病、纹枯病等病害的发病情况。

B.5.1.2　抗病性接种鉴定单位由试验主管部门指定,鉴定丝黑穗病、大斑病、小斑病、瘤黑粉病、纹枯病等。

B.5.2　抗虫性

田间调查记载玉米螟及蚜虫的为害情况。

附　录　C
（规范性附录）
国家鲜食甜、糯玉米品种区域试验调查项目和标准（试行）

C.1　物候期

C.1.1　播种期：播种当天的日期（以月、日表示，下同）。

C.1.2　出苗期：小区有50%穴数的幼苗出土高度2 cm～3 cm的日期。

C.1.3　吐丝期：小区50%以上的雌穗吐出花丝的日期。

C.1.4　抽雄期：小区50%以上的植株雄穗顶端露出顶叶的日期。

C.1.5　鲜果穗采收期：甜玉米在授粉后21 d～24 d、糯玉米在授粉后23 d～26 d采收并记载。

C.2　农艺性状

C.2.1　株型：吐丝后目测，分平展、半紧凑、紧凑型三种。

C.2.2　株高：乳熟期连续取小区内正常的植株10株，测量地表到雄穗顶端的高度，求其平均值，用厘米（cm）表示，保留整数。

C.2.3　穗位：同时测量地表到最上部果穗着生节的高度，求其平均值，用厘米（cm）表示，保留整数。

C.2.4　倒伏率：乳熟末期，植株倾斜度大于45°但未折断的植株占该试验小区总株数的百分率。

C.2.5　倒折率：乳熟末期，果穗以下部位折断的植株占该试验小区总株数的百分率。

C.2.6　空秆率：收获时调查不结果穗和果穗结实50粒以下的植株占全区总株数的百分率。

C.2.7　双穗率：收获时调查结有双穗（每穗结实20粒以上）的植株占全区株数的百分率。

C.2.8　幼苗叶鞘色：绿色、紫色等。

C.3　果穗性状（计产样本穗由大至小排列，取代表性的10穗测量1～6项）

C.3.1　穗长：穗基部到顶端的长度，求其平均值，用厘米（cm）表示。

C.3.2　穗粗：果穗头尾相间排成一行，测量中部长度，求其平均值，用厘米（cm）表示。

C.3.3　秃尖长：果穗顶端不结实部分的长度，求其平均值，用厘米（cm）表示。

C.3.4　穗型：长筒型（果穗长≥18 cm）、短筒型（果穗长＜18 cm）、长锥型（果穗长≥18 cm）、短锥型（果穗长＜18 cm）。

C.3.5　穗行数：果穗中部的籽粒行数，求其平均值并标明行数变幅。

C.3.6　行粒数：每穗数一中等长度行的粒数，求其平均值。

C.3.7　粒色：黄色、白色、紫色、红色、黑色、花色等。

C.3.8　轴色：白色、红色、粉色等。

C.3.9　百粒重：取鲜籽粒100粒称重，重复2次，求其平均数，用克（g）表示。

C.3.10　出籽率：鲜籽粒重占鲜果穗重的百分率。

C.3.11　产量（用千克表示）。

C.3.11.1　鲜穗产量

小区产量:去掉边行,测取鲜果穗重量(去苞叶),用千克(kg)表示,保留2位小数。

亩产量:将小区产量折算成亩产,用千克(kg)表示,保留1位小数。

C.3.11.2 鲜籽粒产量(糯)

小区产量:去掉边行,测取鲜果穗籽粒重量,用千克(kg)表示,保留2位小数。

亩产量:将小区产量折算成亩产,用千克(kg)表示,保留1位小数。

C.3.12 甜玉米籽粒深度

取有代表性的鲜果穗5穗,果穗中部截断,测定果穗半径与穗轴半径的差值,用厘米(cm)表示,保留1位小数。

C.3.13 箭叶

果穗苞叶顶部着生的小叶,分有、无。

C.3.14 露尖

采收时果穗顶部是否外露,分露尖、不露尖。

C.3.15 籽粒形状

分长宽、短宽、长窄、短窄四种粒形。

C.4 品质检测

由指定单位定点取样、检测。

C.5 外观、蒸煮品质

根据外观性状、色泽、籽粒排列、饱满度和柔嫩性、食味和口感、种皮厚度等六项指标,确定外观、蒸煮品质。见表C.1、表C.2、表C.3。

表C.1 鲜食甜、糯玉米穗感官等级指标

外观	评分
具本品种应有特性,穗型粒形一致,籽粒饱满、排列整齐紧密,具有乳熟时应有的色泽,苞叶包被完整,新鲜嫩绿,籽粒柔嫩、皮薄。基本无秃尖,无虫害,无霉变,无损伤。	27~30
具本品种应有特性,穗型粒形基本一致,个别籽粒不饱满,籽粒排列整齐,色泽稍差,苞叶包被较完整,新鲜嫩绿,籽粒柔嫩性稍差,皮较薄。秃尖≤1 cm,无虫害,无霉变,损伤粒少于5粒。	22~26
具本品种应有特性,穗型粒形稍有差异,饱满度稍差,籽粒排列基本整齐,有少量籽粒色泽与所测品种不同,苞叶基本完整,籽粒柔嫩性稍差,皮较厚。秃尖≤2 cm,无虫害,无霉变,损伤粒少于10粒。	18~21

表C.2 鲜食甜、糯玉米蒸煮品质评分

项目	评分
气味	4~7
色泽	4~7
糯性(甜度)	10~18
风味	7~10
柔嫩性	7~10
皮的薄厚	10~18
蒸煮品质总分	42~70

表 C.3　鲜食甜、糯玉米品质定等指标

评　　分	等　级
≥90	1
≥75	2
≥60	3

C.6　鲜食甜、糯玉米抗病(虫)分区鉴定的病(虫)害种类

C.6.1　东北华北鲜食春玉米组:丝黑穗病、大斑病。

C.6.2　黄淮海鲜食夏玉米组:矮花叶病、小斑病、瘤黑粉病。

C.6.3　西南鲜食玉米组:纹枯病、小斑病。

C.6.4　东南鲜食玉米组:纹枯病、小斑病。

C.7　病(虫)害调查标准(按照《玉米病虫害田间手册》要求进行)

附　录　D
（规范性附录）
国家爆裂玉米品种区域试验调查项目和标准（试行）

D.1　物候期

D.1.1　播种期：播种当天的日期（以月、日表示，下同）。

D.1.2　出苗期：小区有50%穴数的幼苗出土高度2 cm～3 cm的日期。

D.1.3　吐丝期：小区50%以上的雌穗吐出花丝的日期。

D.1.4　抽雄期：小区50%以上的植株雄穗顶端露出顶叶的日期。

D.1.5　成熟期：小区90%以上果穗的籽粒出现黑层的日期。

D.1.6　生育期：出苗至成熟的生育日数。

D.2　农艺性状

D.2.1　株型：吐丝后目测，分平展、半紧凑、紧凑型三种。

D.2.2　株高：乳熟期连续取小区内正常的植株10株，测量地表到雄穗顶端的高度，求其平均值，用厘米(cm)表示，保留整数。

D.2.3　穗位：同时测量地表到最上部果穗着生节的高度，求其平均值，用厘米(cm)表示，保留整数。

D.2.4　倒伏率：乳熟末期，植株倾斜度大于45°但未折断的植株占该试验小区总株数的百分率。

D.2.5　倒折率：乳熟末期，果穗以下部位折断的植株占该试验小区总株数的百分率。

D.2.6　空秆率：收获时调查不结果穗和果穗结实20粒以下的植株占全区总株数的百分率。

D.2.7　双穗率：收获时调查结有双穗（每穗结实20粒以上）的植株占全区株数的百分率。

D.3　果穗性状（计产样本穗由大至小排列，取代表性的10穗测量1～6项）

D.3.1　穗长：穗基部到顶端的长度，求其平均值，以厘米(cm)表示。

D.3.2　穗粗：果穗头尾相间排成一行，测量中部长度，求其平均值，以厘米(cm)表示。

D.3.3　秃尖长：果穗顶端不结实部分的长度，求其平均值，以厘米(cm)表示。

D.3.4　穗型：筒型、锥型。

D.3.5　穗行数：果穗中部的籽粒行数，求其平均值并标明行数变幅。

D.3.6　行粒数：每穗数一中等长度行的粒数，求其平均值。

D.3.7　百粒重：随机取100粒称重，重复3次，取相近两个数值的平均数，按标准水分(12%)折算百粒重，用克(g)表示。

D.3.8　出籽率：籽粒干重占果穗干重的百分率。

D.3.9　粒腐及裂粒穗率：粒腐病或自然开裂粒的果穗占全区穗数的百分比。

D.3.10　籽粒产量：将小区计产样本的果穗风干后脱粒，称其籽粒干重，按标准水分(12%)折算出小区产量，保留两位小数，用千克(kg)表示。

D.4　品质分析

D.4.1　粒型：根据籽粒形状，分珍珠型、米粒型。

D.4.2 粒色：黄、橘黄、白、乳白等。

D.4.3 光泽：暗、有光泽等。

D.4.4 轴色：红、紫、粉、白。

D.4.5 粒度：每 10 g 玉米的粒数。随机取样，重复 3 次，求平均值。

D.4.6 爆花率：样本含水量 11%～13%时，随机取 100 粒，用爆玉米花机爆花，计数爆花粒数，重复 3 次，求平均值，用百分比表示。

D.4.7 膨爆倍数：膨爆后玉米花体积除以玉米粒体积，以倍数表示。样本含水量 11%～13%时，用 1 000 ml量筒随机取玉米 100 ml，用小型爆玉米花机爆花，用 1 000 ml 量筒测量玉米花的气介体积，重复 3 次，求平均值，以倍数表示。

D.4.8 花形：蝶形、球形、蘑菇形。

D.4.9 风味及适口性：分 1、2、3 级，1 级为最好。

D.5 抗病(虫)害鉴定(按照《玉米病虫害田间手册》要求进行)

D.5.1 调查丝黑穗病、大斑病、小斑病的发病情况。

D.5.2 抗病性接种鉴定单位由试验主管部门指定，鉴定丝黑穗病、大斑病、小斑病。

附 录 E
(规范性附录)
国家普通玉米品种区试预备试验年终报告格式

国家普通玉米品种区试预备试验年终报告

(年)

提示:本报告一式3份,字迹要工整,不能更改格式和大小,不要复印件。务于当年11月15日前寄到本省种子管理站品管科、本区区试主持单位和全国农业技术推广服务中心品种管理处;请认真阅读试验方案,不得随意更换品种;任何调查项目不得空项。特别注意生育期、与相邻对照平均产量增减百分比的计算。产量比较方法:与两个相邻对照的平均值比较,以增产比率的高低进行品种位次排序。在报送本报告文本的同时,请使用电子邮件或邮寄软盘。

1. 试验地点: 省 县 乡 村; 海拔: m。
2. 承试单位(请加盖公章): 邮编:
3. 承试人员: 电话: 填报日期 月 日。
4. 小区面积: m^2,每小区 行,行长 m,密度为每亩 株。
5. 试验期间的气候情况(主要指对试验的影响):

6. 田间管理:

前茬作物 , 播种方式: 套种或直播 。

播种期 月 日, 间定苗期 月 日。

基肥:每亩 kg。

追肥(次数、时间、肥料名称、数量):

灌溉(时间、次数):

收获期 月 日。 主对照 CK_1: ; 辅助对照 CK_2: 。

7. 调查记载:按以下各表列举各项目调查并认真详细填写,调查时间和方法等应遵守《农作物品种试验技术规程 玉米》。

表 E.1 国家玉米品种区试预备试验年终报表(小区收获面积: m^2)

序号	品种	密度 株/亩	出苗期 月、日	吐丝期 月、日	成熟期 月、日	生育期 d	株高 cm	穗位高 cm	倒伏率 %	倒折率 %	主要病害			小区实收株数	小区产量 kg	亩产 kg	相邻对照平均产量 kg	比相临对照 ±%	位次
1																			
2																			
3																			

表 E.1（续）

序号	品种	密度 株/亩	出苗期 月、日	吐丝期 月、日	成熟期 月、日	生育期 d	株高 cm	穗位高 cm	倒伏率 %	倒折率 %	主要病害			小区实收株数	小区产量 kg	亩产 kg	相邻对照平均产量 kg	比相临对照± %	位次
4																			
5																			
6																			
7																			
8																			
⋮																			

主要品种简介及问题与建议

附：

试验田间排列种植图

附 录 F
(规范性附录)
国家普通玉米品种区域试验年终报告格式

国家普通玉米品种区域试验年终报告

(年 组)

提示:本报告一式3份,字迹要工整,不能更改格式和大小,不要复印件。务于11月15日前寄到本省种子管理站品管科、本区区试主持单位和全国农业技术推广服务中心品种管理处。填表前请认真阅读试验方案,任何调查项目不得空项。在报送本报告文本的同时,请使用电子邮件或寄送软盘。

1. 试验地点: 省 县 乡 村; 海拔: m。
2. 承试单位(请加盖公章): 邮编:
3. 承试人员: 电话: 填报日期 月 日。
4. 小区面积: m^2,每小区 行,行长 m,密度为每亩 株。
5. 试验期间的气候情况(主要指对试验的影响):

6. 田间管理:

前茬作物 , 播种方式: 套种或直播 。

播种期 月 日, 间定苗期 月 日。

基肥:每亩 kg。

追肥(次数、时间、肥料名称、数量):

灌溉(时间、次数):

收获期 月 日。 主对照 CK_1: ;辅助对照 CK_2: 。

7. 调查记载:按以下各表列举各项目调查并认真详细填写,调查时间和方法等应遵守《农作物品种试验技术规程 玉米》。

表 F.1 国家普通玉米品种区域试验年终报表(物候期和农艺性状)

项目 品种	出苗期 月、日	抽雄期 月、日	吐丝期 月、日	成熟期 月、日	收获期 月、日	生育期 d	株 高 cm	穗位高 cm	倒伏率 %	倒折率 %	双穗率 %	空秆率 %
⋮												
注:株高穗位保留两位小数,倒伏率、倒折率、双穗率、空秆率保留1位小数。												

表 F.2　国家普通玉米品种区域试验年终报表(病害情况)

项目 品种	大斑病 级	小斑病 级	弯孢菌病 级	灰斑病 级	丝黑穗病 %	黑粉病 %	茎腐病 %	纹枯病 级	矮花叶病 级	锈病 级	粗缩病 %	心叶期玉米螟为害 级
……												
注:请根据试验方案、田间记载项目和标准、试验组别和品种类型,确定本试点应调查的病(虫)害种类。												

表 F.3　国家普通玉米品种区域试验年终报表(品种特异性)

(此表由指定单位填写、未指定单位可不填写)

项目 品种	芽鞘色	雄穗分枝	花药颜色	株型	全生育期叶数	穗柄有无	果穗茎秆角度	苞叶情况	花丝颜色	穗型	轴色	粒型	粒色
……													
注:本表请以下试点负责调查记载: ××××××、××××××、××××××、××××××													

表 F.4　国家普通玉米品种区域试验年终报表(考种性状与小区产量)

项目 品种	穗长 cm	穗行数 行	秃尖 cm	穗粒重 g	百粒重 g	小区产量 kg			亩产量 kg	位次
						Ⅰ	Ⅱ	Ⅲ		
……										
注:1. 小区产量保留2位小数,亩产、穗长、秃尖、穗行数、穗粒重、百粒重保留1位小数。 2. 含水量按14%计算。										

品种综述及建议

附：

试验田间排列种植图

附　录　G
(规范性附录)
国家普通玉米品种生产试验年终报告格式

国家普通玉米品种生产试验年终报告

(　　　年　　　组)

提示:本报告一式3份,字迹要工整,不能更改格式和大小,不要复印件。务于11月15日前寄到本省种子管理站品管科、本区区试主持单位和全国农业技术推广服务中心品种管理处。填表前请认真阅读试验方案,任何调查项目不得空项。在报送本报告文本的同时,请使用电子邮件或寄送软盘。

1. 试验地点:　　　省　　　县　　　乡　　　村;海拔:　　　m。
2. 承试单位(请加盖公章):　　　　　　　　邮编:
3. 承试人员:　　　　　　电话:　　　　　　填报日期　　　月　　　日。
4. 小区面积:　　m^2,每小区　　行,行长　　m,密度为每亩　　　株。
5. 试验期间的气候情况(主要指对试验的影响):

6. 田间管理:

　前茬作物　　　　,播种方式:套种或直播　　　　。

　播种期　　　月　　　日,间定苗期　　　月　　　日。

　基肥:每亩　　　kg。

　追肥(次数、时间、肥料名称、数量):

　灌溉(时间、次数):

　收获期　　月　　日。　主对照CK_1:　　　　;辅助对照CK_2:　　　　。

7. 调查记载:按以下各表列举各项目调查并认真详细填写,调查时间和方法应遵守《农作物品种试验技术规程　玉米》。

表G.1　国家普通玉米品种生产试验年终报表(小区面积　　　m^2)

项目 品种	出苗 月、日	成熟 月、日	生育期 d	倒伏率 %	倒折率 %	空秆率 %	主要病害			每亩实收株数	小区产量 kg	亩产 kg	比对照± %	位次
⋮														
注:实收株数为折算后的收获亩株数。														

品种综述及建议

附：

试验田间排列种植图

附 录 H
(规范性附录)
国家青贮玉米品种区域试验年终报告格式

国家青贮玉米品种区域试验年终报告

(　　年　　组)

提示:本报告一式3份,字迹要工整,不能更改格式和大小,不要复印件。务于11月15日前寄到本省种子管理站品管科、本区区试主持单位和全国农业技术推广服务中心良种区试繁育处。填表前请认真阅读试验方案,任何调查项目不得空项,调查标准按区试主管部门有关规定执行。在报送本报告文本的同时,请各点使用电子邮件或寄送软盘。

1. 试验地点:　　省　　县　　乡　　村;海拔:　　m。
2. 承试单位(请加盖公章):　　　　邮编:
3. 承试人员:　　　　电话:　　　　填报日期　　月　　日。
4. 小区面积:　m^2,每小区　　行,行长　　m,密度为每亩　　株。
5. 试验期间的气候情况(主要指对试验的影响):

6. 田间管理:

前茬作物　　,播种方式:套种或直播　　。

播种期　　月　　日,间定苗期　　月　　日。

基肥:每亩　　kg。

追肥(次数、时间、肥料名称、数量):

灌溉(时间、次数):

主对照 CK_1:　　　;辅助对照 CK_2:　　　。

7. 调查记载:按以下各表列举各项目调查并认真详细填写,调查时间和方法应遵守《农作物品种试验技术规程 玉米》。

表 H.1 国家青贮玉米品种区域试验年终报表(物候期和农艺性状)

项目 组合	出苗期 月、日	抽雄期 月、日	吐丝期 月、日	收获期 月、日	出苗至收获时天数 d	收获时籽粒乳线位置 %	倒伏率 %	倒折率 %	空秆率 %	双穗率 %	小区正常株数 株
⋮											

表 H.2　国家青贮玉米品种区域试验年终报表(植株性状及田间病虫害情况)

项目 组合	株型	株高 cm	穗位 cm	收获时单株平均绿叶片数	大斑病 级	小斑病 级	弯孢菌叶斑病 级	茎腐病 %	矮花叶病毒病 级	瘤黑粉病 %	粗缩病 级	丝黑穗病 %	心叶期玉米螟为害%
⋮													

注:请根据试验方案、田间记载项目和标准、试验组别和品种类型等,确定本试点应调查的病(虫)害种类。病害调查时,丝黑穗病、黑粉病、茎腐病等病虫害田间调查时,应调查百分率,由汇总单位分级。

表 H.3　国家青贮玉米品种区域试验年终报表(生物产量)

项目 组合	Ⅰ			Ⅱ			Ⅲ			Xt			亩产干重 kg	位次
	小区鲜重 kg	含水量 %	小区干重 kg	小区鲜重 kg	含水量 %	小区干重 kg	小区鲜重 kg	含水量 %	小区干重 kg	小区鲜重 kg	含水量 %	小区干重 kg		
⋮														

注:各小区生物产量保留 2 位小数;亩生物产量保留 1 位小数。

表 H.4　国家青贮玉米品种区域试验年终报表(籽粒产量及性状)

项目 组合	小区产量(kg)			平均 kg	亩产 kg	位次	轴色	粒色	粒型
	Ⅰ	Ⅱ	Ⅲ						
⋮									

注:小区面积　　　m^2。

品种综述与建议

附：

试验田间排列种植图

附 录 I
(规范性附录)
国家鲜食甜、糯玉米品种区域试验年终报告格式

国家鲜食甜、糯玉米品种区域试验年终报告

(　　年　　组)

提示:本报告一式3份,字迹要工整,不能更改格式和大小,不要复印件。务于11月15日前寄到本省种子管理站品管科、本区区试主持单位和全国农业技术推广服务中心品种管理处。填表前请认真阅读试验方案,任何调查项目不得空项。在报送本报告文本的同时,请使用电子邮件或寄送软盘。

1. 试验地点:　　省　　县　　乡　　村;海拔:　　m。
2. 承试单位(请加盖公章):　　　　邮编:
3. 承试人员:　　　　电话:　　　　填报日期　　月　　日。
4. 小区面积:　　m^2,每小区　　行,行长　　m,密度为每亩　　株。
5. 试验期间的气候情况(主要指对试验的影响):

6. 田间管理:

前茬作物　　, 播种方式: 套种或直播　　。

播种期　　月　　日, 间定苗期　　月　　日。

基肥:每亩　　kg。

追肥(次数、时间、肥料名称、数量):

灌溉(时间、次数):

收获期　　月　　日。 主对照 CK_1:　　　　;辅助对照 CK_2:　　　　。

7. 调查记载:按以下各表列举各项目调查并认真详细填写,调查时间和方法应遵守《农作物品种试验技术规程 玉米》。

表 I.1 国家鲜食玉米品种区域试验年终报表(物候期)

项目 品种	播种期 日/月	出苗期 日/月	抽雄期 日/月	吐丝期 日/月	鲜果穗 采收期	出苗至采收天数
⋮						

表 I.2 国家鲜食玉米品种区域试验年终报表(农艺性状)

项目 品种	株高 cm	穗位高 cm	株型	双穗率 %	空秆率 %	倒伏率 %	倒折率 %
……							

表 I.3 国家鲜食玉米品种区域试验年终报表(病害情况)

项目 品种	大斑病 级	灰斑病 级	弯孢菌 叶斑病 级	丝黑穗病 (%)	茎腐病 (%)	纹枯病 级	瘤黑粉病 %	心叶期玉米 螟为害%
……								
注:请根据试验方案、田间记载项目和标准、试验组别和品种类型等,确定本试点应调查的病(虫)害种类。病害调查时,丝黑穗病、黑粉病、茎腐病等病虫害田间调查时,应调查百分率,由汇总单位分级。								

表 I.4 国家鲜食玉米品种区域试验年终报表(果穗性状)

项目 品种	苞叶 长短	穗长 cm	穗粗 cm	秃尖长 cm	穗型	穗行数	行粒数	粒色	出籽率 %	鲜百粒重 g
……										
注:苞叶长短,长、短、适中。										

表 I.5 国家鲜食玉米品种区域试验年终报表(糯玉米产量)

项目 品种	鲜果穗产量 kg			位次
	小区产量	亩产	比对照±%	
……				
注:小区产量保留 2 位小数,亩产保留 1 位小数;小区产量以实收面积计算。				

表 I.6 国家鲜食玉米品种区域试验年终报表(甜玉米籽粒深度和产量)

项目 品种	籽粒深度(穗粗一轴粗)/2 cm		鲜穗产量 kg			
	平均	位次	小区产量	亩产	比对照±%	位次
……						
注:小区产量保留 2 位小数,亩产保留 1 位小数,籽粒深度用厘米(cm)表示,保留 1 位小数;小区产量以实收面积计算。						

表 I.7 国家鲜食玉米品种区域试验年终报表(品质评价)

项目 品种	感官品质 21～30(分值)	蒸煮品质(项目和分值)						总评分
		气味 4～7	色泽 4～7	风味 7～10	糯性或甜度 10～18	柔嫩性 7～10	皮薄厚 10～18	
……								
注:感官品质的确定等详见记载项目和调查标准的规定。总评分≥60 分为 3 级,≥75 分为 2 级,≥90 分为 1 级。								

品种综述及建议

附:

试验田间排列种植图

附 录 J
（规范性附录）
国家爆裂玉米品种区域试验年终报告格式

国家爆裂玉米品种区域试验年终报告

（ 年）

提示：本报告一式3份，字迹要工整，不能更改格式和大小，不要复印件。务于11月15日前寄到本省种子管理站品管科、本区区试主持单位和全国农业技术推广服务中心品种管理处。填表前请认真阅读试验方案，任何调查项目不得空项。在报送本报告文本的同时，请使用电子邮件或寄送软盘。

1. 试验地点： 省 县 乡 村； 海拔： m。
2. 承试单位（请加盖公章）： 邮编：
3. 承试人员： 电话： 填报日期 月 日。
4. 小区面积： m^2，每小区 行，行长 m，密度为每亩 株。
5. 试验期间的气候情况（主要指对试验的影响）：

6. 田间管理：

前茬作物 ， 播种方式： 套种或直播 。

播种期 月 日， 间定苗期 月 日。

基肥：每亩 kg。

追肥（次数、时间、肥料名称、数量）：

灌溉（时间、次数）：

收获期 月 日。 主对照 CK_1： ；辅助对照 CK_2： 。

7. 调查记载：按以下各表列举各项目调查并认真详细填写，调查时间和方法应遵守《农作物品种试验技术规程 玉米》。

表J.1 国家爆裂玉米品种区域试验年终报表（物候期和农艺性状）

项目 品种	出苗期 月、日	抽雄期 月、日	吐丝期 月、日	成熟期 月、日	生育期 d	芽鞘色	株高 cm	穗位 cm	空秆率 %	双穗率 %	苞叶	株型	倒伏率 %	倒折率 %
⋮														

表 J.2　国家爆裂玉米品种区域试验年终报表(病害情况和果穗性状)

项目 品种	大斑病 级	小斑病 级	弯孢菌病 级	丝黑穗病 %	茎腐病 %	矮花叶病 级	粗缩病 级	穗长 cm	秃尖长 cm	穗粗 cm	穗行数	行粒数	百粒重 g	出籽率 %	穗型	粒腐及裂粒穗
⋮																

表 J.3　国家爆裂玉米品种区域试验年终报表(品质和产量性状)

项目 品种	粒型	粒色及光泽	轴色	粒度 粒/10 g	爆花率 %	膨胀倍数 倍	花形	风味及适口性	产量 kg						
									Ⅰ	Ⅱ	Ⅲ	平均	亩产	比 CK±%	位次
⋮															

品种综述及建议

____

____

____

____

____

____

附:

试验田间排列种植图

本标准起草单位:全国农业技术推广服务中心、辽宁省农业科学院、丹东农业科学院、沈阳农业大学、辽宁省种子管理局、北京市农林科学院玉米研究中心、辽宁省铁岭农业科学院。

本标准主要起草人:孙世贤、王延波、王金君、李磊鑫、景希强、史振声、邱军、陈忠、杨国航、王奎森。

中华人民共和国农业行业标准

NY/T 1299—2014

农作物品种试验技术规程 大豆

Regulations for the trial technology of crop varieties—Soybean

1 范围

本标准规定了大豆品种试验方法与技术规则。

本标准适用于大豆品种试验工作。

2 规范性引用文件

下列文件对于本文件的应用是必不可少的。凡是注日期的引用文件，仅注日期的版本适用于本文件。凡是不注日期的引用文件，其最新版本(包括所有的修改单)适用于本文件。

GB 4404.2 粮食种子 豆类

NY/T 3 谷类豆类作物种子粗蛋白质测定法(半微量凯氏法)

NY/T 4 谷类油料作物种子粗脂肪测定法

NY/T 1298 农作物品种审定规范 大豆

3 术语和定义

下列术语和定义适用于本文件。

3.1

区域试验 regional variety trial

在同一生态类型区内，选择多个有代表性的地点，按照统一的试验方案鉴定参试品种的丰产性、稳产性、适应性、品质、抗逆性及其他特征、特性的试验。

3.2

生产试验 yield potential trial

在同一生态类型区内，对区域试验中表现优良的品种在接近大田生产条件下，进行的多点验证试验。

区域试验、生产试验的定义参考《种子法》表述。

3.3

参试品种 testing variety

指区域试验或生产试验中被鉴定的品种，是人工选育或发现并经过改良、与已知品种有明显区别，形态特征、生物学特性稳定、一致，且具有符合品种命名规定名称的品种。

3.4

对照品种 check variety

区域试验和生产试验的参照品种，应为通过审定且为本生态区生产上的主栽品种。

中华人民共和国农业部 2014-10-17 发布　　2015-01-01 实施

4 试验设置

4.1 试验类别

区域试验和生产试验。

4.2 试验区、试验组划分

试验区主要依据农业生产生态区域和播期类型划分。

试验组主要根据品种的生育期划分。

4.3 试验点

4.3.1 试验点选择

选择具有生态和生产代表性，技术力量、基础设施、仪器设备等试验条件能满足试验要求的地点。

4.3.2 试验点数量

同一组内区域试验试验点数量不少于 8 个，生产试验试验点数量不少于 6 个，试验点数量和地点保持相对稳定。

4.4 试验地的选择

交通便利、地势平整、肥力均匀且能代表当地肥力水平，排灌方便、前茬一致、远离高大建筑物、高大树木和高秆作物，单季条件下两年、多熟制条件下一年以上(含)没有种过大豆，无菟丝子和大豆胞囊线虫病等土传病害。

4.5 试验设计

4.5.1 区域试验

采用随机区组设计，3 次重复，小区面积不少于 12 m^2，小区行数不少于 4 行，试验地周围设立不少于 4 行的保护区(行)。

4.5.2 生产试验

采用对比法设计，每品种面积不少于 150 m^2，行数不少于 8 行。试验地周围设立不少于 4 行的保护区(行)。

4.6 品种数目

4.6.1 区域试验

同一组内的品种数(含对照)为 6 个～15 个。

4.6.2 生产试验

同一组内的品种数(含对照)不多于 6 个。

4.7 对照品种

每个试验组设置 1 个～2 个对照品种。

4.8 试验年限

区域试验年限不少于 2 年，生产试验年限不少于 1 年。

5 试验种子

按试验方案要求提供足够数量种子，质量应达到 GB 4404.2 原种标准。不得对种子进行拌种、包衣等处理。

6 播种和田间管理

6.1 播种期

按试验区组所在生态区生产特点确定。

6.2 密度

根据试验组所在区域大豆生产上常规密度和品种特点确定。在同一区组内，所有区域试验品种的播种密度相同，生产试验密度依据当地生产实际并参考育种家提供的密度要求确定。

6.3 播种方法

条播或穴播。

6.4 田间管理

区域试验管理水平应高于大田，生产试验管理水平略高于大田。及时中耕、除草、排灌、治虫，但不防治病害。在进行田间操作时，同一组别管理措施应当一致，同一重复应在同一天完成。

7 记载项目和标准

7.1 记载项目

7.1.1 区域试验

调查记载项目见附录 A。

7.1.2 生产试验

调查记载项目见附录 A。

7.2 记载标准

见附录 B。

8 收获和计产

8.1 粒用型大豆

当大豆植株达到完熟期后及时收获，小区计产面积和行数按试验方案要求执行，收获后及时晾晒、脱粒、风干，测定含水率，折算成标准含水率(13%)时的产量。对于成熟期过晚且影响下茬作物播种或难以霜前成熟的品种，可以在成熟前收获，但应明确记载收获时的发育状态。

8.2 鲜食型大豆

在适宜采摘期及时收获，小区计产面积和行数按试验方案要求执行，收获后及时计产。

9 相关鉴定与检测

9.1 遗传特性的分子检测

由试验主管部门指定专业机构检测。应用 DNA 指纹技术鉴定试验品种个体间、年份间的遗传一致性、品种的特异性等。种子由主持单位指定试点在播种前提供。

9.2 转基因成分检测

由试验主管部门指定专业机构统一检测。

9.3 品质测试与品尝鉴定

粒用型品种：大豆收获后，由试验主持单位统一从不少于 3 个代表性的试验点抽取样本，交指定的专业机构进行测试，按照 NY/T 3、NY/T 4 的方法测试，测试项目包括粗蛋白质含量、粗脂肪含量等。

鲜食型品种：在鲜荚采收期，由试验主持单位组织专家进行现场鉴定，鉴定项目包括鲜荚外观品质和口感品质等。

9.4 抗病性鉴定

由试验主管部门指定专业单位对区域试验品种进行鉴定，种子由主持单位指定试点在播种前提供。

10 试验总结

10.1 试验异常情况处理

10.1.1 试验点异常情况的处理

出现下列情况之一，该试验点数据不纳入汇总：

a) 田间设计未按试验方案执行，如试验地面积不够、前茬不一致、管理粗放等；

b) 试验中2个(含)以上小区数据缺失；

c) 因自然灾害，试验品种不能正常生长发育；

d) 产量数据误差变异系数在15%(含)以上；

e) 因人为因素影响试验正常进行。

10.1.2 品种异常情况的处理

出现下列情况之一，该品种数据不纳入汇总：

a) 试验品种在2个以上试验点因种子原因出现缺苗严重或生长发育不正常等情况；

b) 试验品种在多个试验点田间表现纯度较差或者性状分离等情况。

10.1.3 其他

试验主管部门在品种试验考察中，可对出现异常情况的试验点、参试品种提出处理意见。

有效汇总点次少于5个(含)的试验组，整组试验的数据不进行汇总。

10.2 产量比照标准

产量比照时，应以对照品种产量为标准；当对照品种的产量低于该组三分之二试验品种的产量时，以该组所有试验品种平均产量作为比照标准。

10.3 试验报告

承担品种试验、品质测试、抗病性鉴定、遗传特性的分子检测及转基因成分检测等任务的单位，应及时向试验主持单位和主管部门提交试验、测试和鉴定报告；试验主持单位及时汇总试验结果，撰写本区试验年度总结报告。

11 品种的来源和处理

11.1 区域试验

11.1.1 品种来源

试验品种从省级预试、区试中择优推荐，经过省级推荐的品种原则上在相近区组试验；未开展大豆品种试验工作的省份，参试单位向所在省级品种试验管理部门申请，并同时提供参试品种将要参加试验组别区域范围内3个以上跨省试点的试验结果，试验主管部门或试验年会择优选择。

11.1.2 品种处理

依据NY/T 1298的要求和品种试验容量，由品种试验年会择优确定参试品种。

11.2 生产试验

11.2.1 品种来源

依据NY/T 1298，完成不少于两年区域试验后由品种试验年会择优确定参试品种。

11.2.2 品种处理

完成试验程序的品种，依据NY/T 1298，经品种试验年会讨论，推荐申报国家农作物品种审定委员会审定。

附 录 A
(规范性附录)
国家大豆品种试验调查记载项目

国家大豆品种区域试验 记 载 本

（________年度）

组 别：________________________________

地 点：________________________________

单 位：________________________________

负责人：________________________________

执行人：________________________________

电 话：________________________________

邮 箱：________________________________

全国农业技术推广服务中心品种区试处制

参试品种及供种单位

序号	品种名称	供种单位

田间试验设计

1. 区域试验排列方法：____________________。
2. 重复数：________________。
3. 小区面积：________________平方米，行长：________________米，每小区________________行。
   计产面积：________________平方米，计产行长________________米，计产________________行。
4. 密度：行距：________米，株距：________米，折每亩密度为________万株。

田间种植图

<table>
<tr><td colspan="14">保 护 行</td></tr>
<tr><td rowspan="3">保
护
行</td><td></td><td></td><td></td><td></td><td></td><td></td><td></td><td></td><td></td><td></td><td></td><td></td><td rowspan="3">保
护
行</td></tr>
<tr><td></td><td></td><td></td><td></td><td></td><td></td><td></td><td></td><td></td><td></td><td></td><td></td></tr>
<tr><td></td><td></td><td></td><td></td><td></td><td></td><td></td><td></td><td></td><td></td><td></td><td></td></tr>
<tr><td colspan="14">保 护 行</td></tr>
</table>

田间管理记载

1. 试验地地点：____________________
   经度：________纬度：________海拔：________地势：________土壤类型：________
2. 前茬作物及产量水平：____________________
3. 上年是否种过大豆：____________________
4. 整地情况：____________________
5. 施肥情况(种类、数量、日期)：____________________
____
6. 播种日期、方法、播种量：____________________
7. 间苗次数、日期：____________________
8. 定苗日期：____________________
9. 中耕除草(次数、方法、日期)：____________________
____
10. 灌排情况：____________________
____
11. 虫害防治(方法、药剂、日期)：____________________
____
12. 收获(次数、日期、方法)：____________________
____
____

生育期间主要气象资料

项目 \ 月份		月			月			月			月			月			月			月		
		当年	常年	相差	当年	常年	相差	当年	常年	相差	当年	常年	相差	当年	常年	相差	当年	常年	相差	当年	常年	相差
气温℃	上旬																					
	中旬																					
	下旬																					
	月平均																					
降水量mm	上旬																					
	中旬																					
	下旬																					
	月总量																					
实际日照时数(h)																						

概述大豆生育期间气象条件(包括降水、气温、灾害性天气发生时间及其对大豆生长发育的影响)：____________________
____

田间性状调查记载表——粒用型(日期:用月·日表示)

序号	品种名称	播种期	出苗期	开花期	成熟期	收获期	生育日数	叶形	花色	茸毛色	结荚习性	株型	裂荚性	落叶性	倒伏性	大豆花叶病毒病				其他病虫害		备注
																时期	程度	时期	程度	种类	程度	

田间性状调查记载表——鲜食型(日期:用月·日表示)

序号	品种名称	播种期	出苗期	开花期	采收期	生长日数	叶形	花色	茸毛色	鲜荚色	株型	结荚习性	倒伏程度	大豆花叶病毒病				其他病虫害		备注
														时期	程度	时期	程度	时期	程度	

室内考种表——籽粒型

序号	品种名称	株高 cm	底荚高度 cm	主茎节数	有效分枝	单株有效荚数 个	单株粒数	单株粒重 g	百粒重 g	各种粒率 %					种皮色	脐色	粒形	籽粒光泽
										完好	紫斑	褐斑	虫蚀	其他				

室内考种表——鲜食型

序号	品种名称	株高 cm	主茎节数	有效分枝数	单株荚数 个				多粒荚 %	单株荚重 g	标准荚数 个/500 g	各种荚率 %				二粒标准荚 cm		百粒鲜重 g	口感	备注
					秕荚	一粒	多粒	合计				标准	虫蚀	病害	其他	长	宽			

产量结果表

序号	品种名称	收获面积 m^2	收获株数 株				小区产量 g				亩产量 kg	与CK比 ±%		位次
			重复1	重复2	重复3	平均	重复1	重复2	重复3	平均		CK1	CK2	

注1:试验设1个对照品种时填入CK1栏目中,2个对照品种时分别填入CK1和CK2中。

注2:小区产量称取应使用感量为5g以下的电子天平。

注3:取样样本产量应补入对应小区产量中。

国家大豆品种生产试验
记　载　本

（________年度）

组　别：________________________________

地　点：________________________________

单　位：________________________________

负责人：________________________________

执行人：________________________________

电　话：________________________________

邮　箱：________________________________

全国农业技术推广服务中心品种区试处制

参试品种及供种单位

序号	品种名称	供种单位

一、试验概况

1. 试验地土质：

地　　　势：

肥　　　力：

前　　　茬：

2. 播种期及播种方式：

3. 田间管理及保苗密度：

保 苗 密 度：

中 耕 除 草：

施　　　肥：

灌 排 情 况：

收 获 情 况：

二、试验结果

田间调查记载

序号	品种名称	出苗期（月·日）	成熟期(采收期)（月·日）	叶形	花色	结荚习性	倒伏性	病虫害发生程度

产　量　结　果

序号	品种名称	种植面积 m^2	收获面积 m^2	小区产量 kg	亩产 kg	与CK比 ±%	
						CK1	CK2

三、品种综合表现

品种名称	综合表现

附 录 B
（规范性附录）
国家大豆品种试验调查标准

B.1 田间调查性状及物候期

B.1.1 播种期：播种当天的日期，以月·日表示。

B.1.2 出苗期：50%以上的幼苗子叶出土时的日期，以月·日表示。

B.1.3 开花期：50%的植株开始开花的日期，以月·日表示。

B.1.4 成熟期①：全株有95%的荚变为成熟颜色，摇动时开始有响声的植株达50%以上的日期，以月·日表示。

B.1.5 采收期②：80%的豆荚达到鼓粒满达的日期，以月·日表示。

B.1.6 生育日数①：从出苗当日到成熟日的天数。
生长日数②：从出苗当日到采收日的天数。

B.1.7 叶形：开花盛期调查植株中上部发育成熟的三出复叶中间小叶的形状。分为披针形、椭圆形、卵圆形和圆形4类。

B.1.8 花色：指花瓣的颜色，分为白色和紫色两种。

B.1.9 茸毛色：成熟时调查植株茎秆中上部或荚皮上茸毛的颜色。分灰色和棕色。

B.1.10 鲜荚色②：采摘时鲜荚的颜色，分淡绿、绿、深绿色三种。

B.1.11 结荚习性：分有限、亚有限和无限三种。

——有限：主茎在开花时即不再出现新的叶片，顶端有明显的花序，结荚成簇。

——无限：主茎开花时顶部仍可产生新的叶片，开花结荚顺序由下而上，顶端叶片小，花序短，结荚分散，主茎顶端一般1个～2个荚。

——亚有限：主茎顶端生长特性和结荚状况介于无限与有限之间，主茎顶端一般着生3个～4个荚。

B.1.12 株型：指植株生长的形态，成熟期调查下部分枝的着生方向，测量与主茎的自然夹角。分三种：收敛、开张、半开张。

——收敛：植株整体较紧凑，下部分枝与主茎角度在15°以内；

——开张：植株上下均松散，下部分枝与主茎角度大于45°；

——半开张：介于上述两型之间，下部分枝与主茎角度在15°～45°。

B.1.13 倒伏性：除记载倒伏时期和原因外，在成熟前后观察植株倒伏程度，分为5级。

——1级：不倒，全部植株直立不倒；

——2级：轻倒，0＜倒伏植株率≤25%；

——3级：中倒，25%＜倒伏植株率≤50%；

——4级：重倒，50%＜倒伏植株率≤75%；

——5级：严重倒伏，倒伏植株率＞75%。

B.1.14 落叶性①：指植株成熟时叶柄脱落状况。分三类：

——落叶：落叶率＞95.0%；

——半落叶：落叶率5.1%～95.0%；

——不落叶：落叶率≤5.0%。

B.1.15　裂荚性[①]：在成熟收获期观察、记载。

——不裂：裂荚率≤5.0%；

——中裂：裂荚率5.1%～50.0%；

——易裂：裂荚率>50.0%。

B.1.16　抗病性(以大豆花叶病毒病为例，以三个重复所有植株为调查对象)：分别在盛花期和花荚期调查。感病程度以发病率最高的病级确定。分级标准如下：

——0级：叶片无症状或其他感病标志；

——1级：叶片有轻微皱缩，植株生长正常；

——2级：叶片皱缩明显，中脉变褐，植株生长无明显异常；

——3级：叶片有泡状隆起，叶缘卷缩，植株稍矮化；

——4级：叶片皱缩畸形呈鸡爪状，全株僵缩矮化，结少量无毛畸形荚。

B.1.17　其他病虫害：记载发生严重的病虫害名称及发生程度。

B.2　考种项目

在试验小区中间两行选生长正常、无缺株区段连续取10株作为考种样本，3个小区各取一次。各小区样本分别计算平均值，取均值较近的两个平均值计算该品种均值。计算小区产量时应将取样植株产量计入原小区。除粒重外，其他性状每重复均用10株样本的数据计算平均数。

B.2.1　株高：从子叶节到植株顶端的高度(包括顶花序)，以厘米(cm)表示。

B.2.2　主茎节数：从子叶节以上起到顶端节数，不包括顶端花序。

B.2.3　底荚高度[①]：从子叶节到最下部豆荚着生位置的高度，以厘米(cm)表示。

B.2.4　有效分枝数：指有一个成荚以上的分枝数，分枝至少有2个节，不计二次分枝。

B.2.5　单株有效荚数[①]：指一株上含有一粒以上饱满种子的荚数。

B.2.6　单株荚数[②]：指单株秕荚、一粒荚和多粒荚的合计。

——秕荚：荚中无籽粒。

——一粒荚：荚中仅一个籽粒。

——多粒荚：荚中有2个以上(含)籽粒。

——多粒荚率(%)：多粒荚占单株总荚数的百分率。

B.2.7　单株粒数[①]：一株实际获得粒数，包括所有完好粒、未熟粒、虫蚀粒、病粒在内。

B.2.8　单株粒重[①]：10株样本籽粒重量(包括未熟、虫蚀及病粒)的平均粒重(克/株)。

B.2.9　单株荚重[②]：指10株样本鲜荚重量的平均值。

B.2.10　粒率：

——完全粒率：完熟、饱满、未遭病虫害的粒数占实际粒数的百分比。

——虫蚀粒率：被虫蚀粒数占实际粒数百分比。

——褐斑粒率：褐斑(从种脐处出现呈放射状的褐色斑点或花纹)粒数占实际粒数百分比。

——紫斑粒率：紫斑(籽粒上有紫色斑块)粒数占实际粒数百分比。

——其他粒率：发育不完全、霉烂、损伤的粒数占实际粒数的百分比。

B.2.11　标准荚率[②](%)：在取样样本中或小区中(若样本不够)随机取样500g鲜荚，分为标准荚、虫蚀荚、病害荚和其他荚。然后分别称重，计算各类荚的百分率。各类荚率之和应为100%。

——标准荚：指含有2粒以上(含)无损豆粒的饱满豆荚。

——虫蚀荚：被虫蚀的豆荚。

——病害荚：豆荚上存在病斑或受病害影响的豆荚。

——其他荚:发育不完全、霉烂、损伤的及不能归入以上三类的豆荚。

B.2.12 百粒重①:分两次从样本完好粒中随机数取各 100 粒,分别称重并计算平均值(若两次称重数值相差超过 0.5 g,应重新取样称重),单位以克(g)表示。

B.2.13 百粒鲜重②:分两次随机选取完整饱满豆粒各 100 粒,分别称重,计算两次称重平均值(若两次称重相差超过 0.5 g,则重新取样称重),单位以克(g)表示。

B.2.14 每 500 g 标准荚的个数②:称取标准荚 500 g,然后数其个数(若样本中标准荚重量不足 500 g,可在小区中选取标准荚补足 500 g)。

B.2.15 两粒标准荚长、宽②:从荚最长、最宽处测量,以厘米(cm)表示。随机取标准荚 20 个,首尾相接连成直线后测总长,然后将荚相邻并排后测总宽,最后取平均值。

B.2.16 口感②:收获当天完成。具体评价方法为:

取标准荚 50 g,用水清洗干净→待水沸后将豆荚淹没于水中→煮 2 分钟~3 分钟→捞取,立即放入凉水中冲凉片刻→立即品尝。

口感分级:A 级即香甜柔糯、B 级即鲜脆、C 级即硬或微苦。

B.2.17 种皮色:指籽粒种皮的颜色,分为黄、青、黑、褐、双色。

B.2.18 脐色:指籽粒种脐的颜色,分浅黄、黄、淡褐、褐、深褐、蓝、黑七种。

B.2.19 粒形:指籽粒的形状,分为圆形、扁圆形、椭圆形、扁椭形、长椭形、肾形。

B.2.20 籽粒光泽:分强光、微光、无光。

B.3 计产

B.3.1 小区产量:小区产量单位用克(g)表示,保留整数。待晒干种子含水量达到 13%以下并清除杂质后称重,在计算小区产量时应加入取样重量。

B.3.2 亩产量:称完小区产量,应折算成亩产量,单位为千克(kg),保留 1 位小数。

注:标注①表示该项目适用于粒用型品种,标注②表示该项目适用于鲜食型品种,不标注表示两者都适用。

本标准起草单位:全国农业技术推广服务中心、吉林省农业科学院大豆研究所、中国农业科学院作物科学研究所、中国农业科学院油料研究所、山西省农业种子总站、吉林省种子管理站、辽宁省种子管理局、安徽省种子管理站、河南省种子管理、山东省种子管理站、河北省种子管理站、北京市种子管理站、四川省种子站。

本标准主要起草人:谷铁城、何艳琴、闫晓艳、吴存祥、杨中路、姚先玲、裴玉荣、王佳、燕宁、雒峰、毛瑞喜、鲍聪、陈立军、韩友学。

中华人民共和国农业行业标准

NY/T 1300—2007

农作物品种区域试验技术规范 水稻

Technical Procedures for Rice Variety Trials

1 范围

本标准规定了水稻品种试验的有关定义、试验设置、品种、试验田选择、田间设计、栽培管理、观察记载、抗性鉴定、米质检测以及汇总总结等内容。

本标准适用于国家级和省级水稻品种试验，其他品种比较试验、引种试验可参照执行。

2 引用标准

下列文件中的条款通过本标准的引用而成为本标准的条款。凡是注明日期的引用文件，其随后所有的修改单（不包括勘误的内容）或修订版均不适用于本标准，然而，鼓励根据本标准达成协议的各方研究是否可使用这些文件的最新版本。凡是不注明日期的引用文件，其最新版本适用于本标准。

GB 4404.1 粮食作物种子 禾谷类

GB/T 17891 优质稻谷

3 术语和定义

下列术语和定义适用于本标准。

3.1

试验品种 testing variety

人工选育或发现并经过改良，与现有品种有明显区别，遗传性状相对稳定，形态特征和生物学特性一致，具有适当名称的水稻群体。本标准中的试验品种包括常规稻和杂交稻。

3.2

对照品种 contral variety

符合试验品种定义，在生产上或特征特性上具有代表性，用于与试验品种比较的品种。

3.3

品种试验 variety test

品种试验包括区域试验和生产试验。区域试验是指在同一生态类型区的不同自然区域，选择能代表该地区土壤特点、气候条件、耕作制度、生产水平的地点，按照统一的试验方案和技术规程鉴定试验品种的丰产性、稳产性、适应性、米质、抗性及其他重要特征特性，从而确定品种的利用价值和适宜种植区域的试验。生产试验是在区域试验的基础上，在接近大田生产的条件下，对品种的丰产性、适应性、抗性等进一步验证的试验。

4 试验设置

4.1 试验组

中华人民共和国农业部 2007-04-17 发布 2007-07-01 实施

4.1.1 季别：分双季早稻、双季晚稻和一季稻(包括中稻和一季晚稻)。

4.1.2 类型：按品种类型分籼、粳，按用途分食用、专用等。

4.1.3 生育期：分早熟、中熟、迟熟等。

品种试验应根据季别、品种类型、生育期分组进行。

4.2 试验点

4.2.1 试验点的选择：试验点除应具有生态与生产代表性外，还应具有良好的试验条件和技术力量，一般设在县级以上(含县级)农业科研单位、原(良)种场、种子管理站、种子公司。试验点应保持相对稳定。

4.2.2 试验点的数量：一个试验组区域试验以6个～15个为宜，生产试验以5个～8个为宜。

5 品种

5.1 试验品种的申请条件和申请材料：按照同级《主要农作物品种审定办法》的规定。

5.2 对照品种的选择：一组试验设1个对照品种，对照品种应选用通过国家或省级农作物品种审定委员会审定、稳定性好、适应性广、在相应生态类型区内当前生产上推广面积较大的同类型同熟期主栽品种。根据需要可增设1个辅助对照品种。

5.3 品种数量：区域试验一个试验组6个～12个(包括对照品种)。

5.4 种子质量：试验品种、对照品种的种子应符合GB 4404.1常规稻原种或杂交稻一级种标准，并不得带检疫性病虫。

5.5 试验时间：试验品种一般进行2个正季生产周期的区域试验和1个正季生产周期的生产试验，生产试验可以与后一个生产周期的区域试验同时进行。但经过1个～2个生产周期的区域试验证明综合表现差或存在明显的种性缺陷的试验品种，应终止继续进行区域试验和(或)生产试验。

6 试验田选择

试验田应选择有当地水稻土壤代表性、肥力水平中等偏上、不受荫蔽、排灌方便、形状规整、大小合适、肥力均匀的田块。试验田前作应经过匀地种植，秧田不作当季试验田，早稻试验田不作当年晚稻试验田。

7 田间设计

7.1 试验设计：区域试验采用完全随机区组排列，3次～4次重复，小区面积13 m^2～14 m^2，一组试验应在同一田块进行；生产试验采用大区随机排列，不设重复，大区面积不小于300 m^2，一组试验一般应同一田块进行，如需在不同田块进行，每一田块均应设置相同对照品种，试验品种与同一田块对照品种比较。

7.2 区组方位：区组排列的方向应与试验田实际或可能存在的肥力梯度方向一致。

7.3 小区(大区)形状与方位：小区(大区)长方形，长+宽=2+1～3+1，长边应与试验田实际或可能存在的肥力梯度方向平行。

7.4 保护行设置：区域试验、生产试验田四周均应设置保护行，保护行不少于4行，种植对应小区(大区)品种。

7.5 操作道设置：区组间、小区(大区)间及试验与保护行间应留操作道，宽度应不大于40 cm。

8 栽培管理

8.1 一般原则：同一组试验栽培管理措施应一致，如遇特殊情况，应严格遵循局部控制的原则，同一区组内应一致。

8.2 试验田准备：无论秧田、本田，均应精耕平整，有机肥应完全腐熟。

8.3 播种:常规稻、杂交稻播种量按当地大田生产习惯,并根据各品种的千粒重和发芽率确定。同一组试验所有品种同期播种。

8.4 移栽:适宜秧龄移栽,同一组试验所有品种同期移栽。行株距或密度、单位面积基本苗数按当地大田生产习惯确定,同一组试验应一致。移栽后应及早进行查苗补缺。

8.5 试验过程中不使用植物生长调节剂。

8.6 试验过程中应按当地大田生产习惯对病、虫、草害进行防治。

8.7 试验过程中应及时采取有效的防护措施防止鼠、鸟、畜、禽等对试验的为害。

8.8 肥、水管理应及时、适当,施肥水平中等偏上。

8.9 应按品种的成熟先后及时收获,分区单收、单晒。

9 观察记载

包括试验概况、试验结果、品种评价等,参见附录A。

10 抗性鉴定

10.1 鉴定机构:同级农作物品种审定委员会指定的专业鉴定机构。

10.2 鉴定项目:以稻瘟病和白叶枯病为主,不同稻区、不同品种类型可根据实际情况有所侧重或增、减。

10.3 种子提供:由同级农作物品种审定委员会办公室或其指定的试验点统一提供。

10.4 鉴定时间:与区域试验同步进行两个正季生产周期鉴定。

10.5 鉴定方法与标准:按照同级农作物品种审定委员会认可的鉴定方法与标准执行。

10.6 抗性评价:根据两年的鉴定结果,对每一个试验品种分别作出定性评价,并与对照品种作出比较。

11 品质检测

11.1 检测机构:同级农作物品种审定委员会指定的专业测试机构。

11.2 检测项目:稻米的加工品质、外观品质、蒸煮品质和食味等。

11.3 样品提供:由同级农作物品种审定委员会办公室或其指定的试验点统一提供。

11.4 检测时间:与区域试验同步进行两个正季生产周期检测。

11.5 检测方法与标准:按照GB/T 17891优质稻谷执行。

11.6 品质评价:根据两年的检测结果,对每一个试验品种分别作出定性评价,并与对照品种作出比较。

12 汇总总结

12.1 数据质量控制

12.1.1 各试验点的原始小区产量数据质量控制

1) 按品种,根据以标准差为单位所表示的可疑值与平均值间的离差,剔除显著异常的小区产量数据。
2) 剔除缺失3个以上(含3个)小区产量数据或同一个品种缺失2个小区产量数据的试验点。
3) 对缺失1个~2个小区产量数据的试验点进行缺区估算。
4) 计算试验点各品种区组间变异系数,剔除平均变异系数显著偏大的试验点。
5) 计算试验点品种平均产量水平,剔除产量水平显著偏低的试验点。
6) 计算试验点对照品种产量水平并与品种平均产量水平比较,剔除对照品种产量水平显著偏低的试验点。

12.1.2 剔除试验期间发生气象灾害、病虫灾害、动物为害、人为事故并对试验产生明显影响的试验点。

12.1.3 剔除明显异常的其他试验数据。

12.2 内容与方法

12.2.1 试验概况：概述试验目的、品种、试验点、田间设计、栽培管理、气候特点、抗性鉴定、米质检测以及数据质量控制等基本情况。列表说明品种的亲本来源、选育单位等和试验点的地理分布、播种移栽期等信息。

12.2.2 结果分析：

1) 丰产性：计算分析品种产量的平均表现及品种间的差异性。产量联合方差分析采用混合模型（品种为固定因子，试验点为随机因子），品种间差异显著性检验采用新复极差法（SSR）或最小显著差数法（LSD）。并列出数据表。
2) 稳产性和适应性：采用线性回归分析法和主效可加互作可乘模型分析法（AMMI），并结合品种在各试验点相对于对照品种的产量表现综合分析。并列出数据表或图。
3) 生育期：计算分析品种全生育期的平均表现及品种间的差异性。并列出数据表。
4) 主要农艺性状：计算分析品种主要农艺性状的平均表现及品种间的差异性。并列出数据表。
5) 抗性：以本级农作物品种审定委员会指定的机构鉴定结果为主要依据，分析评价品种的抗性表现。并列出数据表。
6) 米质：以本级农作物品种审定委员会指定的机构检测结果为主要依据，分析评价品种的米质表现。并列出数据表。
7) 分析品种在各试验点的产量、生育期、主要农艺性状、抗性、米质表现。并列出数据表。

12.2.3 品种综合评价：根据1年～2年区域试验和生产试验汇总分析结果，对各品种的丰产性、稳产性、适应性、生育期、主要农艺性状、抗性、米质等做出综合评价，并说明其主要优缺点。

附　录　A
(标准的附录)
水稻品种试验记载项目与标准

A.1　试验概况

A.1.1　试验田土壤状况

A.1.1.1　土壤质地:按我国土壤质地分类标准填写。

A.1.1.2　土壤肥力:分肥沃、中上、中、中下、差5级。

A.1.2　秧田

A.1.2.1　种子处理:种子翻晒、清选、药剂处理等措施或药剂名称与浓度。

A.1.2.2　育秧方式:水育、半旱、旱育等及防护措施。

A.1.2.3　播种量:秧田净面积播种量,以千克/公顷表示。

A.1.2.4　施肥:日期及肥料名称、数量。

A.1.2.5　田间管理:除草、病虫防治等日期及药剂名称与浓度。

A.1.3　本田

A.1.3.1　前作:作物名称及种植方式等。

A.1.3.2　耕整情况:机耕、畜耕、耙田等日期及耕整状况。

A.1.3.3　试验设计:设计方法及重复次数。

A.1.3.4　小区(大区)面积:实栽面积,以平方米表示,保留1位小数。

A.1.3.5　行株距:以厘米×厘米表示。

A.1.3.6　小区行数:实栽行数。

A.1.3.7　小区穴数:实栽穴数。

A.1.3.8　每穴苗数:计划每穴栽苗数。

A.1.3.9　保护行设置:品种及行数。

A.1.3.10　基肥:肥料名称及数量。

A.1.3.11　追肥:日期及肥料名称、数量。

A.1.3.12　病、虫、鼠、鸟等防治:日期、药物名称与浓度(或措施)及防治对象。

A.1.3.13　其他田间管理:除草、耘田、搁田等措施及日期。

A.1.4　气象条件:生育期内气象概况及其对试验的影响。

A.1.5　特殊情况说明:如病虫灾害、气象灾害、鸟禽畜害、人为事故等异常情况及其对试验的影响,声明试验结果可否采用。

A.2　试验结果

A.2.1　生育期

A.2.1.1　播种期:实际播种日期,以月/日表示。

A.2.1.2　移栽期:实际移栽日期,以月/日表示。

A.2.1.3 始穗期:10%稻穗露出剑叶鞘的日期,以月/日表示。

A.2.1.4 齐穗期:80%稻穗露出剑叶鞘的日期,以月/日表示。

A.2.1.5 成熟期:籼稻85%以上、粳稻95%以上实粒黄熟的日期,以月/日表示。

A.2.1.6 全生育期:播种次日至成熟之日的天数。

A.2.2 主要农艺性状

A.2.2.1 基本苗:区域试验移栽返青后在第Ⅰ、Ⅲ重复小区相同方位的第三纵行第三穴起连续调查10穴(定点),包括主苗与分蘖苗,取2个重复的平均值;生产试验分品种调查两个有代表性的查苗单元(定点),每个单元20穴,包括主苗与分蘖苗,取两个单元的平均值,折算成万/hm^2,保留1位小数。

A.2.2.2 最高苗:分蘖盛期在调查基本苗的定点处每隔3天调查一次苗数,直至苗数不再增加为止,取两个重复(单元)最大值的平均值,折算成万/hm^2,保留1位小数。

A.2.2.3 分蘖率:(最高苗－基本苗)/基本苗×100,以百分率表示,保留1位小数。

A.2.2.4 有效穗:成熟期在调查基本苗的定点处调查有效穗,抽穗结实少于5粒的穗不算有效穗,但白穗应算有效穗。取两个重复(单元)的平均值,折算成万/hm^2,保留1位小数。

A.2.2.5 成穗率:有效穗/最高苗×100,保留1位小数。

A.2.2.6 株高:在成熟期选有代表性的植株10穴(生产试验20穴),测量每穴之最高穗,从茎基部至穗顶(不连芒),取其平均值,以厘米表示,保留1位小数。

A.2.2.7 群体整齐度:根据长势、长相、抽穗情况目测,分整齐、中等、不齐3级。

A.2.2.8 杂株率:试验全程调查明显不同于正常群体植株的比例,保留1位小数。

A.2.2.9 株型:分蘖盛期目测,分紧束、适中、松散3级。

A.2.2.10 长势:分蘖盛期目测,分繁茂、中等、差3级。

A.2.2.11 叶色:分蘖盛期目测,分浓绿、绿、淡绿3级。

A.2.2.12 叶姿:分蘖盛期目测,分挺直、中等、披垂3级。

A.2.2.13 熟期转色:成熟期目测,根据叶片、茎秆、谷粒色泽,分好、中、差3级。

A.2.2.14 耐寒性:早稻苗期在遇寒后根据叶色、叶形变化记载苗期耐寒性,中、晚稻孕穗抽穗期及后期遇寒后根据叶色、叶形、谷色变化及结实情况记载中后期耐寒性,分强、中、弱3级。

A.2.2.15 倒伏性:分直、斜、倒、伏4级。直:茎秆直立或基本直立;斜:茎秆倾斜角度小于45°;倒:茎秆倾斜角度大于45°;伏:茎穗完全伏贴于地。

A.2.2.16 落粒性:成熟期用手轻捻稻穗,视脱粒难易程度分难、中、易3级。难:不掉粒或极少掉粒;中:部分掉粒;易:掉粒多或有一定的田间落粒。

收获前1天～2天,在同一重复的保护行内第三行中每品种取有代表性的植株5穴,作为室内考查穗部性状的样本。

A.2.2.17 穗长:穗节至穗顶(不连芒)的长度,取5穴全部稻穗的平均数,保留1位小数。

A.2.2.18 每穗总粒数:5穴总粒数/5穴总穗数,保留1位小数。

A.2.2.19 每穗实粒数:5穴充实度1/3以上的谷粒数及落粒数之和/5穴总穗数,保留1位小数。

A.2.2.20 结实率:每穗实粒数/每穗总粒数×100,保留1位小数。

A.2.2.21 千粒重:在考种后晒干的实粒中,每品种各随机取两个1 000粒,分别称重,其差值不大于其平均值的3%,取两个重复的平均值,以克表示,保留1位小数。

A.2.3 抗病虫性:记录各品种叶瘟、穗瘟、白叶枯病、纹枯病等病害及虫害田间发生情况,分无、轻、中、重4级记载,叶瘟、穗瘟、白叶枯病、纹枯病分级标准如下表:

病类	级别	病　　情
叶瘟	无	全部没有发病
	轻	全区 1%～5%面积发病，病斑数量不多或个别叶片发病
	中	全区 20%左右面积叶片发病，每叶病斑数量 5 个～10 个
	重	全区 50%以上面积叶片发病，每叶病斑数量超过 10 个
穗瘟	无	全部没有发病
	轻	全区 1%～5%稻穗及茎节发病，有个别植株白穗及断节
	中	全区 20%左右稻穗及茎节发病，植株白穗及断节较多
	重	全区 50%以上稻穗及茎节发病
白叶枯病	无	全部没有发病
	轻	全区 1%～5%左右面积发病，站在田边可见若干病斑
	中	全区 10%～20%面积发病，部分病斑枯白
	重	全区一片枯白，发病面积在 50%以上
纹枯病	无	全部没有发病
	轻	病区病株基部叶片部分发病，病势开始向上蔓延，只有个别稻株通顶
	中	病区病株基部叶片发病普遍，病势部分蔓延至顶叶，10%～15%稻株通顶
	重	病区病株病势大部蔓延至顶叶，30%以上稻株通顶

A.2.4　稻谷产量

A.2.4.1　产量测定：分区单收、晒干、扬净、称重后，测定含水量，并按籼稻 13.5%、粳稻 14.5%的标准含水量折算小区（大区）产量，以千克表示，保留 2 位小数。折算每公顷产量，以千克每公顷表示，保留 1 位小数。

A.2.4.2　产量分析：计算各试验品种比对照品种的增产百分率。并作方差分析，采用新复极差法（SSR）或最小显著差数法（LSD）比较品种间的差异显著性。

A.2.5　米质：对品种的主要米质指标进行检测，方法与标准按 GB/T 17891 执行。

A.3　品种评价

根据品种在本试验点的产量、生育期、抗性、米质及其他主要性状的表现，对品种作出简要评价。

本标准起草单位：中国水稻研究所、全国农业技术推广服务中心、湖南省种子管理站、湖北省种子管理站、浙江省农业科学院植物保护研究所、中国农业科学院作物科学研究所。

本标准主要起草人：黄发松、杨仕华、廖琴、张首都、许琨、卢开阳、朱智伟、陶荣祥、王磊、冯瑞英、程本义、应杰政。

中华人民共和国农业行业标准

NY/T 1301—2007

农作物品种区域试验技术规程　小麦

Technical Procedures for Wheat Variety Regional Trials

1　范围

本标准规定了小麦品种区域试验(简称区试)的定义、试验设置、田间试验设计、播种和田间管理、观察记载项目与标准、抗性鉴定、品质测定、试验报告撰写及汇总总结等内容。

本标准适用于小麦品种区域试验。

2　规范性引用文件

下列文件中的条款通过本标准的引用而成为本标准的条款。凡是注日期的引用文件,其随后所有的修改单(不包括勘误的内容)或修订版均不适用于本标准,然而,鼓励根据本标准达成协议的各方研究使用这些文件的最新版本。凡是不注日期的引用文件,其最新版本适用于本标准。

GB 4404.1　粮食作物种子——禾谷类

GB/T NY/T 967　农作物品种审定规范　小麦

主要农作物品种审定办法

3　术语和定义

下列术语和定义适用于本标准。

3.1

试验品种　testing variety

人工选育或发现并经过改良,与现有品种有明显区别,形态特征和生物学特性一致,具有一定经济价值,并具有适当名称的一种栽培作物群体。本标准中的试验品种包括小麦常规品种和杂交组合。

3.2

对照品种　contral variety

符合试验品种定义,通过品种审定,在生产上或特征特性上具有代表性,用于试验品种比照的品种。

3.3

区域试验　reginal variety test

在同一生态类型区的多个不同自然区域,选择能代表该地区土壤特点、气候条件、耕作制度、生产水平的地点,按照统一的试验方案和技术规程鉴定多个品种的丰产性、适应性、抗逆性、品质及其他重要特征特性,从而确定品种的利用价值和适宜种植区域的试验。广义的区域试验包括生产试验。

3.4

生产试验　yield potential test

在区域试验的基础上,在更大面积上、接近大田生产的条件下,在多个地点对品种的丰产性、适应性、抗逆性等进一步验证,同时总结配套栽培技术的比较试验。

中华人民共和国农业部 2007-04-17 发布　　2007-07-01 实施

4 试验设置

4.1 试验组别

根据小麦种植区划、耕作制度、生产类型、生态类型，兼顾优势布局划分试验组别。

4.2 试验点

4.2.1 试验点选择

试验点应具有生态与生产代表性、良好的试验条件和技术力量，具有固定的试验地和试验人员。

4.2.2 试验点数量

一个试验区组试验点不少于5个。

4.3 试验地选择

试验地应选择土壤类型具有代表性、位置合适、形状规正、大小合适、前茬一致、地力均匀、地势平坦、排灌顺畅、交通便利的地块。

4.4 试验品种

4.4.1 试验品种申请条件

按照同级《主要农作物品种审定办法》的规定。

4.4.2 试验品种申请材料

按照同级《主要农作物品种审定办法》的要求。

4.4.3 对照品种

每组试验一般设立1个对照品种，对照品种应通过国家或省级审定，在该生态区内具有较好适应性，并保持相对稳定。根据试验需要可增设辅助对照品种。更换对照品种时，应同时设新旧对照品种一年作为过渡。

4.4.4 品种数量

每组试验每年参加区域试验的品种为6个～15个(含对照品种)，少于6个则暂停该组试验。各试验点不应自行增减品种。

4.4.5 对供试品种种子的要求

4.4.5.1 供试品种种子质量和数量

提供试验的种子质量应达到GB 4404.1中对小麦原种的要求，不带检疫性有害生物。每年由参试(供种)单位按试验方案规定的数量无偿向各试验点供种，并提供种子发芽率和千粒重等技术数据。

4.4.5.2 供试种子的处理

供种单位不应对参试种子进行任何影响植株生长发育的处理。

4.4.6 试验年限

按照同级《主要农作物品种审定办法》的规定。

5 田间试验设计

5.1 小区面积

区域试验小区面积13.33 m^2 为宜，全区收获；生产试验小区面积200 m^2 为宜，全区收获。

5.2 小区排列

区域试验采用完全随机区组排列，3次重复。生产试验采用随机区组排列，2次重复。

5.3 区组方位

区组排列的方向应与试验田实际的肥力梯度方向一致。

5.4 小区形状与方位

区域试验小区长方形，长＋宽以 3＋1～10＋1 为宜，小区长边应与试验田实际的肥力梯度方向平行。

5.5 保护行设置

试验地周围设置 1 m 以上宽保护行(带)。

5.6 走道设置

区组间、区组内小区间、试验与保护行间应留走道；区组间走道宽以 100 cm 为宜，区组内小区间、试验与保护行间走道宽以 40 cm 为宜。

6 播种和田间管理

6.1 播种前准备

根据种子发芽率、千粒重、田间出苗率和基本苗要求计算播种量。土壤墒情、整地质量及土壤处理达到一次播种保全苗的要求。

6.2 播种方法

采用人工条播、人工穴播、机械精量播种或其他能够保证种子均匀分布的方法播种，播种深度以 3 cm～5 cm 为宜，同一试验点同一试验采用统一播种方法。

6.3 播期和密度

同一试验组各试点的播期和基本苗应控制在本组要求的范围内。播种应在适宜播期内进行，因特殊情况推迟播种的，应适当增加播量。同一试点品种间、重复间基本苗应保持一致。

6.4 田间管理

试验管理应及时施肥、排灌、治虫、中耕除草，但不应对病害进行药剂防治，不应使用各种植物生长调节剂。应保证同一试点各品种、各重复间的各项管理措施一致，同一重复内的同一管理措施应在同一天内完成。试验过程中应及时采取有效的防护措施，防止人、鼠、鸟、畜、禽等对试验的危害。

7 记载项目和标准

7.1 记载项目和标准

见附录 A。

7.2 记载本格式

见附录 B。

8 收获和计产

当小麦达到蜡熟期及时整区收获、脱粒。晾晒、风干后称重计产，数据精确到小数点后 2 位。

9 试验报废

9.1 试验点报废

下述试验点报废：

a) 试验的田间设计未按试验方案执行者；

b) 由于自然灾害或人为因素，参试品种不能正常生长发育而严重影响试验结果者；

c) 试验中多个小区缺失无法统计者；

d) 试验点产量数据误差变异系数 15％以上者；

e) 试验结果品种表现趋势明显异于多数试点者；

f) 试验数据不真实及其他严重影响试验质量和客观性、真实性者。

9.2 试验品种报废

下述试验品种报废：

a） 某参试品种在当年的全部试点中，有20％以上试验点试验报废，该品种不参与汇总；

b） 试验中参试品种2次（含2次）以上重复的缺苗率达20％以上者。

10 抗性鉴定和品质测定

10.1 抗性鉴定

参加区域试验的品种，同年由同级农作物品种审定委员会指定的专业机构按需要进行抗性（抗病性、抗寒性、抗旱性等）鉴定。根据两年的鉴定结果将试验品种对每一种逆境的抗性分别作出定量或定性评价，并与对照品种进行比较。

10.2 品质测定

从指定的试验点抽取样本，交同级农作物品种审定委员会指定的专业机构进行测定。

测定项目按照GB/T NY/T 967的规定执行。

11 区试报告

区试报告包括区试点报告和区试组汇总报告：

——区试点报告包括苗期报告、小麦品种区域试验记载本（见附录B，按附录A要求填写）、产量报告；

——区试组汇总报告包括：当年试验执行情况、气象资料、试验数据汇总分析、品种评价和处理意见。

附 录 A
(规范性附录)
小麦品种区域试验记载项目与标准

A.1 导言

试验的记载项目与标准力求简明扼要,避免繁琐。所有记载项目均应记载,未包括在记载项目内的特殊情况,也应补充记载。

除穗型、芒、壳色、粒色、饱满度、粒质外,其余性状应有2个~3个重复的数据,并以其平均值或综合评价填入汇总表内。

为便于应用计算机储存、分析试验资料,全部记载均需要数量化。一般采用五级制(1、2、3、4、5级),沿用三级制的一些性状,为了记载的标准化,以1、3、5级表示。

记载级别由小值到大值,表示幼苗习性由匍匐到直立;芒由短到长;抗逆性由强到弱;熟相由好到差;壳色、粒色由白到红;种子由饱到瘪。

生育期、株高、生育动态、每穗粒数、千粒重、容重以及病害的普遍率、严重度等已按数值或百分率记载的项目不予分级。

株高、有效分蘖和越冬百分率保留整数。

A.2 田间记载

A.2.1 物候期

A.2.1.1 出苗期

全区50%以上幼苗胚芽鞘露出地面1 cm时的日期(以日/月表示,以下均同)。

A.2.1.2 抽穗期

全区50%以上麦穗顶部小穗(不算芒)露出叶鞘,或在叶鞘中上部裂开见小穗时的日期。

A.2.1.3 成熟期

大多数麦穗的籽粒变硬,大小及颜色呈现本品种固有特征的日期。

A.2.1.4 生育期

出苗至成熟的天数。

A.2.2 形态特征

A.2.2.1 幼苗习性

分蘖盛期观察,分三级:

- 1级 匍匐;
- 2级 半匍匐;
- 3级 直立。

A.2.2.2 株高

从地面至穗的顶端,不连芒,以厘米计算。

A.2.2.3 芒

分五级:

- 1级 无芒 完全无芒或芒极短;

- 2级 顶芒 穗顶部有芒,芒长5 mm以下,下部无芒;
- 3级 曲芒 芒的基部膨大弯曲;
- 4级 短芒 穗的上下均有芒,芒长40 mm以下;
- 5级 长芒 芒长40 mm以上。

A.2.2.4 穗型

分五级:

- 1级 纺锤形 穗子两头尖,中部稍大;
- 2级 椭圆形 穗短,中部宽,两头稍小,近似椭圆形;
- 3级 长方形 穗子上、下、正面、侧部基本一致,呈柱形;
- 4级 棍棒形 穗子下小、上大、上部小穗着生紧密,呈大头状;
- 5级 圆锥形 穗子下大,上小或分枝,呈圆锥状。

A.2.2.5 壳色

分两级,以1、5级表示:

- 1级 白壳(包括淡黄色);
- 5级 红壳(包括淡红色)。

A.2.3 生育动态

A.2.3.1 基本苗数

三叶期前在小区内选取2个~3个出苗均匀的样点(条播选取1 m长样段),数其苗数,折算成万苗/亩表示。

A.2.3.2 最高茎蘖数

拔节前分蘖数达到最高峰时调查,在原样点调查,方法与基本苗相同。

A.2.3.3 有效穗数

成熟前数取有效穗数,在原样点调查,方法与要求同基本苗。

A.2.3.4 有效分蘖率(即成穗率)

有效分蘖率按(1)计算:

$$W = 100\% \times \frac{M}{K} \quad \cdots\cdots\cdots\cdots (1)$$

式中:

W ——有效分蘖率;

M ——有效穗数;

K ——最高总茎数。

A.2.4 抗逆性

A.2.4.1 抗寒性

根据地上部分冻害,冬麦区分越冬、春季两阶段记载,春麦区分前期、后期两阶段记载,均分五级:

- 1级 无冻害;
- 2级 叶尖受冻发黄;
- 3级 叶片冻死一半;
- 4级 叶片全枯;
- 5级 植株或大部分分蘖冻死。

A.2.4.2 抗旱性

发生旱情时,在午后日照最强、温度最高的高峰过后,根据叶片萎缩程度分五级记载:

- 1级 无受害症状;

· 2 级　小部分叶片萎缩，并失去应有光泽；
· 3 级　叶片萎缩，有较多的叶片卷成针状，并失去应有光泽；
· 4 级　叶片明显卷缩，色泽显著深于该品种的正常颜色，下部叶片开始变黄；
· 5 级　叶片明显萎缩严重，下部叶片变黄至变枯。

A.2.4.3　耐湿性

在多湿条件下于成熟前调查，分三级记载：

· 1 级　茎秆呈黄熟且持续时间长，无枯死现象；
· 3 级　有不正常成熟和早期枯死现象，程度中等；
· 5 级　不能正常成熟，早期枯死严重。

A.2.4.4　耐青干能力

根据穗、叶、茎青枯程度，分无、轻、中、较重、重五级，分别以 1、2、3、4、5 表示，同时记载青干的原因和时间。

A.2.4.5　抗倒伏性

分最初倒伏、最终倒伏两次记载，记载倒伏日期、倒伏程度和倒伏面积，以最终倒伏数据进行汇总。倒伏面积为倒伏部分面积占小区面积的百分率。倒伏程度分五级记载：

· 1 级　不倒伏；
· 2 级　倒伏轻微，植株倾斜角度小于或等于 30°；
· 3 级　中等倒伏，倾斜角度 30°～45°（含 45°）；
· 4 级　倒伏较重，倾斜角度 45°～60°（含 60°）；
· 5 级　倒伏严重，倾斜角度 60°以上。

A.2.4.6　落粒性

完熟期调查，分三级记载：

· 1 级　口紧，手用力撮方可落粒，机械脱粒较难；
· 3 级　易脱粒，机械脱粒容易；
· 5 级　口松，麦粒成熟后，稍加触动容易落粒。

A.2.4.7　穗发芽

在自然状态下目测，分无、轻、重三级，以 1、3、5 表示，同时记载发芽百分率。

A.2.5　熟相

根据茎叶落黄情况分为好、中、差三级，以 1、3、5 表示。

A.2.6　病虫害

A.2.6.1　锈病

对最主要的锈病记载普遍率、严重度和反应型：

a）普遍率　目测估计病叶数（条锈病、叶锈病）占叶片数的百分比或病秆数的百分比；
b）严重度　目测病斑分布占叶（鞘、茎）面积的百分比；
c）反应型　分五级：

· 1 级　免疫　完全无症状，或偶有极小淡色斑点；
· 2 级　高抗　叶片有黄白色枯斑，或有极小孢子堆，其周围有明显枯斑；
· 3 级　中抗　夏孢子堆少而分散，周围有褪绿或死斑；
· 4 级　中感　夏孢子堆较多，周围有褪绿现象；
· 5 级　高感　夏孢子堆很多，较大，周围无褪绿现象。

对次要锈病，可将普遍率与严重度合并，分为轻、中、重三级，分别以 1、3、5 表示。

A.2.6.2　赤霉病

记载病穗率和严重度：

a） 病穗率 目测病穗占总穗数百分比；

b） 严重度 目测小穗发病严重程度，分五级：

- 1级 无病穗；
- 2级 1/4(含1/4)以下小穗发病；
- 3级 1/4～1/2(含1/2)小穗发病；
- 4级 1/2～3/4(含3/4)小穗发病；
- 5级 3/4以上小穗发病。

A.2.6.3 白粉病

一般在小麦抽穗时白粉病盛发期分五级记载：

- 1级 叶片无肉眼可见症状；
- 2级 基部叶片发病；
- 3级 病斑蔓延至中部叶片；
- 4级 病斑蔓延至剑叶；
- 5级 病斑蔓延至穗及芒。

A.2.6.4 叶枯病

目测病斑占叶片面积的百分率，分五级：

- 1级 免疫 无症状；
- 2级 高抗 病斑占1%～10%；
- 3级 中抗 病斑占11%～25%；
- 4级 中感 病斑占26%～40%；
- 5级 高感 病斑占40%以上。

A.2.6.5 根腐病

反应型按叶部及穗部分别记载：

a） 叶部 于乳熟末期调查，分五级：

- 1级 旗叶无病斑，倒数第二叶偶有病斑；
- 2级 病斑占旗叶面积1/4(含1/4)以下，小；
- 3级 病斑占旗叶面积1/4～1/2(含1/2)，较小，不连片；
- 4级 病斑占旗叶面积1/2～3/4(含3/4)，大小中等，连片；
- 5级 病斑占旗叶面积3/4以上，大而连片。

b） 穗部 分三级：

- 1级 穗部有少数病斑；
- 3级 穗部病斑较多，或一两个小穗有较大病斑或变黑；
- 5级 穗部病斑连片，且变黑。

记载时以叶部反应型作分子，穗部反应型作分母，如3/3表示叶部与穗部反应型均为3级。

A.2.6.6 黄萎病

记载普遍率和严重度：

a） 普遍率 目测发病株数占总数的百分率；

b） 严重度 分五级：

- 1级 无病株；
- 2级 个别分蘖发病，一般仅旗叶表现病状，植株无低矮现象；
- 3级 半数分蘖发病，旗叶及倒二叶发病，植株有低矮现象；
- 4级 多数分蘖发病，旗叶及倒二、三叶发病，明显低矮；

- 5级　全部分蘖发病，多数叶片病变，严重低矮植株超过1/2。

A.2.6.7　纹枯病

冬麦区小麦齐穗后发病高峰期剥茎观察：

- 1级　无病症；
- 2级　叶鞘发病但未侵入茎秆；
- 3级　病斑侵入茎秆不足茎周的1/4(含1/4)；
- 4级　病斑侵入茎秆茎周的1/4～3/4(含3/4)；
- 5级　病斑侵入茎秆茎周的3/4以上。

在病害严重发生，出现枯白穗的年份，应增加记录枯白穗率(%)。

A.2.6.8　其他病虫害

如发生散黑穗病、黑颖病、土传花叶病、蚜虫、黏虫、吸浆虫等时，亦按三级或五级记载。

A.3　室内考种

A.3.1　每穗粒数

在进行记载的两至三个重复，每小区边行除外随机选取50穗混合脱粒，数其总粒数，求得平均每穗粒数。

A.3.2　饱满度

分饱、较饱、中等、欠饱、瘪五级，分别以1、2、3、4、5表示。

A.3.3　粒质

分硬质、半硬质、软(粉)质三级，分别以1、3、5表示。

A.3.4　粒色

分白粒、琥珀色、红粒，以1、3、5表示，其他颜色以文字表述。

A.3.5　千粒重

做两次(单位g)，每次随机取1 000粒种子，取其平均值(如两次误差超过0.5 g应重做)，数据精确到1位小数。

A.3.6　容重

以晒干扬净的籽粒用容重器称量两次(单位g/L)取其平均值(如两次误差超过5 g应重做)。

A.3.7　黑胚率

随机取200粒，数黑胚粒数，做两次，取平均值，以百分率表示。

附　录　B
（规范性附录）

小麦品种区域试验记载本

________年度

试 验 组 别____

承 试 单 位____

试 验 地 点________________________海 拔____________

东 经____________度 北 纬____________度

试验负责人________________记 载 人________________

B.1 试验设计

供试品种______________个　　共同对照品种名称________
辅助对照品种名称______　　重复次数________________
小区长_____ m、宽_____ m　　小区面积______________ m^2
每小区_______________行　　密　度___________万苗/亩
试验田面积___________亩

B.2 供试品种

表 B.1 供试品种

代　号	品种名称	供种单位

B.3 栽培管理

B.3.1 前茬：____________________土质：____________________水(旱)地：____________________

B.3.2 基肥(种类、数量、质量、施用时间及方法)：____________________

B.3.3 整地(时间、机具质量)：____________________

B.3.4 种肥(种类、数量、施用时间及方法)：____________________

B.3.5 土壤处理：____________________

B.3.6 播种期：____________月____________日　　播种方法：____________________

B.3.7 追肥(种类、数量、质量、施用时间及方法)：____________________

B.3.8 中耕除草(时间、次数、方法及质量)：____________________

B.3.9　灌溉(时间、次数、方法)：＿＿＿＿＿＿＿＿

B.3.10　防治虫害(对象、时间、药剂名称和方法)：＿＿＿＿＿＿＿＿

B.3.11　收获期：＿＿＿＿月＿＿＿＿日

B.3.12　其他：＿＿＿＿＿＿＿＿

B.4　田间种植图

画出品种田间种植排列图。

B.5　小麦生育期的气温和雨量

表 B.2　小麦生育期的气温和雨量(常年气象资料系　年平均)

项　目		月		月		月		月		月		月		月		月		月		月	
		当年	常年	当年	常年	当年	常年	当年	常年	当年	常年	当年	常年	当年	常年	当年	常年	当年	常年	当年	常年
上旬(℃)	平均气温																				
	最高气温																				
	最低气温																				
中旬(℃)	平均气温																				
	最高气温																				
	最低气温																				
下旬(℃)	平均气温																				
	最高气温																				
	最低气温																				
月平均气温(℃)																					
降水量(mm)	上　旬																				
	中　旬																				
	下　旬																				
月降水量总数(mm)																					
月降水天数																					
月最大降水量(mm)																					
日照时数	上　旬																				
	中　旬																				
	下　旬																				
月总日照时数																					

特殊气候及各种自然灾害对试验的影响：＿＿＿＿＿＿＿＿

B.6 田间记载表

每次重复应填 1 张表。

表 B.3 田间记载表

重复	区号	品种名称	出苗期(日/月)	抽穗期(日/月)	成熟期(日/月)	幼苗习性	基本苗(万/亩)	最高总茎数(万/亩)	有效穗数(万/亩)	株高(cm)	冻害				越冬百分率(%)	旱害		湿害		青干		倒伏						病			白粉病	其他病虫害			穗发芽	落粒性	熟相	小区产量(kg)	田间评比意见
											日期(日/月)	程度	日期(日/月)	程度		日期(日/月)	程度	日期(日/月)	程度	日期(日/月)	程度	日期(日/月)	程度	面积(%)	日期(日/月)	程度	面积(%)	反应型	严重度(%)	普遍率(%)									
1…3																																							

B.7 生育期、茎蘖动态汇总表

表 B.4 生育期、茎蘖动态汇总表

代号	品种名称	出苗期(日/月)	抽穗期(日/月)	成熟期(日/月)	生育期(日)	幼苗习性	基本苗(万/亩)	最高总茎数(万/亩)	有效穗数(万/亩)	有效分蘖率(%)	株高(cm)

注:生育期为出苗至成熟的天数。

B.8 抗逆性汇总表

表 B.5 抗逆性汇总表

代号	品种名称	冻害		越冬百分率(%)	耐旱性	耐湿性	抗青干	倒伏		病			白粉病	其他病虫害			穗发芽	落粒性	熟相
								程度	面积(%)	反应型	严重度(%)	普遍率(%)							

B.9 室内考种汇总表

表 B.6 室内考种汇总表

代号	品种名称	穗型	壳色	芒	每穗粒数				粒色	籽粒饱满度	粒质	黑胚率	千粒重(g)				容量(g/L)		
					第 重复	第 重复	第 重复	平均					第 重复	第 重复	第 重复	平均	第 重复	第 重复	平均

B.10 气象对小麦生育影响及对供试品种的简评

____
____
____
____
____
____
____
____
____
____
____
____

B.11 小麦品种区域试验产量结果汇总表

表 B.7 小麦品种区域试验产量结果汇总表

（__________年度）

代号	品种名称	亩产量			总和	平均亩产量（kg）	比对照Ⅰ增减（%）	比对照Ⅱ增减（%）	产量位次	备注
		第一重复	第二重复	第三重复						

试验单位______________________ 试验负责人______________________

试验组别______________________ 填表日期______________________

本标准起草单位：全国农业技术推广服务中心、河南省农业科学院、四川省农业科学院、北京市种子管理站。

本标准主要起草人：廖琴、赵虹、马志强、邱军、朱华忠、王西成、福德平。

中华人民共和国农业行业标准

NY/T 1302—2007

农作物品种试验技术规程　棉花

Rules for the Trial Technology of Cotton Varieties

1　范围

本标准规定了棉花品种区域试验和生产试验技术要求与方法。

本标准适用于棉花品种区域试验和生产试验工作。

2　规范性引用文件

下列文件中的条款通过本标准的引用而成为本标准的条款。凡是注日期的引用文件，其随后所有的修改单(不包括勘误的内容)或修订版均不适用于本标准，然而，鼓励根据本标准达成协议的各方研究是否可使用这些文件的最新版本。凡是不注日期的引用文件，其最新版本适用于本标准。

GB/T 3543.1～3543.7　农作物种子检验规程

GB 4407.1　经济作物种子　纤维类

ASTM D5867　大容量纤维测试仪(HVI)测定棉纤维的试验方法标准

《主要农作物品种审定办法》 2001年2月26日农业部第44号令

3　术语和定义

下列术语和定义适用于本标准。

3.1

品种　variety

人工选育或发现并经过改良、形态特征和生物学特性一致、遗传性状相对稳定的植物群体。

3.2

区域试验　reginal trial

在一定生态区域内和生产条件下统一安排的多点多年品种比较试验，鉴定品种的丰产性、抗病性、抗逆性、品质、适应性等，客观评价参试品种特征特性和生产利用价值，为品种审定和推广提供科学依据。

3.3

生产试验　production trial

在接近大田生产的条件下，对品种的丰产性、适应性、抗逆性等进一步验证，同时总结配套栽培技术。

3.4

丰产性　yielding ability

品种在区域试验中比对照品种平均增减产的百分率和差异显著性。

3.5

适应性　adaptability

中华人民共和国农业部 2007-04-17 发布　　　　2007-07-01 实施

品种在区域试验中对不同环境的综合适应能力。

3.6

稳定性 stability

品种在连续2年(含)以上区域试验中特征特性等遗传性状保持不变,无分离变异现象。

3.7

生育期 growth period

从出苗期至吐絮期的天数。

3.8

上半部平均长度 upper half mean length

棉纤维长度测定时,重量占纤维束一半(50%)的较长纤维部分的根数的平均长度。

3.9

断裂比强度 strength

纤维试样受到拉伸直至断裂时,所显示出来的每单位线密度所能承受的断裂负荷。通常采用3.2 mm(1/8英寸①)隔距比强度。

3.10

马克隆值 micronaire value

固定重量的棉纤维在一定容积内透气性的量度值,用以反映棉纤维细度和成熟度的综合指标。

3.11

整齐度指数 uniformity index

棉纤维长度测定时,平均长度和上半部平均长度之比,以上半部平均长度的百分率表示。

3.12

反射率 reflectance

棉纤维对光的反射程度。

3.13

黄度 yellowness

棉纤维白度差别的物理量。

3.14

伸长率 elongation

棉纤维试样受到拉伸直至断裂时,纤维的绝对伸长量与拉伸前纤维自然长度之比,以百分率表示。

3.15

纺纱均匀性指数 spinning consistency index

棉纤维多项物理性能指标按照一定纺纱工艺加工成成纱后的综合反映。

3.16

抗病性 resistance to disease

品种抗阻病原物侵染、繁殖和危害的能力。

3.17

抗虫性 resistance to pests

品种抗阻害虫生长、发育和危害的能力。

3.18

---

① 英寸为非法定计量单位,1英寸=2.54 cm。

早熟性 earliness

品种完成从出苗至收获的生育进度，主要表现为生育期的长短和霜前花率的高低，通常用霜前花率表示。

3.19

霜前花率 percentage of seed-cotton yield before frost

霜前实收子棉产量占子棉总产量的百分率。

3.20

衣分 lint percentage

单位子棉中皮棉重量占子棉重量的百分率。

3.21

子指 seed index

100 粒棉籽重量。

3.22

对照品种 check variety

区域试验和生产试验中的参照品种，应为通过审定并在适宜区域内生产上大面积推广应用的主栽品种。

4 参试品种

参加区域试验的品种应经一定年限的多点品种比较试验，与现有品种有明显区别，性状稳定一致，产量、纤维品质和抗逆性等重要性状表现优异；生产试验参试品种为区域试验中综合表现较好的品种。按区域试验每个承担单位(包括抗病性、抗虫性鉴定单位)1 kg 种子用量、生产试验每个承担单位 2.5 kg 种子用量，由供种单位将按 GB/T 3543.1～3543.7 检验、符合 GB 4407.1 标准的未包衣光籽于 3 月 20 日前寄(送)至各组别汇总单位，密码编号后统一分发至各试验承担单位，杂交种必须是 F_1 代。

5 试验单位

5.1 田间试验单位

根据自然条件(如气候、地势和土壤等)以及栽培条件，在各生态区内选择一定数量有代表性的单位承担相应组别的田间试验任务。

5.2 抗逆性鉴定、纤维品质检测单位

抗逆性鉴定、纤维品质检测单位以品种审定委员会指定的测试机构为准。

6 试验设置

6.1 试验地选择

选择地势平坦、地力均匀、土壤肥力中上等、排灌条件好、四周无高大建筑物或树木影响的地块。

6.2 试验设计

6.2.1 区域试验

每组区域试验在同一生态类型区不少于 5 个试验点，小区面积 20 m^2，每小区不少于 4 行，试验时间不少于两个生产周期；每组参试品种 4 个～10 个，4 个品种时采用拉丁方设计，多于 4 个品种时采用随机完全区组设计，3 次重复；各试验点自行设计田间排列图。试验区周边种植保护行不少于 4 行。

6.2.2 生产试验

每组生产试验在同一生态类型区不少于 5 个试验点，每个试验点的种植面积不少于 300 m^2，不大于 3 000 m^2，试验时间为一个生产周期。两次重复时，每品种每小区不少于 150 m^2；不设重复时，每品种不

少于 300 m^2;各试验点自行设计田间排列图。试验区周边种植保护行不少于 4 行。

7 栽培管理

7.1 播种期

按当地适宜播种期播种。

7.2 种植密度

按当地大田生产密度种植,同一组试验种植密度保持一致。

7.3 种植方式

按当地种植方式进行。

7.4 田间管理

直播田应一播全苗,若出现缺苗,应及时查苗补缺;育苗移栽田棉苗移栽后,应及时查苗、补苗;按密度要求保全苗。注意勤中耕和雨后破板结。田间管理水平应略高于大田生产水平,同一区组的同一项管理措施应在同一天内完成。

7.4.1 肥水管理

按当地施肥水平和施肥方法施肥;根据天气和土壤水分含量,适时、适量浇水,满足全生育期棉花生长所需水分要求;遇雨水过量应及时排涝,防止棉田受渍。

7.4.2 病虫害防治

以防为主,播前可用病虫防治药物统一处理种子。生长期间根据田间虫情、病情选择高效、低毒的药剂适期防治。

7.4.3 化调

视棉花长势和气候情况适当使用生长调节剂。

7.4.4 打顶

根据当地情况适时打顶。

7.4.5 收花

棉花吐絮后 5 d～7 d 为最佳采收期,及时采收。

8 调查记载

8.1 取样行确定

将有代表性的小区中间 1 行～2 行作为取样行,在取样行中随机选点,连续取 20 株,作为各个项目调查的对象,共取 2 个重复;按附录 A 调查记载。

8.2 将当天调查记载结果先记入《棉花品种试验记载表》,并及时整理填写《棉花品种试验年终报告》。

9 抗逆性鉴定

由品种审定委员会指定的单位进行抗逆性鉴定。

9.1 抗病性鉴定

鉴定区域试验参试品种对棉花枯萎病和黄萎病的抗性。

9.2 Bt 抗虫蛋白检测

检测区域试验参试品种 Bt 抗虫蛋白含量,鉴定是否为转基因抗虫棉品种。

9.3 抗虫性鉴定

鉴定区域试验参试品种对棉铃虫的抗性。

10 考种

子棉收获后室内测定单铃重和子指。

11 收花轧花

11.1 收花

每组试验至少要准备三套收花袋，并根据组别、区号及品种代码编号，在收花适期内分小区采收，新收子棉要及时晾晒。采收、晾晒、贮藏等操作过程中要严格防止错乱。

11.2 轧花

轧花前应彻底清理轧花车间和机具，用专用小型皮辊轧花机分轧；每轧完一个样品，机具应清理干净。

12 小区产量

根据实测小区霜前子棉、霜后子棉产量，计算子棉产量、僵瓣率和霜前花率；从拣出僵瓣后充分混匀的子棉（霜前子棉和霜后子棉）中取 1 kg 轧出皮棉称重，计算衣分，根据衣分换算出皮棉产量。

13 品质检测

纤维品质检测按 ASTM D5867 要求，采用 HVI 900 大容量测试仪进行，主要检测上半部平均长度、断裂比强度、马克隆值、整齐度指数、反射率、黄度、伸长率、纺纱均匀性指数等指标。各承担单位将测定单铃重的皮棉充分混匀，每品种取 100 g 于 11 月 30 日前寄至各组别汇总单位（棉样袋上请注明试验点、试验类型、组别、品种编号），由汇总单位统一寄（送）至农业部棉花品质监督检验测试中心进行测试。

14 试验总结

14.1 调查记载结果的寄送

各试验承担单位于 6 月 25 日前、9 月 30 日前和 12 月 15 日前分别将《棉花品种试验苗期报告》（附录 C）、《棉花品种试验生育中期调查表》（附录 D）、《棉花品种试验调查记载表》（附录 E）寄（送）或发电子邮件至各组别汇总单位。

14.2 《棉花品种试验年终报告》的寄送

各试验承担单位于 12 月 15 日前将《棉花品种试验年终报告》（附录 E）寄（送）或发电子邮件至试验主管部门和各组别汇总单位。

14.3 抗逆性鉴定、纤维品质检测报告的寄送

抗逆性鉴定、纤维品质检测单位于 12 月 15 日前将鉴定报告、检测报告一式两份分别寄至试验主管部门和试验汇总单位。

14.4 试验报废

试验承担单位有下列情形之一的，该点区域试验作报废处理。

a） 因不可抗拒原因造成试验的意外终止。

b） 3 个小区缺株率超过 15%。

c） 误差变异系数超过 15%。

d） 平均皮棉总产量低于全组所有试验点平均皮棉总产量 50%。

e） 12 月 15 日前未寄（送）《棉花品种试验年终报告》或未发电子邮件的。

f） 其他严重违反棉花品种试验技术规程和严重影响试验科学性的情况。

试验期间，因不可抗拒原因报废的试验点，应在半个月内函告试验主管部门和各组别汇总单位。

14.5 数据处理

14.5.1 调查记载内容

区域试验对以上各项内容均进行调查记载,生产试验调查记载生育时期、农艺性状、铃重、衣分、子指、产量等项目。

14.5.2 数据分析

各承担单位和汇总单位对试验数据进行统计分析及综合评价,各组试验均用小区皮棉总产量进行方差分析和多重比较。

15 其他

各承担单位所接收的试验用种只能用于品种试验工作,在确保试验顺利实施后多余种子及由参试品种产生的繁殖材料均应及时销毁,不能用于育种、繁殖、交流等活动。

附 录 A
(规范性附录)
田间调查记载和室内考种项目

A.1 田间记载项目

A.1.1 生育时期

A.1.1.1 播种期

实际播种的日期(以月/日表示,下同)。

A.1.1.2 出苗期

幼苗子叶平展达50%的日期。

A.1.1.3 开花期

开花株数达50%的日期。

A.1.1.4 吐絮期

吐絮株数达50%的日期。

A.1.1.5 生育期

从出苗期至吐絮期的天数。

A.1.2 整齐度与生长势

苗期、花期、絮期目测植株形态的一致性和植株发育的旺盛程度。整齐度与生长势的优劣均用1(好)、2(较好)、3(一般)、4(较差)、5(差)表示。

A.1.3 农艺性状

第一果枝节位在棉花现蕾后调查;株高、单株果枝数、单株结铃数黄河流域棉区和长江流域棉区在9月15日调查,西北内陆棉区在9月5日调查。

A.1.3.1 第一果枝节位

棉花现蕾后从下至上第一果枝着生的节位。

A.1.3.2 株高

子叶节至主茎顶端的高度。

A.1.3.3 单株果枝数

棉株主茎果枝数量。

A.1.3.4 单株结铃数

棉株个体成铃数。横向看铃尖已出苞叶,直径在2 cm以上的棉铃为大铃,包括吐絮铃和烂铃;比大铃小的棉铃及当日花为小铃,3个小铃折算为1个大铃。

A.1.4 试验密度

A.1.4.1 设计密度

按株距和行距换算出每667 m^2 面积的株数。

A.1.4.2 实际密度

收第一次子棉时,调查每小区实际株数,换算成每667 m^2 面积的株数。

A.1.4.3 缺株率

实际密度与设计密度的差数占设计密度的百分率。当实际密度高于设计密度时,百分率前用+号表示,反之用一号表示。

A.1.5 抗病性田间调查

各区域试验承担单位于枯萎病和黄萎病发生高峰期在取样行各调查1次,采用5级法病情分级标准进行病情调查。病情分级标准如下:

A.1.5.1 枯萎病病情分级标准

0级:外表无病状。

1级:病株叶片25%以下显病状,株型正常。

2级:叶片25%~50%显病状,株型微显矮化。

3级:叶片50%以上显病状,株型矮化。

4级:病株凋萎死亡。

A.1.5.2 黄萎病病情分级标准

0级:外表无病状。

1级:病株叶片25%以下显病状。

2级:叶片25%~50%显病状。

3级:叶片50%以上显病状,有少数叶片凋落。

4级:叶片全枯或脱落,生产力很低。

病株率(%)=(发病总株数÷调查总株数)×100%。

病指=[各级病株数分别乘以相应级数之和÷(调查总株数×最高级数)]×100。

A.2 考种

测定单铃重和子指。

A.2.1 单铃重

吐絮盛期,每小区在取样行采摘中部果枝第一至二果节吐絮正常的50个铃,晒干称重,计算单铃重。

A.2.2 子指

在测定单铃重的样品中,每品种随机取100粒棉籽称重,重复2次,取平均值。

A.3 小区产量

A.3.1 霜前子棉

黄河流域棉区10月25日前、长江流域棉区10月31日前所收子棉(含僵瓣)为霜前子棉,西北内陆棉区从开始收花至枯霜期后5 d内采收的子棉(含僵瓣)为霜前子棉。

A.3.2 霜后子棉

黄河流域棉区10月26日至11月10日、长江流域棉区11月1日~20日、西北内陆棉区枯霜期5 d后实收子棉为霜后子棉,不摘青铃。

A.3.3 子棉产量

霜前子棉和霜后子棉重量之和。

A.3.4 衣分

从拣出僵瓣后充分混匀的子棉(霜前子棉和霜后子棉)中取1 kg轧出皮棉称重,计算衣分。重复2次,取平均值。

A.3.5 皮棉产量

子棉产量与衣分的乘积。

A.3.6 僵瓣率

僵瓣重量占子棉总重量的百分率。

A.3.7 霜前花率

霜前子棉总重量占子棉总重量的百分率。

附 录 B
(规范性附录)
棉花品种试验苗期报告
(　　　年)

B.1 基本情况

试验组别:________,试验类型:________,承担单位:________,试验执行人:________,通讯地址:________,邮政编码:________,联系电话:________。

B.2 田间设计

参试品种____个,________排列,重复______次,行长______m,平均行距______m,______行区,小区面积______m^2,株距______m,密度每667 m^2 ______株,全试验净面积____m^2。

B.3 试验地基本情况和栽培管理

B.3.1 前茬作物:________,收获期:____月____日。

B.3.2 土壤类型:________,耕地和整地方式:________。

B.3.3 播种方式和方法:________________。

播种期:____月____日,移苗期:____月____日,第一次间苗:____月______日,第二次间苗:____月____日,定苗期:____月____日。

B.3.4 中耕除草:

人工(月/日):________________。

畜力(月/日):________________。

机耕(月/日):________________。

B.3.5 施肥:

基肥(时间、种类、数量、方法):________________________。

追肥(时间、种类、数量、方法):________________________。

B.3.6 病虫草害防治(时间、种类、用药量、方法):________________________。

B.4 苗期性状

品种代码	播种期 月/日	出苗期 月/日	补苗 %	苗　期		苗期 病害	备注
				生长势	整齐度		

表 B.4（续）

品种代码	播种期 月/日	出苗期 月/日	补苗 %	苗　期		苗期 病害	备注
				生长势	整齐度		

B.5　苗期小结(包括气候情况)

附　录　C
（规范性附录）
棉花品种试验生育中期调查结果表

试验组别：＿＿＿＿＿＿＿＿　试验类型：＿＿＿＿＿＿＿＿　承担单位：＿＿＿＿＿＿＿＿

品种代码	株高 cm	第一果 枝节位节	果枝 数台	大铃 个/株	小铃 个/株	单株结铃 个/株	每 667m^2 实际密度株	每 667 m^2 总铃数个
注：实际密度和总铃数数据保留整数位，其他性状数据保留 1 位小数。								

年　　月　　日

附 录 D
(规范性附录)
棉花品种试验调查记载表
(　　　　年)

试 验 组 别：________________________________

试 验 类 型：________________________________

承 担 单 位：________________________________

试验执行人：________________________________

通 讯 地 址：________________________________

邮政编码：____________　联系电话：____________

D.1 田间设计

参试品种______个，__________排列，重复_____次，行长_____m，平均行距_____m，____行区，小区面积_____m^2，株距_____m，密度每 667 m^2 _____株，全试验净面积_____m^2。

田间排列图：

D.2 试验地基本情况和栽培管理

D.2.1 前作：__________，收获期：_____月_____日。

D.2.2 土壤类型：_____，耕地和整地方式：______________________。

D.2.3 播种期：_____月_____日，播种方式和方法：______________________________。

移苗期：_____月_____日，第一次间苗：_____月_____日，第二次间苗：_____月_____日，定苗期：_____月_____日。

D.2.4 中耕除草

第一次：_____月_____日，第二次：_____月_____日，第三次：_______月_______日，第四次：_____月_____日，第五次：_____月_____日，第六次：_____月_____日，第七次：_____月_____日，第八次：_____月_____日，第九次：_____月_____日。

D.2.5 施肥

基肥(时间、种类、方法)：____，
____。

追肥(时间、种类、方法)：________________________________，
____
____
____
____。

D.2.6 **灌排水情况**

灌水：第一次：______月______日，第二次：______月______日，第三次：______月______日，第四次：______月______日，第五次：______月______日，第六次：______月______日。

排水：第一次：______月______日，第二次：______月______日，第三次：______月______日，第四次：______月______日，第五次：______月______日，第六次：______月______日。

D.2.7 **整枝情况**

第一次：______月______日，第二次：______月______日，第三次：______月______日。

D.2.8 **化调(日期、药剂种类、用量)**

第一次：____；
第二次：____；
第三次：____。

D.2.9 打顶日期：______月______日。

D.2.10 病虫草害防治(时间、病虫草害种类、用药量和方法)：

第一次：____；
第二次：____；
第三次：____；
第四次：____；
第五次：____；
第六次：____；
第七次：____；
第八次：____；
第九次：____；
第十次：____。

D.2.11 **收花期**

第一次：______月______日，第二次：______月______日，第三次：______月______日，第四次：______月______日，第五次：______月______日，第六次：______月______日，第七次：______月______日，第八次：______月______日，第九次：______月______日，第十次：______月______日，第十一次：______月______日，第十二次：______月______日，第十三次：______月______日，第十四次：______月______日，第十五次：______月______日，第十六次：______月______日，第十七次：______月______日，第十八次：______月______日。

D.2.12 拔秆期：______月______日。

D.3 观察记载表

D.3.1 生育期记载表

区组	品种代码	苗　期			花　期			絮　期		
		出苗期（月/日）	生长势	整齐度	开花期（月/日）	生长势	整齐度	吐絮期（月/日）	生长势	整齐度

D. 3. 2　株高、小区实收株数记载表

区组	品种代码	株　高 cm																				平均	小区株数

表 D.3.2（续）

区组	品种代码	株　高 cm																				平均	小区株数

D.3.3　单株果枝数记载表

区组	品种代码	果枝数 台/株																				平均

D.3.4 单株结铃数记载表

区组	品种代码	单株铃数 个/株																				平均

D.3.5 第一果枝节位记载表

区组	品种代码	第一果枝节位 节																				平均

表 D.3.5（续）

区组	品种代码	第一果枝节位 节																				平均

D.3.6 枯萎病调查记载表

区组	品种代码	发病级数																				病株率 %	病指

D.3.7 黄萎病调查记载表

区组	品种代码	发病级数																				病株率 %	病指

D.3.8 单铃重、子指、衣分记载表

区组	品种代码	单铃重 g	子指 g	衣分 %	区组	品种代码	单铃重 g	子指 g	衣分 %

D.3.9 小区子棉产量记载表

区组	品种代码	霜前子棉(含僵瓣) g	霜后子棉(含僵瓣) g	僵瓣 g	区组	品种代码	霜前子棉(含僵瓣) g	霜后子棉(含僵瓣) g	僵瓣 g
Ⅰ					Ⅲ				
Ⅱ					Ⅳ				

附　录　E
（规范性附录）

棉花品种试验年终报告

试验年份：____________________

试验组别：____________________

试验类型：____________________

承担单位：____________________

E.1 基本情况

试验地点：______________________。

试验执行人：____________，报表审查人：____________，填报日期：________月________日。

E.2 田间设计

参试品种________个，对照品种____________，________排列，重复________次，行长________m，平均行距______m，______行区，小区面积______m^2，株距______m，密度每 667 m^2 ________株，全试验净面积______m^2。

E.3 田间排列图

Ⅰ	
Ⅱ	
Ⅲ	
Ⅳ	

E.4 试验地基本情况和栽培管理

E.4.1 前作：______，收获期：______月______日。

E.4.2 土壤类型：______，耕地和整地方式：__________________________。

E.4.3 播种方式和方法：____。

播种期：______月______日，移苗期：______月______日，第一次间苗：______月______日，第二次间苗：______月______日，定苗期：______月______日。

E.4.4 中耕除草（次数和时间）：____。

E.4.5 施肥：

基肥（时间、种类、数量、方法）：____。

追肥（时间、种类、数量、方法）：____。

E.4.6 灌溉（排水）情况：____。

E.4.7 整枝（次数和时间）：____。

E.4.8 化调（日期、药剂种类、用量）：

第一次：__________________________；第二次：______________________________；第三次：______________________。

E.4.9 主要病虫害及其防治（时间、种类、用药量和方法）：____。

E.4.10 打顶期：________月________日，收花期：________月______日，拔秆期：______月______日，霜前花计产截止期：______月______日，初霜期：______月______日，枯霜期：______月______日。

E.5 观察记载表

E.5.1 观察气象资料与历年比较表

月份	旬别	平均温度 ℃			降雨量 mm			日照时数 h		
		年	历年	比历年 增 减	年	历年	比历年 增 减	年	历年	比历年 增 减
4	上									
	中									
	下									
	月									
5	上									
	中									
	下									
	月									
6	上									
	中									
	下									
	月									
7	上									
	中									
	下									
	月									
8	上									
	中									
	下									
	月									
9	上									
	中									
	下									
	月									
10	上									
	中									
	下									
	月									
11	上									
	中									
	下									
	月									

E.5.2 试验期间的气候情况

苗期

蕾铃期

吐絮期

E.5.3 生育时期及生长势、整齐度性状表

品种代码	播种期 月/日	出苗期 月/日	开花期 月/日	吐絮期 月/日	生育期 d	苗期		花期		絮期	
						生长势	整齐度	生长势	整齐度	生长势	整齐度

E.5.4 农艺性状表

品种代码	设计密度	实际密度	缺株率 %	第一果枝节位 节	株高 cm	株果枝数 台	株铃数	总铃数	单铃重 g	子指 g
	每 667m² 株						个			

表 E.5.4（续）

品种代码	设计密度	实际密度	缺株率 %	第一果枝节位 节	株高 cm	株果枝数 台	株铃数	总铃数	单铃重 g	子指 g
	每 667m² 株						个			
注：密度、总铃数保留整数位，其他性状保留 1 位小数。										

E.5.5 田间抗病性调查表

品种代码	枯　萎　病		黄　萎　病	
	病株率%	病指	病株率%	病指

E.5.6 产量分析表

品种代码	子棉总产量			霜前子棉产量			皮棉总产量			霜前皮棉产量			霜前花率 %
	每 667m² kg	为 CK %	位次	每 667m² kg	为 CK %	位次	每 667m² kg	为 CK %	位次	每 667m² kg	为 CK %	位次	
注：产量数据小数点后保留 2 位；霜前花率小数点后保留 1 位小数。													

E.5.7 子棉产量表

小区产量(g)

品种代码	霜前子棉产量(含僵瓣)				霜后子棉产量(含僵瓣)				总僵瓣	衣分
	Ⅰ	Ⅱ	Ⅲ	Ⅳ	Ⅰ	Ⅱ	Ⅲ	Ⅳ	g	%
注:产量保留整数位,衣分保留1位小数。										

E.5.8 皮棉总产量表

小区产量(g)

区组 品种代码	Ⅰ	Ⅱ	Ⅲ	Ⅳ	品种总和	品种平均
区组总和						
区组平均						
注:保留整数位。						

E.5.9 方差分析表

变异来源	自由度	平方和	方 差	F 值	理论F值	
					0.05	0.01
品 种						
区 组						
误 差						
总变异						

E.5.10 平均产量多重比较表

品种代码	小区平均产量 g	显著性测定	
		0.05	0.01
注:保留整数位。			

E.6 本年度试验评述和品种评价(包括试验进行情况及准确程度,品种特征特性、优点、缺点等)

E.7 对棉花品种试验工作的意见和建议

本标准起草单位:全国农业技术推广服务中心、中国农业科学院棉花研究所、江苏省农业科学院经济作物研究所、新疆维吾尔自治区种子管理站、江苏省种子站、浙江省农业厅农作物管理局、山东省种子管理总站、河北省种子总站、河南省种子管理站、安徽省种子管理总站、湖北省种子管理站、湖南省种子管理站、江西省种子管理站、四川省种子站、浙江省种子管理站、新疆生产建设兵团种子管理站、天津市种子管理站、山西省农业种子总站、陕西省种子管理站、甘肃省种子管理站。

本标准主要起草人:廖琴、邹奎、杨付新、许乃银、赵淑琴、金昌林、宋锦花、陈旭升、付小琼、钟文、刘素娟、刘桂珍、夏静、董新国、蔡义东、张正国、邓丽、王仁杯、邱林、高增尚、姚宏亮、薛燕、雷云周。

中华人民共和国农业行业标准

NY/T 1489—2007

农作物品种试验技术规程　马铃薯

Rules for the trial technology of potato varieties

1　范围

本标准规定了马铃薯品种区域试验和生产试验技术要求与方法。

本标准适用于国家级和省级农作物品种审定委员会开展马铃薯品种试验工作。

2　规范性引用文件

下列文件中的条款通过本标准的引用而成为本标准的条款。凡是注日期的引用文件，其随后所有的修改单(不包括勘误的内容)或修订版均不适用于本标准，然而，鼓励根据本标准达成协议的各方研究是否可使用这些文件的最新版本。凡是不注日期的引用文件，其最新版本适用于本标准。

GB 7331　马铃薯种薯产地检验规程

GB 18133　脱毒马铃薯种薯

3　术语和定义

下列术语和定义适用于本标准。

3.1

生育期　growth period

出苗期到成熟期的天数。

3.2

干物质　dry matter

块茎除去水分以外的其他物质。

3.3

淀粉含量　starch content

块茎中淀粉质量占鲜薯质量的百分数。

3.4

油炸色泽　fried color

在特定条件下，鲜薯片或鲜薯条油炸后的成品色泽。

3.5

薯形　tuber shape

块茎正常发育成熟后的形状。

3.6

块茎缺陷　tuber defect

块茎内部和外表的缺陷，如畸形、开裂、空心、黑圈、黑心、坏死、糖末端、绿皮、虫眼等。

中华人民共和国农业部 2007-12-18 发布　　2008-03-01 实施

3.7

商品薯率　marketability

符合商品薯要求块茎质量占收获块茎总质量的百分数。

4　试验品种

4.1　区域试验品种

——人工选育或发现并经过改良；

——与现有品种有明显区别；

——遗传性状相对稳定；

——形态特征和生物学特性一致；

——转基因品种应提供农业转基因生物安全证书；

——具有适当的品种名称。

4.2　生产试验品种

区域试验中综合表现较好的品种。

5　试验单位

5.1　田间试验单位

根据自然条件(如气候、地势和土壤等)以及栽培条件，在各生态区内选择一定数量有代表性的单位承担田间试验任务。

5.2　抗性鉴定、品质检测单位

农作物品种审定委员会确定的抗性鉴定、品质检测单位。

6　试验设置

6.1　试验地选择

选择地势平坦、地面平整、前茬一致、肥力中等一致、排灌方便、有代表性的地块作试验地，不受建筑物、林木、林带等遮阴影响，前作不能是茄科作物，试验地周围不能种植其他茄科作物。

6.2　种薯要求

种薯要严格挑选，来源一致，标准一致，符合《脱毒马铃薯种薯》(GB 18133)及《马铃薯种薯产地检验规程》(GB 7331)要求。宜整薯播种，若切块播种，每个品种应都切块，每个切块带2个芽以上，切块时淘汰病烂薯，切刀要消毒更换；二季作区应整薯播种。生产试验品种育种单位及对照品种供种单位应于播种前1个月向每个生产试验承担单位提供一级种薯80 kg。

6.3　繁种

各育种单位按要求将脱毒微型薯寄(送)至繁种单位，在温室、网室等隔离条件下统一生产合格种薯后分发到各承担单位。

6.4　试验设计

6.4.1　区域试验　每一个品种的区域试验在同一生态类型区应不少于5个试验点，小区面积13.33 m^2～20 m^2，试验时间不少于两个生产周期；每组参试品种应不少于4个，4个品种时，拉丁方设计；多于4个品种时，随机完全区组设计3次重复。各试验点自行设计田间排列图；区组内小区间不留走道。试验区周边种植保护行应不少于2行。

6.4.2　生产试验　每一个品种的生产试验在同一生态类型区应不少于5个试验点，1个试验点的种植面积应不少于300 m^2，不大于3 000 m^2，试验时间为1个生产周期。各试验点自行设计田间排列图。试验区周边种植保护行应不少于2行。

7 栽培管理

7.1 播前种薯处理

为保证播种后出苗率，播种前统一进行种薯催芽处理。

7.2 播种期

按当地适宜播种期播种。

7.3 种植密度

7.3.1 区域试验

冬作区小区面积 20 m^2，4 行区，播种 120 株；早熟中原二作区小区面积 20 m^2，5 行区，播种 120 株；中晚熟华北区、东北区、西北区小区面积 20 m^2，5 行区，播种 100 株；中晚熟西南区小区面积 13.33 m^2，5 行区，播种 80 株。

7.3.2 生产试验

按当地种植密度进行。

7.4 田间管理

按当地气候、栽培条件，选择晴天，适时播种，出苗后及时中耕除草，保持土壤疏松，适时培土、灌溉、施肥、防治病虫害。栽培管理措施必须一致，同一管理措施在同一天内完成，若确实有困难，至少应保证每个区组内一致。

7.5 收获

收获时先计数收获株数，区域试验如果 1 个小区缺株 15%以上，应作缺区处理；若 1 个试验内有 3 个小区缺株均超过 15%，试验报废。试验均按全小区计产。

8 调查记载

按照《马铃薯品种试验调查记载项目及依据》进行调查记载，参见附录 A，当天调查记载结果先记入《马铃薯品种试验调查记载表》，见附录 B；并及时整理填写《马铃薯品种试验年终报告》，见附录 C。

9 抗病性鉴定

9.1 马铃薯 X 病毒病、Y 病毒病抗性鉴定

生产试验参试品种育种单位于 1 月底前将通过休眠期的、粒重 5 g 以上的原原种 200 粒寄(送)至品种审定委员会指定单位进行抗病性鉴定。

9.2 晚疫病抗性鉴定

生产试验参试品种育种单位于 3 月 1 日～15 日期间，将通过休眠期的、粒重 5 g 以上的原原种 100 粒寄(送)至品种审定委员会指定单位进行抗病性鉴定。

10 品质检测

生产试验各承担单位于块茎收获后 10 d 内，从充分混匀的样品中每品种取样 2.5 kg 送(寄)至品种审定委员会指定单位进行块茎品质检测。

11 试验总结

11.1 调查记载结果的寄送

各试验承担单位、抗性鉴定单位、品质检测单位于试验结束后 1 个月内将《马铃薯品种试验年终报告》、抗病性鉴定报告、块茎品质检测报告一式两份分别寄送(或发电子邮件)至试验主管部门和汇总单位。

11.2 试验报废

试验承担单位有下列情形之一的,试验作报废处理:

a) 因不可抗拒原因造成试验的意外终止;

b) 3个小区缺株率均超过15%;

c) 误差变异系数超过15%;

d) 平均总产量低于全组所有试验点平均总产量50%;

e) 未按时寄(送)《马铃薯品种试验年终报告》或未发电子邮件的;

f) 其他严重违反马铃薯品种试验技术规程和严重影响试验科学性的情况。

试验因不可抗拒原因报废的,承担单位应在半个月内函告试验主管部门和汇总单位。

11.3 数据处理

11.3.1 调查记载内容

区域试验应调查记载《马铃薯品种试验调查记载表》中的各项内容;生产试验应调查记载《马铃薯品种试验调查记载表》中的物候期、植株形态特征、田间性状、块茎性状、主要病害和生理缺陷项目;繁种应调查记载《马铃薯品种试验调查记载表》中的物候期、植株形态特征、块茎性状、块茎生理缺陷、病害发生情况、繁种数量(块茎数)等,并对品种进行生育期、纯度、特征特性等方面的简单评述,对某一方面有严重缺陷的品种提出不适宜参加区域试验的依据。

11.3.2 数据分析

各承担单位和汇总单位对试验数据进行统计分析及综合评价,各试验均用小区块茎产量进行方差分析和多重比较。

12 其他

各承担单位所接收的试验用种只能用于品种试验工作,在确保试验顺利实施后多余种薯及由参试品种产生的繁殖材料均应及时销毁,不能用于育种、繁殖、交流等活动;严禁接待育(引)种单位、有关企业考察、了解参试品种情况,违者将取消承试资格;如发现有关单位的不正常行为,应及时向区试主管部门全国农业技术推广服务中心汇报情况,如有违规将依法追究责任。

附　录　A
（规范性附录）
马铃薯品种试验调查记载项目及依据

A.1　田间设计

参试品种数量、对照品种、小区排列方式、重复次数、种植密度、小区面积等。

A.2　气象和地理数据

A.2.1　气温:生长期间月平均最高、最低和平均温度。

A.2.2　降水量:生长期间降水天数、降水量及分布。

A.2.3　初霜时间、终霜时间。

A.2.4　纬度、经度、海拔高度。

A.3　试验地基本情况和栽培管理

A.3.1　基本情况

前茬、土壤类型、耕整地方式等。

A.3.2　栽培管理

播种方式和方法、施肥、中耕除草、灌排水、病虫草害防治等,同时,记载在生长期内发生的特殊事件。

A.4　物候期

随机调查2个小区,取2次重复平均值。

A.4.1　播种期:播种当天的日期。

A.4.2　出苗期:小区出苗率达50%的日期。开始出苗后隔天调查。

A.4.3　现蕾期:50%的植株现蕾的日期。开始现蕾后隔天调查。

A.4.4　开花期:50%的植株开花的日期。开始开花后隔天调查。

A.4.5　成熟期:小区50%的叶子变黄的日期。在生长后期每周调查两次。

A.4.6　收获期:块茎收获的日期。

A.4.7　生育期:出苗期到成熟期的天数。

A.5　植株形态特征

随机调查2个小区。

A.5.1　茎颜色:绿色、淡紫色、红褐色、紫色、绿色带褐色、紫色网、褐色带绿色网纹等。

A.5.2　叶片颜色:浅绿色、绿色和深绿色。

A.5.3　花繁茂性:在现蕾期到盛花期记载。分为:无蕾、落蕾、少花、中等和繁茂。

A.5.4　花冠色:盛花期上午10时以前观察刚开放的花朵。分为:白色、淡红色、深红色、浅蓝色、深蓝色、浅紫色、深紫色和黄色。

A.5.5　结实性:分为:无、少、中等和多。

A.5.6　匍匐茎长短:分为:短、中等和长。

A.6　田间性状

出苗率按小区调查,其他性状随机调查3个小区,每小区调查10株,共30株,取平均值。

A.6.1　出苗率:小区内出苗植株占播种穴数的百分数,现蕾期调查。

A.6.2　主茎数:从种薯或地下直接生长的茎数,开花期调查。

A.6.3　株高:土壤表面到主茎顶端的高度,盛花期调查。

A.6.4　单株块茎数:单株块茎数量,收获时调查。

A.6.5　单株块茎质量:收获时调查。

A.6.6　单薯质量:用单株块茎质量除以单株块茎数计算求出。

A.7　块茎性状

A.7.1　块茎质量性状调查

收获时随机调查2个小区。

A.7.1.1　块茎大小整齐度:不整齐、中等和整齐。

A.7.1.2　薯形:圆形、扁圆形、长圆形、卵圆形、长卵圆形、椭圆形和长椭圆形等。

A.7.1.3　皮色:乳白色、淡黄色、黄色、褐色、粉色、红色、紫红色、紫色、深紫色和其他。

A.7.1.4　肉色:白色、乳白色、淡黄色、黄色、红色、淡紫色、紫色和其他。

A.7.1.5　薯皮类型:光滑、略麻皮、麻皮和重麻皮及其他。

A.7.1.6　块茎芽眼深度:芽眼与表皮的相对深度,分外突、浅、中、深,深度<1 mm为浅、1 mm～3 mm为中、>3 mm为深。

A.7.2　块茎数量性状调查

收获时所有小区均调查。

A.7.2.1　商品薯率:收获时块茎按大小分级后称重,计算商品薯率。

鲜薯食用型品种:西南区、二季作区、冬作区单薯质量50 g(含)以上,一季作区单薯质量75 g(含)以上为商品薯;薯条加工型品种单薯质量150 g(含)以上为商品薯;薯片加工型品种单薯直径4 cm～10 cm为商品薯。

A.7.2.2　比重:收获后1周内用水比重法测定。按每品种大、中、小块茎比例,从每次重复中取混合样品5 kg,分别称出空气中块茎质量 m_1 和水中块茎质量 m_2,按式(A.1)计算:

$$比重=m_1/(m_1-m_2) \quad\cdots\cdots\cdots\cdots \text{(A.1)}$$

A.7.2.3　块茎干物质含量:根据比重查Mepkep干物质含量表。

Mepkep干物质含量表

5 kg块茎水中重(g)	比重	干物质含量(%)	淀粉含量(%)	5 kg块茎水中重(g)	比重	干物质含量(%)	淀粉含量(%)
235	1.049 3	13.100	7.385	265	1.056 0	14.600	8.785
240	1.050 4	13.300	7.585	270	1.057 1	14.800	8.885
245	1.051 5	13.600	7.785	275	1.058 2	15.000	9.285
250	1.052 6	13.800	8.085	280	1.059 3	15.300	9.485
255	1.053 7	14.100	8.285	285	1.060 4	15.500	9.685
260	1.054 9	14.300	8.585	290	1.061 6	15.748	9.981

表（续）

5 kg块茎水中重(g)	比重	干物质含量(%)	淀粉含量(%)	5 kg块茎水中重(g)	比重	干物质含量(%)	淀粉含量(%)
295	1.062 7	15.948	10.217	405	1.088 1	21.419	15.652
300	1.063 8	16.219	10.453	410	1.089 3	21.676	15.909
305	1.065 0	16.476	10.709	415	1.090 5	21.933	16.166
310	1.066 1	16.711	10.944	420	1.091 7	22.190	16.423
315	1.067 2	16.947	11.180	425	1.092 9	22.447	16.680
320	1.068 4	17.204	11.437	430	1.094 1	22.703	16.936
325	1.069 5	17.439	11.675	435	1.095 3	22.960	17.193
330	1.070 7	17.696	11.929	440	1.096 5	23.217	17.453
335	1.071 8	17.931	12.164	445	1.097 7	23.474	17.707
340	1.073 0	18.188	12.421	450	1.098 9	23.731	17.964
345	1.074 4	18.423	12.656	455	1.100 1	23.978	18.220
350	1.075 3	18.680	12.913	460	1.101 3	24.244	18.477
355	1.076 4	18.916	13.149	465	1.102 5	24.501	18.731
360	1.077 6	19.172	13.405	470	1.103 8	24.779	19.012
365	1.078 7	19.408	13.541	475	1.105 0	25.036	19.279
370	1.079 9	19.665	13.898	480	1.106 2	25.293	19.526
375	1.081 1	19.921	14.150	485	1.107 4	25.549	19.775
380	1.082 2	20.157	14.390	490	1.108 6	25.806	20.039
385	1.083 4	20.414	14.647	495	1.109 9	26.085	20.318
390	1.084 6	20.670	14.903	500	1.111 1	26.341	20.574
395	1.085 8	20.927	15.160	505	1.112 3	26.598	20.831
400	1.087 0	21.184	15.417	510	1.113 6	26.876	21.109

A.8 块茎生理缺陷

A.8.1 二次生长：收获时每小区随机调查10株，共调查30株，计算发生二次生长块茎百分数。

A.8.2 裂薯：收获时每小区随机调查10株，共调查30株，计算裂薯块茎百分数。

A.8.3 空心：收获时每小区随机调查10个块茎，共调查30个，计算空心块茎百分数。

A.9 主要病害

每小区随机调查10株，共调查30株。

A.9.1 马铃薯花叶病毒病：开花后期调查，计算发病率和病情指数。

$$发病率(\%)=\frac{发病株数}{调查总株数}\times100\%$$

$$病情指数=[\sum(病级株数\times代表值)/(调查总株数\times最高级代表值)]\times100$$

A.9.2 马铃薯卷叶病毒病：同花叶病毒病。

A.9.3 环腐病：植株幼苗期、开花期田间调查；块茎在收获后随机取30个切开块茎脐部调查，计算发病率和病情指数。

A.9.4 青枯病：记载小区最早出现病株日期，首次发病后每两周调查发病株，最后计算整个生长过程中发病植株的百分率。

A.9.5 晚疫病：小区最早出现病斑日期为发病期。首次发病后每周调查发病率和病情指数，分0、1、2、3、4级。

A.9.6 早疫病：同晚疫病。

A.10 病毒病及病害分级标准

A.10.1 花叶病毒病

0 级:无任何症状。

1 级:植株大小与健株相似,叶片平展但嫩叶或多或少有大小不等的黄绿斑驳。

2 级:植株大小与健株相似或稍矮,上部叶片有明显的花叶或轻微皱缩,有时有坏死斑。

3 级:植株矮化,全株分枝减少,多数叶片重花叶、皱缩或畸形,有时有坏死斑。

4 级:植株明显矮化,分枝少,全株叶片严重花叶、皱缩或畸形,有的叶片坏死、下部叶片脱落,甚至植株早死。

A.10.2 卷叶病毒病

0 级:无任何症状。

1 级:植株大小与健株相似,顶部叶片微束、褪绿或仅下部复叶由顶小叶开始,沿边缘向上翻卷成匙状,质脆易折。

2 级:病株比健株稍低,半数叶片成匙状,下部叶片严重卷成筒状,质脆易折。

3 级:病株矮小,绝大多数叶片卷成筒状,中下部叶片严重卷成筒状,有时有少数叶片干枯。

4 级:病株极矮小,全株叶片严重卷成筒状,部分或大部分叶片干枯脱落。

A.10.3 环腐病

A.10.3.1 植株症状

0 级:无任何症状。

1 级:植株少部分叶片萎蔫。

2 级:植株大部分或部分分枝萎蔫、叶脉间黄花,叶缘焦枯。

3 级:全株萎蔫、黄花、死亡。

A.10.3.2 块茎症状

0 级:无症状。

1 级:有明显的轻度感病,感病部分占微管束环 1/4 以下。

2 级:感病部分占微管束环 1/4～3/4。

3 级:感病部分占微管束环 3/4 以上。

A.10.4 晚疫病

0 级:无任何症状。

1 级:叶片有个别病斑。

2 级:1/3 叶片有病斑。

3 级:1/3～1/2 叶片上有病斑。

4 级:1/2 叶片感病。

A.11 收获数据

A.11.1 收获面积:每个小区的收获面积。

A.11.2 收获株数:每小区的收获植株数。

A.11.3 小区产量:收获时称重。

附　录　B
（规范性附录）

马铃薯品种试验调查记载表

（　　　　年）

试　验　组　别：____________________

试　验　类　型：____________________

承　担　单　位：____________________

试 验 执 行 人：____________________

通　讯　地　址：____________________

邮　政　编　码：____________________

联　系　电　话：____________________

电　子　信　箱：____________________

B.1 田间设计

B.1.1 基本情况

参试品种________个，________排列，重复________次，行长________ m，行距________ cm，________行区，小区面积________ m^2，株距________ m，密度每 666.7 m^2 ________株，全试验净面积________ m^2。

B.1.2 田间排列图

B.2 试验期间气象和地理数据

B.2.1 气象数据

月份					
平均最高温度(℃)					
平均最低温度(℃)					
平均温度(℃)					
降水天数(d)					
降水量(mm)					
初霜时间					
终霜时间					

B.2.2 地理数据

纬度________________，经度________________。海拔高度________________________________。

B.3 试验地基本情况和栽培管理

B.3.1 基本情况

前作：____________________，收获期：________月________日。

土壤类型：______________________________，耕地和整地方式：________________________________。

B.3.2 栽培管理

B.3.2.1 播种

播种期：____月____日，播种方式和方法：____。

B.3.2.2 中耕除草

时间、次数：____。

B.3.2.3 施肥

基肥(时间、种类、方法)：____。

追肥(时间、种类、方法)：____。

B.3.2.4 灌排水情况

灌水(时间、次数)：____。

排水(时间、次数)：____。

B.3.2.5 病虫草害防治

(时间、病虫草害种类、用药量和方法)：________________________________。

B.3.2.6 生长期间的特殊事件

____。

B.4 调查记载表

B.4.1 物候期记载表

区组	品种名称	播种期(月/日)	出苗期(月/日)	现蕾期(月/日)	开花期(月/日)	成熟期(月/日)	收获期(月/日)	生育期(d)

B.4.2 植株形态特征调查表

区组	品种名称	茎颜色	叶片颜色	花繁茂性	花冠色	结实性	匍匐茎长短

B.4.3 出苗率记载表

区组	品种名称	播种株数(株)	出苗株数(株)	出苗率(%)

B.4.4 主茎数记载表

区组	品种名称	主茎数(个)										平均(个)

B.4.5 株高记载表

区组	品种名称	株高 （cm）										平均 （cm）

B.4.6 单株块茎数记载表

区组	品种名称	单株块茎数 （个/株）										平均 （个/株）

B.4.7 单株块茎质量记载表

区组	品种名称	单株块茎质量 （g/株）										平均单株块茎质量 （g/株）

B.4.8 块茎质量性状调查表

区组	品种名称	大小整齐度	薯形	皮色	肉色	薯皮类型	芽眼深浅

B.4.9 块茎数量性状调查表

区组	品种名称	商品薯率（%）	比重	干物质含量（%）

B.4.10 块茎生理缺陷情况调查表

区组	品种名称	二次生长（%）	裂薯（%）	空心（%）	其他

B.4.11 花叶病毒病调查记载表

区组	品种名称	发 病 级 数										病株率（%）	病指

B.4.12 卷叶病毒病调查记载表

区组	品种名称	发 病 级 数										病株率（%）	病指

B.4.13 环腐病调查记载表

区组	品种名称	发 病 级 数										病株率（%）	病指	病薯率（%）

B.4.14　晚疫病调查记载表

调查日期：

区组	品种名称	发　病　级　数										病株率（%）	病指

B.4.15　早疫病调查记载表

调查日期：

区组	品种名称	发　病　级　数										病株率（%）	病指

B.4.16　青枯病调查记载表

调查日期：

区组	品种名称	发　病　级　数										病株率（%）	病指

B.5　小区产量记载表

区组	品种名称	小区收获面积（m^2）	收获株数（株）	小区产量（g）

附 录 C
(资料性附录)

国家马铃薯品种试验年终报告

试验年份:______________________________

试验类型:______________________________

试验组别:______________________________

承担单位:______________________________

试验地点:______________________________

C.1 田间设计

参试品种____个,对照品种________________________,________排列,重复____次,行长____ m,行距____ cm,株距____ cm,____行区,小区面积____ m^2。

C.2 试验期间气象和地理数据

C.2.1 气象数据

月份						
平均最高温度(℃)						
平均最低温度(℃)						
平均温度(℃)						
降水天数(d)						
降水量(mm)						
初霜时间						
终霜时间						

C.2.2 地理数据

纬度________________,经度________________。海拔高度________________________________。

C.3 试验地基本情况和栽培管理

C.3.1 基本情况

前作:________________,收获期:________月________日。土壤类型:____________,

耕地和整地方式:____。

C.3.2 栽培管理

C.3.2.1 播种期:____月____日,播种方式和方法:____;

C.3.2.2 中耕除草:____;

C.3.2.3 施肥:____;

C.3.2.4 灌排水:____;

C.3.2.5 病虫草害防治:____;

C.3.2.6 生长期间的特殊事件:____;

____。

C.4 调查记载表

C.4.1 物候期调查表

品种名称	播种期(月/日)	出苗期(月/日)	现蕾期(月/日)	开花期(月/日)	成熟期(月/日)	收获期(月/日)	生育期(d)

C.4.2 植株形态特征调查表

品种名称	茎颜色	叶片颜色	花繁茂性	花冠色	结实性	匍匐茎长短

C.4.3 田间性状调查表

品种名称	出苗率 （%）	主茎数 （个）	株高 （cm）	单株块茎数 （个/株）	单株块茎质量 （g/株）	单薯质量 （g）

C.4.4 块茎性状调查表

品种名称	块茎大小整齐度	薯形	皮色	肉色	薯皮类型	芽眼深浅	商品薯率 （%）	比重	干物质含量 （%）

C.4.5 块茎生理缺陷情况调查表

品种名称	二次生长 (%)	裂薯率 (%)	空心率 (%)	其他

C.4.6 主要病害情况调查表(一)

品种名称	花叶病毒病		卷叶病毒病		环腐病		
	发病率 (%)	病指	发病率 (%)	病指	发病率 (%)	病指	病薯率 (%)

C.4.7 主要病害情况调查表(二)

品种名称	晚疫病						早疫病						青枯病					
	调查日期						调查日期						调查日期					
	发病率(%)	病指	发病率(%)	病指	发病率(%)	病指	发病率(%)	病指	发病率(%)	病指	发病率(%)	病指	发病率(%)	病指	发病率(%)	病指	发病率(%)	病指

C.4.8 小区产量调查表

品种名称	Ⅰ	Ⅱ	Ⅲ	Ⅳ	品种总和	品种平均	666.7m² 产量(kg)
区组总和							
区组平均							

C.4.9 方差分析表

变异原因	自由度	平方和	方　差	F　值	理论F值	
					0.05	0.01
品　种						
重　复						
机　误						
总变异						
注：变异系数：$CV(\%)=\frac{Se}{\overline{X}}\times100\%=\frac{\sqrt{Ms(\text{误差})}}{\overline{X}}\times100\%$						

C.4.10 LSR法最小显著平准表

全距所含平均值的数目(P)	SSR		LSR	
	0.05	0.01	0.05	0.01

C.4.11 各品种平均产量多重比较表

品种名称	小区平均产量 (kg)	显著性测定	
		0.05	0.01

C.5 品种评述

C.6 对下年度试验工作的意见和建议

本标准主要起草单位:全国农业技术推广服务中心、中国农业科学院蔬菜花卉研究所、青海省农林科学院作物研究所、东北农业大学农学院、福建农林大学作物科学学院、北京市种子管理站、黑龙江省种子管理局、湖北恩施南方马铃薯研究中心。

本标准主要起草人:廖琴、邹奎、谢开云、张永成、石瑛、袁照年、赵青春、张思涛、黄大恩、孙林华、时小红、王春玲、鲜红、翟英芬、覃德斌。

中华人民共和国农业行业标准

NY/T 1784—2009

农作物品种试验技术规程　甘蔗

Regulations for the varieties tests of field crop sugarcane

1　范围

本标准规定了甘蔗品种试验中试验点的选择、参试品种确定、试验设计、田间管理、记载项目、数据处理、报告撰写的原则和技术、评价参试品种的办法。

本标准适用于国家和地方甘蔗品种试验方案制定和组织实施。

2　规范性引用文件

下列文件中的条款通过本标准的引用而成为本标准的条款。凡是注日期的引用文件，其随后所有的修改单(不包括勘误的内容)或修订版均不适用于本标准，然而，鼓励根据本标准达成协议的各方研究是否可使用这些文件的最新版本。凡是不注日期的引用文件，其最新版本适用于本标准。

NY/T 1786—2009　农作物品种鉴定规范　甘蔗

中华人民共和国农业部 2001 年第 44 号令　主要农作物品种审定办法

3　术语和定义

下列术语和定义适用于本标准。

3.1

预备试验　pre-registration variety trial

品种试验主管部门为选拔区域试验的参试品种，在全国组织的品种筛选试验。

3.2

区域试验　regional variety trial

在一定生态区域范围内，按照统一方案进行的多品种、多重复、多点次的品种试验。

3.3

生产试验　yield potential trial

在接近生产田的条件下，在多点进行的较大面积的品种表证试验。

4　试验点的选择

试验主管部门依据生态区划、参试品种类型，结合生产实际、耕作制度，确定试验组别；依据试验组别对气候、土壤和栽培类型要求，以及承担单位的物质条件和技术力量，选择试验点。

试验点应具有较好的生态和生产代表性；具有相对稳定的旱涝保收、土壤肥力均匀的试验地；田间试验条件及实验室质量检测设施完善，技术力量较强，人员相对稳定，有能力承担试验任务。

中华人民共和国农业部 2009 - 12 - 22 发布　　2010 - 02 - 01 实施

5 试验设计

5.1 小区面积

预备试验小区面积不小于 20 m^2，种植行数不少于 2 行；区域试验小区面积不小于 33 m^2，种植行数不少于 3 行；生产试验小区面积不小于 300 m^2，种植行数不少于 10 行。

5.2 小区排列

预备试验小区间比法排列，不设重复；区域试验小区随机排列、完全区组设计，3 次重复；生产试验采用间比法排列，可不设重复。试验地周围设立不少于 1 行保护区。

5.3 品种容量

预备试验品种不超过 20 个；区域试验在同一区组内的品种不超过 20 个，少于 4 个则暂停该组试验；生产试验根据实际情况安排品种数量。

5.4 对照品种

选择通过审(鉴、认)定的主栽品种，每组确定 1 个～2 个。试验主管部门依据程序组织更换。

5.5 种植密度

同一组别不同试验点各小区种植密度应一致，其中各试验点的预备试验可采取稀植快繁，提供翌年区试足够用种，区域试验种植密度和生产试验种植密度可依据当地生产种植密度确定。

6 试验年限

预备试验 1 年新植；区域试验 2 年新植 1 年宿根；生产试验 1 年新植，且可与区域试验第 2 年新植同时进行。

7 试验地的选择

选择地势平坦，土壤肥力中等以上、地力均匀，具有排灌能力，有代表性的田块。

8 区域试验品种的确定

依据预备试验结果和区域试验品种容量，综合品种选育单位意见，由区试年会确定参试品种。

9 田间管理

区域试验第 1 年新植试验参试品种及对照种的种苗在当地进行预备试验就地繁殖，并采用相同方式种植。田间管理水平略高于当地生产田，及时中耕培土、施肥、排灌并防治虫害。在进行田间操作时，同一试点、同一区组，同一项技术措施在同一天完成。

10 记载项目和标准

10.1 记载项目

出苗率、宿根发株率、茎蘖数、生长速、有效茎数、株高、茎径、单茎重、蔗茎产量、锤度、蔗糖分、纤维分、蔗糖产量、抽穗开花情况、抗病虫性等。

10.2 记载标准

记载标准见附录 A。

11 品质检测和抗性鉴定

11.1 品质检测

试验主管部门指定通过国家实验室资质认定的部、省级检测机构定点采集样本，按国家标准检测。

11.2 抗病性鉴定

试验主管部门指定通过国家实验室资质认定的部、省级检测机构进行田间接种鉴定。

11.3 抗旱性鉴定

试验主管部门指定通过国家实验室资质认定的部、省级检测机构进行抗旱鉴定。

12 试验检查

试验主管部门组织专家对试验实施情况进行检查,并提交评估报告和建议。

13 试验总结报告

试验结束后,承担单位及时向试验主管部门和试验主持单位提供试验报告、品质检测和抗性鉴定报告;试验主持单位及时汇总结果,撰写总结报告;试验主管部门及时发布试验总结报告。

14 品种的来源和处理

14.1 预备试验

14.1.1 品种来源

甘蔗品种选育单位申报,试验主持单位择优推荐,区试年会审核确定。

14.1.2 品种处理

根据品种表现和区域试验容量,择优推荐参加区域试验的品种。

14.2 区域试验

14.2.1 品种来源

从预备试验中择优推荐,区试年会审核确定。

14.2.2 品种处理

参试品种均应完成两年新植一年宿根的试验程序。对完成一年新植试验程序且达到鉴定标准的品种,在安排一年宿根试验和第二年新植试验的同时,安排进行生产试验。

14.3 品种鉴定

对已完成品种试验程序并符合鉴定标准的品种,选育单位可自愿申报品种鉴定。

附 录 A
(规范性附录)
甘蔗品种试验记载项目与标准

A.1 试验基本情况记载项目

A.1.1 田间设计

参试品种数量、对照品种、小区排列方式、重复次数、种植密度、小区面积等。

A.1.2 气象和地理数据

A.1.2.1 气温

生长期间月平均最高、最低和平均温度。

A.1.2.2 降雨量

生长期间降雨天数、降雨量及分布。

A.1.2.3 初霜时间、终霜时间。

A.1.2.4 试验点的纬度、经度、海拔高度。

A.1.3 试验地基本情况和栽培管理

A.1.3.1 基本情况

前茬、土壤类型、耕整地方式等。

A.1.3.2 栽培管理

播种方式和方法、施肥、中耕除草、灌排水、病虫草害防治等,同时,记载在生长期内发生的特殊事件。

A.2 田间调查记载项目及标准

A.2.1 出苗率

开始出苗后,每隔15天调查1次每小区的出苗数,直至出苗结束,计算其出苗率。

A.2.2 宿根发株率

宿根试验应在开畦松蔸后,调查每小区的蔗头数(即留宿根的蔗茎数),从发株开始,每隔15天调查1次发株数,直至发株结束,计算其发株率。

A.2.3 茎蘖数

自分蘖开始,每隔15天调查1次每小区的茎蘖数,根据基本苗和茎蘖数计算分蘖率。

A.2.4 生长速

自7月起,每隔1个月调查10株甘蔗株高,计算平均株高和月平均生长速。

A.2.5 抗逆性、抗病性调查

台风后,调查每小区的风折茎数和倒伏情况,求其风折茎率;调查每小区的枯心苗数,计算其枯心苗率;观察记载病虫(花叶病、黑穗病、梢腐病、黄叶病等)发生。

A.2.6 抽穗开花情况

发现抽穗开花,应记载抽穗开花品种名称和抽穗开花开始时间。

A.2.7 产量性状调查

12 月下旬调查以下项目：

A.2.7.1 有效茎数

调查每小区的有效茎数，计算公顷平均有效茎数。

A.2.7.2 株高

每小区选择有代表性的蔗株，顺序调查 20 株的株高，计算平均株高。

A.2.7.3 茎径

与调查株高同步进行，每小区调查 20 株蔗茎中部的茎径，计算平均茎径。

A.2.7.4 单茎重

根据经验公式：单茎重＝株高×茎径^2×0.785/1 000

A.2.7.5 蔗产量

根据有效茎数和单茎重，求出小区平均公顷蔗产量。

A.2.8 品质性状调查

A.2.8.1 锤度

从 11 月 15 日开始至翌年 3 月 15 日止，每隔 1 个月每小区顺序调查 10 株蔗茎中部的锤度；在翌年 3 月 15 日前砍收的应留足够的蔗茎供测锤度和化验糖分。

A.2.8.2 蔗糖分

从 11 月 15 日开始至翌年 3 月 15 日止，每 1 个月在取样区取 6 条有代表性的蔗茎化验蔗糖分、重力纯度和纤维分等，在翌年 3 月 15 日前砍收的应留足够的蔗茎供测锤度和化验糖分。早熟组测定 11 月、12 月、1 月蔗糖分，中晚熟组测定 12 月、1 月、2 月、3 月蔗糖分，未指定组别的品种应测定 11 月、12 月、1 月、2 月、3 月蔗糖分。

A.2.8.3 产糖量

根据各小区平均公顷蔗产量和平均蔗糖分计算各小区平均公顷产糖量。

附 录 B
（规范性附录）
国家甘蔗品种试验年度报告格式

国家甘蔗品种试验年度报告

试验年份：____________________

试验类型：____________________

试验地点：____________________

承担单位：____________________

B.1 试验基本情况

参试品种________个，对照品种________________，________排列，重复____次，行长______ m，行距______ cm，株距______ cm，______行区，小区面积______ m^2。

B.2 试验期间气象和地理数据

B.2.1 气象数据

月份	1	2	3	4	5	6	7	8	9	10	11	12
平均温度												
降雨天数												
降雨量												
初霜时间												
终霜时间												

B.2.2 地理数据

纬度________，经度________。海拔高度____________。

B.3 试验地基本情况和栽培管理

B.3.1 基本情况

前作：____________，收获期：____月____日。土壤类型：________，

耕地和整地方式：________________________。

B.3.2 栽培管理

播种期：____月____日，播种方式和方法：____。

中耕除草：____；

施肥：(NPK)比例和数量(kg/hm^2)____；

灌排水：____；

病虫草害防治：____；

生长期间的特殊事件：____。

B.4 主要试验数据汇总

田间性状调查汇总见表 B.1。

B.5 品种评述

B.6 对下年度试验工作的意见和建议

表 B.1 田间性状调查汇总表(一)

年份	地点	新宿	品种	行 (序号)	列 (重复)	出苗率(%，出苗数/下种量×100)			分蘖率 (%，分蘖数/基本苗数×100)					株　高 (cm)					
						3月上旬	3月下旬	4月上旬	4月下旬	5月上旬	5月下旬	6月上旬	6月下旬	7月	8月	9月	10月	11月	12月
注：1. 所有上报数据均用 Excel 报表网络上报；2. 有重复试验的数据必须上报小区数据，并注明小区所在的行列标记；3. 蔗糖分可以没有重复，但应根据小区蔗产量计算小区公顷含糖量。																			

表 B.2 田间性状调查汇总表(二)

年份	地点	新宿	品种	行(序号)	列(重复)	产量性状									
						株高(cm)	茎径(cm)	单茎重(kg/条)	有效茎(条/hm^2)	蔗产量(t/hm^2)	为CK1	为CK2	含糖量(t/hm^2)	为CK1	为CK2

表 B.3 田间性状调查汇总表(三)

年份	地点	新宿	品种	行(序号)	列(重复)	枯心苗率	黑穗病发病率	花叶病发病率	梢腐病发病率	黄叶综合征发病率	倒伏情况	空绵心情况	风折率	孕穗、开花始期

表 B.4 田间性状调查汇总表(四)

年份	地点	新宿	品种	甘蔗锤度					甘蔗糖分(%)									
				11月	12月	1月	2月	3月	11月	12月	1月	2月	3月	(11月至翌年1月)平均	(12月至翌年3月)平均	全期平均	比CK1	比CK2

本标准起草单位:农业部甘蔗及制品质量监督检验测试中心、广东省湛江农垦科学研究所。

本标准主要起草人:罗俊、陈如凯、郑学文、袁照年、高三基、张华、文尚华、邓祖湖。

中华人民共和国农业行业标准

NY/T 2391—2013

农作物品种区域试验与审定技术规程 花生

Technical regulations of regional test and registration for crop varieties—Peanut

1 范围

本标准规定了花生品种区域试验、生产试验与审定的术语、定义以及规程。

本标准适用于国家花生品种试验的组织、方案制定、实施和审定。

2 规范性引用文件

下列文件对于本文件的应用是必不可少的。凡是注日期的引用文件，仅注日期的版本适用于本文件。凡是不注日期的引用文件，其最新版本（包括所有的修改单）适用于本文件。

GB 4285 农药安全使用标准

GB 4407.2 经济作物种子 第2部分：油料类

GB/T 8321（所有部分） 农药合理使用准则

GB/T 14488.1 植物油料 含油量测定

GB/T 14489.2 粮油检验 植物油料粗蛋白质的测定

NY/T 496 肥料合理使用准则

NY/T 855 花生产地环境技术条件

NY/T 2237 植物新品种特异性、一致性和稳定性测试指南 花生

农业部令2013年第4号 农作物品种审定办法

3 术语和定义

下列术语和定义适用于本文件。

3.1

品种试验 variety test

品种区域试验和品种生产试验统称为品种试验。

3.2

区域试验 regional variety test

由品种管理部门统一组织，在同一生态类型区域内对多个品种（系）统一安排的多点小区试验，以鉴定参试品种在不同自然条件下和生产栽培条件下的丰产性、稳定性、适应性、抗逆性和品质等农艺性状。在本标准中，将区域试验简称为区试。

3.3

生产试验 yield potential test

在同一类型区域内接近大田生产条件下，进一步验证区试中表现较优良的品种（系）的丰产性、稳定

中华人民共和国农业部 2013-09-10 发布 2014-01-01 实施

性、适应性、抗逆性等的生产过程。

3.4

丰产性　yield ability

品种在区域试验和生产试验中比同年度同地点种植的对照品种增(减)产的百分数及差异显著性。

3.5

稳产性　yield stability

品种在年度间和地点间试验中产量的变化程度。

3.6

适应性　adaptability

品种在区域试验和生产试验中对环境的综合适应能力。

3.7

抗病性　disease resistance

花生品种抵御病原物侵入、扩展和为害的能力。

4　区域试验

4.1　区试组织

全国农业技术推广服务中心品种管理处是花生品种区试的组织管理部门，并由其委托区域的权威育种机构为主持实施单位。

4.1.1　试验区和试验组的划分

试验区域划分的主要依据是生态类型、农业区划、耕作制度和播期类型；试验组划分的主要依据是花生品种的播种季节、种植方式、抗性类型、籽仁大小和生育期长短，各区根据每轮新品种的提供情况灵活设置试验组；同一区组内的品种(系)数(包括对照在内)一般不少于 5 个，不超过 15 个。当品种(系)数超过 15 个时，应分组设立试验。

4.1.2　试验地点的选择

a)　试验点的选择：选择的试验点应尽可能代表所在试验组的气候、土壤、栽培条件和生产水平。

b)　试验地的选择：试验地应有代表性，地势平坦、地力均匀、肥力中等以上、排灌方便、不重茬，能使大花生亩产 200 kg、小花生 180 kg 以上。产地环境应符合 NY/T 855 的要求。

4.1.3　参试品种的确定

a)　对照品种：每个试验区域一般设置一个对照品种。对照品种应是经过全国、省级审定(鉴定、认定、登记)、当前在该区域大面积推广、稳产性好的主栽品种。

b)　参试品种：申请单位提出品种的参试申请，组织管理部门根据该品种(系)在历年试验中的表现和当年申请参试的品种(系)数量决定是否接受。

4.1.4　试验年限

区试年限为 2 年。

4.1.5　供种质量与数量要求

参加区试的花生品种种子质量应达到 GB 4407.2 中对花生一级良种的要求。百仁重≥80 g 以上的称大籽花生，百仁重 50 g～80 g 为中籽花生，百仁重≤50 g 称小籽花生。供试品种荚果数量应≥2 kg(小籽)、3 kg(大籽)、2 kg～3 kg(中籽)。供种、参试单位均不应对参试品种的种子进行任何影响植株生长发育的处理。

4.2　试验设计

试验小区采用随机区组排列，重复 3 次，小区面积 13.3 m^2，3 垄，每垄 2 行。长江流域产区要求参试单位可根据试验地的实际情况，适当调减小区面积，但不得少于 10.0 m^2。试验地四周设保护行。如供种单位对密度没有具体要求，种植密度按每 667 m^2 10 000 穴，每穴 2 粒；长江流域产区春播，每穴 2 棵苗，每 667 m^2 20 000 株。是否覆膜、穴距和播种期均按当地习惯操作。品质成分统一由具有资质的部级检测中心测定。

4.3 田间管理

4.3.1 播种方法

适期播种，保证质量，力争一播全苗。

4.3.2 田间管理

花生出苗后，及时中耕除草、排灌、防治虫害，每项田间管理措施要求当天完成。在整个生育期间不得使用生长调节剂和防病药物。农药使用符合 GB 4285 和 GB 8321 的要求，肥料施用符合 NY/T 496 的要求。

4.4 收获和计产

花生在完熟期收获，对于难以霜前成熟的晚熟品种(系)可在霜后收获。收获后及时晾晒，风干至荚果含水量 10%以下时称重计产，产量单位为 kg，数值保留 1 位小数。

4.5 调查记载

田间调查及考种项目见附录 A；记载标准按照 NY/T 2237 进行。

4.6 抗病性鉴定

参试品种的某些病害由品种试验组织管理部门指定专业机构进行人工鉴定或田间自然鉴定，其他病害由各区试点进行田间自然鉴定。

4.7 品质测试

含油量测试应符合 GB/T 14488.1 的要求，粗蛋白质含量测试应符合 GB/T 14489.2 的要求。具有特异品质性状的品种(系)由品种试验组织管理部门指定专业机构对其特异品质性状进行测定。

4.8 区试报告

承担区试、品质测试、抗性鉴定的单位在试验结束后应及时向主持单位、品种管理部门提供试验、测试和鉴定报告。品种管理部门及时汇总试验结果，凡随机误差变异系数超过 12%或缺区、缺株率超过方案规定的，试验结果作报废处理，不参与汇总。区试报告的撰写格式由品种组织管理部门统一规定。

4.9 品种处理

对汇总结果进行数据处理并综合比较分析，评选出最优参试品种(系)。一般每组可从中选择 1 个～4 个达标或表现特异的品种(系)参加生产试验。表现突出的品种(系)，第二年除按原计划继续进行区试外，可同时提前进行生产试验。

5 生产试验

5.1 参加品种

经区试评选出产量达标的参试品种，进入生产试验。

5.2 试验年限和试点数

生产试验年限为 1 年，试验点数不超过区域试验点数。

5.3 试验设计

试验小区一般为 100 m^2 以上，设当前大面积推广的主栽品种作对照，采用对比法排列，重复 2 次，其他方面要求同品种区域试验。

6 品种审定

6.1 审定内容

6.1.1 品种的生物学特征特性、农艺性状、丰产性、稳产性、适应性、抗逆性、品质、栽培要点等。

6.1.2 品种的特征特性和栽培要点以品种选育单位(个人)提供的数据为主要依据,并结合区域试验和生产试验的鉴定结果。

6.1.3 品种的丰产性、适应性、稳产性、抗逆性、抗病性、品质及主要农艺性状以区域试验和生产试验鉴定结果为主要依据。

6.2 申请审定材料要求

6.2.1 申请审定品种说明书和农作物品种审定申请书。

6.2.2 品种区域试验报告、生产试验报告。

6.2.3 品种选育报告。

6.2.4 品种抗性鉴定报告。

6.2.5 品种品质测试报告。

6.2.6 品种有关照片及实物(幼苗、成熟全株、荚果、籽仁)。

6.3 品种评判的基本条件

6.3.1 符合农业部令2013第4号中申请鉴定品种应具备的条件。

6.3.2 按照农业部令2013年第4号的规定完成了区域试验、生产试验和相关的鉴定检测程序。

6.3.3 经区域试验和生产试验鉴定,不存在严重的种性缺陷。

6.3.4 在召开品种鉴定会之前,要对申请的品种进行实地鉴定考察。

6.4 品种处理

符合下列两款条件之一者,可申请品种审定(鉴定)。

6.4.1 高产品种

两年区域试验和生产试验中大花生品种荚果或籽仁产量比同类型对照品种增产6%以上,小花生品种比同类型对照品种增产8%以上,60%以上点次增产。其他性状与对照品种相当,没有明显的缺点。

6.4.2 油用品种

籽仁含油量55%以上,产量比同类型对照增产5%以上,或与高产对照相当。没有明显的缺点。

6.4.3 食用型品种

籽仁蛋白质含量28%以上,产量比同类型对照增产5%以上,或与高产对照相当。没有明显的缺点。

6.4.4 出口品种

大花生籽仁油酸∶亚油酸的值1.50以上,荚果普通型,籽仁长椭圆形,种皮粉红色,内种皮橘红色;小花生籽仁油酸∶亚油酸的值1.20以上,籽仁桃形或圆形。产量比同类型对照增产5%以上,或与高产对照相当。没有明显的缺点。

6.4.5 抗病品种

抗病性明显优于对照,抗青枯病、线虫病品种达到高抗;抗黄曲霉、抗叶斑病品种抗性达到中抗以上。产量比同类型对照增产5%以上,或与高产对照相当。没有明显缺点。

6.4.6 特殊类型品种

由鉴定委员会视情况而定。

6.5 品种审定

通过审定(鉴定、认定、登记)的花生品种,由全国农业技术推广服务中心按规定进行统一编号登记,正式对外公布,同时颁发品种证书,并由育(引)种单位提供标准种子,在适宜地区推广应用。对有争议的品种应经过田间实地考察、实验室鉴定后再进行复审。

附　录　A
（规范性附录）
田间调查及考种项目记载标准

A.1　播种期

指播种当日，以月/日表示。

A.2　出苗期

指真叶展开的幼苗数占播种粒数50%的日期，以月/日表示。

A.3　出苗整齐度

齐苗时调查，观察幼苗是否整齐，分整齐、一般、不整齐三级。

A.4　出苗率

一般以出苗后15 d～20 d调查。按式（A.1）计算。

$$R_g = \frac{G_t}{N_p} \times 100 \quad \cdots\cdots (A.1)$$

式中：

R_g——出苗率，单位为百分率（%）；

G_t——出苗株数；

N_p——播种粒数。

A.5　开花期

全区累计有50%的植株开花的日期，以月/日表示。

A.6　成熟期

地上部茎叶变黄，中下部叶片脱落，多数荚果成熟饱满的日期，以月/日表示。

A.7　收获期

实际收获（多数品种成熟）的日期，以月/日表示。

A.8　生育日数

从播种次日到成熟期的天数。

A.9　缺株率

收获时调查。按式（A.2）计算。

$$L_p = \frac{F_p - H_p}{N_p} \times 100 \quad \cdots\cdots (A.2)$$

式中：

L_p——缺株率,单位为百分率(%);
F_p——播种粒数;
H_p——实收株数;
N_p——实播粒数。

A.10 种子休眠性

根据收获时种子有无发芽的情况分为强(无发芽)、中(少数发芽)、弱(发芽多)三级。

A.11 抗旱性

在干旱期间,根据植株萎蔫程度及其在每日早晨、傍晚恢复快慢,分强(萎蔫轻、恢复快)、中、弱(萎蔫重、恢复慢)三级。

A.12 抗涝性

在土壤过湿的情况下,根据叶片变黄程度及烂果多少分强、中、弱三级。

A.13 叶斑病

成熟前 10 d 左右调查,根据中上部叶片的病斑多少确定发病程度,分为五级。0 级:无病叶;1 级:11%以下叶片发病;2 级:11%~25%叶片发病;3 级:26%~50%叶片发病;4 级:50%以上叶片发病。

A.14 病毒病

主要调查丛株型病毒病,在开花期和成熟期两次调查发病株数,按式(A.3)计算发病株率,取三次重复平均数。

$$R_n = \frac{I_n}{M_n} \times 100 \qquad \text{(A.3)}$$

式中:
R_n——发病率,单位为百分率(%);
I_n——感染株数;
M_n——调查株数。

A.15 根茎腐病

调查发病株数,计算发病株率。

A.16 农艺性状调查

随机取 5 穴 10 株,重复 2 次,测定以下农艺性状。

A.16.1 主茎高

从第一对侧枝分生处到顶叶节的长度,以厘米(cm)表示。

A.16.2 侧枝长

第一对侧枝中最长的一条侧枝长度,即由主茎连接处到侧枝末叶节的长度,以厘米(cm)表示。

A.16.3 总分枝数

全株 5 cm 长度以上分枝(不包括主茎)的总和。

A.16.4 结果枝数

全株结果枝的总和。

A.16.5 单株果数

全株有经济价值的荚果的总和。

A.16.5.1 饱果数:果壳硬化、网纹清晰、种仁饱满的荚果数。

A.16.5.2 秕果数:荚果网纹不清晰、种仁不饱满的荚果数(包括两室中有一室饱满,另一室不饱满的荚果)。

A.16.5.3 烂果数:霉烂变质的荚果数。

A.16.5.4 芽果数:收获时已发芽的荚果数。

A.17 单株产量

选有代表性的10株,将其荚果充分晒干后称重,求单株平均值,以克(g)表示。

A.18 百果重

取饱满双仁干荚果100个称重,重复2次,重复间差异不得大于5%,取平均数,以克(g)表示。

A.19 百仁重

取饱满的典型干籽仁100个称重,重复2次,重复间不得超过5%,取平均数,以克(g)表示。

A.20 0.5 kg 果数

随机取干荚果0.5 kg,调查荚果数,重复2次,重复间差异不得大于5%,取平均数,以个表示。

A.21 0.5 kg 仁数

随机取干籽仁0.5 kg,调查籽仁数,重复2次,重复间差异不得大于5%,取平均数,以个表示。

A.22 出仁率

随机取500 g干荚果,去壳后称籽仁重,按式(A.4)计算出仁率,重复2次,重复间差异不得大于5%,取平均数。

$$R = \frac{W_s}{W_p} \times 100 \quad \cdots\cdots\cdots\cdots (A.4)$$

式中:

R ——出仁率,单位为百分率(%);

W_s——籽仁重,单位为克(g);

W_p——荚果重,单位为克(g)。

A.23 小区产量

试验小区实收的干荚果产量、籽仁产量,按式(A.5)计算。

$$Y_s = Y_p R \times 100 \quad \cdots\cdots\cdots\cdots (A.5)$$

式中:

Y_s——籽仁产量,单位为千克(kg);

Y_p——荚果产量;单位为千克(kg);

R——出仁率,单位为百分率(%)。

A.24 单位面积产量

折算按式(A.6)计算。

$$y_t = \frac{T}{m} \cdots\cdots \text{(A. 6)}$$

式中：

y_t——单位面积产量，单位为千克每公顷（kg/hm^2）；

T——小区产量，单位为千克（kg）；

m——小区面积，单位为公顷（hm^2）。

本标准起草单位：山东省农业科学院。

本标准主要起草人：万书波、单世华、张廷婷、张智猛、闫彩霞、李春娟、郭峰、许婷婷、贾曦、赵海军、陈殿绪、孙秀山。

中华人民共和国农业行业标准

NY/T 2446—2013

热带作物品种区域试验技术规程　木薯

Technical regulations for the regional tests of tropical crop varieties—Cassava

1　范围

本标准规定了木薯(*Manihot esculenta* Crantz)品种区域试验的试验设置、参试品种(品系)确定、试验设计、田间管理、调查和记载项目、数据处理、报告撰写的原则、参试品种的评价办法等内容。

本标准适用于木薯品种区域试验的设计、方案制订和组织实施。

2　规范性引用文件

下列文件对于本文件的应用是必不可少的。凡是注日期的引用文件,仅注日期的版本适用于本文件。凡是不注日期的引用文件,其最新版本(包括所有的修改单)适用于本文件。

GB 4285　农药安全使用标准
GB 8321　(所有部分)农药合理使用准则
GB 8821　食品安全国家标准　食品添加剂　β-胡萝卜素
GB/T 5009.5　食品安全国家标准　食品中蛋白质的测定
GB/T 5009.9　食品中淀粉的测定
GB/T 5009.10　食品中粗纤维的测定
GB/T 6194　水果、蔬菜可溶性糖测定法
GB/T 6195　水果、蔬菜维生素C测定法(2,6-二氯靛酚滴定法)
GB/T 22101.1　棉花抗病虫性评价技术规范　第1部分:棉铃虫
GB/T 20264　粮食、油料水分两次烘干测定法
NY/T 356　木薯　种茎
NY/T 1681　木薯生产良好操作规范(GAP)
NY/T 1685　木薯嫩茎枝种苗快速繁殖技术规程
NY/T 1943　木薯种质资源描述规范
NY/T 2036　热带块根茎作物品种资源抗逆性鉴定技术规范　木薯
NY/T 2046　木薯主要病虫害防治技术规范

3　术语和定义

下列术语和定义适用于本文件。

3.1

试验品种　testing variety

中华人民共和国农业部 2013-09-10 发布　　2014-01-01 实施

人工培育的基因型或自然突变体并经过改良，群体形态特征和生物学特性一致、遗传性状相对稳定，不同于现有所有品种，来源清楚，无知识产权纠纷，符合国家命名规定的品种名称。试验品种包括非转基因和转基因品种，转基因品种应提供农业转基因生物安全证书。

3.2

对照品种　control variety

符合试验品种定义，已经通过品种审定或认定，是试验所属生态类型区的主栽品种或主推的优良品种，其产量、品质和抗逆性水平在生产上具有代表性，用于试验作品种比照的品种。

3.3

预备品种试验　pre-registration variety test

为选拔区域试验的参试品种(品系)，提前组织开展的品种(品系)筛选试验。

3.4

区域品种试验　regional variety test

在同一生态类型区的多个不同自然区域，选择能代表该地区土壤特点、气候条件、耕作制度、生产水平的地点，按照统一的试验方案和技术规程，安排多点进行多年品种(品系)比较试验，鉴定品种(品系)的适应性、稳产性、丰产性、抗病虫性、抗逆性、品质、生育成熟期及其他重要特征特性，从而对试验品种进行综合评价，确定品种(品系)的利用价值和适宜种植区域，为品种审定和推广提供科学依据。

3.5

生产试验　yield test

在同一生态类型区接近大田生产的条件下，针对区域试验中表现优良的品种(品系)，在多个地点，相对较大面积对其适应性、稳产性、丰产性、抗逆性等进一步验证，同时总结配套栽培技术。

4　试验设置

4.1　组织实施单位

品种区域试验由全国热带作物品种审定委员会负责组织实施。

4.2　承试单位

根据气候、土壤和栽培等条件，在各生态类型区内选择田间试验条件较好、技术力量较强、人员相对稳定、有能力承担试验任务的单位承担田间试验任务。

4.3　品质检测、抗性鉴定

选择有检测资质的机构承担品质检测和抗性鉴定任务。

4.4　试验组别的划分

依据生态区划、种植区划、品种类型、种植时期、收获时期及用途等，结合生产实际、耕作制度和优势布局，确定试验组别。

4.5　试验点的选择

试验点的选择应能代表所在试验组别的气候、土壤、栽培条件和生产水平，交通便利、地势平缓、前茬作物一致、土壤肥力一致、便利排涝、避风的代表性地块；不受山体、林木、林带、建筑物等遮阳物影响。

5　试验品种(品系)确定

5.1　品种(品系)数量

预备试验品种(品系)数量不受限制。区域试验同一组别内的品种(品系)数量宜在 7 个～12 个(包括对照在内)，当品种(品系)数量超过 12 个，应分组设立试验。生产试验根据实际情况安排品种(品系)

数量。

5.2 参试品种(品系)的申请和确定

育种单位提出参加区域试验品种(品系)的申请,由品种审定委员会确定组别和参加区域试验的品种(品系)数量,并对试验的组别、区号及品种(品系)进行代码编号。生产试验参试品种(品系)为区域试验中综合表现较好的品种(品系)。

5.3 对照品种的确定

对照品种由品种审定委员会确定,每组别确定 1 个,根据试验需要可增加 1 个辅助对照品种。

5.4 供试种茎的质量和数量

试验种茎应采用中下部主茎,并符合 NY/T 356 的要求。供种单位应于种植前 15 d 向承试单位无偿供应足量种茎。供种单位不应对参试种茎进行任何影响植株生长发育的处理。可采用 NY/T 1685 的要求快速繁殖和供应参试种茎。

6 试验设计

6.1 试验设计

由全国热带作物品种审定委员会决定是否采用预备试验。每轮预备试验、区域试验和生产试验前,由品种审定委员会制订包含试验小区排列图的试验设计方案,各试验点必须严格执行。

6.2 小区面积

预备试验和区域试验的小区面积不少于 20 m^2,种植行数不少于 4 行。生产试验小区面积不少于 300 m^2,种植行数不少于 10 行。

6.3 小区排列

预备试验采用间排法排列,一次重复。区域试验采用随机区组排列,3 次重复。生产试验至少 2 次重复,应采用对角线或间排法排列。

6.4 区组排列

区组排列方向应与试验地的坡度或肥力梯度方向一致。

6.5 小区形状与方位

试验小区宜采用长方形,小区长边方向应与坡度或肥力梯度方向平行。

6.6 走道设置

试验区与周围保护行之间、区组之间、区组内小区之间可留走道,走道宽 20 cm～40 cm。

6.7 保护行设置

试验区的周围,应种植 3 行以上的保护行,并应为四周试验小区品种(系)的延伸种植。

7 试验年限和试验点数

7.1 试验年限

预备试验 1 年。区域试验 2 年。生产试验 1 年。生产试验可与第二年区域试验同时进行。

7.2 试验点数

同一组别试验点数不少于 5 个。

8 种植

8.1 种植时期

按当地适宜种植时期种植,一般在春季平均气温稳定在 15℃以上开始种植,采用地膜覆盖可提前种植,宜在土壤墒情达到全苗的条件下种植。同一组别不同试验点的种植时期应控制在本组要求范围内。

8.2 植前准备

整地质量应一致。种植前，按照 GB 4285、GB 8321 和 NY/T 2046 的要求，选用杀虫（螨）剂和杀菌剂统一处理种茎。

8.3 种植密度

依据土壤肥力、生产条件、品种（品系）特性及栽培要求来确定，株距和行距宜在 80 cm～100 cm，种植密度为 10 000 株/hm^2～15 625 株/hm^2。同一组别不同试验点的种植密度应一致，要求定标定点种植。生产试验密度可依据各个承试单位的建议确定。

8.4 种植方式

根据气候特点、土壤条件、整地方式、机械化要求和种植习惯，确定平放、平插、斜插或直插方式。在同一试验点，同一组别的种植方式、种植深度和种茎芽眼朝向等应一致，但同一组别不同试验点可不一致。

9 田间管理

出苗后 10 d 内，若出现缺苗，应及时查苗补苗，可补植新鲜种茎，或移栽在保护行同期种植的幼苗。田间管理水平应相当或高于当地中等生产水平，及时施肥、培土、除草、排涝，但不应使用各种植物生长调节剂。在进行田间操作时，在同一试验点的同一组别中，同一项技术措施应在同一天内完成，如确实有困难，应保证同一重复内的同一管理措施在同一天内完成。试验过程中应及时采取有效的防护措施，防止人畜、台风和洪涝对试验的危害。可参照 NY/T 1681 的规定进行田间管理。

10 病虫草害防治

在生长期间，根据田间病情、虫情和草情，选择高效、低毒的药剂防治，使用农药应符合 GB 4285、GB 8321 和 NY/T 2046 的要求。

11 收获和计产

当木薯品种（品系）达到成熟期，应及时组织收获，同一组别不同试验点的收获时期应控制在本组要求范围内。在同一试验点中，同一组别宜在同一天内完成，如确实有困难，应保证同一重复内的同一调查内容在同一天内完成。小区测产不计算边行。缺株在允许范围内，应以实际收获产量作为小区产量，不能以收获株数的平均单株质量乘以种植株数推算缺株小区产量。

12 调查记载

按照附录 A 的要求进行调查记载。当天调查结果先记入自制的记载表，并及时整理填写《木薯品种区域试验年度报告》，见附录 B。在同一试验点中，同一组别应在同一天完成同一调查项目，如确实有困难，应保证在同一天内完成同一重复的调查项目。

13 食味评价、品质检测和抗性鉴定

13.1 食味评价

由承试单位随机挑选 5 人以上，对食用木薯品种的蒸熟薯肉进行香度、苦度、甜度、粉度、黏度、纤维感等指标的评价。

13.2 品质检测

从指定的试验点抽取参试品种（品系）样本，送交有资质的机构进行检测。

13.3 抗性鉴定

对参加区域试验的品种，由有资质的机构进行抗病性、抗虫性、抗寒性、抗旱性等抗性鉴定。根据两年的鉴定结果，将试验品种对每一种抗性分别作出定量或定性评价，并与对照品种进行比较。

14 试验检查

品种审定委员会应每年组织专家对各个试验点的实施情况进行检查,并提交评估报告和建议。

15 试验报废

15.1 试验点报废

试验承担单位有下列情形之一的,该点区域试验做报废处理。

a) 严重违反试验技术规程,试验的田间设计未按试验方案执行者。

b) 由于自然灾害或人为因素,参试品种不能正常生长发育而严重影响试验结果者。

c) 试验中多个小区缺失,无法统计者。

d) 试验点产量数据误差变异系数达20%以上者。

e) 平均总产量低于全组所有试验点平均总产量的50%者。

f) 试验结果的品种表现明显异于多数试点者。

g) 试验数据不真实及其他严重影响试验质量、客观性和真实性者。

h) 未按时报送《木薯品种区域试验年度报告》者。

15.2 试验品种报废

试验品种有下列情形之一的,该品种做报废处理。

a) 未按照规定的时间、质量、数量和地址寄送种茎的品种。

b) 试验中参试品种的缺株率累计达20%以上者。

c) 试验中参试品种的变异株率累计达10%以上者。

d) 转基因品种以非转基因品种申报者。

e) 在当年的全部试点中,有2个(含2个)以上试验点的参试品种被报废,该品种数据不参与汇总。

因不可抗拒原因报废的试验点和试验品种数据,承担单位应在1个月内报告汇总单位,并由汇总单位报告品种审定委员会。

16 试验总结

16.1 寄送报告

承担预备试验、区域试验、生产试验、品质检测、抗性鉴定的单位,应在试验结束后1个月内,向指定汇总单位报送加盖公章的试验、检测、鉴定和测试报告,报告格式见附录B。

16.2 汇总和评价

由汇总单位对试验数据进行统计分析及综合评价,对鲜薯产量、薯干产量和淀粉产量进行方差分析和多重比较,数据应精确到小数点后1位,并汇总撰写本试验组别的区试年度报告,交由品种审定委员会审批和及时发布。

16.3 品种(品系)处理

应在每两年一轮的区域试验前,由品种审定委员会讨论确定该轮木薯品种审定标准。对完成第一年区域试验且达到该轮区域审定标准的优良品种,在继续参加第二年区试的同时,可安排进行生产试验。对完成两年区域试验且达到该轮区域审定标准的优良品种,安排进行生产试验。

16.4 推荐审定

对已完成区域试验和生产试验程序,并符合该轮区域试验审定标准的木薯品种(品系),向品种审定委员会推荐报审。

17 其他

各承担单位所接收的试验用种只能用于品种试验工作，对不需要继续参试的品种(品系)材料，承担单位应就地销毁，不能用于育种、繁殖、交流等活动，也不能擅自改名用作其他用途。如发现不正常行为，应及时向主管部门和品种审定委员会汇报情况，经查实后，将依法追究违规者的责任，并取消严重违规者的承试资格。

附 录 A
(规范性附录)
木薯品种区域试验调查记载项目与标准

A.1 前言

所有记载项目均应记载,但经品种审定委员会批准,不同组别可增补有特殊要求的记载项目或减少不必要的记载项目。产量性状、食味评价、品质检测应分别记录3个重复的数据。其余性状应有3个重复的数据或表现,并以其平均值或综合评价填入年度报告。为便于应用计算机储存和分析试验资料,除已按数值或百分率记载的项目外,可对其他记载项目进行分级或分类的数量化表示。所有上报数据应同时使用Word文档和Excel报表。

A.2 气象和地理数据

A.2.1 纬度、经度、海拔高度。

A.2.2 气温:生长期间旬最高、最低和平均温度。

A.2.3 降水量:生长期间降水天数、降水量。

A.2.4 初霜时间。

A.3 试验地基本情况和栽培管理

A.3.1 基本情况

坡度、前茬、土壤类型、耕整地方式等。

A.3.2 田间设计

参试品种(品系)数量、对照品种、小区排列方式、重复次数、行株距、种植密度、小区面积等。

A.3.3 栽培管理

种植方式和方法、施肥(时间、方法、种类、数量)、灌排水、间苗、补苗、中耕除草、化学除草、病虫草害防治等。同时,记载在生长期内发生的特殊事件。

A.4 生育期

A.4.1 种植期

种植当天的日期。以年、月、日表示。

A.4.2 出苗期

小区有50%的幼苗出土高度达5 cm的日期,开始出苗后隔天调查。以年、月、日表示。

A.4.3 分枝期

小区有50%的植株分枝长度达5 cm的日期,分第一、二、三次分枝。以年、月、日表示。

A.4.4 开花期

小区有10%的植株开花的日期。以年、月、日表示。

A.4.5 成熟期

鲜薯品质达到加工或食用要求的时期,具体表现为块根已充分膨大,地上部分生长趋缓,叶片陆续脱落,鲜薯产量和鲜薯淀粉含量均临近最高值的稳定时期。以年、月、日表示。

A.4.6 **收获期**

收获鲜薯的日期。以年、月、日表示。

A.4.7 **生育期**

出苗期到收获期的天数。

A.5 农艺性状

A.5.1 **出苗率**

出苗数占实际种植株数的百分率。

A.5.2 **一致性**

目测木薯出苗及植株生长的一致性，分为：

1） 一致；

2） 较一致；

3） 不一致。

A.5.3 **生长势**

目测木薯苗期及生长中后期的植株茎叶旺盛程度和生长速度，分为：

1） 强；

2） 中；

3） 弱。

A.5.4 **株形**

在生长中后期，观察长势正常植株，以出现最多的株形为准，分为：

1） 直立形；

2） 紧凑形；

3） 圆柱形；

4） 伞形；

5） 开张形。

A.5.5 **株高**

临收获前，每小区选择 10 株有代表性的植株，用直尺测量从地面到最高心叶的植株垂直高度。单位为厘米(cm)。

A.5.6 **开花有无**

在生长中后期，观察自然条件下有无开花，分为：

1） 有；

2） 无。

A.5.7 **结果有无**

在生长中后期，观察有无结果，分为：

1） 有；

2） 无。

A.5.8 **主茎高**

临收获前，每小区选择 10 株有代表性的植株，用直尺测量从地面到第一次分枝部位的主茎垂直高度。单位为厘米(cm)。

A.5.9 **主茎直径**

临收获前，每小区选择 10 株有代表性的植株，用游标卡尺测量离地面高度 10 cm 处主茎的直径。单位为毫米(mm)，保留一位小数。

A.5.10 分枝次数

临收获前,每小区选择 10 株有代表性的植株,计算分枝的总次数,取平均值,单位为次每株,保留一位小数。

A.5.11 第一分枝角度

临收获前,每小区选择 10 株有代表性的植株,用角度尺测量第一次分枝与垂直主茎的夹角度数,分为:

1) ≤30°为小;
2) 30°~45°为中;
3) ≥45°为大。

A.5.12 叶痕突起程度

临收获前,每小区选择 10 株有代表性的植株,用直尺测量主茎中部的叶痕突起高度,单位为厘米(cm),保留一位小数,分为:

1) ≤0.5 cm 为低;
2) 0.5 cm~1.0 cm 为中;
3) ≥1.0 cm 为高。

A.5.13 嫩茎外皮颜色

在生长中期,目测离心叶 5 cm~10 cm 处的嫩茎外皮颜色,以出现最多的情形为准,分为:

1) 浅绿色;
2) 灰绿色;
3) 银绿色;
4) 紫红色;
5) 赤黄色;
6) 淡褐色;
7) 深褐色;
8) 其他。

A.5.14 成熟主茎外皮颜色

临收获前,目测离地 0 cm~20 cm 处的主茎外皮颜色,以出现最多的情形为准,分为:

1) 灰白色;
2) 灰绿色;
3) 红褐色;
4) 灰黄色;
5) 褐色;
6) 黄褐色;
7) 深褐色;
8) 其他。

A.5.15 成熟主茎内皮颜色

临收获前,刮开离地 0 cm~20 cm 处的主茎,目测内皮颜色,以出现最多的情形为准,分为:

1) 浅绿色;
2) 绿色;
3) 深绿色;
4) 浅红色;
5) 紫红色;

6） 褐色；

7） 其他。

A.5.16 顶端未展开嫩叶颜色

在生长中期，目测植株顶端未展开嫩叶颜色，以出现最多的情形为准，分为：

1） 黄绿色；

2） 淡绿色；

3） 深绿色；

4） 紫绿色；

5） 紫色；

6） 其他。

A.5.17 顶部完全展开叶的裂叶数

在生长中期，目测植株顶部完全展开叶的裂叶数，以出现最多的情形为准，分为：

1） 3 裂叶；

2） 5 裂叶；

3） 7 裂叶；

4） 9 裂叶；

5） 其他。

A.5.18 顶部完全展开叶的裂叶形状

在生长中期，目测植株顶部完全展开叶的中部裂叶形状，以出现最多的情形为准，分为：

1） 拱形；

2） 披针形；

3） 椭圆形；

4） 倒卵披针形；

5） 提琴形；

6） 戟形；

7） 线形；

8） 其他。

A.5.19 顶部完全展开叶的裂叶颜色

在生长中期，目测植株顶部完全展开叶的裂叶正面颜色，以出现最多的情形为准，分为：

1） 淡绿色；

2） 绿色；

3） 深绿色；

4） 紫绿色；

5） 浅褐色；

6） 褐色；

7） 浅紫色；

8） 紫色；

9） 紫红色；

10） 其他。

A.5.20 顶部完全展开叶的叶主脉颜色

在生长中期，目测植株顶部完全展开叶中部裂叶背面的叶主脉颜色，以出现最多的情形为准，分为：

1） 白色；

2） 淡绿色；
3） 绿色；
4） 浅红色；
5） 紫红色；
6） 其他。

A.5.21 顶部完全展开叶的叶柄颜色

在生长中期，目测植株顶部完全展开叶的叶柄颜色，以出现最多的情形为准，分为：

1） 紫红色；
2） 红带绿色；
3） 红带乳黄色；
4） 紫色；
5） 红色；
6） 绿带红色；
7） 绿色；
8） 淡绿色；
9） 紫绿色；
10） 其他。

A.6 结薯性状

A.6.1 分布

收获时，观察植株结薯的整体分布情况，以最多出现的情形为准，分为：

1） 下斜伸长；
2） 水平伸长；
3） 无规则。

A.6.2 集中度

收获时，观察植株结薯的集中和分散程度，分为：

1） 集中；
2） 较集中；
3） 分散。

A.6.3 整齐度

收获时，观察薯块形状、大小和长短的整齐度，分为：

1） 整齐；
2） 较整齐；
3） 不整齐。

A.6.4 薯形

收获时，观察薯块的形状，分为：

1） 圆锥形；
2） 圆锥—圆柱形；
3） 圆柱形；
4） 纺缍形；
5） 无规则形。

A.6.5 薯柄长度

连接种茎与薯块之间的长度，分为：

1） 无；

2） 短（<3.0 cm）；

3） 长（≥3.0 cm）。

A.6.6 缢痕有无

收获时，观察薯块有无缢痕，分为：

1） 有；

2） 无。

A.6.7 光滑度

收获时，观察薯皮的光滑度，分为：

1） 光滑；

2） 中等；

3） 粗糙。

A.6.8 外薯皮色

收获时，观察薯块的外皮颜色，以出现最多的情形为准，分为：

1） 白色；

2） 乳黄色；

3） 淡褐色；

4） 黄褐色；

5） 红褐色；

6） 深褐色；

7） 其他。

A.6.9 内薯皮色

收获时，刮开薯块外皮，观察内皮颜色，以出现最多的情形为准，分为：

1） 白色；

2） 乳黄色；

3） 黄色；

4） 粉红色；

5） 浅红色；

6） 其他。

A.6.10 薯皮厚度

收获时，随机取10条中等薯块的中段横切面，用游标卡尺测量薯皮的厚度，取平均值，单位为毫米（mm），保留一位小数。

A.6.11 薯肉颜色

收获时，随机取10条中等薯块的中段横切面，观察薯肉颜色，以出现最多的情形为准，分为：

1） 白色；

2） 乳黄色；

3） 淡黄色；

4） 深黄色；

5） 其他。

A.7 产量性状

A.7.1 单株结薯数

收获时,每小区选择 10 株有代表性的植株,计算薯块直径大于 3 cm 的单株结薯数,取平均值,保留一位小数。

A.7.2 单株鲜茎叶质量

收获时,每小区选择 10 株有代表性的植株,计算除薯块以外的单株鲜茎叶质量,取平均值,单位为千克/株(kg/株),保留一位小数。

A.7.3 单株鲜薯质量

收获时,每小区选择 10 株有代表性的植株,计算单株鲜薯质量,取平均值,单位为千克/株(kg/株),保留一位小数。

A.7.4 收获指数

按式(A.1)计算收获指数(HI),保留两位小数。

$$HI = \frac{M_1}{M_1 + M_2} \qquad (A.1)$$

式中:

HI——收获指数;

M_1——单株鲜薯质量,单位为千克每株(kg/株);

M_2——单株鲜茎叶质量,单位为千克每株(kg/株)。

A.7.5 鲜薯产量

按式(A.2)计算鲜薯产量(FRY),以千克每公顷(kg/hm^2)为单位,保留一位小数。

$$FRY = \frac{10000}{S} \times Y \qquad (A.2)$$

式中:

FRY——鲜薯产量,单位为千克每公顷(kg/hm^2);

S——收获小区面积,单位为平方米(m^2);

Y——收获小区鲜薯产量,单位为千克每区(kg/区)。

A.7.6 薯干产量

按式(A.3)计算薯干产量(DRY),以千克每公顷(kg/hm^2)为单位,保留一位小数。

$$DRY = FRY \times DMC \qquad (A.3)$$

式中:

DRY——薯干产量,单位为千克每公顷(kg/hm^2);

FRY——鲜薯产量,单位为千克每公顷(kg/hm^2);

DMC——鲜薯干物率,单位为质量分数(%)。

A.7.7 淀粉产量

按式(A.4)计算淀粉产量(SY),以千克每公顷(kg/hm^2)为单位,保留一位小数:

$$SY = FRY \times SC \qquad (A.4)$$

式中:

SY——淀粉产量,单位为千克每公顷(kg/hm^2);

FRY——鲜薯产量,单位为千克每公顷(kg/hm^2);

SC——鲜薯淀粉含量,单位为克每百克(g/100 g)。

A.8 食用品种的食味评价

A.8.1 香度

收获时,品尝蒸煮后薯块的香度,分为:

1) 不香;

2） 较香；

3） 香。

A.8.2 苦度

收获时，品尝蒸煮后薯块的苦度，分为：

1） 不苦；

2） 较苦；

3） 苦。

A.8.3 甜度

收获时，品尝蒸煮后薯块的甜度，分为：

1） 不甜；

2） 较甜；

3） 甜。

A.8.4 粉度

收获时，品尝蒸煮后薯块的粉度，分为：

1） 不粉；

2） 较粉；

3） 粉。

A.8.5 黏度

收获时，品尝蒸煮后薯块的黏度，分为：

1） 不黏；

2） 较黏；

3） 黏。

A.8.6 纤维感

收获时，品尝蒸煮后薯块的纤维感，分为：

1） 无；

2） 较多；

3） 多。

A.8.7 综合评价

收获时，品尝蒸煮后薯块的综合风味，是对薯块香度、苦度、甜度、粉度、黏度、纤维感的综合评价，分为：

1） 好；

2） 中；

3） 差。

A.9 品质检测

A.9.1 鲜薯干物率

收获时，按 GB/T 20264 规定的方法测定。也可采用比重法测定，随机抽样约 5 000 g 鲜薯，先称其在空气中的质量，再称其在水中的质量，然后按式（A.5）计算鲜薯干物率（*DMC*），以百分率（%）为单位，保留一位小数。

$$DMC = 158.3 \times \frac{W_1}{W_1 - W_2} - 142.0 \quad \text{(A.5)}$$

式中：

DMC——鲜薯干物率，单位为百分率(%)；

W_1 ——鲜薯在空气中的质量，单位为克(g)；

W_2 ——鲜薯在水中的质量，单位为克(g)。

A.9.2 鲜薯粗淀粉含量

收获时，按 GB/T 5009.9 规定的方法测定。也可采用比重法测定，随机抽样约 5 000 g 鲜薯，先称其在空气中的质量，再称其在水中的质量，然后按式(A.6)计算鲜薯淀粉含量(SC)，以百分率(%)为单位，保留一位小数。

$$SC = 210.8 \times \frac{W_1}{W_1 - W_2} - 213.4 \quad \cdots\cdots (A.6)$$

式中：

SC——鲜薯淀粉含量，单位为百分率(%)；

W_1——鲜薯在空气中的质量，单位为克(g)；

W_2——鲜薯在水中的质量，单位为克(g)。

A.9.3 鲜薯可溶性糖含量

收获时，按 GB/T 6194 规定的方法测定。

A.9.4 鲜薯粗蛋白含量

收获时，按 GB/T 5009.5 规定的方法测定。

A.9.5 鲜薯粗纤维含量

收获时，按 GB/T 5009.10 规定的方法测定。

A.9.6 鲜薯氢氰酸含量

收获时，按 NY/T 1943 规定的方法测定。

A.9.7 鲜薯 β-胡萝卜素含量

收获时，按 GB 8821 规定的方法测定。

A.9.8 鲜薯维生素 C 含量

收获时，可按 GB/T 6195 规定的方法测定。

A.10 病虫害抗性

参照 GB/T 22101.1 和 NY/T 2046 进行抗病虫性调查。抗性强弱分为：

1) 高抗；

2) 抗；

3) 中抗；

4) 感；

5) 高感。

A.11 抗逆性

A.11.1 耐寒性

在低温条件下，观察植株忍耐或抵抗低温的能力，参照 NY/T 2036 的规定鉴定其耐寒性，耐寒性强弱分为：

1) 强；

2) 中；

3) 弱。

A.11.2 抗旱性

在连续干旱条件下，观察植株忍耐或抵抗干旱的能力，参照 NY/T 2036 的规定鉴定其抗旱性，抗旱性强弱分为：

1） 强；

2） 中；

3） 弱。

A.11.3 耐盐性

参照 NY/T 2036 的规定鉴定其耐盐性强弱，耐盐性强弱分为：

1） 强；

2） 中；

3） 弱。

A.11.4 耐湿性

在连续降水造成土壤湿涝情况下，雨涝后 10 d 内，观察植株忍耐或抵抗高湿涝害的能力，以百分率（%）记录，精确到 0.1%。耐湿性强弱分为：

1） ＜30.0%叶片变黄为强；

2） 30.0%～70.0%叶片变黄为中；

3） ＞70.0%叶片变黄且有叶片脱落为弱。

A.11.5 抗风性

在 9 级～10 级强热带风暴危害后，3 d 内观察植株抵抗台风或抗倒伏的能力，以植株倾斜 30°以上作为倒伏的标准，以百分率（%）记录，精确到 0.1%。抗性强弱分为：

1） 植株倒伏率＜30.0%为强；

2） 植株倒伏率 30.0%～70.0%为中；

3） 植株倒伏率＞70.0%为弱。

附　录　B
（规范性附录）
木薯品种区域试验年度报告
（　　　年度）

试验组别：________________________________

试验地点：________________________________

承担单位：________________________________

试验负责人：______________________________

试验执行人：______________________________

通讯地址：________________________________

邮政编码：________________________________

联系电话：________________________________

电子信箱：________________________________

B.1 气象和地理数据

B.1.1 纬度：____________，经度：____________，海拔高度：____________。

B.1.2 木薯生育期的气温和降水量，见表 B.1。

表 B.1 木薯生育期的气温和降水量(常年气象资料系　　年平均)

项目		月		月		月		月		月	
		当年	常年	当年	常年	当年	常年	当年	常年	当年	常年
上旬 ℃	最高气温										
	最低气温										
	平均气温										
中旬 ℃	最高气温										
	最低气温										
	平均气温										
下旬 ℃	最高气温										
	最低气温										
	平均气温										
月平均气温 ℃											
降水量 mm	上　旬										
	中　旬										
	下　旬										
月降水总量，mm											
月降水天数，d											

初霜时间：________________。

特殊气候及各种自然灾害对供试品种生长和产量的影响以及补救措施：________________

____

B.2 试验地基本情况和栽培管理

B.2.1 基本情况

坡度：____________，前茬：____________，土壤类型：____________，耕整地方式：____。

B.2.2 田间设计

参试品种：______个，对照品种：______，见表 B.2。______排列，重复______次，见表 B.3。______行区，行长______ m，行距______ cm，株距______ cm，种植密度______株/hm^2，小区面积______ m^2，区间走道宽______ cm，试验全部面积______ m^2。

表 B.2 参试品种汇总表

代号	品种名称	类型(组别)	亲本组合	选育单位	联系人

表 B.3 品种田间排列表

重复Ⅰ	
重复Ⅱ	
重复Ⅲ	

B.2.3 栽培管理

种植方式和方法：____，
施肥（日期、方法、配比、含量、数量）：____，
灌排水（日期、方法）：____，
间苗补苗（日期、方法）：____，
中耕除草（日期、方法）：____，
病虫草害防治（日期、药剂、方法）：____，
其他特殊处理：____。

B.3 生育期

种植期：______月______日，出苗期：______月______日，分枝期：第一次分枝：______月______日，第二次分枝：______月______日，第三次分枝：______月______日，开花期：______月______日，成熟期：______月______日，收获期：______月______日，生育期：______ d。

B.4 农艺性状

木薯的农艺性状调查结果汇总表见表 B.4、表 B.5 和表 B.6。

表 B.4 木薯生长习性的农艺性状调查结果汇总表

代号	品种名称	出苗率 %	一致性	生长势	株型	株高 cm	开花有无	结果有无

表 B.5 木薯茎枝的农艺性状调查结果汇总表

代号	品种名称	主茎高 cm	主茎直径 mm	分枝次数 次	第一次分枝角度 °	叶痕突起程度 mm	嫩茎外皮颜色	成熟主茎颜色	
								外皮	内皮

表 B.6 木薯叶的农艺性状调查结果汇总表

代号	品种名称	顶端未展开嫩叶颜色	顶部完全展开叶				
			裂叶数	裂叶形状	裂叶颜色	叶主脉颜色	叶柄颜色

B.5 结薯性状

木薯的结薯性状调查结果汇总表见表 B.7。

表 B.7 木薯的结薯性状调查结果汇总表

代号	品种名称	分布	集中度	整齐度	薯形	薯柄长度	缢痕有无	光滑度	外薯皮色	内薯皮色	薯皮厚度 mm	薯肉颜色

B.6 产量性状

木薯的产量性状调查结果汇总表见表 B.8、表 B.9、表 B.10 和表 B.11。

表 B.8 木薯的产量性状调查结果汇总表

代号	品种名称	重复	收获小区		单株结薯数 条/株	单株鲜质量 kg/株		收获指数	小区产量 kg/区		
			面积 m^2	株数		茎叶	薯块		鲜薯	薯干	淀粉
		Ⅰ									
		Ⅱ									
		Ⅲ									
		Ⅰ									
		Ⅱ									
		Ⅲ									

表 B.9 鲜薯产量统计结果汇总表

代号	品种名称	产量 kg/hm^2				比对照增减 %	产量位次	显著性测定	
		重复Ⅰ	重复Ⅱ	重复Ⅲ	平均			$P>0.05$	$P>0.01$
注：试验设一个以上对照品种时，列出较其他对照品种增产的百分数。									

表 B.10 薯干产量统计结果汇总表

代号	品种名称	产量 kg/hm^2				比对照增减 %	产量位次	显著性测定	
		重复Ⅰ	重复Ⅱ	重复Ⅲ	平均			$P>0.05$	$P>0.01$
注：试验设一个以上对照品种时，列出较其他对照品种增产的百分数。									

表 B.11 淀粉产量统计结果汇总表

代号	品种名称	产量 kg/hm^2				比对照增减 %	产量位次	显著性测定	
		重复Ⅰ	重复Ⅱ	重复Ⅲ	平均			$P>0.05$	$P>0.01$
注：试验设一个以上对照品种时，列出较其他对照品种增产的百分数。									

B.7 食味评价

木薯食用品种的食味评价结果汇总表见表 B.12。

表 B. 12　木薯食用品种的食味评价结果汇总表

代号	品种名称	重复	香度	苦度	甜度	粉度	黏度	纤维感	其他	综合评价	终评位次
		Ⅰ									
		Ⅱ									
		Ⅲ									
		Ⅰ									
		Ⅱ									
		Ⅲ									
注：每重复选一条中等薯块的中段薯肉，蒸熟，请至少 5 名代表品尝评价，可采用 100 分制记录，终评划分 3 个等级：好、中、差。											

B.8　品质检测

鲜薯品质检测结果汇总表见表 B. 13。

表 B. 13　鲜薯品质检测结果汇总表

代号	品种名称	重复	干物率 质量分数，%	粗淀粉含量 g/100 g	可溶性糖含量 g/100 g	粗蛋白含量 g/100 g	粗纤维含量 g/100 g	氢氰酸含量 mg/100 g	β-胡萝卜素含量 mg/100 g	维生素 C 含量 mg/100 g
		Ⅰ								
		Ⅱ								
		Ⅲ								
		Ⅰ								
		Ⅱ								
		Ⅲ								

B.9　病虫害抗性

木薯主要病虫害抗性调查结果汇总表见表 B. 14。

表 B. 14　木薯主要病虫害抗性调查结果汇总表

代号	品种名称	木薯细菌性枯萎病	朱砂叶螨			

B.10　抗逆性

木薯抗逆性调查结果汇总表见表 B. 15。

表 B. 15　木薯抗逆性调查结果汇总表

代号	品种名称	耐寒性	耐旱性	耐盐性	耐涝性	抗风性	

B.11　品种综合评价（包括品种特征特性、优缺点和推荐审定等）

木薯品种综合评价表见表 B. 16。

表 B.16 木薯品种综合评价表

代号	品种名称	综合评价

B.12 本年度试验评述(包括试验进行情况、准确程度、存在问题等)

B.13 对下年度试验工作的意见和建议

本标准起草单位:中国热带农业科学院热带作物品种资源研究所。
本标准主要起草人:黄洁、陆小静、叶剑秋、李开绵、郑玉、徐娟、魏艳、韩全辉、周建国、闫庆祥。

中华人民共和国农业行业标准

NY/T 2645—2014

农作物品种试验技术规程　高粱

Regulations for the trial technology of crop varieties—Sorghum

1　范围

本标准规定了国家高粱品种试验技术方法与技术规则。

本标准适用于国家高粱品种试验。

2　规范性引用文件

下列文件对于本文件的应用是必不可少的。凡是注日期的引用文件，仅注日期的版本适用于本文件。凡是不注日期的引用文件，其最新版本(包括所有的修改单)适用于本文件。

GB 4404.1　粮食作物种子　第1部分：禾谷类

GB/T 5009.8　食品中蔗糖的测定

GB/T 5497　粮食、油料检验水分测定

GB/T 6432　饲料中粗蛋白质测定

GB/T 6433　饲料中粗脂肪的测定

GB/T 6434　饲料中粗纤维的含量测定

GB/T 6435　饲料中水分和其他挥发性物质含量的测定

GB/T 6438　饲料中粗灰分测定

GB/T 13084　饲料中氰化物的测定

GB/T 15683　大米直链淀粉含量的测定

GB/T 15686　高粱单宁含量的测定

NY/T 3　谷类、豆类作物种子粗蛋白测定

NY/T 4　谷类、豆类作物种子粗脂肪测定

NY/T 9　谷类籽粒赖氨酸的测定

NY/T 11　谷物籽粒粗淀粉的测定

3　术语和定义

下列术语和定义适用于本文件。

3.1

区域试验　regional variety trial

在同一生态类型区的不同自然区域，选择多个有代表性的地点，按照统一的试验方案鉴定参试品种的丰产性、稳产性、适应性、抗逆性及其他特征特性的试验。

中华人民共和国农业部 2014-10-17 发布　　　　2015-01-01 实施

3.2

生产试验 yield potential trial

在同一生态类型区内接近大田生产条件下，对区域试验中表现优良的品种在较大面积上进行的多点验证试验。

3.3

试验品种 testing variety

人工选育或发现并经过改良，与现有品种有明显区别，遗传性状相对稳定，形态特征和生物学特性一致，具有适当名称的品种。

3.4

对照品种 check variety

区域试验和生产试验的参照品种，已通过审(鉴、认)定且为本生态区生产上主栽品种。

4 试验设置

4.1 试验类别

区域试验和生产试验。

4.2 试验区组

根据高粱种植区划、耕作制度、生产类型、生态类型及生产需要，兼顾优势布局划分试验区组。

4.3 试验点

4.3.1 试验点选择

试验点具有生态和生产代表性，技术力量、基础设施、仪器设备等试验条件能满足试验要求。

4.3.2 试验点数量

一个试验组别区域试验、生产试验的试验点均不少于 5 个，试验点数量和地点保持相对稳定。

4.4 试验地选择

选择交通便利、地势平坦、排灌方便、土壤肥力均匀、前茬作物一致、四周无树木或高大建筑物的具有代表性的地块。

4.5 试验设计

4.5.1 区域试验

采用随机区组设计，3 次重复，小区面积不小于 15 m^2，6 行～8 行区，试验田周边设置不少于 2 行的保护行。

4.5.2 生产试验

采用随机区组设计，2 次重复，小区面积不小于 100 m^2，行数不少于 10 行，试验田周边设置不少于 2 行的保护行。

4.6 品种数量

4.6.1 区域试验

同一组别内的参试品种数量一般 5 个～15 个(包括对照)。

4.6.2 生产试验

同一组别内的参试品种数量一般不多于 7 个(包括对照)。

4.7 对照品种

每个试验组别设置 1 个～2 个对照品种。

4.8 试验年限

区域试验一般 2 年,生产试验一般 1 年。

5 试验种子

按试验方案要求提供足够数量种子,种子质量应符合 GB 4404.1 的规定。不应对种子进行拌种、包衣等处理。

6 播种和田间管理

6.1 播种方法

采用人工播种、育苗移栽或机械精量播种。

6.2 密度

依据当地生产实际及育种家提供的密度确定。

6.3 播种期

按试验点所在地生产特点确定。

6.4 田间管理

管理水平略高于当地大田生产,及时中耕、除草、排灌、治虫,但不防治病害。施肥水平参照大田生产。在进行田间操作时,保证同一试点、同一组别管理措施一致并在同一天完成。

7 调查记载项目

调查记载项目和标准见附录 A。

8 收获和计产

区域试验:试验小区两侧各去掉 1 行后收获计产。

生产试验:全区收获计产。

8.1 粒用高粱

籽粒达到完熟期时收获,收获后及时晾晒、脱粒、风干、称重,折合 14%含水量计产,单位为千克(kg),保留 1 位小数。

8.2 能源/青贮高粱

根据方案要求适时收获,及时计量地上部分的生物产量,单位为千克(kg),保留 1 位小数。

8.3 饲草高粱

两次或多次刈割,刈割留茬高度 15 cm,刈割后及时计量地上部分的生物产量,单位为千克(kg),保留 1 位小数。

9 抗性鉴定和品质测定

抗性鉴定由试验主管部门指定专业机构进行鉴定,所用种子从参试种子中分取。品质检测由试验主管部门指定有关单位定点采集样本,送交指定的机构检测。

10 试验总结

试验总结时,如果汇总中发现异常情况,应做出以下处理:

10.1 试验点异常情况的处理

出现下列情况之一,该试验点数据不纳入汇总。

a) 田间设计未按试验方案执行;

b) 试验缺苗率达 15%以上;

c) 试验点产量数据误差变异系数达 15%以上；

d) 由于自然灾害或人为因素造成试验误差较大，影响试验正常进行。

10.2 试验品种异常情况的处理

出现下列情况之一，该品种数据不纳入汇总。

a) 试验品种 2 次以上重复的缺苗率达 20%以上；

b) 粒用高粱试验品种籽粒遭鸟害，损失率达 10%以上；

c) 试验品种在霜前不能正常成熟；

d) 试验品种种子纯度不达标；

e) 在有效试验点中，试验品种 20%以上试验点数据报废。

10.3 其他

a) 试验汇总点数为试点总数 2/3 以下时，该组别试验不汇总；

b) 试验主管部门在品种试验考察中，应对出现异常情况的试验点、试验品种提出处理意见。

11 区域试验产量比照标准

产量比照时，应以对照品种产量为标准，当对照品种产量低于该组 2/3 试验品种的产量时，以该组所有试验品种(含对照)平均产量作为比照标准。

12 试验报告

各承试单位按实施方案要求填报《全国高粱品种区域试验年终报告》，并以加盖单位公章的纸质材料和电子版两种形式及时向试验主管单位和主持单位报送，试验主持单位审核汇总，编制试验总结报告。

附 录 A
（规范性附录）
全国高粱品种试验调查记载项目及标准

A.1 物候期

A.1.1 播种期:指播种当日。

A.1.2 出苗期:指幼苗出土“露锥”(即子叶展开前)达75%的日期。

A.1.3 抽穗期:指全区75%的植株穗部开始突破叶鞘达50%的日期。

A.1.4 开花期:指全区有75%的穗开花占全穗50%的日期。

A.1.5 成熟期:指75%以上植株的穗背阴面下部第一枝梗籽粒达蜡状硬度的日期。

A.1.6 生育期:从出苗期到成熟期的日数。

A.2 主要农艺性状

A.2.1 芽鞘色:幼芽刚出土时芽鞘的颜色,以实际颜色表明,一般分绿色、紫色、无色。

A.2.2 幼苗色:幼苗的颜色,以实际颜色表明,一般分绿色、红色、紫色。

A.2.3 叶脉色:抽穗期观察,一般分白、黄、棕、蜡。

A.2.4 株高:成熟期由植株基部到穗顶的长度,以厘米(cm)为单位。

A.2.5 植株整齐度:按植株高度一致性分整齐、中等、不整齐三种。同等株高占95%以上为整齐,90%～95%为中等,90%以下为不整齐。

A.2.6 穗长:成熟期自植株穗下端枝梗叶痕处到穗尖的长度,以厘米(cm)为单位。

A.2.7 穗型:成熟期按穗子的松紧程度,分紧、中紧、中散、散四种。枝梗紧密、手握时有硬性感觉者为紧穗型。枝梗紧密、手握时无硬性感觉者为中紧穗型。第一、第二级分枝虽短,但穗子不紧密,向光观察时枝梗间有透明现象者为中散穗型。第一级分枝较长,穗子一经触动,枝梗动摇且有下垂表现者为散穗型。其中,枝梗向一个方向垂散者为侧散穗型,向四周垂散者为周散穗型。

A.2.8 穗形:成熟期按穗的实际形状记载,如纺锤形、牛心形、圆筒形、棒形、杯形、球形、伞形、帚形等。

A.2.9 茎粗:成熟期基部往上1/3处节间的大径为准。

A.2.10 壳色:成熟期按壳的实际颜色记载,如红、黑、褐、黄、白等。

A.2.11 粒色:成熟期按籽粒的实际颜色记载,如红、黑、褐、橙、黄、白、灰白等。

A.2.12 粒形:成熟期按籽粒的实际形状,如圆形、椭圆形、卵形、长圆形等。

A.2.13 穗粒重:成熟籽粒含水量达到14%时,单穗脱粒后的籽粒重量,以克(g)表示。

A.2.14 千粒重:成熟籽粒含水量达到14%时,1 000粒完全粒的重量,以克(g)为单位。

A.2.15 穗粒数:穗粒重/千粒重×1 000。

A.2.16 籽粒整齐度:以籽粒大小整齐度分整齐、中等、不整齐三种。同等粒占95%以上为整齐,90%～95%为中等,90%以下为不整齐。

A.2.17 着壳率:按籽粒着壳的多少,分少、中、多三级。着壳率小于4%为少,4%～8%为中,大于8%为多。

A.2.18 角质率:以籽粒的横断面角质含量的多少,分高、中、低三级。角质大于70%为高,30%～70%

为中，小于30%为低。

A.2.19　育性：指杂交种育性恢复情况，抽穗后开花前套袋，灌浆后调查结实率，单位为百分率(%)。

A.2.20　籽粒产量：单位面积土地上所收获的籽粒产量，以千克每667平方米(kg/667 m^2)为单位。

A.2.21　生物产量：单位面积土地上所收获的地上部分植株鲜重，以千克每667平方米(kg/667 m^2)为单位。

A.3　抗性性状

A.3.1　倾斜率和倒折率：以百分率表示。

A.3.1.1　倾斜率指倾斜角度不超过45°植株占总株数的百分比。

A.3.1.2　倒折率指倾斜角度45°以上植株与倒折植株之和占总株数的百分比。

A.3.1.3　倒折率=(倾斜角度45°以上植株数+倒折植株数)/总株数×100%。

A.3.2　丝黑穗病：用0.6%菌土接种，调查病株百分率，丝黑穗病分级标准见表A.1。

表A.1　高粱品种抗丝黑穗病分级标准

抗性分级	发病率，%
高抗	0～5.0
抗	5.1～10.0
中抗	10.1～20.0
感	20.1～40.0
高感	40.0以上

A.3.3　其他病、虫害：记载发生严重的病虫害名称及发生程度。

A.4　品质性状

A.4.1　出米率：单位重量籽粒出米的百分率。

A.4.2　适口性：米饭和面食口感，分好、中、差。

A.4.3　品质分析：根据品种用途不同，测定相应指标。

A.4.3.1　粒用高粱测定指标。

A.4.3.1.1　籽粒粗蛋白质测定，参照NY/T 3的规定执行。

A.4.3.1.2　籽粒赖氨酸测定，参照NY/T 9的规定执行。

A.4.3.1.3　籽粒单宁测定，参照GB/T 15686的规定执行。

A.4.3.1.4　籽粒粗脂肪测定，参照NY/T 4的规定执行。

A.4.3.1.5　籽粒粗淀粉测定，参照NY/T 11的规定执行。

A.4.3.1.6　籽粒直链淀粉测定，参照GB/T 15683的规定执行。

A.4.3.1.7　水分测定，参照GB/T 5497的规定执行。

A.4.3.2　甜高粱和草高粱测定指标。

A.4.3.2.1　茎叶中粗蛋白测定，参照GB/T 6432的规定执行。

A.4.3.2.2　茎叶粗脂肪测定，参照GB/T 6433的规定执行。

A.4.3.2.3　茎叶粗纤维测定，参照GB/T 6434的规定执行。

A.4.3.2.4　茎叶粗灰分测定，参照GB/T 6438的规定执行。

A.4.3.2.5　茎叶氢氰酸测定，参照GB/T 13084的规定执行。

A.4.3.2.6　茎叶可溶性总糖测定，参照GB/T 5009.8的规定执行。

A.4.3.2.7 茎叶水分测定,参照 GB/T 6435 的规定执行。

A.4.4 茎秆出汁率:压榨茎秆 2 遍,按式(A.1)计算。

$$SJP = \frac{SJW}{SW} \qquad \text{(A.1)}$$

式中:

SJP ——甜汁率,单位为百分率(%);

SJW ——甜汁重,单位为千克(kg);

SW ——茎秆重,单位为千克(kg)。

A.4.5 茎秆锤度:用糖度计测量茎秆榨出汁液的锤度,用百分数表示。

A.5 计产

A.5.1 粒用高粱:籽粒达到完熟期时收获,收获后及时晾晒、脱粒、风干、称重,折合 14%含水量计产,单位为千克(kg),保留 1 位小数。

A.5.2 能源/青贮高粱:根据方案要求适时收获,及时计量地上部分的生物产量,单位为千克(kg),保留 1 位小数。

A.5.3 饲草高粱:两次或多次刈割,刈割留茬高度 15 cm,刈割后及时计量地上部分的生物产量,单位为千克(kg),保留 1 位小数。

本标准起草单位:全国农业技术推广服务中心、辽宁省农业科学院、湖北省农业厅、辽宁省种子管理局、内蒙古种子管理站、山西省农业种子总站、吉林省种子管理总站、四川省农业科学院、黑龙江省农业科学院、山西省农业科学院、吉林省农业科学院、赤峰市农牧科学研究院。

本标准主要起草人:孙世贤、何艳琴、邹剑秋、王艳秋、高广金、王洪山、宋国栋、李霞、陈宝光、丁国祥、焦少杰、张福耀、高士杰、成慧娟。

中华人民共和国农业行业标准

NY/T 2668.1—2014

热带作物品种试验技术规程 第1部分:橡胶树

Regulations for the variety tests of tropical crops—
Part 1:Rubber tree

1 范围

本部分规定了橡胶树(*Hevea brasiliensis*,Muell.-Arg.)品种比较试验、区域试验和抗寒前哨试验的方法。

本部分适用于橡胶树的品种试验。

2 规范性引用文件

下列文件对于本文件的应用是必不可少的。凡是注日期的引用文件,仅注日期的版本适用于本文件。凡是不注日期的引用文件,其最新版本(包括所有的修改单)适用于本文件。

NY/T 221 橡胶树栽培技术规程

NY/T 607 橡胶树育种技术规程

NY/T 1088 橡胶树割胶技术规程

NY/T 1089 橡胶树白粉病测报技术规程

NY/T 1314 农作物种质资源鉴定技术规程 橡胶树

3 品种比较试验

3.1 试验点选择

在海南、云南、广东等主要植胶区进行试验。试验点应具有生态与生产代表性,试验地土壤类型和肥力应相对一致。

3.2 试验年限

正常割胶≥5年,但国外引进的推广级品种正常割胶≥3年。

3.3 对照品种

根据不同育种目标及植胶类型区确定对照品种。

——丰产性和速生性:云南植胶区为GT1、RRIM600、云研77-4等,广东植胶区为GT1、PR107等,海南植胶区东部、南部重风区为PR107、热研7-33-97等,其他地区为RRIM600或热研7-33-97等;

——抗寒性:云南植胶区为GT1、云研77-4、93-114等,广东植胶区为GT1、云研77-4、93-114等;

——抗风性:为PR107、热研7-33-97等;

——抗病性:白粉病为RRIC52等,炭疽病为热研88-13等。

中华人民共和国农业部 2014-10-17 发布 2015-01-01 实施

3.4 试验设计

采用随机区组或改良对比法设计，重复≥3 次。每小区约 60 株，中心记录株数≥30 株。株距 2.5 m～3 m，行距 6 m～10 m。

3.5 胶园管理

栽培管理按 NY/T 221 的要求执行，割胶管理按 NY/T 1088 的要求执行。

3.6 观测记载项目及方法

按附录 A 的要求执行。

3.7 试验总结

试验结束后，对试验数据进行统计分析及综合评价，对试验品种主要植物学特征、生物学特性、产量、生长量及抗逆性做出鉴定，参照附录 B 撰写年度报告。

4 品种区域试验

4.1 试验点选择

在海南、云南、广东等橡胶树主栽区的 2 个或以上生态类型区开展区域试验，每个生态区设置不少于 2 个试验点。试验点应具有生态与生产代表性。试验地土壤类型和肥力应相对一致。

4.2 试验年限

正常割胶≥3 年，但国外引进的推广级品种正常割胶≥2 年。

4.3 对照品种

按 3.3 的要求执行。

4.4 试验设计

采用随机区组法或改良对比法设计，每个试验品种种植≥100 株，带状种植。种植密度依据立地条件和参试单位的生产常规确定。

4.5 胶园管理

按 3.5 的要求执行。

4.6 观测记载项目及方法

按附录 A 的要求执行。

4.7 试验总结

试验结束后，对试验数据进行统计分析及综合评价，对试验品种产量、生长量及抗逆性做出鉴定，并总结主要栽培技术要点，参照附录 B 撰写年度报告。

5 抗寒前哨试验

5.1 试验实施原则

以抗寒为育种目标的品种选育应进行品种抗寒前哨试验。

5.2 试验点选择

选择植胶区寒害多发地带进行试验，试验地土壤类型和肥力应相对一致。

5.3 试验年限

定植起 2 年～3 年，且经历一次对照品种平均级别为 0.5 级或以上的寒害。

5.4 对照品种

辐射低温多发区为云研 77－4、GT1，平流低温多发区为 93－114。

5.5 试验设计

采用随机区组设计，重复≥3 次。每小区 5 株，株距为 1 m，行距为 1 m。

5.6 栽培管理

按 NY/T 221 的要求执行。

5.7 抗寒性鉴定

按 NY/T 607 的要求执行,观测记录项目按附录 C 执行。

5.8 试验品种测评报告

根据试验结果,对试验品种的抗寒能力进行总结评价。

附 录 A
（规范性附录）
橡胶树品种比较试验(区域试验)观测项目与记载标准

A.1 基本情况

A.1.1 试验地概况

主要包括地理位置、地形、坡度、坡向、海拔、土壤类型等情况。

A.1.2 气象资料

主要包括气温、降水量、无霜期、极端温度以及灾害天气等。

A.1.3 栽培管理

主要包括整地、土壤处理、抚管措施等。

A.2 观测项目和鉴定方法

A.2.1 观测项目

观测项目见表 A.1。

表 A.1 观测项目

性状	观测项目
主要植物学特征	叶蓬形状、叶片、蜜腺等
生物学特性	抽叶期，春花期，落叶期等。树围生长量、树皮厚度、生长习性
产量	株产干胶，亩产干胶等
抗逆性	抗风性、抗寒性、抗病性等
副性状	死皮停割率、早凝及长流、胶乳颜色、胶乳 pH 等

A.2.2 鉴定方法

A.2.2.1 主要植物学特征

按 NY/T 1314 的要求执行。

A.2.2.2 生物学特性

抽叶期，当观测的植株上叶片出现 5%叶片为古铜期时，为抽叶始期，出现 50%以上叶片为淡绿时为抽叶盛期；春花，观测林段内有 5%植株开花时为开花始期，50%以上植株开花时为开花盛期；落叶期，全株约有 5%的叶子脱落时为落叶始期，全株有 30%～50%的叶片脱落时，为落叶盛期。生长特性鉴定按 NY/T 607 的要求执行。

A.2.2.3 产量

按 NY/T 607 和 NY/T 1088 的要求执行。

A.2.2.4 抗逆性

按 NY/T 607 的要求执行。

A.2.2.5 副性状

——割胶性状：死皮停割率按 NY/T 607 执行；胶乳早凝指在正常割胶的情况下，较对照品种提早凝固明显，此处填写是或否；胶乳长流指在正常割胶条件下，正常收胶后仍有较长时间有流胶现象，此处填写是或否。

——胶乳性状:胶乳颜色判定标准按 NY/T 1314 执行;胶乳 pH 测定,取胶乳样品与玻璃片上,用洁净干燥的玻璃棒蘸取待测液点滴于试纸的中部,观察变化稳定后的颜色,与标准比色卡对比,判断胶乳 pH。

A.3 记载项目

A.3.1 基本资料

橡胶树品种比较试验(区域试验)基本资料登记见表 A.2。

表 A.2 橡胶树品种比较试验(区域试验)基本资料登记表

<table>
<tr><td colspan="2">试验类型</td><td colspan="5"></td></tr>
<tr><td colspan="2">参试品种</td><td colspan="5"></td></tr>
<tr><td colspan="2">对照品种</td><td colspan="5"></td></tr>
<tr><td colspan="2">生态类型区</td><td colspan="5"></td></tr>
<tr><td colspan="2">试验地点</td><td colspan="5"></td></tr>
<tr><td colspan="2">重复数</td><td colspan="5"></td></tr>
<tr><td colspan="2">株行距,m</td><td colspan="5"></td></tr>
<tr><td colspan="2">种植材料</td><td colspan="5"></td></tr>
<tr><td rowspan="2">种植株数</td><td>E</td><td></td><td rowspan="2">种植面积,亩</td><td>E</td><td></td></tr>
<tr><td>CK</td><td></td><td>CK</td><td></td></tr>
<tr><td rowspan="2">中心小区株数</td><td>E</td><td></td><td rowspan="2">中心小区面积,亩</td><td>E</td><td></td></tr>
<tr><td>CK</td><td></td><td>CK</td><td></td></tr>
<tr><td rowspan="2">开割年份</td><td>E</td><td colspan="4"></td></tr>
<tr><td>CK</td><td colspan="4"></td></tr>
<tr><td rowspan="2">开割率,%</td><td>E</td><td colspan="4"></td></tr>
<tr><td>CK</td><td colspan="4"></td></tr>
<tr><td colspan="6">注:表中 E 代表试验品种,CK 为对照品种。</td></tr>
</table>

A.3.2 橡胶树品种植物学特征和生物学特性

品种比较试验中橡胶树品种植物学特征和生物学特性记录见表 A.3。

表 A.3 橡胶树品种植物学特征和生物学特性记录表

观测项目		参试品种	对照品种
植物学特征	叶痕形状		
	托叶痕着生形态		
	鳞片痕和托叶痕联成的形状		
	芽眼形态		
	芽眼与叶痕距离,cm		
	叶蓬形状		
	大叶柄形状		
	叶枕伸展状态		
	叶枕沟		
	叶枕膨大形态		
	小叶柄形态		
	小叶柄长度,cm		
	小叶柄沟		
	小叶枕膨大		
	小叶枕膨大长度		
	蜜腺形态		
	腺点着生状态		

表 A.3（续）

观测项目			参试品种	对照品种
植物学特征	腺点排列方式			
	腺点边缘			
	腺点面形态			
	叶形			
	叶基形状			
	两侧小叶基外缘形态			
	叶端形状			
	叶缘波浪			
	叶面光滑状况			
	叶面光泽			
	叶片颜色			
	三小叶间距			
	胶乳颜色			
生物学特性	抽叶期	始期		
		盛期		
	春花	始期		
		盛期		
	落叶期	始期		
		盛期		

A.3.3 橡胶树品种年生长及产量

品种比较试验(区域试验)中橡胶树品种年生长及产量统计见表 A.4。

表 A.4 橡胶树品种年生长及产量统计表

项目	品种		时间(年)											平均
			1	2	3	4	5	6	7	8	9	10	11	
开割前树围,cm	E													
	CK													
开割后树围,cm	E													
	CK													
树皮厚度,cm	原生皮	E												
		CK												
	次生皮	E												
		CK												
测产株数[a]	E													
	CK													
割胶刀数	E													
	CK													
割胶制度[b]														
干胶含量,%	E													
	CK													
株产	E,kg													
	CK,kg													
	E/CK,%													
亩产	E,kg													
	CK,kg													
	E/CK,%													

注:表中 E 代表试验品种,CK 为对照品种。

[a] 测产株数为正常割胶株数。

[b] 割胶制度为不同年份所采用的割胶制度,若有使用刺激割胶,标明用法与浓度。

A.3.4 橡胶树品种抗逆性及副性状

品种比较试验(区域试验)中橡胶树品种抗性、副性状及生物学特性统计见表 A.5。

表 A.5 橡胶树品种抗逆性及副性状统计表

<table>
<tr><th colspan="2" rowspan="3">统计观察期</th><th colspan="7">抗性</th><th colspan="3">割胶性状</th><th colspan="2">胶乳</th></tr>
<tr><th colspan="2">抗风性</th><th colspan="3">抗寒性</th><th colspan="2">抗病性</th><th rowspan="2">死皮停割率
%</th><th rowspan="2">早凝</th><th rowspan="2">长流</th><th rowspan="2">颜色</th><th rowspan="2">pH</th></tr>
<tr><th>存树率
%</th><th>断倒率
%</th><th>树干</th><th>割面</th><th>茎基</th><th>白粉病</th><th>炭疽病</th></tr>
<tr><td rowspan="2">年</td><td>E</td><td></td><td></td><td></td><td></td><td></td><td></td><td></td><td></td><td></td><td></td><td></td><td></td></tr>
<tr><td>CK</td><td></td><td></td><td></td><td></td><td></td><td></td><td></td><td></td><td></td><td></td><td></td><td></td></tr>
<tr><td rowspan="2">年</td><td>E</td><td></td><td></td><td></td><td></td><td></td><td></td><td></td><td></td><td></td><td></td><td></td><td></td></tr>
<tr><td>CK</td><td></td><td></td><td></td><td></td><td></td><td></td><td></td><td></td><td></td><td></td><td></td><td></td></tr>
<tr><td colspan="14">注:表中 E 代表试验品种,CK 为对照品种。白粉病判定标准按 NY/T 1089 的规定执行。</td></tr>
</table>

附 录 B
(规范性附录)
橡胶树品种区域试验年度报告

B.1 概述

本附录给出了《橡胶树品种区域试验年度报告》格式。

B.2 报告格式

橡胶树品种区域试验年度报告

(年度)

试验类型:______________________________

试验地点:______________________________

承担单位:______________________________

试验负责人:____________________________

试验执行人:____________________________

通讯地址:______________________________

邮政编码:______________________________

联系电话:______________________________

电子信箱:______________________________

B.3 项目基本情况

B.3.1 试验地基本情况

经度：______°______′______″，纬度：______°______′______″，海拔高度：______________m，年平均气温：______________℃，最冷月气温：______________℃，最低气温：______________℃，年降水量：______________mm。

坡度：______________°，坡向：______________，土壤类型：______________。

特殊气候及各种自然灾害对供试品种生长和产量的影响以及补救措施：____。

B.3.2 田间试验设计

参试品种：____________个，对照品种：____________，重复____________次，行距________m，株距__________m，试验面积________亩。

B.4 田间抚管

施肥：____

除草：____

病虫害防治：____

其他特殊处理：____

B.5 橡胶树品种综合表现(包括生长、产量及副性状)

橡胶树品种性状统计表见表B.1。

表B.1 橡胶树品种性状统计表

序号	试验代号	品种名称	定植株数	现存株数	茎围增粗 cm	平均株产 kg	平均亩产 kg	自然灾害 损失情况

B.6 品种综合评价(包括品种特征特性、优缺点等)

橡胶树品种综合评价表见表B.2。

表B.2 橡胶树品种综合评价表

代号	品种名称	综合评价

B.7 栽培技术要点

____

B.8 本年度试验评述(包括试验进行情况、准确程度、存在问题等)

____

B.9 对下年度试验工作的意见和建议

____

附 录 C
（规范性附录）
橡胶树品种抗寒前哨试验观测记载表

橡胶树品种抗寒前哨试验观测记载表见表C.1。

表C.1 橡胶树品种抗寒前哨试验观测记载表

试验地点		省___市___县___乡(村)经度___°___′___″纬度___°___′___″
立地条件		
气象资料[a]		
寒害类型		
参试品种		
对照品种		
定植时间		
种植材料		
栽培管理		
越冬前生长情况及物候期		
寒害症状	E	
	CK	
平均寒害级别	E	
	CK	
寒害恢复情况	E	
	CK	
抗寒能力评价		

注：表中E代表参试品种，CK为对照品种。

[a] 气象资料主要记载记录降温性状，时间长短，极端低温等项目。

本部分起草单位：中国热带农业科学院橡胶研究所、中国农垦经济发展中心。

本部分主要起草人：李维国、张晓飞、杨萍、黄华孙、高新生、吴春太、王祥军。

中华人民共和国农业行业标准

NY/T 2668.2—2014

热带作物品种试验技术规程
第2部分:香蕉

Regulations for the variety tests of tropical crops—
Part 2:Banana

1 范围

本部分规定了香蕉(*Musa* spp.)的品种比较试验、区域试验和生产试验的方法。

本部分适用于香蕉品种试验。

2 规范性引用文件

下列文件对于本文件的应用是必不可少的。凡是注日期的引用文件,仅注日期的版本适用于本文件。凡是不注日期的引用文件,其最新版本(包括所有的修改单)适用于本文件。

GB 4285 农药安全使用标准

GB/T 6195 水果、蔬菜维生素C含量测定法(2,6-二氯靛酚滴定)

GB 8321(所有部分) 农药合理使用准则

GB/T 12456 食品中总酸的测定

NY/T 357 香蕉 组培苗

NY/T 1278 蔬菜及其制品中可溶性糖的测定 铜还原碘量法

NY/T 1319 农作物种质资源鉴定技术规程 香蕉

NY/T 1475 香蕉病虫害防治技术规范

NY/T 1689 香蕉种质资源描述规范

NY/T 2120 香蕉无病毒种苗生产技术规范

NY/T 5022 无公害食品 香蕉生产技术规程

3 品种比较试验

3.1 试验点选择

试验地点应能代表所属生态类型区的气候、土壤、栽培条件和生产水平,选择光照充足、土壤肥力一致、排灌方便的地块。

3.2 对照品种

对照品种应是同一栽培类型,当地已登记或审定的品种,或当地生产上公知公用的品种,或在育种目标性状上表现最突出的现有品种。

3.3 试验设计与实施

完全随机设计或随机区组设计,3次重复;同类型参试品种、对照品种作为同一组别,安排在同一区组内;每个小区每个品种≥30株,株距1.5 m~2 m,行距2 m~3 m。种苗生产按NY/T 2120的规定执

中华人民共和国农业部 2014-10-17 发布　　2015-01-01 实施

行，种苗质量符合 NY/T 357 的要求。试验年限至少含有新植蕉和一茬宿根蕉的 2 个生长周期。

3.4 观测记载与鉴定评价

按附录 A 的规定执行。

3.5 试验总结

对试验品种的质量性状进行描述，对数量性状如果实大小、果实质量、产量等观测数据进行统计分析，撰写品种比较试验报告。

4 品种区域试验

4.1 试验点的选择

满足 3.1 要求；根据不同品种的适应性，在 2 个或以上省区不同生态区域设置≥3 个试验点。

4.2 试验品种确定

4.2.1 对照品种

满足 3.2 要求，可根据试验需要增加对照品种。

4.2.2 品种数量

试验品种数量≥2 个(包括对照品种)，当参试品种类型>2 个时，应分组设立试验。

4.3 试验设计

采用随机区组排列，3 次重复；同类型参试品种、对照品种作为同一组别，安排在同一区组内；每个小区每个品种种植面积≥0.5 亩；依据土壤肥力、生产条件、品种特性及栽培要求来确定种植密度，同一组别不同试验点的种植密度应一致。试验年限至少含有新植蕉和一茬宿根蕉的 2 个生长周期。

4.4 试验实施

4.4.1 种植时期

在当地习惯种植时期或按品种的最佳种植期种植。种苗生产按 NY/T 2120 的规定执行，种苗质量符合 NY/T 357 的要求。

4.4.2 植前准备

整地质量一致。种植前，按照 GB 4285、NY/T 1475 和 NY/T 5022 的规定执行，选用杀菌剂和杀虫剂统一处理种苗。

4.4.3 田间管理

参照 NY/T 5022 的规定执行。在同一试验点的同一组别中，同一项技术措施应在同一天内完成。果实生长期间禁止使用各种植物生长调节剂。

4.4.4 病虫草害防治

参照 GB 4285、GB 8321 和 NY/T 1475 的规定执行。如果需要比较试验品种的抗病、抗虫等性状，则不应对该病害、虫害进行防治。

4.4.5 收获和测产

当香蕉品种达到要求的成熟度，应及时组织收获。在同一试验点中，同一组别宜在同一天内完成。每个品种随机测产 5 株及以上的单株产量，以收获株数的平均单株产量乘以种植株数推算小区产量。计算单位面积产量时，缺株应计算在内。

4.5 观测记载与鉴定评价

按附录 A 的规定执行。主要品质指标由品种审定委员会指定或认可的专业机构进行检测。以抗逆性为育种目标的参试品种，由专业机构进行抗枯萎病、抗风等抗逆性鉴定。

4.6 试验总结

对试验数据进行统计分析及综合评价，对单位面积产量和单株产量等进行方差分析和多重比较，参照附录B撰写年度报告。

5 品种生产试验

5.1 试验点的选择

满足4.1的要求。

5.2 试验品种确定

5.2.1 对照品种

对照品种应是当地主要栽培品种,或在育种目标性状上表现较突出的现有品种,或品种审定委员会指定的品种。

5.2.2 品种数量

满足4.2.2的要求。

5.3 试验设计

一个试验点的种植面积≥6亩。采用随机区组排列,3次重复;小区内每个品种种植面积≥1亩,依据土壤肥力、生产条件、品种特性及栽培要求确定种植密度,同一组别不同试验点的种植密度应一致。种苗生产按NY/T 2120的规定执行,种苗质量符合NY/T 357的要求。试验年限至少含有新植蕉和一茬宿根蕉的2个生长周期。

5.4 试验实施

5.4.1 田间管理

满足4.4.3的要求。

5.4.2 收获和测产

满足4.4.5的要求。

5.5 观测记载与鉴定评价

按4.5的规定执行。

5.6 试验总结

对试验数据进行统计分析及综合评价,对单位面积产量和单株产量等进行方差分析和多重比较,并总结出生长技术要点,撰写生产试验报告。

附　录　A
（规范性附录）
香蕉品种试验观测项目与记载标准

A.1　基本情况

A.1.1　试验地概况

主要包括地理位置、地形、坡度、坡向、海拔、土壤类型和性状、基肥及整地等情况。

A.1.2　气象资料

主要包括年平均日照总时数、年平均太阳总辐射量、年平均气温、年总积温、年均降水量、无霜期以及灾害天气等。

A.1.3　种苗情况

组培苗来源、质量、定植时间等。

A.1.4　田间管理情况

包括除草、灌溉、施肥、病虫害防治、立桩、断蕾、疏花疏果、抹花、套袋等。

A.2　香蕉品种试验田间观测项目和记载标准

A.2.1　田间观测项目

田间观测项目见表 A.1。

表 A.1　田间观测项目

内　　容	记载项目
植物学特征	假茎：树势、假茎高度、假茎基部粗度、假茎中部粗度、假茎颜色、假茎色斑 叶片：叶姿、叶柄基部斑块、叶柄基部斑块颜色、叶柄长度、叶片长度、叶片宽度 果穗：果穗形状、果穗结构、梳形、果穗长度、果穗粗度、果穗梳数、最大梳果指数、第三梳果指数、总果指数 果指：果顶形状、果指弯行、果形、果指长度、果指粗度、果柄长度、果柄粗度、生果皮颜色、果指横切面、单果重、熟果皮颜色、熟果脱把、果皮厚度、剥皮难易、果皮开裂
生物学特性	定植至抽蕾期间抽生的叶片总数、定植至现蕾时间、定植至收获时间、宿根蕉生长周期、抽蕾期青叶数、收获期青叶数、总叶片数
品质特性	熟果肉颜色、可食率、货架期、风味、果肉香味、果肉质地、可溶性固形物含量、可溶性糖含量、可滴定酸含量、维生素 C 含量
丰产性	单株产量、亩产量
抗逆性	抗风性、抗枯萎病和其他抗逆性
其他	

A.2.2　鉴定方法

A.2.2.1　植物学特征

按 NY/T 1319 的规定执行。

A.2.2.2　生物学特性

按 NY/T 1319 的规定执行。

A.2.2.3　品质特性

A.2.2.3.1 果肉质地

可食用果肉质地粗细、口感硬软，按 NY/T 1689 的规定执行。

A.2.2.3.2 可溶性固形物含量

可按折射仪法或相近方法测定，用%表示，精确到 0.1%。

A.2.2.3.3 可溶性糖含量

按 NY/T 1278 的规定执行。

A.2.2.3.4 可滴定酸含量

按 GB/T 12456 的规定执行。

A.2.2.3.5 维生素 C 含量

按 GB/T 6195 的规定执行。

A.2.2.3.6 其他品质性状

按 NY/T 1319 的规定执行。

A.2.2.4 丰产性

A.2.2.4.1 单株产量

果实达九成熟时，每小区随机选取生长正常的植株 5 株，采摘果穗，称量果穗重量。结果以平均值表示，精确到 0.1 kg。

A.2.2.4.2 亩产量

测量株、行距，计算亩植株数，根据单株产量和亩株数计算折亩产量。结果以平均值表示，精确到 0.1 kg。

A.2.2.5 抗逆性

A.2.2.5.1 抗风性

记载试验区域发生 9 级以上强热带风暴危害后的植株折倒数量，根据折倒率判定抗风性强弱。

A.2.2.5.2 抗枯萎病

采用在枯萎病园种植全生育期田间鉴定方法，进行枯萎病抗性评价。选择枯萎病发病率达 80%以上的蕉园，以不抗病的主栽品种为对照，定植后每月定期记录植株枯萎病发病情况，收获时统计枯萎病发病率，连续种植观察 2 年以上(含 2 年)，计算平均枯萎病发病率。

枯萎病抗性依发病率分为 5 级：高抗，发病率≤10%；抗，10%＜发病率≤20%；中抗，20%＜发病率≤40%；感，40%＜发病率≤60%；高感，发病率＞60%。

A.2.2.6 其他

根据小区内发生的其他病害、虫害和寒害等具体情况加以记载。

A.2.3 记载项目

A.2.3.1 香蕉品种比较试验田间观测记载项目

香蕉品种比较试验田间观测项目记载表见表 A.2。

表 A.2 香蕉品种比较试验田间观测项目记载表

观测项目		参试品种	对照品种	备 注
植物学特征	树势			
	假茎颜色			
	假茎色斑			
	假茎高度，m			
	假茎基部粗度，cm			
	假茎中部粗度，cm			
	叶姿			

表 A.2（续）

观测项目		参试品种	对照品种	备　注
植物学特征	叶柄长度,cm			
	叶片长度,cm			
	叶片宽度,cm			
	叶柄基部斑块			
	叶柄基部斑块颜色			
	果穗形状			
	果穗结构			
	梳形			
	果穗长度,cm			
	果穗粗度,cm			
	果穗梳数,穗/梳			
	最大梳果指数,根/梳			
	第三梳果指数,根/梳			
	总果指数,根/穗			
	果顶形状			
	果指弯形			
	果形			
	果指长度,cm			
	果指粗度,cm			
	果柄长度,cm			
	果柄粗度,cm			
	生果皮颜色			
	果指横切面			
	单果重,g			
	熟果皮颜色			
	熟果脱把			
	果皮厚度,mm			
	剥皮难易			
	果皮开裂			
生物学特性	定植至抽蕾期间抽生的叶片总数,d			
	定植至现蕾时间,d			
	定植至收获时间,d			
	宿根蕉生长周期,d			
	抽蕾期青叶数,片/株			
	收获期青叶数,片/株			
	总叶片数,片/株			
品质特性	熟果肉颜色			
	可食率,%			
	货架期,d			
	主要风味			
	果肉香味			
	果肉质地			
	可溶性固形物含量,%			
	可溶性糖含量,%			
	可滴定酸含量,%			
	维生素 C 含量,mg/100 g			
丰产性	单株产量,kg			
	亩产量,kg			

表 A.2（续）

观测项目		参试品种	对照品种	备　注
抗逆性	抗风性(倒伏率)，%			
	枯萎病发病率，%			
	其他			
其他				

A.2.3.2　香蕉品种区域试验及生产试验田间记载项目

香蕉品种区域试验及生产试验田间观测项目记载表见表 A.3。

表 A.3　香蕉品种区域试验及生产试验田间观测项目记载表

观测项目		参试品种	对照品种	备　注
植物学特征	树势			
	假茎高度，m			
	假茎基部粗度，cm			
	假茎中部粗度，cm			
	叶姿			
	叶柄基部斑块			
	叶柄基部斑块颜色			
	果穗形状			
	果穗结构			
	梳形			
	果穗梳数，穗/梳			
	最大梳果指数，根/梳			
	第三梳果指数，根/梳			
	总果指数，根/穗			
	果指长度，cm			
	果指粗度，cm			
	果柄长度，cm			
	果柄粗度，cm			
	单果重，g			
	熟果皮颜色			
	熟果脱把			
	果皮厚度，mm			
	果皮开裂			
生物学特性	定植至抽蕾期间抽生的叶片总数，d			
	定植至现蕾时间，d			
	定植至收获时间，d			
	宿根蕉生长周期，d			
	抽蕾期青叶数，片/株			
	收获期青叶数，片/株			
	总叶片数，片/株			
品质特性	熟果肉颜色			
	可食率，%			
	货架期，d			
	主要风味			
	果肉香味			
	果肉质地			
	可溶性固形物含量，%			
	可溶性糖含量，%			
	可滴定酸含量，%			
	维生素 C 含量，mg/100 g			

表 A.3（续）

观测项目		参试品种	对照品种	备　注
丰产性	单株产量,kg			
	亩产量,kg			
抗逆性	抗风性(倒伏率),%			
	枯萎病发病率,%			
	其他			
其他				

附　录　B
(规范性附录)
香蕉品种区域试验报告

B.1　概述

本附录给出了《香蕉品种区域试验报告》格式。

B.2　报告格式

B.2.1　封面

香蕉品种区域试验报告

（起止年月：　　—　　）

试验组别：________________________

试验地点：________________________

承担单位：________________________

试验负责人：________________________

试验执行人：________________________

通讯地址：________________________

邮政编码：________________________

联系电话：________________________

E - mail：________________________

B.2.2 地理和气象资料、数据

生态类型：__________，纬度：____°____′____″，经度：____°____′____″，海拔高度：____________m，年日照总时数________h，年太阳总辐射量______kJ/cm²，年平均气温______℃，年总积温______℃，年降水量______mm，无霜期______d。

特殊气候及各种自然灾害对供试品种生长和产量的影响，以及补救措施：____________________

____

B.2.3 试验地基本情况和栽培管理

B.2.3.1 基本情况

坡度：______________°，坡向：______________，土壤类型：________________。

B.2.3.2 田间设计

参试品种：______个，对照品种：____________。详见表 B.1。

种植密度：株距______m，行距______m，______株/hm² 或______株/亩。

排列方式：__________，重复：____________次。试验面积：__________m²。

表 B.1 参试品种汇总表

代号	品种名称	选育方式	亲本来源	选育单位	联系人

B.2.3.3 栽培管理

种植日期、方式和方法：____

补苗日期：____

施肥：____

灌排水：____

断蕾：____

套袋：____

病虫草害防治：____

其他特殊处理：____

B.2.4 物候期

物候期调查汇总表见表 B.2。

表 B.2 物候期调查汇总表

调查项目	参试品种				对照品种			
	重复Ⅰ	重复Ⅱ	重复Ⅲ	平均	重复Ⅰ	重复Ⅱ	重复Ⅲ	平均
种植期，d								
定植至现蕾时间，d								
定植至收获时间，d								
宿根蕉生长周期，d								

B.2.5 主要形态特征调查表

主要形态特征调查汇总表见表 B.3。

表 B.3 主要形态特征性状调查汇总表

<table>
<tr><td>调查项目</td><td colspan="4">参试品种</td><td colspan="4">对照品种</td></tr>
<tr><td>树势</td><td colspan="4">1. 强;2. 中;3. 弱</td><td colspan="4">1. 强;2. 中;3. 弱</td></tr>
<tr><td>假茎颜色</td><td colspan="4">1. 黄绿;2. 浅绿;3. 绿;4. 深绿;5. 红绿;6. 红;7. 紫红;8. 蓝;9. 褐・锈褐;10. 黑;11. ____</td><td colspan="4">1. 黄绿;2. 浅绿;3. 绿;4. 深绿;5. 红绿;6. 红;7. 紫红;8. 蓝;9. 褐・锈褐;10. 黑;11. ____</td></tr>
<tr><td>假茎色斑</td><td colspan="4">1. 无;2. 褐・锈褐;3. 紫黑;4. ____</td><td colspan="4">1. 无;2. 褐・锈褐;3. 紫黑;4. ____</td></tr>
<tr><td>叶姿</td><td colspan="4">1. 直立;2. 开张;3. 下垂</td><td colspan="4">1. 直立;2. 开张;3. 下垂</td></tr>
<tr><td>叶柄基部斑块</td><td colspan="4">1. 无斑;2. 稀少斑点;3. 小斑块;4. 大斑块;5. 大片着色</td><td colspan="4">1. 无斑;2. 稀少斑点;3. 小斑块;4. 大斑块;5. 大片着色</td></tr>
<tr><td>叶柄基部斑块颜色</td><td colspan="4">1. 褐;2. 深褐;3. 黑褐;4. 紫黑;5. 棕红;6. ____</td><td colspan="4">1. 褐;2. 深褐;3. 黑褐;4. 紫黑;5. 棕红;6. ____</td></tr>
<tr><td></td><td>重复Ⅰ</td><td>重复Ⅱ</td><td>重复Ⅲ</td><td>平均</td><td>重复Ⅰ</td><td>重复Ⅱ</td><td>重复Ⅲ</td><td>平均</td></tr>
<tr><td>假茎高度,cm</td><td></td><td></td><td></td><td></td><td></td><td></td><td></td><td></td></tr>
<tr><td>假茎基周,cm</td><td></td><td></td><td></td><td></td><td></td><td></td><td></td><td></td></tr>
<tr><td>假茎中周,cm</td><td></td><td></td><td></td><td></td><td></td><td></td><td></td><td></td></tr>
<tr><td>叶柄长度</td><td></td><td></td><td></td><td></td><td></td><td></td><td></td><td></td></tr>
<tr><td>叶片长度</td><td></td><td></td><td></td><td></td><td></td><td></td><td></td><td></td></tr>
<tr><td>叶片宽度</td><td></td><td></td><td></td><td></td><td></td><td></td><td></td><td></td></tr>
<tr><td>现蕾期青叶数,片/株</td><td></td><td></td><td></td><td></td><td></td><td></td><td></td><td></td></tr>
<tr><td>采收时青叶数,片/株</td><td></td><td></td><td></td><td></td><td></td><td></td><td></td><td></td></tr>
<tr><td>植株抽生总叶数,片/株</td><td></td><td></td><td></td><td></td><td></td><td></td><td></td><td></td></tr>
</table>

B.2.6 产量和商品性状

香蕉产量性状调查汇总表见表 B.4,果实商品性状调查汇总表见表 B.5。

表 B.4 香蕉产量性状调查结果汇总表

<table>
<tr><td rowspan="2">代号</td><td rowspan="2">品种名称</td><td rowspan="2">重复</td><td colspan="2">收获小区</td><td rowspan="2">单株产量
kg</td><td rowspan="2">亩产量
kg</td><td rowspan="2">平均亩产
kg</td><td rowspan="2">比对照增减
%</td><td colspan="2">显著性测定</td></tr>
<tr><td>株距,m</td><td>行距,m</td><td>0.05</td><td>0.01</td></tr>
<tr><td rowspan="3"></td><td rowspan="3"></td><td>Ⅰ</td><td></td><td></td><td></td><td></td><td rowspan="3"></td><td rowspan="3"></td><td rowspan="3"></td><td rowspan="3"></td></tr>
<tr><td>Ⅱ</td><td></td><td></td><td></td><td></td></tr>
<tr><td>Ⅲ</td><td></td><td></td><td></td><td></td></tr>
<tr><td rowspan="3"></td><td rowspan="3"></td><td>Ⅰ</td><td></td><td></td><td></td><td></td><td rowspan="3"></td><td rowspan="3"></td><td rowspan="3"></td><td rowspan="3"></td></tr>
<tr><td>Ⅱ</td><td></td><td></td><td></td><td></td></tr>
<tr><td>Ⅲ</td><td></td><td></td><td></td><td></td></tr>
</table>

香蕉果实商品性状调查汇总表见表 B.5。

表 B.5 香蕉果实商品性状调查汇总表

<table>
<tr><td rowspan="2">调查项目</td><td colspan="4">参试品种</td><td colspan="4">对照品种</td></tr>
<tr><td>重复Ⅰ</td><td>重复Ⅱ</td><td>重复Ⅲ</td><td>平均</td><td>重复Ⅰ</td><td>重复Ⅱ</td><td>重复Ⅲ</td><td>平均</td></tr>
<tr><td>果穗梳数,梳/穗</td><td></td><td></td><td></td><td></td><td></td><td></td><td></td><td></td></tr>
<tr><td>最大梳果指数,根/梳</td><td></td><td></td><td></td><td></td><td></td><td></td><td></td><td></td></tr>
<tr><td>第三梳果指数,根/梳</td><td></td><td></td><td></td><td></td><td></td><td></td><td></td><td></td></tr>
<tr><td>总果指数,根/穗</td><td></td><td></td><td></td><td></td><td></td><td></td><td></td><td></td></tr>
<tr><td>单果重,g</td><td></td><td></td><td></td><td></td><td></td><td></td><td></td><td></td></tr>
<tr><td>果指长,cm</td><td></td><td></td><td></td><td></td><td></td><td></td><td></td><td></td></tr>
<tr><td>果指粗,cm</td><td></td><td></td><td></td><td></td><td></td><td></td><td></td><td></td></tr>
<tr><td>果柄长,cm</td><td></td><td></td><td></td><td></td><td></td><td></td><td></td><td></td></tr>
<tr><td>裂果率,%</td><td></td><td></td><td></td><td></td><td></td><td></td><td></td><td></td></tr>
</table>

表 B.5（续）

调查项目	参试品种				对照品种			
	重复Ⅰ	重复Ⅱ	重复Ⅲ	平均	重复Ⅰ	重复Ⅱ	重复Ⅲ	平均
果皮厚度,mm								
可食率,%								
货架期,d								
果穗结构	1. 疏松;2. 紧凑;3. 很紧凑				1. 疏松;2. 紧凑;3. 很紧凑			
梳形	1. 整齐;2. 较整齐;3. 不整齐				1. 整齐;2. 较整齐;3. 不整齐			
果顶形状	1. 尖;2. 长尖;3. 钝尖;4. 瓶颈状;5. 圆				1. 尖;2. 长尖;3. 钝尖;4. 瓶颈状;5. 圆			
果指弯行	1. 直;2. 微弯;3. 弯;4. 末端直;5. S 形弯曲				1. 直;2. 微弯;3. 弯;4. 末端直;5. S 形弯曲			
果形	1. 圆形;2. 长柱行;3. 葫芦形;4. 椭圆形				1. 圆形;2. 长柱行;3. 葫芦形;4. 椭圆形			
果指横切面	1. 棱角明显;2. 微具棱角;3. 圆形				1. 棱角明显;2. 微具棱角;3. 圆形			
生果皮颜色	1. 黄;2. 绿白;3. 灰绿;4. 浅绿;5. 绿;6. 深绿;7. 绿并有褐或锈褐;8. 绿并有粉红、红或紫;9. 粉红,红或紫;10. ____				1. 黄;2. 绿白;3. 灰绿;4. 浅绿;5. 绿;6. 深绿;7. 绿并有褐或锈褐;8. 绿并有粉红、红或紫;9. 粉红,红或紫;10. ____			
熟果皮颜色	1. 黄;2. 金黄;3. 橙;4. 灰黄;5. 黄并有褐锈斑;6. 紫红并有黄;7. 紫红;8. ____				1. 黄;2. 金黄;3. 橙;4. 灰黄;5. 黄并有褐锈斑;6. 紫红并有黄;7. 紫红;8. ____			
熟果肉颜色	1. 蜡白色;2. 乳白色;3. 乳白色带血丝;4. 黄白色;5. 粉红色;6. ____				1. 蜡白色;2. 乳白色;3. 乳白色带血丝;4. 黄白色;5. 粉红色;6. ____			
熟果脱把	1. 脱把;2. 不脱把				1. 脱把;2. 不脱把			
剥皮难易	1. 易剥离;2. 不易剥离				1. 易剥离;2. 不易剥离			
果皮开裂	1. 无开裂;2. 有开裂				1. 无开裂;2. 有开裂			

B.2.7 品质测试和品质评价

香蕉果实品质测试结果汇总表见表 B.6,果实品质评价汇总表见表 B.7。

表 B.6 香蕉果实品质测试结果汇总表

品种名称	重复	可溶性固形物含量,%	可溶性糖含量,%	可滴定酸含量,%	维生素 C,mg/100 g
参试品种	Ⅰ				
	Ⅱ				
	Ⅲ				
	平均				
对照品种	Ⅰ				
	Ⅱ				
	Ⅲ				
	平均				

表 B.7 果实品质评价表

评价项目	参试品种	对照品种
果肉质地	1. 结实且含纤维;2. 结实且粗;3. 结实且细腻;4. 结实且滑口;5. 结实且粉质;6. 柔软且细腻;7. 柔软且滑口;8. 柔软且黏稠	1. 结实且含纤维;2. 结实且粗;3. 结实且细腻;4. 结实且滑口;5. 结实且粉质;6. 柔软且细腻;7. 柔软且滑口;8. 柔软且黏稠
风味	1. 涩;2. 淡味或稍甜;3. 淡甜;4. 甜;5. 浓甜;6. 甜带微酸;7. 甜带酸	1. 涩;2. 淡味或稍甜;3. 淡甜;4. 甜;5. 浓甜;6. 甜带微酸;7. 甜带酸
香味	1. 无香;2. 微香;3. 香;4. 浓香;5. 有异香味	1. 无香;2. 微香;3. 香;4. 浓香;5. 有异香味
品质评价	1. 优;2. 良好;3. 中;4. 差	1. 优;2. 良好;3. 中;4. 差
注:品质评价至少请 5 名代表品尝评价。		

B.2.8 抗逆性

香蕉抗逆性评价汇总表见表 B.8。

表 B.8 香蕉抗逆性评价汇总表

评价项目	参试品种		对照品种	
抗风性	倒伏率,%	1. 很强;2. 强;3. 中等;4. 弱;5. 很弱	倒伏率,%	1. 很强;2. 强;3. 中等;4. 弱;5. 很弱
枯萎病抗性	发病率,%	1. 高抗;2. 抗;3. 中抗;4. 感;5. 高感	发病率,%	1. 高抗;2. 抗;3. 中抗;4. 感;5. 高感
其他抗逆性				

B.2.9 其他特征特性

____。

B.2.10 品种综合评价

包括品种主要的特征特性、优缺点和推荐审定等见表 B.9。

表 B.9 品种综合评价表

代号	品种名称	综合评价

B.2.11 本试验评述(包括试验进行情况、准确程度、存在问题等)

____

B.2.12 对下一试验周期工作的意见和建议

____

B.2.13 附年度专家测产结果

____

本部分起草单位:广东省农业科学院果树研究所、中国农垦经济发展中心。
本部分主要起草人:易干军、盛鸥、魏岳荣、陈明文、胡春华、李春雨、杨乔松、邝瑞彬。

中华人民共和国农业行业标准

NY/T 2668.3—2014

热带作物品种试验技术规程 第3部分：荔枝

Regulations for the variety tests of tropical crops—Part 3: Litchi

1 范围

本标准规定了荔枝(*Litchi chinensis* Sonn.)的品种比较试验、区域试验和生产试验的方法。

本标准适用于荔枝品种试验。

2 规范性引用文件

下列文件对于本文件的应用是必不可少的。凡是注日期的引用文件，仅注日期的版本适用于本文件。凡是不注日期的引用文件，其最新版本(包括所有的修改单)适用于本文件。

GB 4285 农药安全使用标准

GB/T 6195 水果、蔬菜维生素C测定法(2,6-二氯靛酚滴定法)

GB/T 12456 食品中总酸的测定

NY/T 355 荔枝 种苗

NY/T 1478 荔枝病虫害防治技术规范

NY/T 1691 荔枝、龙眼种质资源描述规范

NY/T 2329 农作物种质资源鉴定评价技术规范 荔枝

NY/T 5174 无公害食品 荔枝生产技术规程

3 品种比较试验

3.1 试验点选择

试验地点应能代表所属生态类型区的气候、土壤、栽培条件和生产水平；选择光照充足、土壤肥力一致、排灌方便的地块。

3.2 对照品种

对照品种应是成熟期接近、当地已登记或审定的品种，或当地生产上公知公用的品种，或在育种目标性状上表现最突出的现有品种。

3.3 试验设计和实施

完全随机设计或随机区组设计，3次重复。同类型参试品种、对照品种作为同一组别，安排在同一区组内。每个小区每个品种≥5株，株距3 m～7 m、行距4 m～8 m；试验区的肥力一致，采用当地大田生产相同的栽培管理措施。试验年限≥2个生产周期。试验区内各项管理措施要求及时、一致。同一试验的每一项田间操作应在同一天内完成。

3.4 观测记载与鉴定评价

中华人民共和国农业部 2014-10-17 发布 2015-01-01 实施

按附录A的规定执行。

3.5 试验总结

对试验品种的质量性状进行描述，对数量性状如果实大小、果实质量、产量等观测数据进行统计分析，撰写品种比较试验报告。

4 品种区域试验

4.1 试验点的选择

4.1.1 应根据不同品种的适应性，在2个以上省区不同生态区域设置≥3个试验点。

4.1.2 满足3.1要求。

4.2 试验品种确定

4.2.1 对照品种

满足3.2要求，根据试验需要可增加1个辅助对照品种。

4.2.2 品种数量

参试品种数量≥2个(包括对照在内)，当参试品种类型>2个时，应分组设立试验。

4.3 试验设计

采用随机区组排列，3次重复。小区内每个品种≥5株。区组排列方向应与试验地的坡度或肥力梯度方向一致。试验年限自正常开花结果起≥2个生产周期。

4.4 试验实施

4.4.1 种植或高接换种

在当地适宜时期，开始种植或高接换种。同一组别不同试验点的种植或高接换种时期应一致。苗木质量应符合NY/T 355要求。

4.4.2 植前准备

整地质量一致。种植前，按照GB 4285和NY/T 1478，选用杀虫(螨)剂和杀菌剂统一处理种苗。

4.4.3 种植密度

依据土壤肥力、生产条件、品种(品系)特性及栽培要求来确定，株距3 m～7 m、行距4 m～8 m。同一组别不同试验点的种植密度应一致。

4.4.4 田间管理

田间管理参照NY/T 5174的规定进行。种植或高接换种后检查成活率，及时补苗或补接。田间管理水平应与当地中等生产水平相当。及时施肥、培土、除草、排灌、剪修、除虫等。果实发育期间禁止使用各种植物生长调节剂。

在进行田间操作时，在同一试验点的同一组别中，同一项技术措施应在同一天内完成。试验过程中应及时采取有效的防护措施。

4.4.5 病虫草害防治

在果实发育期间，根据田间病情、虫情和草情，选择高效、低毒的药剂防治，使用农药应符合GB 4285和NY/T 1478的要求。

4.4.6 收获和测产

当荔枝品种(品系)达到要求的成熟期，应及时组织收获，同一组别不同试验点的收获时期应控制在本组要求范围内。在同一试验点中，同一组别宜在同一天内完成。每个品种随机测产≥3株的单株产量，以收获株数的平均单株质量乘以种植株数推算小区产量。计算单位面积产量时，缺株应计算在内。

4.5 观测记载与鉴定评价

按附录A的规定执行。主要品质指标由品种审定委员会指定或认可的专业机构进行检测。以抗性为育种目标的品种，由专业机构进行抗病性、抗虫性等抗性鉴定。

4.6 试验总结

对试验数据进行统计分析及综合评价，对单位面积产量、株产、穗重和单果重等进行方差分析和多重比较，并参照附录B的规定撰写年度报告。

5 品种生产试验

5.1 试验点的选择

满足本规程4.1.1中的要求。

5.2 试验品种确定

5.2.1 对照品种

参试对照品种应是当地主要栽培品种，或在育种目标性状上表现较突出的现有品种，或品种审定委员会指定的品种。

5.2.2 品种数量

满足本规程4.2.2中的要求。

5.3 试验设计

一个试验点的种植面积≥3亩。小区内每个品种大于等于10株，株距3 m～7 m、行距4 m～8 m。采用随机区组排列，3次重复。区组排列方向应与试验地的坡度或肥力梯度方向一致。试验年限和试验点数满足本规程4.1.1和4.3中的要求。

5.4 试验实施

5.4.1 田间管理

田间管理与大田生产相当。

5.4.2 收获和测产

满足本规程4.4.6中的要求。

5.5 观测记载与鉴定评价

按4.5的规定执行。

5.6 试验总结

对试验数据进行统计分析及综合评价，对单位面积产量和单株产量等进行方差分析和多重比较，并总结出生长技术要点，撰写生产试验报告。

附 录 A
(规范性附录)
荔枝品种试验观测项目与记载标准

A.1 基本情况的记载内容

凡有关试验的基本情况,都应详细记载,以保证试验结果的准确性,供分析对比时参考。

A.1.1 试验地概况

试验地概况主要包括:地理位置、地形、坡度、坡向、海拔、土壤类型、土壤 pH、土壤养分、基肥及整地情况。

A.1.2 气象资料的记载内容

记载内容主要包括气温、降水量、无霜期、极端温度以及灾害天气等。

A.1.3 繁殖情况

A.1.3.1 嫁接苗:苗木嫁接时间、嫁接方法、砧木品种、砧木年龄,苗木定植时间、苗木质量等。

A.1.3.2 高压苗:高压时间、苗木质量、定植时间等。

A.1.3.3 高接换种:多头高接的时间、基砧品种、中间砧品种、高接树树龄、株嫁接芽数、嫁接高度等。

A.1.4 田间管理情况

常规管理,包括修剪、疏花疏果、锄草、灌溉、施肥、病虫害防治等。

A.2 荔枝品种试验观测项目和记载标准

A.2.1 观测项目

观测项目见表 A.1。

表 A.1 观测项目

性状	记载项目
植物学特征	树姿、树形、冠幅、树高、干周、叶幂层厚、当年生末次秋梢长度、当年生末次秋梢粗度、当年生秋梢复叶数、小叶着生方式、复叶轴长度、小叶间距、小叶对数、小叶形状、叶基形状、叶尖形状、叶姿、叶缘姿态、老熟叶片叶面颜色、叶柄长、叶片长、叶片宽、嫩枝颜色、嫩叶颜色、花序轴颜色、花序形状、花序长、花序宽、子房颜色、子房褐毛、二裂柱头形态、花柱开裂程度、雄花高、雄花宽、雌花高、雌花宽
生物学特性	树势、新梢萌发期(梢次)、花序分化期、始花期、雌花盛开期、末花期、开花特性、生理落果期、果实成熟期、果实整齐度、穗果数、果穗重
果实性状	果形、果皮颜色、果肩形状、果顶形状、龟裂片形状、裂片峰形状、缝合线、单果重、果实纵径、果实横径、果实侧径、果肉颜色、果肉内膜褐色、肉质、风味、香气、涩味、皮重百分率、无核率、种皮颜色、饱满种子形状、饱满种子单核重、焦核率、焦核种子单核重、可食率、可溶性固形物含量、还原糖含量、总糖含量、蔗糖含量、可滴定酸含量、维生素 C 含量
丰产性	单株产量、折亩产量
抗性	抗风性、耐寒性、抗旱性、抗病虫性(蛀蒂虫、霜疫霉病、炭疽病、其他)
其他特征特性	贮藏保鲜期等

A.2.2 鉴定方法

A.2.2.1 植物学特征

A.2.2.1.1 树形

按 NY/T 1691 的规定执行。

A.2.2.1.2 冠幅

每小区选取生长正常的植株大于等于 3 株，测量植株树冠东西向、南北向的宽度。结果以平均值表示，精确到 0.1 m。

A.2.2.1.3 树高

用 A.2.2.1.2 的样本，测量植株高度。结果以平均值表示，精确到 0.1 m。

A.2.2.1.4 干周

用 A.2.2.1.2 的样本，测量植株主干离地 20 cm 处的粗度。结果以平均值表示，精确到 0.1 cm。

A.2.2.1.5 叶幂层厚

用 A.2.2.1.2 的样本，测量植株叶片最低处到植株顶端的厚度。结果以平均值表示，精确到 0.1m。

A.2.2.1.6 其他植物学特征

按 NY/T 2329 的规定执行。

A.2.2.2 生物学特性

A.2.2.2.1 新梢萌发期(梢次)

全树约 50%以上枝梢顶芽生长至约 2 cm 时的日期为新梢萌发期，表示方法为“年月日”。一年中新梢萌发的次数，为梢次。

A.2.2.2.2 生理落果期

谢花后、幼果大量自然脱落的时期。表示方法为“年月日”。

A.2.2.2.3 果实整齐度

果实成熟时，果穗中果实形状和大小的差异程度。以“差、中、好”三个级别来描述。

A.2.2.2.4 果穗重

果实成熟时，果穗的重量。单位为克(g)。

A.2.2.2.5 其他

按 NY/T 2329 的规定执行。

A.2.2.3 果实性状

A.2.2.3.1 焦核率

果实成熟时，选取树冠不同部位有代表性果穗 5 穗以上，统计每个果穗上果粒数和焦核种子数，计算焦核率。结果以百分率(%)表示，精确到小数点后一位。

A.2.2.3.2 可滴定酸含量

按 GB/T 12456 的规定执行。

A.2.2.3.3 维生素 C 含量

按 GB/T 6195 的规定执行。

A.2.2.3.4 其他品质性状

按 NY/T 2329 的规定执行。

A.2.2.4 丰产性

A.2.2.4.1 单株产量

果实成熟时，每小区随机选取生长正常的植株，采摘全树果穗，称量果穗重量。结果以平均值表示，精确到 0.1 kg。

A.2.2.4.2 折亩产量

用卷尺测量株、行距，计算亩定植株数，根据单株产量和亩株数计算折亩产量。结果以平均值表示，精确到 0.1 kg。

A.2.2.5 抗性

A.2.2.5.1 抗风性

按 NY/T 1691 的规定执行。

A.2.2.5.2 耐寒性

按 NY/T 1691 的规定执行。

A.2.2.5.3 抗旱性

按 NY/T 1691 的规定执行。

A.2.2.5.4 抗病虫性(蛀蒂虫、霜疫霉病、炭疽病、其他)

可根据小区内发生的蛀蒂虫、霜疫霉病、炭疽病及其他病虫害等具体情况加以记载。

A.2.2.6 其他特征特性

A.2.2.6.1 贮藏保鲜期

按 NY/T 1691 的规定执行。

A.2.3 记载项目

A.2.3.1 荔枝品种比较观测记载项目

荔枝品种比较观测记载项目见表 A.2。

表 A.2 荔枝品种比较试验观测项目记载表

观测项目		申请品种	对照品种	备注
植物学特征	树姿			
	树形			
	冠幅,m×m			
	树高,m			
	干周,cm			
	叶幂层厚,m			
	当年生末次秋梢长度,cm			
	当年生末次秋梢粗度,cm			
	当年生秋梢复叶数,张			
	小叶着生方式			
	复叶轴长度,cm			
	小叶间距,cm			
	小叶对数,对			
	小叶形状			
	叶基形状			
	叶尖形状			
	叶姿			
	叶缘姿态			
	老熟叶片叶面颜色			
	叶柄长,cm			
	叶片长,cm			
	叶片宽,cm			
	嫩枝颜色			
	嫩叶颜色			
	花序轴颜色			
	花序形状			
	花序长,cm			
	花序宽,cm			

表 A.2（续）

观测项目		申请品种	对照品种	备注
植物学特征	子房颜色			
	子房褐毛			
	二裂柱头形态			
	柱头开裂程度			
	雄花高，mm			
	雄花宽，mm			
	雌花高，mm			
	雌花宽，mm			
生物学特性	树势			
	新梢萌发期，梢次			
	花序分化期，年月日			
	始花期，年月日			
	雌花盛开期，年月日			
	末花期，年月日			
	开花特性			
	生理落果期，年月日			
	果实成熟期，年月日			
	果实整齐度			
	穗果数，个/穗			
	果穗重，g			
果实性状	果形			
	果皮颜色			
	果肩形状			
	果顶形状			
	龟裂片形状			
	裂片峰形状			
	缝合线			
	单果重，g			
	果实纵径，mm			
	果实横径，mm			
	果实侧径，mm			
	果肉颜色			
	果肉内膜褐色			
	肉质			
	风味			
	香气			
	涩味			
	皮重百分率，%			
	无核率，%			
	种皮颜色			
	饱满种子形状			
	饱满种子单核重，g			
	焦核率，%			
	焦核种子单核重，g			
	可食率，%			
	可溶性固形物含量，%			
	还原糖含量，%			
	总糖含量，%			

表 A.2（续）

观测项目		申请品种	对照品种	备注
果实性状	蔗糖含量,%			
	可滴定酸含量,mg/100g			
	维生素 C 含量,mg/100g			
丰产性	单株产量,kg			
	折亩产量,kg			
抗性	抗风性			
	耐寒性			
	抗旱性			
	抗病虫性(蛀蒂虫、霜疫霉病、炭疽病、其他)			
其他特征特性	贮藏保鲜期,d			

A.2.3.2 荔枝品种区域试验及生产试验观测项目

荔枝品种区域试验及生产试验观测项目见表 A.3。

表 A.3 荔枝品种区域试验及生产试验观测项目记载表

调查项目		申请品种	对照品种	备 注
植物学特征与生物学特性	树姿			
	树形			
	冠幅(长、宽),m			
	树高,m			
	干周,cm			
	叶幕层厚,m			
	花序长,cm			
	花序宽,cm			
	穗果数,个/穗			
	果形			
	单果重,g			
	果实纵径,cm			
	果实横径,cm			
	果实侧径,cm			
物候期	末次梢老熟期,年月日			
	花序分化期,年月日			
	雌花盛开期,年月日			
	生理落果期,年月日			
	果实成熟期,年月日			
品质特性	果皮颜色			
	果肉颜色			
	肉质			
	风味			
	香气			
	涩味			
	焦核率,%			
	可食率,%			
	可溶性固形物含量,%			
	总糖含量,%			
	可滴定酸含量,%			
	维生素 C 含量,mg/100 g			

表 A.3（续）

调查项目		申请品种	对照品种	备　注
丰产性	单株产量,kg			
	折亩产量,kg			
其他特征特性	裂果率,%			
	贮藏保鲜期,d			
	其他,%			

附　录　B
(资料性附录)
荔枝品种区域试验年度报告

B.1　概述

本附录给出了《荔枝品种区域试验年度报告》格式。

B.2　报告格式

B.2.1　封面

荔枝品种区域试验年度报告

(　　年度)

试验组别：________________

试验地点：________________

承担单位：________________

试验负责人：________________

试验执行人：________________

通讯地址：________________

邮政编码：________________

联系电话：________________

E - mail：________________

B.2.2 气象和地理数据

纬度：____________________，经度：_________________，海拔高度：__________________m，年平均气温：__________________℃，最冷月气温：________________℃，最低气温：__________________℃，年降水量：____________mm。

特殊气候及各种自然灾害对供试品种生长和产量的影响以及补救措施：____。

B.2.3 试验地基本情况和栽培管理

B.2.3.1 基本情况

坡度：______________，坡向：______________，土壤类型：________________。

B.2.3.2 田间设计

参试品种：____________个，对照品种：____________，重复____________次，行距____________m，株距____________m，试验面积____________m^2。

表 B.1 参试品种汇总表

代号	品种名称	类型(组别)	亲本组合	选育单位	联系人与电话

B.2.3.3 栽培管理

种植或高接换种日期、方式和方法：____

施肥：____

灌排水：____

中耕除草：____

修剪：____

病虫草害防治：____

其他特殊处理：____

B.2.4 物候期

末次梢老熟期：______月____日，花序分化期：______月____日，雌花盛开期______月____日，生理落果期______月____日，果实成熟期：______月____日。

B.2.5 农艺性状

农艺性状调查汇总表见表 B.2、表 B.3。

表 B.2 荔枝农艺性状调查结果汇总表

代号	品种名称	树势	树形	冠幅，m×m	树高，m	干周，cm	叶幕层厚，m	花序长度，cm	花序宽度，cm

表 B.3 荔枝农艺性状调查结果汇总表

代号	品种名称	果形	穗果数，个/穗	果实整齐度	果穗重		单果重	
					平均，g	比对照增减，%	平均，g	比对照增减，%

B.2.6 产量性状

荔枝产量性状调查汇总表见表 B.4。

表 B.4　荔枝的产量性状调查结果汇总表

代号	品种名称	重复	收获小区		单株产量，kg	折亩产，kg	平均亩产，kg	比对照增减，%	显著性测定	
			株距，m	行距，m					0.05	0.01
		Ⅰ								
		Ⅱ								
		Ⅲ								
		Ⅰ								
		Ⅱ								
		Ⅲ								

B.2.7　品质评价

荔枝品质评价汇总表见表 B.5。

表 B.5　荔枝的品质评价结果汇总表

代号	品种名称	重复	果皮颜色	果肉颜色	肉质	风味	香气	涩味
		Ⅰ						
		Ⅱ						
		Ⅲ						
		Ⅰ						
		Ⅱ						
		Ⅲ						
代号	品种名称	重复	皮重百分率，%	无核率，%	焦核率，%	可食率，%	综合评价	终评位次
		Ⅰ						
		Ⅱ						
		Ⅲ						
		Ⅰ						
		Ⅱ						
		Ⅲ						
注：品质评价至少请 5 名代表品尝评价，可采用 100 分制记录，终评划分 4 个等级：优、良、中、差。								

B.2.8　品质检测

荔枝品质检测汇总表见表 B.6。

表 B.6　荔枝品质检测结果汇总表

代号	品种名称	重复	可溶性固形物含量，%	可溶性糖，%	可滴定酸含量，%	维生素 C 含量，mg/100 g
		Ⅰ				
		Ⅱ				
		Ⅲ				
		Ⅰ				
		Ⅱ				
		Ⅲ				

B.2.9　抗性

荔枝抗性评价汇总表见表 B.7。

表 B.7　荔枝主要抗性调查结果汇总表

代号	品种名称	抗风性	耐寒性	抗旱性	抗病虫性(蛀蒂虫、霜疫霉病、炭疽病等)	裂果率,%	贮藏保鲜期

B.2.10　其他特征特性

____。

B.2.11　品种综合评价(包括品种特征特性、优缺点和推荐审定等)

品种综合评价表见表 B.8。

表 B.8　品种综合评价表

代号	品种名称	综合评价

B.2.12　本年度试验评述(包括试验进行情况、准确程度、存在问题等)

____

B.2.13　对下年度试验工作的意见和建议

____

B.2.14　附年度专家测产结果

____

本部分起草单位:华南农业大学园艺学院、中国农垦经济发展中心。

本部分主要起草人:胡桂兵、陈厚彬、孙娟、陈明文、刘成明、秦永华、冯奇瑞、苏钻贤。

中华人民共和国农业行业标准

NY/T 2668.4—2014

热带作物品种试验技术规程
第4部分:龙眼

Regulations for the variety tests of tropical crops—
Part 4: Longan

1 范围

本部分规定了龙眼(*Dimocarpus longan* Lour.)的品种比较试验、区域试验和生产试验的方法。

本部分适用于龙眼品种试验。

2 规范性引用文件

下列文件对于本文件的应用是必不可少的。凡是注日期的引用文件,仅注日期的版本适用于本文件。凡是不注日期的引用文件,其最新版本(包括所有的修改单)适用于本文件。

GB 4285 农药安全使用标准

GB/T 6195 水果、蔬菜维生素C测定法(2,6-二氯靛酚滴定法)

GB/T 12456 食品中总酸的测定

NY/T 1305 农作物种质资源鉴定技术规程 龙眼

NY/T 1472 龙眼 种苗

NY/T 1479 龙眼病虫害防治技术规范

NY/T 1691 荔枝、龙眼种质资源描述规范

NY/T 2022 农作物优异种质资源评价规范 龙眼

NY/T 5176 无公害食品 龙眼生产技术规程

3 品种比较试验

3.1 试验点的选择

试验地点应能代表所属生态类型区的气候、土壤、栽培条件和生产水平,选择光照充足、土壤肥力一致、排灌方便的地块。

3.2 对照品种确定

对照品种应是成熟期接近,当地已登记或审定的品种,或当地生产上公知公用的品种,或在育种目标性状上表现最突出的现有品种。

3.3 试验设计与实施

试验采用完全随机设计或随机区组设计,3次重复;同类型参试品种、对照品种作为同一组别,安排在同一区组内。每个小区每个品种≥5株,株距3 m~7 m、行距4 m~8 m;试验区的肥力一致,采用当地大田生产相同的栽培管理措施;试验年限≥2个生产周期;试验区内各项管理措施要求及时、一致;同一试验的每一项田间操作应在同一天内完成。

中华人民共和国农业部 2014-10-17 发布 2015-01-01 实施

3.4 观测记载与鉴定评价

按附录 A 的规定执行。

3.5 试验总结

对试验品种的质量性状进行描述,对数量性状如果实大小、果实质量、产量等观测数据进行统计分析,撰写品种比较试验报告。

4 品种区域试验

4.1 试验点的选择

满足 3.1 要求。根据不同品种的适应性,在 2 个或以上省区不同生态区域设置≥3 个试验点。

4.2 试验品种确定

4.2.1 对照品种

满足 3.2 要求,可根据试验需要增加对照品种。

4.2.2 品种数量

试验品种数量≥2 个(包括对照品种);当参试品种类型>2 个时,应分组设立试验。

4.3 试验设计

采用随机区组排列,3 次重复;小区内每个品种≥5 株;依据土壤肥力、生产条件、品种特性及栽培要求确定种植密度,株距 3 m～7 m、行距 4 m～8 m。同一组别不同试验点的种植密度应一致。试验年限自正常开花结果起≥2 个生产周期。

4.4 试验实施

4.4.1 种植或高接换种

在适宜时期种植或高接换种。同一组别不同试验点的种植或高接换种时期应一致。苗木质量应符合 NY/T 1472 的要求。

4.4.2 植前准备

整地质量一致。种植前,按照 GB 4285 和 NY/T 1479 的要求,选用杀虫(螨)剂和杀菌剂统一处理种苗。

4.4.3 田间管理

参照 NY/T 5176 的要求执行。种植或高接换种后检查成活率,及时补苗或补接。田间管理水平应与当地中等生产水平相当。果实发育期间禁止使用各种植物生长调节剂。在进行田间操作时,在同一试验点的同一组别中,同一项技术措施应在同一天内完成。试验过程中试验树、果实等应及时采取有效的防护措施。

4.4.4 病虫草害防治

在果实发育期间,根据田间病情、虫情和草情,选择高效、低毒的药剂防治,使用农药应符合 GB 4285 和 NY/T 1479 的要求。

4.4.5 收获和测产

当龙眼品种达到成熟期,应及时组织收获。在同一试验点中,同一组别宜在同一天内完成。每个品种随机测产≥3 株,以收获株数的株产乘以亩种植株数折算亩产。计算单位面积产量时,缺株应计算在内。

4.5 观测记载与鉴定评价

按附录 A 的规定执行。主要品质指标由品种审定委员会指定或认可的专业机构进行检测。以抗性为育种目标的品种,由专业机构进行抗病性、抗虫性等抗性鉴定。

4.6 试验总结

对试验数据进行统计分析及综合评价，对单位面积产量、株产、穗重和单果重等进行方差分析和多重比较，并按附录B的规定撰写年度报告。

5 品种生产试验

5.1 试验点的选择

满足4.1的要求。

5.2 试验品种确定

5.2.1 对照品种

对照品种应是当地主要栽培品种，或在育种目标性状上表现较突出的现有品种，或品种审定委员会指定的品种。

5.2.2 品种数量

满足4.2.2的要求。

5.3 试验设计

一个试验点的种植面积≥3亩；采用随机区组排列，3次重复；小区内每个品种≥10株，株距3 m～7 m、行距4 m～8 m；试验年限和试验点数满足4.3的要求。

5.4 试验实施

5.4.1 田间管理

田间管理与大田生产相当。

5.4.2 收获和测产

满足4.4.5的要求。

5.5 观测记载与鉴定评价

按4.5的规定执行。

5.6 试验总结

对试验数据进行统计分析及综合评价，对单位面积产量、株产、穗重和单果重等进行方差分析和多重比较，并总结生产技术要点，撰写生产试验报告。

附　录　A
（规范性附录）
龙眼品种试验观测项目与记载标准

A.1　基本情况

A.1.1　试验地概况

主要包括地理位置、地形、坡度、坡向、海拔、土壤类型和性状、基肥及整地等情况。

A.1.2　气象资料

主要包括气温、降水量、无霜期、极端最高最低温度以及灾害天气等。

A.1.3　繁殖情况

A.1.3.1　嫁接苗：嫁接时间、嫁接方法、砧木品种、砧木年龄，苗木质量、定植时间等。

A.1.3.2　高压苗：高压时间、苗木质量、定植时间等。

A.1.3.3　高接换种：高接时间、基砧品种、中间砧品种、高接树树龄、株嫁接芽数、嫁接高度等。

A.1.4　田间管理情况

包括修剪、疏花疏果、除草、灌溉、施肥、病虫害防治等。

A.2　龙眼品种试验田间观测项目和记载标准

A.2.1　田间观测项目

田间观测项目见表 A.1。

表 A.1　田间观测项目

内容	记载项目
植物学特征	树势、树形、冠幅、树高、干周、叶幕层厚、叶片形状、叶片颜色、叶尖形态、叶缘形态、叶面光泽、叶片长度、叶片宽度、花序长度、花序宽度、柱头开裂程度、果穗长度、果穗宽度、果穗紧密度、果实整齐度、穗粒数、果穗重，果形、果皮颜色、单果重、果实纵径、果实横径、果实侧径、果肩、果顶、放射纹、龟裂纹、疣状突起、果皮光滑度、果皮质地、种子重、种皮颜色、种子形状、种顶面观、种脐形状、种脐大小
生物学特性	抽梢期（梢次）、雄花初花期、雌花初花期、生理落果期、果实成熟期、裂果率
品质特性	果肉颜色、果肉厚度、果肉透明度、流汁程度、离核难易、果肉质地、汁液、化渣程度、风味、香味、焦核率、可食率、可溶性固形物含量、可溶性糖含量、可滴定酸含量、维生素 C 含量
丰产性	株产、亩产
抗逆性	龙眼鬼帚病、其他主要病害发病率
其他	

A.2.2　鉴定方法

A.2.2.1　植物学特征

A.2.2.1.1　树形

按 NY/T 1691 的规定执行。

A.2.2.1.2　冠幅

每小区选取生长正常的植株进行测量，测量株数≥3株，测量植株树冠东西向、南北向的宽度。精确到0.1 m。

A.2.2.1.3 树高

用A.2.2.1.2的样本，测量植株高度，精确到0.1 m。

A.2.2.1.4 干周

用A.2.2.1.2的样本，测量植株主干离地20 cm处的粗度，精确到0.1 cm。

A.2.2.1.5 叶幂层厚

用A.2.2.1.2的样本，测量植株叶片最低处到植株顶端的厚度，精确到0.1 m。

A.2.2.1.6 其他植物学特征

按NY/T 1305的规定执行。

A.2.2.2 生物学特性

A.2.2.2.1 生理落果期

谢花后、幼果大量自然脱落的日期。表示方法为"年月日"。

A.2.2.2.2 裂果率

果实生长发育期内，随机选取树冠不同部位果穗≥10穗，统计每个果穗上果粒数和裂果数，计算裂果率。结果以百分率(%)表示，精确到小数点后一位。

A.2.2.2.3 其他

按NY/T 1305的规定执行。

A.2.2.3 品质特性

A.2.2.3.1 焦核率

果实成熟时，选取树冠不同部位有代表性果穗≥5穗，统计每个果穗上果粒数和焦核种子数，计算焦核率。结果以百分率(%)表示，精确到小数点后一位。

A.2.2.3.2 可滴定酸含量

按GB/T 12456的规定执行。

A.2.2.3.3 维生素C含量

按GB/T 6195的规定执行。

A.2.2.3.4 其他品质性状

按NY/T 1305的规定执行。

A.2.2.4 丰产性

A.2.2.4.1 株产

果实成熟时，每小区随机选取生长正常的植株，采摘全树果穗，称量果穗重量。精确到0.1 kg。

A.2.2.4.2 亩产

测量株、行距，计算亩定植株数，根据株产和亩株数计算亩产。精确到0.1 kg。

A.2.2.5 抗逆性

A.2.2.5.1 龙眼鬼帚病

按NY/T 2022的规定执行。

A.2.2.6 其他

根据小区内发生的病害、虫害、寒害等具体情况加以记载。

A.2.3 记载项目

A.2.3.1 品种比较试验田间观测记载项目

龙眼品种比较试验田间观测项目记载表见表A.2。

表 A.2　龙眼品种比较试验田间观测项目记载表

观测项目		参试品种	对照品种	备注
植物学特征	树势			
	树形			
	冠幅,m			
	树高,m			
	干周,cm			
	叶幂层厚,m			
	叶片形状			
	叶片颜色			
	叶尖形态			
	叶缘形态			
	叶面光泽			
	叶片长度,cm			
	叶片宽度,cm			
	花序长度,cm			
	花序宽度,cm			
	柱头开裂程度			
	果穗长,cm			
	果穗宽,cm			
	果穗紧密度			
	果实整齐度			
	穗粒数,粒/穗			
	果穗重,g			
	果形			
	果皮颜色			
	单果重,g			
	果实纵径,cm			
	果实横径,cm			
	果实侧径,cm			
	果肩			
	果顶			
	放射纹			
	龟裂纹			
	疣状突起			
	果皮光滑度			
	果皮质地			
	种子重,g			
	种皮颜色			
	种子形状			
	种顶面观			
	种脐形状			
	种脐大小			
生物学特性	抽梢期(梢次),YYYYMMDD			
	雄花初花期,YYYYMMDD			
	雌花初花期,YYYYMMDD			
	生理落果期,YYYYMMDD			
	果实成熟期,YYYYMMDD			
	裂果率,%			

表 A.2 （续）

观测项目		参试品种	对照品种	备注
品质特性	果肉颜色			
	果肉厚度,mm			
	果肉透明度			
	流汁程度			
	离核难易			
	果肉质地			
	汁液			
	化渣程度			
	风味			
	香味			
	焦核率,%			
	可食率,%			
	可溶性固形物含量,%			
	可溶性糖含量,%			
	可滴定酸含量,%			
	每 100 g 维生素 C 含量,mg			
丰产性	株产,kg			
	亩产,kg			
抗逆性	龙眼鬼帚病,%			
	其他			
其他				

A.2.3.2 区域试验及生产试验田间记载项目

龙眼品种区域试验及生产试验田间观测记载表见表 A.3。

表 A.3 龙眼品种区域试验及生产试验田间观测项目记载表

观测项目		参试品种	对照品种	备注
植物学特征	树势			
	冠幅,m			
	树高,m			
	干周,cm			
	叶幂层厚,m			
	果穗长,cm			
	果穗宽,cm			
	果穗紧密度			
	果实整齐度			
	穗粒数,粒/穗			
	果穗重,g			
	果形			
	单果重			
	果实纵径,cm			
	果实横径,cm			
	果实侧径,cm			
生物学特性	抽梢期(梢次),YYYYMMDD			
	果实成熟期,YYYYMMDD			
	裂果率,%			

表 A.3 （续）

观测项目		参试品种	对照品种	备注
品质特性	果肉厚度,mm			
	流汁程度			
	离核难易			
	果肉质地			
	汁液			
	化渣程度			
	风味			
	香味			
	焦核率,%			
	可食率,%			
	可溶性固形物含量,%			
	可溶性糖含量,%			
	可滴定酸含量,%			
	每 100 g 维生素 C 含量,mg			
丰产性	株产,kg			
	亩产,kg			
抗逆性	龙眼鬼帚病,%			
	其他			
其他				

附 录 B
（规范性附录）
龙眼品种区域试验年度报告

B.1 概述

本附录给出了《龙眼品种区域试验年度报告》格式。

B.2 报告格式

B.2.1 封面

龙眼品种区域试验年度报告

（　　年度）

试验组别：________________

试验地点：________________

承担单位：________________

试验负责人：________________

试验执行人：________________

通讯地址：________________

邮政编码：________________

联系电话：________________

电子信箱：________________

B.2.2 气象和地理数据

纬度：________°________′________″，经度：________°________′________″，海拔高度：____________m，年平均气温：________________℃，最冷月气温：______________℃，最低气温：______________℃，年降水量：__________mm。

特殊气候及各种自然灾害对供试品种生长和产量的影响以及补救措施：____。

B.2.3 试验地基本情况和栽培管理

B.2.3.1 基本情况

坡度：____________°，坡向：______________，土壤类型：________________。

B.2.3.2 田间设计

参试品种：____________个，对照品种：______________，重复：_____________次，行距：______________m，株距：____________m，试验面积：_____________m^2。

参试品种汇总表见表B.1。

表B.1 参试品种汇总表

代号	品种名称	类型(组别)	亲本组合	选育单位	联系人与电话

B.2.3.3 栽培管理

种植或高接换种日期、方式和方法：____

施肥：____

灌排水：____

中耕除草：____

修剪：____

病虫草害防治：____

其他特殊处理：____

B.2.4 物候期

抽梢期：______月____日，果实成熟期：______月____日。

B.2.5 农艺性状

龙眼农艺性状调查结果汇总表见表B.2。

表B.2 龙眼农艺性状调查结果汇总表

代号	品种名称	树势	树形	冠幅，m×m	树高，m	干周，cm	叶幂层厚，m

代号	品种名称	果穗长度 cm	果穗宽度 cm	果穗紧密度	穗粒数	果实整齐度	果穗重		单果重	
							平均，g	比增，%	平均，g	比增，%

B.2.6 产量性状

龙眼产量性状调查结果汇总表见表B.3。

表 B.3 龙眼产量性状调查结果汇总表

代号	品种名称	重复	收获小区		株产,kg	平均亩产,kg	比增,%	显著性测定	
			株距,m	行距,m				0.05	0.01
		Ⅰ							
		Ⅱ							
		Ⅲ							
		Ⅰ							
		Ⅱ							
		Ⅲ							

B.2.7 品质评价

龙眼品质评价结果汇总表见表 B.4。

表 B.4 龙眼的品质评价结果汇总表

代号	品种名称	重复	果肉颜色	果肉厚度 mm	果肉透明度	流汁程度	汁液	果肉质地	化渣程度
		Ⅰ							
		Ⅱ							
		Ⅲ							
		Ⅰ							
		Ⅱ							
		Ⅲ							

代号	品种名称	重复	离核难易	风味	香味	焦核率,%	可食率,%	综合评价[a]
		Ⅰ						
		Ⅱ						
		Ⅲ						
		Ⅰ						
		Ⅱ						
		Ⅲ						

[a] 品质评价至少请 5 名代表品尝评价,可采用 100 分制记录,终评划分 4 个等级:1)优、2)良、3)中、4)差。

B.2.8 品质检测

龙眼品质检测结果汇总表见表 B.5。

表 B.5 龙眼品质检测结果汇总表

代号	品种名称	重复	可溶性固形物含量,%	可溶性糖含量,%	可滴定酸含量,%	每 100 g 维生素 C 含量,mg
		Ⅰ				
		Ⅱ				
		Ⅲ				
		Ⅰ				
		Ⅱ				
		Ⅲ				

B.2.9 抗性

龙眼主要抗性调查结果汇总表见表 B.6。

表 B.6 龙眼主要抗性调查结果汇总表

代号	品种名称	龙眼鬼帚病,%					

B.2.10 其他特征特性

____。

B.2.11 品种综合评价(包括品种特征特性、优缺点和推荐审定等)

龙眼品种综合评价表见表B.7。

表B.7 龙眼品种综合评价表

代号	品种名称	综合评价

B.2.12 本年度试验评述(包括试验进行情况、准确程度、存在问题等)

____

B.2.13 对下年度试验工作的意见和建议

____

B.2.14 附年度专家测产结果

____

本部分起草单位:福建省农业科学院果树研究所、中国农垦经济发展中心。

本部分主要起草人:郑少泉、蒋际谋、陈秀萍、陈明文、胡文舜、姜帆、邓朝军、孙娟、黄爱萍、许家辉、许奇志。

第 3 部分

品种抗性鉴定评价标准

中华人民共和国国家标准

GB/T 21127—2007

小麦抗旱性鉴定评价技术规范

Technical specification of identification and evaluation for drought resistance in wheat

1 范围

本标准规定了小麦抗旱性鉴定方法及判定规则。

本标准适用于小麦的抗旱性检测。

2 规范性引用文件

下列文件中的条款通过本标准的引用而成为本标准的条款。凡是注日期的引用文件,其随后所有的修改单(不包括勘误的内容)或修订版均不适用于本标准,然而,鼓励根据本标准达成协议的各方研究是否可使用这些文件的最新版本。凡是不注日期的引用文件,其最新版本适用于本标准。

GB/T 3543.4 农作物种子检验规程 发芽试验

3 术语和定义

下列术语和定义适用于本标准。

3.1

对照品种 check variety

同级旱地区域试验应用的对照品种。

3.2

校正品种 adjusting variety

经国家认定的抗旱性较强的小麦品种,用于校正非同批待测材料鉴定结果的标准品种。

3.3

两次干旱存活率 survival percentage after a repeated drought stress

两次干旱复水后存活苗数占总苗数的百分率。

3.4

抗旱指数 drought resistance index

以籽粒产量为依据,以对照品种作为比较标准,判定待测材料抗旱性的指标。

4 抗旱性鉴定

抗旱性鉴定的时期分为:种子萌发期、苗期、水分临界期及全生育期。可根据研究工作目的选用任何一个时期的鉴定结果判定待测材料的抗旱性。

4.1 种子萌发期抗旱性鉴定

中华人民共和国国家质量监督检验检疫总局
中国国家标准化管理委员会 2007-10-16发布 2008-05-01实施

种子萌发期抗旱性鉴定用高渗溶液法。即用－0.5 MPa 的聚乙二醇－6 000(PEG-6 000)水溶液对种子进行水分胁迫处理，以无离子水培养作为对照。发芽皿是长×宽×高＝10 cm×10 cm×5 cm 的塑料盒，以单层滤纸为芽床。

4.1.1 样品准备

将待测材料种子样品充分混匀后，随机取 800 粒。

4.1.2 胁迫溶液配制

将 192 g 聚乙二醇-6 000(PEG-6 000)溶解在 1 000 mL 无离子水中，即－0.5 MPa PEG-6 000 水溶液。

4.1.3 胁迫培养

100 粒种子为一个重复，共四次重复，分别放入发芽皿中，按 GB/T 3543.4 进行发芽试验。各加入 12 mL －0.5 MPa PEG-6 000 水溶液，加盖。

4.1.4 对照培养

100 粒种子为一个重复，共四次重复，分别放入发芽皿中，按 GB/T 3543.4 进行发芽试验。各加入 12 mL 无离子水，加盖。

4.1.5 性状调查

将发芽皿放入培养箱中，20℃条件下培养，第 8 天(168 h)调查发芽种子数。

4.1.6 种子发芽率

种子发芽率按式(1)、式(2)、式(3)进行计算：

$$Ger_{T} = \overline{X}_{Ger.T} \cdot \overline{X}_{TS.T}^{-1} \cdot 100 \tag{1}$$

$$Ger_{CK} = \overline{X}_{Ger.CK} \cdot \overline{X}_{TS.CK}^{-1} \cdot 100 \tag{2}$$

$$RGer = Ger_{T} \cdot Ger_{CK}^{-1} \cdot 100 \tag{3}$$

式中：

Ger_{T} ——胁迫培养的发芽率，%；

$\overline{X}_{Ger.T}$ ——胁迫培养四次重复在 168 h 萌发种子数的平均值；

$\overline{X}_{TS.T}$ ——胁迫培养四次重复种子总数的平均值；

Ger_{CK} ——对照培养的发芽率，%；

$\overline{X}_{Ger.CK}$ ——对照培养四次重复在 168 h 萌发种子数的平均值；

$\overline{X}_{TS.CK}$ ——对照培养四次重复种子总数的平均值；

$RGer$ ——相对发芽率，%。

4.2 苗期抗旱性鉴定

苗期抗旱性鉴定用两次干旱胁迫-复水法。

4.2.1 培养温度

在 20℃±5℃的条件下进行。

4.2.2 试验设计

三次重复，每个重复 50 苗，塑料箱栽培。

4.2.3 播种

在长×宽×高＝60 cm×40 cm×15 cm 的塑料箱中装入 10 cm 厚的中等肥力(即单产在 3 000 kg/hm^{2}左右)耕层土(壤土)，灌水至田间持水量的 85%±5%，播种，覆土 2 cm。

4.2.4 第一次干旱胁迫-复水处理

幼苗长至三叶时停止供水，开始进行干旱胁迫。当土壤含水量降至田间持水量的 20%～15%时(壤土)复水，使土壤水分达到田间持水量的 80%±5%。复水 120 h 后调查存活苗数，以叶片转呈鲜绿色者为存活。

4.2.5 第二次干旱胁迫-复水处理

第一次复水后即停止供水，进行第二次干旱胁迫。当土壤含水量降至田间持水量的 20%～15% 时，第二次复水，使土壤水分达到田间持水量的 80%±5%。120 h 后调查存活苗数，以叶片转呈鲜绿色者为存活。

4.2.6 幼苗干旱存活率的实测值

幼苗干旱存活率实测值的计算见式(4)：

$$DS = (DS_1 + DS_2) \cdot 2^{-1} = (\overline{X}_{DS_1} \cdot \overline{X}_{TT}{}^{-1} \cdot 100 + \overline{X}_{DS_2} \cdot \overline{X}_{TT}{}^{-1} \cdot 100) \cdot 2^{-1} \quad (4)$$

式中：

DS ——干旱存活率的实测值，%；

DS_1 ——第一次干旱存活率，%；

DS_2 ——第二次干旱存活率，%；

$\overline{X}_{DS_1}$ ——第一次复水后三次重复存活苗数的平均值；

$\overline{X}_{TT}$ ——第一次干旱前三次重复总苗数的平均值；

$\overline{X}_{DS_2}$ ——第二次复水后三次重复存活苗数的平均值。

4.2.7 幼苗干旱存活率的校正值

按式(5)计算校正品种幼苗干旱存活率实测值的偏差。依式(6)求出待测材料幼苗干旱存活率的校正值。即：

$$ADS_E = (ADS - ADS_A) \cdot ADS_A{}^{-1} \quad (5)$$

$$DS_A = DS - ADS_A \cdot ADS_E \quad (6)$$

式中：

ADS_E——校正品种干旱存活率实测值的偏差，即校正品种本次实测值与校正值偏差的百分率，%；

ADS ——校正品种干旱存活率的实测值，%；

ADS_A——校正品种干旱存活率的校正值，即多次幼苗干旱存活率实验结果的平均值，%；

DS_A ——待测材料干旱存活率的校正值，%；

DS ——待测材料干旱存活率的实测值，%。

4.3 水分临界期抗旱性鉴定

水分临界期抗旱性鉴定可在旱棚或田间条件下进行。田间鉴定需有两点的结果。

4.3.1 试验设计

随机排列，三次重复，小区面积旱棚鉴定 2 m²、田间鉴定 6.7 m²。适期播种，冬小麦和春小麦分别为每公顷 225 万和 375 万基本苗。

4.3.2 胁迫处理

播种前浇足底墒水，在抽穗期和灌浆期分别再浇一次水，使 0 cm～50 cm 土层水分达到田间持水量的 80%±5%。

4.3.3 对照处理

播种前浇足底墒水，在拔节-孕穗期、抽穗期和灌浆期分别再浇一次水，使 0 cm～50 cm 土层水分达到田间持水量的 80%±5%。

4.3.4 考察性状

小区籽粒产量。

4.3.5 抗旱指数

按式(7)计算抗旱指数：

$$DI = GY_{S.T}{}^{2} \cdot GY_{S.W}{}^{-1} \cdot GY_{CK.W} \cdot (GY_{CK.T}{}^{2})^{-1} \quad \cdots\cdots (7)$$

式中：

DI ——抗旱指数；

$GY_{S.T}$ ——待测材料胁迫处理籽粒产量；

$GY_{S.W}$ ——待测材料对照处理籽粒产量；

$GY_{CK.W}$ ——对照品种对照处理籽粒产量；

$GY_{CK.T}$ ——对照品种胁迫处理籽粒产量。

4.4 全生育期抗旱性鉴定

全生育期抗旱性鉴定可在旱棚或田间条件下进行。田间鉴定需有两点的结果。适期播种，冬小麦和春小麦分别为每公顷 225 万和 375 万基本苗。

4.4.1 旱棚鉴定

4.4.1.1 试验设计

随机排列，三次重复，小区面积 2 m^2。

4.4.1.2 胁迫处理

麦收后至下次小麦播种前，通过移动旱棚控制试验地接纳自然降水量，使 0 cm～150 cm 土壤的储水量在 150 mm 左右；如果自然降水不足，要进行灌溉补水。播种前表土墒情应保证出苗，表墒不足时，要适量灌水。播种后试验地不再接纳自然降水。

4.4.1.3 对照处理

在旱棚外邻近的试验地设置对照试验。试验地的土壤养分含量、土壤质地和土层厚度等应与旱棚的基本一致。田间水分管理要保证小麦全生育期处于水分适宜状况，播种前表土墒情应保证出苗，表墒不足时要适量灌水，另外，分别在拔节期、抽穗期、灌浆期灌水，使 0 cm～50 cm 土层水分达到田间持水量的 80%±5%。

4.4.2 田间鉴定

在常年自然降水量小于 500 mm 的地区或小麦生育期内自然降水量小于 150 mm 的地区进行田间抗旱性鉴定。

4.4.2.1 试验设计

随机排列，三次重复，小区面积 6.7 m^2。

4.4.2.2 胁迫处理

播种前表土墒情应保证出苗，表墒不足时，要适量灌水。

4.4.2.3 对照处理

在邻近胁迫处理的试验地设置对照试验。对照试验地的土壤养分含量、土壤质地和土层厚度等应与胁迫处理的基本一致。田间水分管理要保证小麦全生育期处于水分适宜状况，播种前表土墒情应保证出苗，表墒不足时要适量灌水，另外，分别在拔节期、抽穗期、灌浆期灌水，使 0 cm～50 cm 土层水分达到田间持水量的 80%±5%。

4.4.3 考察性状

小区籽粒产量。

4.4.4 抗旱指数

以小区籽粒产量计算抗旱指数，方法同 4.3.5。

4.5 注意事项

在进行抗旱性鉴定期间，要及时防治病、虫、鸟害，防止倒伏。

5 抗旱性判定规则

抗旱性分为五级：极强（HR，highly resistant）、强（R，resistant）、中等（MR，moderately resistant）、

弱(S,susceptible)、极弱(HS,highly susceptible)。

5.1 种子萌发期抗旱性判定

小麦种子萌发期抗旱性判定见表1。

表1 小麦种子萌发期抗旱性判定

相对发芽率/%	抗旱性等级
≥90.0	极强(HR)
70.0～89.9	强(R)
50.0～69.9	中等(MR)
30.0～49.9	弱(S)
≤29.9	极弱(HS)

5.2 苗期抗旱性判定

小麦苗期抗旱性判定见表2。

表2 小麦苗期抗旱性判定

干旱存活率[a]/%	抗旱性等级
≥70.0	极强(HR)
60.0～69.9	强(R)
50.0～59.9	中等(MR)
40.0～49.9	弱(S)
≤39.9	极弱(HS)
[a] 干旱存活率用校正值。	

5.3 水分临界期抗旱性判定

小麦水分临界期抗旱性判定见表3。

表3 小麦水分临界期抗旱性判定

抗旱指数	抗旱性等级
≥1.30	极强(HR)
1.10～1.29	强(R)
0.90～1.09	中等(MR)
0.70～0.89	弱(S)
≤0.69	极弱(HS)

5.4 全生育期抗旱性判定

全生育期抗旱性判定用小区籽粒产量的抗旱指数表示,见表3。

本标准起草单位:中国农业科学院作物科学研究所、农业部作物品种资源监督检验测试中心。
本标准主要起草人:景蕊莲、胡荣海、张灿军、朱志华、昌小平、王娟玲。

中华人民共和国国家标准

GB/T 22101.1—2008

棉花抗病虫性评价技术规范 第1部分：棉铃虫

Technical specification for evaluating resistance of cotton to disease and insect pests—Part 1：Cotton bollworm

1 范围

GB/T 22101的本部分规定了转基因棉花、杂交棉花和常规棉花抗棉铃虫性鉴定方法和抗虫性评价标准。

本部分适用于棉花育种、棉花生产和植保单位对转基因棉花、杂交棉花和常规棉花抗棉铃虫性鉴定和抗虫性评价。

2 术语和定义

下列术语和定义适用于GB/T 22101的本部分。

2.1

幼虫死亡率 larval mortality

棉铃虫幼虫取食棉花后死亡幼虫数占供试幼虫总数的百分率。

2.2

蕾铃受害率 damaged rates of square and boll

棉铃虫幼虫危害棉花蕾铃数占棉花植株蕾铃总数的百分率。

2.3

初孵幼虫 neonate

刚从卵中孵化出的棉铃虫幼虫。

2.4

双重皿 petri dish

大小一致的培养皿相对扣在一起。

2.5

标准感虫棉花品种 cotton cultival for susceptibility to cotton bollworm

棉铃虫幼虫取食供试棉叶状况达到4级的非转基因相同棉种的棉花品种。

3 供试棉铃虫的饲养

3.1 饲养棉铃虫的基本设施和条件

具有调温和光照设备的养虫室，温度保持在25℃～28℃之间和保证≥14 h光照时间。培养皿（直

中华人民共和国国家质量监督检验检疫总局
中国国家标准化管理委员会 2008-06-18发布 2008-12-01实施

径 9 cm)、养虫管(直径 2.5 cm,高 8 cm)、养虫架、饲喂幼虫的人工饲料(人工饲料配制参见附录 A 和附录 B)。饲养成虫用铁纱笼、纱布、剪子、镊子、毛笔等养虫用具和存放饲料的冰箱及操作台。

3.2 棉铃虫成虫饲养

将羽化后的雌、雄成虫混合放入铁纱笼内,饲喂以 5%蔗糖水或蜂蜜水,由其自由交配,在铁纱笼上覆盖纱布,使雌蛾产卵于纱布上。

3.3 卵的处理

将同日产卵的纱布放在同一培养皿内,然后放在养虫室的养虫架上,等待卵的孵化。

3.4 幼虫饲养

孵化后幼虫接在人工饲料上,刚孵化幼虫用培养皿集体饲养,2 龄～3 龄后分管单虫饲养。

3.5 供鉴定用棉铃虫

室内鉴定用孵化后在人工饲料上饲养 2 d 的 1 龄幼虫。网室鉴定用棉铃虫成虫和卵或初孵幼虫。

3.6 对照材料

3.6.1 转基因棉花鉴定以对应的非转基因棉花受体亲本为对照。

3.6.2 转基因杂交棉花鉴定以对应的非转基因亲本为对照。

3.6.3 常规杂交棉花鉴定以标准感虫棉花为对照。

3.6.4 常规棉花鉴定以标准感虫棉花为对照。

4 转基因棉花植株抗棉铃虫性室内鉴定

4.1 供试棉叶

供试转基因棉株的叶片为从植株顶部展开的第 3 片棉叶。

4.2 供试棉铃虫

1 龄幼虫,即从卵孵化后在人工饲料上饲养 2 d 的幼虫。

4.3 鉴定方法

4.3.1 双重皿集体饲虫

将棉叶放在双重皿内(大叶放 1 片,小叶放 2 片),每皿接 1 龄幼虫 8 头,重复 3 次,皿底放置 1 张湿滤纸,用小湿棉球包紧叶柄 底部,保持棉叶在供试期内不干。接虫后用纸条或封口膜将双重皿封严,防止幼虫逃逸和保持皿内湿度。放入 25℃～28℃的养虫室或培养箱中饲养。

4.3.2 分管单头饲养

将碎叶块放在管内,每管接 1 头 1 龄幼虫,每处理接 24 管。放入 25℃～28℃的养虫室或培养箱中饲养。

4.4 鉴定结果调查

调查 2 次,第 1 次调查在接虫后第 3 天,第 2 次调查在第 6 天,调查记录内容如下。

4.4.1 幼虫死亡状况

统计幼虫死亡数和活虫数,计算幼虫死亡率。需继续观察时将死亡虫挑出累计。

4.4.2 幼虫取食状况

以目测分 4 个等级;叶片未取食或取食很少(叶片被食的小孔或痕迹很少)记为"＋",即为 1 级;叶片上有一些被食孔但不多,记为"＋＋",即为 2 级;叶片上有许多被食孔但未出现大片叶片被食缺口,记为"＋＋＋",即为 3 级;叶片大部被食或所剩无几为大量取食,记为"＋＋＋＋",即为 4 级。

4.4.3 幼虫生长状况

以目测法观察幼虫生长情况,幼虫没有生长发育记为"－",生长发育比正常个体小记为"＋/－",正常生长记为"＋"。另外,可用分析天平(精确度 1 mg)称幼虫体重并计算各处理平均单头幼虫体重,以幼虫体重比较幼虫生长情况。

4.5 鉴定结果计算与分析

每次鉴定均须设置非转基因棉株为对照。若对照组幼虫死亡率在5%以上，处理组的幼虫死亡率需要进行校正。若对照组死亡率超过20%，则需要分析原因，重新进行试验。幼虫校正死亡率m，数值以%表示，按式(1)计算：

$$m=\frac{m_t-m_c}{1-m_c}\times 100 \quad \cdots\cdots (1)$$

式中：

m_t——处理组幼虫死亡率；

m_c——对照组幼虫死亡率。

计算结果精确到小数点后一位。

以幼虫校正死亡率、取食量(棉花被害程度)和幼虫生长发育情况综合评价转基因棉株对棉铃虫有无抗虫性和抗虫性程度。

5 棉花品种抗棉铃虫性田间网室鉴定

5.1 鉴定方法

采用罩笼接虫法，通过对棉株受害调查，以蕾铃受害率与对照品种相比较评价鉴定材料的抗虫性级别。

5.2 田间罩笼设计

罩笼高1.8 m，面积在50 m^2以上，每品种25株，不设重复，以HG-BR-8为对照品种，罩笼四周设有保护行。罩笼内棉花栽培方式同大田，苗期可以防治棉蚜，防治棉蚜药剂不可影响后期棉铃虫的存活，后期不防治棉铃虫。

5.3 供试虫源和接虫量

供试昆虫为采自田间并经室内饲养的棉铃虫成虫，在养虫笼内任其自由交配，并喂以5%的蜂蜜水。3 d后选择活动力强的成虫释放于种植鉴定材料的罩笼内。接虫量为每10 m^2 4对(雌雄比1∶1)接虫后分别在第3天、第7天分两次调查卵量，第7天如果每100株累计卵量不足100粒，要进行补接卵，每株补足5粒卵，补接的卵粒用稀糨糊粘接在棉株顶部。接卵时期与棉田2代棉铃虫的发生期一致，棉花生育期为现蕾或开花结铃期。

5.4 调查方法

接虫后第7天至第10天和第15天至第20天分两次调查各材料的被害蕾铃数，健蕾铃数和顶尖受害株数(以生长点受害为准)，分别计算蕾铃受害百分率和顶尖受害率，并计算两次调查的均值。

5.5 调查结果计算

5.5.1 蕾铃(顶尖受害率d，数值以%表示，按式(2)计算。

$$d=\frac{n_d}{n_t}\times 100 \quad \cdots\cdots (2)$$

式中：

n_d——调查棉株蕾铃(顶尖)被害数；

n_t——调查棉株蕾铃(顶尖)总数；

计算结果精确到小数点后两位。

5.5.2 蕾铃(顶尖)受害减退率X，数值以%表示，按式(3)计算：

$$X=\left(\frac{a_c-d_t}{d_c}\right)\times 100 \quad \cdots\cdots (3)$$

式中：

d_c——对照品种蕾铃(顶尖)受害率;

d_t——鉴定材料蕾铃(顶尖)受害率。

计算结果精确到小数点后两位。

6 抗虫性评价和分级

根据田间网室和室内抗虫性鉴定结果进行鉴定材料抗虫性综合评定,并按照表1评价棉花材料抗棉铃虫的级别。

表1 棉花品种抗棉铃虫性评价标准

抗虫性级别	按照蕾铃(顶尖)受害减退率(X)的分级/%	按照室内幼虫3d校正死亡率的分级/%	按照室内幼虫6d校正死亡率的分级/%
Ⅰ(高抗)	$X \geqslant 50$	>50	>70
Ⅱ(抗)	$50 > X \geqslant 30$	31~50	41~70
Ⅲ(中抗)	$30 > X \geqslant 10$	21~30	21~40
Ⅳ(低抗)	$10 > X \geqslant -60$	≤20	≤20
Ⅴ感	$X < -60$	同对照品种	同对照品种

注:转基因棉花抗棉铃虫性评价依据室内幼虫取食嫩叶的校正死亡率和大田网室内蕾铃(顶尖)受害减退率(X),综合评判其抗虫性程度。常规棉花品种抗棉铃虫性评价依据大田网室内蕾铃(顶尖)受害减退率(X),按照分级标准进行评定。

附　录　A
（资料性附录）
棉铃虫幼虫人工饲料配方

表 A.1　棉铃虫幼虫人工饲料配方

主要成分	配方
玉米粉	200 g
黄豆粉	100 g
酵母粉	90 g
蔗糖	50 g
山梨酸	1.8 g
对羟基苯甲酸甲酯（尼泊金）	1.8 g
维生素 C	6.2 g
复配维生素液	15 mL
氢氧化钾（11.2 g/50 mL）	18 mL
乙酸（10 mL/50 mL）	40 mL
甲醛（10 mL/30 mL）	15 mL
水	912 mL

附　录　B
（资料性附录）
复配维生素配方

表 B.1　复配维生素配方

维生素种类	含量
烟酸(V_{B_5})	1.528 g
泛酸钙(V_{B_3})	1.525 g
核黄素(V_{B_2})	0.764 g
维生素 B_1	0.382 g
维生素 B_6	0.382 g
叶酸(V_{BC})	0.382 g
生物素 H(V_H)	0.305 g
氰钴胺素($V_{B_{12}}$)	0.003 g
水	500 mL

本部分起草单位：中国农业科学院植物保护研究所、全国农业技术推广服务中心。

本部分主要起草人：王武刚、张永军、吴孔明、郭荣。

中华人民共和国国家标准

GB/T 22101.2—2009

棉花抗病虫性评价技术规范 第2部分：蚜虫

Technical specification for evaluating resistance of cotton to disease and insect pests—Part 2:Cotton aphid

1 范围

GB/T 22101的本部分规定了棉花抗棉蚜性鉴定方法和抗棉蚜性评价标准。

本部分适用于棉花抗棉蚜性鉴定和抗棉蚜性评价。

2 规范性引用文件

下列文件中的条款通过GB/T 22101的本部分的引用而成为本部分的条款。凡是注日期的引用文件，其随后所有的修改单(不包括勘误的内容)或修订版均不适用于本部分，然而，鼓励根据本部分达成协议的各方研究是否可使用这些文件的最新版本。凡是不注日期的引用文件，其最新版本适用于本部分。

GB 4407.1 经济作物种子 第1部分;纤维类

3 术语和定义

下列术语和定义适用于GB/T 22101的本部分。

3.1

苗蚜 spring type cotton aphid

在棉苗出土至现蕾阶段发生为害的棉蚜。

3.2

伏蚜 summer type cotton aphid

在伏天高温条件下快速增殖而形成的棉蚜群体。体型小、色黄、耐高温，具有繁殖速度快、暴发危害性大等特点。

3.3

对照品种 cotton variety for control

用于控制整个评价过程的指示性品种，设非洲E-40为抗性对照品种。

4 鉴定方法

4.1 鉴定方式

中华人民共和国国家质量监督检验检疫总局
中国国家标准化管理委员会 2009-10-30发布 2009-12-01实施

利用田间自然发生的棉蚜虫源，通过调查鉴定材料的蚜害级别，比较鉴定材料的蚜害指数与对照品种的蚜害指数，评价不同鉴定材料对苗蚜和伏蚜的抗蚜性程度。

4.2 田间设计

选择历年棉蚜发生较重的田块，分小区种植，小区面积 33.6 m^2 左右，不设重复。每小区种植 6 行，行长 8 m，行距 0.7 m～0.8 m，株距 26 cm。

4.3 对照品种设置

非洲 E-40 为对照品种，每 20 个鉴定材料种植一组对照。

上述棉花种子质量应达到 GB 4407.1 中对种子质量的要求。

4.4 鉴定棉田管理

按当地春棉或夏棉（短季棉）常规播种时期、播种方式和播种量进行播种。棉花种子不进行任何防棉蚜药剂处理。常规耕作管理，在鉴定调查期间，不喷施针对棉蚜的杀虫剂。

4.5 鉴定调查方法

4.5.1 鉴定调查时间

苗蚜为害调查分别在棉花的三叶期、五叶期和七叶期进行，计调查 3 次；在伏蚜发生高峰期（一般在 7 月下旬）进行第 1 次伏蚜危害调查，7 d 后进行第 2 次调查，计调查 2 次。

4.5.2 取样方法

每小区选取中间 4 行棉花，随机调查 50 株，苗蚜期的前两次调查以全株受害最严重叶片为标准叶，苗蚜期的第 3 次调查及伏蚜期的两次调查均以棉株顶部 5 片叶中受害最严重的叶片为标准叶，依据蚜害分级标准统计各级株数。

5 蚜害分级标准与计算

5.1 蚜害分级标准

蚜害分级标准按表 A.1 执行。

5.2 蚜害指数及受害减退率计算方法

蚜害指数以“i”计，数值以“%”表示，按式(1)计算：

$$i = \frac{\sum (d_c \times n_c)}{n_t \times 4} \times 100 \qquad (1)$$

式中：

d_c——蚜害级值，单位为级；

n_c——该蚜害级对应的棉花株数，单位为株；

n_t——总调查棉花株数，单位为株。

计算结果精确到小数点后两位。

受害减退率以“X”计，数值以“%”表示，按式(2)计算：

$$X = \frac{i_c - i_t}{i_c} \times 100 \qquad (2)$$

式中：

i_c——对照品种的蚜害指数；

i_t——鉴定品种的蚜害指数。

计算结果精确到小数点后两位。

6 棉花抗蚜性评价和抗蚜分级

将鉴定材料的蚜害指数与对照品种的蚜害指数进行比较，计算受害减退率。依据减退率按表 A.2 进行棉花品种抗蚜性评价和抗蚜性分级。

附 录 A
(资料性附录)
棉花蚜害的分级标准和抗蚜性评价标准

表 A.1 棉花蚜害的分级标准

蚜害级别	为害描述
0	无蚜虫,叶片平展
1	有蚜虫,叶片无受害
2	有蚜虫,受害最重的叶片皱缩或微卷,近半圆
3	有蚜虫,受害最重的叶片卷曲达半圆或半圆以上,呈弧形
4	有蚜虫,受害最重的叶片完全卷曲,呈球形

表 A.2 棉花抗蚜性评价标准

抗蚜性级别	依据受害减退率(X)的分级标准	
	苗蚜期	伏蚜期
1(高抗)	$X \geqslant 10$	$X \geqslant 10$
2(抗)	$-5 \leqslant X < 10$	$-10 \leqslant X < 10$
3(中抗)	$-70 \leqslant X < -5$	$-70 \leqslant X < -10$
4(感)	$-120 \leqslant X < -70$	$-100 \leqslant X < -70$
5(高感)	$X < -120$	$X < -100$

本部分起草单位:中国农业科学院植物保护研究所、全国农业技术推广服务中心。
本部分主要起草人:张永军、王武刚、吴孔明、郭荣。

中华人民共和国国家标准

GB/T 22101.3—2009

棉花抗病虫性评价技术规范 第3部分:红铃虫

Technical specification for evaluating resistance of cotton to disease and insect pests—Part 3: Pink bollworm

1 范围

GB/T 22101的本部分规定了转基因棉花、杂交棉花和常规棉花抗棉红铃虫性鉴定方法和抗虫性评价标准。

本部分适用于转基因棉花、杂交棉花和常规棉花抗棉红铃虫性鉴定和抗虫性评价。

2 规范性引用文件

下列文件中的条款通过GB/T 22101的本部分的引用而成为本部分的条款。凡是注日期的引用文件,其随后所有的修改单(不包括勘误的内容)或修订版均不适用于本部分,然而,鼓励根据本部分达成协议的各方研究是否可使用这些文件的最新版本。凡是不注日期的引用文件,其最新版本适用于本部分。

GB 4407.1 经济作物种子 第1部分:纤维类

3 术语和定义

下列术语和定义适用于GB/T 22101的本部分。

3.1

青铃 verdant boll

棉铃从达到成铃标准到铃形基本定型,铃色一直保持鲜绿,称之为青铃。

4 鉴定方法

4.1 鉴定方式

采用罩笼接虫法。通过摘取青铃取样调查,以鉴定材料单铃活虫数比对照品种单铃活虫减少率为指标进行抗虫性评价。

4.2 对照棉花品种

转基因棉花鉴定以转基因棉花受体亲本为对照;转基因杂交棉花鉴定以非转基因亲本为对照;常规杂交棉花鉴定以标准感虫棉花品种为对照;常规棉花鉴定以标准感虫棉花品种为对照。

4.3 田间罩笼设计

采用40目尼龙网进行罩笼,罩笼高1.8 m,面积在50 m^2以上。供试材料在罩笼内单行种植,每行

中华人民共和国国家质量监督检验检疫总局
中国国家标准化管理委员会 2009-10-30发布 2009-12-01实施

25 株，行距 80 cm，株距 26 cm。对照品种设置按 4.2 执行。上述棉花种子质量应达到 GB 4407.1 中对种子质量的要求。

4.4 供试虫源及接虫量

收集当年虫害棉花絮中红铃虫幼虫，置于室温在 25℃～28℃之间的养虫室内化蛹。羽化后，置于交配笼(40 cm×40 cm×40 cm)内，每笼内放入雌雄配对的成虫 5 对～10 对，饲以 10%蜂蜜水作为补充营养。罩笼接虫鉴定前，应让红铃虫配对雌雄成虫自由交配 3d。选择在自然条件下的第一、二代红铃虫发蛾盛期，按照 5 对/10 m^2 密度在罩笼内释放已交配的红铃虫成虫，且雌雄蛾接虫比例为 1∶1。

5 结果调查和计算

抽样调查共计两次。第一次在释放接虫后 20 d～25 d 进行，在供试品种上按每株 2 个棉铃的方式，随机摘取铃龄相近的青铃 50 个。第二次在释放接虫后 40 d～50 d 进行，在供试品种上按每株 2 个棉铃的方式，摘取结铃部位相近的裂口棉铃 50 个。分别记录被调查铃内红铃虫幼虫数，计算各供试品种的单铃幼虫存活数。

把鉴定品种的单铃虫数与对照品种单铃虫数进行比较，计算出鉴定品种比对照品种单铃活虫数减少率。单铃活虫数减少率以“X”计，数值以“%”表示，按式(1)计算：

$$X = \frac{n_c - n_t}{n_c} \times 100 \qquad (1)$$

式中：

n_c——对照品种单铃活虫数，单位为头；

n_t——处理品种单铃活虫数，单位为头。

计算结果精确到小数点后一位。

6 棉花抗红铃虫性评价和分级

将鉴定品种的单铃活虫数与对照品种单铃活虫数进行比较，计算出比对照品种单铃活虫数减少率(X)，依据减少率按表 A.1 进行棉花品种抗红铃虫性分级和抗红铃虫性评价。

附 录 A
（资料性附录）
棉花抗红铃虫性评价标准

表 A.1 棉花抗红铃虫性评价标准

抗性级别	按比对照品种单铃活虫数减少率（X）的抗红铃虫性分级标准
1（高抗）	$X \geqslant 80\%$
2（抗）	$60\% \leqslant X < 80\%$
3（中抗）	$50\% \leqslant X < 60\%$
4（感）	$30\% \leqslant X < 50\%$
5（高感）	$X < 30\%$
注：转基因棉花抗红铃虫性室内评定标准参照棉花抗棉铃虫的室内鉴定分级评定标准。	

本部分起草单位：中国农业科学院植物保护研究所、全国农业技术推广服务中心。

本部分主要起草人：张永军、王武刚、吴孔明、郭荣。

中华人民共和国国家标准

GB/T 22101.4—2009

棉花抗病虫性评价技术规范 第4部分:枯萎病

Technical specification for evaluating resistance of cotton to diseases and insect pests—Part 4: Fusarium wilt

1 范围

GB/T 22101的本部分规定了棉花抗枯萎病[病原菌:尖镰孢萎蔫专化型(*Fusarium oxysporum* Schl. f. sp. *vasinfectum*(Atk.)Snyder et Hansen)]的鉴定方法和抗性评定标准。

本部分适用于棉花抗枯萎病性鉴定和抗性评定。

2 术语和定义

下列术语和定义适用于GB/T 22101的本部分。

2.1

发病率 rate of infected

发病棉苗占总棉苗数的百分率。

2.2

病情指数 disease index

全面考核发病率和严重程度的综合指标。

3 病原菌的培养

3.1 培养病原菌的基本设备

恒温箱、超净工作台、高压灭菌锅、冰箱、可控温的温室(使温度保持在20℃～28℃之间)、塑料盆、铝锅、电炉、培养皿、试管、剪子、镊子、广口瓶、酒精灯等。

3.2 鉴定所用枯萎病菌小种

由于棉花枯萎病菌7号小种分布最广,为此宜选用7号小种,但各地亦可根据当地的优势小种,选择所用菌系。

3.3 枯萎病病原菌培养

枯萎病病原菌(参见附录A)菌种培养物采用麦粒或麦粒砂培养(麦砂比为3∶1),先将麦粒用水浸泡12 h以上,再用水煮涨为止,沥干水分后拌入细砂,装入广口瓶,湿热灭菌2 h;在超净工作台上将已培养好的枯萎病菌平板或斜面接入其中,随后置于25℃温箱培养7 d～10 d。

3.4 鉴定用病土的接菌

用筛过的无病土,经160℃干热灭菌。然后,将病菌麦粒或麦粒砂培养物按土重的2%～3%的比例

中华人民共和国国家质量监督检验检疫总局
中国国家标准化管理委员会 发布

2009-10-30 发布 2009-12-01 实施

加入到灭菌土中，混合均匀。用干净的报纸卷成直径 6 cm、高 8 cm 的有底纸钵，将已混均匀的带菌土装入钵中，至 2/3 高度，随后将其装入 30 cm×20 cm×9 cm 的塑料盆中，待用。

3.5 鉴定材料种植方法

鉴定材料种植于温室，采用纸钵土壤接菌盆栽法。3 次重复，每重复一盆 12 钵，每个鉴定材料 3 盆，共 36 钵；播种前每盆先浇 300 mL 自来水，使钵中的土吸足水分，随后将已催芽的待鉴定品种的种子先拌 5%的多菌灵杀菌剂，再摆放于钵中，每钵 6 粒～8 粒棉籽；然后用无菌土覆盖(高度与钵平齐)，再浇入 200 mL 自来水。

3.6 标准对照

鉴定中选用一个感病对照和一个抗病对照，抗病对照采用“86－1 号”，感病对照可选用“冀棉 11 号”或“鄂荆 1 号”或本地区的常规感病品种。抗病对照选择标准为在常规接菌量下病情指数小于 10 的品种；感病对照选择标准为在常规接菌量下病情指数大于 50 的品种。

4 调查记载方法

4.1 棉苗的管理

播种后将塑料盆置于温室中，进行育苗，温室温度保持在 23℃～28℃之间，切勿超过 30℃，进行精心管理。棉苗拱土前，只要钵中土壤不会太干，一般不要再浇水。棉苗出土后，注意保持盆中的干湿度，土壤湿度保持在 60%～80%为宜，早晚注意温度变化，防止温度过高和过低。

4.2 发病调查

在棉苗第一片真叶长出后，棉花枯萎病陆续开始发生，在播种后一个月左右开始调查各品种的枯萎病发生情况，调查鉴定结果记录到鉴定结果原始记录表，见附录 B。采用 5 级分级法，可进行数次调查，当感病对照病情指数达 50 以上时，即可全面调查各品种的发病率，求出病情指数，进行校正后，评判各品种的抗病水平。

4.3 调查分级标准

温室苗期棉花枯萎病的主要症状为青枯型和黄色网纹型，真叶和子叶发生萎蔫，叶片变软，下垂，叶缘开始凋枯，叶脉变黄，以致叶片枯萎，棉株死亡。各病级分级标准如下：

0 级：棉株健康，无病叶，生长正常。

1 级：棉株 1 片～2 片子叶变黄萎蔫。

2 级：棉株 2 片子叶和 1 片真叶变黄萎蔫，叶脉呈黄色网纹状。

3 级：棉株 2 片子叶及 2 片或 2 片以上真叶变黄萎蔫，叶脉呈黄色网纹状或青枯状；棉株矮化或萎蔫。

4 级：棉株所有叶片发病，棉株枯死。

4.4 调查结果的统计

根据调查的结果计算各品种的发病率和病情指数。

发病率以“Ri”计，数值以“%”表示，按式(1)计算：

$$Ri = \frac{n_i}{n_t} \times 100 \qquad (1)$$

式中：

n_i——发病株数；

n_t——总株数。

计算结果精确到小数点后两位。

病情指数以“DI”计，按式(2)计算：

$$DI = \frac{\sum (d_c \times n_c)}{n_t \times 4} \times 100 \qquad (2)$$

式中：

d_c——相应病级；

n_c——各病级病株数；

n_t——总株数。

计算结果精确到小数点后两位。

5 鉴定结果的校正

由于鉴定的外界条件，包括地区间不可能完全一致，即使同一地区年度间、批次间鉴定结果也可能存在差异。为此，应对鉴定结果进行校正，即采用相对病情指数进行校正。方法为：鉴定中必须设感病对照，在感病对照病情指数达 50.0 以上时进行发病调查，由于感病对照病情指数不可能刚好为 50.0，为此，采用校正系数 K 来进行校正，K 值的求法按式(3)计算：

$$K = \frac{50.00}{DL_{CK}} \quad \cdots\cdots (3)$$

式中：

50.00——感病对照标准病情指数；

DI_{CK}——本次鉴定感病对照病情指数。

用 K 值与本次鉴定中被鉴定品种的病情指数相乘，求得被鉴定品种的相对病情指数(RDI)，RDI 按式(4)计算：

$$RDI = DI \times K \quad \cdots\cdots (4)$$

式中：

DI——被鉴定品种病情指数；

K——校正系数。

以 K 值在 0.75～1.25(相当于病情指数 66.67～40.00)范围之间的鉴定结果为准确可靠。

6 鉴定结果的评价

根据被鉴定品种的相对病情指数的大小评定品种的抗性级别，各级别评定标准如表 1。

表 1 棉花品种抗枯萎病性评定标准

级别	抗性类型	英文缩写	相对病情指数标准
1	免疫	I	$RDI=0$
2	高抗	HR	$0<RDI\leqslant 5.0$
3	抗病	R	$5.0<RDI\leqslant 10.0$
4	耐病	T	$10.0<RDI\leqslant 20.0$
5	感病	S	$RDI>20.0$

附 录 A
(资料性附录)
棉花枯萎病病原

A.1 学名

尖镰孢萎蔫专化型(*Fusarium oxysporum* Schlectend: Fr. f. sp. *vasinfectum* (Atk.) W. C. Snyd. & H. N. Hans.)属真菌界(Fungi),半知菌亚门(Deuteromycotina),丝孢纲(Hyphomycetes),瘤座孢目(Tuberculariales),瘤座孢科(Tuberculariaceae),镰孢属(*Fusarium*),美丽组(*elegans* Wr.),尖孢种(*oxysporum* Schl.)真菌。

A.2 培养特性和孢子形态

在马铃薯葡萄糖琼脂培养基上,菌丝为白色,培养时间稍长培养基经常出现紫色,菌丝体透明,有分隔。具有3种类型孢子,分别为大型分生孢子、小孢子和厚恒孢子。大型分生孢子着生在复杂而又有分枝的分生孢子梗或瘤状的孢子座上,通常具有3个~5个分隔,呈镰刀形至纺锤形,椭圆型弯曲基部有小柄,两端尖,顶端呈钩状,有的呈喙状弯曲,壁薄。其中以3个分隔的常见,大小为(2.6 μm~4.1 μm)×(22.8 μm~38.4 μm),黄褐色至橙色。通常有3种培养型,I型大型分生孢子为匀称镰刀形或纺锤形,顶细胞较长,足细胞明显或不明显,多为3个分隔,属典型的尖孢类型;Ⅱ型大型分生孢子较宽短或细长,多为3个分隔,有的可多达4个~5个分隔,有时可达8个分隔;Ⅲ大型分生孢子宽短,顶端呈钩状,有的呈喙状弯曲,孢子上端1/3处变宽,基部细胞逐渐变窄,足细胞有或不明显,孢子多为3个分隔,近于马特型。小型分生孢子多数为单胞,少数有1个分隔,通常为卵形,有时为椭圆形、倒卵形、肾形,甚至柱形,大小为(5 μm~12 μm)×(2.2 μm~3.5 μm),通常着生于菌丝的侧面的分生孢子梗,聚集成假头状。厚恒孢子通常单生,有时双生,多数在老熟的菌丝体上顶端和间生形成,有时亦可生于大型分生孢子上,表面光滑,偶有粗糙,球形至卵圆形,浅黄至黄褐色。

附 录 B
(规范性附录)
鉴定结果原始记录表

表 B.1 棉花品种抗枯萎病性鉴定结果原始记录表

鉴定地点:						鉴定结果调查时间: 年 月 日			
品种名称	总株数	0级 病株数	1级 病株数	2级 病株数	3级 病株数	4级 病株数	发病率/%	病情指数	相对 病情指数
检测人: 年 月 日			校核人: 年 月 日				审核人: 年 月 日		

本部分起草单位:中国农业科学院植物保护研究所、全国农业技术推广服务中心。
本部分主要起草人:简桂良、孙文姬、马存、石磊岩、邹亚飞、郭荣。

中华人民共和国国家标准

GB/T 22101.5—2009

棉花抗病虫性评价技术规范 第5部分：黄萎病

Technical specification for evaluating resistance of cotton to diseases and insect pests—Part 5: Verticillium wilt

1 范围

GB/T 22101 的本部分规定了棉花抗黄萎病[病原菌：大丽轮枝菌(*Verticillium dahliae* Kleb.)]鉴定方法和抗性评定标准。

本部分适用于棉花抗黄萎病性鉴定和抗性评定。

2 术语和定义

下列术语和定义适用于 GB/T 22101 的本部分。

2.1

发病率 rate of infected

发病棉苗占总棉苗数的百分率。

2.2

病情指数 disease index

全面考核发病率和严重程度的综合指标。

3 病原菌的培养

3.1 培养病原菌的基本设备

恒温箱、超净工作台、高压灭菌锅、冰箱、可控温的温室(使温度保持在 20℃～28℃之间)、铝锅、电炉、培养皿、试管、剪子、镊子、广口瓶、酒精灯等。

3.2 棉黄萎病病原菌培养

棉花黄萎病菌(参见附录 A)菌种培养物采用棉籽或麦粒砂，先将棉籽或麦粒用水煮涨为止，沥干水分后，装入广口瓶，高压湿热灭菌 2 h；在超净工作台上将已培养好的黄萎病菌平板或斜面接入其中，随后置于 25℃恒温箱培养 10 d～15 d。

4 棉花黄萎病病圃的建立

4.1 病圃的要求

人工黄萎病圃应建立在适宜地区，即有利于黄萎病发生的地区，发病均匀；要求正常年份，感病对照的病情指数达到 40.0～60.0 之间，受气候条件的影响较小；应以我国广泛分布的强致病力菌系为宜。

中华人民共和国国家质量监督检验检疫总局
中国国家标准化管理委员会 2009-10-30 发布 2009-12-01 实施

棉花黄萎病的抗性鉴定采用“田间人工病圃成株期鉴定方法”鉴定。适宜地区为夏季7月份、8月份平均气温超过28℃的时间少于20 d,北纬38度以上地区。

4.2 鉴定所用病原菌种

各地可根据当地的优势菌群,选择适宜强致病力菌系。

4.3 病圃的建立

按每公顷450 kg～750 kg的接种量,将培养好的菌种均匀地施入田间,再翻耕2遍～3遍,使病菌与土壤混均匀。以感病品种在病圃各小区发病均匀、病情指数达50左右即可。病圃建立后,可根据当年的发病情况将当年的病棉秆压碎进行回接。

5 棉花品种(系)抗黄萎病性鉴定

5.1 标准对照

鉴定中选用一个感病对照,要求高度感病且稳定性好,可选用“冀棉11号”或“鄂荆1号”或本地区的高度感病品种,选择标准为在正常年份病情指数50.0以上。

5.2 鉴定材料种植方法

鉴定材料种植在人工病圃中,3次重复,每重复2行,行长6 m～10 m,小区株数不少于50株,按棉花正常的播种时间和田间管理方式进行种植,保持田间的适当湿度,以利于黄萎病的发生。

5.3 棉花的管理

播种后,进行精心管理,苗期应注意防治立枯、红腐病等苗期病害,苗蚜、地下害虫等虫害。进入雨季前,应注意保持田间的湿度。其他管理同大田。

5.4 发病调查

6月份后,棉花黄萎病陆续开始发生,在花铃期达到发病高峰,故从6月中旬开始,即应密切注意各品种的黄萎病发生情况,在感病对照病情指数达40.0以上时,应开始全面调查,调查鉴定结果记录到鉴定结果原始记录表,见附录B。采用5级分级法,可进行数次调查,当感病对照病情指数达50左右时,应全面调查各品种的发病率,计算病情指数,进行校正后,评判各品种的抗病水平。

5.5 调查分级标准

田间棉花黄萎病的主要症状为叶枯型和黄斑型,叶片出现掌状黄条斑,叶肉枯黄,仅叶脉保持绿色,出现西瓜皮状斑驳,有时也出现叶枯型,以致叶片枯萎,脱落,棉株死亡。各病级分级标准如下:

0级:棉株健康,无病叶,生长正常。

1级:棉株四分之一以下叶片发病,变黄萎蔫。

2级:棉株四分之一以上、二分之一以下叶片发病,变黄萎蔫。

3级:棉株二分之一以上、四分之三以下叶片发病,变黄萎蔫。

4级:棉株四分之三以上叶片发病,或叶片全部脱落,棉株枯死。

6 调查结果的统计

根据调查的结果计算各品种的发病率和病情指数。

发病率以“Ri”计,数值以“%”表示,按式(1)计算:

$$Ri = \frac{n_i}{n_t} \times 100 \quad \cdots\cdots (1)$$

式中:

n_i——发病株数;

n_t——总株数。

计算结果精确到小数点后两位。

病情指数以“*DI*”计，按式(2)计算：

$$DI = \frac{\sum (d_c \times n_c)}{n_t \times 4} \times 100 \quad \cdots\cdots (2)$$

式中：

d_c——相应病级；

n_c——各病级病株数；

n_t——总株数。

计算结果精确到小数点后两位。

7　鉴定结果的校正

由于鉴定的外界条件，包括地区间不可能完全一致，即使同一地区年度间、批次间鉴定结果也可能存在差异。为此，应对鉴定结果进行校正，即采用相对病情指数进行校正。方法为：鉴定中必须设感病对照，在感病对照病情指数达 50.0 以上时进行发病调查，由于感病对照病情指数不可能刚好为 50.0，为此，采用校正系数 *K* 来进行校正，*K* 值的求法按式(3)计算：

$$K = \frac{50.00}{DI_{CK}} \quad \cdots\cdots (3)$$

式中：

50.00——感病对照标准病情指数；

DI_{CK}——本次鉴定感病对照病情指数。

用 *K* 值与本次鉴定中被鉴定品种的病情指数相乘，求得被鉴定品种的相对病情指数(*RDI*)，*RDI* 按式(4)计算：

$$RDI = DI \times K \quad \cdots\cdots (4)$$

式中：

DI——被鉴定品种病情指数；

K——校正系数。

以 *K* 值在 0.75～1.25(相当于病情指数 66.67～40.00)范围之间的鉴定结果为准确可靠。

同一供试品种应连续鉴定 2 年，以确保准确。

8　鉴定结果的评价

根据被鉴定品种的相对病情指数的大小评定品种的抗性级别，各级别评定标准如表 1。

表 1　棉花品种抗黄萎病性评定标准

级别	抗性类型	英文缩写	相对病情指数标准
1	免疫	I	$RDI=0$
2	高抗	HR	$0<RDI\leqslant 10.0$
3	抗病	R	$10.0<RDI\leqslant 20.0$
4	耐病	T	$20.0<RDI\leqslant 35.0$
5	感病	S	$RDI>35.0$

附 录 A
(资料性附录)
棉花黄萎病病原

A.1 学名

大丽轮枝菌(*Verticillium dahliae* Kleb.)属真菌界(Fungi),半知菌亚门(Deuteromycotina),丝孢纲(Hyphomycetes),丝孢目(Hyphomycetales),淡色孢科(Moniliaceae),轮枝孢属(*Verticillium*),大丽轮枝菌(*Verticillium dahliae* Kleb.)。

A.2 培养特性和孢子形态

初生菌丝体无色,后变橄榄褐色,有分隔,直径 2 μm～4 μm。菌丝体常呈膨胀状,可单根或数根菌丝芽殖为微菌核。不同地区棉花黄萎病菌微菌核产生的数量、大小和形状有明显的差异。

分生孢子呈椭圆形,单细胞,大小为(4.0 μm～11.0 μm)×(1.7 μm～4.2 μm),由分生孢子梗上的瓶梗末端逐个割裂。空气干燥时,孢子在瓶梗末端聚集成堆,空气湿润时,则形成孢子球。显微镜下制片观察时,孢子即散开,只留下梗端新生出的单个孢子。

分生孢子梗常由 2 个～4 个轮生瓶梗及上部的顶枝构成,基部略膨大、透明,每轮层有瓶梗 1 根～7 根,通常有 3 根～5 根,瓶梗长度为 13 μm～18 μm,轮层间的距离为 30 μm～38 μm,4 层的为 250 μm～300 μm。

附　录　B
（规范性附录）
鉴定结果原始记录表

表 B.1　棉花品种抗枯萎病性鉴定结果原始记录表

鉴定地点：　　　　　　　　　　　　鉴定结果调查时间：　　年　　月　　日

品种名称	总株数	0级 病株数	1级 病株数	2级 病株数	3级 病株数	4级 病株数	发病率/%	病情指数	相对 病情指数

检测人：　　　　　　　　　　校核人：　　　　　　　　　　审核人：
　　年　　月　　日　　　　　　　年　　月　　日　　　　　　　年　　月　　日

本部分起草单位：中国农业科学院植物保护研究所、全国农业技术推广服务中心。
本部分主要起草人：简桂良、孙文姬、马存、石磊岩、邹亚飞、郭荣。

中华人民共和国农业行业标准

NY/T 1248.1—2006

玉米抗病虫性鉴定技术规范
第1部分：玉米抗大斑病鉴定技术规范

Rules for evaluation of maize for resistance to pests

Part 1：Rule for evaluation of maize for resistance to northern corn leaf blight

1 范围

本部分规定了玉米抗大斑病鉴定技术方法和抗性评价标准。

本部分适用于栽培玉米(*Zea mays* L.)自交系、杂交种、群体、开放授粉品种以及野生玉米和玉米近缘种对玉米大斑病抗性的田间鉴定和评价。

2 术语和定义

下列术语和定义适用于本标准。

2.1

抗病性 disease resistance

植物体所具有的能够减轻或克服病原体致病作用的可遗传的性状。

2.2

抗病性鉴定 screening for disease resistance

通过适宜技术方法鉴别植物对其特定侵染性病害的抵抗水平。

2.3

致病性 pathogenicity

病原体侵染寄主植物引起发病的能力。

2.4

人工接种 artificial inoculation

在适宜条件下，通过人工操作将接种体接于植物体适当部位。

2.5

病情级别 disease rating scale

定量植物个体或群体发病程度的数值化描述。

2.6

抗性评价 evaluation of resistance

根据采用的技术标准判别植物寄主对特定病虫害反应程度和抵抗水平的描述。

2.7

分离物 isolate

采用人工方法分离获得的病原体的纯培养物。

中华人民共和国农业部 2006-12-06 发布　　2007-02-01 实施

2.8

培养基　medium

自然或人工配制的、可以使病原体在其上生长的基质。

2.9

接种体　inoculum

用于接种以引起病害的病原体或病原体的一部分。

2.10

接种悬浮液　inoculum suspension

用于接种的含有定量接种体的液体。

2.11

生理小种　physiological race

病原菌种内在形态上无差异，但在不同品种上具有显著的致病性差异的类群。

2.12

鉴别寄主　differential host

用于鉴定和区分特定病原体的生理小种/致病型/株系的一套带有不同抗性基因的寄主品种。

2.13

玉米大斑病　northern corn leaf blight

由大斑刚毛球腔菌[*Setosphaeria turcica* (Luttrell) Leonard et Suggs，无性态为大斑突脐孢 *Exserohilum turcicum* (Pass.) Leonard et Suggs]所引起的以叶部产生大型病斑症状为主的玉米病害。

3　大斑病菌接种体制备

3.1　病原物分离

以常规组织分离法或单孢分离法从发病植株叶片的典型病斑上分离大斑病病原物。分离物经形态学鉴定确认为大斑突脐孢[*Exserohilum turcicum* (Pass.) Leonard et Suggs]后，进行分离物纯化，经致病性测定后，在4℃低温下保存备用。

3.2　生理小种鉴定

对用于抗性鉴定接种的分离物首先进行生理小种鉴定。生理小种鉴别寄主采用含有不同抗大斑病单基因的玉米材料。

3.3　接种体繁殖和保存

接种所用分离物应采用当地优势生理小种。

在接种前需要进行病原物接种体的繁殖。常用繁殖方法为将培养基平板培养的病菌接种于经高压灭菌的高粱粒上(高粱粒培养基制备方法：高粱粒经煮30 min～40 min后，装入三角瓶中于121℃下灭菌1 h，冷却后备用)，在23℃～25℃下黑暗培养。培养5 d～7 d后，菌丝布满高粱粒。以水洗去高粱粒表面菌丝体，然后将其摊铺于洁净瓷盘中，保持高湿度，在室温和黑暗条件下培养。镜检确认大量产生分生孢子后，直接用水淘洗高粱粒，配制接种悬浮液。悬浮液中分生孢子浓度调至1×10^5个/ml～1×10^6个/ml。若暂时不接种，将产孢高粱粒逐渐阴干，在干燥条件下保存或冷藏保存。在接种前取出保存高粱粒保湿，促使大斑病菌产孢。带菌高粱粒应在当年使用。

4　抗性鉴定圃设置

4.1　鉴定圃

鉴定圃应具备良好的自然发病环境。

4.2　鉴定设计

鉴定材料随机排列或顺序排列，每50份～100份鉴定材料设1组已知抗病、感病和高感对照材料。

4.3 种植要求

鉴定材料播种时间与大田生产播种时间相同或适当调整，以使植株接种期和发病期能够与适宜的气候条件（湿度与温度）相遇。

鉴定小区行长4 m～5 m，行距0.7 m，每行留苗25株～30株，株距略小于大田生产。鉴定资源时，每份鉴定材料种植1行；鉴定品种时，每份材料重复2次。土壤肥力水平和耕作管理与大田生产相同。

5 接种

5.1 接种时期

接种时期为玉米展13叶期至抽雄初期。早熟类型品种宜在展10叶期接种。接种时间选择在傍晚。

5.2 接种方法

接种采用喷雾法。在经过过滤并调好浓度的接种悬浮液中加入0.01%吐温（v/v）。喷雾接种植株叶片，接种量控制在5 ml/株～10 ml/株。

5.3 接种前后的田间管理

鉴定接种前应先进行田间浇灌或在雨后进行接种，接种后若遇持续干旱，应及时进行田间浇灌，保证病害发生所需条件的满足。

6 病情调查

6.1 调查时间

在玉米进入乳熟后期进行调查。

6.2 调查方法

目测每份鉴定材料群体的发病状况。重点部位为玉米果穗的上方和下方各3叶，根据病害症状描述，对每份材料记载病情级别。

6.3 病情分级

田间病情分级、相对应的症状描述见表1，病斑占叶片面积的比例示意见图1。

表1 玉米抗大斑病鉴定病情级别划分

病情级别	症 状 描 述
1	叶片上无病斑或仅在穗位下部叶片上有零星病斑，病斑占叶面积少于或等于5%
3	穗位下部叶片上有少量病斑，占叶面积6%～10%，穗位上部叶片有零星病斑
5	穗位下部叶片上病斑较多，占叶面积11%～30%，穗位上部叶片有少量病斑
7	穗位下部叶片或穗位上部叶片有大量病斑，病斑相连，占叶面积31%～70%
9	全株叶片基本为病斑覆盖，叶片枯死

7 抗性评价

7.1 鉴定有效性判别

当设置的感病或高感对照材料达到其相应感病程度（7或9级），该批次鉴定视为有效。

7.2 抗性评价标准

依据鉴定材料发病程度（病情级别）确定其抗性水平，划分标准见表2。

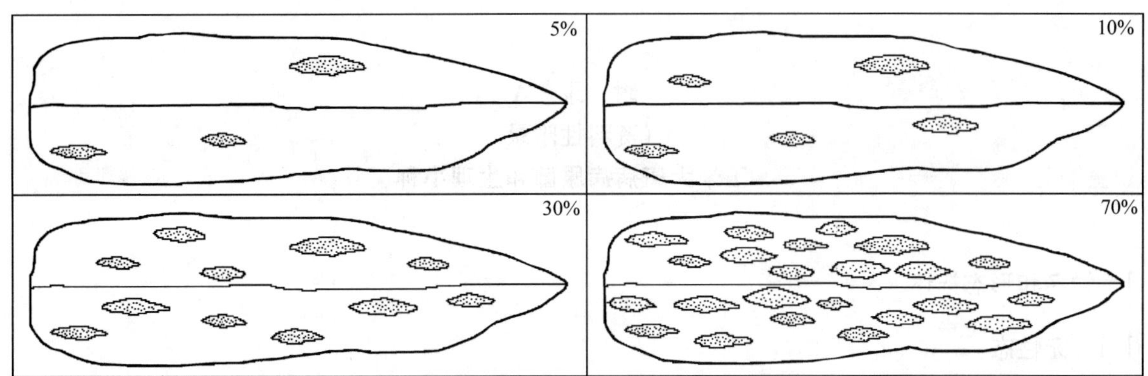

图1　病斑占叶片面积比例示意图

表2　玉米对大斑病抗性的评价标准

病情级别	抗　性
1	高抗 Highly resistant (HR)
3	抗 Resistant (R)
5	中抗 Modcrately resistant (MR)
7	感 Susceptible (S)
9	高感 Highly susceptible (HS)

7.3　重复鉴定

资源材料若初次鉴定表现为高抗、抗、中抗,次年进行重复鉴定。

7.4　抗性评价

根据重复抗性鉴定结果对鉴定材料进行抗病性评价,抗性以记载的最高病情级别为准。

8　鉴定记载表格

玉米抗大斑病鉴定结果记载表格见表3。

表3 ______年玉米抗大斑病鉴定结果记载表

编　号	品种/种质名称	来　源	病情级别	抗性评价
注1:鉴定地点 注2:接种病原菌分离物编号　　　　生理小种类型 注3:接种日期　　　　调查日期				

鉴定技术负责人(签字):

附 录 A
(资料性附录)
玉米大斑病病原菌和生理小种

A.1 学名和形态描述

A.1.1 无性态

大斑突脐孢,学名:*Exserohilum turcicum* (Pass.) Leonard et Suggs

异名:*Helminthosporium turcicum* Pass.

Bipolaris turcica (Pass.) Shoemaker

Drechslera turcica (Pass.) Subramanian et Jain

Helminthosporium inconspicum Cooke et Ellis

在自然病斑上,病原菌分生孢子梗单生,或2根~6根丛生,一般不分枝,直或为膝状弯曲,褐色,长度可达300 μm,宽7 μm~11 μm,基细胞膨大,在顶端或膝状弯曲处有明显的产孢后遗留的孢痕,具2个~8个隔膜。分生孢子直或略弯曲,长梭形,浅褐色或灰橄榄色,两端渐狭,顶细胞钝圆,基细胞锥形,具2个~7个假隔膜,50~144 μm×15~23 μm,孢子脐点明显且突出于基细胞之外。萌发时两端产生芽管。

A.1.2 有性态

大斑刚毛球腔菌,学名:*Setosphaeria turcica* (Luttrell) Leonard et Suggs

异名:*Trichometasphaeria turcica* Luttrell

Keissleriella turcica (Luttrell) Arx

Trichometasphaeria turcica Luttrell f. sp. *sorghi* Bergquist et Masias

Trichometasphaeria turcica Luttrell f. sp. *zeae* Bergquist et Masias

在寄主组织表面形成子囊座。子囊座黑色,椭圆形,外壁上部有短而坚硬的褐色刚毛。子囊腔内有侧丝。子囊圆桶形或棍棒形,具短柄,161 μm×27 μm,双层壁,内含1个~6个或2个~4个子囊孢子。子囊孢子无色,有时为褐色,近纺锤形,直或略弯,1个~5个隔膜,多为3个隔膜,隔膜处缢缩,平均大小52.7 μm×14.1 μm,表面被一长而薄的黏质鞘所包裹。

附 录 B
（资料性附录）
玉米抗大斑病鉴定对照品种和病原菌生理小种

B.1 鉴定对照材料

抗性鉴定采用的对照材料为4个自交系：齐319（抗）、Mo17（中抗）、CA091（感）、获白（高感）。

B.2 生理小种

B.2.1 采用的鉴别寄主

黄早四、黄早四^{Ht1}、黄早四^{Ht2}、黄早四^{Ht3}、黄早四^{HtN}或其他含不同抗性基因的材料，如B73、B73^{Ht1}、B73^{Ht2}、B73^{Ht3}、B73^{HtN}。

B.2.2 生理小种鉴定

根据在鉴别寄主上接种后的病斑类型确定抗性反应，以特定的反应组合划分生理小种（表B.1）。

表B.1 玉米大斑病病原菌生理小种鉴别

生理小种名称	抗性基因反应型				毒力公式（有效抗病基因/无效抗病基因）
	Ht1	Ht2	Ht3	Ht_N	
0	Rc	Rc	Rc	R_N	Ht1 Ht2 Ht3 Ht_N/0
1	S	Rc	Rc	R_N	Ht2 Ht3 Ht_N/Ht1
23	Rc	S	S	R_N	Ht1 Ht_N/Ht2 Ht3
23N	Rc	S	S	S	Ht1/Ht2 Ht3 Ht_N
2N	Rc	S	Rc	S	Ht1 Ht3/Ht2 Ht_N

注：在Leonard（1989）的生理小种命名方法基础上略有改进："S"为萎蔫型病斑，"Rc"为褪绿型病斑，"R_N"为无病斑型反应

本部分起草单位：中国农业科学院作物科学研究所，中国农业科学院植物保护研究所。

本部分主要起草人：王晓鸣、戴法超、朱振东、何康来、王锡锋。

中华人民共和国农业行业标准

NY/T 1248.2—2006

玉米抗病虫性鉴定技术规范 第2部分:玉米抗小斑病鉴定技术规范

Rules for evaluation of maize for resistance to pests

Part 2:Rule for evaluation of maize for resistance to southern corn leaf blight

1 范围

本标准规定了玉米抗小斑病鉴定技术方法和抗性评价标准。

本标准适用于栽培玉米(*Zea mays* L.)自交系、杂交种、群体、开放授粉品种以及野生玉米和玉米近缘种对玉米小斑病抗性的田间鉴定和评价。

2 术语和定义

下列术语和定义适用于本标准。

2.1

抗病性 disease resistance

植物体所具有的能够减轻或克服病原体致病作用的可遗传的性状。

2.2

抗病性鉴定 screening for disease resistance

通过适宜技术方法鉴别植物对其特定侵染性病害的抵抗水平。

2.3

致病性 pathogenicity

病原体侵染寄主植物引起发病的能力。

2.4

人工接种 artificial inoculation

在适宜条件下,通过人工操作将接种体接于植物体适当部位。

2.5

病情级别 disease rating scale

定量植物个体或群体发病程度的数值化描述。

2.6

抗性评价 evaluation of resistance

根据采用的技术标准判别植物寄主对特定病虫害反应程度和抵抗水平的描述。

2.7

分离物 isolate

采用人工方法分离获得的病原体的纯培养物。

中华人民共和国农业部 2006-12-06 发布 2007-02-01 实施

2.8

培养基　medium

自然或人工配制的、可以使病原体在其上生长的基质。

2.9

接种体　inoculum

用于接种以引起病害的病原体或病原体的一部分。

2.10

接种悬浮液　inoculum suspension

用于接种的含有定量接种体的液体。

2.11

生理小种　physiological race

病原菌种内在形态上无差异、但在同一寄主不同品种上具有显著的致病性差异的类群。

2.12

鉴别寄主　differential host

用于鉴定和区分特定病原体的生理小种/致病型/株系的一套带有不同抗性基因的寄主品种。

2.13

玉米小斑病　southern corn leaf blight

由异旋孢腔菌[*Cochliobolus heterostrophus* Drechsler，无性态为玉米离蠕孢 *Bipolaris maydis*（Nisikado et Miyake）Shoemaker]所引起的以叶部小型病斑症状为主的玉米病害。

3　小斑病菌接种体制备

3.1　病原物分离

以常规组织分离法或单孢分离法从发病植株叶片的典型病斑上分离小斑病病原物。分离物经形态学鉴定确认为玉米离蠕孢 *Bipolaris maydis*（Nisikado et Miyake）Shoemaker 后，进行分离物纯化，经致病性测定后，在 4℃低温下保存备用。

3.2　生理小种鉴定

对用于抗性鉴定接种的分离物首先进行生理小种鉴定。生理小种鉴别寄主采用不同细胞质类型的玉米材料。

3.3　接种体繁殖和保存

接种用分离物应采用当地优势生理小种。

在接种前需要进行病原物接种体的繁殖。常用繁殖方法为将培养基平板培养的病菌接种于经高压灭菌的高粱粒上（高粱粒培养基制备方法：高粱粒经煮 30 min～40 min 后，装入三角瓶中于 121℃下灭菌 1 h，冷却后备用），在 25℃～28℃下黑暗培养。培养 5 d～7 d 后，菌丝布满高粱粒。以水洗去高粱粒表面菌丝体，然后将其摊铺于洁净瓷盘中，保持高湿度，在室温和黑暗条件下培养。镜检确认大量产生分生孢子后，直接用水淘洗高粱粒，配制接种悬浮液。悬浮液中分生孢子浓度调至 1×10^{5} 个/ml～1×10^{6} 个/ml。若暂时不接种，将产孢高粱粒逐渐阴干，在干燥条件下保存或冷藏保存。在接种前取出保存高粱粒，保湿，促使小斑病菌产孢。带菌高粱粒应在当年使用。

4　抗性鉴定圃设置

4.1　鉴定圃

鉴定圃应设置在小斑病常发区，具备良好的自然发病环境。

4.2　鉴定设计

鉴定材料随机排列或顺序排列,每 50 份～100 份鉴定材料设 1 组已知抗病、感病和高感对照材料。

4.3 种植要求

鉴定材料播种时间与大田生产播种时间相同或适当调整,以使植株接种期和发病期能够与适宜的气候条件(湿度与温度)相遇,保证鉴定结果的准确性。

鉴定小区行长 4 m～5 m,行距 0.7 m,每行留苗 25 株～30 株,株距略小于大田生产。鉴定资源时,每份鉴定材料种植 1 行;鉴定品种时,每份材料重复 2 次。土壤肥力水平和耕作管理与大田生产相同。

5 接种

5.1 接种时期

接种时期为玉米展 13 叶期至抽雄初期。早熟类型品种宜在展 10 叶期接种。接种时间选择在傍晚。

5.2 接种方法

接种采用喷雾法。在经过过滤并调好浓度的接种悬浮液中加入 0.01%吐温(v/v)。喷雾接种植株叶片,接种量控制在 5 ml/株～10 ml/株。

5.3 接种前后的田间管理

鉴定接种前应先进行田间浇灌或在雨后进行接种,接种后若遇持续干旱,应及时进行田间浇灌,保证病害发生所需条件的满足。

6 病情调查

6.1 调查时间

在玉米进入乳熟后期进行调查。

6.2 调查方法

目测每份鉴定材料群体的发病状况。重点部位为玉米果穗的上方和下方各 3 叶,根据病害症状描述,对每份材料记载病情级别。

6.3 病情分级

田间病情分级、相对应的症状描述见表 1,病斑占叶片面积的比例示意见图 1。

表 1 玉米抗小斑病鉴定病情级别划分

病情级别	症 状 描 述
1	叶片上无病斑或仅在穗位下部叶片上有零星病斑,病斑占叶面积少于或等于 5%
3	穗位下部叶片上有少量病斑,占叶面积 6%～10%,穗位上部叶片有零星病斑
5	穗位下部叶片上病斑较多,占叶面积 11%～30%,穗位上部叶片有少量病斑
7	穗位下部叶片或穗位上部叶片有大量病斑,病斑相连,占叶面积 31%～70%
9	全株叶片基本为病斑覆盖,叶片枯死

7 抗性评价

7.1 鉴定有效性判别

当设置的感病或高感对照材料达到病情级别 7 或 9 级,该批次抗小斑病鉴定视为有效。

7.2 抗性评价标准

依据鉴定材料发病程度(病情级别)确定其抗性水平,划分标准见表 2。

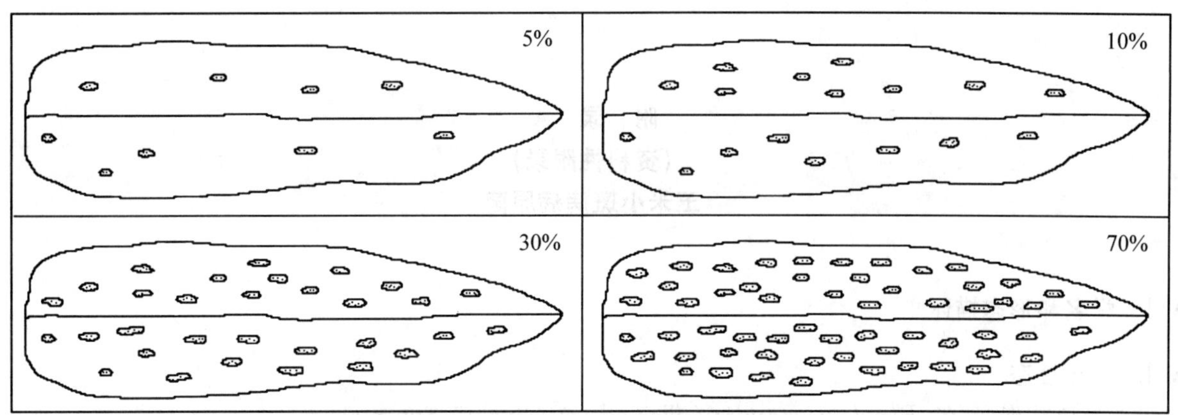

图 1　病斑占叶片面积比例示意图

表 2　玉米对小斑病抗性的评价标准

病情级别	抗　性
1	高抗　Highly resistant (HR)
3	抗　Resistant (R)
5	中抗　Moderately resistant (MR)
7	感　Susceptible (S)
9	高感　Highly susceptible (HS)

7.3　重复鉴定

资源材料若初次鉴定表现为高抗、抗、中抗，次年进行重复鉴定。

7.4　抗性评价

根据重复抗性鉴定结果对鉴定材料进行抗病性评价，抗性以记载的最高病情级别为准。

8　鉴定记载表格

玉米抗小斑病鉴定结果记载表格见表 3。

表 3　________年玉米抗小斑病鉴定结果记载表

编　号	品种/种质名称	来　源	病情级别	抗性评价
注 1:鉴定地点 注 2:接种病原菌分离物编号　　　　生理小种类型 注 3:接种日期　　　　调查日期				

鉴定技术负责人(签字)：

附　录　A
（资料性附录）
玉米小斑病病原菌

A.1　学名和形态描述

A.1.1　无性态

玉米离蠕孢，学名：*Bipolaris maydis*（Nisikado et Miyake）Shoemaker

异名：*Helminthosporium maydis* Nisikado et Miyake

Drechslera maydis（Nisikado et Miyake）Subramanian et Jain

分生孢子梗2根～3根束生，直立或曲膝状弯曲，褐色，具3个～15个隔膜，不分枝，基细胞略膨大，在顶端或膝状弯曲处有明显的产孢后遗留的孢痕，64～160 μm×6～10 μm。分生孢子长椭圆形，淡褐色，向两端渐细，端部钝圆，多向一侧弯曲，孢壁薄，具3个～13个隔膜，30～115 μm×10～17 μm，脐点明显，凹陷于基细胞内。分生孢子萌发时多从两端长出芽管。

A.1.2　有性态

异旋孢腔菌，学名：*Cochliobolus heterostrophus*（Drechsler）Drechsler

异名：*Ophiobolus heterostrophus* Drechsler

子囊壳埋生在寄主组织内，黑色，近球形，开口处呈喙状突起，357～642μm×276～443μm。子囊圆桶形，具柄，160～180 μm×24～28 μm，含1个～4个子囊孢子，多为4个。子囊孢子丝状，无色，5个～9个隔膜，130～340 μm×6～9 μm。

附 录 B
(资料性附录)
玉米抗小斑病鉴定对照品种和病原菌生理小种

B.1 鉴定对照品种

抗性鉴定采用的对照材料为4个自交系:Mo17(抗)、丹340(中抗)、B73(感)、罗31(高感)。

B.2 生理小种

B.2.1 采用的鉴别寄主

C103自交系的N、T、C细胞质类型材料。

B.2.2 生理小种鉴定

根据在鉴别寄主上接种后致病性表现确定生理小种(表B.1)。

表B.1 玉米小斑病病原菌生理小种鉴别

生理小种名称	玉米细胞质类型		
	N	T	C
O小种	S	R	R
T小种	R	S	R
C小种	R	R	S

本部分起草单位:中国农业科学院作物科学研究所,中国农业科学院植物保护研究所。
本部分主要起草人:王晓鸣、戴法超、朱振东、何康来、王锡锋。

中华人民共和国农业行业标准

NY/T 1248.3—2006

玉米抗病虫性鉴定技术规范 第3部分:玉米抗丝黑穗病鉴定技术规范

Rules for evaluation of maize for resistance to pests

Part 3: Rule for evaluation of maize for resistance to head smut

1 范围

本标准规定了玉米抗丝黑穗病鉴定技术方法和抗性评价标准。

本标准适用于栽培玉米(*Zea mays* L.)自交系、杂交种、群体、开放授粉品种以及野生玉米和玉米近缘种对玉米丝黑穗病抗性的田间鉴定和评价。

2 术语和定义

下列术语和定义适用于本标准。

2.1

抗病性 disease resistance

植物体所具有的能够减轻或克服病原体致病作用的可遗传的性状。

2.2

抗病性鉴定 screening for disease resistance

通过适宜技术方法鉴别植物对其特定侵染性病害的抵抗水平。

2.3

致病性 pathogenicity

病原体侵染寄主植物引起发病的能力。

2.4

人工接种 artificial inoculation

在适宜条件下,通过人工操作将接种体接于植物体适当部位。

2.5

接种体 inoculum

用于接种以引起病害的病原体或病原体的一部分。

2.6

病情级别 disease rating scale

定量植物个体或群体发病程度的数值化描述。

2.7

发病株率 percentage of infected plants

一定植株群体中发病植株所占的百分率。

中华人民共和国农业部 2006-12-06 发布　　2007-02-01 实施

2.8

抗性评价　evaluation of resistance

根据采用的技术标准判别植物寄主对特定病虫害反应程度和抵抗水平的描述。

2.9

玉米丝黑穗病　maize head smut

由绒毛草—高粱堆孢菌[*Sporisorium holci-sorghi*(Rivolta)Vánky]所引起的以雄穗和雌穗正常结构破坏、组织变为黑色粉状物的症状为主的病害。

3　玉米丝黑穗病菌接种体收集、保存和制备

在田间采集玉米丝黑穗病植株上的发病雌穗或雄穗，采集宜在病穗外部包膜未破裂时进行。所采集病穗在通风处阴干，在干燥条件下保存。采集物次年经进一步处理后用于接种。

鉴定材料播种前，将保存的丝黑穗病病穗外部包膜破碎，收集病穗中的丝黑穗病菌冬孢子。冬孢子团用 50 目细箩过筛，使病原菌成为均一的菌粉。每 100 g 菌粉拌 100 kg 过筛的细土，病菌与土壤充分拌匀，配制成 0.1 %菌土用于接种。

4　抗性鉴定圃设置

4.1　鉴定圃

抗性鉴定圃应设在玉米丝黑穗病常年稳定发生的地块。

4.2　鉴定设计

鉴定材料随机排列或顺序排列，每 50 份鉴定材料设 1 组已知高抗和高感对照材料。

4.3　种植要求

田间播种时间与当地大田生产播种时间相同。

鉴定小区行长 4 m～5 m，行距和株距与大田生产相同。每份鉴定材料种植 2 行～3 行，播种 50 穴～60 穴，每穴留苗 2 株，总留苗数量应多于 100 株。鉴定品种时，每份材料重复 2 次。土壤肥力水平和耕作管理与大田生产相同。

5　接种

5.1　接种时期

接种在播种时同步进行。

5.2　接种方法

在播种时，将配制好的 0.1%菌土以每穴 100 g 用量覆盖玉米种子。

5.3　接种前后的田间管理

播种前应先进行田间浇灌，以确保土壤湿度适宜。播种时土壤温度应在 15℃，以利于病原菌的萌发和侵染。

6　病情调查

6.1　调查时间

在玉米进入乳熟后期进行调查。

6.2　调查方法

每份鉴定材料至少选取 100 株，逐株调查，分别记载调查总株数、发病株数，计算发病株率。

$$\text{发病株率}(\%)=\frac{\text{发病株数}}{\text{调查总株数}}\times 100$$

6.3 病情分级

田间病情分级、相对应的描述见表1。

表1 玉米抗丝黑穗病鉴定病情级别划分

病情级别	描　　述
1	发病株率 0%～1.0%
3	发病株率 1.1%～5.0%
5	发病株率 5.1%～10.0%
7	发病株率 10.1%～40.0%
9	发病株率 40.1%～100%

7 抗性评价

7.1 鉴定有效性判别

当设置的高感对照材料达到病情级别9级时，该批次抗丝黑穗病鉴定视为有效。

7.2 抗性评价标准

依据鉴定材料发病程度(病情级别)确定其对丝黑穗病的抗性水平，划分标准见表2。

表2 玉米对丝黑穗病抗性的评价标准

病情级别	抗　　性
1	高抗　Highly resistant (HR)
3	抗　Resistant (R)
5	中抗　Moderately resistant (MR)
7	感　Susceptible (S)
9	高感　Highly susceptible (HS)

7.3 重复鉴定

资源材料若初次鉴定表现为高抗、抗、中抗，次年进行重复鉴定。

7.4 抗性评价

根据重复抗性鉴定结果对鉴定材料进行抗病性评价，抗性以记载的最高病情级别为准。

8 鉴定记载表格

玉米抗丝黑穗病鉴定结果记载表格见表3。

表3 ________年玉米抗丝黑穗病鉴定结果记载表

编　号	品种/种质名称	来　源	病情级别	发病株率(%)	抗性评价
注1:鉴定地点 注2:接种病原菌分离物编号 注3:接种日期　　　　调查日期					

鉴定技术负责人(签字):

附 录 A
（资料性附录）
玉米丝黑穗病病原菌

A.1 学名和形态描述

A.1.1 学名

绒毛草—高粱堆孢菌，学名：*Sporisorium holci－sorghi*（Rivolta）Vánky

异名：*Ustilago reiliana* Kühn

Sporisorium reiliana（Kühn）Langdon et Full.

Sphacelotheca reiliana（Kühn）Clinton

Sorosporium reilianum（Kühn）McAlpine

A.1.2 形态描述

冬孢子团深褐色，中间混有大量残留花序的维管束组织。冬孢子球形或椭圆形，黄褐色、暗紫色或赤褐色，表面有细刺状纹饰，直径 9 μm～14 μm，壁厚 2 μm。冬孢子间混有圆形或椭圆形不育细胞，表面光滑，几乎无色，直径 7 μm～16 μm。

附 录 B
（资料性附录）
玉米抗丝黑穗病鉴定对照品种

B.1 鉴定对照材料

抗性鉴定采用的对照材料为3个自交系：Mo17（高抗）或齐319（高抗）、黄早四（高感）。

本部分起草单位：中国农业科学院作物科学研究所，中国农业科学院植物保护研究所。

本部分主要起草人：王晓鸣、戴法超、朱振东、何康来、王锡锋。

中华人民共和国农业行业标准

NY/T 1248.4—2006

玉米抗病虫性鉴定技术规范 第4部分:玉米抗矮花叶病鉴定技术规范

Rules for evaluation of maize for resistance to pests

Part 4: Rule for evaluation of maize for resistance to maize dwarf mosaic

1 范围

本标准规定了玉米抗矮花叶病鉴定技术方法和抗性评价标准。

本标准适用于栽培玉米(*Zea mays* L.)自交系、杂交种、群体、开放授粉品种以及野生玉米和玉米近缘种对玉米矮花叶病抗性的鉴定和评价。

2 术语和定义

下列术语和定义适用于本标准。

2.1

抗病性 disease resistance

植物体所具有的能够减轻或克服病原物致病作用的可遗传的性状。

2.2

抗病性鉴定 screening for disease resistance

通过适宜技术方法鉴别植物对其特定侵染性病害的抵抗水平。

2.3

致病性 pathogenicity

病原体侵染寄主植物引起发病的能力。

2.4

人工接种 artificial inoculation

在适宜条件下,通过人工操作将接种体接于植物体适当部位。

2.5

抗性评价 evaluation of resistance

根据采用的技术标准判别植物寄主对特定病虫害反应程度和抵抗水平的描述。

2.6

株系 strain

同种病毒的不同来源的、血清学相关的、对同一寄主的不同品种具有致病力差异的分离物。

2.7

接种体 inoculum

用于接种以引起病害的病原体或病原体的一部分。

中华人民共和国农业部 2006-12-06 发布　　2007-02-01 实施

2.8

接种悬浮液　inoculum suspension

用于接种的含有定量接种体的液体。

2.9

病情级别　disease rating scale

定量植物个体或群体发病程度的数值化描述。

2.10

发病株率　percentage of infected plants

一定植株群体中发病植株所占的百分率。

2.11

病情指数　disease index

通过对植株个体发病程度(病情级别)数值的综合计算所获得的群体发病程度的数值化描述形式。

2.12

玉米矮花叶病　maize dwarf mosaic

由甘蔗花叶病毒(*Sugarcane mosaic Potyvirus*,SCMV)所引起的以叶部花叶和植株矮化症状为主的玉米病害。

3　玉米矮花叶病毒接种体采集和保存

采集田间具有典型玉米矮花叶病症状的植株叶片,用摩擦接种法接种感病玉米幼苗以纯化毒源。对采集的病毒株系应进行生物学鉴定或血清学鉴定,确认分离物为甘蔗花叶病毒(*Sugarcane mosaic Potyvirus*,SCMV)。病毒毒源保存在防虫温室玉米幼苗上,或将具有典型症状的病叶保存在－20℃冰箱内。

4　抗性鉴定圃设置

4.1　温室鉴定

4.1.1　温室条件

温室温度应控制在25℃以下,并能够补充光照。

4.1.2　鉴定设计

鉴定材料随机排列或顺序排列,每50份鉴定材料设1组已知抗病和感病对照材料。

4.1.3　种植要求

鉴定材料种植在苗盘、小型移植钵或小花盆中,每份材料留苗不少于10株。设置3次重复。

4.2　田间鉴定

4.2.1　鉴定圃

抗性鉴定圃设置在玉米矮花叶病常发区。

4.2.2　鉴定设计

鉴定材料随机排列或顺序排列,每50份～100份鉴定材料设1组已知抗病和感病对照材料。

4.2.3　种植要求

田间播种时间与大田生产相同或略晚。

鉴定小区行长4 m～5 m,留苗不少于30株。鉴定资源时,每份鉴定材料种植1行;鉴定品种时,每份材料重复2次。土壤肥力水平和耕作管理与大田生产相同。

5　接种

5.1　接种时期

在玉米4叶～5叶期接种。

5.2 接种方法

采用摩擦接种法。从接种已鉴定病毒的保毒玉米幼苗上采集病叶。将病叶剪碎并置于无菌研钵中，同时加入病叶量10倍的0.1 mol/L、pH为7.0的磷酸缓冲液，在低温条件下研磨，配制接种悬浮液。接种前在被接种植株叶片上喷适量的600目金刚砂，然后用棉棒蘸取少量接种悬浮液，在叶面轻度摩擦造成微伤。每株接种2片叶。

5.3 接种前后的田间管理

接种前后若田间干旱应及时浇灌，保证植株健康生长。

6 病情调查

6.1 温室苗期鉴定调查

6.1.1 调查时间

温室苗期调查在接种后10 d～15 d时进行。

6.1.2 调查方法

温室苗期抗性鉴定需调查全部接种植株，依据叶片是否出现花叶症状确定发病植株，分别记载调查总株数、发病株数，计算发病株率。

$$发病株率(\%)=\frac{发病株数}{调查总株数}\times 100$$

6.1.3 病情分级

温室苗期病情分级及相对应的描述见表1。

表1 玉米苗期抗矮花叶病鉴定病情级别划分

病情级别	描　　述
1	苗期发病株率0%～5.0%
3	苗期发病株率5.1%～15.0%
5	苗期发病株率15.1%～30.0%
7	苗期发病株率30.1%～50.0%
9	苗期发病株率50.1%～100%

6.2 田间成株期鉴定调查

6.2.1 调查时间

田间成株期抗性鉴定的调查在玉米进入抽雄期进行。

6.2.2 调查方法

在玉米抽雄期，每份鉴定材料调查30株/行，逐株调查发病症状，记载症状级别。

6.2.3 症状分级

田间成株期症状分级及相对应的描述见表2。

表2 玉米成株期矮花叶病症状级别划分

症状级别	描　　述
0	全株无症状
1	上部1叶～2叶片出现轻微花叶症状
3	上部3叶～4叶片出现轻微花叶症状

表 2 （续）

症状级别	描　　述
5	穗位以上叶片出现典型花叶症状，植株略矮，果穗略小
7	全株叶片出现典型花叶症状，植株矮化，果穗小
9	全株花叶症状显著，病株严重矮化，果穗不结实

6.2.4 病情指数计算

通过对玉米鉴定材料群体中个体植株发病程度的综合计算，确定各鉴定材料的病情指数。病情指数计算方法如下：

$$病情指数=\frac{\sum(症状级别\times该级别植株数)}{最高级别\times调查总株数}\times100$$

鉴定材料成株期病情级别的划分依据其病情指数确定，划分标准见表 3。

表 3　玉米成株期抗矮花叶病鉴定病情级别划分

病情级别	描　　述
1	成株期病情指数 0～10.0
3	成株期病情指数 10.1～25.0
5	成株期病情指数 25.1～40.0
7	成株期病情指数 40.1～60.0
9	成株期病情指数 60.1～100

7 抗性评价

7.1 鉴定有效性判别

当设置的高感对照材料达到病情级别 9 级时，该批次抗矮花叶病鉴定视为有效。

7.2 抗性评价标准

7.2.1 温室苗期抗性评价标准

鉴定材料苗期抗性水平的划分依据其苗期病情级别（发病株率）确定，划分标准见表 4。

表 4　玉米苗期对矮花叶病抗性的评价标准

病情级别	抗　　性
1	高抗 Highly resistant (HR)
3	抗 Resistant (R)
5	中抗 Moderately resistant (MR)
7	感 Susceptible (S)
9	高感 Highly susceptible (HS)

7.2.2 田间成株期抗性评价标准

鉴定材料成株期抗性水平的划分依据其成株期病情级别确定，划分标准见表 5。

表 5　玉米成株期对矮花叶病抗性的评价标准

病情级别	抗　　性
1	高抗 Highly resistant (HR)
3	抗 Resistant (R)
5	中抗 Moderately resistant (MR)

表5（续）

病情级别	抗　　性
7	感 Susceptible (S)
9	高感 Highly susceptible (HS)

7.3 重复鉴定

资源材料若初次鉴定表现为高抗、抗、中抗，次年进行重复鉴定。

7.4 抗性评价

根据重复抗性鉴定结果对鉴定材料进行抗病性评价，抗性以记载的最高病情级别为准。

8 鉴定记载表格

玉米抗矮花叶病鉴定结果记载表格见表6。

表6 ________年玉米抗矮花叶病鉴定结果记载表

编　号	品种/种质名称	来　源	苗期发病率(%)	成株期病情指数	抗性评价
注1:鉴定地点 注2:接种病毒株系编号　　来源 注3:接种日期　　调查日期					

鉴定技术负责人(签字):

附 录 A
(资料性附录)
玉米矮花叶病病原

A.1 学名和理化特性

A.1.1 学名

甘蔗花叶病毒,学名 *Sugarcane mosaic Potyvirus*,缩写 SCMV

A.1.2 理化特性

病毒粒子线状,无包膜,大小约 730 nm～750 nm×13 nm～15 nm;寄主细胞内有风轮状、卷旋状和片层凝集状内含体。

核酸为单链 RNA,约 9 kb,分子量为 2.7×10^{6};A260/280=1.20～1.22;外壳蛋白为 36 500 D,含有 328 个氨基酸。

病毒钝化温度为 56℃;体外保毒期 1 d～2 d;稀释限点为 10^{-2}～10^{-4}。

附　录　B
（资料性附录）
玉米抗矮花叶病鉴定对照品种

B.1　鉴定对照材料

抗性鉴定采用的对照材料为 6 个自交系：Pa405（高抗）或黄早四（高抗）、获白（中抗）、Mo17（高感）或掖 107（高感）。

本部分起草单位：中国农业科学院作物科学研究所，中国农业科学院植物保护研究所。
本部分主要起草人：王晓鸣、戴法超、朱振东、何康来、王锡锋。

中华人民共和国农业行业标准

NY/T 1248.5—2006

玉米抗病虫性鉴定技术规范
第5部分:玉米抗玉米螟鉴定技术规范

Rules for evaluation of maize for resistance to pests

Part 5: Rule for evaluation of maize for resistance to Asian corn borer

1 范围

本标准规定了玉米心叶期抗玉米螟鉴定技术方法和抗性评价标准。

本标准适用于栽培玉米(*Zea mays* L.)自交系、杂交种、群体、开放授粉品种以及野生玉米和玉米近缘种对玉米螟抗性的田间鉴定和评价。

2 定义

下列术语和定义适用于本标准。

2.1

抗虫性 insect resistance

植物体所具有的能够减轻或克服昆虫为害的可遗传的性状。

2.2

抗虫性鉴定 screening for insect resistance

通过适宜技术方法鉴别植物对其特定害虫的抵抗水平。

2.3

人工接虫 artificial infestation

在适宜条件下,通过人工操作将害虫卵块或初孵幼虫接于植物体。

2.4

抗性评价 evaluation of resistance

根据采用的技术标准判别植物寄主对特定病虫害反应程度和抵抗水平的描述。

2.5

食叶级别 leaf feeding rating scale

植株叶片被害虫取食后受害程度的数值化描述。

2.6

虫害级别 damage rating scale

植株被害虫为害严重程度的数值化描述。

2.7

玉米螟 Asian corn borer

特指亚洲玉米螟[*Ostrinia furnacalis*(Guenée)],其幼虫取食玉米心叶、花丝和雄穗,钻蛀果穗和茎

中华人民共和国农业部 2006-12-06 发布　　2007-02-01 实施

秆，是玉米的主要害虫。

3 虫源的准备

在保湿条件下，将产于蜡纸上的玉米螟卵块于室温下孵化。当卵块发育至透过卵壳可以清楚看到幼虫黑色头壳（黑头卵）时，即进行田间人工接虫。

4 抗性鉴定圃设置

4.1 鉴定圃

抗性鉴定圃应设在适于玉米螟发生且易于浇灌管理的田块。

4.2 鉴定设计

鉴定材料随机排列或顺序排列，每 30 份鉴定材料设 1 组已知感虫对照材料。

4.3 种植要求

田间播种时间与当地大田生产播种时间相同。

鉴定小区行长 4 m～5 m，行距和株距与大田生产相同，每行留苗 20 株。鉴定资源时，每份鉴定材料种植 1 行；鉴定品种时，每份材料重复 2 次。土壤肥力水平和耕作管理与大田生产相同。

5 接虫

5.1 接虫时期

在玉米植株发育至展 8 叶～10 叶期（小喇叭口期）时进行人工接虫。接虫选择在清晨或傍晚。

5.2 接虫方法

将产在蜡纸上的玉米螟卵块依卵粒密集程度剪成每块含约 30 粒～40 粒卵的小片。当卵发育至黑头卵阶段，在每株玉米心叶中接载有即将孵化黑头卵的蜡纸片 2 块，约 60 粒卵。若接虫后遇中雨以上的天气，须再接虫 1 次。

5.3 接种前后的田间管理

接虫前进行田间灌溉，保证植株不萎蔫和田间有一定的湿度。接虫后若遇干旱，应及时进行灌溉。

6 为害状况调查

6.1 调查时间

接虫 2 周～3 周后逐株调查中上部叶片被玉米螟取食的状况。

6.2 调查方法

每份鉴定材料随机选取 15 株/行～20 株/行，逐株按表 1 中的描述记载玉米螟食叶级别。

6.3 叶片为害程度分级

根据玉米螟幼虫取食心叶后所形成的叶片虫孔直径大小和数量划分食叶级别，见表 1。

表 1 玉米螟对心叶为害程度的分级标准

食叶级别	症 状 描 述
1	仅个别叶片上有 1 个～2 个孔径≤1 mm 虫孔
2	仅个别叶片上有 3 个～6 个孔径≤1 mm 虫孔
3	少数叶片有 7 个以上孔径≤1 mm 虫孔
4	个别叶片上有 1 个～2 个孔径≤2 mm 虫孔
5	少数叶片上有 3 个～6 个孔径≤2 mm 虫孔

表 1 （续）

食叶级别	症 状 描 述
6	部分叶片上有 7 个以上孔径≤2 mm 虫孔
7	少数叶片上有 1 个～2 个孔径大于 2 mm 的虫孔
8	部分叶片上有 3 个～6 个孔径大于 2 mm 的虫孔
9	大部叶片上有 7 个以上孔径大于 2 mm 的虫孔

计算玉米螟对各鉴定材料群体叶片为害程度（食叶级别）的平均值。计算方法如下：

$$\text{平均食叶级别}=\frac{\sum(\text{食叶级别}\times\text{该级别植株数})}{\text{调查总株数}}$$

根据食叶级别的平均值，划分各鉴定材料的虫害级别，见表 2。

表 2 玉米抗玉米螟抗性鉴定虫害级别划分

虫害级别	心叶期食叶级别平均值
1	1.0～2.9
3	3.0～4.9
5	5.0～6.9
7	7.0～8.9
9	9.0

7 抗性评价

7.1 鉴定有效性判别

当设置的感虫对照材料达到其相应虫害级别（7 级～9 级），该批次抗玉米螟鉴定视为有效。

7.2 抗性评价标准

鉴定材料对玉米螟抗性水平的划分依据其群体的虫害级别确定，划分标准见表 3。

表 3 玉米对玉米螟抗性的评价标准

虫害级别	抗 性
1	高抗 Highly resistant(HR)
3	抗 Resistant(R)
5	中抗 Moderately resistant(MR)
7	感 Susceptible(S)
9	高感 Highly susceptible(HS)

7.3 重复鉴定

资源材料若初次鉴定表现为高抗、抗、中抗，次年进行重复鉴定。

7.4 抗性评价

根据重复抗性鉴定结果对鉴定材料进行抗虫性评价，抗性以记载的最高虫害级别为准。

8 鉴定记载表格

玉米对玉米螟抗性鉴定结果记载表格见表 4。

表 4 ________年玉米抗玉米螟鉴定结果记载表

编　号	品种/种质名称	来　源	虫害级别	平均食叶级别	抗性评价
注 1:鉴定地点 注 2:接虫日期　　　　　　　调查日期					

鉴定技术负责人(签字):

附 录 A
(资料性附录)
亚 洲 玉 米 螟

A.1 学名和形态特征

A.1.1 学名

亚洲玉米螟,学名:*Ostrinia furnacalis*(Guenèe)

A.1.2 形态特征

雄蛾体长 10 mm～14 mm,翅展 20 mm～26 mm,黄褐色。前翅内横线为暗褐色波状纹,外横线为暗褐色锯齿状纹,两线之间淡褐色,具两个褐色斑。雌蛾体长 13 mm～15 mm,翅展 25 mm～34 mm,体色略浅。卵长约 1 mm,短矩圆形,略有光泽,临孵化前卵粒中央变黑。初孵化幼虫体长约 1.5 mm,头壳黑色,体乳白色,半透明;末龄幼虫体长 20 mm～30 mm,头壳棕褐色,体色淡灰褐色或淡红褐色。幼虫体背有 3 条纵线。胸部第二、三节背面各有 4 个圆形毛瘤。腹部第一至第八节背面各有 2 列横排毛瘤,第九节有毛瘤 3 个。胸足黄色,腹足趾钩为三序缺环形。蛹长 15 mm～18 mm,纺锤形,黄褐色至红褐色,体背密布小波状横皱纹,臀棘黑褐色,端部有 5 根～8 根向上弯曲的刺毛。

附 录 B
(资料性附录)
玉米抗玉米螟鉴定对照品种

B.1 鉴定对照材料

抗性鉴定采用的对照材料为自交系自330(感)或杂交品种中单2号(感)。

本部分起草单位:中国农业科学院作物科学研究所,中国农业科学院植物保护研究所。
本部分主要起草人:王晓鸣、戴法超、朱振东、何康来、王锡锋。

中华人民共和国农业行业标准

NY/T 1443.1—2007

小麦抗病虫性评价技术规范 第1部分:小麦抗条锈病评价技术规范

Rules for Resistance Evaluation of Wheat to Diseases and Insect Pests
Part 1: Rule for Resistance Evaluation of Wheat to Yellow Rust
(*Puccinia striiformis* West. f. sp. *tritici* Eriks. et Henn.)

1 范围

本标准规定了小麦抗条锈病鉴定技术和抗性评价方法。

本标准适用于普通小麦(包括选育品种/系、地方品种、特殊遗传材料、近等基因系、重组自交系、DH群体)、杂交小麦、转基因小麦、其他栽培小麦种、野生小麦、小麦野生近缘种对小麦条锈病抗性的田间鉴定和评价。

2 术语和定义

下列术语和定义适用于本标准。

2.1

抗病性 disease resistance

植物体所具有的能够减轻或克服病原物致病作用的可遗传性状。

2.2

慢锈性 slow rusting

在适于病害发生的环境条件下,寄主植物和病原物相互作用表现侵染型为3型～4型的感病反应,但田间病害发展速度相对较慢,终期病情指数低于25。

2.3

致病性 pathogenicity

病原物所具有的破坏寄主和引起病变的能力。

2.4

人工接种 artificial inoculation

在适宜条件下,通过人工操作将接种体放于植物体感病部位并使之发病的过程。

2.5

病情级别 disease rating scale

植物个体或群体发病程度的数值化描述。

2.6

抗性评价 evaluation of resistance

根据采用的技术标准判别寄主植物对特定病虫害反应程度和抵抗水平的定性描述。

中华人民共和国农业部 2007-09-14 发布　　2007-12-01 实施

2.7

分离物　isolate

采用人工方法从植物发病部位获得的在特定环境条件下培养的病原物。

2.8

接种体　inoculum

能够侵染寄主并引起病害的病原体。

2.9

生理小种　physiological race

病原菌种、变种或专化型内的分类单位，各生理小种之间形态上无差异，但对具有不同抗病基因的鉴别品种的致病力存在差异。

2.10

鉴别寄主　differential host

用于鉴定和区分特定病原菌生理小种或菌系的一套带有不同抗性基因的寄主品种。

2.11

普遍率　incidence

或称发病率，发病植物体单元数占调查植物体单元总数的百分率，用以表示发病的普遍程度。在本标准中，植物体单元为叶片。

2.12

严重度　severity

发病植物单元上发病面积或体积占该单元总面积或总体积的百分率，亦可用分级法表示，即将发病的严重程度由轻到重划分出几个级别，分别用一些代表值表示，说明病害发生的严重程度。

2.13

病情指数　disease index

是全面考虑发病率与严重度两者的综合指标。当严重度用分级代表值表示时，病情指数计算公式：

$$DI = \sum_{i=0}^{n}(X_i \cdot S_i)/\sum_{i=0}^{n}(X_i \cdot S_{max}) \times 100$$

其中，DI 为病情指数，i 为病级数（0～n），X_i 为 i 级的单元数，S_i 为 i 级严重度的代表值，S_{max} 为严重度最高级值，Σ 为累加符号，从 0 级（无病单位）开始累加。

当严重度用百分率表示时，则用以下公式计算：

$$DI = I \times \overline{S} \times 100$$

其中，I 为普遍率，$\overline{S}$ 为平均严重度。

2.14

侵染型　infection type

根据小麦过敏性坏死反应有无和其强度划分的病斑类型，用以表示小麦品种抗条锈病程度，按 0、0;、1、2、3、4 六个类型记载，各类型可附加“+”或“－”号，以表示偏重或偏轻。

2.15

潜育期　latent period

病菌侵染小麦建立寄生关系后到被接种小麦表现症状之前的这一时期称为潜育期。

2.16

小麦条锈病　wheat yellow rust or stripe rust

由小麦条锈病菌 *Puccinia striiformis* West. f. sp. *tritici* Eriks. et Henn. 所引起的以叶部产生铁锈状病斑症状的小麦病害。小麦条锈病主要为害小麦叶片，也可为害叶鞘、茎秆和穗部。小麦受害后，叶片表面长出褪绿斑，以后产生黄色粉疱，即病菌夏孢子堆，后期长出黑色疱斑，即病菌冬孢子堆。夏孢子堆鲜黄色，窄长形至长椭圆形，成株期排列成条状与叶脉平行，幼苗期不成行排列，形成以侵染点为中心的多重轮状。冬孢子堆狭长形，埋于表皮下，成条状。

3 病原物接种体制备

3.1 条锈菌接种菌株分离

采集具有典型条锈病病斑的小麦发病叶片置于铺有滤纸的培养皿中，平展叶片，浸泡 16 h～24 h，用刀片刮取发病病斑，将刮下的夏孢子涂抹于感病品种铭贤 169 上，均匀喷雾，置于 9℃～13℃的保湿间内黑暗保湿 18 h～24 h，15 d～17 d 后观察发病情况，获得分离物。分离物经形态学鉴定确认为 *Puccinia striiformis* West. f. sp. *tritici* Eriks. et Henn. 后，进行单孢纯化，经致病性测定后，扩繁保存备用。

3.2 条锈菌分离菌株的生理小种鉴定

对用于抗性鉴定接种的条锈菌应先进行生理小种鉴定。生理小种鉴定采用一套统一的鉴别寄主（见附录 A），根据条锈菌与鉴别寄主相互作用产生的抗病或感病模式（见表 A.1），确定不同菌株所属的生理小种。

3.3 小麦条锈菌的繁殖和保存

3.3.1 育苗

选用直径为 10 cm，高度为 10 cm 的花盆，装富含有机质的土壤，每盆播种 20 粒～25 粒健康饱满感病品种铭贤 169，覆土 1 cm，之后将育苗钵置于盛水的育苗盘内，使水从育苗钵底部缓慢吸收至土体表面完全湿润，移出，置于 15℃～18℃温室内培养 6 d～8 d，待用。

3.3.2 接种和保湿

接种：在操作台（或接种间）内进行。首先用清水喷雾净化空气，再用 75%的乙醇对操作台（接种间）、接种针和手进行消毒。将待接种幼苗放在操作台（接种间）上，在幼苗转移时要套袋或采取其他措施防止空气中的孢子污染；写标签，记录接种日期及接种的菌种编号；用手蘸取小麦条锈菌夏孢子（或者从标样保湿后刮取的少量夏孢子），接种到无菌苗的第一叶片上。

保湿：将接种后幼苗置于接种桶中，用清水喷雾，使叶片表面附着一层均匀的雾滴，密封，在 9℃～13℃黑暗条件下保湿 18 h～24 h。

3.3.3 菌种繁殖

菌种繁殖分为初繁和扩繁。

初繁：条锈菌夏孢子在铭贤 169 上繁殖。待繁菌苗铭贤 169 第一叶片全部展开后，从液氮中取出保存菌种的安瓿瓶，在 40℃～45℃温水中活化 5 min，之后打开安瓿瓶，置于盛有湿润滤纸的培养皿中，于 8℃～10℃黑暗条件下水化 10 h～12 h。

初繁采取涂抹法。此法主要用于繁殖少量菌种或接种少量鉴定材料时应用。从安瓿瓶或指形管中取出少许条锈菌夏孢子放在洁净的毛玻璃上，用滴管加入少量水，用接种针将条锈菌夏孢子与水拌匀备用。另外用洁净的手指蘸清水或 0.05%吐温 20（Tween 20）水溶液将麦苗的叶片摩擦数次，去掉叶片表面的蜡质和茸毛，以利于菌液吸附于叶面上。用消毒过的接种针蘸上调制好的孢子悬浮液，涂抹于麦叶正面，插标签，记录接种日期及所用菌种。接种后把麦苗随即放入保湿桶中，再用清水喷雾，使麦苗和保湿桶的内壁沾满雾滴，喷雾不能过量。喷雾后，马上盖严塑料薄膜或玻璃，把保湿桶放置在 9℃～13℃黑暗条件下保湿 18 h～24 h。

在接种不同生理小种时，接种用的一切用具都要先行消毒，防止可能发生的污染。

扩繁：可采用涂抹法、扫抹法、喷（撒）粉法或喷雾法接种。

扫抹法：先将一叶期的铭贤 169 置于接种桶内，叶面喷 0.05%的 Tween20 水溶液，然后将发病幼苗倒置,使病叶片在接种桶内的无菌苗上扫抹3次～5次,再用0.05%的Tween20水溶液喷雾,使叶片表面附着一层均匀的雾滴,密封,置于9℃～13℃黑暗条件下保湿18 h～24 h。

喷(撒)粉法:小喷粉器(或用双层纱布封口的玻璃试管)经消毒、干燥后,按20～30∶1的比例均匀混合干燥滑石粉与叶锈菌夏孢子粉,再加入少量新采集的条锈菌夏孢子,混合均匀待用(滑石粉与夏孢子的比例约为20～30∶1)。接种前,用手蘸清水将叶片拂擦数次,以去掉叶片蜡质,用喷雾器在麦苗上均匀喷上雾滴,随即用喷粉器(或用双层纱布封口的玻璃试管)将上述稀释的孢子粉均匀地喷洒(或抖落)到叶片上,再用清水喷雾,随即放入保湿桶中,盖上塑料薄膜,置于9℃～13℃黑暗条件下保湿18 h～24 h。

喷雾法:用小型喷雾器将新制备好的孢子悬浮液(在小烧杯内,加入要接种的条锈菌孢子,先用少量清水湿润,搅成糊状,按照2 g孢子∶1 000 mL比例加入水,转移至喷雾器内;或按10 mg夏孢子∶1 mL无毒轻量矿物油－Soltrol® 170的比例稀释成夏孢子悬浮液)喷在叶片已去除蜡质的麦苗上,自然干燥15 min～30 min,然后将麦苗放于保湿桶内置于9℃～13℃黑暗条件下保湿18 h～24 h。

喷(撒)粉法及喷雾法适于对大量材料的接种鉴定。

3.3.4 潜育发病

取出接种苗,置于可控温度的温室内培养。保持昼温15℃～19℃,夜温10℃～14℃;光照强度6 000 Lux～10 000 Lux,光照时间16 h。待叶片显斑时(接种后7 d),剪去心叶,加玻璃罩隔离。接种后约15 d～17 d,夏孢子即可成熟,待用。

3.3.5 菌种收集

空气净化和器具消毒操作同3.3.2,轻取产孢麦苗小心横放,用接种针轻轻抖动其叶片,使菌种散落到玻璃罩内,移去麦苗,再轻敲玻璃罩,将菌种集中,装入指形管。

3.3.6 菌种保藏

根据待用时间的长短,菌种保藏可分短期保藏和长期保藏。

3.3.6.1 短期保藏

当菌种在5 d～6 d内使用时,将装菌种的指形管放入盛有变色硅胶的干燥器内,置于0℃～5℃冰箱中备用。

3.3.6.2 长期保藏

当菌种将在第二年或更长时间后使用时则可采用长期保藏。首先将菌种置于盛有变色硅胶的干燥器内,放在0℃～5℃冰箱中干燥5 d,然后移至安瓿管中,抽真空,封管,置于液氮或－80℃冰箱中。

4 田间抗性鉴定

田间抗性鉴定在鉴定圃内进行。

4.1 鉴定圃选址

鉴定圃设置在小麦条锈病适发区,选择具备良好自然发病环境和可控灌溉条件、地势平坦、土壤肥沃的地块。

4.2 感病对照品种和诱发行品种选择

鉴定所用感病对照品种和诱发行品种均采用铭贤169。

4.3 鉴定圃田间配置及大田播种

4.3.1 田间配置

鉴定圃采用开畦条播、等行距配置方式。畦埂宽50 cm,畦宽250 cm,畦长视地形、地势而定;距畦埂125 cm处顺畦种1行诱发行,在诱发行两侧20 cm横向种植鉴定材料,行长100 cm,行距33 cm,重复1次～3次,顺序排列,编号,鉴定圃四周设100 cm宽的保护区。

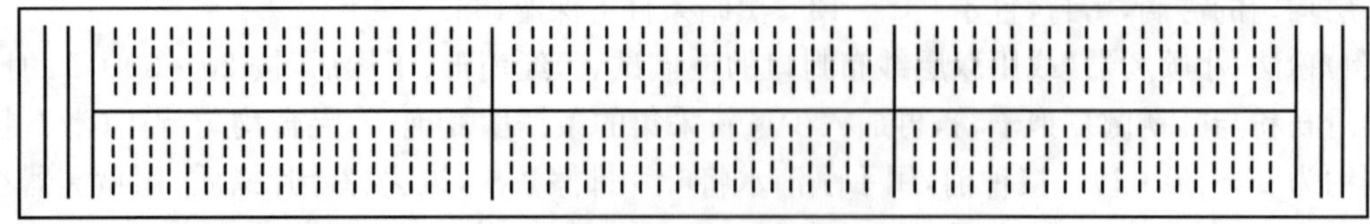

说明：[ ]：矩形框表示畦埂；

——：实线表示诱发行和对照品种；

………：虚线表示鉴定材料。

图1 鉴定圃田间配置示意图

4.3.2 播种

4.3.2.1 播种时间

播种时间与大田生产一致，或适当调整不同材料的播期以使植株接种期和发病期能够与适宜的气候条件（湿度与温度）相遇。冬性材料按当地气候正常秋播，弱冬性材料晚秋播，春性材料顶凌春播。

4.3.2.2 播种方式及播种量

采用人工开沟，条播方式播种。每份材料播种1行，每隔20份鉴定材料播种1行感病对照品种铭贤169，鉴定材料每行均匀播种100粒；诱发行按每100 cm行长均匀播种100粒。

4.4 接种

4.4.1 接种期

小麦条锈病抗性鉴定接种期为小麦拔节初期，选择晴朗无风天的傍晚进行。

4.4.2 接种方法

采用夏孢子悬浮液喷雾法、喷（撒）粉法或注射法接种诱发行，利用诱发行发病后产生的夏孢子再传播侵染鉴定材料。根据鉴定需要选择单小种或混合小种。具体操作是将所选生理小种的夏孢子粉用数滴0.05%的Tween 20水溶液调成糊状，按2 g孢子∶1 000 mL水比例稀释成夏孢子悬浮液。诱发行每隔500 cm设100 cm长的接种段，用手持式喷雾器将夏孢子悬浮液均匀喷洒在接种段的小麦叶片上，之后速覆盖塑料薄膜，四周用土压严，次日清晨揭去薄膜。

注射法。此法多用于麦苗有一定生长高度的拔节期。接种前，应配制好孢子悬浮液（配制方法同喷雾法），一般在诱发行上每隔100 cm左右选取10个～20个单茎分别注射接种。其方法是用注射器将孢子悬浮液从小麦心叶与其下的展开叶叶鞘相接处以下约1 cm处注射，针头宜向下倾斜刺入，但不要刺穿，挤压少量悬浮液，以见到心叶处冒出水珠为度。悬浮液必须随用随搅拌或振荡。田间接种注射最好在阴天的傍晚进行。如天气干旱，接种后在接种点上浇水1次～2次，也可以在接种前或接种后适当灌水。

再次接种时，间隔3 d～5 d，并选择诱发行不同的接种段接种。

4.5 接种前后田间管理

在接种前6 d～7 d应先进行田间灌溉，或在雨后接种；接种后若遇持续干旱，应及时进行田间浇灌，不施用任何杀菌剂。

4.6 病情调查及记载标准

4.6.1 调查时间

在小麦乳熟期进行病情调查。

4.6.2 调查方法及项目

调查时每份材料随机抽样50个叶片（主要为旗叶），逐叶进行调查记载严重度、侵染型，计算普遍率、平均严重度和病情指数，调查2次，间隔10 d。

4.6.3 发病程度记载及标准

4.6.3.1 侵染型记载及标准

病斑侵染型按0、0;、1、2、3、4六个类型划分，其划分标准见表1，各类型可附加"+"或"−"号，以表示偏重或偏轻，用以表示小麦品种抗锈程度。每一鉴定材料随机调查50片叶，逐叶调查记载侵染型，当发现同一叶片上出现不同侵染型时，主要侵染型记录在前。

表1 小麦条锈病侵染型级别及其症状描述

侵染型	症 状 描 述
0	叶上不产生任何可见的症状
0;	叶上产生小型枯死斑，不产生夏孢子堆
1	叶上产生枯死条点或条斑，夏孢子堆很小，数目很少
2	夏孢子堆小到中等大小，较少，其周围叶组织枯死或显著褪绿
3	夏孢子堆较大、较多，其周围叶组织有褪绿现象
4	夏孢子堆大而多，周围不褪绿
注：侵染型级别经常用如下符号进行精细划分，即"−"表示夏孢子堆较其相应正常侵染型的夏孢子堆略小；"+"表示夏孢子堆较其相应正常侵染型的夏孢子堆略大。	

高抗（HR）

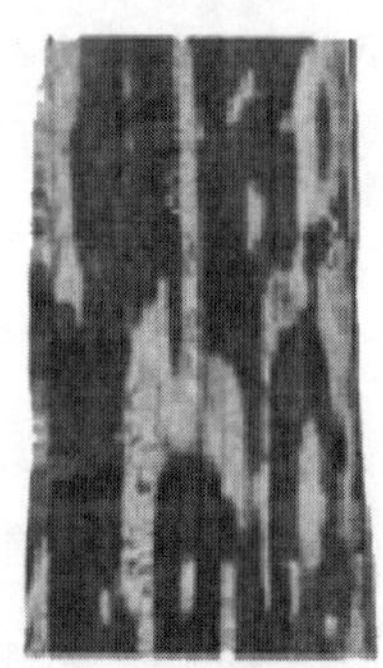
中抗（MR）

中感（MS）

高感（HS）

图2 小麦条锈病成株期侵染型分级图

4.6.3.2 严重度记载及标准

严重度用分级法表示，设1%、5%、10%、20%、40%、60%、80%、100%八级。调查时每份材料随机抽样50片叶，逐叶记载严重度，计算平均严重度。

$$\overline{S}(\%) = \sum_{i=1}^{n}(X_i \cdot S_i)/\sum_{i=1}^{n}X_i \times 100\%$$

其中，$\overline{S}$为平均严重度，i为病级数(1～n)，X_i为病情为i级的单元数，S_i为病情为i级的严重度值（如小麦条锈病各级的百分数）。

4.6.3.3 普遍率记载及标准

每一鉴定材料随机调查50片叶，计数发病叶片数，计算普遍率。

$$普遍率(\%)=(发病叶片数/调查总叶片数)\times 100\%$$

4.7 抗性评价

4.7.1 鉴定有效性判别

当鉴定圃中的感病或高感对照品种发病严重度达到60%以上时，该批次抗条锈病鉴定视为有效。

4.7.2 重复鉴定

初次鉴定中表现为高抗、中抗的材料，次年需用相同的病原菌进行重复鉴定。

4.7.3 抗性评价标准

依据鉴定材料发病程度(病情指数和侵染型)确定其对条锈病的抗性水平，其评价标准见表2。如果两年鉴定结果不一致，以抗性弱的发病程度为准。若一个鉴定群体中出现明显的抗、感类型差异，应在调查表中注明“抗性分离”，其比例以“/”隔开。

表2 小麦对条锈病抗性评价标准

侵染型	病情指数	抗性评价
0	—	免疫 Immune(I)
0;	—	近免疫 Nearly immune (NIM)
1	—	高抗 Highly Resistant(HR)
2	—	中抗 Moderately resistant(MR)
3～4	≤25	慢锈 Slow rusting(SR)
3	>25	中感 Moderately susceptible(MS)
4	>25	高感 Highly Susceptible(HS)

5 鉴定记载表格

小麦抗条锈病鉴定原始记录及结果记载表格见附录B。

附　录　A
（资料性附录）
小麦条锈病病原菌和生理小种

A.1　学名和形态描述

小麦条形柄锈菌小麦专化型 *Puccinia striiformis* West. f. sp. *tritici* Eriks. et Henn.

属真菌界（Fungi）、担子菌（亚）门（Basidiomycota）、锈菌纲（Urediniomycetes）、柄锈菌科（Pucciniaceae）、柄锈菌属（*Puccinia*）。菌丝丝状，有分隔，生长在寄主细胞间，用吸器进入小麦细胞吸取营养，在病部产生孢子堆。夏孢子单胞球形，鲜黄色，表面有细刺，大小 32 μm～40 μm×22 μm～29 μm，有发芽孔 6 个～12 个。冬孢子双胞，棍棒形，顶部扁平或斜切，分隔处略缢缩，大小 36 μm～68 μm×12 μm～20 μm，柄短。该菌致病性有生理分化现象，我国已定名 32 个生理小种，分别为条中 1 号至条中 32 号，条锈菌生理小种很易发生变异，1950 年以后已出现过多次优势小种的改变。

A.2　生理小种鉴定方法

A.2.1　采用的鉴别寄主

生理小种鉴别寄主采用 Trigo Eureka.，Fulhard，保春 128（Lutescens 128），南大 2419（Mentana），维尔（Virgilio），阿勃（Abbondanza），早洋（Early Premium），阿夫（Funo），丹麦 1 号（Danish 1），尤皮 2 号（Jubilejina 2），丰产 3 号（Fengchan 3），洛夫林 13（Lovrin13），抗引 655（Kangyin 655），水源 11（Shuiyuan 11），中四（Zhong 4），洛夫林 10（Lovrin10），Hybrid46，*Triticum spelta* album 和贵农 22（Guinong 22）共 19 个小麦品种。

A.2.2　条锈菌生理小种编码规则与命名

中国小麦条锈菌生理小种和致病类型及其在鉴别寄主上的反应见表 A.1。

表 A.1　中国小麦条锈菌生理小种和致病类型及其在鉴别寄主上的反应

鉴别寄主	条中17号	条中18号	条中21号	条中22号	条中23号	条中24号	条中25号	条中26号	洛10类群			洛13类群				Hybrid 46类群									水源11类群												
									条中28号	洛10—2	洛10—6	条中29号	洛13—2	洛13—3	洛13—8	条中30号	条中31号	条中32号	HY—4	HY—5	HY—6	HY—7	HY—8	HY—9	水11—1	水11—2	水11—3	水11—4	水11—5	水11—6	水11—7	水11—8	水11—10	水11—11	水11—12	水11—13	水11—14
1. T. E.	HL	L	HL	H	H	HL	HL	HL	H	H	H	H	H	H	H	H	H	H	HL	H	HL	L	HL	H	H	H	HL	LH	H	H	H	H	L	H	L	H	LH
2. Fulhard	H	L	H	H	H	H	H	H	H	H	H	H	H	H	H	H	H	H	H	H	H	H	H	H	H	H	H	H	H	H	H	H	H	H	H	H	H
3. 保春128	L	H	H	H	H	H	H	H	H	H	H	H	H	H	H	H	H	H	H	H	H	H	H	H	L	H	H	H	H	H	H	H	H	H	H	H	H
4. 南大2419	HL	LH	HL	H	H	H	H	L	H	L	HL	H	H	H	H	H	H	H	H	H	H	H	H	H	L	H	H	H	H	L	H	H	H	H	L	H	H
5. 维尔	L	L	L	L	L	L	H	L	H	L	L	H	L	H	H	H	H	H	H	HL	H	HL	HL	HL	L	H	H	L	HL	L	HL	L	L	L	L	L	HL
6. 阿勃	HL	H	H	H	H	H	H	H	H	H	H	H	H	H	H	H	H	H	H	H	H	H	H	H	L	H	H	H	H	H	H	H	H	H	H	H	H
7. 早洋	H	LH	H	H	H	H	H	H	H	H	H	H	H	H	H	H	H	H	H	H	H	H	H	H	H	H	H	H	H	H	H	H	H	H	H	H	H
8. 阿夫	L	LH	HL	H	H	H	HL	H	H	H	H	H	H	H	H	H	H	H	H	H	HL	H	H	H	L	H	H	H	H	H	H	H	H	H	H	H	H
9. 丹麦1号	L	H	HL	HL	H	L	HL	H	H	H	H	H	H	H	H	H	H	H	H	H	HL	H	H	H	L	H	H	H	H	H	H	H	H	H	H	H	H
10. 尤皮2号	L	L	H	H	L	L	L	L	L	L	H	L	L	H	H	L	L	H	H	H	L	H	H	H	L	L	H	H	LH	LH	L	L	L	H	L	H	H
11. 丰产3号	LH	LH	H	H	H	H	H	H	H	H	H	H	H	H	H	H	H	H	H	H	H	H	H	H	L	H	H	H	H	H	H	H	H	H	H	H	H
12. 洛夫林13	L	L	L	L	L	L	L	L	L	L	L	H	H	H	H	H	H	H	L	L	L	H	H	L	L	L	L	L	L	L	H	L	L	L	L	L	H
13. 抗引655	L	L	L	H	L	L	L	L	L	L	L	L	L	H	L	L	L	H	H	H	L	H	L	H	L	L	H	H	L	L	L	L	L	H	L	L	H
14. 水源11	L	L	L	L	L	L	L	L	L	L	L	L	L	L	L	L	H	H	H	H	H	H	H	H	H	H	H	H	H	H	H	H	H	H	H	H	H
15. 中四	L	L	L	L	L	L	L	L	L	L	L	L	L	L	L	L	L	L	L	L	L	L	L	L	L	L	L	L	L	L	L	L	L	L	L	L	L
16. 洛夫林10	L	L	L	L	L	L	L	L	H	H	H	H	H	H	H	H	H	H	H	H	L	H	H	L	L	L	L	H	H	L	H	L	L	L	H	L	H
17. Hybrid 46	L	L	L	L	L	L	L	L	L	L	L	L	L	L	L	H	H	H	H	H	H	H	H	H	L	L	L	L	L	L	L	L	L	L	L	L	L
18. *T. spelta album*	L	L	L	L	L	L	L	L	L	L	L	L	L	L	L	L	L	L	L	L	L	L	L	L	L	L	L	L	L	L	L	L	L	L	L	L	L
19. 贵农22	L	L	L	L	L	L	L	L	L	L	L	L	L	L	L	L	L	L	L	L	L	L	L	L	L	L	L	L	L	L	L	L	L	L	L	L	L

注:"L"表示抗病侵染型(0～2);"H"表示感病侵染型(3～4)。

附 录 B
（规范性附录）

表 B ________年小麦品种(系)抗条锈病鉴定原始记录及结果记载表

编号	品种名称	来 源	病情级别														鉴定结果
			侵染型	严重度%									普遍率%			病情指数	
				1	5	10	20	40	60	80	100	平均	调查发病叶片数	调查总叶片数	平均		

注 1:鉴定地点________________ 地势________________
注 2:接种病原菌分离物编号________________ 生理小种类型________________
注 3:接种日期________________ 调查日期________________
注 4:播种日期________________
注 5:海拔高度________________m 经度________ 纬度________

鉴定技术负责人(签字):

本部分起草单位:中国农业科学院植物保护研究所。
本部分主要起草人:陈万权、刘太国、陈巨莲、徐世昌。

中华人民共和国农业行业标准

NY/T 1443.2—2007

小麦抗病虫性评价技术规范 第2部分:小麦抗叶锈病评价技术规范

Rules for Resistance Evaluation of Wheat to Diseases and Insect Pests
Part 2:Rule for Resistance Evaluation of Wheat to Leaf Rust [*Puccinia triticina* (=*P. recondita* Roberge ex Desmaz. f. sp. *tritici*)]

1 范围

本标准规定了小麦抗叶锈病鉴定技术和抗性评价方法。

本标准适用于普通小麦(包括选育品种/系、地方品种、特殊遗传材料、近等基因系、重组自交系、DH群体)、杂交小麦、转基因小麦、其他栽培小麦种、野生小麦、小麦野生近缘种对小麦叶锈病抗性的田间鉴定和评价。

2 术语和定义

下列术语和定义适用于本标准。

2.1

抗病性 disease resistance

植物体所具有的能够减轻或克服病原物致病作用的可遗传性状。

2.2

慢锈性 slow rusting

在适于病害发生的环境条件下,寄主植物和病原物相互作用表现侵染型为3型~4型的感病反应,但田间病害发展速度相对较慢,终期病情指数低于30。

2.3

致病性 pathogenicity

病原物所具有的破坏寄主和引起病变的能力。

2.4

人工接种 artificial inoculation

在适宜条件下,通过人工操作将接种体放于植物体感病部位并使之发病的过程。

2.5

病情级别 disease rating scale

植物个体或群体发病程度的数值化描述。

2.6

抗性评价 evaluation of resistance

根据采用的技术标准判别寄主植物对特定病虫害反应程度和抵抗水平的描述。

中华人民共和国农业部 2007-01-14 发布 2007-12-01 实施

2.7

分离物　isolate

采用人工方法从植物发病部位获得的在特定环境条件下培养的病原物。

2.8

接种体　inoculum

能够侵染寄主并引起病害的病原体。

2.9

生理小种　physiological race

病原菌种、变种或专化型内的分类单位，各生理小种之间形态上无差异，但对具有不同抗病基因的鉴别品种的致病力存在差异。

2.10

鉴别寄主　differential host

用于鉴定和区分特定病原菌生理小种或菌系的一套带有不同抗性基因的寄主品种。

2.11

普遍率　incidence

或称发病率，发病植物体单元数占调查植物体单元总数的百分率，用以表示发病的普遍程度。在本标准中，植物体单元为叶片。

2.12

严重度　severity

发病植物单元上发病面积或体积占该单元总面积或总体积的百分率，亦可用分级法表示，即将发病的严重程度由轻到重划分出几个级别，分别用一些代表值表示，说明病害发生的严重程度。

2.13

病情指数　disease index

全面考虑发病率与严重度两者的综合指标。当严重度用分级代表值表示时，病情指数计算公式：

$$DI = \sum_{i=0}^{n}(X_i \cdot S_i)/\sum_{i=0}^{n}(X_i \cdot S_{max}) \times 100$$

其中，DI 为病情指数，i 为病级数（0～n），X_i 为 i 级的单元数，S_i 为 i 级严重度的代表值，S_{max} 为严重度最高级值，$\sum$ 为累加符号，从 0 级（无病单位）开始累加。

当严重度用百分率表示时，则用以下公式计算：

$$DI = I \times \overline{S} \times 100$$

其中，I 为普遍率，$\overline{S}$ 为平均严重度。

2.14

侵染型　infection type

根据小麦过敏性坏死反应有无和其强度划分的病斑类型，用以表示小麦品种抗叶锈病程度，按 0、;、1、2、3、4 六个类型记载，各类型可附加“+”或“－”号，以表示偏重或偏轻。

2.15

潜育期　latent period

病原菌侵染小麦建立寄生关系后到被接种小麦表现症状之前的这一时期称为潜育期。

2.16

小麦叶锈病　wheat leaf rust or brown rust

由小麦叶锈病菌 *Puccinia triticina*（＝*P. recondita* Roberge ex Desmaz. f. sp. *tritici*）引起的以叶部产生铁锈状病斑症状的小麦病害。成株期小麦叶锈病主要为害小麦叶片，产生疱疹状病斑，很少发生在叶鞘及茎秆上。夏孢子堆圆形至长椭圆形，橘红色，比秆锈病小，较条锈病大，呈不规则散生，在初生夏孢子堆周围有时产生数个次生的夏孢子堆，一般多发生在叶片的正面，少数可穿透叶片。成熟后表皮开裂一圈，散出橘黄色的夏孢子；冬孢子堆主要发生在叶片背面和叶鞘上，圆形或长椭圆形，黑色，扁平，排列散乱，但成熟时不破裂。有别于秆锈病和条锈病。

3 病原物接种体制备

3.1 小麦叶锈菌分离

采集具有典型叶锈病斑的小麦发病叶片置于铺有滤纸的培养皿中，平展叶片，浸泡 1 6h～2 4h，用刀片轻刮发病病斑，将刮下的夏孢子涂抹于感病品种郑州 5389（或铭贤 169）上，用清水均匀喷雾，置于(20±5)℃的保湿间内黑暗保湿 18 h～24 h，14 d 后观察发病情况，获得分离物。分离物经形态学鉴定确认为 *Puccinia triticina*（＝*P. recondita* Roberge ex Desmaz. f. sp. *tritici*）后，进行分单孢纯化，经致病性测定后，扩繁保存备用。

3.2 小麦叶锈菌分离菌株的生理小种鉴定

将用于抗性鉴定接种的分离物首先进行生理小种鉴定。生理小种鉴别寄主采用一套以 Thacher 为背景的分别含有 *Lr* 1 、*Lr* 2 *a*、*Lr* 2 *c*、*Lr* 3 、*Lr* 3 *ka*、*Lr* 9 、*Lr* 11 、*Lr* 16 、*Lr* 17 、*Lr* 24 、*Lr* 26 和 *Lr* 30 共 12 个抗病基因的小麦材料，根据叶锈菌与鉴别寄主相互作用产生的抗病或感病模式，划分出不同的生理小种或致病类型（见附录 A. 2. 3）。

3.3 小麦叶锈菌繁殖和保存

3.3.1 育苗

叶锈菌夏孢子在郑州 5389（或铭贤 169）上繁殖。即选用直径为 10 cm，高度为 10 cm 的花盆，装富含有机质的土壤，每盆播种 20 粒～25 粒健康饱满感病品种郑州 5389（或铭贤 169），覆土 1 cm，之后将育苗钵置于盛水的育苗盘内，使水从育苗钵底部缓慢吸收至土体表面完全湿润，移出，置于(20±5)℃温室内培养 6 d～8 d，待用。

3.3.2 接种

接种在操作台（或接种间）内进行。首先用喷雾法净化空气，再用 75％的乙醇对操作台（接种间）、接种针和手进行消毒。将待接种幼苗放在操作台（接种间）上，在幼苗转移时要套袋或采取其他措施防止空气中的孢子污染；写标签，记录接种日期及接种的菌种编号；用手蘸取小麦叶锈菌夏孢子（或者从标样保湿后刮取的少量夏孢子），接种到无菌苗的第一叶片上。

3.3.3 保湿

将接种后的幼苗置于接种桶中，用清水喷雾，使叶片表面附着一层均匀的雾滴，密封，在(20±5)℃黑暗条件下保湿 18 h～24 h。

3.3.4 菌种繁殖

初繁：待无菌苗郑州 5389（或铭贤 169）第一叶片全部展开后，从液氮中取出装有菌种的安瓿瓶，在 40℃温水中活化 5 min～7 min，之后置于盛有湿润滤纸的培养皿中（相对湿度大于 50％）于(20±5)℃黑暗条件下水化 10 h～12 h。

初繁采取涂抹法。此法主要在繁殖少量菌种或接种少量鉴定材料时应用。从指形管中取出少许叶锈菌夏孢子放在洁净的毛玻璃上，用滴管加入少量水，用接种针将叶锈菌夏孢子与水拌匀备用。另外，用洁净的手指蘸清水或 0. 05％吐温 20（Tween 20）水溶液将麦苗的叶片摩擦数次，去掉叶片表面的蜡质和茸毛，以利于菌液吸附于叶面上。用消毒过的接种针蘸上调制好的孢子悬浮液，涂抹于麦叶正面，插标签，记录接种日期及所用菌种。接种后把麦苗随即放入保湿桶中，再喷雾清水，使麦苗和保湿桶的内壁沾满雾滴，但喷雾不能过量。喷雾后，马上盖严塑料薄膜或玻璃，保湿桶置于(20±5)℃黑暗条件下保湿 18 h～24 h。

在接种不同生理小种时，接种用的一切用具都要先行消毒，防止可能发生的污染。

扩繁：可采用涂抹法、扫抹法、喷（撒）粉法或喷雾法接种。

扫抹法：先将一叶期的郑州 5389（或铭贤 169）置于接种桶内，叶面喷 0.05%的 Tween 20 水溶液，然后将发病幼苗倒置，使病叶片在接种桶内的无菌苗上扫抹 3 次～5 次，再用 0.05%的 Tween 20 水溶液喷雾，使叶片表面附着一层均匀的雾滴，密封，置于（20±5）℃黑暗条件下保湿 18 h～24 h。

喷（撒）粉法：小喷粉器（或用双层纱布封口的玻璃试管）经消毒、干燥后，按 20～30：1 的比例均匀混合干燥滑石粉与叶锈菌夏孢子。接种前，用手蘸清水将叶片拂擦数次，以去掉叶片蜡质，用喷雾器在麦苗上均匀喷上雾滴，随即用喷粉器（或用双层纱布封口的玻璃试管）将上述稀释的孢子粉均匀地喷洒（或抖落）于叶片上，再喷雾清水，随即放入保湿桶中，使麦苗、保湿桶内壁及塑料薄膜内表面都沾上水滴，掌握水滴不下滴为度，盖上塑料薄膜，置于（20±5）℃黑暗条件下保湿 18 h～24 h。

喷雾法：用小型喷雾器将制备好的新鲜孢子悬浮液（取叶锈菌夏孢子置于小烧杯内，先用少量清水湿润后，搅成糊状，按照 2 g 孢子：1 000 mL 比例加入水，转移至喷雾器内；或按 10 mg 夏孢子：1 mL 无毒轻量矿物油—Soltrol®170 的比例稀释成夏孢子悬浮液）喷在已去除蜡质的麦苗上，自然干燥15 min～30 min，然后将麦苗放于保湿桶置于（20±5）℃黑暗条件下保湿 18 h～24 h。

喷（撒）粉法及喷雾法适于对大量材料的接种鉴定。

3.3.5 潜育发病

取出保湿的幼苗，置于可控制温度的温室内潜育发病，冬季光照不足，需每天增加一定时间的人工辅助光照。温度范围：昼 20℃～25℃，夜 15℃～20℃；光照强度：6 000 Lux～10 000 Lux，光照时间：16 h。待侵染点始现时（接种后 4 d），剪去心叶，加玻璃罩隔离。接种后约 12 d～15 d，夏孢子即可成熟，待用。

3.3.6 菌种收集

空气净化和器具消毒操作同 3.3.2，轻取产孢麦苗小心横放，用接种针轻轻抖动其叶片，使菌种散落到玻璃罩内，移去麦苗，再轻敲玻璃罩，将菌种集中，装入指形管。

3.3.7 菌种保藏

根据待用时间的长短，菌种保藏可分短期保藏和长期保藏。

3.3.7.1 短期保藏

当菌种在 5 d～6 d 内使用时可短期保藏。将装菌种的指形管放入盛有变色硅胶的干燥器内，置于 0℃～5℃冰箱中备用。

3.3.7.2 长期保藏

当菌种将在第二年或更长时间后使用时可采用长期保藏。将菌种置于盛有变色硅胶的干燥器内，放在 0℃～5℃冰箱中干燥 5 d～6 d，移至安瓿管中，抽真空 30 min，封管，置于液氮或－80℃超低温冰箱中。

4 田间抗性鉴定

田间抗性鉴定在鉴定圃内进行。

4.1 鉴定圃选址

鉴定圃应设置在小麦叶锈病适发区，选择具备良好的自然发病环境和灌溉条件、地势平坦、土壤肥沃的地块。

4.2 鉴定感病对照品种和诱发行品种选择

鉴定感病对照品种和诱发行品种均采用铭贤 169。

4.3 鉴定圃田间配置及大田播种

4.3.1 田间配置

采用开畦条播、等行距配置方式。畦埂宽 50 cm，畦宽 250 cm，畦长视地形、地势而定；距畦埂 125 cm 处顺畦种 1 行诱发行，在诱发行两侧 20 cm 横向种植鉴定材料，行长 100 cm，行距 33 cm，重复 1 次～3 次，顺序排列，编号，鉴定圃四周设 100 cm 宽的保护区。

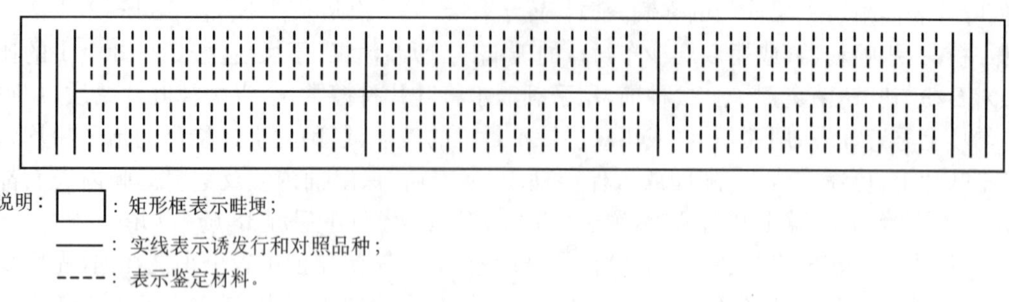

说明：□：矩形框表示畦埂；

——：实线表示诱发行和对照品种；

----：表示鉴定材料。

图 1　鉴定圃田间配置示意图

4.3.2　播种

4.3.2.1　播种时间

播种时间与大田生产一致，或适当调整不同材料的播期以使植株接种期和发病期能够与适宜的气候条件(湿度与温度)相遇。冬性材料按当地气候正常秋播，弱冬性材料晚秋播，春性材料顶凌春播。

4.3.2.2　播种方式及播种量

采用人工开沟条播方式。每份材料播种 1 行，每隔 20 份鉴定材料播种 1 行感病对照品种铭贤 169，鉴定材料每行均匀播种 100 粒；诱发行按每 100 cm 行长均匀播种 100 粒。

4.4　接种

4.4.1　接种期

小麦叶锈病抗性鉴定接种期为小麦拔节期，选择晴朗无风天的傍晚进行。

4.4.2　接种方法

采用夏孢子悬浮液喷雾法、喷(撒)粉法或注射法接种诱发行，利用诱发行发病后产生的夏孢子再传播侵染鉴定材料。根据鉴定需要选择单小种或混合小种。具体操作是将所选生理小种的夏孢子粉用数滴 0.05%的 Tween 20 水溶液调成糊状，按 2 g 孢子∶1 000 mL 水的比例稀释成夏孢子悬浮液。诱发行每隔 500 cm 设 100 cm 长的接种段，用手持式喷雾器将夏孢子悬浮液均匀喷洒在接种段的小麦叶片上，之后速覆盖塑料薄膜，四周用土压严，次日清晨揭去薄膜。

注射法。此法多用于麦苗有一定生长高度的拔节期。接种前，应配制好孢子悬浮液(配制方法同喷雾法)，一般在诱发行上每隔 100 cm 左右选取 3 个～5 个单茎分别注射接种。其方法是用注射器将孢子悬浮液从小麦心叶与其下的展开叶叶鞘相接处以下约 1 cm 处注射，针头宜向下倾斜刺入，但不要刺穿，推进少量悬浮液，以见到心叶处冒出水珠为度。孢子悬浮液必须随用随搅拌或振荡。田间接种注射最好在阴天的傍晚进行。如天气干旱，接种后在接种点上浇水 1 次～2 次，也可以在接种前或接种后适当灌水。

再次接种时，间隔 3 d～5 d，并选择诱发行不同的接种段接种。

4.5　接种前后田间管理

在接种前 6 d～7 d 应先进行田间灌溉，或在雨后接种；接种后若遇持续干旱，应及时进行田间浇灌，不施用任何杀菌剂。

5　病情调查

5.1　调查时间

在小麦进入乳熟期进行调查。

5.2 调查方法及项目

调查时每份材料随机抽样 50 片叶(主要为旗叶),逐叶进行调查,记载严重度、侵染型,计算普遍率、平均严重度和病情指数,调查 2 次,间隔 10 d。

5.3 发病程度记载及标准

5.3.1 侵染型记载及标准

小麦成株期病斑侵染型按 0、;、1、2、3、4 六个类型划分,苗期病斑侵染型可按 0、;、1、2、X、Y、Z、3、4 九个类型划分,其划分标准见表 1,各类型可附加"+"或"-"号,以表示偏重或偏轻,用以表示小麦品种抗锈程度。根据各级侵染型的症状描述,逐叶调查记载侵染型。

表 1 小麦叶锈病侵染型级别及其症状描述

侵染型	症 状 描 述
0	无症状
;	产生枯死斑点或失绿反应,不产生夏孢子堆
1	夏孢子堆很小,数量很少,常不破裂,周围有枯死反应
2	夏孢子堆小到中等,周围有失绿反应
X	不同大小的夏孢子堆随机分布
Y	不同大小的夏孢子堆规则排列,大夏孢子堆排列在叶尖
Z	不同大小的夏孢子堆规则排列,大夏孢子堆排列在叶基
3	夏孢子堆中等大小,周围组织无枯死反应,但有轻微失绿现象
4	夏孢子堆大而多,周围组织无枯死或褪绿反应
注:侵染型级别经常用如下符号进行精细划分,即"-":夏孢子堆较正常侵染型夏孢子堆略小;"+":夏孢子堆较正常侵染型夏孢子堆略大;"C":褪绿较正常侵染型多;"N":坏死较正常侵染型多。在单个叶片上有几种侵染型时可用","隔开,主要侵染型记录在前,如 4,;或者 2=,2+或者 1,3 C 等。	

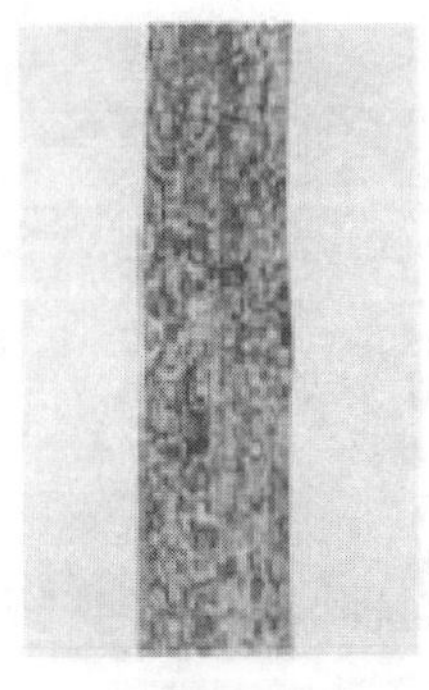
高抗(HR)

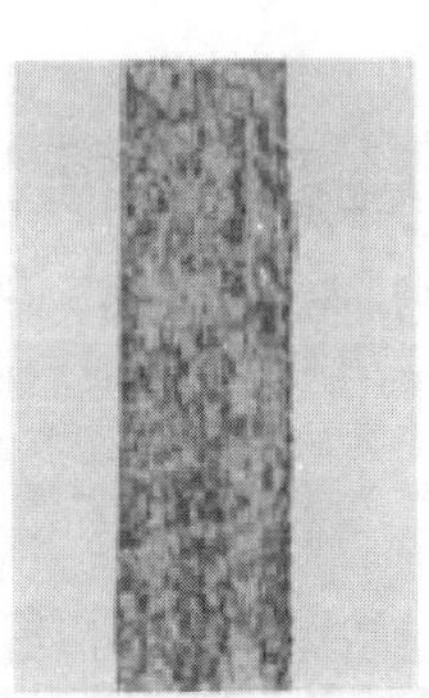
中抗(MR)

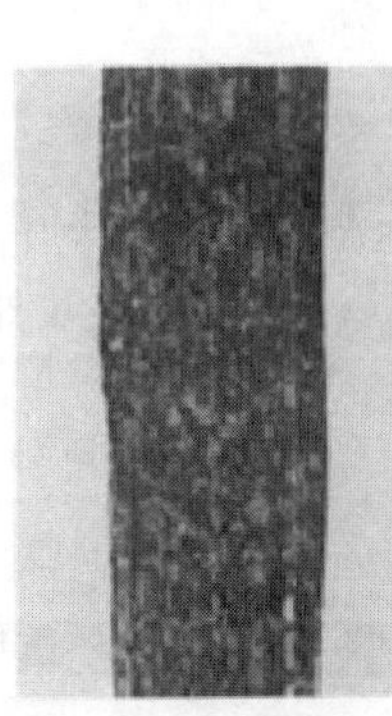
中感(MS)

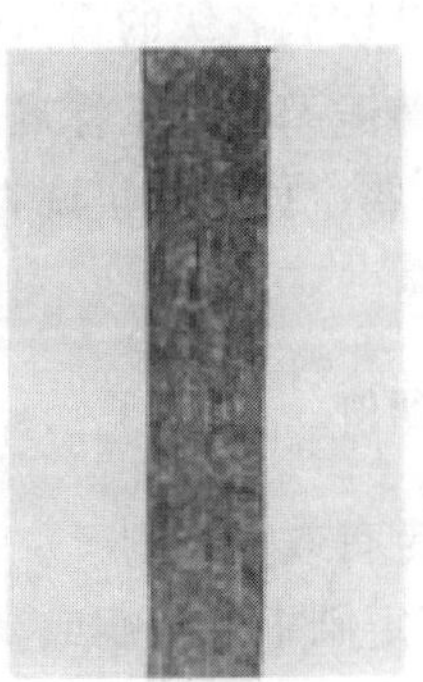
高感(HS)

图 2 小麦叶锈病成株期侵染型分级图

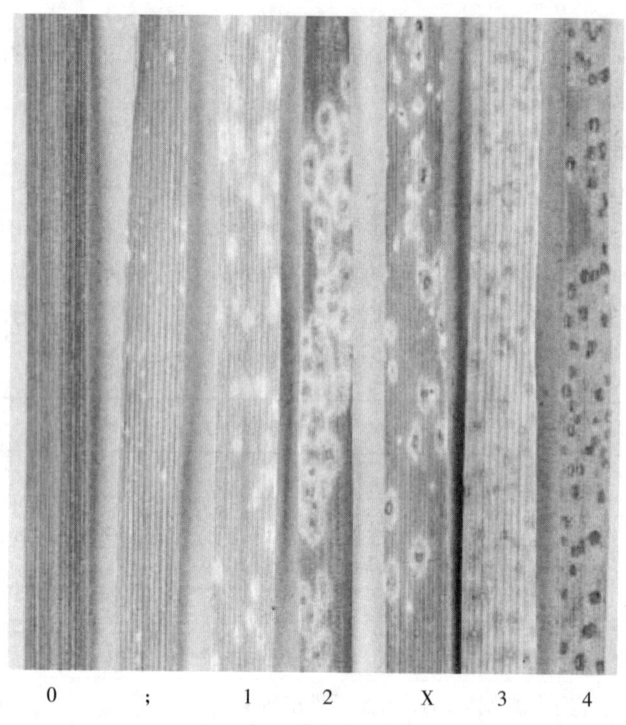

图3　小麦叶锈病苗期侵染型分级图

5.3.2　严重度记载及标准

严重度用分级法表示，设1%、5%、10%、20%、40%、60%、80%、100%八级。调查时每份材料随机抽样调查50片叶，记载严重度，计算平均严重度。

$$\bar{S}(\%) = \sum_{i=1}^{n}(X_i \cdot S_i) / \sum_{i=1}^{n} X_i$$

其中，$\bar{S}$为平均严重度，i为病级数(1～n)，X_i为病情为i级的单元数，S_i为病情为i级的严重度值(如小麦叶锈病各级的百分数)。

5.3.3　普遍率记载及标准

每一鉴定材料随机调查50片叶，计数发病叶片数，计算普遍率。

普遍率(%)=(发病叶片数/调查总叶片数)×100%

6　抗性评价

6.1　鉴定有效性判别

当鉴定圃中的感病或高感对照品种发病严重度达到60%以上时，该批次抗叶锈病鉴定视为有效。

6.2　重复鉴定

初次鉴定中表现为免疫、高抗、中抗的材料，次年需用相同的病原菌进行重复鉴定。

6.3　抗性评价标准

依据鉴定材料发病程度(病情指数和侵染型)确定其对叶锈病的抗性水平，评价标准见表2。如果两年鉴定结果不一致，以抗性弱的发病程度为准。若一个鉴定群体中出现明显的抗、感类型差异，应在调查表中注明“抗性分离”，其比例以“/ ”隔开。

表 2　小麦对叶锈病抗性评价标准

侵染型	病情指数	抗性评价
0	—	免疫 Immune(I)
;	—	近免疫 Nearly immune(NIM)
1	—	高抗 Highly Resistant(HR)
2	—	中抗 Moderately resistant(MR)
3～4	≤30	慢锈 Slow rusting(SR)
3	>30	中感 Moderately susceptible(MS)
4	>30	高感 Highly Susceptible(HS)

7　鉴定记载表格

小麦抗叶锈病鉴定原始记录及结果记载表格见附录 B。

附 录 A
（资料性附录）
小麦叶锈病病原菌和生理小种

A.1 学名和形态描述

小麦隐匿柄锈菌 *Puccinia triticina*（=*P. recondita* Roberge ex Desmaz. f. sp. *tritici*）异名：*Puccinia triticina* Eriks.、*Puccinia tritici-duri* Viennot-Bourgin。

属真菌界（Fungi）、担子菌（亚）门（Basidiomycota）、锈菌纲（Urediniomycetes）、柄锈菌科（Pucciniaceae）、柄锈菌属（*Puccinia*）。小麦叶锈病菌是转主寄主的长生活史型锈菌，唐松草、小乌头是叶锈病菌的转主寄主。夏孢子单胞，球形至近球形，黄褐色，表面具细刺，有散生发芽孔 6 个～8 个，大小 18 μm～29 μm×17 μm～22 μm；冬孢子双胞，棒状，顶平，柄短暗褐色，大小 39 μm～57 μm×15 μm～18 μm。冬孢子萌发时产生 4 个担孢子，侵染转主寄主，产生锈子器和性子器。性子器橙黄色，球形至扁球形，直径 80 μm～145 μm，埋生在寄主表皮下，产生橙黄色椭圆形性孢子。锈子器生在对应的叶背病斑处，能产生链状球形锈孢子，大小 16 μm～26 μm×16 μm～20 μm。

A.2 生理小种鉴定方法

A.2.1 采用的鉴别寄主

生理小种鉴别寄主采用以 Thacher 为背景的分别含有 *Lr* 1、*Lr* 2*a*、*Lr* 2*c*、*Lr* 3、*Lr* 3*ka*、*Lr* 9、*Lr* 11、*Lr* 16、*Lr* 17、*Lr* 24、*Lr* 26、*Lr* 30 共 12 个抗病基因的小麦材料。

A.2.2 叶锈菌生理小种密码命名系统

参照北美小麦叶锈菌生理小种密码命名系统进行命名（表 A.1）。

表 A.1 叶锈菌生理小种密码命名系统

		在抗叶锈病近等基因系上的侵染型			
	第 1 套鉴别寄主	1	2a	2c	3
	第 2 套鉴别寄主	9	16	24	26
	第 3 套鉴别寄主	3Ka	11	17	30
密码					
B		L	L	L	L
C		L	L	L	H
D		L	L	H	L
F		L	L	H	H
G		L	H	L	L
H		L	H	L	H
J		L	H	H	L
K		L	H	H	H
L		H	L	L	L
M		H	L	L	H

表 A.1（续）

密码	在抗叶锈病近等基因系上的侵染型			
第 1 套鉴别寄主	1	2a	2c	3
第 2 套鉴别寄主	9	16	24	26
第 3 套鉴别寄主	3Ka	11	17	30
N	H	L	H	L
P	H	L	H	H
Q	H	H	L	L
R	H	H	R	H
S	H	H	H	R
T	H	H	H	H

注：叶锈菌生理小种名称由在第 1 套、第 2 套和第 3 套鉴别寄主上侵染型的代码组成。“L”表示抗病侵染型(0～Z)；“H”表示感病侵染型(3～4)。

A.2.3 生理小种命名

根据在鉴别寄主上接种后的病斑类型确定抗性反应，以叶锈菌密码系统对生理小种进行命名(表 A.2)。

表 A.2 小麦叶锈病病原菌生理小种鉴别

生理小种名称	抗性基因侵染型												毒力公式(有效抗病基因/无效抗病基因)
	Lr 1	*Lr* 2 *a*	*Lr* 2 *c*	*Lr* 3	*Lr* 9	*Lr* 16	*Lr* 24	*Lr* 26	*Lr* 3 *Ka*	*Lr* 11	*Lr* 17	*Lr* 30	
THT	H	H	H	H	L	H	L	H	H	H	H	H	9,24/1,2a,2c,3,16,26,3Ka,11,17,30

附　录　B
(规范性附录)

表 B ______年小麦品种(系)抗叶锈病鉴定原始记录及结果记载表

编号	品种名称	来　源	病情级别													鉴定结果
			侵染型	严重度(%)									普遍率(%)			病情指数	
				1	5	10	20	40	60	80	100	平均	调查发病叶片数	调查总叶片数	平均		

注 1:鉴定地点__________________　　地势__________________

注 2:接种病原菌分离物编号__________________　　生理小种类型__________________

注 3:接种日期__________________　　调查日期__________________

注 4:播种日期__________________

注 5:海拔高度__________________m　　经度__________　　纬度__________

鉴定技术负责人(签字):

本部分起草单位:中国农业科学院植物保护研究所。

本部分主要起草人:陈万权、刘太国、陈巨莲、徐世昌。

中华人民共和国农业行业标准

NY/T 1443.3—2007

小麦抗病虫性评价技术规范 第3部分:小麦抗秆锈病评价技术规范

Rules for Resistance Evaluation of Wheat to Diseases and Insect Pests
Part 3: Rule for Resistance Evaluation of Wheat to Stem Rust
[*Puccinia graminis* (Pers.) f. sp. *tritici* Eriks. et Henn.]

1 范围

本标准规定了小麦抗秆锈病鉴定技术和抗性评价方法。

本标准适用于普通小麦(包括选育品种/系、地方品种、特殊遗传材料、近等基因系、重组自交系、DH群体)、杂交小麦、转基因小麦、其他栽培小麦种、野生小麦、小麦野生近缘种对小麦秆锈病抗性的田间鉴定和评价。

2 术语和定义

下列术语和定义适用于本标准。

2.1

抗病性 disease resistance

植物体所具有的能够减轻或克服病原物致病作用的可遗传性状。

2.2

慢锈性 slow rusting

在适于病害发生的环境条件下,寄主植物和病原物相互作用表现侵染型为3型～4型的感病反应,但田间病害发展速度相对较慢,终期病情指数低于30。

2.3

致病性 pathogenicity

病原物所具有的破坏寄主和引起病变的能力。

2.4

人工接种 artificial inoculation

在适宜条件下,通过人工操作将接种体放于植物体感病部位并使之发病的过程。

2.5

病情级别 disease rating scale

植物个体或群体发病程度的数值化描述。

2.6

抗性评价 evaluation of resistance

根据采用的技术标准判别寄主植物对特定病虫害反应程度和抵抗水平的描述。

中华人民共和国农业部 2007-01-14 发布　　2007-12-01 实施

2.7

分离物 isolate

采用人工方法从植物发病部位获得的在特定环境条件下培养的病原物。

2.8

接种体 inoculum

能够侵染寄主并引起病害的病原体。

2.9

生理小种 physiological race

病原菌种、变种或专化型内的分类单位，各生理小种之间形态上无差异，但对具有不同抗病基因的鉴别品种的致病力存在差异。

2.10

鉴别寄主 differential host

用于鉴定和区分特定病原菌生理小种或菌系的一套带有不同抗性基因的寄主品种。

2.11

普遍率 incidence

或称发病率，发病植物体单元数占调查植物体单元总数的百分率，用以表示发病的普遍程度。在本标准中，植物体单元为叶片。

2.12

严重度 severity

发病植物单元上发病面积或体积占该单元总面积或总体积的百分率，亦可用分级法表示，即将发病的严重程度由轻到重划分出几个级别，分别用一些代表值表示，说明病害发生的严重程度。

2.13

病情指数 disease index

全面考虑发病率与严重度两者的综合指标。当严重度用分级代表值表示时，病情指数计算公式：

$$DI = \sum_{i=0}^{n}(X_i \cdot S_i) / \sum_{i=0}^{n}(X_i \cdot S_{max}) \times 100$$

其中，DI 为病情指数，i 为病级数(0～n)，X_i 为 i 级的单元数，S_i 为 i 级严重度的代表值，S_{max} 为严重度最高级值，$\sum$ 为累加符号，从 0 级(无病单位)开始累加。

当严重度用百分率表示时，则用以下公式计算：

$$DI = I \times \overline{S} \times 100$$

其中，I 为普通率，$\overline{S}$ 为平均严重度。

2.14

侵染型 infection type

根据小麦过敏性坏死反应有无和其强度划分的病斑类型，用以表示小麦品种抗条锈病程度，按 0、;、1、2、3、4 六个类型记载，各类型可附加"＋"或"－"号，以表示偏重或偏轻。

2.15

潜育期 latent period

病原菌侵染小麦建立寄生关系后到被接种小麦表现症状之前的这一时期称为潜育期。

2.16

小麦秆锈病 wheat stem rust

由小麦秆锈病菌 *Puccinia graminis*(Pers.)f. sp. *tritici* Eriks. et Henn. 引起的以茎秆或叶片上产生铁锈状病斑症状的小麦病害。成株期小麦秆锈病主要发生在叶鞘和茎秆上，也为害叶片和穗部。夏孢子堆大，长椭圆形，深褐色或褐黄色，排列不规则，散生，常连接成大斑，成熟后表皮易破裂，表皮大片开裂且向外翻成唇状，散出大量锈褐色粉末，即夏孢子。小麦成熟时，在夏孢子堆及其附近出现黑色椭圆至长条形冬孢子堆，后期表皮破裂，散出黑色粉末状物，即冬孢子。

3 病原物接种体制备

3.1 小麦秆锈菌分离

采集具有典型秆锈病病斑的小麦发病茎秆或叶片置于铺有滤纸的培养皿中，平展叶片或茎秆，浸泡16 h～24 h，用刀片刮取发病病斑，将刮下的夏孢子涂抹于感病品种 McNair701(Little Club 或铭贤 169)叶片上，用清水均匀喷雾，置于 15℃～24℃的保湿间内黑暗保湿18 h～24 h，15 d～17 d 后观察是否发病，获得分离物。分离物经形态学鉴定确认为 *Puccinia graminis*(Pers.)f. sp. *tritici* Eriks. et Henn. 后，进行单孢(堆)纯化，致病性测定后，扩繁保存备用。

3.2 小麦秆锈菌分离菌株的生理小种鉴定

将用于抗性鉴定接种的分离物首先进行生理小种鉴定。生理小种鉴别寄主采用一套国际标准鉴别寄主、国内辅助鉴别寄主及含有 *Sr* 5、*Sr* 6、*Sr* 7 *b*、*Sr* 8 *a*、*Sr* 9 *b*、*Sr* 9 *e*、*Sr* 9 *g*、*Sr* 11、*Sr* 17、*Sr* 21、*Sr* 30 和 *Sr* 36 的 12 个单基因系，根据秆锈菌与鉴别寄主相互作用产生的抗病或感病模式，划分出不同的生理小种或致病类型(见附录 A.2)。

3.3 小麦秆锈菌繁殖和保存

3.3.1 育苗

秆锈菌夏孢子在 McNair701(Little Club 或铭贤 169)上繁殖。即选用直径为 10 cm，高度为 10 cm 的花盆，装富含有机质的土壤，每盆播种 20 粒～25 粒健康饱满感病品种 McNair701(Little Club 或铭贤169)，覆土 1 cm，将育苗钵置于盛水的育苗盘内，使水从育苗钵底部缓慢吸收至土表完全湿润，移出，置于 15℃～20℃温室内培养 6 d～8 d，待用。

3.3.2 接种

接种在操作台(或接种间)内进行。首先用喷雾法净化空气，再用 75%的乙醇对操作台(接种间)、接种针和手进行消毒。将待接种幼苗放在操作台(接种间)上，在幼苗转移时要套袋或采取其他措施防止空气中的孢子污染；写标签，记录接种日期及接种的菌种编号；用手蘸取小麦秆锈菌夏孢子(或者从标样保湿后刮取少量夏孢子)，接种到无菌苗的第一叶片上。

3.3.3 保湿

将接种后的幼苗置于保湿桶中，用清水喷雾，使叶片表面附着一层水膜，密封，15℃～24℃黑暗条件下保湿 24 h。

3.3.4 菌种繁殖

菌种繁殖分为初繁和扩繁。

初繁：待无菌苗 McNair701(Little Club 或铭贤 169)第一叶片全部展开后，从液氮中取出装有菌种的安瓿瓶，在 40℃温水中活化 5 min～7 min，之后打开安瓿瓶，置于盛有湿润滤纸的培养皿中(相对湿度大于 50%)于(20±5)℃黑暗条件下水化 10 h～12 h。

涂抹法：此法主要在繁殖少量菌种或接种少量鉴定材料时应用。从指形管中取出少许秆锈菌夏孢子放在洁净的毛玻璃上，用滴管加入少量水，用接种针将秆锈菌孢子与水拌匀备用。另外，用洁净的手指蘸清水或 0.05%吐温 20(Tween 20)水溶液将麦苗的叶片摩擦数次，去掉叶片表面的蜡质和茸毛，以利于菌液吸附于叶面上。用消毒过的接种针蘸上调制好的孢子悬浮液，涂抹于麦叶下表面，插标签，记录接种日期及所用菌种。接种后把麦苗随即放入保湿桶中，再用清水喷雾，使麦苗和保湿桶的内壁沾满雾滴即可，喷雾不能过量。喷雾后，马上盖严塑料薄膜或玻璃，保湿桶置于(20±5)℃黑暗条件下保湿18 h～24 h。

在接种不同生理小种时，接种用的一切用具都要先行消毒，防止可能发生的污染。

扩繁：可采用涂抹法、扫抹法、喷(撒)粉法或喷雾法接种。

扫抹法：先将一叶期的 McNair701(Little Club 或铭贤 169)置于接种桶内，用 0.05%的 Tween20 水溶液叶面喷雾，然后将发病幼苗倒置，使发病叶片在接种桶内的无菌苗叶片上扫抹 3 次～5 次，再用 0.05%的 Tween20 水溶液喷雾，使叶片表面附着一层均匀的雾滴，密封，置于(20±5)℃黑暗条件下保湿 18 h～24 h。

喷(撒)粉法：小喷粉器(或用双层纱布封口的玻璃试管)经消毒、干燥后，按 20～30＋1 比例均匀混合干燥滑石粉与秆锈菌夏孢子。接种前，用手蘸清水将叶片拂擦数次，以去掉叶片蜡质，用喷雾器在麦苗上均匀喷上雾滴，随即用喷粉器(或用双层纱布封口的玻璃试管)将上述稀释的夏孢子粉均匀地喷洒(或抖落)到叶片上，再用喷雾器喷雾，随即放入保湿桶中，盖上塑料薄膜，置于(20±5)℃黑暗条件下保湿 18 h～24 h。

喷雾法：用小型喷雾器将制备好的孢子悬浮液(取秆锈菌夏孢子置于小烧杯内，先用少量清水湿润后，搅成糊状，按照 2g 孢子：1 000 mL 比例加入水，转移至喷雾器内；或按 10 mg 夏孢子：1 mL 无毒轻量矿物油- Soltrol® 170 的比例稀释成夏孢子悬浮液)喷在已去除蜡质的麦苗上，自然干燥15 min～30 min然后将麦苗放于保湿桶内，置于(20±5)℃黑暗条件下保湿 18 h～24 h。

喷(撒)粉法及喷雾法适于对大量材料的接种鉴定。

3.3.5 潜育发病

取出保湿的幼苗，置于可控制温度和光照的温室内潜育发病，保持昼温 25℃～30℃，夜温 18℃～25℃；光照强度 6 000 Lux～10 000 Lux，光照时间 16 h。待叶片现斑时(接种后约 7 d)，剪去心叶，加玻璃罩隔离保存。接种后约 12 d～15 d，夏孢子即可成熟，待用。

3.3.6 菌种收集

空气净化和器具消毒操作同 3.3.2，轻取产孢麦苗，小心横放，用接种针轻轻抖动其叶片，使菌种散落到玻璃罩内，移去麦苗，再轻敲玻璃罩，将菌种集中，装入指形管。

3.3.7 菌种保藏

根据待用时间的长短，菌种保藏可分短期保藏和长期保藏。

3.3.7.1 短期保藏

当菌种在 5 d～6 d 内使用时可短期保藏。将装菌种的指形管放入盛有变色硅胶的干燥器内，置于 0℃～5℃冰箱中。

3.3.7.2 长期保藏

当菌种将在第二年或更长时间后使用时可采用长期保藏。将菌种置于盛有变色硅胶的干燥器内，放在 0℃～5℃冰箱中干燥 5 d～6 d，移至安瓿管中，抽真空 30 min，封管，置于液氮或－80℃超低温冰箱中。

4 田间抗性鉴定

田间抗性鉴定在鉴定圃内进行。

4.1 鉴定圃选址

鉴定圃应设置在小麦秆锈病适发区，选择具备良好的自然发病环境和灌溉条件、地势平坦、土壤肥沃的地块。

4.2 鉴定感病对照品种和诱发行品种选择

鉴定感病对照品种和诱发行品种均采用铭贤 169。

4.3 鉴定圃田间配置及大田播种

4.3.1 田间配置

采用开畦条播、等行距配置方式。畦埂宽 50 cm,畦宽 250 cm,畦长视地形、地势而定;距畦埂 125 cm处顺畦种 1 行诱发行,在诱发行两侧 20 cm 横向种植鉴定材料,行长 100 cm,行距 33 cm,重复 1 次~3 次,顺序排列,编号,鉴定圃四周设 100 cm 宽的保护区。

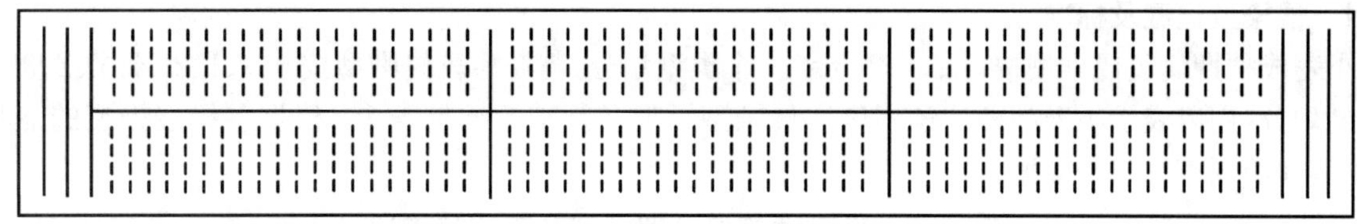

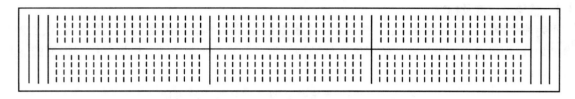

说明:□:矩形框表示畦埂;

——:实线表示诱发行和对照品种;

⋯⋯:表示鉴定材料。

图 1 鉴定圃田间配置示意图

4.3.2 播种

4.3.2.1 播种时间

播种时间与大田生产一致,或适当调整不同材料的播期以使植株接种期和发病期能够与适宜的气候条件(湿度与温度)相遇。冬性材料按当地气候正常秋播,弱冬性材料晚秋播,春性材料顶凌春播。

4.3.2.2 播种方式及播种量

采用人工开沟条播方式。每份材料播种 1 行,每隔 20 份鉴定材料播种 1 行感病对照品种铭贤 169,鉴定材料每行均匀播种 100 粒;诱发行按每 100 cm 行长均匀播种 100 粒。

4.4 接种

4.4.1 接种期

小麦秆锈病抗性鉴定接种期为小麦孕穗期,选择晴朗无风天的傍晚进行。

4.4.2 接种方法

采用夏孢子悬浮液喷雾法、喷(撒)粉法或注射法接种诱发行,利用诱发行发病后产生的夏孢子再传播侵染鉴定材料。根据鉴定需要选择单小种或混合小种。具体操作是将所选生理小种的夏孢子粉用数滴 0.05%的 Tween 20 水溶液调成糊状,按 2 g 孢子+1 000 mL 水的比例稀释成夏孢子悬浮液。诱发行每隔 500 cm 设 100 cm 长的接种段,用手持式喷雾器将夏孢子悬浮液均匀喷洒在接种段的小麦叶片上,之后速覆盖塑料薄膜,四周用土压严,次日清晨揭去薄膜。

注射法。此法多用于麦苗有一定生长高度的拔节期或孕穗期。接种前,应配制好孢子悬浮液,配制同喷雾法,一般在诱发行上每隔 100 cm 左右选取 10 个~20 个单茎分别注射接种。其方法是用注射器将孢子悬浮液从小麦心叶与其下的展开叶叶鞘相接处以下约 1 cm 处注射,针头宜向下倾斜刺入,但不要刺穿,挤压少量悬浮液,以见到心叶处冒出水珠为度。孢子悬浮液必须随用随搅拌或震荡。田间接种注射最好在阴天的傍晚进行。如天气干旱,接种后在接种点上浇水 1 次~2 次,也可以在接种前或接种后适当灌水。

再次接种时,间隔 3 d~5 d,选择诱发行不同的接种段接种。

4.5 接种前后田间管理

在接种前 6 d~7 d 应先进行田间灌溉,或在雨后接种;接种后若遇持续干旱,应及时进行田间浇灌,不施用任何杀菌剂。

5 病情调查

5.1 调查时间

在小麦进入乳熟期至腊熟期进行调查。

5.2 调查方法

调查时每份材料随机抽样 50 茎，逐茎进行调查，记载严重度、侵染型，计算普遍率、平均严重度和病情指数，调查 2 次，间隔 10 d。

5.3 发病程度记载及标准

5.3.1 侵染型记载及标准

小麦成株期病斑侵染型按 0、;、1、2、3、4 六个类型划分，苗期病斑侵染型按 0、;、1、2、X、Y、Z、3、4 九个类型划分，用以表示小麦品种抗锈程度。侵染型类型及判别标准见表 1。根据各级侵染型的症状描述，逐茎（叶）调查记载侵染型。

表 1 小麦秆锈病侵染型级别及其症状描述

侵染型	症 状 描 述
0	无夏孢子或者较大的侵染点
;	无夏孢子，但存在不同大小的过敏性坏死斑或者褪绿斑
1	夏孢子堆小，周围有枯死反应
2	夏孢子堆小到中等，周围有失绿或坏死反应
X	纯培养物接种时不同大小的夏孢子堆在单个叶片上随机分布
Y	不同大小的夏孢子堆规则排列，大夏孢子堆排列在叶尖
Z	不同大小的夏孢子堆规则排列，大夏孢子堆排列在叶基部
3	夏孢子堆中等大小，周围组织褪绿但很少枯死
4	夏孢子堆大而多，周围组织无褪绿或枯死反应

注：侵染型级别经常用如下符号进行精细划分，即“－”：夏孢子堆较正常侵染型夏孢子堆略小；“＋”：夏孢子堆较正常侵染型夏孢子堆略大；“C”：褪绿较正常侵染型多；“N”：坏死较正常侵染型多。在单个叶片（茎秆）上有几种侵染型时可用“，”隔开，主要侵染型记录在前，如 4，;或者 2＝，2＋或者 1，3C 等。

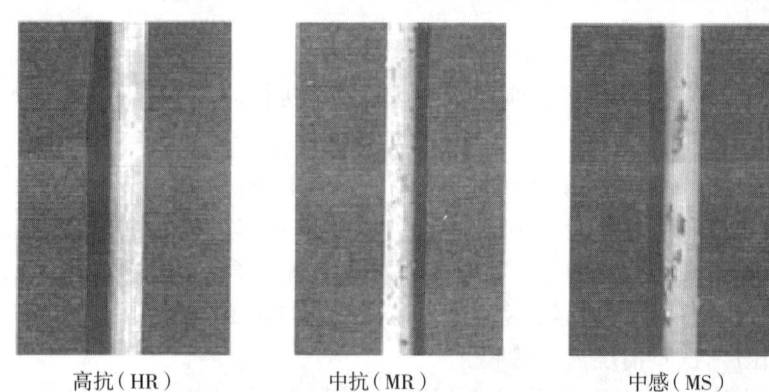
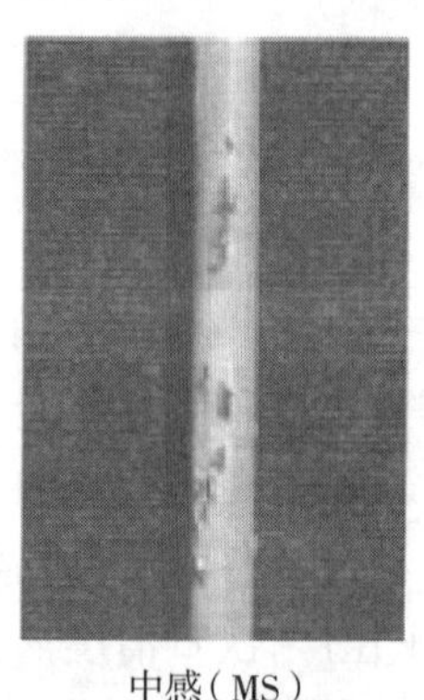
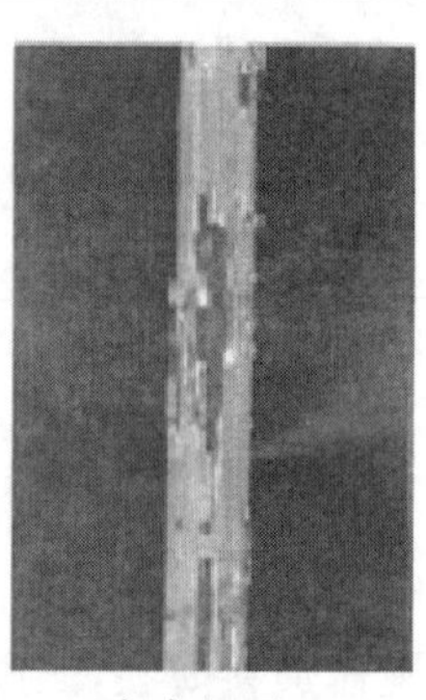

高抗（HR）　中抗（MR）　中感（MS）　高感（HS）

图 2 小麦秆锈病成株期侵染型分级图

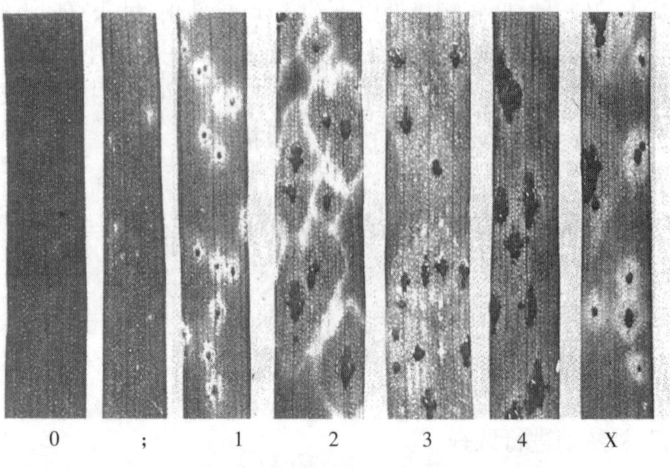

0　;　1　2　3　4　X

图 3 小麦秆锈病苗期侵染型分级图

5.3.2 严重度记载及标准

严重度用分级法表示，设1%、5%、10%、20%、40%、60%、80%、100%八级。调查时每份材料随机抽样调查50株小麦，计算平均严重度。

$$\overline{S}(\%) = \sum_{i=1}^{n}(X_i \cdot S_i) / \sum_{i=1}^{n} X_i$$

其中，$\overline{S}$ 为平均严重度，i 为病级数(1～n)，X_i 为病情为 i 级的单元数，S_i 为病情为 i 级的严重度值(如小麦秆锈病各级的百分数)。

5.3.3 普遍率记载及标准

每一鉴定材料随机调查50株，计数发病茎秆数，计算普遍率。

普遍率(%)=(发病茎数/调查总茎数)×100%

6 抗性评价

6.1 鉴定有效性判别

当鉴定圃中的感病或高感对照品种发病严重度达到60%以上时，该批次抗秆锈病鉴定视为有效。

6.2 重复鉴定

初次鉴定中表现为高抗、中抗的材料，次年需用相同的病原菌进行重复鉴定。

6.3 抗性评价标准

依据鉴定材料发病程度(病情指数和侵染型)确定其对条锈病的抗性水平，评价标准见表2。如果两年鉴定结果不一致，以抗性弱的发病程度为准。若一个鉴定群体中出现明显的抗、感类型差异，应在调查表中注明"抗性分离"，其比例以"/"隔开。

表2 小麦对秆锈病抗性评价标准

侵染型	病情指数	抗性评价
0	—	免疫 Immune(IM)
;	—	近免疫 Nearly immune(NIM)
1	—	高抗 Highly Resistant(HR)
2	—	中抗 Moderately resistant(MR)
3～4	≤30	慢锈 Slow rusting(SR)
3	>30	中感 Moderately susceptible(MS)
4	>30	高感 Highly Susceptible(HS)

7 鉴定记载表格

小麦抗秆锈病鉴定原始记录及结果记载表格见附录B。

附 录 A
(资料性附录)
小麦秆锈病病原菌和生理小种

A.1 学名和形态描述

小麦秆锈菌是禾柄锈菌小麦变种 *Puccinia graminis*(Pers.)f. sp. *tritici* Eriks. et Henn. ,属真菌界(Fungi)、担子菌(亚)门(Basidiomycota)、锈菌纲(Urediniomycetes)、柄锈菌科(Puccinaceae)、柄锈菌属(*Puccinia*)。菌丝丝状,有分隔,寄生在小麦细胞间隙,在小麦上产生夏孢子和冬孢子。夏孢子单胞,椭圆形,暗橙黄色,大小 17 μm～47 μm×14 μm～22 μm,表面生有棘状突起,中腰部有发芽孔 4 个。冬孢子双胞,棍棒形至纺锤形,大小 35 μm～65 μm×11 μm～22 μm,顶端壁略厚,圆形或稍尖,柄长。该菌可产生 5 种不同类型的孢子。冬孢子萌发产生小孢子,小孢子为害转主寄主小檗,且在小檗叶片正面形成性孢子器及性孢子,在叶背面产生锈子器和锈孢子。小麦秆锈菌致病性有生理分化现象,目前我国已命名 40 多个生理小种,其中 21C3CKR、21C3CKH、21C3CTR 为优势致病类型。

A.2 生理小种鉴定方法

A.2.1 鉴别寄主

小麦秆锈菌生理小种鉴别寄主采用国际标准鉴别寄主、国内辅助鉴别寄主及含有 *Sr* 5 、*Sr* 6 、*Sr* 7 *b*、*Sr* 8 *a*、*Sr* 9 *b*、*Sr* 9 *e*、*Sr* 9 *g*、*Sr* 11 、*Sr* 17 、*Sr* 21 、*Sr* 30 和 *Sr* 36 的 12 个单基因系。开放式鉴别寄主包括:爱因亢(Einkorn)、免字 52、明尼 2761(Minnesota 2761)、华东 6 号、如罗(Rulofen)、欧柔(Orofen)。根据秆锈菌与鉴别寄主相互作用产生的抗病或感病模式,划分出不同的生理小种或致病类型。

A.2.2 命名系统

小种命名采用复合命名法(表 A.1)。

表 A.1 中国小麦秆锈菌生理小种类群在鉴别寄主幼苗上的侵染型

生理小种及致病类型	鉴别寄主及 Sr 单基因系																	
	Ein.	52	2761	H6	Rul.	Oro.	5	21	9e	7b	11	6	8a	9g	36	9b	30	17
21C3CKH	L	H	L	H	L	L	L	L	L	H	L	H	H	H	L	H	L	H
21C3CKR	L	H	L	H	L	L	L	L	L	H	L	H	H	H	H	H	L	H
21C3CFH	L	H	L	H	L	L	L	L	L	H	L	L	H	H	L	H	L	H
21C3CFR	L	H	L	H	L	L	L	L	L	H	L	L	H	H	H	L	L	H
21C3CTH	L	H	L	H	L	L	L	L	L	H	H	H	H	H	L	H	L	H
21C3CTR	L	H	L	H	L	L	L	L	L	H	H	H	H	H	H	H	L	H
21C3CPH	L	H	L	H	L	L	L	L	L	H	H	L	H	H	L	H	L	H
21C3CPR	L	H	L	H	L	L	L	L	L	H	H	L	H	H	H	L	L	H
34MKH	L	L	L	L	L	L	H	L	L	H	L	H	H	H	L	H	L	H
34MKR	L	L	L	L	L	L	H	L	L	H	L	H	H	H	H	H	L	H
34MKG	L	L	L	L	L	L	H	L	L	H	L	H	H	H	L	H	L	L
34MFH	L	L	L	L	L	L	H	L	L	H	L	L	H	H	L	H	L	H

表 A.1（续）

生理小种及致病类型	鉴别寄主及 Sr 单基因系																
	Ein.	52	2761	H6	Rul.	Oro.	5	21	9e	7b	11	6	8a	9g	36	9b	30	17
34C1MKH	L	H	L	H	L	L	H	L	L	H	L	H	H	H	L	H	L	H
34C1MKR	L	H	L	H	L	L	H	L	L	H	L	H	H	H	H	H	L	H
34C1MFH	L	H	L	H	L	L	H	L	L	H	L	L	H	H	L	H	L	H
34C2MKH	L	H	H	H	L	L	H	L	L	H	L	H	H	H	L	H	L	H
34C2MKR	L	H	H	H	L	L	H	L	L	H	L	H	H	H	H	H	L	H
34C2MFH	L	H	H	H	L	L	H	L	L	H	L	L	H	H	L	H	L	H
34C2MFR	L	H	H	H	L	L	H	L	L	H	L	L	H	H	H	H	L	H
34C2MKK	L	H	H	H	L	L	H	L	L	H	L	L	H	H	L	H	H	H
116	L	H	L	L	L	L	L	L	H	H								
40	L	H	H	H	—	—	H	L	H	H								
注：“L”＝低侵染型，“H”＝高侵染型。																		

附 录 B
(规范性附录)

表 B ________年小麦品种(系)抗秆锈病鉴定原始记录及结果记载表

编 号	品种名称	来 源	病情级别														鉴定结果
			侵染型	严重度(%)									普遍率(%)			病情指数	
				1	5	10	20	40	60	80	100	平均	调查发病叶片数	调查总叶片数	平均		

注1:鉴定地点________ 地势________
注2:接种病原菌分离物编号________ 生理小种类型________
注3:接种日期________ 调查日期________
注4:播种日期________
注5:海拔高度________m 经度________ 纬度________

鉴定技术负责人(签字):

本部分起草单位:中国农业科学院植物保护研究所。
本部分主要起草人:陈万权、刘太国、陈巨莲、徐世昌。

中华人民共和国农业行业标准

NY/T 1443.4—2007

小麦抗病虫性评价技术规范 第4部分:小麦抗赤霉病评价技术规范

Rules for Resistance Evaluation of Wheat to Diseases and Insect Pests
Part 4: Rule for Resistance Evaluation of Wheat to Wheat Scab {*Fusarium graminearum* Schwabe [Teleomorph *Gibberella zeae* (Schwein) Petch]}

1 范围

本标准规定了小麦抗赤霉病鉴定技术和抗性评价方法。

本标准适用于普通小麦(包括选育品种/系、地方品种、特殊遗传材料、近等基因系、重组自交系、DH群体)、杂交小麦、转基因小麦、其他栽培小麦种、野生小麦、小麦野生近缘种对小麦赤霉病抗性的田间鉴定和评价。

2 术语和定义

下列术语和定义适用于本标准。

2.1

抗病性 disease resistance

植物体所具有的能够减轻或克服病原物致病作用的可遗传的性状。

2.2

抗侵入 resistance to penetration

植物形态、解剖或机能上具有阻止病原物侵入的能力,从而使寄主的发病率较低。

2.3

抗扩展 resistance to colonization

由于寄主植物内在因素存在,使病原物侵入后不能建立良好的寄生关系或病原物在寄主体内受到限制,不能正常生长发育。植物抗扩展的因素主要是特殊的组织结构、细胞壁的钙化作用或硅化作用及生理方面的营养物质状况和一些特殊的抗生物质来实现的。

2.4

抗性评价 evaluation of resistance

根据采用的技术标准判别寄主植物对特定病虫害反应程度和抵抗水平的描述。

2.5

致病性 pathogenicity

病原物所具有的破坏寄主和引起病变的能力。

2.6

人工接种 artificial inoculation

中华人民共和国农业部 2007-01-14 发布　　2007-12-01 实施

在适宜条件下，通过人工操作将接种体放于植物体感病部位并使之发病的过程。

2.7

病情级别　disease rating scale

人为定量植物个体或群体发病程度的数值化描述。

2.8

分离物　isolate

从发病部位通过人工培养、纯化、再接种和分离等方法获得的病原菌的培养物。

2.9

培养基　culture medium

可以使病原物生长的自然或人工配制的基质。

2.10

接种体　inoculum

能够侵染小麦并引起病害的病原体。

2.11

普遍率　prevalence

或称发病率，发病植物体单元数占调查植株体单元总数的百分率，用以表示发病的普遍程度。在本标准中，植物体单元为麦穗。

2.12

严重度　severity

是发病植物单元上发病面积或体积占该单元总面积或总体积的百分率，亦可用分级法表示，即将发病的严重程度由轻到重划分出几个级别，分别用一些代表值表示，说明病害发生的严重程度。

2.13

病情指数　disease index

全面考虑发病率与严重度两者的综合指标。当严重度用分级代表值表示时，病情指数计算公式：

$$DI = \sum_{i=0}^{n}(X_i \cdot S_i) / \sum_{i=0}^{n}(X_i \cdot S_{\max}) \times 100$$

其中，DI 为病情指数，i 为病级数(0～n)，X_i 为 i 级的单元数，S_i 为 i 级严重度的代表值，$S_{\max}$ 为严重度最高级值，$\sum$ 为累加符号，从 0 级(无病单位)开始累加。

当严重度用百分率表示时，则用以下公式计算：

$$DI = I \times \bar{S} \times 100$$

其中：I 为普遍率，$\bar{S}$ 为平均严重度。

2.14

小麦赤霉病　wheat scab

由禾谷镰孢 *Fusarium graminearum* Schwabe [teleomorph: *Gibberella zeae* (Schwein) Petch]所引起的穗部产生坏死和枯萎症状的小麦病害。

3　病原物接种体

3.1　接种菌株的分离

从发病麦穗上，切取病组织(颖、籽粒或穗轴等)，用 75%的乙醇表面消毒 3 min～5 min 后，于马铃薯蔗糖琼脂平板上进行培养，分离物经形态学鉴定后，通过分离物纯化及致病性测定，筛选强致病力菌株，冷藏保存备用，所用菌株需进行致病力测定。

3.2　小麦赤霉病菌接种体

接种所用分离物应为当地致病力强的分离物。接种体按土表接种或穗部滴注接种分为病麦粒接种体和分生孢子接种体 2 种。接种体的制备方法参见附录 A.2。

4 抗性鉴定圃设置

4.1 鉴定圃选址

鉴定圃应设置在小麦赤霉病适发区,选择具备良好的自然发病环境和灌溉条件、地势平坦、土壤肥沃的地块。鉴定圃内不施用任何杀菌剂。

4.2 鉴定对照品种和诱发行品种选择

抗病对照品种为苏麦 3 号、中抗对照品种为扬麦 158 和感病对照品种为安农 8455。

4.3 种植要求

播种时间与大田生产一致,或适当调整播期以使植株接种期和发病期能够与适宜的气候条件(湿度与温度)相遇。

鉴定材料顺序排列,重复 2 次,每 50 份～100 份鉴定材料设 1 组抗病、中抗和感病对照品种材料。

鉴定小区行长 100 cm～150 cm,行距 40 cm。每份鉴定材料种植 1 行。土壤肥力水平和耕作管理与大田生产相同。

4.4 接种

4.4.1 土表接种

4.4.1.1 接种期

小麦赤霉病土表接种期为小麦抽穗前 1 个月。

4.4.1.2 接种方法

将病麦粒均匀撒于鉴定圃的小麦行间,每 667 m^2 接种量为 4 kg。

土表接种后,应做好田间灌溉,保持土壤水分,以利于子囊壳形成。

4.4.2 穗部接种

4.4.2.1 接种期

穗部接种期为小麦扬花初期。

4.4.2.2 接种方法

在鉴定材料处于扬花初期(10%麦穗扬花)时,将 20 μL 稀释好的接种悬浮液注入麦穗中部的一个小花内,并对接种穗进行剪芒标记。每份材料至少接种 20 穗。

穗部接种应在阴天或傍晚进行,接种后若遇持续干旱,应及时进行田间浇灌,以满足病害发生所需条件。

5 病情调查

5.1 调查时间

病情于鉴定材料的乳熟中后期调查 1 次。

5.2 调查方法及项目

调查时观测记载每份鉴定材料群体的发病状况,根据病害症状描述,逐份材料进行调查,记载病情级别,调查项目按土表接种或穗部滴注接种,调查严重度,并分别计算病情指数和平均严重度。

5.3 发病程度记载及标准

5.3.1 土表接种条件下的普遍率和严重度记载及标准

5.3.1.1 调查方法

调查每份鉴定材料所有麦穗的病害发生的普遍率。根据病害症状描述,调查和记载每个发病穗的严重度。

5.3.1.2 病情分级

病情严重度分级及其对应的症状描述见表1。

表1 土表接种条件下小麦赤霉病严重度分级及其症状描述

严重度分级	症 状 描 述
0	无发病小穗
1	零星小穗发病，发病小穗占总小穗数的25.0%以下
2	发病小穗占总小穗数的25.0%～50.0%
3	发病小穗占总小穗数的51.1%～75.0%
4	发病小穗占总小穗数的75.1%以上

5.3.1.3 土表接种条件下的抗性评价

当鉴定圃中中抗对照材料病穗率达到25%以上，该批次抗赤霉病鉴定视为有效。依据鉴定材料发病程度(病情级别)确定其对赤霉病的抗性水平，抗性划分标准根据对照材料的鉴定结果(见表2)。

表2 土表接种条件下小麦对赤霉病抗性评价标准

病情指数	抗 性 评 价
$DI=0$	免疫 Immune(I)
$0<DI<DI_{CK\text{-}R}$	抗病 Resistant(R)
$DI_{CK\text{-}R}\leqslant DI<DI_{CK\text{-}MR}$	中抗 Moderately resistant(MR)
$DI_{CK\text{-}MR}\leqslant DI<DI_{CK\text{-}S}$	中感 Moderately susceptible(MS)
$DI>DI_{CK\text{-}S}$	感病 Susceptible(S)

注：DI：病情指数；$DI_{CK\text{-}R}$：抗病对照病情指数；$DI_{CK\text{-}MR}$：中抗对照病情指数；$DI_{CK\text{-}S}$：感病对照病情指数

5.3.2 穗部滴注接种条件下的严重度记载及标准

5.3.2.1 调查方法

调查每份鉴定材料所有接种穗小穗发病情况，根据病害症状描述，逐份材料进行调查并记载严重度。

5.3.2.2 病情分级

田间严重度分级及其对应的症状描述见表3。

表3 穗部接种条件下小麦赤霉病严重度分级及其症状描述

严重度分级	症 状 描 述
0	接种小穗无可见发病症状
1	仅接种小穗发病；或相邻的个别小穗发病，但病斑不扩展到穗轴
2	穗轴发病，发病小穗占总小穗数的1/4以下
3	穗轴发病，发病小穗占总小穗数的1/4～1/2
4	穗轴发病，发病小穗占总小穗数的1/2以上

5.3.2.3 穗部接种条件下的抗性评价

当鉴定圃中感病对照材料达到其相应感病程度(3级以上)时，该批次材料抗赤霉病鉴定视为有效。依据鉴定材料的病害发生平均严重度确定其对赤霉病的抗性水平，划分标准见表4。

表 4　穗部接种条件下小麦对赤霉病抗性评价标准

平均严重度	抗　性　评　价
0	免疫 Immune(I)
0<平均严重度<2.0	抗病 Resistant(R)
2.0≤平均严重度<3.0	中抗 Moderately resistant(MR)
2.0≤平均严重度<3.5	中感 Moderately susceptible(MS)
平均严重度≥3.5	感病 Susceptible(S)

6　抗性综合评价

6.1　抗性评价

依据鉴定材料土表和穗部接种条件下发病程度综合确定其对赤霉病的抗性水平，通常以最高级别(病情指数或平均严重度)为准。

6.2　重复鉴定

初次鉴定中表现为抗、中抗的材料，次年用相同的病原菌进行重复鉴定。当两年抗性鉴定结果不一致时，以记载的最高病情级别(病情指数或平均严重度)为准。

7　鉴定记载表格

小麦抗赤霉病鉴定原始记录及结果记载表格见附录 B。

附 录 A
(资料性附录)
小麦赤霉病病原菌

A.1 学名和形态描述

A.1.1 无性态

禾谷镰孢 *Fusarium graminearum* Schwabe

属真菌界(Fungi)、半知菌亚门(Deuteromycotina)、丝孢纲(Hyphomycetes)、丛梗孢目(Moniliales)、瘤座孢科(Tuberculaviaceae)、镰刀菌属(*Fusarium*)真菌。其大型分生孢子镰刀形,有隔膜3个~7个,顶端钝圆,基部足细胞明显,单个孢子无色,聚集在一起呈粉红色黏稠状。小型孢子很少产生。

A.1.2 有性态

玉蜀黍赤霉 *Gibberella zeae*(Schwein)Petch

属子囊菌亚门(Ascomycotina)、核菌纲(Pyrenomycetes)、肉座菌目(Hypocreales)、肉座菌科(Hypocreaceae),赤霉属(*Gibberella*)真菌。子囊壳散生或聚生于寄主组织表面,略包于子座中,梨形,有孔口,顶部呈疣状突起,紫红或紫蓝至紫黑色。子囊无色,棍棒状,大小100 μm~250 μm×15 μm~150 μm,内含8个子囊孢子。子囊孢子无色,纺锤形,两端钝圆,多为3个隔膜,16 μm~33 μm×3 μm~6 μm。

A.2 接种体的制备

A.2.1 病麦粒接种体制备

将麦粒在室温下浸泡24 h,沥干后,装入三角瓶中,在121℃下灭菌1 h,冷却后即制成麦粒培养基。将经PDA培养基平板活化培养的病菌接种于经高压灭菌的麦粒培养基,在23℃~25℃下黑暗培养20 d~25 d,菌丝布满麦粒后,将麦粒从三角瓶中取出,室温下晾干备用。

A.2.2 分生孢子接种体制备

称取一定量的绿豆,按绿豆∶水=6∶100比例加入水,加热煮沸,换小火继续加热10 min,分装至三角瓶中,在121℃下灭菌30 min,冷却后即制成绿豆培养液。将PDA培养基平板活化培养的病菌接种于经高压灭菌的绿豆培养液中,在20℃~25℃下振荡培养(150 r/min),4 d~5 d后进行镜检,确认大量产生分生孢子后,配制接种悬浮液。悬浮液中分生孢子浓度调至1×10^5个/mL~5×10^5个/mL。若暂时不接种,可将接种悬浮液置于4℃冰箱中冷藏保存5 d~6 d。

附　录　B
（规范性附录）

表B ______年小麦抗赤霉病鉴定原始记录及结果记载表

编号	品种名称	来　源	土表接种							穗部滴注接种							抗性总评
			病情级别及病情指数						抗性评价	平均严重度						抗性评价	
			0级	1级	2级	3级	4级	病情指数		0级	1级	2级	3级	4级	平均		

注1:鉴定地点____________________　地势____________________
注2:接种病原菌分离物编号__________
注3:接种日期____________________　调查日期____________________
注4:播种日期____________________

鉴定技术负责人(签字):

本部分起草单位:中国农业科学院植物保护研究所、江苏省农业科学院植物保护研究所。
本部分主要起草人:陈万权、刘太国、陈巨莲、陈怀谷。

中华人民共和国农业行业标准

NY/T 1443.5—2007

小麦抗病虫性评价技术规范 第5部分:小麦抗纹枯病评价技术规范

Rules for Resistance Evaluation of Wheat to Diseases and Insect Pests
Part 5: Rule for Resistance Evaluation of Wheat to Sharp Eyespot
(*Rhizoctonia cerealis* Van der Hoeven and *R. solani* Kühn)

1 范围

本标准规定了小麦抗纹枯病鉴定技术和抗性评价方法。

本标准适用于普通小麦(包括选育品种/系、地方品种、特殊遗传材料、近等基因系、重组自交系、DH群体)、杂交小麦、转基因小麦、其他栽培小麦种、野生小麦、小麦野生近缘种对小麦纹枯病抗性的田间鉴定和评价。

2 术语和定义

下列术语和定义适用于本标准。

2.1

抗病性 disease resistance

植物体所具有的能够减轻或克服病原物致病作用的可遗传的性状。

2.2

抗性评价 evaluation of disease resistance

通过相应技术方法和标准鉴别寄主植物对特定病虫害的反应程度和抵抗水平,及对其进行的判别描述。

2.3

致病性 pathogenicity

病原物所具有的破坏寄主和引起病变的能力。

2.4

人工接种 artificial inoculation

在适宜条件下,通过人工操作将接种体放于植物体感病部位并使之发病的过程。

2.5

病情级别 disease rating scale

人为定量植物个体或群体发病程度的数值化描述。

2.6

分离物 isolate

采用人工方法从植物发病部位获得的在特定环境条件下培养的病原物。

中华人民共和国农业部 2007-09-14 发布　　2007-12-01 实施

2.7

培养基 culture medium

可以使病原物生长的自然或人工配制的基质。

2.8

接种体 inoculum (复数 inocula)

能够侵染小麦并引起病害的病原体。

2.9

严重度 severity

发病植物单元上发病面积或体积占该单元总面积或总体积的百分率，亦可用分级法表示，即将发病的严重程度由轻到重划分出几个级别，分别用一些代表值表示，说明病害发生的严重程度。

2.10

病情指数 disease index

是全面考虑发病率与严重度两者的综合指标。当严重度用分级代表值表示时，病情指数计算公式：

$$DI = \sum_{i=0}^{n}(X_i \cdot S_i)/\sum_{i=0}^{n}(X_i \cdot S_{max}) \times 100$$

其中，DI 为病情指数，i 为病级数(0～n)，X_i 为 i 级的单元数，S_i 为 i 级严重度的代表值，S_{max} 为严重度最高级值，$\sum$ 为累加符号，从 0 级(无病单位)开始累加。

2.11

小麦纹枯病 wheat sharp eyespot

由半知菌亚门真菌禾谷丝核菌 *Rhizoctonia cerealis* Van der Hoeven 和立枯丝核菌 *Rhizoctonia solani* Kühn 引起的、在小麦拔节后基部叶鞘上形成中间灰色、边缘浅褐色的云纹状病斑和在病菌侵入麦茎后，形成中间灰褐色、四周褐色的椭圆形眼斑的小麦土传病害，其中，*R. cerealis* 为主要的小麦纹枯病病原菌。

3 病原物接种体

3.1 病原物分离

从发病植株茎和叶鞘基部的典型病斑上以常规组织分离法分离纹枯病病原物。分离物经形态学、细胞学和菌丝融合群鉴定(方法见附录 A.1、A.2)，确认为纹枯病病原菌禾谷丝核菌 *Rhizoctonia cerealis* Van der Hoeven 或立枯丝核菌 *Rhizoctonia solani* Kühn 及其所属菌丝融合群后，进行分离物纯化，经致病性测定后，转至 PDA 培养基斜面，直接保存或用石蜡油封存于 4℃下备用。

3.2 病原物接种体的制备

将经细胞核染色确定为 *R. cerealis* 或 *R. solani* 的菌株按附录 A.3 的方法制成接种体备用。

4 抗病性鉴定

4.1 盆栽鉴定

将干燥后的病菌培养物按一定量与麦种充分混匀(2.5 g 培养物拌 25 粒种子)，撒播后盖土，随机区组排列，重复 6 次。冬小麦需事先进行春化处理，播芽时接种。灌浆后期至蜡熟初期，每个盆钵取 20 株，按 0～5 级病级标准调查纹枯病，计算病情指数。

4.2 人工病圃鉴定

人工病圃鉴定小区畦宽 1.5 m，每鉴定材料种植 1 行，行长 1 m，行距 0.33 m，每隔 20 个品种设 1 个感病对照(扬麦 5 号或其他本地高感品种)，随机排列，重复 3 次。开沟后，在沟内均匀撒玉米砂菌粉 10 g/m，然后播种盖土，以确保感病对照充分发病。鉴定圃内不施用任何杀菌剂。

5 病情调查

5.1 调查时间

在小麦灌浆后期至蜡熟初期进行1次调查。

5.2 调查方法

鉴定每份材料的发病状况，重点部位为小麦下部叶鞘和茎秆，根据病害症状描述，以鉴定材料为单元逐株进行调查，记载严重度，调查样本每次重复不得小于30茎/份材料。

5.3 病情分级

田间病情调查茎秆，其严重度分级及对应的症状描述见表1。

表1 小麦纹枯病严重度分级及其症状描述

严重度分级	症 状 描 述
0	无症状
1	叶鞘变褐，有病斑，但病菌未侵入茎秆
2	病菌侵入茎秆，病斑环绕茎秆不超过1/2
3	病斑环绕茎秆的1/2～3/4
4	病斑环绕茎秆的3/4以上
5	出现枯、白穗或整株死亡

5.4 发病率和病情指数的计算和记载

根据6.3描述的分级标准记载病情，并根据3.10计算病情指数。

6 抗性评价

6.1 鉴定有效性判别

当鉴定圃中的感病或高感对照材料达到其相应感病程度(4级或5级)，该批次抗纹枯病鉴定视为有效。

6.2 抗性评价标准

依据鉴定材料发病程度(病情指数)确定其对纹枯病的抗性水平，划分标准见表1。若一个鉴定群体中出现明显的抗、感类型，应在调查表中注明“抗性分离”，以“/”表示。

表2 小麦对纹枯病抗性评价标准

严重度分级	病情指数	抗性评价
0	0	免疫 Immune(I)
1	$0<DI\leqslant 10$	抗病 Resistant(R)
2	$10<DI\leqslant 20$	中抗 Moderately resistant(MR)
3	$20<DI\leqslant 40$	中感 Moderately susceptible(MS)
4	$40<DI\leqslant 60$	感病 Susceptible(S)
5	$DI>60$	高感 Highly susceptible(HS)

6.3 重复鉴定

初次鉴定中表现为抗、中抗、中感的材料，次年用相同的病原菌进行重复鉴定。

6.4 抗性评价

根据两年抗性鉴定结果对鉴定材料进行抗病性评价，抗性以统计的最高病情指数为准。

7 鉴定记载表格

小麦抗纹枯病鉴定结果记载表格见附录 B。

附　录　A
（技术性附录）
病原物鉴定和接种体制备

A.1　病原物形态和细胞核数目鉴定

将获得的分离物在PDA培养基上培养，菌落白色至浅褐色，匍匐菌丝直径3.8 μm～7.6 μm，菌核<0.5 mm～3.0 mm，白色至褐色，生长适温为20℃～25℃的可初步鉴定为禾谷丝核菌*Rhizoctonia cerealis*。

菌丝灰褐色至褐色，较粗，直径一般大于7 μm，菌核如果存在，则呈不规则形，浅至深褐色，生长适温为26℃～32℃的可初步鉴定为立枯丝核菌*Rhizoctonia solani*。

将在清洁玻片上培养4 d的菌丝在40℃下烘干（约10 h），放入4%铁矾染媒中媒染4 h，再在0.5%海登汉苏木精染液中染色4 h～6 h，在显微镜下直接观察菌丝细胞核数目。也可将培养3 d的待测分离物用0.5% KOH - Safranin O溶液进行细胞核快速染色1～3 min，加盖玻片，镜检细胞核数目，具有双核细胞的为禾谷丝核菌，细胞为多核者为立枯丝核菌。

A.2　菌丝融合群鉴定

对将用于抗性鉴定接种的分离物应首先进行菌丝融合群鉴定。将处于生长状态的菌株与标准菌株同时从PDA培养基上移到清洁玻片上，距离2～3 cm，保湿培养，对峙生长。菌丝生长至前沿相互接触时，用考马斯亮蓝或苯胺蓝染液染色，在显微镜下观察菌丝融合。

A.3　病原物接种体制备

将PDA培养基上保存的病菌接种于经高压灭菌的玉米砂培养基上（玉米粉：砂（V/V）=3：8，加适量水，以手捏成团，手松团散为度），或用玉米蛭石培养基（玉米粉：蛭石（W/W）=3：5，每100 g玉米蛭石培养基加水375 mL，充分拌匀），或麦粒砂培养基（熟麦粒：砂=1：1，加适量水）。分装于玻璃克氏瓶中高温灭菌，121℃45 min～60 min，冷却备用。从培养基上的菌落边缘取菌块接种于上述培养基中，在22℃～25℃下培养21 d～30 d，其间每隔3 d～5 d摇动一次，使纹枯菌均匀生长。应用前，将病菌培养物置35℃下干燥脱去部分水分（约50%）或直接取出使用。

附 录 B
（规范性附录）

表 B ______年小麦抗纹枯病鉴定结果记载表

<table>
<tr><th rowspan="2">编号</th><th rowspan="2">品种名称</th><th rowspan="2">来 源</th><th colspan="6">病情级别及发病株数</th><th rowspan="2">病情指数</th><th rowspan="2">抗性评价</th></tr>
<tr><th>0 级</th><th>1 级</th><th>2 级</th><th>3 级</th><th>4 级</th><th>5 级</th></tr>
<tr><td></td><td></td><td></td><td></td><td></td><td></td><td></td><td></td><td></td><td></td><td></td></tr>
<tr><td></td><td></td><td></td><td></td><td></td><td></td><td></td><td></td><td></td><td></td><td></td></tr>
<tr><td></td><td></td><td></td><td></td><td></td><td></td><td></td><td></td><td></td><td></td><td></td></tr>
<tr><td></td><td></td><td></td><td></td><td></td><td></td><td></td><td></td><td></td><td></td><td></td></tr>
<tr><td></td><td></td><td></td><td></td><td></td><td></td><td></td><td></td><td></td><td></td><td></td></tr>
<tr><td colspan="11">注 1：鉴定地点
注 2：接种病原菌分离物编号　　　　　　菌丝融合群类型
注 3：接种日期　　　　　　　　　　　　调查日期</td></tr>
</table>

鉴定技术负责人（签字）：

本部分起草单位：中国农业科学院植物保护研究所。
本部分主要起草人：陈万权、刘太国、陈巨莲、段霞瑜。

中华人民共和国农业行业标准

NY/T 1443.6—2007

小麦抗病虫性评价技术规范
第6部分:小麦抗黄矮病评价技术规范

Rules for Resistance Evaluation of Wheat to Diseases and Insect Pests
Part 6: Rule for Resistance Evaluation of Wheat to BYDV
(*Barley yellow dwarf virus*)

1 范围

本标准规定了小麦抗黄矮病鉴定技术方法和抗性评价方法。

本标准适用于普通小麦(包括选育品种/系、地方品种、特殊遗传材料、近等基因系、重组自交系、DH群体)、杂交小麦、转基因小麦、其他栽培小麦种、野生小麦、小麦野生近缘种、大麦、黑麦、小黑麦、燕麦、野生燕麦对小麦黄矮病抗性的田间鉴定和评价。

2 术语和定义

下列术语和定义适用于本标准。

2.1

抗病性 disease resistance

植物体所具有的能够减轻或克服病原物致病作用的可遗传的性状。

2.2

致病性 pathogenicity

病原物所具有的破坏寄主和引起病变的能力。

2.3

人工接种 artificial inoculation

在适宜条件下,通过人工操作将接种体放于植物体感病部位并使之发病的过程。

2.4

抗性评价 evaluation of resistance

根据采用的技术标准判别植物寄主对特定病虫害反应程度和抵抗水平的描述。

2.5

株系 strain

同种病毒的从不同病植株上获得的、血清学相关的分离物,对不同品种具有致病力差异。

2.6

接种体 inoculum

能够侵染寄主并引起病害的病原体。

中华人民共和国农业部 2007-09-14 发布　　2007-12-01 实施

2.7

严重度分级 disease rating scale

人为定量植物个体或群体发病程度的数值化描述。

2.8

小麦黄矮病 barley yellow dwarf

主要由大麦黄矮病毒（*Barley yellow dwarf virus*，BYDV）所引起的以叶片黄化、植株矮化、分蘖减少症状为主的小麦病害。

3 病原物接种体制备和保存

3.1 传毒介体的纯化与标准饲养

将田间麦二叉蚜(*Schizaphis graminum*)、麦长管蚜(*Sitobion avenae*)和禾谷缢管蚜(*Rhopalosiphum padi*)的无翅成蚜采回室内，用毛笔挑取成蚜刚产下的若蚜，分别放在盆栽的健康小麦幼苗上，在隔离房间扣罩饲养或在养虫笼内饲养。饲养温度为18℃～25℃。

3.2 株系的繁殖

根据不同种麦蚜传播BYDVs的能力划分小麦黄矮病株系，我国小麦黄矮病在生产上造成危害的主要是由麦二叉蚜、禾缢管蚜传播的GPV株系；由麦二叉蚜、麦长管蚜传播的GAV株系和由禾缢管蚜、麦长管蚜传播的PAV株系。不同株系致病性不同，抗性鉴定应以当地流行株系为病毒接种体。

采集田间具有典型小麦黄矮病症状的植株叶片，用三种无毒蚜虫进行生物学分离或用BYDVs不同株系的抗血清测定，确定当地黄矮病的主要株系种类。分别以株系专化性蚜虫为传毒介体，接种到指示作物“岸黑”燕麦(*Avena sativa* cv. Coast Black)上，小麦黄矮病在岸黑燕麦叶片上的症状为橘红色，适宜发病温度为18℃～25℃，光照强度要求在15 000 lx～25 000 lx。

3.3 株系的保存

株系常年保存在防虫温室或光照气候箱的燕麦苗上。

4 鉴定圃设置

4.1 鉴定圃选址

抗性鉴定圃应设置在光照充足、地势平坦、土壤肥沃的地块。

4.2 种植要求

播种时间与大田生产一致，或适当调整不同品种的播期以使植株接种期和发病期能够与适宜的气候条件(湿度与温度)相遇。冬性品种按当地气候正常秋播，弱冬性品种晚秋播，春性品种顶凌春播。

4.3 播种方式

对已稳定的品种采用堆测法穴播，行距33 cm，穴距25 cm，每穴播种15粒～20粒种子，每个品种在接种畦和对照畦各播种一穴。每隔19个材料播种一穴当地感病品种作对照，2次～3次重复。

土壤肥力水平和耕作管理与大田生产相同，出苗后每隔15 d全田喷药防治自然界蚜虫干扰。

4.4 接种

4.4.1 接种时期

成株期鉴定在麦类作物分蘖期接种。

4.4.2 接种方法

采用人工接种法。采集经大量扩繁的大麦黄矮病毒纯合株系的具典型症状的病叶，将病叶剪成1 cm～2 cm小段，放入保湿的培养皿内(培养皿底部放滤纸并加适量水)，然后投放经饥饿了约3 h的无毒蚜虫(根据所用株系选用适宜的传毒蚜虫)，将培养皿盖严，放入15℃生长箱内，在黑暗条件下离体饲毒24 h～48 h。接种时用镊子将带有上述蚜虫的病叶轻轻放到小麦上，穴播材料每穴放45头。接种后

7 d 左右，全田喷药灭蚜。

4.5 接种前后的田间管理

接种前后 7 d 及时锄草、施肥，若田间干旱应及时浇灌，保证植株健康生长。

5 病情调查

5.1 调查时间

成株期抗性鉴定的调查在小麦灌浆期进行。

5.2 调查方法

逐穴逐茎调查每份材料发病症状，每份材料至少调查 20 茎，记载严重度。每隔一周调查一次，根据 3 次～4 次的调查结果进行校正，以消除待鉴定材料因生育期不同而导致抗性程度的差异。

5.3 病情分级

成株期用目测法按国内 6 级分级标准逐穴记载严重度（见表 1）。

表 1 小麦黄矮病成株期病级划分标准

严重度分级	划 级 标 准
0 级	所有叶片无黄化
1 级	部分叶片尖端变黄
2 级	旗叶下 1 片～2 片叶叶尖黄化
3 级	旗叶黄化面积占旗叶总面积的 1/2 以下，其他叶片黄化面积占总叶面积 1/2 以下
4 级	旗叶黄化面积占旗叶总面积的 1/2 及以上，其他叶片黄化面积占总叶面积 1/2 及以上
5 级	几乎所有叶片完全黄化，植株矮化显著，穗变小甚至不抽穗

5.4 平均严重度计算

通过对鉴定材料群体中个体植株发病程度的综合计算，确定各鉴定材料的平均严重度，其计算方法如下：

$$\overline{S}(\%) = \sum_{i=1}^{n}(X_i \cdot S_i) / \sum_{i=1}^{n} X_i \quad \cdots\cdots (1)$$

式中：

$\overline{S}$——平均严重度

i——病级数（1～n）

X_i——病情为 i 级的单元数

S_i——病情为 i 级的严重度值

6 抗性评价

6.1 鉴定有效性判别

当鉴定圃中的感病对照材料平均严重度达到其相应感病程度，该批次抗黄矮病鉴定视为有效。

6.2 抗性评价标准

依据成株期鉴定材料的平均严重度分级评价其抗性水平，具体评价标准见表 2。

表 2 小麦成株期对黄矮病抗性的评价标准

平均严重度	抗 性
0	免疫 Immune(I)
0<平均严重度<1.0	高抗 High resistant(HR)

表 2 （续）

平均严重度	抗　　性
1.0≤平均严重度<2.0	抗病 Resistant(R)
2.0≤平均严重度<3.0	中抗 Moderately resistant(MR)
3.0≤平均严重度<4.0	感病 Susceptible(S)
4.0≤平均严重度	高感 High susceptible(HS)

6.3 重复鉴定

凡是平均严重度为 3.0 以下的材料，次年以同样方法重复鉴定。经 2 年～3 年重复鉴定，平均严重度为 3.0 以下的材料才能定为抗病材料。

6.4 抗性评价

根据两年抗性鉴定结果对鉴定材料进行抗病性评价，抗性以记载的最高病情级别为准。

7 鉴定记载表格

小麦抗黄矮病鉴定原始记录及结果记载表格见附录 A。

附　录　A
（规范性附录）

表 A　________年小麦抗黄矮病鉴定原始记录及结果记载表

编号	品种名称	调查批次	严重度及调查茎数						平均严重度
			0	1	2	3	4	5	
		Ⅰ							
		Ⅱ							
		Ⅲ							
		Ⅳ							
		Ⅰ							
		Ⅱ							
		Ⅲ							
		Ⅳ							
		Ⅰ							
		Ⅱ							
		Ⅲ							
		Ⅳ							
		Ⅰ							
		Ⅱ							
		Ⅲ							
		Ⅳ							

注 1:鉴定地点________________

注 2:播种日期________________

注 3:接种日期________________　接种株系编号________________

注 4:调查日期:第Ⅰ次________________　第Ⅱ次________________

第Ⅲ次________________　第Ⅳ次________________

鉴定技术负责人(签字):

本部分起草单位:中国农业科学院植物保护研究所。

本部分主要起草人:陈万权、刘太国、陈巨莲、刘艳、王锡锋。

中华人民共和国农业行业标准

NY/T 1443.7—2007

小麦抗病虫性评价技术规范
第7部分：小麦抗蚜虫评价技术规范

Rules for Resistance Evaluation of Wheat to Diseases and Insect Pests

Part7：Rule for Resistance Evaluation of Wheat to Aphids

1 范围

本标准规定了小麦对蚜虫抗性鉴定、评价的程序和方法。

本标准适用于普通小麦(包括选育品种/系、地方品种、特殊遗传材料、近等基因系、重组自交系、DH群体)、杂交小麦、转基因小麦、其他栽培小麦种、野生小麦、小麦野生近缘种对小麦蚜虫抗性的田间鉴定和评价。

本标准中所指小麦蚜虫为蚜虫混合种群，主要包括麦长管蚜 *Sitobion avenae*(Fabricius)、禾谷缢管蚜 *Rhopalosiphum padi*(Linnaeus)、麦无网长管蚜 *Metopolophium dirhodum*(Walker)、麦二叉蚜 *Schizaphis graminum*(Rondani)等。

2 术语和定义

下列术语和定义适用于本标准。

2.1

小麦抗蚜性 resistance to wheat aphid

小麦品种具有的影响蚜虫最终危害程度的可遗传特性。生产上某一品种在相同虫口密度下比其他品种损失小、受害轻，从而表现优质高产的能力。

2.2

抗蚜鉴定圃 nursery for evaluation of resistance to aphid

在田间设置的用于鉴定小麦抗蚜性的试验区。

2.3

抗蚜性对照品种 check variety of resistance to wheat aphid

经过田间多年、多点抗蚜性鉴定所筛选出的具有相对稳定抗性的小麦品种，作为小麦品种(系)抗蚜性鉴定的参照或依据。

2.4

模糊识别鉴定方法 fuzzy recognition technique

模糊识别是指对具有模糊性特征的客观事物和问题，采用模糊数学方法进行识别和判定的过程。

2.5

蚜害级别 rating scale infested by wheat aphid

小麦品种及其相关材料抵抗小麦蚜虫为害的水平或程度。

中华人民共和国农业部 2007-09-14 发布　　2007-12-01 实施

3 田间抗蚜性鉴定

3.1 鉴定圃选址

鉴定圃设置在小麦蚜虫常年发生重、光照充足、地势平坦、土壤肥沃的地块。

3.2 鉴定圃设置

鉴定圃采用开畦条播、等行距配置方式。畦埂宽 50 cm,畦宽 250 cm,畦长视地形、地势而定;距畦埂 125 cm 处顺畦种 1 行保护行用于诱集麦蚜,在保护行两侧 20 cm 横向种植鉴定材料,行长 100 cm,行距 30 cm。鉴定圃四周设 100 cm 宽的保护区。

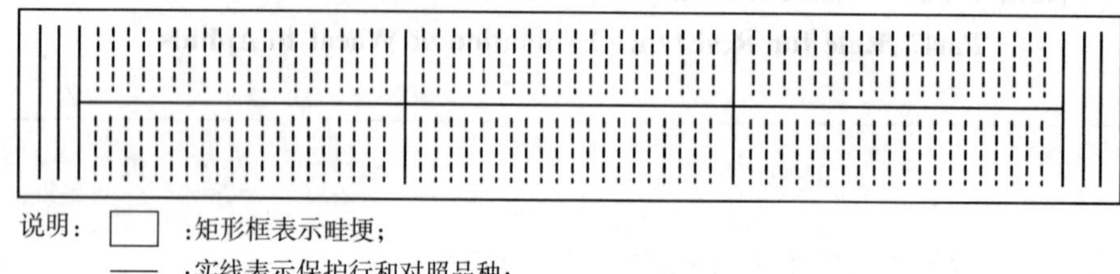

说明: □ :矩形框表示畦埂;
—— :实线表示保护行和对照品种;
---- :表示鉴定材料

图 1 鉴定圃田间配置示意图

3.3 播种与管理

3.3.1 播种时间

播种时间与大田生产一致,即冬性材料按当地气候正常秋播,弱冬性材料晚秋播,春性材料顶凌春播。

3.3.2 播种方式及播种量

采用人工开沟,条播方式播种。每份鉴定材料播种 2 行,每隔 20 份鉴定材料播种 1 行抗蚜对照品种,鉴定材料每行均匀播种 100 粒;保护行种植当地常规品种,按每 100 cm 行长均匀播种 100 粒。各材料重复种植 3 次,第一重复各参试材料及对照抗性品种顺序排列,第二、三重复随机排列。

3.3.3 管理

鉴定圃不施任何杀虫剂,田间管理与当地大田生产一致。

3.4 蚜害调查方法

在大多数小麦品种处于灌浆期(即麦蚜发生盛期)时,利用模糊识别方法,对田间自然发生的麦蚜混合种群进行蚜害级别调查。调查分三组、每组 2 人同时调查。调查人先在田间扫视鉴定材料总体的蚜虫发生情况,然后逐行进行随机模糊抽样调查,目测各材料整行麦株上蚜虫的发生数量,确定蚜量最高的 1 株进行调查,判定蚜害级别并记录(见表 1);调查时,重复内要求固定调查者。

表 1 蚜害级别的划分

蚜害级别	各级别的蚜虫量
0	全株无蚜虫
1	全株有少量蚜虫(10 头以下)
2	全株有一定量蚜虫(10 头～20 头),穗部无蚜虫或仅有 1 头～5 头
3	全株有中等蚜虫(21 头～50 头),穗部有少量蚜虫(6 头～10 头)
4	全株有大量蚜虫(50 头以上),穗部有片状的蚜虫聚集,蚜虫占穗部的 1/4 左右
5	穗部有 1/4～3/4 的小穗有蚜虫
6	全部小穗均密布蚜虫

3.5 抗蚜级别的划分

参考 Painter 分级标准，采用蚜虫发生盛期各参试材料的蚜害级别最高者与所有参试小麦材料蚜害级别众数的平均值的比值作为抗性定级的依据。

(1)首先对各鉴定材料各调查人的蚜害级别取众数；

(2)利用各参试材料蚜害级别的众数计算所有鉴定材料的平均蚜害级别($\bar{I}$)；

(3)在各鉴定材料的三个重复中取蚜害级别最高者，代表该材料的蚜害级别(I)；

(4)计算比值($I/\bar{I}$)，按抗蚜级别的划分及抗性评价指标划分抗蚜级别(见表 2)。

表 2　抗蚜级别的划分及抗性评价指标

抗蚜级别	蚜害级别比值($I/\bar{I}$)	抗蚜性
0	0	免疫　Immune(I)
1	$0.01 < I/\bar{I} \leqslant 0.30$	高抗　Highly resistant(HR)
2	$0.30 < I/\bar{I} \leqslant 0.60$	中抗　Moderately resistant(MR)
3	$0.60 < I/\bar{I} \leqslant 0.90$	低抗　Lowly resistant(LR)
4	$0.90 < I/\bar{I} \leqslant 1.20$	低感　Lowly susceptible(LS)
5	$1.20 < I/\bar{I} \leqslant 1.50$	中感　Moderately susceptible(MS)
6	>1.50	高感　Highly susceptible(HS)

3.6 重复鉴定及抗性评价方法

每个鉴定材料必须具有两年用相同的方法进行重复鉴定的结果。如果两年鉴定结果不一致时，以抗性弱的抗蚜性级别为准。若一个鉴定群体中出现明显的抗、感类型，应在调查表中注明“抗性分离”，以“/”表示。

4 记载鉴定结果

记载鉴定结果(见附录 A)。

附 录 A
（规范性附录）

表 A ______年小麦抗麦蚜鉴定结果记载表

编 号	品种名称	来 源	出苗和生育期特点	虫情级别		抗蚜性评价
				蚜害级别($\bar{I}$)	蚜害级别比值($I/\bar{I}$)	
⋮						

注 1：鉴定地点__________ 地势__________

注 2：蚜虫种类__________

注 3：调查日期__________

注 4：播种日期__________

注 5：海拔高度__________ m 经度__________ 纬度__________

注 6：灌浆期气候特点__________ __________

注 7：田间管理措施等__________ __________

鉴定技术负责人(签字)：

本部分起草单位：中国农业科学院植物保护研究所。

本部分主要起草人：陈万权、刘太国、陈巨莲、程登发、曹雅忠。

中华人民共和国农业行业标准

NY/T 1443.8—2007

小麦抗病虫性评价技术规范 第8部分:小麦抗吸浆虫评价技术规范

Rules for Resistance Evaluation of Wheat to Diseases and Insect Pests Part8: Rule for Resistance Evaluation of Wheat to Blossom Midges (*Sitodiplosis meselland* Gehin or/and *Contarinia tritici* Kirby)

1 范围

本标准规定了小麦对吸浆虫的抗性鉴定技术和抗性评价的程序和方法。

本标准适用于普通小麦(包括选育品种/系、地方品种、特殊遗传材料、近等基因系、重组自交系、DH群体)、杂交小麦、转基因小麦、其他栽培小麦种、野生小麦、小麦野生近缘种对小麦吸浆虫抗性的田间鉴定和评价。

2 规范性引用标准

下列文件中的条款通过本标准的引用而成为本标准的条款。凡是注日期的引用文件,其随后所有的修改单(不包括勘误的内容)或修订版均不适用于本标准,然而,鼓励根据本标准达成协议的各方研究是否可使用这些文件的最新版本。凡是不注日期的引用文件,其最新版本适用于本标准。

NY/T 616—2002 小麦吸浆虫测报调查规范

3 术语和定义

下列术语和定义适用于本标准。

3.1

小麦吸浆虫 wheat blossom midge

在我国发生分布很广的麦红吸浆虫 *Sitodiplosis mosellana* Gehin 和主要分布在高山地带以及某些特殊生态条件地区的麦黄吸浆虫 *Contarinia tritici* Kirby。

3.2

抗虫性 resistance to pest insect

影响害虫最终危害程度的可遗传特性。生产上表现为某一品种在相同虫口密度下比其他品种损失小、受害轻,表现优质高产的能力。

3.3

抗虫品种 resistant cultivar

经田间鉴定确认具有阻止害虫生长、发育和危害能力的小麦品种。

3.4

抗虫性相对定级标准 relative rating scale

指不同小麦品种(系)受小麦吸浆虫为害时表现出的相对抗性水平。例如:鉴定小麦品种对小麦吸

中华人民共和国农业部 2007-09-14 发布　　2007-12-01 实施

浆虫抗性时,先确定一个浮动的标准,如所有参试品种的平均危害量,然后依此给各个品种定级,以保持品种抗性鉴定结果的相对稳定性。

3.5

估计损失率　estimation damage percentage

系指因吸浆虫为害造成的损失占应收小麦产量的百分比。通过剥查每穗麦粒中的虫数,再按下式计算估计损失率:

$$L=\frac{\sum A}{\sum B\times m}\times 100\%$$

其中:L 为估计损失率;A 为检查穗虫数;B 为检查穗粒数;m 为系数,麦红吸浆虫为 4,麦黄吸浆虫为 6。

注:* 每麦粒麦红吸浆虫数超过 4 头者,按 4 头计;

** 每麦粒麦黄吸浆虫数超过 6 头者,按 6 头计。

3.6 样方和样方虫量

根据 NY/T 616—2002 规定的取样方法进行取样。一取土样器所取土样(100 cm^2×20 cm)为一个样方。一个样方中所含各有效虫态的数量为一样方虫量,用以表示幼虫、蛹等虫态在土壤中的虫口密度。

4 田间抗虫性鉴定

田间抗性鉴定在鉴定圃内进行。

4.1 鉴定圃选择

鉴定圃选择每样方虫量在 90 头以上、有水浇条件、光照充足、地势平坦、土壤肥沃的地块。

4.2 感虫对照品种

鉴定所用感吸浆虫品种或当地普通小麦品种。

4.3 鉴定圃田间设置及播种

4.3.1 鉴定圃设置

鉴定圃采用开畦条播、等行距配置方式。畦埂宽 50 cm,畦宽 250 cm,畦长视地形、地势而定;距畦埂 125 cm 处顺畦种 1 行保护行,在保护行两侧 20 cm 横向种植鉴定材料,行长 100 cm,行距 30 cm。鉴定圃四周设 100 cm 宽的保护区。

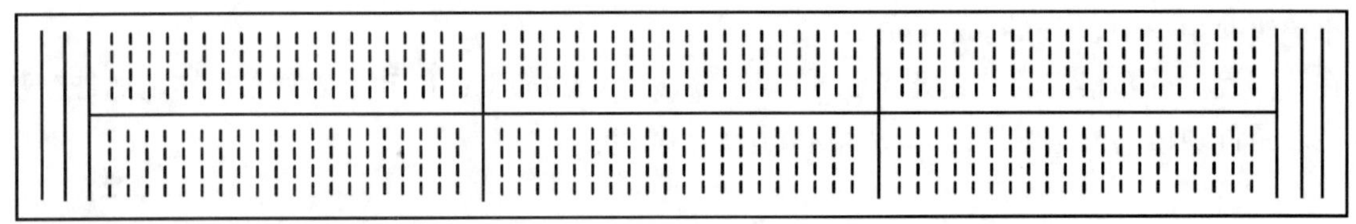

说明:□:矩形框表示畦埂;

——:实线表示保护行和对照品种;

……:表示鉴定材料

图 1　鉴定圃田间配置示意图

4.3.2 播种与管理

4.3.2.1 播种时间

播种时间与大田生产一致,冬性材料按当地气候正常秋播,弱冬性材料晚秋播,春性材料顶凌春播。

4.3.2.2 播种方式及播种量

采用人工开沟,条播方式播种。每份材料播种 2 行,每隔 10 份鉴定材料播种 1 行感虫对照品种,鉴定材料每行均匀播种 100 粒;保护行按每 100 cm 行长均匀播种 100 粒。各材料重复种植 3 次,第一重复各参试材料及对照抗性品种顺序排列，第二、三重复随机排列。

4.3.2.3 管理

鉴定圃不施任何杀虫剂，田间管理与当地大田生产管理一致。在吸浆虫化蛹时期，若鉴定圃土壤干旱，应人工予以浇水，以保持一定土壤湿度，利于吸浆虫化蛹和成虫羽化出土。

4.4 调查方法

在小麦乳熟期（中期），吸浆虫幼虫老熟但尚未脱出颖壳落地入土前，每个鉴定材料的每个重复随机取 10 穗，剥查每粒小麦颖壳内的吸浆虫幼虫数。麦红吸浆虫按每粒小麦有 0、1、2、3、4 头（大于 4 头均按 4 头记录）分别计粒数（见附录 A 表 A.1）；麦黄吸浆虫按每粒小麦有 0、1、2、3、4、5、6 头（大于 6 头均按 6 头记录）分别计粒数（见附录 A 表 A.2）。

4.5 抗性分级指标

采用相对定级标准划分小麦材料抗性级别。每份材料取 3 个重复中最大的估计损失率代表该材料的估计损失率（L），求出所有参试材料的平均估计损失率（$\bar{L}=(\sum_{i=1}^{n}L_i)/n$　L_i 为待鉴定的第 i 个材料，n 为鉴定材料总数），再求出各个材料的抗虫性综合评判指标（$L/\bar{L}$）值，以此作为抗性定级的依据（见表 1）。

表 1　小麦材料对吸浆虫抗性分级标准

虫害级别	抗虫性综合评判指标 $L/\bar{L}$	抗性评价
0	0	免疫 Immune(I)
1	$0<L/\bar{L}\leqslant 0.2$	高抗 Highly resistant(HR)
2	$0.2<L/\bar{L}\leqslant 0.5$	中抗 Moderately resistant(MR)
3	$0.5<L/\bar{L}\leqslant 1.0$	低抗 Lowly resistant(LR)
4	$1.0<L/\bar{L}\leqslant 1.5$	感虫 Susceptible(S)
5	>1.5	高感 Highly susceptible(HS)

4.6 重复鉴定及抗性评价方法

每个参试材料应具有两年用相同的方法进行重复鉴定的结果。鉴定评价标准见表 1。如果两年鉴定结果不一致时，以抗性弱的抗虫性级别为准。若一个鉴定群体中出现明显的抗、感类型，应在调查表中注明“抗性分离”，以“/”表示。

5 记载鉴定结果（见附录 A 表 A.3）

附 录 A
(规范性附录)

表 A.1 麦红吸浆虫剥穗调查表

区号： 品种名称： 日期：

穗 号	麦粒数						单穗总虫量
	0头	1头	2头	3头	4头	总粒数	
1							
2							
3							
4							
5							
6							
7							
8							
9							
10							
合 计							

表 A.2 麦黄吸浆虫剥穗调查表

区号： 品种名称： 日期：

穗 号	麦粒数								单穗总虫量
	0头	1头	2头	3头	4头	5头	6头	总粒数	
1									
2									
3									
4									
5									
6									
7									
8									
9									
10									
合 计									

表 A.3 ______年小麦抗小麦吸浆虫鉴定结果记载表

编　号	品种名称	来　源	出苗和生育期特点	损失程度			抗性评价
				估计损失率(L)	平均估计损失率($\bar{L}$)	$L/\bar{L}$ 值	
⋮							

注 1:鉴定地点__________________ 地势______________

注 2:吸浆虫种类__________________

注 3:调查日期__________________

注 4:播种日期__________________

注 5:海拔高度__________________m 经度______________ 纬度__________________

注 6:抽穗-扬花期气候特点____

注 7:田间管理措施等____

鉴定技术负责人(签字):

本部分起草单位:中国农业科学院植物保护研究所。

本部分主要起草人:陈万权、刘太国、陈巨莲、程登发、曹雅忠。

中华人民共和国农业行业标准

NY/T 1962—2010

马铃薯纺锤块茎类病毒检测

Detection of *potato spindle tuber viroid* (PSTVd)

1 范围

本标准规定了马铃薯纺锤块茎类病毒(PSTVd)的检测方法。

本标准适用于马铃薯种薯、商品薯、试管苗及其根、茎、叶不同部位组织中的马铃薯纺锤块茎类病毒的检测。

2 规范性引用文件

下列文件对于本文件的应用是必不可少的。凡是注日期的引用文件,仅注日期的版本适用于本文件。凡是不注日期的引用文件,其最新版本(包括所有的修改单)适用于本文件。

GB/T 6682 分析实验室用水规格和试验方法

方法一 聚合酶链式反应

3 原理

类病毒是没有外壳蛋白、裸露的、低分子闭合环状 RNA 分子,RNA 分子大小在 246 nt～401 nt 之间,马铃薯纺锤块茎类病毒(PSTVd)的序列在 356 nt～360 nt 之间。根据 PSTVd 序列设计特异性引物,进行扩增,扩增片段大小为 359 bp 左右。

4 试剂与材料

以下所用试剂,除特别注明者外均为分析纯试剂,水为符合 GB/T 6682 中规定的一级水。

4.1 三氯甲烷。

4.2 M-MLV 反转录酶(200 u/μL)。

4.3 RNA 酶抑制剂(40 u/μL)。

4.4 *Taq* DNA 聚合酶(5 u/μL)。

4.5 焦碳酸二乙酯(DEPC)处理的水。

在 100 mL 水中,加入焦碳酸二乙酯(DEPC) 50 μL,室温过夜,121℃高压灭菌 20 min,分装到 1.5 mL DEPC 处理过的微量管中。

4.6 3 mol/L 乙酸钠溶液(pH 5.2)。

称取乙酸钠·$3H_2O$ 24.6 g,加水 80 mL 溶解,用冰乙酸调 pH 至 5.2,定容至 100 mL。

4.7 水饱和酚(pH 4.0)。

4.8 溴化乙啶溶液(10 mg/mL)。

中华人民共和国农业部 2010-12-23 发布　　2011-02-01 实施

称取溴化乙啶 200 mg,加水溶解,定容至 20 mL。

4.9　1 mol/L 三羟基甲基氨基甲烷—盐酸(Tris-HCl)溶液(pH 8.0)。

称取 Tris 碱 121.1 g,溶解于 800 mL 水中,用浓盐酸调 pH 至 8.0,加水定容至 1 000 mL,121℃高压灭菌 20 min。

4.10　RNA 提取缓冲液。

称取 Tris 碱 12.12 g,氯化钠 5.88 g,乙二胺四乙酸二钠 3.75 g,加水至 900 mL,溶解,用浓盐酸调 pH 至 9～9.5,加水定容至 1 000 mL,121℃高压灭菌 20 min。

4.11　0.5 mol/L 乙二铵四乙酸二钠溶液(pH 8.0)。

称取乙二铵四乙酸二钠 186.1 g,溶于 700 mL 水中,用氢氧化钠调 pH 至 8.0,加水定容至 1 000 mL。

4.12　5×Tris-硼酸(TBE)电泳缓冲液。

称取 Tris 碱 27 g,硼酸 13.75 g,量取 0.5 mol/L 乙二铵四乙酸二钠溶液(4.11)10 mL,加灭菌双蒸水 400 mL 溶解,定容至 500 mL。

4.13　1×Tris-硼酸(TBE)电泳缓冲液。

量取 5×Tris-硼酸(TBE)电泳缓冲液(4.12)200 mL,加水定容至 1 000 mL。

4.14　加样缓冲液。

分别称取聚蔗糖 25 g,溴酚蓝 0.1 g,二甲苯腈 0.1 g,加水至 100 mL。

4.15　5×反转录反应缓冲液。

量取 1 mol/L 三羟基甲基氨基甲烷—盐酸(Tris-HCl)溶液(4.9)5 mL,0.559 g 氯化钾,0.029 g 氯化镁,0.154 g 二硫苏糖醇(DTT),加水定容至 100 mL。

4.16　10 mmol/L 的四种脱氧核糖核苷酸(dATP、dCTP、dGTP、dTTP)混合溶液。

4.17　10×PCR 缓冲液。

称取氯化钾 3.73 g,氯化镁($MgCl_2 \cdot 6H_2O$)0.30 g,溶于 70 mL 水中,加入 1 mol/L 三羟基甲基氨基甲烷—盐酸(Tris-HCl)溶液(4.9)10 mL,加水至 100 mL,121℃高压灭菌 20 min。

4.18　TE 缓冲液。

量取 1 mol/L 三羟基甲基氨基甲烷—盐酸(Tris-HCl)溶液(4.9)10 mL,0.5 mol/L 乙二铵四乙酸二钠溶液(4.11)2 mL,加入水定容至 1 000 mL,121℃高压灭菌 20 min。

4.19　引物。

Pc:5′GGA TCC CTG AAG CGC TCC TCC GAG CCG 3′

Ph:5′ CCC GGG AAA CCT GGA GCG AAC TGG 3′

预期扩增片段为 359 bp 左右。

4.20　引物缓冲液。

用 TE 缓冲液(4.18)分别将上述引物稀释到 20 μmol/L。

4.21　100 bp DNA 分子量标准物。

5　仪器

5.1　PCR 仪。

5.2　台式低温高速离心机(可以控制在 4℃下进行离心)。

5.3　电泳仪、水平电泳槽。

5.4　紫外凝胶成像仪。

5.5　微量移液器(0.5 μL～10 μL、10 μL～100 μL、20 μL～200 μL、100 μL～1 000 μL)。

5.6 水浴锅、灭菌锅等。

6 分析步骤

设立阳性对照和阴性对照。在以下实验过程中，要设立阴阳性对照，即标准的阳性样品和阴性样品要同待测样品一同进行如下操作。

6.1 样品 RNA 的提取

6.1.1 RNA 的抽提

称取 0.5 g 样品，放于灭菌冷冻的小研钵中，分别加入 1 mLRNA 提取缓冲液(4.10)、1 mL 水饱和酚(4.7)和 1 mL 三氯甲烷(4.1)，充分研磨后倒入 1.5 mL 离心管中，于 4℃下 10 000 r/min 离心 15 min，用移液器小心将上层水相移入另一离心管中。

6.1.2 RNA 的沉淀

在 RNA 抽提液中(6.1.1)，加入 3 倍体积无水冷乙醇，1/10 体积的 3 mol/L 乙酸钠溶液(4.6)，混匀，－20℃沉淀 1.5 h 以上。

6.1.3 RNA 的溶解

取出冷冻保存的 RNA 沉淀(6.1.2)，于 4℃下 10 000 r/min 离心 15 min，弃掉上清，用 1 mL70％乙醇清洗沉淀，然后离心，再用吸头彻底吸弃遗留在管中的上清液，在自然条件下干燥至核酸沉淀变成白色或透明状态，再将核酸沉淀溶于 30 μL 焦碳酸二乙酯(DEPC)处理的水(4.5)中。－20℃贮存，备用。

注：或者选择市售商品化 RNA 提取试剂盒，完成 RNA 的提取。

6.2 RT-PCR 反应(二步法)

将待测样品的 RNA 溶解液(6.1.3)，引物缓冲液(4.20)，四种脱氧核糖核苷酸混合溶液(4.16)，5×反转录反应缓冲液(4.15)在冰上溶解。

6.2.1 反转录第一链合成

在 200 μL 薄壁 PCR 管中依次加入引物 Pc(4.19)0.6 μL，待测样品 RNA 溶解液(6.1.3)1 μL，10 mmol/L 的四种脱氧核糖核苷酸混合溶液(4.16)1 μL，无菌双蒸水 9.4 μL，轻轻混匀，将该反应管在 65℃水浴中加热 5 min，然后冰浴 5 min，以 4 000 r/min 离心 10 s。再加入 5×反转录反应缓冲液(4.15)4 μL，0.1 mmol/L DTT 2 μL，RNA 酶抑制剂(40u/μL)(4.3)1 μL，轻轻混匀，42℃孵育 2 min，再加入 1 μL M-MLV 反转录酶(200 u/μL)(4.2)，42℃孵育 50 min，然后在 70℃下失活 15 min。

6.2.2 聚合酶链式反应

另取一个 200 μL 薄壁 PCR 管，依次加入 10×PCR 缓冲液(4.17)5 μL，25 mmol/L $MgCl_2$ 3 μL，10 mmol/L 四种脱氧核糖核苷酸混合溶液(4.16)1 μL，引物(Pc 和 Ph)(4.19)各 1 μL，Taq DNA 聚合酶(5 u/μL)(4.4)0.5 μl，cDNA 中第一链合成产物(6.2.1)2 μL，灭菌双蒸水 36 μL，轻轻混合。再加入约 20 μL 石蜡油(有热量设备的 PCR 仪可以不加石蜡油)。4 000 r/min 离心 10 s 后，将 PCR 管插入 PCR 仪中。94℃ 2 min；进行 30 次扩增反应循环(94℃ 60 s，55℃ 60 s，72℃ 60 s)；然后 72℃ 10 min，取出 PCR 管，对反应产物进行电泳检测或在 4℃下保存。

注：6.2 步骤也可以按照市售商业化一步 RT-PCR 试剂盒说明书进行操作。

6.3 PCR 产物的电泳检测

6.3.1 1.0％琼脂糖凝胶板的制备

称取 1.0 g 琼脂糖，加入 1×Tris-硼酸(TBE)电泳缓冲液(4.13)定容至 100 mL，在微波炉中加热至琼脂糖融化，待溶液冷却至 50℃～60℃时，加溴化乙啶溶液(4.8)5 μL，摇匀，倒入电泳槽中，凝固后取下梳子，备用。

将 20 μL PCR 产物与 20 μL 加样缓冲液(4.14)混合，取混合液 10 μL 加入到琼脂糖凝胶板的加样孔中。

6.3.2 加入 100 bp DNA 分子量标准物(4.21)。

6.3.3 **电泳**

在 5 V/cm 稳定电压下,电泳 30 min～40 min。

6.3.4 **观察结果**

电泳胶板在紫外灯下观察,或者用紫外凝胶成像仪扫描图片存档,打印。用 100 bp DNA 分子量标准物比较,判断 PCR 片段大小。

7 结果判定

RT-PCR 扩增产物大小应在 359 bp 左右。如果检测结果的阴性样品和空白样品没有特异性条带,阳性样品有特异性条带时,则表明 RT-PCR 反应正确可靠;如果检测的阴性样品或空白样品出现特异性条带,或阳性样品没有特异性条带,说明在 RNA 样品制备或 RT-PCR 反应中的某个环节存在问题,需重新进行检测。

待测样品在 359 bp 左右显现核酸带,表明样品为阳性样品,含有 PSTVd;若待测样品在 359 bp 左右没有该特异性条带,表明该样品为阴性样品,不含有 PSTVd。

方法二 往复双向聚丙烯酰胺凝胶电泳法

8 原理

类病毒在自然条件下呈棒状、高度配对的状态,在 70℃～80℃条件下将会变性,由棒状变成环状,在聚丙烯酰胺胶中的迁移率减慢。正向电泳是在常温非变性条件下,核酸从上往下迁移,反向电泳是在第一次正向电泳结束后,变换电极,在高温变性条件下进行。通过两次电泳将类病毒的核酸与寄主中的其他核酸分离出来,达到检测类病毒的目的。

9 试剂与材料

以下所用试剂,除特别注明者外均为分析纯试剂,水为符合 GB/T 6682 中规定的一级水。

9.1 三氯甲烷。

9.2 水饱和酚(pH 4.0)。

9.3 焦碳酸二乙酯(DEPC)处理的水(同 4.5)。

9.4 3 mol/L 乙酸钠溶液(pH 5.2)(同 4.6)。

9.5 1 mol/L 三羟基甲基氨基甲烷—盐酸(Tris-HCl)溶液(pH 8.0)(同 4.9)。

9.6 RNA 提取缓冲液(同 4.10)。

9.7 5×Tris-硼酸(TBE)电泳缓冲液(同 4.12)。

9.8 1×Tris-硼酸(TBE)电泳缓冲液(同 4.13)。

9.9 加样缓冲液(同 4.14)。

9.10 30%胶贮液。

称取丙烯酰胺 29 g,N,N′-亚甲基双丙烯酰胺 1 g,加水定容至 100 mL,过滤,4℃储存。

9.11 10%过硫酸铵溶液(现用现配)。

称取 0.1 g 过硫酸铵,加蒸馏水定容至 1 mL。

9.12 四甲基乙二胺(TEMED)。

9.13 5%聚丙烯酰胺凝胶。

量取5×Tris-硼酸(TBE)电泳缓冲液(9.7)9 mL,30%胶贮液(9.10)7.6 mL,四甲基乙二胺(TEMED)(9.12)44 μL,10%过硫酸铵溶液(9.11)200 μL,加水至45 mL。

9.14 固定液。

量取无水乙醇30 mL,冰乙酸3 mL,加水定容至300 mL。

9.15 染色液。

称取硝酸银0.6 g,加水溶解,定容至300 mL。

9.16 显色液(现配现用)。

在300 mL水中,加入氢氧化钠3 g,甲醛1 mL,混合均匀。

9.17 终止液。

称取碳酸钠3.7 g,加水溶解,定容至300 mL。

注:电泳中用到的丙烯酰胺是神经毒剂,避免接触皮肤,操作时要戴手套。

10 仪器设备

10.1 台式低温高速离心机(可以控制在4℃下进行离心)。

10.2 电泳仪。

10.3 垂直电泳槽。

10.4 紫外凝胶成像仪。

10.5 微量移液器(0.5 μL~10 μL、10 μL~100 μL、20 μL~200 μL、100 μL~1 000 μL)。

11 分析步骤

11.1 样品RNA的提取

11.1.1 RNA的抽提

称取0.5 g样品,放于灭菌冷冻的小研钵中,分别加入1 mLRNA提取缓冲液(9.6)、1 mL水饱和酚(9.2)和1 mL三氯甲烷(9.1),充分研磨后倒入1.5 mL离心管中,于4℃下10 000 r/min离心15 min,用移液器小心将上层水相移入另一离心管中。

11.1.2 RNA的沉淀

在RNA抽提液中(6.1.1),加入3倍体积无水冷乙醇,1/10体积的3 mol/L乙酸钠溶液(9.4),混匀,−20℃沉淀1.5 h以上。

11.1.3 RNA的溶解

取出冷冻保存的RNA沉淀(6.1.2),于4℃下10 000 r/min离心15 min,弃掉上清,用1 mL70%乙醇清洗沉淀,然后离心,再用吸头彻底吸弃遗留在管中的上清液,在自然条件下干燥至核酸沉淀变成白色或透明状态,再将核酸沉淀溶于30 μL焦碳酸二乙酯(DEPC)处理的水(9.3)中。−20℃贮存,备用。

注:或者选择市售商品化RNA提取试剂盒,完成RNA的提取。

11.2 电泳

11.2.1 正向电泳

电泳用5%聚丙烯酰胺凝胶(9.13),1×Tris-硼酸(TBE)电泳缓冲液(9.8),电泳方向从负极到正极,电流量为每厘米凝胶5 mA。点样量为6 μL~10 μL。当二甲苯腈示踪染料迁移到凝胶板底部时停止电泳。

11.2.2 反向电泳

将正向电泳缓冲液倒出,然后把电泳槽放到70℃~80℃的烘箱中预加热,样品变性30 min。同时,将倒出的电泳缓冲液在微波炉中加热到80℃。倒入电泳槽中,变换电极进行反向电泳。当二甲苯腈示踪染料迁移到凝胶板顶部时,停止电泳,进行凝胶染色。

11.3 染色

11.3.1 固定

将电泳胶片放在盛有 300 mL 核酸固定液(9.14)的容器中,轻缓振荡 10 min 后,倒掉固定液。

11.3.2 染色

向容器中加入 300 mL 染色液(9.15),轻缓振荡 15 min 后,倒出染色液。用蒸馏水冲洗胶板,反复冲洗四次。

11.3.3 显色

加入 300 mL 核酸显色液(9.16),轻缓振荡,直至显现清晰的核酸带,然后用自来水冲洗,反复冲洗四次。

11.3.4 终止

将胶板放入 300 mL 终止液(9.17)中终止反应。

12 结果判定

在凝胶板下方 1/4 处的核酸带为类病毒核酸带,与上部寄主核酸带之间有一定距离,二者可明显分开。以电泳时载入的阴阳性样品作为对照,进行结果判定。

本标准起草单位:农业部脱毒马铃薯种薯质量监督检验测试中心(哈尔滨)。

本标准主要起草人:吕典秋、刘尚武、邱彩玲、宿飞飞、王绍鹏、李勇、于德才、张抒、王文重、王亚洲、范国权、李学湛。

中华人民共和国农业行业标准

NY/T 2055—2011

水稻品种抗条纹叶枯病鉴定技术规范

Technical specification for evaluating rice varieties resistance to rice stripe disease

1 范围

本标准规定了水稻品种抗条纹叶枯病鉴定的技术规范。

本标准适用于水稻品种抗条纹叶枯病性状的鉴定与评价。

2 规范性引用文件

下列文件对于本文件的应用是必不可少的。凡是注日期的引用文件，仅注日期的版本适用于本文件。凡是不注日期的引用文件，其最新版本(包括所有的修改单)适用于本文件。

NY/T 2059—2011 灰飞虱携带水稻条纹病毒的检测技术 免疫斑点法

3 术语和定义

下列术语和定义适用于本文件。

3.1

病株 infected plants

病株一般指发生病害的植株，本标准指水稻条纹叶枯病症状级别为2级和2级以上级别的水稻植株(病害鉴定分级标准见附录A)。

3.2

发病率 rate of infected plants

指病株占调查水稻植株总数的百分率。

4 田间鉴定

4.1 田间自然诱发鉴定

4.1.1 鉴定圃选择

选择常年重发水稻条纹叶枯病田块(上年度感病对照品种在不防治条件下发病率大于30%)作为鉴定圃，鉴定圃四周种植小麦作为灰飞虱寄养区。

4.1.2 播栽方式

参加鉴定的品种种子(含生产上公认的高抗品种和高感品种作为抗感对照)经浸种(200 mL水＋1 g井冈霉素＋135 μL咪酰胺)、催芽(并确保墒情能保证水稻出芽)；可选择直播或移栽方式进行鉴定。采用直播方式时每品种播50株～60株，播种间距为50 cm，行距为80 cm；播种时间选择灰飞虱寄养区收割前10 d～15 d；鉴定圃周围麦田小麦于水稻秧苗1.5叶期后收割。采用移栽方式时每品种栽插50株～60株，采用水育秧方式，播种密度为450 kg/hm^2～600 kg/hm^2，播种后20 d～30 d移栽，移栽密

中华人民共和国农业部 2011-09-01 发布 2011-12-01 实施

度同直播规格，其他条件也与直播方式相同。

4.1.3 试验设计

在参鉴品种四周栽种保护行，株行距与参鉴品种相同；保护行采用感病品种。各品种采用随机排列，每 10 个参鉴品种设 1 个感病对照，整个鉴定圃设 2 个抗病对照，试验重复 3 次。

4.1.4 灰飞虱虫量及带毒率调查

4.1.4.1 虫量调查

于灰飞虱一代成虫发生峰期和二代若虫发生峰期各调查 1 次鉴定圃灰飞虱的虫量。虫量调查方法为整个鉴定圃采用对角线法 5 点取样，每点拍查 0.1 m^2；用长方形(33 cm×45 cm)白搪瓷盘为查虫工具，用水湿润盘内壁。在水稻秧苗中下部，连拍三下，每次拍查计数后，清洗白搪瓷盘，再进行下次拍查。统计成、若虫数量，并折算为 hm^2 虫量。

4.1.4.2 带毒率检测

于田间一代灰飞虱成虫发生峰期和二代若虫发生峰期分两次在鉴定用田块中捕捉二龄以上若虫或成虫 500 头以上，从中随机选取 100 头，按照 NY/T 2059—2011 检测灰飞虱群体带毒情况，计算灰飞虱群体的带毒率。

4.1.4.3 有效接种虫量计算

田间鉴定的有效接种虫量按式(1)计算：

$$FVS = n \times PVS \quad \cdots\cdots (1)$$

式中：

FVS——田间鉴定的有效接种虫量，单位为头每公顷(头/hm^2)；

n——灰飞虱虫量，单位为头(头)；

PVS——灰飞虱带毒率，单位为百分率(%)。

计算结果精确到小数点后两位。

当 *FVS* 值处于 0.8×10^6 头/hm^2～3.6×10^6 头/hm^2 范围内，可认为试验有效。

4.1.5 鉴定圃寄养区管理

鉴定圃及其周围 10 m 范围内田块在二代成虫峰期结束前不使用任何杀虫剂和防治病毒药剂。

4.1.6 调查部位

水稻茎叶。

4.1.7 调查时期

于灰飞虱一代成虫发生峰期和二代若虫发生峰期后 10 d～20 d 分别进行调查，每代次至少调查两次，且两次调查的间隔期不少于 4 d～7 d。

4.1.8 调查方法

调查标准参见附录 A.1，调查病株数目。其中 2 级～4 级直接记为病株；1 级在 7 d 后再次调查确认，若表现出 2 级及更高级别症状，则记为病株，否则记为不发病；0 级记为不发病。

4.1.9 发病率计算

根据两次田间发病高峰感病对照的平均发病率确定发病率计算方式，若第一次发病高峰感病对照平均发病率达到 50%以上，而抗病对照平均发病率在 15%以下，则直接采用参鉴品种第一次病株数计算发病率；若第一次发病高峰感病对照平均发病率不到 50%，但两次发病高峰感病对照累计平均发病率超过 30%，同时两次发病高峰抗病对照累计平均发病率在 15%以下，则累计参鉴品种两次发病高峰的病株数计算发病率；若出现两次发病高峰感病对照累计发病率仍未超过 30%或抗病对照平均发病率在 15%以上中任一种情况，则应分析原因，并重新进行试验。

发病率按式(2)计算：

$$R_i = \frac{n_i}{n_t} \times 100 \quad \cdots\cdots (2)$$

式中：

R_i——发病率，单位为百分率（%）；

n_i——病株数，单位为株（株）；

n_t——总株数，单位为株（株）。

计算结果精确到小数点后两位。

4.2 田间人工接种鉴定

当田间有效接种虫量不能满足水稻条纹叶枯病田间自然诱发鉴定的条件时，可采用田间人工接种鉴定作为辅助鉴定方法。

4.2.1 育苗方法

参加鉴定的品种种子（含抗病对照和感病对照）经浸种、催芽，于一代若虫发生盛期前 10 d 至盛期后 5 d 之间，选取发芽良好的种子 50 粒～60 粒条播于秧床上，3 次重复。

4.2.2 保护行

在参鉴品种四周栽种保护行，株行距与参鉴品种相同；保护行采用感病品种。

4.2.3 接种准备

播种后以高 25 cm，孔径小于 0.1 cm 的网笼将参鉴品种及保护行罩住。

4.2.4 接种体准备

于若虫发生盛期从重病区捕捉的 2 龄～4 龄灰飞虱作为接种体，选择带毒率在 25%以上群体（灰飞虱带毒率检测方法参照 4.1.4.2）。

4.2.5 接种时间

1.5 叶龄期。

4.2.6 接种

根据 4.2.4 测定的带毒率计算田间人工接种鉴定的有效接种虫量，用 *IVS* 表示，其值须在 2 头/苗～6 头/苗范围内，计算接虫数量后将接种体接入网笼，接种时间为 3 d，且每天上午和下午各赶虫一次，使灰飞虱分布均匀。3 d 后用杀虫剂将接种灰飞虱全部扑杀。

人工接种鉴定的有效接种虫量按式（3）计算：

$$IVS = N \times PVS \quad \cdots\cdots (3)$$

式中：

IVS——人工接种鉴定的有效接种虫量，单位为头每公顷（头/hm^2）；

N——接种灰飞虱数量，单位为头（头）；

PVS——灰飞虱带毒率，单位为百分率（%）。

计算结果精确到小数点后一位。

4.2.7 田间肥水管理

田间肥料运筹、灌溉水管理与常规生产一致，不使用任何杀虫剂和防治病毒药剂。

4.2.8 调查时期

接种后 15 d～25 d 进行调查，至少调查两次，且两次调查的间隔期不少于 4 d～7 d。

4.2.9 调查部位

水稻茎叶。

4.2.10 调查方法

调查方法同 4.1.8。

4.2.11 发病率计算

按式（2）方法计算发病率。若出现感病对照的平均发病率小于 30%或抗病对照平均发病率在 15%以上中任一种情况，则应分析原因，并重新进行试验。

5 室内鉴定

5.1 接种用灰飞虱的准备

5.1.1 灰飞虱的采集

从病害发生地采集灰飞虱的若虫或成虫。

5.1.2 饲养灰飞虱的基本设备

具有调温和光照设备的养虫室，使温度保持在25℃～28℃之间并保证每天12 h的光照时间；玻璃杯、尼龙网布（网眼规格0.1 cm）、养虫架、适宜灰飞虱繁殖的水稻种子（宜采用灰飞虱喜食性品种武育粳3号或当地适宜的感虫品种）；转移灰飞虱用黑布、毛笔、吸虫管等。

5.1.3 灰飞虱群体的饲养

选取饲喂灰飞虱的水稻种子经药剂（200 mL水＋1 g井冈霉素＋135 μL咪酰胺）浸种、催芽，选取发芽良好的种子25粒～30粒均匀播于盛有自然肥力土壤的玻璃杯（内径为6 cm～20 cm）中；待苗长至1.5叶期时，将灰飞虱移入玻璃杯中进行饲养，15 d～20 d后需将灰飞虱转移至另一1.5叶期秧龄稻苗中进行饲养。

5.1.4 接种用灰飞虱群体的筛选

将同一发病区采回的后代集中饲养，待长至成虫期后任其自由交配，再将雌虫取出单独置于一玻璃杯中产卵；同一雌虫产的卵孵化后编号集中饲养，并任其自由交配，如此饲养2代～3代至灰飞虱群体数量大于500头后，从群体中随机取虫检测带毒率，选取带毒率在60％以上的群体继续加代饲养，同时跟踪检测各代带毒率，最后获得连续5代带毒率均在50％以上的对条纹病毒具有高亲和性灰飞虱群体作为接种群体。

5.2 育苗方法

参鉴品种（含抗病对照和感病对照）经浸种、催芽，选取30粒左右发芽良好的种子均匀播于盛有自然肥力土壤的玻璃杯（内径为6 cm～9 cm）中。

5.3 重复

按5.2育苗方法重复3次。

5.4 接种时期

1.5叶龄期。

5.5 接种方法

选取处于2龄期～4龄期的接种群体，按4.2.6方法计算接虫数量，于26℃～28℃条件下接入玻璃杯中，同时从接种群体中随机抽取100头以上灰飞虱，测定带毒率，若带毒率小于50％，则需分析原因并重新育苗接种；接种期间每天上午和下午各赶虫一次，接种2 d后将秧苗移出玻璃杯，至15℃～30℃条件下培育。

5.6 调查部位

水稻茎叶。

5.7 调查时期

接种后15 d～25 d进行调查；至少调查3次，且相邻两次调查间隔应在4 d～7 d内。

5.8 调查方法

调查方法参照4.1.8。

5.9 发病率计算

按式（2）方法计算发病率。若出现感病对照的平均发病率小于30％或抗病对照平均发病率在15％以上中任一种情况，则应分析原因，并重新进行试验。

6 水稻品种抗条纹叶枯病性状的评价

当品种抗性在不同地区间、不同年度间或批次间鉴定结果表现不一致时，以最高的发病率为最终标准。抗性评价标准参照附录A。

6.1 高抗条纹叶枯病水稻品种的评定

选用田间抗性鉴定方法时，同一参鉴品种应在2年2点的有效重复试验中均表现为高抗或免疫，才可被评定为高抗条纹叶枯病水稻品种。选用室内鉴定方法时，同一参鉴品种应在独立有效的3次重复试验均表现为高抗或免疫，才可被评定为高抗条纹叶枯病水稻品种。

6.2 抗条纹叶枯病水稻品种的评定

选用田间抗性鉴定方法时，同一参鉴品种应在2年2点的有效重复试验中均表现为抗病以上，才可被评定为抗条纹叶枯病水稻品种。选用室内鉴定方法时，同一参鉴品种应在独立有效的3次重复试验均表现为抗病以上，才可被评定为抗条纹叶枯病水稻品种。

6.3 中感条纹叶枯病水稻品种的评定

选用田间抗性鉴定方法时，同一参鉴品种应在2年2点的有效重复试验中均表现为中感以上，才可被评定为中感条纹叶枯病水稻品种。选用室内鉴定方法时，同一参鉴品种应在独立有效的3次重复试验均表现为中感以上，才可被评定为中感条纹叶枯病水稻品种。

附 录 A
（规范性文件）
病害鉴定分级标准

A.1 病害调查分级标准

0级，无症状；

1级，有轻微黄绿色斑驳症状，病叶不卷曲，植株生长正常；

2级，病叶上褪绿扩展相连成不规则黄白色或黄绿色条斑，病叶不卷曲或略有卷曲，生长基本正常；

3级，病叶严重褪绿，病叶卷曲呈捻转状，少数病叶出现黄化枯萎症状；

4级，大部分病叶卷曲呈捻转状，叶片黄化枯死，植株呈假枯心状或整株枯死。

A.2 抗性各级别评定标准

免疫(I)，发病率为0；

高抗(HR)，发病率为0.1%～5%；

抗病(R)，发病率为5.1%～15%；

中感(MS)，发病率为15.1%～30%；

感病(S)，发病率为30.1%～50%；

高感(HS)，发病率大于50.1%。

本标准起草单位：江苏省农业科学院植物保护研究所。

本标准主要起草人：周益军、周彤、范永坚、程兆榜。

中华人民共和国农业行业标准

NY/T 2162—2012

棉花抗棉铃虫性鉴定方法

Rules of testing the resistance of cotton to cotton bollworm (*Helicoverpa armigera* Hübner)

1 范围

本标准规定了棉花对棉铃虫(*Helicoverpa armigera* Hübner)的抗虫性鉴定方法。

本标准适用于转基因抗虫棉花(Bt 棉花、Bt+CpTI 棉花)对棉铃虫的抗虫性鉴定。

2 规范性引用文件

下列文件对于本文件的应用是必不可少的。凡是注日期的引用文件,仅注日期的版本适用于本文件。凡是不注日期的引用文件,其最新版本(包括所有的修改单)适用于本文件。

GB 4407.1 经济作物种子 棉花种子

3 术语和定义

下列术语和定义适用于本文件。

3.1

转基因抗虫棉花 Transgenic insect-resistant cotton

通过基因工程技术将外源抗虫基因导入棉花基因组而培育出的具有抗虫新性状的转基因棉花品种(系)。

3.2

生物测定 bioassay

在室内利用人工接虫的方法评价转基因抗虫棉花的组织器官对棉铃虫的抗性效果。

3.3

幼虫死亡率 larval mortality

幼虫取食转基因抗虫棉花后死亡幼虫数占供试幼虫总数的百分率。

3.4

蕾铃被害率 rate of injured cotton buds and flower and bolls

幼虫取食转基因抗虫棉花后被害蕾铃(包括花)占蕾铃总数的百分率。

4 技术要求

4.1 供试棉铃虫

为人工饲料饲养的 1 d 龄棉铃虫幼虫。

4.2 试验品种

转基因抗虫棉品种、常规棉对照品种。

中华人民共和国农业部 2012-06-06 发布　　2012-09-01 实施

上述棉花种子质量达到 GB 4407.1 中对种子质量要求。

4.3 试验设施

试验需在网室内进行，网室规格为长、宽、高分别为 20 m、3 m 和 2 m，尼龙网为 60 目。

5 试验方法

5.1 试验设计与管理

网室内种植供试棉花品种或材料，每材料 10 株，每个网室为 1 次重复，共 3 次重复。以非转基因抗虫棉品种为对照。网室内棉花栽培方式同大田，苗期可防治棉蚜。试验前 7 d～10 d 利用广谱性化学农药防治一次害虫，使网室内昆虫干扰为零。

5.2 播种

按当地春棉或夏棉(短季棉)常规播种时期、播种方式和播种量进行播种。

5.3 试验方法

5.3.1 第 2 代棉铃虫发生期棉花蕾铃被害率检测

5.3.1.1 供试虫源和成虫释放量

试验用棉铃虫为采自田间、经室内人工饲养羽化后的成虫。释放前在养虫笼内自由交配，并喂以 10% 的蜂蜜水，3 d 后选择活动能力强的成虫释放于种植鉴定材料的网室内。成虫释放量为按雌雄比 1∶1的比例，每 10 m^2 释放 2 对。

5.3.1.2 释放时期

棉花盛蕾期释放成虫，接虫时间与棉田二代棉铃虫发生期相一致。

5.3.1.3 结果记录

在成虫释放后第 3 d 调查卵量，达到百株 300 粒卵为宜，否则要增加成虫释放量；第 10 d～15 d 调查各品种、材料的蕾铃被害数、健蕾铃数，分别计算蕾铃被害百分率，最后以常规棉为对照材料，计算各鉴定材料的蕾铃被害减退率，计算公式为：

蕾铃被害率按式(1)计算：

$$Y=\frac{b}{B}\times 100 \quad \cdots\cdots (1)$$

式中：

Y——蕾铃被害率，单位为百分率(%)；

b——被害蕾铃数，单位为个；

B——总蕾铃数，单位为个。

蕾铃被害减退率按式(2)计算：

$$Y_t=\frac{Y_0-Y_1}{Y_0}\times 100 \quad \cdots\cdots (2)$$

式中：

Y_t——蕾铃被害减退率，单位为百分率(%)；

Y_1——鉴定材料蕾铃被害率，单位为百分率(%)；

Y_0——对照材料蕾铃被害率，单位为百分率(%)。

5.3.2 第 3 代棉铃虫室内生物测定

5.3.2.1 取样方法

在第 3 代棉铃虫发生盛期，分别从网室中采集鉴定材料和对照材料的顶部展开的第 3 片棉叶，每处理随机采集 10 片。

5.3.2.2 操作步骤

在 35 mm×120 mm 试管中加入 20 mL 的琼脂培养基,将带有叶柄的叶片插入培养基中保鲜,每试管放一张叶片,每张叶片接棉铃虫 1 d 龄幼虫 5 头。接虫后用脱脂棉塞紧管口,以防棉铃虫逃逸;放于 25℃～28℃的养虫室或光照培养箱(L∶D=14∶10)中饲养。

5.3.2.3 结果记录

接虫后第 5 d 检查幼虫取食状况和幼虫死亡状况。记录幼虫死亡虫数和活虫数,目测幼虫取食状况,幼虫取食状况级别按表 1 执行。

表 1 棉铃虫幼虫取食转基因抗虫棉叶片状况目测分级

叶片被害级别	取食状况描述
1	被害呈针头状不连片
2	被害呈小片,但不超过叶面积的 25%
3	被害成片,超过叶面积的 25%,但不超过叶面积的 50%
4	被害成片,超过叶面积的 50%,但不超过 75%
5	被害成片,超过叶面积 75%,叶片被大量取食,危害同常规对照品种

幼虫死亡率按式(3)计算:

$$X=\frac{a}{A}\times 100 \quad\cdots\cdots (3)$$

式中:

X——幼虫死亡率,单位为百分率(%);

a——死虫数,单位为头;

A——接虫数,单位为头。

校正死亡率按式(4)计算:

$$X_t=\frac{X_1-X_0}{1-X_0}\times 100 \quad\cdots\cdots (4)$$

式中:

X_t——幼虫校正死亡率,单位为百分率(%);

X_1——鉴定材料死亡率,单位为百分率(%);

X_0——对照材料死亡率,单位为百分率(%)。

6 判定

判定棉花对棉铃虫的抗虫性。转基因抗虫棉抗性级别评定标准按表 2 执行。3 项指标取其最低值判定。

表 2 转基因抗虫棉抗性评定

抗 性 级 别	抗 性 程 度	二代棉铃虫发生期	三代棉铃虫发生期	
		蕾铃被害减退率 Y,%	幼虫校正死亡率 X,%	叶片被害级别
1 级	高抗	$Y>80$	$X>90$	1
2 级	抗	$50<Y\leqslant 80$	$60<X\leqslant 90$	2
3 级	中抗	$30<Y\leqslant 50$	$40<X\leqslant 60$	3
4 级	低抗	$Y\leqslant 30$	$X\leqslant 40$	4
5 级	感	同对照品种	同对照品种	5

本标准起草单位:中国农业科学院棉花研究所。

本标准主要起草人:雒珺瑜、崔金杰、马艳、王春义、张帅、吕丽敏、辛惠江。

中华人民共和国农业行业标准

NY/T 2644—2014

普通小麦冬春性鉴定技术规程

Protocol of growth habit evaluation for common wheat

1 范围

本标准规定了普通小麦(*Triticum aestivum* L.)冬春性鉴定方法。

本标准适用于普通小麦品种国家区域试验冬春性鉴定,省级区域试验可参考执行。

2 规范性引用文件

下列文件对于本文件的应用是必不可少的。凡是注日期的引用文件,仅注日期的版本适用本文件。凡是不注日期的引用文件,其最新版本(包括所有的修改版)适用于本文件。

GB 4404.1 粮食作物种子 第一部分:禾谷类

3 术语和定义

下列术语和定义适用于本文件。

3.1

春播抽穗率 spring sowing heading percentage

同一播期某品种春播平均抽穗数与该品种春播平均最高总茎数的百分比。

3.2

苗穗期 seedling-heading period

春播小麦出苗期到始穗期的天数。

4 鉴定方法

采用田间春播与人工模拟低温春化处理相结合的鉴定方法。

4.1 田间春播鉴定

4.1.1 样品准备

待测样品种子质量应达到 GB 4404.1 中小麦原种标准。

4.1.2 试验处理

春播鉴定设置 3 个播期。第一播期为候平均气温达到 3℃后的次日;第二播期为候平均气温达到 7℃后的次日;第三播期为候平均气温达到 10℃后的次日。

4.1.3 田间设计

随机区组排列,2 行区,行长 2 m,3 次重复。出苗后人工定苗,每行定 50 棵苗,株距均匀。

4.1.4 调查项目

播种期、出苗期、始穗期、抽穗期、成熟期、基本苗数、最高总茎数、抽穗数。

4.1.5 春播抽穗率的计算

中华人民共和国农业部 2014 - 10 - 17 发布　　2015 - 01 - 01 实施

春播抽穗率 y 按式(1)计算。

$$y = \frac{x}{p} \times 100 \quad \cdots\cdots (1)$$

式中：

y ——春播抽穗率，单位为百分率(%)；

x ——抽穗数；

p ——最高总茎数。

4.2 人工模拟低温春化处理鉴定

4.2.1 样品准备

待测样品种子质量应达到 GB 4404.1 中小麦原种标准。随机选取 2 200 粒，每 100 粒为 1 份。

4.2.2 试验处理

设置 11 个春化时间处理：0 d、5 d、10 d、15 d、20 d、25 d、30 d、35 d、40 d、45 d、50 d，2 次重复。每个处理选用 100 粒样品种子 1 份，置于种子发芽器皿内，70%酒精浸泡处理 1.5 min，用无离子水冲洗 3 遍，加适量无离子水，于 25℃培养箱催芽 24 h，萌动后置于 2℃低温光照培养箱，发芽器皿内滤纸保持湿润状态。在常年春季候平均气温达 10℃时，同期播种于大田。

4.2.3 试验设计

裂区设计，2 次重复，品种为主区、春化处理时间为副区，主副区均采用顺序排列，每小区 1 行，每行播 50 粒经过春化处理的种子。

4.2.4 调查项目

播种期、出苗期、始穗期、抽穗期、成熟期、基本苗数、最高总茎数、抽穗数。

5 冬春性类型

分为 4 种类型：冬性、半冬性、弱春性、春性。

6 冬春性判定

6.1 分类标准

依据春播第二播期进行分类。春播抽穗率＞30%为春性类品种，春播抽穗率≤30%为冬性类品种。

6.2 分级标准

在冬春性分类基础上，冬性类品种依据春季第一播期、春性类品种依据春季第三播期进一步划分。判定指标依次为春播抽穗率、抽穗所需低温春化天数、苗穗期。

6.2.1 依据春播第一播期进行冬性类品种分级见表 1。

表 1 冬性类品种分级标准

级别	类 型	春播抽穗率 %	春化时间 d	苗穗期 d
1	冬 性	≤5	＞35	＞85
2	半冬性	＞5	≤35	≤85

6.2.2 依据春播第三播期进行春性类品种分级见表 2。

表 2 春性类品种分级标准

级别	类 型	春播抽穗率 %	春化时间 d	苗穗期 d
3	弱春性	<30	>5	>45
4	春 性	≥30	≤5	≤45

本标准起草单位：全国农业技术推广服务中心、洛阳农林科学院、中国农业科学院作物科学研究所。

本标准主要起草人：谷铁城、张灿军、孙世贤、邱军、周阳、冀天会、杨子光、张晓科、张勇、赵虹、福德平、王西成。

中华人民共和国农业行业标准

NY/T 2646—2014

水稻品种试验稻瘟病抗性鉴定与评价　技术规程

Technical specification for identification and evaluation of blast resistance in rice variety regional test

1　范围

本标准规定了水稻品种试验稻瘟病抗性鉴定的有关定义、鉴定方法、调查方法、数据计算、抗性评价及汇总报告格式。

本标准适用于国家级和省级水稻品种试验。品种抗病性比较试验、主导品种的抗病性监测可参照执行。

2　规范性引用文件

下列文件对于本文件的应用是必不可少的。凡是注日期的引用文件，仅注日期的版本适用于本文件。凡是不注日期的引用文件，其最新版本(包括所有的修改单)适用于本文件。

NY/T 1300—2007　农作物品种区域试验技术规范　水稻

3　术语和定义

下列术语和定义适用于本文件。

3.1

试验品种　testing variety

国家或省级水稻品种区域试验参试品种。

3.2

感病对照品种　susceptible control variety

品种鉴定时选定的当地相应熟期的感病品种。

3.3

诱发品种　disease spreader variety

在试验品种和感病对照品种四周种植的当地高感品种。

3.4

鉴定网络　evaluation network

在一个稻作区内 3 个或以上稻瘟病常年发病区设置的鉴定圃。

3.5

鉴定年限　years of evaluation

与区域试验同步进行的两个正季生产周期。

3.6

苗叶瘟　leaf blast of seedling

中华人民共和国农业部 2014-10-17 发布　　2015-01-01 实施

水稻三叶期以后秧苗叶片上发生的稻瘟病。

3.7

穗瘟 panicle blast

水稻抽穗后穗颈和枝梗上发生的稻瘟病。

3.8

节瘟 node blast

水稻抽穗后茎秆下部稻节上发生的稻瘟病。

4 鉴定方法

4.1 苗叶瘟鉴定

采用人工接种或自然诱发鉴定。

4.1.1 人工接种

试验品种种子浸种、催芽后，按顺序分别播种在带孔、装有细土、穴间隔 3cm 的塑料盘中，每个品种 10 粒～15 粒。浇水盖土，保证正常出苗生长。接种前 3 d～5 d 酌施氮肥，保持稻苗嫩绿，秧苗 3 叶～4 叶期时，选择当地致病性较强和致病频率较高的 3 个或以上菌株(孢子液等比例混合)喷雾接种，孢子液浓度约为 2×10^{5} 个孢子/mL，接种量以所有叶片上布满孢子液为限。接种后置于 25℃～28℃的恒温室内，遮光保湿 24 h，然后去除遮光条件，并定时喷雾保湿。试验设 2 次重复。

4.1.2 自然诱发

试验品种种子浸种、催芽后，选择晴天播(种)于旱地或湿润秧田。苗床宽 110 cm，播种前划行、插牌，双幅播种，幅宽 40 cm，幅间距 30 cm，按顺序条播，条宽 2 cm～3 cm，条间距 5 cm，每条播种约 100 粒，然后压谷。两幅中间播诱发品种，播种宽度为 20 cm ，与双幅分别相隔 5 cm。旱地适当浇水，保证正常出苗生长，试验设 2 次重复。

4.2 穗瘟鉴定

鉴定圃宜设置在雾多、结露时间长的常发病稻区，选择土地平整、土质肥沃、排灌方便的重病田块。采用育苗移栽、自然诱发，育秧方式参照 NY/ T 1300—2007。本田每个品种栽 5 行，每行 6 穴，每穴 2 棵～4 棵基本苗，株行距为 13.3 cm×20 cm，品种按顺序排列。每幅试验品种四周种植 2 行诱发品种。每个熟组栽插 1 个感病对照品种。施肥量高于当地生产水平，并在水稻抽穗前 5 d 增施一次氮肥。鉴定圃治虫不治病(纹枯病严重田块需用井冈霉素进行防治)。试验设 2 次重复。

5 调查方法

苗叶瘟在感病对照品种发病达 7 级或以上时调查，每个品种以发病最重的 10 株为调查对象，每株调查发病最重的叶片，取发病最重的 3 株平均作为品种评价的依据。苗叶瘟调查分级标准见表 A.1。

穗瘟在水稻黄熟初期(80%稻穗尖端谷粒成熟时)每个品种调查发病最重的稻穗，不少于 100 穗。穗瘟单穗损失率分级标准见表 A.2。

苗叶瘟和穗瘟调查记载参见表 B.1 和 B.2。

感病对照品种苗叶瘟病级、穗瘟病级未达 7 级，该组试验无效。

6 数据计算

6.1 苗叶瘟病级

苗叶瘟病级按式(1)计算。

$$GLB=\frac{\sum(NDL\times GDL)}{TNL} \cdots\cdots (1)$$

式中：

GLB ——苗叶瘟病级；

NDL ——各级病叶数；

GDL ——各病级代表值；

TNL ——调查总叶数。

6.2 穗瘟发病率

穗瘟发病率按式(2)计算。

$$IDP = \frac{TNDP}{TNP} \times 100 \quad \cdots\cdots (2)$$

式中：

IDP ——穗瘟发病率，单位为百分率(%)；

$TNDP$ ——发病穗数；

TNP ——调查总穗数。

水稻穗瘟发病率群体抗性分级标准见表 A.3。

6.3 穗瘟损失率(级)

穗瘟损失率(级)按式(3)计算。

$$GLRP = \frac{\sum (NDP \times GDP)}{TNP} \quad \cdots\cdots (3)$$

式中：

$GLRP$ ——穗瘟损失率(级)；

NDP ——各级病穗数；

GDP ——各级损失率病级；

TNP ——调查总穗数。

6.4 综合指数

稻瘟病综合指数按式(4)计算。

$$IB = GLB \times 25\% + GIDP \times 25\% + GLRP \times 50\% \quad \cdots\cdots (4)$$

式中：

IB ——稻瘟病综合指数；

GLB ——苗叶瘟病级；

$GIDP$ ——穗瘟发病率病级；

$GLRP$ ——穗瘟损失率(级)。

在感病对照品种叶瘟未达到 7 级(叶瘟试验无效)，穗瘟达到 7 级或以上时，稻瘟病综合指数按式(5)计算。

$$IB = \frac{GIDP \times 25\% + GLRP \times 50\%}{75\%} \quad \cdots\cdots (5)$$

式中：

IB ——稻瘟病综合指数；

$GIDP$ ——穗瘟发病率病级；

$GLRP$ ——穗瘟损失率(级)。

在感病对照品种叶瘟达到 7 级或以上，穗瘟未达到 7 级(穗瘟试验无效)时，数据不作统计。

7 抗性评价

稻瘟病抗性综合评价分级标准见表 A.4，将水稻品种划分为高抗、抗、中抗、中感、感和高感共 6 个类型,以本稻作区鉴定网络有效病圃的抗性综合指数平均值作为评价依据。

8 汇总报告格式

8.1 试验概况

概述试验目的、鉴定材料、鉴定单位、鉴定方法与评价标准等基本情况。

8.2 结果与分析

以各试验组别为单位,分析评价各品种的抗性表现,列出相应的数据表。水稻稻瘟病抗性鉴定结果汇报格式参见表 B.3。

8.3 小结与讨论

首先根据感病对照品种监测结果阐明该年度抗性鉴定结果的有效性,再对试验品种的抗性分布概况进行简要描述。

附 录 A
(规范性附录)
水稻稻瘟病分级标准

A.1 水稻苗叶瘟调查分级标准

见表 A.1。

表 A.1 水稻苗叶瘟调查分级标准

病级	抗性类型	病情
0	高抗(HR)	无病
1	抗(R)	针头状大小褐点
2	抗(R)	褐点较大,直径小于 1 mm
3	中抗(MR)	圆形至椭圆形的灰色病斑,边缘褐色,直径 1 mm～2 mm
4	中感(MS)	典型纺锤形病斑,长 1 cm～2 cm,通常局限在两叶脉之间,为害面积小于叶面积的 2.0%
5	中感(MS)	典型纺锤形病斑,为害面积占叶面积的 2.1%～10.0%
6	感(S)	典型纺锤形病斑,为害面积占叶面积的 10.1%～25.0%
7	感(S)	典型纺锤形病斑,为害面积占叶面积的 25.1%～50.0%
8	高感(HS)	典型纺锤形病斑,为害面积占叶面积的 50.1%～75.0%
9	高感(HS)	典型纺锤形病斑,为害面积大于叶面积的 75.1%
注:叶片上无叶瘟,但有叶枕瘟发生的记作 5 级。		

A.2 水稻穗瘟单穗损失率分级标准

见表 A.2。

表 A.2 水稻穗瘟单穗损失率分级标准

病级	病情
0	无病
1	小枝梗发病,每穗损失≤5.0%
3	主轴或穗颈发病,每穗损失 5.1%～20.0%
5	主轴或穗颈发病,谷粒半瘪,每穗损失 20.1%～50.0%
7	穗颈发病,大部分瘪谷,每穗损失 50.1%～70.0%
9	穗颈发病,每穗损失>70.0%(在统计损失率时按每穗损失 100%统计)
注:当没有穗瘟,而有节瘟时,节瘟按穗瘟的稻谷实际损失的级别计。	

A.3 水稻穗瘟发病率群体抗性分级标准

见表 A.3。

表 A.3 水稻穗瘟发病率群体抗性分级标准

抗级	抗感类型	病穗率(%)
0	高抗(HR)	0
1	抗(R)	≤5.0
3	中抗(MR)	5.1～10.0

表 A.3 （续）

抗　　级	抗感类型	病穗率(%)
5	中感(MS)	10.1～25.0
7	感(S)	25.1～50.0
9	高感(HS)	≥50.1
注 1:有穗颈瘟时调查穗颈瘟,无穗颈瘟时再调查枝梗瘟,枝梗瘟换算为穗瘟的分级标准,枝梗瘟发病率≤10%为 1 级,发病率 11%～30%为 3 级,发病率>31%为 5 级。枝梗瘟指穗轴第一次枝梗(包括穗上端 2/3 的穗轴部分)发病,谷粒饱满。 **注 2**:当没有穗瘟,而有节瘟时,节瘟按穗颈瘟统计。		

A.4　水稻稻瘟病抗性综合评价分级标准

见表 A.4。

表 A.4　水稻稻瘟病抗性综合评价分级标准

抗　　级	抗感类型	综合指数
0	高抗(HR)	<0.1
1	抗(R)	0.1～2.0
3	中抗(MR)	2.1～4.0
5	中感(MS)	4.1～6.0
7	感(S)	6.1～7.5
9	高感(HS)	≥7.6

附　录　B
（资料性附录）
水稻瘟病记载表

B.1　水稻苗叶瘟调查记载

见表 B.1。

表 B.1　水稻苗叶瘟调查记载表

播种日期　　　　调查日期　　　　　　　　　　　　调查人　　　　记载人

区试编号	分级										总数	平均级别	最高级别
	0	1	2	3	4	5	6	7	8	9			
A1													
A2													
A3													
A4													
A5													
A6													
A7													
A8													
A9													
A10													
A11													
A12													
感病对照													

B.2　水稻穗瘟调查记载

见表 B.2。

表 B.2　水稻穗瘟调查记载表

病圃名称　　　播种日期　　　　移栽日期　　　　　　　　　调查人　　　　记载人

田间编号	区试编号	分级								穗发病率		穗损失率级别
		日期	0	1	3	5	7	9	总数	百分率，%	级别	
	A1											
	A2											
	A3											
	A4											
	A5											
	A6											
	A7											
	A8											
	A9											
	A10											
	A11											
	A12											
	感病对照											

B.3 水稻稻瘟病抗性鉴定结果记载

见表B.3。

表B.3 水稻稻瘟病抗性鉴定结果表

田间编号	区试编号	苗叶瘟		穗瘟			综合指数	抗性评价
		平均级	最高级	发病率,%	发病率级别	损失率级别		
	A1							
	A2							
	A3							
	A4							
	A5							
	A6							
	A7							
	A8							
	A9							
	A10							
	A11							
	A12							
	感病对照							

本标准起草单位：全国农业技术推广服务中心、浙江省农业科学院植物保护与微生物研究所、广东省农业科学院植物保护研究所、四川省农业科学院植物保护研究所、中国水稻研究所、中国农业科学院作物科学研究所、恩施土家族苗族自治州农业科学院植保土肥研究所、吉林省农业科学院植物保护研究所、天津市农业科学院植物保护研究所。

本标准主要起草人：谷铁城、陶荣祥、朱小源、胡小军、曾波、杨仕华、王洁、卢代华、吴双清、郭晓莉、杨秀荣、李求文、刘永峰、肖放华、郝中娜、陈进周、高汉亮、田进山、王文相、王德标、韩海波、江健、董海、赵剑锋。

中华人民共和国农业行业标准

NY/T 2720—2015

水稻抗纹枯病鉴定技术规范

Rules for evaluation of rice for resistance to sheath blight (*Rhizoctonia solani* Kühn)

1 范围

本标准规定了水稻品种、材料苗期和成株期对纹枯病的抗性鉴定方法和评价方法。

本标准适用于水稻品种、材料抗纹枯病鉴定。

2 规范性引用文件

下列文件对于本文件的应用是必不可少的。凡是注日期的引用文件，仅注日期的版本适用于本文件。凡是不注日期的引用文件，其最新版本(包括所有的修改单)适用于本文件。

GB 4285 农药安全使用标准

GB 4404.1 粮食作物种子 第1部分:禾谷类

GB 5084 农田灌溉水质标准

GB/T 6682 分析实验室用水规格和试验方法

GB/T 8321(所有部分) 农药合理使用准则

GB 15618 土壤环境质量标准

NY/T 496 肥料合理使用准则 通则

NY 5117 无公害食品 水稻生产技术规程

3 术语和定义

下列术语和定义适用于本文件。

3.1

水稻纹枯病 rice sheath blight

由立枯丝核菌 *Rhizoctonia solani* Kühn 所引起的为害地上部分以叶鞘、叶片为主产生云纹状病斑症状的水稻病害。

3.2

融合群 anastomosis group

引起水稻纹枯病的立枯丝核菌(*Rhizoctonia solani* Kühn)是以菌丝融合型为基础所构成的群体，凡是两个菌株的菌丝能发生融合的则归于相同的融合群。

3.3

苗挺高 straighted seedling height

从土表至水稻秧苗拉直后最高叶尖的高度。

中华人民共和国农业部 2015-05-21 发布 2015-08-01 实施

4 试剂与材料

本标准所用试剂在未加说明时均采用分析纯试剂。实验室用水应符合 GB/T 6682 中规定的三级水要求。

4.1 PDA 培养基

称取 200 g 马铃薯,洗净去皮切碎,加入 1 000 mL 水,煮沸 20 min～30 min,纱布过滤,补水至 1 000 mL,再加入 18 g 琼脂和 18 g 葡萄糖,搅拌均匀,高压灭菌(121℃,20 min)。

4.2 PDB 培养基

称取 200 g 马铃薯,洗净去皮切碎,加入 1 000 mL 水,煮沸 20 min～30 min,纱布过滤,补水至 1 000 mL,加入 18 g 葡萄糖,搅拌均匀,高压灭菌(121℃,20 min)。

4.3 培养基 A

稻谷用清水浸泡 24 h 后,冲洗干净,装入 250 mL 锥形瓶中,每瓶中装入稻谷占瓶体积的 1/3,高压灭菌(121℃,20 min)。

4.4 培养基 B

将木质牙签剪成 0.8 cm～1.0 cm 长,纵劈为二,单层平排于直径 9 cm 培养皿中,每皿加入适量的 PDB 培养基(液面高度刚好淹没短牙签),高压灭菌(121℃,20 min)。

5 仪器设备

5.1 恒温培养箱:(28+2)℃。

5.2 显微镜:物镜头 10 倍～100 倍。

5.3 电子天平:感量 0.01 g。

5.4 高压灭菌器。

5.5 超净工作台。

6 苗期抗病性鉴定

6.1 接种体

接种体为立枯丝核菌 AG1-IA 菌丝融合群,应符合附录 A 的规定。

6.2 试验材料

6.2.1 种子质量

种子质量应符合 GB 4404.1 常规稻或杂交稻一级种标准,不应带检疫性病虫。

6.2.2 播种

选择饱满度一致的试验材料种子,经 3%过氧化氢溶液浸种 1 d 后,用清水冲洗后再浸种 2 d,放入垫有两层滤纸的培养皿中,置于恒温培养箱中 30℃催芽。待胚根长至 0.5 cm 时,选择芽长一致的种子播于装有灭菌土的塑料育苗箱中(长 45 cm×宽 35 cm×高 10 cm)。按宽窄行点播,同一品种窄行 3 cm,不同品种宽行 5 cm,种子表层覆 1 cm 左右的灭菌土。每重复每份试验材料播 10 株苗。采用随机区组设计,重复 3 次。每 50 份试验材料设附录 B 中已知抗性的对照品种。

6.2.3 育苗

在 18℃～28℃的室外自然光照下育苗,幼苗应生长健壮、一致。苗床土保持湿润,不能有水层。

6.3 接种体

6.3.1 接种体准备

根据试验需要选取附录 C 的鉴别菌株作为接种体,将菌株移植到 PDA 培养基的正中央,菌丝面朝上，盖上皿，置于人工培养箱28℃培养48 h。

6.3.2 接种体繁殖

将培养好的病原菌，在无菌条件下用直径5 mm的灭菌打孔器，自菌落边缘切取菌饼，接种于培养基A，在培养箱中28℃培养7 d～10 d，1 d～2 d摇动一次，待谷粒表面布满菌丝后作为接种物备用。

6.4 接种

6.4.1 接种方法

在水稻秧苗4叶期，将带有菌丝的稻谷紧贴每株水稻小苗基部的两侧各放置1粒(参见图D.1)。

6.4.2 接种后管理

接种后将塑料箱置于温度为25℃～30℃，相对湿度80%～85%的鉴定室内。每天光照12 h～14 h，光照强度为35 000 lx。常规秧苗管理，保持秧床湿润。

6.5 病情调查

6.5.1 调查时间

当感病对照品种Lemont刚出现死亡时(一般接种后5 d～7 d)，迅速完成病情调查。

6.5.2 调查与记载

以水稻基部向上扩展的叶片或叶鞘最高病斑为准，测量病斑高度、苗挺高，计算发病度。

发病度=(病斑高度/苗挺高)×9。

每份试验材料调查30株秧苗的发病度，取其平均值，保留两位有效数值。原始数据记载参见表E.1。

6.5.3 病情级别划分标准

苗期水稻纹枯病病情级别分级标准见表1。

表1 苗期水稻纹枯病病级分级标准

病情级别	严重度划分标准
0级	全株无病
1级	0<发病度≤1.0
3级	1.0<发病度≤3.0
5级	3.0<发病度≤5.0
7级	5.0<发病度≤7.0
9级	发病度>7.0

6.6 病情记载

根据病害症状描述，记载单株病情级别，计算每份试验材料的病情指数(*DI*)。病情指数计算见式(1)。

$$DI = \frac{\sum (Bi \times Bd)}{M \times Md} \times 100 \quad \cdots\cdots (1)$$

式中：

DI ——病情指数；

Bi ——各级严重度病株数；

Bd ——各级严重度代表值；

M ——调查总株数；

Md——严重度最高级代表值(此处为9)。

6.7 抗病性评价

6.7.1 抗病性评价标准

依据试验材料3次重复的病情指数(*DI*)平均值确定其对纹枯病抗性水平，划分标准见表2。

表 2　苗期水稻纹枯病抗性评价标准

病情指数,DI	抗性评价
$DI=0$	免疫(I)
$0<DI\leqslant 10$	高抗(HR)
$10<DI\leqslant 35$	抗病(R)
$35<DI\leqslant 55$	中抗(MR)
$55<DI\leqslant 75$	感病(S)
$DI>75$	高感(HS)

6.7.2　抗病鉴定有效性判别

感病对照品种达到其相应感病程度($DI>75$)时,该批次鉴定视为有效。

6.8　抗性评价结果

抗性评价结果记载参见表 E.2,并对试验结果加以分析,原始资料应保存以备考察验证。

7　成株期抗病性鉴定

7.1　田间鉴定病圃

7.1.1　鉴定圃选择

田间鉴定圃应设置在水稻纹枯病适发区。土壤肥力水平中等偏上、排灌方便、肥力均匀。土壤环境质量应符合 GB 15618 中的二级标准。田间灌溉用水水质应符合 GB 5084 的规定。

7.1.2　田间管理

肥料施用应符合 NY/T 496 的规定。移栽后 20 d 和接种前 1 周各施尿素 1 次,纯氮用量为 75 kg/hm^2。农药使用应符合 GB 4285、GB/T 8321(所有部分)的规定。按当地大田生产习惯对虫、草害进行防治,应及时采取有效的防护措施防治鼠、鸟、畜、禽等对试验的为害。试验材料在全生育期内不使用杀菌剂,接种前后避免施用任何药剂。

7.2　接种体

接种体为立枯丝核菌 AG1-IA 菌丝融合群,应符合附录 A 的规定。

7.3　试验材料的种植

7.3.1　种子质量

试验种子质量应符合 GB 4404.1 常规稻或杂交稻一级种标准,不应带检疫性病虫。

7.3.2　播种及田间排布

试验材料经浸种催芽后,播于田间秧板上,湿润育苗。待秧龄 25 d~30 d,按照 NY 5117 的规定进行移栽。同一组试验同期移栽,移栽后应及早进行查苗补缺。每重复每份材料栽植 3 行,每行 10 株。采用随机区组设计,重复 3 次。每 50 份试验材料设附录 B 中已知抗性的对照材料。

7.3.3　保护行设置

在试验材料四周均应设置保护行,栽插 2 行,株行距与试验材料相同。保护行品种选择株高相仿、且相对抗病的对照品种。

7.4　接种体

7.4.1　接种体准备

根据试验需要选取附录 C 的鉴别菌株作为接种体,将菌株移植到 PDA 培养基的正中央,菌丝面朝上,盖上皿,置于人工培养箱 28℃培养 48 h。

7.4.2　接种体繁殖

将培养好的病原菌,在无菌条件下用直径 5 mm 的灭菌打孔器,自菌落边缘切取菌饼,接种于培养基 B,在培养箱中 28℃培养 5 d,待牙签表面布满菌丝后作为接种物以备用。

7.5 接种

7.5.1 接种方法

在水稻分蘖末期，将带有菌丝的牙签插入稻株茎秆自上而下第 3 叶鞘内侧(图 D.2)。每个稻株接种 1 个茎秆，并确保接种后叶鞘抱茎状态不变，每个重复接种 10 株。

7.5.2 接种后灌溉水管理

接种后使田间保持 1 cm～2 cm 厚的薄水层，3 d～4 d 后观察稻株，待大部分稻株出现初期侵染症状后，灌水保持 5 cm 左右水层。

7.6 病情调查

7.6.1 调查时间

水稻抽穗后 30 d。

7.6.2 调查与记载

对试验材料每个接种分蘖的叶片及叶鞘进行调查，原始数据记载参见表 E.3。

7.6.3 成株期纹枯病病情级别划分

成株期水稻纹枯病病情分级标准描述见表 3。

表 3 成株期水稻纹枯病病级分级标准

病级	症　　状
0	植株叶鞘和叶片未见症状
1	稻株基部有少数零星病斑
2	病斑延伸到倒 5 叶鞘或相应叶片(剑叶为倒 1 叶)
3	病斑延伸到倒 4 叶鞘或相应叶片
4	病斑延伸到倒 3 叶鞘或相应叶片
5	病斑延伸到倒 2 叶鞘或相应叶片
6	病斑延伸到剑叶鞘一半以下
7	病斑延伸到剑叶鞘一半以上
8	剑叶出现病斑或失水枯黄
9	发病茎秆稻穗局部或全部非正常枯死

7.7 病情记载

根据病情症状描述，记载单株病情级别，计算病情指数(DI)。病情指数计算见式(1)。

7.8 抗病性评价

7.8.1 抗病性评价标准

依据试验材料 3 次重复的病情指数(DI)的平均值确定其抗病性水平，划分标准见表 4。

表 4 成株期水稻纹枯病抗性评价标准

病情指数，DI	抗性评价
$DI=0$	免疫(I)
$0<DI\leqslant 10$	高抗(HR)
$10<DI\leqslant 35$	抗病(R)
$35<DI\leqslant 55$	中抗(MR)
$55<DI\leqslant 75$	感病(S)
$DI>75$	高感(HS)

7.8.2 抗病鉴定有效性判别

感病对照品种病情指数(DI)大于 75 以上时，该批次鉴定视为有效。

7.9 抗性评价结果

抗性评价结果记载参见表 E.4,并对试验结果加以分析,原始资料应保存以备考察验证。

8 鉴定后材料的处理

剩余接种体带回实验室灭菌处理。

将鉴定后的田间病株无害化处理。

作为抗病鉴定圃的田间土壤予以深耕,以压低病圃内土壤的带菌量。

附 录 A
(规范性附录)
水稻纹枯病病原菌

A.1 学名和形态描述

A.1.1 学名

水稻纹枯病病原菌的无性阶段属半知菌亚门,无孢目,立枯丝核菌 AG1-IA 融合群(*Rhizoctonia solani* Kühn AG1-IA)。其有性阶段为担子菌亚门,胶膜菌目,瓜亡革菌[*Thanatephorus cucumeris* (Trank)Donk]。

A.1.2 形态描述

病原菌菌丝细胞多核,每个细胞具 3 个或 3 个以上的细胞核。菌丝直径大于 5 μm,大多数为 5 μm~14 μm。菌丝幼嫩时无色,老熟时浅褐色。幼期营养菌丝中远基的细胞隔膜附近分枝、老熟分枝与再分枝一般呈直角,分枝发生点附近缢缩并形成一隔膜。菌核由菌丝体交织而成,初为白色后变成暗褐色,球形、或不规则形,面粗糙。

A.2 水稻纹枯病田间典型症状

纹枯病主要危害水稻叶鞘、叶片,严重时可侵入茎秆并蔓延至穗部。叶鞘发病先在近水面处出现水渍状暗绿色小点,逐渐扩大后呈椭圆形或云形病斑。病斑中央为灰绿色或淡绿色,后变成灰白色;病斑外围有晕圈,颜色为暗褐色。叶片病斑与叶鞘病斑相似。发病严重时,病斑可相互连接成不规则的云纹状大斑,可导致叶鞘干枯,叶片枯死。孕穗期前至抽穗后 10 d 左右为害,常稻株不能正常抽穗,即使抽穗,病斑蔓延至穗部,可造成整株枯死。

附　录　B
（规范性附录）
水稻抗纹枯病鉴定对照品种

B.1　对照品种

5个水稻对照品种分别为：YSBR1（抗病）、C418（中抗）、Jasmine85（JAS85，中抗）、武育粳3号（WYJ3，感病）和Lemont（LEMT，高感）。其中，Lemont是国内外公认的感病品种；武育粳3号是长江三角洲地区主栽的迟熟中粳稻品种，较感纹枯病；Jasmine85则是公认的相对抗病品种；C418为我国杂交粳稻中最重要的恢复系父本；YSBR1则是多年鉴定较抗病的新种质。

B.2　纹枯病菌对水稻的致病力

纹枯病菌接种对照品种后，根据对照品种的病情级别计算其病害严重等级从而确定病原菌的致病力。

附　录　C
（规范性附录）
水稻抗纹枯病鉴定鉴别菌株

C.1　鉴别菌株

5个纹枯病菌鉴别菌株分别为：GD118（强致病力）、C30（强致病力）、E67（中等致病力）、TN7（中等致病力）和 YN3（弱致病力）。

C.2　水稻对纹枯病的抗病性

鉴别菌株接种水稻材料后，根据寄主病情级别计算其病害严重等级从而确定水稻材料的抗性。

附　录　D
（资料性附录）
水稻抗纹枯病鉴定图像示例

D.1　水稻苗期纹枯病接种示例

见图 D.1。

图 D.1　布满水稻纹枯病菌的稻谷接种于 4 叶期小苗基部两侧

D.2　水稻成株期纹枯病接种示例

见图 D.2。

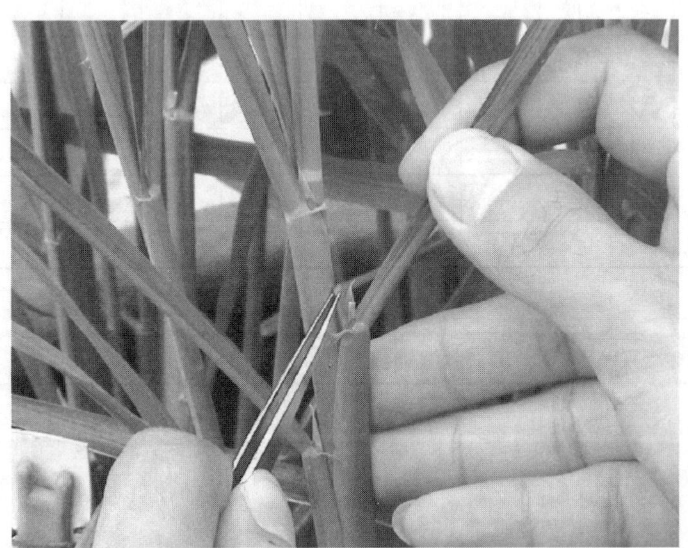

图 D.2　布满水稻纹枯病菌的牙签接种于稻株第 3 叶鞘内侧

附 录 E
(资料性附录)
水稻抗纹枯病鉴定数据记载表

E.1 水稻抗纹枯病苗期鉴定原始数据记载表

见表E.1。

表E.1 水稻抗纹枯病苗期鉴定原始数据记载表

编号	品种名称	重复区号	长度 cm	病斑长度(/株)									
				1	2	3	4	5	6	7	8	9	10
		Ⅰ	病斑高度										
			苗挺高										
			发病度										
		Ⅱ	病斑高度										
			苗挺高										
			发病度										
		Ⅲ	病斑高度										
			苗挺高										
			发病度										
		Ⅰ	病斑高度										
			苗挺高										
			发病度										
		Ⅱ	病斑高度										
			苗挺高										
			发病度										
		Ⅲ	病斑高度										
			苗挺高										
			发病度										

1. 播种日期：　　　　2. 接种日期：
3. 接种生育期：　　　　4. 接种病原菌分离物编号：
5. 菌株致病力类型：　　　　6. 调查日期：

鉴定人：　　　　复核人：
年　月　日　　　　年　月　日

E.2 水稻抗纹枯病苗期鉴定抗性评价记载表

见表E.2。

表E.2 水稻抗纹枯病苗期鉴定抗性评价记载表

<table>
<tr><th rowspan="2">编号</th><th rowspan="2">品种名称</th><th rowspan="2">重复
区号</th><th colspan="6">病情级别</th><th rowspan="2">病情
指数</th><th rowspan="2">平均
病指</th><th rowspan="2">抗性
评价</th></tr>
<tr><th>0</th><th>1</th><th>3</th><th>5</th><th>7</th><th>9</th></tr>
<tr><td rowspan="3"></td><td rowspan="3"></td><td>Ⅰ</td><td></td><td></td><td></td><td></td><td></td><td></td><td></td><td rowspan="3"></td><td rowspan="3"></td></tr>
<tr><td>Ⅱ</td><td></td><td></td><td></td><td></td><td></td><td></td><td></td></tr>
<tr><td>Ⅲ</td><td></td><td></td><td></td><td></td><td></td><td></td><td></td></tr>
<tr><td rowspan="3"></td><td rowspan="3"></td><td>Ⅰ</td><td></td><td></td><td></td><td></td><td></td><td></td><td></td><td rowspan="3"></td><td rowspan="3"></td></tr>
<tr><td>Ⅱ</td><td></td><td></td><td></td><td></td><td></td><td></td><td></td></tr>
<tr><td>Ⅲ</td><td></td><td></td><td></td><td></td><td></td><td></td><td></td></tr>
<tr><td rowspan="3"></td><td rowspan="3"></td><td>Ⅰ</td><td></td><td></td><td></td><td></td><td></td><td></td><td></td><td rowspan="3"></td><td rowspan="3"></td></tr>
<tr><td>Ⅱ</td><td></td><td></td><td></td><td></td><td></td><td></td><td></td></tr>
<tr><td>Ⅲ</td><td></td><td></td><td></td><td></td><td></td><td></td><td></td></tr>
<tr><td rowspan="3"></td><td rowspan="3"></td><td>Ⅰ</td><td></td><td></td><td></td><td></td><td></td><td></td><td></td><td rowspan="3"></td><td rowspan="3"></td></tr>
<tr><td>Ⅱ</td><td></td><td></td><td></td><td></td><td></td><td></td><td></td></tr>
<tr><td>Ⅲ</td><td></td><td></td><td></td><td></td><td></td><td></td><td></td></tr>
<tr><td rowspan="3"></td><td rowspan="3"></td><td>Ⅰ</td><td></td><td></td><td></td><td></td><td></td><td></td><td></td><td rowspan="3"></td><td rowspan="3"></td></tr>
<tr><td>Ⅱ</td><td></td><td></td><td></td><td></td><td></td><td></td><td></td></tr>
<tr><td>Ⅲ</td><td></td><td></td><td></td><td></td><td></td><td></td><td></td></tr>
<tr><td rowspan="3"></td><td rowspan="3"></td><td>Ⅰ</td><td></td><td></td><td></td><td></td><td></td><td></td><td></td><td rowspan="3"></td><td rowspan="3"></td></tr>
<tr><td>Ⅱ</td><td></td><td></td><td></td><td></td><td></td><td></td><td></td></tr>
<tr><td>Ⅲ</td><td></td><td></td><td></td><td></td><td></td><td></td><td></td></tr>
<tr><td colspan="12">1. 播种日期：　　　　　　2. 接种日期：
3. 接种生育期：　　　　　4. 接种病原菌分离物编号：
5. 菌株致病力类型：　　　6. 调查日期：</td></tr>
</table>

鉴定人：　　　　　　　　　　　　　　　　　　复核人：

年　　月　　日　　　　　　　　　　　　　　　年　　月　　日

E.3 水稻抗纹枯病成株期鉴定原始数据记载表

见表E.3。

表E.3 水稻抗纹枯病成株期鉴定原始数据记载表

编号	品种名称	重复区号	病情级别(/株)									
			1	2	3	4	5	6	7	8	9	10
		Ⅰ										
		Ⅱ										
		Ⅲ										
		Ⅰ										
		Ⅱ										
		Ⅲ										
		Ⅰ										
		Ⅱ										
		Ⅲ										
		Ⅰ										
		Ⅱ										
		Ⅲ										
		Ⅰ										
		Ⅱ										
		Ⅲ										
		Ⅰ										
		Ⅱ										
		Ⅲ										
1. 播种日期： 3. 接种生育期： 5. 菌株致病力类型：						2. 接种日期： 4. 接种病原菌分离物编号： 6. 调查日期：						

鉴定人：　　　　　　　　　　　　　　　　　　　　复核人：

年　　月　　日　　　　　　　　　　　　　　　　　年　　月　　日

E.4 水稻抗纹枯病成株期鉴定抗性评价记载表

见表E.4。

表E.4 水稻抗纹枯病成株期鉴定抗性评价记载表

编号	品种名称	重复区号	病情指数	平均病指	抗性评价
		Ⅰ			
		Ⅱ			
		Ⅲ			
		Ⅰ			
		Ⅱ			
		Ⅲ			
		Ⅰ			
		Ⅱ			
		Ⅲ			
		Ⅰ			
		Ⅱ			
		Ⅲ			
		Ⅰ			
		Ⅱ			
		Ⅲ			
		Ⅰ			
		Ⅱ			
		Ⅲ			
1. 播种日期：			2. 接种日期：		
3. 接种生育期：			4. 接种病原菌分离物编号：		
5. 菌株致病力类型：			6. 调查日期：		

鉴定人：　　　　　　　　　　　　　　　　复核人：
年　　月　　日　　　　　　　　　　　　　年　　月　　日

本标准起草单位：中国水稻研究所、中国农业大学、扬州大学、华南农业大学、福建农林大学、浙江大学。

本标准主要起草人：黄世文、王玲、刘连盟、郭泽建、潘学彪、周而勋、鲁国东、王政逸、陈旭君、左示敏。

第 4 部分

种子生产标准

中华人民共和国国家标准

GB/T 3242—2012

棉花原种生产技术操作规程

Rules of operation for the production technology of cotton stock seed

1 范围

本标准规定了棉花原种(包括杂交棉亲本种子,下同)的生产技术要求。

本标准适用于棉花原种生产。

2 规范性引用文件

下列文件对于本文件的应用是必不可少的。凡是注日期的引用文件,仅注日期的版本适用于本文件。凡是不注日期的引用文件,其最新版本(包括所有的修改单)适用于本文件。

GB/T 3543.1～3543.7 农作物种子检验规程

GB 4407.1 经济作物种子 第1部分:纤维类

3 术语和定义

下列术语和定义适用于本文件。

3.1

育种家种子 breeder seed

育种家育成的、遗传性状稳定、纯度达100%的最初一批种子。

3.2

原种 stock seed

用育种家种子直接繁殖的或按原种生产技术操作规程生产的达到原种质量标准的种子。

4 原种生产

4.1 原种生产基地的选择

选择地势平坦、土地肥沃、排灌方便的地块,隔离距离300 m以上。

4.2 原种生产方法

原种生产采取三圃法或自交混繁法。

4.3 三圃法

采取单株选择、株行鉴定、株系比较、混系繁殖的方法,即株行圃、株系圃、原种圃的三圃制。田间记载项目和室内考种标准见附录A。

4.3.1 单株选择

4.3.1.1 单株选择的材料

中华人民共和国国家质量监督检验检疫总局
中国国家标准化管理委员会 2012-12-31发布 2013-07-01实施

单株选择在原种圃、决选的株系圃中进行，也可专门设置选择圃。

4.3.1.2 单株选择的重点

株重、叶型、铃型、生育期、抗逆性等主要特征、特性，以及丰产性、抗病性、抗虫性、纤维感官品质等。

4.3.1.3 单株选择的时间

第一次在结铃盛期，着重观察叶型、株型、铃型等形态特征，做好标记；第二次在吐絮后、收花前，着重观察结铃和吐絮情况。

4.3.1.4 单株选择的数量

单株选择的数量应根据下一年株行圃计划面积确定。一般每 666.7 m^2 株行圃需 80 个～100 个单株；田间选择时，每 666.7m^2 株行一般要选 200 个以上单株，以备考种淘汰。

4.3.1.5 收花

单株收花，每株一袋，霜后花不作种用。当选单株，每株统一收中部正常吐絮铃 5 个(海岛棉 8 个)以上，一株一袋，晒干贮存供室内考种。

4.3.1.6 单株室内考种决选

单株材料的考种包括六十项目：单铃籽棉重、纤维分梳长度及其异籽差(异籽差单面不应超过 4 mm)、衣分、籽指、异型异色籽。考察纤维分梳长度，每单株随机取 5 瓣籽棉，每瓣各取中部籽棉 1 粒，用分梳法测定；单株所收籽棉轧花后，计算衣分率；在轧出的棉籽中任意取 100 粒(除去虫籽和破籽)测定籽指、异型异色籽，异型异色籽率要求不超过 2%。单株最后决选率一般为 50%。

4.3.2 株行圃

4.3.2.1 田间设计

将上一年当选的单株种子，分行种于株行圃，根据种子量多少，行长一般 5 m～10 m，顺序排列，留苗密度比大田稍稀，每隔 9 个株行设一对照行(本品种的原种)。每区段的行长、行数要一致，区段间要留出观察道 1.0 m～1.2 m，四周种本品种的原种 4 行～6 行作保护行。播种前绘好田间种植图，按图播种，避免差错。

4.3.2.2 田间观察鉴定

4.3.2.2.1 记载本

应置备田间观察记载本，分成正本、副本，副本带往田间，正本留存室内，每次观察记载后及时抄入正本。历年记载本要妥善保存，建立系统档案，以便查考。有条件的单位可录入计算机，建立相应的数据库。

4.3.2.2.2 观察记载的时间和内容

目测记载出苗、开花、吐絮的日期。

4.3.2.2.2.1 苗蕾期

观察整齐度、生长势、抗病性、抗虫性等。经移苗补苗后，缺苗 20%以上者初步淘汰。

4.3.2.2.2.2 花铃期

着重观察各株行的典型性、一致性和抗病性、抗虫性。

4.3.2.2.2.3 吐絮期

根据生长势、结铃性、吐絮的集中程度，着重鉴定其丰产性、早熟性等。

4.3.2.2.3 田间纯度

田间纯度的鉴定分两次进行。第一次在盛蕾初花期，着重考察株型和叶型，第二次在花铃期，着重考察株型、铃型、叶型、茎色、茸毛、腺体、花药颜色等，特别是铃型。为使品种典型性得以充分表达，株行圃化调以轻控为宜。

4.3.2.2.4 田间选择

根据田间观察和纯度鉴定，进行选择淘汰。当一个株行内有一棵杂株时即全行淘汰，形态符合原品种典型性，但出苗、结铃性、早熟性、抗逆性等方面显著不同于邻近对照的株行也应淘汰。田间当选的株行分行收花计产，进行室内考种后决选。

4.3.2.3 **株行圃室内考种决选**

田间当选株行及对照行，收花前，每株行采摘中部果枝第1～2节位吐絮完好的内围铃20个作为考察样品。考种项目：单铃籽棉重、纤维分梳长度(20粒)、纤维整齐度、衣分、籽指、异型异色籽率。株行考种决选标准应达到下列要求：单铃籽棉重、纤维分梳长度、衣分和籽指与原品种标准相同，纤维整齐度90%以上，异型异色籽不超过3%，株行圃最后决选，当选率一般为60%。

4.3.2.4 **株行圃收花加工**

先收淘汰行，后收当选行；霜后花不作种用，但需先分收计产；落地籽棉作杂花处理，不计产量。一般先轧留种花，后轧淘汰花和霜后花。

4.3.3 **株系圃**

4.3.3.1 **播种**

将上一年当选的株行种子，分别种植成株系圃和株系鉴定圃。株系圃每株系播种的面积根据种子量而定，密度稍低于大田；株系鉴定圃，2行区至4行区，行长10 m，间比法排列(每隔4株系设一对照区)，以本品种原种为对照。田间观察，取样、测产及考种均在株系鉴定圃内进行，并结合观察株系圃。

4.3.3.2 **田间观察鉴定**

同4.3.2.2。

4.3.3.3 **田间选择**

决选时要根据记载、测产和考种资料进行综合评定，一系中当杂株率达0.5%，则全系淘汰；如杂株率在0.5%以内，其他性状符合要求，拔除杂株后可以入选。

4.3.3.4 **株系圃室内考种和决选**

每个株系和对照各采收中部果枝上第1～2节位吐絮完好的内围铃50个作为考种样品。考种项目：单铃籽棉重、纤堆分梳长度(50粒)、纤维整齐度、衣分、籽指、异型异色籽率。株系圃考种决选标准应达到下列要求：单铃籽棉重、纤维分梳长度、衣分和籽指与原品种标准相同，纤维整齐度90%以上，异型异色籽不超过3%，株系圃最后决选率一般为80%。

4.3.3.5 **株系圃收花加工**

先收淘汰系，后收当选系；霜后花不作种用，但需先分收计产；落地籽棉作杂花处理，不计产量。一般先轧当选系留种花，后轧淘汰花和霜后花。

4.3.4 **原种圃**

4.3.4.1 **播种、观察和去杂**

当选株系的种子，混系种植成原种圃。种植密度可比一般大田略稀，可采取育苗移栽或定穴点播，以扩大繁殖系数，在盛蕾初花期、花铃期和吐絮期进行三次观察鉴定。要调查田间纯度，严格拔除杂株，以霜前籽棉留种，此即为原种。

4.3.4.2 **原种圃室内考种**

根据植株生长情况，划片随机取样，每一样品采收中部100个正常吐絮铃，共取4个～5个样品，逐样进行考察，逐项考察单铃籽棉重、纤维分梳长度(50粒)、纤维整齐度、衣分、籽指、异型异色籽率。每一考察项目求平均值。

4.3.4.3 **原种圃收花加工**

霜前花作种用。霜后花、落地籽棉作杂花处理，不计产量。

4.4 **自交混繁法**

自交混繁法是通过建立自交系保持品种纯度、混系繁殖扩大种子量的原种生产方法。该方法设置保种圃、基础种子田、原种生产田,在营养钵育苗移栽的帑件下,三者比例为 1∶20∶500。保种圃为自交系种植圃,基础种子田即混系繁殖田。

4.4.1 保种圃

4.4.1.1 自交系的建立

4.4.1.1.1 材料来源

从育种家种子田中选择单株自交。选择株型、铃型、叶型等主要性状符合原品种特征特性的单株,并综合考察丰产性、纤维品质和抗病性、抗虫性等。

选择单株时间第一次在盛蕾初花期,着重观察形态特征,中选株做好标记;第二次在结铃期,着重观察结铃情况,决选单株挂牌编号。

4.4.1.1.2 自交时间与数量

田间选择 400 个单株,于第五果枝开花时进行自交,一般选第一至第三果节花自交,全株自交 15 朵～20 朵,并做好标记。按编号分株采收自交铃,每株收 5 个以上正常吐絮的自交铃,随袋记录株号及铃数,经室内考种,决选 200 个单株备用。

4.4.1.2 自交系鉴定

4.4.1.2.1 田间设计

将上年决选的单株自交种子按编号顺序分行种植成自交系,每系不少于 25 株,周围种植同品种原种作保护区。

4.4.1.2.2 田间观察鉴定

同 4.3.2.2.1、4.3.2.2.2、4.3.2.2.3。

4.4.1.2.3 选择与自交

在初花期选择符合品种特征特性、形态整齐、生长正常的自交系做好标记,于第 5 果枝开花时自交,每系的自交花量不低于 300 朵,分布于全系三分之二左右的植株。

4.4.1.2.4 收花与室内考种

田间决选的自交系按系采收吐絮正常的自交铃,经室内考种后,决选自交系不少于 100 个(另选 5 个～8 个作预备系)。室内考种项目同 4.3.2.3。

4.4.1.3 保种圃的建立

4.4.1.3.1 田间设计

将上年中选的自交系按编号分别种植,每系株数根据原种生产计划面积按比例安排。行距安排便于田间操作,区段前面设观察道,四周用本品种原种作保护区。

4.4.1.3.2 保种圃的保持与更新

保种圃各系通过自交独立繁衍,每系自交花数要保证下年种植株数,自交以中部内围花为主,如发现某系与原品种特征特性不符则淘汰或用预备系更换。

4.4.1.3.3 收花与提供核心种

按系收摘正常吐絮自交铃,并随袋标明系号,作为下一年保种圃用种。各系自然授粉的正常吐絮铃分别收摘,经考种后混合留种,此种称核心种,供下年基础种子田用种。

4.4.2 基础种子田

4.4.2.1 种植

基础种子田要集中种植、隔离繁殖,四周为原种生产田,由此产生的种子称作基础种子。

4.4.2.2 去杂去劣

在蕾期、花期要进行普查,并观察其生长状况,如发现杂株、劣株,要及时拔除。

4.4.2.3 收获与加工

基础种子田单收、单轧，下年作原种生产田用种。

4.4.3 原种生产田

4.4.3.1 种植

原种生产田要集中种植，注意去杂去劣。

4.4.3.2 收获与加工

收获霜前花留种即为原种。加工与储存过程中注意防止机械和人为混杂。

4.4.4 考种项目

同 4.3.2.3。

5 种子贮藏

入库种子水分应在 12%以下。种子仓库应具备隔热、防潮、防鼠条件。

6 种子质量检验

生产单位应做好种子质量自检，必要时委托种子检验部门根据 GB/T 3543.1～3543.7 进行复检，对符合 GB 4407.1 规定的种子妥善保管；对不合格的种子，提出处理意见。

附 录 A
（规范性附录）
田间记载项目和室内考种标准

A.1 田间记载项目

A.1.1 出苗期

50%的棉株达到出苗的日期。

A.1.2 开花期

50%的棉株开始开花的日期。

A.1.3 吐絮期

50%棉株开始吐絮的日期。

A.1.4 整齐度

棉株整齐程度分优（＋＋）、一般（＋）、差（－）三级记载。

A.1.5 典型性

根据株型、叶型、茎色、茸毛、铃型等性状进行观察，并以文字记述。

A.1.6 生长势

苗期观察健壮程度，铃期观察生长是否正常，有无徒长和早衰现象，分优（＋＋），一般（＋），差（徒长、早衰）（－）三级记载。

A.1.7 丰产性

分优（＋＋）、一般（＋）、差（－）三级记载。

A.1.8 早熟性

观察结铃部位，吐絮早迟，集中程度等，分早熟（＋＋）、中熟（＋）、晚熟（－）三级记载。

A.1.9 病害

重点观察枯萎病、黄萎病，并记载发病株数和病级，其他严重病害也应记载。

A.1.10 虫害

重点观察棉铃虫、棉红铃虫，并记载为害程度，还应记载其他重要虫害。

A.2 田间管理

田间规划方法、土质、播种期、主要田间管理的日期、内容和方法、灾害情况、收花日期等，在记载本上专页扼要记明。

A.3 室内考种

A.3.1 绒长

每个棉瓣中取中部1粒籽棉，用分梳法测量长度，求平均绒长，再除以2，以毫米(mm)表示。

A.3.2 纤维整齐度

纤维整齐度按式(A.1)计算：

$$\text{整齐度} = \frac{\text{平均纤维长度} \pm 2\ \text{mm 范围内的籽棉粒数}}{\text{考察籽棉总粒数}} \times 100\% \quad \cdots\cdots\cdots\cdots\cdots\ (A.1)$$

A.3.3 异籽差

同一单株各粒籽棉绒长间的最大差距。

A.3.4 单纯籽棉重

取样棉铃的平均籽棉重，以克(g)表示。

A.3.5 衣分

籽棉中皮棉重量占籽棉重量的百分率。

A.3.6 籽指

100 粒毛籽重量，以克(g)表示。

A.3.7 异型异色籽率

明显不同于本品种的异型和异色的种子占考察种子总数的百分率(%)。

A.3.8 籽棉总产量

棉花一个生长周期内所收籽棉的总重量。

A.3.9 皮棉总产量

籽棉总产量与衣分的乘积。

A.3.10 霜前花率

以霜前各次实收花总产量，作为霜前花产量。霜前花产量与收花总量之比，以%表示。

本标准起草单位：全国农业技术推广服务中心、中国农科院棉花研究所、山东省种子管理总站、江苏省中江种业股份有限公司、新疆维吾尔自治区种子管理站、江苏省种子站、安徽省种子管理总站。

本标准主要起草人：廖琴、邹奎、项时康、曲辉英、何金龙、承泓良、金昌林、赵淑琴、耿军义、华金平、蒋小平、夏静、俞琦英、姚宏亮。

中华人民共和国国家标准

GB/T 17314—2011

籼型杂交水稻三系原种生产技术操作规程

Operation rules of production technology of foundation seed of three-line parents in indica hybrid rice

1 范围

本标准规定了籼型杂交水稻“三系”原种生产中单株选择、株行(系)鉴定、原种生产技术操作规范。

本标准适用于籼型杂交水稻“野败型”不育系、保持系、恢复系和不育性类似“野败型”的新质源不育系、保持系、恢复系(以下简称为三系)原种生产。

2 规范性引用文件

下列文件对于本文件的应用是必不可少的。凡是注日期的引用文件,仅注日期的版本适用于本文件。凡是不注日期的引用文件,其最新版本(包括所有的修改单)适用于本文件。

GB/T 3543(所有部分) 农作物种子检验规程

GB 4404.1 粮食作物种子 第1部分:禾谷类

NY/T 1300 农作物品种区域试验技术规范 水稻

3 术语和定义

下列术语和定义适用于本文件。

3.1

三系雄性不育系 cytoplasmic male sterile line;CMS line

雌蕊正常而雄蕊花粉败育,不能自交结实,雄性不育性受细胞质和细胞核不育基因共同控制的水稻品种,为质核互作型不育系,用A表示。

3.2

三系雄性不育保持系 maintenance line of CMS lines

雌雄蕊发育正常,能自交结实,具有与其对应不育系相同的细胞核基因,主要农艺性状与对应不育系一致,授粉给对应的不育系产生的后代仍然保持雄性不育特性的水稻品种,用B表示。

3.3

三系雄性不育恢复系 restorer line of CMS line

雌雄蕊发育正常,能自交结实,具有对水稻雄性不育的恢复基因、授粉给不育系产生的杂种一代能正常结实并具有杂种优势的水稻品种,用R表示。

3.4

三系种子繁殖 seeds propagation of three-line parents

中华人民共和国国家质量监督检验检疫总局
中国国家标准化管理委员会 2011-12-30发布 2012-04-01实施

保持系、恢复系自交结实繁殖种子，保持系授粉对应的不育系结实繁殖不育系种子的过程。

3.5

三系原种生产　foundation seed production of three-line parents

在防杂保纯的基础上，保持不育系的不育性、保持系的保持力、恢复系的恢复度等遗传特性，繁殖达到原种标准的三系种子的过程。

3.6

选种圃　selection nursery of individual plants

用于单株选择的种植区。

3.7

株行圃　plant-row nursery

当选单株种植成株行，所有株行的种植区。

3.8

株系圃　plant-line nursery

当选株行种植成小区，每小区种植一个株系，所有株系的种植区。

3.9

株系种　seeds of plant-line

当选株系的混合种子。

3.10

育种家种子　breeder seed

育种家育成的遗传性状稳定、特征特性一致的品种或亲本组合的最初一批种子。

3.11

原种　foundation seed

用育种家种子繁殖的第一代至第三代种子或按原种生产技术操作规程生产的达到原种标准的种子。

4　三系原种生产

4.1　生产方法

采用改良混合选择法，即单株选择（选种圃）、株行比较（株行圃）、株系鉴定（株系圃）、当选株系混合繁殖（原种圃），简称为“一选三圃法”。

4.2　基地选择

在适宜亲本性状充分表现的稻作生态区域，选择隔离条件优越、无检疫性病虫害、土壤肥力中等偏上、地力均匀一致、排灌方便的田块。

4.3　选择原则

以田间选择为主，室内考种为辅，综合评定选择，保持与原品种特性完全一致。

4.4　隔离

不育系与异品种宜采用自然隔离，如为时间隔离，始穗期错开 25 d 以上，如为空间隔离，距离 700 m 以上；恢复系、保持系的三圃与异品种距离不少于 20 m，对于柱头外露率高的保持系和恢复系，从单株选择到原种圃，都要严格隔离，并且周围（500 m 以内）不宜种植粳、糯品种。

4.5　三系保持系原种生产

4.5.1　选种圃（单株选择）

4.5.1.1　种子来源

育种家种子或原种。

4.5.1.2 田间设计

面积 300 m^2 以上，稀播匀播，单株稀植，定株标记叶龄，根据亲本的特性选用适宜的栽培技术。

4.5.1.3 选择依据

当选单株下列性状应符合原品系特征特性：

——株型、叶型、穗型、粒型、生育期和主茎总叶片数；

——分蘖力、叶色和叶鞘色；

——结实率；

——花药大小、花丝长短和开花散粉习性。

4.5.1.4 选择时期和数量

全生育期间分 5 次进行：

——分蘖期选择以叶鞘色、叶型、叶色及分蘖多少为主，初选 300 株～500 株，予以标记；

——孕穗期选择以剑叶形态、叶色和叶片长宽为主；

——抽穗期选择以单株间和单株内的抽穗整齐度和一致性为主，同时对穗型、颖壳色、稃尖颜色和柱头颜色进行选择，选留 200 株～300 株；

——成熟期选择以株型、粒型、粒色、芒的有无及长短、结实率、成熟度和病虫危害程度为主，定选 200 株。

对定选的 200 株进行考种，考查株高、有效穗、穗总粒数、实粒、病粒等，综合评选出 100 株。

将当选的单株单收、单脱、编号登记、单晒、单储。

4.5.2 株行圃

4.5.2.1 种子来源

上季当选的单株种子。

4.5.2.2 田间设计

各单株取约 100 粒种子，同时播种育秧，播种面积一致，本田分单株（1 粒谷苗）插植，每个单株种植成株行，按编号顺序排列，不设重复，逢 10 设对照，对照为同品种原种或育种家种子。株行间和区间留走道，株行间距 36 cm，区间走道 45 cm。

4.5.2.3 观察记载

按照 NY/T 1300 观察记载要求，按附录 A 进行观察记载：

——每株行同位定点观察 10 株，标记叶龄；

——秧苗期观察整齐度、秧苗素质；

——分蘖期观察叶鞘颜色、分蘖力强弱；

——抽穗开花期观察抽穗整齐度、剑叶长宽、稃尖颜色、颖壳色、花药大小、开花散粉情况以及花丝长度、柱头颜色；

——成熟期观察株高整齐度、籽粒形状和颜色、芒长短、结实和饱满度等；

——成熟后对初选的株行和对照进行考种，考查株高、穗长、穗粒数、结实率、千粒重。

4.5.2.4 株行选择

同 4.5.1.3、4.5.1.4。

综合评选，株行圃当选率 30%～50%。

4.5.2.5 收获储藏

当选株行种子单收、单脱、单晒、单储、编号登记。

4.5.3 株系圃

4.5.3.1 种子来源

上季当选的株行种子。

4.5.3.2 田间设计

按株行编号顺序排列，每个株行种子单株(1 粒谷苗)栽插成株系，插等量面积，逢 10 设对照，对照为同品种原种或育种家种子。同时种植适当数量的对应不育系原种，作测保用。

4.5.3.3 观察记载和选择方法

同 4.5.2.3。

每个株系同位定点 10 株～20 株观察记载叶龄，各生育阶段观察记载群体表现型和田间杂株，凡出现有异型株的株系，淘汰全系。

4.5.3.4 测保鉴定

抽穗开花期对当选株系选取 3 个～5 个单株与对应不育系原种测交，收获不育系结实的种子作测保鉴定(鉴定花粉不育度和隔离自交结实率)。

4.5.3.5 综合评选

通过田间观测和室内考种，综合评选优良株系，当选率 50%，当选株系种子先单收单储，待测保鉴定淘汰保持力不达标(指测交不育系的花粉败育率未达不育系鉴定或审定标准和隔离自交结实率高于 0.1%)的株行后，再混合成为株系种。

4.5.4 原种圃

4.5.4.1 种子来源

上季当选的混合株系种子。

4.5.4.2 田间设计

单株(1 粒谷苗)分区栽插，留操作行，精细培管。

4.5.4.3 定原种

根据 GB/T 3543(所有部分)进行鉴定和检测，达到 GB 4404.1 原种标准的种子定为原种。

4.6 三系不育系原种生产

4.6.1 选种圃(单株选择)

4.6.1.1 种子来源

三系不育系种子使用育种家种子或原种，保持系使用 4.5 生产的株系种或原种。

4.6.1.2 田间设计

保持系与不育系按播差期播种育秧，相间种植，行比为 2∶4，保持系栽单株，不育系单株稀植，保持系与不育系间距为 25 cm，两行保持系间距 14 cm，精细培管，不割叶、不剥苞(异交特性好的不育系不喷施赤霉素)，花期赶粉。

4.6.1.3 选择依据

以该不育系原有的不育性、异交特性、异交率和包颈度为选择依据，其他性状与对应保持系相同，见 4.5.1.3。

4.6.1.4 育性检验

按附录 A 的方法，始穗期对初选合格单株逐株镜检，选留花粉败育率达到不育系鉴定或审定标准以上或者无染色花粉的单株。

4.6.1.5 选择时期和数量

选择步骤同 4.5.1.4，在始穗期观察每株的花药，拔除异型株特别关注花药异型的单株，再根据镜检复选，田间选择数量不少于 300 株，决选不少于 150 株。

4.6.1.6 种子收储

当选不育系单株种子单收、单脱、单晒、单储、登记编号。

4.6.2 株行圃

4.6.2.1 种子来源

不育系使用上季当选的不育系单株种子，保持系使用与不育系成对测交的保持系单株种子或株系种或原种（使用4.6.1.1的同批种子）。

4.6.2.2 田间设计

保持系与不育系按播差期分株行等量播种育秧、单株种植，行比2∶4～2∶6，保持系与不育系间距为25 cm左右，两行保持系间距14 cm左右，区间走道约45 cm，顺序排列，不设置重复和对照，精细培管，不割叶、不剥苞（异交特性好的不育系不喷施赤霉素），花期赶粉。

4.6.2.3 观察记载及选择方法

同4.5.2.3，每株行同位定点观察记载10株，用众数选择方法评选。在当选的各株行中，取样5株进行室内考种，考查穗粒数、异交结实率、千粒重。

4.6.2.4 育性选择及育性检验

同4.6.1.4。

育性检验采取目测与镜检相结合的方法，在抽穗期每株行镜检20%的单株，并逐株目测花药形态和颜色，及时拔除明显散粉的单株。出现异型株，全株行立即割除。

4.6.2.5 株行决选

在定点观察、育性鉴定和镜检等项目的基础上，选典型性、一致性、异交结实率高的株行，株行当选率30%。

4.6.2.6 收获

授粉结束后，立即割除保持系，成熟时当选株行种子分别单收、单脱、编号登记、单晒、单储。

单收同世代配套单繁的保持系株行种子。

4.6.3 株系圃

4.6.3.1 种子来源

不育系使用上季当选的不育系株行种子，保持系应使用同世代配套单繁的株行种子或株系种或原种（使用4.6.1.1的同批种子）。

4.6.3.2 田间设计

设繁殖区和性状鉴定区。

繁殖区保持系与不育系按播差期分株行等量播种育秧、单株种植，行比2∶6～2∶8，不育系按株行编号顺序排列，保持系与不育系间距为25 cm左右，两行保持系间距14 cm左右，区间走道约40 cm，不设置重复和对照，精细培管，花期赶粉。

性状鉴定区只种植不育系，分株系插等量面积（200株～300株），逢10设对照，对照为同不育系原种，不喷施赤霉素。

每株系另种植20个～50个单株在自然隔离区（或盆栽隔离）。

4.6.3.3 观察记载项目

同4.6.2.3。

分株系五点取样20株镜检花粉。记载繁殖区和性状鉴定区的田间纯度，调查记载杂株率。在繁殖区及时拔除明显散粉的单株，发现有变异株的株系，全株系立即割除。

4.6.3.4 异交结实考查与测产

各株系在同等栽培条件下，取样5株考查异交结实率，并测产比较鉴定其优劣。

4.6.3.5 育性鉴定

同4.6.2.4。

考查种植在自然隔离区（或盆栽隔离）植株的自交结实。

4.6.3.6 选择方法

根据观察记载、目测、镜检、隔离自交结实率、田间测产情况，综合评选优系，当选率50%。

4.6.3.7 收割

授粉结束后，立即割除保持系，成熟时先割除田间淘汰的株系，再混收当选株系种子，即为株系种。

4.6.4 原种圃

4.6.4.1 种子来源

不育系使用上季当选的株系种子，保持系使用株系种或原种（使用4.6.1.1的同批种子）。

4.6.4.2 田间种植

严格隔离，保持系与不育系种子量1∶2，按播差期分别播种育秧，单株种植，行比2∶8，保持系与不育系间距为25 cm，两行保持系间距14 cm，精细培管，花期赶粉，严格除杂。

4.6.4.3 定原种

授粉结束后立即割除保持系，根据GB/T 3543（所有部分）进行鉴定和检测，达到GB 4404.1原种标准的种子定为原种。

4.7 三系恢复系原种生产

4.7.1 种子来源

育种家种子或原种。

4.7.2 三圃的设置、种植方法

同4.5。

4.7.3 测优鉴定

抽穗期对当选株行选取3个～5个单株与所配组合的不育系原种套袋测交，收获不育系结实的杂交种子，再正季种植鉴定杂种优势，综合评选出典型性好、恢复度不低于对照、恢复株率100%的株系，株行当选率30%～50%，株系当选率50%～70%。

4.7.4 株行、株系圃观察记载项目、标准、方法

同4.5。

4.7.5 定原种

当选株系混合为株系种，根据需要繁殖原种。

根据GB/T 3543（所有部分）进行鉴定和检测，达到GB 4404.1原种标准的种子定为原种。

附 录 A
（规范性附录）
籼型杂交水稻三系原种生产田间记载项目与方法

A.1 田间档案记载

A.1.1 前作、土壤状况（土壤质地、成土母质），耕作方式。

A.1.2 底肥、追肥的名称、数量，施肥时间、次数，水分管理。

A.1.3 主要病虫害的种类、发生程度、受害时间、防治情况（农药名称、用量、方法及效果）。

A.1.4 抗倒性：记载倒伏日期（月/日，下同）和倒伏程度、面积（%）、原因等。

A.1.5 气候情况：记载异常气候对三系生长的不利影响。

A.2 主要生育性状

A.2.1 播种期

实际播种（浸种催芽后播种）的日期。

A.2.2 移栽期

实际移栽的日期。

A.2.3 分蘖期

50%植株的新生分蘖叶尖露出叶鞘的日期。

A.2.4 抽穗期

分始穗期、齐穗期，以观察点的抽穗进度划分，10%为始穗，80%为齐穗的日期。

A.2.5 成熟期

85%以上谷粒变黄，米粒坚硬，适宜收割的日期。

A.2.6 收割期

实际收割的日期。

A.2.7 播始历期

播种次日至始穗之日的天数。

A.2.8 全生育期

播种次日至成熟之日的天数。

A.3 主要形态特征特性

A.3.1 株型

分紧束、适中、松散等，在分蘖盛期和抽穗期观察。

A.3.2 株高和植株整齐度

在成熟期观察，主穗从茎基部至穗顶（不连芒）的高度即为株高，以“cm”表示；主穗与分蘖穗植株高度的整齐程度即为植株整齐度，分别以整齐（＋＋）、一般（＋）、不整齐（－）记载。

A.3.3 叶龄观察记载与主茎叶片数

根据需要定点单株，从主茎第三叶（第一完全叶叶龄记为 1）开始至剑叶全部全展日止，每隔 5 d 标记主茎叶的叶龄并记载叶龄数，新出叶按 0.1 叶、0.3 叶、0.5 叶、0.7 叶、0.9 叶记载叶龄，剑叶的叶龄数即为主茎叶片数。要求统计单株主茎叶片数的平均值，并统计不同主茎叶片数的株数。

A.3.4 剑叶叶片长宽

以剑叶长、宽表示。量取剑叶叶枕至叶尖的长度(cm)即为叶长；量取叶幅最宽处(cm)即为叶宽。

A.3.5 叶态

分别在秧苗 4 叶期、分蘖盛期、孕穗期(剑叶)记载，分直立、平展、披垂。

A.3.6 叶色与叶鞘色

叶色分浓绿、绿、淡绿；叶鞘色分绿色(或无色)、浅紫、深紫。

A.3.7 穗形和粒形

穗形分紧密、松散、一般，粒形分短圆形、阔卵形、椭圆形、细长形等。

A.3.8 稃尖色和外颖色

稃尖色分无色、紫色、黄色，在抽穗期观察；外颖色分浅黄色、金黄色、棕色、浅紫色、紫色、黑色等，在成熟期观察。

A.3.9 芒

分无芒、有芒，有芒的分为顶芒、1/2 芒、全穗芒，按芒的长度分为短芒、中芒和长芒，在齐穗期观察。

A.3.10 千粒重

收种晒干(含水量 13%)后的实粒中，每品系各随机取两个 1 000 粒分别称重，其差值不大于其平均值的 3%，取两个重复的平均值，以“g”表示，保留 1 位小数。

A.3.11 穗长

穗颈节到穗顶(芒除外)的长度，以单株的平均值来衡量，以“cm”表示。

A.3.12 穗颈长或包颈长

10 株的主穗和分蘖穗的剑叶叶枕至穗颈节长度的平均值，以“cm”表示。穗颈节在剑叶叶鞘内的称为包颈，穗颈长即包颈长，记为负值。

A.3.13 包颈粒数和包颈粒率

数 10 穗包在剑叶叶鞘内的粒数，求其平均数，即为包颈粒数，并计算包颈粒数占总粒数的百分率，即为包颈粒率。

A.3.14 抽穗整齐度

分整齐、中等、不整齐，在抽穗期观察记载。

A.3.15 单株穗重

测 10 株主穗和所有有效分蘖穗重量的平均值，以“g”表示。

A.3.16 穗粒数

数 10 株每穗的总粒数、实粒数和空秕粒数的平均值，求结实率、空秕率。

A.3.17 颖花开闭时间

10 朵颖花自开颖至闭颖所需时间的平均值，以“h(小时)”表示。

A.3.18 颖花开颖角度

用量角器量 10 个完全张开的颖花的内外颖张开角，计算平均值，颖花开张角分大(60°以上)、中(45°～60°)、小(45°以下)。

A.3.19 花时观察

定点观察 5 穗，每天从 7:00 至 19:00，每 30 min 观察记载一次开花数，标记已开颖花，统计各时段开花的颖花总数和占总颖花数的百分率，分析出始花时、盛花时(10%～80%)、开花高峰时间、午前(13:00 前)花率。

A.3.20 柱头外露率与闭颖率

在开花结束时随机取5株～10株调查主穗总颖花数、柱头单边外露颖花数、柱头双边外露颖花数、闭颖(指颖花没有张开过、全部花药仍留在颖花内的颖花)数,计算柱头单边外露率、柱头双边外露率、柱头总外露率、闭颖率。

A.3.21 花药形态、色泽

形态分干瘪、瘦小、饱满;色泽分乳白色、淡黄、金黄色。

A.3.22 花粉镜检

不育系始穗期每株取主穗上、中、下3个未开颖花共18个花药,置于0.2%的碘-碘化钾液的载玻片上,捣碎花药挤出花粉,捡出花粉囊残渣物,使花粉均匀分布。在100倍左右显微镜下进行全视野观察后,再选3个有代表性视野计数各类花粉的概数,凡染色花粉较多的植株,复检一次。为防止人为误差,要求同一类型材料由同一个人完成花粉镜检,并保持操作的一致性。

A.3.23 花粉类型

根据在显微镜下观察花粉的形状、大小和颜色,将花粉分成典败型、圆败型、染败型、正常花粉四类。典败花粉的花粉粒形状不规则,粒小,不染色。圆败花粉的花粉粒圆形,大小基本正常,不染色。染败花粉的花粉粒圆形,染色不正常(染色浅或花粉内仅2/3以下染色)或染色的花粉形状不正常。正常花粉的花粉粒圆形,大小正常,染色部分为2/3以上,染色深。典败、圆败和染败花粉称为败育花粉。

A.3.24 隔离自交结实率

在不育系见穗前,取一定数量的植株,移植到温光条件正常、完全隔离的环境下栽培,始穗后25 d～30 d,考种结实率。

A.4 育性

A.4.1 不育株(穗)率

调查自然隔离区100株的不育株率。

A.4.2 不育度

隔离条件下每株(穗)实粒数占总粒数的百分率(雌性不育者除外),分五个等级;

全不育:自交不结实。

高不育:自交结实率低于5%。

半不育:自交结实率5%～30%。

低不育:自交结实率31%～50%。

正常可育:自交结实率50%以上。

A.4.3 恢复株率

结实率在80%以上的株数占调查总株数的百分率。

A.4.4 恢复度

每穗结实粒数占每穗总粒数的百分率(即结实率),以10株主、蘖穗的平均数表示。

本标准起草单位:全国农业技术推广服务中心、湖南省种子管理局、袁隆平农业高科技股份有限公司、四川农业大学、湖南省贺家山原种场。

本标准主要起草人:刘厚敖、王伟成、刘爱民、廖琴、胡小军、廖翠猛、龙和平、姜守全、李仕贵、舒会生、何菊英、金华章。

中华人民共和国国家标准

GB/T 17316—2011

水稻原种生产技术操作规程

Rules of operation for the production technology of basic seed in conventional rice

1 范围

本标准规定了常规水稻的原种生产技术要求。

本标准适应于常规水稻原种生产。

2 规范性引用文件

下列文件对于本文件的应用是必不可少的。凡是注日期的引用文件,仅注日期的版本适用于本文件。凡是不注日期的引用文件,其最新版本(包括所有的修改单)适用于本文件。

GB/T 3543(所有部分) 农作物种子检验规程

GB 4404.1 粮食作物种子 第1部分:禾谷类

NY/T 1300 农作物品种区域试验技术规范 水稻

3 术语和定义

下列术语和定义适用于本文件。

3.1

育种家种子 breeder seed

育种家育成的遗传性状稳定、特征特性一致的品种的最初一批种子。

3.2

原种 basic seed

用育种家种子繁殖的第一代至第三代或按原种生产技术规程生产的达到原种质量标准的种子。

4 原种生产

4.1 方法

4.1.1 改良混合选择方法,即在单株选择的基础上建立三圃(株行圃、株系圃、原种圃)或二圃(株行圃、原种圃)。

4.1.2 株系循环法,即选择单株、建立保种圃、基础种子田和原种圃。

4.1.3 育种家种子繁殖法,即采用育种家种子繁殖第一代至第三代。

4.2 改良混合选择法

4.2.1 单株选择

4.2.1.1 种子来源

中华人民共和国国家质量监督检验检疫总局
中国国家标准化管理委员会 2011-12-30 发布 2012-04-01 实施

在育种家种子繁殖田、株系圃、原种圃或纯度高的种子生产田中选取。有条件的可设置选择圃。选择圃的技术规程见附录A。

4.2.1.2 **选择原则**

当选单株应该符合原品种的典型性、一致性、稳定性,包括"四型"即株型、叶型、穗型、粒型;"五色"即叶色、叶鞘色、颖色、稃尖色、芒色;生育期;稻米外观品质。

4.2.1.3 **选择时期**

抽穗期进行初选,成熟期逐株复选,收获后室内决选。

4.2.1.4 **选择数量**

按照下季计划的株行数量及原种圃面积而定。田间初选数量应比决选数量多一倍。

4.2.1.5 **选择方法**

4.2.1.5.1 齐穗期初选:主要根据齐穗期、株高、株型、叶型、穗型、叶色、叶鞘色、颖色、稃尖色、芒的有无和芒色等进行初选,做好标记,不在边行或缺株周围选择。

4.2.1.5.2 成熟期复选:主要根据成熟期、株高、有效穗、整齐度、株型、叶型、穗型、粒型、叶色、颖色、稃尖色、芒的有无和芒色、抗倒性、熟期转色等进行复选。

4.2.1.5.3 室内决选:入选单株连根拔起,分株扎把、挂藏干燥后主要根据株高、穗长、穗粒数、结实率、粒型、千粒重、稻米外观品质等性状进行决选。

4.2.1.6 **当选株处理**

当选单株分别编号、脱粒、干燥、装袋、收藏。严防株间混杂和鼠、虫危害及霉变。

4.2.2 **株行圃**

4.2.2.1 **种子来源**

上季当选的单株种子,对照种子采用同品种育种家种子或原种。

4.2.2.2 **田间设计**

选择隔离条件优越、无检疫性病虫害、土壤肥力中等偏上、地力均匀一致、灌排方便、旱涝保收的田块。

绘制田间种植图,各单株按编号顺序排列,分区种植,逢10设1个对照。秧田每个单株各播一个小区,小区间留间隔;本田每个单株种植成一个小区,小区长方形,长宽比为3∶1左右,各小区面积、移栽时间、栽插密度应一致,确保相同的营养面积,区间留走道,单本栽插,四周设同品种保护行(不少于3行)。

田间隔离要求亚种内距离不少于20 m,亚种间不少于200 m;时间隔离要求扬花日期错开15 d以上。

4.2.2.3 **田间管理**

播种前种子应经药剂处理,所有单株种子(包括对照种子)的浸种、催芽、播种,均应在同一天完成;拔秧移栽时,一个单株秧苗扎一个标牌,随秧运到大田,按田间设计图栽插,并按编号顺序插牌标记,各小区应在同一天栽插。本田期肥水运筹、病虫防治等管理措施应一致。

4.2.2.4 **观察记载**

4.2.2.4.1 秧田期:播种期、叶姿、叶色、整齐度。

4.2.2.4.2 本田期:分蘖期记载叶色、叶姿、叶鞘色、分蘖力、整齐度、抗逆性;抽穗期记载始穗期、齐穗期、抽穗整齐度、株型、穗型、叶色、叶姿;成熟期记载成熟期、株高、株型、穗数、穗型、粒型、颖色、稃尖色、芒有无、芒的长短、整齐度、抗倒性、熟期转色,目测丰产性。

田间观察记载应固定专人负责,按照NY/T 1300观察记载要求按株行进行,做到及时准确。发现有变异的单株要及时去除,有变异的株行要及时淘汰,并作记录。记载标准见附录B。

4.2.2.5 **选择标准**

当选株行区应具备本品种的典型性，株行间性状表现一致，齐穗期、成熟期与对照相比，在±1 d范围内；株高与对照相比，在±1 cm范围内，植株、穗型整齐度好。

4.2.2.6 **收获方法**

收获前进行田间综合评定，当选株行区确定后，将保护行、对照小区及淘汰株行区先行收割，并逐一对当选株行区进行复核，各行区种子单脱、单晒、单藏，挂上标签，严防鼠、虫等危害及霉变。如采用“二圃制”，则将株行区种子混合收割、脱粒、贮藏。

4.2.3 **株系圃**

4.2.3.1 将上季当选的各株行区种子分区种植，建立株系圃。

4.2.3.2 各株系区的面积、栽插密度均应一致，并采取单本栽插，逢10设1个对照。其他要求同4.2.2。

4.2.3.3 田间观察记载项目和选择要求同4.2.2。当选株系应具备本品种的典型性，株系间的一致性，整齐度高，丰产性好。各当选株系混合收割、脱粒、收贮。

4.2.4 **原种圃(田)**

4.2.4.1 将上季混收的株系(株行)圃种子种植原种圃。

4.2.4.2 原种圃要集中连片。隔离要求同4.2.2。

4.2.4.3 种子播前进行药剂处理；稀播培育壮秧；大田采取单本栽插；增施有机肥，合理施用氮、磷、钾肥，促进秆壮粒饱；及时防治病、虫、草害，防止倒伏。

4.2.4.4 在各生育阶段进行观察，及时拔除病、劣、杂株，并携出田外。

4.3 **株系循环法**

4.3.1 **单株选择**

同4.2.1。

4.3.2 **株行鉴定**

4.3.2.1 株行鉴定的种子来源、田间设计、田间管理、观察记载及株行选择等同4.2.2.1～4.2.2.6。

4.3.2.2 在当选的株行区中，每个株行选择5个～10个具备本品种典型性的优良单株(选择单株的数量根据下季株系的种植面积而定)，混合脱粒成为一个种植单位。所有种植单位的种子分别编号、干燥、装袋、收藏。

4.3.3 **保种圃**

4.3.3.1 将上季收获的各种植单位的种子分区种植，每个种植单位种成一个株系，建立保种圃。

4.3.3.2 各株系区的面积、栽插密度均应一致，并采取单本栽插。其他要求同4.2.3。

4.3.3.3 保种圃中发现有变异的单株要及时去除，发现有变异的株系要及时淘汰。在保留的每个株系区中选择5个～10个具备本品种典型性的优良单株，混合脱粒成为一个种植单位，下季继续种成一个株系，组成保种圃，实现株系循环。

保留的各株系，选择单株后，其余的种子全部混收，成为核心种子，下一季用于种植基础种子田。

4.3.3.4 如果保种圃中的一部分株系被淘汰，可以增加每个保留株系中选择优良单株的数量，增加种植单位种子量，扩大株系规模，以保持保种圃的面积，即增株不补系。

4.3.3.5 如果保种圃中被淘汰的株系较多，通过增株难以保持保种圃的面积，则重复做4.3.1和4.3.2工作，补充部分新的株系。

4.3.4 **基础种子田**

将上一季收获的核心种子种植成为基础种子田。管理和去杂等要求同4.2.4。

4.3.5 **原种圃**

将上一季基础种子田收获的种子种植成为原种圃。管理和去杂等要求同 4.2.4。

4.3.6 **田块安排**

保种圃、基础种子田、原种圃的田间安排上，应将保种圃放在中心位置，外围为基础种子田，再外围为原种圃，原种圃的外围安排良种繁殖田，以避免异品种串粉造成混杂。

4.4 **育种家种子繁殖法**

以一定数量的育种家种子放入低温库，每年取出一部分，经 1 代～3 代繁殖遗传性状稳定、特征一致的种子作为原种。在繁殖过程中要注意防杂保纯。

5 种子收获、贮藏和检验

5.1 当选的株行、株系和原种种子收获后，应在专场及时脱粒、干燥。脱粒前，应将脱粒场地、机械、用具等清扫干净，严防混杂。

5.2 脱粒后的种子分别装入种子袋，袋内外各附标签，写上品种名称、种子类别、田间编号及日期，按顺序入库挂藏。

5.3 风干(挂藏)室和仓库要专人负责。储藏期间保持室内干燥，应注意防止混杂和虫蛀、霉变以及鼠、雀等危害。

5.4 生产原种的单位要搞好种子检验，并由种子检验部门根据 GB/T 3543(所有部分)进行复检，对符合 GB 4404.1 规定的原种种子签发合格证书；对不合格的种子，提出处理意见。

附 录 A
(规范性附录)
单株选择圃

A.1 选择圃的种子来源可以选用育种家种子、原种或纯度高的大田种子。

A.2 播种前种子要进行药剂处理,稀播精管,培育适龄壮秧。

A.3 选择均匀整齐的健壮秧苗,等距离单本栽插,使每个单株在良好的相对一致的条件下生长发育。每隔 12 行～18 行留工作走道,便于田间操作。

A.4 精细管理,措施一致,严防倒伏。

A.5 做好田间观察,发现变异单株,及时去除。

A.6 选择单株的时间、方法、标准等同 4.2.1。

附 录 B
(规范性附录)
田间记载项目和室内考种方法

B.1 生育期

B.1.1 播种期:实际播种的日期(以"月/日"表示,下同)。

B.1.2 移栽期:实际移栽的日期。

B.1.3 始穗期:10%稻穗露出剑叶鞘的日期。

B.1.4 齐穗期:80%稻穗露出剑叶鞘的日期。

B.1.5 成熟期:籼稻85%以上、粳稻95%以上的实粒黄熟的日期。

B.2 形态特征

B.2.1 叶姿:分为披垂、中等、挺直三级。

注:披垂指叶片由茎部起弯垂超过半圆形,挺直指叶片直生挺立,中等介于披垂和直立之间。

B.2.2 叶色:分为浓绿、绿、淡绿三级,在移栽前1 d～2 d和本田分蘖盛期各记载一次。

B.2.3 叶鞘色:分为绿、淡红、红、紫色等,在分蘖盛期时记载。

B.2.4 株型:指茎秆集散度,分为紧凑、松散、适中三级。

B.2.5 穗型:一是指小穗和枝梗及枝梗之间的密集程度,分密穗型、半密穗型、疏穗型三类;二是指穗的弯曲程度,分直立、半直立、弯垂三类。

B.2.6 穗长:穗茎节至穗顶(不含芒)的长度,以"cm"表示。

B.2.7 粒型:分为短圆型、阔卵型、椭圆型、细长型四种。

B.2.8 芒:分为无芒、顶芒、短芒、长芒四种。

注:无芒指穗顶没有芒或芒极短;顶芒指穗顶有芒,芒长在10 mm以下;短芒指部分或全部小穗有芒,芒长在10 mm～15 mm;长芒指部分或全部小穗有芒,芒长25 mm以上。

B.2.9 颖色、稃尖色:分为黄、红、紫色等。

B.2.10 株高:从地面至穗顶(不包括芒)的高度,测量连续的10株,以"cm"表示,在收割前田间测定。

B.3 生物学特性

B.3.1 抗倒性:记载倒伏时期、原因、面积、程度。倒伏程度分直(株植与地面角度为0°～15°)、斜(15°～45°)、倒(45°至穗部触地)、伏(植株贴地)。

B.3.2 分蘖力:分为强、中、弱三级。

B.3.3 抽穗整齐度:抽穗期目测,分为整齐、中等、不整齐三级。

B.3.4 植株整齐度:目测,植株间的整齐程度,分为整齐、中等、不整齐三级。

B.3.5 熟期转色:成熟期目测,根据叶片、茎秆、谷粒色泽,分为好、中、差三级。

B.3.6 稻米外观品质:观察垩白粒率和垩白度与原品种的品质指标是否一致。

B.4 经济性状

B.4.1 有效穗:每穗实粒数多于5粒者为有效穗(白穗算有效穗)。收获前田间调查两个重复,共20

穴。公顷有效穗按式(B.1)计算：

$$P_n = C_n \times P_i \quad \text{(B.1)}$$

式中：

P_n——公顷有效穗；

C_n——公顷穴数；

P_i——每穴有效穗数。

B.4.2 每穗总粒数：包括实粒、半实粒、空壳粒。

B.4.3 结实率按式(B.2)计算：

$$R = \frac{S_i}{S_n} \times 100\% \quad \text{(B.2)}$$

式中：

R——结实率，%；

S_i——每穗实粒数；

S_n——每穗总粒数。

B.4.4 千粒重：1 000 粒实粒（含标准含水量）的重量，以“g”表示。

B.4.5 单株籽粒重：单株总实粒（含标准含水量）的重量，以“g”表示。

B.4.6 丰产性：植株产量性状的好坏，分为好、中、差三级。

本标准起草单位：全国农业技术推广服务中心、江苏省种子管理站、江西省种子管理局、广东省种子管理总站。

本标准主要起草人：吉健安、胡小军、阙金华、廖琴、何金龙、周春和、张正国、贺国良、彭从胜。

中华人民共和国国家标准

GB/T 17317—1998

小麦原种生产技术操作规程

Rules of operation for the production technology of wheat basic seed

1 范围

本标准规定了小麦原种生产技术要求。

本标准适用于小麦原种生产。

2 引用标准

下列标准所包含的条文，通过在本标准中引用而构成为本标准的条文。本标准出版时，所示版本均为有效。所有标准都会被修订，使用本标准的各方应探讨使用下列标准最新版本的可能性。

GB/T 3543.1～3543.7—1995 农作物种子检验规程

GB 4404.1—1996 粮食作物种子 禾谷类

3 定义

本标准采用下列定义。

原种 basic seed

用育种家种子直接繁殖的或按原种生产技术规程生产的达到原种质量标准的种子。

4 原种生产

4.1 原种生产方法

采用单株(穗)选择、分系比较和混系繁殖，即株(穗)行圃、株(穗)系圃、原种圃的三圃制和株(穗)行圃、原种圃的两圃制，或利用育种家种子直接生产原种。

4.2 单株(穗)选择

4.2.1 单株(穗)选择的材料

来源于本地或外地的原种圃、决选的株(穗)系圃、种子繁殖田。也可专门设置选择圃，进行稀条播种植，以供选择。

4.2.2 单株(穗)选择的重点

生育期、株型、穗型、抗逆性等主要农艺性状，并具备原品种的典型性和丰产性。

4.2.3 田间选择

4.2.3.1 株选

分两步进行，抽穗至灌浆阶段根据株型、株高、抗病性和抽穗期等进行初选，做好标记。成熟阶段对初选的单株再根据穗部性状、抗病性、抗逆性和成熟期等进行复选。

4.2.3.2 穗选

国家质量技术监督局 1998-04-03 发布　　1998-10-01 实施

在成熟阶段根据上述综合性状进行一次选择即可。

4.2.4 **选择数量**

根据所建株(穗)行圃的面积而定,冬麦区每公顷需 4 500 个株行或 15 000 个穗行,春麦的选择数量可适当增多。田间初选时应考虑到复选、决选和其他损失,适当留有余地。

4.2.5 **保存**

对入选单株(穗)在室内脱粒、考种、单株(穗)编号保存。

4.3 **株(穗)行圃**

4.3.1 **建圃**

经室内考种入选的单株(穗)的种子在同一条件下按单株(穗)分行种植,建立株(穗)行圃。

4.3.2 **播种**

采用单粒点播或稀条播,单株播四行区,单穗播一行区,行长 2 m,行距 20～30 cm,株距 3～5 cm 或 5～10 cm,按行长划排,排间及四周留 50～60 cm 的田间走道。每隔 9 或 19 个穗行设一对照,四周围设保护行和 25 m 以上的隔离区。对照和保护区均采用同一品种的原种。播前绘制好田间种植图,按图种植,编号插牌,严防错乱。

4.3.3 **田间观察记载、鉴定**

根据附录 A(标准的附录)进行。

4.3.3.1 生育期间在幼苗阶段、抽穗阶段、成熟阶段分别与对照进行鉴定选择,并做标记。收获前综合评价,选优去劣。

a) 幼苗阶段:鉴定幼苗生长习性、叶色、生长势、抗病性、耐寒性等;

b) 抽穗阶段:鉴定株型、叶型、抗病性和抽穗期等;

c) 成熟阶段:鉴定株高,穗部性状、芒长、整齐度、抗病性、抗倒伏性、落黄性和成熟期等。对不同的时期发生的病虫害、倒伏等要记明程度和原因。

4.3.3.2 通过鉴定,分别收获符合原品种典型性的株(穗)行,进行室内考种,分别脱粒、保管,下年种株(穗)系圃。

4.4 **株(穗)系圃**

4.4.1 **建圃**

经室内考种当选的株(穗)行种子,按株(穗)行分别种植,建立株(穗)系圃。

4.4.2 **播种**

每个株(穗)行的种子播一小区,小区长宽比例以 1∶3～1∶5 为宜,面积和行数依种子量而定。播种方法采用等播量、等行距稀条播,每隔 9 区设一对照。其他要求同 4.3。

4.4.3 **田间观察记载、鉴定**

同 4.3。同时应从严掌握,典型性状符合要求的株(穗)系,杂株率不超过 0.1%时,拔除杂株后可以入选。当选的株(穗)系分区核产,产量不应低于邻近对照。

4.5 **原种圃**

4.5.1 将当选株(穗)系的种子混合稀播于原种圃,进行扩大繁殖,在抽穗阶段和成熟阶段分别进行纯度鉴定,严格拔除杂株、弱株,并携出田外。

4.5.2 采用两圃制生产原种,只简略株(穗)系圃,其他方法同 4.2、4.3,即将经室内考种决选的株(穗)行种子混合稀播于原种圃,进行扩大繁殖。所产种子应达到 GB 4404.1 规定的原种标准。

4.5.3 用育种家种子生产原种,可直接稀播于原种圃,进行扩大繁殖。其技术措施同 4.5.1。

5 室内考种

5.1 对田间入选的单株(穗)材料,考查穗型、芒型、护颖颜色和形状、穗粒数、粒型、粒色、籽粒饱满度、粒质九个项目。在考种过程中,有一项不合格即行淘汰。

5.2 对田间入选的株(穗)行材料,考查粒形、粒色、籽粒饱满度和粒质四个项目。符合原品种典型性的,分别称重,作为决定取舍的参考。

5.3 对田间入选的株(穗)系材料和对照,分别脱粒、称重,取样进行考种。考查项目同 5.2。但要从严掌握,并增加千粒重和容重的测定。最后进行综合评价,决定取舍。

5.4 为统一标准和减少人为误差,应固定专人,使用的仪器要经常检查校正。考种样品应具有代表性,各样品的含水量必须达到 GB 4404.1 规定的标准。

6 田间管理

6.1 原种生产应选择地势平坦、土质良好、排灌方便、前茬一致、地力均匀的地块,并注意两年(水旱轮作两季)以上的轮作倒茬,忌施麦秸肥,避免造成混杂。

6.2 播种前搞好种子精选、晾晒和药剂处理工作。精细整地,合理施肥,适时播种,确保苗全、齐、匀、壮。

6.3 各项栽培管理技术措施要合理、及时和精细一致。

7 种子收获、保管和检验

7.1 入选的行、系和原种圃收获后,应在专场及时晒干脱粒。在收获、运输、晾晒和脱粒等过程中,严防机械混杂。

7.2 入库前整理好风干(挂藏)室或仓库,备好种子架、布袋等用具。脱粒后将当选的种子分别装入种子袋,袋内外各附一个标签,并根据田间排列号码,按顺序挂藏。

7.3 风干(挂藏)室或仓库要专人负责。储藏期间保持室内干燥,种子水分不超过 13%。应注意防止虫蛀、霉变和混杂以及鼠、雀等危害。

7.4 原种生产单位要搞好种子检验,并由种子检验部门根据 GB/T 3543.1～3543.7 进行复检。对符合 GB 4404.1 原种标准的签发合格证书;对不合格的原种,可根据情况,提出处理意见。

附 录 A
(标准的附录)
小麦原种生产调查记载标准

A.1 物候期

A.1.1 出苗期

全区有50%以上单株幼芽鞘露地面时的日期，第一叶伸出芽鞘1.5 cm时为出苗(以日/月表示，下同)。

A.1.2 抽穗期

全区50%以上麦穗顶端的小穗(不含芒)露出叶鞘或叶鞘中上部裂开见小穗的日期。

A.1.3 成熟期

麦穗变黄，全区有75%以上植株中部籽粒变硬，麦粒大小和颜色接近正常，胚乳由面筋状变成蜡质状，手捏不变形，可被指甲切断的日期。

A.2 植物学特征

A.2.1 幼苗生长习性

出苗后一个半月左右调查，分为三类，“伏”(匍匐地面)、“直”(直立)、“半”(介于两者之间)。

A.2.2 株型

抽穗后根据主茎与分蘖茎的松散程度分三类：主茎与分蘖垂直夹角小于15°为紧凑；大于30°为松散；介于两者之间为中等。

A.2.3 叶色

拔节后调查记载，分深绿、绿和浅绿三种，蜡粉多的品种可记为“蓝绿”。

A.2.4 株高

分蘖节或地面至穗顶(不含芒)的高度，以“cm”表示。

A.2.5 芒

一般划分五类。芒长40 mm以上为长芒；穗的上下均有芒，芒长40 mm以下为短芒；芒的基部膨大弯曲为曲芒；麦穗顶部小穗有少数短芒(5 mm以下)为顶芒；完全无芒或极短(3 mm以下)为无芒。

A.2.6 芒色

分白(黄)、黑、红色三种。

A.2.7 壳色

分红、白(黄)、黑、紫四种。

A.2.8 穗型

划分为六类。穗子两端尖、中部稍大为纺锤形；穗子上、中、下正面和侧面基本一致为长方形；穗部下大、上小为圆锥形；穗子上大、下小、上部小穗着生紧密，呈大头状为棍棒形；穗短、中部宽、两端稍小为椭圆形；小穗分枝为分枝形。

A.2.9 穗长

主穗基部小穗节至顶端(不含芒)的长度，以“cm”表示。

A.2.10 粒形

分长圆、椭圆,卵圆和圆形四种。

A.2.11 粒色

分红、白粒两种,淡黄色归入白粒。

A.2.12 籽粒饱满度

分为三种,“1”饱满;“2”半饱满;“3”秕。

A.3 生物学特性

A.3.1 生长势

根据植株生长的健壮程度,在主要生长阶段幼苗至拔节、拔节至齐穗、齐穗至成熟记载,分强(++)、中(+)、弱(—)三级。

A.3.2 整齐度

A.3.2.1 植株整齐度

分三级,整齐(++)(主茎与分蘖株高相差不足10%);中等(+)(株高相差10%~20%);不整齐(—)(株高相差20%以上)。

A.3.2.2 穗整齐度

根据穗子大小分整齐(++)、中等(+)、不整齐(—)三种。

A.3.3 耐寒性

分四级,“0”无冻害;“1”叶尖受冻发黄干枯;“2”叶片冻死一半,但基部仍有绿色;“3”地上部分枯萎或部分分蘖冻死;“4”地上全部枯萎,植株冻死。于返青前调查。

A.3.4 倒伏性

分四级,“0”未倒或与地面角度大于75°;“1”倒伏轻微,角度在60°~75°之间;“2”中度倒伏,角度在30°~60°之间;“3”倒伏严重,角度在30°以下。

A.3.5 病虫害

依据受害程度,用目测法分0、1、2、3、4五级记载。

A.3.6 落黄性

根据穗、茎、叶落黄情况分三级,以好、中、差表示。

A.4 经济性状

A.4.1 穗粒数

单穗实际粒数或单株每穗平均结实粒数。

A.4.2 千粒重

以晒干(含水最不超过12%~13%)、扬净的籽粒为标准,随机取两份1 000粒种子,分别称重,取其平均值,以“g”表示。如两次误差超过1 g时,则需重新数1 000粒称量。

A.4.3 产量

是各种性状表现的结果,是评定原种质量的重要指标,以“kg/hm^2”表示。

A.4.3.1 实际产量

按实收面积和产量折算成每公顷产量。

A.4.3.2 理论产量

根据产量构成因素公顷穗数、穗粒数和千粒重推算。

A.5 其他

粒质:分硬质、半硬质、软(粉)质三级,用小刀横切断籽粒,观察断面,以硬粒超过70%为硬质,小于

30%为软质,介于两者之间为半硬质。

本标准负责起草单位:全国种子总站、河北省种子总站、河南省种子管理总站、陕西省种子管理站、山东省农科院、江苏省农科院。

本标准主要起草人:潘志祥、李秀锦、张鸿文、马志强。

中华人民共和国国家标准

GB/T 17318—2011

大豆原种生产技术操作规程

Rules of the production technology for soybean basic seed

1 范围

本标准规定了大豆原种生产技术要求。

本标准适应于大豆原种生产。

2 规范性引用文件

下列文件对于本文件的应用是必不可少的。凡是注日期的引用文件，仅注日期的版本适用于本文件。凡是不注日期的引用文件，其最新版本(包括所有的修改单)适用于本文件。

GB/T 3543(所有部分) 农作物种子检验规程

GB 4404.2 粮食作物种子 第2部分:豆类

GB/T 7415 农作物种子贮藏

3 术语和定义

下列术语和定义适用于本文件。

3.1

育种家种子 breeder's seed

由育种家生产的、具备本品种特征特性、纯度达到100%的种子。

3.2

原种 basic seed

由育种家提供或委托生产并保持原品种优良种性和典型性、不带检疫性病害、虫害和杂草，按照本标准生产出来的符合原种质量标准的种子。

4 原种生产

4.1 原种生产方法

原种生产可采用三圃法或二圃法，也可采用育种家种子直接繁殖的方法。

4.2 隔离

为了避免种子混杂，保持优良种性，原种生产田周围30 m以内不得种植其他大豆品种。

4.3 用三圃法生产原种

4.3.1 三圃

即株行圃、株系圃、原种圃。

4.3.2 单株选择

中华人民共和国国家质量监督检验检疫总局
中国国家标准化管理委员会 2011-12-30发布 2012-04-01实施

4.3.2.1 单株来源

单株在株行圃、株系圃或原种圃中选择，如无株行圃或原种圃时可建立单株选择圃，或在纯度较高的种子田中选择。

4.3.2.2 选择时期

选择在花期和成熟期进行。

4.3.2.3 选择标准和方法

要根据本品种的特征特性，选择典型性强、生长健壮、丰产性好的单株。花期根据花色、叶形、抗病虫害情况选单株，并做标记；成熟期根据株高、株型、成熟度、茸毛色、结荚习性、荚形、荚熟色从花期入选的单株中选拔。选拔时要避开地头、地边和缺苗断垄处。

4.3.2.4 选择数量

根据原种需要量决定选择株数，一般每一品种每公顷需决选单株 6 000 株～7 500 株。

4.3.2.5 室内考种及复选

见附录 A。

入选植株首先要根据植株的单株荚数、粒数，选择典型性强的丰产单株，单株脱粒，然后根据籽粒整齐度、光泽度、粒形、粒色、脐色、百粒重、抗病虫情况等进行复选。决选的单株在剔除个别病虫粒后，每株一袋编号保存。

4.3.3 株行圃

4.3.3.1 田间设计

各株行的长度应一致，行长 5 m～10 m，每隔 19 行或 39 行设一对照行，对照应用同品种的原种。

4.3.3.2 播种

要适时将上年入选的每株种子播种 1 行，密度略低于大田，单粒点播，或 2 粒、3 粒穴播，出苗后留 1 株。

4.3.3.3 田间鉴评

田间鉴评分三期进行。苗期根据幼苗长相、幼茎颜色；花期根据叶形、花色、茸毛色、抗病虫性等；成熟期根据株高、成熟度、株型、结荚习性、茸毛色、荚形、荚熟色来鉴定品种的典型性和株行的纯度。通过鉴评要淘汰不具备原品种典型性的、有分离的、丰产性差的、病虫害重的株行，并做明显标记和记载。对入选株行中个别病、劣株要及时拔除。

4.3.3.4 收获

收获前要清除应淘汰的株行，对入选株行要按行单收、单晾晒、单脱粒、每行装一袋，袋内外均需标签。

4.3.3.5 决选

见附录 A。

在室内要根据各株行籽粒颜色、脐色、粒形、百粒重、整齐度、病虫粒轻重和光泽度进行决选，淘汰籽粒性状不典型、不整齐、病虫粒重的株行，决选株行种子每行一袋，袋内外均需标签，妥善保管。

4.3.4 株系圃

4.3.4.1 田间设计

株系圃面积依上年株行圃入选行种子量而定。各株系行数和行长应一致，每隔 9 区或 19 区设一对照区，对照应用同品种的原种，周围需要种植 4 行～6 行同品种的原种作为保护行。

4.3.4.2 播种

将上年入选的株行种子每行种植 1 小区，单粒点播或 2 粒、3 粒穴播出苗后留 1 株，密度略稀于大田。

4.3.4.3 田间鉴评

田间鉴评各项标准同 4.3.3.3，若小区出现杂株或不典型/不整齐时，应淘汰该小区。同时要注意各株系间的一致性。

4.3.4.4 收获

先将淘汰区清除后对入选区单收、单晾晒、单脱粒、单装袋、单称重，袋内外均需标签。

4.3.4.5 决选

决选标准同 4.3.3.5。入选株系的种子混合装袋，袋内外均需标签，妥善保存。

4.3.5 原种圃

4.3.5.1 田间设计

原种圃面积依上年株系圃入选的种子量来定，原种圃四周需要种植 4 行～6 行同品种的原种作为保护行。

4.3.5.2 播种

将上年株系圃决选的种子适度稀植于原种田中，播种时要将播种工具清理干净，严防机械混杂。

4.3.5.3 去杂去劣

在苗期、花期、成熟期要根据品种典型性严格拔除杂株、病株、劣株。

4.3.5.4 收获

成熟时及时收获，整个原种圃混收。要单收、单运、单脱粒、专场晾晒，严防混杂。

4.4 二圃法生产原种

4.4.1 二圃

即株行圃、原种圃。

4.4.2 二圃法生产原种方法

其"单株选择"和原种圃做法均同 4.3。株行圃除决选后将各株行种子混合保存外，其余做法同 4.3。

4.5 用育种家种子直接生产原种

4.5.1 种子来源

由品种育成者或育成单位提供。

4.5.2 生产方法

由育种家种子生产原种的方法同 4.3.5。

4.6 田间管理

4.6.1 原种生产田应由固定的技术人员负责，并有田间观察记载，详见附录 A。

4.6.2 要选择地势平坦、肥力均匀、土质良好、排灌方便、不重茬、不易受周围不良环境影响的地块。

4.6.3 各项田间管理均要根据品种的特性采用配套的栽培管理措施，提高种子繁殖系数，并应注意管理措施的一致性。

5 种子的贮藏与检验

5.1 种子贮藏按 GB/T 7415 标准执行。

5.2 原种生产单位要搞好种子检验，并由种子检验部门根据 GB/T 3543（所有部分）进行复检，对符合 GB 4404.2 规定标准的原种种子签发合格证书；对不合格的种子，提出处理意见。

附 录 A
(规范性附录)
大豆原种生产调查记载标准

A.1 田间调查项目及标准

A.1.1 播种期

播种当天的日期(日/月,下同)。

A.1.2 出苗期

子叶出土达50%以上的日期,即50%以上的子叶出土并离开地面的日期。

A.1.3 出苗情况

分良、中、差,出苗率在90%以上为良,70%~90%为中,70%以下为差。

A.1.4 开花期

开花株数达50%以上的日期。

A.1.5 成熟期

籽粒完全成熟,呈本品种固有颜色,粒形、粒色已不再变化,且不能用指甲刻伤,摇动时有响声的株数达到70%的日期。

A.1.6 典型性

分别根据下胚轴颜色、花色、叶形、茸毛色、荚熟色、粒形、种皮色、脐色、子叶色、结荚习性、株高、分枝、株型、熟期等观察记载品种典型性。

A.1.7 整齐度

根据植株生长的繁茂程度、株高及各性状的一致性记载,分整齐和不整齐两级。

A.1.8 倒伏性

根据目测群体的倒伏程度分四级:“0级~1级”直立不倒,“2级”倾斜在15°以内,“3级”倾斜在15°~45°,“4级”倾斜超过45°。

A.1.9 病虫害

记载病害、虫害种类及危害程度。

A.1.10 花色

白、紫。

A.1.11 茸毛色

灰、棕。

A.1.12 叶形

披针形、椭圆形、卵圆形、圆形。

A.1.13 结荚习性

有限、亚有限、无限。

A.1.14 荚熟色

灰褐、褐、深褐、黑。

A.2 室内考种项目及标准

A.2.1 百粒重

从样品中随机取出 100 粒完整粒称重，两次重复，取平均值，以“g”表示，重复间相差不得超过 0.5 g。

A.2.2 粒色

浅黄、黄、深黄、黄绿、绿、褐、暗红、黑、双色。

A.2.3 种脐色

白、淡黄、黄、淡褐、褐、深褐、灰、蓝、黑。

A.2.4 粒形

圆形、椭圆形、扁椭圆形、长椭圆形、肾形、扁圆形。

A.2.5 粒光泽

强、微、无。

A.2.6 虫食率

从未经粒选种子中随机取 1 000 粒，单株考种取全部粒数，挑出虫食粒，按式(A.1)计算虫食率。

$$X_1 = n_1 / N_1 \times 100\% \quad \cdots\cdots (A.1)$$

式中：

X_1 ——虫食率，%；

n_1 ——虫食粒数，单位为粒；

N_1 ——取样粒数，单位为粒。

A.2.7 病粒率

从未经粒选的种子中随机取 1 000 粒，单株考种取全都粒数，挑出病粒，按式(A.2)计算病粒率。

$$X_2 = n_2 / N_2 \times 100\% \quad \cdots\cdots (A.2)$$

式中：

X_2 ——病粒率，%；

n_2 ——病粒数，单位为粒；

N_2 ——取样粒数，单位为粒。

本标准主要起草单位：全国农业技术推广服务中心、中国科学院遗传与发育生物学研究所、南京农业大学/国家大豆改良中心、河南省农业科学院经济作物研究所、黑龙江省农业科学院大豆研究所、吉林省农业科学院大豆研究中心、国家大豆改良中心内蒙古分中心。

本标准主要起草人：朱保葛、陈应志、智海剑、李卫东、刘丽君、杨光宇、张万海、卢为国。

中华人民共和国国家标准

GB/T 17315—2011

玉米种子生产技术操作规程

Operation rules for maize seed production

1 范围

本标准规定了玉米种子的类别、生产程序和技术要求等内容。

本标准适用于玉米育种家种子、原种、亲本种子、杂交种种子的生产。

2 规范性引用文件

下列文件对于本文件的应用是必不可少的。凡是注日期的引用文件，仅注日期的版本适用于本文件。凡是不注日期的引用文件，其最新版本(包括所有的修改单)适用于本文件。

GB/T 3543(所有部分) 农作物种子检验规程

GB 4404.1—2008 粮食作物种子 第1部分:禾谷类

GB/T 7415—2008 农作物种子贮藏

GB 20464—2006 农作物种子标签通则

3 术语和定义

下列术语和定义适用于本文件。相关术语和定义与GB 4404.1—2008和GB 20464—2006一致。

3.1

育种家种子 breeder seed

由育种者育成的具有特异性、一致性和遗传稳定性的最初一批自交系种子。

3.2

原种 basic seed

由育种家种子直接繁殖出来的或按照原种生产程序生产并达到规定标准的自交系种子。

3.3

亲本种子 parental seed

由原种扩繁并达到规定标准，用于生产大田用杂交种子的种子。

3.4

杂交种种子 commercial hybrid seed

直接用于大田生产的杂交种子。

中华人民共和国国家质量监督检验检疫总局
中国国家标准化管理委员会 2011-12-30发布 2012-04-01实施

4 自交系原种与亲本种子的生产

4.1 原种的生产

4.1.1 制订方案

原种生产前制订生产方案，严格按照程序进行，建立生产档案。

4.1.2 选地

生产地块应当采用空间隔离，与其他玉米花粉来源地相距不得少于 500 m。要求生产田地力均匀，土壤肥沃，排灌方便，稳产保收。

4.1.3 播种

播前应精细整地，进行种子精选包衣。适时足墒播种，确保苗齐苗壮。

4.1.4 去杂

在苗期、散粉前、收获前应及时去除杂株和非典型植株，脱粒前应严格去除杂穗、病穗。

4.1.5 收贮

单收单贮，填写档案，包装物内、外应添加标签。原种生产原则是一次繁殖，分批使用，连续繁殖不应超过 3 代。检验方法按照 GB/T 3543(所有部分)，贮藏方法按照 GB/T 7415—2008，标签填写按照 GB 20464—2006。

4.2 亲本自交系种子的生产

4.2.1 选地

同 4.1.2。

4.2.2 播种

同 4.1.3。

4.2.3 去杂

同 4.1.4。

4.2.4 收贮

同 4.1.5。

5 杂交种生产

5.1 基地选择

在自然条件适宜、无检疫性病虫害的地区，选择具备生产资质的制种单位，建立制种基地。制种地块应当土壤肥沃、排灌方便，相对集中连片。

5.2 隔离

5.2.1 空间隔离

空间隔离时，制种基地与其他玉米花粉来源地应不少于 200 m。

5.2.2 屏障隔离

屏障隔离时，在空间隔离距离达到 100 m 的基础上，制种基地周围应设置屏障隔离带，隔离带宽度不少于 5 m、高度不少于 3 m，同时另种宽度不少于 5 m 的父本行。

5.2.3 时间隔离

时间隔离时，春播制种播期相差应不少于 40 d，夏播制种播期相差应不少于 30 d。

5.3 播种

播前应核实亲本真实性，进行种子精选、包衣和发芽率测定；根据亲本特征特性和当地的自然条件，确定适宜的父母本播期、播量、行比、密度等。

5.4 去杂

5.4.1 父本去杂

父本的杂株应在散粉前完全去除。

5.4.2 母本去杂

母本的杂株应在去雄前完全去除。

5.5 去雄

母本宜采取带1叶～2叶去雄的方式在散粉前及时、干净、彻底地拔除雄穗；拔除的雄穗应及时带出制种田并进行有效处理。

5.6 清除小苗及母本分蘖

母本去雄工作结束前，应及时将田间未去雄的弱小苗和母本分蘖清除干净。

5.7 人工辅助授粉

为保证制种田授粉良好，可根据具体情况进行人工辅助授粉。

5.8 割除父本

授粉结束后，应在10 d内将父本全部割除。

5.9 收获

子粒生理成熟后及时收获、晾晒或烘干，防止冻害和混杂。在脱粒前进行穗选，剔除杂穗、病穗。

6 田间检查

6.1 检查项目和依据

6.1.1 生产基地情况检查

重点查明隔离条件、前作情况、种植规格等是否符合要求。

6.1.2 苗期检查

要进行两次以上检查，重点检查幼苗长势以及叶鞘颜色、叶形、叶色等性状的典型性，了解生育进程和预测花期等。

6.1.3 花期检查

应重点检查去杂、去雄情况。主要依据株高、株型、叶形、叶色、雄穗形状和分枝多少、护颖色、花药色、花丝色及生育期等性状的典型性检查去杂情况；主要依据制种田母本雄穗、母本弱小苗和分蘖是否及时、干净、彻底拔除及拔除雄穗处理情况等检查去雄情况。

6.1.4 收获期检查

检查杂株、病虫害及有无错收情况。

6.1.5 脱粒前检查

重点检查穗型、粒型、粒色、穗轴色等性状的典型性。

6.2 检查结果的处理

每次检查，应依据附录A的标准，将检查结果记入附录B。如发现不符合本规程要求的，应向生产部门提出书面报告并及时提出整改建议。经复查，对仍达不到要求的，建议报废。

附 录 A
(规范性附录)
玉米种子生产田纯度合格指标

表 A.1 玉米种子生产田纯度合格指标

类 别	项 目			
	母本散粉株率 %	父本杂株散粉株率 %	散粉杂株率 %	杂穗率 %
育种家种子	—	—	0	0
原种	—	—	≤0.01	≤0.01
亲本种子	—	—	≤0.10	≤0.10
杂交种种子	≤1.0	≤0.5		≤0.5

注 1:母本散粉株率:指散粉株占总株数的百分比。母本雄穗散粉花药数不小于 10 为散粉株。

注 2:散粉杂株率:指田间已散粉的杂株占总株数的百分比,散粉前已拔除的不计算在内。

注 3:杂穗率:自交系的杂穗率指剔除杂穗前的杂穗占总穗数的百分比;杂交种的杂穗率是指母本脱粒前杂穗占总穗数的百分比。

附 录 B
（资料性附录）
玉米种子生产田间检查记录

No. ____________

生产单位：____________________ 管理人：____________________ 户主姓名：____________________

品种名称：________ 地块编号：_________ 前作：_________ 面积：_________ 隔离情况_________

种植密度：父______母______株/hm^2 行比：_________ 播种日期________ 收获日期：_________

项 目		次 数						
		1	2	3	4	5	6	备注
检查时间（日/月）								
杂交种	母本散粉株率/%							
	父本杂株散粉率/%							
	母本杂穗率/%							
自交系	散粉杂株率/%							
	杂穗率/%							
检验意见		1. 符合要求；2. 整改；3. 报废						

检验员________________ 年 月 日

本标准起草单位：中国农业大学、全国农业技术推广服务中心、中国农业科学院、河南农业大学、内蒙古自治区种子管理站、河北省种子管理总站、吉林省种子管理总站、河南省农业科学院、河南省种子管理站、山东省种子管理总站、丹东农业科学院、辽宁省种子管理局、四川省农业科学院、北京市农林科学院、北京奥瑞金种业股份有限公司、北京德农种业有限公司。

本标准主要起草人：陈绍江、孙世贤、黄长玲、陈伟程、王守才、季广德、周进宝、陈学军、王振华、张进生、温春东、李龙凤、景希强、李磊鑫、张彪、杨国航、汤继华、黄西林、楚万国、邱军、刘素霞。

中华人民共和国农业行业标准

NY/T 1211—2006

专用玉米杂交种繁育制种技术操作规程

Rules of operation for the production technology of special maize hybrid seed

1 范围

本标准规定了甜玉米、糯玉米、爆裂玉米品种(亲本)繁育的种子类别、种子的生产方法和田间纯度检查等内容。

本标准适用于甜玉米、糯玉米、爆裂玉米种子的生产。

2 规范性引用文件

下列标准所包含的条文,通过在本标准中引用而构成为本标准的条文。本标准出版时,所示版本均为有效。所有标准都会被修订,使用本标准的各方应探讨使用下列标准最新版本的可能性。

GB/T 17315—1998 玉米杂交种繁育制种技术操作规程

GB/T 3543.1—7 农作物种子检验规程

GB 4404.1 粮食作物种子 禾谷类

3 术语和定义

下列术语和定义适用于本标准。

3.1

育种家种子 breeder seed

育种家育成的遗传性状稳定的最初一批自交系种子。

3.2

亲本种子 parental seed

育种家种子直接繁育而成。

3.3

杂交种种子 hybrid seed

用亲本种子直接杂交而成的一代种子。

4 种子生产

4.1 育种家种子生产

育种家直接套袋繁殖,一次繁殖多年使用。

4.2 亲本种子生产

4.2.1 选地

地势平坦,地力均匀,土质肥沃,排灌方便。

4.2.2 隔离

中华人民共和国农业部 2006-12-06 发布 2007-02-01 实施

采用空间隔离时,与其他玉米花粉的来源地至少相距 500 m;采用时间隔离时,花期间隔时间应在 30 d 以上。

4.2.3 播种

播种前要进行精选、晒种,按亲本生产的栽培技术要求播种,做到精细播种,提高繁殖系数。

4.2.4 去杂

在苗期、散粉前和脱粒前,去除非典型性状的个体。见附录 A。

4.2.5 收贮

适时收获加工,检验种子质量,填写生产档案,单独贮存包装,加注内外标签。

4.3 杂交种种子生产

4.3.1 选地

土地肥沃、排灌方便,尽可能做到集中连片。

4.3.2 隔离

采用空间隔离时,与其他玉米花粉来源地至少相距 300 m。采用时间隔离时,花期间隔时间应在 20 d 以上。

4.3.3 播种

按亲本的栽培技术要求及组合的制种技术要求播种,播种前要精选、晒种。对于父母本花 期不同的要错期播种,务使花期相遇。

4.3.4 去杂

在苗期、散粉前和脱粒前,去除非典型性状的个体。见附录 A。

4.3.5 花期调节

根据父母本生育进程,搞好花期预测,采取有效调控措施。

4.3.6 去雄

摸苞带叶去雄,及时拔除母本雄穗,不留母本雄穗残枝或残茬。

4.3.7 人工辅助授粉

根据田间生产情况,进行人工辅助授粉,母本抽丝偏晚,可辅之以剪苞叶。

4.3.8 割除父本

授粉结束后及时割除父本。

4.3.9 收贮

适时收获加工,检验种子质量,填写生产档案,单独贮存包装,加注内外标签。

5 田间纯度检查

5.1 检查项目

5.1.1 苗期检查

查明隔离条件、种植规格和去杂情况等。

5.1.2 花期检查

查明去杂、去雄情况。

5.1.3 收获检查

查明果穗性状,剔除杂穗。

5.2 检查结果的处理

每次检查都应将检查情况按附录 B 要求记录。

附 录 A
(规范性附录)
玉米自交系、杂交种田间纯度要求

类别		母本散粉株数占母本总数的百分比 %≤	父本杂株散粉株数占父本总数的百分比 %≤	累计杂株率 %≤	杂穗率 %≤
自交系	原种	—	—	0.01	0.01
	良种	—	—	0.10	0.10
亲本单交种	一级	0.20	0.10	—	0.20
	二级	0.30	0.20	—	0.30
生产用杂交种	一级	0.50	0.30	—	1.00
	二级	1.00	0.50	—	1.50

注 1:杂株:自交系的杂株是指当代田间已散粉的杂株,散粉前已拔除的不计算在内。

注 2:杂穗率:自交系的杂穗率指剔除杂穗前的杂穗占总穗数的百分比;杂交种的杂穗率指剔除杂穗后的杂穗占总穗数的百分比。

注 3:散粉株:植株上的花药外露的花在 10 个以上时即为散粉株。

附　录　B
（规范性附录）
玉米种子生产田间、场间档案

编号：＿＿＿＿＿生产单位：＿＿＿＿＿＿＿＿＿＿＿＿＿＿＿户主姓名：＿＿＿＿＿＿＿＿＿＿＿

组合(自交系)：＿＿＿＿＿＿＿＿地片：＿＿＿＿＿＿面积：＿＿＿＿＿隔离情况：＿＿＿＿＿＿＿＿

留苗密度：＿＿＿＿＿＿株/hm^2 行比：＿＿＿＿＿＿＿收获期：＿＿＿＿＿＿产量：＿＿＿＿＿＿＿ kg/hm^2

		1	2	3	4	5	6	合计
检查时间，日/月								
杂交种	母本散粉株，%							
	父本杂株散粉，%							
	母本杂穗，%							
自交系	散粉杂株，%							
	可疑株，%							
	杂穗，%							
管理人								
检查人								

本标准起草单位：全国农业技术推广服务中心、辽宁省农业科学院玉米研究所、沈阳农业 大学、北京金农科种子科技有限公司、吉林农业大学、辽宁省种子管理局。

本标准主要起草人：孙世贤、史振声、王延波、张喜华、王金君、邱军、吕凤金、王玉兰 、李磊鑫。

中华人民共和国国家标准

GB/T 17319—2011

高粱种子生产技术操作规程

Rules of operation for the production technique of sorghum seed

1 范围

本标准规定了高粱亲本和杂交种生产的技术要求。

本标准适用于"三系"杂交高粱各类种子的生产。

2 规范性引用文件

下列文件对于本文件的应用是必不可少的。凡是注日期的引用文件,仅注日期的版本适用于本文件。凡是不注日期的引用文件,其最新版本(包括所有的修改单)适用于本文件。

GB/T 3543(所有部分) 农作物种子检验规程

GB 4404.1—2008 粮食作物种子 第1部分:禾谷类

GB/T 7414—1987 主要农作物种子包装

GB/T 7415—2008 农作物种子贮藏

GB 20464—2006 农作物种子标签通则

3 术语和定义

下列术语和定义适用于本文件。

3.1

育种家种子 breeder seed

育种家育成的遗传性状稳定、特征特性一致的最初一批种子。

3.2

原种种子 basic seed

用育种家种子繁育的第一代至第二代,达到 GB 4404.1—2008 规定标准的种子。

3.3

繁育用亲本种子 parent seed for propagation

原种种子繁育一次,纯度达到本标准要求,其他质量达到 GB 4404.1—2008 规定标准的种子。

3.4

制种用亲本种子 parent seed for seed production

繁育用亲本种子繁育一次,质量达到 GB 4404.1—2008 规定标准,用于配制生产用杂交种种子的种子。

3.5

中华人民共和国国家质量监督检验检疫总局
中国国家标准化管理委员会 2011-12-30 发布 2012-04-01 实施

杂交种种子 hybrid seed

质量达到 GB 4404.1—2008 规定标准，直接用于大田生产的种子。

4 育种家种子繁育

4.1 不育系、保持系种子繁育

4.1.1 播种

不育系、保持系单行相邻种植。一般要错期播种，待不育系种子发芽后播种保持系。

4.1.2 套袋授粉

开花前根据原系的特征特性，去除杂株，选择典型保持系、不育系成对套袋，成对授粉，分别成对编号挂牌。

4.1.3 复选和收获

成熟后，在田间根据原系的特征特性对初选穗进行复选。分别单收单脱，成对保存。

4.2 恢复系种子繁育

根据原系的特征特性，选择单穗套袋自交，成熟后进行复选，单穗脱粒留种。

5 原种种子繁育

5.1 不育系、保持系种子繁育

5.1.1 隔离

不育系、保持系种子繁育田周围 500 m 以内禁止种植高粱属植物。

5.1.2 选地

选择地势平坦、地力均匀、土质肥沃、灌排方便、通风透光、旱涝保收的地块，不得重茬，注意除草剂残效。

5.1.3 播种

5.1.3.1 适时播种，待不育系种子发芽后播种保持系。

5.1.3.2 不育系繁育田母本行数不应超过父本行数的 4 倍。

5.1.3.3 直行播种，不种行头。

5.1.3.4 在保持系行内做好标记，以分辨不育系和保持系。

5.1.4 去杂去劣

5.1.4.1 花前去杂

在苗期、拔节后和开花前，分期将杂株和劣株全部拔除。

5.1.4.2 花期去杂

及时拔除不育系行内的散粉株。花期一旦发现杂株，及时拔除，就地掩埋。花期鉴定时，杂株和散粉株率总和≤0.03%。花期严防人为因素将高粱属植物花粉带入隔离区内。

5.1.4.3 收获前去杂

收获前，进行田间复检，去除劣、杂株。

5.1.5 辅助授粉

不育系繁育田要及时、多次进行人工辅助授粉，以提高结实率。

5.1.6 收获

固定专人，分别收获、运输、晾晒、脱粒，防止机械混杂。

5.1.7 包装与贮藏

按 GB/T 7414—1987、GB/T 7415—2008 和 GB 20464—2006 执行。

5.2 恢复系种子繁育

5.2.1 隔离

恢复系种子繁育田周围500 m以内禁止种植高粱属植物。

5.2.2 选地

同5.1.2。

5.2.3 播种

适时播种。

5.2.4 去杂去劣

5.2.4.1 花前去杂

在苗期、拔节后和开花前，分期将杂株和劣株全部拔除。

5.2.4.2 花期去杂

散粉前及时拔除杂株，花期一旦发现杂株，及时拔除，就地掩埋。花期鉴定时，杂株率≤0.03%。花期严防人为因素将高粱属植物花粉带入隔离区内。

5.2.4.3 收获前去杂

收获前进行田间复检，去除劣、杂株。

5.2.5 收获

单独收获、运输、晾晒、脱粒，防止机械混杂。

5.2.6 包装与贮藏

按GB/T 7414—1987、GB/T 7415—2008和GB 20464—2006执行。

6 亲本种子繁育

6.1 不育系种子繁育

6.1.1 隔离

不育系种子繁育田周围500 m以内禁止种植高粱属植物。

6.1.2 选地

同5.1.2。

6.1.3 播种

6.1.3.1 适时播种，待不育系种子发芽后播种保持系。

6.1.3.2 不育系繁育田母本行数不应超过父本行数的4倍。

6.1.3.3 直行播种，不种行头。

6.1.3.4 在保持系行内做好标记，以分辨不育系和保持系。

6.1.4 去杂去劣

6.1.4.1 花前去杂

在苗期、拔节后和开花前，分期将杂株和劣株全部拔除。

6.1.4.2 花期去杂

及时拔除不育系行内的散粉株，花期一旦发现杂株，及时拔除，就地掩埋。花期鉴定时，生产繁育用亲本种子，杂株和散粉株率总和≤0.05%；生产制种用亲本种子，杂株和散粉株率总和≤0.1%。花期严防人为因素将高粱属植物花粉带入隔离区内。

6.1.4.3 收获前去杂

收获前进行田间复检，拔除劣、杂株。

6.1.5 辅助授粉

不育系繁育田要及时、多次进行人工辅助授粉，以提高结实率。

6.1.6 割除保持系

授粉结束后，将保持系全部割除。

6.1.7 收获

单独收获、运输、晾晒、脱粒，防止机械混杂。

6.1.8 包装与贮藏

按 GB/T 7414—1987、GB/T 7415—2008 和 GB 20464—2006 执行。

6.2 恢复系种子繁育

6.2.1 隔离

恢复系种子繁育田周围 300 m 以内禁止种植高粱属植物。

6.2.2 选地

同 5.1.2。

6.2.3 播种

适时播种。

6.2.4 去杂去劣

6.2.4.1 花前去杂

在苗期、拔节后和开花前，分期将杂株和劣株全部拔除。

6.2.4.2 花期去杂

散粉前及时拔除杂株，花期一旦发现杂株，及时拔除，就地掩埋。花期鉴定时，杂株率≤0.05%。花期严防人为因素将高粱属植物花粉带入隔离区内。

6.2.4.3 收获前去杂

收获前进行田间复检，拔除劣、杂株。

6.2.5 收获

单独收获、运输、晾晒、脱粒，防止机械混杂。

6.2.6 包装与贮藏

按 GB/T 7414—1987、GB/T 7415—2008 和 GB 20464—2006 执行。

7 杂交种制种

7.1 选地

同 5.1.2。

7.2 隔离

制种田周围 300 m 以内禁止种植高粱属植物。

7.3 播种

7.3.1 适时播种。根据父母本花期调节播期，母本一次播完，父本一般应分期播种。

7.3.2 按照土壤肥力和亲本的特征特性确定留苗密度。

7.3.3 根据父母本植株高低和父本花粉量确定父母本种植行比。

7.4 去杂去劣

7.4.1 苗期，根据叶鞘色、叶色及分蘖性等主要特征，去除杂株。

7.4.2 拔节后，根据株高、叶形、叶色、叶脉色等主要性状，及时将杂、劣株拔除。

7.4.3 开花前，根据株型、叶脉色、穗型、颖色等主要性状去杂。

7.4.4 开花期，及时拔除杂株，特别是要拔除不育系行内的保持系及其他散粉株。制种田亲本杂株率总和≤1%。

7.5 花期预测和调节

7.5.1 苗期，因干旱或其他原因，影响了某一亲本的正常出苗或苗期生长时，可采用留大小苗或促控的办法，调节花期。

7.5.2 拔节后，可采用解剖植株的方法，通过未见叶母本比父本少一片或母本幼穗比父本大三分之一来预测花期。花期相遇不好时，对偏晚亲本，要采取早中耕、多中耕、偏水偏肥、喷施激素等措施，促其生长发育；对偏早亲本，采取深中耕断根、适当减少水肥等措施，控制其生长发育，促使花期相遇。

7.6 辅助授粉

必要时，可进行人工辅助授粉。

7.7 收获

适时收获，北方无霜期短的地区注意防霜冻。父母本应分别收获、运输、晾晒、脱粒，防止机械混杂。

7.8 包装与贮藏

按 GB/T 7414—1987、GB/T 7415—2008 和 GB 20464—2006 执行。

8 种子质量检验

根据 GB/T 3543(所有部分)进行检验。种子生产田间记录参见附录 A。

附 录 A
（资料性附录）
高粱种子生产田间记录表

表 A.1

<table>
<tr><td colspan="2">繁(制)种单位</td><td colspan="5"></td></tr>
<tr><td colspan="2">品系(组合)名称</td><td colspan="2"></td><td>生产地点</td><td colspan="2"></td></tr>
<tr><td colspan="2">面积/667 m²(或亩)</td><td colspan="2"></td><td>行比</td><td colspan="2"></td></tr>
<tr><td rowspan="4">播种期</td><td rowspan="2">母本</td><td rowspan="2">月</td><td rowspan="2">日</td><td rowspan="4">隔离情况</td><td>东</td><td>m</td></tr>
<tr><td>南</td><td>m</td></tr>
<tr><td rowspan="2">父本</td><td>一期</td><td>月　日</td><td>西</td><td>m</td></tr>
<tr><td>二期</td><td>月　日</td><td>北</td><td>m</td></tr>
<tr><td rowspan="4">拔节-抽穗期</td><td rowspan="4">母本</td><td>被检株数</td><td></td><td rowspan="4">父本</td><td>被检株数</td><td></td></tr>
<tr><td>杂株数</td><td></td><td rowspan="2">杂株数</td><td rowspan="2"></td></tr>
<tr><td>散粉株数</td><td></td></tr>
<tr><td>杂株和散粉株率/%</td><td></td><td>杂株率/%</td><td></td></tr>
<tr><td rowspan="4">开花期</td><td rowspan="4">母本</td><td>被检株数</td><td></td><td rowspan="4">父本</td><td>被检株数</td><td></td></tr>
<tr><td>杂株数</td><td></td><td rowspan="2">杂株数</td><td rowspan="2"></td></tr>
<tr><td>散粉株数</td><td></td></tr>
<tr><td>杂株和散粉株率/%</td><td></td><td>杂株率/%</td><td></td></tr>
<tr><td rowspan="3">收获期</td><td>被检株数</td><td></td><td></td><td rowspan="3">病虫害感染情况</td><td colspan="2" rowspan="3"></td></tr>
<tr><td>劣株和杂株数</td><td></td><td></td></tr>
<tr><td>劣株和杂株率/%</td><td></td><td></td></tr>
<tr><td colspan="7">备注：</td></tr>
<tr><td colspan="7">繁(制)种单位负责人(签字)　　　　检验员(签字)
繁(制)种单位技术人员(签字)　　　填报日期　　　年　月　日</td></tr>
</table>

注 1：“杂株”是指植株植物学特征与母本或父本不一致的植株；“散粉株”是指母本(不育系)中有花粉散出的植株；“劣株”是指长势不佳或感染病虫害的植株。

注 2：杂株和散粉株率按式(A.1)计算。

$$W_1=(M_1+M_2)\div K\times 100\% \quad \cdots\cdots (A.1)$$

式中：

W_1 ——杂株和散粉株率，%；

M_1 ——杂株数；

M_2 ——散粉株数；

K ——被检株数。

注 3：劣株和杂株率按式(A.2)计算。

$$W_2=(P+M_1)\div K\times 100\% \quad \cdots\cdots (A.2)$$

式中：

W_2 ——劣株和杂株率，%；

P ——劣株数；

M_1 ——杂株数；

K ——被检株数。

本标准起草单位:辽宁省农业科学院、全国农业技术推广服务中心、山西省农业科学院、吉林省农业科学院、黑龙江省农业科学院、内蒙古赤峰市农业科学研究所、河南省商丘市农业科学研究所、吉林省种子管理总站。

本标准主要起草人:邹剑秋、孙世贤、张福耀、高士杰、朱凯、邱军、焦少杰、马尚耀、孟宪政、陈宝光。

中华人民共和国国家标准

GB/T 29371.1—2012

两系杂交水稻种子生产体系技术规范 第1部分:术语

Technical rules for seed producing system of two-line hybrid rice—Part 1:Terminology

1 范围

GB/T 29371的本部分规定了水稻光温敏不育系原种生产、不育系大田用种繁殖、两系杂交制种、种子纯度鉴定和不育系育性监测的术语。

本部分适用于两系杂交水稻种子生产。

2 术语和定义

下列术语和定义适用于本文件。

2.1

光温敏不育系 photo/thermo-sensitive genic male sterile line

具有对环境光温条件敏感的隐性雄性核不育基因,光温条件变化可诱导育性转换的水稻,用大写"S"表示。根据育性转换对光温反应的不同,光温敏不育系分为光敏型、温敏型和光温互作型不育系三大类。

2.1.1

光敏型不育系 photoperiod-sensitive genic male sterile line

在光敏温度范围内,光照长度是育性转换决定因素的不育系,包括长光不育型不育系和短光不育型不育系两类。

2.1.1.1

长光不育型不育系 long photo-period inducing male sterile line

在光敏温度范围内,长光诱导不育、短光诱导可育的不育系。

2.1.1.2

短光不育型不育系 short photo-period inducing male sterile line

在光敏温度范围内,短光诱导不育、长光诱导可育的不育系。

2.1.2

温敏型不育系 thermo-sensitive genic male sterile line

在一定温度范围内,育性转换主要受温度控制的不育系,包括高温不育型和低温不育型两类。

2.1.2.1

高温不育型不育系 high temperature inducing male sterile line

中华人民共和国国家质量监督检验检疫总局
中国国家标准化管理委员会 2012-12-31发布 2013-07-01实施

温度高于不育系的不育起点温度时表现不育，低于不育起点温度时表现可育的不育系。

2.1.2.2

低温不育型不育系　low temperature inducing male sterile linc

温度低于不育系的不育起点温度时表现不育，高于不育起点温度时，表现可育的不育系。

2.1.3

光温互作型不育系　thermo-photo co-inducing male sterile line

育性表达受温光互作效应影响的不育系，其中温度作用大于光长的作用。在不育温度和不育光长下为不育，在可育温度和不育光长下的可育性比可育温度和可育光长下的可育性低，在临界温度左右时，可育的光长可提高可育度，不育的光长可提高不育度。

2.2

两系恢复系　restorer of photo/thermo-genic male sterile line

与光温敏不育系杂交，其杂种一代(F_1)结实正常的水稻品种(系)，可用大写“R”表示。

2.3

两系杂交水稻制种　two-line hybrid rice F_1 seed production

以光温敏不育系作母本，两系恢复系(R)作父本，选择与安排能使母本完全不育的生产基地与季节，父母本按适宜播种差期播种和行比相间种植，辅以化学调控和人工辅助授粉，生产杂交种子的过程。

2.4

育性转换敏感期　sensitive period of fertility reversing

不育系的育性表达对环境温度与光周期敏感的时期。粳型不育系的育性转换敏感期在幼穗分化Ⅲ～Ⅴ期(第二次枝梗及颖花原基分化期到花粉母细胞形成期)，籼型不育系的育性转换敏感期在Ⅳ～Ⅵ期(雌雄蕊形成期至花粉母细胞减数分裂期)。

2.5

不育临界光长　critical photo-length for inducing male sterility

诱导光敏不育系雄性完全败育时所需的日最短(最长)有效光周期长度。

2.6

不育起点温度　critical temperature for inducing male sterility

诱导光温敏不育系从可育转向完全不育的阈值温度，用日平均温度表示。

2.7

高不育起点温度植株　the plant with higher male sterility inducing temperature

高温不育型光温敏不育系群体中少数单株的不育起点温度受遗传基础的影响发生改变，所产生的不育起点温度升高的植株。这些植株在育性转换临界温度条件下，较其他植株容易产生育性波动或可育程度高。

2.8

不育起点温度的遗传漂移　genetic drift of critical temperature for inducing male sterility

高温不育型光温敏不育系群体中的高不育起点温度植株的数量在繁殖过程中逐代增多，导致不育系群体的平均不育起点温度呈逐代升高的现象。

2.9

育性波动　male sterility alteration

光温敏不育系受环境条件影响表现花粉败育不彻底的现象。

2.10

育性安全期　safe period of male sterility expression

制种季节光温敏不育系育性转换敏感期的温光条件能够保证母本连续完全不育≥20 d的时期。

2.11

育性安全系数　safe index of male sterility expression

育性敏感期内，未出现导致制种所用不育系发生育性波动的日平均气温年份的概率。收集制种基地自有气象观测以来所有年份的日平均温度资料，找出在预期的育性敏感期时段出现有导致制种所用不育系发生育性波动的日平均气温的年份之和，求出此年份和相对于所有年份的比值，再以 1 减去该比值所得的差值，即为育性安全系数，计算公式见式(1)：

$$C=1-\frac{n_y}{N_y} \quad \cdots\cdots (1)$$

式中：

C ——育性安全系数，取值 0～1；

n_y ——育性敏感期内出现有导致制种所用不育系发生育性波动的日平均温度的年份数之和；

N_y——所收集气温资料的年份总数。

2.12

抽穗扬花安全期　safe period of heading and flowering

环境条件无异常高温、干热风低湿或连续阴雨天气，能保证制种父母本正常开花、授粉和异交结实的时期。

2.13

播始历期　the period from seeding to 10% heading

从播种(指发芽种落泥)至始穗(抽穗 10%)所经历的天数。

2.14

播种时差　day number difference between R and S seeding

父母本播种期相差的天数，又称播种差期。母本先于父本播种的称"播差期倒挂"。

2.15

播种叶差　leaf number difference between R and S seeding

后播亲本播种时先播亲本的主茎叶龄，又称叶龄差。

2.16

播种温差　accumulated temperature difference between R and S seeding

父本与母本从播种至始穗的有效积温之差。有效积温定义为生物学上限温度以下和下限温度以上的温度累积值。上限温度为 27℃，下限温度为 12℃(籼稻)或 10℃(粳稻)。有效积温计算公式见式(2)：

$$\text{EAT}=\sum(T-H-L) \quad \cdots\cdots (2)$$

式中：

EAT ——有效积温，单位为摄氏度(℃)；

T ——日平均气温，单位为摄氏度(℃)；

H ——日平均气温高于生物学上限部分，单位为摄氏度(℃)；

L ——日平均气温低于生物学下限部分，单位为摄氏度(℃)。

2.17

花期相遇　flowering synchronization

制种时母本与父本同期抽穗开花。

2.18

花期预测　heading date indication

通过对制种田父本与母本的长势、长相、叶龄、出叶速度、幼穗分化进程等综合分析，对父本与母本的始穗时期进行预测的过程。

2.19

花期调节　adjust heading date

制种过程中，采取改善花期相遇程度的技术措施。

2.20

花时相遇　blooming simultaneity

一天中，母本与父本开花时间的吻合程度。

2.21

花时调节　adjust blooming time

制种过程中，采取改善父母本花时相遇的技术措施。

2.22

柱头外露率　percentage of stigma exsertion

母本柱头外露的颖花数占开花颖花总数的百分比。

2.23

人工辅助授粉　supplementary pollination

借助工具(绳索、竹木杆等)促使父本花粉传播到母本柱头上的措施。

2.24

花粉镜检　pollen observation under microscope

用 I_2-KI 溶液(0.2%～2%)对花粉染色，在 100 倍显微镜下观察其着色、大小和形状并计数各类花粉数量的过程。

2.25

不育花粉　aborted pollen

经 I_2-KI 溶液(0.2%～2%)处理后不染色或染色不正常、形状不规则的花粉。不育花粉包括典败、圆败和染败三类。

典败花粉粒形状不规则，粒小，不染色；

圆败花粉粒圆形、大小基本正常，不染色；

染败花粉粒染色深但形状小或形状正常但染色浅。

2.26

可育花粉　fertile pollen

经 I_2-KI 溶液处理后呈圆形、大小正常、染色深的花粉。

2.27

隔离自交结实率　percentage of self-seed under isolation

不育系在完全隔离条件下栽培的结实率。

2.28

冷灌繁殖　multiplication by cool water irrigation

在高温不育型不育系育性转换敏感期，灌溉适宜温度和深度的冷水繁殖不育系种子的方法。

2.29

冬季繁殖　multiplication in winter season

将高温不育型、光敏不育型不育系的育性转换敏感期安排在海南冬季气温较低、日照较短时段繁殖不育系种子的方法。

2.30

秋季繁殖　multiplication in autumn season

将光敏不育型不育系的育性转换敏感期安排在当地秋季日照较短、气温较低时段繁殖不育系种子的方法。

2.31

标准单株　standard plant

农艺性状完全符合该不育系典型特征特性的单株。

2.32

核心单株　core plant

经人工控制光温条件处理后筛选出的不育起点温度符合该不育系标准的标准单株。

2.33

核心种子　core seed

核心单株自交结实的种子。

2.34

不育系原种　foundation seed of sterile line

由核心种子繁殖的不育系种子。

2.35

不育系大田用种　certified seed of sterile line

由不育系原种繁殖的直接用于杂交制种作母本的不育系种子。

2.36

光温敏不育系多点自然生态鉴定　photo/thermo-sensitive genic male sterile line identification at multi location under nature condition

在不同的稻作生态区，采用分期播种的方式鉴定光温敏不育系育性转换特性的方法。

索　引

汉语拼音索引

B

C

D

G

K

L

Q

R

W

Y

Z

英文对应词索引

P

R

S

T

本部分起草单位：湖南杂交水稻研究中心、湖南隆平种业有限公司、湖南农业大学、湖南省种子管理局、安徽省农业科学院、江苏省农业科学院、广东省农业科学院。

本部分主要起草人：周承恕、刘爱民、肖层林、王守海、吕川根、王丰、李稳香、刘建兵、廖翠猛、欧阳爱辉。

中华人民共和国国家标准

GB/T 29371.2—2012

两系杂交水稻种子生产体系技术规范 第2部分:不育系原种生产技术规范

Technical rules for seed producing system of two-line hybrid rice—Part 2:Technical rules for foundation seed production of photo/thermo-sensitive genic male sterile line

1 范围

GB/T 29371的本部分规定了在人工气候室(箱)和冷水处理池生产高温不育型水稻光温敏不育系原种的方法和程序。

本部分适用于高温不育型水稻光温敏不育系原种生产。

2 设施建设

2.1 人工气候箱

2.1.1 人工气候箱的容积

人工气候箱内部面积不小于3 m^2,高度不低于2 m。

2.1.2 人工气候箱中光照、温度和湿度等参数的设置

应符合表1和表2的规定。

表1 人工气候箱中光照、温度和湿度等参数的设置

温光组合:23℃/13.5 h,RH: 75%~85%					
时间	温度(℃)	光强(10^4 lx)	时间	温度(℃)	光强(10^4 lx)
06:00	21.0	0	18:00	25.0	2
07:00	22.0	2	19:00	24.0	2
08:00	23.0	2	20:00 20:30	23.0	2 0
09:00	24.0	2	21:00	22.0	0
10:00	25.0	4	22:00	21.0	0
11:00	25.8	4	23:00	20.2	0
12:00	26.5	4	00:00	19.5	0
13:00	26.9	4	01:00	19.1	0
14:00	27.0	4	02:00	19.0	0
15:00	26.9	4	03:00	19.1	0
16:00	26.5	4	04:00	19.5	0
17:00	25.8	2	05:00	20.2	0
注:光温参数根据各生态区域的生产要求可作相应的调整。					

中华人民共和国国家质量监督检验检疫总局
中国国家标准化管理委员会 2012-12-31发布 2013-07-01实施

表 2　人工气候箱光、温度的设置

温光组合：24℃/13.5 h，RH：75%～85%					
时间	温度（℃）	光强（10^4 lx）	时间	温度（℃）	光强（10^4 lx）
06:00	22.0	0	18:00	26.0	2
07:00	23.0	2	19:00	25.0	2
08:00	24.0	2	20:00 20:30	24.0	2 0
09:00	25.0	2	21:00	23.0	0
10:00	26.0	4	22:00	22.0	0
11:00	26.8	4	23:00	21.2	0
12:00	27.5	4	00:00	20.5	0
13:00	27.9	4	01:00	20.1	0
14:00	28.0	4	02:00	20.0	0
15:00	27.9	4	03:00	20.1	0
16:00	27.5	4	04:00	20.5	0
17:00	26.8	2	05:00	21.2	0
注：光温参数根据各生态区域的生产要求可作相应的调整。					

2.1.3　材料种植与处理

供试材料生长至5叶～6叶时，移植至直径为28 cm左右的塑料桶中，每桶种植4株，移植后的材料在自然气温条件下生长，常规管理。当主茎生长至幼穗分化Ⅳ期初（籼稻）、或Ⅲ期（粳稻），选择生长发育一致的单株进入人工气候箱，按不育系鉴定（审定）的标准设定光温参数进行处理，直至主茎穗发育至Ⅵ期末或剑叶叶枕距0 cm～2 cm时移至自然条件下生长，处理结束时对剑叶叶枕距为0 cm～2 cm的单茎单独挂牌、编号记录。挂牌茎抽穗后镜检花粉并套袋，检查花粉育性，成熟后考查自交结实率。选择花粉育性与小穗育性均为0的单株作为核心单株。

2.2　人工气候室

2.2.1　结构

单间人工气候室使用面积为12 m^2～15 m^2，高度4 m～4.5 m。墙壁厚度30 cm～40 cm，墙体内配置保温隔热材料。在离地2.0 m处设置透明隔热层，采用8 mm的钢化玻璃，隔热层上方安装人工光源。在南向墙体离地0.5 m处设置一个1 m×1.5 m的通风窗，通风窗采用5 mm～8 mm厚的双层玻璃。人工气候室内需设置良好的通风系统，配备供水和储水装置。

2.2.2　规模

控制系统采用自控设备，控制室的规模依据人工气候室的间数设置。

2.2.3　控温设备

人工气候室内安装4台制冷和制热量在3 kW～4 kW的壁挂式冷暖空调，每面墙1台，在玻璃隔热层下方错位安装。控温设备的控温指标应为(15℃～30℃)±1℃。

2.2.4　人工光源

室内光强的指标为(1.0～2.0)×10^4 lx。人工光源采用400 W高压钠灯和400 W金属卤化物灯相搭配，比例为3∶1，光源灯的数量为15盏～20盏，并配用电子自动调光整流器。

2.2.5　湿度控制

利用加湿、去湿装置使人工气候室内的空气湿度控制在70%～90%范围内。

2.2.6　计量器具

2.2.6.1　日记式温度自动记录仪

温度自记仪感应元件的高度可处在处理材料敏感部位所处的相近位置，距植株基部约15 cm～

25 cm。

2.2.6.2 套管式水银温度计

放置位置以水银球部位与温度自记仪感应元件的高度一致，温度精确度应达到 0.2℃。

2.2.6.3 电阻温度计

放置位置以感应部位与温度自记仪感应元件高度一致。

2.2.6.4 照度计

放置位置与植株叶片冠层相平。

2.2.6.5 湿度计

悬挂于人工气候室内墙上，离地 1 m～1.5 m。

2.2.6.6 仪器检定

所有计量器具要求每两年送有资质的检验单位检定一次。

2.3 人工制冷冷水处理池

2.3.1 制冷设备

配套功率的制冷压缩机，铜管循环冷却系统，储水量 8 m^3 以上能保温隔热的制冷水箱，水泵，控温范围 16℃～29℃的温度调控仪。

2.3.2 冷水处理池

单个冷水处理池面积 4 m^2～5 m^2，池深 60 cm。处理池安装控光装置。使用前在处理池内加入 15 cm深度的普通稻田土或盆栽。

2.3.3 温度控制

设置进水口和出水口各 4 个，水银温度计放置在进、出水口的不育系育性转换温度敏感部位。

2.4 自然冷水处理池

利用水库低温水或地下冷水，水源水温≤20℃；冷水处理池深度≥40 cm，冷水处理池面积为 30 m^2～60 m^2，冷水流量≥6 m^3/h～12 m^3/h，进、出水处放置水银温度计。

3 生产原种的种源

新审定或鉴定的不育系用育种家种子作种源；对已大面积生产应用的不育系从原种中选核心单株作种源。

4 核心种子生产

4.1 栽培钵制备

选用钵体高 20 cm～25 cm、直径 25 cm～30 cm 的塑料钵。装泥量以离口边 5 cm 为宜，普通田土即可。

4.2 单株选择圃

按常规方法浸种、催芽、育秧，5 叶 1 心时移栽至大田，密度 20 cm×20 cm，单本栽插 1 000 株以上。按一般大田栽培管理。

4.3 移植

当单株选择圃种植材料的主茎幼穗分化进入第Ⅱ期（粳稻）或第Ⅲ期（籼稻）时，从中选择生长整齐一致、具有该不育系典型性状的植株于阴天或傍晚带泥移入备好的栽培钵内，每钵插植 4 株，或直接带泥栽入冷水处理池中。保证水分供应，防治病虫害。

4.4 低温处理

4.4.1 人工气候室处理

4.4.1.1 处理期的光温设置

室内温度采用 24 h 为 1 周期的变温处理，光温设置为日照长度每天 14.0 h(粳稻)或 12.5 h(籼稻，华南稻区)或 13.5 h(籼稻，长江流域稻区)，设定室内的日平均温度值比处理不育系不育起点温度低 0.5℃，相对湿度 75%～85%(光温设置见附录 A)。每天 17:00 更换温度记录仪的记录纸。用室内蓄水浇灌。

4.4.1.2 处理时期

钵栽植株主茎的幼穗分化达Ⅳ期末～Ⅴ期初(籼稻，余叶为 0.5 叶)或Ⅲ期末～Ⅳ期初(粳稻)。

4.4.1.3 处理时间

持续处理 6 d(籼稻)或 9 d(粳稻)后，搬至自然条件下抽穗。搬出时将剑叶叶枕距为 0 cm～2 cm 的单株单独挂牌、编号记录。

4.4.1.4 过渡期的光温设置

如果自然日均温高于 30℃，处理前后 2 d，或自然日均温低于 25℃，处理前后 5 d，处理材料要求在日温 28℃、夜温 24℃、光照强度 1×10^4 lx 的人工气候室内过渡后，再进行处理或放置自然条件下。

4.4.2 人工制冷冷水和自然冷水处理

4.4.2.1 处理期温度设置

用恒定的低温水处理，控制冷水处理池的温度比处理不育系的不育起点温度低 0.5℃。

4.4.2.2 处理时期

将钵栽的植株移入冷水处理池或将植株直接插植在处理池内，处理时期同 4.4.1.2。

4.4.2.3 处理时间

同 4.4.1.3，处理结束后将钵栽植株搬至自然温光下或排出处理池内冷水，处理结束时对剑叶叶枕距为 0 cm～2 cm 的单茎单独挂牌、编号记录。

4.5 育性观察

挂牌的单茎抽穗后，每天上午选取当天将开花的 10 朵颖花进行花粉镜检，计数 3 个视野各类花粉的数量，计算各类花粉的百分率。每两天镜检 1 次，共镜检 3 次～4 次。将每次每个单株的花粉镜检结果记录在附录 B。

4.6 核心单株的选定

以不育系的败育特性为标准，根据花粉镜检结果，选留核心单株。

4.7 割蔸再生

将核心单株割蔸，留茬 10 cm～15 cm 移入大田，插植规格为(30 cm～50 cm)×50 cm，追施肥料并精细管理。

4.8 核心种子的繁殖

4.8.1 低温处理

当核心单株再生苗的幼穗分化进入第Ⅳ期(籼稻)或第Ⅲ期(粳稻)，且自然条件的日均温在不育起点温度以上时移入栽培钵内，每钵插 1 株。2 d 后再次进入人工气候室或冷水处理池，在人工气候室低温处理 12 d～15 d，或冷水处理 15 d～20 d。处理期间保持人工气候室或冷水处理池温度20℃～21℃。

4.8.2 抽穗扬花期、结实期的管理

低温处理结束后，如果自然条件适合，将植株搬至室外，使其抽穗结实。

若室外日均温低于 23℃，转入人工气候室。设置室内日照长度 13 h，日平均温度 25℃，变温处理，相对湿度 75%～85%。

用套袋或屏障严格隔离。

4.8.3 收获

分单株收晒、装袋。

5 原种繁殖

5.1 繁殖方法

冷灌繁殖、秋季繁殖或冬季繁殖。

5.2 栽培管理

所收核心单株的种子分单株浸种、催芽、播种、单本栽插，每个单株种植一个株行。田间栽培管理参照光温敏不育系繁殖技术。

5.3 观察鉴定

分别在分蘖盛期、抽穗开花期、成熟期对各株行进行观察鉴定，随时淘汰有性状分离变异的株行。

5.4 收获

当选株行种子混收，即为原种。

附 录 A
(规范性附录)
人工气候室处理的温光设置模式

表 A.1 人工气候室处理的温光设置模式

温度			光照	
时间	日均温 23℃	日均温 22℃	时间	光照强度
05:01～11:00	24℃	22℃	06:01～08:00	10^4 lx
11:01～17:00	26℃	26℃	08:01～15:00	1.5×10^4 lx
17:01～23:00	23℃	22℃	15:01～19:30 15:01～20:00[a]	10^4 lx
23:01～05:00	19℃	18℃	19:31～06:00 20:01～06:00[a]	0
[a] 处理粳稻时用的光照时间。				

附　录　B
(规范性附录)
水稻光温敏不育系原种生产花粉镜检记录表

表 B.1　水稻光温敏不育系原种生产花粉镜检记录表

不育系名称：　　　　　　　　　　　　　　　　　　　　　　　　　　　　　　＿＿＿＿年

日期 （月/日）	植株编号	视野	不染色花粉 （粒）	染色花粉 （粒）	总花粉数 （粒）	备注
镜检员：			记录员：			技术负责人：

本部分起草单位：湖南杂交水稻研究中心、湖南隆平种业有限公司、湖南农业大学、湖南省种子管理局、安徽省农业科学院、江苏省农业科学院、广东省农业科学院。

本部分主要起草人：周承恕、刘爱民、肖层林、欧阳爱辉、王守海、刘建兵、李稳香、吕川根、王丰、廖翠猛。

中华人民共和国国家标准

GB/T 29371.3—2012

两系杂交水稻种子生产体系技术规范 第3部分:不育系大田用种繁殖技术规范

Technical rules for seed producing system of two-line hybrid rice—Part 3:Technical rules for seed multiplication of photo/thermo-sensitive genic male sterile line

1 范围

GB/T 29371 的本部分规定了高温不育型水稻光温敏不育系大田用种冷灌繁殖和海南繁殖、粳型光敏不育系秋季繁殖所需要的条件和技术要求。

本部分适用于高温不育型水稻光温敏不育系冷灌繁殖和海南繁殖及粳稻光敏不育系秋季繁殖和海南繁殖。

2 繁殖基地的要求

2.1 隔离

繁殖田隔离间距籼稻应≥200 m,粳稻应≥300 m,或隔离区内其他水稻的始穗期与繁殖不育系的始穗期相差≥25 d。

2.2 检疫

繁殖田集中连片,光照充足,无同科植物检疫对象。

2.3 冷灌繁殖水源

水源充足,水温≤19℃。水库库容与可供繁殖面积相匹配:

——库容 1×10^{7} m^{3} 以下,可供繁殖面积 3 hm^{2} 以下;

——库容 1×10^{7} m^{3}～2×10^{7} m^{3},可供繁殖面积 3 hm^{2}～13 hm^{2};

——库容 2×10^{7} m^{3} 以上,可供繁殖面积 13 hm^{2} 或以上。

2.4 冷灌繁殖排灌设施标准

冷灌繁殖田的排灌设施以能满足繁殖田进水水温 19℃～20℃、出水口温度控制在低于不育系不育起点温度 1℃为准,进、排水渠分开设置。6 hm^{2} 规模的不育系冷灌繁殖田进水主渠道能满足 1.0 m^{3}/s 的流量通过,进水主渠道通过支渠将冷水直接灌入繁殖田。繁殖田块单灌、单排,采取多口进水,多口排水的设置。排水口出水通过支渠引入排水渠排出。

冷灌繁殖田在耕整田前加高加固田埂至 25 cm～30 cm。

2.5 海南繁殖

在海南南部(三亚、陵水、乐东)稻区选择繁殖基地,如选择的繁殖田前作是水稻,清除落田谷成苗和

中华人民共和国国家质量监督检验检疫总局
中国国家标准化管理委员会　2012-12-31 发布　2013-07-01 实施

稻蔸再生苗。

2.6 秋繁

在秋季选择安全抽穗期前 20 d 日长短于光敏不育系的临界光长、日平均气温接近或低于不育系不育起点温度的稻区作为繁殖基地。

3 繁殖季节安排

3.1 冷灌繁殖季节安排

长江中下游稻区，早稻类型不育系宜安排春繁，抽穗扬花期在 6 月中下旬；中稻类型不育系宜安排夏繁，抽穗扬花期在 7 月中旬。

华南稻区南部春繁的抽穗扬花期在 5 月上旬至 5 月下旬，华南稻区北部山区繁殖的抽穗扬花期可安排在 6 月中下旬至 9 月下旬。

3.2 海南冬繁季节安排

将不育系的育性敏感期安排在 1 月下旬～2 月中旬，抽穗开花期在 2 月下旬～3 月上旬，根据所繁不育系在繁殖地的播始历期确定具体播种期。同一个不育系繁殖可安排 2 批～3 批播种，每批播种期相隔 7 d～10 d。

3.3 光敏不育系秋季繁殖季节安排

将不育系的抽穗开花期安排在当地水稻生产的安全抽穗期之前，根据光敏不育系的感光特性和在繁殖地的播始历期确定不育系的播种期。

4 播种育秧

4.1 种子要求

4.1.1 质量

用于繁殖的不育系种子为原种，纯度达到 99.9%以上。

4.1.2 用种量

早稻和晚稻类型的不育系用种量为 1.5 kg/667m^2～2.0 kg/667m^2，中稻类型的不育系用种量为 1.0 kg/667m^2～1.5 kg/667m^2，粳型光敏不育系用种量为 2.0 kg/667m^2～2.5 kg/667m^2。

具体可根据种子发芽率高低、千粒重大小、生育期长短和分蘖能力强弱作适当调整。发芽率高或千粒重小或生育期长或分蘖能力强的用种量减小，反之增加。

4.2 浸种催芽

同一繁殖基地统一浸种催芽。采用“日浸夜露，多起多落”的方法浸种，在浸种时用药液浸种消毒。种子吸足水分后及时催芽。

4.3 播种育秧

4.3.1 育秧方法

4.3.1.1 湿润育秧

秧田分厢开沟，平整厢面，均匀播种，播种量为 10 kg/667m^2～15 kg/667m^2，播后踏谷。早春播种应用薄膜覆盖。

4.3.1.2 两段育秧

第一段为旱育小苗，选光照充足、平整的旱地做成 1.2 m 宽的苗床，先撒一层石灰或草木灰，再铺 2 cm～3 cm 厚的肥泥，播种后踏谷。早春播种用薄膜覆盖保温。第二段为寄秧，在 2 叶时寄插在寄秧田，寄插密度 10 cm×10 cm。

4.3.2 施肥

在播种或寄插前 5 d～7 d，每 667 m^2 施腐熟农家肥 1 000 kg 或腐熟枯饼 50 kg 作基肥，施约 4 kg 纯

N、3 kg～4 kg K_2O 作底肥，在最后一次耙田前施入。湿润秧田秧苗 2 叶 1 心灌浅水后，追施尿素 7 kg/667m^2～8 kg/667m^2。两段育秧在秧苗寄插后 5 d 左右追施尿素 8 kg/667m^2～10 kg/667m^2。

4.3.3 秧田病虫防治

按当地一般水稻秧田病虫防治操作。

5 移栽

5.1 移栽秧龄

早稻类型不育系移栽叶龄 4.5 叶～5.0 叶，中、晚稻类型不育系移栽叶龄 5.0 叶～6.0 叶。

5.2 移栽密度与基本苗

5.2.1 冷灌繁殖

早稻类型的不育系移栽规格为 13 cm×20 cm，中稻类型不育系移栽规格为 16 cm×20 cm，单本插植。

5.2.2 海南冬繁

早、晚稻类型的不育系移栽规格为 20 cm×20 cm，中稻类型不育系移栽规格为 20 cm×23 cm，感光性强的晚粳类型不育系移栽规格为 13 cm×17 cm。单本插植。

5.2.3 秋繁

晚稻类型的不育系移栽规格为 13 cm×17 cm，单本插植。

6 栽培管理

6.1 施肥

6.1.1 底肥

每 667 m^2 施腐熟农家肥 1 000 kg～1 250 kg、施纯 N 总量 8 kg～10 kg，P_2O_5 总量为 4 kg～6 kg，K_2O 总量为 8 kg～10 kg，作底肥。

6.1.2 追肥

移栽后 5 d～7 d 追施尿素 10 kg/667m^2～12 kg/667m^2，以后视苗情追肥。冷灌繁殖田在冷水灌溉前 3 d～6 d 补施一次氯化钾 10 kg/667m^2。海南冬繁宜分次施肥，追施次数与追肥量视田块肥力和保水保肥情况而定。

6.2 灌溉

冷灌繁殖田除冷灌处理时用深水灌溉外，其余时期按水稻高产栽培的管理方式进行。

6.3 防治病虫

参照当地同季水稻高产栽培的防治方法操作。冷灌繁殖田要加强纹枯病、稻瘟病的防治，秋繁田要注意稻曲病、稻瘟病的防治。

7 冷水灌溉

7.1 冷灌起止期的确定

7.1.1 冷灌开始时期

群体幼穗分化籼型达到第Ⅳ期(雌雄蕊分化期)末，粳型达到第Ⅲ期(颖花原基分化期)末。

7.1.2 冷灌终止时期

群体幼穗分化达到第Ⅵ期(减数分裂期)末。

7.2 冷灌田水温

保持水温低于繁殖不育系的不育起点温度 2℃～3℃。

7.3 冷灌深度

水深以完全淹没幼穗为准,随幼穗发育进度逐步加深。

7.4 冷灌结束后田间管理

冷灌结束后立即排水露田,2 d~3 d 后复灌浅水,每 667 m^2 施尿素 6 kg~7.5 kg、氯化钾 7.5 kg。

8 除杂保纯

8.1 杂株类型

8.1.1 异型株

株、叶、穗、粒形和叶、叶鞘、稃尖颜色等与标准不育株有差异;抽穗期与标准不育株相差 5 d 以上的植株。

8.1.2 不育起点温度高的植株

株、叶、穗、粒形态与标准不育株一致但抽穗开花时穗颈伸长高于群体、花药开裂散粉明显好于标准不育株、成熟期结实有序化且结实率明显高于群体水平的单株。

8.2 除杂

8.2.1 秧田期

除去叶鞘色、叶色、叶形、苗高等与标准不育株不同的秧苗。

8.2.2 始穗期

除去抽穗早于群体 5 d 以上;稃尖色、粒形、株叶形、叶色等与标准不育株不同的单株。

8.2.3 齐穗期

除去迟抽穗 5 d 以上;稃尖色(柱头色)、粒形、顶芒、株叶形、叶色等与标准不育株不同和穗颈伸出长度、花药肥大、花药开裂散粉比标准不育株差异大的单株。

8.2.4 成熟期

除去粒型、稃尖色、柱头色、株高、株形等与标准不育株不同和整株结实率比标准不育株明显高的单株。

8.3 田间检验

8.3.1 齐穗期检验

根据品种典型性检验群体农艺性状整齐度,根据花药形态和裂药散粉状况检验群体不育起点温度一致性,要求田间杂株率≤0.02%。

8.3.2 收割前检验

根据品种典型性复检群体农艺性状整齐度,根据单株结实状况检验群体不育起点温度一致性,要求田间杂株率≤0.01%。

9 收晒

9.1 收割

谷粒成熟度达 85%以上适时收割。种子收割前,将收割机械、装种袋或筐等清理干净。

9.2 干燥

晒种前清理晒场、晒垫与装种用具。收割脱粒后的种子,不能堆捂,及时清选出毛草杂质、干燥至水分 13%(籼稻)或 14%(粳稻)以下。种子装袋时袋内外附标签,标注品种名称、产地和生产日期。

本部分起草单位:湖南杂交水稻研究中心、湖南隆平种业有限公司、湖南农业大学、湖南省种子管理局、安徽省农业科学院、江苏省农业科学院、广东省农业科学院。

本部分主要起草人:周承恕、刘爱民、肖层林、刘建兵、王守海、吕川根、王丰、廖翠猛、李稳香、欧阳爱辉。

中华人民共和国国家标准

GB/T 29371.4—2012

两系杂交水稻种子生产体系技术规范 第4部分:杂交制种技术规范

Technical rules for seed producing system of two-line hybrid rice—Part 4: Technical rules for F_1 seed production

1 范围

GB/T 29371的本部分规定了水稻高温不育型不育系和粳型光敏不育系的制种基地要求、制种季节与花期安排、父母本群体结构及播种、育秧、移栽、施肥、父母本花期预测与调节、异交态势及改良、人工辅助授粉、病虫害防治、母本育性监控、种子纯度判断除杂、收割、干燥等杂交制种技术及田间调查记载内容与方法。

本部分适用于利用水稻高温不育型不育系和粳型光敏不育系的制种。

2 规范性引用文件

下列文件对于本文件的应用是必不可少的，凡是注日期的引用文件，仅注日期的版本适用于本文件。凡是不注日期的引用文件，其最新版本(包括所有的修改单)适用于本文件。

GB/T 29371.1—2012 两系杂交水稻种子生产体系技术规范 第1部分:术语

GB/T 29371.3 两系杂交水稻种子生产体系技术规范 第3部分:不育系大田用种繁殖技术规范

3 制种基地的要求

3.1 制种基地育性敏感安全期要求

收集目标制种基地自有气象观测以来的日平均气温资料，同时分析该基地在制种预期育性敏感期内的日长，按GB/T 29371.1—2012中2.11的方法计算出制种所用不育系在此基地制种可能的育性敏感期的育性安全系数，根据生产者对育性风险的承受能力，选择育性安全系数0.95～1的育性安全期，育性安全期应≥20 d。

3.2 制种安全抽穗开花期的天气要求

从始穗到授粉结束抽穗开花期出现连续≥3 d整天降雨天气的概率≤5%，日平均气温24℃～28℃，日最高气温≤35℃，日最低气温≥21℃，相对湿度75%～90%。

3.3 制种基地要求

制种基地的稻田要求集中连片，肥力水平中上，排灌方便，旱涝保收，避开山荫田和冷浸田制种，育性敏感期灌溉水温应高于不育系的起点温度1℃以上。

无国内同科植物检疫对象。

3.4 制种隔离要求

中华人民共和国国家质量监督检验检疫总局
中国国家标准化管理委员会 2012-12-31发布 2013-07-01实施

制种田隔离平原地区间距≥100 m(籼稻)或≥500 m(粳稻),或隔离区内种植的非父本水稻与制种母本的始穗期相差≥25 d,或有山丘、树林、村庄房屋作为屏障隔离,或在隔离区内种植制种父本。

3.5 收割期安全要求

成熟收割期连续 2 d 以上降雨天气的概率应小于 20%。

4 制种季别与花期安排

4.1 春制

海南省南部地区春季制种,抽穗开花授粉期宜在 4 月 25 日到 5 月 10 日。

4.2 夏制

在海拔 300 m～450 m 的单季稻区或单双季稻混栽区夏制,湖南和江西抽穗开花期宜安排在 7 月 25 日至 8 月 10 日,或 8 月 10 日至 8 月 25 日,湖北、江苏、安徽的长江以北稻区抽穗开花期宜安排在 8 月 5 日至 8 月 20 日。

4.3 秋制

秋季制种的抽穗开花期,北纬 24 度～25 度的湘南、桂中、粤北宜安排在 8 月 20 日至 9 月 10 日,北纬 22 度～24 度的华南稻区宜在 8 月 30 日至 9 月 15 日,北纬 20 度～21 度的雷州半岛宜在 9 月 5 日至 9 月 20 日。

光敏不育系不能用于秋制。

5 父母本群体结构要求

5.1 基本群体构成

父母本的基本群体构成参见附录 A。

5.2 父母本群体穗粒结构

5.2.1 父本群体穗粒指标

早籼稻和粳稻类型组合制种父本每 667 m^2 有效穗 6.0×10^4 穗～8.0×10^4 穗,总颖花数 6.0×10^6 朵～8.0×10^6 朵,开花历期应≥10 d。

中晚稻类型组合制种父本每 667 m^2 有效穗 4.0×10^4 穗～5.0×10^4 穗,总颖花数 6.0×10^6 朵～7.0×10^6 朵,开花历期应≥12 d。

5.2.2 母本群体穗粒指标

早稻类型不育系制种每 667 m^2 有效穗 2.0×10^5 穗～2.4×10^5 穗,每穗颖花 80 朵～120 朵,每 667 m^2 总颖花 1.8×10^7 朵～2.2×10^7 朵,开花历期应≤10 d。

中晚稻类型不育系制种每 667 m^2 有效穗 1.8×10^5 穗～2.2×10^5 穗,每穗颖花 100 朵～150 朵,每 667 m^2 总颖花 2.0×10^7 朵～2.4×10^7 朵,开花历期应≤12 d。

6 播种期与播差期

6.1 播种期

6.1.1 父本先播组合的播种期

父本播种期安排服从母本育性安全期与抽穗开花安全期,兼顾成熟收割安全。根据两个安全期确定的始穗期和父本在该基地该花期的播始历期倒推出父本的播种期,母本的播种期根据父母本播差期确定。

父本宜采用两期父本,亦可根据父母本特性,采用一期父本或三期父本。

6.1.2 母本先播组合的播种期

母本播种期服从育性安全期与抽穗开花安全期,兼顾成熟收割安全。根据两个安全期确定的始穗期和母本在该基地该花期的播始历期倒推出母本的播种期，父本播种期根据母父本播差期确定。

6.2 父母本播差期的确定

以叶差和时差为依据，温差作参考，确定后播亲本的实际播种期。父本采用两期播种时，根据第一期父本确定。

根据先播亲本的出叶速度调整叶差、时差，出叶速度大于常年同期出叶速度时应缩短时差，以叶差为准；反之适当扩大时差，减少叶差。

根据亲本种子生产至使用年限、播种和移栽方式对播始历期的影响调整父母本播差期。亲本为当年产种（如海南繁种当年使用）播始历期延长 1 d～2 d，贮藏两年以上的种子播始历期缩短 1 d～2 d。亲本采用直播方式比移栽方式的生育期缩短 2 d～4 d。

7 育秧

7.1 大田用种

7.1.1 父本用种量

早稻类型用种量为 0.75 kg/667 m^2～1.0 kg/667 m^2；中晚稻类型用种量为 0.35 kg/667 m^2～0.5 kg/667 m^2。

7.1.2 母本种源与用种量

大田制种用种应使用按 GB/T 29371.3 规定程序生产的合格不育系种子。千粒重 25 g 的不育系用种量应为 2.0 kg/667m^2～2.5 kg/667m^2，具体可根据种子千粒重大小、发芽率高低、生育期长短和分蘖能力强弱及育秧方式作适当调整。发芽率高或千粒重小或生育期长或分蘖能力强的用种量减小，反之增加。

7.2 育秧方法与秧田播种量

7.2.1 父本育秧方法与播种量

早稻类型父本采用湿润育秧方式每 667 m^2 播种 12 kg～15 kg，采用旱育秧方式每 1 m^2 播种 0.1 kg～0.15 kg，采用塑料软盘育秧方式每 667 m^2 制种田需 561 孔软盘 8 个～10 个。中晚稻类型父本采用湿润育秧方式每 667 m^2 播种 10 kg～15 kg；采用两段育秧每 1 m^2 播种 0.1 kg～0.15 kg。

7.2.2 母本育秧方法与播种量

采用湿润育秧方式的播种量为 10.0 kg/667 m^2～15.0 kg/667 m^2。采用塑料软盘育秧抛栽的每 667 m^2 制种田需 561 孔软盘 80 个～100 个。

7.3 秧田面积与制种大田比例

早稻类型父本采用湿润育秧的秧田面积与制种大田比例为 1∶12～1∶15。中晚稻类型父本采用湿润育秧的秧田面积与制种大田比例为 1∶20～1∶30，采用两段育秧的寄插秧田面积与制种大田比例为 1∶10。母本秧田面积与制种大田比例为 1∶4～1∶6（按母本大田用种量确定秧田面积）。

7.4 浸种催芽

父母本种子均用消毒药剂处理。同一组合父本种子在同一基地统一浸种催芽，母本种子分户浸种催芽。

7.5 播种

种谷破胸出芽达 80%，按 7.2 的秧田播种量与 7.3 的秧田面积，均匀播种，播后踏谷。

7.6 育秧方式

父母本播差期≥15 d 的父本宜采用两段育秧，父母本播差期－4 d～15 d 的父本宜采用湿润育秧，父母本播差期－5 d 以上的父本宜采用旱育秧或塑料软盘育秧。母本宜采用湿润育秧或直播。

7.7 秧田管理

7.7.1 施肥

7.7.1.1 基肥

秧田翻耕时施腐熟猪牛粪肥 500 kg/667 m^2 或腐熟菜油枯饼 50 kg/667 m^2。秧田平整时施 25%的复合肥 30 kg/667 m^2～40 kg/667 m^2，或尿素 9 kg/667 m^2～15 kg/667 m^2、过磷酸钙 25 kg/667 m^2～40 kg/667 m^2、氯化钾 10 kg/667 m^2～15 kg/667 m^2。土壤肥力水平较高的秧田可按低标准施用。

7.7.1.2 追肥

父本寄插 4 d～5 d 后，每 667 m^2 施尿素和氯化钾各 6 kg～8 kg；母本秧苗 3 叶 1 心时每 667 m^2 施尿素 7 kg～8 kg。

7.7.2 水分管理

旱育秧与塑料软盘育秧的采用喷淋方法保持土壤湿润。

湿润育秧的秧苗 2 叶前保持厢面湿润，2 叶至移栽前保持浅水。

7.7.3 除草除杂及病虫防治

秧苗 3 叶期人工除草和除去明显异形、异色秧苗。及时防治秧田病虫。

8 移栽

8.1 移栽叶龄

早稻类型父本采用湿润育秧方式的 4.5 叶～5.5 叶移栽，采用旱育秧与塑料软盘育秧方式的 2.5 叶～3.5 叶移栽。

中晚稻类型父本采用两段育秧方式的 7.5 叶～9.0 叶移栽，采用湿润育秧方式的 6.0 叶～7.5 叶移栽。

母本采用湿润育秧方式的 4.5 叶～5.5 叶移栽。

在上述父母本移栽叶龄范围内尽可能安排父母本同期移栽或缩短父母本移栽间隔时间。

8.2 父母本行比与父本栽插方式

根据组合生育期类型、亲本的特性与授粉方法参照附录 A 选择适宜的父母本行比与父本栽插方式。

8.3 行向

行向与当地抽穗开花期的盛行风向基本垂直。

8.4 插植密度与基本苗

根据亲本特性、父本栽插方式和父母本行比，参见附录 A 决定父母本栽插密度，参照 7.2.1 和 7.2.2 每穴和单位面积的基本苗数。

9 制种田肥水管理

9.1 施肥

9.1.1 施肥方法

以多元复合肥为主，单一元素肥料为辅；以基肥为主，追肥为辅；母本采用前期重、中期控、后期补的施肥法；在父本生育中期单施深施肥。

9.1.2 肥料用量

9.1.2.1 父母本共用肥料用量

N∶P_2O_5∶K_2O=2∶1∶2，每 667 m^2 施纯 N 总量 10 kg～20 kg，P_2O_5 总量为 5 kg～10 kg，K_2O 总量为 10 kg～20 kg。基肥占 70%～80%，追肥占 20%～30%。

具体用肥量和施用时期根据制种田土壤类型和肥力水平、父母本的分蘖能力和耐肥能力（株型、抗倒性）及苗情确定。

幼穗分化第Ⅴ期视母本苗情、叶色每 667 m^2 施钾肥 5 kg～10 kg，适当补施尿素 0 kg～8 kg。

9.1.2.2 父本单施肥用量

每 667 m^2 父本单施尿素 3 kg～6 kg、氯化钾 2.5 kg～3 kg，在父本移栽后 7 d～10 d 深施在父本株(行)间。

9.2 水分管理

母本移栽后深水返青，返青后排水露田，其后湿润灌溉。幼穗分化始期前后晒田或露田。孕穗期至抽穗开花期 5 cm～10 cm 深水灌溉，授粉结束至种子成熟期保持湿润状态，收获前 5 d～7 d 排干水。

10 花期预测与调节

10.1 父母本花期相遇及预测标准

父母本花期相遇及预测标准见表 1。

表 1 两系杂交制种父母本花期相遇及预测标准

组合类型		花期相遇标准	花期预测标准	
熟期类型	亲本生育期	始穗	幼穗分化期Ⅳ前	幼穗分化Ⅳ期～Ⅶ期
早熟组合	R>S R≤S	S 比 R 早 2 d～3 d	S 比 R 早 1 期 S 比 R 早 2 期	S 比 R 早 0.5 期 S 比 R 早 1 期
中熟组合	R>S R≤S	S、R 同期始穗	R 比 S 早 0.5 期～1 期 S 比 R 早 1 期～2 期	R、S 同期 S 比 R 早 1 期
迟熟组合	R>S R≤S	R 比 S 早 2 d～3 d S 比 R 早 1 d～2 d	R 比 S 早 2 期～3 期 S 比 R 早 1 期～2 期	R 比 S 早 0.5 期～1 期 S 比 R 早 1 期
注：R 代表父本，S 代表母本。				

10.2 花期预测方法

花期预测方法主要有幼穗剥检法、叶龄余数法和对应叶龄法。

10.2.1 幼穗剥检法

从预期始穗期前 30 d 左右和预计叶龄余数 3.5 叶～3.0 叶时开始，每 2 d～3 d，在有代表性的制种田，随机定点连续取父母本各 10 穴的主茎苗在解剖镜下观察生长点和幼穗，根据幼穗分化Ⅰ期～Ⅷ期标准及各期形态特征，参见附录 B，判断幼穗发育进程，推算父母本的始穗期，判断父母本花期相遇程度。

10.2.2 叶龄余数法

根据定点观察记载的叶龄和父母本预计的主茎总叶片数推断幼穗分化时期，在有代表性的制种田随机定点，连续取父母本各 10 穴，剥检主茎余叶数，根据余叶出叶所需天数和剑叶全展至见穗所需天数推算父母本的始穗期，判断父母本花期相遇程度。水稻叶龄、叶龄余数与幼穗发育进程的对应关系参见附录 B。

10.2.3 对应叶龄法

根据历年同地同季同组合父母本各发育时期的对应叶龄和花期相遇程度，对照当时父母本的叶龄推测父母本花期相遇程度。

10.3 花期调节

10.3.1 调节要求

前期(幼穗分化Ⅲ期前)调节为主，后期调节为辅；推迟和延长花期为主，提早和缩短花期为辅；调节父本为主，调节母本为辅。

10.3.2 调节措施

10.3.2.1 推迟抽穗和延长花期措施

移栽后控肥控水，分蘖中后期重施氮肥，母本每 667 m^2 施尿素 7 kg～15 kg，父本每 667 m^2 施尿素

5 kg～10 kg，可推迟抽穗和延长花期 2 d～5 d。

幼穗分化前期重施氮肥，可推迟抽穗 1 d～2 d，适用于父本，母本慎用。

幼穗分化Ⅳ期重晒田，可推迟父本抽穗 1 d～3 d。

幼穗分化Ⅲ期前喷施多效唑结合重施氮肥可推迟抽穗和延长花期 2 d～3 d。

10.3.2.2 提早抽穗和缩短花期措施

幼穗分化期灌深水(10 cm 以上)，能加快父本发育进度，可提早抽穗 1 d～3 d。

幼穗分化中期施钾肥(每 667 m^2 对父本施氯化钾 3 kg～5 kg、对母本施氯化钾 10 kg～12 kg)，可提早花期 1 d～2 d。

幼穗分化Ⅶ期，喷施赤霉素(每 667 m^2 父本每次 0.2 g，母本 0.8 g，施用 3 次，每次间隔 1 d～2 d)，可提早 1 d～2 d 抽穗和缩短花期 2 d～3 d。

10.3.2.3 调节措施的确定

具体调节措施可根据当时的禾苗长势长相、生长发育进程、土壤肥力水平、病虫发生状况和需调节的天数等综合因素确定。

11 父母本异交态势标准及改良技术

11.1 异交态势标准

父本比母本高 5 cm～20 cm，母本剑叶长 15 cm～20 cm，剑叶与穗颈夹角大于 60°，穗层高于叶层，穗颈抽出长度－2 cm～5 cm，颖花外露率≥95%，全外露穗率≥90%。

11.2 异交态势改良技术

11.2.1 赤霉素施用技术

11.2.1.1 赤霉素喷施总用量与始喷抽穗指标

根据母本对赤霉素的敏感性确定总用量和始喷的抽穗指标，具体见表 2。

表 2 赤霉素用量及始喷抽穗指标

母本类型	总用量/(g/667 m^2)	始喷时的抽穗指标/%
敏感型	10～15	30～40
中度敏感型	20～30	10～15
钝感型	50～60	0～5

注 1：赤霉素有效成分达到 8.5×10^5 单位/g 以上。

注 2：花期相遇好的制种田，父母本同时喷施。花期相遇差的田，父母本应分开喷施。

注 3：根据父母本的苗穗数量和喷施时天气调整赤霉素的总用量(群体生物量大和气温偏低时需增加用量)。

注 4：根据母本苗穗发育的整齐度调整始喷时间(发育不整齐的田块，适当推迟始喷时间，加大喷施间隔时间)。

11.2.1.2 喷施次数

分 2 次～3 次喷施，分 2 次喷施的各次用量比为 2∶8 或 3∶7，分 3 次喷施的各次用量比为 2∶5∶3。

11.2.1.3 喷施时间

每天 7:00～10:00 或 17:00～19:00，用普通背包式喷雾器喷施，用水量为 15 kg/667 m^2～20 kg/667 m^2。

11.2.1.4 对父本单独喷施

在父母本同时喷施的基础上，对赤霉素反应中度敏感的父本，在父本抽穗 20%～30%时单独喷施一次，用量为 2 g/667 m^2～6 g/667 m^2；对赤霉素敏钝感的父本与敏感型的母本制种时，父本加喷 6 g/667 m^2～10 g/667 m^2；对赤霉素敏感型的父本与钝感性的母本制种时，父本不加喷，在和母本同时喷施时父本少喷。

11.2.1.5 特殊情况下的喷施

遇连续阴雨低温天气，赤霉素用量增加 50%～100%，在停雨时或小雨时喷施。遇高温干热风天气，始喷期提早 1 d～2 d，在早、晚无风或微风时喷施。对用多效唑调节母本花期的制种田，在母本幼穗发育Ⅷ期末喷施赤霉素 1 g/667 m^2～2 g/667 m^2。

11.2.2 赤霉素养花

母本盛花期，每天对母本用赤霉素 1 g/667 m^2～2 g/667 m^2，兑水 20 kg 左右喷施，连续喷施 3 d～4 d，母本抽穗比父本早 3 d 以上的制种田尤为重要。

11.2.3 割叶

生长过旺、冠层叶片过长(≥25 cm)和易倒伏的母本，在喷施赤霉素前 1 d～2 d 割叶，保留剑叶长度 5 cm 左右。

12 人工辅助授粉

人工授粉时间从父本始花期至终花期 8 d～12 d。

每天在父本开花高峰时开始人工辅助授粉，授粉 3 次～4 次，每次间隔 20 min～30 min。

可用绳索拉粉法、单竿授粉法、双杆推粉法等进行人工辅助授粉。

13 病虫害防治

参照水稻大田栽培防治病虫害的方法。稻粒黑粉病和稻瘟病是杂交水稻制种重点防治病害，以药剂防治为主，结合其他防治方法。

14 母本育性监控与种子纯度估算

14.1 母本育性监控

14.1.1 母本育性敏感期温度观察与分析

在母本幼穗分化Ⅲ期～Ⅶ期观测制种基地气温(百叶箱)和灌溉水温变化，分析日平均气温、日最低气温和灌溉水温，对比不育系的不育起点温度值，初步判断制种母本育性安全程度。

14.1.2 母本育性敏感期遇异常低温后的预警措施

如籼稻母本在抽穗前 5 d～15 d、粳稻母本在 10 d～20 d 范围内遇日平均气温 24℃以下天气时，可用高于 25℃的水深灌 15 cm 以上，低温过后排水。光敏不育系制种田还需注意日长变化对后发分蘖育性的影响。

14.1.3 花粉镜检

在基地内对不同小气候和不同生长发育进度的制种田块抽样，从母本始穗期开始，取刚抽穗的主穗或分蘖穗，分别取上、中、下部颖花进行花粉镜检，每 2 d～3 d 镜检 1 次，镜检结果记录在附录 C。发现有染色花粉时需每天连续镜检至无染色花粉止，同时观察田间母本花药是否开裂散粉。

14.1.4 母本隔离栽培自交结实率考查

母本见穗 3 d 前，在不同小气候和不同生长发育进度制种田块，随机取母本 20 株～25 株带泥移植到与制种田基本一致的生态环境下完全隔离栽培，喷施赤霉素，防治病虫，齐穗 20 d 后考查自交结实率，考查结果记录在附录 D。如母本育性敏感期遇低气温天气时(低于不育起点温度+0.5℃)，每个类型可隔离栽培 50 株～100 株。

14.1.5 田间检验和母本结实率调查

在齐穗期和成熟期进行两次田间检验，调查父母本的杂株率和隔离状况，调查结果记录在附录 E、附录 F。

种子成熟期，在隔离栽培取样的各类型田块中，取样考查母本结实率，考查结果记录在附录 D。

14.2 种子纯度估算

根据母本隔离栽培自交结实率、制种田间母本结实率和制种田间父母本含杂率的调查结果，对杂交种了纯度进行估算。纯度估算公式见式(1)：

$$X=\left[100-\left(a+\frac{n}{m}\times 100\right)\right]\times 100\% \quad \cdots\cdots (1)$$

式中：

X ——为种子纯度估算值，%；

a ——为非育性波动引起的杂株率，包括亲本中杂株和杂株串粉株、其他杂株，由田间花检结果推算，%；

n ——为母本完全隔离栽培下的自交结实率，%；

m ——为制种田母本结实率，%。

15 除杂

父本杂株主要是机械混杂株和变异株，根据株型、叶色、叶型、粒型、顶芒、生育期等特征判断。母本杂株分三类：

a) 异品种，根据株型、叶色、叶型、粒型、顶芒、生育期等特征判断；

b) 同形可育株，植株形态与不育系基本一致，但花药黄色肥大，裂药散粉，花粉正常可育，结实率高；

c) 高温敏株，齐穗后表现为穗颈明显伸长、花药略大、少量花药裂药散粉、结实率偏高。

全程及时拔除杂株，重点在始穗期至齐穗期。

要求齐穗期田间杂株率≤0.2%，成熟收割前田间杂株率≤0.1%。

16 收割干燥

16.1 收割方法

对父本与母本严格分别收割。采用机械收割时，应先收割父本，割后清除漏割父本和倒入母本行中的父本。收割前彻底清理脱粒机和装种用具。

16.2 收割时期

以母本籽粒黄熟80%以上时收割。

16.3 清选干燥

收割脱粒后的种子不能堆捂，及时摊晒清除杂质，干燥至含水量13.0%(籼)或14.0%(粳)以下。晒前清理干净晒坪或晒垫以及装种用具。

16.4 标签标注

内外标签应标明组合名称、净重、产地、生产农户和生产时间。

17 制种档案

制种档案包括田间观察记载、父母本生长发育观察记载、生产检查记录、抽穗开花检查记录、花粉镜检结果、自交结实考种结果和制种母本异交结实率等内容可分别填入附录C、附录D、附录E、附录F、附录G、附录H、附录I、附录J。

附 录 A
（资料性附录）
父母本基本群体构成表

表 A.1 父母本基本群体构成表

父本栽插方式	行比	插植规格/cm		母本厢宽/cm	667 m^2 栽穴数/万穴		适宜制种组合类型
		父本	母本		父本	母本	
单行	1∶8	13.3×(23.3-26.7)[a]	13.3×13.3	143	0.36	2.86	早稻类型和播差倒挂的组合
	1∶10	16.7×(23.3-26.7)[a]	13.3×13.3～16.7	170	0.24	3.00	早稻类型和早熟晚稻类型组合
	1∶12	20.0×(26.7-26.7)[a]	13.3×13.3～16.7	200	0.17	3.00	中晚稻类型组合
	1∶14	20.0×(26.7-26.7)[a]	13.3×13.3～16.7	227	0.15	3.09	中稻类型组合、父本花粉量足、母本异交性能好
小双行	2∶10	13.0×(23.3-13.3-26.7)[b]	13.3×13.3	183	0.54	2.78	早稻类型和播差倒挂的组合
	2∶12	16.0×(23.3-13.3-26.7)[b]	13.3×13.3～16.7	210	0.38	2.32～2.90	早稻类型和早熟晚稻类型组合
	2∶14	20.0×(26.7-16.7-26.7)[b]	13.3×13.3～16.7	243	0.27	2.3～2.88	中晚稻类型组合
	2∶16	20.0×(26.7-16.7-26.7)[b]	13.3×13.3～16.7	270	0.25	2.37～2.96	中晚稻类型组合、父本花粉量足、母本异交性能好
大双行	2∶12	13.0×(13.3-26.7-13.3)[b]	13.3×13.3	200	0.50	3.00	早稻类型和播差倒挂的组合
	2∶14	16.0×(16.7-33.3-16.7)[b]	13.3×13.3～16.7	240	0.33	2.33～2.92	早熟晚稻类型组合
	2∶16	20.0×(16.7-40.0-16.7)[b]	13.3×13.3～16.7	273	0.25	2.4～3.0	中晚稻类型组合
	2∶18	20×(20.0-40.0-20.0)[b]	13.3×13.3～16.7	306	0.22	2.4～3.0	中晚稻类型组合、父本花粉量足、母本异交性能好

[a] 株距×(左边父母本行距-右边父母本行距)。
[b] 株距×(左父母本行距-父本行距-右父母本行距)。

附　录　B
（资料性附录）
水稻叶龄与幼穗发育进程的对应关系表

表 B.1　水稻叶龄与幼穗发育进程的对应关系表

主茎总叶片数					幼穗发育形态	幼穗分化进度	分化历期/d	叶龄余数/叶	距抽穗天数	主茎总叶片数			
11	12	13	14	15						16	17	18	19
主茎叶龄										主茎叶龄			
7.7	8.5	9.5	10.5	11.5	Ⅰ期 看不见	第一苞 分化期	2～3	3.5～3.1	24～32	12.5	13.5	14.5	15.5
7.8	8.6	9.6	10.6	11.6						12.6	13.6	14.6	15.6
7.9	8.7	9.7	10.8	11.7						12.7	13.7	14.7	15.7
8.0	8.8	9.8	11.0	11.8						12.8	13.8	14.8	15.8
8.1	8.9	9.9	11.1	11.9						12.9	13.9	14.9	15.9
8.2	9.0	10.1	11.2	12.0						13.0	14.0	15.0	16.0
8.3	9.1	10.2	11.3	12.1	Ⅱ期 苞毛现	第一次 枝梗原 基分化期	3～4	3.0～2.6	22～29	13.1	14.1	15.1	16.1
8.4	9.2	10.4	11.5	12.2						13.2	14.2	15.2	16.2
8.5	9.4	10.5	11.6	12.3						13.3	14.3	15.3	16.3
8.6	9.5	10.6	11.8	12.5						13.5	14.4	15.4	16.4
8.8	9.6	10.8	11.9	12.6						13.6	14.5	15.5	16.5
8.9	9.7	10.9	12.0	12.7						13.7	14.6	15.6	16.6
9.0	9.9	11.0	12.2	12.8	Ⅲ期 毛丛丛	第二次 枝梗原 基及颖 花原基 分化期	5～6	2.5～2.1	19～25	13.8	14.7	15.8	16.7
9.2	10.0	11.1	12.3	12.9						13.9	14.9	15.9	16.9
9.3	10.1	11.2	12.4	13.0						14.0	15.0	16.0	17.0
9.4	10.2	11.3	12.5	13.2						14.1	15.1	16.1	17.1
9.5	10.3	11.4	12.6	13.3						14.2	15.2	16.2	17.2
9.6	10.4	11.5	12.7	13.4						14.4	15.3	16.3	17.3
9.7	10.5	11.6	12.8	13.6	Ⅳ期 谷粒现	雌雄蕊 形成期	2～3	2.0～0.9	14～19	14.6	15.5	16.5	17.5
9.8	10.7	11.7	12.9	13.7						14.7	15.7	16.7	17.7
9.9	10.8	11.8	13.0	13.8						14.8	15.8	16.8	17.8
10.0	10.9	12.0	13.1	13.9						14.9	15.9	16.9	17.9
10.2	11.0	12.1	13.2	14.0	Ⅴ期 颖壳分	花粉 母细胞 形成期	2～3	0.8～0.5	12～16	15.0	16.0	17.0	18.0
10.3	11.2	12.2	13.3	14.1						15.1	16.1	17.1	18.1
10.4	11.3	12.3	13.4	14.2						15.2	16.2	17.2	18.2
10.5	11.4	12.5	13.5	14.3						15.3	16.3	17.3	18.3
10.6	11.5	12.6	13.6	14.4	Ⅵ期 叶枕平	花粉母 细胞减 数分裂期	3～4	0.4～0.0	10～13	15.4	16.4	17.4	18.4
10.7	11.6	12.7	13.7	14.5						15.5	16.6	17.6	18.6
10.8	11.7	12.8	13.8	14.7						15.7	16.7	17.7	18.7
10.9	11.9	12.9	13.9	14.8						15.9	16.9	17.9	18.9
11.0	12.0	13.0	14.0	15.0						16.0	17.0	18.0	19.0
					Ⅶ期 穗定型	花粉内 容充实期	4～5		7～9				
					Ⅷ期 穗将伸	花粉 完成期	3～4		3～4				
注：主茎总叶片数少、生育期短的亲本，幼穗分化快，历期短，距抽穗天数短；反之则慢、长。													

附 录 C
（规范性附录）
两系杂交制种母本花粉镜检结果记载表

表 C.1 两系杂交制种母本花粉镜检结果记载表

组合____________________ 制种基地____________________

取样田块地点____________________ 取样田类型____________________ ______年

日期 （月/日）	株号	视野 编号	典败花粉 粒数	圆败花粉 粒数	染败花粉 粒数	正常花 粉粒数	总花粉 粒数	备 注
镜检员：								

附 录 D
(规范性附录)
两系杂交制种母本结实考种表

表 D.1 两系杂交制种母本结实考种表

制种组合________________ 制种基地________________

取样田块地点________________ 代表类型________________ ______年____月____日

株号	穗号	总粒数/（粒/穗）	实粒数/（粒/穗）	黑粉病粒数/（粒/穗）	其他	结实率/%
考查人:						

注:此表也可用于母本隔离栽培自交结实和制种大田母本结实考种。

附 录 E
(规范性附录)
两系杂交制种田间检验表

表 E.1 两系杂交制种田间检验表

组合________________________ 制种基地________________________

组合	农户姓名	调查田块面积/m²	母本						父本			备注
			同形可育株数	异品种株数	高温敏株株数	其他杂株数	总株数	杂株率/‰	杂株数	总株数	杂株率/‰	

检验员： 基地技术员：

基地负责人： 调查日期： 年 月 日

附　录　F
（规范性附录）
两系杂交制种隔离情况检查记录表

表 F.1　两系杂交制种隔离情况检查记录表

组合＿＿＿＿＿＿　基地＿＿＿＿＿＿　县＿＿＿＿＿＿　镇(乡)＿＿＿＿＿＿村
隔离问题田块种植品种名称＿＿＿＿＿＿＿＿＿＿＿＿　始穗期＿＿＿＿＿＿＿＿
与周围制种田花期相遇天数＿＿＿＿＿＿＿＿＿＿＿＿　原因＿＿＿＿＿＿＿＿＿

表　受隔离问题影响的制种田块情况调查表

组名	制种农户 姓　名	田块面积/ m^2	与隔离问题田 距离/m	串粉天数/ d	估计制种产量/ (kg/667 m^2)	备　注
处理办法与意见：						

调查人员：　　　　　　　　　　基地技术员：

基地负责人：　　　　　　　　　调查日期：　　　年　　月　　日

附　录　G
（规范性附录）
两系杂交制种观察记载点的基本情况记录表

表 G.1　两系杂交制种观察记载点的基本情况记录表

记载地点__________县__________镇（乡）__________村__________组　农户__________　____年

<table>
<tr><td colspan="2">组合</td><td colspan="2"></td><td>制种季别</td><td></td><td>记载田面积</td><td></td></tr>
<tr><td rowspan="4">田块情况</td><td>土壤性质</td><td colspan="2"></td><td rowspan="2">亲本</td><td colspan="4">肥料施用</td></tr>
<tr><td>田块位置</td><td colspan="2"></td><td colspan="2">秧田</td><td colspan="2">大田</td></tr>
<tr><td>前作</td><td colspan="2"></td><td rowspan="3">父本</td><td>底肥</td><td>追肥</td><td>底肥</td><td>追肥</td></tr>
<tr><td>肥力水平</td><td colspan="2"></td><td rowspan="2"></td><td rowspan="2"></td><td rowspan="2"></td><td rowspan="2"></td></tr>
<tr><td rowspan="4">父母本群体结构</td><td>行比</td><td colspan="2"></td></tr>
<tr><td>厢宽</td><td colspan="2"></td><td></td><td></td><td></td><td></td><td></td></tr>
<tr><td rowspan="2">栽插规格</td><td colspan="2">父本：</td><td rowspan="2">母本</td><td rowspan="2"></td><td rowspan="2"></td><td rowspan="2"></td><td rowspan="2"></td></tr>
<tr><td colspan="2">母本：</td></tr>
</table>

<table>
<tr><td rowspan="3">赤霉素使用</td><td>总量/（g/667 m²）</td><td></td><td>次数</td><td></td></tr>
<tr><td>始喷时期（月/日）</td><td></td><td colspan="2" rowspan="2">效果：</td></tr>
<tr><td>抽穗指标/%</td><td></td></tr>
</table>

<table>
<tr><td rowspan="4">生育期</td><td>亲本</td><td>播种</td><td>寄插</td><td>移栽</td><td>见穗</td><td>始穗</td><td>齐穗</td><td>收割</td></tr>
<tr><td>父 1</td><td></td><td></td><td></td><td></td><td></td><td></td><td></td></tr>
<tr><td>父 2</td><td></td><td></td><td></td><td></td><td></td><td></td><td></td></tr>
<tr><td>母本</td><td></td><td></td><td></td><td></td><td></td><td></td><td></td></tr>
<tr><td colspan="9">异常情况记录：</td></tr>
</table>

记录人：

附　录　H
（规范性附录）
两系杂交制种亲本叶龄和苗数动态记载表

表 H.1　两系杂交制种亲本叶龄和苗数动态记载表

制种组合：__________　记载地点：__________　记载人：__________　______年

月/日	亲本	项目	株　号												
			1	2	3	4	5	6	7	8	9	10			平均

附 录 I
（规范性附录）
两系杂交制种亲本生育期统计表

表 I.1 两系杂交制种亲本生育期统计表

组合＿＿＿＿＿＿＿＿＿＿ 制种基地＿＿＿＿＿＿＿＿＿＿ ＿＿＿＿年

制种地点										
海拔/m										
记载点										
亲　本		父$_{1}$	父$_{2}$	母本	父$_{1}$	父$_{2}$	母本	父$_{1}$	父$_{2}$	母本
播种期(月/日)										
播差	时差/d									
	叶差/叶									
栽插期	寄插(月/日)									
	移栽(月/日)									
	移栽叶龄/叶									
始穗期(月/日)										
播始历期/d										
齐穗期(月/日)										
主茎叶片数										
观察记载人										
备　注										

附 录 J
(规范性附录)
两系杂交制种田间检验与调查报告

表 J.1 两系杂交制种田间检验与调查报告

基地________________________________ 基地负责人________________________________

制种组合____________________________ 制种面积__________________________________

1 隔离情况检查评价

2 田间纯度检验结果(含亲本种子质量状况说明)

3 制种田间表现检查结果

3.1 始穗期:父本______________母本______________花期相遇情况______________

3.2 穗粒结构:父本________________________母本________________________

3.4 病虫危害情况:

3.5 制种产量估测结果:

3.6 种子纯度估算结果:

4 意见与建议:

检查组负责人签字:

参加人员:

年 月 日

本部分起草单位:湖南杂交水稻研究中心、湖南隆平种业有限公司、湖南农业大学、湖南省种子管理局、安徽省农业科学院、江苏省农业科学院、广东省农业科学院。

本部分主要起草人:周承恕、刘爱民、肖层林、王守海、廖翠猛、吕川根、王丰、刘建兵、李稳香、欧阳爱辉。

中华人民共和国国家标准

GB/T 29371.5—2012

两系杂交水稻种子生产体系技术规范 第5部分:种子纯度鉴定和不育系育性监测技术规范

Technical rules for seed production system of two-line hybrid rice—Part 5: Technical rules for indentification of variety purity & male sterility of MS line

1 范围

GB/T 29371的本部分规定了高温不育型水稻光温敏不育系不育起点温度监测、不育系种子和杂交种种子纯度种植鉴定的方法和程序。

本部分适用于已审定或已鉴定的高温不育型光温敏不育系不育起点温度监测、不育系与杂交种种子纯度的种植鉴定。

2 规范性引用文件

下列文件对于本文件的应用是必不可少的,凡是注日期的引用文件,仅注日期的版本适用于本文件。凡是不注日期的引用文件,其最新版本(包括所有的修改单)适用于本文件。

GB 4404.1—2008 粮食作物种子 第1部分:禾谷类

GB/T 3543.2—1995 农作物种子检验规程 扦样

3 不育系育性监测

3.1 人工气候室监测

3.1.1 监测材料与要求

3.1.1.1 监测材料

通过省级或以上农作物品种审定委员会审定或技术鉴定并在生产上使用的水稻光温敏不育系。

3.1.1.2 材料要求

鉴定材料要求种子300 g～500 g、发芽率≥80%、纯度≥99.5%,并提供该不育系通过审定或鉴定时的品种标准。

3.1.1.3 扦样要求

执行GB/T 3543.2—1995的规定。

3.1.2 监测设施条件

3.1.2.1 人工气候室条件

人工气候室设置温度为15℃～35℃,能保持设定温度恒定,波动幅度和室内温度均匀度±0.5℃;

中华人民共和国国家质量监督检验检疫总局
中国国家标准化管理委员会 2012-12-31发布 2013-07-01实施

可控光照强度 0 lx～4×10⁴ lx。

3.1.2.2 计量器具条件

配备照度计、0.2℃刻度水银温度计和温度自记仪。

3.1.3 监测方法

3.1.3.1 监测材料准备

根据各监测材料播始历期，按 8 月 10 日左右始穗确定播种日期。按常规方法浸种、催芽、育秧，5.5 叶龄时移栽至大田，密度 20 cm×20 cm。进入人工气候室前 15 d，取农艺性状整齐一致、单株分蘖穗 6 个～8 个的植株移栽入栽培钵，每钵 3 株，共 20 钵。钵径 25 cm～30 cm，钵中泥深 15 cm，按常规方法栽培管理。其中 15 钵用于人工气候室处理，3 钵用作室外对照，2 钵用于观察幼穗发育进度。

3.1.3.2 处理时期

3.1.3.2.1 籼稻

主茎幼穗分化进入Ⅳ期末时，移入人工气候室进行处理。

3.1.3.2.2 粳稻

主茎幼穗分化进入Ⅲ期末，移入人工气候室进行处理。

3.1.3.3 处理天数

连续处理 6 d。

3.1.3.4 处理期间温光设置

日照长度 12.5 h～14.0 h，相对湿度 75%左右，日均温 23.5℃或 23.0℃（视鉴定不育系的不育起点温度值而定），各时间段的温度见表 1。

表 1 日平均温度 23.5℃或 23.0℃的人工气候室温光设置

温度			光照
时间	日均温 23.5℃	日均温 23.0℃	
06:01～10:00	23.5℃	23.0℃	光照强度≥1×10⁴ lx
10:01～18:00	26.5℃	26.0℃	20:00～6:00 为暗期(14.0 h)
18:01～22:00	23.5℃	23.0℃	19:30～6:00 为暗期(13.5 h)
22:01～06:00	20.5℃	20.0℃	18:30～6:00 为暗期(12.5 h)

3.1.3.5 过渡期温光设置

处理前后 2 d，如果自然日均温≥30℃或≤25℃，处理材料应在日温 28℃、夜温 24℃、光照强度 1.0×10⁴ lx 条件下过渡 2 d 后，再移入人工气候室或放置自然条件下。

3.1.4 育性观察

3.1.4.1 观察对象

人工气候室处理结束时，挂牌标记剑叶与倒 2 叶的叶枕距为 0 cm～2 cm 的稻穗。

3.1.4.2 观察方法

标记穗始穗后每天上午取当天将开花的颖花（花药伸长至颖花长三分之二）进行花粉镜检。每穗随机取 5 朵～6 朵颖花的花药制成一个观察片，用 I_2 - KI 溶液对其花粉染色、压片，在光学显微镜下放大 100 倍镜检，每片选 3 个有代表性的视野，每个视野的花粉粒应在 50 粒以上，观察计数 3 个视野不同类型花粉（无花粉败育、典败、圆败、染败、正常）的数量，计算每片中不同类型花粉的百分率。如果某一观察片发现染色花粉，则视为育性波动。

3.1.4.3 观察次数

每天镜检 1 次，镜检至标记穗开花结束止。

3.1.4.4 花粉分类

3.1.4.4.1 无花粉型——在显微镜下只见空花药壁，看不到任何类型的花粉。

3.1.4.4.2 典败花粉——花粉粒形状不规则、粒小，不染色。

3.1.4.4.3 圆败花粉——花粉粒圆形、大小基本正常，不染色。

3.1.4.4.4 染败花粉——花粉粒形状不规则、粒小、染色，或花粉粒形状正常、染色浅。

3.1.4.4.5 正常花粉——花粉粒圆形、大小正常，深染色。

3.1.5 分级标准

3.1.5.1 原种标准

所有单株材料每次镜检染色花粉率均为零。

3.1.5.2 大田用种标准

单株每次镜检染色花粉率小于1%，所有单株平均染色花粉率小于0.1%。

3.2 多点自然生态监测

3.2.1 监测材料与要求

同3.1.1。

3.2.2 播期安排与田间设计

在监测地点的最早播种期至最晚播种期期间，每10 d播1期，每个播期移栽100个单株，移栽叶龄5.5叶左右，密度13.3 cm×20 cm，田间管理按大田生产要求进行。

3.2.3 生育特性与形态特征记载

3.2.3.1 生育特性记载：播种期、移栽期、始穗期，计算播始历期。

3.2.3.2 主茎叶片数记载：对奇数播期定点10株，记载主茎总叶片数。

3.2.3.3 形态特征：考察不同生长发育时期的形态特征。

3.2.4 育性考查

3.2.4.1 花粉镜检

从最早播期始花至最迟正常抽穗播期终花止，每2 d～3 d镜检一次。期间若发现有染色花粉，从该天起至没有染色花粉之日后两天止，每天镜检花粉。

3.2.4.2 自交结实率考查

在镜检发现染色花粉的播期中随机选取10个单株完全隔离栽培，齐穗后20 d～25 d考查自交结实率。

3.2.5 不育系群体整齐度调查

每个不育系选择2个完全不育的播期，调查生育期、株高、株叶穗粒型、颜色等性状。

3.2.6 综合评价

3.2.6.1 农艺性状

根据监测材料田间的生育特性、植株形态特征、穗粒形状、异交特性、抗性等表现，对照品种介绍，对监测材料群体的稳定性、一致性进行评价。

3.2.6.2 不育起点温度

将各自然生态点的育性波动出现的日期与育性敏感期的日平均气温进行对应分析，判断监测材料的不育起点温度。

4 种子纯度种植鉴定

4.1 鉴定材料

不育系种子和杂交种子。

4.2 鉴定程序

4.2.1 扦取样品

按 GB/T 3543.2—1995 的有关规定执行。

4.2.2 选择田块

选择田块的基本要求是:田块形状较规则以便于小区布局;土壤肥力均匀、排灌方便;前作不是水稻,或能确认散落在田间的种子已全部发芽或得到清除。

4.2.3 设立对照

选具有供鉴定品种原有的特征特性的种子和同组合母本种子作对照。

4.2.4 小区设计

4.2.4.1 要求

将同一品种、类似品种的所有样品和对照样品种相邻种植。

4.2.4.2 种植株数

不育系原种≥4 000 株;不育系大田用种≥1 000 株;杂交种子≥500 株。

4.2.4.3 种植密度

不育系种子 10 cm×10 cm,杂交种子 10 cm×13.3 cm。每行种植 10 株,不育系原种种植 400 行,不育系大田用种种植 100 行,杂交种子种植 50 行。样品之间间隔 25 cm。

4.2.5 栽培管理

4.2.5.1 播种

采用浸种催芽播种方式。每样品播种面积为 0.5 m^2～1.0 m^2。秧龄视生长时期的气温高低而定。

海南种植鉴定的播种期根据材料的生育期安排,冬季鉴定宜将抽穗期安排在 11 月底前,春季鉴定宜将抽穗期安排在 4 月 10 日后。

杂交种子本地种植鉴定按本品种正季播种,不育系种子按当地制种季节播种。

4.2.5.2 移栽

单本栽插。

4.2.5.3 田间管理

选中等土壤肥力的田块作种植鉴定田,较低肥料水平管理;生长期间注意病虫害防治和灭螺灭鼠。

4.2.6 鉴定

4.2.6.1 鉴定时期

在特征特性表现明显的时期进行鉴定,抽穗开花期和成熟期应进行鉴定。

4.2.6.2 品种真实性鉴定

根据对照样品和鉴定品种的性状描述,鉴定样品的品种真实性。

4.2.6.3 杂株类型判定

不育系种子杂株类型包括同形可育株、异型株、早熟株、迟熟株、其他杂株。

杂交种子的杂株类型包括不育系株、同形可育株、异品种株、父本株及其他杂株。

4.3 结果计算与判断

4.3.1 结果计算

种子纯度以标准品种株数占鉴定总株数的百分率表示,保留 1 位小数。

4.3.2 质量判定

种子纯度质量按 GB 4404.1—2008 的有关规定执行。

本部分起草单位：湖南杂交水稻研究中心、湖南隆平种业有限公司、湖南农业大学、湖南省种子管理局、安徽省农业科学院、江苏省农业科学院、广东省农业科学院。

本部分主要起草人：周承恕、刘爱民、李稳香、肖层林、王守海、吕川根、王丰、廖翠猛、刘建兵、欧阳爱辉。

中华人民共和国农业行业标准

NY/T 1734—2009

杂交棉人工去雄制种技术操作规程

Operating rules for F_1 seed production via manual emasculation and pollination technique of hybrid cotton

1 范围

本标准规定了用人工去雄、人工授粉方式生产棉花一代杂种种子对制种方式、亲本质量、制种田选择、前期准备、栽培管理、人工去雄、人工授粉、收获等环节的技术要求和质量控制要求。

本标准适用于我国各大棉区。

2 规范性引用文件

下列文件中的条款通过本标准的引用而成为本标准的条款。凡是注日期的引用文件,其随后所有的修改单(不包括勘误的内容)或修订版均不适用于本标准,然而,鼓励根据本标准达成协议的各方研究是否可使用这些文件的最新版本。凡是不注日期的引用文件,其最新版本适用于本标准。

GB/T 3543.1～3543.7　农作物种子检验规程

GB 4407.1　经济作物种子　第一部分:纤维类

GB 7411　棉花原(良)种产地检疫规程

NY/T 1292　长江流域棉花生产技术规程

NY/T 1385　棉花种子快速发芽试验方法

NY/T 1387　黄河流域棉花生产技术规程

3 术语和定义

下列术语和定义适用于本标准。

3.1

亲本　parents

杂交亲本的简称,杂交制种时所选用的母本和父本,即用于制种的两个不同基因型的棉花品种(品系)。

3.2

人工去雄制种　F_1 seed production via manual emasculation and pollination

运用人工方式去掉一个亲本的雄蕊,使其丧失自身授粉能力,用另一个亲本的花粉使其受精成铃从而获得杂交种子。

3.3

正反交制种　F_1 seed production via reciprocal cross

正反交制种是用两个亲本互为父、母本进行人工去雄制种,两个亲本都去雄或其中一个亲本去雄,并相互用花粉使另一个亲本受精成铃从而获得杂交种子。正交制种是以一个亲本为母本,另一个亲本

中华人民共和国农业部 2009-04-23 发布　　2009-05-20 实施

为父本，母本人工去雄，用父本的花粉使其受精成铃从而获得杂交种子。

3.4

转基因抗虫棉　pest-resistant transgenic cotton

通过转入外源抗虫基因而获得抗阻害虫生长、发育和危害能力的棉花品种类型。

3.5

杂交种子　hybrid seed

用两个亲本杂交而得到的 F_1 种子。

4　制种方式

应采用正交制种。不应采用正反交制种。

5　亲本种子质量

亲本种子的质量应达到 GB 4407.1 规定的棉花杂交种亲本质量要求。

扦样和种子播种品质检验执行 GB/T 3543.1～3543.7。

6　制种田选择

6.1　产地检疫

应符合 GB 7411 规定。

6.2　地力条件

制种田应选择管理方便、地势平坦、通风向阳、排灌方便、中等以上肥力、土层深厚、无或轻枯(黄)萎病的棉田。制种田距林带应在 20 m 以上。

6.3　茬口安排

制种田以选一熟春棉田或前茬为早熟蔬菜、大麦、油菜、小麦的棉田为宜。麦棉套种杂交棉制种时采用“3-1 式”或“4-1 式”为宜。

6.4　隔离条件

制种田应集中连片，与其他品种棉花间隔应在 25 m 以上。禁止选择在有蜜源植物或传粉媒介较多的棉田制种。棉花开花期间，制种田四周 1 000 m 之内不应放蜜蜂或其他传粉动物。

7　前期准备

7.1　人员配备

7.1.1　人员数量

每公顷制种田配备制种操作人员 60 名左右、监督管理人员 1 名～2 名。

7.1.2　制种户要求

每个制种户不应生产 1 个以上杂交种。

7.1.3　人员职责

监督管理人员负责检查田间去杂、清理、去雄、授粉的质量及田间验收。

制种操作人员负责制种具体操作。

制种户应按附录 A 建立管理档案，监督管理人员应不定期检查记载情况。

7.1.4　人员培训

上岗前，监督管理人员和制种操作人员均应接受技术培训，掌握制种规程。

7.2　工具置备

7.2.1　常用工具

去雄用：临时标记线。以长 20 cm 红线为宜，每公顷 120 000 根。

收集和贮藏花粉用：网袋、筛网、箩筐、镊子、小剪刀、毛笔。每个制种操作人员各 1 个，贮花粉工具上应标明亲本名称或代号及使用者姓名。

质量检查用：放大镜。每个监督管理人员 1 个。

防护用：塑料薄膜、雨衣、防暑药品等。

7.2.2 授粉工具

授粉工具可采用授粉瓶或其他工具。授粉瓶宜用白色半透明塑料瓶，直径 3 cm、高 5 cm 为宜，顶端一侧或中间钻一个直径 2 mm～3 mm 的圆孔，孔缘应润滑。每人最少 2 个。

7.2.3 贮花室

选择通风凉爽的房间作为贮花室。

8 亲本种植

8.1 种子处理与发放

亲本种子应统一采用硫酸脱绒、种衣剂包衣处理。播种前宜晒种 1 d～2 d。

亲本种子统一发放，并造册登记。

8.2 播种时间

同一亲本播种时间应一致。当两个亲本生育期差异不大时，可同时播种育苗；当父本与母本生育期差异较大时，可适当调整父本的播种期，以保证父母本开花期基本相遇，若同时播种，可去掉开花期早的亲本的早蕾、早花或早果枝。

8.3 父母本比例

父母本种植株数比例应根据杂交组合的特性、制种规模和当地具体情况而定，一般以 1∶5～9 为宜；父母本种子数量按各自的种植株数比例、制种面积和种植方式来确定，并增加 20%的保险系数。

8.4 种植密度与田间配置

父母本宜分区种植。母本种植密度较当地大田生产种植密度降低 15%～20%为宜，长江流域棉区每公顷 15 000 株～20 000 株，黄河流域棉区每公顷 24 000 株～33 000 株，西北内陆棉区每公顷 120 000 株左右；田间配置采取等行距或宽窄行方式，行距适当增加。父本种植密度参照当地大田生产，适当密植。

8.5 播种方式

宜采用育苗移栽方式，也可根据当地情况采用直播方式。宜采用地膜覆盖栽培。

父母本应分区育苗，苗床应严格分开，分户管理。父母本育苗数量按各自的种植株数比例和制种面积来确定育苗基数，并增加 20%的备用苗。

8.6 苗期除杂

移栽前或定苗前，应根据叶色、叶形、叶大小、茎秆颜色、茸毛密度、主茎腺体、叶背蜜腺等特性及时拔除亲本中非标准株和混杂株。亲本为含有卡那霉素抗性筛选标记基因的转基因抗虫棉时，可在棉苗 2 叶 1 心时用 3 000 mg/L～4 000 mg/L 卡那霉素溶液对棉苗喷雾，7 d～10 d 观察叶片颜色，叶片变黄或出现黄斑的应及时拔除。

8.7 标记

移栽后，每块制种田应插上标牌，标明户主姓名、田块编号、面积、父母本名称或代号等信息。绘出制种田示意图，并标出隔离情况与田块编号。

9 栽培管理

9.1 肥水管理

长江流域棉区参照 NY/T 1292 执行,黄河流域参照 NY/T 1387 执行,西北内陆棉区参照当地大田生产高产栽培技术进行。

人工授粉前后 2 h 内不应喷施叶面肥。

9.2 虫害防治

长江流域棉区参照 NY/T 1292 执行,黄河流域参照 NY/T 1387 执行,西北内陆棉区参照当地大田生产高产栽培病虫害防治技术进行。

应注意非抗虫亲本虫害的防治。人工授粉前后 2 h 内不应喷药防治病虫害。

9.3 化学调控

母本打顶前可不化调,打顶后 7 d～10 d 用缩节安喷雾封顶。父本可适度化调。若群体过大、阴雨天较多,棉花有旺长趋势时父母本均可适当化调。

9.4 去早蕾或早果枝

长江流域和黄河流域棉区 6 月底前摘除所有早蕾或 1 台～3 台早果枝,西北内陆棉区摘除与父本花期不遇的母本早蕾。

9.5 打顶

长江流域和黄河流域棉区宜在 7 月中下旬或平均每株有 14 台～18 台果枝时打顶,西北内陆棉区 7 月上旬或平均每株有 9 台～10 台果枝时打顶。

10 制种程序

10.1 制种时限

黄河流域棉区一般控制在 7 月上旬至 8 月中旬,长江流域棉区控制在 7 月上旬至 8 月中下旬,去雄授粉有效时间控制在 40 d～45 d 为宜,西北内陆棉区控制在 6 月底到 7 月底,去雄授粉有效时间控制在 30 d 左右为宜。

10.2 制种前去杂与清理

10.2.1 去杂

制种前,应根据叶色、叶形、叶大小、茎秆颜色、茸毛密度、主茎腺体、叶背蜜腺、苞叶形状、花冠颜色、花冠基部有无斑点等特性及时拔除亲本中的非标准株和混杂株,亲本为转基因抗虫棉的,应严格除去非抗虫株。

10.2.2 清理

制种开始前一天和当天上午,应将母本已有的成铃、幼铃及已开放的花全部摘除。

10.3 人工去雄

10.3.1 时间与对象

母本去雄以花冠变白(为黄白色)、变软、迅速伸长、露出苞叶顶部的花蕾为去雄对象,每天下午进行,去完为止。第二天早晨授粉前,若在母本植株上发现有未去雄的花朵,不应补去雄,应立即摘除。

10.3.2 方法

采用徒手去雄的方法。用左手拇指和食指捏住花冠基部,分开苞叶,用右手大拇指指甲从花萼基部切入,直至子房壁外白膜,并用食指、中指同时捏住花冠,按逆时针方向轻轻旋剥,同时稍用力上提,把花冠连同雄蕊一起剥下,露出雌蕊,顺手在铃柄或苞叶内侧放上一根标记红线。剥下的花冠放入随身带的网袋中带出制种田。

去雄时应注意以下事项:一是指甲不要掐入过深,以防伤及子房;二是去雄不要弄破子房白膜;三是不要剥掉苞叶;四是不要用力过猛,以防拉断柱头;五是去雄彻底,不留残花丝和花药,抖掉花萼上散落的花药。

10.3.3 去雄质量检查

监督人员每天应检查去雄质量。检查内容包括：一是去雄是否彻底；二是是否有漏去雄的花朵；三是去雄的花冠是否带出制种田；四是去雄时是否伤及子房和柱头。

10.4 人工授粉

10.4.1 取父本花粉

当天授粉前，摘取父本花，用剪刀把雄蕊剪出花冠，或用镊子将已散粉的花药取下放在下面铺有纸张的筛网上摊开筛粉（如遇低温阴雨气候，花药不易散粉，可用灯泡适当烘烤，促其散粉），达一定数量后用毛笔收集起来，倒入授粉瓶，花粉量至少盛满 1/2 瓶，并另取一瓶花粉备用。父本花摘取的数量一般为需授粉母本花数量的 1/5。

10.4.2 授粉时间

当天露水干后，按照标记线对前一天下午去雄的花蕾进行授粉，直到授完为止。长江流域棉区和黄河流域棉区授粉宜在 12:00 前完成，西北内陆棉区宜在 14:00 前完成。如遇露水太大或雨天，可适当推迟，将花粉存放在冷藏箱内（温度为 0℃～10℃），或选择凉爽的地方摊薄（温度不超过 20℃），以便保持花粉活力；如遇高温干旱天气，可适当提早授粉。

10.4.3 授粉方法和质量要求

可选用小瓶法授粉：授粉时一只手拿授粉瓶，另一只手将已去雄花蕾的苞叶分开，露出花柱，倒转授粉瓶，瓶顶圆孔对准柱头，轻轻将柱头套入，转动一下授粉瓶后退出柱头，取下标记线，授粉即完毕。授粉量要充足、均匀；避免漏授粉；授粉时动作要轻，以免折断或损伤柱头；授粉时应防止花粉遇水。

授粉结束后，收回标记线，及时倒掉剩余花粉，清洗授粉瓶和镊子。

10.4.4 授粉质量检查

监督人员每天应检查授粉质量。检查内容包括：一是授粉是否充足、均匀；二是是否有漏授粉的花蕾。

10.5 防止自交成铃

在整个制种期间，母本不应有花朵自然开放，如见母本上有开放的花应立即摘除。如遇连续降雨不易进行去雄授粉，应在雨后及时摘除所有自然开放的花朵，防止母本自交成铃。

10.6 后期清理

10.6.1 清理

制种结束后，母本棉株上所有花蕾、空枝、边心应除去，15 d 内连续剪除漏除的花朵。父本植株应全部拔除。

10.6.2 摘除自交铃

制种结束后、吐絮前，可根据铃的底部形状和有无萼片来判断真假杂交铃，铃的底部较平、萼片不完整（或无萼片）的为杂交铃，铃底部圆滑自然、萼片完整、铃体光滑的为自交铃，自交铃应摘除。

10.7 田间验收

田间验收分两次进行，每次均应逐块田随机取样调查。第一次验收时间在制种前，验收花、蕾和自交铃清理、父母本除杂、亲本隔离等情况，田间杂株率不应高于 1%，验收合格的方可继续制种；第二次验收时间在吐絮前，验收自交铃清理情况，自交铃不应超过 3%；两次验收合格的制种户即发给田间验收合格证。

11 收获

11.1 采摘

当大部分棉株有 1 个～2 个棉铃吐絮 7 d～10 d 时开始采摘，以后每隔 7 d～10 d 采摘一次。应采摘完全吐絮花，不应收剥桃花（拔秆后从棉株上采收子棉）、不应带壳收花（将棉株上已开裂吐絮的棉铃采摘后带回家中剥桃）、不应摘笑口桃（尚未正常吐絮的棉铃）、不应捡露水花（早晨露水未干时采摘的子棉)。收花应选晴天晨露干后进行,但雨前应及时抢摘。

11.2 交售

凭田间验收合格证,在制种田头交售种子棉,并取样封存。

11.3 加工与贮藏

不同组合及同一组合不同批次采收的种子棉应分开晾晒、分开轧花、分开存放。

12 留样鉴定

12.1 留样

种子棉交售时,制种单位与制种户共同取样封存或送检。

12.2 种子检验

按 GB/T 3543.1～3543.7 和 NY/T 1385 执行。

12.3 质量要求

杂交种子的质量应达到 GB 4407.1 规定的棉花杂交一代种的质量要求。

13 制种档案

见附录 A。

附 录 A
(规范性附录)
杂交棉人工去雄制种记载表

A.1 基本情况

户主姓名　联系电话　农户人口　制种地块　制种面积　土壤类型
制种年份　制种委托单位　制种承担单位
前茬作物　前茬作物收获时间　间套种作物　间套种作物收获时间
亲本编号(2个亲本分开)　亲本数量(2个亲本分开)　种植密度(2个亲本分开)
播种时间(2个亲本分开)　育苗方式　移栽时间　是否使用地膜
制种开始时间　制种结束时间

A.2 培训记载

表 A.1 培　训

时　间	内　容	形　式

A.3 田间培管记载

表 A.2 中耕、除草、培土

时　间	内　容

表 A.3 施　肥

施肥时间	种　类	数　量	方　式

表 A.4 化学除草

施肥时间	种　类	数　量	方　式

表 A.5 化学调控

时　间	用　量

表 A.6 病虫防治

时　间	病虫种类	用药种类	防治方法

表 A.7　整枝打顶

时　　间	方　　法

表 A.8　灌　　水

时　　间	方　　法

表 A.9　去杂与清理

时　　间	内　　容	数　　量

表 A.10　异常情况处理

时　　间	异常情况	处理措施

表 A.11　收　　花

时　　间	数　　量

A.4　种子棉花销售记载

表 A.12　售　　花

时　　间	数　　量	价　　格

本标准起草单位：国家棉花改良中心安庆分中心、安徽省农业科学院棉花研究所、中国农业科学院棉花研究所、全国农业技术推广服务中心、湖南省棉花科学研究所。

本标准主要起草人：郑曙峰、路曦结、刑朝柱、夏文省、李景龙、阚画春、程福如、王林。

中华人民共和国农业行业标准

NY/T 1779—2009

棉花南繁技术操作规程

Operation rules for south propagation technology of cotton

1 范围

本标准规定了我国棉花反季节南繁的术语和定义、气候和土壤条件、整地与播种、田间管理、病虫害防治及收获。

本标准适用于南繁棉田。

2 规范性引用文件

下列文件中的条款通过本标准的引用而成为本标准的条款。凡是注明日期的引用文件,其随后所有的修改单(不包括勘误的内容)或修订版均不适用于本标准,然而,鼓励根据本标准达成协议的各方研究是否可以使用这些文件的最新版本。凡是不注日期的引用文件,其最新版本适用于本标准。

GB/T 3543.1～GB/T 3543.7　农作物种子检验规程

GB 4285　农药安全使用标准

GB 4407.1　经济作物种子　第1部分:纤维类

GB 5084　农田灌溉水质标准

GB 8321　农药合理使用准则(所有部分)

3 术语和定义

下列术语和定义适用于本标准。

3.1

棉花南繁　south propagation of cotton

利用我国南方冬季温暖气候条件所从事的反季节大田棉花加代选育、种子繁殖和品种鉴定等活动。

3.2

缺墒播种　sowing at insufficient moisture soil

在土壤墒情不够的情况下,将起垄、开沟、施肥、浇水、下种、覆土等作业程序连续完成的播种技术。

4 气候条件

4.1 周年无霜。

4.2 年积温 9 250℃～9 440℃,日照时数 2 590 h～2 640 h。

4.3 常年 10 月至翌年 4 月的月平均气温 20℃～27℃,日最低气温≥10℃,雨量相对偏少。

5 土壤条件

沙壤、粉沙壤或黏土均可,肥力中等以上。有灌水条件,排水通畅。

中华人民共和国农业部 2009-12-22 发布　　2010-02-01 实施

6 整地与播种

6.1 耕翻整地

耕翻前多施有机肥，每公顷施氮、磷、钾复合肥 450 kg～600 kg。

耕深 18 cm～20 cm，翻、耙结合，或在耕翻后旋耕 10 cm～12 cm 碎土，达到无大土块和土层细实平整。

6.2 种子处理

为防止病虫传播，提倡采用光子和包衣子。未经脱绒的种子(即毛子)需在播种前用多菌灵等药剂进行浸种处理。

6.3 种植方式

旱作田一般采用平地或起小垄(垄高 15 cm～25 cm)直播；稻茬田应起大垄(垄高 30 cm～40 cm)直播。等行或宽窄行配置，平均行距 70 cm～90 cm，密度一般为 45 000 株/公顷～67 500 株/公顷。

6.4 播种期

适宜播种期在 10 月 10 日前后，最晚不迟于 10 月 31 日。

6.5 播种

适墒地块采用开沟条播或开穴点播。墒情不够的地块，采用缺墒播种技术。缺墒播种时，种沟内要浇足水，待水渗完后再下种，用细土覆盖，厚度 3 cm 左右，覆土后不应镇压。

6.6 地膜覆盖

如错过适宜播期或在年积温偏少的地区，宜采用地膜覆盖，以促进棉花早发早熟。

7 田间管理

7.1 棉花生育调控原则

由于南繁棉花生长速度呈“前期快—中期慢—后期升”的凹形规律，田间管理应遵循“前稳、中促、后控”的调控原则。

现蕾前重在保证棉苗稳健生长。主要采取早定苗、及时除草、少浇水、轻化控等措施。

花铃期重在促发促早。关键措施是足水足肥，科学化控，精细整枝，适时打顶，及时防治病虫害。

后期重在防止棉花贪青晚熟。关键措施是及时断水，剪除空果枝，摘除无效花蕾。

7.2 追肥

在施足底肥的情况下，早施蕾、花肥，以氮肥为主。现蕾即追肥，追施量应不高于总追肥量的 40%，一般每公顷追施尿素 150 kg～225 kg；开花期重施花铃肥，追施量应不低于总追肥量的 60%，一般每公顷追施尿素 300 kg～450 kg。

缺硼的地块可每公顷施硼砂 7.5 kg～15 kg 或喷施叶面肥。

7.3 浇水与排水

苗期一般不浇水。如果出苗后遇持久晴热天气而出现干旱时，应及时适量浇水。采用缺墒播种且播种后持续无有效降雨时，可以通过宽行中的垄沟适量浇水补墒。应严格控制浇水量，确保水面控制在幼苗根部土表以下。

蕾期、花铃期追肥后应及时浇水，以充分发挥肥效；当植株出现旱象时，应及时浇水。

吐絮后要停止浇水，以加快吐絮速度，防止棉花贪青晚熟。

各时期遇涝时都应及时排水，后期遇雨更应及时排除田间积水。

7.4 化调

化调应视棉株长势，按照少量多次的方式进行。

蕾期一般化控 1 次，每公顷用缩节胺 7.5 g～15.0 g 对水 150 kg～300 kg 叶面喷施。若棉株有旺长趋势，可酌情增加用量或次数。

初花期一般化控 1 次，每公顷用缩节胺 22.5 g～37.5 g 对水 450 kg～600 kg 叶面喷施。

盛花期一般化控 1 次，每公顷用缩节胺 37.5 g～45.0 g 对水 600kg～750kg 叶面喷施。

7.5 整枝与打顶

棉花现蕾后及时去除营养枝，蕾期与花铃期及时摘除赘芽，以节约植株养分，减少蕾铃脱落。

根据时节和棉花长势适时打顶，做到“枝到不等时，时到不等枝”。当棉花长出 11 个～12 个果枝就应打顶。进入 1 月下旬时，即便棉株果枝数不足 10 个，也要及时打顶。打顶时摘除棉株主茎顶尖 1 叶 1 心即可。

为确保棉花种子于 3 月中、下旬饱满成熟，在大多数棉铃铃期≥50d 时，应及时去除无效花蕾和空果枝。

7.6 催熟

为促使部分已近成熟的后期棉铃正常吐絮，可于 3 月中、下旬适当用乙烯利等进行催熟。

8 病虫害防治

南繁地区由于没有严冬，冬季一般又大量种植蔬菜等作物，病虫害世代重叠，为害严重，要及时防治。

8.1 地老虎

定苗前新被害株率达 10%或定苗后新被害株率达 5%时即应防治。防治方法主要有喷雾防治和毒饵诱杀。对 3 龄前幼虫，可用 2.5%敌杀死或 2.5%功夫乳油 1 000 倍～2 000 倍液喷雾防治；对 3 龄后幼虫，可撒毒饵防治，每公顷用 90%敌百虫晶体 1.5 kg，加水 7.5 kg 溶解后喷到 37.5 kg 炒黄的棉饼上拌匀，于傍晚顺棉行撒施在棉苗根部附近。

8.2 棉蓟马

百株有虫 5 头～10 头，即可用毒死蜱、辛硫磷等 1 000 倍液喷雾，或选用 2.5%功夫、2.5%敌杀死乳油 1 000～2 000 倍液喷雾防治。也可选用吡虫啉、啶虫脒等按 1 500 倍～2 000 倍稀释喷雾。

8.3 棉蚜

当百株蚜量达到 2 000 头～3 000 头或卷叶株率达到 30%左右时，用 10%吡虫啉可湿性粉剂或 3%啶虫脒乳油 1 500 倍～2 000 倍液喷雾防治。

8.4 盲蝽象

苗期百株成虫达 3 头～5 头或蕾铃期百株成虫 10 头～15 头时，用马拉硫磷、硫丹或辛硫磷 1 000 倍～1 500 倍液喷雾防治。

8.5 棉铃虫、菜青虫

百株幼虫达 10 头～15 头时，可采用有机磷类与菊酯类农药复配使用。有机磷农药可使用毒死蜱、辛硫磷或丙溴磷，通常 750 倍～1 000 倍液；菊酯类农药可选用敌杀死、功夫或高效氯氰菊酯，按照1 000 倍～1 500 倍液喷雾。

8.6 红铃虫

花期百铃有卵 30 粒～50 粒、铃期百铃有卵 50 粒～70 粒时，可用敌杀死、功夫或辛硫磷 1 000 倍～1 500倍液喷雾防治。

8.7 介壳虫

百株成虫达 15 头～20 头时，用阿维菌素、硫丹或辛硫磷 1 000 倍～1 500 倍液喷雾防治。

8.8 棉花苗病

苗期遇到寒流阴雨时，可用 50%多菌灵 500 倍～800 倍溶液、65%代森锌可湿性粉剂 500 倍～800 倍溶液或 50%退菌灵 500 倍～800 倍溶液喷雾淋苗，以预防苗病发生。

9 收获

南繁棉花收花的主要目的是收取足够数量的高质量种子。适时收花是保证种子质量、满足其他地区及时播种的重要保障。南繁棉花一般在 3 月初开始采摘,采摘时,在棉铃开裂后 7 d～10 d 期间采摘最好,不摘"笑口棉",不摘青桃。采摘后应立即晒花、轧花、包装、运输。整个过程中严防不同种子混杂。

本标准起草单位:中国农业科学院棉花研究所、农业部棉花品质监督检验测试中心。
本标准主要起草人:王坤波、杨伟华、宋国立、黎绍惠、李建萍、张西领、胡育昌。

中华人民共和国农业行业标准

NY/T 2448—2013

剑麻种苗繁育技术规程

Technical code for propagation of sisal seedling

1 范围

本标准规定了剑麻种苗繁育的术语和定义、苗圃地选择与处理、种苗繁殖、培育和出圃等技术要求。

本标准适用于剑麻品种 H.11648 的种苗繁育,其他剑麻品种的种苗繁育可参照执行。

2 规范性引用文件

下列文件对于本文件的应用是必不可少的。凡是注日期的引用文件,仅注日期的版本适用于本文件。凡是不注日期的引用文件,其最新版本(包括所有的修改单)适用于本文件。

NY/T 1439 剑麻 种苗

NY/T 1803 剑麻主要病虫害防治技术规程

3 术语和定义

NY/T 1439 界定的以及下列术语和定义适用于本文件。

3.1

腋芽苗 axillary bud seedling

植株茎尖生长点受破坏后,由腋芽萌发而形成的小苗。

3.2

母株苗 maternal breeding seedling

疏植于繁殖苗圃进一步繁殖种苗的麻苗。

注: 改写 NY/T 1439,定义 3.4。

3.3

疏植苗 dispersal breeding seedling

通过疏植培育用于大田种植的麻苗。

注: 改写 NY/T 1439,定义 3.6。

4 苗圃地选择与处理

应选择土壤肥沃、土质疏松、排水良好、阳光充足、靠近水源、无或少恶草的土地作苗圃地。不宜选剑麻连作地作苗圃地。苗圃面积可按种植面积的 10%进行规划。苗圃地应合理设计道路和排水系统,1 hm^2 以上苗圃应设计 3 m 宽的运输道路,外围开通排水沟并设立防畜设施。在育苗前应翻耕晒地,二犁三耙,深耕 30 cm。

中华人民共和国农业部 2013-09-10 发布　　2014-01-01 实施

5 种苗繁殖

5.1 母株繁殖

5.1.1 母株苗选择

选择经密植培育后首批出圃的珠芽苗、组培苗或通过母株繁殖出的第一批腋芽苗，苗高 25 cm～30 cm，株重 0.25 kg 以上的嫩壮无病虫害苗作母株。母株苗数量按计划繁殖种苗数量的10%配备。

5.1.2 母株苗种植

5.1.2.1 起畦

畦面宽 100 cm，畦高 20 cm～30 cm，沟宽 80 cm～90 cm。

5.1.2.2 施基肥

以优质腐熟有机肥或生物有机肥为主，配合磷肥、钾肥和钙肥为基肥。施肥采用条施或撒施，钙肥在整地时撒施，施肥量参见附录 A。

5.1.2.3 种植

将母株苗按种苗大小分级、分畦种植，植前从根茎交界处把根全部切除；每畦种植两行，株行距 50 cm×50 cm，浅种，深度不宜超过种苗基部白绿交界处，母株苗种植应在上半年进行。

5.1.3 母株苗抚管

5.1.3.1 除草

应保持苗床无杂草，可采用化学除草剂除草。

5.1.3.2 追肥

以氮肥、钾肥穴施为主。钻心前进行两次追肥，母株苗新展叶 2 片～3 片开始追肥，第二次在母株钻心前 1 个月进行，并增施有机肥。钻心后追肥 1 次，并于畦面撒施优质腐熟有机肥，撒施后盖少量表土以利腋芽萌发。往后每采苗 1 次追肥 1 次，以氮肥、磷肥、钾肥为主，配合施用腐熟有机肥，穴施，干旱季节淋水施。钙肥每年撒施 1 次，不应与化肥混施。冬季前撒施腐熟有机肥覆盖畦面，并盖少量表土。施肥量参见附录 A。

5.1.4 钻心繁殖

5.1.4.1 钻心

母株苗培育半年后，当苗高达 35 cm～40 cm，叶片达 20 片～23 片时进行钻心处理。用扁头钻沿叶轴四周插下拔去心叶，然后插进心叶轴内，旋转数次，深至硬部，破坏生长点，促使腋芽萌生。应避免高温或雨季钻心。

5.1.4.2 采苗

钻心半年后可采苗，每 4 个～6 个月采苗一次，一个母株每年可采收 5 株苗以上，其生命周期内共采苗 10 株～15 株；母株繁殖出来的小苗高 25 cm～30 cm，展叶 4 片～5 片时即可采收。采苗时应用手把小苗与母株分开，用小刀把小苗从基部切下，避免伤及母株和小苗，并保留小苗茎基 1 cm～1.5 cm 不受伤，以增加腋芽萌发。不宜在雨季及高温期采苗。

5.2 组培繁殖

5.2.1 外植体选择

选择高产麻园中生长健壮、展叶 600 片以上的无病虫害的植株，于晴天选取高 10 cm～20 cm 的健壮吸芽或花轴中、上部 7 cm～10 cm 高的珠芽作为外植体；也可选择通过母株繁殖出的第一批腋芽苗作外植体。

5.2.2 组织培养繁殖

剑麻组织培养繁殖方法参见附录 B。

6 种苗培育

6.1 密植苗培育

6.1.1 选苗

选择高产麻园中生长健壮、展叶 600 片以上的植株留珠芽。当花梗抽生结束后将花轴顶部 30 cm 截除，待长出珠芽后，采集花轴中、上部叶片数达 3 片，高度 7 cm～10 cm 的自然脱落或人工摇动花轴后脱落的健壮珠芽为培育材料。

6.1.2 密植苗种植

6.1.2.1 起畦

畦面宽 120 cm～140 cm，畦高 15 cm～25 cm，沟宽 60 cm。

6.1.2.2 施基肥

按 5.1.2.2 要求。

6.1.2.3 种植

将珠芽苗按苗基部大小、植株高矮分级，分苗床种植，每畦种植 8 行～9 行，株行距 15 cm×20 cm，浅种，种稳。

6.1.3 密植苗抚管

6.1.3.1 除草

在杂草幼小期间及时除净，保持苗床无杂草。人工除草宜在小苗新展 2 片叶后进行；也可采用安全低毒除草剂封闭土壤，抑制杂草萌发。

6.1.3.2 追肥

小苗新展叶 2 片～3 片后，温度在 20℃以上时开始追肥，用浓度为 1%的复合肥水肥开沟淋施，避免肥料直接淋在叶面上。初次施肥浓度应适当降低，每月施肥 1 次，共淋施 3 次～4 次。苗圃干旱时应注意淋水，雨季做好苗圃排水。施肥量参见附录 A。

6.1.4 密植苗出圃

珠芽苗密植 6 个月后，当苗高 25 cm～30 cm、株重 0.25 kg 以上时，便可移植至疏植苗圃培育。

6.2 疏植苗培育

6.2.1 疏植苗选择

选择经母株繁殖出的腋芽苗或密植苗圃培育出的小苗，苗高 25 cm～30 cm，株重 0.25 kg 以上的嫩壮无病虫害苗作培育材料。

6.2.2 疏植苗种植

6.2.2.1 起畦

畦面宽 140 cm，畦高 20 cm～35 cm，沟宽 80 cm～90 cm。

6.2.2.2 施基肥

按 5.1.2.2 要求。

6.2.2.3 种植

将疏植苗按大小分级、分畦种植，植前从根茎交界处把根全部切除；每畦种植 3 行，株行距 50 cm×50 cm，种植深度不宜超过种苗基部白绿交界处。疏植苗种植宜在上半年进行。

6.2.3 疏植苗抚管

6.2.3.1 除草

保持苗床无杂草，除草应在施肥前进行，保证小苗封行前把杂草除净；可采用化学除草剂除草。

6.2.3.2 追肥

封行前进行两次追肥，以氮肥和钾肥为主。小苗新展叶 2 片～3 片开始追肥，第二次追肥在小行封行前进行，并增施腐熟有机肥。施肥应在雨后进行，穴施或沟施，干旱季节淋水施。施肥量参见附录 A。

6.3 组培苗培育

6.3.1 组培苗疏植培育

组织培养繁殖出来的组培苗经炼苗和移栽假植培育后，选取苗高 15 cm 以上的壮苗，按 6.2 的方法疏植培育成符合大田种植标准的种苗。

6.3.2 组培苗容器培育

6.3.2.1 容器及培育基质

容器可选择 30 cm×30 cm、厚度为 0.06 cm 的塑料袋；基质为表土，按基质质量添加 4%～5%的粉状生物有机肥和 0.15%的复合肥。

6.3.2.2 容器苗移栽

选择经假植培育的组培苗，苗高 15 cm～25 cm，切除全部老根后按种苗大小分级、分区移植到袋中，每袋 1 株，稍压实，深度不超过种苗基部白绿交界处。

6.3.2.3 容器苗抚管

及时消除杂草和预防病虫害发生；注意淋水，防止干旱；小苗新展叶 2 片～3 片开始喷施 0.5%～1%的水肥，每次每 667 m^2（容器苗 10 500 株）施复合肥 13 kg～15 kg 或施尿素 8 kg～10 kg 和氯化钾 10 kg～12 kg，每月施肥 1 次，共施 1 次～2 次。

7 病虫害防治

按 NY/T 1803 的规定执行。

8 种苗出圃

8.1 出圃要求

8.1.1 疏植苗

疏植苗培育 12 个～18 个月，苗高 50 cm～70 cm，叶片 28 片～40 片，苗重 3 kg～6 kg，无病虫害种苗可出圃供大田种植，种苗分级与质量要求按 NY/T 1439 的规定执行。

8.1.2 容器苗

容器苗培育 8 个～10 个月后，苗高 40 cm～60 cm，苗重 1 kg～2 kg 时可带培育基质出圃供大田种植。

8.2 起苗及处理

8.2.1 起苗

应选择合格的剑麻疏植苗或组培苗作种植材料，并预防虫害经种苗传播。种苗应提前起苗，让种苗自然风干 2 d～3 d 后种植。雨天不宜起苗，起苗后及时分级和运输，避免堆放。

注：预防剑麻粉蚧虫害可在起苗前 15 d～20 d 用有效成分 240 g/L 的螺虫乙酯 3 000 倍和快润 5 000 倍混合均匀喷植株心叶。

8.2.2 种苗处理

切去老根，切平老茎，保留老茎 1 cm～1.5 cm，以促进萌生新根；起苗后 2 d 内对种苗切口进行消毒。

注：种苗切口消毒可用 40%灭病威 100 倍～200 倍和 8%甲霜灵或 72%甲霜・锰锌 150 倍～300 倍混合均匀喷雾。

8.3 包装、标志与运输

按 NY/T 1439 的规定执行。

附　录　A
（资料性附录）
剑麻种苗培育施肥参考量

剑麻种苗培育施肥参考量见表 A.1。

表 A.1　剑麻种苗培育施肥参考量

种类	施肥量 kg/(667m²·次)			说明
	繁殖苗圃	密植苗圃	疏植苗圃	
一、基肥				
有机肥	3 000～5 000	3 000～5 000	3 000～5 000	以优质腐熟栏肥计
生物有机肥	500	500	500	以有机质含量 40%以上(干基计)
磷肥	100～150	100～150	100～150	以过磷酸钙计
钾肥	40～45	15～20	40～45	以氯化钾计
钙肥	150～200	75	150～200	以石灰计
二、追肥				
有机肥	1 000～1 500； 5 000(撒施用量)	/	1 000～1 500	以优质腐熟栏肥计
氮肥	25～28	/	25	以尿素计
磷肥	15～20	/	/	以过磷酸钙计
钾肥	25～30	/	30	以氯化钾计
钙肥	100～150	/	/	以石灰计
复合肥	/	30	/	以 N：P：K 比例 17：17：17 的复合肥计

注 1：施用其他化肥按表列品种肥分含量折算。
注 2：有机肥与生物有机肥只施用其中一种。

附 录 B
(资料性附录)
剑麻组织培养繁殖方法

B.1 外植体的选择与处理

外植体应选自生长健壮、无病虫害的植株。于晴天选取高 10 cm～20 cm 的健壮吸芽或花轴中、上部 7 cm～10 cm 高的珠芽，切除全部根系，流水冲洗，除去茎尖外层绿色叶片，用浓度为 0.3%的高锰酸钾溶液处理 15 min，并一片片向内环剥。将处理好的茎尖在超净工作台上用 75%乙醇浸泡 5 min，用无菌水冲洗 2 次～3 次，再用浓度为 0.1%的氯化汞溶液消毒 30 min，无菌水冲洗 3 次～4 次后用于接种。

B.2 接种与培养

将接种材料通过轴心缘切成大小 1.5 cm×1.5 cm 的带节茎块，接种于改良 SH ＋ 6－BA 2.0 mg/L～3.0 mg/L＋ NAA 0 mg/L～1.0 mg/L＋IBA 0 mg/L～1.5 mg/L＋蔗糖 30 g/L＋琼脂 6.5 g/L 的培养基上，pH 为 5.8，在温度(28±2)℃，光照强度 2 000 lx，每天连续光照 12 h～14 h 的条件下培养。以后每隔30 d～45 d 继代 1 次，可迅速增殖出大量试管苗。

B.3 生根培养

经增殖培养和壮苗后，将高 3 cm～5 cm 以上，带有 3 片～5 片叶的小苗转入改良 SH＋IBA 0 mg/L～1.5 mg/L＋蔗糖 30 g/L＋琼脂 6.5 g/L 的培养基中，pH 为 5.8，在光照 12 h～14 h，温度(28±2)℃的条件下，培养 25 d 后每株苗可长出 4 条～5 条壮根。

B.4 无菌苗移栽

经生根培养 25 d 后，选择生根瓶苗置于温室炼苗 7 d，然后取出洗去苗基部培养基，用高锰酸钾 1 000倍液浸泡 3 min，移植到培育基质为表土＋河沙＋椰糠的塑料遮光大棚中，在遮光度 75%，温度 20℃～32℃的条件下培育，每天注意淋水，防止干旱。幼苗长出新叶后开始追施 0.3%～1%的复合肥水肥，施肥浓度随着小苗长大逐渐提高，每次每 667 m^2 施 0.30 kg～1.00 kg，每 15 d～20 d 施肥 1 次，施肥后应立即用清水淋洗小苗，避免肥料沉积在心叶或叶片上。待幼苗长出新叶 3 片，苗高约 10 cm 即可去网开膜，增加光照。当小苗新长叶 4 片～8 片，株高 15 cm～20 cm 时即可出圃供大田疏植培育。

本标准起草单位：中国热带农业科学院南亚热带作物研究所。

本标准主要起草人：周文钊、陆军迎、李俊峰、张燕梅、张浩、戴梅莲、林映雪。

中华人民共和国农业行业标准

NY/T 603—2002

甘蓝型、芥菜型双低常规油菜种子繁育技术规程

Technical procedure for multiplication of double low rapeseed of *Brassica napus* and *Brassica juncea*

1 范围

本标准规定了甘蓝型、芥菜型双低常规油菜种子繁育技术方法和程序。

本标准适用于甘蓝型、芥菜型常规油菜育种家种子、原种和大田用种的种子繁育与生产。

本标准规定的基本繁育方法和程序亦适用于非双低甘蓝型、芥菜型常规油菜种子。

2 规范性引用文件

下列文件中的条款通过本标准的引用而成为本标准的条款。凡是注日期的引用文件，其随后所有的修改单(不包括勘误的内容)或修订版均不适用于本标准，然而，鼓励根据本标准达成协议的各方研究是否可使用这些文件的最新版本。凡是不注日期的引用文件，其最新版本适用于本标准。

GB/T 3543(所有部分) 农作物种子检验规程

GB 4407.2 经济作物种子 油料类

NY/T 91 油菜籽中油的芥酸的测定 气相色谱法(原 GB 10219—1988)

NY 414 低芥酸低硫苷油菜种子

ISO 9167-1 油菜籽中硫代葡萄糖苷含量测定 高效液相色谱法

3 术语和定义

下列术语和定义适用于本标准。

3.1

双低油菜 double low rapeseed

指甘蓝型、芥菜型低芥酸(顺$\triangle^{13}$-二十二碳一烯酸)、低硫苷(硫代葡萄糖苷)油菜。

3.2

常规油菜种子 seed of rapeseed

通过开放授粉而非杂交制种的方式进行自身繁殖，且后代能保持品种典型性状的油菜种子。

3.3

育种家种子 breeder seed

育种家育成或提纯复壮的具有品种典型特征特性、遗传性状稳定的品种或亲本种子的最初一批种子，用于繁殖原种种子。

3.4

原种 basic seed

中华人民共和国农业部 2002-11-05 发布 2002-12-20 实施

用育种家种子繁殖的第一代，或按原种生产技术规程生产并达到原种质量标准的，用于繁殖大田用种的种子。

3.5

大田用种　certified seed

用原种繁殖的第一代种子，用于大田生产。

4 繁育方法

采用两圃制（株系圃、原种圃）的分系比较方法繁育育种家种子和原种。即采用单株选择和分系比较（株系圃）的方法繁育育种家种子，采用混系繁殖（原种圃）的方法繁育原种。再用原种繁殖大田用种。

5 育种家种子繁育

5.1 单株选择

5.1.1 供单株选择的种子田

在原种繁殖田或在严格隔离（如隔离室）的原种圃内进行单株选择。

5.1.2 选择时期和数量

单株选择根据典型性、代表性分别在苗期、花期和成熟期进行。苗期应多选择一些植株，对当选植株做上标记，以供花期、成熟期作进一步选择。通常苗期选 150 株～200 株；花期在苗期当选的单株中选 80 株～100 株，套袋自交；成熟期在花期当选的单株中选 70 株，分株考种，对当选单株进行品质分析。根据经济性状和品质分析结果选择品质好、经济性状优良的单株 60 株。

5.1.3 选择标准

5.1.3.1 苗期

依据原品种典型特征特性，如叶形、叶色、蜡粉厚薄、心叶色泽、刺毛有无、缺刻形态、幼茎颜色、苗期生长习性、生长势、现蕾和抽薹迟早等性状进行选择，并对当选单株进行标记。

5.1.3.2 花期

依据原品种典型特征特性，从苗期当选单株中对株高、茎色、分枝数、花器形态和颜色及初花期、终花期的一致性等性状进行选择，在具有原品种典型特征的单株上进行标记和套袋。对于苗期当选而花期未当选的单株应摘掉标记。

5.1.3.3 成熟期

依据原品种典型特征特性，从花期当选单株中对株高、茎粗、分枝习性、分枝部位、主花序长度、结果密度、角果形态与长度、单株角果数、裂荚性、成熟期等性状进行考察，选择丰产性、抗病性、一致性好的单株进行标记，对于花期当选而成熟期未当选的单株应摘掉标记。

5.1.3.4 考种和品质检测

收获后，将成熟期当选的单株挂在通风良好的种子室内风干，再进行考种。考种内容包括千粒重、单株产量、种皮颜色等。分别按 NY/T 91 和 ISO 9167－1 规定的方法检测种子芥酸含量和饼粕硫苷含量。芥酸含量不高于 0.5%，硫苷含量不高于 20 μmol/g 的为决选单株。

5.2 株系圃

5.2.1 种子来源

来源于上季决选单株。

5.2.2 隔离

株系圃的繁殖应在严格隔离条件下进行，采用屏障隔离（山冲、小盆地、湖心岛或人工隔离室）或距离隔离（1 000 m 以上）。小面积的株系圃繁殖以隔离室隔离为佳。隔离室采用金属棚架，用塑料纱网（孔径小于 0.38 mm）或玻璃覆盖。

5.2.3 种植

将上季决选的每个单株在株系圃中分别种植一个小区(株系),每个小区种 5 行~10 行,若已有原品种的育种家种子,则将其作为对照种植。种植方式采取育苗移栽或直播。若采用育苗移栽,应适期播种,培育壮苗,移栽前精细整地,并施足基肥,但不得施用油菜茎秆果壳沤制成的农家肥。然后开沟作厢,选典型单株移栽,株行距为 20 cm×40 cm。移栽后要加强管理,防治干旱和病虫危害。

5.2.4 选择时期

根据原品种的特征特性,在苗期、蕾薹期、花期和成熟期进行选择,淘汰非典型株系、病株系、劣株系。

5.2.5 选择标准

5.2.5.1 苗期

观察长柄叶的叶形、叶色、蜡粉、刺毛、叶柄长短、幼茎颜色、幼苗生长习性、生长势强弱、越冬抗寒性等。

5.2.5.2 蕾薹期

观察短柄叶的叶形、叶色、叶裂片对数、薹茎色泽、生长习性、生长势强弱、耐春寒能力等。

5.2.5.3 花期

观察初花期、终花期以及生育期整齐度,淘汰早熟或迟熟及整齐度差的株系;还要观察花瓣的大小、颜色、重叠情况、植株高度、分枝习性等。对于花期当选的每个株系,待除杂去劣后分别进行隔离。

5.2.5.4 成熟期

观察成熟期角果形态、主花序长度、着果密度、抗倒性、抗病性及其他性状,决定当选株系,淘汰病、劣株系。

5.2.6 收获、决选和贮藏

对成熟期当选的株系按株系收获、考种、脱粒和品质分析。考种和品质分析的项目包括:株高、分枝部位、一次有效分枝数、主花序长度、主花序有效角果数、全株角果数、每果粒数、千粒重、单株产量、种子颜色、种子含油量、脂肪酸组成、芥酸和硫苷含量等。按 NY/T 91 和 ISO 9167-1 进行芥酸和硫苷检测。然后将考种和品质分析结果与原品种的标准进行比较,将性状符合原品种标准和双低指标达到 NY 414 标准的株系确定为决选株系。最后将决选株系的种子进行混合,即为育种家种子。育种家种子经充分干燥后贮藏在干燥器中,以备逐年取出使用。

6 原种繁育

6.1 种子来源

育种家种子。

6.2 隔离

采取自然屏障隔离(山冲、小盆地或湖心岛)或距离隔离(1 000 m 以上)。隔离区内连续两年未种植油菜的地块作为繁殖田。隔离区内不得种植其他油菜、白菜、芥菜等十字花科作物,无蜂群流放。

6.3 种植

播种前要精细整地,施足基肥。基肥以有机肥为主,氮、磷、钾、硼肥配合施用。适时播种,培育壮苗。种植方式采取育苗移栽或直播。采用育苗移栽方式时,苗床播种量 0.4 g/m^2~0.5 g/m^2,苗床与大田的比例为(1∶5)~(1∶6),大田栽植密度为每公顷 12 万株~15 万株;采用直播方式时,大田播种量 6 kg/hm^2~7.5 g/hm^2,留(定)苗密度为每公顷 15 万株~18 万株。播栽后加强田间管理,防治病虫危害。

6.4 去杂去劣

全生育期间进行四次去杂去劣,分别在苗期、蕾薹期、花期和成熟期进行。苗期和蕾薹期的工作重点是拔除隔离区内其他品种油菜、自生油菜等十字花科作物；花期和成熟期拔除繁殖田内的杂株、变异株和异品种；成熟期至收获时还应拔除劣株和病株。除杂后的田间杂株率不得超过 0.2%。

6.5 收获与贮藏

油菜成熟后，经严格除杂去劣，对田间验收合格的田块混合收获、脱粒，防止机械混杂，晒干、精选后抽样检验。种子质量和双低指标合格的种子即为原种。将原种装入袋内，置于干燥通风处贮藏。

6.6 种子检验和品质检测

种子精选入库后，按照 GB/T 3543（所有部分）进行抽样和检验，分别按照 NY/T 91 和 ISO 9167-1 进行芥酸和硫苷检测。原种的种子质量应达到 GB 4407.2 的要求，芥酸、硫苷含量应达到 NY 414 的要求，才能用于繁育大田用种。作为商品的原种种子，应由有资质的检测机构对种子质量和双低品质进行检测

7 大田用种繁育

7.1 种子来源

原种种子。

7.2 隔离

同 6.2。

7.3 种植

同 6.3。

7.4 去杂去劣

同 6.4。

7.5 收获与贮藏

同 6.5。

7.6 种子检验和品质检测

同 6.6。

本标准由农业部农作物种子质量监督检验测试中心（武汉）负责起草，湖北省种子管理站参加起草。

本标准主要起草人：吴庆峰、刘汉珍、聂练兵、万荷英。

中华人民共和国农业行业标准

NY/T 791—2004

双低杂交油菜种子繁育技术规程

Technical procedure for seed multiplication of double low hybrid rapeseed

1 范围

本标准规定了甘蓝型双低杂交油菜亲本种子繁育及杂交制种的技术方法和程序。

本标准适用于甘蓝型双低杂交油菜的 F_1 杂交种及其亲本(细胞质雄性不育三系和细胞核雄性不育二系杂交油菜亲本)种子。

2 规范性引用文件

下列文件中的条款通过本标准的引用而成为本标准的条款。凡是注日期的引用文件,其随后所有的修改单(不包括勘误的内容)或修订版均不适用于本部分,然而,鼓励根据本部分达成协议的各方研究是否可使用这些文件的最新版本。凡是不注日期的引用文件,其最新版本适用于本部分。

GB/T 3543.1~3543.7 农作物种子检验规程

GB 4407.2 经济作物种子 油料类

NY 414 低芥酸低硫苷油菜种子

NY/T 91 油菜籽中油的芥酸的测定 气相色谱法

NY/T 603 甘蓝型、芥菜型双低常规油菜种子繁育技术规程

ISO 9167-1 油菜籽中硫代葡萄糖苷含量测定 高效液相色谱法

3 术语和定义

本标准采用下列定义。

3.1

双低油菜 low erucic acid low glucosinolate rape

是指甘蓝型低芥酸(顺 Δ^{13}-二十二碳一烯酸)、低硫苷(硫代葡萄糖苷)油菜。

3.2

育种家种子 breeder seed

是指育种家育成或提纯复壮的具有品种(品系)典型特征特性、遗传性状稳定的品种或亲本种子的最初一批种子,用于繁殖原种种子或直接配制杂交种(F_1)。

3.3

原种 basic seed

用育种家种子繁殖的第一代,或按原种生产技术规程生产并达到原种质量标准的种子,用于繁殖良种的种子。

3.4

中华人民共和国农业部 2004-04-16 发布 2004-06-01 实施

大田用种　certified seed

用亲本原种繁殖的第一代种子。

3.5

杂交种　hybrid

用两个或两个以上的亲本进行杂交而得到的种子。

3.6

三系　three-line

雄性不育系(简称不育系,一般用"A"表示)、雄性不育保持系(简称保持系,一般用"B"表示)、雄性不育恢复系(简称恢复系,一般用"R"表示),统称为三系。

3.7

二系　two-line

本规程所称的二系仅指细胞核雄性不育两型系(简称不育两型系)、细胞核雄性不育恢复系(简称恢复系),统称为二系。

3.8

回交　back-cross

两个品种杂交后,子一代再和双亲之一重复杂交,称为回交。本规程所称的回交是指不育系与保持系之间的杂交。

3.9

测交　test-cross

本规程所称的测交是指用不育系作测验种(为母本),用恢复系作被测种(为父本)进行杂交,得到测交种,并进一步通过测交种的恢复度和杂交优势对恢复系作出评价。

4　亲本种子繁育

4.1　三系亲本种子繁育

4.1.1　育种家种子繁育

4.1.1.1　单株选择

分别在不育系、保持系、恢复系的原种繁殖田中,选取具有本品种典型特征特性的植株(选择株数根据对亲本种子的需要量确定,一般情况下为30株～50株),考种和品质检测后,各选留 N 个优良单株(选择株数根据对亲本种子的需要量确定,一般情况下 $N=15$),按单株分别编号、脱粒、留种。

4.1.1.2　株系圃(成对杂交)

将上一代中选的不育系、保持系、恢复系单株分别在株系圃中种植,成对进行杂交(不育系分别与保持系、恢复系进行回交和测交),并按组合收获成对杂交的种子。

4.1.1.2.1　田间设计

将田间划分为2个小区:即AB区(不育系与保持系株系圃)和R区(恢复系株系圃)。在AB区中,不育系株系与保持系株系按"$A_1B_1A_2B_2\cdots A_NB_N$"的形式相间排列,各N个株系,共2N个株系;在R区中,恢复系种植N个株系,按"$R_1R_2\cdots R_N$"顺序编号排列。AB区和R区分别隔离。

每个株系种4行,一般行长4 m,株行距20 cm×40 cm,株系间距80 cm。株系按编号顺序排列。

4.1.1.2.2　成对回交

用不育系作母本,保持系作父本,花期就近成对回交。成对回交时,不育系单株先整序,后套袋杂交。对于微粉较多的不育系,整序的重点是除去花粉量较大的花序和分枝。每个组合杂交8个～10个花序,100朵小花。成熟后按组合收种,与每个组合对应的保持系按单株收种,分别编号保存。

4.1.1.2.3　成对测交

用不育系作母本，恢复系作父本，花期成对测交。成对测交时，不育系单株先整序，后套袋杂交。对于微粉较多的不育系，整序的重点是除去花粉量较大的花序和分枝。每个组合杂交 8 个～10 个花序，100 朵左右小花。成熟后按组合收种，与每个组合对应的恢复系按单株收种，分别编号保存。

4.1.1.3 后代鉴定及株系决选

4.1.1.3.1 回交后代鉴定

将上一代成对回交组合的 F_1 种子（仍为不育系）作母本，与该组合对应的保持系种子作父本，依次播种，株行距一般为 20 cm×40 cm，保持系与不育系行比为 1∶1 或 1∶2。

对回交组合的育性进行鉴定，淘汰其中不育株率和不育度最低的组合，然后根据保持系和不育系的典型性状，对余下的组合及其父本进行形态鉴定、考种和品质检测，最后保留 3 个～4 个组合。

4.1.1.3.2 测交组合鉴定

将上一代成对测交组合的 F_1 种子依次播种，株行距 20 cm×40 cm 左右。

对测交组合的恢复株率（恢复株数占调查总株数的百分率）和优势进行鉴定，对能完全恢复、整齐一致、优势强的组合及其对应父本作进一步的形态鉴定、考种和品质检测，最后保留 3 个～4 个组合。

4.1.1.3.3 株系决选

对于 4.1.1.3.1 中回交保留的组合所对应的父本种子和母本种子分别进行混合，即分别为保持系育种家种子和不育系育种家种子。

对于 4.1.1.3.2 中保留的组合对应的父本种子进行混合，即为恢复系育种家种子。

4.1.2 原种繁育

将原种繁殖区分为 AB 区、B 区和 R 区，分别隔离。AB 区繁殖不育系原种，B 区繁殖保持系原种，R 区繁殖恢复系原种。AB 区与 B 区可在同一隔离区内，R 区不得与 AB 区、B 区处于同一隔离区内，采用自然屏障隔离或空间隔离 1 500 m 以上。

4.1.2.1 不育系原种繁育

用育种家种子保持系作父本，不育系作母本，在 AB 区内播种繁殖。父、母本行比为 1∶1 或 1∶2。繁殖过程中要去杂去劣，重点除去母本行中的可育株。终花后先砍父本，母本成熟后收获并混合，即为不育系原种，于低温干燥条件下贮藏备用。

4.1.2.2 保持系原种繁育

用保持系的育种家种子在 B 区内播种繁殖，繁殖面积按保持系的需种量确定。繁殖时要除杂去劣，重点除去不育株，收获后混合即为保持系原种，于低温干燥条件下贮藏备用。

4.1.2.3 恢复系原种繁育

用恢复系的育种家种子在 R 区内播种繁殖，繁殖面积按恢复系的需种量确定。繁殖时要除杂去劣，重点除去不育株，收获后混合即为恢复系原种，于低温干燥条件下贮藏备用。

4.1.3 大田用种繁育

播种前，应按田间布局特点（或分户）将繁殖田划分为若干区域，分别编号并建立田间档案。种子收获后，应按以上编号分别抽样进行品质检测，将双低指标合格的种子混合保存。

4.1.3.1 不育系大田用种繁育

用不育系原种作母本，保持系原种作父本繁殖不育系大田用种。其隔离条件、选地耕地、播种密度、田间管理、病虫防治、辅助授粉、收获贮藏等均可参照三系制种部分（见 5 杂交制种部分）。此外还应注意：

1） 除杂去劣。不育系和保持系在苗期、薹期的长相十分相似，应按不育系和保持系的典型特征特性，将混入其中的混杂株、变异株、病株和劣株彻底拔除；

2） 在近终花时应将父本（保持系）全部割除。

4.1.3.2 保持系、恢复系大田用种繁育

用保持系和恢复系的原种分别繁殖保持系大田用种和恢复系大田用种。保持系因用种量少,可用原种在网室内繁殖,繁殖方法见 NY/T 603—2002;恢复系因用种量大,可用原种在大田隔离条件下繁殖,繁殖方法同 4.1.2.3。

4.2 二系亲本种子繁育

4.2.1 不育两型系种子繁育

4.2.1.1 育种家种子繁育

4.2.1.1.1 单株选择

在双低两型系原种繁殖田内,于临花期选典型可育株和不育株各 30 株～50 株,挂牌标记,套袋。

4.2.1.1.2 成对杂交

待花朵开放后,成对杂交组合 10 个～20 个,成熟后按组合收获,检测芥酸和硫苷含量,将双低指标合格的组合留种。

4.2.1.1.3 株系圃

将上一代收获的种子按组合依次种入隔离网室或生长室内,一般每组合播 9 行 360 株左右,苗期考察性状,花期调查育性比例,将其中符合 1∶1 分离模式,形态特征典型的组合保留 2 个～3 个,将其中个别杂株除去,其余组合砍除。对保留的每个组合留中间的 1 行(不拔其中的可育株)作为授粉行,而把两侧相邻 4 行中的可育株全部拔除,只留不育株,作为被授粉行,进行人工辅助授粉。成熟时将被授粉行中收获的种子进行混合,即为不育两型系育种家种子,在低温干燥条件下贮藏。

4.2.1.2 原种繁育

将不育两型系育种家种子种植于繁殖区内,花期逐株检查育性,按 1∶3 或 1∶4 安排父本授粉行与母本被授粉行的行比,分别将父本授粉行内的不育株和母本被授粉行内的可育株彻底拔除。隔离区的选择以自然屏障隔离为主,并辅以距离隔离。距离隔离 1 500 m 以上,选择山冲或湖州。在隔离区内选 2 年～3 年未种植油菜的田块作为繁殖田,隔离区内不得种植其他油菜、白菜、芥菜及其他十字花科作物,无蜂群放养。在母本被授粉后(即终花期),要彻底将可育株拔除干净。利用蜜蜂传粉和人工授粉,终花期砍除父本授粉行,母本被授粉行成熟后收获的种子即为不育两型系原种;也可在初花期对不育株进行人工标记(例如在当选的不育株茎秆上涂抹油漆),收获时选有标记的植株收种,即为不育两型系原种。

4.2.1.3 大田用种繁育

用不育两型系原种繁殖大田用种,供大田杂交制种用,繁殖方法同原种繁育(见 4.2.1.2)。

4.2.2 恢复系种子繁育

同三系恢复系种子繁育(见 4.1.2)。

4.3 亲本种子检测

作为商品出售的育种家种子和原种应由具有资质的检测机构对种子质量和芥酸、硫苷含量进行检测。扦样和种子播种品质检验执行 GB 3543.1～3543.7,纯度采用田间小区种植鉴定,芥酸和硫苷检测执行 NY 414 和 ISO 9167-1,质量分级执行 GB 4407.2 和 NY 414,对不合格的种子批予以淘汰。

5 杂交制种

5.1 三系杂交制种

适用于细胞质雄性不育三系法配制杂交种,适用于平原、丘陵地区制种。

5.1.1 种子来源

不育系原种或良种作母本,恢复系原种或良种作父本。

5.1.2 基地选择

在隔离区内选择土壤肥力中上、肥力均匀、地势平坦、排灌方便、旱涝保收、不易被人畜危害的田块。旱地制种必须选择 2 年～3 年内未种过油菜或其他十字花科作物的地块。

5.1.3 隔离

采用自然屏障隔离。选择四周环山的丘陵盆地、湖心洲或江心洲为制种区，以山、湖、江作隔离。平原地区的空间隔离带距离不小于 1 500 m。隔离区内不能留有自生油菜和其他开花的十字花科作物。隔离区内可种植父本(恢复系)，但必须用当年制种田使用的父本种子。花期蜂群要在隔离区以外安放，花期转入隔离区的蜂群必须关箱净身 5 d 以上，或在母本开花前 5 d 介入。

5.1.4 整地

采用直播时，耕作要做到深、细、碎、平、墒、净，土壤上虚下实。采用育苗移栽时，苗床面积按计划制种面积配置，一般母本苗床与大田以 1∶5～1∶10 配置，父本苗床与大田以 1∶10～1∶20 配置。结合耕作施足底肥，增施磷、硼肥，缺钾地区还应适量补施钾肥。

5.1.5 行比和行向

应根据不育系的不育度、不育系与恢复系的生长势差异合理确定行比。父、母本行比一般为 1∶2、2∶2、2∶3。母本微量花粉量大的，可适当加大父本比例，反之则适当缩小父本比例。行向与当地花期主要风向垂直为好。对大规模制种区，可采取宽窄厢规格种植，即按照一定的父、母本行比，合理确定宽厢和窄厢的宽度。

5.1.6 播种期

根据当地气候特点及油菜温光特性合理确定播种期。并根据父、母本的生育期确定播种差期，确保父、母本花期同步。父本与母本生育期相同的组合，父本可与母本同期播种。

5.1.7 播种方式

根据当地气候特点及环境条件确定播种方式，可采用直播或育苗移栽。

5.1.8 播种量

父、母本行比为 1∶2 时，直播：父本 1 125 g/hm^2，母本 1 875 g/hm^2；育苗移栽：父母本苗床均为 6 000 g/hm^2。父、母本行比为 2∶2 或 2∶3 时，直播：父、母本各为 1 500 g/hm^2；育苗移栽：父母本苗床各为 6 000 g/hm^2。

5.1.9 合理密植

直播留苗：父、母本行比为 1∶2 时，父、母本合计留苗 12 万株/hm^2～15 万株/hm^2。父、母本行比为 2∶2 或 2∶3 时，父、母本合计留苗 15 万株/hm^2～17 万株/hm^2。

育苗移栽留苗：父、母本合计留苗 12 万株/hm^2～15 万株/hm^2。

5.1.10 田间管理

5.1.10.1 间苗、定苗和补苗

苗床地出苗后，1 叶 1 心期开始间苗，疏理窝堆苗、病虫苗、拥挤苗；3 叶 1 心期定苗，每平方米留苗 70 株～80 株，并拔除混杂苗、自生苗、弱小苗。及时除草松土，浇水补墒；直播田，3 叶～4 叶期一次定苗，对缺苗断垄田块，齐苗后要及时查苗补种，未进行补种的要移栽补齐。但不论是补种、补栽或在直播田取苗移栽，都要防止父母本错播错栽。移栽时间一般为 5 叶～6 叶期。

5.1.10.2 中耕松土

播后如遇大雨，要及时破除板结，确保全苗。定苗施肥后要进行中耕松土。油菜从小到大，中耕要掌握浅、深、浅的原则。

5.1.10.3 移栽

采取育苗移栽方式制种的，适时开沟移栽，沟深 15 cm 左右，沟施压根肥。壮苗移栽，父本和母本要分开，先栽完一个亲本，再栽另一个亲本。将幼苗按素质分类，先栽大苗，后栽小苗，不栽杂苗。移栽时，适墒起苗，不伤根，多带土，做到大小苗分栽不混栽，行栽直、根栽稳、苗栽正、高脚苗栽深，栽后浇好定根水。

5.1.10.4 灌水蓄墒

播种后，3叶期以前宜适量浇水灌溉。移栽或定苗后，应及时灌水定根。冬季干旱和东海严重的地区，要及时灌水防冻。蕾薹期注意加强灌溉。开花期可根据土壤墒情适量灌溉。

5.1.10.5 化学调控

根据植株生长情况，可适量喷施植物生长调节剂，用于防止旺苗或防冻保苗等。

5.1.10.6 防治病虫

平衡施肥，及时清沟排渍。适时防治病虫害，苗期重点防治立枯病、霜霉病，初花、盛花期重点防治菌核病，终花期摘除老(黄)叶和病叶等。防虫重点是蚜虫和菜青虫。

5.1.11 除杂去劣

在苗期、越冬期、返青期、蕾薹期、初花期，可根据亲本的典型特征，分别将父、母本行的杂株、劣株除去。杂株是指混杂株、优势株(植株高大，分枝多，株型松散)和变异株；劣株是指长势较差，植株畸形，病虫危害的植株。母本去杂时应注意将具有正常花蕾和正常花粉、微量花粉较多的植株彻底除去。收割前应进一步去杂去劣，清除母本行中的杂株、劣株、病株和萝卜角株。

5.1.12 防除微量花粉

可采用摘顶保纯或化学杀雄防除微量花粉。

摘顶保纯：一般在初花前3 d～4 d，当主花序和上部1个～2个分枝花蕾明显抽出，且便于摘打时，摘去主花序和上部1个～2个分枝。对微量花粉持续时间较长的不育系，应摘除更多的花序和分枝。为保证花期相遇，要同时摘除恢复系的相同部位。不育系摘顶后一周内，还应对摘顶部位进行检查，将遗漏的正常花和已结角的正常角果全部摘去。

化学杀雄：在不育系开始现蕾时对不育系喷施一次化学杀雄剂，隔7d左右再喷施一次。喷施时，应避免将药剂喷到恢复系上，可用薄膜将恢复系隔开。

5.1.13 人工辅助授粉

在初花期至盛花期，于晴天上午10时至下午2时，用绳子或竹竿平行于行向赶粉，或顺行用一只手将母本斜压下，用另一只手将父本倾斜于母本之上，轻轻抖动父本或用机动喷雾器吹风等措施，使父本花粉落到母本柱头上。

5.1.14 适时割除父本

当父本进入终花期后及时割除父本，并将残留在田内的父本株及其分枝清理干净。

5.1.15 收获与贮藏

全田有70%～80%的角果黄熟时收获母本。抢晴天收割，如天气不好，可采取割头法，以减轻堆垛压力。

收获过程中要防止机械混杂，要分户、分田块单脱、单晒、单藏。对母本种子进行抽样检验，将合格的母本种子混合，即为杂交种(F_1)。贮藏于阴凉干燥的仓库内。

5.1.16 种子检验和品质检测

杂交种销售前应由具有资质的检测机构对种子质量和芥酸、硫苷含量进行检测。扦样和种子播种品质检验执行GB 3543.1～3543.7，纯度和恢复株率采用田间小区种植鉴定，芥酸和硫苷检测执行NY 414和ISO 9167-1，质量分级执行GB 4407.2和NY 414，对不合格的种子批予以淘汰。

5.2 二系杂交制种

适用于细胞核雄性不育二系法配制杂交种。制种程序与细胞质雄性不育三系法制种基本相同(见5.1)。制种过程中应注意以下几点：

5.2.1 行比

父本(恢复系)、母本(不育两型系)行比为1∶4～5，母本行密度可比三系法母本行的密度适当增加0.5倍～1倍。

5.2.2 适时除去母本行的可育株

二系制种的技术关键是及时除去母本行的可育株。除去可育株可采取拔株法或铲株法，一般从蕾薹期开始进行，临花期前必须全部除完。除去可育株要及时彻底，防止形成再生分枝和花朵，确保母本群体中遗留的可育株不超过0.4%。

5.2.3 可育株与不育株的识别

准确识别可育株与不育株，是初花前(母本蕾期)除去母本群体中可育株的关键。可育株与不育株在蕾期的主要区别如下：

可育株：花蕾较不育株花蕾大，绿色稍深，用手摸时感觉较不育株花蕾坚实，用手挤破花蕾时，有黄色渗出液。

不育株：花蕾细长，绿色稍浅，手摸时感觉较可育株花蕾松软，有不充实感，用手挤破花蕾时，无黄色渗出液。早期花序常有无死蕾现象。

5.2.4 辅助授粉

在彻底拔除可育株后，再安放蜂群，并进行人工辅助授粉。

5.2.5 收获

只收不育株上的种子，即为二系杂交种。

5.2.6 种子检验和品质检测

同5.1.16。

附 录 A
(资料性附录)
双低杂交油菜细胞质雄性不育三系亲本种子繁育程序示意图

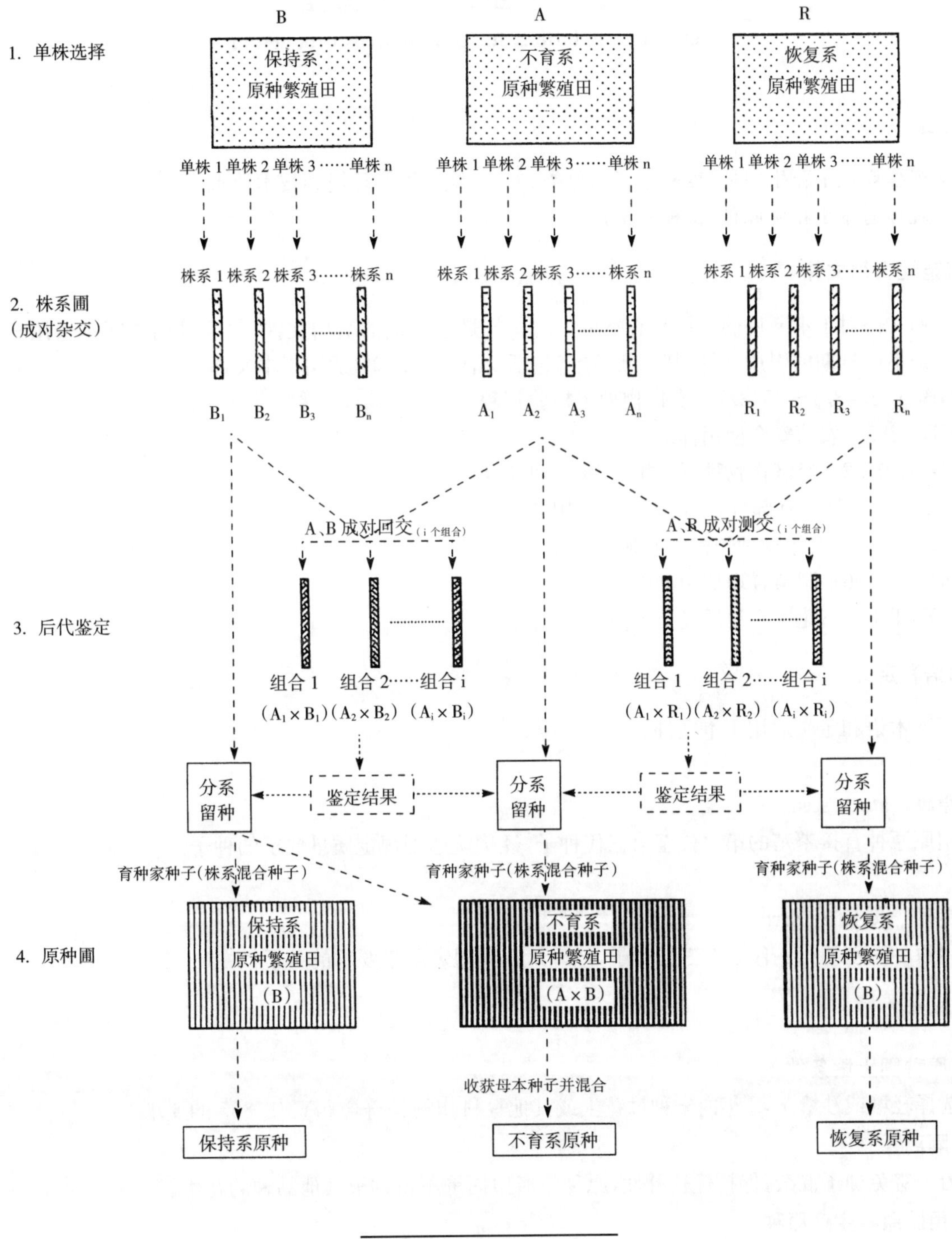

本标准起草单位:农业部农作物种子质量监督检验测试中心(武汉)、湖北省种子管理站。

本标准主要起草人:吴庆峰、刘汉珍、聂练兵、万荷英、汪爱顺、谢建平、伍同寸。

中华人民共和国农业行业标准

NY/T 2399—2013

花生种子生产技术规程

Technical regulations for peanut seeds production

1 范围

本规程规定了花生原种、良种生产的分类、方法、检验以及环境和技术要求。

本规程适用于花生原种、良种的繁育。

2 规范性引用文件

下列文件对于本文件的应用是必不可少的。凡是注日期的引用文件，仅注日期的版本适用于本文件。凡是不注日期的引用文件，其最新版本(包括所有的修改单)适用于本文件。

GB/T 3543.1～3543.7 农作物种子检验规程

GB 4285 农药安全使用标准

GB 4407.2 经济作物种子 第2部分：油料类

GB/T 8321(所有部分) 农药合理使用准则

GB 20464 农作物种子标签通则

NY/T 496 肥料合理使用准则

NY/T 855 花生产地环境技术条件

3 术语和定义

下列术语和定义适用于本文件。

3.1

原种 stock seed

用原原种直接繁殖的第一代至第三代种子，经确认达到规定质量要求的种子。

3.2

良种 certified seed

用原种繁殖的第一代至第三代种子，经确认达到规定质量要求的种子。

4 原种生产

4.1 原种圃土壤条件

选择轻壤或沙壤土，2年内未种过花生或其他豆科作物且符合NY/T 855的要求。

4.2 隔离

为了避免种子混杂，保持优良种性，原种生产田周围不得种植其他品种的花生。

4.3 用原原种生产原种

4.3.1 种子来源

中华人民共和国农业部 2013-09-10 发布　　2014-01-01 实施

由品种育成者或育成单位提供。

4.3.2 播种

将原原种适度稀植于原种田中，单粒播种，播种时应将播种工具清理干净，严防机械混杂。

4.3.3 田间管理

按高产花生大田管理模式进行。

4.3.4 田间观察记载、鉴定

田间鉴定分四期进行。

a） 苗期：主要观察记载出苗期和出苗整齐度。

b） 花针期：主要观察记载叶形、叶色、开花类型、花色、分枝习性、抗旱性等。

c） 成熟期：主要观察记载株高、株型、熟期、抗病性和株行的整齐度。

d） 收获期：观察记载初选行的丰产性、典型性和一致性以及荚果形状、大小及其整齐度等性状。

通过鉴评，应淘汰不具备原品种典型性的、有杂株的、丰产性差的、病虫害重的株行，对入选株行中的个别病劣株应及时拔除。

4.3.5 收获

成熟时应适时早收，应单独脱粒、专场晾晒，严防混杂。

5 良种生产

5.1 地块要求

按照 NY/T 855 的要求选择花生产地环境条件。不同品种繁殖小区间设置隔离行。

5.2 种子选择

采用通过 4.3 方法生产的原种，淘汰劣果、病果、芽果。

5.3 播种

5.3.1 播种条件

播种时土壤相对含水量以 60%～70%为宜。

5.3.2 种植规格

a） 北方产区，垄距 85 cm～90 cm，垄面宽 50 cm～55 cm，垄高 8 cm～10 cm，每垄 2 行，垄上行距 30 cm～35 cm，穴距 16 cm～18 cm，每 667 m^2 播 8 000 穴～10 000 穴，每穴播 2 粒种子。

b） 南方产区，畦宽 120 cm～200 cm（沟宽 30 cm），畦面宽 90 cm～170 cm，播 3 行～6 行，每 667 m^2 播 9 000 穴～10 000 穴，每穴 2 粒种子。

5.3.3 播种

用花生联合播种机播种，将花生开沟播种、喷洒除草剂、覆膜、膜上压土等工序一次完成。选用宽度 90 cm、厚度 0.004 mm～0.006 mm、透明度≥80%、展铺性好的常规聚乙烯地膜。

5.4 田间管理

按照 GB 4285 和 GB/T 8321 的要求施用农药，病、虫、草害防治按高产花生大田管理模式进行。按照 NY/T 496 的要求施用肥料。

5.5 收获与晾晒

当 65%以上荚果果壳硬化、网纹清晰、果壳内壁呈青褐色斑块时，及时收获、晾晒，尽快将荚果含水量降到 10%以下。晾晒时采取隔离措施，防止不同品种间混杂。

5.6 清除残膜

覆膜花生收获后，及时清除田间残膜。

6 种子的检验

原种、良种生产单位要做好种子检验，并由种子检验部门根据 GB/T 3534.1～3534.7 进行复检，对符合 GB 4407.2 规定标准的原种、良种种子签发合格证书；对不合格的种子提出处理意见。

7 标签

种子标签应符合 GB 20464 的规定。

本标准起草单位：山东省农业科学院。

本标准主要起草人：万书波、单世华、闫彩霞、张智猛、张廷婷、李萌、郭峰、董建军、孙秀山、孟静静、张佳蕾。

中华人民共和国农业行业标准

NY/T 795—2004

红江橙苗木繁育规程

Regulation for propagation of hongjiangcheng orange trees

1 范围

本标准规定了红江橙苗木繁育的术语和定义、无病毒苗木繁育体系、无病毒原种的培育与保存、无病毒母本园和无病毒苗木繁育技术规程。

本标准适用于各省、自治区、直辖市红江橙苗木产地及栽培区。

2 规范性引用文件

下列文件中的条款通过本标准的引用而成为本标准的条款。凡是注日期的引用文件，其随后所有的修改单(不包括勘误的内容)或修订版均不适用于本标准，然而，鼓励根据本标准达成协议的各方研究是否可使用这些文件的最新版本。凡是不注日期的引用文件，其最新版本适用于本标准。

GB 5040—1985　柑橘苗木产地检疫规程

GB 9659—1988　柑橘嫁接苗分级及检验

3 术语和定义

下列术语和定义适用于本标准。

3.1

无病毒苗　diseases free trees

无病毒苗不含黄龙病、衰退病、碎叶病、裂皮病。

3.2

无病毒苗木繁育体系　diseases free nursery tree propagating system

经农业部或省、自治区、直辖市农业行政主管部门核准，由完成无病毒苗木生产各环节任务的不同单位组成的整体。包括原种保存圃、无病毒母本园及无病毒苗木繁育圃三个环节。

3.3

无病毒原种　diseases free primary plant

红江橙优良株系，经过田间选拔、脱毒处理、直接引进检测后，确认不带指定病害的原始植株。

3.4

无病毒母本园　diseases free mother block

采自无病毒原种保存圃的接穗所建立的红江橙采穗圃和砧木采种圃。

3.5

无病毒苗木繁育圃　diseases free tree propagating nursery

使用无病毒母本园提供的接穗和砧木种子或经脱毒处理的砧木种子所建立的红江橙苗圃。

中华人民共和国农业部 2004-04-16 发布　　2004-06-01 实施

4 无病毒苗木繁育体系

4.1 无病毒红江橙原种保存圃

4.1.1 无病毒红江橙原种保存圃承担无病毒原种的筛选、脱毒、培育、保存的任务，并向无病毒母本园提供无病毒红江橙接穗，协助母本园单位建立无病毒红江橙采穗圃和砧木采种园。

4.1.2 无病毒原种保存圃由农业部确认。

4.2 无病毒母本园

4.2.1 无病毒母本园包括无病毒红江橙采穗圃、无病毒砧木采种园。

4.2.2 无病毒母本园负责向无病毒苗木繁育圃提供无病毒红江橙接穗、砧木种子或砧木苗。

4.2.3 无病毒母本园的繁殖材料由原种保存圃提供，并接受省级植物检疫机构指定的病毒检测单位的定期病毒检测，一旦发现繁殖材料带病立即销毁。

4.2.4 无病毒母本园由省农业行政主管部门核准。

4.3 无病毒苗木繁育圃

4.3.1 繁育圃的砧木和接穗必须来自无病毒母本园，不允许从苗木上采穗进行以苗繁苗。

4.3.2 无病毒红江橙苗木繁育圃负责向生产者提供无病毒红江橙嫁接苗木。

4.3.3 无病毒红江橙苗木繁育圃由省农业行政主管部门认定，领取无病毒红江橙苗木生产许可证和经营许可证，并接受主管部门的指导和监督。

5 无病毒原种培育与保存

5.1 待脱毒材料

5.1.1 待脱毒处理的品种株系和砧木应由专业技术人员进行选择。

5.1.2 选取树龄 6 年以上、品种纯正、优质高产，且无指定病害的健康优良单株作为待脱毒材料的母本树，采集接穗作为脱毒材料。

5.1.3 待脱毒材料的病毒检测先按附录 A 规定的方法鉴别主要病毒类等病害，然后按附录 B 方法检测柑橘黄龙病病原物。

5.2 脱毒处理

5.2.1 茎尖嫁接脱毒按照附录 C 的规定执行。

5.2.2 热处理茎尖嫁接脱毒按附录 D 的规定执行。

5.3 脱毒材料的病毒检测

5.3.1 经脱毒处理获得的材料，采用指示植物进行鉴定。指示植物检测方法按附录 E 的规定进行。

5.3.2 指示植物的症状鉴别，按附录 F 的规定执行。

5.4 无病毒原种的保存

5.4.1 红江橙接穗经过脱毒处理和病毒检测，确认无病毒后方可作为无病毒原种，经繁育后保存在原种圃。

5.4.2 田间保存圃，原种要种在前作为非芸香类植物地段，与柑橙园相隔 3 km 以上并用 50 目～60 目防虫网保护。

5.4.3 无病毒原种树每两年应进行一次病毒检测，发现病害单株应立即淘汰。检测单位要将病毒检测结果报告主管部门。

6 无病毒母本园的建立

6.1 园地的选择与基础建设

6.1.1 园地应选择前作5年以上为非芸香类植物地带，丘陵地带选择距离柑橘园3 km以上，平原地带选择距离柑橘园5 km以上。清除周围芸香类植物。

6.1.2 园地水源丰富，环境避风，交通方便。

6.1.3 园地土壤肥沃，并进行土壤病虫消毒处理。

6.1.4 园地周围设置铁丝网防止人为及牲畜干扰。

6.1.5 园地内设置防虫网保护，防止传病昆虫侵入。

6.2 无病毒红江橙采穗圃

6.2.1 种子处理按GB 5040—1985 中3.2.1的规定执行。

6.2.2 砧木种子经播种、培育至高10 cm以上移栽。苗木茎干离地8 cm以上、径粗0.6 cm嫁接。

6.2.3 采穗圃接穗由无病毒原种保存圃提供，详细记载原种接穗株系、来源、脱毒、检测的单位及时间。

6.2.4 采穗圃接穗按株系成行栽植，株距80 cm～100 cm，行距100 cm～150 cm。同一株系连续种植，按顺序编号，绘制采穗圃株系分布图，并做好标记。

6.2.5 加强肥水管理，保证树势壮旺、生产充实的接穗和结果，以观察果实的园艺性状，出现非纯红肉果植株立即淘汰。

6.3 无病毒砧木采种园

6.3.1 砧木品种按各产区适用的砧木确定，可采用红橘、酸橘和红柠檬等。不同品种要隔离种植。

6.3.2 所采用种子必须在健康植株上采集。种子消毒处理按GB 5040—1985 中3.2.1的规定执行。土壤处理按7.2.1.2的方法进行。

6.3.3 种子播种、移栽按6.2.2的方法进行。

6.3.4 砧木采种园的接穗，是采自经过优选的果大、种子多、籽粒饱满的健壮植株，并剪穗嫁接成苗后，置于玻璃箱中利用夏季40 ℃～50 ℃日温，持续培养30 d以上脱毒。

6.4 无病毒母本园的病毒检测

6.4.1 母本园病毒检测，田间检测按附录A的规定执行，黄龙病病原检测按附录B的规定执行。发现植株带病毒，立即拔除销毁并消毒树穴土壤。

6.4.2 每两年随机抽样进行病毒检测一次。

6.5 母本园的技术档案

6.5.1 每年记载各品种、株系的生长量、花期、果期、产量、果实大小、种子数、果实品质等。

6.5.2 记录母本园向外提供的红江橙接穗的数量和接收单位。

7 无病毒苗木繁育圃的建立

7.1 苗圃的建立

7.1.1 苗圃地的选择，在黄龙病区，苗圃地周围与芸香类植物之间距离3 km以上；有高山、大河、湖泊等天然屏障的地区，其间隔1.5 km以上，且水源丰富、土壤肥沃、酸度适中，前作5年以上为非芸香类植物地段，交通方便。

7.1.2 苗圃地的规划和建设，划分为若干小区，铺设防虫网，苗圃四周安装铁丝网，防止人为破坏及牲畜进入。

7.2 实生砧木培育

7.2.1 实生苗床

7.2.1.1 砧木种子采自无病毒砧木采种园或经病毒检测确认无病毒的种子。

7.2.1.2 播前应施足有机肥，并进行土壤消毒。

7.2.1.3 种子处理按 GB 5040—1985 中 3.2.1 的规定执行。

7.2.2 实生砧木苗移栽管理

7.2.2.1 实生砧木苗移栽，苗高 10 cm～15 cm 时移栽。移栽时淘汰变异弱小主根和根颈弯曲的小弱苗。

7.2.2.2 移栽前畦面的整理按 7.2.1.2 的要求。田间管理与常规生产管理相同。

7.3 苗圃的嫁接与管理

7.3.1 接穗的采集。接穗必须从无病毒红江橙采穗圃采集，剪下的接穗立即除去叶片，按株系分扎成捆，用湿布包好，并登记母本树株系名称（编号）和采集时间。

7.3.2 嫁接。每次嫁接前用 0.5%次氯酸钠溶液对工具进行消毒，嫁接位置离地 8 cm 以上。

7.3.3 嫁接苗的管理。嫁接苗的管理与常规生产管理相同。发现异常植株应立即清除。

7.4 红江橙嫁接苗分级标准及检验

按 GB 9659—1988 第五章的规定执行。

7.5 红江橙嫁接苗的检查、签证、出圃

按 GB 5040—1985 第四章规定执行。出圃前，主要病毒类病害的鉴定，先按附录 A 的方法普查，然后抽样检查，按附录 B 的方法检测柑橘黄龙病的病原物。

附　录　A
（规范性附录）
田间目测鉴定柑橘病毒病的症状

A.1　衰退病　tristeza

速衰型以酸橙作砧木的柑橙叶片突然萎蔫干枯，或地下无新根或植株矮化；苗黄型叶脉黄化或叶片似缺锌、锰状黄化；茎陷点型接穗主干或支干木质部有陷点和沟纹，叶黄果小。

A.2　黄龙病　huanglongbing

新梢在生长过程中停止转绿，叶片均匀黄化或叶片转绿后从主、侧脉附近和叶片基部开始黄化，黄化部分扩展形成黄绿相间的斑驳，叶片变小变硬。

A.3　裂皮病　exocortis

以枳、枳橙、莱檬作砧木，其砧木部树皮纵向开裂，裂皮下流胶，重者树皮剥落，黑根外露，植株矮化，新梢少而弱，易落叶。

A.4　碎叶病　tatter leaf

植株砧穗接合处环缢，接口上部接穗肿大，植株矮化，叶脉黄化，后期植株黄化，甚至枯死。

附　录　B
（规范性附录）
聚合酶链式反应(PCR)技术检测柑橘黄龙病病原法

B.1　待测样品的采集

在田间采集待测柑橘植株的叶片20片～30片，装在密封保湿塑料袋中，送到指定的检测单位进行检测。若不能马上送到检测单位，须放置于4℃的冰箱中保存。

B.2　待测样品模板DNA的制备

取待测叶片的中脉0.5 g，剪碎，加液氮磨成粉末状；加入2倍～3倍体积的DNA抽提缓冲液(2% CTAB，1%PVP，100 mmol/L Tris-HCl，20 mmol/L EDTA)混匀，分装于Eppendorf管中；65℃水浴1 h；用苯酚/氯仿、氯仿/异戊醇抽提两次，取上清液，加入1/10体积3 mol/L NaOAC(pH7.0)及2倍体积无水乙醇，置−20℃冰箱过夜；于4℃下14 000 g离心20 min，弃上清液，分别用70%及95%乙醇洗沉淀各一次；吹干，加入100 μL TE(10 mmol/L Tris-HCl，1 mmol/L EDTA)；取2 μL在1.2%琼脂糖凝胶上电泳，紫外灯下观察DNA的纯度并估算其浓度，其余置于−20℃冰箱保存备用。

B.3　PCR特异引物的设计

根据柑橘黄龙病病原亚洲株系的DNA序列设计并合成用于检测柑橘黄龙病病原的特异性引物1和引物2。引物1(P_1)的碱基序列为：5′-GCGCGTAGCAATACGAGCGGCA-3′；引物2(P_2)的碱基序列为：5′-GCCTCGCGACTTCGCAACCCAT-3′，其扩增片段大小为1 160 bp。

B.4　待测样品的PCR扩增反应

PCR扩增反应体系的总体积为50 μL。反应体系包括：10×PCR反应缓冲液5 μL，2 mmol/L $dNTP_S$ 5 μL，P_1和P_2各1 μL(物质的量为25 pmol)，待测样品的模板DNA 2 μL，双蒸灭菌水35 μL，最后加入TaqDNA聚合酶1 μL(3 U/μL)，各种反应物混匀后，置于PCR扩增仪上进行扩增反应。反应条件为：94℃预变性5 min后，依94℃变性1 min—65℃退火1 min—72℃延伸1 min，进行35次循环，72℃再延伸10 min，使PCR的产物得到充分扩增。每次扩增反应均设清水空白对照、健康植株样品负对照及含柑橘黄龙病病原DNA的正对照各一个，每个试验均进行两次重复。

B.5　待测样品的检测结果判断

PCR扩增反应完毕后，取10 μL扩增产物，用1.2%琼脂糖凝胶电泳40 min，电泳完毕后，在波长为254 nm的紫外灯下观察，在含柑橘黄龙病病原DNA的正对照样品中，能看到一条长度为1 160 bp的特异性电泳区带，为柑橘黄龙病病原的DNA片段，而在清水空白对照、健康植株负对照的样品中则扩增不到这条特异性的电泳区带。如果在待检测的样品中能扩增出长度为1 160 bp的特异性电泳区带，则证明该检测样品带有柑橘黄龙病病原。反之，如果在待检测的样品中不能扩增出长度为1 160 bp的特异性电泳区带，则证明该检测样品中不带柑橘黄龙病病原。

附　录　C
（规范性附录）
茎尖嫁接脱毒法

C.1　砧木种子处理

选饱满的砧木品种种子洗干净，剥去种皮，在无菌条件下，用0.5%次氯酸钠液浸泡10 min，用无菌水洗干净后播种于装有MS培养基的试管中，在黑暗中培养2周。

C.2　接穗处理

从预先准备好的需脱毒母株（小苗），取刚抽出1 cm～2 cm长的红江橙新梢，去掉较大叶片。在无菌条件下，用0.25%次氯酸钠液浸5 min，再用无菌水洗干净备用。

C.3　茎尖嫁接

将经消毒处理好的接穗切取0.14 mm～0.18 mm的茎尖（2个～3个原基）嫁接于砧木上，并移入MS液体培养基中。在光强1 000 lx、光照12 h～14 h、温度26 ℃±2 ℃条件下培养，及时去除砧木不定芽，待嫁接苗长出3片～5片叶后，再移于网室消毒土中培育。按嫁接成活的芽系进行编号。

C.4　病毒检测

按芽系编号，采用指示植物进行鉴定。保存无病毒的芽系，将带病毒的芽系淘汰。

附 录 D
(规范性附录)
热处理—茎尖嫁接脱毒法

D.1 接穗的准备和热处理

预先将准备好的红江橙母株(盆栽小苗)置于人工气候箱中进行热处理 35 d(白天用 40 ℃、光照 16 h、黑夜 30 ℃、光照 8 h),或置于玻璃箱中利用夏季 40 ℃～50 ℃日温,持续 8 h 培养 30 d 以上。

D.2 种子处理和砧木准备

砧木品种的种子,在无菌条件下,用 0.5%次氯酸钠液浸泡 10 min,用无菌水冲洗干净,播于 MS 琼脂培养基试管中,在黑暗中培养 2 周作砧木。

D.3 茎尖嫁接

在无菌条件下,取出砧木,切去茎上部,从热处理母株(小苗)嫩芽上切取 0.14 mm～0.18 mm 的茎尖(2 个～3 个叶原基)嫁接于砧木上,并移入液体 MS 培养基中,在温度 26℃±2℃、有光条件下培养,待茎尖成活、长至 3 片～5 片叶时,再移于网室消毒土中培育。对嫁接成活的每个芽系进行编号。

D.4 病毒检测

按芽系编号,采用指示植物进行鉴定,保存无病毒的芽系,将带病毒的芽系淘汰。

附 录 E
（规范性附录）
指示植物检测法

E.1 指示植物的选用

黄龙病选椪柑实生苗作指示植物；裂皮病选 Etrog 香橼 861－S－1 作指示植物；碎叶病选 Rusk 枳橙作指示植物；衰退病普通型株系用墨西哥莱檬，苗黄型株系用酸橘、葡萄柚，茎陷点型株系用甜橙作指示植物。指示植物必须是健康的。

E.2 待检苗的准备

挑选红橘和椪柑生长一致的砧木实生苗，定植于检测苗圃中。每行 50 株～100 株，株行距 20 cm×60 cm。检测苗圃 500 m 以内不得有柑橘类植物，并设置防虫网罩住，防止病虫侵入。从待检样本树上剪取成熟枝条，嫁接于红橘砧木实生苗上作为待检苗。按照待检样本树芽系编号挂牌。1 株待检样本树在同一行砧木上嫁接 5 株。

E.3 指示植物与待检苗的嫁接

待检苗粗 0.5 cm 即可嫁接。分别剪取 E.1 选用的指示植物的成熟枝条，分别采取枝段枝接或芽片腹接法，接于待检苗上。并从待检样本树上剪取成熟枝段或芽片接于椪柑实生苗上。按指示植物名称和待检苗芽系编号，写好标签，做好记录和挂牌。

E.4 嫁接苗的管理

嫁接后，加强肥水管理，防止虫害和控制蘖芽生长。

E.5 病毒类病害鉴别

从抽芽展叶开始，每周定期观察指示植物的症状表现，做好观察记录，根据指示植物的症状反应，判别待检树是否还潜带病毒。

附 录 F
（规范性附录）
病毒类病害在指示植物上的症状鉴别

病毒类病害在指示植物上的症状鉴别如表F.1所示。

表F.1 病毒在指示植物上的症状

病毒类病害		指 示 植 物	症 状 表 现
黄龙病		椪柑实生苗	新梢叶片斑驳型黄化
裂皮病		Etrog香橼861-S-1	夏梢叶片中脉抽缩向叶背卷曲，老叶背面叶脉黑褐色坏死或开裂
碎叶病		Rusk	春梢或秋梢叶片出现黄斑、叶片扭曲和叶缘缺损
衰退病	速衰型	墨西哥莱檬、甜橙	叶脉间断性半透明或4个～6个月后有茎陷点
	苗黄型	葡萄柚、酸橘	苗黄化
	茎陷点型	甜橙、葡萄柚	茎陷点

本标准起草单位：广东省湛江农垦局。
本标准主要起草人：陈国强、苏智伟、曾绍麟。

中华人民共和国农业行业标准

NY/T 971—2006

柑橘高接换种技术规程

Technological standard of citrus topworking

1 范围

本标准规定了柑橘高接换种中有关品种、中间砧选择，接穗的采集与贮运，高接时期、高度、部位、接口方位、接芽数和高接方法及接后管理等技术。

本标准仅适用于以品种更新为目的的柑橘高接换种。适用于我国柑橘类果树中各种栽培种类和品种。

2 规范性引用文件

下列文件中的条款通过本标准的引用而成为本标准的条款。凡是注日期的引用文件，其随后所有的修改单(不包括勘误的内容)或修订版均不适用于本标准，然而，鼓励根据本标准达成协议的各方研究是否可使用这些文件的最新版本。凡是不注日期的引用文件，其最新版本适用于本标准。

GB 5040 柑橘产地检疫规程

3 术语和定义

下列术语与定义适用于本标准。

3.1

嫁接 grafting

把植物的某部分器官接合到另一植物体上，使它们愈合成为一个完整的新植物体的方法。

3.2

砧木 rootstock

嫁接时用以承受接穗的植株，高接换种用的砧木可以是嫁接树，也可以是实生树。

3.3

接穗 scion

嫁接时接在砧木(基砧、中间砧)上的枝条或芽。

3.4

基砧 base stock

高接树最基部、具根系的砧木部分称基砧。

3.5

中间砧 interstock

经一次以上嫁接的树，介于基砧和接穗之间的部分称中间砧。嫁接树经过1次、2次、3次……高接换种的，其中间部分分别称为1次、2次、3次……中间砧。实生树经过2次、3次高接的，其中间部分称1次、2次中间砧。

中华人民共和国农业部 2006-01-26 发布　　2006-04-01 实施

3.6

高接 topworking

在实生树或中间砧的树冠上，主干或骨干枝上进行的嫁接。

3.7

枝接 twig grafting

以枝条或枝段为接穗的嫁接方法。

3.8

芽接 budding

以芽片为接穗的嫁接方法。

3.9

切接 cut grafting

指切断砧木枝梢，在切口处近皮部的侧面作一垂直的切口，插入接芽而成的一种嫁接方法。

3.10

腹接 side grafting

又称侧接，指将芽片或枝段接在砧木主干、主枝、侧枝侧面上的一种嫁接方法。

3.11

劈接 cleft grafting

在待接砧木的主干或骨干枝上横切，在横切面上纵切一刀或数刀，插入扩缝物，将削成楔形的接穗枝段插入切口，对准形成层，然后捆扎坚实并套袋保湿的一种嫁接方法。

3.12

一次性切接 cut grafting at once

高接换种的一种方式。指用切接法在被接树的较低部位进行全树高接。

3.13

轮换高接 alternate topworking

高接换种的一种方式。指对被换树按方位分步进行高接，一般分两年完成，每年换接被接树的一半。

3.14

多头高位接 multiple stem topworking

即多头高接。高接的外层部位在二级枝以上(含二级枝)，在秋季用腹接、春季用切腹接法进行的多枝头嫁接方法。

3.15

低位高接 lower site topworking

指高接部位在一级主枝以下部位(含一级主枝)进行的嫁接方法。秋季用腹接，春季用切接、切腹接、劈接法换接。

3.16

主干 trunk

亦称树干，指根颈部至第一主枝之间的树段。

3.17

主枝 scaffold limb

着生在主干或主干延长枝(中心枝)上的骨干枝为主枝，亦称一级枝。

3.18

副主枝 secondary leader

着生在主枝上的大侧枝为副主枝，也称二级枝。

3.19

骨干枝 skelton branch

构成树冠骨架的多年生大枝，如主枝、副主枝、中心枝。

3.20

高换品种 variety for topworking

在中间砧或实生树上，用高接方法换接上的品种。

3.21

露芽 bud uncovered

嫁接时将接芽的芽眼裸露，或是嫁接时将芽完全包扎而在萌动时将薄膜挑破或重新捆扎薄膜，露出芽眼，是有利接芽生长的一种措施。

3.22

除萌 sucker removal

高接后，抹除或剪除在中间砧骨干枝或基砧上抽发的萌蘖。

3.23

摘心 top removal

在新梢生长期间，按需要保留一定长度的枝段，在未木质化时摘去顶部幼嫩部分的一种措施。

4 中间砧(或实生树)要求

4.1 树龄：10 年生之内最佳，10 年～20 年生较好，20 年～30 年生较差。

4.2 生长正常，树干、骨干枝和根系无严重病虫害。

4.3 衰老树，树干、根颈部或根系有严重病虫害，生长不良的树不能高接。

5 接穗要求

5.1 品种选择：适应当地生态条件、市场前景好、经济效益高、与中间砧亲和性好的优良品种(亲和性参见附录 A，推荐高换品种见附录 B)。

5.2 来源：国家或地方的各级柑橘良种母本园或采穗园，或品种来源清楚、纯度高、无病的柑橘园也可采穗。

5.3 质量

品种纯度高，无检疫性病虫害，无病毒病和类似病毒病(一般要求无裂皮病、黄龙病、碎叶病、温州蜜柑萎缩病，特殊要求无衰退病)。粗壮、组织充实、芽眼饱满、新鲜洁净的一年生成熟枝，春、夏、秋梢均可。

5.4 采集

就地采集的，采集时间宜在进行高接换种前 1 天～2 天最好。远距离调运的，可早采，经贮运后备用。秋季嫁接，边接边采；春季嫁接必须在萌芽前采集、贮藏备用。

5.5 贮藏

5.5.1 冷藏

用中性洗涤剂清洗、用清水清洗或用 0.5%～1%次氯酸钠浸一下后，清水洗净，晾干附着水，用厚实洁净塑料袋密封后置 4℃～10℃冷藏室、冷藏柜或家用冰箱中，可贮藏 1 个月～3 个月。

5.5.2 保湿贮藏

洗净晾干附着水后分层置于洁净、湿润的河沙(以手捏成团、手松即散为度)、苔藓、木屑等(以手捏挤不出水为度)物中，贮藏环境要求冷凉、温度变幅小、相对湿度 85%～90%、通风透气，如是冬春季可贮存 1 个月～2 个月，秋季可贮存 2 周。用时接穗应再洗净并晾干附着水。

5.6 运输

5.6.1 包装容器应清洁、坚固耐压，包装箱外须标明品种、数量和采集发运时间。

5.6.2 包装前接穗须经清洗、消毒处理。

5.6.3 保湿

接穗用塑料袋包裹，外用保湿材料保护，常用保湿材料为木屑、苔藓和纸(吸水)等。

5.6.4 降温

在高温季节运输接穗，在包装箱内应置冰袋或冰块，降温保鲜。

5.6.5 植物检疫

接穗运输时，必须附有由当地植检部门开出的植物检疫证书，按 GB 5040 执行。

6 高接前的准备

6.1 工具和材料：备齐高接用的工具(嫁接刀、修枝剪、手锯)、薄膜(2 cm～3 cm 宽的聚乙烯、聚氯乙烯、乙烯树脂薄膜)、伤口保护用石蜡或聚乙烯薄膜袋。

6.2 高接前果园应灌水或松土、除草、施肥，促进中间砧生长，提高高接成活率。

6.3 秋季腹接的须适当修剪，剪去有碍嫁接的枝条，适当回缩待接枝的延长枝。

6.4 根据种源多少及高接的主要目标，确定技术方案。

7 高接技术要点

7.1 时间

整个生长期(日均气温稳定在 13℃～25℃)均可高接，但以秋季的 7 月～10 月(树液停止流动前)，春季的 2 月～4 月(树液流动后)为适期。

7.2 高度

视中间砧树龄、树冠大小、换接品种不同而异。树龄小或树冠小的，部位应低；换接品种树性直立的，换接部位可低，披散的则宜高，但一般应在距地面 1.5 m 以下，以便操作，利于生长与管理。

7.3 部位

10 年生以下的树，高接部位在主枝、副主枝或主干；10 年～20 年生树，高接部位在副主枝、主枝和侧枝；20 年生以上树，高接部位在侧枝、副主枝、主枝上。不论切接或腹接，每一接口距基枝或距分叉处的距离为 25 cm～30 cm，同一骨干枝的延长枝方向可有多个接口，但接口之间的距离应在 25 cm～30 cm 间，交错排列。

7.4 接口方位

腹接时接口布置在直立的主干或中心枝上，在形成树冠骨架的最佳部位两侧或呈三角形分布。分枝角度在 30°以上的斜生枝，在其两侧；分枝角度在 30°以下的斜生枝或平生枝，接口在侧上或上面。切接时接芽的方位以两侧或外侧方为宜。

7.5 芽数

10 年生以下的中间砧，3 芽～10 芽；10 年～15 年生树，8 芽～15 芽；15 年～20 年生树，15 芽～25 芽；20 年生以上树，25 个芽以上。在主干上实施劈接或切接的，其横断面直径≥5 cm 者，2 个接口；横断面直径≥10 cm 者，2 个～4 个接口。每接口接 1 个～2 个枝段，切面应平滑。

7.6 方法

7.6.1 春季

树龄、树冠较小，生长健壮树，用切接或切腹接法，下部适留辅养枝；树龄和树冠较大，用枝接法进行切腹接，下部应留辅养枝；用枝接法进行树冠轮换切腹接(一次接半边，两年完成)；用枝接法主干劈接。

7.6.2 秋季

用枝接或芽接法进行全树腹接或轮换法腹接，成活后翌年春用二次剪砧法剪砧。剪砧时，辅养枝留法同春季切接或切腹接法。

8 接后管理

8.1 补接

春季高接的在接后 15 天，秋季在接后 10 天检查成活与否，发现接穗枯死，可及时补接。

8.2 解膜

8.2.1 因所处生态条件、中间砧树龄大小、生长势强弱而异。

8.2.2 秋季腹接 翌春气候稳定的地区，在气温稳定通过 12.8℃、接芽开始萌动时即可解膜；在春季气温不稳定的地区，此时宜先露芽，待接芽长到 4 cm～5 cm 时再解膜。

8.2.3 春季切接 必须分两次解膜，先露芽，然后待新梢长 4 cm～5 cm 时再解膜；春季腹接的，也须在接芽萌动后露芽，新梢长 4 cm～5 cm 时解膜。

8.3 剪砧

秋季腹接的，一般须进行两次剪砧。第一次在翌春接芽萌动时或进行露芽时，在接芽上(前)方 10 cm～15 cm 处剪砧；第二次在接芽春梢老熟后，在接口处剪(截)去砧木，剪(截)口要削平。如在早秋腹接，中间砧树势强旺，则翌春可一次性剪砧，在接口处剪(截)去砧木。

8.4 摘心

当新梢 8 片～10 片叶或长 20 cm～25 cm 时摘心，促发新梢。

8.5 立支柱

在多风地区，或换接品种枝软易垂时，应立支柱，防止新梢折断，引导新梢生长，调整枝条布局，早日形成完整树冠。

8.6 除萌

8.6.1 树龄小，树势健壮，成活率高的，除去所有萌蘖。

8.6.2 树龄大，树势偏弱的树，接芽上部除净，下部适当保留。

8.6.3 成活率差的，春夏季在保证接芽生长、不扰乱树形的前提下，尽量少除多留，夏秋季选留健壮、部位好的萌芽，作辅养枝或补接。

8.7 病虫害防治

及时采用恰当方法防治螨类、蚜虫、凤蝶、潜叶蛾及炭疽病、树脂病和疫菌性病害。

8.8 营养、水分管理

每次新梢抽发前施一次以氮为主，磷、钾配合的肥料。新梢抽生时期，每隔 10 天～15 天根外追肥一次，及时灌溉，保证水分供应。

8.9 辅养枝处理

在保证高换品种生长正常，营养充足的前提下，让辅养枝自然生长，到次年春(秋季高接的为第三年春)换接品种已基本形成树冠时，一次性剪除所有辅养枝；如因种种原因，换接品种生长不良，尚未形成树冠时，则应分次剪除。

9 高接换种指标

高接换种的基本要求是：一年(树冠)成形，两年基本恢复(树冠)，第三年投产。具体指标见表：

柑橘高接换种基本指标

地　域	成活率	第一年		第二年		树冠形成状况
		梢数*	梢长**,cm	梢数	梢长,cm	
北亚热带	85%	10～15	70～80	60～70	50～70	丰满
中亚热带	85%	10～15	80～100	60～70	50～70	丰满
南亚热带	85%	20～30	100～120	120～150	70～80	丰满

*　梢数为每个接芽当年抽发各级枝梢总数；

**　梢长为每个接芽当年新梢(自初级枝到末级枝)的总长度。

附 录 A
(资料性附录)
柑橘高接换种中间砧与接穗品种亲和性

接穗 \ 中间砧		普通温州蜜柑	早熟温州蜜柑	早 橘	红 橘	椪 柑	普通甜橙	脐 橙	夏 橙	血 橙	柚 类
特早熟温州蜜柑		++	++	++	++	++	++	++	+	++	—
椪柑优系		+	+	++	++	+	+	++	+	++	O
锦橙优系		++	+	O	++	+	+	++	++	++	+
夏橙优系		++	+	O	+	++	++	++	++	++	+
冰糖橙、暗柳橙、新会橙		++	+	O	++	++	+	+	++	++	+
脐橙		++	++	++	++	+	++	++	++	++	—
血橙		++	+	O	++	++	++	++	++	++	O
橘橙	清见	++	+	O	++	++	++	+	++	+	O
	不知火	++	+	O	++	+	O	+	+	O	O
橘柚	明尼奥娜	++	+	O	++	+	O	+	+	O	O
	诺瓦	++	++	O	++	+	O	+	+	O	O
柚类		+	O	O	+	+	+	+	+	+	++

注:“+”一般,“++”亲和性好,“—”不亲和,“O”不定论。

附　录　B
（资料性附录）
推荐高换的柑橘品种

B.1　甜橙

B.1.1　普通甜橙

B.1.1.1　夏橙类——蜜奈、路德红、德塔、奥林达。

B.1.1.2　其他甜橙：无核或少核锦橙，晚锦橙，无核雪柑、无核大红橙、早金、特洛维它、阿波、中甜、日星、加德纳、哈姆林等。

B.1.2　脐橙类——纽荷尔、林娜、福本、清家、森田、铃木、白柳、丹下、奉园 72－1、莨丰、阿德伍德、福罗斯特、改良汤姆逊、红肉脐橙、晚棱、夏金等。

B.1.3　血橙类——塔罗科、脐血橙、桑吉耐洛、摩洛。

B.1.4　无酸甜橙类——冰糖橙，少核改良橙、糖橙。

B.2　宽皮柑橘

B.2.1　温州蜜柑：日南 1 号、上野、市文、大浦、山川、岩崎、秋光、山下红、崎久保、青岛、大津 4 号。

B.2.2　椪柑：晚熟芦柑、无核椪柑、太田、新生系 3 号、东 13 号、潮州芦等。

B.2.3　其他宽皮橘类：南丰蜜橘优系（早熟、小果、大果），本地早、无核沙糖橘、贡柑、黄果柑、晚熟和早熟蕉柑、沙柑。

B.2.4　杂柑：天草、不知火、南香、清见、津之香、春见、濑户香、诺瓦、金诺、弗来蒙特、默可脱、阿福勒、爱伦达尔、胜山伊予柑、宫内伊予柑。

B.3　柚

琯溪蜜柚、楚门文旦、早香柚、金沙柚，晚白柚、无核沙田柚、强德勒、坪山柚等。

B.4　葡萄柚

瑞红、火焰、红路比、星路比、奥洛布朗科等。

柠檬：阿伦油力克、无核油力克、费米耐洛等。

本标准起草单位：农业部柑橘及苗木质量监督检验测试中心、中国农业科学院柑橘研究所、浙江省黄岩区林特局。

本标准主要起草人：陈竹生、王成秋、焦必宁、何绍兰、江东、赵其阳、龚洁强。

中华人民共和国农业行业标准

NY/T 973—2006

柑橘无病毒苗木繁育规范

Criteria for the propagation of citrus virus-free budling

1 范围

本标准规定了柑橘无病毒苗木繁育的术语和定义、要求、柑橘病毒病和类似病毒病害检测方法、脱毒技术以及无病毒母本园、无病毒采穗圃和无病毒苗圃的建立和管理。

本标准适用于全国柑橘产区的甜橙、宽皮柑橘、柚、葡萄柚、柠檬、来檬、枸橼(佛手)、酸橙和金柑以及以它们为亲本的杂交种的无病毒苗木的繁育。

2 规范性引用文件

下列文件中的条款通过本标准的引用而成为本标准的条款。凡是注日期的引用文件,其随后所有的修改单(不包括勘误的内容)或修订版均不适用于本标准,然而,鼓励根据本标准达成协议的各方研究是否可使用这些文件的最新版本。凡是不注日期的引用文件,其最新版本适用于本标准。

GB 5040 柑橘苗木产地检疫规程

GB 9659 柑橘嫁接苗分级及检验

3 术语和定义

3.1

适栽品种 commercial variety

适合于当地栽培的柑橘品种。

3.2

原始母树 original mother tree

对病毒病和类似病毒病害感染状况尚不明确的母本树。

3.3

病毒病和类似病毒病害 virus and virus-like diseases

由病毒、类病毒、植原体、螺原体和某些难培养细菌引起的植物病害。

3.4

指示植物 indicator plant

受某种病原物侵染后,能表现具有特征性症状的植物。

3.5

茎尖嫁接 shoot-tip grafting

将嫩梢顶端生长点连同 2 个～3 个叶原基,长度为 0.14 mm～0.18 mm 的茎尖嫁接于试管内生长的砧木的过程。

中华人民共和国农业部 2006-01-26 发布　　　　2006-04-01 实施

3.6

脱毒　virus exclusion

采用茎尖嫁接或热处理+茎尖嫁接方法，使已受病毒病和类似病毒病害感染的植株的无病毒部分与原植株脱离而得到无病毒植株的过程。

3.7

无病毒母本树　virus-free mother tree

用符合本规程要求的无病毒品种原始材料繁育或经检测符合本规程要求的无病毒的可供采穗用的植株。

3.8

无病毒母本园　virus-free mother block

种植无病毒母本树的园地。

3.9

无病毒采穗圃　virus-free increasing block

用无病毒母本树的接穗繁殖的苗木建立的用于生产接穗的圃地。

3.10

无病毒苗圃　virus-free nursery

用从无病毒采穗圃或无病毒母本园采集的接穗繁殖苗木的圃地。

4　要求

4.1　接穗和砧木

4.1.1　繁殖柑橘无病毒苗木所用的接穗和砧木的品种都是适栽品种。

4.1.2　繁殖柑橘无病毒苗木所用的砧木用实生苗。

4.2　柑橘无病毒苗木不带有下述病毒病和类似病毒病害

4.2.1　国内已有品种的苗木不带黄龙病(huanglongbing)、裂皮病(exocortis)、碎叶病(tatter leaf)，柑橘衰退病毒茎陷点型强毒系引起的柚矮化病(pummelo dwarf)和甜橙茎陷点病(sweet orange stem-pitting)以及温州蜜柑萎缩病(satsuma dwarf)。

4.2.2　从国外引进的柑橘苗木，除不带4.2.1所列病害外，还要求不带鳞皮病(psorosis)、木质陷孔病(cachexia)、石果病(impietratura)、顽固病(stubborn)、杂色褪绿病(variegated chlorosis)和来檬丛枝病(lime witches' broom)等各种病毒病和类似病毒病害。

4.3　柑橘无病毒苗木不带溃疡病

按GB 5040规定执行。

4.4　柑橘无病毒苗木的生长规格

嫁接口高度、干高、苗木高度、苗木径粗和根系生长按GB 9659规定执行。

5　原始母树的选定

5.1　适栽品种(单株系)名单由省级农业行政部门确定。

5.2　原始母树用适栽品种的优良单株，或具有该品种典型园艺学性状的其他单株。

6　原始母树感染病毒病和类似病毒病害情况鉴定

6.1　从原始母树采接穗，在用40目塑料网纱构建的网室内嫁接繁殖4株苗木，以备病毒病和类似病毒病鉴定和脱毒用。

6.2 病毒病和类似病毒病害鉴定可采用指示植物法(见本标准7和附录A),亦可采用快速法,后者包括血清学鉴定、聚丙烯酰胺凝胶电泳鉴定和分子生物学鉴定(见附录C)。

6.3 鉴定证明原始母树未感染本标准要求不得带有的病毒病和类似病毒病害,从该母树采接穗在网室内繁殖的苗木(同6.1),即系柑橘无病毒苗木,可用作柑橘无病毒品种原始材料。

6.4 鉴定证明原始母树已感染本标准要求不带的病毒病和类似病毒病害,该母树要进行脱毒。

7 指示植物鉴定

7.1 鉴定的病害,指示植物种类(品种),鉴别症状,适于发病的温度和鉴定一植株所需指示植物株数见附录A。

7.2 指示植物鉴定在用40目网纱构建的网室或温室内进行。

7.3 指示植物中,Etrog香橼的亚利桑那861或861-S-1选系和凤凰柚用嫁接苗或扦插苗,其他指示植物用实生苗或嫁接苗。

7.4 接种木本指示植物用嫁接接种,一般用单芽或枝段腹接,除黄龙病鉴定外,亦可用皮接。接种草本指示植物用汁液摩擦接种。

7.5 在每一批鉴定中,鉴定一种病害需设接种标准毒源的指示植物作正对照,设不接种的指示植物作负对照。

7.6 指示植物接种时,在一个品种材料接种后,所用嫁接刀和修枝剪用1%次氯酸钠液消毒,操作人员用肥皂洗手。

7.7 指示植物要加强肥水管理和病虫防治,以保持指示植物的健壮生长,并及时修剪,诱发新梢生长,加速症状表现。

7.8 在适宜发病条件下,每3 d~10 d观察一次发病情况,在不易发病的季节,每2周~4周观察一次。

7.9 指示植物的发病情况,一般观察到接种后24个月为止。观察期间,如果正对照植株发病而负对照植株未发病,可根据指示植物发病与否判断被鉴定植株是否带病。在鉴定某种病害的指示植物中有1株发病,被鉴定的植株即判定为带病。

8 脱毒

8.1 脱毒技术

对已受裂皮病、木质陷孔病、顽固病、来檬丛枝病、杂色褪绿病或黄龙病感染的植株,采用茎尖嫁接法脱毒;对已受碎叶病、温州蜜柑萎缩病、衰退病、鳞皮病或石果病感染的植株,采用热处理+茎尖嫁接法脱毒。

8.2 茎尖嫁接脱毒技术的操作

8.2.1 茎尖嫁接在无菌条件下操作。

8.2.2 砧木准备。常用枳橙或枳的种子。剥去内、外种皮,经用0.5%次氯酸钠液(加0.1%吐温20)浸10 min后,灭菌水洗3次,播于经高压消毒的试管内MS固体培养基上,在27℃黑暗中生长,两周后供嫁接用。

8.2.3 茎尖准备及嫁接。采1 cm~2 cm长的嫩梢,经0.25%次氯酸钠液(加0.1%吐温20)浸5 min,灭菌水洗3次后切取顶端生长点连同其下2个~3个叶原基,长度为0.14 mm~0.18 mm的茎尖嫁接于砧木,放入经高压消毒的装有MS液体培养基的试管中,在生长箱或培养室内保持27℃、每天16 h、1 000 Lux光照和8 h黑暗条件下生长。

8.2.4 茎尖嫁接苗的移栽或再嫁接。试管内茎尖嫁接苗长出3个~4个叶片时,可移栽于盛有消毒土壤的盆中,或将茎尖嫁接苗再嫁接于盆栽砧木上,以加速生长。

8.2.5 脱毒效果的确认。从茎尖嫁接苗取枝条嫁接于指示植物，或取样用快速鉴定法鉴定其感病情况，如果呈阴性反应，证明原始母树所带病原已经脱除。所需鉴定的病害种类与原始母树所感染的相同。

8.3 热处理＋茎尖嫁接脱毒技术的操作

供脱毒的植株每天在40℃有光照条件下生长16 h和在30℃黑暗条件下生长8 h，连续10 d～60 d后采嫩梢进行茎尖嫁接，其他步骤与8.2同。

9 柑橘无病毒品种原始材料的网室保存

9.1 网室用40目网纱构建，网室内工具专用，修枝剪在使用于每一植株前用1%次氯酸钠液消毒。工作人员进入网室工作前，用肥皂洗手；操作时，人手避免与植株伤口接触。

9.2 每个品种材料的脱毒后代在网室保存2株～4株，用做柑橘无病毒品种原始材料。

9.3 网室保存的植株除有特殊要求的以外，采用枳作砧木。

9.4 网室保存植株用盆栽，盆高约30 cm，盆口直径约30 cm。

9.5 网室保存植株每年春梢萌发前重修剪一次，每隔5年～6年，通过嫁接繁殖更新。

9.6 网室保存植株每年调查一次黄龙病、柚矮化病和甜橙茎陷点病发生情况，每五年鉴定一次裂皮病、碎叶病、温州蜜柑萎缩病和鳞皮病感染情况。发现受感染植株，立即淘汰。

10 无病毒母本园的建立与管理

10.1 地点

10.1.1 在黄龙病发生区，柑橘无病毒母本园建立在由40目塑料纱网构建的网室内，或建立在与其他柑橘种植地的隔离状况符合GB 5040规定的田间。

10.1.2 在非黄龙病发生区，柑橘无病毒母本园建立在田间，用围墙或绿篱与其他柑橘种植地隔开。

10.2 无病毒母本树的种植株数

每个品种材料的无病毒母本树在无病毒母本园内种植2株～6株。

10.3 管理

10.3.1 无病毒母本树启用的时间

植株连续结果3年显示其品种固有的园艺学性状后，开始用做母本树。

10.3.2 柑橘无病毒母本树的病害调查、检测和品种纯正性观察以及处理方法。

10.3.2.1 每年10月～11月，调查黄龙病发生情况，调查病害的症状依据见附录B。

10.3.2.2 每年5月～6月，调查柚矮化病和甜橙茎陷点病发生情况，调查病害的症状依据见附录B。

10.3.2.3 每隔3年，应用指示植物或RT-PCR或血清学技术检测裂皮病、碎叶病和温州蜜柑萎缩病感染情况。

10.3.2.4 每年采果前，观察枝叶生长和果实形态，确定品种是否纯正。

10.3.2.5 经过病害调查、检测和品种纯正性观察，淘汰不符合本规程要求的植株。

10.3.3 用于柑橘无病毒母本树的常用工具专用，枝剪和刀、锯在使用于每株之前，用1%次氯酸钠液消毒。工作人员在进入柑橘无病毒母本园工作前，用肥皂洗手；操作时，人手避免与植株伤口接触。

11 无病毒采穗圃的建立与管理

11.1 地点

11.1.1 在黄龙病发生区，无病毒采穗圃建立在40目塑料纱网构建的网室内，或建立在与其他柑橘种植地的隔离状况符合GB 5040规定的田间。

11.1.2 在非黄龙病发生区，无病毒采穗圃建立在田间，用围墙或绿篱与其他柑橘种植地隔开。

11.2 管理

11.2.1 繁殖无病毒采穗圃植株所用接穗全部采自无病毒母本园。

11.2.2 无病毒采穗圃植株可以采集接穗的时间，限于植株在采穗圃种植后的3年内。

11.2.3 用于柑橘无病毒采穗圃的常用工具专用，枝剪在使用于每个品种材料之前，用1%次氯酸钠液消毒。工作人员在进入柑橘无病毒采穗圃工作前，用肥皂洗手；操作时，人手避免与植株伤口接触。

11.2.4 每年5月～6月，调查柚矮化病和甜橙茎陷点病发生情况；10月～11月，调查黄龙病发生情况，调查病害的症状依据见附录B，调查中发现病株，立即挖除。

12 无病毒苗圃的建立与管理

12.1 地点

12.1.1 在黄龙病发生区，无病毒苗圃建立在由40目塑料纱网构建的网室内，或建立在与其他柑橘种植地的隔离状况符合GB 5040规定的田间。

12.1.2 在非黄龙病发生区，无病毒苗圃建立在田间，用围墙或绿篱与其他柑橘种植地隔开。

12.2 管理

12.2.1 繁殖苗木所用接穗全部来自无病毒采穗圃或无病毒母本园。

12.2.2 用于柑橘无病毒苗圃的常用工具专用，枝剪和嫁接刀在使用于每个品种材料之前，用1%次氯酸钠液消毒。工作人员在进入柑橘无病毒苗圃工作前，用肥皂洗手；操作时，人手避免与植株伤口接触。

12.2.3 苗木出圃前，调查黄龙病、柚矮化病和甜橙茎陷点病发生情况，调查病害的症状依据见附录B，发现病株，立即拔除。

附　录　A
（规范性附录）
应用指示植物鉴定柑橘病毒病和类似病毒病害的标准参数

病　害	指示植物种类（品种）	鉴别症状	适于发病的温度（℃）	鉴定一植株所需指示植物株数
裂皮病	Etrog 香橼的亚利桑那 861 或 861-S-1 选系	嫩叶严重向后卷	27～40	5
碎叶病	Rusk 枳橙	叶部黄斑、叶缘缺损	18～26	5
黄龙病	椪柑或甜橙	叶片斑驳型黄化	27～32	10
柚矮化病	凤凰柚	茎木质部严重陷点	18～26	5
甜橙茎陷点病	madam vinous 甜橙	茎木质部严重陷点	18～26	5
温州蜜柑萎缩病	白芝麻	叶部枯斑	18～26	10
鳞皮病	凤梨甜橙、madam vinous 甜橙、dweet 橘橙	叶脉斑纹，有时春季嫩梢迅速枯萎（休克）	18～26	5
顽固病	madam vinous 甜橙	新叶小，叶尖黄化	27～38	10
木质陷孔病	用快速生长的砧木嫁接的 parson 专用橘	嫁接口和第一次重剪后分枝处充胶	27～40	5
石果病	dweet 橘橙、凤梨甜橙、madam vinous 甜橙	橡叶症	18～26	5
来檬丛枝病	墨西哥来檬	芽异常萌发引起的枝叶丛生	27～32	10
杂色褪绿病	伏令夏橙、哈姆林甜橙	叶正面褪绿斑，相应反面褐色胶斑	27～32	10

附　录　B
(规范性附录)
田间应用目测法诊断黄龙病、柚矮化病和甜橙茎陷点病的症状依据

病　　害	症　状　依　据
黄龙病	叶片转绿后从叶脉附近和叶片基部开始褪绿,形成黄绿相间的斑驳型黄化 发病初期,树冠上部有部分新梢叶片黄化形成的“黄梢”
柚矮化病	小枝木质部陷点严重,春梢短、叶片扭曲
甜橙茎陷点病	小枝木质部陷点严重,小枝基部易折裂,叶片主脉黄化,果实变小

附　录　C
(资料性附录)
应用快速法鉴定柑橘病毒病和类似病毒病害

方　　法		病　　害
血清学	A 蛋白酶联免疫吸附法	温州蜜柑萎缩病
	双抗体夹心酶联免疫吸附法	碎叶病、鳞皮病
双向聚丙烯酰胺凝胶电泳		裂皮病和木质陷孔病
分子生物学	多聚酶链式反应	黄龙病、来檬丛枝病和杂色褪绿病
	反转录多聚酶链式反应	裂皮病、木质陷孔病、衰退病和鳞皮病
	半巢式反转录多聚酶链式反应	碎叶病

本标准起草单位:农业部柑橘及苗木质量监督检验测试中心、中国农业科学院柑橘研究所、四川省农业厅植物检疫站、湖南省农业厅经济作物局、重庆市农业局经济作物技术推广站和广东省农业科学院果树研究所。

本标准主要起草人:周常勇、赵学源、蒋元晖、戴胜根、唐科志、杨方云、李太盛、彭炜、丁伟民、吴正亮、唐小浪。

中华人民共和国农业行业标准

NY/T 974—2006

柑橘苗木脱毒技术规范

Criteria for the propagation of citrus virus-free budling

1 范围

本标准规定了国内柑橘苗木的脱毒对象、脱毒技术、脱毒效果检测和质量要求。

本标准适用于甜橙、宽皮柑橘、柚、葡萄柚、柠檬、来檬、枸橼(佛手)、酸橙和金柑以及有关杂交种苗木的脱毒。

2 引用标准

下列文件中的条款通过本标准的引用而成为本标准的条款。凡是注日期的引用文件,其随后所有的修改单(不包括勘误的内容)或修订版均不适用于本标准,然而,鼓励根据本标准达成协议的各方研究是否可使用这些文件的最新版本。凡是不注日期的引用文件,其最新版本适用于本标准。

GB 5040 柑橘苗木产地检疫规程

3 术语和定义

3.1

柑橘苗木 citrus budling

指嫁接苗,接穗和砧木组合的苗木。

3.2

病毒病和类似病毒病害 virus and virus-like diseases

由病毒、类病毒、植原体、螺原体和某些难培养细菌引起的植物病害。

3.3

脱毒 virus exclusion

采取一定的技术措施,从受病毒病或类似病毒病害感染的植株得到无病毒后代植株的过程。

3.4

茎尖嫁接 shoot-tip grafting

将嫩梢的生长点连同 2 个～3 个叶原基,大小约 0.14 mm～0.18 mm 的茎尖嫁接于试管内生长的砧木上的过程。

3.5

指示植物 indicator plant

受某种病原物侵染后能敏感地表现具有特征性症状的植物。

4 脱毒对象

4.1 柑橘黄龙病病原细菌(*Candidatus* Liberobacter asiaticus)

中华人民共和国农业部 2006-01-26 发布　　2006-04-01 实施

4.2 柑橘裂皮病类病毒(Citrus exocotis viroid, CEV)

4.3 柑橘碎叶病毒(Citrus tatter leaf virus, CTLV)

4.4 柑橘衰退病毒(Citrus tristeza virus, CTV)引起柚矮化病和甜橙茎陷点病的株系。

4.5 温州蜜柑萎缩病毒(Satsuma dwarf virus, SDV)

5 脱毒技术

5.1 应用湿热空气处理脱除柑橘黄龙病

按 GB 5040 执行。

5.2 应用茎尖嫁接技术脱除柑橘黄龙病和柑橘裂皮病

5.2.1 器材

超净工作台、高压消毒锅、恒温箱、光照培养箱、高倍体视显微镜、酒精灯、镊子(长 25 cm 及 10 cm 各 1 把)、茎尖嫁接刀(自制,用宽约 6 mm 的竹片顶端夹住双面刀片的尖头碎片,用棉线捆牢)、试管(口径 25 mm,长 150 mm)及棉塞、培养皿(直径 10.5 cm 及 6.5 cm)和烧杯。

5.2.2 茎尖嫁接在无菌条件下操作

5.2.3 茎尖嫁接前用品准备

5.2.3.1 培养基

固体、液体 MS 培养基按附录 A 配方配制,装入试管,每管约 20 ml。试管在装入液体培养基前,需在管底放入滤纸桥(用约 9 cm 直径的圆形滤纸,中央剪 0.5 cm 见方的孔,摺成圆柱形,放入管内,孔朝上)用以支撑茎尖嫁接苗。滤纸桥高度与液体培养基的液面平。

5.2.3.2 操作垫纸

用白纸裁成 64 开大小,10 张成叠,外用 16 开纸包扎。

5.2.3.3 茎尖嫁接刀

将自制的茎尖嫁接刀 10 把~15 把扎成一捆放入试管内,刀尖朝下,悬空。管底垫少量棉花及纸以防刀尖接触管壁。管口用牛皮纸封住。

5.2.3.4 培养皿

每个用牛皮纸包被,打捆,或放入烧杯,用牛皮纸封口。

5.2.3.5 培养基和其他用品的消毒

将 5.2.3.1、5.2.3.2、5.2.3.3、5.2.3.4 各项用品放入高压消毒锅内消毒。消毒温度为 121℃,持续 20 min。其中,茎尖嫁接刀须用有套层的高压蒸汽消毒器消毒,以达到消毒物品干燥的要求,避免刀口生锈,影响嫁接成活。

5.2.4 砧木准备

砧木常用枳橙或枳的实生苗。剥去种子的内、外种皮,放入直径为 10.5 cm 的培养皿,用 0.5%次氯酸钠液(加 0.1%吐温 20)浸 10 min,无菌水洗 3 次,每次 1 min~2 min,播于试管内 MS 固体培养基上,每管 1 粒~3 粒,在 27℃黑暗中萌发、生长,两周后可供茎尖嫁接。如暂时不用,试管罩上塑料袋,直立放入 4℃~8℃冰箱内备用。

5.2.5 茎尖准备

采 1 cm~2 cm 长的健壮嫩梢,摘除下部较大叶片,放入直径为 6.5 cm 的培养皿,经 0.25%次氯酸钠液(加 0.1%吐温 20)浸 5 min,无菌水洗 3 次,每次 1 min~2 min,备用。

5.2.6 茎尖嫁接

高倍体视显微镜放超净台上,用棉球蘸消毒酒精擦手及台面,点燃酒精灯,将大、小镊子在灯上灼烧消毒;将操作垫纸放在双筒扩大镜镜台上,用镊子取出砧木苗(以选用直径 0.1 cm 以上的为好)放于纸上，截顶留 1.5 cm 茎，切去根尖留 4 cm～6 cm 根，去子叶和腋芽。在放大 10 倍的镜头下操作，在砧木顶侧开倒 T 形切口，横切一刀，竖切平行两刀，深达形成层，两刀间距以能放入茎尖为宜，挑去三刀间的皮层，形成 U 字形切口。取 5.2.5 准备好的梢段，切下生长点连带 2 个～3 个叶原基，长度为 0.14 mm～0.18 mm 的茎尖，放入切口，茎尖切面与砧木的横切面相贴。将茎尖嫁接苗放入盛有 MS 液体培养基的试管内。

5.2.7 茎尖嫁接苗管理

将装有茎尖嫁接苗的试管置于 26℃～27℃恒温下培养，每天光照 1 000 Lux 16 h，黑暗 8 h。

5.2.8 茎尖嫁接苗的再嫁接

待试管内茎尖嫁接苗长出 2 个～3 个叶片稍老化时，将茎尖嫁接苗从试管内取出，切去根部，留长 1 cm～1.5 cm 砧木的茎，削去一侧皮层，嫁接在网室内盆栽砧木倒砧口下侧顶部。上套聚乙烯薄膜袋保湿，成活后去袋，待再发新梢老化后截砧。

5.3 应用热处理＋茎尖嫁接脱除柑橘碎叶病、温州蜜柑萎缩病和柑橘衰退病

供脱毒的植株每天在 40℃有光照条件下生长 16 h 和在 30℃黑暗条件下生长 8 h，连续 10 d～60 d 后，采嫩梢 1 cm～2 cm 进行茎尖嫁接。茎尖嫁接程序、茎尖嫁接苗管理及再嫁接与 5.2 相同。

6 脱毒效果检测

6.1 指示植物检测

见附录 B。

6.2 生物化学和分子生物学方法检测

见附录 C。

7 质量要求

经湿热空气处理、茎尖嫁接或热处理＋茎尖嫁接脱毒处理所得苗木，每株需经检测，用指示植物检测不显症状者或用生物化学和分子生物学方法检测呈阴性者为合格；用指示植物检测有症状者或用生物化学和分子生物学方法检测呈阳性者为不合格。

附　录　A
（规范性附录）
茎尖嫁接用培养基配方

表 A.1

MS 固体培养基 mg/L		MS 液体培养基 mg/L	
NH_4NO_3	1 650	NH_4NO_3	1 650
KNO_3	1 900	KNO_3	1 900
$CaCl_2 \cdot 2H_2O$	440	$CaCl_2 \cdot 2H_2O$	440
$MgSO_4 \cdot 7H_2O$	370	$MgSO_4 \cdot 7H_2O$	370
KH_2PO_4	170	KH_2PO_4	170
KI	0.83	KI	0.83
H_3BO_3	6.2	H_3BO_3	6.2
$MnSO_4 \cdot 4H_2O$	22.3	$MnSO_4 \cdot 4H_2O$	22.3
$ZnSO_4$	8.6	$ZnSO_4$	8.6
$Na_2MoO_4 \cdot 2H_2O$	0.025	$Na_2MoO_4 \cdot 2H_2O$	0.025
$CuSO_4 \cdot 5H_2O$	0.002 5	$CuSO_4 \cdot 5H_2O$	0.002 5
$CoCl_2 \cdot 6H_2O$	0.0025	$CoCl_2 \cdot 6H_2O$	0.002 5
Na_2EDTA	37.3	Na_2EDTA	37.3
$FeSO_4 \cdot 7H_2O$	27.8	$FeSO_4 \cdot 7H_2O$	27.8
琼脂	12 g	盐酸硫胺素	0.1
蒸馏水	1 000 ml	盐酸吡哆醇	0.5
		烟酸	0.5
		肌醇	100
		蔗糖	75 g
		蒸馏水	1 000 ml

附 录 B
（资料性附录）
应用指示植物检测柑橘病毒病和类似病毒病害

表 B.1

病害		指示植物种类（品种）	鉴别症状	适于发病的温度 ℃	鉴定一植株所需指示植物株数
裂皮病		Etrog 香橼的亚利桑那-861 或 861-S-1 选系	嫩叶严重向后卷	27～40	5
碎叶病		Rusk 枳橙	叶部黄斑、叶缘缺损	18～26	5
黄龙病		椪柑或甜橙	叶片斑驳型黄化	27～32	10
衰退病	柚矮化病	凤凰柚	茎木质部严重陷点	18～26	5
	甜橙茎陷点病	madam vinous 甜橙	茎木质部严重陷点	18～26	5
温州蜜柑萎缩病		白芝麻	叶部枯斑	18～26	10

附 录 C
（资料性附录）
应用生物化学和分子生物学方法检测柑橘病毒病和类似病毒病害

表 C.1

方法			检测对象
生物化学	血清学	A 蛋白酶联免疫吸附法（DAS-ELISA）	温州蜜柑萎缩病毒
		双抗体夹心酶联免疫吸附法（DAS-ELISA）	柑橘碎叶病毒
	双向聚丙烯酰胺凝胶电泳（sPAGE）		柑橘裂皮病类病毒
分子生物学		多聚酶链式反应（PCR）	柑橘黄龙病病原细菌
		反转录多聚酶链式反应（RT-PCR）	柑橘裂皮病类病毒
		半巢式反转录多聚酶链式反应（Semi-nested RT-PCR）	柑橘碎叶病毒

本标准起草单位：中国农业科学院柑橘研究所、湖南农业大学、重庆市果树研究所、广西柑橘研究所和农业部柑橘及苗木质量监督检验测试中心。

本标准主要起草人：周常勇、蒋元晖、赵学源、唐科志、杨方云、李太盛、肖启明、李隆华、白先进。

中华人民共和国农业行业标准

NY/T 2120—2012

香蕉无病毒种苗生产技术规范

Rules for production of virus-free banana plantlets

1 范围

本标准规定了香蕉无病毒种苗生产技术和病毒检测对象及方法。

本标准适用于香蕉无病毒种苗的生产。

2 规范性引用文件

下列文件对于本文件的应用是必不可少的。凡是注日期的引用文件，仅注日期的版本适用于本文件。凡是不注日期的引用文件，其最新版本(包括所有的修改单)适用于本文件。

NY/T 357—2007 香蕉 组培苗

NY/T 1475 香蕉病虫害防治技术规范

NY 5023 无公害食品 热带水果产地环境条件

3 术语和定义

NY/T 357 界定的以及下列术语和定义适用于本文件。

3.1

香蕉无病毒种苗 virus-free banana plantlets

通过植物组织培养技术获得的，经检测确认不带病毒的香蕉种苗。

3.2

剑芽 sword suckers

从香蕉母株球茎近地面位置长出的基部粗大但上部尖小的吸芽。

3.3

接种 inoculation

在无菌的条件下，对无菌的外植体或继代分化芽按要求进行切割，转移至新的培养基上培养的过程。

3.4

茎尖分生组织培养 meristem-tip culture

在无菌的条件下，切取香蕉吸芽或者分化芽含有茎尖生长点的部分，接种到培养基上进行培养的技术。

4 检测对象

4.1 香蕉花叶心腐病病原(黄瓜花叶病毒，Cucumber mosaic virus，CMV)。

4.2 香蕉束顶病病原(香蕉束顶病毒，Banana bunchy top virus，BBTV)。

中华人民共和国农业部 2012-02-21 发布　　2012-05-01 实施

4.3 香蕉线条(条纹)病病原[香蕉线条(条纹)病毒,Banana streak virus,BSV]。

5 无病毒种苗生产技术

5.1 接种前的准备

5.1.1 组织培养器材

超净工作台、高压灭菌锅、光照培养箱、酒精灯、pH 计、分析天平、微波炉(或电磁炉)、接种盘、镊子、解剖刀、培养容器和烧杯等。

5.1.2 培养基配置

根据不同培养阶段所需要的培养基类型,按照附录 A 配制培养基,分装入培养容器。

5.1.3 培养基和其他用品的消毒

将装有培养基的容器、接种用具用品等置于灭菌锅中,121℃高压灭菌约 20 min~30 min。

5.2 香蕉组培瓶(袋)苗培育

5.2.1 外植体的采集

选择无病害(特别是无病毒病症状)的香蕉园为母本园。在母本园内选取品种特性典型、农艺性状优良的健壮植株,逐株编号并按 6.1 的要求进行病毒检测。经检测确认无病毒的植株作为采芽母株,挖取母株球茎上生长的健壮剑芽为外植体,标记品种名和编号。

5.2.2 外植体消毒与接种

将采集的剑芽洗净,切成含茎尖生长点的材料,用 75%酒精进行表面消毒,用 3%~5%次氯酸钠消毒 15 min~30 min,然后用无菌水漂洗数次洗去消毒液。

以茎尖生长点为中心,视材料大小进行切割,接种至分化芽诱导培养基中,于适宜的温度和环境中进行茎尖分生组织培养。

5.2.3 继代培养

外植体初次培养的分化芽,按 6.2 的要求进行病毒检测。经检测确认无病毒的分化芽,接种至继代培养基中,于适宜的温度和环境中通过继代培养不断增殖,获得大量分化芽。继代次数不宜超过 10 代。

5.2.4 生根培养

将长至一定高度的分化芽,转接至装有生根培养基的容器中,于适宜的温度和环境下诱导生根。

5.2.5 炼苗

将生根良好的生根苗放置在避雨且有较好自然漫射光照的场所培养一段时间,以增强其对外界的适应性。炼苗场所应注意通风,避免高温。

5.3 香蕉营养杯苗培育

5.3.1 圃地选择

要求圃地无检疫性病虫害和环境污染,并且远离病虫为害蕉园和污染源,周围无茄科、葫芦科、豆科植物种植,空气环境质量、土壤条件和灌溉水质量应符合 NY 5023 的规定。

5.3.2 栽培基质

宜选择通气、透水性强、易发根的栽培基质。用土壤做基质时应消毒,并且符合 NY 5023 的规定。

5.3.3 生根苗假植和管理

符合 NY/T 357—2007 中 4.2.1 的要求后假植。

注意光、温、气、水、肥的管理,保持一定的湿度,清除袋内杂草。

及时清除病虫为害症状明显的病株,病虫害防治可参照 NY/T 1475 的规定执行。

5.3.4 出圃

营养杯苗符合 NY/T 357—2007 中 4.2.2 的要求,按 NY/T 357—2007 的规定剔除变异苗。按

6.3 的要求进行病毒检测,符合质量要求方可出圃。

6 病毒检测规则和质量要求

6.1 采芽母株

每株均需检测,带病株允许率为 0。

6.2 组培瓶苗的第一代分化芽

每一编号送其中 1 个芽进行病毒检测,带病芽允许率为 0。

6.3 营养杯苗

采取随机抽样检测,以同一品种、同一批销售和调运的产品为同一检验批,采取随即抽样的方法,按表 1 规则抽样。病株允许率≤1%。

表 1 香蕉营养杯苗抽检规则

种苗数量 株	抽样最低数 株
≤10 000	50
10 001～100 000	100
100 001～500 000	250
500 001～1 000 000	500
≥ 1 000 001	750

7 病毒检测方法

病毒检测方法见表 2。

表 2 香蕉病毒检测方法

方　法	检测对象
酶联免疫吸附法(Enzyme-Linked Immuno Sorbent Assays, ELISA)	CMV、BBTV
多聚酶链式反应(Polymerase chain reaction,PCR)	BSV、BBTV
反转录多聚酶链式反应(Reverse Transcription-PCR, RT - PCR)	CMV
多重反转录多聚酶链式反应(Multiplex RT - PCR)	BBTV、CMV、BSV

附　录　A
（规范性附录）
香蕉茎尖分生组织培养的培养基配方

单位为毫克每升

成　　分		诱导培养基	继代培养基	生根培养基
大量元素	KNO_3	1 900	1 900	1 900
	NH_4NO_3	1 650	1 650	1 650
	$MgSO_4 \cdot 7H_2O$	370	370	370
	KH_2PO_4	170	170	170
	$CaCl_2 \cdot 2H_2O$	440	440	440
微量元素	KI	0.83	0.83	0.83
	H_3BO_3	6.2	6.2	6.2
	$MnSO_4 \cdot 4H_2O$	22.3	22.3	22.3
	$ZnSO_4 \cdot 7H_2O$	8.6	8.6	8.6
	$Na_2MoO_4 \cdot 2H_2O$	0.025	0.025	0.025
	$CuSO_4 \cdot 5H_2O$	0.002 5	0.002 5	0.002 5
	$CoCl_2 \cdot 6H_2O$	0.002 5	0.002 5	0.002 5
铁盐	Na_2EDTA	37.3	37.3	37.3
	$FeSO_4 \cdot 7H_2O$	27.8	27.8	27.8
有机物	肌醇	100	100	200
	甘氨酸	2	2	2
	盐酸硫胺素（维生素 B_1）	0.10～0.50	0.10～0.50	0.50～1.00
	盐酸吡哆醇（维生素 B_6）	0.25～0.50	0.25～0.50	0.25～0.50
	烟酸（维生素 B_5）	0.50	0.50	0.50
	蔗糖	30 000	30 000	30 000
介质	琼脂	7 000	7 000	7 000
激素	6-BA	6	3～8	/
	NAA	0.05	0.05～0.2	0.1～0.5
其他	活性炭	/	/	250

注 1：配制培养基时，一般提前配制准备各系列培养基母液，包括大量元素（浓缩 20 倍）、微量元素（浓缩 200 倍）、铁盐（浓缩 200 倍）和除蔗糖之外的有机物（浓缩 200 倍）。配制时，应使每种成分分别溶解充分，再进行混合，其中大量元素 $CaCl_2 \cdot 2H_2O$ 和 $MgSO_4 \cdot 7H_2O$ 须单独配置母液，其余三种大量元素可混合配置母液。配制铁盐母液时应特别注意避免沉淀产生，分别溶解 $FeSO_4 \cdot 7H_2O$ 和 Na_2EDTA，加热并不断搅拌，使之完全溶解，冷却，将两种溶液混合，调 pH 至 5.5，用蒸馏水加至所需容积，棕色瓶保存于冰箱之中。

注 2：各种激素的储备液应分别配制，如它们是不溶于水的，则应先加很少量的助溶剂或适当加热助溶，再加蒸馏水定容。如，NAA 可用热水或少量 95%酒精溶解，再加水定容至所需容积；6-BA 可用少量 1 mol/L 的 HCl 溶解，再加水定容。

注 3：培养基各主要成分充分混合后，用 0.1 mol/L KOH 和 0.1 mol/L 的 HCl 调节 pH 至 5.8。

本标准起草单位：全国农业技术推广服务中心、广东省农业科学院果树研究所、中国农业科学院果树研究所。

本标准主要起草人：李莉、魏岳荣、易干军、盛鸥、聂继云、冷杨、王娟娟、李志霞。

中华人民共和国农业行业标准

NY/T 2305—2013

苹果高接换种技术规范

Technical specification of apple tree top grafting

1 范围

本标准规定了高接前准备、高接技术、高接后管理等苹果高接换种技术。

本标准适用于以品种更新为目的的苹果树高接换种。

2 规范性引用文件

下列文件对于本文件的应用是必不可少的。凡是注日期的引用文件，仅注日期的版本适用于本文件。凡是不注日期的引用文件，其最新版本(包括所有的修改单)适用于本文件。

NY/T 1839 果树术语

3 术语和定义

NY/T 1839 界定的术语和定义适用于本文件。

4 高接前准备

4.1 园地选择

园貌整齐，砧树树龄基本一致，树冠大小相近。

4.2 砧树选择

砧树应健壮，树体完整，病虫害轻，树龄以 10 年生以下为宜。

4.3 品种选择

高接品种应品质优良、有良好的市场前景，并与砧树有良好的嫁接亲和性。

4.4 接穗准备

接穗宜从健壮无病毒母株上采集。春季枝接可结合冬剪收集接穗，保湿贮藏，温度控制在 1℃左右。

5 高接技术

5.1 高接时期

春季和秋季均可高接，春季以枝接为主，秋季以芽接为主。

5.2 高接部位

高接部位的确定与树形改造相结合。高接部位粗度以直径 2 cm～3 cm 为宜。高接方位在枝干的侧背部。

5.3 高接方式

主要有一次性大抹头和一次性多头高接。1 年～3 年生幼树采用一次性大抹头。4 年生以上树采

中华人民共和国农业部 2013 - 05 - 20 发布　　2013 - 08 - 01 实施

用一次性多头高接。

5.4 高接方法

主要高接方法参见附录A。

6 高接后管理

6.1 除萌蘖

一般嫁接后7 d ～10 d进行首次除萌。此后应及时抹除萌蘖，并注意预防日灼。

6.2 解除绑缚物

春季枝接树，接穗新梢长到20 cm～30 cm时解除绑缚。秋季芽接树，翌年春季萌芽前解绑。

6.3 绑缚支棍

当新梢长到约30 cm时，在接枝对面绑缚支棍。待新梢长到70 cm ～80 cm时去掉支棍。

6.4 高接枝修剪

高接枝长到30 cm～35 cm时，进行轻摘心。秋季采用拉枝、捋枝等方法调整高接枝角度。冬季对高接枝延长头进行轻剪，并适当疏剪直立枝和过密枝。

6.5 肥水管理

高接后及时灌水，促进高接枝/芽愈合、生长。后期注意控制肥水，防止枝条徒长。冬季有低温天气出现的地区，应对高接枝进行防冻保护。

6.6 病虫害防治

及时防治叶螨、蚜虫、卷叶蛾等害虫和斑点落叶病、褐斑病等病害。注意防治为害接口和切口的枝干害虫。

附　录　A
（资料性附录）
几种苹果高接方法的操作程序

A.1　插皮接

A.1.1　适用范围

本方法适于各类枝的嫁接，只要砧木离皮即可。采用本方法，枝梢不抗风，风劈率高，应绑枝棍固定新梢。

A.1.2　削接穗

接穗长 10 cm ～12 cm。在其基部 4 cm～6 cm 处，向下斜削，由浅而深，直至削断，削面应长、光、平、薄，呈马耳形大斜面，在其背面的两侧，各削 0.5 cm 以上的小削面，呈箭头形。

A.1.3　切接口

在削平的剪锯口上，切一竖口，深达木质部，长 2 cm～4 cm，用刀向两边轻拨皮部，使之微微翘起。

A.1.4　插入接穗和绑缚

将削好的接穗尖端对准切口，大削面贴木质部，缓缓下推，慢慢插入，至削面末端露白 0.1 cm 为止。如图 A.1 所示，用塑料条扎紧。若接口横截面太大，先用塑料方块盖严剪锯口断面，再缠以塑料条。

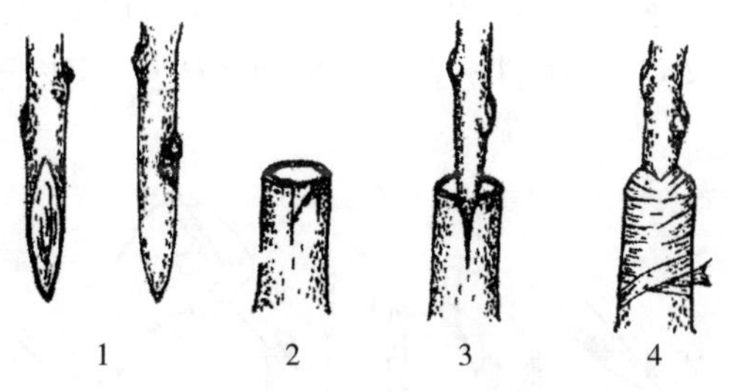

说明：

1——削接穗；2——切接口；3——插入接穗；4——绑缚。

图 A.1　插皮接示意图

A.2　切腹接

A.2.1　适用范围

本方法用于高接内膛直径在 2 cm 以下的细枝的嫁接，春、夏、秋三季均可进行。

A.2.2　削接穗

将硬枝接穗基部削成 2 cm～3 cm 长的大削面，呈马耳形，另一面削成稍短的小削面（较大削面略窄）。

A.2.3　切砧木

在细枝光滑部位剪截，留 4 cm ～6 cm，在剪口下合适的方位斜切 2 cm～3 cm 长的切口。

A.2.4　插入接穗和绑缚

用手轻掰砧木上端，使斜切口微张，将接穗长削面朝木质部，一边与形成层对齐，松手，砧木夹紧接穗，剪断接穗上端（可留单芽，也可留多芽）。注意，剪接穗时，不要使接口错位。如图 A.2 所示，用塑料条扎紧。

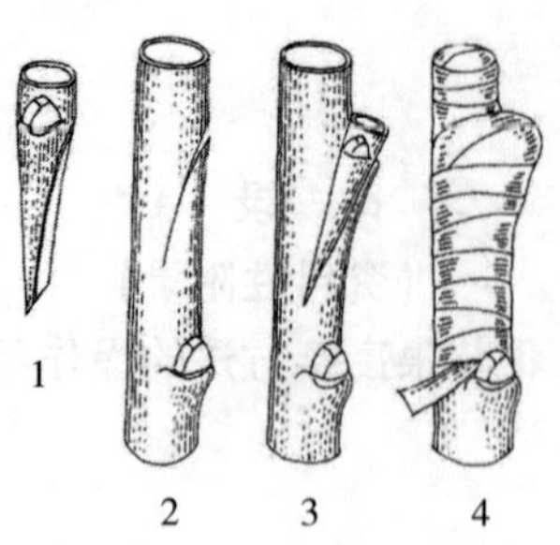

说明：

1——削接穗；2——切砧木；3——插入接穗；4——绑缚。

图 A.2 切腹接示意图

A.3 皮下腹接

A.3.1 适用范围

本方法主要用于高接树体内膛光秃部位的插枝补空，在砧木离皮时进行（一般在 4 月下旬至 5 月下旬）。除利用硬枝嫁接外，还可利用当年萌发生长的嫩梢（发育枝已木质化的部分）作接穗嫁接（一般在 6 月份）。

A.3.2 削接穗

接穗削法同 A.1.2。因嫁接部位多为粗大枝干，皮层较厚，接穗应削得长些（如 5 cm ～8 cm），以使接穗插牢固，接触面大，易成活。

A.3.3 削砧木切口

刮去嫁接部位老翘皮，露出新鲜皮层后，用切接刀在该处与树皮纹理呈一定角度切成“T”字形切口，深达木质部。在“T”字形交叉点上，倾斜挖去一块半圆形树皮，用撬子插入“T”字形切口，将其拨大（图 A.3）。

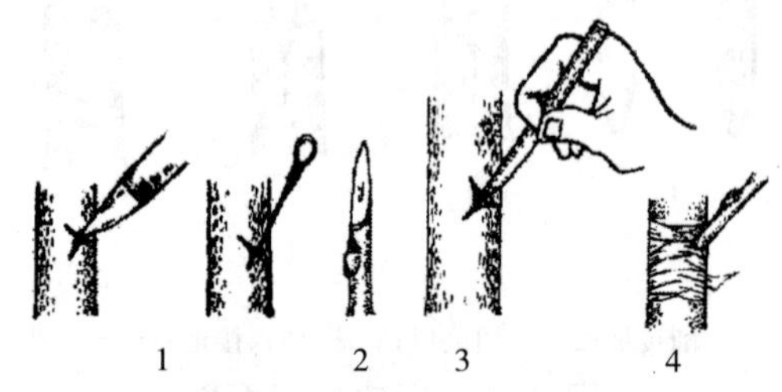

说明：

1——削砧木切口；2——削接穗；3——插入接穗；4——绑缚。

图 A.3 皮下腹接示意图

A.3.4 插接穗和绑缚

将接穗大削面贴砧木木质部一面，对准切口，用两个手指头护住切口两边，顺切口方向缓缓插入接穗，至削面末端微露（2 mm～3 mm）为止。用塑料条扎紧、保湿。

A.4 带木质部芽接

A.4.1 适用范围

本方法多用于枝干光秃部位，在砧木离皮时进行。一年生枝和当年新梢均可作接穗。在老干和新枝上均可进行。

A.4.2 削砧木切口

将嫁接部位老翘皮刮掉，露出白皮，切一“T”字形切口（图 A.4）。

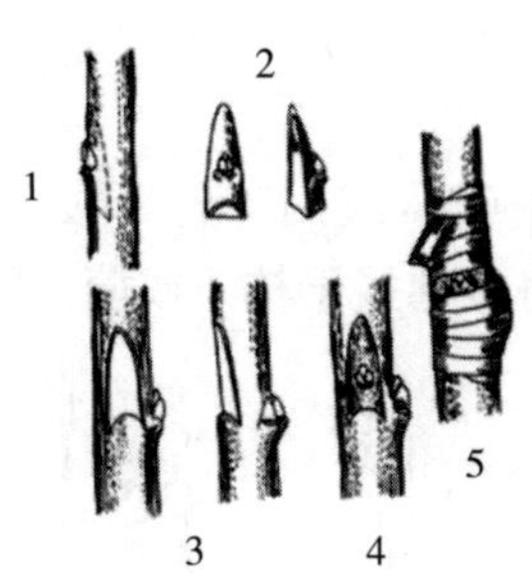

说明：

1——削接穗；2——削好的接穗；3——削砧木切口；4——插入接穗；5——绑缚。

图 A.4 带木质部芽接示意图

A.4.3 削接穗

在接穗上选择饱满芽，从其背面削一长约 5 cm 的马耳形斜削面，另一面的先端削法同插皮接。

A.4.4 插入接穗和绑缚

手持削好的接穗，插入"T"字形切口内，待芽基距"T"字形横切口 2 mm～3 mm 时，用切接刀对准横切口，将接穗切断，带木质的芽即留在砧木"T"字形切口内。用一片树叶盖住接芽，用塑料条包扎好。

A.5 "T"字形芽接

A.5.1 适用范围

只要砧木离皮即可采用本方法。

A.5.2 削取芽片

于接穗上饱满芽上方约 0.5 cm 处横切一刀，深达木质部，再从其下方 1 cm～1.5 cm 处，由浅入深向上推刀，深达木质部的 1/3，当纵刀口与横刀口相遇时，用手捏住芽柄一掰，取下盾形接芽芽片（图 A.5）。

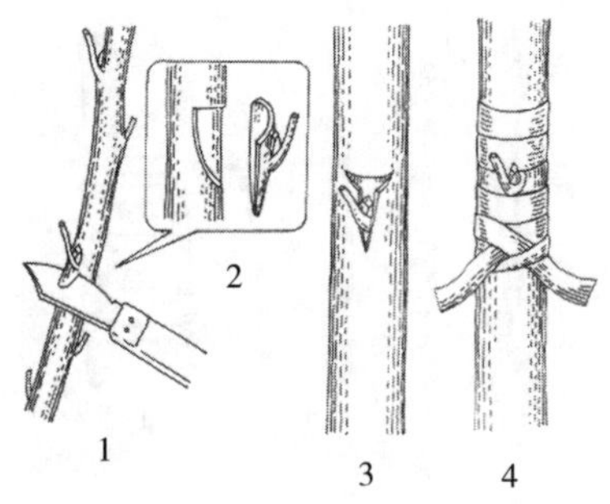

说明：

1——削取芽片；2——取下芽片；3——插入芽片；4——绑缚。

图 A.5 "T"字形芽接示意图

A.5.3 削切口

在砧木上嫁接部位横切一刀，深达木质部，然后在横刀口中间向下竖划一刀（长 1.5 cm～2 cm），用刀尖轻轻一拨，将砧木两边皮层微微翘起。

A.5.4 插入芽片和绑缚

将芽片插入砧木切口，使芽片上端切口与砧木横切口相接。用塑料条从接芽的下部绑到横刀口上方，使芽片紧贴砧木木质部，露出叶柄和芽眼。

A.6 高芽接

本方法用于2年～4年生树的高接换头，或用于骨干枝上萌蘖枝补接（嫁接未成活部位长出的强梢）。7月～8月份，用“T”字形芽接法将接穗接于枝条或萌蘖的基部（图A.6）。

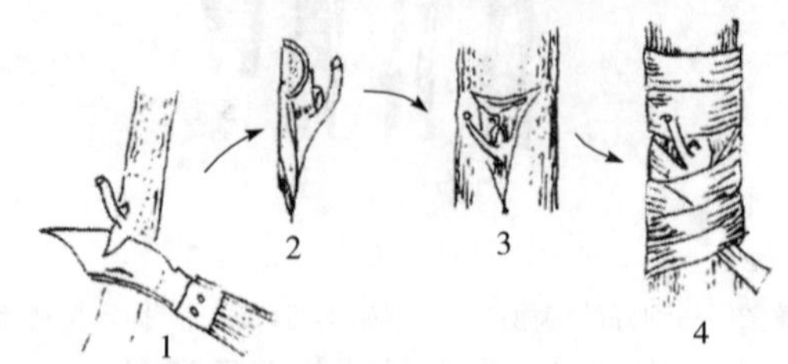

说明：

1——削取芽片；2——取下芽片；3——插入芽片；4——包扎。

图A.6 高芽接示意图

A.7 切接

A.7.1 适用范围

本方法常用春季嫁接，适于砧木不离皮时和粗度1 cm以上的砧木。

A.7.2 削砧木切口

将砧木从嫁接部位上端约5 cm处剪断，从断面1/3处用切接刀垂直切下，长约3 cm。

A.7.3 削接穗

接穗正面削一长削面，长度与砧木劈口相仿。背面削一马耳形小削面，长0.5 cm～1 cm。

A.7.4 插入接穗和绑缚

削好的接穗留2个～3个芽剪断，大削面向里，紧贴砧木切口插下，使砧木与接穗形成层的一边对齐，用塑料条绑紧（图A.7）。

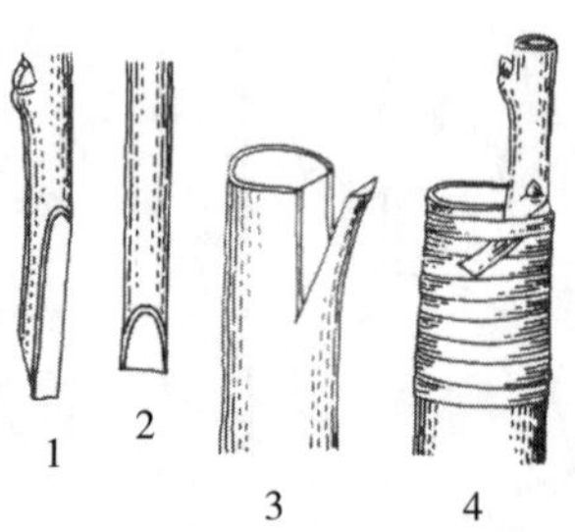

说明：

1——接穗长削面；2——接穗短削面；3——切接口；4——绑缚。

图A.7 切接示意图

A.8 劈接

A.8.1 适用范围

本方法适用于春季枝接。

A.8.2 削砧木切口

在砧木嫁接高度将其剪断，用劈接刀或切接刀从砧木中间竖劈切口。若砧木过粗，可劈两个平行切口。

A.8.3 削接穗

将接穗削成长楔形，楔形面一边厚、一边薄，削面长度为2.5 cm～3 cm，粗接穗削面可适当长些。

A.8.4 插入接穗和绑缚

将削好的接穗插入切口中，使一边形成层与砧木对齐，楔形削面顶部露出约 0.3 cm。用大塑料块蒙住砧木横切面，再用塑料条缠紧(图 A.8)。

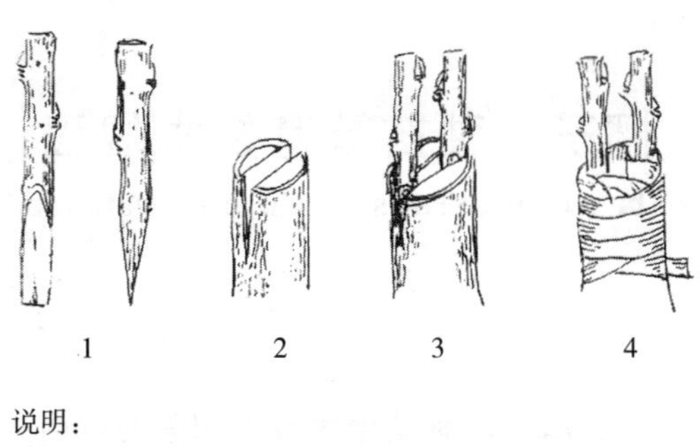

说明：
1——削接穗；2——切砧木；3——插入接穗；4——绑缚。

图 A.8 劈接示意图

本标准起草单位：中国农业科学院果树研究所、农业部果品及苗木质量监督检验测试中心(兴城)、辽宁省果蚕管理总站、农业部科技发展中心。

本标准主要起草人：聂继云、宣景宏、李志霞、崔野韩、李海飞、李静、徐国锋、闫震、王艳、李军、周先学。

中华人民共和国农业行业标准

NY/T 2553—2014

椰子　种苗繁育技术规程

Coconut—The technical rules for the propagation of seedlings

1　范围

本标准规定了椰子(*Cocos nucifera* L.)种苗繁育技术相关的术语和定义、种果选择、催芽、苗圃建设和苗圃管理。

本标准适用于椰子种苗繁育。

2　规范性引用文件

下列文件对于本文件的应用是必不可少的。凡是注日期的引用文件,仅注日期的版本适用于本文件。凡是不注日期的引用文件,其最新版本(包括所有的修改单)适用于本文件。

NY/T 353　椰子　种果和种苗

3　术语和定义

下列术语和定义适用于本文件。

3.1

果蒂　fruit pedicel

种果与花序小穗的连接处。

3.2

果肩　fruit shoulder

种果果蒂周围的凸起部分。

4　苗圃建设

4.1　选地

苗圃应建立在灌溉方便、土壤肥沃、排水良好、地势平坦、交通便利的地方,避开病虫为害严重的区域。

4.2　整地

催芽圃需起畦,畦宽 150 cm、畦高 20 cm,畦长以 15 m 为宜,畦与畦之间留一条 60 cm 宽的人行道。

4.3　架设荫棚

荫棚高 2 m,催芽要求荫蔽度 50%～60%;育苗初期荫蔽度 40%为宜,以后逐渐减少荫蔽度,直到出圃前 3 个月,拆除全部荫蔽物,使苗木生长健壮。

5　催芽

5.1　种果处理

中华人民共和国农业部 2014-03-24 发布　　　　2014-06-01 实施

按 NY/T 353 选择椰子种果。采摘种果后，在果蒂旁果肩最凸出部分 45°角斜切去直径10 cm～15 cm 的椰果种皮，以利于种果吸收水分和正常出芽，减少畸形苗率。

5.2 播种

开沟，将种果斜切面向上并朝同一个方向倾斜约 45 °角逐个排列在沟内，盖土至种果 3/4 处，淋透水。

5.3 管理

定期淋水，保持催芽圃湿润，预防鼠害、畜害和病虫害等，参照附录 A 执行。

6 育苗

6.1 选芽与移苗

种果芽长到 20 cm 时，淘汰畸形芽苗，按芽长短进行分级移植。

6.2 育苗方法

分地播育苗和容器育苗。

6.2.1 地播育苗

按株行距 40 cm×40 cm 挖穴，穴深、宽各 30 cm，每 4 行留一条 60 cm 宽人行道，移好芽苗后盖土，厚度略超过种果，压实。

6.2.2 容器育苗

6.2.2.1 育苗袋

选用黑色塑料袋等容器，口径 20 cm～30 cm、高度 30 cm～45 cm，在袋中下部均匀地打 4 个～6 个圆孔，孔径 0.5 cm，以便排水。

6.2.2.2 营养土配制

取地表土，每吨加入 20 kg 过磷酸钙或钙镁磷肥，充分混匀。

6.2.2.3 装袋

在容器里装入 1/3 营养土，将芽苗放进容器内，继续填充营养土，覆盖过椰果并压实。按株行距 40 cm×40 cm(以苗茎之间的距离为准)排列，在容器之间用椰糠或者泥土填至 1/2 高，每 4 行为一畦，两畦之间留一条 60 cm 宽的人行道。

7 苗圃管理

7.1 淋水与覆盖

幼苗移植之后，淋透水，以后每周淋水 2 次～3 次，以保持土壤湿润。可在椰苗周围覆盖一层椰糠或其他覆盖物，以减少水分蒸发，促进椰苗正常生长。

7.2 追肥

苗龄 4 个月～5 个月后追肥 2 次～3 次。追肥可淋施 0.5%复合肥($N : P_2O_5 : K_2O = 15 : 15 : 15$，下同)，也可撒施 12 kg/亩～15 kg/亩或穴施 5 g/株～10 g/株复合肥。

7.3 病虫害防治

参照表 A.1、表 A.2 的方法执行。

7.4 育苗记录

参照附录 B 执行。

7.5 种苗出圃

椰子种苗达到 NY/T 353 规定的要求时，可以出圃。地播苗起苗时，尽量深挖土、多留根；容器苗起苗时将穿出容器的根剪断，保持容器完整不破损。叶片较多的种苗可剪去部分老叶。

附　录　A
（资料性附录）
椰子苗期主要病虫害症状及防治方法

A.1　椰子苗期主要虫害症状及防治方法

见表 A.1。

表 A.1　椰子苗期主要虫害症状及防治方法

防治对象	症状	防治方法
介壳虫类	若虫和雌虫主要危害叶片，附着在叶片背面，吸取叶片组织汁液，致使叶腹面呈现不规则的褪绿黄斑；可分泌蜜露导致煤烟病	剪除危害严重的叶片；盛发期（3 月下旬至 4 月及 7 月）喷施 5 %吡虫啉乳油 2 000 倍液，每隔 1 周喷施 1 次
黑刺粉虱	幼虫和成虫群集在叶背面吮吸汁液，使被害处形成黄斑，并能分泌蜜露诱发煤烟病，影响植株长势，害虫大量发生时可致叶片枯死	剪除严重被害叶片；喷施 5%吡虫啉乳油 2 000 倍液和 1.8%阿维菌素 1 000 倍液
椰心叶甲	成虫和幼虫潜藏于未展开的心叶或心叶间取食危害。心叶受害后干枯变褐，影响幼苗生长。严重危害时，导致幼苗死亡	化学防治：用辛硫磷、敌百虫、高效氯氰菊酯等化学药剂（商品推荐使用浓度）喷施在椰子苗心部，每 3 周 1 次，直至害虫得到控制

A.2　椰子苗期主要病害症状及防治方法

见表 A.2。

表 A.2　椰子苗期主要病害症状及防治方法

防治对象	危害症状	防治方法
椰子灰斑病	初时小叶片出现橙黄色小圆点，然后扩散成灰白色条斑，边缘黄褐色，长 5 cm 以上，病斑中心灰白色或暗褐色；条斑聚成不规则的坏死斑块；严重时叶片干枯皱缩，呈火烧状	发病初期，可用 50%克菌丹可湿性粉剂 300 倍～500 倍液，或 70 %代森锰锌可湿性粉剂 400 倍～600 倍液喷射，每周 1 次，连续 2 次～3 次；为害严重时，先剪除病叶再喷药
椰子芽腐病	为害幼嫩叶片和芽的基部。初期心叶停止抽出，幼叶停止生长，随之枯萎腐烂，散发出臭味，外层叶片相继枯萎。在潮湿多雨地区，此病较易发生流行	挖除病株并烧毁。用 40%多・硫悬浮剂 200 倍～300 倍液浇灌心叶，每 10 天～15 天 1 次

附　录　B
（资料性附录）
椰子育苗技术档案

椰子育苗技术档案见表 B.1。

表 B.1　椰子育苗技术档案

品种名称			
产　　地			
育苗责任人			
种果数量，个			
播种时间	年　　月　　日		
出芽数，个		出芽率，%	
一级苗数，%		一级苗率，%	
二级苗数，%		二级苗率，%	
总苗数，%		成苗率，%	
备注			

育苗单位（盖章）：　　　　　　　　责任人（签字）：　　　　　　　　日期：　　年　月　日

本标准起草单位：中国热带农业科学院椰子研究所、国家重要热带作物工程技术研究中心。

本标准主要起草人：唐龙祥、刘立云、李艳、李和帅、李朝绪、李杰、冯美利、黄丽云。

中华人民共和国农业行业标准

NY/T 2681—2015

梨苗木繁育技术规程

Code of practice for propagation of pear nursery stock

1 范围

本标准规定了苗圃地选择与规划、实生砧木梨苗培育、矮化中间砧梨苗培育、苗木出圃、贮存和运输等梨苗木繁育技术。

本标准适用于梨苗木繁育。

2 规范性引用文件

下列文件对于本文件的应用是必不可少的。凡是注日期的引用文件，仅注日期的版本适用于本文件。凡是不注日期的引用文件，其最新版本(包括所有的修改单)适用于本文件。

NY/T 442 梨生产技术规程

NY 475 梨苗木

NY/T 1085 苹果苗木繁育技术规程

3 术语和定义

NY 475 界定的术语和定义适用于本文件。

4 苗圃地选择与规划

4.1 苗圃地选择

圃地应无检疫性病虫害、危险性病虫害和环境污染；交通便利；地势平坦，背风向阳，排水良好；有灌溉条件；土壤肥沃，土质以沙壤土、壤土为宜；土壤酸碱度以 pH 6.5～7.5 为宜；苗木繁育前 2 年内，未种植果树或繁育果树苗木。

4.2 苗圃地规划

合理规划采穗圃、繁殖区和轮作区，建设必要的排灌设施和道路。

5 实生砧木梨苗培育

5.1 砧木的选择

按 NY/T 442 的规定执行。

5.2 砧木种子的采集

用于采种的砧木母树，植株健壮，无病虫害，选择发育正常、果形端正的果实，经果实堆放、搓揉和漂洗等采集种子。

5.3 砧木种子的贮存与质量要求

按 NY/T 1085 的规定执行。

中华人民共和国农业部 2015-02-09 发布　　　　2015-05-01 实施

5.4 砧木种子的层积处理

砧木种子和湿沙的比例为1∶(4～5),沙的湿度在50%～60%,层积温度以－2℃～5℃为宜。播种前4 d～6 d,将种子置于10℃～15℃环境下催芽,待种子50%左右露白时进行播种。常用砧木种子适宜层积时间见表1。

表1 主要梨砧木种子适宜层积时间及播种量

砧木种类	适宜层积时间 d	直播育苗法播种量 kg/hm^2
杜梨(*P. betulaefolia* Bge.)	60～80	22.5～30.0
秋子梨(*P. ussuriensis* Maxim.)	40～60	30.0～45.0
豆梨(*P. calleyana* Dcne.)	25～35	11.5～15.0
褐梨(*P. phaeocarpa* Rehd.)	35～55	30.0～45.0
川梨(*P. pashia* Buch. - Ham.)	35～50	15.0～22.5
沙梨[*P. pyrifolia*(Burm. f.) Nakai]	40～55	90.0～120.0

5.5 砧木种子的播种时期与播种量

分为春播和秋播。秋播在土壤结冻前进行,上冻前浇封冻水,冬季寒冷的地区不宜进行秋播。春播在春天土壤解冻后尽早进行。直播育苗的播种量见表1,对于非直播育苗,其播种量在此基础上适当调整。

5.6 砧木苗培育

5.6.1 直播法

播种方式可选用宽行行距50 cm～60 cm、窄行行距20 cm～25 cm的宽窄行双行条播或行距40 cm～50 cm的单行条播。播种前,苗圃地深翻40 cm～50 cm,施足底肥,整平作畦,畦内开沟并适量灌水。待水下渗后播种。均匀撒种,耙平,覆盖地膜增温保湿。当气温达到20℃后,要注意揭膜透风;当气温达到25℃后,将膜全部撤除。幼苗长出2片～3片真叶时,按株距12 cm左右间苗。当秋季根系旺盛生长前或翌年春天断根,用断根铲从侧面斜向下铲断主根。

5.6.2 育苗移栽法

播种方法同5.6.1。幼苗长到2片～3片真叶时,按株距3 cm左右间苗。幼苗长到5片～7片真叶时移栽。移栽前2 d～3 d,苗床灌足水,按株距12 cm～15 cm、行距50 cm～60 cm移栽于苗圃地中。

5.6.3 苗期管理

5.6.3.1 土肥水管理

芽接前追肥2次～3次,每次施尿素120 kg/hm^2～150 kg/hm^2,施肥后及时灌水。苗木生长旺盛期,根据土壤水分状况,及时灌水和中耕除草。

5.6.3.2 病虫害防治

苗期重点防治立枯病、蚜虫、金龟子等病虫害。根颈部喷施或根部浇灌多菌灵等防治立枯病,选用吡虫啉等防治蚜虫、拟除虫菊酯类杀虫剂等防治金龟子。

5.7 嫁接

5.7.1 采穗

从品种采穗圃或生产园中生长健壮、结果正常、无检疫性病虫害的母株上,在树冠外围、中部采集生长正常、芽体饱满的新梢。生长季节,剪除叶片,保留叶柄(长0.5 cm左右),剪去枝条不充实部分,然后置阴凉处保湿贮存;休眠季节,在树液流动前采穗,采后置阴凉处覆盖湿沙贮存。

5.7.2 嫁接方法

秋季嫁接采用芽接法或带木质芽接法，春季嫁接采用硬枝接法或带木质芽接法。

5.8 嫁接后管理

嫁接后10 d～15 d检查成活情况，对未接活的及时补接。枝接后萌发的新梢长至20 cm～30 cm时，解除绑缚的塑料条，多风地区应绑缚支棍，避免刮折。及时抹除砧木上的萌芽和萌梢。春季嫁接苗在嫁接成活后及时剪砧，秋季嫁接苗于翌年春萌芽前剪砧。剪砧位置在接芽上方0.5 cm～1.0 cm处，剪口斜向芽对面并涂伤口保护剂。剪砧后及时除萌。干旱和寒冷地区，封冻前苗行浅培土，将嫁接部位埋于土下，翌年春天土壤解冻后，撤去培土，以利于萌芽和抽梢。注意松土、除草、追肥和灌水。加强对卷叶虫、蚜虫、梨茎蜂、梨瘿蚊等虫害的防治。

6 矮化中间砧梨苗培育

6.1 3年出圃苗的培育

第一年，春天培育实生砧苗，秋季在砧苗上嫁接矮化中间砧接芽。第二年，春季在接芽上方0.5 cm～1.0 cm处剪砧，秋季在中间砧上25 cm～30 cm处嫁接梨品种接芽。第三年，春季在接芽上方0.5 cm～1.0 cm处剪砧，秋季即可培育成矮化中间砧梨苗。

6.2 2年出圃苗的培育

6.2.1 分段嫁接法

第一年，培育实生砧苗，秋季在中间砧母本树的1年生枝条上，每隔30 cm～35 cm嫁接一个梨品种接芽。第二年，春季将嫁接梨品种接芽的矮砧分段剪下(每个中间砧段顶部带有1个梨品种接芽)，再分别嫁接到上年培育好的实生砧苗上；秋季成苗。

6.2.2 双重枝接法

第一年，培育实生砧苗。第二年，早春将梨品种接穗枝接在长25 cm～30 cm的矮化中间砧段上，并缠以塑料薄膜保湿，再将接好梨接穗的中间砧茎段枝接在实生砧上，秋季即可出圃。

6.3 嫁接后管理

参照5.8的要求执行。

7 出圃与包装

7.1 苗木出圃

7.1.1 起苗和分级

起苗既可在秋季土壤结冻前进行，也可在春季土壤解冻后苗木萌芽前进行。起苗时应尽量减少对根系，尤其是主根的损伤。起苗后剔除病虫苗，按NY 475的规定进行分级，并附标签和质量检验证书。

7.1.2 植物检疫

苗木出圃前须经当地植物检疫部门按NY 475的规定检验，获得苗木产地检疫合格证后方可向外地调运。

7.2 包装

按NY 475的规定进行包装。

8 贮存与运输

8.1 贮存

起苗后，如不及时销售和外运，应在背风、向阳、干燥处挖沟假植，或在专业苗木贮藏库中贮存。假植时，无越冬冻害和春季抽条现象的地区，苗梢露出土堆外20 cm左右；否则，苗梢埋入土堆下10 cm左右。

8.2 运输

运输过程中防止重压、曝晒、风干、雨淋、冻害等，注意保湿，到达目的地后及时假植或栽植。

本标准起草单位：中国农业科学院果树研究所。
本标准主要起草人：姜淑苓、王斐、欧春青、李静、马力、李连文。

中华人民共和国农业行业标准

NY/T 978—2006

甜菜种子生产技术规程

Technique rules for sugar beet commercial seed production

1 范围

本标准规定了甜菜种子生产过程的主要技术要求及操作要点。

本标准适用于甜菜大田用种繁殖。

2 规范性引用文件

下列文件中的条款通过本标准的引用而成为本标准的条款。凡是注明日期的引用文件,其随后所有的修改单(不包括勘误的内容)或修订版均不适用于本标准,然而,鼓励根据本标准达成协议的各方研究是否可使用这些文件的最新版本。凡是不注明日期的引用文件,其最新版本适用于本标准。

GB 19176—2003 糖用甜菜种子

3 术语和定义

下列术语和定义适用于本标准。

3.1

露地越冬 openfield overwinter

采种幼苗冬季在田间覆盖条件下越冬,次年返青后采种。

3.2

窖藏越冬 pit storage overwinter

采种的母根入冬前由育苗田起收后,入窖贮藏,次年春季出窖栽植采种。

3.3

挖心 digging heart leave

种苗刚抽薹时,挖去顶端生长的主薹,促进侧枝生长。

3.4

掐尖(打顶) tip removal

将种株的花枝顶端掐去一小段,抑制其顶端生长,促进种子成熟。

3.5

枝型 branch type

种株分枝生长类型,主要有单枝型,混合型及多枝型。

3.6

株型 plant type

营养生长期植株生长形态(叶丛姿态),主要有直立型,半直立型及匍匐型。

3.7

中华人民共和国农业部 2006 - 01 - 26 发布　　2006 - 04 - 01 实施

抽薹期　bolting stage

种苗心叶部位伸出薹枝，称为抽薹。10%种苗出现薹枝，为抽薹始期，90%种苗出现薹枝为抽薹终期。

3.8

开花期　flowering stage

10%种株有半数以上的花朵开放，为开花始期，75%种株上有半数以上的花朵开放，为开花盛期。

3.9

成熟期　ripening stage

种株上 1/3 种球呈黄褐色，内部种皮为橘红色，种仁呈粉状时，即达到成熟期。

3.10

无效种株　fruitless plant

抽薹不结实的种株，称为无效种株。

3.11

顽固植株　non-bolter

不抽薹的种株(像一年生甜菜)，称为顽固植株。

3.12

残茬搁晾　air dry on crop residual

成熟的种株收割后，直接放在种株的残茬上或成捆竖立在田间，使其自然风干，避免沾土或下雨受潮。

3.13

饲用甜菜　fodder beet (Beta V. subsp. vulgaris)

栽培甜菜亚种中的一个组。根体肥大，多汁，干物质产量高，含糖量低，根皮为红、黄或绿色，供牲畜作饲料用，不能用作制糖原料。

4　原种质量

4.1　原种品质标准

原种种子的发芽率，纯度，净度，倍性，粒性，育性等主要品质指标必须达到国家标准。原种种子不带有影响幼苗生长发育的病菌，播前应进行种子消毒。

4.2　原种包装

原种包装按 GB 19176—2003 中包装和标志的相关条款执行。

5　采种地区的条件

5.1　气候条件

采种地区应选择在适宜于母根安全越冬及种株能正常开花授粉，种子适期成熟的地区。在种株开花至种子成熟期内，无干热风，无持续阴雨或暴雨、大风，阳光充足，雨量要少，相对湿度低于 75%。

实行露地越冬采种的地区，冬季较温暖，平均气温 0 ℃～3 ℃，1 月平均最低气温－4 ℃～－7 ℃，年平均气温 13 ℃～14 ℃，年降雨量 500 mm～900 mm 为宜，冬季平均气温 1 ℃～5 ℃的持续时间不少于 60 天，以便母根完成春化过程。

凡是冬季气温较低的地区，不能保证母根安全越冬或采种质量及种子生产稳定性，宜采用窖藏越冬法采种。

5.2　土壤条件

适于母根及种株生长发育，以土质疏松的砂壤土、轻黏土、黑钙土较适宜。地势平坦，灌排方便，通风良好，实行四年以上轮作，采种地区无根腐病、丛根病等土传病害发生。

5.3 远离原料产区

甜菜采种地区应当与制糖原料种植区严格分开。严禁在原料区内同时安排大田用种及原种繁殖。

5.4 隔离条件

同一类型不同品种之间或同一品种的不同亲本之间的采种地块隔离距离 2 km～4 km。

不同类型品种之间(多粒与单粒，雄性不育杂交种与普通二倍体或多倍体品种)采种地块隔离距离 5 km～8 km。

糖用甜菜与饲用甜菜品种间，隔离距离 30 km 以上，在糖用甜菜集中采种区不准安排饲用甜菜采种。

5.5 面积集中

采种区内，每块采种田面积不少于 3.33 hm^2～6.67 hm^2，采种区应适当集中，形成规模化生产。

6 亲本配置比例及栽培方式

6.1 亲本配置

四倍体与二倍体亲本母根栽植行数之比为 3∶1 或 4∶1。收获时，四倍体和二倍体种子混收。

不育系与授粉系亲本母根栽植行数之比为 6∶2 或 8∶2，为便于机械收割作业及父本、母本之间分开，每隔 8 行～10 行应留一空行。开花盛期 15 天后，先将授粉系割去，然后再收不育系种株上的种子。

普通二倍体品种系选品种不分父本母本，亲本按行种植，种子混收。

6.2 栽培方式

上述各种类型的分行栽植方式，父本母本的行间距及株间距均分别保持一致。

为了避免由于父本母本之间花期不一致造成杂种种子结实差，降低种性，在品种说明书中应说明原种的父本、母本花期情况。如有必要，应将开花晚的亲本早栽几天或采用掐尖打薹的措施，使杂交种双方能同时开花授粉，或者调查授粉系比不育系早开花 1 天～2 天，这样能提高结实效果。

7 露地越冬法采种的主要技术要求

7.1 育苗

7.1.1 播种时间

根据当地作物茬口安排及气候情况。江苏省及鲁南地区在 8 月上中旬；鲁北、陕南、甘肃陇南等地区在 7 月下旬至 8 月中旬。

7.1.2 苗床准备

苗床要平整，砂壤土为好，小畦面，灌排水方便。

7.1.3 密度

育苗采种田播种量为每 667 m^2 1 kg～1.5 kg，以每 667 m^2 保苗 2.5 万株～3.0 万株为宜。每667 m^2 幼苗可移栽 3 333.5 m^2～4 667 m^2 采种田，应及早定苗，保持苗壮。

移栽至采种田的种根密度应根据其母根大小，种植方式，土壤肥力，地区气候条件及管理水平而定。适当密植可提高种株抗倒伏能力及种子产质量。江苏北部、山东采种区 8 月上旬播种期，667 m^2 适宜密度为 3 000 株，中旬为 3 500 株～4 000 株，8 月下旬迟播的为 4 200 株～4 800 株。其他采种区的种株密度如甘肃，陕南，山西，密度在 667 m^2 3 500 株左右。

7.2 移栽

7.2.1 移栽时间及苗龄

一般情况下，在苗龄 25 天～35 天，10 片叶，根直径不小于 1 cm 左右时，移栽较好。移栽时，应淘汰弱苗、病苗、杂苗。栽植深度(幼苗生长点)低于地表 2 cm～3 cm(在冬季易受冻害地区)。甘肃地区异地栽植时间应在翌年 3 月中旬至 4 月上旬为宜。

7.2.2 水肥管理

移栽穴中,施少量氮磷为主的复合肥,栽后立即适量浇水。

7.3 覆土越冬

7.3.1 适宜苗龄

越冬前应保持母根生长健壮。一般情况越冬前母根应有 15 片～25 片叶,块根直径 3 cm～5 cm,根重 100 g～200 g 较好,越冬成活率高。

7.3.2 覆盖时间及次数

根据当地冬季气候变化而定。分 2 次～3 次覆盖。第一次气温降到 6 ℃～8 ℃时,将根冠埋入土中,盖严。第二次当气温降至零度以下时,应盖埋心叶。覆盖物可就地取材,先用土埋,遇有特殊严寒天气时,应加盖其他覆盖物,如秫秸,土杂肥等。

7.4 水肥管理

7.4.1 合理施用氮、磷肥

磷肥以底肥为主;氮肥应以冬前为主。氮磷比一般为 1∶0.6 或 1∶0.8。

7.4.2 施肥量及施肥时间

中等地力越冬前施底肥:每 667 m^2 用量 2.5 t～3.0 t 有机肥,23 kg～28 kg P_2O_5,5 kg～10 kg N_2。返青期补磷酸二铵每 667 $m^2$15 kg～20 kg,结合浇水或松土保墒。抽薹期后,不再追施氮肥。有条件地区应在花期喷硼、锰等微量元素肥料,叶面喷撒 1～2 次。

7.4.3 花期浇水

夏季遇高温干旱要及时浇水,种株收获前半个月左右不宜再浇水,以防徒长,倒伏。

7.5 挖心与掐尖

7.5.1 挖心

在抽薹初期,顶芽初萌时,挖去种苗顶芽,促使侧枝发育。对个别播种晚,根体太小,肥力水平较低的田块,可不采取挖心措施。待主薹长出 10 cm 后,一次打去主薹。

7.5.2 掐尖

在盛花期,将花枝顶端包括各个一级,二级分枝,掐去 2 cm～3 cm,抑制其顶端生长,促进种子成熟。

7.6 淘汰劣株

只抽薹不开花或只开一些小花,枝条嫩绿,明显晚熟的植株,或者有一些有扁带的植株,应在开花后,种子成熟前将其拔除,避免其与正常株互相授粉。

7.7 适期收获

7.7.1 种子成熟指标及收获时期

在甜菜种株上,种球呈黄褐色,内部种皮为橘红色,种仁为白色、粉状时,该种子即为成熟。

7.7.2 收获时期

7.7.2.1 一株种株,1/3 种球达到成熟状态时,该株即可收获。

7.7.2.2 采种田内如有 75%以上种株都达到上述程度时,该地块种子即可收获。

7.7.3 残茬搁晾及脱粒

种株收割后,直接放在残茬上,使茎秆离开地面,通风,不浸雨水,晾晒 2～3 天;或捆成小捆竖立放置晾晒。在晴天的早晨花枝潮湿、发软、不易折断时,迅速脱粒。

7.8 病虫害防治

注意防治立枯病、褐斑病、甜菜夜蛾、蛴螬、蝼蛄、地老虎、甜菜象甲、蚜虫等病虫的危害。

8 窖藏越冬法采种的主要技术要求

8.1 母根培育

8.1.1 播种时间。从8月初开始，气温下降较快，霜期较早，为使母根生长期有足够的积温，应在夏熟作物收割后，抓紧整地，播种，或者春季留茬晚种。播种时间在7月中旬至8月上旬。越冬前幼苗生长日数50天～70天，根重以100 g～250 g为好。

8.1.2 播种量及留苗密度。条播，每667 m^2 用种0.7 kg～1.2 kg，2～3对真叶时间苗，4～5对真叶时定苗。667 m^2 保苗8 000～10 000株。间、定苗时，要及时拔除病苗、弱苗及杂苗。

8.1.3 施足底肥，适当追肥。

8.2 母根窖准备

在集中种植甜菜的采种基地，应修建永久性、半地下式大型母根贮藏窖。母根窖要求达到窖温2℃～4℃和适宜的相对湿度。

土窖的窖址应选择在地势较高，向阳背风地块，窖宽约1 m，深60 cm～80 cm。长度根据母根数量而定。窖底中部应挖一条宽20 cm，深20 cm的通风沟，用玉米秆或高粱秆棚上。装母根入窖时，轻拿轻放，避免表皮损伤，母根层中间应插1～2个用玉米、高粱或葵花秆捆成束的通风道，便于空气流通，窖上面棚上秸秆，然后盖土，土层厚约10 cm～30 cm。

8.3 母根修削与选择

秋季地冻以前(夜间气温1 ℃～3 ℃左右)，母根开始起收。入窖的母根根重不小于100 g，起收的块根应按母根切削标准削去叶片及叶柄，淘汰病根，畸形根及伤残根。

8.4 母根入窖及管理

母根起收后，如天气转暖，可将母根修削后集中埋堆，浅盖土，“假贮藏“一段时间，待夜间气温降至0 ℃左右时，再入窖。入窖后，应经常检查窖温变化及母根保管状况，如窖温过高(≥5 ℃)，应适当打开通风口，或白天开，晚上关闭。如果窖温低于0 ℃，应加盖覆盖物或封闭通风口。

8.5 早春栽植

春季地表化冻层达10 cm时，即可栽植母根，栽植密度每667 m^2 栽苗2 800株～3 500株。栽植时，每667 m^2 施入 P_2O_5 和纯氮15 kg～20 kg，肥料施入穴内。

8.6 采种田管理及收获

采种田的田间管理主要技术措施同7.4.2～7.8返青后的管理。

9 种子处理、检验及贮藏

9.1 种子处理

脱粒后的种球及杂质通过清选机筛选时，应按照国家标准对不同类型种子粒径的要求，分别安装不同孔径的筛片。不同品种或不同类型种子过筛时，要先认真清扫干净清选机有关部位及筛面或更换筛片，以避免种子机械混杂。

9.2 取样检测

经过筛选的种子在包装入库前应进行取样检验。按种子检验规程的要求，检测种子的净度、含水量、发芽率、粒径、色泽、千粒重等项目。由于种子生理后熟作用，发芽率检验应当在次年春季以前检测2～3次。即：入库前检第一次，库存1.5～2个月后检第二次，次年3～4月份检第三次。

9.3 种子贮藏

种子贮藏要求按GB 19176—2003中贮藏的相关条款执行。

9.4 种子加工

需要对种子进行磨光、包衣、丸粒化等加工，应在清选、发芽率测定等检验工作的基础上，按照专门的加工程序进行。

本标准由全国农业技术推广服务中心、农业部甜菜品质监督检验测试中心、中国农业科学院甜菜研究所负责起草；江苏省农垦大华种子集团有限公司、黑龙江省甜菜种子管理站参加起草。

本标准主要起草人：孙以楚、廖琴、吴玉梅、孙世贤、虞德源、滕佰谦。

本标准委托中国农业科学院甜菜研究所负责解释。

中华人民共和国农业行业标准

NY/T 1785—2009

甘蔗种茎生产技术规程

Technical regulations for seedcane culture

1 范围

本规程规定了甘蔗种茎生产中的品种选择、种茎繁育、田间管理、病虫害防治及检疫等技术要求与种茎砍收、运输等技术措施。

本规程适用于我国各蔗区甘蔗种茎生产及其管理。

2 术语和定义

下列术语和定义适用于本标准。

2.1

原原种(breeder's stock)

已经通过国家审(鉴)定或省(自治区、直辖市)审(认)定或登记的新品种,在育种者(单位)直接掌控下、并在严格控制的环境条件下,采取常规种茎无性繁殖或脱毒腋芽繁殖生产的纯正、健康的良种无性种茎。

2.2

原种(original seedcane)

原原种经授权委托,由有良种繁殖专业水平的技术人员和机构在一定受控条件下,通过常规种茎繁殖技术生产的高纯度无病虫害的健康良种无性种茎。

2.3

生产用种(seedcane for production)

原种交由具有一定的良种繁育条件和技术水平的机构或个人,通过常规种茎繁殖生产出达到较高纯度、健康的,可直接用于生产的无性种茎。种苗生产要求苗情齐、匀、壮。

2.4

种茎(seedcane)

用于大田种植、具可正常萌发蔗芽的甘蔗茎段。

3 种茎生产

3.1 基地田间生态条件

3.1.1 隔离条件

原原种在网室、塑料大棚或有围墙的田块内繁殖。原种和生产用种的繁殖生产不同品种的田块应相隔 5 m 以上。

3.1.2 灌溉、交通条件

有便利的排灌条件和交通条件。

中华人民共和国农业部 2009-12-22 发布　　2010-02-01 实施

3.1.3 土壤条件

甘蔗种茎繁殖地要求前作为其他作物，地势平坦、土质疏松、肥力中等以上。

3.2 品种选择

选择甘蔗产业需求的适应当地蔗区生态条件，经国家审（鉴）定或省（自治区、直辖市）审（认）定或登记的品种。

3.3 繁育方法

3.3.1 种茎繁殖法

3.3.1.1 一年两采法

2 月上中旬种植，早秋采茎；或早秋种植，翌年的早春采茎。

3.3.1.2 两年三采法

2 月中下旬种植，第一次在 9 月上中旬采茎；第二次在翌年的晚春或早夏采茎，第三次采茎在翌年秋末冬初。

3.3.1.3 多次采茎法

供繁蔗茎拔节 5 节～6 节即采苗繁殖，斩成单芽苗，催芽繁殖。采用单芽繁殖时，芽下节间宜留长些，芽上节间留短些。

3.3.2 分株繁殖法

把有 5 片～6 片叶、出了苗根的壮蘖，用手锯连根从母茎切割出来，并剪去上部青叶，在植沟内约与土面成 30°摆放假植，待成活后，移植到苗圃作进一步繁殖。

3.3.3 组织培养繁殖法

利用植物的全能性，应用甘蔗组织、器官快速繁育出根、茎、叶俱全的组培苗，经苗盘假植和田间定植后生产种茎。具繁殖速度快和脱毒复壮的特点。

3.4 生产技术要求

3.4.1 下种前准备

3.4.1.1 整地、开沟或作畦

犁深 20 cm～30 cm，耘碎耙平，前作为甘蔗的，整地时应把旧蔗兜清理出蔗田外以免混杂。行距 80 cm～110 cm。旱地植沟深 20 cm～25 cm，沟底蔗床平整，宽 25 cm。地下水位较高的水田，起畦种植，畦面和沟底要求平整，开播幅宽 20 cm。

3.4.1.2 斩种和蔗种处理

剥掉叶鞘，幼嫩部分则可保留叶鞘，斩成双芽或单芽茎段，斩种时芽向两侧，芽上方留 1/3 节间，芽下方留 2/3 节间，切口应平整不破裂，不伤芽。去除死芽、病虫芽。下种前可用 52℃热水浸种 30 分钟或用有效成分为 0.1%的多菌灵（或苯来特）水溶液浸种 10 分钟进行消毒。

3.4.1.3 施基肥

甘蔗种茎生产基肥应占总施肥量的 40%～50%，基肥要求每 667 m^2 施尿素 10 kg～15 kg、钙镁磷肥（或过磷酸钙）40 kg～50 kg、氯化钾 20 kg～25 kg。提倡使用农家肥（或土杂肥）1 000 kg～2 000 kg，使用农家肥时化肥用量酌减。基肥应施于植蔗沟底，并与土壤充分拌匀，腐熟有机肥用于盖种。

3.4.1.4 防治地下害虫

下种后，每 667 m^2 用 10%的益舒宝颗粒剂或 3%呋甲合剂撒 5 kg 施植蔗沟防治蔗龟、天牛等地下害虫。

3.4.2 下种

3.4.2.1 播种量

每 667 m^2 下种量为 1 500 段～2 000 段双芽苗，或 3 000 段～4 000 段单芽苗。为提高繁殖效率，充

分利用分蘖，每 667 m^2 下种量可酌减至 1 000 芽。

3.4.2.2　播种方式

蔗种平放，芽向两侧，采用双行三角形排列，下种量少时可采用穴植。蔗种要与土壤紧密接触，不架空。

3.4.2.3　覆土

下种时土壤水分控制在田间最大持水量的 70%左右，下种后随即用细碎的土壤覆盖种茎 3 cm～4 cm。

3.4.2.4　芽前除草

覆土后应喷施除草剂或覆盖除草地膜，除草剂可用 50%的阿特拉津可湿性粉剂，每 667 m^2 用 150 g～200 g，对水 50 kg；或喷施 80%的阿灭净可湿性粉剂，每 667 m^2 用 130 g～150 g，加水 50 kg，或禾耐斯每 667 m^2 用 60 mL，对水 60 kg 均匀喷施。

3.4.2.5　覆盖地膜

冬季和早春繁殖苗在下种、覆土、喷施除草剂后，用无色透明、厚度为 0.008 mm～0.01 mm、宽度为 50 cm 的地膜覆盖，地膜边缘用细土压紧，地膜露出透光部分不少于 20 cm。

3.4.3　田间管理

3.4.3.1　揭膜

当 80%以上蔗苗已长出并穿出膜外，日平均气温稳定超过 20℃时，即可揭膜。

3.4.3.2　中耕培土

当蔗苗长到 3 片～4 片真叶或揭膜后应进行第一次中耕除草；蔗苗 6 片～7 片真叶时结合进行第二次中耕除草并小培土，培土高度 2 cm～3 cm 以促进分蘖；分蘖盛期结合施肥、农药后进行中培土，培土高度 10 cm～20 cm。

3.4.3.3　追肥

追肥以三次为宜，第一次在甘蔗齐苗后，结合中耕除草每 667 m^2 施尿素 5 kg～7 kg；第二次在分蘖盛期，结合小培土每 667 m^2 施尿素 10 kg～15 kg；第三次结合中培土时施尿素 25 kg～30 kg、氯化钾 15 kg～20 kg。

3.4.3.4　水分管理

甘蔗苗期土壤表层 25 cm 的含水量低于最大持水量的 55%要及时进行灌溉，宜浅灌；同时，还应防止田间积水造成烂苗。分蘖期土壤表层 30 cm 的含水量低于最大持水量的 60%要及时进行灌溉，应勤灌、浅灌。伸长期要根据降雨量的变化情况决定灌溉次数和灌溉量，降雨量较少的蔗区或久旱不雨，应及时沟灌保证灌透水，保持土壤表层 50 cm 的含水量保持最大持水量的 80%以上；同时，应注意清理田间排灌沟渠，防止积水。

3.4.4　病虫害防治

苗期注意防治螟虫和蓟马，结合小培土每 667 m^2 施 3.6%杀虫双颗粒剂或 5%丁硫克百威 3 kg～4 kg 防治螟虫，蓟马在发生初期用 40%氧化乐果 800 倍液或敌敌畏 1 000 倍液喷杀。发现棉蚜局部危害即进行喷药全面防治，可用 10%的大功臣可湿性粉剂每 667 m^2 用 10 g～20 g，或 50%的辟蚜雾 667 m^2用量 20 g～30 g，对水 30 kg 喷洒防治。

3.5　种茎砍收

甘蔗株高达 1.0 m 以上或有效芽节达 10 个以上就可以采收。砍收前，先去杂，连兜挖去混杂株，砍收时再注意去杂，并弃去病苗、虫蛀（害）苗（茎）。如要留宿根，应用小锄低砍，斩口平滑，避免开裂，蔗梢削至生长点，去叶片，留叶鞘。砍收后即开畦松蔸、施肥，做好宿根蔗管理。原种、原原种种苗繁殖整过程的砍、收刀具每次使用之前都要用肥皂水等消毒。

4 种茎检疫

种茎外运前要按有关规定对检疫对象进行产地检疫。

5 包装、运输与贮藏

5.1 包装

种茎以 20 kg～25 kg 为一捆，用包装绳捆扎好，每捆绑两道，并挂上标识，注明品种名称、种茎级别、生产单位、产地、出圃日期。

5.2 运输

长途运输时注意温、湿度变化，冬季要覆盖透气物，夏季要遮阳通风。甘蔗种茎在运输装卸过程中，应注意防止种芽的损伤、标识丢失。

5.3 贮藏

种苗茎收后要及时播种(半年蔗要晒种 1 d～2 d)，尽量减少贮藏时间。若要贮藏，砍收后的甘蔗种茎捆扎好后存放，可用覆盖物遮蔽，避免暴晒、积水或霜冻害，控制蔗堆大小，防堆内温度过高，同时应注意防鼠害。

本标准起草单位:农业部甘蔗及制品质量监督检验测试中心。
本标准主要起草人:邓祖湖、陈如凯、高三基、张华、罗俊、徐良年。

中华人民共和国农业行业标准

NY/T 2119—2012

蔬菜穴盘育苗　通则

General rule for vegetable plug transplants production

1　范围

本标准规定了蔬菜穴盘育苗的一般性要求、技术措施、成品苗质量及检验规则，以及商品苗包装、标志与运输要求。

本标准适用于以种子作为繁殖材料的蔬菜穴盘育苗。

2　规范性引用文件

下列文件对于本文件的应用是必不可少的。凡是注日期的引用文件，仅注日期的版本适用于本文件。凡是不注日期的引用文件，其最新版本(包括所有的修改单)适用于本文件。

GB 3095　环境空气质量标准

GB 4286　农药安全使用标准

GB 5084　灌溉水环境质量标准

GB/T 8321　(所有部分)农药合理使用准则

GB 15618　土壤环境质量标准

GB 16715.1　瓜菜作物种子　瓜类

GB 16715.2　瓜菜作物种子　白菜类

GB 16715.3　瓜菜作物种子　茄果类

GB 16715.4　瓜菜作物种子　甘蓝类

GB 16715.5　瓜菜作物种子　叶菜类

NY/T 2118　蔬菜育苗基质

3　术语和定义

NY/T 2118 界定的以及下列术语和定义适用于本文件。

3.1

穴盘　plug trays

用于盛载育苗基质和蔬菜秧苗的容器，一般是采用聚乙烯(PE)、聚苯乙烯(PP)或发泡聚苯乙烯等材料按照一定规格制成的、联体多孔、孔穴形状为圆锥体或方锥体、底部有排水孔的容器。

3.2

穴盘育苗　plug transplants production

以穴盘为容器，采用以草炭、蛭石、珍珠岩等轻质材料为基质，手工或机械播种，在设施条件下进行的育苗方法。

中华人民共和国农业部 2012-02-21 发布　　　　2012-05-01 实施

3.3

子苗期

子叶拱出到第一片真叶显露的时期。

3.4

成苗期

真叶吐心到达到商品苗标准的时期。

3.5

炼苗期

成苗到定植的时期,一般 5 d～7 d。

4 一般性要求

4.1 产地环境

育苗基地土壤应符合 GB 15618 的规定;灌溉水质量应符合 GB 5084 的规定;环境及空气质量应符合 GB 3095 的规定。基地远离工矿企业等污染源。

4.2 设施

利用日光温室、塑料拱棚、防虫防雨棚、连栋温室等设施进行育苗时,要求设施坚固,抗灾能力强,并且具备一定的环境调控能力,能够调节温度、湿度、光照以及防虫、防雨等。

4.3 穴盘

根据蔬菜种类和成苗标准,选择适宜孔径的穴盘,宜使用与精量播种机等机械配合的标准化穴盘。

4.4 基质

符合 NY/T 2118 的规定。

4.5 种子

4.5.1 品种选择

选用适合目标市场消费习惯和当地气候、土壤条件,品质好,抗病性强,产量高的品种。

4.5.2 种子质量

符合 GB 16715.1～GB 16715.5 对种子的要求,宜选用发芽率高和发芽势强的种子,使出苗整齐。

4.6 水质

符合 GB 5084 的规定,其 EC 值小于 2,pH5.5～8.4。

5 技术措施

5.1 消毒

5.1.1 设施

育苗前清除育苗设施内外杂草及污物,使用杀菌、杀虫剂对育苗设施进行消毒处理。

5.1.2 穴盘

使用前采用 2%的漂白粉溶液等浸泡 30 min,用清水漂洗干净。

5.1.3 自配基质

喷施杀菌、杀虫剂或使用物理方法进行消毒。

5.2 基质装盘

5.2.1 预湿

调节基质相对含水量至 40%左右。

5.2.2 装盘

将预湿好的基质装入穴盘中，使每个孔穴都装满基质，表面平整，装盘后各个格室应能清晰可见。

5.3 播种

5.3.1 种子处理

包衣种子可直接播种。未包衣种子可进行温汤浸种或药剂消毒。

5.3.2 播种

将装满基质的穴盘压穴后播种，播种深度 0.5 cm～2 cm，播种后覆盖基质，保持各格室清晰可见，然后喷透水，以穴盘底部渗出水为宜。也可根据情况，先进行种子集中催芽，种子露白后播种。

5.4 催芽

5.4.1 环境

在保温、保湿条件下催芽，催芽温度为蔬菜发芽适宜温度，保持一定的昼夜温差。不同蔬菜的催芽温度及催芽时间参考表1进行。

表1 不同蔬菜催芽适宜温度及催芽时间

蔬菜作物	白天温度，℃	夜间温度，℃
茄子	28～30	14～16
辣(甜)椒	28～30	18～20
番茄	25～28	15～18
黄瓜	28～30	20～25
甜瓜	28～30	23～25
西瓜	28～30	23～25
冬瓜	29～31	24～26
苦瓜	29～32	24～27
生菜	23～25	13～15
甘蓝	23～25	13～15
芹菜	15～20	10～15

5.4.2 方法

5.4.2.1 催芽室催芽

穴盘码放在隔板上，并经常向地面洒水或喷雾增加空气湿度，等种子60%左右拱出时挪出。

5.4.2.2 苗床催芽

穴盘摆放在育苗床架上或与土壤隔离的地面上，盘上覆盖白色地膜、微孔地膜、无纺布等材料保湿，当种子60%左右拱出时，及时揭去地膜等覆盖物。

5.5 苗期管理

5.5.1 子苗期

适当控制水分，降低夜温，充分见光，防止徒长。白天温度控制在幼苗生长适宜温度，昼夜温差一般控制在5℃～10℃。逐渐增加光照强度，基质相对湿度保持在60%～80%。不同蔬菜子苗期温度管理参照表2进行。

表2 不同蔬菜子苗期生长适宜温度

蔬菜作物	白天温度，℃	夜间温度，℃
茄子	25～28	15～20
辣(甜)椒	25～28	15～20
番茄	23～25	13～18
黄瓜	25～28	15～20
甜瓜	25～28	17～20
西瓜	25～30	17～20

表 2（续）

蔬菜作物	白天温度，℃	夜间温度，℃
冬瓜	25～30	20～25
苦瓜	25～30	20～25
生菜	18～22	13～16
甘蓝	18～22	13～16
芹菜	18～24	13～16

5.5.2 成苗期

逐渐降低基质湿度和空气温度，适当提高营养液浓度，采用干湿交替方法进行苗期水分管理，基质相对含水量一般控制在 60%～80%；对于容易发生徒长的蔬菜幼苗，可采用控温、控湿、补光等措施控制徒长；成苗期不同蔬菜的温度管理指标参照表 3 进行。

表 3　不同蔬菜成苗期温度管理指标

蔬菜作物	白天温度，℃	夜间温度，℃
茄子	20～28	15～18
辣(甜)椒	20～28	15～18
番茄	18～24	13～17
黄瓜	18～25	13～17
甜瓜	20～30	15～20
西瓜	20～30	15～20
冬瓜	20～30	15～20
苦瓜	20～30	15～20
生菜	16～21	10～15
甘蓝	16～21	10～15
芹菜	15～23	12～18

5.5.3 炼苗期

适当降低温度，控制浇水，保持基质相对湿度在 60%左右，停止浇肥，以利于定植成活和缓苗。起苗移栽前浇一次透水，便于从穴盘内提苗。出圃前施用广谱性杀菌剂，预防定植期间的病害。

5.6 病虫害防治

按照“预防为主，综合防治”的植保方针，坚持“农业防治、物理防治、生物防治为主，化学防治为辅”的无害化控制原则。药剂防治应严格按照 GB 4286、GB/T 8321 的规定执行。

6 成品苗要求

茎秆粗壮，子叶完整，叶色浓绿，生长健壮；根系嫩白密集，根毛浓密，根系将基质紧紧缠绕，形成完整根坨，不散坨；无黄叶，无病虫害；整盘秧苗整齐一致。

7 成品苗检验

7.1 抽样

7.1.1 同一产地、同一批量、同一品种相同等级的穴盘苗商品作为一检验批次。

7.1.2 按一个检验批次随机抽样，所检样品量为一个包装单位。

7.2 指标

主要包括形态指标、种苗的整齐度、病虫害发生情况和机械损伤等。

7.3 方法

7.3.1 形态

目测叶片数、叶片大小、叶色，子叶是否完整，株型是否合理，根系生长情况；一般用卡尺测量茎粗，直尺测量株高、茎节间长度。盘根松散率的判定是将苗取出自 50 cm 左右处自由落下，根系与基质不散开为不松散。

7.3.2 种苗整齐度

目测评定。

7.3.3 病虫害

目测评定。

7.3.4 机械损伤

目测评定。

7.4 判定规则

蔬菜穴盘苗分级标准参照具体蔬菜种类的标准执行，以完全符合某级的所有条件为达到某级标准。

8 包装、标志和运输

8.1 包装

用定制的瓦楞纸箱或硬塑箱等包装。

8.2 标志

应注明种苗种类、品种、苗龄、装箱容量、生产单位等。

8.3 运输

长距离运输采用专用保温车，配套穴盘搁架。车内温度冬季保持 10℃～15℃，其他季节不高于 25℃；车内空气相对湿度保持在 70%左右。

本标准起草单位：全国农业技术推广服务中心、中国农业大学、中国农业科学院蔬菜花卉研究所。
本标准主要起草人：梁桂梅、高丽红、冷杨、尚庆茂、曲梅、王娟娟。

中华人民共和国农业行业标准

NY/T 972—2006

大白菜种子繁育技术规程

Rule of operation for the production technology of Chinese cabbage seed

1 范围

本标准规定了大白菜种子繁育基地及繁育技术的基本要求。

本标准适用于大白菜各类种子的生产。

2 规范性引用文件

下列文件中的条款通过本标准的引用而成为本标准的条款。凡是注日期的引用文件,其随后所有的修改单(不包括勘误内容)或修订版均不适用于本标准,然而,鼓励根据本标准达成协议的各方研究是否可使用这些文件的最新版本。凡是不注日期的引用文件,其最新版本适用于本标准。

GB 16715.2 瓜菜作物种子 白菜类

NY/T 5004 无公害蔬菜 大白菜生产技术规程

3 术语和定义

下列术语和定义适用于本标准。

3.1

育种家种子 breeder's seed

由育种家育成的遗传性状稳定的品种(常规品种)或亲本(杂交种)的最初一批种子。

3.2

原种 foundation seed or basic seed

由育种家种子繁殖的第一至第三代或按原种繁育技术规程生产的达到原种质量标准的种子。

3.3

良种 certified seed

由原种繁殖的第一至三代(常规品种)或杂交种达到良种(一、二级)质量标准的种子。

3.4

白菜近缘植物 relatives of chinese cabbage

携带 aa 组染色体的简单种或复合种。

3.5

成株采种法 seed production method with headed plants

采用大白菜成球植株生产种子的方法。

3.6

小株采种法 seed production method with non-headed plants

中华人民共和国农业部 2006-01-26 发布　　2006-04-01 实施

采用大白菜结球前植株直接生产种子的方法。

3.7

露地越冬法　seed production method by sowing in autumn and wintering over in open fields

采用田间露地越冬方式生产种子的方法。

3.8

育苗春栽法　seed production method by planting seedlings in spring

采用保护设施育苗、春季定植方式生产种子的方法。

4　繁育基地的基本要求

4.1　自然条件要求

4.1.1　气候

繁育基地在大白菜开花季节晴朗少雨、气候温和。采用露地越冬法繁育的，其最冷月平均气温应在4℃～5℃，最低应不低于－0.4℃。

4.1.2　土壤

耕层深厚、理化性状良好、pH6.5～7.5。

4.1.3　病虫害

繁育基地应避开重病地、病虫害多发生区及有检疫性病虫害区，采种田应避免与十字花科作物连作。

4.1.4　授粉媒介

基地应有充足的蜂源。

4.2　隔离要求

采种的地块要求集中连片，并能保证在大白菜花期，露地采种田周围2 000 m以内无花期相遇的白菜近缘植物生长(若周围有屏障物，隔离要求可适当放宽)；网室采种的，其防护网周围50 m以内应无花期相遇的白菜近缘植物生长。

4.3　设施要求

繁育基地应具备保护地等育苗设施、良好的晾晒场所及种子临时贮藏室，采种田排灌设施条件良好，交通便利。

4.4　人员素质要求

繁育基地应配备持证上岗的"农作物种子繁育员"高级技师及以上专业技术人员和种子质量检测员。从事大白菜种子繁育的其他人员，应取得中级以上"农作物种子繁育员"职业技能鉴定证书，具有较高的大白菜栽培技术水平和丰富的白菜类种子生产经验，或经过培训能严格按照大白菜种子繁育技术规程要求操作。

5　种子繁育技术

5.1　成株采种法

5.1.1　选地

培养圃应靠近采种圃。

5.1.2　播种

播种时间应与其商品菜生产相同或稍晚，早、中熟品种可适当推迟。

5.1.3　田间管理

应减施氮肥，增施磷、钾肥，结球后期控水，其他田间管理技术措施参照NY/T 5004实施。

5.1.4　**去杂及选定种株**

5.1.4.1　依据：形态、叶色、茸毛、长相及整体表现（苗期）、株型、结球方式、叶球形状等（成球期）。

5.1.4.2　去杂：自幼苗长至 6 片～8 片叶起，留心观察，一旦发现非典型植株，应及时拔除。

5.1.4.3　选定种株：在叶球充分成熟时，选留符合本品种特征特性的典型植株，并作标记。

5.1.5　**种株起挖及存放**

5.1.5.1　起挖：应待天气冷凉时起挖，尽量少伤根系，已起挖的种株应系上标签。

5.1.5.2　存放：种株应晾晒 2 d～3 d 后入窖贮藏或直接切球定植。窖内温度应保持－1℃～2℃。

5.1.6　**种株定植**

5.1.6.1　温度：10 cm 土层温度稳定在 5℃以上时定植。

5.1.6.2　要求：种株周围的土层应踏实，根茎应与定植畦（垄）面平齐。

5.1.6.3　切球：种株在定植前应切去叶球，应避免伤及生长点。

5.1.7　**种株田间管理**

定植后 3～4 周，应将留存的帮叶逐渐自然剥离。抽薹后，应及时培土或支架，并应检查采种田周围是否有花期相遇的白菜近缘植物生存。施肥、防治病虫害的方法按 NY/T 5004 执行。

5.1.8　**授粉方式**

花期按各类种子生产所要求的授粉方式进行授粉。

5.1.9　**种子收贮**

应有 80%种荚黄熟、种粒呈褐色或黄色时收割。收割后，应避免种荚或种子受潮变质。脱粒前，应将脱粒场所、用具等清扫干净。所产种子应符合 GB 16715.2 所规定的种子质量标准，填好质量档案，单独贮存。

5.2　**小株采种法**

5.2.1　**育苗**

5.2.1.1　**苗床准备**

5.2.1.1.1　苗床选址：苗床应靠近采种田。

5.2.1.1.2　面积及种量：每 667 m^2 采种田应备苗床 25 m^2～35 m^2、种子 15 g～20 g（具体由品种类型决定）。

5.2.1.1.3　保护设施：育苗春栽法应在阳畦、塑料棚、温室等保护设施内育苗。

5.2.1.1.4　基肥：每 1 m^2 需 8 kg～14 kg 优质有机肥及适量的速效氮、磷、钾肥。

5.2.1.1.5　作畦：基肥应与 15 cm 深的土层充分混匀后踏实、整平，作畦。在畦内父母本应分开安排。

5.2.1.1.6　保暖：育苗设施应提前 20 d～30 d 扣膜暖地。

5.2.1.2　**播种**

5.2.1.2.1　播种时间：应依据当地的气候条件及品种特性而定，杂交种父、母本花期不遇的应错期播种。

5.2.1.2.2　播种方法：苗畦应在播前浇足底水，每方格（7 cm～10 cm×7 cm～10 cm）点播 1 粒～2 粒种子。

5.2.1.2.3　播后处理：播后应覆细土 2 mm～3 mm 厚，并在畦面及苗畦四周撒施毒饵。

5.2.1.3　**苗床管理**

在幼苗出齐时，应及时间苗、补苗。育苗春栽法：及时揭盖保温覆盖物、通风换气，设施内的气温保持在白天 10℃～22℃，夜间 4℃～5℃。在定植前 15 d～20 d，应逐渐加大通风量、延长通风时间。

5.2.1.4　**苗床去杂**

5.2.1.4.1　依据：植株的形态、叶色、茸毛、长相及整体表现。

5.2.1.4.2 时间:在幼苗长至6叶~8叶时。

5.2.1.4.3 方法:由专业人员进行检查、并拔去非典型植株。

5.2.1.5 苗床切坨

苗床在定植前7 d~8 d,应浇水、切坨,切口要深。

5.2.1.6 壮苗标准

幼苗粗壮、节间短、叶色深、叶肉厚、根系发达。

5.2.2 采种田管理

5.2.2.1 采种田准备

每667 m^2 应施入2 500 kg~4 500 kg优质有机肥及适量的速效氮、磷、钾肥作基肥。基肥与15 cm~20 cm深的土层充分混匀后整地起垄或作畦。

5.2.2.2 定植

5.2.2.2.1 定植时间:应依据采种方法、当地的气候条件及品种特性而定。

5.2.2.2.2 定植密度:每667 m^2 需栽植2 500株~4 500株。

5.2.2.2.3 定植方式:父、母本应分行定植,具体行比由双亲类型决定。

5.2.2.2.4 育苗春栽法:应小水灌溉,采用地膜近地面覆盖防霜冻。

5.2.2.3 定植后的管理

5.2.2.3.1 育苗春栽法:新根生出后,应隔株破膜通风;天气稳定转暖后,把幼苗引出,地膜落盖到垄(畦)面。

5.2.2.3.2 露地越冬法:缓苗后,及时中耕松土,蓄水保墒。土壤封冻前,浇一次封冻水。入冬前,在植株基部培土,植株上应覆盖一些保温轻量覆盖物。春季气温回升后,除去覆盖物,勤锄地、少浇水。

5.2.2.3.3 中期管理:植株抽薹时,依据其生长状况,酌情施肥。整个花期,应保持地面湿润。谢花后,应控制水分。

5.2.2.3.4 田间去杂:显蕾后,应进行一次全面去杂检查,彻底拔除非典型植株;并检查采种田周围是否有花期相遇的白菜近缘植物生存。

5.2.2.3.5 去顶摘心:主薹长至10 cm~12 cm时,应摘去主薹,并须培土或支架。在开花后期,应摘去末梢花序。

5.2.2.3.6 放蜂授粉:若花期野外蜂源不足,应放养蜜蜂。放蜂前应将蜂群放在无白菜近缘植物的环境中净身一周以上。

5.2.2.3.7 病虫害防治:在防治病虫时应避免杀伤授粉昆虫,农药的种类与使用方法参照NY/T 5004。

5.2.2.4 种子收贮

与成株采种法的相同。

6 原种及良种生产

6.1 常规品种

6.1.1 原种生产

6.1.1.1 原则

采用一年生产、多年贮存、分年使用的方法,以保持品种种性。

6.1.1.2 方法

由育种家种子繁殖或用二圃制母系选择法提纯。

6.1.1.3 二圃制母系选择法流程

采用成株采种法。第一年秋培育圃内选典型株→采种圃内株间自然授粉→按单株分收种子、编号→第二年秋按单株种成株系圃(即母系圃)、选典型株系(200 株以上)→采种圃内株间自然授粉,→混收采种,即为原种。

6.1.2 良种生产

由原种采用成株采种法或小株采种法繁育,直接用于大田生产。

6.2 杂交种

6.2.1 亲本原种生产

6.2.1.1 原则

与常规品种的相同。

6.2.1.2 方法

亲本原种由育种家种子采用成株采种法或小株采种法在网室或温室内繁殖,所产种子应在秋季培育圃内进行纯度鉴定,确认纯度达标后才能用来繁殖杂交种。

6.2.2 杂交种良种生产

由亲本原种采用小株采种法直接繁殖,直接用于大田生产。

本标准起草单位:中国农业科学院蔬菜花卉研究所、农业部蔬菜品质监督检验测试中心(北京)。

本标准主要起草人:孙日飞、章时蕃、刘肃、钮心恪、张淑江、李菲。

中华人民共和国农业行业标准

NY/T 1212—2006

马铃薯脱毒种薯繁育技术规程

Rules for multiplication of certified seed potatoes
(Rules for virus eradication of potatoes. Rules for production of
virus-free foundation seed potatoes)

1 范围

本标准规定了马铃薯脱毒技术、脱毒马铃薯基础种薯生产技术。

本标准适用于马铃薯脱毒技术和基础种薯生产。

2 引用标准

下列文件中的条款通过本标准的引用而成为本标准的条款，凡注明日期的引用文件，其随后所有的修改单(不包括勘误内容)或修订版均不适用本标准，凡不注明日期的引用文件，其最新版本适用于本标准。

GB 7331—87 马铃薯种薯产地检疫规程

GB 3243—82 马铃薯种薯生产技术操作规程

GB 4406—84 种薯

GB 18133—2000 马铃薯脱毒种薯

NY/T 401—2000 脱毒马铃薯种薯(苗)病毒检测技术规程

3 术语和定义

3.1

脱毒

应用茎尖分生组织培养技术，脱去主要危害马铃薯的病毒病及类病毒病。

3.2

脱毒试管苗

经检测确认不带马铃薯X病毒(PVX)、马铃薯Y病毒(PVY)、马铃薯S病毒(PVS)、马铃薯卷叶病毒(PLRV)的试管苗。

3.3

脱毒种薯

脱毒试管苗生产的试管薯、微型薯、网室生产的原原种和继代生产供于大田用的种薯。

3.3.1

原原种 Pre-Elite

用试管苗在容器内生产的微型薯(Microtuber)和在防虫网室生产出符合质量标准的种薯。

3.3.2

原种 Elite

中华人民共和国农业部 2006-12-06 发布　　2007-02-01 实施

一级原种、二级原种。

3.3.2.1

一级原种　Elite Ⅰ

用原原种生产出符合一级原种质量标准的种薯。

3.3.2.2

二级原种　Elite Ⅱ

用一级原种生产出符合二级原种质量标准的种薯。

3.4

病毒株允许率

指马铃薯脱毒种薯田内病毒病株的允许比率。

3.5

细菌性病害病株允许率

指马铃薯脱毒种薯的繁殖田内细菌性病害病株的允许比率。

3.6

混杂植株允许率

指马铃薯脱毒种薯的繁殖田内混入不同品种植株比率。

3.7

有缺陷薯

指畸形、次生、串薯、龟裂、虫口、冻伤、草穿、黑心、空心和机械损伤的块茎。

4　病害

4.1　控制病害

4.1.1　病毒病

指马铃薯脱毒种薯繁殖田内具有花叶、卷叶、条斑坏死病毒病的植株。

4.1.2　马铃薯黑胫病〔*Erwinia* var. *atroseptica*(VanHall)Dye〕或〔*Erwinia* var. *carotovora*(Jones)Dye〕。

4.1.3　马铃薯青枯病(*Pseudomonus solanacearum* E. F. Smith)。

4.2　汰除病害

4.2.1　马铃薯纺锤块茎类病毒(Potato Spindle Tuber Viroid. PSTVd)。

4.2.2　马铃薯环腐病(*Corynebacterium sepedonicum*)(Sieck & Kott)(Skapt & Burkh)。

4.2.3　马铃薯癌肿病〔*Synchytrium endobaiticum*(Schilb.)Perc〕。

5　脱毒技术

所用茎尖组织分生培养茎

5.1　培养基制备

5.1.1　培养基分装：培养基分装于试管中，加盖管塞。

5.1.2　消毒：试管置于 0.8 kg/cm^2～1.1 kg/cm^{2}消毒锅 120℃高压灭菌 20 min。

5.2　取材

5.2.1　取材于经审(认)定品种的腋芽或休眠芽。

5.2.2　芽段用无菌水冲洗 20 min～30 min 后，再用 75%酒精浸蘸一下，放入无菌杯内用 0.1%升汞水浸泡 5 min，用无菌水冲洗 2 次～3 次。

5.3 组培室甲醛溶液熏蒸后,用紫外线灯照射 40 min。工作人员用肥皂水洗手,75%酒精擦拭消毒,操作用具置烘箱 180℃消毒。

5.4 30 倍~40 倍双筒解剖镜下,解剖针剥离生长点,用解剖针切下 0.1 mm~0.3 mm 的生长点,接菌针将生长点移至试管。

6 试管苗培养

温度 22℃~25℃,光照时间 16 h/d,强度 2 000 Lx~3 000 Lx,培养 120 d~140 d 转接到 MS 培养基的试管。

7 脱毒苗的病毒鉴定

试管苗按品种随机编号取样 3 管,采用酶联免疫吸附(ELISA)检验,无阳性反应再用指示植物鉴定;采用往复双向聚丙烯酰胺凝胶电泳法(R-PRAGE)进行纺锤块茎类病毒复检,检出不带 PVX、PVY、PVS、PLRV 和 PSTVd 的脱毒苗。

8 脱毒试管苗的繁殖

8.1 将 MS 培养基配制成液,装入试管。

8.2 置于 0.8 kg/cm^2~1.1 kg/cm^2 消毒锅灭菌 20 min。

8.3 将试管苗置于超净工作台上,试管表面和管塞用 75%酒精擦拭消毒,取出脱毒苗,按单茎切段,每个切段带 1 片小叶摆放在培养基面上。

8.4 培养温度 22℃~25℃,光照 18 h/d,强度 2 000 Lx~3 000 Lx。

9 脱毒种薯生产

9.1 试管薯生产

设备、药品、试剂按附录 L 备制。

9.1.1 操作程序

9.1.2 在超净工作台上将试管苗切段置于 MS 液体培养基的容器中,每管 8 个茎段,温度 22℃~25℃,光照强度 2 000Lx~3 000Lx 培养 25 d~30 d。

9.1.3 茎段腋芽处长成 4 片~6 片叶的小苗在无菌操作的条件下转接到结薯诱导培养基上,MS+/BA5 mg/L+CCC50 mg/L+0.5%活性炭+8%蔗糖配制成液体,置于 18℃~20℃,16 h/d 黑暗条件诱导结薯。

9.2 微型薯生产

基质是蛭石、珍珠岩、草碳土。

9.2.1 建造温室,温室下覆 0.08 mm 聚乙烯薄膜,上覆 40 目~45 目尼龙网纱。

9.2.2 与土壤隔离,均匀铺设 5 cm。

9.2.3 浇足水达饱和状态。

9.2.4 试管苗在温室内炼苗 7 d,清洁水洗净培养基,按株行距 6 cm×7 cm 栽入基质 2 cm~2.5 cm 深,栽后小水细喷。

9.2.5 栽植后遮阴网遮阴 5 d~7 d,温度保持 22℃~25℃,相对湿度 85%,缓苗后每 7 d 浇灌营养液一次,自栽植后 15 d 起,每隔 7 d 喷施杀虫剂和杀菌剂一次。

9.2.6 收获

60 d~80 d 收获,按 1 g 以下、2 g~4 g、5 g~9 g、10 g 以上四个规格分级包装,拴挂标签,注名品种名称,薯粒规格,数量。

9.2.7 收获后在通风干燥的种子库预贮 15 d ～20 d 后入窖。

9.2.8 入窖后按品种、规格摆放,温度 2℃～3℃,湿度 75%。

9.3 原原种生产

9.3.1 炼苗

温室地表洒水湿润,管与管之间相隔 5 cm,温度 18℃～20℃炼苗 7 d。

9.3.2 假植

腐熟沃土装营养钵,钵高 10 cm、直径 5 cm,每 m^2 300 个,钵内浇足水,栽苗后小水细喷,遮阴 5 d～7 d。

9.3.3 管理

温度 25℃～30℃,相对湿度 70%,苗高 3 cm～4 cm 除尽杂草,松土,苗高 5 cm 根部培沃土一次,10 cm出圃。

9.3.4 定植

苗龄 32 d～35 d,定植。

9.3.5 选地

1 500 m 之内无高代马铃薯和“十字”花科作物。

9.3.6 建立网室,以钢管为材,跨度 9.5 m,高度 2 m,40 目～45 目尼龙网纱覆盖。

9.3.7 施肥

按马铃薯需 N、P、K 配方施肥,并防地下害虫。

9.3.8 定植

早熟品种 667$m^2$5 000 株～5 500 株,中、晚熟品种 4 000 株～4 500 株,随定植浇透水一次。

9.3.9 喷药

定植 30 d 后防治晚疫病,每隔 7 d 喷施杀虫剂和杀菌剂。

9.3.10 收获

成熟后立即收获,用通气良好清洁卫生韧性较好的材料包装,加标签、标明品种名称、生产单位、检验人。

9.3.11 预贮

收获后先在风干种子库预贮 7 d～10 d。

9.3.12 贮窖要甲醛熏蒸,撒生石灰,喷杀菌剂,防鼠害,不同品种单贮,贮量为窖容量的 2/3。

9.3.13 保管

贮藏温度 3℃,湿度 70%,通风、窖内清洁卫生、防冻害。

10 一级原种和二级原种生产

10.1 种薯生产

10.1.1 500 m 之内不种高代马铃薯和“十字”花科作物。

10.1.2 播前种薯催芽。

10.1.3 30 g～50 g 小薯整薯直播,50 g 以上块茎切种,单块重 25 g～30 g,每块带 1～2 个芽眼,刀具用高锰酸钾溶液消毒。

10.1.4 播种,10 cm 地温稳定在 5℃为适宜播期,深度为 9 cm～10 cm。

10.1.5 播种密度,早熟品种,667$m^2$5 000 株～5 500 株,中、晚熟品种 4 000 株～4 500 株。

10.1.6 施肥,按设计产量 N、P、K 配方施肥。

10.2 田间管理

10.2.1 全生育期中耕一次，培土两次。

10.2.2 浇水和追肥，田间土壤持水量60%～70%，现蕾期667m²追尿素10 kg～15 kg。

10.2.3 去杂去劣

现蕾至盛花期，两次拔除混杂植株与块茎。

10.3 病虫害防治

10.3.1 晚疫病、蚜虫的综合防治

出苗后40 d每隔7 d喷杀虫剂和杀菌剂。

10.4 种薯田品种特征特性调查物候、植物、生物学特性及病虫害识别，目测按标准附录H、标准附录I、标准附录K执行。

10.5 种薯贮藏期间管理

收获按9.3.11、9.3.12、9.3.13执行。

11 种薯检验

11.1 检验方法

11.1.1 类病毒用往复双向聚丙烯酰胺凝胶电泳法(R-PAGE)检验(PSTVd)类病毒。

11.1.2 病毒病用酶联免疫吸附(ELISA)方法进行(PVX、PVY、PVS、PLRV)检验。

11.1.3 田间检验。

11.1.3.1 原原种的检验，10 000株以下随机取样2%，10 000株～100 000株1%，100 000株以上0.5%按表1取样方法设点，将检验结果记录于表2中。

表1 不同繁种田面积的检验点数和检验植株数

面积(hm²)	检验点数和每点抽取植株数
≤0.1 hm²	随机抽样检验2个点，每点100株
0.11～1 hm²	随机抽样检验5个点，每点100株
1.1～5 hm²	随机抽样检验10个点，每点100株
≥5 hm²	随机抽样检验10个点，每点100株，超出5 hm²的面积，划出另一个检验区，按本标准规定的不同面积的检验点，抽取株数进行检验。

11.1.3.2 一级原种和二级原种的检验，全生育期三次检验，现蕾期、盛花期，枯黄期前两周，允许率见表3。

表2 脱毒种薯田间检验带病植株及混杂植株允许率

种薯级别	第一次检验(现蕾期)					第二次检验(盛花期)					第三次检验(枯黄期前两周)				
	病害及混杂株(%)					病害及混杂株(%)					病害及混杂株(%)				
	类病毒植株	环腐病植株	病毒病植株	黑胫病青枯病植株	混杂植株	类病毒植株	环腐病植株	病毒病植株	黑胫病青枯病植株	混杂植株	类病毒植株	环腐病植株	病毒病植株	黑胫病青枯病植株	混杂植株
原原种	0	0	0	0	0	0	0	0	0	0	0	0	0	0	0
一级原种	0	0	≤0.25	≤0.5	≤0.25	0	0	≤0.1	≤0.25	0	0	0	≤0.1	≤0.25	0
二级原种	0	0	≤0.25	≤0.5	≤0.25	0	0	≤0.1	≤0.25	0	0	0	≤0.1	≤0.25	0

11.2 检验标准

11.2.1 **执行 GB 18133**

11.3 检验程序

表 3 马铃薯脱毒种薯田间检验原始数据记录表

<table>
<tr><td>品种名称</td><td colspan="9"></td><td colspan="4">品种编号</td><td colspan="5"></td></tr>
<tr><td>受检单位</td><td colspan="9"></td><td colspan="4">联系电话</td><td colspan="5"></td></tr>
<tr><td>检验地点</td><td colspan="9">省 县 乡 村</td><td colspan="4">检验时间</td><td colspan="5"></td></tr>
<tr><td>检验类别</td><td colspan="9"></td><td colspan="4">检验依据</td><td colspan="5"></td></tr>
<tr><td>样品数量</td><td colspan="9"></td><td colspan="4">代表面积 A/hm²</td><td colspan="5"></td></tr>
<tr><td>种薯来源</td><td colspan="9"></td><td colspan="4">有无摄像照片</td><td colspan="5"></td></tr>
<tr><td colspan="19">田间栽培管理经过：</td></tr>
<tr><td rowspan="3">检验项目 / 检验点数</td><td colspan="2" rowspan="2">每点检验株数</td><td colspan="2" rowspan="2">混杂株数</td><td colspan="6">病毒病株数</td><td colspan="8">真、细菌病害病株数</td><td colspan="2" rowspan="2">类病毒病株数</td></tr>
<tr><td colspan="2">花叶</td><td colspan="2">卷叶</td><td colspan="2">条斑坏死</td><td colspan="2">黑胫</td><td colspan="2">青枯</td><td colspan="2">环腐</td><td colspan="2">癌肿</td></tr>
<tr><td>Ⅰ</td><td>Ⅱ</td><td>Ⅰ</td><td>Ⅱ</td><td>Ⅰ</td><td>Ⅱ</td><td>Ⅰ</td><td>Ⅱ</td><td>Ⅰ</td><td>Ⅱ</td><td>Ⅰ</td><td>Ⅱ</td><td>Ⅰ</td><td>Ⅱ</td><td>Ⅰ</td><td>Ⅱ</td><td>Ⅰ</td><td>Ⅱ</td></tr>
<tr><td>1</td><td></td><td></td><td></td><td></td><td></td><td></td><td></td><td></td><td></td><td></td><td></td><td></td><td></td><td></td><td></td><td></td><td></td><td></td></tr>
<tr><td>2</td><td></td><td></td><td></td><td></td><td></td><td></td><td></td><td></td><td></td><td></td><td></td><td></td><td></td><td></td><td></td><td></td><td></td><td></td></tr>
<tr><td>3</td><td></td><td></td><td></td><td></td><td></td><td></td><td></td><td></td><td></td><td></td><td></td><td></td><td></td><td></td><td></td><td></td><td></td><td></td></tr>
<tr><td>4</td><td></td><td></td><td></td><td></td><td></td><td></td><td></td><td></td><td></td><td></td><td></td><td></td><td></td><td></td><td></td><td></td><td></td><td></td></tr>
<tr><td>5</td><td></td><td></td><td></td><td></td><td></td><td></td><td></td><td></td><td></td><td></td><td></td><td></td><td></td><td></td><td></td><td></td><td></td><td></td></tr>
<tr><td>6</td><td></td><td></td><td></td><td></td><td></td><td></td><td></td><td></td><td></td><td></td><td></td><td></td><td></td><td></td><td></td><td></td><td></td><td></td></tr>
<tr><td>7</td><td></td><td></td><td></td><td></td><td></td><td></td><td></td><td></td><td></td><td></td><td></td><td></td><td></td><td></td><td></td><td></td><td></td><td></td></tr>
<tr><td>8</td><td></td><td></td><td></td><td></td><td></td><td></td><td></td><td></td><td></td><td></td><td></td><td></td><td></td><td></td><td></td><td></td><td></td><td></td></tr>
<tr><td>9</td><td></td><td></td><td></td><td></td><td></td><td></td><td></td><td></td><td></td><td></td><td></td><td></td><td></td><td></td><td></td><td></td><td></td><td></td></tr>
<tr><td>10</td><td></td><td></td><td></td><td></td><td></td><td></td><td></td><td></td><td></td><td></td><td></td><td></td><td></td><td></td><td></td><td></td><td></td><td></td></tr>
<tr><td>总计</td><td></td><td></td><td></td><td></td><td></td><td></td><td></td><td></td><td></td><td></td><td></td><td></td><td></td><td></td><td></td><td></td><td></td><td></td></tr>
<tr><td rowspan="2">混杂及病株百分率（%）</td><td colspan="2">两次重复</td><td></td><td></td><td></td><td></td><td></td><td></td><td></td><td></td><td></td><td></td><td></td><td></td><td></td><td></td><td></td><td></td><td></td><td></td></tr>
<tr><td colspan="2">合计或平均</td><td colspan="2"></td><td colspan="6"></td><td colspan="4"></td><td colspan="4"></td><td colspan="2"></td></tr>
<tr><td>备 注</td><td colspan="18"></td></tr>
</table>

检验人： 校核人： 审核人：

11.3.1 自繁自用种薯，由繁种单位自检，将检验记录报检验部门备案，需要复检时，由检验部门派人复核检验。出售种苗、种薯由专职机构和种子部门进行检验，签发检验报告。

11.4 判定规则

11.4.1 脱毒种薯分级以脱毒种薯繁殖田所播种的级别，带病植株比率和混杂植株比率为定级标准。

11.4.2 各级别脱毒种薯的带病毒病株率，黑胫病和青枯病株率以及混杂植株比率三项指标，任何一项不符合原来级别所定质量标准，但又高于下一级别质量标准者，判定结果按降低一个级别定级。

11.4.3 **种薯检验合格证**

马铃薯脱毒种薯检验合格证

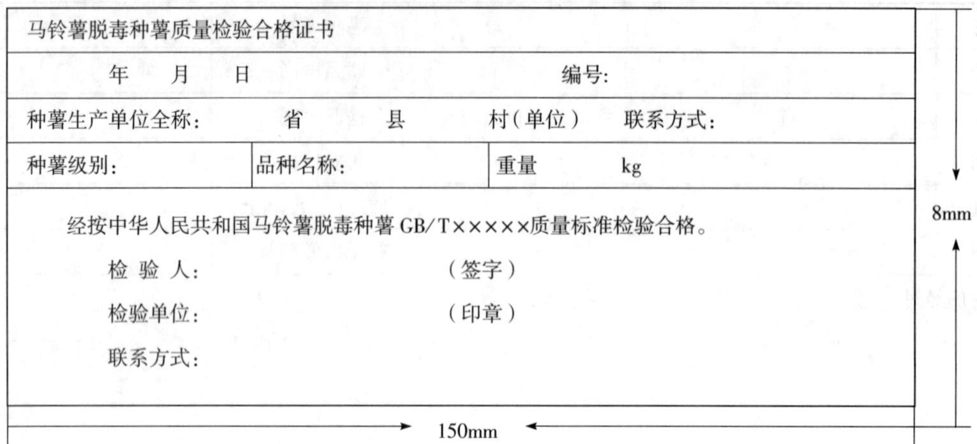

马铃薯脱毒种薯质量检验合格证书		
年　月　日　　　　编号:		
种薯生产单位全称:　　省　　县　　村(单位)　联系方式:		
种薯级别:	品种名称:	重量　　kg
经按中华人民共和国马铃薯脱毒种薯 GB/T×××××质量标准检验合格。 检 验 人:　　（签字） 检验单位:　　（印章） 联系方式:		

12 包装、标签

12.1 包装

12.1.1 用通气良好清洁卫生的材料。

12.1.2 标准袋净重 35 kg，内装标签。

13 标签

13.1 标签选择韧性大、防雨防潮，不易涂改的材料制作。

13.2 **颜色**

原原种为白色、一级原种为绿色、二级原种为黄色。

13.3 标签用蓝色圆珠笔填写，不得空项。

13.4 标签平展正面置于扎口处。

13.5 **标签设计**

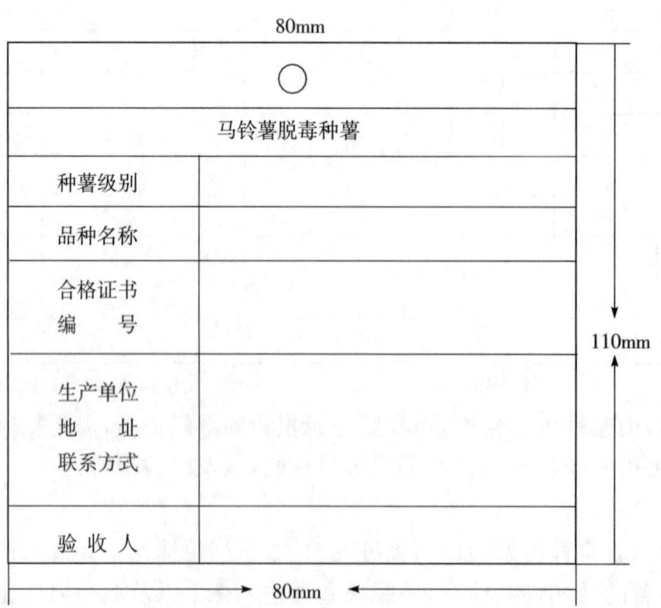

马铃薯脱毒种薯	
种薯级别	
品种名称	
合格证书 编　号	
生产单位 地　址 联系方式	
验 收 人	

附 录 A
(规范性附录)
酶联免疫吸附试验法
(Enzyme-Linked Immunosorbent Assay)

应用双抗体夹心法(Double Antibody Sandwich Method)检测马铃薯脱毒苗是否带有 PVX、PVY、PVS、PLRV 等主要马铃薯病毒。

A1 仪器和设备

A1.1 聚乙烯微量滴定板:40 孔和 96 孔,均可使用。

A1.2 微量可调进样器:需 2 μL~10 μL、10 μL~50 μL 和 10 μL~200 μL 三种规格,并附相应规格的塑料头。

A1.3 冰箱。

A1.4 保温箱:温度设置为 37℃。

A1.5 直径 8 cm 的瓷研钵及钵锤。

A1.6 酶联免疫检测仪:检测辣根过氧化物酶(Horseradish Peroxidase. HRP)标记的酶标记抗体用 490 nm,波长检测,碱性磷酸(Alkaline Phosphatase AKP)标记的酶标抗体用 405 nm 波长检测。

A2 应用的化学试剂

所用为分析纯级规格、用水为蒸馏水。

A2.1 抗体免疫球蛋白(r-globulin)和酶标记抗体(Coniugate):从某一马铃薯病毒抗血清提取的免疫球蛋白,将其浓度调为 1 mg/mL,作为包被微量滴定板的抗体。用辣根过氧化物酶标记的某一病毒的免疫球蛋白的酶标记抗体、浓度为 1∶1 000 以上,贮藏条件为 4℃。

A2.2 碳酸盐包被缓冲液:pH9.6,1.59 $gNaCO_3$(碳酸钠),2.93 $gNaHCO_3$(碳酸氢钠)加水至 1 L。

A2.3 PBS—TWeen20 缓冲液,pH7.4,8 gNaCl(氯化钠)0.2 gKH_2PO_4(磷酸二氢钾)、2.2 g $Na_2HPO_4 \cdot 7H_2O$(磷酸氢二钠)或 2.9 $gNa_2HPO_4 \cdot 12H_2O$,0.2 gKCl(氯化钾)加水至 1 L,然后加 0.5 mL Tween 20,洗涤微量滴定板用。

A2.4 样品缓冲液:取 PBSTween-20 缓冲液 100 mL,加聚乙烯吡咯烧酮(PVP)2 g。

A2.5 底物缓冲液:取 0.2 mol/$LNa_2HPO_4 \cdot 12H_2O$ 溶液 25.7 mL 加 0.1 mol/L 柠檬酸溶液 24.3 mL 加水 50 mL,pH 调至 5.0(现用现配)临用前加磷苯二胺 40 mg,30%H_2O,(过氧化氢)0.15 mL 混匀,避光放置。应为白色或微黄色溶液。

A2.6 终止液:为 0.2 mol/L 硫酸溶液,用 1 体积浓硫酸加 9 份水。

A3 操作步骤

A3.1 包被微量滴定板:把免疫球蛋白用包被缓冲液按 1∶1 000 稀释,用微量进样器向微量滴定板的每一样品孔内加入稀释的免疫球蛋白 200 μL。在 37℃条件孵育 1 h(或在 4℃条件下过夜)。

A3.2 洗涤包被的微量滴定板:甩掉微量滴定板中的免疫球蛋白稀释液,再在吸水纸上敲打微量滴定板,除尽残留溶液。向微量滴定板的样品孔中加满洗涤缓冲液,停留 30 min,甩掉洗涤缓冲液,共洗涤 3 次,以除尽未吸附的免疫球蛋白。

A3.3 加被检测的样品

A3.3.1 取样:在无菌条件下,从瓶苗上剪下长 2 cm 茎段,放在小研钵内,把取样的试管苗放回原瓶内，封好瓶口，把样品编好号，以便检测结果决定取舍。

A 3.3.2　向小研钵内加样品缓冲液，加入液量依每个样品上样的孔数而定，例如每个样品准备上样一个样品孔时，可加入 0.4 mL 样品缓冲液，研磨后可得 200 μL 清液，够上一个样品孔用。

A 3.3.3　加入检测样品：向编好号、洗涤完的微量滴定板的样品孔内，按样品编号、逐个加入提取的样品液 200 μL，每一块微量滴定板上，可设两个阳性对照孔。两个阴性对照孔和两个空白对照孔。

A 3.3.4　把加完样品的微量滴定板，在 37℃条件下孵育 4 h～6 h（或在 40℃条件下过夜），然后按 A 3.2 洗涤微量滴定板。

A 3.3.5　加酶标记抗体：把酶标记抗体用样品缓冲液按 1∶1 000 稀释，向每个样品孔中加入 200 μL 稀释的酶标记抗体。

A 3.3.6　洗涤微量滴定板：按 3∶2 方法洗涤微量滴定板，以除掉未结合的酶标记抗体。

A 3.3.7　加底物：使用国产酶标检测仪器测定光密度时，向每一样品孔内加底物缓冲液 100 μL。如果用进口 Bio-Rad 550 型等进口酶标检测仪时则可加入 200 μL 底物，当观察到阴性对照孔与阳性对照孔显现的颜色可以明确区分时（辣根过氧化物酶标记的酶标记抗体显现橘红色，碱性磷酸酶标记的抗体显现鲜黄色）；或未设对照样品孔的微量滴定板的一些样品孔之间显现的颜色可以明确区分时，每孔加入 30 μL 终止液，如加入 200 μL 底物缓冲液时则加入 50 μL 终止液（碱性磷酸酶标记的抗体一般可不加终止液）。

A 4　结果判定

A 4.1　目测观察：显现颜色的深浅与病毒相对浓度呈正比。显现白色为阴性反应，记录为“－”；显现淡橘红色即为阳性反应，记录为“＋”，依颜色的逐渐加深记录为“＋＋”和“＋＋”。

A 4.2　用酶联检测仪测定光密度值：样品孔的光密度值大于阴性对照孔光密度值的 2 倍、即判定为阳性反应（阴性对照孔的光密度值应≤0.1）。

A 5　计算结果

$$I=\frac{m}{n}\times 100\%$$

式中：

I——马铃薯病毒检出率，%；

m——呈阳性反应样品数量；

n——实验室样品数量。

结果用两次重复的算术平均值表示，脱毒苗病毒检出率修约间隔为 1，并标明经舍进或未舍未进。

附　录　B
（规范性附录）
往复双向聚丙烯酰胺凝胶电泳法
（Two-dimensional Polyacrylamide Gel Electrophoresis）

应用本法检测脱毒苗是否感染有马铃薯纺锤块茎类病毒。

B 1　范围

规定了马铃薯纺锤块茎类病毒（PSTVd）的检测方法。

适于检测马铃薯纺锤块茎类病毒。

B 2　引用标准

GB 18133—2000　马铃薯脱毒种薯

NY/ T 401—2000　脱毒马铃薯种薯（苗）病毒检测技术规程（检测方法引用 NY/ T 401—2000）

B 3　原理

类病毒分子在自然和变性条件下电泳迁移率不同，变性所引起类病毒核酸的环状结构使其电泳迁移率明显慢于桢分子量的其他线性 RNA 分子，因而第二向电泳中类病毒核酸的环状结构明显滞后，据此，结合可靠灵敏的银染色技术测定类病毒。

B 4　试剂

本方法所用化学试剂为分析纯极规格，用水为蒸馏水，个别要求无菌水。

B 4.1　盐酸溶液［$\Psi(HCl)=1+4$］　量取盐酸 10 mL，加入 40 mL 水，混匀。

B 4.2　核酸提取缓冲液［$\rho\{(CH_2OH)_3CNH_3\}=12.11\ g\cdot L^{-1}$，$\rho(C_{10}H_{14}N_2O_8Na_2\cdot 2H_2O)=3.72\ g\cdot L^{-1}$，$\rho(NaCl)=5.88\ g\cdot L^{-1}$］　称取三羟甲基氨基甲烷［$(CH_2OH)_3CNH_3$］12.11 g，乙二胺四乙酸二钠（$C_{10}H_{14}N_2O_8Na_2\cdot 2H_2O$）3.72 g，氯化钠（NaCl）5.88 g 溶于 900 mL 水中，用盐酸溶液（4.1）通过酸度计（5.1）调 pH 为 9.0～9.5，定容至 1 000 mL。

B 4.3　TAE 缓冲液贮液［$\rho\{(CH_2OH)_3CNH_3\}=48.46\ g\cdot L^{-1}$，$\rho(CH_3COONa)=16.40\ g\cdot L^{-1}$，$\rho(C_{10}H_{14}N_2O_8Na_2\cdot 2H_2O)=7.44\ g\cdot L^{-1}$］　称取三羟甲基氨基甲烷［$(CH_2OH)_3CNH_3$］48.46 g，无水乙酸钠（$CH_3COONa$）16.40 g，乙二胺四乙酸二钠（$C_{10}H_{14}N_2O_8Na_2\cdot 2H_2O$）7.44 g，溶于 900 mL 水中，用冰乙酸通过酸度计（5.4）调 pH 为 8.1，定容至 1 000 mL。

B 4.4　TAE 缓冲液工作液［$\rho\{(CH_2OH)_3CNHa_3\}=4.85\ g\cdot L^{-1}$，$\rho(CH_3COONa)=1.64\ g\cdot L^{-1}$，$\rho(C_{10}H_{14}N_2O_8Na_2\cdot 2H_2O)=0.74\ g\cdot L^{-1}$］　量取 TAE 缓冲液贮液（4.3）200 mL，加水 1 800 mL。

B 4.5　TBE 电泳缓冲液贮液［$\rho\{(CH_2OH)_3CNH_3\}=107.8\ g\cdot L^{-1}$，$\rho(H_3BO_3)=55.0\ g\cdot L^{-1}$，$\rho(C_{10}H_{14}N_2O_8Na_2\cdot 2H_2O)=9.3\ g\cdot L^{-1}$］称取三羟甲基氨基甲烷［$(CH_2OH)_3CNH_3$］107.8 g，硼酸（$H_3BO_3$）55.0 g，乙二胺四乙酸二钠（$C_{10}H_{14}N_2O_8Na_2\cdot 2H_2O$）9.3 g 溶于少量水中，定容至 1 000 mL。

B 4.6　TBE 电泳缓冲液工作液［$\rho\{(CH_2OH)_3CNH_3\}=10.78\ g\cdot L^{-1}$，$\rho(H_3BO_3)=5.50\ g\cdot L^{-1}$，$\rho(C_{10}H_{14}N_2O_8Na_2\cdot 2H_2O)=0.93\ g\cdot L^{-1}$］　量取变性电泳缓冲液贮液（4.5）200 mL，加水 1 800 mL。

B 4.7　低盐溶液［$\rho(NaCl)=11.7\ g\cdot L^{-1}$］　称取 9.35 g 氧化钠（NaCl）溶于 800 mLTAE 缓冲液工作液（4.4）中，0.1MPa 灭菌 30 min。

B 4.8　高盐溶液［$\rho(NaCl)=87.75\ g\cdot L^{-1}$］　称取氧化钠（NaCl）70.13 g，溶于 800 mLTAE 缓冲液工

作液(4.4)中,0.1 MPa 灭菌 30 min。

B4.9 丙烯酰胺贮液[$\rho(CH_2=CHCONH_2)$=290.0 g·L^{-1},$\rho((CH_2=CHCONH_2)_2CH_2)$=10 g·$L^{-1}$] 称取丙烯酰胺($CH_2=CHCONH_2$)29.0 g,甲叉双丙烯酰胺[$(CH_2=CHCONH_2)_2CH_2$]1 g,37℃溶于 100 mL 水中。冰箱冷藏室(5.13)保存。

B4.10 过硫酸铵溶液 [$\rho\{(NH_2)_2S_2O_8\}$=222.2 g·L^{-1}] 称取过硫酸铵($(NH_2)_2S_2O_8$)1.0 g,溶于 4.5 mL 灭菌水中,冰箱冷藏室(5.13)保存。

B4.11 四甲基乙二胺[$CH_3N(CH_2)_2NCH_3$]。

B4.12 核酸固定液 [$\Phi(CH_3CH_2OH)$=10%,$\Phi(CH_3COOH)$=0.5%] 量取 50 mL95%乙醇(CH_3CH_2OH);2.5 mL 冰乙酸(CH_3COOH)加水定容至 500 mL。

B4.13 染色液[$\rho(AgNO_3)$=2.0 g·L^{-1}] 称取 1.0 g 硝酸银($AgNO_3$)溶于水,定容至 500 mL。

B4.14 核酸显影液 [$\rho(NaOH)$=16g·L^{-1}],$\Phi(HCHO)$=0.4%] 称取 8 g 氢氧化钠(NaOH),溶于 500 mL 水中,用前加 2 mL 甲醛(HCHO),现用现配。

B4.15 增色液[$\rho(Ha_2CO_3)$=7.5 g·L^{-1}]取 3 g 碳酸钠(Ha_2CO_3),溶于 400 mL 水中。

B4.16 指示剂[$\rho(C_{25}H_{27}N_2NaO_7S_2)$=1.0 g·$L^{-1}$,$\rho(C_{19}H_{10}O_5Br_4S)$=1.0 g·$L^{-1}$,$\rho(C_{12}H_{22}O_{11})$=0.4 g·$L^{-1}$]称取 100 mg 二甲苯兰($C_{25}H_{27}N_2NaO_7S_2$)、100 mg 溴酚蓝 ($C_{19}H_{10}O_5Br_4S$)、40 g 蔗糖($C_{12}H_{22}O_{11}$),溶于 10 mLTBE 电泳缓冲液贮液(4.5)中,然后加入 90 mL 水,混匀。

B4.17 琼脂糖溶液 称取 1 g 琼脂糖,量取 10 mLTBE 电泳缓冲液贮液(4.5),加入 90 mL 灭菌水中,加热溶解。

B4.18 聚丙烯酰胺凝胶 量取丙烯酰胺贮液(4.9)8.3 mL,TBE 电泳缓冲液贮液(4.5)5 mL,四甲基乙二胺(4.11)50 μL~60 μL,溶解并用无菌水定容至 50 mL 混匀,灌胶前加过硫酸铵溶液(4.10)450 μL,混匀,立即灌胶,此液应现配现用。

B5 仪器设备

B5.1 DYY-Ⅲ6B 电泳仪和 DYY-Ⅲ28C 电泳槽。

B5.2 TGL-16G 高速台式离心机 最高转速:21 000 r/min。

B5.3 Sigma-3K30 高速冷冻离心机 控制范围:(−20~40)℃,最大转速:30 000 r/min。

B5.4 PHS-3C 酸度计 量程:pH(0~14),精度:±0.01 pH。

B5.5 DL-101-2S 电热鼓风干燥箱 量程:R·T+20℃~300℃,精度:±1℃。

B5.6 移液器 20 μL,40 μL,200 μL,1 000 μL。

B5.7 752 w 紫外分光光度计 量程 220 nm~800 nm,精度:±2 nm

B5.8 一次性注射器 5 mL,50 mL。

B5.9 量筒 50 mL,100 mL,200 mL,2 000 mL。

B5.10 容量瓶 50 mL,100 mL,500 mL。

B5.11 吸量管 5 mL,10 mL,20 mL。

B5.12 MDF-U332 低温保存箱。

B5.13 BCD-261 冰箱。

B6 试剂制备

B6.1 样品粗提液制备

取样品(脱毒苗、薯块的薯肉)3 g 左右放入干燥的研钵中,加入液氮进行研磨。研碎后向小研钵中加入 10 mL 核酸提取缓冲液(4.2),SBS 粉(十二烷基磺酸钠)约 0.1 g、皂土约 0.1 g,再研磨 6 min~10 min。向小研钵中加入 120 μL β-巯基乙醇,再研磨 6 min~10 min。加入 11 mL 苯酚。研磨 6 min~10 min。加入 12 mL 氯仿,再研磨 6 min~10 min。将研好的样倒入 50 mL 干净的离心管中,用氯仿平衡。

高速冷冻离心机(5.3)4℃、9 000 r/min～10 000 r/ min 离心 20 min～25 min,用移液器(5.6),将上层水相(样品粗提液)转移到另一清洁的离心管中,可现用,也可冻存(－20℃)。

B6.2 核酸纯化

将 6.1 中有上清液的离心管拿出备用。在 100 mL 无菌水中加入一定量的可溶性纤维素,混匀备用。

装柱:用带孔的橡皮塞和细纱装入 5 mL 的一次性注射器(5.8),向注射器中加纤维素液,直至纤维素沉积至 3.5 mL 左右处,期间要不断加入无菌水。

上样:将上清液缓慢加入到柱中,直到加完为止。用低盐溶液(4.7)洗脱,每次加入 2 mL,共 20 次约 40 mL。待柱中低盐将流尽时,加入 1 mL 高盐溶液(4.8)进行清洗,然后将 50 mL 干净离心管置于柱下分 4 次(每次 2 mL)加入 8 mL 高盐溶液(4.8),待高盐洗液全部流入 50 mL 离心管为止。向装有高盐洗液的 50 mL 离心管中加入冻存的 95%乙醇,加入量是离心管中液体的 3 倍左右,摇匀,放入低温保存箱(5.12)－20℃以下冷冻,时间不得少于 2 h。

B6.3 总核酸提取

将冻存的离心管拿出来,用 95%的乙醇平衡,然后用高速冷冻离心机(5.3)1℃～4℃、10 000 r/min 离心 20 min,倒掉上清液,将离心管倒立放在铺好的干净滤纸上。待水分吸干后,向离心管中加 75%的乙醇,加入量是离心管容积的 1/3,进行清洗,时间为 10 min～20 min。用 75%乙醇平衡,用高速冷冻离心机 (5.3)1℃～4℃、10 000 r/min 离心 10 min,倒掉乙醇,将剩余乙醇全部挥发掉。

B6.4 试样获得

将 TAE 缓冲液工作液(4.4)200 μL 加入到盛有总核酸的 50 mL 离心管中进行溶解,然后用移液器(5.6)将其移到 1.5 mL 干净的离心管中,再次用 200 μL TAE 缓冲液工作液 (4.4)进行清洗,将清洗液全部转移到 1.5 mL 离心管中。

B7 测定步骤

B7.1 试料

将盛有试样(6.4)的离心管在漩涡混合器上振混匀,然后用高速台式离心机(5.2)4 000 r/min 离心 3 min～5 min。

然后量取 15 μL 样品,用 3 000 μL TAE 缓冲液工作液(4.4)稀释,以不加样品的 TAE 缓冲液工作液(4.4)为空白对照,紫外分光光度计(5.7)260 nm 处,测定各试样光吸收值。

$$\rho(\text{RNA})/\mu\text{g}\cdot\mu\text{L}^{-1} = \frac{A_{260}\times 201}{0.025\times 1\,000} = 8.04A_{260}$$

一般电泳加样试料的 RNA 质量(m)要求相对一致,据 $V=\frac{m}{\rho}$,计算试料体积(V)

B7.2 测定

B7.2.1 制板

取洁净电泳槽,琼脂糖溶液(4.17)封底,注入聚丙烯酰胺凝胶(4.18),反加样梳插入做成泳道。

B7.2.2 加样

按 7.1 中计算试料体积,混入指示剂(4.16)和 TBE 缓冲工作液(4.6),总量为 40 μL～60 μL。

B7.2.3 正向电泳

加入 TBE 电泳缓冲液工作液(4.6),进行从负极到正极电泳,电泳仪(5.1)电压调到 150 V。当示踪染料二甲苯兰迁移到距凝胶底部 1 cm～2 cm 时,停止正向电泳。将电泳槽中缓冲液倒掉,把电泳槽置入电热鼓风干燥箱(5.5)中 75℃预热 30 min,然后向电泳槽中加入 75℃的 TBE 缓冲液工作液(4.6)变性 15 min。

B7.2.4 反向电泳

在电热鼓风干燥箱(5.5)中进行从正极到负极的反向电泳,电泳仪(5.1)电压调至 200 V,当二甲苯蓝示踪染料带迁移到胶板上方刚跑出水面时停止电泳,取出凝胶片进行染色。

B7.2.5 固定

把凝胶片放在置有 400 mL 核酸固定液(4.12)的培养皿中,轻轻振荡 10 min,固定 0.5 h~1 h,然后用 50 mL 注射器(5.8)吸净固定液。

B7.2.6 染色

向培养皿中加入 400 mL 染色液(4.13),轻轻振荡 10 min,染色 30 min ~40 min,然后吸出染色液(可重复使用)。

B7.2.7 漂洗

用蒸馏水清洗凝胶板,以除掉残留的染色体,共冲洗四次,每次用水 400 mL,每次冲洗 15 s。

B7.2.8 显影

加入核酸显影液(4.14)400 mL,轻轻摇荡,直到核酸带显现清楚为止。

B7.2.9 增色

吸出显影液,加入增色液(4.15)400 mL,增色 5 min。吸掉增色液拍照。

B8 计算结果

与阳性对照相同位置有谱带出现者为阳性。

$$g=\frac{k}{j}\times 100\%$$

式中:

g——马铃薯纺锤块茎类病毒(PSTVd)检出率,%;

k——呈阳性反应样品数量;

j——实验室样品数量。

结果用两次重复的算术平均值表示,修约间隔为 1,并标明经舍进或未舍未进。

阳性对照(PSTVd 的 RNA)泳道下方约 1/4 处应有拖后的黑色核酸带。

B9 判定

采用全数值比较法,标准规定各级别种薯马铃薯纺锤块茎类病毒(PSTVd)允许率应为零,检出变大于零。或经舍弃为零者均不合格。

附　录　C
(规范性附录)
马铃薯环腐病检测方法

用格兰氏染色和茄子接种鉴定法结合起来鉴定马铃薯苗和脱毒种薯是否感染马铃薯环腐病。当用格兰氏染色鉴定为阳性结果时，再用茄苗接种鉴定法进行鉴定，也产生阳性结果时，才能确认是马铃薯环腐病菌。

C1　格兰氏染色(Gran Stain)

C1.1　试验设备

C1.1.1　显微镜

C1.1.2　载玻片

C1.1.3　酒精灯

C1.2　试剂：所用试剂为分析纯级，用水为蒸馏水，个别为无菌水。

C1.2.1　龙胆紫染色液：2.5 g 龙胆紫加水到 1 L。

C1.2.2　碳酸氢钠溶液：12.5 g$NaHCO_3$(碳酸氢钠)加水到 1 L。

C1.2.3　碘媒染液：2 g 碘溶解于 10 mL1MNaOH(氢氧化钠)溶液中，加水定容为 100 mL。

C1.2.4　脱色剂：75 mL95%乙醇加 25 mL 丙酮。

C1.2.5　碳性品红复染液：取 100 mL 碱性品红 95%乙醇饱和液，加水到 1 L。

C1.3　取样制备涂片：所有试验用具都要用 70%酒精擦拭灭菌。

C1.3.1　鉴定植株：从地表上方 2 cm 处割断，用镊子从切口挤出汁液，滴 1 滴于载玻片上，风干后，用酒精灯火焰烘烤 2 次～3 次固定。另一方法是，从切口一端切下 0.5 cm 厚茎片，在小研钵中研磨，吸取 1 滴汁液滴于载玻片上，风干，用酒精灯火焰烘烤 2 次～3 次固定。

C1.3.2　鉴定块茎：切开块茎，如维管束处有菌脓或渗出物，用镊子压挤，滴 1 滴于载玻片上，加 1 滴无菌水稀释，风干后，用火焰烘烤 2 次～3 次固定。如无渗出物，用镊子从维管束附近取出一些碎组织放在载玻片上，加 1 滴无菌水，移掉碎组织。风干后，用火焰烘烤 2 次～3 次固定。

C1.4　涂片染色

C1.4.1　滴 1 滴龙胆紫与碳酸氢钠的等量混合液(现用现配)于载玻片上，染色 20 s。

C1.4.2　滴 1 滴碘媒染液媒染 20 s，滴水洗涤。

C1.4.3　滴 1 滴脱色剂，脱色 5 s～10 s，滴水洗涤。

C1.4.4　滴 1 滴碱性品红溶液复染 2 s～3 s，滴水洗涤，风干。

C1.5　镜检和结果判定：用 1 000 倍～1 500 倍显微镜镜检，如见到呈蓝紫色的单个细菌或集聚为 2、3 或 4 个细菌，判定为阳性反应；染成粉红的判定为阴性反应。

C2　茄子接种鉴定法

C2.1　寄主植物准备：一般常用"黑美人"(Black Beauty)品种。先在大花盆中育苗，出苗后移植到装有营养土的花盆内，每盆 1 株。当茄子苗长到 2 周～3 周出现第三片真叶时即可用于接种鉴定。

C2.2　接种体制备：按 C1.3.1 与 C1.3.2 方法制备接种体，加适量无菌水稀释。

C2.3　接种方法：用 1 mL 卡介苗注射器吸入制备好的接种体，用 4 号针头，在茄苗真叶与子叶之间的茎部作针刺接种，每株茄苗针刺 3 个部位。接过种的茄苗放在 20℃～25℃的温室中，保持相对湿度

70%以上，每日光照为12 h。

C2.4 症状表现及结果判定：接种后1周，第一片真叶缘出现水渍状症状，12 d后症状发展为叶缘或叶脉间失水萎蔫，褪绿，22 d后发病部位坏死，叶片长成畸形。

茄子接种后产生上述症状的，说明接种体中带有马铃薯环腐细菌，制备接种体的样品为阳性反应；无症状的为阴性反应，证明接种体中不带环腐细菌。

附 录 D
(规范性附录)
马铃薯青枯病检测方法

D1 范围

本细则规定了马铃薯种薯块茎青枯病的检测方法。
本细则适于检测马铃薯青枯病。

D2 依据

NY/ T 401 脱毒马铃薯种薯(苗)病毒检测技术规程。
国际马铃薯中心(CIP)方法

D3 原理

青枯假单孢菌与其特异性兔抗体结合为抗原抗体复合物,抗原抗体复合物与特异的酶标羊抗兔抗体结合后遇底物引起显色反应。青枯假单孢菌越多,则颜色越深,反之,则颜色越浅,据此检测青枯病。

D4 试剂

所用化学试剂均为分析纯级规格,用水为蒸馏水,个别为无菌水。

D4.1 次氯酸钠溶液[$\omega(NaClO)=1\%$] 称取 10 g 次氯酸钠,溶于 990 mL 水中。

D4.2 盐酸溶液[$\psi(HCl)=1+1$] 量取 37%盐酸 50 mL,加水定容至 100 mL。

D4.3 TBS 缓冲液[$\rho[(CH_2OH)_3CNH_3]=2.42\ g\cdot L^{-1}$,$\rho(NaCl)=29.22\ g\cdot L^{-1}$,$\rho(NaN_3)=0.10\ g\cdot L^{-1}$]称取三羟甲基氨基甲烷[$(CH_2OH)_3CNH_3$]2.42 g,氯化钠(NaCl)29.22 g,叠氮钠(NaN_3)0.01 g,溶于无菌水充分摇匀,定容至 1 000 mL,并用盐酸溶液(4.2)通过酸度计(5.3)调 pH 至 7.5。

D4.4 Rs-IgG 青枯假单孢菌的特异性兔抗体。

D4.5 GAR-IgG 羊抗兔酶标抗体。

D4.6 封闭缓冲液

称取 0.43 g 脱脂奶粉溶于 30 mL TBS 缓冲液(4.3)中。

D4.7 抗体溶液

按抗体工作浓度,吸取抗体 Rs-IgG(4.4)溶于 30 mL 封闭缓冲液(4.6)中,现用现配。

D4.8 酶标抗体溶液

按酶标抗体(4.5)工作浓度,吸取酶标羊抗兔抗体 GAR-IG,加入到 30 mL 封闭缓冲液(4.6)中,混匀。

D4.9 洗涤缓冲液(T-TBS)用移液器(5.4)吸取 250 μL Tween-20 加入到 500 mL TBS 缓冲液(4.3)中混匀。

D4.10 底物缓冲液[$\rho[(CH_2OH)_3CNH_3]=12.1\ g\cdot L^{-1}$,$\rho(NaCl)=5.8\ g\cdot L^{-1}$,$\rho(MgCl_2\cdot 6H_2O)=1.0\ g\cdot L^{-1}$] 称取三羟甲基氨基甲烷[$(CH_2OH)_3CNH_3$]1.21 g,氯化钠(NaCl)0.58 g,结晶氯化镁($MgCl_2\cdot 6H_2O$)0.1 g,溶于 100 mL 水中充分摇匀,逐滴加入盐酸溶液(4.2),用酸度计(5.3),将 pH 调至 9.6。冰箱冷藏室(5.8)贮存,有效期 120 d。

D4.11 氮蓝四唑(NBT)溶液 用 800 μL 70%二甲基甲酰胺水溶液溶解 30 mg 氮蓝四唑(NBT),振摇直到完全溶解。

D 4.12 5-溴-4-氯-3-吲哚磷酸盐(BCIP)溶液 用800 μL 100%二甲基甲酰胺溶解15 mg 5-溴-4-氯-3-吲哚磷酸盐,振摇直到完全溶解。贮存方法同4.10,有效期30 d。

注:二甲基甲酰胺(DMF)高毒性,并能被皮肤吸收,配制时应戴手套。

D 4.13 提取缓冲液[$\rho(C_6H_8O_7)=1.995\ g\cdot L^{-1}$,$\rho(C_6H_7O_7Na)=11.907\ g\cdot L^{-1}$] 称取柠檬酸($C_6H_8O_7$)1.995 g溶于1 000 mL蒸馏水中,边搅拌边缓慢加入柠檬酸钠($C_6H_7O_7Na$)11.907 g,用酸度计(5.3)调pH至5.6,120℃下灭菌20 min,贮存方法同4.10。

D 4.14 NBT/BCIP底物溶液 在最后一次洗涤时临时配制,每张膜25 mL。用带无菌吸头的移液器(5.4)吸取100 μL NBT溶液(4.11),向装有25 mL底物缓冲液(4.10)的避光瓶子中边摇瓶边滴加;再用带无菌吸头的微量移液器(5.3)吸取100 μL BCIP溶液(4.12)边振摇边滴加到已加入NBT的瓶中。

注:剩余底物缓冲液、NBT和BCIP溶液可分别冰箱冷藏备用,但后两者最多贮存30 d。底物溶液应在一个包裹着铝铂纸的三角瓶中配制。

D 4.15 基本培养基贮液 称取10.0 g蛋白胨,1.0 g酪蛋白,量取5.0 mL甘油,溶于水中并定容至1 000 mL。

D 4.16 SMSA富集培养基贮液 基本培养基贮液(4.15)0.1 MPa灭菌后,冷却至50℃,无菌条件下每升加入过滤灭菌的硫酸多粘菌素B(100 mg/L)10 mL,放线菌酮(100 mg/L)10 mL,杆菌肽(25 mg/L)2.5 mL,青霉素G(0.5 mg/L)500 μL,氯霉素(5 mg/L)500 μL,结晶紫(5 mg/L)500 μL,2、3、4-三苯基唑氯(即TZC 50 mg/L)5 mL,混匀。

D 4.17 SMSA富集培养基 量取20 mL SMSA富集培养基贮液(4.16),用水定容至200 mL。

D5 仪器设备

D 5.1 低温保存箱 控温范围:−15℃~−40℃。

D 5.2 恒温培养箱 量程:R.T+(5~60)℃,精度:±0.5℃。

D 5.3 酸度计 量程:pH(0~14),精度:±0.01 pH。

D 5.4 移液器 200 μL,1 000 μL。

D 5.5 量筒 100 mL,200 mL,1 000 mL。

D 5.6 容量瓶 100 mL,200 mL,1 000 mL。

D 5.7 水平摇床。

D 5.8 冰箱。

D6 试样制备

被检块茎用流水冲洗后在次氯酸钠溶液(4.1)中浸泡5 min,在干净滤纸上晾干。

用火焰消毒过的刀片从块茎顶部切薄片,再挖取2 mm宽、1 mm深的维管束环(不超过0.5 g)装入样品袋并称重。

称重后的样品袋中加入提取缓冲液(4.13),每克样品2 mL,用试管或小锤捣碎块茎,样品袋垂直放于碎冰之上(不超过1 h),上清液即为样品提取液。

然后,在1.5mL无菌微量离心管中加入500 μL SMSA富集培养基(4.17),500 μL样品提取液,培养箱(5.2)中30℃下孵育48 h,每天手摇两次。

阳性对照样品富集过程同上。

孵育结束后即成为试样,若贮存应置于低温保存箱(5.1)内。

D7 测定步骤

D7.1 硝酸纤维素膜(NCM)处理

将硝酸纤维素膜放入30 mL TBS缓冲液(4.3)中浸泡5 min。取硝酸纤维素膜时应用镊子或戴一次性手套,不能用手直接接触硝酸纤维素膜,以下同。

将两张滤纸(3 mm)在 TBS 缓冲液(4.3)中浸泡后,放在两张干燥的滤纸上。

将浸湿的硝酸纤维素膜放在湿滤纸上,等待数秒直到膜表面的液体被完全吸收,在膜上滚动干净无菌的试管,确保膜和滤纸很好的接触,并用铅笔在膜左下角编号识别。

D7.2 点样(加试料) 将微量离心管中试样振荡后数秒,用移液器取上清液,点于膜上,每点加样 20 μL,每重复两次,每点完 1 个样品,换 1 个吸头。

D7.3 封闭 将膜缓慢放入盛有 30mL 封闭缓冲液(4.6)的培养皿中,水平摇床(5.7)上慢速振荡 1h。

D7.4 与 Rs-IG 结合 弃去封闭缓冲液,加抗体溶液(4.7)30 mL,置于水平摇床(5.7)上慢速振荡 2 h。

D7.5 抗原抗体复合物与酶标羊抗兔抗体结合

洗涤:孵育后的膜弃去抗体溶液,在 30 mL T-TBS 缓冲液里洗涤 3 次,每次水平摇床(5.7)快速振荡 3 min。

弃去最后一次洗涤缓冲液,加入酶标抗体溶液(4.8)30 mL,在水平摇床上慢速振荡 1 h。

D7.6 显色反应

弃去酶标抗体溶液,洗涤,方法按 7.5,弃去最后一次洗涤液,加入 NBT/ BCIP 底物溶液(4.14) 25 mL,根据阳性对照所表现的紫色,在 5 min～20 min 内终止反应。

D7.7 终止反应

弃去底物溶液并用流动水充分洗膜终止反应,将膜置于滤纸上干燥,用两张干净滤纸夹住保存。

D8 计算结果

$$a=\frac{b}{c}\times 100\%$$

式中:

a ——马铃薯青枯病检出率,%;

b ——呈阳性反应样品数量;

c ——实验室样品数量。

结果用两次重复算术的平均值表示,修约间隔为 10^{-2},并标明经舍进或未舍进。

显色后 20 min 内,阳性应呈紫色。

D9 判定

采用全数值比较法,将青枯病检出率与合同规定指标相比较,符合者合格,否则不合格,无合同规定指标者,只作参数测定,不作判定。

附 录 E
（规范性附录）
马铃薯晚疫病检测方法

E1 范围

方法规定了马铃薯种薯块茎晚疫病的检测方法。

本方法适用于马铃薯晚疫病的检测。

E2 依据

GB 18133 马铃薯脱毒种薯

NY/T401 脱毒马铃薯种薯（苗）病毒检测技术规程

E3 原理

保湿条件下在马铃薯晚疫病侵染处会长出晚疫病孢子囊和菌丝，而在较低温度下的无菌水中，会释放出游动孢子，据此进行检测。

E4 试剂

E4.1 菌种保存培养基 称取菜豆 30 g，加 500 mL 水（15℃～18℃），浸泡 12 h，加热煮沸 2 h，4 层纱布过滤，用水补足至 1 000 mL，然后加葡萄糖 20 g，硫胺 5 mg，搅拌均匀，加琼脂 15 g，分装试管，0.1 MPa、121℃下灭菌 18 min，放置冷却，制成斜面。

E4.2 无菌水 蒸馏水分装在三角瓶中，121℃、0.1 MPa 灭菌 30 min，冷却，4℃贮存。

E5 仪器设备

E5.1 光照培养箱

量程：5℃～50℃（无光），精度：±0.3℃。

E5.2 双目显微镜

E5.3 超净工作台

E5.4 培养皿，玻璃棒，高压灭菌（按 4.2）。

E6 试样制备

将薯块洗净，表面酒精火焰消毒，无菌条件下，将薯块切成片，培养皿中倒入少量无菌水（4.2）置于培养皿（5.4）玻璃棒（5.4）上，培养箱（5.1）15℃～18℃，暗培养 3 d 左右。切面上出现的白色霜状物，即为试样。

E7 测定步骤

用解剖针挑取少许试样，混入载玻片上的 1 滴无菌水中，加盖玻片，显微镜（5.2）下观察，晚疫病菌 *Phytophthora infestans*（Mont）de Bary 形态为：菌丝无色、无隔、多核，孢囊梗无色，1～4 分枝，梗节状，各节基部膨大而顶端尖细，顶端产生孢子囊，孢子囊无色单胞，卵圆形，顶端有乳突。较低温度下释放出的肾形游动孢子，双鞭毛，在水中游动片刻后，即行停止，收回鞭毛，变为圆形。

显微镜检前，无菌条件下，从培养基（4.1）保存的菌种中，挑取少量病原物，制片同上，作为对照。

E8 计算结果

$$d=\frac{e}{f}\times 100\%$$

式中：

d ——晚疫病检出率，%；

e ——镜检带晚疫病菌的样品数量；

f ——实验室样品数量。

结果用两次重复的算术平均值表示，修约间隔为 0.1，并标明经舍进或未舍进而得。

E9 判定

将一、二级种薯块茎的晚疫病检出率与委托检验的合同规定指标作全数值比较，符合者为合格，否则不合格。无合同规定者，只作参数测定，不作判定。

附 录 F
（规范性附录）
马铃薯主要病毒病、细菌病和真菌病症状目测鉴别表

病害名称	植株症状	块茎症状
马铃薯纺锤块茎类病毒 PSTVd	病株叶片与主茎间角度小，呈锐角，叶片上竖，上部叶片变小，有时植株矮化。	感病块茎变长，呈纺锤形，眼芽增多，芽眉凸起，有时块茎产生龟裂。
马铃薯卷叶病 PLRV	叶片卷曲，呈匙状或筒状，质地脆，小叶常有脉间失绿症状，有的品种顶部叶片边缘呈紫或黄色，有时植株矮化。	块茎变小，有的品种块茎切面上产生褐色网状坏死。
马铃薯花叶病 PVX、PVS	叶片有黄绿相间的斑驳或褪绿，有时叶肉凸起产生皱缩。有时叶背叶脉产生黑褐色条斑坏死。生育后期叶片干枯下垂，不脱落。	块茎变小。
马铃薯环腐病	一丛植株的一或一个以上主茎的叶片失水萎蔫，叶色灰绿并产生脉间失绿症状，不久叶缘干枯变为褐色，最后黄化枯死，枯叶不脱落。	感病块茎维管束软化，呈淡黄色，挤压时组织崩溃呈颗粒状，并有乳黄色菌脓排出，表皮维管束部分与薯肉分离，薯皮有红褐色网纹。
马铃薯黑胫病	病株矮小，叶片褪绿，叶缘上卷、质地硬，复叶与主茎角度开张，茎基部黑褐色，易从土中拔出。	感病块茎脐部黄色，凹陷，扩展到髓部形成黑色孔洞，严重时块茎内部腐烂。
马铃薯青枯病	病株叶片灰绿色，急剧萎蔫，维管束褐色，以后病部外皮褐色，茎断面乳白色，黏稠菌液外溢。	感病块茎维管束褐色，切开后乳白菌液外溢，严重时，维管束邻近组织腐烂，常由块茎芽眼流出菌脓。
马铃薯癌肿病	一般植株生长正常；有时在与土壤接触的茎基部处长出绿色肉质瘤状物，以后变为褐色，最后脱落。	本病发生于植株的地下部位，但根部不受侵害。在地下茎、茎上幼芽、匍匐枝和块茎上均可形成癌肿。典型的癌肿是粗糙柔嫩肉质的球状体，并可长成一大团细胞增生组织。其色泽与块茎和匍匐枝相似，如露出地面并带有绿色、老化时为黑色。块茎上的症状很像花椰菜。
马铃薯晚疫病	植株叶尖或叶缘形成水渍状病斑，病斑周围有浅黄色晕圈，潮湿时，相对湿度 100%，温度 21℃在叶背产生白霉状的孢囊梗和孢子囊，在茎上、叶柄上呈黑色或黄色。	块茎表皮褐色病斑不规则，稍凹陷，褐色的坏死组织和健康组织分界不明显，病斑下薯肉呈现深度不同的褐色组织。

附 录 G
(规范性附录)
马铃薯脱毒种薯块茎病害目测鉴别表

块茎病害名称	块茎症状表现
腐 烂	在块茎伤口上或皮层上的切口周围出现水浸状变色区域,当病害发展时,块茎肿大,内部腐烂组织变黑,多水孔洞,病健组织被 1 个黑色分界线清晰地分开,几天内全部腐烂,稍加压力,即使皮层开裂并有大量液体溢出。
干 腐 病	块茎上形成浅褐色病斑,侵染扩展后形成较大的暗色同心环凹陷斑,病斑逐渐松软,干缩,表面上长出灰白色或玫瑰色菌丝和分子孢子座,有时整个块茎被侵染。
疮 痂 病	块茎的病斑通常呈圆形、多病斑愈合时,病斑的形状不规则,被病菌侵染的组织从淡棕色到褐色,病斑可能是肤浅或网状的,成为深的坑状的,或凸起块似疮疤。
黑 痣 病	块茎表面上形成各种大小和形状不规则的坚硬的,深褐色菌核,茎基部形成白色的菌丝体。

附 录 H
（规范性附录）
马铃薯种薯生产调查记载标准

H1 物候期

H1.1 出苗期：全田出苗数达 75%的日期。

H1.2 现蕾期：全田现蕾植株达 75%的日期。

H1.3 成熟期：全田有 75%以上植株茎叶变黄或枯萎的日期。

H1.4 生育期：出苗到成熟期的日数。

H2 植物学特征

H2.1 茎色：分绿、绿带紫、紫带绿、紫、褐色。

H2.2 分枝：调查主茎下部，多：4 个分枝以上，中：2 个～4 个；少：2 个分枝以下。

H2.3 株高：开花期调查，地表至主茎花序生长点的长度，求 10 株平均值。

H2.4 株型：直立：与地面约成 90°角；扩散：与地面约成 45°角以上；匍匐：与地面约成 45°角以下。

H2.5 叶色：调查叶片及叶背颜色，分浓绿、绿、浅绿。

H2.6 花色：调查初开的花朵，分乳白、白、黄、浅紫、浅蓝紫、浅粉紫、紫蓝、蓝紫、红紫、紫红等。

H2.7 块茎形状：分扁圆、长圆、短椭圆、长椭圆、长筒形、卵形。

H2.8 块茎皮色：取新收获的块茎目测，分白、黄、粉红、红、浅紫、紫、相嵌。

H2.9 薯肉色：取新收获的块茎切开目测。分白、黄白、黄、紫和紫黄或白相嵌。

H2.10 芽眼色：无色（与表皮同色），有色（比皮色深或浅）：红、粉和紫色。

H2.11 芽眼深度：深：0.3 cm～0.5 cm 左右，中：0.1 cm～0.3 cm 左右，浅：眼窝与薯皮相平。

H2.12 芽眼多少：多：1 个块茎有 12 个芽眼以上；中：1 个块茎有 7 个～12 个芽眼；少：1 个块茎有 7 个芽眼以下。

H2.13 表皮光滑度：分光、网纹、麻。

H2.14 结薯集中性：收获时田间目测记载集中、分散。

H2.15 生长势：根据植株生长的健壮程度在花期调查，分强、中、弱 3 级。

H2.16 块茎整齐度：收获时目测记载。分整齐：大小一致的块茎占 85%以上，大、中、小一致的块茎占 50%～85%；不整齐：大小一致的块茎占 50%以下。

附　录 I
（规范性附录）
马铃薯主要虫害症状与防治方法

I 1　马铃薯瓢虫

I 1.1　症状

又名28星瓢虫，俗称花大姐，其成虫和幼虫均能危害马铃薯，咬食叶片背面叶肉，使被害部位只剩叶脉，形成有规则的平等透明网状细纹，植株逐渐枯黄。

I 1.2　防治措施

I 1.2.1　捕杀成虫

消灭成虫越冬场所。

I 1.2.2　药剂防治

发现成虫开始为害后，利用杀虫剂，参照使用标准进行防治。

I 2　马铃薯块茎蛾

I 2.1　症状

俗名马铃薯蛀虫、串皮虫等，幼虫蛀食马铃薯叶和块茎，当幼虫潜入马铃薯叶片内造成隧道为线形，幼虫孵化后在芽眼处吐丝结网蛀入内部，造成弯曲的隧道，严重的可被蛀空，外形皱缩，并能引起腐烂。

I 2.2　防治措施

I 2.2.1　严格检疫，杜绝有块茎蛾为害地区种薯外运。

I 2.2.2　种薯入窖前用杀虫剂熏蒸，消灭成虫。

I 2.2.3　种薯田进行高培土，防止块茎露出土面。

I 3　马铃薯蚜虫

I 3.1　症状

又名腻虫，以成、若蚜密集在幼苗、嫩茎、嫩叶和近地面的叶背，刺吸寄主汁液。由于繁殖量大，密集为害，故使受害株严重失去养分和水分，形成叶面皱缩、发黄。

I 3.2　防治措施

I 3.2.1　早春和晚秋清除残株，枯叶和杂草，消灭部分越冬蚜虫和卵。

I 3.2.2　在点片发生阶段，利用杀虫剂防治。

I 4　马铃薯金针虫

I 4.1　症状

以幼虫为害幼苗根茎，但不完全咬断，断口处不整齐，呈丝状，并可蛀入块茎中取食为害。

I 4.2　防治措施

I 4.2.1　春耕或春播前耙地时，药剂处理土壤。

I 4.2.2　苗期撒施毒饵诱杀。

I 4.2.3 及早秋耕，消灭即将入深土层越冬的幼虫或成虫。

I 5 地老虎

I 5.1 症状

1龄～2龄幼虫昼夜在植株上取食为害，咬食嫩叶的叶肉，残留表皮，造成针孔状花叶，3龄可将叶片咬成小孔或缺刻，4龄后则可咬断幼苗基部嫩茎。

I 5.2 防治措施

I 5.2.1 精耕细作，清除杂草，减少初龄幼虫食料来源。

I 5.2.2 利用黑光灯、糖醋液诱杀成虫。

I 5.2.3 苗期对于2龄幼虫盛期撒施毒土或喷雾，对于3龄以上幼虫可进行毒饵诱杀。

I 6 蛴螬

I 6.1 症状

有的种类以幼虫为害为主，咬断幼苗根茎，断口整齐，还可蛀入块茎内取食。有的种类以成虫为害为主，食马铃薯嫩芽及叶片。

I 6.2 防治措施

I 6.2.1 深耕细耙，适时浇水，中耕除草，合理施肥。

I 6.2.2 苗期利用毒饵诱杀。

I 6.2.3 在金龟甲大量出土活动到产卵之前，用药防治成虫。

I 7 蝼蛄

I 7.1 症状

成、若虫均为害严重。咬食幼苗根部或近地面的嫩茎，断口处呈乱麻状，造成幼苗枯死或生长不良。在表土层串行活动，掘成隧道，使苗根与土壤分离，导致幼苗失水枯死。

I 7.2 防治措施

I 7.2.1 苗期蝼蛄为害时，利用其趋向香甜气味及马粪的习性，用毒饵诱杀。

I 7.2.2 早春越冬蝼蛄苏醒后，据地表特征毒杀。

I 7.2.3 夏季在产卵期内，挖窝灭卵。

I 8 斑蝥

I 8.1 症状

以成虫为害马铃薯，有群聚取食习性，最喜食嫩叶，也可为害老叶及嫩茎，常吃完一株，再转株取食，一般田间呈点片被害状，发生严重时，可将叶片吃光，仅留叶脉。

I 8.2 防治措施

I 8.2.1 应以消灭成虫为重点，在成虫发生为害期用药，“敌克杀”或“斑蝥素”喷洒、辅人工围歼。

I 9 草地螟

I 9.1 症状

主要以幼虫为害。初孵幼虫群聚叶背，活动甚微，2龄～3龄多在叶背面吐丝结网，潜于网中取食叶肉，3龄后食量增大，并出网咬食叶片，严重时常将植株上叶片吃光，仅留粗大叶脉和叶柄。

I 9.2 防治措施

I 9.2.1 彻底铲除田间、地埂杂草，减少初龄幼虫食料。

I 9.2.2 进行春、秋耕耙，破坏越冬环境，增加越冬代幼虫和蛹的死亡率。

I 9.2.3 利用黑光灯诱杀成虫。

I 9.2.4 药剂防治幼虫，40%乐果乳油 800 倍，加对 8 g 洗衣粉连续喷洒 2 次～3 次。

附 录 J
（规范性附录）
马铃薯病毒病指示植物检测方法

J1 材料

J1.1 指示植物：普通烟、黄花烟、心叶烟、德伯尼烟、白花刺果曼陀罗、洋酸浆、千日红、A_6。

J1.2 花盆、肥皂、刷子、洗衣盆、沃土、金刚砂（400 目）、研钵（内径为 8 cm）、小型喷粉器、喷壶、杀虫剂。

J2 方法

J2.1 PVX、PVY 和 PVS 用常规汁液摩擦接种法，而 PLRV 用蚜虫（桃蚜）接种。

J2.2 指示植物培养

$A_6$4 月 10 日切繁，6 月 15 日前出苗，晒苗 5 d～7 d。5 月中旬播种普通烟、心叶烟、德伯尼烟，隔 5 d 播洋酸浆，再隔 5 d 播白花刺果曼陀罗、黄花烟，最后播千日红。

花盆用肥皂水洗涤，所用的沃土过筛后混匀，160℃～180℃干热灭菌两小时，装在大、中、小花盆中，距盆顶要有一定的距离，花盆内的土要先灌透水，然后将种子撒播于盆内湿土上，覆土厚度 0.5 cm～1.0 cm。6 月上旬整棚、遮阴、棚内喷药、台上、地面灌水。6 月中旬分栽各种指示植物，包括定植 A_6，在荫凉处育苗。

J2.3 病组织的收集

利用指示植物检验生长季节中马铃薯植株的带毒情况，分两个时期到田间采集植株叶片，即现蕾期和开花期。一般情况以整个植株的中部叶片为检验材料，也可检验块茎及脱毒苗的带毒情况。

J2.4 指示植物接种检验病毒

用肥皂水洗涤研钵、研锤，同时也将手洗净，把采回的病叶放于洗过的研钵内，研磨成匀浆。用小型喷粉器将 400 目的金刚砂喷洒在指示植物叶片上，将病叶匀浆摩擦接种在不同的指示植物上，重复 2 次～3 次。接种后用清水洗掉接叶上的杂物，再用无菌水冲洗，挂牌，棚温保持 20℃～25℃，湿度 85%～90%。接种后 3 d～7 d 开始记录温、湿度，并加大湿度逐日观察发病症状。适时清除花盆中的杂草，每隔 5 d～7 d 喷施一次防蚜虫的药。

根据病毒与指示植物协同作用发病时间、部位及症状，调查 3 次，与空白比较，记录结果。标准见表 1。

表 J.1 四种常见马铃薯病毒在主要指示植物上症状

病毒	指示植物	感染方式	症 状
PVX	千日红	局部	3 d～5 d 或 8 d～10 d 接种叶出现圆形紫环黄枯斑。
	白花刺果曼陀罗	系统	18 d～23 d，接种叶上部叶出现明显斑驳花叶，心叶明显，有时形成枯斑。12 d 出现黄色小点。
	普通烟	系统	18 d～23 d，系统花叶斑驳或环斑，个别株系引起典型环斑或大理石花纹。
	心叶烟	系统	20 d～24 d，系统清晰斑驳花叶，与 PVX 混合感染时，表现皱缩。
	黄花烟	系统	黄色斑驳花叶，褐斑系，24℃，14 d 形成褐色枯斑。
	普通烟	系统	普通株系，17 d～24 d，幼叶呈清晰明脉细微点状花叶，老叶沿脉绿带状。Y^N 系 11 d～14 d 明脉花叶，主脉变褐，叶片坏死。

表 J.1（续）

病毒	指示植物	感染方式	症　　状
PVY	洋酸浆	系统	Y^O株系，9 d～10 d 系统褐色圆枯斑，落叶死亡，症状鲜明强烈，Y^N株系系统褐绿斑花叶，叶片后卷无枯斑。
	心叶烟	系统	Y^O株系，23 d～27 d 花叶明脉，皱缩 Y^N株系 21 d 左右，花叶明脉皱缩，叶脉不坏死。
	黄花烟	系统	Y^N株系，14 d～24 d，接叶呈皱圆形斑，周围褪绿，后转为系统褪绿斑。
	A_6	局部	叶脉系统变褐坏死。
PVS	千日红	局部	14 d～25 d，接叶出现红色略微凸出的圆环小斑点。
	德伯尼烟	系统	初期明脉，以后是暗绿块斑花叶。
PLRV	洋酸浆	系统	用桃蚜接种 15 d～30 d，出现褪绿脉带，向下卷叶生长受阻。在 24℃，6 d～8 d 便可出现症状。
	心叶烟	系统	5 d后，系统黄色斑驳花叶，进一步形成暗绿色脉带。

附 录 K
（规范性附录）
国内马铃薯主栽品种生物学特征特性描述

表 K.1

特征描述 / 品种名称	茎、叶、花形态特征										块茎形态特征				生育期
	株型	分枝	茎色	复叶	叶色	叶形	叶茸毛	自然结实	花冠色	雄蕊	薯形	薯皮色	薯肉色	芽眼深浅	
冀张薯 2 号	直立	中等	绿	中等	浅绿	椭圆	少	弱	白	橙黄	椭圆	淡黄	淡黄	中等	108
虎　头	直立	多	绿	较大	浓绿	椭圆	中	弱	白	橙黄	椭圆	白黄	淡黄	深	110
冀张薯 3 号	直立	中等	绿	中等	浓绿	椭圆	少	无	白	黄	圆	黄	黄	浅	85
冀张薯 4 号	直立	中等	绿	中等	绿	椭圆	无	弱	白	黄	长椭圆	白	白	浅	95
冀张薯 5 号	直立	中等	绿紫	中等	绿	椭圆	多	多	粉	橙黄	长椭圆	粉红	黄	浅	95
坝薯 9 号	半直立	较多	绿	较大	绿	椭圆	中等	无	白	黄	长椭圆	白	白	深	85
金　冠	直立	少	绿	中等	绿	椭圆	中等	中等	白	黄	长椭圆	黄	黄	浅	80
费乌瑞它	直立	少	紫	大	绿	椭圆	中等	强	蓝紫	橙黄	长椭圆	黄	黄	浅	65
中薯 2 号	半直立	较多	褐紫	中等	绿	椭圆	中等	强	紫红	橙黄	圆	淡黄	淡黄	中等	60
中薯 3 号	半直立	中等	绿	中等	绿	椭圆	少	弱	白	橙黄	椭圆	黄	黄	浅	65
大西洋	半直立	中等	绿	中等	绿	椭圆	少	弱	粉白	黄	圆	褐粗麻	白	浅	85
夏波蒂	直立	中等	绿	大	绿	椭圆	少	无	浅粉	黄	长椭圆	白	白	浅	95
中心 24	直立	中等	绿	大	绿	椭圆	中等	弱	蓝紫	橙黄	椭圆	白	白	浅	105
丰收白	直立	中等	绿	大	绿	椭圆	中等	中	白	橙黄	长椭圆	白	白	较浅	60
东农 303	直立	中等	绿	较大	淡绿	椭圆	少	弱	白	淡绿	扁卵	黄	黄	浅	60
克新 1 号	开展	中等	绿	大	绿	椭圆	中等	无	淡紫	黄绿	椭圆	白	白	中等	95
克新 4 号	开展	少	绿	中等	淡绿	椭圆	中等	无	白	黄绿	椭圆	黄	淡黄	浅	70
坝薯 8 号	直立	较多	绿	大	浓绿	椭圆	少	弱	白	黄	椭圆	白	白	浅	110
内薯 1 号	直立	多	绿	中等	绿	椭圆	少	中等	淡紫	黄	长椭圆	淡黄	淡黄	浅	104
米　拉	半直立	中等	绿带紫	中等	绿	椭圆	中等	弱	白	橙黄	长椭	淡黄	淡黄	浅	115
乌盟 601	半直立	多	绿	中等	绿	椭圆	中等	弱	白	橙黄	椭圆	白	白	浅	85
郑薯 5 号	半直立	中等	绿带紫	中等	绿	椭圆	少	中等	淡白	黄	圆	淡黄	淡黄	浅	70
春薯 2 号	半直立	中等	绿	大	绿	椭圆	中等	无	白	橙黄	圆	白	白	中等	75
泰山 1 号	直立	少	绿	中等	绿	椭圆	少	无	白	黄	椭圆	淡黄	淡黄	浅	65
高原 8 号	直立	少	绿带紫	大	绿	椭圆	多	中等	浅紫	橙黄	圆	白	白	深	120
晋薯 6 号	直立	多	淡绿	大	淡绿	椭圆	少	弱	白	黄	圆	白	白	深	114
凉薯 3 号	直立	中等	绿	中等	绿	椭圆	中等	强	浅紫	橙黄	椭长	黄	淡黄	中等	110
陇薯 7 号	半直立	中等	绿	中等	绿	椭圆	多	弱	白	橙黄	扁圆	淡黄	淡黄	中等	85
早大白	直立	中等	绿	中等	绿	椭圆	中等	弱	白	黄	扁圆	白	白	浅	60

附　录　L
（规范性附录）
设备药品试剂

L1　设备

L1.1　手提式高压灭菌锅

L1.2　超净工作台

L1.3　电热蒸馏水器一台

L1.4　紫外线灭菌灯1支

L1.5　长柄手术镊2个

L1.6　医用剪刀3把～4把

L1.7　温湿度计3个～5个

L1.8　40 W日光灯管14支

L1.9　培养架2组，5层，层与层之间高度40 cm

L1.10　无菌培养室30 m^2

L1.11　冰箱一台

L1.12　10 mL、50 mL量筒各2个

L1.13　培养瓶800只～1 000只

L1.14　光照培养箱

L1.15　营养钵6 000只

L1.16　空调器一台

L1.17　酸度计

L1.18　解剖针8～10个

L1.19　聚乙烯薄膜上覆40目尼龙纱温室50 m^2

L1.20　解剖刀10把

L1.21　烧杯4个～5个

L1.22　10倍～40倍双筒解剖镜一台

L2　药品和试剂

L2.1　甲醛5瓶

L2.2　升汞5瓶

L2.3　高锰酸钾3瓶

L2.4　漂白粉饱和溶液

L2.5　70%酒精5瓶

L2.6　激动素、B9、吲哚乙酸

L2.7　pH试纸

表 L.1　MS 培养基母液配制表

母　液	化合物	数　量 (g)	加蒸馏水 (mL)	配制培养基需加母液 (mL)
A	NH_4NO_3	16.5		100
	KNO_3	19.0		100
	KH_2PO_4	1.7	1 000	100
	$MgSO_4 \cdot 7H_2O$	3.7	1 000	100
	$CaCl_2 \cdot 2H_2O$	4.4	1 000	100
B	$FeSO_4 \cdot 7H_2O$	0.557	100	5
	Na_2-EDTA	0.745	100	5
C	KI	0.083	100	1
	$Na_2MO_4 \cdot 4H_2O$	0.025	100	1
	$CoCl_2 \cdot 6H_2O$	0.002 5	100	1
	$CuSO_4 \cdot 5H_2O$	0.002 5	100	1
	$MnSO_4 \cdot 4H_2O$	2.23	100	1
	$ZnSO_4 \cdot 7H_2O$	0.86	100	1
	H_3BO_3	0.62	100	1
	盐酸硫胺素(B1)	0.004	100	10
D	盐酸素(B2)	0.005	100	10
E	甘氨酸	0.02	100	10
F	烟酸	0.005	100	10
G	肌醇	1.0	100	10
H	蔗糖	30.0		直接加入
	琼脂	7.0		直接加入
	pH			调至 5.8
注:配制母液 A 时最后加氯化钙				

本标准的起草单位:农业部薯类产品质量监督检验测试中心(张家口)、河北省高寒作物研究所。

本标准主要起草人:尹江、张希近、姚瑞、马恢、高永龙。

中华人民共和国农业行业标准

NY/T 1606—2008

马铃薯种薯生产技术操作规程

Rules of operation for the production technology of seed potato

1 范围

本标准规定了马铃薯种薯生产技术要求。

本标准适用于马铃薯种薯生产。

2 规范性引用文件

下列文件中的条款通过本标准的引用而成为本标准的条款。凡是注日期的引用文件，其随后所有的修改单（不包括勘误的内容）或修订版均不适用于本标准，然而，鼓励根据本标准达成协议的各方研究是否可使用这些文件的最新版本。凡是不注日期的引用文件，其最新版本适用于本标准。

GB 7331—2003 马铃薯种薯产地检疫规程

GB 18133—2000 马铃薯脱毒种薯

3 术语和定义

下列术语和定义适用于本标准。

3.1

育种家种子 breeder seed

利用茎尖组织培养或无性系选方法获得的无马铃薯真菌、细菌病害及花叶型、卷叶型病毒和纺锤块茎类病毒的基础种薯。

3.2

原种 basic seed

在良好的隔离防病虫条件下用育种家种子繁殖一至两代，生产的符合原种质量标准的种薯。

3.3

大田用种 certified seed

在良好的隔离防病虫条件下用原种繁殖一至两代，生产的符合大田用种质量标准的种薯。

4 种薯生产

4.1 育种家种子生产

4.1.1 茎尖脱毒育种家种子生产

4.1.1.1 材料选择

4.1.1.1.1 田间选择

在土壤肥力中等的地块，于现蕾期至开花期，选择生长势强、无病症表现、具备原品种典型性状的植株，做好标记；生育后期至收获期再结合块茎表现及产量情况进行复选。

中华人民共和国农业部 2008-05-16 发布　　2008-07-01 实施

4.1.1.1.2 类病毒检测

对入选材料，用往复双向聚丙烯酰胺凝胶电泳法(R-PAGE)进行检测，筛选无纺锤块茎类病毒(PSTVd)的材料作为茎尖脱毒基础材料；根据 GB 18133—2000 进行检测。

4.1.1.2 茎尖组织培养

按附录 A 操作。

4.1.1.3 脱毒试管苗繁殖

按附录 B 操作。

4.1.1.4 病毒检测

对获得的第一批组培苗，采用指示植物鉴定和酶联免疫吸附分析(ELISA)等方法，按株系进行病毒检测，并采用往复双向聚丙烯酰胺凝胶电泳法(R-PAGE)进行纺锤块茎类病毒复检，筛选出无 PVX、PVY、PVS、PLRV 和 PSTVd 的基础苗；根据 GB 18133—2000 进行检测。

4.1.1.5 基础苗扩繁

重复 4.1.1.3 步骤，直至满足所需数量。每年进行定期检测，并及时更换基础苗。

4.1.1.6 试管薯生产

在离体无菌条件下，利用改良的 MS 培养基生产气生小块茎(见附录 C)。

4.1.1.7 育种家种子生产

在温室、网室等保护条件下，用脱毒苗或试管薯生产的小种薯(有基质生产见附录 D)。

4.1.1.8 育种家种子检验

生育期间按育种家种子总量 1.5%取样量，取植株叶片进行病毒、类病毒检验。

4.1.2 无性系选育种家种子生产

4.1.2.1 单株选择

在土壤肥力中等的地块，于开花期选择生长势强、无退化表现、并具有品种典型性状的健康植株，一般预选 500 株～1 000 株，做好标记，生育后期到收获前复查 1 次～2 次，随时淘汰病株及早衰植株。收获时决选，将高产、无病并具有品种典型块茎特征的单株单收单藏。

4.1.2.2 类病毒和病毒检测

对入选材料，用往复双向聚丙烯酰胺凝胶电泳法(R-PAGE)和酶联免疫吸附(ELISA)方法进行检测。筛选无纺锤块茎类病毒(PSTVd)和无主要病毒(PVX、PVY、PVS、PLRV)的材料，作为无性系选种薯生产的核心材料；根据 GB 18133—2000 进行检测。

4.1.2.3 系圃选择

4.1.2.3.1 株行圃

每个中选单株种植成株系，生育期间进行多次观察或结合指示植物、抗血清法鉴定，严格淘汰感病和低产株系，选留优良高产株系。

4.1.2.3.2 株系圃

将选留的株系进行鉴定比较。严格淘汰病劣株系，入选高产、生长整齐一致、无退化症状的株系，混合后用作育种家种子。

4.2 原种及大田用种生产

4.2.1 种薯来源

4.2.1.1 原种种薯来源

用茎尖脱毒和无性系选方法生产的育种家种子。

4.2.1.2 大田用种种薯来源

按种薯生产程序，来源于原种种薯田生产的符合质量标准的种薯。

4.2.2 种薯生产

4.2.2.1 种薯田设置

种薯田应具备良好的防虫、防病隔离条件。在无隔离条件下，原种生产田应距离马铃薯、其他茄科及十字花科作物、桃树园 5 000 m，大田用种生产田应距离上述作物和桃树园 500 m 以上。

不同级别的马铃薯、其他茄科及十字花科作物禁止在同一地块或相邻地块种植。

种薯田应实行 3 年以上无茄科作物的轮作制。

种薯田应选择肥力较好、土壤松软、灌排水良好的地块。

4.2.2.2 种薯处理与精选

选择无畸形、机械损伤、病薯及杂薯的健壮、适龄种薯，播前在适温、散射光条件下催壮芽。若切块播种，切刀必须消毒；并注意使伤口愈合，防止切块腐烂，必要时进行药剂处理；根据 GB 7331—2003 切刀消毒操作程序进行。

4.2.2.3 播种

根据品种、气候等因素适时播种，以确保出苗快，苗齐、苗全、苗壮。

4.2.2.3.1 种薯大小

育种家种子和原种采用整薯播种，大田用种提倡整薯播种，切块播种，每块不低于 25 g。

4.2.2.3.2 种植密度

依品种、土壤肥力、种植方式而定，种薯田应比一般生产田适当增加密度。

4.2.2.3.3 基肥

种薯田应以有机肥作基肥，配施相应的化肥，适当多施磷、钾肥，禁止施用茄科植物残株沤制的肥料。

4.2.2.4 田间管理

种薯生产过程中，使用专用机械、工具进行施药、中耕、锄草、收获等一系列田间作业，并采取严格的消毒措施。田间按高级向低级种薯田的顺序进行操作，操作人员严格消毒，避免病害的人为传播。

4.2.2.4.1 灌水培土和追肥

适时灌水，保持田间土壤持水量 65%～75%；苗期到现蕾期中耕培土 2 次，促进块茎形成、膨大，避免畸形薯、空心薯的产生。

视苗情适当追肥，少量多次，防止植株徒长。

4.2.2.4.2 去杂去劣

在生育期间，进行 2 次～3 次拔除劣株、杂株和可疑株(包括地下部分)。

4.2.2.4.3 病虫害防治

4.2.2.4.3.1 晚疫病

原种田一般从出苗后 3 周～4 周即开始喷杀菌剂，每周 1 次，直至收获；大田用种生产田生育期应喷 5 次～6 次杀菌剂。保护性杀菌剂和系统性杀菌剂交替使用。

4.2.2.4.3.2 蚜虫

利用黄皿诱蚜器进行蚜虫测报，当出现有翅蚜时，施用杀虫剂，每周喷 1 次。

4.2.2.4.3.3 其他

根据各地情况，注意综合防治其他病虫害。

4.2.2.5 田间观察记载鉴定

按附录 E、附录 F、附录 G 进行。

4.2.2.6 种薯收获与贮藏管理

4.2.2.6.1 种薯收获

根据病虫害发生情况和块茎成熟度，确定合适的收获日期，收获前一周左右灭秧，以减少块茎感病，加速幼嫩薯皮木栓化。收获及运输时应防止机械混杂和机械损伤，注意防暴晒、防雨和防冻。

4.2.2.6.2 种薯贮藏

种薯收获后要进行预贮，严格淘汰病、烂、伤、杂及畸形薯，进行大小分级。

贮藏场所和容器要彻底消毒、防虫、防鼠，不同品种、不同级别种薯要分别贮藏，容器内、外放标签。种薯堆放高度低于库高的2/3。

种薯设专人保管，贮藏环境保持良好的通风和适宜的温湿度，长期贮藏温度2℃～4℃、相对湿度85%～90%。

5 种薯检验

种薯质量检验部门根据附录H进行田间和室内检验，取得相应种薯级别合格证方可作为种薯使用。

5.1 纯度检验

生育前期鉴定植株的株型、复叶大小、花色、茎色等典型性状，块茎形成后结合块茎形状、皮肉色、芽眼深浅。并进行室内检验。

5.2 病害检验

田间通过目测，对病毒病和真菌、细菌病害进行调查记录，发现病株及时拔除并携出田外销毁(包括母薯和新生块茎)。原种田生育期间检验3次～5次，同时，取叶片和茎段样品进行室内鉴定；大田用种生产田生育期间检验2次～3次。最后一次田间调查病害的百分率应在允许范围内，超标者相应降级或不作种薯使用。

6 种薯检疫

种薯生产单位要搞好种薯自检，并由检疫部门根据GB 7331—2003进行复检。未取得检疫合格证的种薯，不得作为种薯使用。

附 录 A
(规范性附录)
马铃薯茎尖组织培养脱毒方法

A.1 器材与试剂

A.1.1 器材

高压灭菌锅、超净工作台、紫外灯、酒精灯、长镊子、剪刀、培养室、培养架、日光灯、试管、棒状温度计、器皿、光照培养箱、解剖镜、解剖针、解剖刀、烧杯、量筒、空调、酸度计。

A.1.2 试剂

75%酒精、甲醛、高锰酸钾、升汞、漂白粉饱和溶液、激动素、吲哚乙酸、pH 试纸、MS 培养基(见表 A.1)。

表 A.1 MS 培养基母液配制表

母液	化 合 物	数量 g	加蒸馏水量 mL	配制 1 L 培养基需母液量 mL
A	NH_4NO_3(硝酸铵)	16.5	1 000	100
	KNO_3(硝酸钾)	19.0		
	KH_2PO_4(磷酸二氢钾)	1.7		
	$MgSO_4 \cdot 7H_2O$(硫酸镁)	3.7		
	$CaCl_2 \cdot 2H_2O$(氯化钙)	4.4		
B	$FeSO_4$(硫酸亚铁)	0.557	100	5
	Na_2EDTA(乙二胺四乙酸二钠)	0.754		
C	KI(碘化钾)	0.083	100	1
	$Na_2MoO_4 \cdot 2H_2O$(钼酸钠)	0.025		
	$CoCl_2 \cdot 6H_2O$(氯化钴)	0.002 5		
	$CuSO_4 \cdot 5H_2O$(硫酸铜)	0.002 5		
	$MnSO_4 \cdot 4H_2O$(硫酸锰)	2.23		
	$ZnSO_4 \cdot 7H_2O$(硫酸锌)	0.86		
	H_3BO_3(硼酸)	0.62		
D	维生素 B_1	0.004	100	10
E	维生素 B_6	0.005	100	10
F	甘氨酸	0.02	100	10
G	菸酸	0.005	100	10
H	肌醇	1.0	100	10
	蔗糖	30.0		直接加入
	琼脂	7.0		直接加入
	pH	5.8		
注:在配制溶液 A 时最后加氯化钙。				

A.2 操作程序

A.2.1 取按 4.1.1 方法选择发芽的块茎放置光照培养箱内,进行高温处理,温度 33℃~37℃,处理时间为3周～4周。

A.2.2　取经处理块茎的顶芽、侧芽切下1 cm～2 cm长若干段放在烧杯里，盖好纱布，用自来水冲洗1 h，然后移到超净工作台上，浸泡在饱和漂白粉溶液中8 min～10 min，取出后用无菌水冲洗2次～3次。

A.2.3　将制备好的茎尖组织培养基(MS＋吲哚乙酸1 mg/L＋激动素0.05 mg/L)的培养液分装于试管里，每管10 mL，试管用纱布棉球或封口膜封口，在7.84×10^4 Pa～9.8×10^4 Pa高压灭菌锅消毒20 min，冷却后放到超净工作台上待用。

A.2.4　操作前，操作室、操作工具等用高锰酸钾和甲醛溶液熏蒸，然后用紫外灯照射20 min～40 min，工作人员着清洁工作服，手用肥皂洗净并用75%乙醇擦拭消毒。

A.2.5　将芽置于40倍双筒解剖镜下，用解剖针去掉幼叶，直至露出半圆形光滑生长点，用解剖刀从0.1 mm～0.3 mm处切下(带1个叶原基)，每支试管里接种一个生长点，试管封口包上纸帽，并在管上注明品种、处理和接种日期。

A.2.6　把接种好的试管放在温度25℃左右，光照强度为2 000 lx～3 000 lx的培养架上培养。30 d～40 d可看到明显伸长的茎和小叶，这时可转入普通MS培养基的试管内培养，经4个～5个月可发育成4个～5个叶片的小植株。

附 录 B
(规范性附录)
马铃薯脱毒试管苗繁殖

B.1 器材与试剂

参考附录 A。

B.2 材料

经检验合格的脱毒试管苗。

B.3 操作程序

B.3.1 将配制好的 MS 培养液分装于试管中，每管 6 mL～8 mL，放入高压灭菌锅内处理 20 min(压力 7.84×10^4 Pa～9.8×10^4 Pa)，冷却待用。

B.3.2 无菌室、超净工作台面及操作工具，用 75%乙醇或 1%苯扎溴铵溶液消毒，将要扩繁的基础苗消毒后放到工作台上，用紫外灯照射 20 min～40 min。

B.3.3 工作人员着清洁工作服，双手用肥皂洗净，操作时用 75%乙醇擦拭，长把镊子和剪刀每次使用前都应在酒精灯上燃烧消毒。

B.3.4 用长把镊子取出基础苗，按单茎节切段(每段带一片叶)扦插到试管培养基上，每管扦插 2 段～3 段，腋芽朝上，用酒精灯烤干管口并封口。

B.3.5 操作结束后，用牛皮纸包好管口，注明品种名及日期，放于试管架上培养，温度控制 25℃左右，每天光照 16 h，光照强度 2 000 lx～3 000 lx。

B.3.6 采用三角瓶等容器繁苗，操作方法同上。

B.3.7 若采用 MS 液体培养基(不加琼脂)繁苗，在转苗操作时，将小苗的顶芽及基部剪掉，剪成带 4 片～5 片叶的茎段放到三角瓶 MS 液体培养基上漂浮培养，培养条件同上，每个茎段的腋芽均能发育成一个小植株。

附　录　C
（规范性附录）
马铃薯试管薯生产

C.1　器材与试剂

同附录B。

C.2　材料

检测合格的脱毒基础苗（若干管）。

C.3　操作程序

C.3.1　在无菌条件下将试管苗剪去顶小叶和基部（有4个～6个节或叶片），置于MS液体培养基三角瓶中，每瓶4个～5个茎段，在温度22℃左右，光照强度2 000 lx～3 000 lx条件下培养壮苗。

C.3.2　当3周～4周后，茎段上叶腋处长出小苗具4片～6片叶时，在无菌条件下，换上诱导结薯培养基，如MS液体＋BA 5 mL/L＋CCC 500 mg/L＋0.5％活性炭＋8％蔗糖。置于18℃～20℃，光照（2 000 lx～3 000 lx）8 h，16 h黑暗条件下或24 h黑暗条件下，诱导结薯，两周后，植株上陆续形成小块茎，5周～6周后可收获。

附　录　D
（规范性附录）
防虫温室、网室育种家种子小薯生产

D.1　设备

防虫温室、防虫网室、育苗盘，基质（如蛭石、草炭土等）、遮阴网。

D.2　材料

检测合格的脱毒基础苗（若干管）。

D.3　操作程序

D.3.1　将蛭石或草炭土严格消毒后分装于育苗盘中。

D.3.2　脱毒基础苗接种2周～3周（当苗高5 cm～10 cm时）后，从试管中取出脱毒基础苗移栽于育苗盘内，密度3 cm×5 cm，在温室内20℃左右条件下培育壮苗。

D.3.3　小苗成活后，长至6片～8片叶时可连续剪顶芽及腋芽扦插，最多可剪3次。

D.3.4　盘内扩繁苗高5 cm～10 cm时，定植于防虫网室，生产育种家种子小薯，或直接在温室里育苗盘内生产育种家种子小薯。

D.3.5　加强水肥管理，定期喷药防蚜，用杀菌剂防治晚疫病及其他病害，及时拔除病、杂株。

D.3.6　育种家种子小薯生产的各环节必须专人管理，工作人员的手、衣、育苗盘、基质（包括网室内的）等均要严格消毒。

附　录　E
（规范性附录）
马铃薯种薯生产调查记载标准

E.1　物候期

E.1.1　出苗期：全田出苗数达75%的日期。

E.1.2　现蕾期：全田现蕾植株达75%的日期。

E.1.3　开花期：全田植株开花达75%的日期。

E.1.4　成熟期：全田有75%以上植株茎叶变黄枯萎的日期。

E.2　植物学特征

E.2.1　茎色：分绿、绿带紫、紫带绿、紫、褐色。

E.2.2　分枝情况：调查主茎中下部，多：4个分枝以上，中：2～4个；少：2个及2个分枝以下。

E.2.3　株高：开花期调查，由地表至主茎花序生长点的长度，求10株平均值。

E.2.4　株型：直立，与地面约成90°角；扩散，与地面约成45°角以上；匍匐，与地面约成45°角以下。

E.2.5　叶色：调查叶面及叶背颜色，分浓绿、绿、浅绿。

E.2.6　花色：调查初开的花朵，分乳白、白、黄、浅紫、浅蓝紫、浅粉紫、紫蓝、蓝紫、红紫、紫红等。

E.2.7　块茎形状：分扁圆、圆、长圆、短椭圆、长椭圆、长筒形、卵形。

E.2.8　块茎皮色：取新收获的块茎目测，分白、黄、粉红、红、浅紫、紫、相嵌。

E.2.9　薯肉色：取新收获的块茎切开目测，分白、黄白、黄、紫和紫黄或白相嵌。

E.2.10　芽眼色：无色（与表皮同色），有色（比皮色深或浅）：红、粉和紫色。

E.2.11　芽眼深度：深：0.3 cm～0.5 cm左右，中：0.1 cm～0.3 cm左右；浅：眼窝与薯皮相平。

E.2.12　芽眼多少：多：一个块茎有12芽眼以上；中：一个块茎有7个～12个芽眼；少：一个块茎有7个芽眼以下。

E.2.13　表皮光滑度：分光、网纹、麻。

E.2.14　结薯集中性：收获时田间目测记载分集中、分散。

E.2.15　生长势：根据植株生长的健壮程度在花期调查，分强、中、弱三级。

E.2.16　块茎整齐度：收获时目测记载。分整齐：大小一致的块茎占85%以上；中：大小一致的块茎占50%～85%；不整齐：大小一致的块茎占50%以下。

E.2.17　病虫害（目测参照附录F、附录G）。用目测法调查发病株数，计算发病率。

附 录 F
(规范性附录)
马铃薯主要病毒病、细菌病和真菌病症状鉴别

F.1 马铃薯纺锤块茎类病毒

F.1.1 植株症状

病株叶片与主茎间角度小,呈锐角,叶片上竖,上部叶片变小,有时植株矮化。

F.1.2 块茎症状

感病块茎变长,呈纺锤形,芽眼增多,芽眉凸起,有时块茎产生龟裂。

F.2 马铃薯卷叶病

F.2.1 植株症状

叶片卷曲,呈匙状或筒状,质地脆,小叶常有脉间失绿症状,有的品种顶部叶片边缘呈紫色或黄色,有时植株矮化。

F.2.2 块茎症状

块茎变小,有的品种块茎切面上产生褐色网状坏死。

F.3 马铃薯花叶病

F.3.1 植株症状

叶片有黄绿相间的斑驳或褪绿,有时叶肉凸起产生皱缩,有时叶背叶脉产生黑褐色条斑坏死,生育后期叶片干枯下垂,不脱落。

F.3.2 块茎症状

块茎变小。

F.4 马铃薯环腐病

F.4.1 植株症状

一丛植株的1或1个以上主茎的叶片失水萎蔫,叶色灰绿并产生脉间失绿症状,不久叶缘干枯变为褐色,最后黄化枯死,枯叶不脱落。

F.4.2 块茎症状

感病块茎维管束软化,呈淡黄色,挤压时组织崩溃呈颗粒状,并有乳黄色菌脓排出,表皮维管束部分与薯肉分离,薯皮有红褐色网纹。

F.5 马铃薯黑胫病

F.5.1 植株症状

病株矮小,叶片褪绿,叶缘上卷、质地硬,复叶与主茎角度开张,基部黑褐色,易从土中拔出。

F.5.2 块茎症状

感病块茎脐部黄色、凹陷,扩展到髓部形成黑色孔洞,严重时块茎内部腐烂。

F.6 马铃薯青枯病

F.6.1 植株症状

病株叶片灰绿色，急剧萎蔫，维管束褐色，以后病部外皮褐色，茎断面乳白色，黏稠菌液外溢。

F.6.2 块茎症状

感病块茎维管束褐色，切开后乳白菌液外溢，严重时维管束邻近组织腐烂，常由块茎芽眼流出菌脓。

F.7 马铃薯癌肿病

F.7.1 植株症状

一般植株生长正常，有时在与土壤接触的茎基部长出绿色肉质瘤状物，以后变为褐色，最后脱落。

F.7.2 块茎症状

本病发生于植株的地下部位，但根部不受侵害。在地下茎、茎上幼芽、匍匐枝和块茎上均可形成癌肿。典型的癌肿是粗糙柔嫩肉质的球状体，并可长成一大团细胞增生组织。其色泽与块茎和匍匐枝相似，如露出地面则带有绿色，老化时为黑色，块茎上的症状很像花椰菜。

F.8 马铃薯晚疫病

F.8.1 植株症状

水渍状的病斑出现在叶片上，几天内叶片坏死，干燥时变成褐色，潮湿时变成黑色。在阴湿条件下，叶背面可看到白霉状孢子囊梗，通常在叶片病斑的周围形成淡黄色的褪绿边缘。病斑颜色在茎上或叶柄上是黑色或褐色。

F.8.2 块茎症状

被侵染的块茎有褐色的表皮脱色，将块茎切开后，可看到褐色的坏死组织，并伴有次生微生物的侵染和腐烂。

F.9 马铃薯疮痂病

F.9.1 植株症状

植株生长发育正常。

F.9.2 块茎症状

发病初期茎表面为淡褐色到褐色隆起小斑点，以后逐渐扩大形成不规则硬质木栓层病斑，表面粗糙，中间凹陷，周缘向上凸起，呈褐色疮痂状，常有几个疮痂彼此连接造成很深裂口。

F.10 马铃薯早疫病

F.10.1 植株症状

叶片上症状最明显，其他部位也可受害，叶片上起初为黑褐色、形状不规则的小病斑，直径1 mm～2 mm，扩大后为椭圆形褐色同心轮纹病斑。潮湿时，病斑上生出黑色霉层，病斑首先从底部老叶片开始形成，到植株成熟时病斑明显增加，可引起植株枯黄或早死。

F.10.2 块茎症状

发病块茎上产生黑褐色的近圆形或不规则形病斑，大小不一，病斑略微下陷，边缘略突起，有的老病斑出现裂缝，病斑下面的薯肉变紫褐色，木栓化干腐，被侵染的块茎腐烂后颜色黑暗，干燥后似皮革状。

F.10.3 防治措施

F.10.3.1 加强栽培管理，采取合理灌溉，清沟排渍，清除杂草，合理密植，降低田间湿度，改善通风、透光条件。

F.10.3.2 化学防治，发病初期及时喷施杀菌剂，提前预防效果更好。

附 录 G
（规范性附录）
马铃薯主要虫害症状目测鉴别

G.1 马铃薯瓢虫

G.1.1 症状

又名28星瓢虫，俗称花大姐。其成虫和幼虫均能为害马铃薯，咬食叶片背面叶肉，使被害部位只剩叶脉，形成有规则的透明网状细纹，植株逐渐枯黄。

G.1.2 防治措施

G.1.2.1 捕杀成虫 消灭成虫越冬场所。

G.1.2.2 药剂防治 发现成虫开始为害后，利用杀虫剂，参照使用标准进行防治。

G.2 马铃薯块茎蛾

G.2.1 症状

俗名马铃薯蛀虫、串皮虫等。幼虫蛀食马铃薯叶和块茎，当幼虫潜入马铃薯叶片内造成潜道呈线形，幼虫孵化后在芽眼处吐丝结网蛀入块茎内部，造成弯曲的隧道，严重的可被蛀空，块茎外形皱缩，并能引起腐烂。

G.2.2 防治措施

G.2.2.1 严格检疫，杜绝有块茎蛾为害地区种薯外运。

G.2.2.2 种薯入窖前用杀虫剂熏蒸，消灭成虫。

G.2.2.3 种薯田进行高培土，防止块茎露出土面。

G.3 马铃薯蚜虫

G.3.1 症状

蚜虫是PVY、PLRV等病毒及PSTVd类病毒的最主要传毒媒介；蚜虫吸食植株汁液，使植株生长变弱，出现发育受阻现象，其含糖分泌物也利于部分真菌在叶片上生长。

G.3.2 防治措施

G.3.2.1 化学防治，利用杀虫剂灭蚜，一般适期预防效果更好。

G.3.2.2 加强种薯田周围环境的管理工作，减少种薯田周围的其他寄主植物。

G.4 马铃薯地下害虫

G.4.1 金针虫

G.4.1.1 症状

主要是幼虫为害幼苗和块茎，幼虫咬食须根和主根，使幼苗枯死，被害部不整齐，很少被咬断，也可蛀入块茎，块茎表面有微小圆孔，受害块茎易被病原菌侵入而引起腐烂。

G.4.1.2 防治措施

G.4.1.2.1 精耕细作，减少幼虫、蛹、成虫的虫口数量。

G.4.1.2.2　药剂防治，发现幼虫或成虫为害时利用杀虫剂进行防治。

G.4.1.2.3　在成虫出土期利用黑光灯诱杀。

G.4.2　地老虎

G.4.2.1　症状

地老虎一般春季发生为害，咬断幼苗，造成缺苗；也有些种类的幼虫能攀到植株上部，咬食叶片，吃成许多孔洞。

G.4.2.2　防治措施

G.4.2.2.1　精耕细作，除草灭虫，消灭虫卵和幼虫。

G.4.2.2.2　药剂防治，1～2龄幼虫用喷粉、喷雾或撒毒土防治，高龄幼虫可撒毒饵防治。

G.4.2.2.3　诱杀成虫，在成虫发生时期利用黑光灯诱杀。

G.4.3　蛴螬

G.4.3.1　症状

幼虫经常咬断、咬伤根部，断面平截，造成幼苗死亡或发育不良，也有将块茎咬伤、蛀空并引起腐烂；有些种类成虫还食害叶片、嫩芽和花蕾。

G.4.3.2　防治措施

G.4.3.2.1　翻耕整地要细，压低虫口数量，增施腐熟肥，合理使用化肥，可明显减少为害。

G.4.3.2.2　化学药剂防治，一般采用撒施毒土进行防治效果最好。

G.4.4　蝼蛄

G.4.4.1　症状

成虫和若虫均在土中咬食幼根和嫩茎，把茎秆咬断或扒成乱麻状，使幼苗萎蔫而死，造成缺苗断垄；蝼蛄在表土层穿行，造成的纵横隧道，使幼苗根部和土壤分离，导致幼苗因失水干枯而死。

G.4.4.2　防治措施

G.4.4.2.1　加强农田管理。精耕细作，减少成虫、若虫虫口数量。

G.4.4.2.2　化学防治，撒毒饵防治或用灯光诱杀。

附　录　H

(规范性附录)

各级别种薯带病植株的允许量和大田用种块茎质量指标

表 H.1　各级别种薯带病植株的允许量

种薯级别	第一次检验					第二次检验					第三次检验				
	病害及混杂株/%					病害及混杂株/%					病害及混杂株/%				
	类病毒植株	环腐病植株	病毒病植株	黑胫病和青枯病植株	混杂植株	类病毒植株	环腐病植株	病毒病植株	黑胫病和青枯病植株	混杂植株	类病毒植株	环腐病植株	病毒病植株	黑胫病和青枯病植株	混杂植株
育种家种子	0	0	0	0	0	0	0	0	0	0	0	0	0	0	0
原种	0	0	≤0.25	≤0.5	≤0.25	0	0	≤0.1	≤0.25	0	0	0	≤0.1	≤0.25	0
大田用种	0	0	≤2.0	≤3.0	≤1.0	0	0	≤1.0	≤1.0	≤0.1					

表 H.2　大田用种块茎质量指标

块茎病害和缺陷	允许率/%
环腐病	0
湿腐病和腐烂	≤0.1
干腐病	≤1.0
疮痂病和晚疫病： 轻微症状(病斑占块茎表面积的1%～5%) 中等症状(病斑占块茎表面积的5%～10%)	 ≤10.0 ≤5.0
有缺陷薯(冻伤除外)	≤0.1
冻伤	≤4.0

本标准起草单位：全国农业技术推广服务中心、黑龙江省农业科学院马铃薯研究所、中国农业科学院蔬菜花卉研究所、山西省农业种子总站、东北农业大学、河北省高寒作物研究所、山东省种子管理总站、福建省种子总站、湖北省种子管理站。

本标准主要起草人：廖琴、邹奎、夏平、金黎平、王亚平、陈伊里、尹江、迟斌、刘喜才、谭宗九、柳俊、刘宏、马异泉、郑旋、吴和明。

中华人民共和国农业行业标准

NY/T 1685—2009

木薯嫩茎枝种苗快速繁殖技术规程

Rapid technical propagation rules for young cassava cutting

1 范围

本规程规定了木薯(*Manihot esculenta* Crantz)嫩茎枝种苗繁殖的立地条件、品种与嫩茎枝选择、种植方法、温湿调控、水肥管理、病虫草害防治等技术要求。本标准适用于木薯嫩茎枝种苗的快速繁殖生产。

2 规范性引用文件

下列文件中的条款通过本标准的引用而成为本标准的条款。凡是注日期的引用文件,其随后所有的修改单(不包括勘误的内容)或修订版均不适用于本标准,然而,鼓励根据本标准达成协议的各方研究是否可使用这些文件的最新版本。凡是不注日期的引用文件,其最新版本适用于本标准。

GB 4284 农用污泥中污染物控制标准

GB 4285 农药安全使用标准

GB 8172 城镇垃圾农用控制标准

GB 8321 (所有部分)农药合理使用准则

GB 17420 含微量元素叶面肥料

NY/T 227 微生物肥料

NY/T 393 绿色食品 农药使用准则

NY/T 394 绿色食品 肥料使用准则

3 术语和定义

下列术语和定义适用于本标准。

3.1

嫩茎枝 young cassava cutting

为未完全木质化的新鲜主茎和分枝。

3.2

品种纯度 purity of variety

按批次抽检出的某一品种的种茎数占全部抽检数的百分率。

4 立地条件

适宜生长温度 17℃～37℃,最适温度 25℃～30℃。避风避寒、阳光充足、土壤肥沃疏松湿润不积水、排灌方便、病虫害少的缓坡地或平地,避免使用连作木薯地,沙壤土最佳,pH 4.5～7.0。

中华人民共和国农业部 2009-03-09 发布　　2009-05-01 实施

5 植前准备

5.1 备耕

深耕 30 cm～40 cm 后，晒地 1 个月，种植前，结合犁耙整地，每公顷施 15 t～45 t 腐熟有机肥，应符合 GB 8172 和 GB 4284 的要求。在病虫草害多发地块，用常规农药进行土壤消毒、杀灭害虫和控制杂草，使用农药应符合 GB 4285 、GB 8321 和 NY/T 393 的要求。

5.2 品种选择

选择适宜本地自然条件、抗逆性较强、高产优质和适销对路的木薯良种。

5.3 嫩茎枝选择

嫩茎枝的皮芽无损，无病虫害，品种纯度达 99%以上，嫩茎枝应当天采，当天种植。

6 定植

6.1 种植条件

在冬春季种植，要保证气温和地温稳定在 17℃以上。低温、连续阴雨、大雨过后和干热风等环境条件不宜种植。

6.2 嫩茎枝准备

嫩茎枝切口平整，切忌撕裂茎枝。嫩茎枝长度为 10 cm～15 cm。在插植嫩茎枝前，可喷洒或浸蘸常规农药溶液消毒，农药使用应符合 GB 4285 、GB 8321 和 NY/T 393 的要求。

6.3 种植密度

直接在大田种植的行距 0.6 m～0.8 m，株距 0.6 m～0.8 m。春夏种植宜密，秋冬种植宜疏。插植苗圃的行距 20 cm～30 cm，株距 10 cm～15 cm。长成小苗后移栽。

6.4 种植方法

按茎枝的幼嫩程度来分批定植，以便管理。宜起低畦直插种植，植深 6 cm～12 cm。在土壤疏松和温度较高的条件下，半木质化的茎枝可平放种植，埋深 5 cm 左右。

7 温湿度调控

秋冬或早春低温的地方，应建温室(棚)保温升温，保证室内 17℃以上。在夏秋季节的发芽和幼苗期，在强光和强蒸腾情况下，宜搭遮光网遮阴保湿。干燥天气，早晚适当喷淋水保湿。遇连续阴雨或大雨时，注意排水防涝。

8 水肥管理

苗高 10 cm 时，淋施腐熟的人畜粪尿或尿素的稀释水肥，避免肥液残留在叶芽上。苗高 20 cm 时，每公顷穴施 30 kg～45 kg 尿素、15 kg～30 kg 氯化钾和 75 kg～150 kg 复合肥(15∶15∶15)。若苗情差，可追施氮磷钾肥、微生物肥和叶面肥等。施肥应符合 GB 17420 、NY/T 394 和 NY/T 227 的要求。

9 病虫草害防治

应用常规农药进行病虫害防治。平放种植用乙草胺进行萌前除草。使用农药应符合 GB 4285 、GB 8321 和 NY/T 393 的要求。

10 去杂

当木薯苗长至 50 cm 以上，根据品种特性进行去杂，保证品种纯度。

11 扩繁

当木薯主茎粗壮且半木质化时，取其嫩茎枝，按照第6～9章所述方法扩繁。

本标准起草单位：中国热带农业科学院热带作物品种资源研究所、国家重要热带作物工程技术研究中心。

本标准主要起草人：黄洁、李开绵、叶剑秋、许瑞丽、陆小静、蒋盛军、闫庆祥、张振文。

中华人民共和国农业行业标准

NY/T 1213—2006

豆类蔬菜种子繁育技术规程

Rules for vegetable seed production of legumina

1 范围

本规程规定了菜豆、豇豆蔬菜种子繁育的术语，种子生产程序和方法。

本规程适用于菜豆、豇豆原种和大田用种种子的生产。

2 规范性引用文件

下列文件中的条款通过本标准的引用而成为本标准的条款。凡是注日期的引用文件，其随后所有的修改单(不包括勘误的内容)或修订版均不适用于本标准，然而，鼓励根据本标准达成协议的各方研究是否可使用这些文件的最新版本。凡是不注日期的引用文件，其最新版本适用于本标准。

GB/T 3543.1～3543.7　农作物种子检验规程

GB 7414　主要农作物种子包装

GB 7415　主要农作物种子贮藏

GB 8079　蔬菜种子

3 术语和定义

下列术语和定义适用于本标准。

3.1

育种家种子　breeder seed

育种家育成的遗传性状稳定、特征特性一致的最初一批种子，用于原种繁殖。

3.2

原种　basic seed

用育种家种子繁殖的第一代至第三代，或按原种生产技术规程生产，经确定达到规定质量标准的种子。

3.3

大田用种　certified seed

由常规原种繁殖的第一代至第三代或杂交种，经确认达到规定质量标准的种子。

3.4

杂劣株　miscellaneous or bad plant

不符合本品种特征特性或生长不正常的植株。

4 原种生产

原种生产采用育种家种子直接繁殖。无育种家种子时，可采用“三圃制”或“两圃制”生产。

中华人民共和国农业部 2006-12-06 发布　　2007-02-01 实施

4.1 用育种家种子繁殖原种

4.1.1 繁种季节

菜豆可以春、秋两季繁种。冷凉地区一年只能完成一个生长周期时，夏初播种、秋季收获。豇豆一般一季繁种。

4.1.2 土地选择

选择土层深厚、排灌顺畅、通透性好的壤土或砂质壤土。忌重茬或与其他豆科作物连作，需 2 年～3 年以上的轮作田。品种间空间间隔距离 100 m 以上。

4.1.3 整地作畦

长江以北地区春播田应冬前深翻晒垡，春季化冻后耕耙整地。南方地区或秋季生产应及时灭茬、深翻、整地作畦。整地时根据地力施足基肥。有机肥应充分腐熟，免遭地蛆等地下害虫危害。北方或雨水少的地区多作平畦，南方或雨水多的地区应作高畦。

4.1.4 播种

4.1.4.1 种子精选与处理

播种前精选种子，选取具有本品种特征、籽粒饱满、大小色泽整齐一致，无虫蛀、霉变或破损的种子。选晴天将种子晾晒 1 d～2 d，可针对繁种地区生产上流行病害的种类选择相应的药剂对种子进行处理。

4.1.4.2 确定播期

春露地繁种，菜豆在 10 cm 地温稳定在 12℃以上、出苗后当地晚霜已过为适播期。在保证出苗后不受霜害的前提下尽量早播，使种子成熟期避开雨季。豇豆应在 10 cm 地温稳定在 18℃以上时播种。地膜覆盖、育苗移栽可提早播种期。秋季繁种要注意在初霜到来前种子能充分成熟，一般自初霜期向前推 100 d～120 d 为适播期。

地膜覆盖先覆膜后播种者，可打洞穴播；播后覆膜者，一旦出苗顶膜，需及时小心破膜，使幼苗伸出膜外。一般采用干籽直播；育苗移栽应采用营养土方或营养钵，对生叶展开即移栽田间。

4.1.4.3 密度

蔓生菜豆和豇豆行距 60 cm～70 cm，穴距 25 cm～30 cm。矮生菜豆行距 33 cm～40 cm，穴距 20 cm～25 cm。开沟或挖穴点播，沟（穴）深约 3 cm，每穴播 2 粒～4 粒种子，留苗 1 株～3 株，利于提高种子的产量和质量。秋播密度较春季可稍大一些。

4.1.5 田间管理

春季播种时，若墒情不足，应先造墒后播种，出苗前禁浇水，以免烂种。出齐苗后浇齐苗水，育苗移栽的浇透缓苗水后，至植株坐荚前控制浇水，中耕蹲苗。矮生菜豆蹲苗的时间要适当短些。进入结荚期后，保证肥水充足供应，追肥时注意氮、磷、钾肥配合使用。种子收获前适当控制浇水，促使种子成熟。

蔓生菜豆和豇豆甩蔓时，及时引蔓上架，摘除第一花序以下的侧枝，植株长满架后摘心以利于种荚发育和种子饱满。

全生育期内要注意防治锈病等病害，蚜虫、豆象、豆荚螟等害虫。

4.1.6 去杂去劣

4.1.6.1 苗期

观察下胚轴和茎的颜色、叶形、叶色等，去除杂劣株。

4.1.6.2 开花期

观察生长习性、分枝习性、初花节位、花色等，去除杂劣株。

4.1.6.3 豆荚商品成熟期

观察豆荚形状、颜色、荚面特征、种株抗性等，去除杂株及病株。

4.1.6.4 种荚成熟期

观察老熟种荚颜色，种子形状、色泽，种株抗性等，去除杂株及病株。

4.1.7 采种

当种荚变黄种子充分成熟后，及时分期分批采收、晾晒、脱粒。在运输、晾晒、清选、包装等过程中，严防机械混杂。在种子收获后的 20 d 内应及时进行防虫处理。

4.1.8 种子质量检验

按 GB/T 3543.1～3543.7 和 GB 8079 规定执行。

4.1.9 种子包装与贮藏

按 GB 7414 和 GB 7415 规定执行。

4.2 用“三圃制”生产原种

4.2.1 单株选择圃

应在纯度较高、生长良好的种子田中选择。

4.2.2 选择时期和方法

选择时期按 4.1.6.1～4.1.6.4 执行。在苗期选择符合本品种特征特性的植株作标记。在开花和豆荚商品成熟期分别进行复选。种荚成熟期初步决选，入选的种株单收单脱粒。最后根据籽粒性状决选。中选的单株种子分别单贮。初选植株要多些，以备复选、淘汰，最终入选单株不得少于 100 株。

4.2.3 株系比较圃

将前一年中选的单株种子，分株行(或小区)种植。每个株行(或小区)不应少于 200 株。以原品种作对照。

4.2.3.1 土地选择、整地作畦、播种

按 4.1.2～4.1.4 执行。播种时要单粒点播。

4.2.3.2 田间管理

按 4.1.5 执行。

4.2.3.3 观察鉴定

按 4.1.6.1～4.1.6.4 执行。分别在苗期、开花期、商品荚成熟期对各株行(小区)植株性状作详细观察记载。在种荚成熟期，严格按照本品种特征特性决定选留株行(小区)。

4.2.4 采种

按 4.1.7 执行。将中选的株行(小区)收获，混合脱粒，准备下年进入原种繁殖。

4.2.5 原种繁殖圃

按 4.1.1～4.1.7 执行。

4.2.6 种子质量检验、包装、贮藏

按 4.1.8～4.1.9 执行。

4.3 用“两圃制”生产原种

在该品种混杂退化不严重的情况下，可采用“两圃制”生产原种。

4.3.1 混合选择圃

在该品种的适宜生产季节，选择符合本品种特征特性的典型单株，不少于 500 株，混合留种，用于繁殖原种。

4.3.2 原种繁殖圃

按 4.1.1～4.1.7 执行。

4.3.3 种子质量检验、包装、贮藏

按 4.1.8～4.1.9 执行。

5 大田用种生产

5.1 用原种种子繁殖大田用种

按 4.1.1～4.1.7 执行。

5.2 种子质量检验、包装、贮藏

按 4.1.8～4.1.9 执行。

附 录 A
（资料性附录）
品种特征特性记载项目及描述

A.1 田间观察项目及描述

A1.1 播种期

播种当天的日期（日/月，下同）。

A1.2 出苗期

子叶出土并离开地面达50%前的时期。

A1.3 苗期

从子叶出土到植株第一花序现蕾前的时期。

A1.4 初花期

植株第一花序开花达5%的时期。

A1.5 开花期

开花植株达50%的时期。

A1.6 豆荚商品成熟期

嫩荚商品成熟达50%的时期。

A1.7 种荚成熟期

籽粒完全成熟，呈本品种固有颜色，粒形、粒色已不再变化的植株达50%的时期。

A1.8 生长习性

分蔓生、半蔓生、矮生。

A1.9 分枝习性

分强、中、弱。

A1.10 初花节位

植株第一花序着生的节位。

A1.11 下胚轴颜色

分淡绿、绿、深绿、浅紫、紫等。

A1.12 茎色

分淡绿、绿、深绿、浅紫、紫等。

A1.13 叶色

分淡绿、绿、深绿、绿夹紫叶脉。

A1.14 花色

分淡紫、紫、白、红。

A1.15 嫩荚形状

分圆棍形、圆条形、扁条形。

A1.16 嫩荚颜色

分绿、淡绿、绿白、浅黄、绿带紫、红晕、斑纹。

A1.17 杂株

不符合本品种特征特性的植株。

A1.18 劣株

生长不正常的植株。

A1.19 种株的抗性

植株的抗病性分高抗、抗、不抗。

A.2 室内考种项目及描述

A2.1 百粒重

按 GB/T 3543.7 执行。

A2.2 粒形

分椭圆形、肾形、卵圆形、弯月形。

A2.3 粒色

分白、白色有黑色花纹、灰、褐、黄、紫、黑。

A2.4 光泽

分有、微、无。

A2.5 病粒率

从未经粒选的种子中随机取 1 000 粒(单株考种时取 100 粒),挑出病粒,按式(1)计算:

$$W=\frac{m}{M}\times 100 \qquad (1)$$

式中:

W ——病粒率(%);

m ——病粒数;

M ——样品总粒数。

A2.6 虫食率

从未经粒选的种子中随机取 1 000 粒(单株考种时取 100 粒),挑出虫食粒,按式(2)计算:

$$W=\frac{m}{M}\times 100 \qquad (2)$$

式中:

W ——虫食率(%);

m ——虫食粒数;

M ——样品总粒数。

本标准起草单位:全国农业技术推广服务中心,农业部农作物种子质量监督检验测试中心(合肥)。

本标准主要起草人:廖琴、陈应志、孔令传、盛海平、刘华开、徐兆生、汪雁峰。

中华人民共和国农业行业标准

NY/T 1214—2006

黄瓜种子繁育技术规程

Rules for vegetable seed production of cucumber

1 范围

本标准规定了黄瓜原种、大田用种的繁育程序和方法。

本标准适用于黄瓜常规种、杂交种种子的繁育。

2 引用标准

下列文件中的条款通过本标准的引用而构成本标准的条款。凡是注日期的引用文件，其随后所有的修改单(不包括勘误的内容)或修订版均不适用于本标准，然而鼓励根据本标准达成协议的各方研究是否可使用这些文件的最新版本。凡是不注日期的引用文件，其最新版本适用于本标准。

GB/T 3543.1～GB/T 3543.7 农作物种子检验规程

GB 7414 主要农作物种子包装

GB 7415 主要农作物种子贮藏

GB 8079 蔬菜种子

3 术语和定义

下列术语和定义适用于本标准。

3.1

育种家种子 breeder seed

育种家育成的遗传性状稳定、特征特性一致的品种或杂种亲本系的最初一批种子。

3.2

原种 basic seed

用育种家种子繁殖的第一代至第三代，或按原种生产技术规程生产，经确定达到规定质量标准的种子。

3.3

大田用种 certified seed

用常规种原种繁殖的第一代至第三代或杂交种，经确定达到规定质量标准的种子。

3.4

雌性系 gynoecious line

雌性器官发育正常，而不出现雄性器官、性状整齐一致的稳定品系。

4 原种生产

4.1 常规种原种生产

中华人民共和国农业部 2006 - 12 - 06 发布　　2007 - 02 - 01 实施

原种生产可分为两种方法，一种是由育种家种子直接繁殖，另一种是采用“三圃制”方法，即单株选择(株选圃)、株系选择(株系圃)、混系(原种圃)繁殖。

4.1.1 单株选择

4.1.1.1 初选

原始群体种植株数不少于300株。当植株初现雌花时，选择具有原品种特征特性的单株，并挂牌标记。

4.1.1.2 授粉

在雌、雄花开放前一天的下午，在初选单株上选择充分发育但未开放的雌、雄花花蕾，将其花冠夹住，不让自然开放。第二天早晨待雄花开始散粉，采下雄花，松开雌花花冠，并将雄花的花粉均匀地涂抹在同株雌花的柱头上，然后再将雌花的花冠夹牢，随即挂牌标记，注明株系编号、授粉时间，然后将植株上非目的授粉雌花全部摘除。一般用第二朵或第三朵雌花进行授粉。

4.1.1.3 复选

初选入选单株上的瓜发育至商品成熟时进行复选，淘汰瓜条性状不符合本品种特征的单株，以及瓜条发育缓慢，坐瓜率低，病害严重的单株。

4.1.1.4 决选

复选入选单株上的瓜发育至生理成熟时进行决选。淘汰种瓜色泽网纹不符合本品种特征的单株，以及发育不良，各种病害致死的单株。混杂较严重的品种，可连续进行单株选择2代～3代。

4.1.2 株系选择

每一株系群体不少于30株。

4.1.2.1 隔离

不同株系可栽植在一个隔离区内，采用纱网隔离或人工夹花隔离等。

4.1.2.2 授粉

采用株系内混合授粉，方法同4.1.1.2。

4.1.2.3 系选

在商品瓜成熟期进行，淘汰与原品种差异显著的株系。将入选株系的种瓜采收后混合保存，作为下年原种圃用种。

4.1.3 混系繁殖

4.1.3.1 隔离

将入选株系种植在纱网棚或自然隔离区内，自然隔离不少于2 000 m。

4.1.3.2 授粉

在自然隔离区内，自然授粉，网棚内采用人工或昆虫辅助授粉。

4.1.3.3 去杂去劣

在苗期、花期、商品瓜成熟期和种瓜采收前要分次淘汰杂株、劣株和病株。

4.2 自交系生产

4.2.1 隔离

与其他黄瓜花粉来源地的隔离距离，自然隔离不少于2 000 m，或采用纱网等方法隔离。

4.2.2 授粉

同4.1.3.2。

4.2.3 去杂去劣

同4.1.3.3。

4.3 雌性系生产

4.3.1 隔离

同 4.2.1。

4.3.2 化学诱雄

当幼苗长至 2 叶或 3 叶 1 心时,1/3 植株喷 300 ml/L～400 ml/L 的硝酸银或硫代硫酸银药液,隔 5 d再喷一次。

4.3.3 去杂

从苗期开始,发现早出雄花的植株及异株随时拔除。

4.3.4 授粉

用诱雄株上的雄花花粉授粉。

4.4 采种

一般授粉后 45 d 左右,种瓜达到生理成熟即可采收。后熟 5 d～7 d,选晴天剖开种瓜,将种子取出盛入非金属容器中发酵,发酵的适宜温度 20℃～30℃,时间 12 h～24 h,发酵后充分揉搓,并用清水漂洗干净。

4.5 种子晾晒

漂洗后的种子要及时晾晒,避免发芽。晒种时切勿直接在水泥地上曝晒,以防灼伤种胚,降低发芽率。晾晒干的种子进行清选。

4.6 调查记载

调查记载见附录 A。种子生产田检查情况按附录 B 的要求如实记录。

4.7 种子质量

种子田质量达到附录 C 的要求。种子检验按 GB/T 3543.1～GB/T 3543.7 执行,质量达到 GB 8079规定要求。

4.8 种子包装、贮藏

按 GB7414《主要农作物种子包装》、GB 7415《主要农作物种子贮藏》执行。

5 大田用种生产

5.1 常规种生产

5.1.1 隔离

不同品种可用纱网隔离,自然隔离不少于 1 500 m。

5.1.2 授粉

同 4.1.3.2。

5.2 一代杂种生产

5.2.1 利用自交系生产一代杂种

5.2.1.1 隔离

同 5.1.1。

5.2.1.2 授粉

a) 网棚隔离繁种

在隔离网棚内选择当天开放、生长健壮的雌、雄花,摘取父本雄花,将其花冠后折,使花药充分显露,用雄花的花药在雌花的柱头上涂抹,之后做授粉标记。每一母株授粉 4 朵～6 朵雌花,确保留种瓜 2 条～4 条。

b) 自然隔离繁种

在雌、雄花开放前一天的下午,选择充分发育但尚未开放的雌、雄花花蕾,将其花冠夹住,不让自然开放。第二天早晨采下父本雄花，松开母本雌花花冠，将雄花的花药涂抹在雌花的柱头上，再将雌花的花冠夹牢，随即做授粉标记，然后将植株上非目的授粉雌花全部摘除。一般从第二朵或第三朵雌花开始授粉，单株授粉 3 朵～5 朵雌花。

5.2.2 利用雌性系生产一代杂种

5.2.2.1 隔离

自然隔离 1 500 m 以上。纱网隔离同 5.1.1。

5.2.2.2 去非雌性株

在开花前，检查和拔除母本中有雄花的非雌性植株。

5.2.2.3 授粉

在有充足蜂源的自然隔离区内，由蜜蜂自然传粉。为提高产量，最好采用人工辅助授粉。

5.2.3 花粉污染的处理

在隔离区内，若父本区散粉杂株超过父本植株总数的 0.5%，制种田报废。

5.2.4 去父本

为确保制种田质量，授粉结束后将父本植株全部拔除。

5.2.5 去杂去劣

5.2.5.1 去杂株

生长期间至少进行三次去杂。开花前，根据幼苗叶片颜色、叶形、节间长度、第一雌花节位、生长势等典型性状，拔除父母本行内不符合本品种亲本系特征特性的植株；在种瓜商品成熟期和生理成熟期，根据种瓜性状、色泽网纹，拔除母本区内不符合本品种亲本系特征特性的植株。

5.2.5.2 去劣株

在母本区，随时拔除病株、弱株、劣株。

5.3 采种、晾晒

方法同 4.4、4.5。

5.4 调查记载

同 4.6。

5.5 种子质量

同 4.7。

5.6 种子包装、贮藏

同 4.8。

6 繁种田的栽培与管理

6.1 土地选择

黄瓜繁种田选择土壤质地松疏，富含有机质，排灌方便的壤土或沙质壤土。

6.2 栽培季节

不同季节栽培的品种应在相应的季节繁殖种子，日光温室越冬栽培品种，宜在拱圆大棚内于早春播种或定植；春黄瓜宜在晚霜终止后播种或定植；夏秋黄瓜播种期可在 5 月～7 月。

6.3 整地施肥

定植前 10 d～15 d 整地做畦。南方多雨地区采取深沟高畦，北方可采取小高垄。黄瓜总需肥量的 70%应做基肥施入，基肥以腐熟的有机肥为主，并增施磷、钾肥。

6.4 培育适龄壮苗

6.4.1 育苗期

早春或春季繁种，育苗期可根据定植期提前 30 d～35 d，要在保护地育苗。对花期差距较大的杂交制种田，父母本应实行错期播种，一般父本比母本早播 7 d～10 d。

6.4.2 浸种

播种前将种子用 50℃～55℃的温水浸种，并不断搅拌，待水温降到 30℃时浸泡 2 h～3 h 捞出洗净，再用洁净湿布包好，置于 28℃～30℃催芽，经 1 d～2 d 出芽 70％以上时即可播种。

6.4.3 播种

将催好芽的种子播在已浇透水的营养钵中，每钵 1 粒，播种后覆土 1 cm，床面覆盖地膜。

6.4.4 苗期管理

苗期重点要搞好温湿度控制，出苗前温度略高，出苗后要降低温度，防止徒长。棚内湿度过大，要控制浇水并及时通风。健壮幼苗标准：子叶完好，叶片肥厚浓绿，茎粗壮，不徒长，根系完好的二叶或三叶一心幼苗。

6.5 定植

定植选择晴天上午进行。先在垄上开沟，顺沟浇水，水未渗下时放苗，水渗后封沟。整平垄面覆盖地膜。定植密度每 666.7 m^2 4 500 株～5 500 株。杂交制种田，父母本按面积比例分区种植，根据品种特性和制种方法确定适宜比例，一般为 1∶3～5。

6.6 定植后管理

6.6.1 坐果前

定植后 4 d～5 d，再在两小垄之间的沟内地膜下灌水。植株伸蔓前设立支架，伸蔓后及时引蔓绑蔓。坐果前应控制浇水，配合中耕，防止徒长。

6.6.2 坐果期

坐果后及时追肥、浇水，可用 0.3％磷酸二氢钾加 0.2％尿素混合液辅助根外追肥。

坐果中后期摘除植株下部老叶、黄叶、病叶，并补充追肥、浇水，防止植株早衰。

6.6.3 病虫害防治

注意对黄瓜霜霉病、灰霉病、疫病等病害及蚜虫、美洲斑潜蝇等害虫的防治。

附　录　A
（资料性附录）
黄瓜种子生产的调查记载

A1　物候期

A1.1　播种期

播种的日期（以日/月表示，下同）。

A1.2　出苗期

子叶露出地面达50%以上时的时期。

A1.3　定植期

将符合标准的幼苗（二叶一心至三叶一心）栽植到繁种田的时期。

A1.4　始花期

繁种田有30%以上植株雌花开放的时期。

A1.5　始收期

30%植株的种瓜开始采收的时期。

A1.6　生育期（天）

从播种至种瓜开始采收的天数。

A2　植物学特征

A2.1　生长习性

分蔓生、矮生。

A2.2　分枝性

分无分枝、弱分枝、强分枝。

A2.3　叶形

分近三角、掌状、星形五角、心形五角、近圆形五种。

A2.4　叶色

分墨绿、深绿、绿、浅绿、黄绿。

A2.5　第一雌花节位

始花期后10日内调查主蔓上出现的第一个雌花节位。分3点取样，每点顺序调查10株，计算各点平均数，以总平均值为该特征值。

A2.6　性型

根据植株上出现雌花节位的百分比分为：雌性株（植株上百分百为雌花节），强雌株（植株上70%及以上为雌花节），雌雄同株（雌花节小于70%）。

A2.7　瓜习性

主蔓结瓜为主、侧蔓结瓜为主、主侧蔓同时结瓜。

A2.8　瓜形

球形、卵圆形、纺锤形、短圆筒形、圆筒形、棒状形、蛇形。

A 2.9 瓜色

瓜条发育至商品成熟时调查，分墨绿、深绿、绿、浅绿、黄绿、半白、黄白和白色。

A 2.10 刺瘤

瓜条发育至商品成熟时调查，分密刺、中等、少刺和无刺四类。

A 2.11 种瓜网纹

分无、疏、中、密四类。

A 2.12 种瓜颜色

分白色、黄色、绿色、红褐色、茶褐色五种。

A 2.13 种形

分长圆、椭圆和卵圆形三种。

A 2.14 种子饱满度

分“1”饱满；“2”半饱满；“3”秕三种。

A 2.15 千粒重

种子晒干(含水量不高于 8.0%)，随机数取两份 1 000 粒种子，分别称重，取其平均值，以 g 表示。如两次重复误差超过 1g，则重新数取 1 000 粒种子称重。

A 3 生物学特性

A 3.1 生长势

根据植株生长的健壮程度，在授粉前、授粉期间和授粉后调查，分强(++)、中(+)、弱(−)三级。

A 3.2 瓜条整齐度

分三级，整齐(++)(杂株率<5%)；中等(+)(15%≥杂株率≥5%)；不整齐(−)(杂株率>15%)。

A 3.3 抗逆性

A 3.3.1 耐低温弱光性

强(在低温弱光照条件下坐果较正常)；弱(在上述条件下坐果率低)

A 3.3.2 耐热

强(在夏季播种能正常生长结实)；弱(夏季播种不能正常生长结实)

A 3.3.3 抗病性

A 3.3.3.1 枯萎病

在拔秧前 15 天调查病株数，按(1)式计算病株率：

$$W=\frac{m}{M} \quad \cdots\cdots (1)$$

式中：

W ——病株率，%；

m ——病株数；

M ——调查总株数。

A 3.3.3.2 叶部病害

于采收盛期调查，五点取样，每点随机选取 20 株，按(2)式计算病株率(计算方法同 A3.3.3.1)和病情指数：

$$Z=\frac{\sum(r\times n)}{R\times N} \quad \cdots\cdots (2)$$

式中：

Z ——病情指数；

$\sum$——和；

r——病害级数；

n——该级病株数；

N——总调查株数；

R——最高发病级数。

叶部病害分级标准：

0级：无病斑

1级：病斑面积不超过叶面积的1/10

2级：病斑面积占叶面积的1/10～1/4

3级：病斑面积占叶面积的1/4～1/2

4级：病斑面积占叶面积的1/2～3/4

5级：病斑面积占叶面积的3/4以上

附 录 B
（资料性附录）
黄瓜种子生产田田间管理档案

编号：　　　　生产单位：　　　　　　户主姓名：

品种(组合)名称：________　　地片：________　　面积：________

隔离情况：________　　定植密度：________　　株/667 m²

父母本定植比例：________　　开始授粉日期：________　　产量：____kg/hm²

<table>
<tr><th colspan="2" rowspan="2">项　　目</th><th colspan="4">去 杂 次 数</th><th rowspan="2">合 计</th><th rowspan="2">百分率
%</th></tr>
<tr><th>第一次</th><th>第二次</th><th>第三次</th><th>第四次</th></tr>
<tr><td colspan="2">检查时间,日/月</td><td colspan="6"></td></tr>
<tr><td rowspan="3">杂交一代
繁种田</td><td>母本杂株数</td><td></td><td></td><td></td><td></td><td></td><td></td></tr>
<tr><td>父本杂株数</td><td></td><td></td><td></td><td></td><td></td><td></td></tr>
<tr><td>父本杂株
散粉株数</td><td></td><td></td><td></td><td></td><td></td><td></td></tr>
<tr><td rowspan="2">常规种
自交系
繁种田</td><td>杂 株 数</td><td></td><td></td><td></td><td></td><td></td><td></td></tr>
<tr><td>可疑株数</td><td></td><td></td><td></td><td></td><td></td><td></td></tr>
<tr><td colspan="2">管　理　人</td><td></td><td></td><td></td><td></td><td></td><td></td></tr>
<tr><td colspan="2">检　查　人</td><td></td><td></td><td></td><td></td><td></td><td></td></tr>
</table>

附　录　C
（规范性附录）
黄瓜种子生产田田间质量要求

单位为百分率，%

类　别		母本杂株数累计不大于母本总数的百分比	父本杂株数累计不大于父本总数的百分比	父本杂株散粉株数累计不大于父本总数的百分比	累计杂株率不大于
常规种、自交系、繁种田	原　种	—	—	—	0.01
	大田用种	—	—	—	0.10
杂交一代繁种田	一级	0.5	0.5	0.3	—
	二级	1.0	0.5	0.3	—
注：杂株是指当代田间出现的与该典型性状不符的植株。					

本标准起草单位：全国农业技术推广服务中心，农业部农作物种子质量监督检验测试中心（济南）。

本标准主要起草人：廖琴、陈应志、王秀荣、张梅英、孙小镭、张守才、顾兴芳。

中华人民共和国农业行业标准

NY/T 528—2010

食用菌菌种生产技术规程

Code of practice for spawn production of edible mushroom

1 范围

本标准规定了食用菌菌种生产的场地、厂房设置和布局、设备设施、使用品种、生产工艺流程、技术要求、标签、标志、包装、运输和贮存等。

本标准适用于不需要伴生菌的各种各级食用菌菌种生产。

2 规范性引用文件

下列文件对于本文件的应用是必不可少的。凡是注日期的引用文件,仅注日期的版本适用于本文件。凡是不注日期的引用文件,其最新版本(包括所有的修改单)适用于本文件。

GB 191 包装储运图示标志(GB 191—2008,ISO 780:1997,MOD)

GB 9688 食品包装用聚丙烯成型品卫生标准

GB/T 12728—2006 食用菌术语

NY/T 1742—2009 食用菌菌种通用技术要求

3 术语和定义

GB/T 12728—2006 界定的术语,以及下列术语和定义适用于本文件。为了便于使用,以下重复列出了 GB/T 12728—2006 中的一些术语和定义。

3.1

食用菌 edible mushroom

可食用的大型真菌,包括食用、食药兼用和药用三大类用途的种类。

注:改写 GB/T 12728—2006,定义 2.1.4。

3.2

品种 variety

经各种方法选育出来的具特异性、一致(均一)性和稳定性可用于商业栽培的食用菌纯培养物。

[GB/T 12728—2006,2.5.1]

3.3

菌种 spawn

生长在适宜基质上具结实性的菌丝培养物,包括母种、原种和栽培种。

[GB/T 12728—2006,2.5.6]

3.4

母种 stock culture

经各种方法选育得到的具有结实性的菌丝体纯培养物及其继代培养物。也称一级种、试管种。

中华人民共和国农业部 2010-05-20 发布　　2010-09-01 实施

[GB/T 12728—2006,2.5.7]

3.5

原种 mother spawn

由母种移植、扩大培养而成的菌丝体纯培养物。也称二级种。

[GB/T 12728—2006,2.5.8]

3.6

栽培种 planting spawn

由原种移植、扩大培养而成的菌丝体纯培养物。栽培种只能用于栽培,不可再次扩大繁殖菌种。也称三级种。

[GB/T 12728—2006,2.5.9]

3.7

种木 wood-pieces

采用一定形状和大小的木质颗粒或树枝培养的纯培养物,也称种粒或种枝。

注:改写 GB/T 12728—2006,定义 2.5.24。

3.8

固体培养基 solid medium

以富含木质纤维素或淀粉类天然物质为主要原料,添加适量的有机氮源和无机盐类,具一定水分含量的培养基。常用的主要原料有:木屑、棉籽壳、秸秆、麦粒、谷粒、玉米粒等,常用的有机氮源有麦麸、米糠等,常用的无机盐类有硫酸钙、硫酸镁、磷酸二氢钾等。固体培养基包括以阔叶树木屑为主要原料的木屑培养基、以草本植物为主要原料的草料培养基、以禾谷类种子为主要原料的谷粒培养基、以粪草为主要原料的粪草发酵料培养基、以种粒或种枝为主要原料的种木培养基、以棉籽壳为主要原料的棉籽壳培养基等。

3.9

种性 characters of variety

食用菌的品种特性,是鉴别食用菌菌种或品种优劣的重要标准之一。一般包括对温度、湿度、酸碱度、光线和氧气的要求,抗逆性、丰产性、出菇迟早、出菇潮数、栽培周期、商品质量及栽培习性等农艺性状。

注:改写 GB/T 12728—2006,定义 2.5.4。

3.10

批次 spawn batch

同一来源、同一品种、同一培养基配方、同一天接种、同一培养条件和质量基本一致的符合规定数量的菌种。每批次数量母种≥50 支、原种≥200 瓶(袋)、栽培种≥2 000 瓶(袋)。

4 要求

4.1 技术人员

应有与菌种生产所需要的技术人员,包括检验人员。

4.2 场地选择

4.2.1 基本要求

地势高燥,通风良好,排水畅通,交通便利。

4.2.2 环境卫生要求

300 m 之内无规模养殖的禽畜舍、垃圾和粪便堆积场,无污水、废气、废渣、烟尘和粉尘污染源,50 m 内无食用菌栽培场、集贸市场。

4.3 厂房设置和布局

4.3.1 设置和建造

4.3.1.1 总则

有各自隔离的摊晒场、原材料库、配料分装室(场)、灭菌室、冷却室、接种室、培养室、贮存室、菌种检验室等。厂房从结构和功能上应满足食用菌菌种生产的基本需要。

4.3.1.2 摊晒场

地面平整、光照充足、空旷宽阔、远离火源。

4.3.1.3 原材料库

防雨防潮,防虫、防鼠、防火、防杂菌污染。

4.3.1.4 配料分装室(场)

水电方便,空间充足。如安排在室外,应有天棚,防雨防晒。

4.3.1.5 灭菌室

水电安装合理,操作安全,通风良好,排气通畅、进出料方便,热源配套。

4.3.1.6 冷却室

洁净、防尘、易散热。

4.3.1.7 接种室

防尘性能良好,内壁和屋顶光滑,易于清洗和消毒,换气方便,空气洁净。

4.3.1.8 培养室和贮存室

内壁和屋顶光滑,便于清洗和消毒;墙壁厚度适当,利于控温、控湿,便于通风;有防虫防鼠措施。

4.3.1.9 菌种检验室

水电方便,利于装备相应的检验仪器和设备。

4.3.2 布局

应按菌种生产工艺流程合理安排布局,无菌区与有菌区有效隔离。

4.4 设备设施

4.4.1 基本设备

应具有磅秤、天平、高压灭菌锅或常压灭菌锅、净化工作台或接种箱、调温设备、除湿设备、培养架、恒温箱或培养室、冰箱或冷库、显微镜等及常规用具。高压灭菌锅应使用经有资质部门生产与检验的安全合格产品。

4.4.2 基本设施

配料、分装、灭菌、冷却、接种、培养等各环节的设施应配套。冷却室、接种室、培养室和贮存室都要有满足其功能的基本配套设施,如控温设施、消毒设施。

4.5 使用品种和种源

4.5.1 品种

从具相应技术资质的供种单位引种,且种性清楚。不应使用来历不明、种性不清、随意冠名的菌种和生产性状未经系统试验验证的组织分离物作种源生产菌种。

4.5.2 种源质量检验

母种生产单位每年在种源进入扩大生产程序之前,应进行菌种质量和种性检验,包括纯度、活力、菌丝长势的一致性、菌丝生长速度、菌落外观等,并做出菇试验,验证种性。种源出菇试验的方法及种源质量要求,应符合 NY/T 1742—2009 中 5.4 的规定。

4.5.3 移植扩大

母种仅用于移植扩大原种,一支母种移植扩大原种不应超过 6 瓶(袋);原种移植扩大栽培种,一瓶谷粒种不应超过 50 瓶(袋),木屑种、草料种不应超过 35 瓶(袋)。

4.6 生产工艺流程

培养基配制→分装→灭菌→冷却→接种→培养(检查)→成品。

4.7 生产过程中的技术要求

4.7.1 容器

4.7.1.1 使用原则

每批次菌种的容器规格要一致。

4.7.1.2 母种

使用玻璃试管或培养皿。试管的规格 18 mm×180 mm 或 20 mm×200 mm。棉塞要使用梳棉或化纤棉,不应使用脱脂棉;也可用硅胶塞代替棉塞。

4.7.1.3 原种

使用 850 mL 以下、耐 126℃高温的无色或近无色的、瓶口直径≤4 cm 的玻璃瓶或近透明的耐高温塑料瓶,或 15 cm×28 cm 耐 126℃高温符合 GB 9688 卫生规定的聚丙烯塑料袋。各类容器都应使用棉塞,棉塞应符合 4.7.1.2 规定;也可用能满足滤菌和透气要求的无棉塑料盖代替棉塞。

4.7.1.4 栽培种

使用符合 4.7.1.3 规定的容器,也可使用≤17 cm×35 cm 耐 126℃高温符合 GB 9688 卫生规定的聚丙烯塑料袋。各类容器都应使用棉塞或无棉塑料盖,并符合 4.7.1.3 规定。

使用耐 126℃高温的具孔径 0.2 μm～0.5 μm 无菌透气膜的聚丙烯塑料袋,长宽厚为 630 mm×360 mm×80 μm,无菌透气膜 2 个,大小 35 mm×35 mm,或 495 mm×320 mm×60 μm,无菌透气膜 1 个,大小 35 mm×35 mm。

4.7.2 培养原料

4.7.2.1 化学试剂类

化学试剂类原料如硫酸镁、磷酸二氢钾等,要使用化学纯或以上级别的试剂。

4.7.2.2 生物制剂和天然材料类

生物制剂如酵母粉和蛋白胨,天然材料如木屑、棉籽壳、麦麸等,要求新鲜、无虫、无螨、无霉、洁净、干燥。

4.7.3 培养基配方

4.7.3.1 母种培养基

一般应使用附录 A 中第 A.1 章规定的马铃薯葡萄糖琼脂培养基(PDA)或第 A.2 章规定的综合马铃薯葡萄糖琼脂培养基(CPDA),特殊种类需加入其生长所需特殊物质,如酵母粉、蛋白胨、麦芽汁、麦芽糖等,但不应过富。严格掌握 pH。

4.7.3.2 原种和栽培种培养基

根据当地原料资源和所生产品种的要求,使用适宜的培养基配方(见附录 B),严格掌握含水量和 pH 值,培养料填装要松紧适度。

4.7.4 灭菌

培养基配制后应在 4 h 内进锅灭菌。母种培养基灭菌 0.11 MPa～0.12 MPa,30 min。木屑培养基和草料培养基灭菌 0.12 MPa,1.5 h 或 0.14 MPa～0.15 MPa,1 h;谷粒培养基、粪草培养基和种木培养基灭菌 0.14 MPa～0.15 MPa,2.5 h。装容量较大时,灭菌时间要适当延长。灭菌完毕后,应自然降压,不应强制降压。常压灭菌时,在 3 h 之内使灭菌室温度达到 100℃,保持 100℃ 10 h～12 h。母种培养基、原种培养基、谷粒培养基、粪草培养基和种木培养基,应高压灭菌,不应常压灭菌。灭菌时应防止棉塞被冷凝水打湿。

4.7.5 灭菌效果的检查

母种培养基随机抽取3%～5%的试管，直接置于28℃恒温培养；原种和栽培种培养基按每次灭菌的数量随机抽取1%作为样品，挑取其中的基质颗粒经无菌操作接种于附录A.1规定的PDA培养基中，于28℃恒温培养；48 h后检查，无微生物长出的为灭菌合格。

4.7.6 冷却

冷却室使用前要进行清洁和除尘处理，然后转入待接种的原种瓶(袋)或栽培种瓶(袋)，自然冷却到适宜温度。

4.7.7 接种

4.7.7.1 接种室(箱)的基本处理程序

清洁→搬入接种物和被接种物→接种室(箱)的消毒处理。

4.7.7.2 接种室(箱)的消毒方法

应药物消毒后，再用紫外灯照射。

4.7.7.3 净化工作台的消毒处理方法

应先用75%酒精或新洁尔灭溶液进行表面擦拭消毒，之后预净20 min。

4.7.7.4 接种操作

在无菌室(箱)或净化工作台上严格按无菌操作接种。每一箱(室)接种应为单一品种，避免错种，接种完成后及时贴好标签。

4.7.7.5 接种点

各级菌种都应从容器开口处一点接种，不应打孔多点接种。

4.7.7.6 接种室(箱)后处理

接种室(箱)每次使用后，要及时清理清洁，排除废气，清除废物，台面要用75%酒精或新洁尔灭溶液擦拭消毒。

4.7.8 培养室处理

在使用培养室的前两天，采用无扬尘方法清洁，并进行药物消毒杀菌和灭虫。

4.7.9 培养

不同种类或不同品种应分区培养。根据培养物的不同生长要求，给予其适宜的培养温度(多在室温20℃～24℃)，保持空气相对湿度在75%以下，通风，避光。

4.7.10 培养期的检查

各级菌种培养期间应定期检查，及时拣出不合格菌种。

4.7.11 入库

完成培养的菌种要及时登记入库。

4.7.12 记录

生产各环节应详细记录。

4.7.13 留样

各级菌种都应留样备查，留样的数量应以每个批号3支(瓶、袋)。草菇在13℃～16℃贮存；除竹荪、毛木耳的母种不适于冰箱贮存外，其他种类有条件时，母种于4℃～6℃贮存；原种和栽培种于1℃～4℃下，贮存至使用者购买后在正常生产条件下该批菌种出第一潮菇(耳)。

5 标签、标志、包装、运输和贮存

5.1 标签、标志

出售的菌种应贴标签。注明菌种种类、品种、级别、接种日期、生产单位、地址电话等。外包装上应有防晒、防潮、防倒立、防高温、防雨、防重压等标志，标志应符合 GB 191 的规定。

5.2 包装

母种的外包装用木盒或有足够强度的纸盒，原种和栽培种的外包装用木箱或有足够强度的纸箱，盒(箱)内除菌种外的空隙用轻质材料填满塞牢。盒(箱)内附使用说明书。

5.3 运输

各级菌种运输时不得与有毒有害物品混装混运。运输中应有防晒、防潮、防雨、防冻、防震及防止杂菌污染的设施与措施。

5.4 贮存

应在干燥、低温、无阳光直射、无污染的场所贮存。草菇在 13℃～16℃贮存；除竹荪、毛木耳母种不适于冰箱贮存外，其他种类有条件时，母种于 4℃～6℃、原种和栽培种于 1℃～4℃的冰箱或冷库内贮存。

附 录 A
(规范性附录)
母种常用培养基及其配方

A.1 PDA 培养基(马铃薯葡萄糖琼脂培养基)

马铃薯 200 g(用浸出汁),葡萄糖 20 g,琼脂 20 g,水 1 000 mL,pH 自然。

A.2 CPDA 培养基(综合马铃薯葡萄糖琼脂培养基)

马铃薯 200 g(用浸出汁),葡萄糖 20 g,磷酸二氢钾 2 g,硫酸镁 0.5 g,琼脂 20 g,水 1 000 mL,pH 自然。

附 录 B
（规范性附录）
原种和栽培种常用培养基配方及其适用种类

B.1 以木屑为主料的培养基配方

见B.1.1、B.1.2、B.1.3，适用于香菇、黑木耳、毛木耳、平菇、金针菇、滑菇、猴头菇、真姬菇等多数木腐菌类。

B.1.1 阔叶树木屑78%，麸皮20%，糖1%，石膏1%，含水量58%±2%。

B.1.2 阔叶树木屑63%，棉籽壳15%，麸皮20%，糖1%，石膏1%，含水量58%±2%。

B.1.3 阔叶树木屑63%，玉米芯粉15%，麸皮20%，糖1%，石膏1%，含水量58%±2%。

B.2 以棉籽壳为主料的培养基配方

见B.2.1、B.2.2、B.2.3、B.2.4，适用于黑木耳、毛木耳、金针菇、滑菇、真姬菇、杨树菇、鸡腿菇、猴头菇、侧耳属等多数木腐菌类。

B.2.1 棉籽壳99%，石膏1%，含水量60%±2%。

B.2.2 棉籽壳84%～89%，麦麸10%～15%，石膏1%，含水量60%±2%。

B.2.3 棉籽壳54%～69%，玉米芯20%～30%，麦麸10%～15%，石膏1%，含水量60%±2%。

B.2.4 棉籽壳54%～69%，阔叶树木屑20%～30%，麦麸10%～15%，石膏1%，含水量60%±2%。

B.3 以棉籽壳或稻草为主的培养基配方

见B.3.1、B.3.2、B.3.3，适用于草菇。

B.3.1 棉籽壳99%，石灰1%，含水量68%±2%。

B.3.2 棉籽壳84%～89%，麦麸10%～15%，石灰1%，含水量68%±2%。

B.3.3 棉籽壳44%，碎稻草40%，麦麸15%，石灰1%，含水量68%±2%。

B.4 发酵料培养基配方

见B.4.1、B.4.2，适用于双孢蘑菇、双环蘑菇、巴氏蘑菇等蘑菇属的种类。

B.4.1 发酵麦秸或稻草(干)77%，发酵牛粪粉(干)20%，石膏粉1%，碳酸钙2%，含水量62%±1%，pH7.5。

B.4.2 发酵棉籽壳(干)97%，石膏粉1%，碳酸钙2%，含水量55%±1%，pH7.5。

B.5 谷粒培养基

小麦、谷子、玉米或高粱97%～98%，石膏2%～3%，含水量50%±1%，适用于双孢蘑菇、双环蘑菇、巴氏蘑菇等蘑菇属的种类，也可用于侧耳属各种和金针菇的原种。

B.6 以种木(枝)为主料的培养基

阔叶树种木70%～75%，附录B.1.1配方的培养基25%～30%。适用于多数木腐菌类。

本标准起草单位:农业部微生物肥料和食用菌菌种质量监督检验测试中心、中国农业科学院农业资源与农业区划研究所、中国农业科学院食用菌工程技术研究中心。

本标准主要起草人:张金霞、黄晨阳、高巍、郑素月、张瑞颖、胡清秀、陈强。

中华人民共和国农业行业标准

NY/T 1731—2009

食用菌菌种良好作业规范

Good manufacturing practice of mushroom spawn

1 范围

本标准规定了食用菌菌种生产厂房、生产资质、环境要求、原料管理、生产过程管理、菌种保藏、出菇试验、设备管理、质量检验、不合格品处理、质量审核、菌种档案、人员管理及安全管理等的要求。

本标准适用于食用菌菌种生产。

2 规范性引用文件

下列文件中的条款通过本标准的引用而成为本标准的条款。凡是注日期的引用文件，其随后所有的修改单(不包括勘误的内容)或修订版均不适用于本标准，然而，鼓励根据本标准达成协议的各方研究是否可使用这些文件的最新版本。凡是不注日期的引用文件，其最新版本适用于本标准。

GB 191　包装储运图示标志

GB/T 12728　食用菌术语

NY/T 528　食用菌菌种生产技术规程

食用菌菌种管理办法

3 生产厂房

生产厂房、设备与设施均按 NY/T 528 规定执行。

4 生产资质

按《食用菌菌种管理办法》执行。

5 环境要求

5.1 每天应清洁场区、办公区。

5.2 每周应系统清洁培养室、楼道、车间，用消毒剂拖擦地面。

5.3 每 3 个月应清洁冰箱一次。

5.4 每培养一批次前应对培养室进行消毒。

5.5 及时疏通厂区周围沟道，保持畅通，无淤积，无异味。

5.6 空调空气过滤网应每月清洗一次。

5.7 生产、质量管理人员应严格按照一般生产区与洁净区的不同要求，搞好个人清洁卫生。不应将与生产无关的物品带入接种室；接种人员进入接种室，应洗手、消毒，穿戴整洁的工作服、帽、鞋；离开接种室时应更换工作服、帽、鞋；工作服应经常换洗，定期消毒。用于洁净区的工作服、鞋、帽等应严格清洗、消毒，定期更换，并且只在该区内使用。在冷却室、接种室、缓冲室使用前后，应进行消毒。

中华人民共和国农业部 2009-04-23 发布　　2009-05-20 实施

5.8 垃圾箱及堆制发酵场所应在生产车间下风地势低洼处，相距 50 m 以上。

6 原料管理

6.1 原辅材料的质量要求按 NY/T 528 执行。

6.2 原辅材料购入与使用应制定验收、储存、使用、检验等制度，并由专人负责。

6.3 原辅材料来源应相对固定，原辅材料的种类、规格、质量应符合相应标准要求。不应加入有毒有害物质、致敏物质和抗生素。

6.4 原辅材料的运输不应与有毒有害物品混装混运。

6.5 原辅材料购进后对来源、规格、包装情况进行初步检查，按验收制度规定填写入库单，并进行质量检验。

6.6 原辅材料实行定点存放。各种原辅材料应按合格、不合格等分区存放，并有明显标志；合格备用原辅材料还应按不同批次分开存放。

6.7 对有温度、湿度及特殊要求的原料应按规定条件储存；一般原料的储存场所或仓库，应地面平整干燥，通风良好，有防鼠、防虫设施。

6.8 应确定原辅材料储存期，采用先进先出的原则。对不合格或过期原料应加注标志并及时处理。

6.9 原辅材料的使用实行领用登记制，并应有出库记录。

7 生产过程管理

7.1 制定生产操作规程

7.1.1 应根据本规范要求并结合产品生产工艺特点，制定生产工艺流程及岗位操作规程。

7.1.2 生产工艺流程按 NY/T 528 执行。具独特工艺的产品可另行制定生产工艺流程。

7.1.3 岗位操作规程应对各生产主要工序规定具体操作要求，以明确各车间、工序和个人的岗位职责。

7.2 培养基(料)配方

培养基(料)配方按 NY/T 528 规定执行。

7.3 培养基(料)制备规范

7.3.1 培养基(料)配制规范

7.3.1.1 应有专人管理生产用培养基(料)，设专人负责母种、原种、栽培种培养基的配制。

7.3.1.2 应严格按配方和技术规范配制培养基(料)，并做详细记录。

7.3.1.3 若发现原辅材料不符合要求，应及时报告，不应用于生产。

7.3.2 灭菌操作规范

7.3.2.1 做好灭菌设备的日常维护，确保处于正常工作状态。

7.3.2.2 灭菌前检查灭菌对象是否放置正确。母种培养基、非木屑原种培养基、栽培种培养基应竖放，木屑原种培养基可横放。多层竖放者每层不应叠压。

7.3.2.3 原种和栽培种用培养基灭菌的同时应灭菌适量备用棉塞。灭菌后烘干。

7.3.2.4 严格执行灭菌设备操作要求，并做好相应记录。详细记录异常情况的处理结果及防止再次发生的措施。

7.3.2.5 记录菌种瓶破裂或胀袋情况。

7.3.2.6 灭菌时间按照 NY/T 528 相关规定执行。在高温高湿期季节，应酌情延长灭菌时间15 min～30 min。

7.4 种源要求

7.4.1 使用品种应按 NY/T 528 要求执行。

7.4.2 应由专人负责,并应有详细记录。

7.5 接种规范

7.5.1 接种全过程应严格按照无菌操作原则进行。

7.5.2 接种必须在接种箱或无菌操作台内进行,每箱次只能接一个品种。

7.5.3 接种箱(室)或无菌操作台及其内部的接种用具应用紫外灯照射(30 min 以上)或消毒剂消毒。

7.5.4 应去除菌种表层老化菌丝。

7.5.5 接种量按 NY/T 528 执行。

7.5.6 棉塞过于潮湿的应更换。尽可能用牛皮纸包扎棉塞。

7.5.7 接完每一箱应用对接种箱进行消毒处理。

7.5.8 母种种源应使用保藏种扩大二次以内的斜面菌种(蜜环菌为玉米糊菌种)。接种后应立即贴标签。

7.5.9 应有接种记录。

7.6 菌种培养规范

7.6.1 接种后菌种分级、分类排放于培养室,以适宜温度培养。

7.6.2 不同品种尽量不同室或同架排放,如空间不足排放同室或同架的,应作警示标志。

7.6.3 适宜培养温度不同的品种不得同室排放。

7.6.4 培养室应保持恒温,无光照,空气相对湿度 50%~60%。

7.6.5 培养架应光洁干净,不可有突刺和脏物。

7.6.6 应有培养记录。

8 菌种保藏

8.1 菌种保藏应由专人负责。

8.2 应将菌种分为生产菌种和试验菌种两类分别保藏,并应有相应保藏记录。

8.3 除草菇外,试验菌种可采用冰箱(4℃~6℃)保藏。采斜面冰箱保藏时,一般使用 PDA 培养基,也可使用谷粒培养基(见附录 A.1),蜜环菌使用玉米糊培养基(见附录 A.2)、茯苓使用松木屑培养基(见附录 A.3)外。试验菌种也可采用超低温冰箱或液氮冻结方法保藏。

8.4 各种菌种保藏条件及有效保存期限各异,应严格按菌种种性区别对待。应严格控制保藏条件,定期筛选,防止杂菌污染和退化。

8.5 冰箱保藏菌种使用时应提前 12 h~24 h 取出,经适温培养恢复活力后方能转管移接。

8.6 接种时要认真核对标签。

8.7 冰箱保藏菌种时将不同品种分类捆扎,外裹牛皮纸。分类编号、记录接种时间。

8.8 冰箱保藏过程中要经常检查冰箱运转情况,定期检查有无感染,污染的菌种应及时挑出。应有计划使用保藏的菌种,减少菌种进出冰箱的次数。

9 出菇试验

9.1 所有生产菌种应每年进行出菇试验。试验设计应科学、合理、规范。

9.2 各级菌种应使用与实际生产相同的培养基配方。

9.3 根据不同种类和品种出菇对环境条件的要求,选择适宜季节和栽培场所。

9.4 详细记录菌丝形态、生长速度、初次出菇时间、各潮次产量、出菇结束时间、总产量、品质等内容。

9.5 对试验结果进行分析，判定菌种性状是否稳定，性状稳定的方可投入生产使用。

10 设备管理

10.1 生产设备的验收和检修

10.1.1 专人负责采购各类生产设备和工器具。自制的生产设备也应符合相关规定要求。

10.1.2 新设备在使用前应由设备采购人和使用人共同验收，经验收合格才能投入使用。验收合格后及时做验收记录。

10.1.3 生产过程中设备出现故障时，使用人员应立即停机，并通知检修人员维修。检修合格的设备才能继续使用，检修人员应做检修记录。

10.1.4 生产设备损坏一时无法修复时，检修人员应立即挂上“禁用”标志，禁止使用有故障的生产设备。

10.1.5 压力容器及计量器具应定期送(报)检。

10.1.6 应对灭菌设备内温度的均一性、可重复性等定期做可靠性验证，对温度、压力等检测仪器每年校验一次并做记录。在灭菌操作中应准确记录温度、压力及时间等技术参数。

10.2 生产设备维护保养

10.2.1 重要设备如锅炉、灭菌锅、电梯、培养室空调等要制定设备维护规程，备案并执行。

10.2.2 生产设备使用人员负责日常检查维护，重要生产设备指定专人负责生产设备的保养，并做设备保养记录；经保养合格的生产设备才能继续开机生产。

10.2.3 竹木器具、培养架应保持清洁干燥，无杂菌孳生。

10.3 生产设备使用管理

10.3.1 锅炉工、灭菌操作工应经培训考核合格后才能独立上岗操作。

10.3.2 设备使用前按规定检查工作状态，只有运行正常的生产设备才能投入生产。

10.3.3 生产中设备出现故障时，除要认真检修设备外，还应立即检查相关产品质量。按规定处理可疑产品。

10.3.4 生产设备的使用应严格按操作程序和操作规范进行。

11 质量检验

11.1 原料检验

原料进库前须经专人检验，确认合格后才能入库和投产。

11.2 工序检验

各生产工序阶段产品都要经检验合格后才能转入下一生产流程。

11.3 菌种检查

11.3.1 应指定专人负责菌种检查。菌种检查人员应熟悉各种食用菌菌丝和生长特征及其生物学特性，能识别食用菌菌种、杂菌(真菌、放线菌、酵母、细菌)及其他有害生物。

11.3.2 检查员应熟练掌握检验设备的使用操作规程，正确使用检验设备。

11.3.3 各级菌种接种 3 d 后应做首次检查，检出未活或污染者。

11.3.4 母种长至菌落直径 2 cm～3 cm 时，进行第二次检查，长满前再检查一次，检出污染或生长不良菌种。

11.3.5 原种及栽培种在菌丝盖面前，隔日例行检查。

11.3.6 原种菌丝盖面后每周检查一次，直至售出或使用为止。栽培种盖面后，满袋前每周检查两次，满袋后每周检查一次。

11.3.7 所有菌种使用或出售前要逐个检查。

11.3.8 菌种检查应有详细记录。

11.3.9 菌种检查员负责控制培养条件。发现标签与菌种不符或可疑者以及排放错误，应及时报告并记录。

11.3.10 菌种检查出现偏差失准时，检查员应立即停止检查，上报相关负责人，对以前检验过的产品逆行逐批追溯检查，并提出分析意见。

12 不合格品处理

12.1 经检验不合格的原料和中间产品应退回，不应用于生产。

12.2 生产过程中的不合格品应做返工或销毁处理。

12.3 因灭菌设备故障，操作失误或停电、停水等可能导致灭菌偏差时，应重新灭菌，并作记录和必要的说明。再次灭菌的菌种应另行标记，以便生产中重点跟踪检查。

12.4 接种后检出的污染菌种应废弃或高压灭菌后降级作为栽培基质使用；局部污染的可单独隔离并作“非菌种”警示标志。

12.5 受侵染性病、虫害危害造成的不合格品，应及时密封包装捡出并行灭活处理。若发现螨害或虫害，应将该培养室密封进行药物熏蒸，并对其他培养室加强监控，采取预防措施。

12.6 在工序检验和最终检验中发现的批量不合格品，检验员出具不合格品通知单并及时检出。连续两批次出现批量报废品的应停产，做出评估分析，有成熟解决方案后方可恢复生产。

12.7 菌种检验员负责监督不合格品处理。

13 质量审核

13.1 每年至少进行一次内部质量审核，要覆盖所有质量体系要素。

13.2 每年1月份制定“年度内部质量审核计划”。审核计划要明确审核要素、被审核部门和审核时间安排等。

13.3 在开展内部质量审核之前1个月，组成审核组。审核人员应经培训合格。

13.4 审核组长在接受任务后，召集审核员商讨“年度内部质量审核计划”，明确当次内部质量审核的目的、依据和范围，分工逐项审核。

13.5 审核组开展内部质量审核活动应做到：

13.5.1 原则上按计划开展工作逐项审核，如在审核中发现重大质量问题及其隐患时，经审核组长同意后可以改变或增加核查内容。

13.5.2 保持审核的独立性，不受有关部门和人员的影响和干扰。

13.5.3 认真填写审核情况记录。及时将发现的不符合项填报不符合项报告，交审核组长审核。在完成审核的3 d内召开总结会。

13.5.4 被审核部门接到不符合项报告之后，应在1周内提出纠正措施方案，填写纠正措施报告，送相关负责人审核。

13.5.5 审核组负责跟踪被审核部门纠正措施执行情况，填写跟踪审核报告，送相关负责人审核。

13.5.6 被审核部门如没有按期完成纠正措施或纠正措施不能达到预期效果时，应进一步采取纠正措施，直至不符合项得到改正为止。

13.5.7 所有内部质量审核的文件和记录经相关负责人审核存档。

14 菌种档案

14.1 菌种档案包括菌种保藏档案、菌种生产档案和菌种销售档案。三类档案形成菌种生产的质量可追溯体系。

14.1.1 所有生产菌种应建立菌种保藏档案和菌种生产档案。试验菌种应建立保藏档案。所有销售菌种应建立菌种销售档案。

14.1.2 按品种建立菌种保藏档案。按品种建立母种、原种、栽培种三级菌种生产档案。

14.1.3 菌种保藏档案应记录菌种来源、主要性状、保藏方法、保藏条件、转管次数、生产试验结果、出菇试验情况。

14.1.4 菌种生产档案应记录菌种来源、生产时间、基质、条件、数量、质量、技术负责人、检验记录等内容。

14.1.5 菌种销售档案应记录菌种名称、类别、生产与销售时间、数量、质量及购买者信息等内容。

14.2 应指定专人填写菌种档案。菌种保藏档案由管理员填写。菌种生产档案由各生产组长分别填写。

14.3 应分类、分时间段整理记录归档。归档前应有相应责任人签名确认。

14.4 菌种档案应按性质划定为不同的受控状态，对保存的档案实行分级查阅管理。

14.5 菌种档案由档案室统一保管。菌种保藏档案为永久性档案。菌种生产档案、菌种销售档案菌种保存至菌种售出后两年。过期档案销毁应做记录。

15 人员管理

15.1 管理规范

15.1.1 人员培训

15.1.2 菌种生产部门每年初根据实际需要制订员工培训计划，按计划组织实施培训工作。

15.1.3 所有员工上岗前应接受质量管理理论与实践的培训，包括质量管理体系、规章制度、岗位职责、服务规范及有关法规知识等。

15.1.4 实行定期轮训制。生产和管理人员每年度应进行一次以上的专业技术培训，包括食用菌专业基础理论和实际生产操作技能的培训，以及新工艺、新技术的推广实施。

15.1.5 具有专业技术资格（含技师）的生产和管理人员应参与继续教育培训。

15.1.6 生产技术骨干、管理人员、检验员以及销售业务员应掌握各品种的主要生物学特性、农艺性状和栽培技术要点。

15.1.7 新进员工应经上岗前培训合格，才能上岗独立操作。培训内容包括质量管理理论、食用菌专业基础理论和实际生产操作技能。

15.1.8 员工培训应做详细记录，实施考试的应保存试卷，实施考核的应记录考核结果。培训记录应归档。

15.1.9 参加外部机构培训的，应记录培训内容和成绩。

15.2 日常规范

15.2.1 遵守劳动纪律，严守操作规程。

15.2.2 生产或检验中遇到异常情况应立即报告生产技术负责人。

15.2.3 接待客户要耐心、礼貌、周到，谈话应使用文明、专业、规范化用语，回答问题要快捷准确。

15.2.4 保守商业秘密。

16 安全管理

16.1 管理规范

16.1.1 安全设施、消防设施、器具应齐全、完备，消防通道应畅通。

16.1.2 各项生产设施应符合国家有关安全要求，并经常检查，有安全隐患的应停止使用直至解除隐患。

16.1.3 应指定专人负责安全管理。

16.1.4 应有防盗设施。

16.2 安全措施

16.2.1 加强员工安全意识教育，员工要掌握如何使用消防器材。

16.2.2 定期进行安全检查。节假日和休息日应检查安全工作落实情况，并安排人员值班巡视。

16.2.3 发现险情应及时报警并采取适当应急措施。

16.2.4 不应于菌种场内进行病虫害接种试验。

16.2.5 从外单位引进菌种应进行病虫害检疫，防止引入危险性病虫害。

16.2.6 正确使用生产设施，避免人员伤亡和财产损失。

附 录 A
(规范性附录)
保藏用培养基及其配方

A.1 谷粒培养基

谷粒(小麦、谷子、玉米、高粱等谷粒)98%,石膏 2%,含水量 50%±1%。适合于除银耳外的木腐型菌种和粪草型菌种。

A.2 玉米糊培养基

玉米粉 65%,麦麸 35%,含水量 70%。适合于蜜环菌菌种。

A.3 松木屑培养基

松木屑 78%,米糠(或麸皮)20%,蔗糖 1%,熟石膏粉 1%,含水量 65%±2%。

本标准起草单位:中国农业科学院农业资源与农业区划研究所、农业部微生物肥料和食用菌菌种质量监督检验测试中心。

本标准主要起草人:黄晨阳、上官舟建、张金霞、陈强、高巍、张瑞颖、郑素月、李翠新。

中华人民共和国农业行业标准

NY/T 2306—2013

花卉种苗组培快繁技术规程

Technical regulation for ornamental plants mass-propagation

1 范围

本标准规定了花卉种苗组培快繁的术语和定义，组培工厂的选址和设计要求，培养采用容器、主要器材和设备的技术参数，培养基主要成分和化学试剂的质量控制，花卉组培苗生产工艺流程，组培苗炼苗、移栽和质量标准，以及包装、标签、运输等要求。

本标准适用于花卉种苗组培产业化快繁生产、管理的全过程。

2 规范性引用文件

下列文件对于本文件的应用是必不可少的。凡是注日期的引用文件，仅注日期的版本适用于本文件。凡是不注日期的引用文件，其最新版本(包括所有的修改单)适用于本文件。

GB/T 18247.5　主要花卉产品等级　花卉种苗

GB 50009　建筑结构荷载规范

中华人民共和国国务院令第 591 号　危险化学品安全管理条例

3 术语和定义

下列术语和定义适用于本文件。

3.1

花卉　ornamental plant

一切具有观赏价值的植物，包括观花、观叶、观果及整株植物造型等的植物类型。

3.2

继代　subculture

将培养材料从老培养基中转接入新鲜培养基中继续培养的过程。

3.3

接种　inoculation

将消毒后的外植体或干净培养材料在无菌条件下接入培养容器内培养基中的过程。

3.4

茎尖培养　meristem culture

以植物茎尖为外植体，通过组织培养方式获完整植物的一种生物技术，一般用来进行脱毒种苗的生产，以获得不含检疫及影响植物正常生长的病毒的植株。

3.5

灭菌　sterilization

通过物理、化学及一些理化方法杀灭一切微生物(包括孢子等)的过程。

中华人民共和国农业部 2013-05-20 发布　　2013-08-01 实施

3.6

琼脂苗 in-agar plantlet

生长在固体培养基(凝固剂一般为琼脂)中的组培生根苗。

3.7

试管苗 in vitro plantlet

在培养容器中生长且已达移栽标准的根、茎、叶俱全的完整植株。

3.8

外植体 explant

从自然生长的活体植物上获取的用于建立植物组培快繁体系的起始材料。

3.9

无琼脂苗 ex-agar plantlet

从培养容器中取出并洗去表面培养基的组培生根苗。

3.10

消毒 disinfection

通过物理、化学方法去除物体表面大部分有害病原微生物(孢子除外)的过程。

3.11

组培工厂 plant tissue culture production laboratory

利用植物组织培养技术大规模生产植物组培苗的工厂。

3.12

组培苗 plantlet

利用植物组织、器官或细胞等作为起始材料,通过植物组织培养方式生产获得的植株。

3.13

组培穴盘苗 plug plant

移栽到穴盘中培育的组培苗。

4 花卉种苗组培工厂的设计要求、所需的设备、器材及试剂

4.1 设计要求

4.1.1 选址:厂址应选择在各种潜在污染源(如产生大量粉尘的工厂、采用生物工程技术生产产品、制剂的工厂,繁忙交通干道和职工生活区等场所)常年主风向的上风向,且与污染源距离不小于500 m;厂址周边环境通风透光、空气清新、地势平整、排水良好。

4.1.2 厂房:可采用10 cm规格的双面彩钢(彩钢板1 mm厚)发泡塑料夹心板构筑的轻型材料的平房或砖混多层结构;地基应高出地面30 cm以上;厂房底层地面、外部墙体和顶层须作防潮、防水、防渗、保温和隔热处理;内部须配置消毒灭菌设备、空气净化和洁净新风补偿系统;地面和多层结构的楼面均布活荷载、雪压、风压荷载系数参照GB 50009中书库建设指标。

4.1.3 功能区规划:组培工厂包括组培车间、行政管理区及温室三大功能区。

4.1.3.1 组培车间包括:洗涤室、培养瓶晾干室、试剂室(称量室)、培养基配制室、高压灭菌室、培养基储存室、更衣室、接种室、培养室、出苗室和贮物室等。接种操作区按100级净化标准设计;培养基储存室、接种室、培养室按10万级净化标准设计;试剂室(称量室)、培养基配制室、高压灭菌室、更衣室和出苗室等按30万级净化标准设计;储物室、洗涤室、培养瓶晾干室防尘、防潮,通风良好。

4.1.3.2 行政管理区为组培车间管理和主要技术人员的办公场所,设办公室、小型会议室和其他必要工作空间等。

4.1.3.3　温室包括母本保存圃、组培苗驯化区、组培苗移栽圃和其他辅助用房等。

4.1.4　布局:各功能区域应根据生产工艺流程次序,设计为连续、有序、通畅和合理的流水线。为多层建筑时,洗涤室、培养瓶晾干室、培养基配制室、灭菌室和接种室等设在一楼;培养室设在二楼及以上楼层。组培工厂为2层以上的建筑时,应安装物流电梯。组培室净道、污道分离,人、物流分开。

4.1.5　规模:不同生产规模组培工厂的设计控制面积参见附录A。

4.2　设备、器材及试剂

4.2.1　设备:包括灭菌设备、培养设备、实验设备、办公设备和消防设施等。不同规模组培工厂所需设备及参数参见附录B。

4.2.2　器材:包括盛装器皿、计量器皿以及其他常用消耗品等。不同规模组培工厂所需器材及规格参见附录C。

4.2.3　试剂:花卉种苗组培生产所需的无机盐类、有机物类、植物生长调节剂、消毒剂等化学品和试剂的品名和纯度等级参见附录D。

5　花卉种苗组培快繁规模化生产流程

5.1　花卉种苗组培快繁规模化生产流程图

花卉种苗组培快繁规模化生产流程图参见附录E。

5.2　母本材料保存

5.2.1　从境外或国内有潜在检疫对象地区引进植物材料(无性系外植体、瓶苗等),须持有原产地有效检疫证明,并按植物检疫隔离观察要求种植在专属隔离区内观察一段时间,证明无检疫对象的引进植物可投入组培生产。

5.2.2　符合5.2.1条件的活体植株,可在温室内培养或露地栽培保存,按品种特性进行肥、水,病虫害防治等管理,确保植株成活并生长健壮。

5.2.3　以种子、球根等形式引进的新品种,按照所附的品种保藏和播种育苗技术说明处理;若无说明可低温干燥保存,待气候条件适宜即可进行播种。珍稀植物种子或种子数量较少时可将种子直接通过组织培养方式进行快繁、保存。

5.3　外植体选择

从具有典型性状的植物品种健康植株上选择芽、茎、叶等器官作为建立组培快繁体系的外植体。

5.4　外植体表面消毒

外植体表面消毒方法见9.2。

5.5　初代培养

无菌条件下将经表面消毒的外植体切割成适合大小(若用茎尖进行脱毒培养,长度要小于0.5 mm),接入经灭菌处理的培养基中进行初代诱导培养。初代培养时间一般为3周～5周。为最大限度保持母本特性,宜以直接诱导不定芽为主。

5.6　增殖培养

经诱导形成的不定芽不断转接到增殖培养基中进行培养。增殖周期根据培养植物材料生长情况而定,一般为3周～6周。初代培养以后培养代数宜控制在12代～30代,增殖系数宜控制在2.5～4.0。

5.7　壮苗培养

若在增殖培养阶段形成的不定芽个体较小,可将不定芽接种到壮苗培养基中进行培养,促进不定芽长高、长粗。培养周期一般为3周～4周,不定芽高达3 cm～5 cm后可进行生根培养。

5.8　生根培养

从增殖培养或壮苗培养的不定芽中切取生长健壮、叶色正常、叶片舒展的不定芽,接种在生根培养基中诱导生根，培养周期一般为3周～4周。幼苗基部长出3条～5条1 cm～2 cm长的不定根即可进行移栽。

5.9 组培苗炼苗、移栽

组培苗按12.1、12.2的炼苗和移栽方法种植于温室中配有专用基质的穴盘苗床上。

5.10 穴盘苗生产管理

温室大棚中的穴盘苗的光、温、水、肥等的管理按品种要求管理。穴盘苗培育8周～12周，确定成活后即可分等级销售。

5.11 出苗、包装、运输

符合出苗标准的琼脂苗、无琼脂苗和组培穴盘苗按14的方法经包装后出售。

6 培养容器和接种器械的清洗

6.1 培养容器的清洗

6.1.1 浸泡：新的培养容器（培养瓶、培养皿和试管等）直接放入洗洁精或洗衣粉溶液中浸泡，浸泡时间不应少于6 h；用过的培养容器须先清除掉瓶中的废弃物后，随浸泡随洗；污染的培养容器应先按8.1.2进行灭菌，然后清除掉瓶内污染物，随浸泡随洗。

6.1.2 洗涤：清洗掉经过浸泡的培养容器内、外壁附着物后，再用自来水冲洗3遍～5遍。

6.1.3 晾干：洗涤后的培养容器倒置于组培用托盘中沥水、晾干备用。

6.1.4 清洁标准：经清洗的培养容器壁不挂水珠，晾干的培养容器内外壁无明显的斑点、污迹。

6.2 接种器械的清洁和灭菌

6.2.1 清理：清除接种器械（镊子、解剖刀柄、接种盘等）上残留的培养基和培养材料。

6.2.2 清洗：接种盘在洗洁精溶液中浸泡数分钟，用试管刷洗刷干净后，再用清水冲洗3遍～5遍；镊子、解剖刀柄表面用75%酒精棉（或纱布）擦拭干净。

6.2.3 灭菌：用棉布、报纸或其他纸张包好接种器械，按8.1.2进行灭菌。

7 培养基的配制

7.1 培养基选择

根据培养材料及培养目的选择合适的基本培养基和植物生长调节剂种类及浓度配比，常见基本培养基成分参见附录F。

7.2 化学试剂的选择和保存

7.2.1 试剂级别可参照附录D要求。

7.2.2 试剂标签完整，并在有效期内。

7.2.3 试剂存放应按试剂说明要求，若无明确要求可参照附录D。

7.2.4 试剂在使用前目测应无异物、异色或者吸湿结块。

7.3 母液的配制和保存

7.3.1 为方便使用，可将不同种类试剂配置成母液。

7.3.2 母液配制和保存应由专人负责。

7.3.3 母液配制应用蒸馏水或去离子水。

7.3.4 MS基本培养基母液配制及保存方法参见附录G，其他基本培养基母液配制可参考该方法。

7.3.5 植物生长调节剂的母液配制及保存方法参见附录H。

7.3.6 母液配好后容器上应贴好标签，注明名称、浓度、配制日期。

7.3.7 发现标签不明、有沉淀、浑浊或变色现象的母液应停止使用。

7.4 培养基配制

7.4.1 准备：根据培养基成分准备好各类容器、蒸馏水、琼脂、蔗糖（或白砂糖）和各种母液等。

7.4.2 加母液：按比例加入各种母液并充分搅拌均匀。母液加入顺序为大量元素、微量元素、有机成分、铁盐、植物生长调节剂及其他成分。

7.4.3 糖溶解：在配制溶液中（7.4.2）加入蔗糖或白砂糖（一般为 30 g/L，具体用量根据培养的目标而定，如生根培养和健壮培养时，糖的量可适当减少），加蒸馏水至溶液体积约为 400 mL（所需配制培养基体积的 40%左右），搅拌，使糖充分溶解。

7.4.4 琼脂溶化：另取容器，加入蒸馏水约 500 mL（所需配制培养基体积的 50%左右），再加入琼脂 6 g～9 g，加热搅拌使琼脂溶化（如更换琼脂生产公司及批次，在培养基配制前须取少量琼脂测试合适用量）。

7.4.5 定容：将 7.4.3 和 7.4.4 配制溶液混合，搅拌均匀，加蒸馏水定容至 1 L。

7.4.6 pH 测定：培养基定容、充分搅拌后，用 pH 计或 pH 试纸测培养基 pH，用 1 mol/L 的 HCl 或 1 mol/L的 NaOH 调节培养基 pH 至要求值，一般为 5.3～5.8（根据植物品种而定）。

7.4.7 分装：根据不同需要定量分装，如 250 mL 的培养瓶，每升分装 25 瓶～30 瓶。分装时培养基不得沾在培养瓶口周围。

7.4.8 封口：分装好后即盖上瓶盖，瓶盖旋紧后稍微回旋拧松瓶盖；也可用组培专用封口膜封口，用棉线或橡皮筋扎紧瓶口。

7.4.9 灭菌：培养基封口后应按照 8.1.2 的要求，配制当天进行灭菌。

7.4.10 冷却：灭菌后的培养基应及时从灭菌锅中取出，拧紧瓶盖，置于培养基储存室中自然冷却凝固。

7.4.11 贮存：灭菌后的培养基应注明编号及配制日期，储存于培养基储藏室内。为检验灭菌效果，宜将配制好的培养基放置 5 d 左右再用，但存储时间不应超过 10 d。

7.4.12 需添加不耐高温植物生长调节剂的培养基配制：将植物生长调节剂配制成溶液过滤灭菌，然后在超净工作台上加到经高温灭菌后温度降至 55℃左右的培养基中，充分混匀、分装，封口、冷却并存储。

8 消毒灭菌

8.1 湿热灭菌

8.1.1 适合对象：培养基（不耐高温的成分除外）、蒸馏水、玻璃器皿、金属器械及污染瓶的灭菌处理等。

8.1.2 灭菌要求：一般 1.1 kg · cm^{-2}～1.2 kg · cm^{-2}、121℃下，培养基灭菌时间为 18 min～20 min，其余物品为 30 min。

8.1.3 已灭菌物品应注明灭菌日期，存放于固定位置，不得与未灭菌物品混放。

8.2 干热灭菌

8.2.1 适合对象：玻璃器皿、耐热器械及金属器械。

8.2.2 灭菌要求：将需要灭菌器材在 180℃烘箱中保持 2 h。

8.2.3 灭菌物品存放方法同 8.1.3。

8.3 过滤灭菌

8.3.1 适合对象：一些不适合高温灭菌植物激素（如赤霉素、玉米素、脱落酸等）和抗生素类等试剂。

8.3.2 过滤器及微孔滤膜（孔径为 0.22 μm）需完整、无菌。

8.3.3 将需要过滤灭菌的物质按照一定浓度配制成溶液，配制方法参见附录 H。

8.3.4 需要灭菌溶液在超净工作台上进行过滤。

8.3.5 盛装过滤灭菌试剂的容器需无菌。

8.3.6 灭菌试剂现配现用。

8.4 灼烧灭菌

8.4.1 适合对象：金属接种器械。

8.4.2 超净工作台上用酒精灯或酒精喷灯外焰灼烧器械 30 s～50 s。

8.4.3 若使用电热灭菌器代替酒精灯或酒精喷灯，则将器械插入电热灭菌器中，230℃～250℃灭菌 1 min～1.5 min。

8.4.4 灼烧灭菌后的金属接种器械冷却至室温、待用。

8.5 擦拭、喷雾消毒

8.5.1 适合对象：桌面、墙面、双手、植物材料表面等。

8.5.2 用75%酒精或0.1%新洁尔灭溶液（主要成分为苯扎溴铵）喷雾或擦拭。

8.6 紫外线消毒

8.6.1 适合对象：培养基存放室、接种室、培养室、更衣室和走道等空间消毒。

8.6.2 消毒时间一般为 30 min。

8.6.3 负责紫外消毒值班人员应提前 50 min 上班，进行 10.1.1～10.1.4 操作。紫外灯管理人员应戴紫外线辐射防护镜、手套和穿长袖衣；紫外灯开启后，操作人员不得长时间停留在紫外灯灭菌场所，以免过度接触紫外线伤害皮肤和眼睛。

8.6.4 每 15 m^2 配置一根 30 W 紫外灯管。

8.7 熏蒸消毒

8.7.1 适合对象：接种室、培养室。

8.7.2 熏蒸时，房间门窗密闭，用甲醛（HCOH，10 $mL \cdot m^{-3}$）和高锰酸钾（$KMnO_4$，5 $g \cdot m^{-3}$）熏蒸 2 d～3 d。

8.7.3 通风无味后（一般需 4 d～5 d）人员方可进入。

8.7.4 熏蒸消毒一般 1 次/年～2 次/年。

9 外植体采集、消毒及接种

9.1 外植体的采集时间

以活体植物地上部分（茎、叶、芽等）为外植体时，宜在晴天午后或植物表面露水干后采集；以种子及地下部分材料为外植体时，采集时间则可不受此限制。

9.2 外植体消毒

9.2.1 预处理：种子预先用自来水浸泡 0.5 h～10 h；枝条除去老叶，剪取所需材料，一般带芽茎段（2 cm～3 cm 长）、叶片（适当大小）、花茎（2 cm～3 cm 长）、球根（适当大小）、根（2 cm～3 cm 长）等。

9.2.2 清洗：预处理好的外植体，用中性洗衣粉加少许吐温溶液浸泡并振荡 10 min～20 min，然后在自来水下流水冲洗 30 min～60 min。

9.2.3 酒精处理：在超净台上将清洗后的外植体转移到无菌锥形瓶中，倒入75%酒精使之没过外植体表面 1 cm 左右，轻摇锥形瓶以除去植物材料表面气泡，30 s～60 s 后将酒精倒去，用无菌水冲洗外植体 3 遍。

9.2.4 次氯酸钠处理：用5%～40%的次氯酸钠溶液（有效氯浓度 0.25%～2.0%）浸泡经酒精处理的植物材料（次氯酸钠浓度及浸泡时间根据材料类型而异，浸泡时间一般为 10 min～30 min），浸泡过程中不断轻摇锥形瓶以除去外植体表面气泡。消毒结束后，倒出次氯酸钠溶液，植物材料用无菌水清洗

3 遍～5 遍后备用。

9.2.5 升汞处理:经 9.2.3 处理的植物材料可用 0.1%升汞溶液代替次氯酸钠溶液进行表面消毒,时间一般为 5 min～15 min,浸泡过程中不断轻摇锥形瓶以除去外植体表面气泡。消毒结束后,倒出升汞溶液,植物材料用无菌水冲洗 3 遍～5 遍后备用。升汞安全管理方法按照《危险化学品安全管理条例》。

9.3 外植体接种

9.3.1 在超净工作台上按 10.3 取出接种盘备用。

9.3.2 按 10.4 对接种器械进行灭菌,冷却备用。

9.3.3 在接种盘内放置 1 张～2 张无菌滤纸。

9.3.4 将经过表面消毒的植物材料放在无菌滤纸上吸干表面水分。每次放置 3 个～5 个外植体,接种完毕后更换接种工具、接种盘及无菌滤纸。

9.3.5 将表面水分吸干的外植体接入培养基,1 瓶接种 1 个外植体。

9.3.6 封口。接种完成后统一贴上标签,注明植物品种、接种日期、接种培养基等信息,放在组培用托盘内,送入培养室进行培养。

10 接种操作

10.1 接种前准备

10.1.1 材料和器械准备:准备 75%酒精或 0.1%新洁尔灭溶液、无菌脱脂棉或纱布、接种器械、培养基及接种用苗等。

10.1.2 开机:打开超净工作台(或洁净无菌接种室)电源,开启超净工作台的风机,若使用电热灭菌器,同时打开电热灭菌器电源。

10.1.3 超净工作台消毒:用 75%酒精或 0.1%新洁尔灭仔细擦拭超净工作台内壁一遍。

10.1.4 紫外消毒:打开超净工作台、接种室、更衣室及缓冲室的紫外灯 30 min;紫外灯关闭 20 min 后方可进入室内。

10.1.5 接种人员:接种人员洗净双手,在更衣室更换接种服,戴上帽和口罩,并换穿拖鞋等,经风淋除尘后方可进入接种室。上超净工作台后用 75%的酒精擦拭超净工作台台面,手部(包括手腕)用 75%的酒精仔细擦拭一遍,然后在超净工作台内吹干双手。

10.2 母瓶的提取和处理

10.2.1 检查:提取母瓶时要仔细检查,若发现污染母瓶应立即剔除。

10.2.2 预处理:用 75%酒精棉球(或纱布)擦母瓶表面,放于超净工作台旁备用。接种过程中若发现母瓶污染则立即封口。

10.2.3 污染母瓶处理:污染母瓶放于统一地点,按 6.1 集中处理。

10.3 接种盘的取放

从棉布包里取出接种盘,盘口朝下放在超净工作台面上,注意手不能接触接种盘的边缘。盘口与超净工作台桌面接触的接种盘不能用。

10.4 接种器械灭菌

10.4.1 当班接种操作工下班前,将接种器械洗净后用棉布、旧报纸或其他纸张包好,交给灭菌操作员按 8.1.2 进行灭菌处理,或在超净工作台上,先用 75%酒精擦拭,再按照 8.4.2 或 8.4.3 方法处理。

10.4.2 为充分利用冷却等待的时间,一个超净台一般同时配备 3 套接种器械,交替灼烧灭菌、冷却和接种。

10.5 接种

10.5.1 取苗:打开母瓶瓶盖,瓶口斜向超净工作台内壁,取出的苗放于无菌接种盘内;一次取苗不宜太多,以免风干。

10.5.2 切苗:无菌接种盘放置在超净工作台内离台面边缘 10 cm～20 cm;操作过程中,手术刀和镊子应在接种盘后斜上方操作;切苗过程中产生的废弃物可放置在接种盘内的一侧,不能散落盘外。

10.5.3 接苗:打开培养瓶盖,瓶盖或封口膜朝下放置在无菌接种盘内,放置瓶盖或封口膜的接种盘一般接种 3 瓶～5 瓶后需要更换;接苗时镊子不能碰到培养瓶瓶口或外壁。

10.5.4 一瓶内接种数量因培养容器和材料而异。一般 250 mL 培养瓶增殖培养接种 5 株/瓶或 5 团/瓶,生根培养一般接种 10 株/瓶左右。

10.5.5 组培苗在瓶内要排放均匀、整齐;接种深度以组培苗不倒为宜;组培苗基部不得与瓶底接触。

10.6 封口

一瓶接种完成后及时盖紧瓶盖或用组培用封口膜封口并扎紧。

10.7 记录

接种人员将植物品种代号、培养基代号、个人工号及接种日期等信息标示到培养瓶上;逐日记录本人的接种数量,包括母瓶数和接种瓶数。

10.8 新接种苗返回培养间

接种完毕,把当天新接种瓶苗放在组培专用托盘内,送回培养室培养,整齐摆放在指定的组培架上。

10.9 关机

每天下工时,先熄灭酒精灯或关闭电热灭菌器电源;收拾干净超净工作台面,并用 75%酒精擦拭台面,台面上物品摆放整齐;最后关闭超净工作台电源。

10.10 接种人员的注意事项

10.10.1 接种人员应注意个人卫生,勤剪指甲。

10.10.2 接种时,接种人员的头、胳膊肘以上肢体,不得探入超净工作台内;带好口罩,不允许攀谈与工作无关话语。

10.10.3 人员出入接种室应随手关门。

10.10.4 接种过程中所产生的废弃物按接种台为单元,下班前各自负责清理,送出接种间,交由专人统一处理。

10.11 接种操作的安全管理

10.11.1 接种器械若采用酒精灯灼烧的方法进行灭菌,在灼烧时应远离盛酒精的容器,严禁器械灼烧后立即插入盛酒精的容器中,还应避免碰倒盛有酒精的容器或酒精灯引起失火。

10.11.2 接种人员手上酒精未干不得点燃酒精灯或靠近点燃的酒精灯。

10.11.3 在酒精灯点燃后,不可用酒精溶液喷洒超净工作台。

10.11.4 一旦发生火警,应立刻关闭电源,用湿布扑灭;若火势较大,用灭火器扑灭。

11 培养室操作

11.1 培养室环境控制

培养室的温度一般控制在(25±5)℃,同一培养层内底部光照强度 20 μmol·m^{-2}·s^{-1}～100 μmol·m^{-2}·s^{-1},光照时间每天 10 h～16 h(具体因品种和培养阶段不同而异)。每天早上、中午、下午各检查一次培养室照明、温度情况并做好记录。

11.2 瓶苗摆放

瓶苗应摆放整齐,品种应分明。

11.3 污染检查

11.3.1　培养材料污染由专人检查，并做好记录。

11.3.2　污染材料瓶不得在培养间及走道内开启污染瓶盖。清理出培养间后即送到洗涤间，按6.1处理，并对处理情况作记录。

11.3.3　各段工序的污染率不得超过5%；若超过3%，应及时分析原因，及时反馈给操作人员及管理人员，采取相应的污染率控制措施。

11.4　培养室工作人员注意事项

11.4.1　进入培养室应换鞋、穿工作服。

11.4.2　保持安静、整洁。

11.4.3　进出培养室应及时关门。

11.4.4　各种用品按固定的位置摆放整齐。

11.4.5　及时清理工作过程中产生的垃圾。

11.4.6　培养室内出苗、进苗后应及时整理，保持室内清洁，每天用净水清洁地面1次～2次。

11.4.7　壁挂式空调、立式空调和中央空调的出风口每年至少要进行一次消毒和灭菌处理；整体净化组培室每半年更换高效过滤装置，清洁通风管道。

11.4.8　定期检查各种生产设备使用状况，发现异常应及时告知设备保障部门进行处理。

11.5　培养室消毒

11.5.1　摆放材料时用75%酒精或0.1%新洁尔灭溶液擦拭放置的培养架。

11.5.2　每周用75%酒精作喷雾降尘处理。

11.5.3　每周用消毒液(0.1%新洁尔灭溶液)抹地面、门窗等。

11.5.4　每两周用紫外灯或臭氧发生器消毒30 min。

11.5.5　配备有过滤装置送排风系统的培养室可用甲醛—高锰酸钾每年熏蒸1次～2次。

11.5.6　定期检查培养室内漏雨及墙壁长霉情况，发现有霉菌时应及时去除，并用防菌涂料粉刷墙壁。

11.5.7　按11.5.1、11.5.2、11.5.3、11.5.4方法处理时培养室内可以保留培养材料；按11.5.5、11.5.6方法处理时培养室内应先清空培养材料，然后处理。

12　组培苗移栽和组培穴盘苗生产

12.1　炼苗

12.1.1　移栽标准：在培养容器中生长的根、茎、叶俱全的完整植株，基部长出3条～5条1 cm～2 cm长的不定根时，即可进行炼苗。

12.1.2　将培养瓶放置在有散射光(60 μmol·m^{-2}·s^{-1}～100 μmol·m^{-2}·s^{-1})的温室中，温度控制在(25±5)℃，封口培养3 d～7 d。

12.2　移栽

12.2.1　基质选择：在保证组培穴盘苗正常生长的前提下，可因地制宜选择基质种类及配比，一般以泥炭土、珍珠岩、蛭石混合物作为基质较常用。

12.2.2　基质准备：将泥炭土、珍珠岩、蛭石按一定比例混配好(一般比例为3∶1∶1)，装入穴盘中并稍压紧，用0.5 g/L的多菌灵(80%可湿性粉剂)溶液浸透后捞出或喷透备用。

12.2.3　洗苗：轻轻取出组培苗，放入清水中(水温调整为18℃～20℃)，轻轻漂洗干净组培苗表面培养基后分级。

12.2.4　移栽：将洗净的组培苗栽于事先装好基质的穴盘中，覆盖物或基质以刚盖过组培苗基部为宜，稍压实，以幼苗不倒即可。

12.2.5 摆放:穴盘苗分品种、移栽日期,在苗床上整齐摆放。

12.3 管理

12.3.1 温度:苗期温室温度一般控制在15℃~30℃,具体根据植物生长习性而定,热带植物苗期需要温度较高;温、寒带植物苗期需要温度较低。

12.3.2 相对湿度:移栽2周~4周内用薄膜小拱棚喷雾保湿,相对湿度控制在75%~90%,当大棚相对湿度高于80%时,薄膜小拱棚可适时通风;当第一片新叶完全张开后,逐渐打开薄膜小拱棚以降低湿度;4周~6周后完全打开薄膜小拱棚,大棚相对湿度保持在60%~85%。

12.3.3 光照:移栽4周内,薄膜拱棚内的光照强度控制在60 $\mu mol \cdot m^{-2} \cdot s^{-1}$~100 $\mu mol \cdot m^{-2} \cdot s^{-1}$,之后逐渐增大光照强度。

12.3.4 浇水:移栽后,当基质表面发白时可喷淋浇水。

12.3.5 施肥:移栽第4周~第8周内,每隔7 d喷施液肥一次,根据不同的植物选择适宜的N∶P∶K比例,稀释浓度为1 500倍,移栽8周后,视植株生长情况,浓度逐渐增加。

12.3.6 病虫害防治:移栽4周后,每周喷施75%百菌清可湿性粉剂或80%多菌灵可湿性粉剂1 000倍~1 250倍液1次;移栽8周后,追施2.8%阿维菌素乳剂2 000倍液防治线虫。温室内宜均匀悬挂25 cm×40 cm的黄色诱虫板,悬挂高度应高于穴盘苗15 cm,密度以每20 m^2悬挂1张为宜。

12.3.7 移栽6周后,统计成活率,一般控制在95%以上。

13 质量标准

13.1 组培苗的质量标准

13.1.1 株形:苗粗壮、挺直有活力,叶片大小协调、有层次感、色泽正常,叶色具原品种特性。

13.1.2 根系:有不定根长出(一般3条以上),根长适中,色白健壮,根基处基本无愈伤。

13.1.3 苗高:组培苗高度适中,一般3 cm~8 cm。

13.1.4 叶片数:具有适宜和正常的叶片数,一般不少于3片。

13.1.5 整齐度:同一批次95%以上的苗高度基本一致。

13.1.6 纯度:变异率低于5%。

13.1.7 无污染及病虫害。

13.1.8 火鹤、非洲菊、洋桔梗和补血草组培苗质量标准参照GB/T 18247.5的要求。

13.2 组培穴盘苗的质量标准

13.2.1 株形:苗健壮、挺拔,株形丰满、完整,叶片大小协调,叶色具母本特性、有光泽。

13.2.2 根系:应具有完整而发达的根系,根系充满穴盘孔,能轻易拔出而基质不散。

13.2.3 苗高:穴盘苗矮壮敦实,一般10 cm~15 cm。

13.2.4 叶片数:具有较多的叶片数,一般4片以上。

13.2.5 整齐度:同一批次95%以上的苗高度一致。

13.2.6 纯度:变异率低于5%。

13.2.7 病虫害状况:穴盘苗无检疫性病虫害,无其他侵染性和非侵染性病害及虫害的危害症状。

14 包装、标签和运输

14.1 包装

14.1.1 组培苗产品应按照客户(或者订单)要求包装,同时保证组培苗成活率。

14.1.2 琼脂苗包装:琼脂苗仍保留在培养瓶中,培养瓶放在泡沫箱里,箱外再用纸箱包装,高温季节泡沫箱内最好加冰袋。为防止上下倒置，运输时可使用托盘。

14.1.3 无琼脂苗包装：生根组培苗洗去琼脂后，先装入小塑料盒（袋），再放在泡沫箱里，箱外再用纸箱包装，高温季节泡沫箱内最好加冰袋。运输时可不用托盘。

14.1.4 穴盘苗包装：穴盆装在小纸箱内，再将小纸箱装入大纸箱内，每箱装 3 张～4 张穴盘，高温季节包装箱内最好加冰袋。运输时宜使用托盘。

14.2 标签

每箱应贴上标签，注明品种、等级、规格、数量、产地、出苗日期、目的地、联系人、注意事项等。

14.3 运输

装车时切勿倒置，用厢式货车运输以避免日晒、雨淋，运输途中温度保持 10℃～25℃，应在 5 d 内到达目的地。

附 录 A
(资料性附录)
组培工厂设计、所需面积及设计要求

组培工厂设计、所需面积及设计要求见表 A.1。

表 A.1 组培工厂设计、所需面积及设计要求

组培工厂功能区	面积,m²			设计要求/说明
	年产 50 万株	年产 100 万株	年产 200 万株	
组培车间	200	370	700	需配置自动检测和喷淋的消防系统
洗涤间	15	20	40	通风、干燥;室内要有上、下水设施;地面防潮、防滑并便于清洗;内做大小水槽若干
培养瓶晾干室	5	20	40	通风、干燥,整洁,内置空调和通风装置
试剂室(称量室)	20	20	20	清洁、干燥、通风;终年保持相对较低温度;避免阳光直射;放置天平的台面要水平、稳固
培养基配制室	15	20	40	通风、干燥;配备大容量用电器专用线路;上下水道通畅
培养基灭菌室	5	20	20	地面与墙面必须能够耐受高湿状态;地面防滑,白瓷砖墙面;配备大容量用电器专用线路
培养基储存室	10	20	40	低温、干燥、整洁;避免光照;配置空调,通风装置、紫外灯等
更衣室	10	10	20	通风、干燥、整洁;紧连接种室;配置衣橱、鞋柜、洗手盆等
接种室(无菌操作室)	20	50	100	控温(25±2)℃;控湿(相对湿度 70%~75%);整洁、通风、光线好;内墙白色光滑;配置空调、超净工作台、紫外灯、移动臭氧发生器等
培养室	60	150	300	控温(25±2)℃;控湿(相对湿度 70%~75%);干净、整洁;内墙白色光滑;配制空调、通风装置、日光灯、培养架、独立控制紫外灯、自动定时设备等;设计时应考虑用电负荷,设置专线和配电设备
出苗室	20	20	40	控温、通风、光线好;内墙白色光滑;上下水道畅通
贮存室	20	20	40	通风、干燥;存储组培用的洗涤用品、放蒸馏水、酒精等物品
温室	750	1 500	3 000	
母本圃	50	100	100	控温、控湿、控光、防虫、能采用自然光
组培苗驯化区	50	50	100	控温、控湿、可调控光装置、防虫
组培苗移栽圃	600	1 250	2 700	控温、控湿、控光、防虫、能采用自然光
辅助用房	50	100	100	包括控制间、物料间、包装间等
行政区	60	120	200	
办公室	20	40	80	配置办公桌(椅)、电话、传真机、电脑、打印机、复印机、文件柜等办公设备
会议室	20	40	60	配置会议桌、椅;多媒体设备
其他生活空间	20	40	60	包括休息室、洗手间等;休息室可加装饮水机、冰箱、微波炉、桌椅等

附　录　B
（资料性附录）
组培工厂所需主要设备及说明

组培工厂所需主要设备及用途说明见表 B.1。

表 B.1　组培工厂所需主要设备及说明

仪器设备名称	年生产规模，万株			规格型号	用途说明
	50	100	200		
灭菌设备、器械					
立式高压灭菌锅，只	1	1	1	50 L，3.5 kW；不锈钢内壁；自动控温、控压、定时；自动断电；最高工作压力 0.165 MPa；最高工作温度 126℃	培养基灭菌
卧式高压蒸汽灭菌锅，台	0	1	2	360 L，不锈钢内壁，电加热；单门或双门，自动控温	培养基灭菌
电热干燥箱，台	1	1	1	最高温度 300℃；温度变化幅度±2℃	玻璃器皿灭菌、干燥
紫外灯，支	若干	若干	若干	30 W/40 W；接口类型与日光灯同	房间消毒
臭氧机，台	1	2	2	220 V，50 Hz；160 W～180 W；灭菌时间可调；可移动	房间消毒
过滤灭菌器，只	若干	若干	若干	过滤器滤膜孔径 0.22 μm，无菌封装；20 mL 塑料注射器及配套针头，无菌封装	灭菌不能高温灭菌的试剂
接种设备及器械					
超净工作台，台	4	8	16	双人或单人；水平或垂直送风；百级洁净度；风速 0.4 m/s～0.6 m/s	接种，过滤灭菌等
电热灭菌器，台	4	8	16	电加热；温度可调、可控，数字显示；最高温度 350℃；温度变化幅度±10℃	接种器械灭菌
石英玻璃珠	若干	若干	若干	Φ2 mm～2.5 mm	电热灭菌器导热、保温
枪状镊，把	16	32	64	25 cm，不锈钢材质	接种用
3＃手术刀柄，把	12	24	48	12 cm，不锈钢材质	接种用
10＃手术刀片，包	若干	若干	若干	圆头不锈钢刀片；10 片/包	接种用
11＃手术刀片，包	若干	若干	若干	尖头不锈钢刀片；10 片/包	接种用
手术剪，把	8	16	32	直剪；20 cm；不锈钢材质	接种用
接种器械搁置架，只	4	8	16	不锈钢材质	搁置、冷却热的、已灭菌的接种器械
接种盘，只	若干	若干	若干	不锈钢材质	盛装，切割植物材料
培养设备和容器					
光照培养箱，只	1	2	2	光照强度 40 $\mu mol \cdot m^{-2} \cdot s^{-1}$～100 $\mu mol \cdot m^{-2} \cdot s^{-1}$ 可调；温度 5℃～50℃可调；温度变幅±1℃	组培试验用
组培用托盘，个	1 000	2 000	4 000	420 mm×490 mm×4.5 mm，可高温灭菌，镂空	放置培养瓶
空调，台	5	10	20	1.5 P～2.0 P，壁挂式	培养室温度控制
培养架，组	60	120	240	喷塑角钢，135 mm×50 mm×1 800 mm，5 层，层高 300 mm，每层 2 支 36 W 荧光灯管	放置培养瓶，植物培养
晾瓶架，组	2	4	8	喷塑角钢，135 mm×50 mm×1 800 mm，5 层，层高 300 mm	洗净培养瓶晾干

表 B.1（续）

仪器设备名称	年生产规模，万株			规格型号	用途说明
	50	100	200		
培养瓶，万只	3.5	7	14	250 mL，内径 6 cm，高度 9 cm；耐高温玻璃或透光塑料材质，配套耐高温透光塑料盖	组培用瓶
试管，只	500	500	500	20 mm×150 mm，耐高温玻璃或塑料材质，配套耐高温塑料塞子	外植体接种用
实验设备					
电子分析天平，台	1	1	1	精度 0.1 mg；称量范围 0 g～200 g；自动内校	精确称量微量元素及生长调节物质等
电子精密天平，台	1	1	1	精度 0.1 g；称量范围 0 g～3 000 g；自动内校	称量大量元素及蔗糖、琼脂等用量大的物品
蠕动泵及分配器，套	1	2	2	单、双泵头；自动定时、定量分装控制器；配塑料软管若干	培养基分装
小型去离子水设备，套	1	1	1	电导率≤0.1 μS/cm，出水量 10 L/h～100 L/h	母液配置用水
标准 pH 计，台	1	1	1	pH/MV，0～14pH，三合一电极	培养基 pH 测试
照度计，台	1	1	1	数字显示，测量范围 0 μmol·m^{-1}·s^{-1}～200 μmol·m^{-1}·s^{-1}	测量培养室光照强度
磁力搅拌器，台	1	1	1	搅拌容量 20 mL～5 000 mL	配置母液、培养基
冰箱，台	2	2	3	冷冻、冷藏	药品、母液存储
体视显微镜，台	1	2	2	放大倍数 6.5 X～40 X	植物茎尖剥离
显微照相系统，套	1	1	1	可拍照体式显微镜；配套照相设备分辨率 1 000 万像素及以上；配套拍摄软件及高性能电脑	植物材料显微拍照
玻璃温度计，支	10	20	40	测量范围 0℃～100℃，精度±0.1℃	测量培养室温度
微波炉，台	2	2	2		溶液加热
微量移液器，套	1	2	2	量取范围 0 μl～1 000 μL/0μL～5 000 μL；精度±5 μL	配置培养基时量取用量少的母液
移液架，只	1	2	2		搁置微量移液器
单层推车，辆	4	8	16	不锈钢材质，650 mm×550 mm×150 mm	放置组培专用托盘、用于晾干、运送培养瓶
双层推车，辆	4	8	16	不锈钢材质，650 mm×550 mm×150 mm	接种、配制培养基时放置培养瓶
实验台，套	1	2	2	板式结构，耐腐蚀理化处理板面，带水池，2 400 mm×750 mm×850 mm	配置母液、培养基
药品柜，个	1	2	2	板式结构，耐腐蚀理化处理板面，1 050 mm×450 mm×185 mm	放置试剂、药品
玻璃器皿柜，个	1	2	2	板式结构，耐腐蚀理化处理板面，1 050 mm×450 mm×185 mm	放置玻璃器皿
试验椅，把	4	8	16	带靠背，可升降	接种人员用
办公设备					
电脑，台	1	2	4		办公记录
电话机，只	1	2	2		对外联系
传真机，台	1	1	1		对外联系
打印机，台	1	1	1		文件打印
复印机，台	1	1	1		文件复印
办公桌、椅，套	1	2	4		办公人员用

表 B.1（续）

仪器设备名称	年生产规模,万株			规格型号	用途说明
	50	100	200		
消防灭火设备					
消防栓,个	若干	若干	若干		
灭火器,瓶	若干	若干	若干		
报警装置,只	若干	若干	若干		
应急设备					
备用电源,套	1	1	2		
应急灯,只	若干	若干	若干		

附 录 C
(资料性附录)
组培工厂所需玻璃器皿、器材及说明

组培工厂所需玻璃器皿、器材及用途说明见表 C.1。

表 C.1 组培工厂所需玻璃器皿、器材及说明

仪器设备名称	年生产规模,万株			规格	用途说明
	50	100	200		
烧杯,套	2	3	3	50 mL/ 100 mL/ 250 mL/ 500 mL/ 1 000 mL/ 2 000 mL	配母液、培养基用
广口试剂瓶,套	4	10	10	125 mL/ 250 mL/ 500 mL/ 1 000 mL/ 2 000 mL	存储母液用
量筒,套	2	2	2	25 mL/ 50 mL/ 100 mL/ 250 mL/ 500 mL/ 1 000 mL	配培养基用
容量瓶,套	2	2	2	100 mL/ 250 mL/ 500 mL/ 1 000 mL/ 2 000 mL	配母液用
玻璃棒,根	10	20	20	30 cm	配母液、培养基用
棕色滴瓶,只	2	2	2	125 mL	配培养基用
塑料洗瓶,只	2	2	2	500 mL	配母液、培养基用
搪瓷杯,只	5	5	5	1 000 mL	配培养基用
铝盘,个	2	5	5	280 mm×390 mm	配培养基用
搪瓷盘,个	2	5	5	280 mm×390 mm	配培养基用
电饭煲,只	1	1	1	13 L 或以上	配培养基用
电水壶,只	1	1	1	5 L 或以上	配培养基用
塑料筐,个	2	5	10	540 mm×440 mm×72 mm	组培室生产周转
称量纸,包	若干	若干	若干	75 mm×75 mm;500 张/包	配母液及培养基用
称量纸,包	若干	若干	若干	100 mm×100 mm;500 张/包	配母液及培养基用
称量纸,包	若干	若干	若干	150 mm×150 mm;500 张/包	配母液及培养基用
pH 试纸,本	若干	若干	若干	pH 5.4～7.0	配培养基用
定性滤纸,盒	若干	若干	若干	Φ90 mm,中速,100 张/包	外植体接种用
试管刷,支	若干	若干	若干	各式规格	洗瓶用
塑料大盆,只	2	4	4		洗瓶用
三防袖套,副	若干	若干	若干	防水、防静电、防菌	洗瓶用
乳胶手套,副	若干	若干	若干		洗瓶用
棉布,米	若干	若干	若干		包接种盘用
工作服,件	8	16	32	大号/中号/小号	接种用
接种三防工作服,件	8	16	32	防水、防静电、防菌;分体式,全套三件	接种用
实验帽,顶	8	16	32		接种用
一次性手套,副	若干	若干	若干	PE 塑料薄膜手套	接种用
一次性口罩,只	若干	若干	若干		接种用
一次性鞋套,副	若干	若干	若干		临时人员出入用
脱脂纱布,包	若干	若干	若干	医用敷料级	接种人员用
医用脱脂棉,包	若干	若干	若干		接种人员用
凉拖鞋,双	6	12	20	各种尺码	接种人员用
棉拖鞋,双	6	12	20	各种尺码	接种人员用
垃圾箱,只	10	15	25		接种人员用

表 C.1（续）

仪器设备名称	年生产规模，万株			规格	用途说明
	50	100	200		
垃圾袋，捆	若干	若干	若干		接种人员用
记录本，本	若干	若干	若干		记录用
中性笔，支	若干	若干	若干		记录用
打码机，只	6	10	18		编码打码用
标签纸，卷	若干	若干	若干		编码打码用
定时器，只	若干	若干	若干		记录时间

附　录　D
（资料性附录）
植物组培常用化学试剂、药品

植物组培常用化学试剂、药品见表 D.1。

表 D.1　植物组培常用化学试剂、药品

药品中文名称	英文名称	分子式	分子量	级别	保存方法
无机盐类——大量元素					
硝酸铵	Ammonium nitrate	NH_4NO_3	80.05	AR	室温、干燥、避直射光、通风良好
硝酸钾	Potassium nitrate	KNO_3	101.11	AR	室温、干燥、避直射光、通风良好
二水合氯化钙	Calcium chloride dihydrate	$CaCl_2 \cdot 2H_2O$	147.02	AR	室温、干燥、避直射光、通风良好
无水氯化钙	Calcium chloride	$CaCl_2$	111.02	AR	室温、干燥、避直射光、通风良好
七水合硫酸镁	Magnesium sulfate	$MgSO_4 \cdot 7H_2O$	246.47	AR	室温、干燥、避直射光、通风良好
磷酸二氢钾	Potassium dihydrogen phosphate	KH_2PO_4	136.09	AR	室温、干燥、避直射光、通风良好
硫酸铵	Ammonium sulfate	$(NH_4)_2SO_4$	132.13	AR	室温、干燥、避直射光、通风良好
一水合磷酸二氢钠	Sodium dihydrogen phosphate monohydrate	$NaH_2PO_4 \cdot H_2O$	138.00	AR	室温、干燥、避直射光、通风良好
磷酸二氢钠	Sodium dihydrogen phosphate anhydrous	NaH_2PO_4	120.05	AR	室温、干燥、避直射光、通风良好
四水合硝酸钙	Calcium nitrate tetrahydrate	$Ca(NO_3)_2 \cdot 4H_2O$	236.15	AR	室温、干燥、避直射光、通风良好
七水合硝酸钙	Calcium nitrate heptahydrate	$Ca(NO_3)_2 \cdot 7H_2O$	290.20	AR	室温、干燥、避直射光、通风良好
氯化钾	Potassium chloride	KCl	74.55	AR	室温、干燥、避直射光、通风良好
硫酸钠	Sodium sulfate	Na_2SO_4	142.04	AR	室温、干燥、避直射光、通风良好
无机盐类——微量元素					
四水合硫酸锰	Manganese(Ⅱ) sulfate tetrahydrate	$MnSO_4 \cdot 4H_2O$	223.01	AR	室温、干燥、避直射光、通风良好
一水合硫酸锰	Manganese sulfate monohydrate	$MnSO_4 \cdot H_2O$	169.02	AR	室温、干燥、避直射光、通风良好
七水合硫酸锌	Zinc sulfate heptahydrate	$ZnSO_4 \cdot 7H_2O$	287.55	AR	室温、干燥、避直射光、通风良好
硼酸	Boric acid	H_3BO_3	61.83	AR	室温、干燥、避直射光、通风良好
碘化钾	Potassium iodide	KI	166.01	AR	室温、干燥、避光、通风良好

表 D.1（续）

药品中文名称	英文名称	分子式	分子量	级别	保存方法
二水合钼酸钠	Sodium molybdate dihydrate	$Na_2MoO_4 \cdot 2H_2O$	241.95	AR	室温、干燥、避直射光、通风良好
五水合硫酸铜	Copper（Ⅱ）sulfate pentahydrate	$CuSO_4 \cdot 5H_2O$	249.68	AR	室温、干燥、避直射光、通风良好
六水合氯化钴	Cobalt（Ⅱ）chloride hexahydrate	$CoCl_2 \cdot 6H_2O$	237.93	AR	室温、干燥、避直射光、通风良好
无机盐类——铁盐					
七水合硫酸亚铁	Iron（Ⅱ）sulfate heptahydrate	$FeSO_4 \cdot 7H_2O$	278.03	AR	室温、干燥、避直射光、通风良好
硫酸铁	Iron（Ⅲ）sulfate	$Fe_2(SO_4)_3$	399.88	AR	室温、干燥、避直射光、通风良好
乙二胺四乙酸二钠	Disodium ethylenediamine tetraacetic acid	$C_{10}H_{14}N_2O_8Na_2 \cdot 2H_2O$	372.25	AR	室温、干燥、避直射光、通风良好
有机物					
甘氨酸	Glycine	$C_2H_5NO_2$	75.07	BR 99.5%	室温、干燥、避直射光、通风良好
盐酸硫氨素 HCl	Thiamine hydrochloride（维生素 B_1）	$C_{12}H_{17}ClN_4OS-HCl$	337.27	BR 99.6%	室温、干燥、避直射光、通风良好
盐酸吡哆醇	Pyridoxine hydrochloride（维生素 B_6）	$C_8H_{11}NO_3-HCl$	205.64	BR 99.7%	室温、干燥、避直射光、通风良好
烟酸	Nicotinic acid（维生素 B_5）	$C_6H_5NO_2$	123.11	BR 99.8%	室温、干燥、避直射光、通风良好
肌醇	Myo-inositol	$C_6H_{12}O_6$	180.16	BR 99.9%	室温、干燥、避直射光、通风良好
水解酪蛋白	Casein hydrolysate acid（CH）			BR	冷藏（4℃），避光
水解乳蛋白	Lactoalbumin hydrolysate（LH）			BR	冷藏（4℃），避光
蔗糖	Sucrose	$C_{12}H_{22}O_{11}$	342.30	AR	室温、干燥、避直射光、通风良好
葡萄糖	Glucose	$C_6H_{12}O_6$	180.00	AR	室温、干燥、避直射光、通风良好
琼脂	Agar	$(C_{12}H_{18}O_9)_n$	凝结强度 1 200 $g \cdot cm^{-2}$～1 300 $g \cdot cm^{-2}$		室温、干燥、避直射光、通风良好
植物生长调节剂					
6-苄基嘌呤	6-Benzyl aminopurine（6-BA）	$C_{12}H_{11}N_5$	225.25	BR	室温、干燥、避直射光、通风良好
6-糠氨基嘌呤（激动素）	6-Furfuryl aminopurine（Kinetin，KT）	$C_{10}H_9N_5O$	215.21	BR	室温、干燥、避直射光、通风良好
玉米素	Zeatin（ZT）	$C_{10}H_{13}N_5O$	219.24	BR 99%	冷冻（－20℃），避光
噻苯隆	Thidiazauron（TDZ）	$C_9H_8N_4OS$	220.32	BR 99%	冷藏（4℃），避光
N6-异戊烯基腺嘌呤	N6-(2-Isopentenyl) adenine 6-（γ，γ-Dimethylallylamino）purine（2iP）	$C_{10}H_{13}N_5$	203.24	BR	冷藏（4℃），避光
α-萘乙酸	1-Naphthylacetic acid（NAA）	$C_{12}H_{10}O_2$	186.21	BR	室温、干燥、避直射光、通风良好
吲哚乙酸	Indole-3-acetic acid（IAA）	$C_{10}H_9NO_2$	175.19	BR	室温、干燥、避直射光、通风良好

表 D.1（续）

药品中文名称	英文名称	分子式	分子量	级别	保存方法
吲哚丁酸	Indole - 3 - butyric acid (IBA)	$C_{12}H_{13}NO_2$	203.23	BR	室温、干燥、避直射光、通风良好
2,4 -二氯苯氧乙酸	2, 4 - Dichlorophenoxyacetic acid(2,4 - D)	$C_8H_6Cl_2O_3$	221.04	BR	室温、干燥、避直射光、通风良好
腺嘌呤	Adenine(A)	$C_5H_5N_5$	135.13	BR	室温、干燥、避直射光、通风良好
赤霉素	Gibberellin acid(GA)	$C_{19}H_{22}O_6$	346.38	BR 99%	冷藏(4℃)，避光
乙烯利	Ethrel(Et)	$C_2H_6ClO_3P$	144.50	BR 95%	室温、干燥、避直射光、通风良好
脱落酸	Abscisic acid(ABA)	$C_{15}H_{20}O_4$	264.32	BR	冷冻(−20℃)，避光
消毒剂					
甲醛	Formaldehyde	CH_2O	30.03	AR	室温、干燥、避直射光、通风良好
高锰酸钾	Potassium permanganate	$KMnO_4$	158.03	AR	室温、干燥、避直射光、通风良好
乙醇	Ethanol	C_2H_6O	46.07	CP 95%	室温、干燥、避直射光、通风良好
新洁尔灭溶液(苯扎溴铵溶液)	Bromo geramine	$C_{21}H_{38}BrN$	384.44	5%	室温、干燥、避光、通风良好
次氯酸钠溶液	Sodium hypochlorite	$NaClO$	74.44	AR;5.2%	室温、干燥、避直射光、通风良好
氯化汞	Mercuric chloride	$HgCl_2$	271.5	AR	室温、干燥、避光、通风良好
吐温-20	Tween - 20	$C_{18}H_{34}O_6 \cdot (C_2H_4O)_n$		CP	冷藏(4℃)，避光
洗涤剂					
洗衣粉				中性	室温、干燥、避直射光、通风良好
洗洁精				中性	室温、干燥、避直射光、通风良好
其他					
活性炭	Actived carbon	C	12	AR;粉状	室温、干燥、避直射光、通风良好
盐酸	Hydrochloric acid	HCl	36.46	AR	低温、干燥、避直射光、通风良好
氢氧化钠	Sodium hydroxide	$NaOH$	40.01	AR	室温、干燥、避直射光、通风良好

附　录　E
（资料性附录）
花卉种苗组培快繁规模化生产流程

花卉种苗组培快繁规模化生产流程见图 E.1。

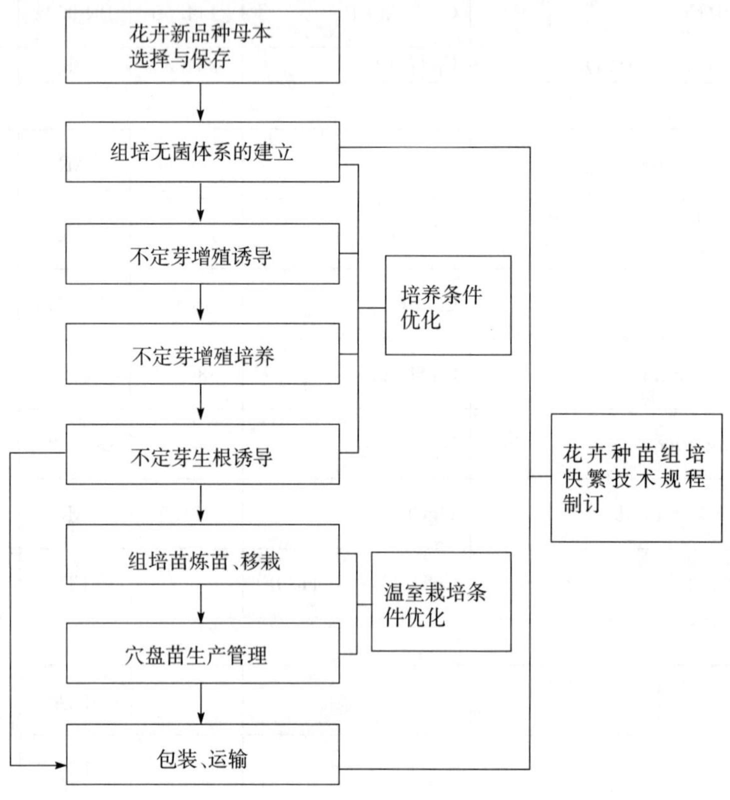

图 E.1　花卉种苗组培快繁规模化生产流程

附 录 F
(资料性附录)
常用基本培养基成分

常用基本培养基成分见表 F.1。

表 F.1 常用基本培养基成分

单位为毫克每升

培养基成分	培养基种类						
	Murashige & Skoog (MS) (1962)	Gamborg (B5) (1968)	朱至清等 (N6) (1974)	Linsmaier & Skoog (LS) (1965)	Woody plant medium (WPM) (1980)	White (1963)	曹孜义等 (GS) (1986)
大量元素							
$(NH_4)_2SO_4$		134	463				67
NH_4NO_3	1 650			1 650	400		
KNO_3	1 900	2 500	2 830	1 900	900	80	1 250
$CaCl_2 \cdot 2H_2O$	440	150	166	400	96		150
$MgSO_4 \cdot 7H_2O$	370	250	185	370	370	720	125
KH_2PO_4	170		400	170	170		
$NaH_2PO_4 \cdot H_2O$		150					
Na_2HPO_4						16.5	175
$Ca(NO_3)_2 \cdot 4H_2O$					556		
$Ca(NO_3)_2 \cdot 7H_2O$						300	
KCl						65	
Na_2SO_4						200	
微量元素							
$MnSO_4 \cdot 4H_2O$	22.3	10	4.4	22.3	22.5	7	
$ZnSO_4 \cdot 7H_2O$	8.6	2	3.8	8.6	8.6	3	1
H_3BO_3	6.2	3	1.6	6.2	6.2	1.5	1.5
KI	0.83	0.75	0.8	0.83		0.75	0.375
$Na_2MoO_4 \cdot 2H_2O$	0.25	0.25		0.25	0.25		
$CuSO_4 \cdot 5H_2O$	0.025	0.025		0.025	0.25		0.012 5
$CoCl_2 \cdot 6H_2O$	0.025	0.025		0.025			0.012 5
有机成分							
甘氨酸	2.0		2.0		2.0	3.0	
盐酸硫胺素(维生素 B_1)	0.1	10.0	1.0	0.4	1.0	0.1	10.0
盐酸吡哆酸(维生素 B_6)	0.5	1.0	0.5		0.5	0.1	1.0
烟酸(维生素 B_5)	0.5	1.0	0.5		0.5	0.5	1.0
肌醇	100	100		100	100	100	25
铁盐							
$FeSO_4 \cdot 7H_2O$	27.8	27.8	27.8	27.8	27.8		13.9
$Na_2 \cdot EDTA$	37.3	37.3	37.3	37.3	37.3		18.65
$Fe_2(SO_4)_3$						2.5	

表 F.1（续）

培养基成分	培养基种类						
	Murashige & Skoog (MS) (1962)	Gamborg (B5) (1968)	朱至清等 (N6) (1974)	Linsmaier & Skoog (LS) (1965)	Woody plant medium (WPM) (1980)	White (1963)	曹孜义等 (GS) (1986)
糖源							
蔗糖	30 000	20 000	50 000	30 000	30 000	20 000	15 000
pH							
	5.8	5.5	5.8	5.8	5.7	5.5	5.8

附 录 G
(资料性附录)
MS 基本培养基母液配制

MS 基本培养基母液配制见表 G.1。

表 G.1 MS 基本培养基母液配制

母液种类	试剂名称	标准重量,mg/L	扩大倍数	称取重量,mg/L	保存方式
大量元素	KNO_3	1 900	20	38 000	冷藏(4℃),避光保存
	NH_4NO_3	1 650		33 000	
	KH_2PO_4	170		3 400	
	$MgSO_4 \cdot 7H_2O$	370		7 400	
	$CaCl_2 \cdot 2H_2O$	440		8 800	
微量元素	KI	0.83	200	166	冷藏(4℃),避光保存
	$ZnSO_4 \cdot 7H_2O$	8.6		1 720	
	$MnSO_4 \cdot 4H_2O$	22.3		4 460	
	H_3BO_3	6.2		1 240	
	$Na_2MoO_2 \cdot 2H_2O$	0.25		50	
	$CoCl_2 \cdot 6H_2O$	0.025		5	
	$CuSO_4 \cdot 5H_2O$	0.025		5	
有机成分	维生素 B_1	0.1	100	10	冷藏(4℃),避光保存
	维生素 B_5	0.5		50	
	维生素 B_6	0.5		50	
	Gly	2		200	
	Myo-inositol	100		10 000	
铁盐	$FeSO_4 \cdot 7H_2O$	27.8	100	2 780	冷藏(4℃),避光保存
	$Na_2 \cdot EDTA$	37.3		3 730	

附 录 H
(资料性附录)
常用植物生长调节剂的母液配制

常用植物生长调节剂的母液配制见表 H.1。

表 H.1 常用植物生长调节剂的母液配制

<table>
<tr><th>类别</th><th>名称</th><th>配制方法</th><th>存储方式</th><th>常用浓度,mg/L</th></tr>
<tr><td rowspan="6">细胞分裂素</td><td>6-苄基嘌呤(6-BA)</td><td rowspan="5">先用适量 0.1 M 的盐酸(HCl)充分溶解,然后加入去离子水定容,常用母液浓度为 0.1 mg/mL、0.5 mg/mL、1.0 mg/mL</td><td rowspan="4">冷藏(4℃),密封,避光保存</td><td>0.1~3.0</td></tr>
<tr><td>激动素(KT)</td><td>0.1~3.0</td></tr>
<tr><td>玉米素(ZT)</td><td>0.05~1.0</td></tr>
<tr><td>腺嘌呤(Adenine)</td><td>0.1~3.0</td></tr>
<tr><td>异戊烯基腺嘌呤(2iP)[a]</td><td rowspan="2">过滤灭菌、现配现用</td><td>0.1~2.0</td></tr>
<tr><td>噻苯隆(TDZ)[a]</td><td>先用适量二甲基亚砜(DMSO)充分溶解,然后加入去离子水定容,常用母液浓度为 0.05 mg/mL、0.1 mg/mL</td><td>0.05~0.5</td></tr>
<tr><td rowspan="4">生长素</td><td>吲哚乙酸(IAA)[a]</td><td rowspan="4">先用适量 95%酒精或无水乙醇充分溶解,然后加入去离子水定容,常用母液浓度为 0.1 mg/mL、0.5 mg/mL、1.0 mg/mL</td><td>过滤灭菌、现配现用</td><td>0.1~1.0</td></tr>
<tr><td>吲哚丁酸 IBA</td><td rowspan="3">冷藏(4℃),密封,避光保存</td><td>0.1~1.0</td></tr>
<tr><td>萘乙酸(NAA)</td><td>0.1~1.0</td></tr>
<tr><td>2,4-二氯苯氧乙酸(2,4-D)</td><td>0.1~3.0</td></tr>
<tr><td>赤霉素</td><td>赤霉素(GA)[a]</td><td>先用适量 95%酒精或无水乙醇充分溶解,然后加入去离子水定容,常用母液浓度为 0.1 mg/mL</td><td rowspan="2">过滤灭菌、现配现用</td><td>0.01~0.5</td></tr>
<tr><td>脱落酸</td><td>脱落酸(ABA)[a]</td><td>先用适量 95%酒精或无水乙醇充分溶解,然后加入去离子水定容,常用母液浓度为 0.1 mg/mL、0.5 mg/mL、1.0 mg/mL</td><td>0.1~3.0</td></tr>
<tr><td colspan="5">[a] 不应经过高温灭菌。</td></tr>
</table>

本标准起草单位:浙江省农业科学院。

本标准主要起草人:陈剑平、徐刚、汪一婷、K. B. Kumar、陈志、牟豪杰、吕永平。

第 5 部分

种子加工标准

中华人民共和国国家标准

GB/T 5983—2013

种子清选机试验方法

Test methods for seed cleaning machine

1 范围

本标准规定了种子清选机的术语和定义、试验条件和试验前准备、性能试验、生产试验和试验报告。

本标准适用于以下种子清选机：

——初清机包括：

- 垂直气流分选机、循环气流分选机(以下统称气流分选机)；
- 圆筒初清筛、网带初清筛；
- 风筛式初清机、自衡振动筛。

——风筛式清选机；

——精选机包括：

- 重力式分选机、重力式去石机；
- 窝眼筒分选机、窝眼盘分选机；
- 带式分选机、螺旋分选机；
- 色选机。

——复式清选机包括：

- 复式清选机(筛选重力分选部件组合式)；
- 复式清选机(筛选长度分选部件组合式)。

2 规范性引用文件

下列文件对于本文件的应用是必不可少的。凡是注日期的引用文件，仅注日期的版本适用于本文件。凡是不注日期的引用文件，其最新版本(包括所有的修改单)适用于本文件。

GB/T 1236　工业通风机　用标准化风道进行性能试验

GB/T 3543.2　农作物种子检验规程　扦样

GB/T 3543.3　农作物种子检验规程　净度分析

GB/T 5667　农业机械　生产试验方法

GB/T 12994　种子加工机械　术语

GBZ/T 192.1　工作场所空气中粉尘测定　第1部分：总粉尘液度

WS/T 69　作业场所噪声测量规范

3 术语和定义

GB/T 12994界定的以及下列术语和定义适用于本文件。

中华人民共和国国家质量监督检验检疫总局
中国国家标准化管理委员会　2013-12-31发布　2014-10-01实施

3.1

杂质 impurity

种子中混入的其他物质、其他植物种子及按要求应淘汰的被清选作物种子。

3.2

小型杂质 small impurity

最大尺寸小于被清选作物种子宽度或厚度尺寸的杂质，简称小杂。

3.3

大型杂质 large impurity

最大尺寸大于被清选作物种子宽度尺寸的杂质，简称大杂。

3.4

轻杂 light impurity

密度小于被清选作物种子的杂质。

3.5

重杂 dense impurity

密度大于被清选作物种子的杂质。

3.6

并肩石 mixed stones

形状、尺寸与被清选作物种子相似、相近的重杂。

3.7

长杂 tong impurity

形状与被清选作物种子相似，最大尺寸大于被清选作物种子长度尺寸的杂质。

3.8

短杂 short impurity

形状与被清选作物种子相似，最大尺寸小于被清选作物种子长度尺寸的杂质。

3.9

异形杂质 other shape impurity

最大尺寸与球形种子直径尺寸或截面呈圆形种子宽度（直径）尺寸相近，而形状有较大差异的杂质。

3.10

异色杂质 other color impurity

颜色与被清选作物种子明显不同的杂质及变色且超过规定面积的被清选作物种子。

4 试验条件和试验前准备

4.1 清选机和辅助设备

4.1.1 清选机应符合随机技术文件或产品使用说明书要求，并按4.3规定的试验用种子配备清选工作部件。

4.1.2 清选机上料和出料用的提升机、输送机等辅助设备生产率应与清选机相匹配。

4.1.3 气流分选机、圆筒初清筛、网带初清筛、风筛式初清机、自衡振动筛、风筛式清选机、重力式分选机及重力式去石机应配备集尘或除尘设备。

4.2 场地

4.2.1 试验场地应便于清选机和辅助设备安装、调试及种子贮放运输。

4.2.2 试验环境条件应符合清选机适应性要求。

4.3 种子

4.3.1 试验用种子应符合表1规定。

表1 试验用种子

<table>
<tr><th>清选机名称</th><th>种子</th><th>种子水分/%</th><th>净度/%</th><th>主要杂质</th></tr>
<tr><td>气流分选机</td><td>小麦或玉米</td><td rowspan="3">≤20</td><td rowspan="2">92～95</td><td>轻杂</td></tr>
<tr><td>圆筒初清筛、网带初清筛</td><td>小麦或玉米</td><td>大杂</td></tr>
<tr><td>风筛式初清机、自衡振动筛</td><td>小麦或玉米</td><td>94～96</td><td rowspan="2">轻杂、大杂、小杂</td></tr>
<tr><td>风筛式清选机</td><td>小麦或玉米</td><td>≤16</td><td>96～98</td></tr>
<tr><td rowspan="2">重力式分选机</td><td>白菜或萝卜</td><td>≤10</td><td>96～97</td><td rowspan="2">轻杂、重杂</td></tr>
<tr><td>小麦或玉米</td><td>≤16</td><td rowspan="6">97～98</td></tr>
<tr><td>重力式去石机</td><td>白菜或萝卜</td><td>≤10</td><td>并肩石</td></tr>
<tr><td rowspan="2">窝眼筒分选机、窝眼盘分选机</td><td>小麦</td><td rowspan="2">≤16</td><td>长杂</td></tr>
<tr><td>燕麦或水稻</td><td>短杂</td></tr>
<tr><td>带式分选机、螺旋分选机</td><td>豌豆或大豆或小豆</td><td rowspan="2">≤14</td><td>异形杂质</td></tr>
<tr><td>色选机</td><td>大豆或小豆</td><td>异色杂质</td></tr>
<tr><td rowspan="2">复式清选机(筛选重力分选部件组合式)</td><td>小麦或玉米</td><td>≤16</td><td rowspan="3">96～98</td><td rowspan="2">大杂、小杂、轻杂</td></tr>
<tr><td>大豆</td><td>≤14</td></tr>
<tr><td>复式清选机(筛选长度分选部件组合式)</td><td>小麦或水稻</td><td>≤16</td><td>大杂、小杂、长杂或短杂</td></tr>
</table>

4.3.2 试验用种子应是同一产地、同一收获期的同品种、质量基本一致的种子。

4.4 仪器、仪表和计量设备

4.4.1 试验用仪器、仪表应在试验前应检定校准，并应在有效周期内。

4.4.2 清选机喂入、排出种子质量(重量)及清除物的质量(重量)的测量应选用高准确度的自动衡器或非自动电子衡器。使用前应经检定合格，最大误差应在允许范围内。

4.5 人员

4.5.1 按清选机使用说明书要求配备操作人员。

4.5.2 按试验测定内容配备试验人员，试验人员应熟练掌握清选机的试验方法。

4.6 测定记录表格

4.6.1 测定时应如实填写以下表格：

——清选机技术特性登记表；

——试验用种子质量登记表；

——空载试验测定数据记录表；

——性能指标测定数据记录表；

——作业场所卫生限值测定记录表；

——生产考核班次记录表；

——可靠性考核记录表；

——生产查定班次记录表。

4.6.2 可直接使用计算机进行试验数据整理。

5 性能试验

5.1 性能试验要求

5.1.1 试验测定应不少于三次，测定结果应分别计算。其中作业场所卫生限值允许测定一次或单独测定。

5.1.2　性能测试应包括以下各项指标：

——性能指标：

- 纯工作小时生产率；
- 千瓦小时生产率；
- 清选后种子净度或含杂率；
- 获选率、清除物含种率(清除物中符合种子质量要求的净种子质量分数)或清选损失率。

——作业场所卫生限值：

- 空气中粉尘浓度；
- 工作地点噪声。

——其他性能指标按表2规定。

表2　其他性能指标

名称	性能指标
气流分选机	清选每吨种子消耗风量、轻杂清除率
圆筒初清筛、网带初清筛	筛片面积生产率、网带面积生产率、大杂清除率
风筛式初清机、自衡振动筛	筛片面积生产率、清选每吨种子消耗风量、杂质清除率
风筛式清选机	筛片面积生产率、清选每吨种子消耗风量、杂质清除率
重力式分选机	轻杂清除率、重杂清除率
重力式去石机	并肩石清除率
窝眼筒分选机、窝眼盘分选机	筒壁面积生产率、单盘生产率、长杂清除率或短杂清除率
带式分选机、螺旋分选机	部件生产率、单组生产率、异形杂质清除率
色选机	单道(单元)生产率、异色杂质清除率
复式清选机(筛选重力分选部件组合式)	杂质清除率
复式清选机(筛选长度分选部件组合式)	杂质清除率、长杂或短杂清除率

5.1.3　测定前应按5.4.3规定做好试验准备工作，性能测定期间试验样机不应再进行调整。

5.1.4　试验测定中出现漏检项目时应按5.4.4规定程序重新进行试验，不应单独补测。

5.2　取样

5.2.1　清选前取样在清选机喂入口处接取，每次试验取样三次，等间隔进行。取样量应符合5.3.1要求。试验期间应等间隔进行。

5.2.2　清选后取样在清选机主排出口接取。每次试验取样三次，与5.2.1同步进行，取样量应符合5.3.2要求。

5.3　样品处理

5.3.1　将5.2.1接取的三次样品按GB/T 3543.2规定配制混合样品，从混合样品中分取试验样品，按GB/T 3543.3测定计算出清选前种子净度或含杂率。

5.3.2　将5.2.2接取的三次样品按GB/T 3543.2规定配制混合样品，从混合样品中分取试验样品，按GB/T 3543.3规定测定计算出清选后种子净度或含杂率。

5.4　测定

5.4.1　试验过程和测定结果计算以风筛式清选机清选小麦或玉米种子进行。

5.4.2　风筛式清选机空运转10 min～20 min后测定以下项目：

——主风机风速、前后吸风道最大风速和最小风速；

——下吹风机转数、风速；

——筛箱振动频率、振幅；

——整机空载功率。

5.4.3　启动风筛式清选机和上料、出料提升机及输送机，喂入准备好的试验用种子，按使用说明书规定调整到标定生产率及正常工作状态。稳定运行 5 min～10 min 后开始测定。

5.4.4 试验测定程序如下：

a) 同步进行以下测定：
- 开始计时；
- 开始计量风筛式清选机用电量；
- 开始人工或自动计量喂入种子质量(或各杂余口清除物质量)和主排出口排出种子质量。

b) 10 min 后按 5.2.1、5.2.2 规定取样；

c) 按 GB/T 1236 规定测定主风机和下吹风机风量；

d) 按 WS/T 69 规定测定作业场所工作地点噪声；

e) 30 min 后按 GBZ/T 192.1 规定测定作业场所空气中粉尘浓度。

5.4.5 第一次试验测定结束后整理以下数据并准备第二次试验

——试验结束时间和第一次试验测定时间间隔；

——风筛式清选机耗电量；

——喂入种子质量(或各杂余口清除物质量)和主排出口排出种子质量。

5.5 试验测定结果计算

5.5.1 纯工作小时生产率按式(1)计算：

$$E_c = \frac{W_q/1\,000}{T_c} \quad \cdots\cdots (1)$$

式中：

E_c——纯工作小时生产率，单位为吨每小时(t/h)；

W_q——测定期间喂入种子质量(或主排出口排出种子质量与各杂余口清除物质量之和)，单位为千克(kg)；

T_c——测定时间间隔，单位为小时(h)。

5.5.2 千瓦小时生产率按式(2)计算：

$$E_q = \frac{W_q/1\,000}{Q} \quad \cdots\cdots (2)$$

式中：

E_q——千瓦小时生产率，单位为吨每千瓦小时(t/kW·h)；

Q——测定期间风筛式清选机耗电量，单位为千瓦小时(kW·h)。

5.5.3 筛片面积生产率按式(3)计算：

$$E_s = \frac{E_c}{S} \quad \cdots\cdots (3)$$

式中：

E_s——筛片面积生产率，单位为吨每平方米小时(t/m^2·h)；

S——风筛式清选机筛片总面积，单位为平方米(m^2)。

5.5.4 清选每吨种子消耗风量按式(4)计算：

$$E_f = \frac{G}{E_c} \quad \cdots\cdots (4)$$

式中：

E_f——清选每吨种子消耗风量，单位为立方米每吨(m^3/t)；

G——风筛式清选机主风机和下吹风机风量之和，单位为立方米每小时(m^2/h)。

5.5.5 清选后种子净度可直接取 5.3.2 样品处理结果或按式(5)计算：

$$\alpha = \frac{W - W \times \eta}{W} \times 100\% = (1 - \eta) \times 100\% \quad \cdots\cdots (5)$$

式中：

α——清选后种子净度，%；

W——测定期间风筛式清选机主排出口排出种子质量，单位为千克(kg)；

η——清选后种子含杂率，%。

5.5.6 获选率按式(6)计算：

$$\beta=\frac{W\times\alpha}{W_q\times\alpha_q}\times100\% \quad\cdots\cdots(6)$$

式中：

β——获选率，%；

α_q——清选前种子净度，%。

5.5.7 杂质清除率按式(7)计算：

$$\gamma=\frac{W_q\times\eta_q-W\times\eta}{W_q\times\eta_q}\times100\%=(1-\frac{W\times\eta}{W_q\times\eta_q})\times100\% \quad\cdots\cdots(7)$$

式中：

γ——杂质清除率，%；

η_q——清选前种子含杂率，%。

5.5.8 清除物含种率按式(8)计算：

$$\delta=\frac{W_q\times\alpha_q-W\times\alpha}{W_q-W}\times100\% \quad\cdots\cdots(8)$$

式中：

δ——清除物含种率，%。

5.5.9 或不计算获选率，按式(9)计算清选损失率：

$$\varepsilon=\frac{W_q\times\alpha_q-W\times\alpha}{W_q\times\alpha_q}\times100\%=(1-\frac{W\times\alpha}{W_q\times\alpha_q})\times100\% \quad\cdots\cdots(9)$$

式中：

ε——清选损失率，%。

6 生产试验

6.1 试验要求

6.1.1 生产试验的清选机应不少于2台；生产试验时间应不少于300 h。

6.1.2 多种作物种子的清选机，应能试验两种以上作物种子。

6.2 生产试验内容

6.2.1 生产考核

6.2.1.1 清选机按标定的生产率清选作业时，应按GB/T 5667的规定测定、记录以下各类时间：

——班次时间包括：
- 作业时间；
- 非作业时间。

——非班次时间；

——总延续时间。

6.2.1.2 测定记录每班次作业时间喂入种子质量。

6.2.2 可靠性考核

6.2.2.1 生产考核期间，记录统计首次故障前工作时间、每次停机时间、故障次数。

6.2.2.2 分析、记录故障危害程度和处置方法。

6.2.3 生产查定

6.2.3.1 生产试验过程中应对清选机进行至少三个连续班次生产查定，每个查定班次时间应不少于6 h。

6.2.3.2 生产查定应按6.2.1.1规定测定每个查定班次内各类时间，并查定喂入种子质量、耗电量及所需人工。

6.3 可靠性指标计算

6.3.1 使用有效度按式(10)计算：

$$K = \frac{\sum T_z}{\sum T_z + \sum T_g} \times 100\% \quad \cdots\cdots (10)$$

式中：

K——使用有效度，%；

T_z——生产考核期间每班次作业时间间隔，单位为小时(h)；

T_g——生产考核期间每班次故障停机时间间隔，单位为小时(h)。

6.3.2 平均故障间隔时间按式(11)计算：

$$T_{mbf} = \frac{\sum T_z}{\chi} \quad \cdots\cdots (11)$$

式中：

T_{mbf}——平均故障间隔时间，单位为小时(h)；

χ——生产考核期间发生故障停机次数。

6.4 主要技术经济指标计算

6.4.1 班次小时生产率按式(12)计算：

$$E_{bs} = \frac{\sum W_{bk}}{\sum T_b} \quad \cdots\cdots (12)$$

式中：

E_{bs}——班次小时生产率，单位为吨每小时(t/h)；

W_{bk}——生产考核期间每班次作业时间喂入种子质量，单位为吨(t)；

T_b——生产考核期间每班次时间间隔，单位为小时(h)。

6.4.2 班次生产率按式(13)计算：

$$E_b = \frac{\sum W_{bc}}{n} \quad \cdots\cdots (13)$$

式中：

E_b——班次生产率，单位为吨每班(t/班)；

W_{bc}——生产查定期间每班次喂入种子质量，单位为吨(t)；

n——生产查定班次数。

6.4.3 清选成本按式(14)计算：

$$C = \frac{\sum (F_d + F_g)}{\sum W_{bc}} \quad \cdots\cdots (14)$$

式中：

C——清选每吨种子直接成本，单位为元每吨(元/t)；

F_d——生产查定期间每班次用电费，单位为元；

F_g——生产查定期间每班次人工费，单位为元。

6.4.4　按需要还可以计算出作业小时生产率、标定功率生产率等。

7　试验报告

7.1　试验结束后应将性能试验、生产试验测定计算结果进行核实整理汇总，并写出试验报告。

7.2　试验报告应包括下列内容：

——试验用清选机技术特征；

——试验条件；

——性能试验结果及分析；

——生产试验结果及分析；

——结论；

——负责试验单位、人员；

——应附的试验数据、图、表及相应说明。

本标准起草单位：黑龙江省农副产品加工机械化研究所。

本标准主要起草人：孙鹏、王丽娟、赵承圃。

中华人民共和国国家标准

GB/T 12994—2008

种子加工机械　术语

Seed processing machinery—Terminology

1　范围

本标准规定了种子加工机械的加工工艺、种子加工机具、零部件、技术指标和工作参数有关的术语和定义。

本标准适用于农作物种子、林木种子、牧草种子加工机械。

2　加工工艺部分

2.1

种子加工　seed processing

种子从收获后到播种前所进行的加工处理的全过程。主要包括：干燥、预加工、清选、分级、选后处理、定量包装、贮存等。

2.2

种子干燥　seed drying

使用各种方法降低种子的水分，使其达到可以安全贮存要求的过程，以保持种子旺盛的发芽力和活力。种子的干燥方法分自然干燥和机械干燥。

2.3

自然干燥　natural drying

在大气中进行的干燥方法。借太阳的辐射热或自然界的风力，使物料中的水分气化而达到除去水分的目的。不需人工加热和排出干燥介质。

2.4

机械干燥　mechanical drying

强制自然空气或加热空气通过种子层，对种子进行干燥的过程。

2.5

种子预加工　seed preconditioning

为种子清选预先进行的脱粒、取籽、脱壳、脱绒、除芒、除翅、除刺毛、清洗、磨光与破皮等各种作业。

2.6

种子清选　seed cleaning; seed separating

将种子与杂质、废种子分离的过程。主要分为初清选、基本清选、精选。

2.7

种子尺寸分级　seed size grading

将清选后的种子按其相互间物理特性和外形尺寸的差异分选为若干个等级。

中华人民共和国国家质量监督检验检疫总局
中国国家标准化管理委员会　2008-07-09 发布　2009-02-01 实施

2.8

种子选后处理　treatment after seed separation

为防治病、虫害和提高种子发芽能力与促进作物的生长、发育以及某些特殊目的而在种子清选加工后进行的各种化学、生物、物理(非纯机械作用的)等方面的处理。

在临近播种时进行的处理又称播前处理。

2.9

种子贮存　seed storage

将种子按不同贮存期限贮存在容器内或库房内。包括暂时贮存、短期贮存、中期贮存与长期贮存(基因库贮存)。

2.10

种子加工工艺流程　seed processing technology sequence

种子加工采用的方法、步骤和技术路线。

2.11

初清选(预清选)　precleaning;scalping

为了改善种子物料的流动性、贮藏性和减轻主要清选作业的负荷而进行的初步清除杂质的作业。

2.12

基本清选　main cleaning; basic separating

利用风选和筛选对种子物料进行的以基本达到净度要求的主要清选作业。

2.13

精选　precise separating

在基本清选之后进行的各种分选清选作业。

2.14

风选　air separating

按种子物料的空气动力学特性差异进行的清选作业。

2.15

筛前风选　primary air separating

在风筛清选机中,筛选前的初步风选。

2.16

筛后风选　fine air separating

在风筛清选机中,筛选后精细风选。

2.17

筛选　screen separating;sieve separating

接种子物料的宽度、厚度或外形轮廓尺寸的差异用筛子进行的清选作业。

2.18

窝眼选　indent separating

用带窝眼的圆筒或圆盘等装置按种子物料长度差异进行的清选作业。

2.19

色选　colour separating

光电选　electronic colour separating

通过光电转换装置,按种子物料的光反射特性的差异进行分选的作业。只能按反射光的亮度进行分选的,称单色分选,按反射光的波长进行分选的,称双色分选。

2.20

电特性分选　electrical property separating

按种子物料传导电荷与极化性能等电学性能上的差异进行分选的作业。

2.21

表面特性分选　surface texture separating

按种子物料表面形态和粗糙程度差异进行的分选作业。

2.22

湿式清选　wet type cleaning

以水、水溶液或其他液体为工作介质，按种子物料密度差异进行的分选作业。

2.23

破皮处理　scarifying treatment

对外皮渗透性差的硬实种子将其表面擦破的处理过程，包括酸作用破皮、机械擦皮等。

2.24

球果干燥　**cone drying**

减少球果的水分使之开裂进而便于取籽的作业。

2.25

机械单胚种处理　technical monogerm seed treatment

采用机械方法将甜菜遗传多胚种变成单胚种的加工过程。

2.26

种子湿加工　wet processing of seed

从对茄、瓜果类蔬菜等的种果中取籽到籽粒干燥的全部作业过程。

2.27

蔬菜种子被膜发酵处理　ferment treatment of vegetable seed membrane

使茄、瓜果类蔬菜等种果的种子、果肉和种皮表面的胶质被膜分离的浸泡发酵过程。

2.28

蔬菜种子被膜无发酵处理　non-ferment treatment of vegetable seed membrane

不经浸泡发酵，直接将酸或碱等化学制剂的稀释溶液施加到茄、瓜类蔬菜种果的籽粒脱出物上，以加速种子与果实黏膜分离的过程。

2.29

棉籽脱绒处理　cotton seed delinting treatment

清除常规剥绒后残留在棉籽上短绒的过程。

2.30

棉籽化学脱绒　chemical delinting of cotton seed

以化学处理的方法除去残留在棉籽上的短绒。

2.31

棉籽稀硫酸脱绒　dilute acid delinting of cotton seed

用浓度不大于10%的稀硫酸对带短绒的棉籽进行脱绒。包括定量式稀硫酸脱绒与过量式稀硫酸脱绒。

2.32

棉籽泡沫酸脱绒　foamed acid delinting of cotton seed

用硫酸和发泡剂制成的泡沫酸对带短绒的棉籽进行脱绒的方法。

2.33

棉籽气体酸脱绒　gas acid delinting of cotton seed

用无水盐酸蒸汽作用于带短绒的棉籽表面进行脱绒的方法。又称干酸脱绒。

2.34

棉籽残酸中和　residual acid neutralizing of cotton seed

将无水氨或碱性物质施加于经酸脱绒后的棉籽表面以减少其残酸含量的过程。

2.35

种子物理处理　physical treatment of seed

通过一定的物理作用对种子进行选后(播前)处理。包括各种能量处理与层积处理、春化处理、吸胀处理、干湿处理等。

2.36

种子能量处理　energy treatment of seed

以各种物理能量对种子进行的选后(播前)处理。包括光、热、电场、磁场、超声波、电离辐射处理等。

2.37

种子高(低)频处理　high(low)frequency treatment of seed

为提高种子发芽率和增强作物抗病、虫害能力,以高频(或低频)电场对种子进行的处理。

2.38

种子化学处理　chemical treatment of seed

通过施加化学作用的物质(杀虫剂、杀菌剂、微量营养元素、维生素、激素及其他生长调节剂、惰性渗透剂等)对种子进行的选后(播前)处理。

2.39

种子药物处理(拌药)　chemicals treatment of seed

将杀虫剂或杀菌剂及其他添加剂施加到种子表面的过程。包括粉剂处理、浆剂处理、液剂处理。经药物处理后的种子,其大小与形状基本不变。

2.40

种子包衣　seed coating

在种子外表面包敷一层包衣剂的过程。包衣剂可包括杀虫剂、杀菌剂、染料及其他添加剂等。包衣后的种子形状不变而尺寸有所增加。

2.41

种子制丸　seed pelleting

将制丸材料粘裹在种子外表面制成具有一定尺寸的丸状颗粒的过程。制丸材料可包括杀虫剂、杀菌剂、营养物质、染料、黏合剂及其他添加剂等。丸化后的种子,其尺寸与形状均有明显变化。

2.42

种子暂时贮存　temporary storage of seed

在种子加工线上等待加工或等待下道工序加工种子的贮存。

2.43

种子短期贮存　short term storage of seed

大于暂时贮存时间,而不超过该种作物的下一个播种期的种子贮存。

2.44

种子加工线　seed processing line

按加工工艺流程顺序连续执行所要求的各项加工作业的若干机具的组合。

3 机具

3.1

种子加工机组　seed processing combination unit

由若干可独立作业的种子加工机械通过机械联结组合成的整体。

3.2

移动式种子加工机　mobile seed processing machine

带牵引底盘或自走底盘的种子加工机具。

3.3

种子清选机　seed separating machine; seed cleaning machine

将种子与混杂物和废种子分离的机具。

3.4

组合清选机　multiple separator

两种及两种以上不同分离原理的部件组合成的清选机具(除风筛清选机外)。其中组合风选、筛选、窝眼筒选的称复式清选机。

3.5

全自动清选机　full-automatic separator

采用微机控制自动调节工作参数的清选机具。

3.6

风选机　air separator

以气流为介质进行清选作业的机具。

3.7

吸式风选机　**aspirating separator**

以负压气流进行清选作业的机具。

3.8

吹式风选机　pneumatic separator

以正压气流进行清选作业的机具。

3.9

筛选机　screen separator; sieve separator

以筛子进行清选作业的机具。

3.10

平面筛清选机　flat screen separator

以往复振动(或回转运动)的平筛进行清选作业的机具。

3.11

圆筒筛清选机　cylinder screen separator

以旋转的圆筒筛进行清选作业的机具。用于进行分级作业时又称圆筒筛分级机。

3.12

离心式圆筒筛清选机　centrifugal cylinder screen separator

以离心力使种子物料经筛孔而分离的圆筒筛清选机。

3.13

立式圆筒筛清选机　vertical cylinder screen separator

绕立轴旋转并借离心力使种子物料经筛孔而分离的圆筒筛清选机。包括单筒式、行星式。

3.14

风筛式清选机　air-screen separator

风选与筛选组合进行清选作业的机具。用于进行初清选时称风筛初清机。

3.15

鼠笼筛初清机　squirrel cage scalper;air-drum separator

用鼠笼筛或气流与鼠笼筛组合进行清选作业的机具。

3.16

错流式风筛清选机　cross flow type air-screen separator

气流垂直贯穿筛片、风选与筛选同时进行的风筛清选机。

3.17

窝眼筒清选机　indent cylinder separator

以内壁带窝眼的圆筒进行清选作业的机具。用于进行分级时又称窝跟筒分级机。

3.18

窝眼盘清选机　indent disc separator

以两侧壁带窝眼的圆盘进行清选作业的机具。

3.19

重力式清选机(比重式清选机)　gravity separator; specific gravity separator

以双向倾斜,往复振动的工作台和贯穿工作台网面的气流(正压气流或负压气流)相结合进行清选或分级作业的机具。

3.20

去石机　stoner; destoner

清除物料中碎石的机具。

3.21

之形板清选机　zigzag table separator;paddy separator

以纵向倾斜、横向往复振动的带之形板的工作台进行清选作业的机具,用于粮食加工中分离谷、糙时又称谷糙分离机。

3.22

摇动清选机　vibrating separator

往复振动的台面粗糙或凸形的工作台进行清选作业的机具。

3.23

螺旋清选机　spiral separator

以环绕立轴的多头螺旋片进行清选作业的机具。

3.24

带式清选机　inclined belt separator

按种子物料的流动或滑动能力的差异以倾斜带面进行清选作业的机具。

3.25

绒辊清选机　velvet roll separator

按种子物料表面粗糙程度的差异以成对绒辊进行清选作业的机具。

3.26

磁力清选机　magnetic separator

按种子物料表面粗糙程度的差异以磁性滚筒进行清选作业的机具。

3.27

弹跳清选机　resilience separator

按种子物料弹性差异以弹跳板进行清选作业的机具。

3.28

撞击清选机　bumper separator

按种子物料的形状差异以往复撞击作用的倾斜板进行清选作业的机具。

3.29

静电清选机　electrostatic separator

按种子物料导电能力的差异以电极形成的电场进行清选作业的机具。

3.30

电力清选机　electro polar separator

按种子物料电极化性能的差异以电极化作用的滚筒进行清选作业的机具。

3.31

色清选机(光电清选机)　colour separator; electronic colour separator

按种子物料光反射特性的差异通过光电转换装置进行清选作业的机具。

3.32

漂浮式清选机　floatation separator

按种子物料在液体中漂浮性能的差异进行清选作业的机具。

3.33

种子干燥机　seed dryer

使种子含水率降低到符合要求的机具。

3.34

种子脱粒机　seed thresher

从果穗、荚果等果实上脱取种子的机具。

3.35

种子脱壳机　seed huller

使种子与其外壳分离的机具。

3.36

擦皮机　scarifier

擦破种子表皮以增加其对空气、水液渗透性的机具。

3.37

除芒机　debearder; deawner

采用旋转打杆或翼板及与其配合的外壳,对种子表面施加搓挤、打击作用,以除去芒、刺毛、松散的颖片及分离未脱净的穗头、荚壳等的机具。

3.38

刷清机　brushing machine

采用旋转条刷及与其配合的筛筒,对种子表面施加搓刷作用,以除去芒、膜、刺毛、松散的颖片等的机具。

3.39

种子抛光机　seed polisher

采用旋转的刷条或橡胶条及与其配合的圆筒,对种子表面施加轻微的搓擦作用,以除去刺毛、膜和粘附的泥土等,增加种子清洁度、亮度的机具。

3.40

除翅机　dewinger

除去种子表面翅片的机具。包括干式除翅机、湿式除翅机。

3.41

甜菜多胚种剥裂机　beet seed multigerm spliter

将甜菜多胚种剥裂成单胚种的机具。

3.42

甜菜种子磨光机　bcct seed abrader

对甜菜球果或籽粒进行研磨光整作业的机具。

3.43

浆果取籽机　fleshy fruit seed extracter

破开肉质浆果并使种子与果皮、果肉、果汁分离的机具。

3.44

湿籽分离机　wet seed separator

将破裂浆果获得的种子与其粘连物和残留果肉分离的机具。包括机械分离、水力分离等。

3.45

湿籽刮板分离机　scraper separator of wet seed

对经初步分离的浆果种子进行刮除表面残留果胶及肉绒的机具。

3.46

湿籽洗涤机　wet seed washer

对经初步分离的浆果种子进行清洗并除去残余浮渣、果皮、瘪粒及残酸成分等的机具。

3.47

湿籽除石机　destone of wet seed

通过清洗按密度差异除去混在湿籽中的石块、砂粒的机具。

3.48

种子离心脱水机　seed centrifugal hydro extractor

借助离心力除去种子表面自由水的机具。

3.49

棉花种子酸处理机　acid applicator of cotton seed

对棉籽表面施加酸剂使其充分浸润的机具。

3.50

棉花种子摩擦脱绒机　delinting buffer of cotton seed

以旋转滚筒内壁及其附加抄板对种子的摩擦作用和种子相互间的擦撞，使经加酸浸润并烘干后脆化的棉籽短绒脱落的机具。

3.51

棉花种子残酸中和机　cotton seed neutralizer

对经酸脱绒后的棉籽表面施加中和剂以减少其残酸含量的机具。

3.52

种子药物处理机(拌药机)　seed chemical treater

将杀虫剂或杀菌剂及其他添加剂施加于种子表面的机具。包括搅龙混合式、滚筒混合式和转盘混合式等。

3.53

通用药物处理机(通用拌药机)　combination chemical treater

适用于粉剂、液剂或浆剂处理的种子药物处理机。

3.54

种子包衣机　seed coater

将包衣剂包敷于种子外表面上的机具。

3.55

种子制丸机 seed pelleter

将制丸材料粘裹在种子外表面制成具有一定尺寸的丸状颗粒的机具。

3.56

带式制丸机 belt pelleter

以环形带对种子进行制丸作业的机具。

3.57

滚筒制丸机 cylinder pelleter

以滚筒对种子进行制丸作业的机具。

3.58

种子高(低)频处理机 seed high(low) frequency treater

以高频(或低频)电场对种子进行处理的机具。

3.59

种子加工成套设备 seed processing complete equipment

能够完成种子全部加工要求的加工设备及其配套、附属装置的总称。

3.60

种子加工成套设备输送系统 conveying system of seed processing complete equipment

种子加工成套设备中,各种输送设备、给料排料装置及其管道阀门等的总称。

3.61

种子加工成套设备除尘系统 dusting system of seed processing complete equipment

种子加工成套设备中,吸尘、排尘装置及其管道、阀门等的总称。

3.62

种子加工成套设备排杂系统 wastage removing system of seed processing complete equipment

种子加工成套设备中,杂余和废料的接收、输送、排出装置及其管道、阀门等的总称。

3.63

种子加工成套设备贮存系统 storage system of seed processing complete equipment

种子加工成套设备中,贮存仓、贮存箱及其附属装置的总称。

3.64

种子加工成套设备电控系统 electric control system of seed processing complete equipment

种子加工成套设备中,电气控制柜、电气线路和线路上各种电器、仪表的总称。

4 零、部件

4.1

前风道 primary air separating duct

风筛清选机筛子进料端的风选管道。在种子物料进入筛子之前清除其中的轻杂质。

4.2

后风道 fine air separating duct

风筛清选机筛子尾端的风选管道。在种子物料筛选后清除其中残存的轻杂质和瘪籽粒。

4.3

沉降室 setting chamber

气流清选中,利用管道截面扩大、气流速度下降使轻杂质受重力作用而沉降的装置。

4.4

筛片(板)　screen

筛网　sieve

筛片(板)、筛网等进行筛选作用的零件与安装它们的筛框所构成的整体。

4.5

清筛装置　screen cleaning device

在筛选过程中进行筛面清理以清除筛孔被物料堵塞物的装置。

4.6

筛体　screen box

筛箱　screen cradle

安装筛子及清筛装置并进行筛选运动的部件。

4.7

圆筒筛　cylinder screen

圈成圆筒形绕筒轴心线旋转进行分选作业的筛子。包括整体式与分片组合式。

4.8

鼠笼筛　squirrel-cage screen

以旋转圆筒的外表面清除大杂的大孔眼编织圆筒筛。

4.9

冲孔筛　perforated screen

将金属薄板冲制形成一定形状与大小孔眼的筛子。

4.10

编织筛　woven screen

将金属或其他材料细丝编织成一定孔眼的筛子。

4.11

钢丝焊接筛　wire welded screen

将钢丝焊接形成一定孔眼的筛子。

4.12

滚子筛　roller screen

多根平行转轴上交错套上圆片与套筒,各轴同向旋转时带动物料移动,从圆片与套筒构成的方孔中筛下细小物料的筛子。

4.13

波纹形长筛孔　ribbed oblong hole

垂直筛孔长度方向的横截面呈波纹状,分选孔口沿波谷排列的冲制长筛孔。

4.14

凹窝形圆筛孔(沉孔型圆筛孔)　recessed round hole

筛孔横截面呈凹窝状,分选孔口在凹底的冲制圆筛孔。

4.15

窝眼盘　indent disc

两侧有窝眼、按种子及其混杂物的长度差异进行分选的圆盘。

4.16

窝眼筒　indent cylinder

内壁有窝眼、按种子及其混杂物的长度差异进行分选的滚筒。包括整筒式与分片组合式。

4.17

正分选窝眼筒　right separating indent cylinder

用以清除种子物料中的短杂，并将其从承料槽中排出的窝眼筒。

4.18

逆(反)分选窝眼筒　reverse separating indent cylinder

用以清除种子物料中的长杂，并将其从筒体末端排出的窝眼筒。

4.19

双作用窝眼筒　bi-action indent cylinder

筒身前后两段窝眼大小不同，一次能顺序清除种子物料中长杂与短杂的窝眼筒。

4.20

窝眼筒承料槽(窝眼筒V形槽)　receiving trough

窝眼筒内沿筒体长度方向设置用于承接分离出来的较短物料的敞口槽。

4.21

窝眼片　indent segment

用以组成窝眼筒的弧形或半圆形的窝眼板。

4.22

半球形窝眼　hemispherical indent

呈半球状或窝底为球台形的近似半球状的窝眼。

4.23

圆台形窝眼　conical indent

孔口大于窝底的近似圆台形的窝眼。

4.24

圆柱形窝眼　cylindrical indent

孔身呈圆柱状的窝眼。

4.25

窝眼盘Ⅰ型窝眼　"R"indent(pocket)

孔口承托物料边为直线，对边为半圆的窝眼。

4.26

窝眼盘Ⅱ型窝眼　"V"indent(pocket)

孔口承托物料边为半圆，对边为直线的窝眼。

4.27

窝眼盘Ⅲ型窝眼　"square"indent(pocket)

孔口四边平直成矩形的窝眼。

4.28

三角形分选工作台　triangle separating table

台面为近似三角形(不等腰梯形)的重力式清选机工作台。

4.29

长方形分选工作台　rectangle separating table

台面为近似长方形的重力式清选机工作台。

4.30

之字形分离板　zigzag separating plate

之形板清选机工作台面与台面垂直并呈连续之字形的反射分离板。

4.31

绒辊　velvet rolls

按种子及其混杂物表面粗糙程度差异进行分选的表面包覆绒布的圆辊。

4.32

磁性滚筒　magnetic drum

筒内安置磁铁或电磁线圈形成磁场，以吸附磁性物质的滚筒。

4.33

输送对辊　conveying rolls

光电分选机中，输送物料进入光学检测箱的高速旋转的对辊。

4.34

光学检测箱　optical box

光电分选机中由检测透镜组、光源、背景板以及清理器组成的进行光学检测的部件。

4.35

检测透镜组　lens block

光电分选机中由透镜、光电管、前置放大器等组成以接收光信号并进行光电转换的装置。

4.36

背景板　background

光电分选机中提供预置光信号的色板。

5　技术指标、工作参数

5.1

悬浮速度(临界速度)　suspension velocity; critical velocity

物料在垂直上升气流中所受的气流作用力等于物料自身重力时的气流速度。

5.2

悬浮系数　aerodynamic drag coefficient

衡量物料在气流中飘浮特性的指标，悬浮系数(K_1)越大，则物料悬浮速度(v)越小。

$$K_1 = g/v^2$$

式中：

g——重力加速度。

5.3

动力学参数　dynamical parameter

往复振动筛、圆筒筛或窝眼筒工作时运动特性的综合参数(K)。

$$K = \omega^2 r/g$$

式中：

ω——曲柄或筒体旋转角频率；

r——曲柄或筒体半径。

5.4

筛体振幅　amplitude of screen box

筛体从平衡原点到振动折回点极限位置之间的距离。

5.5

筛体振动方向角　vibration angle of screen box

筛体的振动方向与水平面之间的夹角。

5.6

筛面倾角　screen slope

筛面与水平面之间的夹角。

5.7

工作台面纵向倾角　end slope of table

工作台面双向倾斜的清选机(重力式清选机等),沿振动方向的铅垂面内,工作台面与水平面之间的夹角(一般在排料边度量)。

5.8

工作台面横向倾角　side slope of table

工作台面双向倾斜的清选机(重力式清选机等),垂直于振动方向的铅垂面内,工作台面与水平面之间的夹角(一般在靠喂料处端边度量)。

5.9

滚筒倾角　cylinder slope

窝眼筒或卧式圆筒筛等的滚筒轴线与水平面之间的夹角。

5.10

滚筒临界速度　critical velocity of cylinder

在窝眼筒或圆筒筛等旋转部件内壁处,种子物料向心加速度与重力加速度绝对值相等时的滚筒转速。

5.11

筛分面积百分比　percentage of screening surface

筛子上筛孔的总面积占筛片有效总面积的百分率。

5.12

标准作物种子　standard crop seed

在种子加工作业中为标定机器生产率而统一指定的作物种子,通常情况指小麦种子。

5.13

标准生产率　standard productivity

以加工一定状态的作物种子(通常情况指小麦种子),按喂入量标定机器生产率。

5.14

生产率折算系数　conversion coefficient of productivity

加工不同作物种子时,以加工小麦种子为标准折算各自的生产率系数。

5.15

标准台(套)　standard set

以标准生产率为 1 t/h 的加工机械为一个标准台(套)。对不同规格的种子加工机械或成套设备进行折算所得的数值。

5.16

净种子　pure seed

在种子构造上凡能明确鉴别出属于所分析的种(已变成菌核、黑穗病孢子团或线虫瘿的除外)。即使是未成熟的、瘦小的、皱缩的、带病的或发过芽的种子都作为净种子。

5.17

其他植物种子　other seeds

除净种子以外的任何植物种子,包括杂草种子和异作物种子。

5.18

杂质　inert matter

除净种子和其他植物种子外的种子和所有其他物质。

5.19

种子物料　seed materials

未加工和处在不同加工阶段的好种子与混杂的废种子和各种杂质的总称。对单机作业时投入加工的种子物料和成套设备加工时最初投入加工的种子物料又称为原始种子物料。

5.20

种子净度　physical purity of seed;seed purity

符合要求的本作物种子(好种子)的质量占种子物料(好种子、废种子和杂质)的总质量的百分率。

5.21

湿加工种子清洁度　seed cleanliness of wet process

浆果脱籽后,本作物种子的质量占种子脱出物料(本作物种子、果肉、皮渣与杂质)总质量的百分率。

5.22

获选率　percentage of chosen seed

实际选出的好种子占原始种子物料中好种子含量的百分率。

5.23

除杂率　separating rate of impurity

种子物料中已清除的杂质占原有杂质含量的百分率。

5.24

全分离率　full separating percentage

等于或相当于获选率与除杂率的平均值。用以综合衡量合格种子获选与不合格要求物料清除的效果或种子分级的效果。

5.25

有害杂草籽清除率　separating rate of noxious weed seed

种子物料中已清除的有害杂草籽占种子物料中原有该类杂草籽含量的百分率。

5.26

除芒率　separating rate of awns

种子物料中已清除芒刺的种子数量占种子物料中原有芒刺种子数量的百分率。

5.27

破损率　percentage of damaged seed

加工过程中好种子的破碎损伤量占好种子总质量的百分率。

5.28

种子脱净率　percentage of shelled seed

从果穗、荚果或其他果实上脱取的种子量占原有种子总质量的百分率。

5.29

种子黏结率　percentage of cohered seed

相互粘连的两颗或两颗以上种子占种子总质量的百分率。

5.30

拌药均匀度　evenness of dressing

用药物处理种子时,药物黏附均匀的种子数量占全部处理种子数量的百分率。

5.31

干燥不均匀度　nonuniformity of drying

干燥后的同一批种子物料中,最大含水率与最小含水率的差值。

5.32

筛分完全度　fullness of screen separating

实际通过筛孔筛下的物料质量占应筛下物料质量的百分率。

5.33

酸籽比　acid-to-seed ratio

棉籽采用酸剂脱绒时用酸量与种子量的质量比。

5.34

棉籽含残绒率　residual lint rate of cotton seed

经脱绒处理后，棉籽的残绒含量占棉籽总质量的百分率。

5.35

棉籽含残酸率　residual acid rate of cotton seed

经酸脱绒处理后，棉籽表面残留的酸量(不包括棉籽原有的游离酸含量)占棉籽总质量的百分率。

5.36

甜菜种子单芽率　percentage germination of beet seed monogerm

甜菜种子中只含单胚芽的种子数量占种子总数量的百分率。

5.37

种子物理特性　physical characteristics of seed

可根据其差异进行分选加工时种子在物理学方面的特性。如尺寸、形状、质量、表面粗糙程度、悬浮速度、颜色、导电性等物理学方面的特性。

5.38

种子表面特性　seed surface characteristic; surface texture of seed

种子表面粗糙程度和外复绒毛钩刺等的状态特性。

5.39

种子平衡水分　equilibrium water content of seed

在一定的空气相对湿度与温度条件下，种子从空气中吸收的水分与向空气中释放的水分相等时的含水率。

5.40

偏析(自动分级)　deviating stratifying

在一定的机械振动或气流作用下，籽粒群按某些物理特性的差异有规律地聚集排列的现象。

5.41

种子分离曲线　separating curve of seed

以种子各分离特性的不同量度为横坐标，以各量度间种子质量或颗粒百分率为纵坐标画出种子特性分布图。分布图提供了对种子物料进行分选的可能性和分离程度的依据。

5.42

特性相关图　relative diagram of characteristics

在同一纵、横平面坐标上同时表示任意两项种子特性以显示其相关性的曲线图。

本标准起草单位：中国农业机械化科学研究院、中国农业大学。

本标准主要起草人：张廷英、汪裕安。

中华人民共和国国家标准

GB/T 15671—2009

农作物薄膜包衣种子技术条件

Technique requirement of crops film coating seed

1 范围

本标准规定了薄膜包衣种子技术要求、质量检验以及标志、包装、运输和贮存。

本标准适用于小麦、水稻、玉米、棉花、大豆、高粱、谷子等农作物的薄膜包衣种子，其他农作物薄膜包衣种子可参照执行。

2 规范性引用文件

下列文件中的条款通过本标准的引用而成为本标准的条款。凡是注日期的引用文件，其随后所有的修改单(不包括勘误的内容)或修订版均不适用于本标准，然而，鼓励根据本标准达成协议的各方研究是否可使用这些文件的最新版本。凡是不注日期的引用文件，其最新版本适用于本标准。

GB/T 3543.1　农作物种子检验规程　总则

GB/T 3543.2　农作物种子检验规程　扦样

GB/T 3543.3　农作物种子检验规程　净度分析

GB/T 3543.4　农作物种子检验规程　发芽试验

GB/T 3543.5　农作物种子检验规程　真实性和品种纯度鉴定

GB/T 3543.6　农作物种子检验规程　水分测定

GB 4404.1　粮食作物种子　第1部分:禾谷类

GB 4404.2　粮食作物种子　豆类

GB 4407.1　经济作物种子　第1部分:纤维类

GB/T 7414　主要农作物种子包装

GB/T 7415　农作物种子贮藏

GB 12475　农药贮运、销售和使用的防毒规程

3 术语和定义

下列术语和定义适用于本标准。

3.1

薄膜包衣种子　film coating seed

在包衣机械的作用下，将种衣剂均匀地包裹在种子表面并形成一层膜衣的种子。

4 薄膜包衣种子技术要求

薄膜包衣种子的纯度、净度、水分和发芽率质量指标执行 GB 4404.1,GB 4404.2,GB 4407.1 规定，薄膜包衣种子所使用的种衣剂产品应具有农药登记证号和生产批准证号，其农药有效成分含量和薄

中华人民共和国国家质量监督检验检疫总局
中 国 国 家 标 准 化 管 理 委 员 会　2009-03-27 发布　2009-10-01 实施

膜包衣种子药种比应符合种衣剂产品说明中的规定，包衣合格率质量指标见表1。

表1　薄膜包衣种子包衣合格率质量指标

项目	小麦	玉米 （杂交种）	高粱 （杂交种）	谷子	大豆	水稻 （杂交种）	棉花
包衣合格率/%	≥95	≥95	≥95	≥85	≥94	≥88	≥94

5　薄膜包衣种子质量检验

5.1　扦样

按GB/T 3543.2的规定执行。扦样时间应在包衣种子成膜后进行。

5.2　样品的混合

执行GB/T 3543.2的规定。采用四分法对送检样品进行混合。

5.3　扦样单

扦样单内容见附录A中的表A.1。

5.4　检验方法

5.4.1　纯度检验

将薄膜包衣种子放入细孔筛后浸在水里，将种子表面膜衣洗净，放在吸水纸上，置入恒温箱内干燥（干燥温度30℃）后按GB/T 3543.5规定进行品种纯度检验。

5.4.2　净度检验

按品种纯度检验中的方法，除去膜衣后，按GB/T 3543.3的规定进行净度检验。

5.4.3　水分检验

按GB/T 3543.6的规定进行水分检验。

5.4.4　发芽率检验

按GB/T 3543.4规定进行发芽率检验。发芽试验时，薄膜包衣种子粒和粒之间至少保持与薄膜包衣种子同样大小的两倍距离。检验时间延长48 h。

5.4.5　包衣合格率检验

从混合样品中随机取试样3份，每份200粒，用放大镜目测观察每粒种子。凡表面膜衣覆盖面积不小于80%者为合格薄膜包衣种子，数出合格薄膜包衣种子粒数，按式(1)计算，将结果记入表2。

$$H = h/200 \times 100\% \quad \cdots\cdots (1)$$

式中：

H——薄膜包衣种子合格率，%；

h——样品中合格薄膜包衣种子粒数。

表2　薄膜包衣种子包衣合格率测定结果

项　目	取样次数			
	1	2	3	平均
合格籽粒/粒				
合格率/%				

检测人＿＿＿＿＿检测日期＿＿＿＿＿

5.5　检验结果

检验程序结束后应整理数据，汇总并记入附录A中的表A.2。

5.6　评定

检验结果中有一项不合格者，即判定为不合格薄膜包衣种子，并在检验结果报告单中注明处理意见。薄膜包衣种子的纯度、净度、发芽率的测定值与标准规定值进行比较判定时，执行GB/T 3543.1、

GB/T 3543.2、GB/T 3543.3、GB/T 3543.4、GB/T 3543.5、GB/T 3543.6 中与规定值比较所用的容许差距。

6 标志、包装、运输和贮存

6.1 标志

薄膜包衣种子包装物上标志应符合 GB/T 7414、GB/T 7415 和 GB 12475 的规定，注明药剂名称、有效成分及含量、注意事项；并根据药剂毒性附骷髅或十字骨的警示标志，标注红色"有毒"字样。

6.2 包装

薄膜包衣种子包装应防雨、防潮。包装材料采用塑料袋、塑料编织袋、复合袋等。包装规格执行 GB/T 7414、GB/T 7415 的规定。包装物不得重复使用，使用后焚烧、深埋或集中处理，并不能引起环境污染。

6.3 运输

薄膜包衣种子运输过程中的防毒事宜，执行 GB 12475 的规定。装卸包衣种子时，要轻拿轻放，减少膜衣脱落。

6.4 贮存

6.4.1 薄膜包衣后的种子不能立即搬运，需根据所使用种衣剂的要求，待种衣成膜后方可入库。

6.4.2 薄膜包衣种子要专库分批贮存，不得与粮食、饲料等食用产品和原料混放，仓库要求干燥，有通风设施。

6.4.3 进入包衣种子库的人员应有安全防护措施。

附 录 A
(规范性附录)
扦样单和薄膜包衣种子检验结果报告单

表 A.1 扦样单

字第　　号

受检单位名称			
种子存放地点		作物种类	
品种名称		批号	
批量		批件数	
扦样重量/g		样品编号	
种衣剂生产企业名称		药种比	
种衣剂剂型		包衣时间	
种衣剂有效成分含量/%		需检验项目	
备注或说明			

扦样员：　　　　　　　　　　　　　　　　负责人：

检验部门(盖章)：　　　　　　　　　　　　受检单位(盖章)：

年　　月　　日

表 A.2 薄膜包衣种子检验结果报告单

字第　　号

送检单位			样品编号	
作物及品种名称			送样日期	
种衣剂生产企业名称			种衣剂剂型	
剂型有效成分含量/%			药种比	
检验结果	纯度/%		包衣合格率/%	
	净度/%			
	水分/%		发芽率/%	
备　注				

检验部门(盖章)：　　　　　　　　　　　　检验员(签字)：

检验日期：　年　　月　　日

本标准负责起草单位：全国农业技术推广服务中心、中国农业大学种衣剂研究中心、河北省种子管理站、山东省种子管理站、河南省种子管理站、辽宁省种子管理局、浙江省种子公司、天津北方种衣剂厂。

本标准主要起草人：谷铁城、宁明宇、李健强、王荣芬、马淑慧、董小平、陈小央、张保友、李放、何艳琴、马继光。

中华人民共和国国家标准

GB/T 17768—1999

悬浮种衣剂产品标准编写规范

Guidelines on drafting standards of suspension concentrates for seed dressing

1 范围

本标准规定了悬浮种衣剂产品标准编写的要求和表述方法。

本标准适用于编写相应的悬浮种衣剂产品的国家标准、行业标准、地方标准和企业标准。

2 引用标准

下列标准所包含的条文，通过在本标准中引用而构成为本标准的条文。本标准出版时，所示版本均为有效。所有标准都会被修订，使用本标准的各方应探讨使用下列标准最新版本的可能性。

GB/T 1.1—1993 标准化工作导则 第1单元：标准的起草与表述规则 第1部分：标准编写的基本规定

GB/T 1.3—1997 标准化工作导则 第1单元：标准的起草与表述规则 第3部分：产品标准编写规定

GB 3796—1983 农药包装通则

HG/T 2467.5—1996 农药水悬浮剂产品标准编写规范

3 总则

应符合GB/T 1.1中第3章的规定和GB/T 1.3中第4章的规定。

4 结构与内容

4.1 总体编排

悬浮种衣剂产品标准要素的编排一般按表1的规定。表1系常用的编排示例，可根据产品特点和使用要求增减、合并或重新排序。

国家质量技术监督局 1999-06-11 发布

2000-02-01 实施

表 1 悬浮种衣剂产品标准要素的编排

要素类型		要　素	条
概述要素		封面	
		前言	4.2
标准要素	一般要素	标准名称	4.3.1
		范　围	4.3.2
		引用标准	4.3.3
	技术要素	外观	4.4.1
		技术指标	4.4.2
		试验方法(含抽样、鉴别试验、含量的测定等)	4.4.3
		检验与验收	4.4.4
		标志、标签、包装、贮运	4.4.5
		保证期	4.4.6
		标准的附录	4.4.7

4.2 概述要素

悬浮种衣剂产品标准的概述要素的编写应符合 GB/T 1.1—1993 中 4.2 的规定。产品标准前言应包括专用部分和基本部分。

4.2.1 专用部分信息，含采用国际标准或国外先进标准的采用程度和版本，说明对国际导则或其他类似标准规范与文件的采用情况；指明与采用对象的主要技术差异及简要理由；与其他标准文件或其他文件关系的说明；实施过渡期的要求，该标准导致废止或代替其他标准文件的全部或一部分的说明；指明哪些附录是标准的附录。

4.2.2 基本部分信息

——本标准由………………提出。

——本标准由………………归口。

——本标准起草单位：当需要时，可指明负责起草的单位和参加起草单位。

——本标准主要起草人：一般不超过 5 人。

4.3 一般要素

4.3.1 标准名称

悬浮种衣剂产品标准名称的编写应符合 GB/T 1.1—1993 中 4.3.1 的规定。

4.3.2 范围

范围的编写应符合 GB/T 1.1—1993 中 4.3.2 的规定。

4.3.3 引用标准

引用标准的编写应符合 GB/T 1.1—1993 中 4.2 的规定。

4.4 技术要素

4.4.1 外观

外观的描述应符合生产和使用的要求。

4.4.2 技术要求

技术要求的编写应符合 GB/T 1.1—1993 中 4.4.3 的规定。具体见表 2 中的要求。

表2 ………(产品名称)控制项目指标

项　目		指　标
……(通用名)含量,%	≥	
……(杂质名称)含量,%	≤	
pH 范围		
悬浮率,%	≥	
筛析(通过 44 μm 试验筛),%	≥	
黏度范围,MPa·s(25℃)		
成膜性		
包衣均匀度,%	≥	
包衣脱落率,%	≤	
低温稳定性		
热贮稳定性		

注

1 所测项目不是详尽无遗的,也不是任何种衣剂标准都需全部包括的,可根据不同种衣剂产品的实际情况加以增减。

2 正常生产时,成膜性、包衣均匀度、包衣脱落率、低温稳定性和热贮稳定性试验,每 3 个月至少进行一次。

4.4.3 **试验方法**

4.4.3.1 抽样

抽样的编写应符合 GB/T 1.1—1993 中 4.4.4 的规定。

4.4.3.2 鉴别试验

4.4.3.3 ……(通用名)含量的测定

试验方法的编写应符合 GB/T 1.1—1993 中 4.4.4 的规定。试验方法的建立应满足分析准确、快速的要求。有效成分的测定应采用现行的农药产品标准中规定的方法或国际、国内先进的分析方法。

4.4.3.4 ……(有害杂质名)含量的测定

4.4.3.5 pH 的测定

4.4.3.6 悬浮率的测定

4.4.3.7 筛析的测定

4.4.3.8 黏度的测定

4.4.3.9 成膜性的测定

4.4.3.10 包衣均匀度的测定

4.4.3.11 包衣脱落率的测定

4.4.3.12 低温稳定性试验

4.4.3.13 热贮稳定性试验

4.4.4 **产品的检验与验收**

对某些检验应规定判定原则,即判定产品为合格或不合格的条件。

4.4.5 **标志、标签、包装、贮运**

悬浮种衣剂的标志、标签、包装、贮运的编写应符合 GB/T 1.3—1997 中 5.4.7 和 5.4.8 的规定和 GB 3796 的规定。

4.4.6 **保证期**

悬浮种衣剂保证期的编写应规定贮存期限和贮存期内的质量要求。

4.4.7 起草种衣剂产品标准的详细格式见附录 A。

附 录 A
(提示的附录)
悬浮种衣剂产品标准示例

××/××××—××××

前 言

本标准是根据GB/T 1.1—1993《标准化工作导则 第一单元:标准的起草与表述规则 第1部分:标准编写的基本规定》的规定和GB/T 1.3—1997《标准化工作导则 第1单元:标准的起草与表述规则 第3部分:产品标准编写规定》的编写要求进行制定的。

本标准吸收了联合国粮农组织(FAO)制定的《用于植物保护产品联合国粮农组织规定的制定和应用手册》(第4版,1995,罗马)和国外先进农药标准的共同点和长处,以满足我国农药登记要求和种衣剂产品标准制定、修订的要求。

本标准由……………………提出。

本标准由……………………归口。

本标准由……………………起草。

本标准主要起草人:……、……、……(一般不超过5人)。

本标准于……年…月首次发布。

……………………标准(标准类别)

××/××××—××××

……悬浮种衣剂(标准名称)

产品中有效成分名称以及其他名称、结构式和基本物化参数如下：

a) ……(有效成分 1 通用名)

ISO 通用名称：

商品名称：

CIPAC 数字代号：

化学名称：

结构式：

实验式：

相对分子质量(按 1997 国际相对原子质量计)

生物活性：(杀虫、杀菌、…)

熔点：…℃

沸点：…℃

蒸气压(20℃)：…Pa

溶解度(20℃)：g/L

稳定性：(对酸、碱、光、热等)

b) ……(有效成分 2 通用名)

内容同 a)。

1 范围

本标准规定了……悬浮种衣剂(产品名称)的技术要求、试验方法、检验规则以及标志、包装、运输和贮存要求。

本标准适用于符合标准的……、……(有效成分通用名)原药与填充物、助剂经加工而成的……悬浮种衣剂(产品名称)。

2 引用标准

下列标准所包含的条文，通过在本标准中引用而构成为本标准的条文。本标准出版时，所示版本均为有效。所有标准都会被修订，使用本标准的各方应探讨使用下列标准最新版本的可能性。

GB/T 1601—1993 农药 pH 的测定方法

GB/T 1604—1995 商品农药验收规则

GB/T 1605—1979(1989) 商品农药采样方法

GB 3796—1983 农药包装通则

××××××××××× ××××-××-××批准 ××××-××-××实施

GB/T 16150—1995　农药粉剂、可湿性粉剂细度测定方法

HG/T 2467.5—1996　农药水悬浮剂产品标准编写规范

……

3　要求

3.1　外观：…色（一般为红色）可流动的均匀悬浮液，长期存放可有少量沉淀或分层，但置于室温下用手摇动应能恢复原状，不应有结块。

3.2　……（通用名）悬浮种衣剂应符合表1要求。

表1　……（通用名）悬浮种衣剂控制项目指标

项　　目		指　　标
……（有效成分1通用名）含量，%	≥（或规定范围）	
……（有效成分2通用名）含量，%	≥（或规定范围）	
……（有害杂质名）含量，%	≤	
pH范围		
悬浮率，%	≥	
筛析（通过44 μm试验筛），%	≥	
黏度范围，MPa·s(25℃)		
成膜性		合格
包衣均匀度，%	≥	
包衣脱落率，%	≤	
低温稳定性		合格
热贮稳定性		合格
注：在正常生产时，成膜性、包衣均匀度、包衣脱落率、低温稳定性、热贮稳定性，每3个月至少进行一次。		

4　试验方法

4.1　抽样

按照GB/T 1605中"乳油和液体状态的采样"方法进行，用随机数表法确定抽样的包装件，最终抽样量一般不少于250 mL。

4.2　鉴别试验（鉴别试验前，应先将有效成分提取出来）

高效液相色谱法（或气相色谱法）——本鉴别试验可与……、……（有效成分通用名）含量的测定同时进行。在相同的色谱操作条件下，试样溶液中某一色谱主峰的保留时间与标样溶液中……、……（有效成分通用名）色谱峰的保留时间，其相对差值应在1.5%以内。

红外光谱法——试样与标样的红外光谱图，应没有明显的差异。

当一种鉴别方法有疑问时，至少应再用另外一种方法进行鉴别。

4.3　……（有效成分1通用名）含量的测定

4.3.1　方法提要（以高效液相色谱内标法为例）

试样用……溶解，过滤，以……为内标物、……为流动相，使用以……为填充物的不锈钢柱和……nm紫外检测器，对试样中的……（有效成分1通用名）进行高效液相色谱分离和测定。

4.3.2　试剂

试剂（具体名称）

……(有效成分1通用名)标准品:已知含量;

内标物:……,应不含有干扰分析的杂质;

内标溶液配制:……。

4.3.3 仪器

高效液相色谱仪:具有……波长的紫外检测器;

色谱数据处理机;

色谱柱:…mm×…mm(i.d)不锈钢色谱柱,内装……填充物,…μm;

过滤器:滤膜孔径约0.45 μm;

微量进样器:…μL。

4.3.4 色谱操作条件

柱温: …℃;

流速: …mL/min;

检测波长: …nm;

进样体积: …μL;

检测器灵敏度(AUFS): …

流动相: ……

保留时间: ……(有效成分1通用名)约…min;内标物:约…min(附典型色谱图)。

……

上述操作条件为典型操作参数,可根据不同的仪器和色谱柱,对给定的参数做适当的调整,以期获得最佳分离效果。

4.3.5 测定步骤

a) 标样溶液的制备

称取……(有效成分1通用名)标准品…g(精确称至0.000 2 g),置于…mL容量瓶中,用…mL……(溶剂)溶解,准确加入…mL内标溶液,用……稀释溶解,并定容至刻度,摇匀。

b) 试样溶液的配制

称取约…g待测样品(精确称至0.000 2 g),置于…mL容量瓶中,用…溶解,准确加入…mL内标溶液,用…稀释,并定容至刻度,摇匀,用0.45 μm孔径滤膜过滤。

c) 测定

在4.3.4的色谱条件下,待仪器稳定后,先注入数针标准溶液,计算各针相对响应值,直至相邻两针标准溶液中有效成分与内标物的峰面积比变化小于…%后,按照标样溶液、试样溶液、试样溶液、标样溶液的顺序进样测定。

4.3.6 计算

将测得的两针试样溶液以及试样前后两针标样溶液中……(有效成分1通用名)与内标物峰面积之比,分别进行平均。试样中……(有效成分1通用名)质量百分含量 X_1,按下式计算:

$$X_1 = \frac{r_2 \cdot m_1 \cdot P}{r_1 \cdot m_2}$$

式中:r_1——标样溶液中,……(有效成分1通用名)与内标物峰面积比的平均值;

r_2——试样溶液中,……(有效成分1通用名)与内标物峰面积比的平均值;

m_1——……(有效成分1通用名)标样的质量,g;

m_2——试样的质量,g;

P——标样中……(有效成分1通用名)的质量百分含量。

4.3.7 方法允许差

两次测定平行结果之差,应不大于…%。

4.4 ……(有害杂质名)含量的测定

按采用具体的测定方法编写。

4.5 pH 的测定

按照 GB/T 1601 进行。

4.6 悬浮率的测定

4.6.1 方法提要

用标准硬水将待测试样配制成适当浓度的悬浮液。在规定的条件下,于恒温水浴中将量筒静置 30 min,测定底部十分之一悬浮液中种衣剂质量,计算悬浮率。

4.6.2 试剂

无水氯化钙;

氯化镁;

标准硬水的配制:称取无水氯化钙 0.304 g 和氯化镁 0.13 g,用蒸馏水稀释至 1L。

4.6.3 仪器

烧杯;

具磨口玻璃塞量筒:250 mL,内径 38.5 mm～40 mm;0 mL～250 mL 刻度间距 20.0 cm～21.5 cm;250 mL 刻度线与瓶塞底部间距为 4 cm～6 cm;

玻璃吸管:玻璃管另一端与相应抽气装置相连;

恒温水浴:(30±1)℃;

恒温水浴:80℃～90℃;

95%乙醇。

4.6.4 测定步骤

称取 A、B 两份试样各 5.0 g(精确至 0.02 g,相差小于 0.1 g)于 2 个 200 mL 烧杯中,各加入 50 mL (30±1)℃标准硬水,用手以 120 r/min 的速度作圆周运动,约进行 2 min,将该悬浮液移至 250 mL 量筒中,并用(30±1)℃标准硬水 100 mL,分三次将烧杯中残余物全部洗入量筒中,并用(30±1)℃标准硬水稀释至刻度,盖上塞子,以量筒底部为轴心,将量筒在 1 min 内上下颠倒 30 次(将量筒倒置并恢复原位为一次,每次约 2 s)。将 A 试样,立即用吸管在 10 s～15 s 内将内容物的 9/10(即 225 mL)悬浮液移出,确保吸管的开口始终在液面下几毫米处。将其剩余 25 mL 残余物转移至 100 mL 已干燥至恒重的烧杯中,在 80℃～90℃的恒温水浴中除水至约 2 mL 时,加入 1 mL 乙醇,继续在水浴中除水,直至恒重,称重(精确至 0.002 g),得残余物质量 m_a。

将 B 量筒打开玻璃塞,垂直放入无振动的恒温水浴中,放置 30 min 后,用吸管在 10 s～15 s 内将内容物的 9/10(即 225 mL)悬浮液移出,不要搅动或搅起量筒内的沉降物,确保吸管的开口始终在液面下几微米处。剩余 25 mL 残余物处理同 A 试样,得残余物质量 m_b。

4.6.5 计算

试样的悬浮率 X_2(%),按下式计算:

$$X_2 = \frac{(10m_a - m_b) \times 10}{10m_a \times 9} \times 100 = \frac{10m_a - m_b}{m_a} \times 111$$

式中:m_a——留在 A 量筒底部 25 mL 悬浮液蒸发至恒重的质量,g;

m_b——留在 B 量筒底部 25 mL 悬浮液蒸发至恒重的质量,g。

4.7 筛析的测定

按 GB/T 16150 中的湿筛法进行。

4.8 黏度的测定

4.8.1 方法提要

使用数字式旋转黏度计,选择适宜的转子,在 30 r/min 转速下,对试样的黏度进行测定。

4.8.2 仪器

数字式旋转黏度计;

转子号:2 号;

恒温水浴:(25±1)℃;

烧杯:500 mL。

4.8.3 测定步骤

将待测试样充分摇匀后,置于恒温水浴中,待试样温度在 25℃后,取约 400 mL 待测样品于烧杯中,置于 25℃恒温水浴中静置 1 h。将黏度计调试正常,安装好转子,转子转速调至(30±1)r/min 后,将转子缓慢插入试样中,使液面刚好浸没转子上的凹槽,启动发动机,1 min 后立即读取黏度值(mPa·s)。

4.9 成膜性的测定(以玉米种子为例)

4.9.1 方法提要

取一定量的试样和种子于培养皿中,摇动培养皿使样品与种子充分混合,取出成膜,在规定时间内观察成膜情况。

4.9.2 试剂与材料

秒表;

培养皿:直径约 250 mm、深 60 mm;

注射器:5 mL;

玉米种子:经精选千粒重为 280 g±20 g,含水量在 12%~14%;

实验室环境条件:温度:20℃~30℃,空气相对湿度:40%~60%。

4.9.3 实验步骤

称取玉米种子 50 g(精确至 1 g)于培养皿中,用注射器吸取试样 1 g,注入培养皿中,再加盖摇振 5 min后,将包衣种子平展开,使其成膜,放置××min,用玻璃棒搅拌种子,观察种子表面。若所有种子表面的种衣剂已固化成膜,则成膜性为合格。

4.10 包衣均匀度的测定

4.10.1 方法提要

分别将一定粒数的包衣种子,用一定量的乙醇萃取,测定萃取液的吸光度,计算出试样包衣均匀度。

4.10.2 试剂和仪器

95%乙醇;

移液管:2 mL 或 5 mL;

带盖离心管:10 mL;

微孔过滤器:0.1 μm;

分光光度计;

比色皿:厚 1 cm。

4.10.3 测定步骤

随机取测定成膜性的包衣种子 20 粒,分别置于 20 个 10 mL 带盖离心管中,在每个离心管中,用移液管准确加入 2 mL(或 5 mL)乙醇,加盖,振摇萃取 15 min 后,静置并离心得到澄清的红色液体,以乙醇作参比,在 550 nm 波长下,测定其吸光度 A(550 nm 是以罗丹明 B 为染色剂时的检测波长,如以其他成分为染料,可根据其成分作选择)。

4.10.4 结果计算

将测得的 20 个吸光度数据从小到大进行排列,并计算出平均吸光度值为 A_a。试样包衣均匀度 X_3(%),按下式计算:

$$X_3 = \frac{n}{20} \times 100 = 5n$$

式中：n——测得吸光度 A 在 0.7～1.3A_a 范围内包衣种子数；

20——测试包衣种子数。

4.11 包衣脱落率的测定

4.11.1 方法提要

称取一定量的包衣种子，置于振荡仪上振荡一定时间，用乙醇萃取，测定吸光度，计算其脱落率。

4.11.2 仪器与试剂

具塞三角瓶：250 mL；

分光光度计；

比色皿：1 cm；

振荡仪：(500±50)r/min；

95%乙醇。

4.11.3 实验步骤

称取 10 g(精确至 0.002 g)测定成膜性的包衣种子两份，分别置于三角瓶中。一份准确加入100 mL 乙醇，加塞置于超声波清洗器中振荡 10 min，使种子外表的种衣剂充分溶解，取出静止 10 min，取上层清液 10.0 mL 于 50 mL 容量瓶中，用乙醇稀释至刻度，摇匀，为溶液 A。

将另一份置于振荡器上，振荡 10 min 后，小心将种子取至另一个三角瓶中，按溶液 A 的处理方法，得溶液 B。

以乙醇作参比，在 550 nm 波长下，测定其吸光度(550 nm 是以罗丹明 B 为染色剂时的检测波长，如以其他成分为染料，可根据其成分作选择)。

4.11.4 计算

包衣后脱落率 X_4(%)，按下式计算：

$$X_4 = \frac{A_0/m_0 - A_1/m_1}{A_0/m_0} \times 100 = \frac{A_0 m_1 - m_0 A_1}{A_0 m_1} \times 100$$

式中：m_0——配制溶液 A 所称取包衣后种子的质量；

m_1——配制溶液 B 所称取包衣后种子的质量；

A_0——溶液 A 的吸光度；

A_1——溶液 B 的吸光度。

4.12 低温稳定性试验

4.12.1 方法提要

试样在 0℃保持 1 h，观察外观有无变化。继续在 0℃贮存 7 d，测试其物性指标。

4.12.2 仪器

制冷器：保持(0±1)℃；

具塞三角瓶：100 mL。

4.12.3 试验步骤

取 80 mL 样品置于具塞三角瓶中，在(0±1)℃下，保持 1 h，其间每隔 15 min 搅拌一次，每次 15 s，观察其外观有无变化。在上述条件下继续放置 7 d，7 d 后将烧杯取出，恢复至室温，对黏度、悬浮率等指标进行测试，测试结果符合标准要求的为合格。

4.13 热贮稳定性试验

4.13.1 仪器

恒温箱(或恒温水浴)：(54±2)℃；

安瓿瓶[或在(54±2)℃下,仍能密封的具塞玻璃瓶]:50 mL;

医用注射器:50 mL。

4.13.2 **试验步骤**

用注射器将约 30 mL 试样,注入洁净的安瓿瓶中(避免试样接触瓶颈),用高温火焰封口(避免溶剂挥发)。至少封 3 瓶,分别称量。将封好的安瓿瓶置于金属容器内,再将金属容器在(54±2)℃的恒温箱(或恒温水浴)中,放置 14 d 取出,将安瓿瓶分别称量,质量未发生变化的试样,于 24 h 内,对……(有效成分)含量、悬浮率进行检验。检验结果,有效成分含量分解率低于…%(视具体产品情况而定)和悬浮率符合本标准的,判定为合格。

4.14 **产品的检验与验收**

产品的检验与验收应符合 GB/T 1604 的有关规定。极限数值处理,采用修约值比较法。

5 标志、标签、包装、贮运

5.1 ……(产品名称)的标志、标签和包装,应符合 GB 3796 中的有关规定。

5.2 ……(产品名称)的包装,应为 10 kg、25 kg、50 kg、100 kg 计量单位。也可根据用户要求或订货协议,采用其他形式的包装,但要符合 GB 3796 的要求。

5.3 包装件应存放在通风、干燥的库房中。

5.4 贮运时,严防潮湿和日晒,不得与食物、种子、饲料混放,避免与皮肤、眼睛接触,防止由口鼻吸入。

5.5 安全:在使用说明书或包装容器上,除有相应的毒性标志外还应有毒性说明、中毒症状、解毒方法和急救措施。

5.6 保证期:在规定的贮运条件下,……(产品名称)的保证期,从生产日期算起为 2 年。

本标准由农业部农药检定所起草。

本标准主要起草人:张百臻、叶纪明、刘绍仁、季颖、宗伏霖、王国联。

中华人民共和国国家标准

GB/T 21158—2007

种子加工成套设备

Seed processing complete equipment

1 范围

本标准规定了种子加工成套设备术语和定义、型式和型号及主参数系列、技术要求、试验方法、检验规则、标志和包装及运输等。

本标准适用于：

——小麦、水稻、玉米、大豆种子加工成套设备；

——蔬菜种子加工成套设备；

——棉花种子(光籽，以下相同)、油菜、甜菜加工成套设备。

其他农作物种子加工成套设备(以下简称成套设备)可参照执行。

2 规范性引用文件

下列文件中的条款通过本标准的引用而成为本标准的条款。凡是注日期的引用文件，其随后所有的修改单(不包括勘误的内容)或修订版均不适用于本标准，然而，鼓励根据本标准达成协议的各方研究是否可使用这些文件的最新版本。凡是不注日期的引用文件，其最新版本适用于本标准。

GB/T 3543.2 农作物种子检验规程 扦样

GB/T 3543.3 农作物种子检验规程 净度分析

GB/T 3797—2005 电气控制设备

GB 4404.1—1996 粮食作物种子 禾谷类

GB 4404.2—1996 粮食作物种子 豆类

GB/T 5748—1985 作业场所空气中粉尘测定方法

GB/T 5983—2001 种子清选机试验方法

GB/T 9480—2001 农林拖拉机和机械、草坪和园艺动力机械 使用说明书编写规则(eqv ISO 3600:1996)

GB 9969.1 工业产品使用说明书 总则

GB 10395.1—2001 农林拖拉机和机械 安全技术要求 第1部分：总则(eqv ISO 4254-1:1989)

GB 10396—2006 农林拖拉机和机械、草坪和园艺动力机械 安全标志和危险图形 总则(ISO 11684:1995,MOD)

GB/T 12138—1989 袋式除尘器性能测试方法

GB/T 12994—1991 种子加工机械术语

GB/T 13306 标牌

GB 16297 大气污染物综合排放标准

中华人民共和国国家质量监督检验检疫总局
中国国家标准化管理委员会 2007-11-01发布 2008-01-01实施

GB 16715.2～16715.5 瓜菜作物种子

GB 19176 糖用甜菜种子

GBZ 2—2002 工作场所有害因素职业接触限值

GBZ 159—2004 工作场所空气中有害物质监测的采样规范

HJ/T 286 环境保护产品技术要求 工业锅炉多管旋风除尘器

JB/T 5673 农林拖拉机及机具涂漆 通用技术条件

JB/T 10200 种子加工和粮食处理设备产品型号编制规则

LS/T 3501.12 粮油加工机械通用技术条件 产品包装

NY/T 374 种子加工成套设备安装验收规程

NY/T 611—2002 农作物种子定量包装

WS/T 69—1996 作业场所噪声测量规范

3 术语和定义

GB/T 12994 确定的及下列术语和定义适用于本标准。

3.1

长杂 large impurities

形状与被加工作物种子相似，最大尺寸大于被加工农作物种子长度尺寸的杂质及其他植物种子(如小麦种子中的燕麦种子)。

3.2

短杂 small impurities

形状与被加工作物种子相似，最大尺寸小于被加工农作物种子长度尺寸的杂质及其他品种种子(如水稻种子中的整粒糙米)。

3.3

异形杂质 different shape impurities

最大尺寸与被加工农作物种子相近，而形状明显不同的杂质(如大豆种子的并肩石、异形粒及破损粒)。

3.4

形状分选 separating by shape

根据被加工农作物种子与异形杂质在斜面上运动速度和轨迹的差异，将其分离的方法。

3.5

发芽粒 sprouted kernel

已长出芽或幼根的种子籽粒(如芽或幼根已突出稻壳的水稻种子)。

3.6

破损粒 broken kernel

籽粒残缺或已被压扁，或裂口并改变形状的种子籽粒。

4 型式和型号及主参数系列

4.1 型式

4.1.1 成套设备按加工的农作物种子不同划分型式和命名，如小麦种子加工成套设备、蔬菜种子加工成套设备、棉花种子加工成套设备等。

4.1.2 加工三种及以上农作物种子的成套设备，可称通用型种子加工成套设备。

4.2 型号

按 JB/T 10200 规定编制各种型式成套设备产品型号。

4.3 主参数系列

以生产率为成套设备主参数。主要农作物种子加工成套设备主参数系列应符合表1规定。

表1 主要农作物种子加工成套设备主参数系列

序号	型 式	主参数系列/(t/h)
1	小麦种子加工成套设备	1.0、1.5、3、5、(7)、10、15
2	水稻种子加工成套设备	1.0、1.5、3、5、(7)、10
3	玉米种子加工成套设备	3、5、(7)、10、15、20
4	大豆种子加工成套设备	3、5、(7)、10
5	蔬菜种子加工成套设备	0.2、0.3、0.5、1.0
6	棉花种子加工成套设备	0.5、1.0、1.5、3、5
7	油菜种子加工成套设备	0.5、1.0、1.5、3、5
8	甜菜种子加工成套设备	0.5、1.0、1.5、3、5
注:括号内的数字为保留机型主参数。		

5 技术要求

5.1 一般技术要求

5.1.1 成套设备应符合本标准规定,并按规定程序批准的图样和技术文件制造。

5.1.2 从原料种子接收到成品种子包装全过程作业应连续完成。杂质应能被机械清理或人工辅助清理。

5.1.3 加工工序齐全,工艺流程可灵活选择,能适应不同原料种子质量及成品种子等级变化需要。

5.1.4 按表2配置的设备和辅助设备提升机、输送机应是符合相关标准的合格产品。

5.1.5 各工序加工量平衡,成套设备生产稳定。

5.1.6 设备布置合理,使用维修方便,便于清理。

5.2 工艺流程和设备配置

主要农作物种子加工成套设备加工工艺流程和设备配置应符合表2规定。

表2 工艺流程和设备配置

序号	型 式	一般加工工艺流程	设备配置
1	小麦种子加工成套设备	进料→基本清选→重力分选→长度分选→包衣→包装	风筛式清选机、重力式分选机、窝眼筒分选机、包衣机、定量包装机
2	水稻种子加工成套设备[a]	进料→基本清选→重力分选→长度分选或重力分选→包衣→包装	风筛式清选机、重力式分选机、窝眼筒分选机或谷糙分离机、包衣机、定量包装机
3	玉米种子加工成套设备	进料→基本清选→重力分选→尺寸分级→包衣→包装	风筛式清选机、重力式分选机、平面分级机或圆筒筛分级机、包衣机、定量包装机
4	大豆种子加工成套设备	进料→基本清选→重力分选→形状分选→包衣→包装	风筛式清选机、重力式分选机、带式分选机或螺旋分选机、包衣机、定量包装机
5	蔬菜种子加工成套设备	进料→基本清选→重力分选→重力分选(去石)→包衣→包装	风筛式清选机、重力式分选机、去石机、包衣机、定量包装机
6	棉花种子加工成套设备	进料→基本清选→重力分选→包衣→包装	风筛式清选机、重力式分选机、包衣机、定量包装机
7	油菜种子加工成套设备	进料→基本清选→重力分选→包衣→包装	风筛式清选机、重力式分选机、包衣机、定量包装机
8	甜菜种子加工成套设备	进料→基本清选→重力分选→包衣或丸化→包装	风筛式清选机、重力式分选机、包衣机或制丸机、定量包装机
[a] 水稻种子加工成套设备生产率＞3 t/h,除短杂宜采用重力分选及重力谷糙分离机。			

5.3 性能指标

5.3.1 小麦、水稻、玉米及大豆种子加工成套设备性能指标应符合表3规定。

表3 小麦、水稻、玉米及大豆种子加工成套设备性能指标

序号	性能指标	小麦种子 加工成套设备	水稻种子 加工成套设备	玉米种子 加工成套设备	大豆种子 加工成套设备
1	生产率/(t/h)	符合表1规定			
2	净度/%	≥98			
3	获选率/%	≥97	≥97	≥98	≥97
4	除长杂率/%	≥95	—	—	—
5	除短杂率/%	—	≥90	—	—
6	发芽粒清除率/%	—	≥85	—	—
7	异形杂质清除率/%	—	—	—	≥90
8	分级合格率/%	—	—	≥90	—
9	包衣合格率/%	≥95	≥92	≥93	≥92
10	包装成品合格率/%	≥98			
11	提升机(单机)破损率/%	≤0.10	≤0.12	≤0.10	≤0.12
12	吨种子耗电量/(kW·h/t)	符合相关标准			
注:种子原始净度94%~96%,其他指标参见GB 4404.1~4404.2。					

5.3.2 蔬菜种子加工成套设备性能指标应符合表4规定。

表4 蔬菜种子加工成套设备性能指标

序号	性能指标	白菜、甘蓝	茄子、辣椒、番茄	芹菜、菠菜
1	生产率/(t/h)	符合表1规定		
2	净度/%	≥98	≥98	芹菜≥95、菠菜≥97
3	获选率/%	≥96	≥92	≥93
4	去石率/%	≥96	≥95	≥95
5	包衣合格率/%	≥95	≥90	≥90
6	包装成品合格率/%	≥98		
7	提升机(单机)破损率/%	≤0.10	≤0.12	≤0.10
8	吨种子耗电量/(kW·h/t)	符合相关标准		
注:种子原始净度白菜、甘蓝、茄子、辣椒、番茄94%~96%,芹菜、菠菜91%~93%。其他指标参见GB 16715.2~16715.5。				

5.3.3 棉花、油菜及甜菜种子加工成套设备性能指标应符合表5规定。

表5 棉花、油菜及甜菜种子加工成套设备性能指标

序号	性能指标	棉花种子 加工成套设备	油菜种子加工成套设备		甜菜种子 加工成套设备
			杂交种子	常规种子	
1	生产率/(t/h)	符合表1规定			
2	净度/%	≥99	≥97	≥98	≥98
3	获选率/%	≥97			
4	包衣(丸化)合格率/%	≥90	≥95	≥95	≥90
5	健籽率/%	≥95	—	—	—
6	包装成品合格率/%	≥98			
7	提升机(单机)破损率/%	≤0.12	≤0.10	≤0.10	≤0.12
8	吨种子耗电量/(kW·h/t)	符合相关标准			
注:种子原始净度棉花95%~97%,油菜、甜菜95%~96%。其他指标参见GB 4404.1~4404.2及GB 19176。					

5.4 使用有效度

5.4.1 小麦、水稻、玉米、大豆种子加工成套设备和棉花、油菜、甜菜种子加工成套设备使用有效度应大于或等于93%。

5.4.2 蔬菜种子加工成套设备使用有效度应大于或等于92%。

5.5 除尘设备

5.5.1 卸料坑进料口、提升机和输送机出料口、缓冲仓和分级仓及成膜仓进料口均应设置除尘吸风口和吸风截止阀。

5.5.2 除尘管道连接应密封,无粉尘泄漏。

5.5.3 除尘器除尘效率:

——旋风除尘器除尘效率应大于或等于85%;

——布袋除尘器除尘效率应大于或等于95%。

5.5.4 除尘设备排放气体中颗粒物浓度及速率应符合GB 16297规定。

5.6 电气控制设备

5.6.1 电气控制设备所装用的元器件、印制板、控制单元及操作件应是符合相关标准的合格产品。

5.6.2 电气控制设备应具备的功能:

——应具有短路、过载、零电压、欠压及过压保护作用;

——顺序启动和顺序停机、单机启动和停机及各设备连锁功能;

——每台设备运行和停止,缓冲仓和分级仓及成膜仓的上下料位均应有指示信号。

5.6.3 控制柜(台)设计、安装及布线应符合GB/T 3797—2005中4.12的规定。

5.7 外观质量

5.7.1 成套设备的清选机械、包衣机、定量包装机及辅助设备涂漆颜色应相谐调。涂漆质量应符合JB/T 5673的规定。

5.7.2 提升机溜管和除尘管道空间布置应整齐排列有序。

5.7.3 安装工艺允许的现场焊接应焊缝均匀,无烧穿及焊点外溢。焊后补漆应符合5.7.1的规定。

5.8 工作场所职业卫生要求

5.8.1 加工车间空气中含粉尘浓度不大于8 mg/m³,包装车间和控制室不大于4 mg/m³。

5.8.2 加工车间工作地点噪声不大于85 dB(A),包装车间和控制室不大于75 dB(A)。

5.8.3 包衣车间空气中含有毒物质容许浓度应符合GBZ 2—2002中表1的规定。

5.9 环境条件适应性

5.9.1 环境空气相对湿度不大于80%,包衣车间温度不低于10℃,成套设备应能正常工作。

5.9.2 额定电源电压变化±10%,额定频率变化±2%,成套设备应能正常工作。

5.10 安全技术要求

5.10.1 外露的传动件和风机进风口应安装防护装置。防护装置的结构、安全距离应符合GB 10395.1—2001第6章、第7章的规定。

5.10.2 对加防护装置仍不能消除或充分限制的危险部位,应装有指示危险用的安全标志,并符合GB 10396的规定。

5.10.3 控制柜和所有电动机驱动的设备应装设安全接地保护,并应符合GB/T 3797—2005中4.10.6的规定。

5.10.4 电气控制设备中电压超过50 V的带电件应具有防止意外触电保护措施,并符合GB/T 3797—2005中4.10.1的规定。

5.10.5 集尘设备宜放置室外,需要放置室内时,应装置直接通往室外的泄爆管道。

5.11 使用说明书

5.11.1 成套设备使用说明书应按 GB/T 9480 的规定编写。

5.11.2 成套设备的清选机械、包衣机、定量包装机、提升机及输送机使用说明书应按 GB/T 9480 或 GB 9969.1 的规定编写。

6 试验方法

6.1 试验要求

6.1.1 成套设备性能试验一般进行三次，每次不少于 30 min。试验测定结果取平均值。

6.1.2 应按 6.5 规定的测试程序完成试验项目全部数据的测定，除包衣机外不得单机或单项试验测定。

6.1.3 以标准作物种子小麦种子加工成套设备为例进行性能试验。其他型式成套设备性能试验参照本章及 GB/T 5983 的规定执行。

6.2 试验准备

6.2.1 试验测定用仪器、仪表应校验合格。现场测试用仪器、仪表及准确度要求见附录 A。

6.2.2 试验用小麦种子应是同一产地、同一品种、同一收获期质量基本一致的种子。种子原始净度 94%～96%，水分应符合 GB 4404.1 规定。

6.2.3 试验用种衣剂应是符合相关标准的合格产品，按 5.9.1 规定的环境条件，成膜时间应小于 20 min。

6.2.4 试验用成套设备应按 NY/T 374 规定安装，并通过验收，能正常作业。

6.2.5 成套设备全线空运行 10 min，喂入准备好的小麦种子，调试到设计生产率运行 20 min。

6.3 取样

6.3.1 基本清选前取样：在风筛式清选机喂入口接取，一次试验取样三次，在试验期间等间隔进行，每次取样质量不少于 1 kg。

6.3.2 长度分选后取样：在窝眼筒分选机主排出口接取，一次试验取样三次，在试验期间等间隔进行，每次取样质量不少于 1 kg。

6.3.3 包衣种子取样：在成膜仓出料口接取，一次试验取样三次，在试验期间等间隔进行，每次取样质量不少于 0.5 kg。

6.3.4 包装成品取样：在定量包装机成品输送带上抽取，一次试验取样三次，在试验期间等间隔进行，每次取样数量不少于 10 个包装件。

6.3.5 同类提升机破损率测定取样：分别在提升机进、出料口接收，一次试验取样三次，在试验期间等间隔进行，每次取样质量不少于 0.5 kg。

6.4 样品处理

6.4.1 将 6.3.1、6.3.2 三次接取的样品，按 GB/T 3543.2 规定分别配制成混合样品和送检样品。再按 GB/T 3543.3 规定分析计算出清选前后小麦种子的净度和每千克种子含长杂的粒数。要求在做净度分析分离样品时，应将未成熟的、瘦小的、皱缩的、破损的、带病的及发过芽的净种子全按杂质处理。

6.4.2 将 6.3.3 三次接取的样品，按 GB/T 3543.2 规定配制成混合样品，从中分拣出 300 粒，称量出其质量。从中分选出符合相关标准的包衣合格种子，称量出其质量。

6.4.3 将 6.3.4 三次抽取的包装件，按 NY/T 611—2002 中 5.2 的规定，分选出净含量和封缄合格的包装件。

6.4.4 将 6.3.5 每次在提升机进、出料口接取的样品，按 GB/T 3543.2 规定配制成混合样品，从中各分拣出 100 g 送检样品，从送检样品中分选出破损粒，称量出其质量。

6.5 测试程序

6.5.1 顺序启动成套设备,全线达到设计生产率之后,开始测定:

——记录开始时间;

——开始记录耗电量;

——开始计量风筛式清选机喂入量和窝眼筒分选机主排出口排出种子质量;

——开始记录包装件数量;

——按 6.3 规定取样;

——按 GB/T 5748 规定采样测定加工车间、包装车间及控制室空气中粉尘浓度;

——按 WS/T 69—1996 规定测定加工车间工作地点、包装车间及控制室噪声;

——按 GBZ 159—2004 规定在包衣车间采样测定空气中有毒物质浓度;

——按 GB/T 12138、HJ/T 286 规定测定除尘器除尘效率;

——按 GB 16297 规定采样测定除尘设备排放气体中颗粒物浓度及速率;

——测定记录环境温度及湿度。

6.5.2 完成上述程序试验测定结束,记录结束时间及耗电量,准备第二次试验。

6.6 试验测定结果计算

6.6.1 纯工作小时生产率:

$$E_c = \frac{W_q}{T} \qquad (1)$$

式中:

E_c——纯工作小时生产率,单位为吨每小时(t/h);

W_q——测定时间内,风筛式清选机喂入种子质量,单位为吨(t);

T——测定时间间隔数值,单位为小时(h)。

6.6.2 加工每吨种子耗电量:

$$E_d = \frac{Q}{W_q} \qquad (2)$$

式中:

E_d——吨种子耗电量,单位为千瓦小时每吨(kW·h/t);

Q——测定时间间隔内成套设备耗电量,单位为千瓦小时(kW·h)。

6.6.3 获选率:

$$\alpha = \frac{W \times \mu}{W_q \times \mu_q} \times 100 \qquad (3)$$

式中:

α——获选率,%;

W——测定时间间隔内窝眼筒分选机主排出口排出种子质量,单位为吨(t);

μ_q——清选前种子净度,%;

μ——清选后种子净度,%。

6.6.4 除长杂率:

$$\beta = \frac{H_q - H}{H_q} \times 100 \qquad (4)$$

式中:

β——除长杂率,%;

H_q——清选前每千克种子含长杂粒数;

H——清选后每千克种子含长杂粒数。

6.6.5 包衣合格率：

$$\gamma = \frac{Z_h}{Z} \times 100 \quad \cdots\cdots (5)$$

式中：

γ——包衣合格率，%；

Z_h——包衣合格种子质量，单位为克(g)；

Z——送检样品(300粒)质量，单位为克(g)。

6.6.6 包装成品合格率：

$$\delta = \frac{B_h}{B} \times 100 \quad \cdots\cdots (6)$$

式中：

δ——包装成品合格率，%；

B_h——抽检样品中净含量和封缄合格的包装件件数；

B——抽检样品件数。

6.6.7 提升机(单机)破损率：

$$\varepsilon = \left(\frac{S}{G} - \frac{S_q}{G_q}\right) \times 100 \quad \cdots\cdots (7)$$

式中：

ε——提升机(单机)破损率，%；

S——提升机出料送检样品中破损粒质量，单位为克(g)；

S_q——提升机进料送检样品中破损粒质量，单位为克(g)；

G——提升机出料送检样品质量，单位为克(g)；

G_q——提升机进料送检样品质量，单位为克(g)。

6.7 使用有效度测定计算

6.7.1 成套设备全线作业至少连续三个班次，准确记录每班纯作业时间，故障停机时间。

6.7.2 使用有效度：

$$\theta = \frac{\sum T_z}{\sum T_z + \sum T_g} \times 100 \quad \cdots\cdots (8)$$

式中：

θ——使用有效度，%；

T_z——测定时间间隔内每班纯作业时间，单位为小时(h)；

T_g——测定时间间隔内每班故障停机时间，单位为小时(h)。

6.8 电气控制设备性能测定

按GB/T 3797—2005中5.2的规定执行。

6.9 试验报告

试验报告应包括以下内容，必要时应以图表形式加以说明：

——试验目的、时间、地点及相关说明；

——成套设备简介；

——试验条件及作业状态；

——试验结果及分析；

——试验结论；

——试验负责单位及参加人员。

7 检验规则

7.1 型式检验

7.1.1 成套设备的清选机械、包衣机、定量包装机、提升机及输送机产品具有下列情况之一时,应进行型式检验:

——新设计的产品;

——按用户要求增加生产能力或增加使用功能的产品;

——第一次使用的外购产品;

——交收检验发现有质量问题的产品;

——停产一年以上再生产的产品。

7.1.2 型式检验内容和方法按 GB/T 5983 及相关标准执行。

7.1.3 成套设备如需型式检验按第 5 章、第 6 章规定执行。

7.2 交收检验

成套设备交收检验应按 5.3、5.5、5.6、5.8 规定的项目和第 6 章规定的方法执行。可按用户要求增减检验项目。

8 标志、包装、运输及贮存

8.1 标志

在成套设备产品明显部位设置符合 GB/T 13306 规定的产品标牌。产品标牌内容包括:

——制造厂名称;

——产品型号、名称;

——制造日期及出厂编号;

——产品执行标准编号。

8.2 包装

成套设备的清选机械、包衣机、定量包装机及控制柜应采用防雨封闭箱包装;提升机、输送机分解件及仓体,宜采用花格箱包装;台架类可裸装。包装技术要求按 LS/T 3501.12 的规定执行。

8.3 运输

成套设备包装件应符合公路、水路或铁路运输规定。

8.4 贮存

成套设备安装前应在库房内贮存,地面应干燥,空气相对湿度不大于 85%。

附　录　A
（规范性附录）
测试用仪器仪表

A.1　现场测试用仪器、仪表（不包括引用标准中所使用的仪器、仪表）及准确度要求，如表 A.1 所示。

表 A.1　测试用仪器仪表

序号	名　　称	准确度要求
1	温度计	±1℃
2	湿度计	±3%
3	秒表	±0.5 s/d
4	快速水分测定仪	±0.5%
5	天平	0.01 g
6	度盘秤（2 kg）	±0.2%
7	台秤（500 kg）	±0.5%
8	电子皮带秤	±0.25%
9	动态称量流量计	±1%
10	功率表	1.0 级

本标准起草单位：黑龙江省农副产品加工机械化研究所、农业部南京农业机械化研究所。
本标准主要起草人：王亦南、胡志超、孙鹏、田立佳、毕吉福、赵妍、赵承圃。

中华人民共和国国家标准

GB/T 21961—2008

玉米收获机械　试验方法

Test methods for maize combine harvester

1　范围

本标准规定了玉米果穗收获机和玉米籽粒收获机的技术参数测定、试验条件与田间调查、性能试验、生产试验。

本标准适用于悬挂式、牵引式和自走式玉米收获机(以下简称收获机),同样适用于各类联合收割机配套(玉米)割台收获玉米籽粒。

2　规范性引用文件

下列文件中的条款通过本标准的引用而成为本标准的条款,凡是注日期的引用文件,其随后所有的修改单(不包括勘误的内容)或修订版均不适用于本标准,然而,鼓励根据本标准达成协议的各方研究是否可使用这些文件的最新版本。凡是不注日期的引用文件,其最新版本适用于本标准。

GB/T 5262　农业机械试验条件　测定方法的一般规定

GB/T 5667　农业机械生产试验方法

GB/T 6979.1—2005　收获机械　联合收割机及功能部件　第1部分:词汇(ISO 6689-1:1997,MOD)

GB/T 10394.3—2002　饲料收获机　第3部分:试验方法(idt ISO 8909-3:1994)

GB/T 14248—2008　收获机械　制动性能测定方法

JB/T 6268—2005　自走式收获机械　噪声测定方法

JB/T 6678—2001　秸秆粉碎还田机

3　术语和定义

GB/T 5262、GB/T 5667和GB/T 6979.1—2005规定的以及下列术语和定义适用于本标准。

3.1

果穗　maize

去掉果柄(玉米穗根部与秸秆连接部分)的玉米穗。剥去苞叶的玉米穗称光果穗。

3.2

果穗长度　maize length

去掉苞叶和果柄的玉米穗全长。

3.3

果穗下垂　maize droop

直立植株的果穗前端低于果柄根部。

中华人民共和国国家质量监督检验检疫总局
中国国家标准化管理委员会　2008-06-10发布　2009-01-01实施

3.4

植株折弯　plant break curve

在结穗部位以下折弯的植株(断离植株除外)。

3.5

最低结穗高度　minimum maize height

植株最低果穗的果柄根部到所在垄顶面的距离。

3.6

作物倒伏程度　crop lodging degree

作物倒伏程度按不倒伏、中等倒伏和严重倒伏表示。植株与地面垂直线间夹角为倒伏角。倒伏角0°～30°为不倒伏,30°～60°为中等倒伏,60°以上为严重倒伏。

4　技术参数的测定

4.1　外形尺寸

分别测定收获机在田间作业状态和运输状态下整机的最大长度、宽度和高度。

4.2　质量

分别测定收获机在田间作业状态和运输状态下的整机质量。测定时自走式玉米收获机粮箱应卸空,燃油箱加满,驾驶员座位上有75 kg质量。

4.3　最小转弯半径和通过半径

在水平地面上测量,测定应分别在向左转和向右转的工况下进行。收获机(机组)以低速稳定行驶(机组动力不能与农具相碰撞),将其转向操纵机构移至转向的极限位置,待驶完一个整圆圈后,分别在圆圈3个等分点处测量瞬时回转中心至收获机(机组)纵向中心平面和最外缘的距离,并计算收获机(机组)的最小转弯半径和通过半径。

4.4　离地间隙、最大卸果穗高度和果穗升运器最大通过高度

收获机的离地间隙、最大卸果穗高度和果穗升运器最大通过高度应按GB/T 6979.1—2005的规定进行测定。

5　试验条件与田间调查

5.1　试验地的选择

试验地应符合收获机的适应范围,所选的玉米品种、产量、土质以及地块大小在当地应具有一定代表性,其面积能满足试验项目的测定。

5.2　试验样机

试验收获机与对比样机应在同一条件下交替地进行测定。

5.3　田间调查

在试验区内取有代表性的3点进行测定,每个测点取一个作业幅宽,长1 m。

5.3.1　作物特征

5.3.1.1　按GB/T 5262的规定调查测定作物品种、自然高度、成熟期、最低结穗高度、自然落穗(粒)、百粒质量、株距及每平方米籽粒重,并计算产量。

5.3.1.2　秸秆直径:每点连续测10株,测量距垄顶10 cm非节处的最大直径,求平均值。

5.3.1.3　果穗大端直径:每点连续测10株,分别测定果穗和光果穗大端直径,求平均值。

5.3.1.4　果穗长度:每点连续测10穗,求平均值。

5.3.1.5　植株折弯率:每点连续测50株,求百分比。

5.3.1.6 果穗下垂率:每点连续测 50 株,求百分比。

5.3.1.7 作物倒伏率:每点连续测 50 株,求百分比。

5.3.1.8 籽粒、苞叶、果柄根部、秸秆根部(距垄顶约 10 cm 处)含水率按以下规定取样,所取样品应及时分别称出质量,并按 GB/T 5262 的规定进行测定。

a) 籽粒:每点取 50 g;

b) 秸秆根部:每点取 5 段,每段长 2 cm～3 cm;

c) 苞叶:每点取 5 个果穗,每个果穗在外、中、内 3 层苞叶中各取 1 片;

d) 果柄:每点取 5 段,每段长 2 cm～3 cm。

5.3.2 地表条件

按 GB/T 5262 的规定测定地形、坡度、垄高、垄(行)距、杂草种类及密度。

5.3.3 土壤条件

5.3.3.1 土壤绝对含水率:取 0 cm～10 cm、10 cm～20 cm 两层土壤。

5.3.3.2 土壤坚实度:取 0 cm～10 cm、10 cm～20 cm 两层土壤,用土壤坚实度仪进行测定。

5.3.4 气象条件

按 GB/T 5262 的规定测定,在性能试验时测定气温、空气相对湿度、风速、风向和天气情况。

6 性能试验

6.1 一般要求

6.1.1 性能试验的目的是考核收获机是否达到设计要求,评定作业质量是否满足农业技术要求及与动力配套的合理性。

6.1.2 试验时优先采用对比样机,试验收获机和对比样机均应按制造厂使用说明书的规定进行调整、保养和操作,并调至最佳技术状态下进行测定。

6.1.3 试验区由稳定区、测定区和停车区组成。玉米联合收获机测定区长度应不少于 20 m,其他玉米收获机测定区长度不少于 15 m,测定区前应有不少于 20 m 的稳定区,测定区后应有不少于 10 m 的停车区。

6.1.4 测定前要清除测定区内(包括已割地和未割地 2～4 垄)的自然落粒、落穗、断离植株及结穗高度在 35 cm 以下的果穗。

6.1.5 试验应测定不同前进(作业)速度的 5 个工况。

6.1.6 收获机在稳定区和测定区内不得改变工况。

6.1.7 推荐采用机械接取和处理样品。

6.1.8 试验用测试仪器、设备和工具见附录 A。试验前应对仪器、设备进行检查和校准。

6.1.9 测定数据的准确度

接样时间:准确到 0.1 s;

测定区长度:准确到 0.1 m;

前进(作业)速度:准确到 0.1 m/s;

籽粒样品质量:接取籽粒(果穗籽粒)样品准确到 0.2 kg,夹带籽粒样品、籽粒损失样品准确到 1 g;

粉碎秸秆样品质量:粉碎秸秆还田、粉碎秸秆回收样品准确到 0.5 kg,粉碎秸秆、损失样品准确到 10 g;

苞叶剥净率接取果穗,以个计数,准确到 1 个。

6.2 作业性能的测定

6.2.1 割茬高度的测定

在测定区全部割幅内，等间隔取3点，每点连续测10株割茬，测量割茬切口至垄顶的高度，求出平均值。

6.2.2 喂入量及机组前进速度的测定

6.2.2.1 喂入量

在测定区内，接取从粉碎秸秆、果穗(苞叶)排出口排出的排出物，分别称其质量，同时记录通过测定区时间。按式(1)计算喂入量。通过测定，确定收获机的最大工作能力。

$$Q=\frac{W}{t} \quad \cdots\cdots (1)$$

式中：

Q——喂入量，单位为千克每秒(kg/s)；

W——通过测试区时，接取的秸秆和果穗(籽粒)总质量，单位为千克(kg)；

t——收获机通过测定区的时间，单位为秒(s)。

6.2.2.2 收获机前进(作业)速度

与喂入量同时测定，按式(2)计算收获机前进(作业)速度。

$$v=\frac{L}{t} \quad \cdots\cdots (2)$$

式中：

v——收获机前进(作业)速度，单位为米每秒(m/s)；

L——测定区长度，单位为米(m)。

6.2.3 总损失率的测定

6.2.3.1 落地籽粒损失率

在测定区(包括清理区)内，拣起全部落地籽粒(包括秸秆中夹带籽粒)和小于5 cm长的碎果穗，脱净后称出质量，并按式(3)计算籽粒损失率。

$$S_L=\frac{W_L}{W_Z}\times 100 \quad \cdots\cdots (3)$$

式中：

S_L——籽粒损失率，%；

W_Z——籽粒总质量：$W_Z=W_q+W_L+W_U+W_b$，单位为克(g)；

W_b——苞叶夹带籽粒质量(具有苞叶夹带籽粒回收装置加上此项)，单位为克(g)；

W_L——落地籽粒质量，单位为克(g)；

W_q——从果穗升运器接取果穗籽粒和果穗夹带籽粒质量，单位为克(g)；

W_U——漏摘和落地果穗籽粒质量，单位为克(g)。

6.2.3.2 果穗损失率

在测定区(包括清理区内)，收集漏摘和落地的果穗(包括5 cm以上的果穗段)，脱净后称出质量，按式(4)计算果穗损失率。

$$S_U=\frac{W_U}{W_Z}\times 100 \quad \cdots\cdots (4)$$

式中：

S_U——果穗损失率，%。

6.2.3.3 苞叶夹带籽粒损失率(具有苞叶夹带籽粒回收装置无此项)

在测定区内，接取苞叶排出口全部排出物，取出其中夹带籽粒，并称出质量，按式(5)计算损失率。

$$S_b=\frac{W_b}{W_Z}\times 100 \quad \cdots\cdots (5)$$

式中：

S_b——苞叶夹带籽粒损失率，%。

6.2.4 苞叶剥净率（适用于带剥皮功能的玉米收获方式）

在测定区内，从果穗升运器出口接取的果穗中，拣出苞叶多于或等于 3 片（超过三分之二的整叶算一片）的果穗（未剥净果穗）。按式(6)计算苞叶剥净率。

$$B = \frac{G - G_j}{G} \times 100 \quad \cdots\cdots (6)$$

式中：

B——苞叶剥净率，%；

G_j——未剥净苞叶果穗数，单位为个；

G——接取果穗总数，单位为个。

6.2.5 果穗含杂率（适用于果穗收获的玉米收获方式）

在测定区内，接取果穗升运器排出口的排出物，分别称出接取物总质量及杂物（包括泥土、砂石、茎叶和杂草等）质量，按式(7)计算果穗含杂率。

$$G_n = \frac{W_n}{W_p} \times 100 \quad \cdots\cdots (7)$$

式中：

G_n——果穗含杂率，%；

W_n——杂物质量，单位为克(g)；

W_p——从果穗升运器排出口接取排出物总质量，单位为克(g)。

6.2.6 籽粒含杂率（适用于直接脱粒的玉米收获方式）

在测定区内，从接粮口接取约不少于 2 000 g 的混合籽粒，从中选出杂质质量，分别称出混合籽粒质量及杂质质量，按式(8)计算籽粒含杂率。

$$Z_z = \frac{W_{za}}{W_h} \times 100 \quad \cdots\cdots (8)$$

式中：

Z_z——籽粒含杂率，%；

W_{za}——杂质质量，单位为克(g)；

W_h——混合籽粒质量，单位为克(g)。

6.2.7 籽粒破碎率

在测定区内，从果穗升运器排出口或接粮口接取约不少于 2 000 g 的样品，脱粒清净后，拣出机器损伤、有明显裂纹及破皮的籽粒，分别称出破损籽粒质量及样品籽粒总质量，按式(9)计算籽粒破碎率。

$$Z_s = \frac{W_s}{W_i} \times 100 \quad \cdots\cdots (9)$$

式中：

Z_s——籽粒破碎率，%；

W_s——破碎籽粒质量，单位为克(g)；

W_i——样品籽粒总质量，单位为克(g)。

6.2.8 秸秆粉碎质量的测定

6.2.8.1 秸秆粉碎还田

秸秆粉碎长度合格率和秸秆抛撒不均匀度按 JB/T 6678—2001 的规定进行测定。

6.2.8.2 秸秆粉碎回收

a) 秸秆切段长度

在测定区内，用取样网从粉碎秸秆抛送筒出口接取不少于 1 kg 的样品，取 5 点，求平均值。用饲料切段长度分选机或其他方法进行分级，并绘制切段长度分布曲线。按 GB/T 10394.3—2002 规定求出平均切段长度、切段长度标准差和切段长度相对误差。

b） 秸秆粉碎损失率

在测定区内，拣起或用齿距不大于 50 mm 的搂耙搂起收割时损失的秸秆称出质量，求出占其测定区内秸秆总质量的百分比。

6.3 动力指标测定

推荐在测定最大持续喂入量同时进行，往返各不少于 1 次，同时测定收获机的前进（作业）速度、滑移率或滑转率，计算出消耗的总功率。

6.3.1 牵引式收获机消耗功率的测定

测定牵引力、前进速度、总传动轴的扭矩和转速，按式（10）～式（12）计算：

a） 牵引功率

$$N_q = P_q v \times 10^{-3} \quad \cdots\cdots (10)$$

b） 传动功率

$$N_c = \frac{\pi M_c n_z}{3} \times 10^{-4} \quad \cdots\cdots (11)$$

c） 消耗总功率

$$N_{zx} = N_q + N_c \quad \cdots\cdots (12)$$

式中：

N_{zx}——消耗总功率，单位为千瓦（kW）；

N_q——牵引功率，单位为千瓦（kW）；

P_q——牵引阻力，单位为牛（N）；

N_c——传动功率，单位为千瓦（kW）；

M_c——工作部件总传动轴的转动扭矩，单位为牛顿米（N·m）；

n_z——工作部件总传动轴的转速，单位为转每分钟（r/min）。

6.3.2 悬挂式或自走式收获机消耗功率的测定

测定总传动轴及行走部分扭矩和转速，按式（13）计算消耗总功率：

$$N_{zx} = N_{zn} + N_z = \frac{\pi(M_z n_z + M_x n_x)}{3} \times 10^{-4} \quad \cdots\cdots (13)$$

式中：

N_{zn}——工作部件总传动轴的消耗功率，单位为千瓦（kW）；

N_z——行走部分的消耗功率，单位为千瓦（kW）；

M_z——工作部件总传动轴的扭矩，单位为牛顿米（N·m）；

M_x——行走部分的扭矩，单位为牛顿米（N·m）；

n_x——行走部分的转速，单位为转每分钟（r/min）。

6.3.3 滑移率或滑转率的测定

测定时可采用定圈数测距离的方法，测定长度不少于 20 m，与动力指标测定同时进行。按式（14）计算滑移率或滑转率。

$$\delta = \pm \frac{l - 2\pi R n}{2\pi R n} \times 100 \quad \cdots\cdots (14)$$

式中：

δ——滑移率或滑转率，%；

l——轮子转动的实际距离，单位为米（m）；

R——轮子半径(刚性轮子为轴心至外缘距离,充气轮胎为轴心至地面距离),单位为米(m);

n——轮子转动圈数;

+——“正”号为滑移率;

-——“负”号为滑转率。

6.4 噪声测定

噪声测定按 JB/T 6268—2005 的规定。

6.5 制动性能测定

自走式收获机械制动性能测定按 GB/T 14248—2008 的规定。

7 生产试验

7.1 生产查定

生产查定时间应不少于 3 个连续班次,每个班次作业不得少于 6 h;应固定专人,认真做好查定记录并及时整理汇总。

7.2 可靠性试验

7.2.1 可靠性试验见附录 B。

7.2.2 在可靠性试验中,如发现收获机作业质量有显著变化时,应进行作业性能复测。

7.3 技术经济指标的计算

7.3.1 生产率

生产率按式(15)、式(16)计算:

7.3.1.1 纯工作小时生产率

$$E_c = \frac{\sum Q_{cb}}{\sum T_c} \qquad (15)$$

式中:

E_c——纯工作小时生产率,单位为公顷每小时(hm^2/h);

Q_{cb}——生产查定的班次作业量,单位为公顷(hm^2);

T_c——生产查定的班次纯工作时间,单位为小时(h)。

7.3.1.2 班次小时生产率

$$E_b = \frac{\sum Q_b}{\sum T_b} \qquad (16)$$

式中:

E_b——班次小时生产率,单位为公顷每小时(hm^2/h);

Q_b——生产考核期间班次作业量,单位为公顷(hm^2);

T_b——生产考核期间班次时间,单位为小时(h)。

7.3.2 单位燃油消耗量

单位燃油消耗量按式(17)计算:

$$G_i = \frac{\sum G_{iz}}{\sum Q_{cb}} \qquad (17)$$

式中:

G_i——单位作业量燃油消耗量,单位为千克每公顷(kg/hm^2);

G_{iz}——生产查定的班次燃油消耗量,单位为千克(kg)。

7.3.3 调整保养方便性

观察记录几个完整班次的调整保养情况，对进行一次调整和完整的保养所花费的人力、时间、保养的周期、调整的方法、使用者的反映等进行综合比较，用文字说明调整保养的方便性。

7.4 综合观察

7.4.1 应观察收获机作业量、生产能力，对不同试验条件的适应性及收获机的故障和排除等情况，并在生产试验中、后期进行不少于两次的主要性能指标复测。

7.4.2 发动机功率和冷却系统是否满足要求。

7.4.3 对收获机主要易变形、易磨损件发生变形及磨损情况，应分析其性质和原因。

7.4.4 收获机在正常使用时的安全性和可靠性。

附　录　A
（资料性附录）
试验所需主要仪器、设备及工具

A.1　所需主要仪器、设备及工具如下：

土壤坚实度仪	1台
水分测定仪（或电烘干箱）	1套
天平	1台
电测设备（或拉力仪、扭矩仪、转速表）	1套
耕深测定仪	1台
秒表	1块
标杆	10根
皮尺（50 m）	1个
游标卡尺（200 mm）	1把
钢卷尺	1个
样品接取装置（或帆布和麻袋、绳子、标签等）	1套
盘秤（量程 10 kg）	1个
台秤（量程 500 kg）	1台
样品处理用具	1个
指挥旗（红、蓝、黄色）	1套
信号发声器（或口哨）	1个
声级计	1台
制动减速度仪	1套

附 录 B
(规范性附录)
玉米收获机械可靠性试验方法

B.1 总则

B.1.1 收获机采用现场可靠性试验时,试验时间不少于一个作业季节。自走式收获机试验时间不少于120 h发动机工作时间,牵引式和悬挂式不得少于100 h纯工作时间。其他目的的可靠性试验时间应适当延长。

B.1.2 产品采用随机抽样,抽样数量为年产量的10%,抽样台数不得少于3台。新产品或为其他目的的可靠性试验台数根据具体情况确定。

B.1.3 试验时,操作人员必须按制造厂提供的产品使用说明书的规定进行操作和维修。

B.1.4 根据试验目的和产品的不同,可以选用不同的可靠性指标。

B.1.5 试验人员应按表B.1认真准确地做好写实记录,并按表B.2、表B.3进行统计和汇总。

B.2 测定时间

B.2.1 采用发动机计时器或循环计数器测定时间。

B.2.2 时间测定准确至0.1 h。

B.3 故障统计判定原则

B.3.1 收获机产品整机、总成(部件)或零件在规定的条件下和规定的时间内,丧失规定功能的事件均称为故障。

B.3.2 与收获机本质失效有关的故障均属关联故障,如危及作业安全、丧失功能以及零部件损坏等故障,在计算可靠性指标值时应计入。

B.3.3 因外界因素造成的收获机的故障均属非关联故障,这类故障不应计入可靠性指标计算。

非关联故障有如下情况:

a) 由于在超出收获机使用说明书、技术条件规定的使用条件下造成的故障;

b) 由于操作人员使用保养不当或误动作造成的故障;

c) 由于维修不当造成的故障。

B.3.4 牵引式和悬挂式收获机配套动力的故障,不应计入关联故障,但因收获机故障引起的配套动力的故障,应计入关联故障。

B.4 故障分类原则

B.4.1 致命故障:导致功能完全丧失、危及作业安全、导致人身伤亡或重要总成(系统)报废、造成重大经济损失的故障。

B.4.2 严重故障:主要零部件损坏或导致功能严重下降,难以正常作业的故障。

B.4.3 一般故障:一般零部件损坏造成功能下降或损失、损伤增加,但通过调整、更换易拆卸的零件、次要小部件后可恢复正常作业的故障。

B.4.4 轻微故障：引起操作人员操作不便，但不影响收获机作业的故障；或在较短时间(30 min)内用随车工具排除、更换外部易损件或采取应急措施修复的故障。

B.5 可靠性指标的计算

可靠性指标按式(B.1)～式(B.5)计算。计算、评定批量生产产品的可靠性指标时，轻微故障除外。

B.5.1 首次故障前平均工作时间

a) 点估计

$$MTTFF = \frac{\sum t_s + \sum t_0}{r_s} \qquad \text{(B.1)}$$

b) 单边置信区间下限

$$(MTTFF)_L = \frac{2(\sum t_s + \sum t_0)}{X^2(a, 2r_s + 2)} \qquad \text{(B.2)}$$

式中：

MTTFF——平均首次故障前工作时间(点估计)，单位为小时(h)；

$(MTTFF)_L$——平均首次故障前工作时间(单边置信区间下限)，单位为小时(h)；

r_s——试验期间，发生首次故障的试验收获机台数(当 $r_s=0$ 时，按 1 计)；

$\sum t_s$——各台试验收获机首次出现故障的工作时间之和，单位为小时(h)；

$\sum t_0$——未出现故障的各台试验收获机工作时间之和，单位为小时(h)；

$X^2(a,2r_s+2)$——置信水平为 a、自由度为 $2r_s+2$ 的 X^2 分布的分位数。

B.5.2 平均故障间隔时间

a) 点估计

$$MTBF = \frac{\sum t_i}{\sum r} \qquad \text{(B.3)}$$

b) 单边置信区间下限

$$(MTBF)_L = \frac{2\sum t_i}{X^2(a, 2r + 2)} \qquad \text{(B.4)}$$

式中：

MTBF——平均故障间隔时间(点估计)，单位为小时(h)；

$(MTBF)_L$——平均故障间隔时间(单边置信区间下限)，单位为小时(h)；

$\sum t_i$——各台试验收获机累计工作时间之和，单位为小时(h)；

$\sum r$——各台试验收获机的故障之和，单位为个；

$X^2(a,2r+2)$——置信水平为 a、自由度为 $2r+2$ 的 X^2 分布的分位数。

注：根据需要，可分别计算致命故障、严重故障和一般故障的平均故障间隔时间。

B.5.3 有效度

$$A = \frac{\sum t_i}{\sum t_i + \sum t_r} \times 100 \qquad \text{(B.5)}$$

式中：

A——有效度，%；

$\sum t_r$——各台试验收获机故障排除和修复时间之和，单位为小时(h)。

表 B.1 收获机可靠性试验工作日记

年 月 日

玉米品种		地表情况			作业条件	
作业面积/ hm^2		燃油消耗量/ kg			计时器读数[a]/ h	
故 障						
部 位	件号和名称	形式、原因和排除方法		发生时间/ h		排除、修复时间/ (h,min)
[a] 自走式收获机为发动机工作时间,牵引式和悬挂式收获机为纯工作时间。						

表 B.2 收获机可靠性试验数据统计表

机器型号与名称: 试验地点:

制造单位: 出厂编号:

试验编号:

试验日期	工作时间/ h	收获面积/ hm^2	故 障					故障类别	说明
			件号	零部件名称	形式、原因和排除方法	累计工作时间/ h	排除、修复时间/ (h,min)		

整理人:

表 B.3 收获机可靠性试验汇总表

试验日期	试验地点	试验机编号	累计工作时间/ h	故障排除、修复时间/ h	故障分类数					说明
					合计	其中:				
总计	试验台数/台									
平均首次故障前工作时间/ h										
平均故障间隔时间/ h										
有效度/ %										

整理人:

本标准起草单位:福田雷沃国际重工股份有限公司、中国农业机械化科学研究院、黑龙江省农业机械试验鉴定站、约翰·迪尔佳联收获机械有限公司、河北农哈哈机械有限公司、山东金亿机械制造有限公司。

本标准主要起草人:朱金光、曹洪国、李晓东、柏玉霞、岳芹、曹文虎、秦英。

中华人民共和国国家标准

GB/T 21962—2008

玉米收获机械　技术条件

Technical requirements for maize combine harvester

1　范围

本标准规定了玉米果穗收获机和玉米籽粒收获机的安全要求、技术要求、检验规则、标志、包装、运输与贮存。

本标准适用于悬挂式、牵引式和自走式玉米收获机(以下简称收获机),同样适用于各类联合收割机配套(玉米)割台收获玉米果穗和玉米籽粒。

2　规范性引用文件

下列文件中的条款通过本标准的引用而成为本标准的条款,凡是注日期的引用文件,其随后所有的修改单(不包括勘误的内容)或修订版均不适用于本标准,然而,鼓励根据本标准达成协议的各方研究是否可使用这些文件的最新版本。凡是不注日期的引用文件,其最新版本适用于本标准。

GB/T 1147.1—2007　中小功率内燃机　第1部分:通用技术条件

GB/T 4269.1—2000　农林拖拉机和机械、草坪和园艺动力机械　操作者操纵机构和其他显示装置用符号　第1部分:通用符号(idt ISO 3767-1:1991)

GB/T 4269.2—2000　农林拖拉机和机械、草坪和园艺动力机械　操作者操纵机构和其他显示装置用符号　第2部分:农用拖拉机和机械用符号(idt ISO 3767-2:1991)

GB/T 6979.1—2005　收获机械　联合收割机及功能部件　第1部分:词汇(ISO 6689-1:1997,MOD)

GB/T 9480—2001　农林拖拉机和机械、草坪和园艺动力机械　使用说明书编写规则(eqv ISO 3600:1996)

GB 10395.1—2001　农林拖拉机和机械　安全技术要求　第1部分:总则(eqv ISO 4254-1:1989)

GB 10395.7—2006　农林拖拉机和机械　安全技术要求　第7部分:联合收割机、饲料和棉花收获机(ISO 4254-7:1995,MOD)

GB 10396—2006　农林拖拉机和机械、草坪和园艺机械　安全标志和危险图形　总则(ISO 11684:1995,MOD)

GB/T 13306　标牌

GB/T 15370—2004　农业轮式和履带拖拉机　通用技术条件

GB 19997—2005　谷物联合收割机　噪声限值

JB/T 5673—1991　农林拖拉机及机具涂漆　通用技术条件

JB/T 6287　谷物联合收割机　可靠性评定试验方法

中华人民共和国国家质量监督检验检疫总局
中国国家标准化管理委员会　2008-06-10发布　2009-01-01实施

JB/T 6678—2001 秸秆粉碎还田机

3 术语和定义

GB/T 6979.1 规定的以及下列术语和定义适用于本标准。

3.1

玉米果穗收获机 maize harvester

用来完成玉米摘穗、集穗或同时完成果穗剥皮以及茎秆切碎的机器。

3.2

玉米籽粒收获机 maize grain harvester

能一次完成玉米籽粒收获的机器。

4 安全要求

4.1 产品设计和结构应保证操作人员按制造厂规定的使用说明书操作和维护保养时没有危险。

4.2 使用说明书的编写应符合 GB/T 9480—2001 的规定。使用说明书应给出适当的警示事项和安全标志;指出在工作状态下摘穗区(工作部件)内的喂入装置或摘穗辊处会出现挤压与剪切部位;指出在机器运转时不得进入粮箱;应给出灭火器的使用方法和灭火器放置位置的说明。

4.3 各传动轴、带轮、链轮、传动带和链条等外露运动件应有防护装置,防护装置应符合 GB 10395.1—2001 的规定。对摘穗辊、拉茎辊、输送螺旋等必须外露的功能件,应在其附近固定符合 GB 10396—2006 的安全标志。

4.4 自走式收获机至少应装作业照明灯 2 只,1 只照向割台前方,1 只照向卸粮区。最高行驶速度大于 10 km/h 的自走式收获机还必须装前照灯 2 只、前位灯 2 只、后位灯 2 只、前转向信号灯 2 只、后转向信号灯 2 只、倒车灯 2 只、制动灯 2 只。

4.5 自走式收获机应装行走、倒车喇叭和 2 只后视镜。

4.6 收获机驾驶室玻璃必须采用安全玻璃。

4.7 噪声应符合 GB 19997—2005 的规定。

4.8 自走式玉米收获机以最高行驶速度制动时(最高行驶速度在 20 km/h 以上时,制动初速度为 20 km/h),制动距离不大于 6 m 或制动减速度不小于 2.94 m/s^2;驻车制动器锁定手柄锁定驻车制动器踏板必须可靠,没有外力不能松脱,并能可靠地停在 20%(11°18′)的干硬纵向坡道上。驻车制动控制力,对于手操纵力应不大于 400 N;对于脚操纵力应不大于 600 N。

4.9 其他安全要求应符合 GB 10395.7—2006 的规定。

5 技术要求

5.1 收获机应符合本标准的要求,并按经规定程序批准的产品图样和技术文件制造。

5.2 收获机在标定持续作业量、籽粒含水率为 25%～35%(适用于果穗收获)、籽粒含水率为 15%～25%(适用于直接脱粒收获),植株倒伏率低于 5%、果穗下垂率低于 15%、最低结穗高度大于 35 cm 的条件下收获时,其主要性能指标应符合表 1 的规定。

表 1 主要性能指标

项 目	指 标
生产率/(hm^2/h)	达到使用说明书最高值 80%的规定
总损失率/%	≤4(适用于果穗收获的玉米收获方式) ≤5(适用于直接脱粒的玉米收获方式)

表1（续）

<table>
<tr><td colspan="3">项　目</td><td>指　标</td></tr>
<tr><td colspan="3">粒籽破碎率/%</td><td>≤1(适用于果穗收获的玉米收获方式)
≤5(适用于直接脱粒的玉米收获方式)</td></tr>
<tr><td colspan="3">果穗含杂率/%</td><td>≤1.5(适用于果穗收获的玉米收获方式)</td></tr>
<tr><td colspan="3">籽粒含杂率/%</td><td>≤3(适用于直接脱粒的玉米收获方式)</td></tr>
<tr><td colspan="3">苞叶剥净率/%</td><td>≥85</td></tr>
<tr><td rowspan="3">秸秆粉碎回收型</td><td rowspan="2">秸秆切段质量</td><td>切段长度标准差/%</td><td>≤2.0</td></tr>
<tr><td>切段长度相对误差/%</td><td>≤13</td></tr>
<tr><td colspan="2">割茬高度/mm</td><td>≤100(地面平整)</td></tr>
<tr><td colspan="3">秸秆粉碎还田型</td><td>按 JB/T 6678—2001 中表1或表2的规定</td></tr>
</table>

5.3　可靠性

按 JB/T 6287 规定的试验方法，平均故障间隔时间不小于 50 h，有效度不小于 93%。

5.4　配套动力

配套动力必须保证收获机正常作业，并应符合 GB/T 1147.1—2007 的规定；配套用的拖拉机应符合 GB/T 15370—2004 的规定。

发动机启动应顺利平稳，在气温－5℃～35℃时，每次启动时间不大于 30 s。怠速和最高空转转速下，运转平稳，无异响，熄火彻底可靠；在正常工作负荷下，排气烟色正常。

5.5　割台

自走式收获机割台液压升降机构在工作状态下，提升速度应不小于 0.2 m/s。割台升降可靠，不得有卡滞现象，提升到最高位置停留 30 min 后，割台静沉降量应不大于 15 mm。

每对摘穗辊、拉茎辊及摘穗板的间隙应能调整。

5.6　液压系统

5.6.1　液压操纵系统和转向系统应灵活可靠，无卡滞现象。

5.6.2　液压系统各油路油管固定应牢靠，油管表面不允许有裂纹、擦伤和明显压扁等缺陷。

5.6.3　各油路油管和接头应在 1.5 倍的使用压力下做耐压试验，保持压力 2 min，管路不允许渗、漏油。

5.7　传动系统

5.7.1　离合器应保证接合平稳、可靠，分离完全、彻底。

5.7.2　当行走离合器分离时，各挡变速应灵活，无卡滞现象。

5.7.3　在各挡工作时，传动系统的齿轮应正常工作，变速联锁装置应工作可靠。

5.8　电气系统

5.8.1　电气装置及线路应完整无损，安装牢固，不应因振动而松脱、损坏，不应产生短路和断路。

5.8.2　开关、按钮应操作方便，开关自如，不应因振动而自行接通或关闭。

5.8.3　照明和信号装置的任何一条线路出现故障时，不应干扰其他线路的正常工作。

5.8.4　发电机工作良好；蓄电池应保持常压；所有电系导线均需捆扎成束，布置整齐，固定卡紧；接头牢靠并有绝缘封套；导线穿越孔洞时，需设绝缘导管。

5.9　总体装配

5.9.1　收获机的配套件、零部件应符合有关标准的规定；所有自制件必须检验合格；外协件、外购件必须有合格证，并经检验合格后，方可进行装配。

5.9.2　收获机各部分的调整、维修和保养应方便。各调节机构应保证操作方便、可靠。各部件调节范围应能达到规定的极限位置。

5.9.3 各操纵机构应轻便灵活，自动回位的操纵件在操纵力去除后，应能自动回位。

5.9.4 收获机的操作符号应设置在相应操作装置的附近，操作符号应符合 GB/T 4269.1—2000、GB/T 4269.2—2000 的规定。

5.9.5 自走式收获机的驾驶室结构应驾驶方便、舒适。

5.9.6 收获机各系统的离合器必须结合平稳、可靠，分离彻底。

5.9.7 变速箱应换挡灵活，工作可靠，不得有乱挡和脱挡现象。

5.9.8 收获机涂漆应符合 JB/T 5673—1991 的规定。

6 检验规则

6.1 出厂检验

6.1.1 每台收获机应经制造厂质量检验部门检验合格，签发合格证后方可出厂。

6.1.2 收获机回转工作部件应按规定的工作转速试运转 10 min。

6.1.3 每台收获机经制造厂检验部门总装检验合格后，在额定转速下进行 30 min 空转试验，试验应满足下列要求：

a) 启动平稳方便，发动机熄火彻底可靠；

b) 各操纵系统操纵灵活、准确、可靠，各部件调节范围应达到设计要求；

c) 收获机运行平稳，不得有卡碰和异常声音；

d) 连接件、紧固件不得松动；

e) 齿轮箱体、轴承座、轴承部位不允许有严重的发热现象，其温升不得超过 25℃；

f) 不允许漏油、漏水、漏气。

6.1.4 每台自走式收获机应进行行走试验。试验应在各挡情况下进行，试验结果应符合本标准 5.6～5.8 的规定，试验时间应符合产品技术条件的规定。

6.1.5 试验中出现不符合上述要求时，应立即停止试验，排除故障后，进行补充试验。

6.2 型式检验

6.2.1 型式检验

收获机遇有下列情况之一时，应进行型式检验：

a) 新产品或老产品转厂生产的试制定型鉴定；

b) 正式生产后，如结构、工艺、材料有较大改变，可能影响产品性能时；

c) 正常生产时，定期或积累一定产量后，应周期性进行一次检验，一般三年进行一次；

d) 产品长期停产后，恢复生产时；

e) 国家质量监督机构提出进行型式检验的要求时。

6.2.2 评定规则

根据表 2 所列检查项目对收获机产品进行逐项考核评定，评定结果按表 3 规定进行判定。表中 AQL 为接收质量限，Ac 为接收数，Re 为拒收数，均按计点法计算。

样本中各类项目不合格数小于或等于接收数 Ac 时，则判该产品为合格，否则判该产品为不合格。

表 2 检验项目分类

类别	项序	检验项目	果穗收获机	籽粒收获机
A	1	防护装置	√	√
	2	灯光照明	√	√
	3	制动性能	√	√
	4	噪声	√	√

表 2（续）

类别	项序	检验项目	果穗收获机	籽粒收获机
A	5	总损失率	√	√
	6	安全标志	√	√
B	1	粒籽破碎率	√	√
	2	苞叶剥净率	√	—
	3	生产率	√	√
	4	配套动力	√	√
	5	液压性能	√	√
	6	平均故障间隔时间	√	√
	7	有效度	√	√
C	1	割台升降性能	√	√
	2	果穗含杂率	√	—
	3	籽粒含杂率	—	√
	4	秸秆切段质量	√	√
	5	轴承温升	√	√
	6	涂漆	√	√
	7	使用说明书	√	√

表 3　抽样检验方案

项目类别	A	B	C
样本数	2		
项目数	6	7(6)	6
检查水平	S-1		
AQL	6.5	25	40
Ac　Re	0　1	1　2	2　3
注：括号内数据为籽粒收获机的项目数。			

6.3　抽检

订货单位有权按本标准的规定，对出厂收获机进行抽检。抽检方法由订货单位和制造厂共同商定。

7　标志、包装、运输与贮存

7.1　每台收获机应在明显位置固定永久性产品标牌，标牌内容应符合 GB/T 13306 的规定，并标明下列内容：

a）产品型号、名称；

b）主要技术参数；

c）制造厂名称、地址；

d）制造日期和出厂编号；

e）产品执行标准号。

7.2　收获机传动系统主要调节部位应有明显标志，并应有润滑、传动系统示意图。

7.3　出厂的收获机应保证成套性，随机提供的附件、备件、工具和运输时必须拆下的零部件，应保证其完整无损。

7.4　随机文件包括：

a）装箱清单；

b）产品质量合格证；

c）产品使用说明书。

7.5 收获机产品出厂装运，应符合交通部门的有关规定，应保证在正常运输条件下零部件不受损坏。

7.6 收获机产品应贮存在干燥、通风和无腐蚀性气体的仓库内，露天存放时应有防雨、防潮、防碰撞措施。

本标准起草单位：福田雷沃国际重工股份有限公司、中国农业机械化科学研究院、黑龙江省农业机械试验鉴定站、约翰·迪尔佳联收获机械有限公司、河北农哈哈机械有限公司、山东金亿机械制造有限公司。

本标准主要起草人：朱金光、曹洪国、李晓东、柏玉霞、岳芹、曹文虎、秦英。

中华人民共和国农业行业标准

NY 400—2000

硫酸脱绒与包衣棉花种子

Acid delinted and coated seed of cotton

1 范围

本标准规定了在棉花种子加工过程中毛子、脱绒子与包衣子的质量要求、检验方法。

本标准适用于硫酸脱绒、包衣处理的棉花种子。用其他技术脱绒的棉种质量指标可参考本标准。

2 引用标准

下列标准所包含的条文，通过在本标准中引用而构成为本标准的条文。本标准出版时，所示版本均为有效。所有标准都会被修订，使用本标准的各方应探讨使用下列标准最新版本的可能性。

GB/T 7414—1987　主要农作物种子包装

GB/T 7415—1987　主要农作物种子贮藏

CB 12475—1990　农药贮运、销售和使用的防毒规程

GB/T 3543.2—1995　农作物种子检验规程　扦样

GB/T 3543.3—1995　农作物种子检验规程　净度分析

GB/T 3543.4—1995　农作物种子检验规程　发芽试验

GB/T 3543.6—1995　农作物种子检验规程　水分测定

GB/T 3543.7—1995　农作物种子检验规程　其他项目检验

3 定义

本标准采用下列定义。

3.1

毛子　undelinted seed

子棉经轧花、剥绒，其表面附着有短绒的棉子。

3.2

短绒率　short fiber content

毛子表面附着的棉短绒的质量占毛子总质量的百分数。

3.3

脱绒子　delinted seed

经脱绒及精选后的棉子。通常又称光子。

3.4

残绒指数　residue short fiber index

根据脱绒子表面残留短绒的多少，以数字代表各级的残留程度。

中华人民共和国农业部 2000-09-22 发布　　2000-12-01 实施

3.5

残酸率　residue acid content

脱绒子表面含有的残酸质量占脱绒子总质量的百分数。

3.6

包衣种子　coated seed

将种衣剂均匀地包裹在脱绒子表面并形成一层膜衣的种子。

3.7

净种子　pure seed

有或无种皮、有或无绒毛的种子；超过原来大小一半、有或无种皮的破损种子；未成熟、瘦小的、皱缩的、带病的或发过芽的种子。

3.8

净度　purity

净种子占所分析种子中三种成分之和的百分率。三种成分指净种子、其他植物种子和杂质。

3.9

健籽率　healthy seed percentage

经净度测定后的净种子样品中除去嫩子、小子、瘦子等成熟度差的棉子，留下的健全种子占样品总粒数的百分率。

3.10

发芽　germination

在实验室内幼苗出现和生长达到一定阶段，幼苗和主要构造表明在田间的适宜条件下能进一步生长成为正常的植株。

3.11

发芽率　percentage germination

在规定条件下和时间内长成的正常幼苗数占供检种子数的百分率。

3.12

水分　moisture content

按规定程序把种子样品烘干所失去的质量占供检样品原始质量的百分率。

3.13

破籽　broken seed

种壳脱落、有明显可见伤口或裂缝的种子。

3.14

破籽率　broken seed percentage

破籽粒数占被检种子总粒数的百分率。

3.15

种衣覆盖度　seed-coating percentage

种衣剂覆盖在种子表面的程度。以膜衣面积不少于80％的包衣种子粒数占供检包衣种子总粒数的百分率表示。

3.16

种衣牢固度　coating attachment

种衣剂附着在种子表面的牢固程度。以按规定方法振荡后的包衣种子质量占振荡前包衣种子质量的百分率表示。

4 质量要求

4.1 毛子质量指标见表1。

表1

项目	纯度,%		净度 %	发芽率 %	水分 %	健籽率 %	破籽率 %	短绒率 %
	原种	良种						
质量指标	≥99.0	≥95.0	≥97.0	≥70	≤12.0	>75	≤5	≤9

4.2 光子质量指标见表2。

表2

项目	纯度,%		净度 %	发芽率 %	水分 %	残酸率 %	破籽率 %	残绒 指数
	原种	良种						
质量指标	≥99.0	≥95.0	≥99.0	≥80	≤12.0	≤0.15	≤7	≤27

4.3 包衣子质量指标见表3。

表3

项目	纯度,%		净度 %	发芽率 %	水分 %	破籽率 %	种衣覆盖 度,%	种衣牢固 度,%
	原种	良种						
质量指标	≥99.0	≥95.0	≥99.0	≥80	≤12.0	≤7	≤90	≤99.65

5 质量检验

5.1 扦样

按GB/T 3543.2和GB/T 3543.7—1995第四篇规定方法执行。

5.2 净度分析

按GB/T 3543.3和GB/T 3543.7—1995第四篇规定方法执行。

5.3 发芽试验

按GB/T 3543.4和GB/T 3543.7—1995第四篇规定方法执行。

5.4 健籽率测定

按GB/T 3543.3中附录C规定方法执行。

5.5 水分测定

按GB/T 3543.6规定方法执行。

5.6 短绒率测定

采用浓硫酸脱绒法。从净种子中随机称取10 g左右毛子,3次重复,分别置于小烧杯中,加入1.5~2.0 mL浓硫酸(比重1.84),并在电炉上加热,不断搅拌,待种子乌黑油亮时即倒入过滤漏斗,用自来水迅速冲洗干净,用干布擦去种子表面水分,置入105℃鼓风干燥箱20 min,即可烘去种子表面上的水分,然后在室温下放置2 h,以平衡种子与空气间的湿度,称出光子重量,按式(1)计算短绒率:

$$L(\%)=\frac{w-w_1}{w}\times 100 \quad \cdots\cdots (1)$$

式中:L——短绒率,%;

w——毛子重,g;

w_1——光子重,g。

容许差距:若一个样品的三次测定之间的最大差距不超过1.3%,其结果可用三次测定值的算术平均数表示,否则重做三次测定。

5.7 **破籽率测定**

测定在净度检验基础上进行。

随机取 100 粒种了，4 次重复。从样品中挑选出破籽，计数，按式(2)计算破籽率：

$$T(\%)=\frac{v}{v_0}\times 100 \quad\cdots\cdots(2)$$

式中：T ——破籽率，%；

v ——破籽粒数；

v_0——被检种子总粒数。

容许差距：若一个样品的四次测定之间的最大差距不超过 6%，其结果可用四次测定值的算术平均数表示，否则重做四次测定。

5.8 **残酸率测定**

残酸率的测定有两种方法，一种是硼砂滴定法，另一种是酸度计法。

5.8.1 **硼砂滴定法**

5.8.1.1 仪器设备：感量 0.001 g 天平，1 000 mL 容量瓶，100 mL 烧杯，250 mL 三角瓶、恒温箱、电炉、小滴瓶。

5.8.1.2 试剂：硼砂($Na_2B_4O_7\cdot 10H_2O$)、溴甲酚绿、甲基红、95%乙醇。

5.8.1.3 **操作步骤**

5.8.1.3.1 溶液配制：用感量 0.001 g 天平准确称取 3.814 g 硼砂，倒入 100 mL 烧杯中，加蒸馏水溶解后，定容至 1 000 mL。此硼砂溶液的浓度为 0.01 mol/L。

5.8.1.3.2 指示剂配制：称取溴甲酚绿 0.01 g，甲基红 0.02 g，置于同一小烧杯中，加入 40 mL 95%乙醇，待充分溶解后倒入小滴瓶中备用。

注：称取甲基红时需挑选颗粒细的粉末或事先用研钵将其磨细，否则不易溶解。

5.8.1.3.3 样品制备：随机数取脱绒子 50 粒称重，3 次重复，置于 250 mL 三角瓶内。加入 100 mL 蒸馏水，用力振摇后置入 30℃恒温箱内，浸提 30 min。或用以下快速方法浸提种子残酸可达到同样效果：加入 100 mL 50℃～55℃的热蒸馏水，用手振摇 2 min。

5.8.1.3.4 样品测定：加入三滴指示剂，溶液呈红色，然后用上述配制好的硼砂溶液进行滴定，溶液颜色先由红色变为无色，再滴定至微绿色即达等当点(pH 5.5)，记下滴定毫升数，并按式(3)计算残酸率：

$$K(\%)=\frac{0.098\times u}{p} \quad\cdots\cdots(3)$$

式中：K ——种子残酸率，%；

u ——滴定用硼砂溶液体积，mL；

p ——50 粒种子重，g；

0.098 ——常数。

注：作为空白对照的蒸馏水 pH 约为 5.3，滴加指示剂后，溶液应呈微红色，否则应加以调节后才能使用。

5.8.2 **酸度计法**

样品制备方法同 5.8.1.3.3(50 粒种子，加 100 mL 蒸馏水)。利用酸度计测得 pH，然后利用下列公式换算为残酸含量。应选用灵敏度为 0.01 的酸度计。

测定时对酸度计必须进行反复的校正，按式(4)计算种子残酸率。

$$K(\%)=\frac{490}{10^{pH}\times p} \quad\cdots\cdots(4)$$

式中：K ——种子残酸率，%；

p ——50 粒种子重，g；

490 ——常数。

5.8.3 容许差距

容许差距见表 4。

表 4 残酸分析的容许差距

三次结果平均	最大容许差距
0.00～0.04	0.02
0.05～0.09	0.03
0.10～0.14	0.03
0.15～0.19	0.04
0.20～0.24	0.04
0.25～0.29	0.04
0.30～0.34	0.05
0.35～0.39	0.05
0.40～0.44	0.05
0.45～0.49	0.05

5.9 残绒指数测定

该方法的测定程序为:从净种子中随机数取 100 粒光子,4 次重复,根据残绒的多少分为五级(见图 1)。

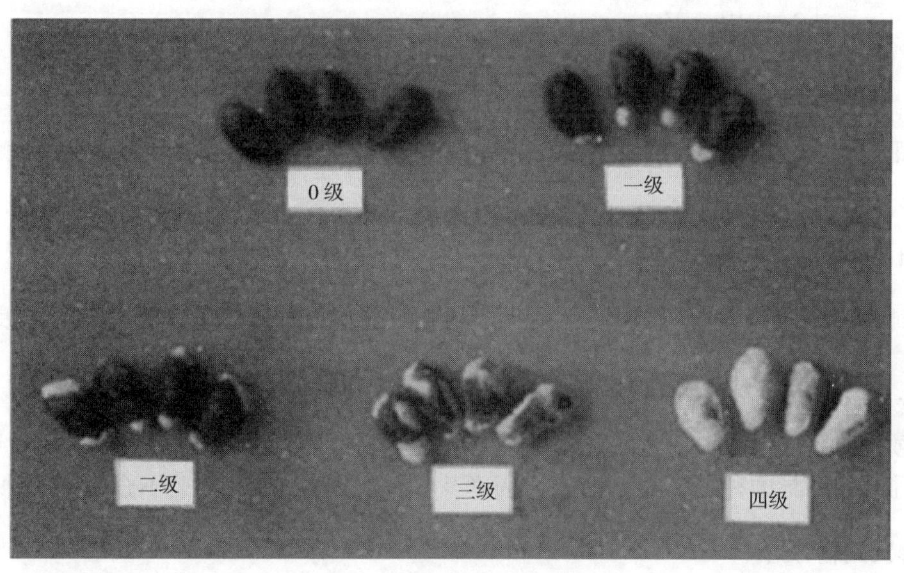

图 1 残绒指数分级

零级:种子表面无残绒,计做 0;

一级:种子一端附有较少残绒,计做 1;

二级:种子两端附有较少残绒,计做 2;

三级:种子两端附有较少残绒并联片,计做 3;

四级:种子表面几乎全部或全部附有短绒,计做 4。

用式(5)计算残绒指数:

$$E=\frac{d_0\times0+d_1\times1+d_2\times2+d_3\times3+d_4\times4}{4\times100}\times100 \quad \cdots\cdots (5)$$

式中:E——残绒指数;

d_0——零级粒数;

d_1——一级粒数;

d_2——二级粒数;

d_3——三级粒数;

d_4——四级粒数。

容许差距：若一个样品的四次测定之间的最大差距不超过 6，其结果可用四次测定值的算术平均数表示，否则重做四次测定。

5.10 种衣覆盖度检验

从平均样品中取试样 3 份，每份 200 粒。用放大镜目测观察每粒种子，凡表面膜衣覆盖面积不小于 80%者为种衣覆盖度合格的种子，数出覆盖度合格的种子粒数，按式(6)计算种衣覆盖度：

$$H(\%)=\frac{h}{200} \quad \cdots\cdots (6)$$

式中：H ——种衣覆盖度，%；

h ——种衣覆盖度合格的包衣种子粒数，粒。

5.11 种衣牢固度检验

从平均样品中取试样 3 份，每份 20 g～25 g，分别放在清洁、干燥的 150 mL 三角瓶中，置于振荡器上，在 300 次/min、40 mm 下振荡 40 min，然后分离出包衣种子称重，按式(7)计算种衣牢固度，并对三次重复进行平均。

$$L_g(\%)=\frac{G}{G_0}\times 100 \quad \cdots\cdots (7)$$

式中：L_g ——种衣牢固度，%；

G ——振荡后包衣种子质量，g；

G_0 ——样品质量，g。

容许差距：若一个样品的三次测定之间的最大差距不超过 0.17%，其结果可用三次测定值的算术平均数表示，否则重做三次测定。

6 检验规则

以品种纯度指标为划分种子质量级别的依据，纯度达不到原种指标降为良种，达不到良种指标即为不合格种子。

净度、发芽率、水分其中一项达不到指标的为不合格种子。

脱绒子质量指标中残酸率、残绒指数其中两项均达不到指标的为不合格种子。

包衣种子质量指标中种衣覆盖度、种衣牢固度其中一项达不到指标的为不合格包衣种子。

7 标志、包装、运输、贮存

7.1 标志

包装袋的正面标志按 GB 7414 的规定执行。包装袋的另一面印制种子生产、检验情况和质量指标，包括种子生产日期、班次、有效储存期；净度、发芽率、水分、种子检验员号。

7.2 包装

塑料小袋包装：每袋 1 kg、2.5 kg(包装袋材料及规格按 GB 7414 执行)，并用纸箱外包装，每箱 20 kg。

编织袋包装：每袋 25 kg(包装袋材料及规格按 GB 7414 执行)。

7.3 运输

包衣种子运输过程中的防毒事宜，按 GB 12475 的规定执行。

7.4 贮存

种子的贮存按 GB 7415 执行。

本标准负责起草单位：农业部棉花品质监督检验测试中心、河北省辛集市良种棉轧花厂、江苏省东台市棉花良种轧花厂。

本标准主要起草人：杨伟华、许红霞、陈建华、周大云、尹长余、崔益富、项时康。

中华人民共和国农业行业标准

NY/T 1136—2006

挤搓式玉米种子脱粒机　技术条件

Technical specifications for seed maize rubbing thresher

1　范围

本标准规定了挤搓式玉米种子脱粒机的型号标记、要求、检验规则、标志、包装、运输和贮存。

本标准适用于挤搓式玉米种子脱粒机。

2　规范性引用文件

下列文件中的条款通过本标准的引用而成为本标准的条款。凡是注日期的引用文件，其随后所有的修改单(不包括勘误的内容)或修订版均不适用于本标准，然而，鼓励根据本标准达成协议的各方研究是否可使用这些文件的最新版本。凡是不注日期的引用文件，其最新版本适用于本标准。

GB/T 5982　稻麦脱粒机试验方法

GB 10395.1—2001　农林拖拉机和机械　安全技术要求　第1部分：总则(eqv ISO 4254-1：1989)

GB 10396　农林拖拉机和机械　草坪和园艺动力机械　安全标志和危险图形　总则　(eqv ISO 11684：1995)

GB/T 13306　标牌

GB/T 13384　机电产品包装通用技术条件

JB/T 5673　农林拖拉机及机具涂漆　通用技术条件

NY 642—2002　脱粒机安全技术要求

3　术语和定义

下列术语和定义适用于本标准。

3.1

挤搓式玉米种子脱粒机　seed maize rubbing thresher

通过板齿滚筒转动，使玉米果穗与果穗之间、玉米果穗与复合式凹板之间相对运动，形成相互挤搓状态从而实现玉米脱粒的机械装置。

3.2

板齿　fiat bar

装在滚筒轴上，工作时随其转动并且用于拨动玉米果穗沿着凹板运动的定型钢板。

3.3

板齿滚筒　cylinder with fiat bar

装有按一定规律排列着板齿的轴类旋转部件，工作时带动板齿运动从而推动玉米果穗沿凹板转动和沿滚筒轴线从进料口向排芯口移动。

中华人民共和国农业部 2006-07-10 发布　　2006-10-01 实施

3.4

复合式凹板　compound concave

用一定直径的圆钢，按一定间隔沿轴向排列围成的弧形装置。

3.5

排芯口压板　cob discharging port push plane

装在挤搓式玉米种子脱粒机(以下简称脱粒机)玉米芯排芯口内的一个可以转动一定角度的圆弧形钢板，工作时在玉米芯的压力下开启从而达到排芯目的。

4　型号标记

标记方法：

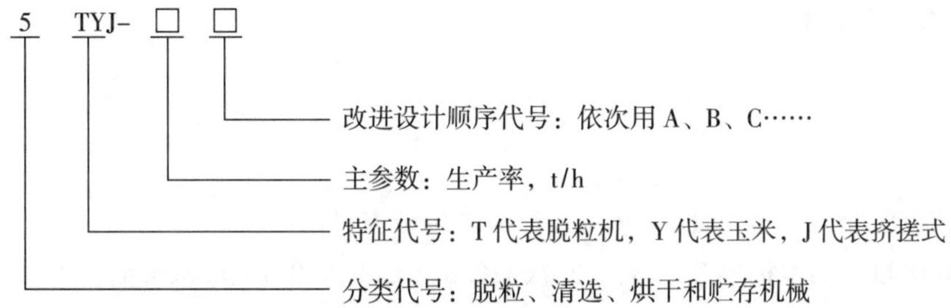

示例：

生产率为5 t/h，经过第一次改进的挤搓式玉米种子脱粒机：5TYJ-5A。

5　要求

5.1　主要性能指标

玉米籽粒含水率为14%～20%，按GB/T 5982进行试验时，主要性能应符合表1规定。

表1　主要性能指标

项　目	指标及要求
脱净率，%	≥99.5
破碎率[a]，%	≤0.9
损失率[b]，%	≤1
含杂率，%	≤14
千瓦小时产量，t/kW·h	≥1.2
清机方便性	开启机盖方便；手持清理工具可以接触到机器内部任何部位

[a] 经过脱粒，玉米籽粒有裂伤、破损、掉茬的碎粒均算破碎粒。

[b] 能通过φ6.5 mm孔的未脱掉籽粒不计入损失率。

5.2　一般要求

5.2.1　加工的零、部件应按规定程序批准的图样和技术文件制造，并符合有关标准。所有零、部件应检验合格，外购件、标准件应有合格证明方可进行装配。

5.2.2　焊缝应均匀牢固，不应有漏焊、烧穿和虚焊等缺陷。

5.2.3　装配件应连接牢固，调节部位不应卡滞。

5.2.4　脱粒机滚筒应做静平衡试验，不平衡量应符合NY 642—2002中3.2的规定。

5.2.5　滚筒旋转平稳，无异常声响，不应有卡滞现象。

5.2.6　滚筒板齿与复合凹板之间的间隙(板齿顶端与凹板的最近距离)应为45 mm～55 mm。

5.2.7 机盖板盖合缝隙应不大于 3 mm。机盖板锁定装置开、关有效，机盖支杆支撑稳定。

5.2.8 机器外观应无锈痕、碰伤等缺陷。喷漆应符合 JB/T 5673 要求。

5.2.9 空车运转 30 min，各轴承温升应不超过 30℃。

5.2.10 运转平稳，无异常声响，调整机构灵活有效。

5.3 防护要求

5.3.1 喂入口上沿与机内转动部件外沿的最短距离应不小于 550 mm。

5.3.2 上盖应安装可靠有效的锁定装置。

5.3.3 采用金属网防护装置时，网孔尺寸应符合 GB 10395.1—2001 中 7.1.5 规定。

5.4 安全要求

在传动部位的防护装置、喂入口、上盖等对操作者有危险的部位，应有永久醒目的安全警示标志，安全警示标志应符合 GB 10396 的规定。

6 检验规则

6.1 出厂检验

6.1.1 每台脱粒机应经出厂检验合格，并签发产品合格证方可出厂。

6.1.2 出厂检验项目包括本标准 5.2.3、5.2.7、5.2.8、5.2.9、5.2.10、5.3、5.4。

6.2 型式检验

6.2.1 凡属下列情况之一，应进行型式检验：

a) 正常生产时，每半年进行一次；
b) 正式生产后，如结构、材料、工艺有较大改变，可能影响产品性能时；
c) 新产品或老产品转厂生产的试制定型鉴定；
d) 产品停产半年以上恢复生产时；
e) 质量监督部门或机构提出进行型式检验要求时。

7 标志、包装及随机文件、运输和贮存

7.1 标志

每台脱粒机应在其外表明显部位固定产品标牌，标牌应符合 GB/T 13306 的规定，并标明以下内容：

a) 名称、型号；
b) 主要技术参数；
c) 制造日期和出厂编号；
d) 制造厂名称和地址；
e) 执行标准代号。

7.2 包装

7.2.1 包装箱和捆扎件应牢固可靠，并符合运输要求，保证在正常情况下不应损坏。

7.2.2 根据运输条件，包装形式可采用整体包装或分体包装。包装应符合 GB/T 13384 要求。

7.2.3 包装箱箱面文字和标记应清晰、整齐、耐久。

7.2.4 出厂时应提供下列随机文件：

a) 装箱清单；
b) 产品合格证；
c) 使用说明书；
d) 三包凭证。

7.3 运输和贮存

7.3.1 按运输部门有关标准执行。

7.3.2 露天存放时应有防雨淋、日晒和积水的措施，防止电机及电气设备受潮。

本标准起草单位：农业部规划设计研究院。

本标准主要起草人：何晓鹏、陈海军、刘春和、曲永祯。

中华人民共和国农业行业标准

NY/T 1142—2006

种子加工成套设备质量评价技术规范

Technical specifications of quality evaluation for seed processing complete equipment

1 范围

本标准规定了种子加工成套设备的质量评价指标、检测方法及检验规则。

本标准适用于通用及专用种子加工成套设备的质量评价。

2 规范性引用文件

下列文件中的条款通过本标准的引用而成为本标准的条款。凡是注日期的引用文件，其随后所有的修改单(不包括勘误的内容)或修订版均不适用于本标准，然而，鼓励根据本标准达成协议的各方研究是否可使用这些文件的最新版本。凡是不注日期的引用文件，其最新版本适用于本标准。

GB/T 3543.2—1995 农作物种子检验规程 扦样

GB/T 3543.3—1995 农作种子检验规程 净度分析

GB/T 3768—1996 声学 声压法测定噪声源声功率级 反射面上方采用包络测量表面的简易法

GB/T 3797—1989 电控设备 第二部分 装有电子器件的电控设备

GB 4404.1—1996 粮食作物种子 禾谷类

GB 4404.2—1996 粮食作物种子 豆类

GB/T 5748—1985 作业场所空气中粉尘测定方法

GB/T 7414—1987 主要农作物种子包装

GB/T 7723—2002 固定式电子秤(eqv OIML R76:1992)

GB/T 9480—2001 农林拖拉机和机械、草坪和园艺动力机械 使用说明书编写规则(eqv ISO 3600—1:1996)

GB 10395.1—2001 农林拖拉机和机械 安全技术要求 第一部分:总则(eqv ISO 4254—1:1989)

GB 10396—1999 农林拖拉机和机械 草坪和园艺动力机械安全标志和危险图形 总则(eqv ISO 11684:1995)

GB/T 12994—1991 种子加工机械术语

GB/T 16715.2—1999 瓜菜类作物种子 白菜类

GB/T 16715.3—1999 瓜菜类作物种子 茄果类

GB/T 16715.4—1999 瓜菜类作物种子 甘蓝类

GB/T 16715.5—1999 瓜菜类作物种子 叶菜类

JB/T 5673—1991 农林拖拉机和机具涂漆 通用技术条件

NY/T 366—1999 种子分级机试验鉴定方法

NY/T 368—1999 种子提升机试验鉴定方法

中华人民共和国农业部 2006-07-10 发布 2006-10-01 实施

NY/T 371—1999　种子用计量包装机试验鉴定方法

NY/T 374 —1999　种子加工成套设备安装验收规程

NY/T 375—1999　种子包衣机试验鉴定方法

3　术语和定义

GB/T 12994—1991 确定的及以下术语和定义适用于本标准。

3.1

种子加工成套设备　seed processing complete equipment

完成种子全部加工要求的各类加工机械、定包装机械及辅助设备的总称。

3.2

长杂　large impurity

形状与被加工作物种子相近，最大尺寸大于被加工作物种子长度尺寸的杂质，如小麦种子中的燕麦。

3.3

短杂　small impurity

形状与被加工作物种子相近，最大尺寸小于被加工作物种子长度尺寸的杂质，如水稻种子中的糙米。

3.4

异形杂质　different shape impurity

最大尺寸与被加工作物种子尺寸相近，而形状差异较大的杂质，如大豆种子中的不完善粒及其他无机杂质。

4　质量评价指标

4.1　环境适应性

4.1.1　温度范围 10℃～40℃，相对湿度不大于 80%，成套设备应能正常作业。

4.1.2　额定电压变化－15%～＋10%，额定频率变化±2%，各类电器应能正常工作。

4.2　性能指标

4.2.1　粮食作物种子加工成套设备所选用的主要加工机械均应是鉴定定型的合格产品，其加工机械配置和作业性能指标应符合表 1 规定。

表 1　主要粮食作物种子加工成套设备作业性能指标

加工作物种类			小麦	水稻	玉米	大豆
加工机械基本配置			风筛式清选机、重力式分选机、窝眼滚筒分选机、包衣机	风筛式清选机、重力式分选机、窝眼滚筒分选机、包衣机	风筛式清选机、重力式分选机、分级机、包衣机	风筛式清选机、重力式分选机、带式或螺旋分选机、包衣机
性能指标	1	生产率，t/h	标定值±5%	标定值±5%	标定值±5%	标定值±5%
	2	净度，%	≥98	≥98	≥98	≥98
	3	获选率，%	≥97	≥98	≥98	≥97
	4	除长杂率，%	≥95	—	—	—
	5	除短杂率，%	—	≥90	—	—
	6	异形杂质清除率，%	—	—	—	≥90
	7	分级合格率，%	—	—	≥90	—
	8	包衣种子合格率，%	≥95	≥95	≥93	≥93
	9	提升机(单机)破损率，%	≤0.1	≤0.1	≤0.1	≤0.12
	10	使用有效度，%	≥92	≥92	≥93	≥93
	11	吨种子耗电，kW·h/t	≤设计值	≤设计值	≤设计值	≤设计值

注 1：加工前种子净度 94%～96%，种子水分符合 GB 4404.1—1996、GB 4404.2—1996 的规定。

注 2：使用有效度，指全套设备的使用有效度。

4.2.2 蔬菜种子加工成套设备所选用的加工机械应是鉴定定型的合格产品，其加工机械基本配置和作业性能指标应符合表2规定。

表2 主要蔬菜种子加工成套设备作业性能指标

加工作物种类			白菜、甘蓝	茄子、辣椒、番茄	芹菜、菠菜
加工机械基本配置			风筛式清选机、重力式分选机、去石机、包衣机	刷清机、风筛式清选机、重力式分选机、去石机、包衣机	刷清机、风筛式清选机、重力式分选机、去石机、包衣机
性能指标	1	生产率，t/h	标定值±5%	标定值±5%	标定值±5%
	2	净度，%	≥98	≥98	芹菜≥95 菠菜≥97
	3	获选率，%	≥95	≥90	≥93
	4	去石率，%	≥90	≥90	≥85
	5	包衣种子合格率，%	≥95	≥90	≥90
	6	提升机(单机)破损率，%	≤0.1	≤0.12	≤0.1
	7	使用有效度，%	≥93	≥90	≥90
	8	吨种子耗电，kW·h/t	≤设计值	≤设计值	≤设计值

注1：加工前种子净度：白菜、甘蓝种子为94%～96%；茄子、辣椒、番茄种子为94%～96%；芹菜种子91%～93%；菠菜种子93%～95%；种子水分符合GB/T 16715.2—1999、GB/T 16715.3—1999、GB/T 16715.4—1999、GB/T 16715.5—1999的规定。

注2：使用有效度，指全套设备的使用有效度。

4.2.3 经济作物种子加工成套所选用的加工机械应是鉴定定型的合格产品，其加工机械基本配置和作业性能指标应符合表3规定。

表3 主要经济作物种子加工成套设备作业性能指标

加工作物种类			棉花光籽	油菜	
				杂交种	常规种
加工机械基本配置			风筛式清选机、重力式分选机、包衣机	风筛式清选机、重力式分选机、包衣机	风筛式清选机、重力式分选机、包衣机
性能指标	1	生产率，t/h	标定值±5%	标定值±5%	标定值±5%
	2	净度，%	≥99	≥97	≥98
	3	包衣种子合格率，%	≥90	≥95	≥95
	4	提升机(单机)破损率，%	≤0.1	≤0.12	≤0.12
	5	使用有效度，%	≥93	≥93	≥93
	6	吨种子耗电，kW·h/t	≤设计值	≤设计值	≤设计值

注1：加工前棉花光籽净度95%～97%，种子水分≤12%；油菜种子净度94%～96%，种子水分≤9%。

注2：使用有效度，指全套设备的使用有效度。

4.2.4 定量包装机应是鉴定定型的合格产品，作业性能指标应符合表4规定。

表4 定量包装机主要性能指标

项目	称量允许误差	称量偏载误差	包装成品合格率 %	包装速度袋/h
指标	±0.5 d	±0.5 d	≥98	符合设计要求

注：d为定量包装机的分度值

4.3 电控设备的功能

4.3.1 电控设备应具有短路、过载、失压、欠压、断相等保护功能；总控制台及必要位置应设有紧急停止装置。

4.3.2 电控设备中应设有功率总表、电压表、电流表；电源指示灯；控制按钮应有工作状态指示。

4.3.3 针对不同的工艺流程，应能对全套设备动力实现自动连锁启、停和单机启、停两种运行方式，主要加工设备的动力运行应设有双控操作按钮。

4.3.4 原料仓、暂贮仓、成品仓内应设有上下料位控制装置及超限报警功能，能自动停止或启动的仓前设备也应设置报警功能。

4.4 安全技术要求

4.4.1 外露运动件及风机进风口应安装防护装置，防护装置的结构、安全距离应符合 GB 10395.1—2001 第 6 章、第 7 章规定。

4.4.2 对不能安装或虽安装防护装置仍不能消除或充分限制的危险部位，应装有指示危险程度的安全标志，安全标志的形式应符合 GB 10396—1999 第 4 章的规定。

4.4.3 电控柜及所有电动机直接驱动的加工设备均应设置接地装置并符合 GB/T 3797—1989 中 3.10 的规定。

4.4.4 除尘系统的集尘室应保持常压，无电源、火源。

4.5 环境保护要求

4.5.1 种子加工成套设备应有除尘、集尘设备，粉尘等污染物不得直接排入大气。

4.5.2 加工车间粉尘浓度应不大于 10 mg/m^3。

4.5.3 加工车间噪声应不大于 85 dB(A)，定量包装车间和控制室应不大于 65 dB(A)。

4.6 使用方便性

4.6.1 成套设备应便于清理，在加工过程流经线路内不能有无法清理残留种子的死角。

4.6.2 各类加工机械、辅助设备都应便于拆装并留有更换零部件和维修的空间位置。

4.6.3 缓冲仓、分级仓、喂料斗都应装有检视料位的观察窗。

4.7 使用说明书

成套设备的使用说明书应包括操作技术规程及使用过程中的安全技术要求等内容，并应符合 GB/T 9480—2001 的规定。

4.8 外观质量

4.8.1 各类加工机械、定量包装机械及辅助设备的涂漆色调应协调，外观质量应符合 JB/T 5673—1991 的规定。

4.8.2 安装工艺允许的现场焊接，应达到焊缝均匀，不得有烧穿及焊点外溢，焊接后应涂漆，涂漆前的表面处理应符合 JB/T 5673—1991 的要求。

5 检验方法

5.1 检测准备

5.1.1 检测用种子加工成套设备应达到 NY/T 374—1999 规定的安装质量要求。

5.1.2 检测所用的仪器、仪表应校验合格。记录表格应符合相关标准的要求。

5.1.3 试验用标准作物小麦种子(其他作物种子检测方法见附录 A)，应是同一来源、同一品种、同一收获期，质量基本一致，原始净度和水分符合本标准表 1 规定，所选用种子数量应满足检测要求。

5.1.4 成套设备加载试验前的空运转时间不少于 10 min，然后喂入准备好的种子，记录喂入开始到成品排出的延迟时间 Ty(min)。

5.1.5 调整喂入量使成套设备达到设计生产率，稳定运行 20 min 后进入测试程序。

5.2 性能检测

5.2.1 性能检测要求

5.2.1.1 种子加工成套设备的性能检测必须同步完成检测项目所需的全部数据，除本标准特别规定的项目外不得分步或单机试验。

5.2.1.2 性能检测不少于3次,每次检测时间不少于0.5 h,检测结果取平均值。

5.2.2 取样

5.2.2.1 清选前取样,在风筛式清选机喂入口接取,每次试验取样三次,在试验期间等间隔进行,每次取样质量不少于1 kg。

5.2.2.2 清选后取样,在最后一台分选机(窝眼滚筒分选机或重力式分选机)主排出口接取,取样三次,每次取样时间为清选前取样后延迟 Tymin,每次取样质量不少于1 kg。

5.2.2.3 包衣质量检测取样在定量包装机上料提升机(或输送机)进料口接取,取样三次,在试验期间等间隔进行,每次取样质量不少于1 kg。

5.2.2.4 同类提升机(单机)破损率检测取样,每次检测任选一台提升机,分别在进、出料口接取,取样三次,在试验期间等间隔进行,每次取样质量不少于0.5 kg。

5.2.3 样品处理

5.2.3.1 将5.2.2.1、5.2.2.2三次接取的样品配制成混合样品,按GB/T 3543.2—1995中5.5的规定,从中提取种子净度送验样品,再按GB/T 3543.3—1995的规定,分别检验和计算出清选前、清选后种子净度及每千克种子含长杂粒数。

注:在做种子净度检验分离样品时,应将使用方认可的未成熟的、瘦小的、皱缩的、破损的、带病的及发过芽的净种子都按杂质处理。

5.2.3.2 包衣质量检测样品处理按NY/T 375—1999中5.4.6的规定进行,并计算种子包衣合格率。

5.2.3.3 提升机(单机)破损率检测样品处理按NY/T 368—1999中6.1.4.3的规定进行,并计算提升机(单机)破损率。

5.2.4 检测程序

5.2.4.1 顺序启动成套设备。

a) 记录检测开始时间;
b) 计量成套设备耗电量;
c) 计量原料种子喂入量;
d) 计量窝眼滚筒分选机或重力式分选机主排出口排出种子质量;
e) 按5.2.2.1、5.2.2.2、5.2.2.3、5.2.2.4规定接取样品。
f) 按GB/T 5748—1985第3章测定粉尘浓度,采样点和采样位置按该标准附录B确定。
g) 按GB/T 3768—1996规定测定加工车间、定量包装车间及电器控制室噪声。

5.2.4.2 完成上述检测项目后,试验结束,记录结束时间。

5.2.5 检测结果计算

5.2.5.1 纯工作小时生产率

$$E_C=\frac{W_q}{T} \qquad (1)$$

式中:

E_C ——纯工作小时生产率,单位为吨每小时(t/h);
W_q ——测定时间内,风筛式清选机喂入量,单位为吨(t);
T ——测定时间,单位为小时(h)。

5.2.5.2 吨种子耗电量

$$E_d=\frac{Q}{W_q} \qquad (2)$$

式中:

E_d ——加工每吨种子耗电量,单位为每吨千瓦小时(kW·h/t);

Q ——测定时间内成套设备耗电量;单位为千瓦小时(kW·h)。

5.2.5.3 **获选率**

$$\alpha=\frac{W\times\mu}{W_q\times\mu_q}\times100\% \quad\cdots\cdots(3)$$

式中:

α ——获选率;

W——测定时窝眼滚筒分选机主排出口排出种子质量,单位为吨(t);

μ_q——清选前种子净度;

μ——清选后种子净度。

5.2.5.4 **除长杂率**

$$\beta=\frac{H_q-H}{H_q}\times100\% \quad\cdots\cdots(4)$$

式中:

β ——除长杂率;

H_q——清选前每千克种子含长杂的粒数;

H ——清选后每千克种子含长杂的粒数。

5.3 **使用有效度**

5.3.1 成套设备全线作业至少连续三个班次,准确记录每班作业时间,故障时间。

5.3.2 **使用有效度**

$$K=\frac{\sum T_z}{\sum T_z+\sum T_g}\times100\% \quad\cdots\cdots(5)$$

式中:

K ——使用有效度;

T_z——检测期间每班作业时间,单位为小时(h);

T_g——检测期间每班故障时间,单位为小时(h)。

5.4 **其他质量指标**

5.4.1 在可靠性检测期间,按4.1逐项检测使用环境适应性。

5.4.2 按4.3逐项检测电器控制设备功能。

5.4.3 按4.4逐项检测安全技术要求。

5.4.4 按4.6逐项检测使用方便性。

5.4.5 按4.7逐项检查使用说明书。

5.4.6 按4.8逐项检测外观质量。

5.5 **定量包装机性能**

5.5.1 称量允许误差检测按GB/T 7723—2002中3.5的规定进行。

5.5.2 称量偏载误差检测按GB/T 7723—2002中3.4的规定进行。

5.5.3 包装成品合格率检测按NY/T 371—1999中5.9的规定进行。其中包装袋封口检测按GB/T 7414—1987中2.1.2、2.2.2的规定进行。

5.5.4 包装速度检测,分别用最大称量载荷、最小称量载荷及常用称量载荷定量包装,记录10 min的包装袋数,计算单位时间内的包装速度。

6 检验规则

6.1 抽样方法

在制造单位近6个月安装调试验收合格产品中随机抽取样品一套。

6.2 不合格项目确定

6.2.1 按本标准第五章进行检测的结果，单项性能符合表1～4规定值的，判定为合格，否则判定为不合格；本标准的4.1、4.3、4.4、4.5、4.6、4.7、4.8条款的检测项目，符合相应内容要求的判定为合格，否则判定为不合格。

6.2.2 检测期间，因成套设备质量原因造成故障，致使性能检测不能正常进行，则判定该成套设备不合格。

6.3 不合格项目分类

根据各项指标对小麦种子成套设备质量的影响程度，将不合格项目分为A、B、C三类，见表5。

表5 不合格项目分类

不合格项目分类		项目名称
类	项	
A	1	生产率
	2	净度
	3	使用有效度
	4	粉尘浓度
	5	噪声
	6	安全技术要求
B	1	获选率
	2	除长杂率(小麦)
	3	提升机(单机)破损率
	4	包衣合格率
	5	称量误差
	6	包装成品合格率
C	1	吨种子耗电
	2	称量偏载误差
	3	包装速度
	4	使用环境适应性
	5	电控设备功能
	6	使用方便性
	7	使用说明书
	8	外观质量
注：水稻种子除短杂率、玉米种子分级合格率、大豆种子异形杂质清除率和蔬菜种子去石率均按B类不合格分类。		

6.4 评定规则

按样本中A、B、C各类检验项目逐一进行检验和判定，当A、B、C各类不合格项目数均小于不合格判定数，判定为合格，否则判定为不合格。评定规则见表6。

表6 评定规则

不合格项目分类	A	B	C
项目数	6	6	8
不合格判定数	1	2	3

附 录 A
(规范性附录)
其他作物种子加工成套设备检测方法

A.1 水稻种子加工成套设备检测方法

A.1.1 加工机械性能检测按 5.2.2、5.2.3、5.2.4 及 5.2.5 进行。其中除短杂率计算参照 5.2.5.4 进行。

A.1.2 使用有效度检测按 5.3 进行。

A.1.3 其他质量指标检测按 5.4 进行。

A.1.4 定量包装机性能检测按 5.5 进行。

A.2 玉米种子加工成套设备检测方法

A.2.1 加工机械性能检测按 5.2.2、5.2.3、5.2.4 及 5.2.5 进行。其中清选分级后取样在分级机各级主排出口接取,配制成混合样品,从中提取净度分析送验样品。分级合格率检测按 NY/T 366—1999 第 5.4.2.1 进行。

A.2.2 使用有效度检测按 5.3 进行。

A.2.3 其他质量指标检测按 5.4 进行。

A.2.4 定量包装机性能检测按 5.5 进行。

A.3 大豆种子加工成套设备检测方法

A.3.1 加工机械性能检测按 5.2.2、5.2.3、5.2.4 及 5.2.5 进行。其中清选后取样在带式分选机主排出口接取。异形杂质清除率计算参照 5.2.5.4 进行。

A.3.2 使用有效度检测按 5.3 进行。

A.3.3 其他质量指标检测按 5.4 进行。

A.3.4 定量包装机性能检测按 5.5 进行。

A.4 蔬菜种子加工成套设备检测方法

A.4.1 加工机械性能检测按 5.2.2、5.2.3、5.2.4 及 5.2.5 进行。清选前取样在刷清机喂入口,清选后取样在去石机主排出口接取,去石率计算参照 5.2.5.4 进行。

A.4.2 使用有效度检测按 5.3 进行。

A.4.3 其他质量指标检测按 5.4 进行。

A.4.4 定量包装机性能检测按 5.5 进行。

A.5 棉花种子(光籽)加工成套设备检测方法

A.5.1 加工机械性能检测按 5.2.2、5.2.3、5.2.4 及 5.2.5 进行。其中清选后取样在重力式分选机主排出口接取。

A.5.2 使用有效度检测按 5.3 进行。

A.5.3 其他质量指标检测按5.4进行。

A.5.4 定量包装机性能检测按5.5进行。

A.6 油菜种子加工成套设备检测方法

按A5规定执行。

本标准起草单位:农业部农业机械试验鉴定总站、黑龙江省农副产品加工机械化研究所。
本标准起草人:王亦南、朱良、郝文录、袁长胜。

中华人民共和国农业行业标准

NY/T 2457—2013

包衣种子干燥机　质量评价技术规范

Technical specifications of quality evaluation for coated seed dryers

1　范围

本标准规定了包衣种子干燥机的基本要求、质量要求、检验方法和检验规则。

本标准适用于以加热空气为干燥介质的粮食、蔬菜等包衣种子干燥机(以下简称干燥机)。

2　规范性引用文件

下列文件对于本文件的应用是必不可少的。凡是注日期的引用文件,仅注日期的版本适用于本文件。凡是不注日期的引用文件,其最新版本(包括所有的修改单)适用于本文件。

GBZ 2.1　工作场所有害因素职业接触限值　化学有害因素

GBZ 159　工作场所空气中有害物质监测的采样规范

GBZ/T 160　工作场所空气有毒物质测定(所有部分)

GB/T 3543.4　农作物种子检验规程　发芽试验

GB 5083　生产设备安全卫生设计总则

GB/T 5497　粮食、油料检验　水分测定法

GB 10395.1　农林机械　安全　第1部分:总则

GB/T 12994　种子加工机械　术语

GB/T 13306　标牌

GB/T 14095　农产品干燥技术　术语

GB/T 19517　国家电气设备安全技术规范

JB/T 9832.2—1999　农林拖拉机及机具　漆膜　附着性能测定方法　压切法

NY/T 375　种子包衣机试验鉴定方法

3　术语和定义

GB/T 12994 和 GB/T 14095 界定的以及下列术语和定义适用于本文件。

3.1

包衣种子干燥机　coated seed dryer

以加热空气为干燥介质,干燥已包敷种衣剂的种子,使包敷层快速固化成膜的干燥机。

3.2

入机含水率　inlet seed moisture content

包衣种子进入干燥机前的含水率。

3.3

出机含水率　outlet seed moisture content

中华人民共和国农业部 2013-09-10 发布　　2014-01-01 实施

包衣种子干燥后出机的含水率。

3.4

干燥后发芽率　germination percentage of dried seed

包衣种子经干燥后的发芽率。

3.5

破损率增值　increase in percentage of damaged seed

干燥后和干燥前包衣种子破损率的差值。

3.6

干燥不均匀度　ununiformity of drying

干燥后的同一批包衣种子中，最大含水率与最小含水率的差值。

3.7

有害气体逸散量　content of toxic gas released in environment air

加工场所，单位体积空气中有害气体(种衣剂)的含量。

3.8

单位耗热量　specific heat consumption

包衣种子蒸发 1 kg 水消耗的热量。

3.9

单位耗能量　specific energy consumption

包衣种子蒸发 1 kg 水所消耗的电能和热能的总和。

4　基本要求

4.1　质量评价所需的文件资料

对干燥机进行质量评价所需要提供的文件资料应包括：

a)　产品规格确认表(见附录 A)，并加盖企业公章；

b)　企业产品执行标准或产品制造验收技术条件；

c)　产品使用说明书；

d)　“三包”凭证；

e)　样机照片(应能充分反映样机特征)。

4.2　主要技术参数核对与测量

依据产品使用说明书、铭牌和其他技术条件，对样机的主要技术参数按表 1 进行核对或测量。

表 1　核测项目与方法

序号	项　　目		方　　法
1	规格型号		核对
2	整机外形尺寸(长×宽×高)		测量
3	整机质量		核对
4	配套总功率		核对
5	生产率		测量
6	风机风量		核对
7	燃烧器	规格型号	核对
		能源类型	核对

4.3　试验条件

4.3.1 试验场地

a) 试验场地应满足试验样机的试验要求,并通风良好;

b) 试验用仪器、仪表的测量范围及准确度应符合表 2 的要求,并经法定部门校验合格;

c) 试验环境温度不低于 5℃,低于 5℃时应加热。相对湿度不大于 70%。

4.3.2 试验物料

a) 选用小麦或玉米包衣种子进行试验,包衣作业时,种衣剂和种子的混配比为 1∶50～1∶30;

b) 试验用包衣种子的包衣合格率应符合 NY/T 375 的规定;

c) 如果选用其他试验物料,可根据不同种子的不同干燥特性,因地制宜地调整混配比和干燥温度。

4.3.3 试验样机

a) 试验样机应按产品使用说明书要求进行安装,并调试到正常工作状态;

b) 试验前样机应做不少于 5 min 的空运转和 30 min 的负载试验,观察安全性及有无异常现象,并将生产率调整在设计值±5%的水平上。

4.4 主要仪器设备

仪器设备的量程、测量准确度及被测参数准确度要求应满足表 2 规定。

表 2 主要试验用仪器设备测量范围和准确度要求

序号	测量参数名称	测量范围	准确度
1	时间	0 h～24 h	0.5 s
2	质量	0 kg～0.2 kg	0.001 g
3	质量	0 kg～0.5 kg	0.01 g
4	质量	5 kg	1 g
5	质量	500 kg	250 g
6	风速	0 m/s～10 m/s	0.1 m/s
7	转速	0 r/min～4 000 r/min	1 r/min
8	温度	−50℃～150℃	0.5℃
9	湿度	0%～100%RH	5%RH
10	噪声	30 dB(A)～130 dB(A)	2 型
11	耗电量	0 kW·h～500 kW·h	1.0 级

另需工具:数粒仪 1 部;分样器和扦样器各 1 个;5 m 和 10 m 卷尺各 1 个;水平仪 1 把;样品袋、样品盒、镊子等。

5 质量要求

5.1 性能要求

干燥机性能应符合表 3 规定。

表 3 性能指标要求

序号	项　目	单位	指　标
1	干燥后包衣种子含水率	%	≤包衣前种子含水率+0.4
2	干燥机进风口温度	℃	≤60
3	干燥后包衣种子破损率增值	%	≤0.1
4	干燥后包衣种子干燥不均匀度	%	≤0.2
5	干燥后的包衣种子发芽率	%	不低于干燥前

表 3（续）

序号	项　目	单位	指　标
6	出机种温	℃	≤环境温度+8
7	单位耗热量	kJ/kgH_2O	≤5 000
8	单位耗能量	kJ/kgH_2O	≤5 700
9	纯小时生产率	t/h	不得低于设计值
10	噪声	dB(A)	≤90
11	工作场所空气中有害物质浓度	mg/m^3	符合 GBZ 2.1 的规定
12	有效度	%	≥98
13	轴承温升	℃	≤25

5.2 安全要求

5.2.1 设备的安全性能应符合 GB 10395.1 和 GB 5083 的规定。

5.2.2 旋转件须有明显的转向标志。

5.2.3 外露运动件须有可靠的防护装置。

5.2.4 电控系统应符合 GB/T 19517 的规定，须有过载保护和接地装置。

5.2.5 燃烧炉应有防火隔离设施或防爆装置并配备消防器材。

5.3 装配质量

5.3.1 所有装配的零部件、外协件必须检验合格，外购件应具有产品检验合格证方可进行装配。

5.3.2 各紧固件、连接件应牢固可靠、不松动。

5.3.3 各运转件应转动灵活、平稳，不应有异常震动、声响及卡滞现象。

5.3.4 干燥机在工作过程中，药、气、尘排放应合理，不得有漏种、漏药、漏油和漏气等现象。

5.4 外观质量

5.4.1 整机表面应平整光滑，不应有碰伤、划痕及制造缺陷。

5.4.2 油漆表面应色泽均匀，不应有露底、起泡、起皱和流挂现象。

5.5 漆膜附着力

应符合 JB/T 9832.2—1999 中表 1 规定的Ⅱ级或Ⅱ级以上要求。

5.6 操作方便性

5.6.1 调节装置应灵活可靠。

5.6.2 各注油孔的位置应设计合理，保养时不受其他部件的阻碍。

5.6.3 干燥机外部应有便于起吊的装置。内部应便于清理，不得有难以清除残留物的死角。

5.6.4 上料和卸料不应受其他部件妨碍。

5.6.5 干燥机应装有可靠的控温装置，显示器的位置应设置合理，便于观察。

5.7 使用有效度

干燥机的使用有效度不小于 98%。

5.8 使用说明书

干燥机应有产品使用说明书，其主要内容包括：

a) 主要用途和适用范围；

b) 主要技术参数；

c) 正确的安装和调试方法；

d) 操作说明；

e) 维护与保养方法；

f) 常见故障与排除方法；

g) 易损件清单；

h) 产品执行标准代号。

5.9 “三包”凭证

干燥机应有“三包”凭证，并应包括以下内容：

a) 产品品牌(如有)、型号规格、购买日期和产品编号；

b) 生产者名称、联系地址和电话；

c) 已经指定销售者和维修者的，应有销售者和维修者的名称、联系地址、电话和“三包”项目；

d) 整机“三包”有效期(不低于 1 年)；

e) 主要零部件名称和质量保证期；

f) 易损件及其他零部件质量保证期；

g) 销售记录(包括销售者、销售地点、销售日期和购机发票号码)；

h) 修理记录(包括送修时间、交货时间、送修故障、修理情况和换退货证明)；

i) 不承担“三包”责任的情况说明。

5.10 标牌

5.10.1 干燥机的标牌应符合 GB/T 13306 的规定，且固定在明显位置。

5.10.2 标牌至少包括以下内容：

a) 产品型号及名称；

b) 整机外形尺寸；

c) 配套动力；

d) 整机质量；

e) 制造单位；

f) 生产日期及出厂编号。

6 检验方法

6.1 性能试验

6.1.1 试验要求

6.1.1.1 试验前，按照 GB/T 5497 的规定或采用谷物水分速测仪检验试验物料水分。

6.1.1.2 样机进行不少于 5 min 的空运转，检查各运转件是否工作正常、平稳。

6.1.1.3 空运转结束后进行不少于 30 min 的负载试验，观察安全性及有无异常现象，并将生产率调整在设计值±5%的水平上。

6.1.1.4 性能试验每项测定做 3 次，每次间隔时间不少于 10 min，取平均值。首次取样应在设备稳态工作 5 min 后进行。

6.1.2 取样

a) 在入、出机口处接取物料，次数不少于 10 次，每次间隔时间不少于 2 min，每份物料不少于 2 000 g，供降水率、破损率增值、发芽率和干燥不均匀度测定；

b) 对干燥后的物料取样 3 次，每次取样 2 min～3 min，间隔时间不少于 5 min，供小时生产率和出机种温测定。

6.1.3 分样

将 6.1.2 a)中的物料充分混合，用分样器或对角线分样法，将物料平均分成 2 份大样，分别装入密闭容器冷却至常温。一份供性能测定用，并按表 4 分取小样；另一份备用。

表4 分样表

序号	测定项目	每份大样重量	从大样中分取小样
1	含水率	≥1 000 g	30 g～50 g
2	发芽率		100粒
3	破损率		60 g～100 g

6.1.4 性能测定

6.1.4.1 进风口温度

将温控器调整在试验物料所需的干燥温度，且最大不大于60℃，并记录。

6.1.4.2 含水率

按照GB/T 5497的规定测定含水率。

6.1.4.3 破损率增值

以手工方式拣出干燥前和干燥后破损籽粒（压扁、破碎及残缺程度达$\frac{1}{3}$或$\frac{1}{3}$以上的种子），称重并按式(1)～式(3)计算。

$$p_u = \frac{G_{pu}}{G_{yz}} \times 100 \quad\cdots\cdots(1)$$

式中：

p_u——干燥前破损率，单位为百分率（%）；

G_{pu}——干燥前测定样品中破损的种子量，单位为克（g）；

G_{yz}——干燥前测定样品总重，单位为克（g）。

$$p_g = \frac{G_{pg}}{G'_{yz}} \times 100 \quad\cdots\cdots(2)$$

式中：

p_g——干燥后破损率，单位为百分率（%）；

G_{pg}——干燥后测定样品中破损的种子量，单位为克（g）；

G'_{yz}——干燥后测定样品总重，单位为克（g）。

$$\Delta p = p_g - p_\mu \quad\cdots\cdots(3)$$

式中：

Δp——破损率增值，单位为百分率（%）。

6.1.4.4 发芽率

按照GB/T 3543.4的规定测定。

6.1.4.5 纯小时生产率

对6.1.2 b)中的物料按式(4)计算，结果保留一位小数。

$$E_c = \frac{G_g}{t_c} \times \frac{60}{1\,000} \quad\cdots\cdots(4)$$

式中：

E_c——纯小时生产率，单位为吨每小时（t/h）；

G_g——出机物料总重，单位为千克（kg）；

t_c——取样时间，单位为分钟（min）。

6.1.4.6 单位耗热量

从开始测试到结束时间内计量燃料耗量（使用固体燃料时需人工称重），单位耗热量按式(5)计算。

$$q_r = \frac{B_r \cdot Q^y_{DW}}{W} \quad\cdots\cdots(5)$$

式中：

q_r ——单位耗热量，单位为兆焦每千克(MJ/kg)；

B_r ——小时燃料消耗量，单位为千克每小时(kg/h)；

Q_{DW}^{y} ——燃料低位发热量，单位为兆焦每千克(MJ/kg)；

W ——小时水分汽化量，单位为千克水每小时(kg·H_2O/h)。

小时水分汽化量按式(6)计算。

$$W = 1\,000G\frac{W_1 - W_2}{100 - W_1} \quad (6)$$

式中：

G ——干燥机生产能，单位为吨每小时(t/h)；

W_1——物料的初水分，单位为百分率(%)；

W_2——物料的终水分，单位为百分率(%)。

6.1.4.7 单位耗能量

从开始测试到结束时间记录耗电量，按式(7)计算单位耗能量。

$$q_n = \frac{B_r \cdot Q_{DW}^{y} + 3.6 \cdot D}{W} \quad (7)$$

式中：

q_n——单位耗能量，单位为兆焦每千克(MJ/kg)；

D——小时耗电量，单位为千瓦时每小时(kW·h/h)。

6.1.4.8 干燥不均匀度

按照 GB/T 5497 的规定测定含水率，按式(8)计算。

$$N = W_{max} - W_{min} \quad (8)$$

式中：

N ——干燥不均匀度，单位为百分率(%)；

W_{max}——干燥后测定样品中的最大含水率，单位为百分率(%)；

W_{min}——干燥后测定样品中的最小含水率，单位为百分率(%)。

6.1.4.9 工作场所空气中有害物质浓度

不同的种衣剂其有害物质组分不同，作业时，工作场所空气中有害物质浓度应符合 GBZ 2.1 的规定。按照 GBZ 159 的规定采样，按照 GBZ/T 160 的规定测定。

6.1.4.10 出机种温

用接样盒(每盒应有 100 g)接样，温度计插入接样盒(专用)，测量种子出机温度，或用红外线测温仪在出口直接测量。

用温度计插入出机种子中，随机测量 3 次，求平均值。

6.1.4.11 噪声测定

在负载情况下，面对干燥机用声级计在进料口和出料口之间的距离内，距表面1 m、离地面 1.5 m 高的位置测不少于 4 点噪声[四点数值的变动范围不超过 5 dB(A)时，按算术平均值计算，大于 5 dB(A)时按对数平均值计算]。结果保留 1 位小数。

6.1.4.12 轴承温升的测定

试验开始前用点温计测量各滚筒轴轴承座外壳温度，作为初始温度。在 3 次试验结束后，立即测量各滚筒轴轴承座外壳温度，作为终止温度，计算轴承温升。取其最大值，结果保留一位小数。

6.2 安全要求

采用目测法按 5.2 要求逐条进行检查。

6.3 装配质量

在试验过程中，观察是否符合 5.3 要求。

6.4 外观质量

采用目测法检查外观质量是否符合 5.4 要求。

6.5 漆膜附着力

在试验样机表面任选 3 处，按照 JB/T 9832.2—1999 的规定方法进行检查。

6.6 操作方便性

通过实际操作，观察试验样机是否符合 5.6 要求。

6.7 有效度测定

干燥机生产考核时间不少于 100 h。有效度按式(9)计算。

$$K = \frac{\sum Y_z}{\sum T_z + \sum T_g} \times 100 \qquad (9)$$

式中：

K ——设备有效度，单位为百分率(%)；

T_z——班次作业时间，单位为小时(h)；

T_g——班次故障时间，单位为小时(h)。

6.8 使用说明书

审查使用说明书是否符合 5.8 要求。

6.9 “三包”凭证

审查“三包”凭证是否符合 5.9 要求。

6.10 标牌

检查标牌是否符合 5.10 要求。

7 检验规则

7.1 不合格项目分类

检验项目按其对产品质量影响的程度分为 A、B、C 三类，不合格项目分类见表 5。

表 5 检验项目及不合格分类表

不合格分类		检验项目	对应条款
类别	序号		
A	1	进风口温度	5.1 表 3
	2	含水率	5.1 表 3
	3	工作场所空气中有害物质浓度	5.1 表 3
	4	安全	5.2
	5	发芽率	5.1 表 3
	6	出机种温	5.1 表 3
	7	温控装置功能	5.6.5
	8	噪声	5.1 表 3
B	1	干燥不均匀度	5.1 表 3
	2	破损率增值	5.1 表 3
	3	生产率	5.1 表 3
	4	单位耗热量	5.1 表 3
	5	单位耗能量	5.1 表 3
	6	有效度	5.1 表 3
	7	“三包”凭证	5.9

表 5（续）

不合格分类		检验项目	对应条款
类别	序号		
C	1	轴承温升	5.1 表 3
	2	装配质量	5.3
	3	可清理性	5.6.3
	4	外观质量	5.4
	5	漆膜附着力	5.5
	6	操作方便性	5.6
	7	标牌	5.10

7.2 判定规则

抽样判定见表 6，Ac 为合格判定数，Re 为不合格判定数。

表 6　抽样判定

不合格分类	A		B		C	
项目数	8		7		7	
样本数	1					
合格判定	Ac	Re	Ac	Re	Ac	Re
	0	1	1	2	2	3

附 录 A
(规范性附录)
产品规格确认

产品规格确认见表 A.1。

表 A.1 产品规格确认

序号	项目		单位	规格
1	规格型号		/	
2	整机外形尺寸(长×宽×高)		mm	
3	整机质量		kg	
4	配套总功率		kW	
5	生产率		kg/h	
6	风机风量		m^3/h	
7	燃烧器	规格型号	/	
		能源类型	/	

本标准起草单位:农业部南京农业机械化研究所、农业部农业机械试验鉴定总站、辽宁省种子管理局。

本标准主要起草人:田立佳、胡志超、谢焕雄、胡良龙、彭宝良、宋英、曲桂宝、杨沫。

第 6 部分

种子包装标准

中华人民共和国国家标准

GB 7414—1987

主要农作物种子包装

Seed packing of main agricultural crops

本标准适用于主要农作物种子贮藏、运输、销售等流通环节的包装。不适用以块根、块茎、芽苗等为繁殖材料的农作物种子。

1 包装分类、材料与规格

1.1 包装的分类

1.1.1 贮藏、运输包装：必须符合坚固耐久的要求和重复使用的价值。

1.1.2 销售包装：要求价格低廉、美观适用、方便用户。

1.2 包装材料

1.2.1 贮藏、运输包装材料：主要选用以黄、红麻为原料的机制麻袋作为包装材料。

1.2.2 销售包装材料：选用以纸张、聚乙烯、聚丙烯等为主要原料的制成品作为销售包装材料。

1.3 包装规格

1.3.1 贮藏、运输包装：执行 GB 731—81《麻袋的技术条件》3 号袋Ⅰ、Ⅱ的技术规格。

1.3.2 销售包装：规格见表 1。

表 1 销售包装规格

<table>
<tr><td colspan="4">编 号</td><td>1420</td><td>1724</td><td>2434</td><td>3043</td><td>3652</td><td>5072</td></tr>
<tr><td colspan="4">品 名</td><td>1 号包装袋</td><td>2 号包装袋</td><td>3 号包装袋</td><td>4 号包装袋</td><td>5 号包装袋</td><td>6 号包装袋</td></tr>
<tr><td colspan="4">规格 mm×mm</td><td>141.6 ×
203.5</td><td>170.4×
244.9</td><td>240.0×
345.0</td><td>300.0×
431.2</td><td>367.2×
527.8</td><td>504.4×
724.5</td></tr>
<tr><td>聚乙烯袋</td><td colspan="3">厚度，mm</td><td>0.04</td><td>0.04</td><td>0.06</td><td>0.08</td><td></td><td></td></tr>
<tr><td rowspan="4">纸袋</td><td colspan="3">层数</td><td>1</td><td>1</td><td>1</td><td>1</td><td>2</td><td>3</td></tr>
<tr><td colspan="2" rowspan="3">层次与纸张规格 g/m²</td><td>里</td><td></td><td></td><td></td><td></td><td>80</td><td>80</td></tr>
<tr><td>中</td><td></td><td></td><td></td><td></td><td></td><td>80</td></tr>
<tr><td>外</td><td>80</td><td>80</td><td>120</td><td>120</td><td>120</td><td>120</td></tr>
<tr><td rowspan="7">聚丙烯袋</td><td rowspan="6">物理机械性能指标</td><td colspan="2">重量 g/m²</td><td colspan="6">80～100</td></tr>
<tr><td rowspan="3">拉伸强度 kgf</td><td>经</td><td colspan="5">≤30</td><td>≥50</td></tr>
<tr><td>纬</td><td colspan="5">≤30</td><td>≥50</td></tr>
<tr><td>缝</td><td colspan="5">≤20</td><td>≥30</td></tr>
<tr><td colspan="2">经密 根/10 cm</td><td colspan="6">44～48</td></tr>
<tr><td colspan="2">纬密 根/10 cm</td><td colspan="6">44～48</td></tr>
<tr><td colspan="3">规格外观及跌落试验允许偏差</td><td colspan="6">执行 SG 213—80《聚丙烯编织袋》</td></tr>
</table>

国家标准局 1987-03-13 发布　　1987-10-01 实施

1.3.2.1 销售包装袋装重编号顺序为:1 号袋(0.5 kg)、2 号袋(1.0 kg)、3 号袋(2.5 kg)、4 号袋(5.0 kg)、5 号袋(10.0 kg)、6 号袋(25.0 kg)。

2 包装标志、封口

2.1 贮藏、运输包装标志、封口

2.1.1 标志:袋上方印刷淡绿色,粗号宋体字“种子”二字,其下为淡绿色圆形标志图案(图 1)。图案周围为粗圆环,环内中下部实体绿色部位表示土壤。土壤正中淡绿色嫩芽,代表茁壮幼苗,圆形标志图案的样图见图 2,文字及标志位置见表 2。

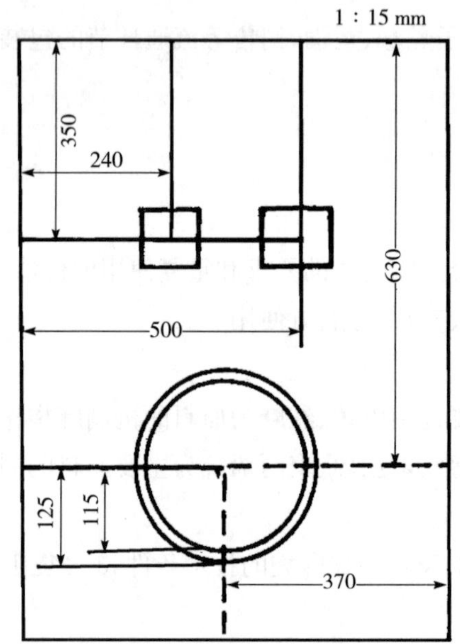

图 1 3 号袋—Ⅱ文字、标志位置关系图

图 2 3 号销货包装袋(2434)标志图 1∶1

表 2　贮藏、运输包装袋的文字及标志位置

mm

编号 / 位置及尺寸 / 文字及标志	3号袋Ⅰ(900×580)			3号袋Ⅱ(1070×740)		
	长×宽	中心距上缘	中心距左缘	长×宽	中心距上缘	中心距左缘
种	100×112.5	270	180	120×135	350	240
子	100×112.5	270	400	120×135	350	500
标志中心		540	290		630	370
内圆半径		115			120	
外圆半径		125			135	

2.1.1.1　贮藏、运输包装袋装重编号顺序为:3号袋—Ⅰ(50 kg)、3号袋—Ⅱ(100 kg)。

2.1.2　**封口**

2.1.2.1　封包机缝口:针距14～15针/10cm。

2.1.2.2　机针手缝口:3号袋Ⅰ、Ⅱ分别为9针和11针。两角成“马耳”形。

2.1.2.3　手针手缝口:3号袋Ⅰ、Ⅱ分别为7和9针,两角成“马耳”形。

2.1.3　标签:贮藏、运输袋装种子后,袋外拴牢标签。

2.1.3.1　标签规格:采用80 g/m^{2}牛皮纸(或塑料、化纤布等)制作。长95 mm,宽60 mm,标签穿线孔中心距上缘8 mm,左右缘均为30 mm。标签正反面各粘贴质量80 g/m^2,长宽均为16 mm的纸块一个,正中打一微孔,穿入200 mm28号细铁丝一根。

2.1.3.2　标签内容与制作:内容包括作物、品种、等级及经营单位全称。采用3号宋体字(见图3)。标签分浅蓝、浅红、白三种颜色。浅蓝为原种标签,浅红为亲本种子标签,白色为生产用种标签。

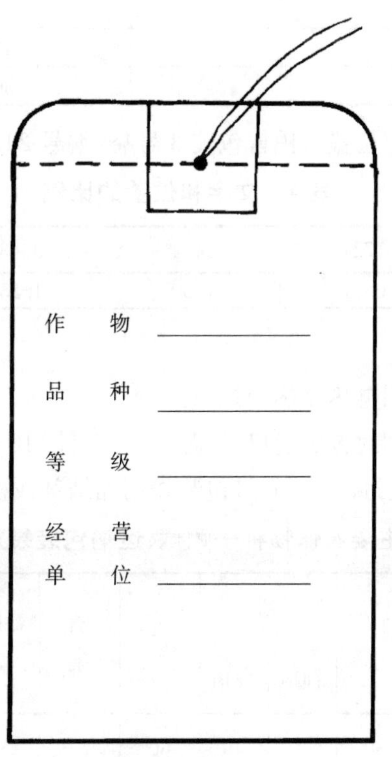

图3　标签1∶1

2.1.4　卡片:贮藏、运输包装封口前应填好卡片装入袋内。

2.1.4.1 规格:选用 80 g/m² 牛皮纸,长 120 mm,宽 80 mm。

2.1.4.2 卡片内容:作物、品种、纯度、净度、发芽率、水分、生产年月与经营单位。字型为 3 号宋体。

2.2 销售包装标志、封口

2.2.1 标志:袋正面上方第一行为"种子"二字,其下逐行依次为"种子"汉语拼音字母或少数民族文字,图形标志(同贮藏、运输、包装)、"作物"、"品种"、"净重"及经营单位全称。上述文字除经营单位全称选用宋体字外,余选用粗号宋体字。文字及标志在销售包装袋上的位置,以 3 号销售包装袋为例。见表 3。

表 3 销售包装文字和标志的位置

mm

内容 \ 位置	长×宽	中心距上缘	中心距左缘
种	40×45	77.5	80.0
子	40×45	77.5	160.0
拼音或少数民族文字	12×79	109.5	120.0
作	13×10	232.0	77.5
物	13×10	232.0	90.5
品	13×10	232.0	130.5
种	13×10	232.0	143.5
净	13×10	250.0	90.5
重	13×10	250.0	103.5
公	13×10	250.0	143.5
斤	13×10	250.0	156.5
经营单位全称	23×167	278.0	120.0
标志中心		172.5	120.0
内圆半径		46.0	
外圆半径		50.0	

各编号销售包装袋文字及标志位置与销售包装 3 号袋(编号 2434)文字及位置的比例见表 4。

表 4 文字和位置的比例

编号	1420	1724	2434	3043	3652	5072
比值	0.59	0.71	1.00	1.25	1.53	2.10

2.2.2 封口

2.2.2.1 聚乙烯袋:各编号袋采用电热器热合封口。

2.2.2.2 聚丙烯袋:各编号袋采用封包机缝口,针距 14~15 针/10 cm。

2.2.2.3 纸袋:1、2 号包装袋折叠封口,3~6 号包装袋用黏结剂或机械封口。

表 5 主要农作物种子贮藏、运输包装袋定量标准

麻袋品名 \ 封口方法 \ 装量 kg			小麦	稻		玉米	高粱	大豆	油菜籽	花生	棉花		黄红麻
				籼稻	粳稻						毛籽	光籽	
3号袋	I	封包机缝口	60	50	45	60	65	60	60	20	—	—	55
		手针缝口	55	45	40	55	60	55	55	20	—	—	50

表5（续）

麻袋品名		封口方法 \ 装量 kg	小麦	稻		玉米	高粱	大豆	油菜籽	花生	棉花		黄红麻
				籼稻	粳稻						毛籽	光籽	
3号袋	Ⅱ	封包机缝口	95	75	70	90	95	90	95	35	45	55	80
		手针缝口	90	70	65	85	90	85	90	30	40	50	75

本标准由中国种子公司、辽宁、浙江省种子公司负责起草。

本标准主要起草人王福才、孟祥仁、周如良、李建华。

中华人民共和国农业行业标准

NY/T 371—1999

种子用计量包装机试验鉴定方法

Testing and qualification method for seed measuring and packing machine

1 范围

本标准规定了种子用计量包装机产品质量等级指标、试验方法和检验规则。

本标准适用于种子用计量包装机(称量采用电子衡)产品质量监督检验和产品试验鉴定。

2 引用标准

下列标准所包含的条文,通过在本标准中引用而构成为本标准的条文。本标准出版时,所示版本均为有效。所有标准都会被修订,使用本标准的各方应探讨使用下列标准最新版本的可能性。

GB/T 2828—1987 逐批检查计数抽样程序及抽样表(适用于连续批的检查)

GB/T 4064—1983 电气设备安全设计导则

GB/T 7723—1987 固定式电子衡

GB 1039 5.1—1989 农林拖拉机和机械 安全技术要求 第一部分:总则

JB/T 5673—1991 农林拖拉机及机具涂漆 通用技术条件

3 整机技术参数测定

3.1 测定主机外形尺寸,结构质量。

3.2 记录配套功率及其他有关技术参数。

4 质量指标

4.1 种子用计量包装机产品应按规定程序批准的图样及技术文件制造,并符合有关标准的规定。

4.2 种子用计量包装机产品质量按其技术水平和质量水平分为合格品、一等品和优等品。

4.3 种子用计量包装机产品质量等级指标

4.3.1 称量允许误差应符合 GB/T 7723—1987 中 2.2 的规定。

4.3.2 称量鉴别力应符合 GB/T 7723—1987 中 2.3 的规定。

4.3.3 重复性称量误差应符合 GB/T 7723—1987 中 2.4 的规定。

4.3.4 最大安全性载荷应符合 GB/T 7723—1987 中 2.5 的规定。

4.3.5 称量偏载误差应符合 GB/T 7723—1987 中表 3 或表 4 的规定。

4.3.6 称量显示控制器在 GB/T 7723—1987 中 2.11 规定条件下应能正常工作。

4.3.7 额定称重的称重准确度、满足额定称重和称重准确度要求的单位时间最大填袋数应符合表 1 规定。

中华人民共和国农业部 1999-05-06 发布 1999-07-01 实施

表 1

指标名称	指标值		
	合格品	一等品	优等品
称重准确度,%	≤1	≤0.5	≤0.2
最大充填袋次数,袋/h	60	80	100

4.3.8 包装成品合格率应符合表 2 规定。

表 2

指标名称	指标值		
	合格品	一等品	优等品
包装成品合格率,%	≥96	≥98	

4.3.9 种子用计量包装机使用可靠性有效度和噪声应符合表 3 规定。

表 3

指标名称	指标值		
	合格品	一等品	优等品
使用可靠性有效度,%	≥92	≥95	≥98
噪声,dB(A)	≤85	≤83	≤80

4.3.10 **装配、外观及涂漆**

4.3.10.1 计量包装机各运转部件应转动灵活,不应有阻滞现象。

4.3.10.2 计量包装机机体外表面色泽应一致,不应有明显凸凹处。

4.3.10.3 涂层附着力应符合表 4 规定。

表 4

指标名称	指标值		
	合格品	一等品	优等品
涂层附着力	2 级 3 处	2 级 2 处、1 级 1 处	2 级 1 处、1 级 2 处

4.3.11 **安全要求**

4.3.11.1 计量包装机安全技术要求应符合 GB 10395.1 的规定。

4.3.11.2 计量包装机电器控制装置的安全技术要求应符合 GB/T 4064 的规定。

4.3.11.3 产品使用说明书应有操作和维护保养的安全注意事项内容。

4.3.12 产品技术文件应正确、齐全,符合有关规定的要求。

5 试验方法

5.1 电子衡按 GB/T 7723—1987 中 3.1、3.2、3.3 进行。

5.2 偏载试验按 GB/T 7723—1987 中 3.4 进行。

5.3 准确性检测按 GB/T 7723—1987 中 3.5 进行。

5.4 鉴别力试验按 GB/T 7723—1987 中 3.6 进行。

5.5 超负荷试验按 GB/T 7723—1987 中 3.7 进行。

5.6 重复性试验按 GB/T 7723—1987 中 3.9 进行。

5.7 额定称重的称重准确度 P 按式(1)计算:

$$P = \left| \frac{W-G}{G} \right| \quad \cdots\cdots (1)$$

式中：W ——实际称重，kg；

G ——额定称重，kg；

P ——称重准确度。

5.8 最大充填袋次数：计量包装机连续工作 1 h 统计袋数。

5.9 计量包装机包装成品合格率 σ，按式(2)计算：

$$\sigma(\%) = \frac{L}{M} \times 100 \quad \cdots\cdots (2)$$

式中：σ ——成品合格率，%；

L ——满足额定称量 G 和称重准确度 P 的数量，kg；

M ——充填总数量，kg。

5.10 使用可靠性有效度 A：计量包装机在正常工作后，工作时间与停机维修时间之和必须大于 250 h，并按式(3)计算：

$$A(\%) = \frac{W}{W + W_1} \times 100 \quad \cdots\cdots (3)$$

式中：A ——计量包装机可靠性有效性；

W ——计量包装机的工作时间，h；

W_1 ——计量包装机的停机维修时间，h。

5.11 噪声测量

用声级计在样机四周距机器表面 1 m、距地面 1.5 m 的几个不同位置测出不少于 4 点的噪声。

5.12 装配、外观及涂漆质量

连接螺栓及转动灵活性用扭矩扳手检查，外观目测，涂层附着力按 JB/T 5673—1991 中附录 C 进行。

6 检验规则

6.1 产品需检查合格，方可出厂

6.2 抽样方法

6.2.1 抽样方法应符合 GB/T 2828 的规定。

6.2.2 采用一次正常检查抽样方案，特殊检查 S-1 水平。

以 2～8 台作为检查批量，样本大小号码为 A，样本大小为 2。当试验条件受限制时，可以临时协商决定样本大小，判定规则不变。

6.2.3 采用随机抽样方法，样品应为近一年生产的合格产品，在工厂或用户中抽取。

6.3 检验项目及检验方法

检验项目及检验方法按第 5 章规定。

6.4 不合格分类

6.4.1 被检验的项目，凡低于本标准第 5 章要求的，均称为该等级不合格。

6.4.2 各项不合格按其对产品的影响程度，分为 A、B、C 三类。不合格分类见表 5。

表 5

不合格分类		项目名称
类	项	
A	1	称量允许误差
	2	称量鉴别力
	3	称重准确度
	4	安全性

表5（续）

不合格分类		项目名称
类	项	
B	1	称量偏载误差
	2	成品合格率
	3	使用可靠性有效度
	4	技术文件及使用说明书
C	1	重复性称量误差
	2	最大安全性载荷
	3	最大充填袋次数
	4	称量显示控制器工作条件要求
	5	装配
	6	外观
	7	附着力
	8	噪声

6.5 判定规则

6.5.1 采用逐项考核、按类别判定的方法，以各类不合格达到的最低等级定为被检验产品的等级。

6.5.2 被检验产品的检验结果按表6进行判定。表中AQL为产品质量合格质量水平，*Ac*为合格判定数，*Re*为不合格判定数。

表6

不合格分类		A	B	C
样本大小 n		2		
项目数		4	4	8
检查水平		S-1		
样本大小字码		A		
合格品	AQL	6.5	40	65
	Ac *Re*	0 1	2 3	3 4
一等品	AQL	6.5	25	40
	Ac *Re*	0 1	1 2	2 3
优等品	AQL	6.5	25	40
	Ac *Re*	0 1	1 2	2 3

本标准起草单位：黑龙江省农业机械试验鉴定站、黑龙江省农副产品加工机械化研究所。
本标准起草人：吕明杰、陈治文、袁树宝。

中华人民共和国农业行业标准

NY/T 611—2002

农作物种子定量包装

Quantitative packing of agricultural crop seed

1 范围

本标准规定了农作物种子定量包装的分类分级、技术要求、包装件运输、包装件贮存、试验方法和检验规则。

本标准适用于净含量在 5 g～25 000 g 量限范围内的颗粒状农作物种子定量包装。

2 引用标准

下列文件中的条款通过本标准的引用而成为本标准的条款。凡是注日期的引用文件，其随后所有的修改单(不包括勘误的内容)或修订版均不适用于本标准，然而，鼓励根据本标准达成协议的各方研究是否可使用这些文件的最新版本。凡是不注日期的引用文件，其最新版本适用于本标准。

GB/T 191—2000 包装储运图示标志

GB/T 2918—1998 塑料试样状态调节和试验的标准环境

GB/T 4857.1—1992 包装 运输包装件 试验时各部位的标示方法

GB/T 4857.2—1992 包装 运输包装件 温湿度调节处理

GB/T 4857.3—1992 包装 运输包装件 静载荷堆码试验方法

GB/T 4857.5—1992 包装 运输包装件 跌落试验方法

GB/T 6388—1986 运输包装收发货标志

GB/T 7707—1987 凹版装潢印刷品

GB/T 14251—1993 镀锡薄钢板圆形罐头容器技术条件

QB/T 2358—1998 塑料薄膜包装袋热合强度试验方法

3 术语和定义

下列术语和定义适用于本标准。

3.1

定量包装 quantitative packing

在一定量限范围内，具有统一的计量单位标注，能满足一定计量要求的预包装。

3.2

包装件 package

产品经过包装所形成的总体。

[GB/T 4122.1—1996，定义 2.2]

3.3

净含量 net content

中华人民共和国农业部 2002-11-05 发布 2002-12-20 实施

去除包装容器和其他材料后内容物的实际质量或个数。

3.4

销售包装 sales package

以销售为目的，与内容物一起到达顾客手中的最小可售包装单元。

3.5

运输包装 transport package

以运输贮存为主要目的的包装。它具有保障产品的安全，方便储运装卸、加速交接、点验等作用。

[GB/T 4122.1—1996，定义 2.5]

3.6

产品标识 product label

标注在销售包装的表面，用于识别产品及其质量、数量、特征、特性和说明事项等所做的各种表示的统称。

3.7

包装标志 packing mark

标注在运输包装的表面，用文字、符号、数字、图形等制作的特定记号和说明事项的统称。

4 分类分级

4.1 分类

根据流通环节的不同要求，种子包装分为销售包装与运输包装。

4.2 运输包装分级

根据种子的性质、价值及运输、装卸等要求，运输包装分为 3 个级别。分级规定见表 1。

表 1 运输包装级别

包装级别	适 用 范 围
1	性质特殊、价值高、运输条件苛刻、装卸周转次数多、出口销售
2	运输条件一般、装卸周转次数较多、跨省销售
3	装卸周转次数少、产地销售

5 技术要求

5.1 包装的准备

5.1.1 包装环境

5.1.1.1 包装环境应清洁、干燥、通风良好、光线充足、无疫病、无虫害、无鼠患。

5.1.1.2 应有相应的安全防护措施，宜配备口罩、手套、防护眼镜、消防器械等。

5.1.2 包装机具

5.1.2.1 应选择与包装规格相适应的计量器具并在其检定周期内使用。

5.1.2.2 应使用合格的包装机械，其技术性能应能满足产品包装的要求。

5.1.3 包装材料

5.1.3.1 销售包装用材料应符合美观、实用、不易破损，便于加工、印刷，能够回收再生或自然降解的要求。宜采用的包装材料品种有：塑料编织布、塑料薄膜、复合薄膜、纸、镀锡薄钢板(马口铁)等。

5.1.3.2 运输包装用材料应符合材质轻、强度高、抗冲击、耐捆扎，防潮、防霉、防滑的要求。宜采用的包装材料品种有：塑料编织布、麻袋布、瓦楞纸板、钙塑板、塑料打包带、压敏胶粘带、纺织品等。

5.1.4 包装容器

5.1.4.1 销售包装容器应符合外形美观、商品性好,便于装填、封缄,贮运空间小的要求。宜采用的容器类型有:塑料编织袋、塑料薄膜袋、复合薄膜袋、纸袋、金属罐等。

5.1.4.2 销售包装容器规格、尺寸应与运输包装容器内尺寸相匹配。

5.1.4.3 运输包装容器应符合适于运输、方便装卸,贮运空间小,堆码稳定牢靠的要求。宜采用的容器类型有:塑料编织袋、麻袋、瓦楞纸箱、钙塑瓦楞箱等。

5.1.4.4 运输包装容器规格尺寸应符合运输工具的装载尺寸要求。

5.1.5 种子

种子在包装前应经过加工处理,质量经质检部门检验合格。

5.2 包装要求

5.2.1 销售包装要求

5.2.1.1 外观

外观质量要求见表 2。

表 2 销售包装外观质量

容器类型	项　目	质　量　要　求
塑料编织袋	稀档	不允许
	划伤烫伤	不允许
	缝合部位	应线迹平整、松紧适度,无脱针、断线
	印刷效果	应轮廓清晰、印迹完整,无明显变形、残缺
塑料薄膜袋 复合薄膜袋	折皱	允许有不大于总面积 5%的轻微间断折皱
	气泡	不允许
	起壳分层	不允许
	划伤烫伤	不允许
	热封部位	应平整,无皱,无虚封
	印刷效果	应清晰、光洁、套色准确,无明显变形、脏污、模糊
纸　袋	洞眼	不允许
	裂口	不允许
	褶子	不允许
	黏合部位	应平整,无皱,无脱胶
	印刷效果	应清晰、光洁、套色准确,无明显脏污、模糊
金属罐	罐体	应圆整完好,无变形、擦伤,锈蚀
	焊缝	应光滑均匀,无砂眼、漏焊、堆焊、锡路毛糙
	卷边	应卷边完全、圆滑美观,无假卷、跳封、快口、大塌边、卷边碎裂等
	印刷效果	应色彩鲜艳、层次丰富,无明显偏色、变形、擦痕、剥落

5.2.1.2 计量

5.2.1.2.1 以质量计量的定量包装件

5.2.1.2.1.1 单件定量包装件的净含量与其标注的质量之差不得超过表 3 给出的负偏差值。

表 3 单件定量包装件计量要求

净　含　量 (Q)	负　偏　差	
	净含量的百分比/%	g
5 g~50 g	9	—
50 g~100 g	—	4.5
100 g~200 g	4.5	—
200 g~300 g	—	9
300 g~500 g	3	—

表 3（续）

净　含　量 (*Q*)	负　偏　差	
	净含量的百分比/%	g
500 g～1 kg	—	15
1 kg～10 kg	1.5	—
10 kg～15 kg	—	150
15 kg～25 kg	1.0	—

5.2.1.2.1.2　批量定量包装件按表 4 给出的抽样方案及平均偏差 ΔQ 的计算方法随机抽取检验和计算，接受条件为 $\Delta Q \geqslant 0$，且该批量中单件定量包装件超出计量负偏差的件数应不大于合格判定数 A_c 值。

表 4　批量定量包装件计量要求

批量(N)	样本大小(n)	合格判定数(A_c)
1～10	$n=N$	0
11～250	10～29	0
≥251	≥30	1
平均偏差计算公式	$\Delta Q=\frac{\sum_{i=1}^{n}(Q_i-Q_0)}{n}$ 式中： ΔQ——样本单位的平均偏差； Q_0——标注净含量； Q_i——实际净含量； n——样本大小。	

5.2.1.2.2　**以个数计量的定量包装件**

其实际个数应与标注个数相符。

5.2.1.3　**封缄**

包装容器在装填种子后应封缄严密，宜采用的封缄方法及技术要求见表 5。

表 5　封缄方法及技术要求

容器类型	封缄方法	技　术　要　求
袋	缝合	应采用链式线迹缝合，针距：7 mm～12 mm，缝合后应保证线迹平整、松紧适度，无脱针、断线
	热封合	应符合 QB/T 2358 规定
	粘合	应平整、牢固，无皱、无脱胶
罐	卷边封口	应符合 GB/T 14251 规定

5.2.1.4　**产品标识**

种子生产、经营者应在销售包装的表面正确标注产品标识，明示内装物的质量信息，保持产品的可追溯性。

5.2.1.4.1　标识应包含以下信息：

a)　作物种类；

b)　种子类别；

c)　品种名称；

d)　净含量；

e)　生产商名称：地址；

f) 收获日期:批号;

g) 产地;

h) 执行标准;

i) 生产及经营许可证编号或进口审批文号;

j) 品种审定编号;

k) 检疫证明编号;

l) 检验结果报告单编号;

m) 质量指标(纯度、净度、发芽率、水分);

n) 栽培要点;

o) 质量级别(适用于杂交种);

p) 药剂毒性相关警示(适用于包衣种子);

q) 转基因种子商业化生产许可批号和安全控制措施(适用于转基因种子)。

5.2.1.4.2 标注方法:

a) 应当使用规范的汉字;

b) 可以同时使用汉语拼音或者外文,汉语拼音应拼写正确。外文应与汉字有严密的对应关系,汉语拼音和外文字体应当小于相应中文字体;

c) 可以同时使用少数民族文字,少数民族文字应当与汉字有严密的对应关系;

d) 标注净含量时应采用表 6 所示的计量单位;

表 6 计量单位标注方法

计量方法	净含量量限	计量单位
质量	$Q<1\,000$ g(克)	g(克)
	$Q\geqslant1\,000$ g(克)	kg(千克)
个数	—	粒

e) 标注净含量时应当使用具有明确数量含义的词或符号,不允许使用如"大于"、"小于"、">"、"≮"等词或符号;

f) 净含量字符的最小高度应当符合表 7 规定;

表 7 净含量字符最小高度

净含量(Q)	字符的最小高度/mm
5 g~50 g	2
51 g~200 g	3
201 g~1 kg	4
>1 kg	5

g) 除表 7 规定外,标识内容文字、数字和字母的高度应不小于 1.8 mm;

h) 标识内容应当印制在销售包装的表面,应易于识别和辨认,不能在流通过程中变得模糊或者脱落;

i) 允许"收获日期 批号"、"检验结果报告单编号"、"检疫证明编号"采用粘贴、喷码、袋边压印等方法标注;

j) 允许"栽培要点"不标注在销售包装的表面,而采用其他的方式标注。

5.2.2 运输包装要求

5.2.2.1 装填

5.2.2.1.1 装填时应将销售包装件排列整齐,安放妥贴。必要时应将小包装件以适宜的数量裹包或捆扎成中包装件后再装入箱(袋)内。

5.2.2.1.2 应确保箱(袋)内实物与箱(袋)外的标注相符。

5.2.2.2 **封缄**

5.2.2.2.1 袋类包装件封缄方法同 5.2.1.3 规定。

5.2.2.2.2 箱类包装件封缄应采用宽度≥50 mm 的单面压敏胶粘带,按图 1 所示作 I 字形或 H 字形粘贴,折曲长度 t≥50 mm。

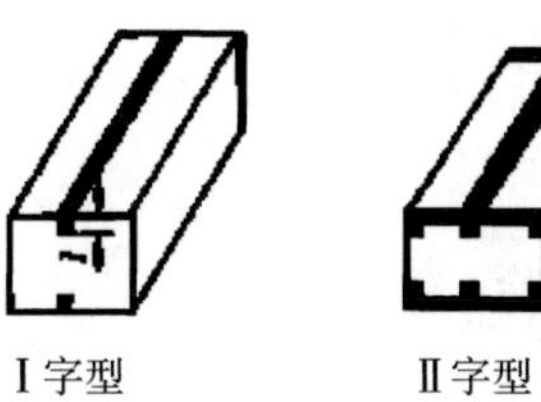

Ⅰ字型　　Ⅱ字型

图 1

5.2.2.3 **捆扎**

运输包装件封缄后,应采用塑料打包带进行捆扎。宜采用的捆扎形式有二横道、二横一竖道、十字形、井字形、卅字形等。捆扎松紧度以扎紧而不勒坏被扎件为宜。

5.2.2.4 **性能**

运输包装件的性能按本标准 6.3 规定试验后,塑料打包带、压敏胶粘带不断裂;箱(袋)体不破损;销售包装件不外露、散落;包装标志不脱落、缺损、模糊;不影响其再次进入流通环节。

5.2.2.5 **包装标志**

运输包装标志应符合 GB/T 191、GB/T 6388 规定。

6 试验方法

6.1 取样

在生产线的终端或从同一生产批次的库存品中随机抽取。

6.2 塑料包装容器的试验

6.2.1 试样状态调节和试验的标准环境按 GB/T 2918 规定的标准环境和正常偏差范围进行,状态调节时间应不少于 4 h。

6.2.2 塑料(复合)薄膜袋热合强度的试验按 QB/T 2358 规定。

6.2.3 塑料编织袋、薄膜袋印刷质量的试验按 GB/T 7707 规定。

6.3 运输包装件性能试验

6.3.1 运输包装件性能试验时的温湿度调节处理应按 GB/T 4857.2—1992 中 3.1.1 中规定的条件 7 进行 24 h 处理,并在此环境条件下进行试验,试验样品各部位的编号按 GB/T 4857.1 规定。

6.3.2 运输包装件性能试验顺序、项目和方法按表 8 和表 9 进行。

表 8 箱类包装件性能试验

试验顺序	试验项目	试验定量值	试验方法
1	静载荷堆码试验	堆码高度:3.50 m,持续时间:7 d,第 3 面为置放面	按 GB/T 4857.3 规定
2	跌落试验	不同包装等级跌落高度:1 级为 800 mm、2 级为 500 mm、3 级为 300 mm,跌落面为 3 面、4 面、5 面,跌落棱为 1-2、1-6、2-6,跌落次数为底面、侧面、端面、棱各一次	按 GB/T 4857.5 规定

表 9　袋类包装件性能试验

试验顺序	试验项目	试　验　定　量　值	试验方法
1	静载荷堆码试验	堆码高度:3.50 m,持续时间:7 d,第 3 面为置放面	按 GB/T 4857.3 规定
2	跌落试验	不同包装等级跌落高度:1 级为 800 mm、2 级为 500 mm、3 级为 300 mm,跌落面为 3 面、4 面、5 面,跌落次数为底面、侧面、端面各一次	按 GB/T 4857.5 规定

7　检验规则

7.1　检验分类

包装件的检验分为交付检验和型式检验。

7.2　交付检验

7.2.1　组批与抽样规则

检验批应由同一品种、同一规格、在正常生产条件下 1 h 生产的同一批次包装件组成(不足 1 h 产量的按实际单位数量组批)。交付检验用样本按表 10 规定从检验批中随机抽取,批量 N 按被检包装件的类别(销售包装件或运输包装件)分别确定。

表 10　交付检验样本数量

批量(N)	样本大小(n)	合格判定数(Ac)
1～10	$n=N$	0
11～250	10～29	0
≥251	≥30	1

7.2.2　销售包装件

检验项目及要求见表 11。

7.2.3　运输包装件

检验项目及要求见表 12。

7.2.4　检验结果的判定

按表 10 规定进行。

7.2.5　复验

对不合格批百分之百逐件检验并将不合格品剔除后,按不合格项目进行复验。如复验仍不合格,则该检验批不合格。

7.3　型式检验

7.3.1　有下列情况之一时,应进行型式检验:

a)　首次生产;

b)　包装工艺、生产设备、管理等方面有较大改变时;

c)　停产 180 d 以上又恢复生产时;

d)　年度周期检查;

e)　交付检验的结果与上次型式检验有较大差异;

f)　国家质量监督机构提出进行型式检验的要求时。

7.3.2　检验项目

销售包装件检验项目见表 11。

表 11 销售包装件检验项目

检验项目	技术要求	交付检验	型式检验
外 观	按照 5.2.1.1 内容	检	检
计 量	按照 5.2.1.2 内容	检	检
封 缄	按照 5.2.1.3 内容	检	检
产品标志	按照 5.2.1.4 内容	检	检

运输包装件检验项目见表 12。

表 12 运输包装件检验项目

检验项目	技术要求	交付检验	型式检验
封 缄	按照 5.2.2.2 内容	检	检
捆 扎	按照 5.2.2.3 内容	检	检
性 能	按照 5.2.2.4 内容	不检	检
包装标志	按照 5.2.2.5 内容	检	检

7.3.3 **检验样本**

型式检验样本应在交付检验合格批中随机抽取，每批抽取 3 件。

7.3.4 **判定规则**

所有样本单位均符合表 11、表 12 的全部要求，则认为型式检验合格。如有一个或一个以上样本单位不符合表 11、表 12 中的任何一项要求时，则应以两倍数量的样本单位按不合格项目进行复验。如复验仍不合格，则型式检验不合格。

参考文献

《定量包装商品标签内容》OIML,国际建议书第 79 号
《定量包装商品净含量》OIML,国际建议书第 87 号
GB/T 4122.1—1996　包装术语　基础

本标准起草单位:农业部农机试验鉴定总站、无锡市天地自动化设备厂、国家场上作业机械及机制小农具质量监督检验中心、全国农业技术推广服务中心、无锡市农业局。

本标准主要起草人:宋英、张工、国彩同、阎志清、李英杰、马继光、赵兴荣。

第 7 部分

种子贮藏标准

中华人民共和国国家标准

GB/T 7415—2008

农作物种子贮藏

Seed storage of agricultural crops

1 范围

本标准规定了农作物种子贮藏的技术要求。

本标准适用于农作物种子的贮藏，不适用于以块根(块茎)、芽苗等为繁殖材料的贮藏。

2 规范性引用文件

下列文件中的条款通过本标准的引用而成为本标准的条款。凡是注日期的引用文件，其随后所有的修改单(不包括勘误的内容)或修订版均不适用于本标准，然而，鼓励根据本标准达成协议的各方研究是否可使用这些文件的最新版本。凡是不注日期的引用文件，其最新版本适用于本标准。

GB 4404.1 粮食作物种子 禾谷类

GB 4404.2 粮食作物种子 豆类

GB 4407.1 经济作物种子 纤维类

GB 4407.2 经济作物种子 油料类

GB 15671 主要农作物包衣种子技术条件

GB/T 16715.1 瓜菜作物种子 瓜类

GB 16715.2 瓜菜作物种子 白菜类

GB 16715.3 瓜菜作物种子 茄果类

GB 16715.4 瓜菜作物种子 甘蓝类

GB 16715.5 瓜菜作物种子 叶菜类

3 术语和定义

下列术语和定义适用于本标准。

3.1

常温种子仓库 seed warehouse of natural condition

在自然条件下贮藏种子的库房及其设施。

3.2

低温种子仓库 seed warehouse of low temperature

在人为控制条件下贮藏种子的库房及其设施。库内温度≤15℃，相对湿度≤65%。

3.3

贮藏 storage

利用种子仓库对种子进行三个月以上的存放和保管，使种子保持尽可能高的发芽率。

中华人民共和国国家质量监督检验检疫总局
中国国家标准化管理委员会 2008-06-18 发布 2008-12-01 实施

4 仓库条件

库内要有温度和湿度显示仪器。仓库要牢固，门窗齐全，具有密闭与通风的性能。能防湿、防混杂、防鼠雀、防虫、防火。低温种子仓库要符合国家、行业的设计标准，具有控制温度和湿度的设施。

5 贮藏管理

5.1 种子入库要求

应先进行干燥和精选去杂，质量按 GB 4404.1～4404.2、GB 4407.1～4407.2、GB/T 16715.1、GB 16715.2～16715.5 执行。薄膜包衣种子按 GB 15671 执行。未列入国家标准的蔬菜种子种类，应符合入库的要求。

5.2 种子存放

5.2.1 按作物种类、品种区分存放。包衣种子应执行 GB 15671 标准，设立专库，与其他种子分开存放，仓库要有通风设施，保持干燥。

5.2.2 种子距地面高度，最低≥200 mm，距库顶≥500 mm。袋装堆放呈“非”字形、“半非”字形或垛。种子离墙壁距离≥500 mm。

5.2.3 种子存放后，应留有通道，通道宽度≥1 000 mm。

5.2.4 放入低温种子仓库的种子温度与仓库内的温差≤5℃，种子接触地面，墙壁处作隔热铺垫、架空、保证通气。

5.3 堆垛标志

种子入库后标明堆号(囤号)、品种、种子批号、种子数量、产地、生产日期、入库时间、种子水分、净度、发芽率、纯度。

5.4 检查

5.4.1 种子入库后应定期进行检查，检查时应避免外界高温高湿的影响。低温种子仓库应每天记录库内的温度和湿度，常温种子仓库应定期记录库内的温度和湿度。进入包衣种子库应有安全防护措施。

5.4.2 种子温度检查

种子入库后半月内，每三天检查一次(北方可减少检查次数，南方对含油量高的种子增加检查次数)。半月后，检查周期可延长。

5.4.3 种子质量检验

贮藏期间对种子水分和发芽率进行定期抽样检测，检验次数可根据当地的气候条件确定，北方地区应至少检验两次，南方地区适当增加检验次数。在高温季节低温库种子应每半月抽样检测一次。

5.4.4 种子虫害检查

采用分上、中、下三层随机抽样，按 1 kg 种样中的活虫头数计算虫害密度，库温高于 20℃，15 d 检查一次，库温低于 20℃，2 个月检查一次。

5.5 种子虫害的防治

仓内外应保持清洁卫生，清仓消毒，采用风选、筛选和化学药剂防治仓虫。

5.6 种子贮藏水分的控制

种子贮藏期间的水分应符合国家标准(GB 4404.1～4404.2、GB 4407.1～4407.2、GB/T 16715.1、GB 16715.2～16715.5)，水分超过国家标准和安全贮藏要求的种子应进行翻晒或机械除湿。标准外的蔬菜种子水分一般保持在 7%～12%为宜。

5.7 种子贮藏期

根据农作物种子贮藏期间南、北方发芽率变化规律，提出参考贮藏条件和期限(参见附录 A)。

附 录 A
（资料性附录）
种子贮藏期限

表 A.1 部分主要农作物种子常温库贮藏发芽率高于国家标准的期限

作物种类	初始发芽率/%	初始水分/%	包装物种类	期限/月		
				北京	合肥	南宁
杂交玉米	98	12.8	编织	16(96)	11	1
			塑料	16(94)	6	3
			纸塑	16(96)	12	3
			铝箔	16(96)	11	3
杂交水稻	89	12.8	编织	16(86)	6	0
			塑料	16(86)	3	1
			纸塑	16(84)	3	1
			铝箔	16(86)	3	1
杂交油菜	93	8.2	编织	16(89)	13	1
			塑料	16(88)	13	3
			纸塑	16(86)	13	3
			铝箔	16(83)	12	3

注 1：本贮藏试验时间为 2001 年 6 月至 2002 年 9 月，共 16 个月（两个夏季贮藏）

注 2：括号内为贮藏期达到 16 个月但仍高于国家标准的实际发芽率（%）。

表 A.2 部分蔬菜种子常温库贮藏发芽率高于国家标准的期限

作物种类	初始发芽率/%	初始水分/%	包装物种类	期限/月		
				北京	合肥	南宁
芹菜	74	6.2	塑料	12	0	4
			纸塑	15	4	3
			铝箔	12	10	0
			铁罐	8	7	7
菠菜	97	7.8	塑料	16(87)	10	16(78)
			纸塑	16(86)	10	16(78)
			铝箔	16(87)	10	16(80)
			铁罐	16(85)	12	16(80)
番茄	91	6.6	塑料	16(87)	12	13
			纸塑	16(87)	15	14
			铝箔	16(88)	15	14
			铁罐	16(87)	4	12
西瓜	97	6.4	塑料	16(95)	7	13
			纸塑	16(94)	4	13
			铝箔	16(95)	7	7
			铁罐	16(93)	7	13

表 A.2（续）

作物种类	初始发芽率/%	初始水分/%	包装物种类	期限/月		
				北京	合肥	南宁
辣椒	98	6.3	塑料	16(95)	12	16(86)
			纸塑	16(95)	12	16(87)
			铝箔	16(95)	16(96)	16(95)
			铁罐	16(92)	14	15
茄子	95	4.5	塑料	16(90)	3	13
			纸塑	16(90)	7	12
			铝箔	16(90)	16(88)	15
			铁罐	16(88)	10	13

注 1：本贮藏试验时间为 2001 年 6 月至 2002 年 9 月，共 16 个月（两个夏季贮藏）。
注 2：括号内为贮藏期达到 16 个月发芽率但仍然超过国家标准的实际发芽率（%）。

表 A.3 部分主要农作物种子低温库贮藏发芽率高于国家标准的期限

作物种类	初始发芽率/%	初始水分/%	包装物种类	期限/月		
				北京	合肥	南宁
杂交玉米	96	12.8	编织	—	16(98)	4
			塑料	16(88)	16(96)	16(97)
			纸塑	16(93)	16(96)	4
			铝箔	16(92)	16 (98)	16(96)
杂交水稻	96	12.8	编织	3	16(88)	16(83)
			塑料	16(83)	16(83)	16(81)
			纸塑	16(84)	16(86)	16(82)
			铝箔	16(85)	16 (90)	16(85)
杂交油菜	94	8.2	编织	—	16(96)	16 (90)
			塑料	16(92)	16(92)	16 (90)
			纸塑	16(89)	16(96)	16 (89)
			铝箔	16(90)	16(94)	16 (92)

注 1：本贮藏试验时间为 2001 年 6 月至 2002 年 9 月，共 16 个月（两个夏季贮藏）。
注 2：括号内为贮藏期达到 16 个月但仍高于国家标准的实际发芽率（%）。

表 A.4 部分蔬菜种子低温库贮藏发芽率高于国家标准的期限

作物种类	初始发芽率/%	初始水分/%	包装物种类	期限/月		
				北京	合肥	南宁
芹菜	74	6.2	塑料	16(67)	5	—
			纸塑	16(70)	5	—
			铝箔	16(69)	16(70)	—
			铁罐	16(66)	16(71)	—
菠菜	97	7.8	塑料	16(93)	16(82)	16(86)
			纸塑	16(91)	16(84)	16(83)
			铝箔	16(93)	16(87)	16(82)
			铁罐	16(93)	16(83)	16(82)
番茄	91	6.6	塑料	16(90)	16(89)	16(86)
			纸塑	16(89)	16(90)	5
			铝箔	16(90)	5	16(85)
			铁罐	16(88)	16(87)	5

表 A.4（续）

作物种类	初始发芽率/%	初始水分/%	包装物种类	期限/月		
				北京	合肥	南宁
西瓜	97	6.4	塑料	16(94)	16(95)	16(94)
			纸塑	16(95)	16(94)	16(95)
			铝箔	16(97)	16(96)	16(92)
			铁罐	16(92)	16(95)	16(92)
辣椒	98	6.3	塑料	16(96)	16(98)	16(94)
			纸塑	16(96)	16(95)	16(94)
			铝箔	16(97)	16(94)	16(92)
			铁罐	16(95)	16(97)	16(96)
茄子	95	4.5	塑料	16(91)	16(87)	16(87)
			纸塑	16(91)	5	16(90)
			铝箔	16(90)	16(94)	16(89)
			铁罐	16(91)	16(87)	16(88)
注 1:本贮藏试验时间为 2001 年 6 月至 2002 年 9 月,共 16 个月(两个夏季贮藏)。 注 2:括号内为贮藏期达到 16 个月发芽率但仍然超过国家标准的实际发芽率(%)。						

本标准负责起草单位:全国农业技术推广服务中心、中国农业科学院蔬菜花卉研究所、中国农业科学院品资所、广西壮族自治区种子总站、合肥丰乐种业股份有限公司。

本标准主要起草人:谷铁城、何艳琴、黄祖纹、卢新雄、胡鸿、胡小荣、王兆贤、宁明宇、马继光。

中华人民共和国国家标准

GB/T 29402.1—2012/ISO 6322-1:1996

谷物和豆类储存 第1部分:谷物储存的一般建议

Storage of cereals and pulses—Part 1:General recommendations for the keeping of cereals

1 范围

GB/T 29402的本部分给出了谷物储存的一般性指导建议。

本部分适用于谷物的储存。

2 规范性引用文件

下列文件对于本文件的应用是必不可少的。凡是注日期的引用文件,仅注日期的版本适用于本文件。凡是不注日期的引用文件,其最新版本(包括所有的修改单)适用于本文件。

ISO 5527:1995 谷物 词汇

GB/T 29402.2 谷物和豆类储存 第2部分:实用建议

GB/T 29402.3 谷物和豆类储存 第3部分:有害生物的控制

3 术语和定义

ISO 5527:1995界定的以及下列术语和定义适用于本文件。

3.1

相对湿度 relative humidity

在相同温度下,样品空气的水蒸气压和饱和水蒸气压的比率。

4 影响谷物储存的因素

4.1 技术因素

谷物储存中的问题通常出现在两个不同的阶段,见4.1.1和4.1.2。

4.1.1 刚收获的谷物,有时其水分含量保持较高状态的时间可以从数小时至数月不等,此时谷物性状很不稳定,一般储存在农场或小型的、没有足够设备、储存条件不够完善的筒仓或储藏室内,等待适当的处理。

4.1.2 到市场贸易阶段,谷物可在不高于安全水分的状况下储藏数月至数年,各个地区每一种谷物的安全水分含量可以是不变的。谷物可由拥有现代化的装备齐全的立筒库的大型仓储企业进行储存,或由其他散装储存设施储存。由于储藏方式、条件、地理位置和预计储存期不同,储存期间可能出现的问题也会不同。

4.2 环境和社会经济因素

中华人民共和国国家质量监督检验检疫总局
中国国家标准化管理委员会 2012-12-31发布 2013-06-20实施

在谷物储存方面，不同地理区域有各自独特的问题。这些独特问题产生的原因见 4.2.1～4.2.3。

4.2.1 气候条件

从田间生长到最终利用，整个过程中气候条件是影响谷物质量的最重要的因素之一。

地理区域可大致划分如下：

a) 高温潮湿热带气候区：本区域内谷物会很快霉烂变质；

b) 高温干燥气候区：本区域内谷物收获时已经自然干燥，问题比较简单，但谷物收获后若长时间保持高温，则加剧了害虫侵蚀问题；

c) 温带气候区：本区域内收获的部分谷物水分含量可能较高；

d) 高寒气候区：本区域会出现很特殊的问题，例如一段时间内谷物会被埋在雪下。

经常出现的情形是，一些地区气候较差，不利于防止谷物霉烂变质。

4.2.2 国家的进出口活动

所有生产谷物的国家都面临在农场如何储存谷物的问题，有进出口活动的国家还有其他问题，尤其是出口国，为了输送谷物应使用储存设施。出口谷物通常应符合本国或进口国官方机构制定的非常严格的标准(特别是有关微生物和昆虫的指标)。应注意的是，对许多出口国而言保持储存设施、设备的低成本是非常重要的。

4.2.3 技术管理状况

一些欠发达地区对许多问题没有足够的认识，也没有能力来处理这些问题。随着现代收获技术的发展(例如联合收割机的使用)，高水分谷物的初始储存(4.1.1)状况得到了显著改善。

由于储存设施的规模不同，储存系统的组织管理就显得非常重要。大量谷物的存在可能引起现实的和后勤上的问题。

目前，在同一个区域，各种不同类型的、不同技术水平的储存系统(散装或包装)同时存在。

理想的状况是，根据谷物含水量的不同分别存放，避免干燥谷物和高水分谷物混合储存。

4.3 质量因素

应根据最终用途(如：供人消费或作为饲料，原粮还是成品粮，或是非食用的工业用粮)判定谷物是否处于良好状态。

国家通常会规定质量要求和质量标准。如，谷物本身的质量和外来物质(异种粮粒、来源于昆虫或鼠类的污秽物、农药残留或毒素)的限量标准等。

进口国制定的强制性标准对出口国的储存有明显的影响，储存设施较简陋的地区达到这些标准的要求可能会有一定的困难。

虽然每个地区有各自的问题，但由于商品贸易有很强的共性，并且许多问题在科技层面上是相似的，所以，根据现有的知识可以制定出谷物安全储存的指导原则。

5 谷物的储存特性

5.1 谷物籽粒为活的生物体

休眠的谷物籽粒是活的颖果。它的胚和糊粉层有缓慢的新陈代谢活动，这种新陈代谢活动在环境合适时会迅速加快。胚乳细胞基本上由储存物质(碳水化合物、蛋白质和少量的脂类)组成，为新陈代谢提供能量。

谷物的基本代谢活动分为两类，即呼吸作用和萌芽。

5.1.1 呼吸作用，主要影响碳水化合物和脂类。在有氧环境中，如果谷物的水分含量和温度都很高，就会发生呼吸代谢。谷物的呼吸代谢产生二氧化碳、水气和大量的热(每摩尔葡萄糖的氧化产生 2 830 kJ)。

在无氧状况下，发生发酵代谢过程，产生较少的热量(每摩尔葡萄糖产生 92 kJ)。发酵后的谷物有典型的酸甜酒精味并且还伴有其他变化，不再适合人食用，但仍可以做动物饲料。

氧化现象在储存谷物中普遍发生，在干燥的谷物中氧化速度很缓慢。应警惕氧化速度的明显加快，一旦氧化加速就意味着谷物不适宜再储存了。

5.1.2　萌芽，谷物籽粒萌芽是其代谢活动的正常表现。在有氧环境中，如果水分和温度适宜，谷物籽粒就会发芽。发芽有几个连贯的阶段：吸水膨胀、酶的活动、细胞增殖、细胞生长并且很快长出幼芽。仅最后的阶段为表观特征。

对于正在储存的谷物或将要储存的谷物，即便发芽仅处于最初阶段，也是很严重的问题。在气候潮湿的年份，庄稼在田间时发芽现象也经常发生。发芽导致两个后果：

a）储存物质的化学变化；

b）酶活性的增加：小麦在气候潮湿季节收获时其 α-淀粉酶含量高就是一个典型的例子。

发芽的谷物通常不适宜供人消费。

用于制芽或用作种子的谷物，应保护其发芽的潜力。

5.2　微生物区系

谷物籽粒是大量微生物的永恒寄主。这些微生物的大多数广泛分布在世界各地并且是无害的。但是，有些种类的微生物会产生有害物质。新收获谷物中存在的微生物区系包括多种细菌、霉菌和酵母菌。

谷物成熟的时候，水分含量降低，以细菌为主的田间微生物数目减少。谷物收获后，储存微生物入侵，田间微生物逐渐消亡。如果水分含量(湿基，下同)低于 14%，微生物不繁殖。水分含量超过 14%，其繁殖迅速加快。并且水分含量的限值是随温度而变化的(见 7.3)。

收获时，组成微生物区系的数量和种类更多地取决于生态环境，与谷物的种类相关性较小。

运输和储存的过程会增加微生物的数量。

5.3　杂草种子和其他外来物质

多数未经过筛理或风选的商品谷物包含一定量的异种粮粒、草籽、谷壳、秸秆、石块和沙子等。这些物质的物理和生物特性与谷物不同，可能给谷物的储存带来不利影响。

5.4　影响储存的重要物理特性

最重要的影响储存的物理特性是谷物的水分和温度。

5.4.1　一个散装谷仓内，除了粮粒之外，谷物籽粒间存在较大的空隙度，如小麦堆的孔隙度可达 40%。利用散装谷物的流动特性可以将料斗或管道置入粮堆中，以便及时通过吹入(或吸出)干燥空气对谷物进行干燥或冷却。

5.4.2　由于谷物的导热系数很低[0.125 W/(m·K)～0.167 W/(m·K)]，在没有通风的情况下，代谢活动产生的热积聚在局部，使得粮堆局部温度大幅升高。尤其是谷物的热容量较低[水分含量 15% 的小麦大约 1.88 kJ/(kg·K)]，热容量随着谷物水分的增加而升高。在谷物自身代谢活动产热的基础上，微生物和昆虫的活动也产生热量。

5.4.3　谷物具有吸湿特性，它通过吸附和解吸水分与其周围空气的湿度保持平衡。谷物的吸附等温线可用曲线表示，在相对湿度为 20%～80%的储存环境内，它几乎是直线。随着温度的变化，谷物水分含量(通常以湿基百分数表示)与空气水分含量(通常以相对湿度表示)的关系有所变化。对于一个固定的相对湿度值，随着温度升高，水分含量降低。正在吸附和正在释放水分的谷物也有不同。谷物的水分含量与粮堆空气相对湿度的变化不完全同步，谷物的水分有滞后现象。有关谷物的吸附-解吸等温线参见附录 A。

空气相对湿度的周期性变化仅影响粮堆的表层。表层以下的谷物，其谷粒间隙中空气的相对湿度取决于初始的水分含量和温度。由于粮堆外部温度的变化或粮堆内部的发热，粮堆表层和内部的温度总是不同的。所以，在相对湿度和水分含量之间建立了一种平衡梯度。水分向温度最低的位置转移，使得该位置的水分含量增加。

5.4.4 术语“干”、“湿”和“安全”可应用于谷物储存中。

“干”或“安全”是指谷物水分含量达到安全水分，在储存和运输过程中经受可能发生的温度变化，既没有代谢活动加速的风险，也没有被霉菌和其他微生物侵害的风险。“湿”是指谷物水分含量高于安全水分。安全水分随粮食种类、温度(包括人工降温措施)和储存时间的长短而变化。一般情况下，安全水分是与65%的空气相对湿度相平衡的粮食水分。

5.5 谷物品质的保护

供人类或动物食用以及作为制芽或种子用是谷物的基本品质。应保护谷物的这些基本品质。

a) 制面包的谷物要保持一定的酶活性，尤其是 α-淀粉酶的活性。

b) 蛋白质结构的自然状态。蛋白质结构决定了面团的流变学特性。

c) 发芽率和发芽势。种用谷物和制芽用大麦的发芽率和发芽势应保持在很高的水平。

若保持以上品质，就不得使用任何热处理(例如使蛋白质变性的热灭菌)，并且限制使用高温干燥系统。

对于供人类或动物食用的谷物，一定要尽可能地保持其食用价值(风味、营养元素、营养效价)。同时应保持谷物的卫生安全，防范任何可能的有毒物质(毒素)和农药残留对谷物的污染。

6 谷物的品质劣变

引起储存谷物品质劣变的原因可以分为两类：

a) 劣变的直接原因；

b) 影响劣变的环境因素。

6.1 劣变的直接原因

6.1.1 酶促反应

谷物酶促反应有很多方式。这些反应涉及储存谷物的蛋白质、碳水化合物和脂类。经过干燥的谷物酶促反应不明显。

然而某些酶，如脂肪酶，可以长时间存活在干燥谷物中。

6.1.2 生物化学和化学方面的其他变化

谷物的生化反应和化学反应是各种各样的，这些反应通常在较高的温度条件下发生。较高的温度可能来自在烘干时遇到的高温或是由昆虫、霉菌和其他微生物活动所引起的“发热”：

a) 美拉德(Maillard)反应，产生许多中间化合物，最终导致非酶促褐变。

b) 淀粉颗粒结构的改变，这是最根本的变化。例如，干燥时淀粉颗粒破损并形成糊精。

c) 蛋白质变性，导致某些特性的丧失。如溶解性、水合状态下的流变学特性和酶活性等。

d) 可利用赖氨酸含量的降低。

e) 维生素(B_1、E类胡萝卜素)的破坏。

某些反应，尤其是脂类的非酶促氧化反应，可能会在储藏温度正常的范围内发生。

6.1.3 外部因素:活的生物

劣变可以由活的生物引起。例如脊椎动物、无脊椎动物和微生物等。虽然活的生物侵蚀的直接影响很严重，但非直接影响可能更严重。尤其是昆虫和微生物活动引起的发热以及微生物活动产生的有毒物质。

入侵生物产生二氧化碳和水并释放酶，从而加速谷物的劣变。霉菌和动物仅在有氧环境中活动。

6.1.3.1 有害动物:鼠类、鸟类、昆虫和螨类

动物以储存谷物为食料，动物侵害不仅消耗和损害谷物，而且可能造成谷物腐烂和遭到污染。在散装谷物中昆虫活动所产生的热导致温差的梯度变化，温差引起水分转移，从而使得微生物滋生。特殊情

况下甚至引起谷物发芽(通常在散装粮的表面或包装粮的表层)。

6.1.3.2 微生物:霉菌、酵母菌和细菌

由微生物引起损害的类别取决于微生物区系中优势种的活动;常常不容易分辨微生物的侵害和谷物自身的变化,因为两者所需要的外部条件相似。

微生物侵害的主要后果是破坏谷物的成分、发热和发热带来的危害、产生毒素、生活力衰弱或消失,某些特定微生物的侵害还产生能引起人畜接触性过敏的物质。

6.1.4 储存前的外部因素

谷物在收获、运输和储存过程中易破损或擦伤。

大型联合收割机比小型收割机更容易使谷物破损,破损粒的比例是谷物一个品质特性指标。

对于所有谷物来说,破损粒,包括裂纹粒,相对于完善粒更容易受到霉菌、其他微生物、多种害虫和螨类的侵蚀。

人们不希望出现破损粒,因为破损粒易于发生酶类变化和化学变化。

稻谷、大麦和燕麦,脱壳之后失去了保护,燕麦更容易变质,烘干时更容易受到热损伤,更容易受到害虫的侵蚀。

异品种粮粒、草籽和其他植物性的有机杂质也比主体谷物的完善粒更容易受侵蚀。

6.2 导致劣变的环境因素

温度、相对湿度和大气成分这些环境因素主导了储存谷物的化学变化和生物学变化。它们影响的强度依据储存期和储存条件而有所不同。储运和运输中的问题参见 GB/T 29402.2。

6.2.1 动态因素

6.2.1.1 储存期

为了确定大致的安全储存期,应了解反应速度和导致劣变的各种因素的影响,并将各种动态因素考虑在内。

在评估温度和湿度的影响时,由于散装谷物的物理特性,温度和水分含量的变化通常是缓慢的。但害虫和微生物的侵蚀能迅速引起局部温度和水分含量的升高,所以测量粮堆的实际状况非常重要。

6.2.1.2 温度

根据基本的指数定律,温度几乎影响所有化学和生物化学反应。昆虫、螨类和微生物等生物的活动严格受限于特定的温度范围。昆虫活动产生的热很难达到 40℃以上,微生物活动产生的热很难达到 65℃以上。在某些货物中,氧化反应能将温度升到燃点。但是,没有证据表明谷物会整体自燃。

6.2.1.3 相对湿度

相对湿度是应考虑的最重要的因素。在确定的温度下,过高或过低的相对湿度均能引起谷物劣变。产生劣变的相对湿度与温度直接相关。

6.2.1.4 大气成分

籽粒间空气中的氧和二氧化碳的比例影响所有微生物、有害动物和谷物活细胞的新陈代谢,同时也影响非酶促氧化的水平和特定的酶促反应。

6.2.2 各种环境因素及其变化产生的协同作用

虽然在理论上容易区分各种环境因素的作用,但在实际中这些因素相互依存、紧密联系,使得研究它们较为复杂。在 6.2.2.1~6.2.2.8 给出了一些例子,说明这些导致劣变的有关要素。

6.2.2.1 脊椎动物

储存谷物中,鸟雀类和鼠类在正常的有氧环境下就能生存并繁殖。谷物水分含量对它们生存没有什么影响。

6.2.2.2 无脊椎动物

在温度低于 10℃或高于 35℃时,储存谷物中的大多数无脊椎动物不能完成它们的生命周期。有严

重危害的大多数无脊椎动物，其最低存活温度大约为15℃，20℃以下时它们生长缓慢。谷物水分含量低于9%时，通常没有被侵蚀的危险。但不包括谷斑皮蠹(khapra beetle)和赤拟谷盗(rust-red flour beetle)，它们在谷物水分含量在3%～5%时仍能繁殖。每种昆虫和螨类有最适宜的温度范围和最适宜的相对湿度(谷物水分含量)范围，例如粉螨(*Acarus siro* L.)在3℃时繁殖，但需要相对湿度>65%(相当于小麦14%的水分含量)的环境。

脊椎动物和无脊椎动物侵害的问题参见GB/T 29402.3。

6.2.2.3 微生物:有氧状况

一般情况下，在相对湿度低于65%时，即相当于25℃时小麦14%的水分含量(湿基)时，微生物尤其是霉菌不会生长[1)]。水分含量与相对湿度的关系随温度而变化:对于一定的水分含量，温度越高，相对湿度越高。若相对湿度高于65%，甚至在低温时霉菌也可以繁殖，这也造成了高水分玉米的特殊问题。

与昆虫相比，霉菌随着温度升高而迅速生长，并且谷物的水分含量和周围空气的相对湿度均升高，霉菌也能引起谷物发热，能将谷物温度升到大约65℃。此过程是由一系列不同种类的微生物参与的。

由于所有谷物均会招致霉菌孢子的侵害，因此，安全储存依赖于防止或延缓这些孢子的萌发和生长。

对于未确定期限的储存和安全运输，谷物入仓时或开始运输时，其任何部位不应超过与相对湿度为65%时相平衡的水分含量。

如果谷物的温度较低，其水分含量可以稍高。通过通风或制冷，使得温度在储存或运输期间保持在霉菌不能生长的水平。

6.2.2.4 微生物:密闭储存

一般规律是储存期间细菌总量减少，但高水分谷物除外。高水分谷物储存期间首先是细菌总量增加，然后才是减少。增加的细菌主要是乳酸杆菌。

密闭储存可以防止高水分谷物的霉菌生长，但是某些酵母菌仍可以生长。含水量在18%(湿基)以上的谷物，其质量劣变后则不适合人类消费。

通常，微生物的活动造成一个低氧环境。这种低氧环境也可以人工制造。例如抽真空、充二氧化碳或充氮气。

6.2.2.5 酶促反应

谷物中大多数的酶促反应要求液态水的存在，这种状况通常表明谷物开始发芽。

谷物烘干时也可能发生某些酶促反应。这些反应的性质取决于烘干过程达到的最高温度和烘干过程持续的时间。

6.2.2.6 蛋白质变性

热空气干燥时蛋白质变性的临界温度取决于谷物水分含量、干燥持续时间和热空气的温度。

6.2.2.7 美拉德反应

通常美拉德反应要求相当高的温度。但在长期储存中，在稍高于20℃时也能够发生。水分含量的高和低都可以抑制反应的发生。但在低湿度的情况下，反应发生很迅速。在平衡相对湿度60%～70%之间，反应的速率会达到最高点。

6.2.2.8 非酶氧化

氧化反应主要发生在平衡相对湿度低于20%时，水分的存在会限制氧化反应的发生。

7 评估谷物状况的检测设计

由于可能发生众多变化，设置一些检测来揭示和评估储存谷物的卫生状况是很重要的。这些检测

1) 某些重要的霉菌，如曲霉属的某些种，可能会在较低的相对湿度环境中生长。

结果可被用来预测与储藏技术相协调的储存期和粮食的营养价值。

7.1 宜存性的确定

储存谷物的基本状况有两个主要方面。

7.1.1 当前状况

当前状况取决于已经发生的变化。它代表了对于一个给定的目的直接使用这批谷物的潜在价值。

7.1.2 今后状况

代表了谷物发生变化的潜在风险。这种风险由给定的储存期和未来的用途所决定,风险取决于谷物当前的状况和今后的变化因素。

7.2 接受的标准

7.2.1 与工业用途、营养用途、制芽或种用直接相关的测定

这些测定将回答被测谷物是否适合既定的用途,也可能给出被测谷物宜储存时限的信息。

7.2.2 与最终用途非直接相关的测定

这些测定通过综合多种变化因素的影响,揭示谷物的总体状况。可分为以下两类测定方法:

——评价谷物生命力的方法。这些方法包括发芽率和发芽势的测定。

——评估真菌总量或细菌微生物区系的方法。

7.2.3 揭示某些特定方面变化的测定

7.2.3.1 水分含量测定

水分含量是表示谷物储存潜力或需立即使用的最重要最直接的指标。对每批谷物的水分含量进行快速而准确的测定是十分重要的。

7.2.3.2 特殊的生物学方法

谷物中微生物优势种的确认和计数、微生物毒素的特征和测定,这些测定对于决定谷物是否适合人类或动物消费是很重要的。

7.2.3.3 谷物中酶活性的测定

包括谷氨酸脱羧酶活性和核糖核酸酶活性的测定。

7.2.3.4 酶活动结果的测定

这些包括:

——脂肪酸的含量;

——多元脂类的降解;

——挥发性有机物的含量;

——蛋白质的降解;

——碳水化合物的降解。

7.2.3.5 害虫和螨类明显侵蚀和隐蔽性侵蚀的测定

害虫和螨类的数量(尤其是隐蔽在谷物籽粒中的幼虫数量)可能使谷物变得不适宜某些用途,并且使得谷物储存不安全。

注:测定隐蔽性害虫的方法参见 GB/T 24534.3 和 GB/T 24534.4。这些方法包括"饲育法"、X 射线法、二氧化碳测定法、茚三酮反应法和漂浮法。

7.2.3.6 机械损伤

涉及谷物机械损伤程度的测定(破损粒等)。

7.3 谷物的储存潜力

为了在足够安全的状况下正确地储存谷物,有必要计算谷物可以储存的最长期限。该期限的计算应考虑以下因素:

——可达到的储存条件;

——谷物的当前状况;

——谷物的最终用途和质量要求。

由于储存条件的可变性较大,以及预测害虫侵蚀较困难(尤其在炎热地区),以现有的科学知识来精确地预测可储存期是困难的。

根据6.2.2.2和6.2.2.3,储存的谷物(不包括刚刚收获的谷物)如果水分均不高于14%,在平均温度18℃的条件下,可以基本稳定地储存12个月以上;如果平均温度为27℃,则容许的水分含量为不高于13%,可储存期为不超过12个月;如果平均温度为9℃,则容许的水分含量可增加两个百分点,可储存期仍为不超过12个月。但是,在这些条件下,害虫和螨类未必会得到控制。

散装谷物表面(气调储存除外)是与周围大气相平衡的。这就意味着,在潮湿的热带地区,即使谷物经过干燥(水分低于14%),数厘米深的粮层水分可能仍会超过16%。

8 可行的储存方法

虽然某些方法因为费用太高不能被采用,还是有各种各样的措施可以被采用。通常需要将有关的技术措施结合使用。

8.1 保持稳定的技术

通过调控储粮环境因素,保持稳定的技术能够减缓或阻止谷物劣变。一些技术能够阻止害虫和微生物的生长,但不可能完全阻止化学的或酶类的变化。

可采用的保持储粮稳定的技术包括以下方面:

a) 干燥。将谷物的水分含量降到安全水分,使得微生物不能生长。

b) 冷却。不经过干燥,直接将谷物冷却到5℃~7℃。如果谷物的水分含量为18%左右,这种技术仅可用于短期储存。如果长期(取决于水分含量)储存,可能受到霉菌和螨类的侵蚀。

c) 自然通风。该项措施能降低温度、减少水分梯度、排出呼吸作用产生的热和水蒸气。在其他条件相同的情况下,气流也能减缓某些喜好静风环境的螨类和微生物的生长。如果水分含量较高,自然通风不能阻止霉菌和螨类的生长。

d) 非干燥气调储存。充填二氧化碳或氮气或抽真空可以减缓有氧呼吸,但不能消除发酵。发酵会影响谷物的品质。如果谷物的水分含量高于18%,这种技术仅可用于短期储存。

e) 水分含量不高于14%的受侵蚀谷物的气调储存。害虫的呼吸使得二氧化碳增加、氧气减少并最终导致它们的死亡。但在实践中,充入二氧化碳是必需的。因为害虫产生二氧化碳的速度较慢(见8.3.2.3)。

8.2 害虫、螨类或微生物的防治技术

控制害虫和螨类的方法参见GB/T 29402.3。

在实践中,防止微生物生长的化学物质不可用于供人类消费的谷物。这是由其固有的危害性和在有效剂量下对哺乳动物的毒性所决定的。对于作为动物饲料的谷物,可以使用特定的可代谢抗菌物质,例如丙酸或其他类似的酸。

因为有破坏蛋白质的风险,不应采用加热杀死微生物的方法;采用加热杀死害虫和螨类时,也应谨慎操作;使用伽玛射线辐照以延长潮湿谷物安全储存期的可能性正在探索。

将污染谷物与非污染谷物混合在一起是一种不良行为。

要杀死用于制粉的小麦和其他供人类消费的谷物中的害虫和螨类,仅某些特定的处理方式可采用。

8.3 各种处理方法的结合

一般来说,为与储存条件相适应,谷物需要进行一定的整理。

8.3.1 初步处理

8.3.1.1 筛理

应对谷物进行筛理或风选，以除去所有秸秆、壳类和其他多叶的植物性物质。并且应除去异种粮粒、草籽、颗粒碎屑和无机物质等。

8.3.1.2 干燥

谷物可以批量干燥或使用连续烘干机进行干燥。也可以“就仓干燥”。

根据空气的温度和相对湿度以及谷物的具体情况，确定干燥使用非加热空气还是加热空气。

如果使用加热空气进行干燥，最后应经过冷却过程。实际上，最有效的是“就仓干燥”方法。

8.3.2 储存

8.3.2.1 常规储存

包括散装和包装储存。采用这种储存方式，应定期检测或监测温度、水分含量的变化、无脊椎动物和微生物的活动情况。

8.3.2.2 密闭储存

在密闭的粮仓中，由于昆虫或微生物的活动，二氧化碳增加、氧含量减少，直到呼吸作用停止。但在高水分状况下，可能会产生厌氧性的活动。

储藏技术参见 GB/T 29402.2。

8.3.2.3 气调储存

这种储粮方式，粮堆籽粒间的自然气体被人工充入的二氧化碳或氮气所代替，形成了对无脊椎害虫致命的缺氧环境。

附　录　A
（资料性附录）
吸附-解吸等温线

图 A.1～图 A.7 给出了谷物水分含量和空气相对湿度的关系图。

注 1：图 A.1～图 A.7 由法国巴黎谷物和饲料技术协会(ITCF)提供。

注 2：图 A.1～图 A.7 中，谷物的水分含量为湿基。

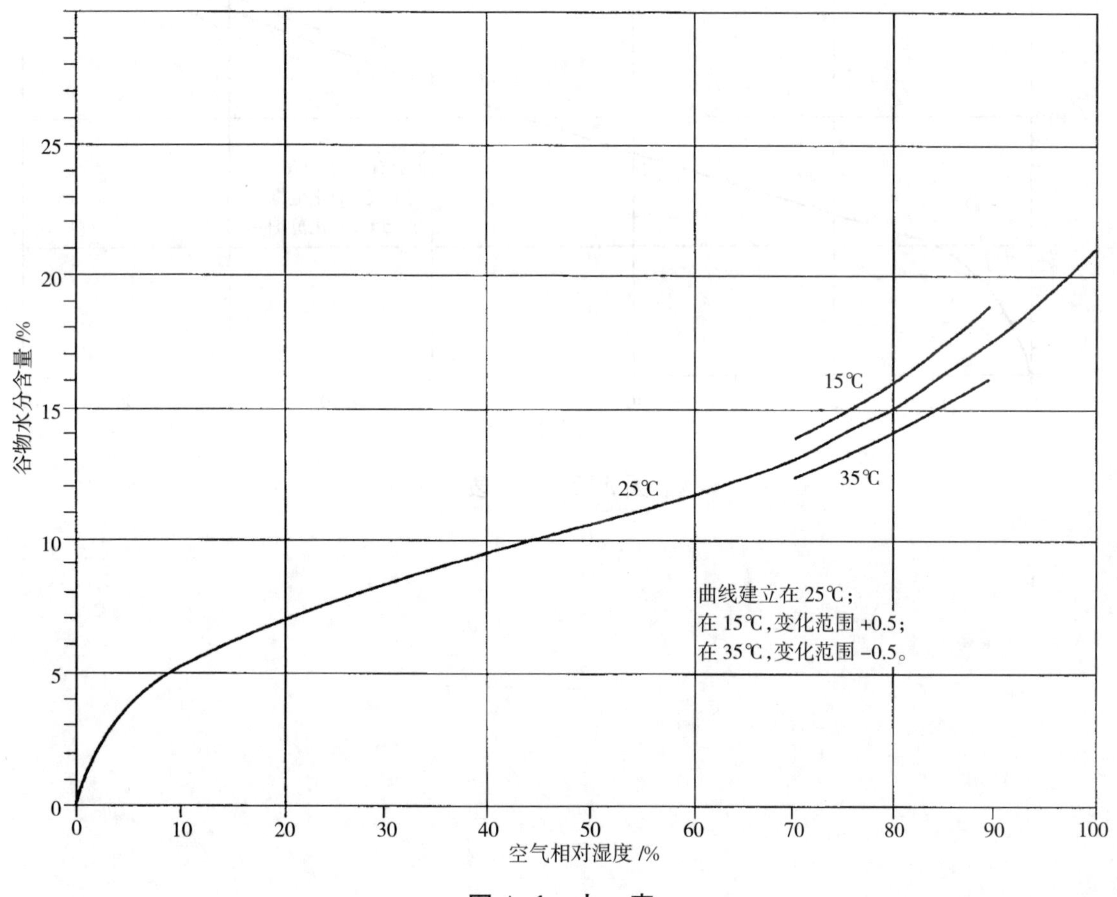

图 A.1　小　麦

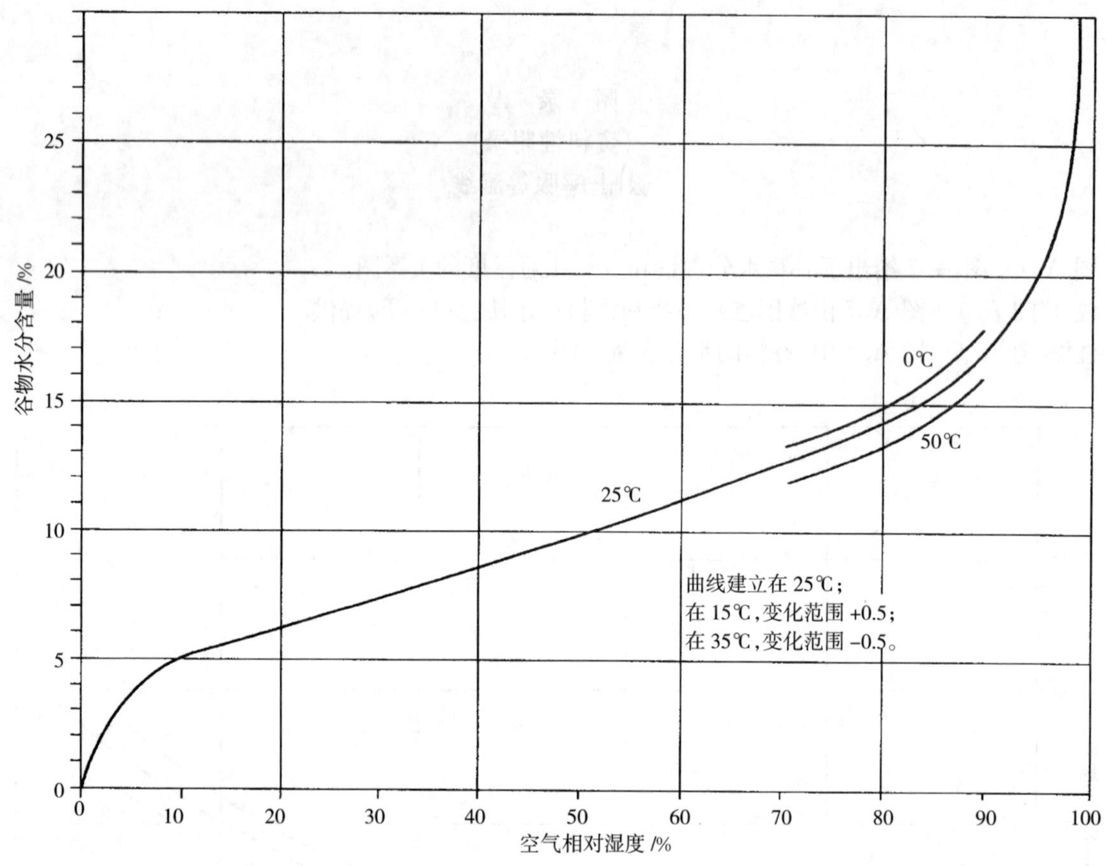

谷物水分含量/%
空气相对湿度/%
0
5
10
15
20
25
0
10
20
30
40
50
60
70
80
90
100
0℃
25℃
50℃
曲线建立在25℃；
在15℃，变化范围+0.5；
在35℃，变化范围-0.5。

图A.2　大　麦

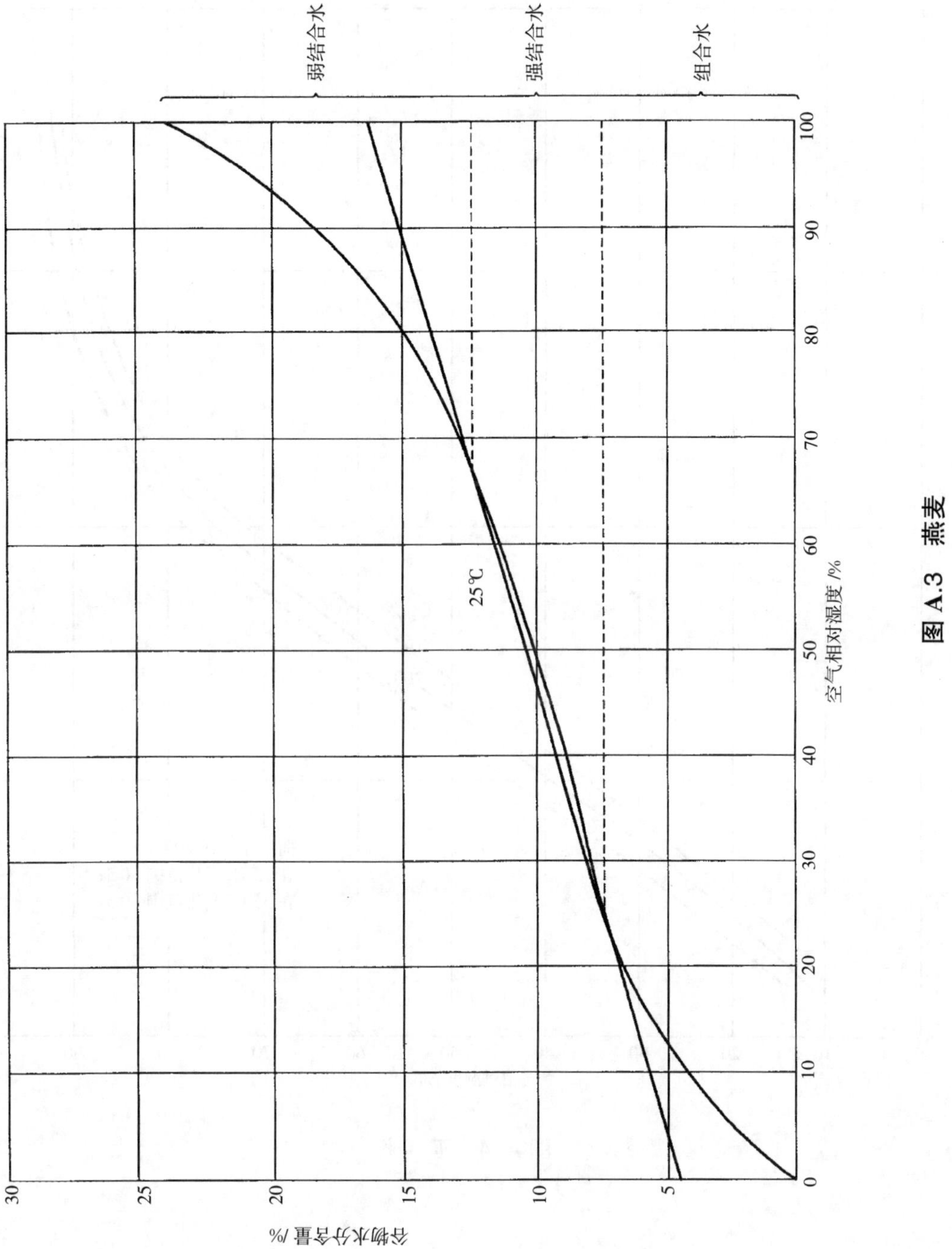
弱结合水
强结合水
组合水
25℃
空气相对湿度/%
谷物水分含量/%
0
10
20
30
40
50
60
70
80
90
100
5
10
15
20
25
30

图 A.3 燕麦

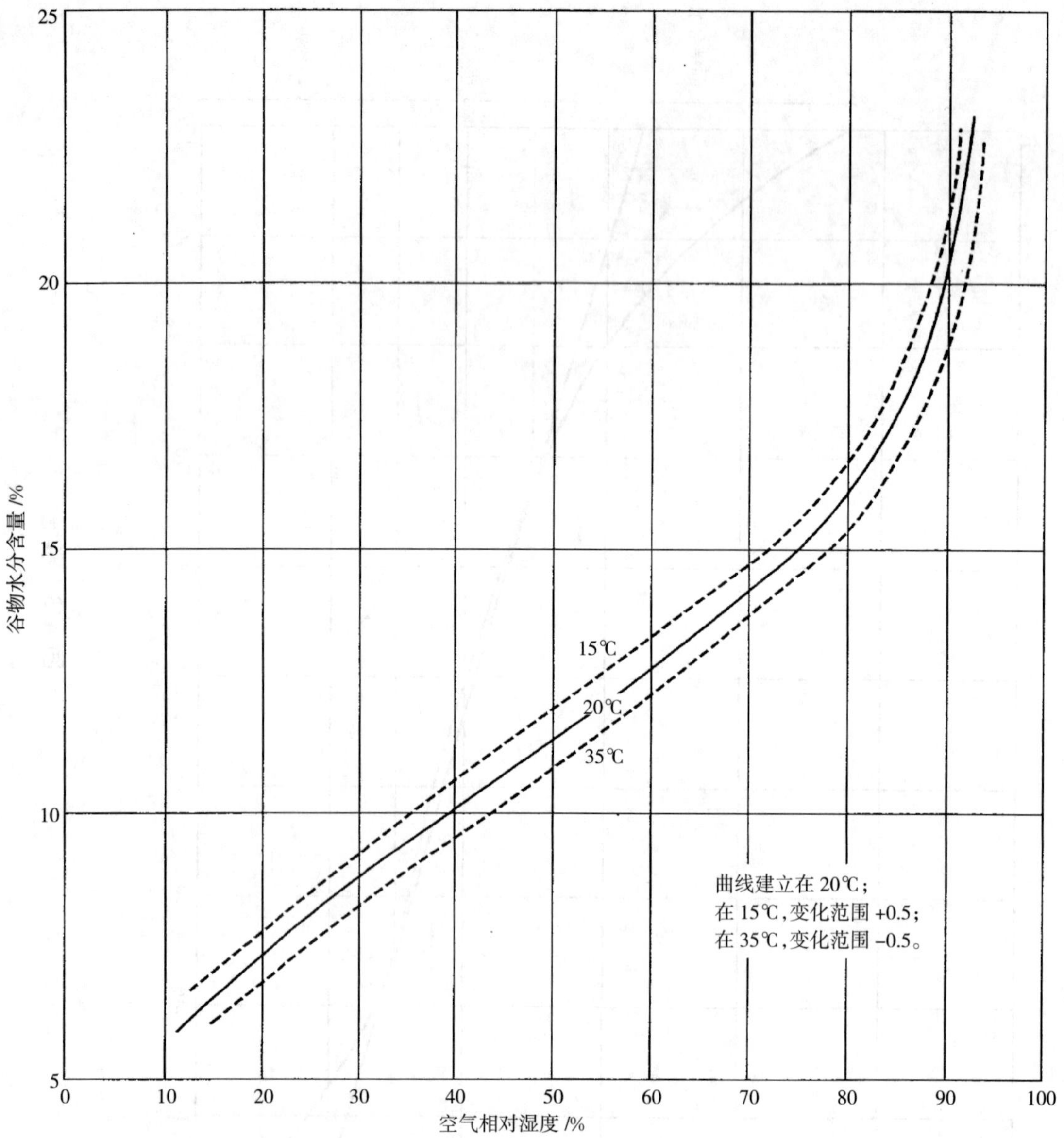
25
20
15
10
5
0
10
20
30
40
50
60
70
80
90
100
谷物水分含量/%
空气相对湿度/%
15℃
20℃
35℃
曲线建立在20℃;
在15℃,变化范围+0.5;
在35℃,变化范围-0.5。

图A.4 玉 米

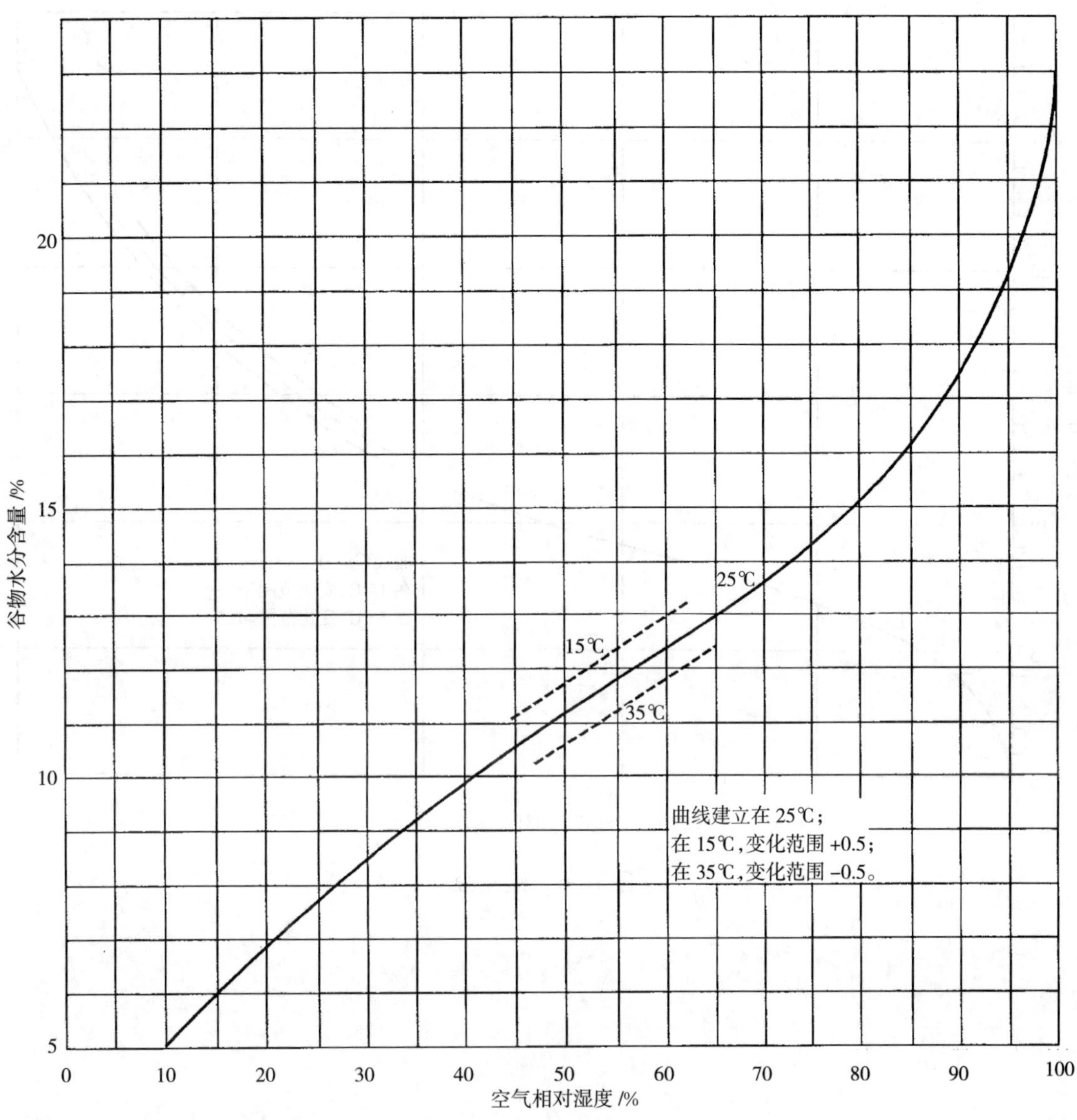
谷物水分含量/%
20
15
10
5
0
10
20
30
40
50
60
70
80
90
100
空气相对湿度/%
25℃
15℃
35℃
曲线建立在25℃;
在15℃,变化范围+0.5;
在35℃,变化范围-0.5。

图 A.5 大 米

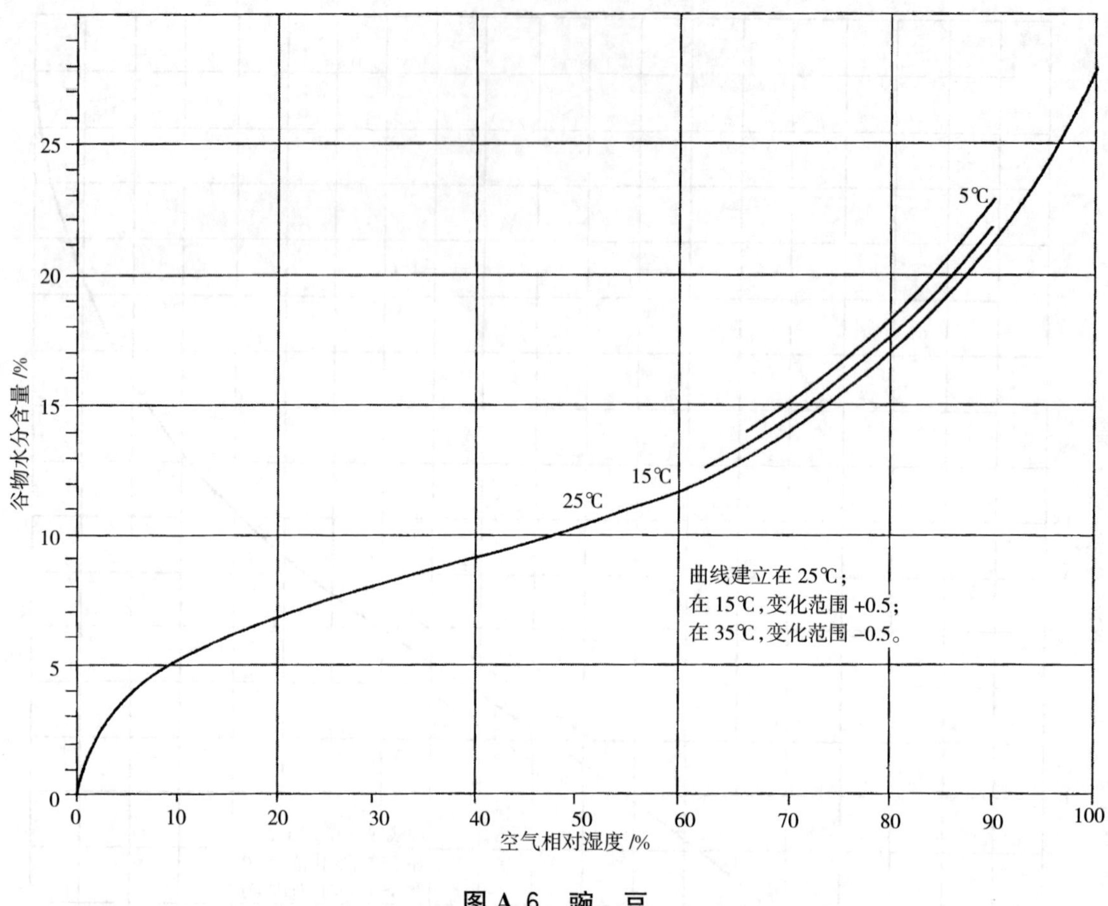
谷物水分含量/%
空气相对湿度/%
0
5
10
15
20
25
0
10
20
30
40
50
60
70
80
90
100
5℃
15℃
25℃
曲线建立在25℃;
在15℃,变化范围+0.5;
在35℃,变化范围-0.5。

图A.6 豌 豆

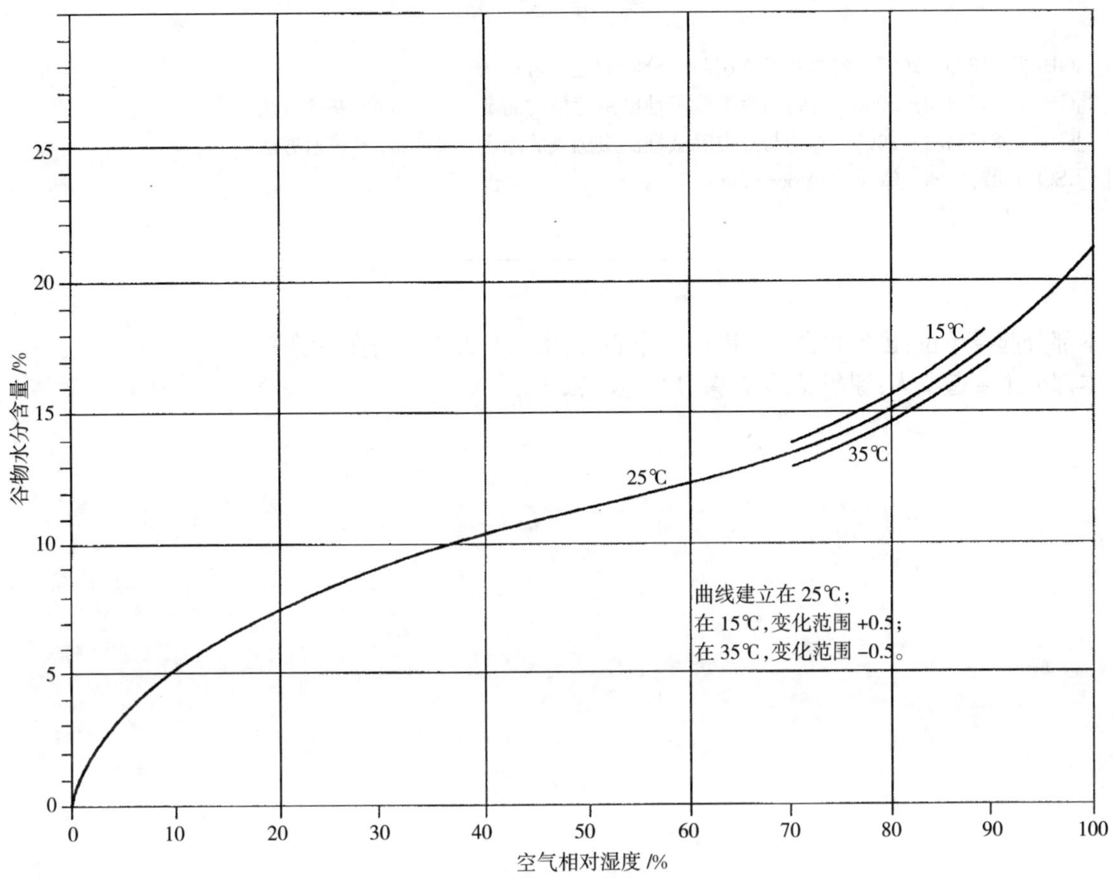
谷物水分含量/%
空气相对湿度/%
0
5
10
15
20
25
0
10
20
30
40
50
60
70
80
90
100
15℃
25℃
35℃
曲线建立在25℃;
在15℃,变化范围+0.5;
在35℃,变化范围-0.5。

图A.7 高 粱

参 考 文 献

[1]GB/T 21305—2007 谷物及谷物制品水分的测定 常规法
[2]GB/T 24534.3—2009 谷物与豆类隐蔽性昆虫感染的测定 第3部分:基准方法
[3]GB/T 24534.4—2009 谷物与豆类隐蔽性昆虫感染的测定 第4部分:快速方法
[4]ISO 5527:1995 Cereal—Vocabulary

本部分起草单位:国家粮食局标准质量中心、河南工业大学粮油食品学院。
本部分主要起草人:谢华民、吴存荣、唐怀建、张浩。

中华人民共和国国家标准

GB/T 29402.2—2012/
ISO 6322-2:2000

谷物和豆类储存 第2部分:实用建议

Storage of cereals and pulses—Part 2:Practical recommendations

1 范围

GB/T 29402的本部分给出了如何选择谷物和豆类储存方法的指导,以及应用选定的方法进行安全储存的实用建议。谷物和豆类储存的其他方面见GB/T 29402.1《谷物和豆类储存 第1部分:谷物储存的一般建议》和GB/T 29402.3《谷物和豆类储存 第3部分:有害生物的控制》。

本部分适用于谷物和豆类的储存。

2 规范性引用文件

下列文件对于本文件的应用是必不可少的。凡是注日期的引用文件,仅注日期的版本适用于本文件。凡是不注日期的引用文件,其最新版本(包括所有的修改单)适用于本文件。

GB/T 29402.1 谷物和豆类储存 第1部分:谷物储存的一般建议

GB/T 29402.3 谷物和豆类储存 第3部分:有害生物的控制

3 进出仓

任何储存系统应有货物进出的措施,选择的装卸措施应尽可能地降低对粮食和储存容器的损害,并应控制灰尘从建筑物或它周围的环境中逸出。

4 露天储存

4.1 总则

露天储存是最廉价也是最不完善的储存方法,易受鸟类、啮齿动物、昆虫和螨类的侵蚀(见GB/T 29402.3),并且易遭受真菌繁殖、恶劣气候的损害、偷盗和其他灾难。该方法仅适合于短期储存,可用于丰收年景其他储存设施爆满之后。应选择阴凉、干燥的场地储存。

4.2 无盖储存

无盖储存在干燥地区较为可行。短时阵雨仅影响粮堆表面(大约5 cm深),随后的阳光会使粮食干燥,如此暴露会使粮食脱色。雪下储存或在寒冷处储存也是可行的,因为低温限制昆虫和霉菌的生长。尽管如此,仍有少数几种产毒真菌能在近冰冻的温度下在被雪打湿的粮食上生长。所以,如果采用这种方法储存要多加小心。

如果可能,应建一个"硬底"或其他经过处理的坚固、光滑地基,最好高出地面0.5 m,更好地形成一个防御系统,保护粮食免遭流水和从地面上升的水蒸气的侵害,并且可以倒垛。

对于散装储存的粮食,有时可能无法进行机械通风。

中华人民共和国国家质量监督检验检疫总局
中国国家标准化管理委员会 2012-12-31发布 2013-06-20实施

4.3 覆盖储存

可为袋装粮垛或散装粮堆建一个"临时屋顶",它可用木架子覆盖波纹铁板做成。也可用麻袋或篷帆布做成的"围墙"来进一步保护谷物。

可选择用防水帆布苫盖粮堆(散装或包装)以防晒并防止结露,在干燥的天气里可揭掉这些苫盖物以便凝结的水汽蒸发。为防风,应使用重物(轮胎、沙袋、水泥块等)在堆底压紧这些苫盖物,苫盖物重叠处应重叠 50 cm 以上。

未脱粒的玉米通常储存在围囤中(例如铁丝网围囤),以便于气候好的时候自然干燥。玉米穗相对来说较易储存,安全性也较高,因为其未遭受脱粒时的机械损伤。围囤应进行苫盖,以防止雨水进入引起霉变。应注意防范鸟类和啮齿动物对玉米的破坏(见 GB/T 29402.3)。

5 除筒仓之外的建筑物储存(平房仓储存)

5.1 总则

把粮食存入仓房建筑物的目的是避免气候的危害,防止有害生物进入和防盗窃。理想情况下,该储存方式应可以进行温湿度控制,尽可能地保持粮食低温、干燥、温度均衡一致。仓房建筑物的结构应能提供良好的储存条件,方便进出,操作安全,并且使有害生物不易生存。

5.2 建筑结构

5.2.1 地址和地基

仓房朝向的选择应以接受太阳辐射热最少为原则。例如,在温带地区仓房长轴应呈南北走向;在热带地区仓房长轴应呈东西走向。地基应足够坚固以支持建筑物和所装满粮食的重量。如果需要,仓房还应能防白蚁。周围应无杂草、垃圾、流水或水坑等。应有适当的运输方式的直接接驳口。

5.2.2 地面

仓房地面应坚固、光滑、坚硬并防水,不宜采用夯土地面。带有缝隙的木地板会隐藏垃圾、昆虫和螨类。光滑坚硬的地面通常由高质量的混凝土加入硬化剂做成,以防产生尘土。墙与地面连接处应做成光滑的弧形,易于清扫。墙内的防水层应能够隔湿,防水层通常夹在混凝土中。

仓房地基应高出地面,如果处于水流向的下游,则应高于最高水位,以防被水浸泡。

5.2.3 墙体

墙壁应坚固、光滑,如果当地的规定允许,外墙面应刷成浅色(通常是白色),以减少吸热。在炎热地区,需要设置隔热层。建筑应避免"死角",墙面粉刷层应无裂缝。

建筑物的墙体可以根据各地的不同情况选用各种材料,木料(不提倡)、黏土坯、砖或石块等。使用以上物料,内部应有覆盖层。也可以用镀锌铁板、铝板、现浇混凝土或高强混凝土。空心混凝土砌块(除非予以填充)因为能藏匿鼠类和害虫,通常不提倡使用。

墙体应足够坚固以承受粮食的压力。

5.2.4 仓顶

仓顶应坚固、防水,如果当地的规定允许,外面应刷成浅色(通常是白色)。尽可能避免使用梁和立柱,在仓房内设立柱是允许的,但柱子对粮食入仓和出仓会造成阻碍,还会引起粮食分层并减少储粮空间。由于熏蒸时可能出现问题,不应将粮食围绕立柱堆放。如果是平顶仓房,应有坡度以利于雨水下泄。在炎热地区,倾斜的屋顶可带有宽大的屋檐,帮助隔热。仓顶应是一个很好的隔热体,遇冷不收缩,能抵御有害生物和霉菌的侵蚀,并且不为昆虫和螨类提供庇护所。这就要求密封墙和顶之间的缝隙,用细密的网架封住所有可能的开口。内部不宜设天花板,因其可能为鸟雀类提供庇护。仓顶的材料包括瓦、石板、油毛毡、镀锌铁板或铝板等。

从仓顶下来的所有排水管均应设在仓库外面。排水管设在仓内可能成为昆虫和螨类的庇护所,也可能成为鼠类的逃生之路。如果排水管有缺陷,雨水还可能损坏粮食。所有外部的水管和排水管应装有防鼠罩,防止鼠类到达仓房屋檐,在管子的低端开口应有防护网嵌入管内。

5.2.5 门和窗

通风应是可以控制的。在一个几乎装满粮食的仓库里,粮食在很大程度上控制了仓库的环境。经常自然通风并不总是理想的方法,因为潮湿空气可能随之而入。当然,在一天的某段特定时间,可以通过理想的通风降低仓温。降温还可以借助树荫、百叶窗、大屋檐等。

通风口是空气循环的关键。通风口应该较小但与仓房的规模相匹配,并位于墙的上半部。通风口外部应有防鸟架,内部应有防止鼠、鸟进仓的防护网。

每个山墙上都应有通风口,以便排出聚集在屋顶下的热空气。

天窗和窗户应尽可能小或不设。开启的程度应尽可能小,窗户上应安装防鸟网架,防止开窗时鸟进入。

仓房门应能严密关闭。如果可能,应使用金属制作。如果是木门,门和门框下部应以铁皮包裹以防鼠。在某些地区,还应建防雨棚将仓门罩住。

仓门的数量取决于储存粮食进出的频繁程度。门的尺寸取决于人仓、出仓作业要求(例如,卡车是否需要进入仓内)。仓门的设计应采用防鼠措施。

5.2.6 防护

应采取一切可能的措施防止昆虫、鼠类、鸟类和蝙蝠进入仓房内。

必须进行熏蒸时,仓房应密封,仓房密封应在装满粮食之前完成。如果粮仓不能被密封,熏蒸应在气密性强的薄膜中进行。

5.3 袋装粮食仓房内储存

5.3.1 清洁

保持仓房清洁和良好的卫生是储存的基本要求。仓房应相当完善,在任何储存活动之前应清扫和处理。在储存期间经常清扫也是很重要的。

5.3.2 铺垫物的使用

铺垫物的使用可以避免粮包直接与地面接触。如果地面的防潮性能不太好,应使用铺垫物。作为一种预防措施,在潮湿地区提倡使用铺垫物。铺垫物的主要功能是使空气能流通,避免局部低温,防止地面的湿气凝结或上升。铺垫物最好做成标准的货盘,尺寸适中,容易提升。闲置不用的时候码堆整齐,并用杀虫剂处理。

如果在于燥地区,正确进行储存,可以不使用铺垫物。

5.3.3 码垛

垛应码成几何形状,整齐而牢靠,便于进行杀虫处理和装卸。使用规则的码垛盘则粮包的计数较容易。

应避免围柱码垛或靠墙码垛。因为那样会给抽样检测和熏蒸造成困难,并且可能损害建筑物。

应设置足够宽(至少 1 m)的通道以便于检查和取样,检查通道应在包垛和仓墙之间。

熏蒸之后保留密封薄膜虽可防止重新感染害虫,但并非明智之举,因为可能造成膜内水汽凝结。

5.4 平房仓散装储存

5.4.1 清洁

仓房及其附属建筑内部和它们的周围,以及所有装卸机械设备均应做杀虫处理并彻底清扫。

5.4.2 设备

平房仓散装储存是一种较经济的办法,但是装卸和虫害控制较困难。为保证安全储存和质量控制,应配置的设备包括:合适的装卸系统,熏蒸设备,取样设备,粮食温度监测设备。

在散装储存粮食中,有发生温度梯度的危险,从而导致水分转移和霉菌生长。最可能发生的部位是距粮面 5 cm~20 cm 的粮层和靠墙、靠地板的位置。可以用人工通风来解决(见 7.2)。

5.4.3 粮食的放置

在一些仓房中,粮食靠墙堆放。墙应足够坚固,以承受粮食的侧压力。

为了弥补墙的强度不足,也便于把不同的粮食分别存放,可以设置隔板。隔板可以是混凝土的、木材的或金属的,但有了隔板给粮食的进出增加了困难。

粮堆的顶部和仓房顶之间应预留一定的空间,便于检测人员通行。

有通风系统的情况下,散粮堆表面应做成平面,以改善空气流通。

6 筒仓储存

各地区可以根据自己的技术发展水平选择不同的储存容器。

储存容器可以有不同的尺寸,从装几千克的小箱子到多个立筒仓组成的可装数千吨的大型设施。这些大型立筒仓虽然方便,但造价昂贵。港口的大型终端仓是转运设施,若作为长期储存则不经济。对于储存来说,主要的要求是简单,使用最少的机械。建议多个单元系统组合在一起使用。

材料的选用应适应立筒仓的尺寸,例如:

a) 在炎热地区,可以使用当地的黏土、编织物等可得到的材料制作储存箱。也可将旧油桶彻底清理后加以利用。

b) 较大的储存箱(10 t以上)可由以下材料制作:木材(木板或胶合板),砖或混凝土(板或铸件),铁皮(钢板、波纹板、铝板)或金属网(连接物使用打包麻布、油毛毡、聚乙烯、丁基橡胶)等。

c) 很大的立筒仓使用波纹钢或浇筑混凝土。

相对于其他建筑,立筒仓应被设计得足够坚固,并且建筑上应无裂缝或缝隙。

设备的计划应包括熏蒸设备、清理设备、取样设备、温度控制和监测设备以及通风系统。10 t以上的大储存箱不能进行熏蒸,要熏蒸时需用不透气的薄膜完全覆盖。

自动化机械输送设备适用于大型立筒仓,小型仓则不是必须的。

7 特殊储存系统

7.1 密闭储存

7.1.1 总则

密闭储存可用来控制和预防害虫和螨类在干燥粮食中的为害,并能防止好气霉菌在潮湿粮食中的繁殖。该方法的原理主要是通过粮食或其他生物的呼吸作用,减消昆虫或霉菌生存所需要的氧气,达到安全储存的效果。充填氮气、二氧化碳或其他惰性气体能加速这个过程,但不是必需的,并且实际操作较困难。

注:在粮堆内杀死昆虫取决于使用的二氧化碳(CO_2)的浓度。维持35%的CO_2的浓度超过10天,能取得99%的昆虫死亡率。

在实践中,经过数日至3周的储存,粮食的呼吸作用将使密闭容器中的氧含量降至2%左右,从而杀死原有的昆虫。如果每天通过泄漏进入容器的氧,少于粮食上面的自由空间加上颗粒间的空气体积的0.5%,任何第二代昆虫将不能存活,侵蚀将终止。如果泄露大于上述数值,昆虫可以生长并造成轻微危害。

在干燥粮食中,密闭储存可以理想地控制昆虫和螨类的生长,不需要杀虫剂。该技术尤其适用于温暖地区长期储存的储备粮,水分含量上限应为13.5%(湿基)。在密闭储存中粮食的品质变化很小,适合于储存各种用途的粮食,包括人类食用的。但是,如果把种用粮食储存在一个密闭容器中,时间不要超过一个耕作周期。

7.1.2 密闭储存防止霉菌生长

密闭储存能防止霉菌在潮湿的粮食中生产,很适合于温带地区。

密闭储存水分含量16%(湿基)以上的粮食时,酶活力可能发生变化,有些半厌氧微生物可能仍有活动。粮食发生了一定的变化，这些变化影响其制粉和烘焙性能，从而使其不适合于这些商业用途。

如果潮湿粮食被储存在一个人工调节的气密仓房中，粮食的理想水分含量应为18%～20%（湿基）。若超过这个值，就会出现粮食的结露和结块等问题。若水分含量超过25%（湿基），就需要一个特殊的卸货系统了。

如果气密不完善，有害微生物就会生长。尤其是不能将进入的氧含量降至最低点时，更是如此。

7.1.3 密闭储存的种类

7.1.3.1 地下储存

这种方式的优点是保持相对稳定的温度，避免水分转移。

选址应谨慎，地下水位应低于仓底，并使地表水和雨水不能进入仓内，仓顶和墙壁都应做防水处理，混凝土应覆盖有防水层。

7.1.3.2 地上建筑

地上筒仓也可以用来储存高水分粮食。筒仓可以是钢板制造，外层涂漆、电镀或搪瓷的。钢板通常用一种特殊的胶粘水泥连在一起。分散压力并最大限度地排空进入仓中的空气是非常必要的。出仓应以设计的速度进行，最大限度地减少粮食表面有毒微生物的生长繁殖。

一般气调立筒仓的容量在500 t以上，粮面的密闭层由金属网支撑罩子构成。罩子通常由异丁橡胶制成，也可以用足够厚的聚乙烯或其他类似材料的膜制成。

7.2 低温储存

7.2.1 总则

用通风系统使粮食温度足够低，从而使昆虫和霉菌不能生长。为避免白天的升温，仓房应有良好的隔热性能。

7.2.2 使用大气冷却通风

若将温度降至12℃以下，可以防止绝大多数昆虫的侵蚀。例如，在温带地区利用大气通风，按每立方米粮食，控制空气流速在1.66 L/s～5.0 L/s（0.1 m^3/min～0.3 m^3/min），总通风时间达50 h～200 h，持续几周就可满足需要。气温比粮温低5℃～7℃时通风最好。在温带地区，用大气通风冷却粮食处理5万吨散装储存粮食曾有过成功的实践。

当水分含量超过安全值时，冷却通风降低粮食温度，可抑制霉菌生长。若水分含量超过18%（湿基），根据温度情况，2个月～6个月之后因霉菌生长将出现霉味。

注：在这种情况下，连续大流量通风（风量大约是冷却通风的10倍）可以缓慢干燥。在夜间和雨天可以采用加热空气通风，将进入粮堆的空气增温4℃～5℃，这种技术对于粮堆不太高、储粮较少时比较经济。

7.2.3 用冷空气降温

应迅速将粮食温度降至符合要求，才能防止昆虫和霉菌的生长。粮食的温度取决于水分含量，对于水分含量15%（湿基）的粮食，要求的温度应不高于10℃，人工制冷空气通风能使粮食迅速冷却从而限制昆虫的发展，甚至可以杀死昆虫，尤其还能够很好地保持粮食的品质。但能量消耗比自然大气通风有显著增加。

8 运输时粮食的储存

8.1 短途运输

短途运输通常使用公路、铁路、小船或驳船，粮食可能直接装在车辆中或装在可运输的容器中，运输单元的粮食量相对较少。车辆和容器应清洁、干燥、无异味、无虫害，应防止任何形式的降水造成的潮湿。

如果粮食被留在车辆或容器中较长时间，昆虫的侵蚀将成为问题。如果超过安全水分，微生物的活动会很显著。

8.2 长途运输

长途运输通常是海运。一般来说,运输时间持续4周~6周,但可能因引擎故障等原因而延长。另外,航程结束之后,卸货可能因港口拥挤而推迟。在某些港口,推迟数周是普遍现象,甚至发生过推迟6个月的事例,这种推迟在温热地区的港口尤其危险。许多海运活动跨越不同的气候区,由于运输过程中的加热和冷却,船中粮食有发生水分转移的危险。

粮食和豆类可以散运或包装运输。目前粮食的船运主要是采用散运方式,豆类主要采用包装运输。许多包装货物和一些散装粮食被装在干燥的船舱内运输。

在一般情况下,一条船可以被看做一个仓房或一个筒仓,前面所述的储存原则同样适用。装船前的粮食应清洁、干燥、无害虫。使用的任何袋子(例如用于稳定粮食的袋子)也应是清洁、无害虫和螨类感染的。没有粮食虫害发生本身应可以检测,除非在运输中进行熏蒸。不同区域对可接受的虫害采用不同的标准,有规定的按规定执行;无规定的,每千克粮食两头活成虫是最高限(见GB/T 29402.3)。隐蔽性害虫的检验方法同样适用。

在装船时的温度条件下,粮食的水分含量应足够低,以防止在卸货之前微生物大量繁殖孳生。为保证这种状况,应考虑采用GB/T 29402.1中的推荐做法。对于粮食和豆类的短途运输,在水分含量稍高于最大允许值的情况下,也可以安全运达目的地。上述最大允许值,是对长期储存而言的。可接受的数量偏差取决于运输状况和每个船舱的装载量等。船运粮食的水分含量可以根据买方的规定或者根据商业合同条款确定。

8.3 船运的特殊问题

8.3.1 温度变化和水分转移

装船时,不仅要考虑保护粮食不受损坏,而且要考虑航行中船的安全,安全是首要的。如果改变装载量或装载方法可以避免某些特定情况下的危险,就应首先考虑安全。例如,一些港口坚持《国际海上生命安全公约》的规定,散装粮食要装至舱口栏板(这里同时也是进口),这是为了防止粮食在运输中移动。但是,这样做可能导致临近栏板的粮食受潮,而受潮是因水分转移和栏板内面水汽凝结。这是从一个气候区到另一个气候区航行中出现的特殊问题,外部温度的变化会导致水分转移。

装船规定严格来说是航海事项并且是复杂的。一些港口要求装船符合其规定,同时有些港口要求装船符合船只注册国的规定。一般来说,所有海事规定与《国际海上生命安全公约》或者相似或者完全相同。该公约是由国际海事组织(IMO)发布的。船运粮食通常在装船时检验,检验由港口所在地检验检疫部门或海上监督人员进行,以保证货物质量或保证装载完毕的船只适于航海。

8.3.2 运输途中熏蒸

警示:熏蒸必须由获得资格认证的公司进行,因为熏蒸气体对所有动物有剧毒。

不带有通风装置的散运或容器运输是最经常使用的运输方式。

通风系统的设计应同时作为出粮时使用和到达目的地之前清除粮食中的熏蒸气体使用。

为了使熏蒸成为可能,气体应被送到不同的部位,尤其是分层储存时。设计的坚硬管道应能经受住粮食的压力,这些管道可以被布置在粮堆的底部。这些管道带有抽出管,靠墙布置,连接到气体的抽出系统。船舱在途(海上)熏蒸应符合国际海事组织的规定。

参 考 文 献

[1]GB/T 24534.1—2009 谷物与豆类隐蔽性昆虫感染的测定 第1部分:总则
[2]GB/T 24534.2—2009 谷物与豆类隐蔽性昆虫感染的测定 第2部分:取样
[3]GB/T 24534.3—2009 谷物与豆类隐蔽性昆虫感染的测定 第3部分:基准方法
[4]GB/T 24534.4—2009 谷物与豆类隐蔽性昆虫感染的测定 第4部分:快速方法

本部分起草单位:国家粮食局标准质量中心、河南工业大学粮油食品学院。
本部分主要起草人:谢华民、吴存荣、唐怀建、张浩。

中华人民共和国国家标准

GB/T 29379—2012

马铃薯脱毒种薯贮藏、运输技术规程

Code of practice for virus free seed potatoes storage and transportation

1 范围

本标准规定了马铃薯收获后处理、包装、标识、运输、贮藏库(窖)的准备,贮藏量和堆码、贮藏管理等技术要求。

本标准适用于马铃薯脱毒种薯的贮藏及运输。

2 规范性引用文件

下列文件对于本文件的应用是必不可少的。凡是注日期的引用文件,仅往日期的版本适用于本文件。凡是不注日期的引用文件,其最新版本(包括所有的修改单)适用于本文件。

GB 18133 马铃薯脱毒种薯

GB 20464 农作物种子标签通则

3 术语和定义

下列术语和定义适用于本文件。

3.1

缺陷薯 defective tuber

有畸形、次生、串薯、龟裂、虫害、冻伤、草穿、黑心、空心、发芽、失水萎蔫、机械损伤等缺陷的马铃薯块茎。

4 收获后处理

4.1 种薯收获后应防止日晒、雨淋、冻害。

4.2 收获后在阴凉处摊放 5 d～10 d。

4.3 剔除病、烂、缺陷薯及混杂的块茎。

4.4 按照品种、级别、规格分别入库或运输。

5 包装、标识

5.1 用于销售的种薯,其包装应符合 GB 18133 的相关要求。

5.2 采用透气性良好的包装物,外运种薯一般使用麻袋、编织袋、网袋等;贮藏的种薯使用编织袋、网袋、木箱等,包装物应完好无损。

5.3 包装物应加注标签,标签应符合 GB 20464 的要求,注明品种、级别、重量、生产许可证号、种子经营许可证编号、产地、生产厂家和生产日期等。

中华人民共和国国家质量监督检验检疫总局
中国国家标准化管理委员会 2012-12-31 发布 2013-06-20 实施

5.4 标签选择韧性大、防雨防潮、不易涂改、不易损坏的材料制成。

6 运输

6.1 运输前需要经过检疫部门检验,出具检疫证书。

6.2 应轻装轻卸,严禁摔、抛袋及踩踏。

6.3 堆码高度不宜超过 1.7 m,合理摆放,保持通风。

6.4 运输期间应维持适宜的温度和相对湿度。温度宜在 2℃～18℃;相对湿度 80%～85%。

6.5 运输过程中应采取防雨、防晒、防热、防冻等措施。

6.6 为防止品种混杂,卸车后应及时清理车内散落薯。

7 贮藏库(窖)的准备

7.1 贮藏库(窖)应具备通风、调温、调湿等条件或设备。

7.2 贮藏库(窖)的库体应具有良好的保温效果,宜设双重库门或挂双层保温棉帘。

7.3 入库前贮藏库(窖)的墙壁、地面、设备应清除残留、清洁。

7.4 消毒并记录。地面、墙面、库(窖)顶和库(窖)门附近区域可用 45%百菌清烟剂、高锰酸钾与甲醛溶液混合(每立方米高锰酸钾 5 g 加入 40%甲醛 10 mL)密闭熏蒸 1 d～2 d,然后通风 1 d～2 d;或可用 1%的次氯酸钠溶液喷雾,密闭 1 d～2 d,然后通风 1 d～2 d,或用生石灰水喷洒;或可用 50%多菌灵可湿性粉剂 800 倍液喷雾消毒。

7.5 如果贮藏库有可移动的木箱、支架、通风管道、木要板等可拆卸和搬动的物品,宜放在室外干净的空地喷洒消毒剂,然后用阳光暴晒消毒。

8 贮藏量和堆码

8.1 按照不同的品种和级别分别贮藏。

8.2 存贮量以贮藏库总容积的 1/2 为宜,最多不超过 2/3。

8.3 贮藏高度因贮藏方式不同而异,一般高度不宜超过贮藏库(窖)高度的 2/3。散装种薯贮藏高度不宜超过 3 m,袋装种薯贮藏高度不宜超过 2.5 m。

8.4 堆码时根据贮藏量、品种休眠期适当调整垛、组、排的大小,垛、组、排之间留通风道及操作通道。

9 贮藏管理

9.1 入库初期管理

9.1.1 入库初期库房温度控制在 12℃～18℃,相对湿度控制在 80%～90%,持续 2 周～4 周,促进种薯愈伤。贮藏温度在 18℃时,种薯愈伤时间约需 14 d;贮藏温度在 15℃时,种薯愈伤时间约需 20 d;贮藏温度在 12℃时,种薯愈伤时间约需 30 d。贮藏温度高于 15℃,会有较高的晚疫病风险;贮藏温度高于 13.5℃,会有较高的湿腐病风险。

9.1.2 入库初期及时通风、降温、排湿。送风温度和送风相对湿度应满足 9.1.1 的要求,以利于种薯愈伤。

9.2 贮藏期管理

9.2.1 种薯愈伤阶段完成后,应将温度每 3 d 降低 1℃,逐渐降低至 4℃,然后保持在 2℃～4℃之间,直至出库前。

9.2.2 贮藏期相对湿度保持在 90%左右。

9.2.3 在种薯垛温度降低到 4℃前,应最大限度地对种薯垛进行通风。在种薯垛温度达到贮藏温度后，在保证温度不变的前提下可减少库房通风时间，但每天应不少于 2 h。

9.2.4 可配备二氧化碳检测仪器，当种薯垛内部二氧化碳含量超过 $2\,000\times10^{-6}$(2 000 ppm)时宜进行通风。

9.2.5 通风应保证种薯垛顶部和底部的温差在1℃～2℃以内，以免种薯库房顶部产生冷凝水使垛顶的种薯发芽或腐烂。

9.3 出库前管理

9.3.1 根据出库计划，提前进行库房升温，待种薯垛温度上升到7℃～10℃后开始出库。

9.3.2 相对湿度保持在80%左右

9.4 日常管理

9.4.1 各贮藏阶段保持适宜的温度和相对湿度，及时通风换气。

9.4.2 贮藏库(窖)要有专职技术人员管理，保持通风，对温度、湿度进行监控记录和调节。每日记录温、湿度、二氧化碳含量。经常监测种薯的发芽、软化和库内冷凝水发生情况。

9.4.3 应定期校验温控和测量设备并记录。

9.4.4 贮藏库(窖)应防虫、防鼠、防雨、防冻。

9.4.5 随时观察病害发生情况，及时剔除病、烂薯。及时采取措施控制病害并记录。马铃薯种薯贮藏期病害症状及防治方法参见附录A。

附 录 A
（资料性附录）
马铃薯种薯贮藏期病害症状及防治方法

表 A.1

名称	症状	病症图	防治方法
马铃薯环腐病	感病块茎维管束软化。纵切薯块维管束半环变黄至黄褐色，或仅在脐部稍有变色，薯皮发软，脐部皱缩凹陷，重者可达一圈；用手挤压可看到维管束有乳白色或黄色菌液体流出。表皮维管束部分与薯肉分离，薯皮有红褐色网纹	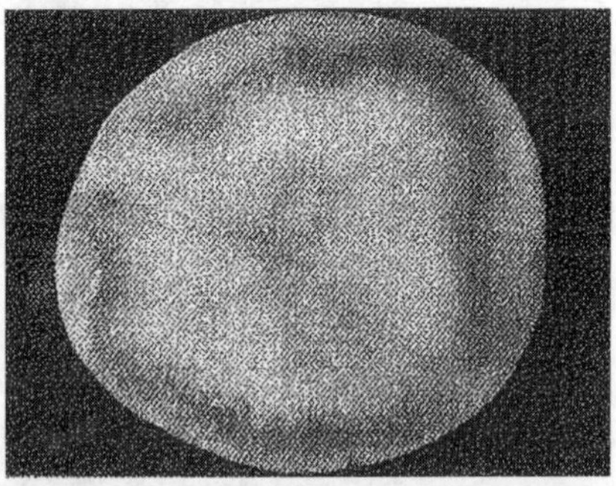	严格剔除病薯、烂薯
马铃薯黑胫病	感病块茎脐部黄色，凹陷，扩展到髓部形成黑色孔洞，严重时块茎内部腐烂。纵切薯块，黑褐色，呈放射性向髓部扩展；横切薯块维管束变为黄褐色。挤压皮肉不分离		贮藏前防止创伤，剔除病薯
马铃薯软腐病	薯块软化，薯肉呈灰白色，腐烂，有恶臭味	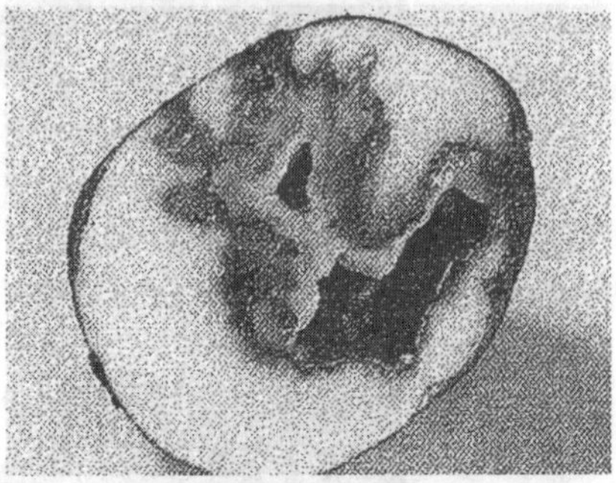 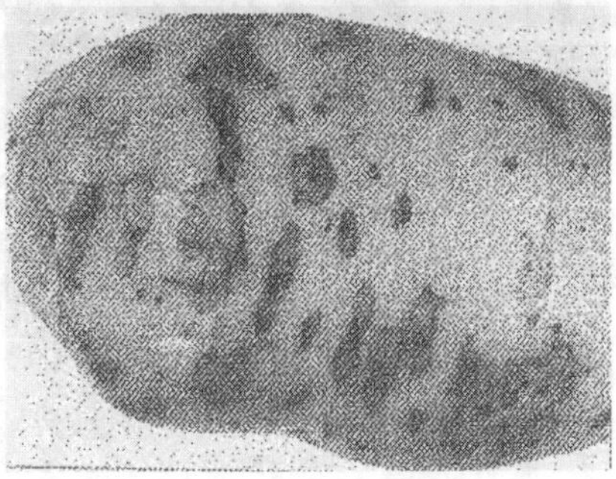	贮藏前防止创伤，剔除伤病薯。 贮藏中早期温度控制在13℃～15℃，经2周促进伤口愈合后，在5℃～10℃通风条件下贮藏。 成熟后小心收获，避免在阳光下暴晒。块茎在贮藏和运输前应风干

表 A.1（续）

名称	症状	病症图	防治方法
马铃薯晚疫病	块茎表皮褐色不规则病斑，稍凹陷，病健薯肉界限不明显，病斑薯肉呈现深度不同的褐色坏死	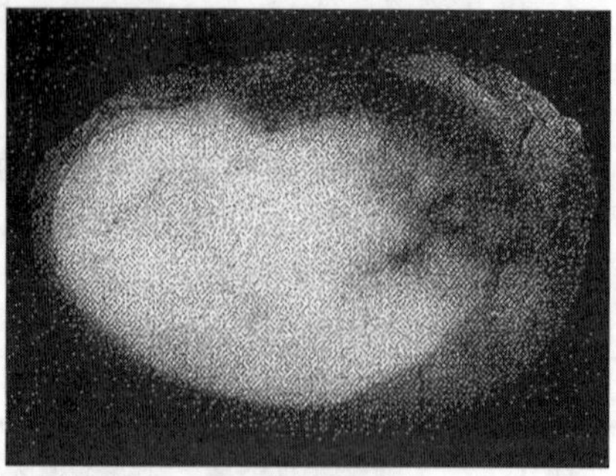	入窖、冬藏查窖、出窖等过程严格剔除病薯，伤薯。 保持通风，降低湿度
马铃薯干腐病	薯块表面变褐、凹陷、皱缩呈干瘪状。切开病薯，组织变褐、崩解，常常具白色、粉色和黄色的真菌霉层	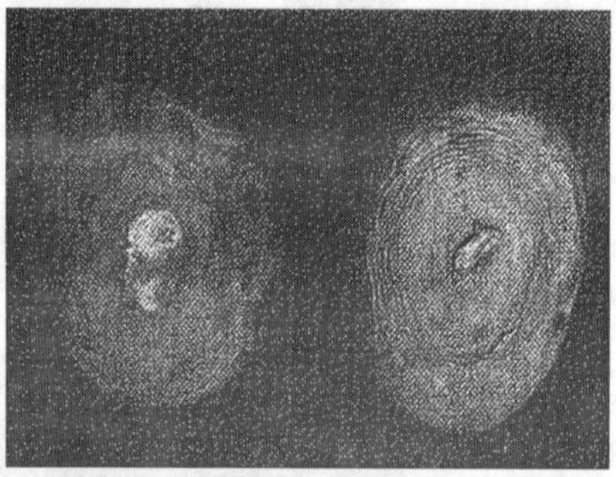 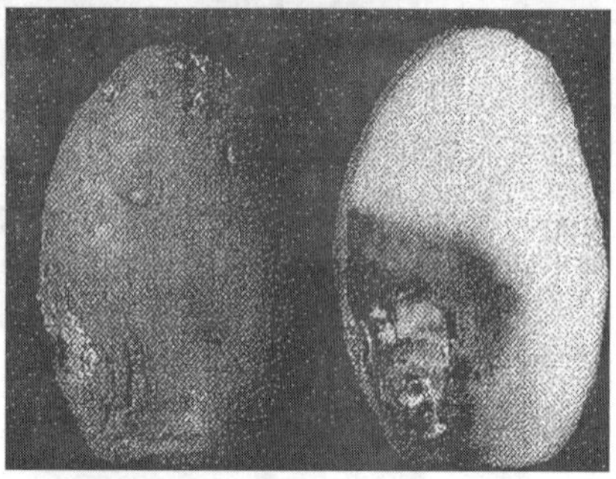	贮藏前清洁窖体，熏蒸消毒。 严格选薯，入窖时应尽量避免机械损伤。贮藏容量不宜过大，一般占窖内容积的 1/2 至 2/3 为宜。 控制窖温。贮藏早期适当提高窖温，加强通风，促进伤口愈合，以后窖温控制在 1℃～4℃，发现烂薯及时剔除。 烟雾熏剂熏蒸。在贮藏期间，用 45%百菌清、10%速克灵等烟雾剂熏蒸贮藏窖
马铃薯湿腐病	在伤口周围或块茎末端附近出现水浸状灰色至褐色病斑。当病害扩展时，块茎肿大，薯肉组织呈黑色水孔状，用手挤压皮层开裂，并溢出大量液体，症状与软腐病大致相似，但颜色较深无臭味	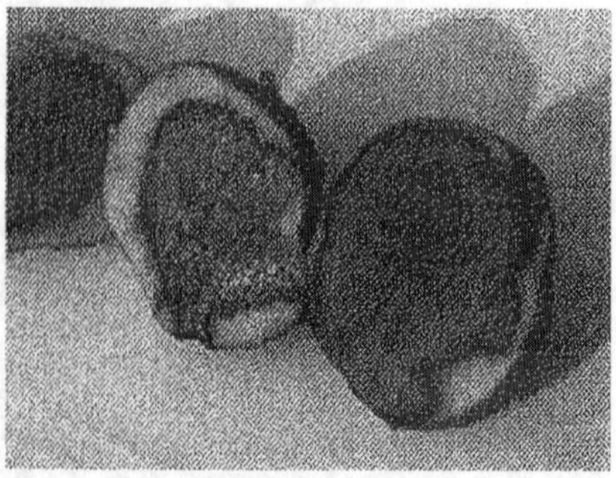	贮藏前防止创伤，剔除伤、病薯。 贮藏期间注意排气降温

表 A.1 （续）

名称	症状	病症图	防治方法
马铃薯皮斑病	块茎表面先产生褐色小点，扩大后形成褐色圆形或不规则形大斑块。因产生大量木栓化细胞致表面粗糙，后期中央稍凹陷或凸起呈疮痂状硬斑块，病斑仅限于皮部，不深入薯内，别于粉痂病		保持通风，降低湿度
马铃薯银腐病	薯皮上出现银色坏死斑，使表皮部分或全部褪色，严重时皱缩，病斑覆盖块茎表面大部分面积。 将薯块洗净，薯块上可观察到一块块的银色光辉		贮藏期剔除伤、病薯。 贮藏期间保持低温、通风、干燥的条件

本标准起草单位：中国标准化研究院、内蒙古大学内蒙古马铃薯工程技术研究中心、定西马铃薯研究所、蓝威斯顿（上海）商贸有限公司、甘肃爱兰马铃薯种业有限责任公司、中国农业机械化科学研究院、中国科学院兰州化学物理研究所、中国农业科学院农业资源与农业区划研究所。

本标准主要起草人：杨丽、张若芳、孙清华、吴蕾、杜密茹、王义、宋荣庆、巩秀峰、李进福、乔勇军、周爱兰、杨炳南、杨延辰、刘刚、罗其友。

中华人民共和国国家标准

GB/T 17240—1998
neq ISO 4187:1986

辣根贮藏技术

Horseradish cold storage technique

1 范围

本标准规定了辣根贮藏的采收和质量要求、贮藏准备、入库与堆码、贮藏条件、贮期管理和贮藏期等技术要求。

本标准适用于辣根的自然冷却贮藏及机械冷却贮藏。

2 引用标准

下列标准所包含的条文,通过在本标准中引用而构成为本标准的条文。本标准出版时,所示版本均为有效。所有标准都会被修订,使用本标准的各方应探讨使用下列标准最新版本的可能性。

GB/T 9829—88 水果和蔬菜 冷库中物理条件 定义和测量

3 采收和质量要求

3.1 采收

辣根应在冬眠期掘出或在晚秋辣根长成(根皮褐黄色)后掘出,但在北方严寒地区应在下霜后、土地结冻前收获。

3.2 质量要求

贮藏所用辣根应选新鲜、无泥土、无病虫害、无腐烂和无严重机械伤的主根及末端直径超过2 cm的侧根。

4 贮藏准备

4.1 灭菌

贮藏使用的冷库按10～15 g/m^{3}的用量燃烧硫磺熏蒸,同时将各种器材、备品等一并放在库内,密闭24～48 h,然后通风排除残药及异味。

4.2 预冷

冷藏库预先冷却至−2～0℃,以便产品入库后迅速冷却。

4.3 挑选

辣根在掘出后立即按3.2进行挑选,按质分级,在1～2天内入库。

5 入库与堆码

5.1 入库时间

在早晚温度较低时入库。

5.2 入库要求

国家技术监督局 1998-03-02 发布　　　　1998-10-01 实施

入库时应分期分批，入库量每次不要超过库容量的 1/4～1/3，等库温稳定后再入第二批。

5.3 堆码方式

5.3.1 自然冷却贮藏

可选用散堆或筐(箱)堆。

5.3.2 机械冷却贮藏

可选用筐(箱)堆或采用架藏。

5.3.3 堆码要求

5.3.3.1 散堆

用木板条或木格子做底基，辣根码成长垛，长度视库房而定，堆的底宽 1～1.2 m. 高为 0.5～1.0 m，堆间保持 0.5～1.0 m 的距离，便于通风和管理。

5.3.3.2 筐(箱)堆

筐(箱)四周及底部应有缝或孔以便通风。堆码的形式以有利于空气流通，保持库内温湿度均衡及管理方便为宜，堆积不要过于紧密。

筐(箱)尺寸以存放 20～25 kg 辣根为宜，内衬带孔塑料薄膜(厚度 0.1～0.2 mm)，塑料薄膜放在箱里应合适，多余的薄膜折在辣根上。如果不衬塑料薄膜，码垛后应覆盖。

5.3.4 堆的覆盖

为保持贮藏堆(架)的温度及减少水分散失，辣根贮藏应有覆盖物，可采用塑料薄膜(厚度 0.1～0.2 mm)作覆盖物。

用塑料薄膜覆盖在堆的上方，四周与堆底间应留有 5 cm 的空隙，以便通风。

6 贮藏条件

6.1 库房

辣根贮藏库房要专用，入贮过程应在 3～5 天内迅速地装满。

6.2 温度

最适贮藏温度在－2～0℃，温度不得高于 0℃。检测方法按 GB/T 9829 中有关规定执行。

6.3 相对湿度

最适宜空气相对湿度为 90%～95%。检测方法按 GB/T 9829 中有关规定执行。

7 贮期管理

7.1 通风换气

7.1.1 自然冷却贮藏通风换气

当堆内温度过高时，可利用晚间或清晨外界气温较低时，打开换气窗或揭开塑料薄膜通风换气，当堆内温度过低时，可在中午外界气温较高时通风换气，以提高温度。

通风换气时，换气量一次不要过大，换气时间一般为 2～3 h，应注意保持稳定的贮藏温度和相对湿度。

7.1.2 机械冷却贮藏通风换气

在保持稳定的贮藏温度和相对湿度的条件下，开动通风装置更换新鲜空气，每周 2～3 次，通风时间一般为 2～3 h。

7.2 温度控制

贮藏期间，应勤查并记录温度，对于自然冷却贮藏库堆的湿度，每周应检查 2～3 次。

7.3 出库前处理

堆藏和没有衬塑料薄膜容器中的辣根，若有明显失水，在上市前应一层一层地放在湿沙中 2～3 周（时间取决于贮藏期间水分散失的情况），此项处理使辣根恢复原有的新鲜度和辛辣味。

8 贮藏期

在上述温度和湿度条件下，辣根机械冷却贮藏贮期可达 8～10 个月；自然冷却贮藏贮期达 5～6 个月。

本标准起草单位：辽宁省蔬菜公司。
本标准主要起草人：吴继春、周永红、孙保亚。

第 8 部分

产地环境标准

中华人民共和国国家标准

GB 5040—2003

柑橘苗木产地检疫规程

Plant quarantine rules for citrus nursery stocks in producing areas

1 范围

本标准规定了柑橘苗木产地的检疫性有害生物种类、苗木培育、现场检验、室内检验、检验结果报告、疫情处理及签证等。

本标准适用于实施柑橘产地检疫的植物检疫机构和所有柑橘种苗繁育单位(个人)。

2 术语和定义

下列术语和定义适用于本标准。

2.1

产地

因植物检疫的目的而单独管理的生产点。

2.2

产地检疫

植物检疫机构在原产地生产过程中的全部检疫工作,包括田间调查、室内检验、签发证书及监督生产单位做好选地、选种和疫情处理工作。

2.3

有害生物

任何对植物或植物产品有害的植物、动物或病原物的种、株(品)系或生物型。

2.4

检疫性有害生物

对受其威胁的地区具有潜在经济重要性、但尚未在该地区发生,或虽已发生但分布不广并进行官方防治的有害生物。

3 检疫性有害生物

柑橘黄龙病菌 *Liberobacter asianticum* (Citrus Huanglongbing)

柑橘溃疡病菌 *Xanthomonas campestris* pv. *citri* (Hasse) Dye

柑橘大实蝇 *Bactrocera* (*Tetradacus*) *minax* Enderlein

蜜柑大实蝇 *Bactrocera* (*Tetradacus*) *tsuneonis* (Miyake)

柑橘小实蝇 *Bactrocera dorsalis*(Hendel)

4 无检疫性有害生物苗木的培育

4.1 检疫申报

中华人民共和国国家质量监督检验检疫总局 2003-06-02 发布　　2003-11-01 实施

柑橘苗木的繁育单位或个人，必须填交产地检疫申报表(见表1)，经当地植物检疫机构审核同意后方可进行繁育。

表1 产地检疫申报表

申报号：

作物名称：

申报单位(农户)： 联系人： 联系电话： 地址：

种植地点	种植地块编号	种植面积/667 m²(亩)	品种	种苗来源	预计播期	预计种苗数量/kg(株)	隔离条件
合计							
植物检疫机构审核意见： 审核人： 植物检疫专用章 年 月 日							
注1：本表一式二联，第一联由审核机关留存，第二联交申报单位。 注2：本表仅供当季使用。							

4.2 苗圃地的选定

4.2.1 选在无检疫性有害生物地区。

4.2.2 在柑橘黄龙病发生区，苗圃地要符合下列条件之一：

a) 在平原地区，周围3 km以上无柑橘类植物；

b) 在山区、大河、湖泊等有自然屏障的地区，周围1.5 km以上无柑橘类植物；

c) 在具有防虫网的室内封闭式育苗，防虫网进出口具有缓冲隔离间。

4.2.3 在柑橘溃疡病发生区，苗圃地周围1 km以内无柑橘类植物。

4.3 繁殖材料的采集和消毒

消毒技术见附录A。

4.4 苗圃母本园的建立

消毒技术见附录B。

4.5 苗圃防疫措施

4.5.1 禁止携带未经消毒的柑橘种子、苗木和果实进入苗圃。

4.5.2 苗圃内使用的工具要新置专用，使用后要用10%漂白粉水溶液或1%次氯酸钠溶液消毒，用清水冲洗后晾干备用。

4.5.3 严格防除柑橘木虱。

4.5.4 凡外出到别的苗圃或柑橘园归返人员进入苗圃前，要换穿备用工作服、鞋帽。

5 现场检验

5.1 由植物检疫人员在苗木夏梢转绿后、秋梢转绿后和出圃前进行产地检查。对苗圃周围柑橘园的蛆果和苗圃内挖到的虫蛹要仔细检查，必要时应待虫蛹羽化后再进行室内鉴定。

5.2 在全面目测检查的基础上，用随机取样法检查(取样10个以上)。苗木在1万株以下查全部，1万株至10万株查30%，10万株以上查15%。

5.3　记录检查结果，详细填写产地检疫田间调查记录表（见表 2）。

表 2　柑橘苗木产地检疫田间调查记录表

<table>
<tr><td>调查日期</td><td colspan="2"></td><td colspan="2">接穗来源</td><td></td></tr>
<tr><td>育苗单位</td><td colspan="2"></td><td colspan="2">繁育地点</td><td></td></tr>
<tr><td>砧木品种</td><td colspan="2"></td><td colspan="2">接穗品种</td><td></td></tr>
<tr><td>育苗时间</td><td colspan="2"></td><td colspan="2">苗木数量</td><td></td></tr>
<tr><td>消毒方法</td><td colspan="5"></td></tr>
<tr><td>隔离条件</td><td colspan="5"></td></tr>
<tr><td rowspan="2">调查株数</td><td rowspan="2"></td><td rowspan="2" colspan="2">可疑株数</td><td>黄龙病</td><td></td></tr>
<tr><td>溃疡病</td><td></td></tr>
<tr><td>田间调查情况（检疫性有害生物发生情况）</td><td colspan="5"></td></tr>
<tr><td>调查人</td><td colspan="5"></td></tr>
</table>

5.4　柑橘苗木调运时，100 株以下全部检查；10 000 株以下抽样检查 6%～10%；10 000 株以上抽样检查 3%～5%。

6　室内检验

6.1　发现有检疫性有害生物的可疑样本，现场又难以确切诊断的，应将被害苗木、病残体或害虫标样及时送回实验（检验）室确诊鉴定。

6.2　柑橘检疫性有害生物识别鉴定见附录 C。

7　检验结果

由植物检疫实验（检验）室对送检样品进行检验后，应出具《检疫检验报告单》（见表 3）。

表 3　检疫检验报告单

<table>
<tr><td>对应申报号</td><td></td><td>样本编号</td><td></td><td>取样日期</td><td></td></tr>
<tr><td>植物名称</td><td></td><td>品种名称</td><td></td><td>取样部位</td><td></td></tr>
<tr><td>检验方法</td><td colspan="5"></td></tr>
<tr><td>检验结果</td><td colspan="5"></td></tr>
<tr><td>备　注</td><td colspan="5"></td></tr>
<tr><td colspan="6">检验人（签名）

审核人（签名）　　　　　　　　　　单位盖章
年　月　日</td></tr>
</table>

8 疫情处理

8.1 发现检疫性有害生物，由植物检疫机构签发《植物检疫处理通知书》(表4)，通知管理人进行处理，并派人监督执行。

表4 植物检疫处理通知书

检(　)字第　　号

<table>
<tr><td>单位</td><td colspan="3"></td></tr>
<tr><td>联系人</td><td></td><td>联系电话</td><td></td></tr>
<tr><td>植物名称</td><td></td><td>种植地点</td><td></td></tr>
<tr><td>种植面积</td><td></td><td>种苗数量</td><td>kg(株)</td></tr>
<tr><td colspan="4">检验结果</td></tr>
<tr><td colspan="4">处理意见</td></tr>
<tr><td colspan="4">检疫员(签字)：　　　站长(签字)：　　　植物检疫站(盖章)

年　月　日</td></tr>
<tr><td colspan="4">注：第一联交申报单位(人)，第二联留植物检疫机关。</td></tr>
</table>

8.2 发现柑橘黄龙病病株，应立即挖除烧毁，并喷药防治苗圃及其周围的柑橘木虱。

8.3 发现柑橘溃疡病病株，应立即挖除烧毁，对周围苗圃连续2～3年在春梢、秋梢萌发期监测，并选用可杀得、叶青双等杀菌剂喷药保护。

8.4 严格禁止柑橘大实蝇、蜜柑大实蝇、柑橘小实蝇发生区内的苗木外运。

9 签证

经田间产地检疫和必要的室内检验，未发现柑橘黄龙病、柑橘溃疡病、柑橘大实蝇、蜜柑大实蝇、柑橘小实蝇的苗木、枝条可签发《产地检疫合格证》(见表5)，此证只证明该批苗木接穗不带本规程规定的检疫性有害生物，调运时，需要根据调入地检疫要求确定是否进一步检疫或直接签发检疫证书。

表 5　产地检疫合格证

有效期至　　年　　月　　日

检疫日期　　年　　月　　日　　　　　　　　　　　　　　　　　　　　　　　　　　(　)检(　)字第　号

作物名称		品种名称	
种植面积		田块数目	
种苗数量	kg(株)	种苗来源	
种植单位		负责人	
检疫结果	签发机关(盖章)　　　　检疫员		

注 1:本证第一联交生产单位凭证换取植物检疫证书,第二联留存检疫机关备查。

注 2:本证不作《植物检疫证书》使用。

附　录　A
（规范性附录）
繁殖材料的采集和消毒技术

A.1　种子消毒

A.1.1　器材

超级恒温器，1台；水桶，1个；保温茶桶，1个；煮水锅，1个；种子铁网笼（或纱网袋），1个；标准温度计，1支；普通温度计，1支。

A.1.2　消毒步骤

A.1.2.1　在恒温器内注入55℃～56℃热水，并使之自动控制在55℃±0.3℃之内，若用保温茶桶注入水温略高一点的热水，使桶内水温达到55℃～57℃（不高于57℃）；

A.1.2.2　柑橘种子用铁网或纱网袋装好，置于50℃～52℃热水中预浸5 min～6 min；

A.1.2.3　取出立即投入恒温器或保温茶桶内，投入种子后注意并记录水温变化，使水温保持在55℃±0.3℃之内处理50 min；

A.1.2.4　处理完毕取出立即摊开冷却，稍晾干，即可播种或贮藏。

A.1.3　其他

凡接触已消毒种子的人员，必须先用肥皂洗手，盛种子器皿不带柑橘溃疡病菌。

A.2　接穗采集和消毒

A.2.1　采集

接穗采自无病区、病区内隔离健康老树和6年生以上无病果园中的健康植株。

A.2.2　消毒

A.2.2.1　器材

水桶，1个；水盘，1个；消毒用塑料盘（或桶）4个；方盘2个；放大镜3个；500 mL量筒（或量杯）1个；四环素若干；链霉素若干；酒精适量；草纸适量。

A.2.2.2　消毒步骤

A.2.2.2.1　用放大镜逐条检查接穗，淘汰带病虫芽条；

A.2.2.2.2　配1 000单位/mL盐酸四环素液备用；

A.2.2.2.3　把接穗置于四环素液中浸2h，浸渍过程中需经常捣动接穗，驱除接穗切口、叶痕和芽眼上的气泡，浸渍后用清水冲洗，然后取出转入A.2.2.2.4；

A.2.2.2.4　在700单位/mL硫酸链霉素和1%乙醇的混合液中浸30 min，取出静置20 min～30 min，清水冲洗，摊开，晾干表面水分，用清洁草纸包装保湿贮藏或嫁接。

A.2.3　其他

凡需接触消毒后接穗的人员，必须先用肥皂水洗手，包装材料不带柑橘溃疡病菌。

附 录 B
（规范性附录）
母本园接穗消毒技术

B.1 器材

恒温接穗消毒箱或超级恒温器，1台；水桶，1个；链霉素，200万单位；量筒（500 mL），1个；标准温度计，1只；普通温度计，1只；清洁草纸；纱布；放大镜，3个。

B.2 消毒步骤

B.2.1 用放大镜仔细检查接穗，除去带病斑的芽条。

B.2.2 消毒箱加温（水浴加温），使箱内湿热空气达49℃，并保持49℃±0.3℃。

B.2.3 把接穗倒置放入消毒箱内，迅速加盖，待温度回升至49℃时，开始计算处理时间，保持49℃±0.3℃，并维持50 min。

B.2.4 处理完毕，把接穗立即取出，转入38℃～40℃含1%乙醇的700单位/mL链霉素溶液中（即每100 mL链霉素加入1 mL乙醇），浸30 min。

B.2.5 取出后在洁净的器皿上放置20 min～30 min，冲洗，表面水分晾干后用纱布保存待用。

附　录　C
（规范性附录）
柑橘检疫性有害生物识别鉴定

C.1　柑橘溃疡病

C.1.1　症状检查

C.1.1.1　叶片症状：病斑初时针头大、黄白色、油渍状，扩大后叶片病斑两面隆起，中心破裂，呈海绵状，灰白色，后来病部木栓化，表面粗糙，呈灰褐色火山口状开裂。病斑多近圆形，坏死区外可见圈，周围有黄色晕环，老叶上病斑的黄色晕环有时不明显。

C.1.1.2　枝条症状：病斑近圆形，灰褐色表面粗糙、突起、无黄色晕环，几个病斑常连成不规则的斑块。干燥情况下，溃疡病斑海绵状、木栓化，隆起、表面破裂；表面完整，边缘油渍状。抗性品种在病健交界处形成愈伤组织层，通过用刀切去外部软木塞状物质而留下粗糙表面，可以确认为溃疡病。

C.1.2　病理解剖

选取新鲜幼小病斑，从病健交界处徒手切成薄片，滴一滴蒸馏水进行镜检，若有呈雾状菌浓溢出，见到组织细胞溃烂，形成空腔，病健部组织之间无离层，可确定为溃疡病。

C.1.3　分离

C.1.3.1　取小块病组织用无菌水冲洗后放入0.5 mL～2.0 mL无菌水，用灭菌玻棒研碎，在室温下浸泡15 min～20 min，将抽提液在营养琼脂培养基上画线分离。在看不到症状的情况下，用无菌水洗涤叶片(10片以上)，离心浓缩后做适当稀释，在28℃人工培养基上(20个培养皿以上画线)培养，挑取单菌落。

C.1.3.2　适宜的分离培养基为BPG(牛肉浸膏3.0 g，蛋白胨5.0 g，葡萄糖2.5 g，琼脂16.0 g)。

C.1.3.3　柑橘溃疡病菌培养基上，菌落圆形，黄色，有光泽，全缘，稍隆起，黏稠。菌体短杆状，常连成链状，大小为(0.5～0.7) μm×(1.5～2.0) μm，两端圆，极生单鞭毛，能运动，有荚膜，无芽孢，革兰氏染色阴性。

C.1.4　离体叶片富集

采集温室中生长的感病品种柑橘苗的幼顶叶，用自来水冲洗10 min，1%次氯酸钠溶液表面消毒1 min～4 min，在无菌条件下用灭菌蒸馏水彻底冲洗，然后针刺叶片背面造成伤口，背面朝上放于盛有1%水洋菜的培养皿中，每个伤口(5个～10个针眼)加10 μL～20 μL病斑水抽提液，在25℃～30℃有光条件下培养5天～7天后，观察针刺伤口的反应，通常一周内形成典型的组织进裂症状。如果需要做菌原分离，方法同上。

C.1.5　血清学检验

C.1.5.1　抗血清制备：由经检疫机构确认的单位统一提供标准抗血清。

C.1.5.2　酶联检测(ELISA)：由经检疫机构确认的单位提供诊断试剂盒，按统一方法检测。

C.1.5.3　免疫荧光测定(IF)：由经检疫机构确认的单位提供诊断试剂盒，按统一方法检测。

C.1.6　致病性鉴定

用分离培养得到的可疑菌或血清学鉴定阳性菌株，接种感病柑橘的苗木，最终鉴定柑橘溃疡病。

C.2 柑橘黄龙病

C.2.1 主要诊断依据是田间出现的“叶片斑驳型黄化”和“黄梢”。叶片斑驳型黄化即叶片转绿后从主、侧脉附近和叶片基部开始黄化，黄化部分扩展形成黄绿相间分布不均的斑驳，后来可以全叶黄化。黄梢即在发病初期，绿色树冠上少部分新梢枝叶片黄化。

C.2.2 田间症状难以确诊的，可采集样本送检疫实验（检验）室，运用 PCR 技术进行检测。

C.3 柑橘大实蝇

C.3.1 用肉眼或低倍放大镜检查柑橘苗圃周围橘园果实外部有无产卵孔、幼虫脱果孔。

C.3.1.1 产卵孔：因品种不同，表现症状各不相同。

甜橙；产卵孔多在果腰或腰脐之间，其周围果皮呈乳状凸起，凸起部分果皮油胞细密，光滑，手触顶手；中央内缩下陷呈黑色小孔，四周有木栓化白色放射状裂纹；被害果产卵孔附近有未熟先黄，黄中带红的现象。

红橘：产卵孔多在脐部，但也有在果腰的。产卵孔周围果皮不凹陷，微凸，呈一小黑点，手触微有顶手感，有未熟先黄现象。

柠檬：产卵孔多在果腰部，其周围果皮微凸，有一个小黑点，手触微顶手感。果实未见未熟先黄现象。

柚子：产卵孔多在蒂部，其周围果皮向内呈圆形或长椭圆形凹陷，中央内缩呈暗色深孔，个别有木栓化灰白色小裂纹。未熟先黄现象不明显。

注意与椿象为害及机械刺伤的区别。椿象危害及机械刺伤刺点不突出，也不凹陷，横剖白皮层无晕圈，瓤瓣完整。

C.3.1.2 脱果孔：孔内大外小，深达瓤瓣，外缘整齐光滑（注意与吸果夜蛾成虫刺孔的区别：吸果夜蛾刺孔内外大小一致，边缘多数整齐，有时有汁液溢出。与卷叶蛾幼虫蛀孔的区别：卷叶蛾幼虫蛀孔外大内小，一般只达白皮层，边缘呈啃齿状，有时有白色丝状物）。

C.3.2 幼虫：体长 15 mm～17 mm，圆锥形，前小后大，乳白色，光亮。前气门扇形，前缘中间下凹，有 30 个左右的指突（注意与蜜柑大实蝇幼虫的区别。蜜柑大实蝇幼虫前气门“T”字形，两边略弯曲，有 33 个～35 个指突，与小实蝇的区别在于小实蝇的幼虫前气门呈环柱形，有 10 个～13 个指突），后气门肾脏形，气门板上有 3 个长椭圆形裂口，外侧有 4 丛细毛群（外露气管丛），内侧中间 1 个扣状突（蜜柑大实蝇有 5 丛细毛群；柑橘小实蝇后气门新月形，外侧 4 丛细毛群特多，内侧扣状突较大而明显）。

C.3.3 成虫：体长 12 mm～13 mm（不包括产卵器），翅展 20 mm～24 mm。黄褐色。胸部背面具鲜黄色和黑褐色条纹，常在正中构成“人”字形纹。胸部具有肩板侧鬃 1 对，背侧鬃前后各 1 对，后翅上鬃 2 对，小盾鬃 1 对。腹部卵圆形，背面中央有一黑色纵纹与第 3 腹节前缘黑色横纹交叉成“＋”字形纹。雌虫背面可见 5 节，产卵器 3 节，基节膨大，与腹部等长，后 2 节狭小，但长于腹部第 5 节（蜜柑大实蝇产卵器基节长度为腹部之半，后 2 节短于腹部第 5 节）。雄虫背面可见 6 节，末节短小。

C.3.4 蛹：蛹长 8 mm～10 mm，圆筒形，黄褐色，幼虫前后气门遗痕依然存在。

C.4 蜜柑大实蝇

C.4.1 成虫：长 10 mm～12 mm，与柑橘大实蝇极相似，不同之处在于具前翅上鬃 1 对～2 对，肩板鬃常 2 对，中对较粗、发达、黑色。产卵器基节长仅为腹长之半，其后方狭小部分短于第 5 腹节。

C.4.2 幼虫：前气门宽阔，呈“T”字形，外缘较平直，微曲，有指突 33 个～35 个，后气门裂口周围有细毛群 5 丛（2、3 龄幼虫）。

C.4.3 蛹：蛹体长 8.0 mm～9.8 mm，宽 3.8 mm～4.5 mm，椭圆形，黄褐色至淡黄色。

C.5 柑橘小实蝇

C.5.1 成虫:长 7 mm～8 mm,带深黑色,胸背具小盾前鬃 1 对。腹部较粗短,背面中央黑色纵纹仅限于第 3 节～第 5 节上。产卵器较短小。

C.5.2 幼虫:前气门较窄小,略呈环柱形,前缘有指突 10 个～13 个,排列成行。后气门新月形,具 3 个长形裂口,其外侧有 4 丛细毛,每丛细毛特多。

C.5.3 蛹:蛹椭圆形,长 5 mm,宽 2.5 mm,淡黄色,前端有前气门残留的突起,后端后气门处稍收缩。

本标准参加起草单位:农业部柑橘苗木检测中心、四川省植物检疫站、湖北省植物检疫站、浙江省植物检疫站、四川省资中县植保植检站。

本标准主要起草人:赵守歧、雷慧德、刘元明、林云彪、赵兰鸰、张碧兰。

中华人民共和国国家标准

GB 7331—2003

马铃薯种薯产地检疫规程

Plant quarantine rules for potato seed tubers producing areas

1 范围

本标准规定了马铃薯种薯产地的检疫性有害生物和限定非检疫性有害生物种类、健康种薯生产、检验、检疫、签证等。

本标准适用于实施马铃薯种薯产地检疫的检疫机构和所有繁育、生产马铃薯种薯的各种单位(农户)。

2 术语和定义

下列术语和定义适用于本标准。

2.1

产地

因植物检疫的目的而单独管理的生产点。

2.2

产地检疫

植物检疫机构对植物及其产品(含种苗及其他繁殖材料,下同)在原产地生产过程中的全部工作,包括田间调查、室内检验、签发证书及监督生产单位做好选地、选种和疫情处理工作。

2.3

有害生物

任何对植物或植物产品有害的植物、动物或病原物的种、株(品)系或生物型。

2.4

限定有害生物

一种检疫性有害生物或限定非检疫性有害生物。

2.5

检疫性有害生物

对受其威胁的地区具有潜在经济重要性、但尚未在该地区发生,或虽已发生但分布不广并进行官方防治的有害生物。

2.6

限定非检疫性有害生物

一种非检疫性有害生物,但它在供种植的植物中存在,危及这些植物的预期用途而产生无法接受的经济影响,因而在输入方境内受到限制。

中华人民共和国国家质量监督检验检疫总局 2003-06-02 发布　　　　2003-11-01 实施

2.7

马铃薯健康种薯

按照本规程所列方法进行检查和检验，未发现检疫性有害生物，限定非检疫性有害生物发生率符合本规程所定标准的种薯及种苗。

2.8

脱毒种薯

应用茎尖组织培养技术繁育马铃薯脱毒苗，经逐代繁育增加种薯数量的种薯生产体系生产出来用于商品薯的合格种薯。

3 检疫性有害生物及限定非检疫性有害生物

3.1 检疫性有害生物：

马铃薯癌肿病 *Synchytrium endobioticum*(Schilb) Per.

马铃薯甲虫 *Leptinotarsa decemlineata*(Say)

3.2 限定非检疫性有害生物：

马铃薯青枯病菌 *Pseudomonas solanacearum*

马铃薯黑胫病菌 *Erwinia carotovors*

马铃薯环腐病菌 *Clavibacter michiganensis*

3.3 各省补充的其他检疫性有害生物。

4 健康种薯生产

4.1 种薯种植地的选择

4.1.1 种薯地应选在无检疫性有害生物发生的地区，或非疫生产点。

4.1.2 繁育者于播种前一月内向所在地植物检疫机构申报并填写“产地检疫申报表”(见表1)。

表1 产地检疫申报表

申报号：

作物名称：

申报单位(农户)：　　联系人：　　联系电话：　　地址：

种植地点	种植地块编号	种植面积/667 m^2(亩)	品种	种苗来源	预计播期	预计总产量/kg	隔离条件
合计							
植物检疫机构审核意见： 审核人：　　植物检疫专用章 年　月　日							
注1：本表一式二联，第一联由审核机关留存，第二联交申报单位。 **注2**：本表仅供当季使用。							

4.2 种薯的生产

4.2.1 以脱毒种薯或以三圃提纯复壮后的优良种薯生产合格的种薯，均需附有产地检疫合格证(见表2)。

表2 产地检疫合格证

有效期至　　年　月　日

检疫日期　　年　月　日　　　　( )检( )字第　号

作物名称		品种名称	
种植面积		田块数目	
种苗产量	kg(株)	种苗来源	
种植单位		负责人	
检疫结果	经田间调查和实验室检验，未发现规程规定的限定有害生物，符合马铃薯健康种薯标准，准予作种用。 签发机关(盖章)　　检疫员		
注1:本证第一联交生产单位凭证换取植物检疫证书，第二联留存检疫机关备查。 注2:本证不作《植物检疫证书》使用。			

4.2.2 播种前将种薯在室温下催芽3周左右，以汰除暴露出来的病薯。

4.2.3 若切块播种，必须进行切刀消毒，方法见附录A。

4.3 防疫措施

4.3.1 马铃薯癌肿病发生区

应在与其他作物轮作的地块，采用脱毒薯作种薯或以抗病品种为主，高畦种植，并彻底拔除隔生薯。

4.3.2 马铃薯害虫发生区

4.3.2.1 种薯繁育地必须实行轮作；播种时用有效药剂对土壤进行消毒。

4.3.2.2 除提前10天左右种植马铃薯或天仙子为诱集带外，种薯地周围2 km不得种植马铃薯和茄科植物。

4.3.2.3 诱集带要专人管理，发现马铃薯害虫及时捕灭。

4.3.3 疫情处理

4.3.3.1 发现本规程所列检疫性有害生物，必须立即采取防除措施，全部拔除已感染植株并销毁。

4.3.3.2 如发现马铃薯癌肿病病株，必须挖出母薯及已成型的种薯，深埋或销毁。

4.3.3.3 如发现马铃薯害虫类，必须喷药处理土壤，种薯不得带土壤，不得用马铃薯及其他茄科植物的蔓条包装铺垫。

4.3.4 药剂保护

4.3.4.1 防治马铃薯癌肿病：用25%粉锈灵可湿性粉(或乳油)叶面喷雾；25%粉锈灵可湿性粉每667 m^2 400 g～500 g拌细土40 kg～50 kg，于播种时盖种，或于出苗70%及初现蕾时配成药液60 kg，各进行一次喷雾，防止马铃薯癌肿病的发生。

4.3.4.2 防治马铃薯害虫类:2.5%敌杀死、20%杀灭菌酯5 000倍左右喷雾杀虫。

4.3.4.3 出苗后3天~4天开始用药剂常规喷雾,预防晚疫病,保证田间检查和疫情处理准确进行。

4.3.5 窖藏管理

4.3.5.1 入窖前15天~30天严格汰除病、虫、烂、伤、杂、劣种薯,并经常翻晾。

4.3.5.2 贮藏窖容器要消毒,不同级别不同品种分别贮藏。

4.3.5.3 通风窖贮存,贮量不超过窖内空间的三分之一。窖内温度保持在1℃~3℃为宜,相对湿度75%左右。

4.3.5.4 "死窖贮藏",冬季封好窖,严防受冻或受热烂薯。

5 检验和签证

5.1 马铃薯种薯的检验

以田间调查为主,必要时进行室内检验。

5.1.1 田间调查

5.1.1.1 调查时期:分别于苗高20 cm~25 cm、盛花期、收获前两周各检查一次。

5.1.1.2 调查方法:在进行全面调查的基础上,根据不同面积随机选点,667 m^2以下地块检查200株,667 m^2以上的地块检查总株数不得少于500株。

5.1.1.3 危害及症状鉴别:田间病株和薯块症状,以肉眼观察为主,参见附录B。

5.1.1.4 调查结果记入田间调查记录表(见表3)。

表3 马铃薯病虫害田间调查记录表

检查项目			检查次数			薯块(收获及入窖前)	检查人员意见
日期			一	二	三		
检查方法							
检查数量							
病虫害发生情况	马铃薯癌肿病	株/块					
		%					
	马铃薯青枯病	株/块					
		%					
	马铃薯甲虫	株/块					
		%					
	马铃薯黑胫病	株/块					
		%					
	马铃薯环腐病	株/块					
		%					
调查点							

5.1.2 室内检验

5.1.2.1 田间不能确诊的植株(或薯块),需采集标本作室内检验。方法见附录C。

5.1.2.2 检验结果填入产地检疫送检样品室内检验报告单(见表4)。

表4　产地检疫送检样品室内检验报告单

送样人：

对应申报号：	样本编号：	取样日期：
作物名称：	品种及级别：	取样部位：
检验方法：		
检验结果：		
备注：		
检验人(签名)： 审核人(签名)： 植物检疫专用章 年　月　日		

5.2　签证

凡经田间调查和室内检验未发现检疫性有害生物及限定非检疫性有害生物，或最后一次田间调查(含前两次调查曾发现病株已作彻底的疫情处理)限定非检疫性有害生物病株率0.2%以下，发给产地检疫合格证。

5.3　其他要求

5.3.1　以当地植物检疫机构为主，种子管理部门和繁种单位予以配合。

5.3.2　详细填写种苗(薯)产地检疫档案卡，见附录D。

附 录 A
(规范性附录)
切刀消毒操作程序

A.1 器材

切刀:2把;

搪瓷盆(或塑料大盆):2个;

大筐(或苇席)1个(或领);

消毒药液:2 000 mL(0.1%酸性升汞、0.1%高锰酸钾、75%乙醇、5%碳酸任选一种即可)。

A.2 操作程序

A.2.1 将兑好的药液倒入盆中,将切刀片浸入药液中。

A.2.2 先取出一把切刀,切一个种薯后,刀放回药液,取另一把切刀切完一个种薯后,再将刀放入药液,如此两把刀交替使用。

A.2.3 切薯块时,边切边观察切面,发现病薯或可疑薯块全部淘汰。

A.2.4 切好的薯块放在清洁大筐里(或苇席上)备用。

附 录 B
(资料性附录)
马铃薯有害生物田间症状鉴别

B.1 马铃薯病害田间症状鉴别

见表 B.1。

表 B.1 马铃薯真、细菌类有害生物田间症状表

发病部位	马铃薯癌肿病	马铃薯青枯病	马铃薯环腐病	马铃薯黑胫病
植株	主枝与分枝,分枝与分枝或枝叶的腋芽茎尖等处,长出一团团密集的卷叶状的瘤,形似花叶状,绿色后变褐,最后变黑,腐烂脱落,茎秆花梗上和叶背花萼背面长出无叶柄的、绿色有主脉无支脉的丛生小叶	初期植株部分萎蔫,微黄。晚期严重萎蔫,变褐,叶片干枯至死。横切茎面可见微管束变黑,有灰白色黏液渗出	现蕾后陆续出现萎蔫型顶叶变小,叶缘向上卷曲,叶色变淡呈灰绿,茎秆一支或数支萎蔫,垂倒黄化枯死,但枯死后叶片不脱落	苗期 20 cm～25 cm 始表现植株矮化,叶片退绿黄化,茎部呈黑腐,表皮组织破裂,后期形成黑脚
薯块	匍匐茎,薯块形成形状不一的瘤,肉质易断,乳白或似薯色,渐粉—褐—黑腐	病薯切开有灰白色黏液渗出。严重时腐烂	尾脐部皱缩凹陷,可挤出乳黄色菌脓,多有皮层分裂	病组织呈灰黑色,并常形成黑孔

B.2 马铃薯甲虫的田间鉴别

B.2.1 成虫:体短卵圆形,长 9 mm～11 mm 左右,体宽 6 mm～7 mm,背部明显隆起,红黄色,有光泽。每鞘翅上有 5 条黑色纵纹。

B.2.2 卵:卵块状,每块一般 24 粒～34 粒,多的可达 90 粒,壳透明,略带黄色,有光泽,卵与卵之间为一椭圆形斑痕。卵产于马铃薯及其他寄主叶背面。

B.2.3 幼虫:背部显著隆起,体色随虫龄变化,由褐──→鲜红──→粉红或橘黄。背部显著隆起,两侧有两行大的暗色骨片,腹节上的骨片呈瘤状突起。

附　录　C
（规范性附录）
几种主要真、细菌病害的室内检验方法

C.1　马铃薯癌肿病的室内检验

C.1.1　显微镜检验

用接种针挑取病组织或作横断面切片，在显微镜下观察，若发现病菌原孢囊堆、夏孢子堆或休眠孢子囊者，为马铃薯癌肿病。

C.1.2　染色法

C.1.2.1　将病组织放在蒸馏水中浸泡半小时。

C.1.2.2　用吸管吸取上浮液一滴放在载玻片上。

C.1.2.3　加1%的锇酸液或0.1%升汞水一滴固定，在空气中干燥，再用1%酸性品红或1%～5%龙胆紫一滴染色1 min。

C.1.2.4　洗去染液镜检，若见到单鞭毛的游动孢子即为阳性。

C.2　马铃薯环腐病的室内检验

C.2.1　革兰氏染色(Gram Stain)

C.2.1.1　试验设备

显微镜、载玻片、酒精灯。

C.2.1.2　试剂

试剂为分析纯，用无菌水配置：

a)　龙胆紫染色液：2.5 g龙胆紫加水到2 L；

b)　碳酸氢钠：12.5 g碳酸氢钠加水到1 L；

c)　碘媒染液：2 g碘溶解于10 mL 1 mol/L氢氧化钠溶液中，加水到100 mL；

d)　脱色剂：75 mL 95%乙醇加25 mL丙酮，并定容至100 mL；

e)　碱性品红复染液：取100 mL碱性品红(95%乙醇饱和液)，加水到1 L。

C.2.1.3　取样制备涂片

所有实验用具都用70%酒精擦拭灭菌。

C.2.1.3.1　鉴定植株：植株从地表上方2 cm处割断，用镊子挤压直至切口流出汁液，取汁液一滴滴于载玻片上(无汁液用镊子取维管束附近碎组织于载玻片上，加一滴无菌水移去碎组织)，加无菌水一滴稀释，风干后用火焰烘烤2次～3次固定。

也可从切口处切下0.5 cm厚的茎切片，在小研钵中研磨，取一滴汁液按上法固定。

C.2.1.3.2　鉴定块茎：将待检块茎切开，按上法取汁、固定。

C.2.1.4　涂片染色

滴1滴龙胆紫与碳酸氢钠等量混合液(现用现配)于涂片上，染色20 s。

滴1滴碘媒染液染20 s，滴水洗涤。

滴1滴乙醇、丙酮脱色液，脱色5 s～10 s，滴水洗涤。

滴1滴碱性品红溶液复染2 s～3 s，风干。

C.2.1.5 镜检和结果判定

用1 000倍～1 500倍显微镜镜检，呈蓝紫色的单个或2～4个集聚的短杆状菌体为革兰氏阳性细菌，为环腐病原菌，染成粉红的即可排除环腐病细菌，判定为革兰氏阴性反应。

C.3 马铃薯青枯病的室内检验

用酶联检测盒进行检测(参考国际马铃薯中心CIP提供的硝酸纤维素膜酶联免疫吸附测定法NCM-ELISA)。

操作硝酸纤维膜，指纹会造成假阳性反应，所以始终应戴手套或用镊子操作。

附 录 D
（规范性附录）
种苗（薯）产地检疫档案卡

地块：

<table>
<tr><td rowspan="3">检验日期</td><td rowspan="3">作物</td><td rowspan="3">品种</td><td rowspan="3">种苗来源</td><td rowspan="3">播种日期</td><td colspan="8">田间检查发现病株率</td><td>室内检验结果</td></tr>
<tr><td colspan="8">限定有害生物编号</td><td>阳性编号</td></tr>
<tr><td>1</td><td>2</td><td>3</td><td>4</td><td>5</td><td>6</td><td>7</td><td>8</td><td></td></tr>
<tr><td rowspan="2"></td><td rowspan="2"></td><td rowspan="2"></td><td rowspan="2"></td><td rowspan="2"></td><td rowspan="2"></td><td rowspan="2"></td><td rowspan="2"></td><td rowspan="2"></td><td rowspan="2"></td><td rowspan="2"></td><td rowspan="2"></td><td rowspan="2"></td><td>检查人</td></tr>
<tr><td>备注</td></tr>
<tr><td colspan="14">注：有害生物编号为：
1——马铃薯癌肿病；
2——马铃薯甲虫；
3——马铃薯青枯病；
4——马铃薯黑胫病；
5——马铃薯环腐病。</td></tr>
</table>

本标准负责起草单位：全国农业技术推广中心、农业部马铃薯检测中心、四川省植物检疫站、甘肃省植保植检站、陕西省植保工作总站、四川省凉山州植保植检站。

本标准主要起草人：李先誉、李学湛、宁红、贾迎春、杨桦、王成华。

中华人民共和国国家标准

GB 7411—2009

棉花种子产地检疫规程

Quarantine protocol for cotton seeds in producing areas

1 范围

本标准规定了棉花种子产地检疫的程序和方法。

本标准适用于各级植物检疫机构对棉花种子繁育基地实施产地检疫。

2 术语和定义

下列术语和定义适用于本标准。

2.1

检验 inspection

对植物、植物产品或其他限定物进行官方的直观检查以确定是否存在有害生物，是否符合植物检疫法规。

2.2

检测 test

对确定是否存在有害生物或为鉴定有害生物而进行的除目测以外的官方检查。

2.3

检疫性有害生物 quarantine pests

对受其威胁的地区具有潜在经济重要性、但未在该地区发生，或虽已发生但分布不广并进行官方防治的有害生物。

3 应检疫的有害生物

3.1 国务院农业行政主管部门公布的全国农业植物检疫性有害生物。

3.2 省级农业行政主管部门公布的补充农业植物检疫性有害生物。

4 原理

棉田检疫性有害生物的形态学特征及其寄主范围、地理分布、生物学特性、危害症状和传播途径（参见附录A）是该标准的科学依据。

5 申请受理

5.1 选址受理

根据棉花种子生产单位和个人的申请，依据常规普查和调查结果，决定是否出具产地选址合格检疫证明，对种子生产进行检疫监督指导（参见附录B）。

中华人民共和国国家质量监督检验检疫总局
中国国家标准化管理委员会　2009-04-27发布　2009-10-01实施

5.2 产地检疫受理

植物检疫机构审核棉花种子生产单位和个人提出的申请和提供的相关材料，决定是否受理。决定受理的，植物检疫机构制定产地检疫计划。

6 调查检测

6.1 田间调查

6.1.1 调查时间

根据检疫性有害生物发生规律、气候条件和棉花生育期确定调查时间和次数。

棉花黄萎病一般为现蕾开花期和花铃期连阴雨后 7 d～10 d 分别调查 1 次，必要时可增加调查次数。

6.1.2 调查方法

目测调查整个棉花种子的生产基地（点），确定抽样调查田。每个品种抽样面积不低于当地繁种总面积的 10%。

棉花黄萎病有针对性地选择地势低洼、易积水、连作棉田作为抽样调查田。

采用平行跳跃式方法取样，间隔 4 行调查 1 行，田边留 5 株设调查点，每点连续调查 20 株，间隔 30 株～50 株再取第二点调查。每块田取样点数不低于 5 点，总调查株数不少于 100 株。

6.2 田间检验

根据检疫性有害生物危害状进行田间现场初步检验，以检疫性有害生物田间为害特征和目测形态特征为依据，能够直接鉴定的，将结果填入《有害生物调查抽样记录表》（见附录 C）和《有害生物样本鉴定报告》（见附录 D）。

可疑的有害生物取样后妥善保存，在样品袋上记载样品品种名称、种植地点、采集时间、采集人，作室内检测。

棉花黄萎病按照附录 A 中的 A.2.1 的症状描述调查，对矮化、落叶等棉花黄萎病疑似棉株选择第三至第六盘未木质化果枝或折断叶柄观察，对符合症状描述的棉株计数，填入《有害生物调查抽样记录表》（见附录 C）。疑似棉株装入样品袋中，妥善保存。在样品袋上记载样品品种名称、种植地点、采集时间、采集人。

6.3 田间图像保存

有条件的拍摄产地检疫的对象田分品种全景照片、疑似病株照片、症状特写照片保存。

7 室内检测

7.1 检测方法

可疑的有害生物按照相应的鉴定方法进行室内鉴定，有标准的按照标准进行，没有标准的根据目标有害生物的特点选择常规检测方法。

棉花黄萎病疑似病株，按照附录 A、附录 E 的方法对维管束变色的棉株进行培养、鉴定。

7.2 结果判定

根据检测结果进行检疫结果判定，并将实验室检测鉴定结果填入《有害生物样本鉴定报告》（见附录 D）和《检疫检验结果通知单》。必要时保存标本（参见附录 F）。

8 疫情处理

经田间调查发现有检疫性有害生物的，指导生产单位和个人实施检疫处理。

对于棉花黄萎病病田种子可在植物检疫部门的监督下进行种子消毒处理后（参见附录 G），限制在疫情发生区域内使用，不得调入无病区。

9 签证

9.1 经田间调查或室内检测，未发现检疫性有害生物的棉种生产基地（点），签发《产地检疫合格证》（见附录H）。

9.2 发现检疫性有害生物，经检疫除害处理合格的，发给《产地检疫合格证》；经检疫除害处理不合格的，不签发《产地检疫合格证》，并告知产地检疫申请单位或个人。

10 档案管理

对于在产地检疫工作中的原始调查数据、表格、标本等资料档案妥善保存，保存时间不少于2年。

附 录 A
(资料性附录)
棉花黄萎病症状特征及生物学特性

A.1 分类和命名

A.1.1 棉花黄萎病命名：

——中文名：棉花黄萎病；

——英文名：Verticillium wilt of cotton；

——学名：*Verticillium dahliae* Kleb。

A.1.2 棉花黄萎病属半知菌亚门(Deuteromycotina)，丝孢纲(Hyphomycetes)，丝孢目(Hyphomycetales)，轮枝孢属(*Verticillium*)。

A.2 田间症状和病原形态特征

A.2.1 田间症状

棉花整个生育期都可受害，田间一般现蕾后开始发病，花铃期达到发病高峰，病株叶片萎蔫枯死。常见症状可区分为以下类型：

a) 黄斑型。植株基部叶片先表现症状，逐步向上部发展。发病期，病叶边缘稍向上卷，主脉间出现黄色斑块，形状不规则，后病斑扩大，色泽加深，但主脉及附近叶肉仍保持绿色，成西瓜皮状，病叶不脱落；

b) 叶枯型。病叶有褐色局部枯斑或掌状枯斑，叶片枯死后即脱落，但一般不形成光秆；

c) 急性萎蔫型。在结铃期，大雨过后出现急性症状，叶片主脉间生水浸状褪绿斑，很快萎蔫下垂；

d) 落叶型。病株上部叶片先出现症状，褪绿，向下卷曲，萎垂，迅速脱落，病株枯死前即成光秆，叶片、蕾、幼铃都脱落。

黄萎病病株根、茎部维管束变褐色，但色泽较枯萎病浅。

A.2.2 病原形态特征

在PAD培养基上菌落白色至灰色，绒毛状，产生黑色颗粒状微菌核。分生孢子梗直立，有隔，无色至淡色，(110 μm～130 μm)×2.5 μm，梗上每节轮生3个～4个小梗(轮枝)，可有1轮～4轮，顶端也生小梗(顶枝)。小梗尺度(16 μm～35 μm)×(1 μm～2.5 μm)，小梗端部的产孢瓶体连续产生分生孢子，聚集成易散的头状孢子球。分生孢子无色，单胞，椭圆形、圆筒形，大小(2.5 μm～8 μm)×(1.4 μm～3.2 μm)。微菌核不规则球形或长形，黑褐色。大小(50 μm～200 μm)×(15 μm～50 μm)。

A.3 生物学特性和传播途径

A.3.1 生物学特性

棉花黄萎病菌的生长最适温度为20℃～25℃，在10℃～30℃都能生长，在33℃绝大多数菌株不生长，但也有耐高温菌株，可缓慢生长。土壤含水量20%时有利于微菌核形成，40%以上不利于其形成。微菌核可耐80℃高温和－30℃低温。微菌核萌发最适温度25℃～30℃。

A.3.2 传播途径

棉花黄萎病病原菌主要以微菌核在土壤中越冬，也能在棉籽内外、病残体以及带菌的棉籽壳、棉籽饼和未腐熟的土杂肥中越冬。带菌种子是远距离传病的重要途径，此外带菌土壤、粪肥、棉籽饼、棉籽壳、农机具和流水等也是传病途径。

附 录 B
(资料性附录)
棉花种子生产防疫措施

B.1 基地的选择

基地应建立在经严格调查无棉花黄萎病发生的地区。

在棉花黄萎病发生的地区,基地应具有大面积的无病田。无病田周围具有隔离条件(远离交通要道和村庄,周围不与棉田相连,地势稍高),发现检疫对象后能够进行水旱轮作。

B.2 种子的来源和消毒

基地种子来自无病区,有《植物检疫证书》,并经检疫不带检疫对象。

播种前使用有效种子处理剂实施消毒处理。

B.3 防疫措施

基地不承担各种棉花品种(品系)区试任务。

基地内确需引进的新品种和繁殖材料,应报请当地植检部门同意。引进材料进行严格消毒处理后,在隔离观察圃内利于发病的环境条件下,试种2年以上,未发现检疫对象方能在基地内使用。

基地内严禁使用未经热榨的棉饼及其下脚料还田。

防止病区与无病区间流水串灌。

不使用带菌土育苗移栽,营养钵育苗土壤要经过棉隆消毒处理。

禁止从病区引进带菌土的瓜、菜秧苗等。

基地应使用专用农具管理或耕锄、专场晒花、专仓存放、专机轧花。

B.4 疫情处理

发现棉花黄萎病的棉籽不作种用。

严格封锁病田:作好病株标记;拔除并集中销毁病株及病残体,清除杂草寄主;及时消毒处理病点土壤。

附 录 C
(规范性附录)
有害生物调查抽样记录表

表 C.1 有害生物调查抽样记录表

编号：

<table>
<tr><td colspan="2">生产/经营者</td><td colspan="2"></td><td colspan="2">地址及邮编</td><td></td></tr>
<tr><td colspan="2">联系/负责人</td><td colspan="2"></td><td colspan="2">联系电话</td><td></td></tr>
<tr><td colspan="2">调查日期</td><td colspan="2"></td><td colspan="2">抽样地点</td><td></td></tr>
<tr><td>样品编号</td><td colspan="2">植物名称(中文名和学名)</td><td>品种名称</td><td>植物生育期</td><td>调查代表株数或面积</td><td>植物来源</td></tr>
<tr><td></td><td colspan="2"></td><td></td><td></td><td></td><td></td></tr>
<tr><td></td><td colspan="2"></td><td></td><td></td><td></td><td></td></tr>
<tr><td></td><td colspan="2"></td><td></td><td></td><td></td><td></td></tr>
<tr><td colspan="7">症状描述：</td></tr>
<tr><td colspan="7">发生与防控情况及原因：</td></tr>
<tr><td colspan="7">抽样方法、部位和抽样比例：</td></tr>
<tr><td colspan="7">备注：</td></tr>
<tr><td colspan="3">抽样单位(盖章)：

填表人(签名)：

年 月 日</td><td colspan="4">生产/经营者

现场负责人

年 月 日</td></tr>
<tr><td colspan="7">注：本单一式两联，第一联抽样单位存档，第二联交受检单位。</td></tr>
</table>

附　录　D
（规范性附录）
有害生物样本鉴定报告

表 D.1　有害生物样本鉴定报告

编号：

<table>
<tr><td>植物名称</td><td colspan="3"></td><td>品种名称</td><td></td></tr>
<tr><td>植物生育期</td><td></td><td>样品数量</td><td></td><td>取样部位</td><td></td></tr>
<tr><td>样品来源</td><td></td><td>送检日期</td><td></td><td>送检人</td><td></td></tr>
<tr><td>送检单位</td><td colspan="3"></td><td>联系电话</td><td></td></tr>
<tr><td colspan="6">检测鉴定方法：</td></tr>
<tr><td colspan="6">检测鉴定结果：</td></tr>
<tr><td colspan="6">备注：</td></tr>
<tr><td colspan="6">鉴定人（签名）：
审核人（签名）：
鉴定单位盖章：
年　　月　　日</td></tr>
<tr><td colspan="6">注：本单一式三份，检测单位、受检单位和检疫机构各一份。</td></tr>
</table>

附 录 E
（资料性附录）
棉花黄萎病的分离培养与检测

E.1 培养基

2%水琼脂平板培养基：琼脂 20 g，水 1 000 mL。

PSA 平板培养基：马铃薯 200 g，蔗糖 15 g，琼脂 20 g，水 1 000 mL。

棉籽饼粉琼脂培养基：棉籽饼粉 10 g，95%乙醇（酒精）17 mL，链霉素 40 μg/ mL，琼脂 7.5 g，水 1 000 mL。

E.2 分离培养与检测

将维管束变色的棉花茎秆剪切成 0.5 cm 长小段，流水冲洗 24 h，或用含 2%～3%有效氯的次氯酸钠液表面消毒 1 min～2 min，无菌水冲洗后，植于 2%水琼脂培养基平板上，在 22℃～25℃下培养 10 d～15 d。用解剖镜检查病茎秆段端部有无轮枝状分生孢子梗产生。如有，则移植到 PSA 培养基平板上，继续培养。若生成微菌核，则为大丽轮枝饱。也可以将表面消毒的病茎秆，植床于棉籽饼粉琼脂培养基平板上，培养 10 d～15 d，根据轮枝与微菌核形成，确定为大丽轮枝饱。

E.3 保湿培养与检测

取维管束变色的棉花茎秆若干小段，清洗干净后用 70%乙醇（酒精）浸泡表面消毒 3 min，获 0.1%升汞（升汞 1 g，浓盐酸 2.5 mL，水 1 000 mL）消毒 1 min～3 min，并用消毒水冲洗 3 次。新鲜棉株可以先在 95%乙酵（酒精）中预浸后在酒精灯火焰上烧去残余乙醇（酒精），撕去表皮。将消毒处理后的茎秆剪切成 3 cm～5 cm 长小段，置于滴有无菌水滴的载玻片上，每片放 3 个～4 个，放人垫有双层吸水纸的培养皿内，盖好皿盖，在 22℃～22.5℃或 27℃～30℃温箱或室内保湿培养 2 d～5 d，长出白色菌丝体时，挑取少量菌丝于滴有无菌水滴的载玻片水滴中，轻轻搅动分散，在生物显微镜下观察，根据轮枝状孢子梗的形态，确定为大丽轮枝孢。

附 录 F
（资料性附录）
标本制作与保存

F.1 干标本

检疫性有害生物标本晾干后，填写标签，注明标本的来源（寄主，采集时间、地点、品种名称、采集人）以及制作时间、制作人等。标本盒四角放置驱虫剂，置于干燥、阴凉的木柜中保存。

F.2 液浸标本

昆虫幼虫用沸水烫死后立即转入 70％乙醇（医用酒精）浸泡保存。

附 录 G
（资料性附录）
棉花种子处理方法

G.1 硫酸脱绒法

G.1.1 机械脱绒

——棉籽泡沫酸脱绒技术：将浓硫酸稀释到8%～10%的浓度后，按酸绒比1∶6的硫酸用量，根据棉籽含绒率的高低，加入一定量的发泡剂并进行充分搅拌，在压缩空气的作用下，使混合液泡沫化，依靠棉绒的毛细管作用吸收酸液。

——棉籽稀硫酸脱绒技术：稀硫酸脱绒是将硫酸稀释到浓度8%～10%后，加入一定量的活化剂，将棉籽与稀硫酸液按3∶1左右的比例，在搅拌槽内进行浸泡搅拌，使棉籽全部润湿，然后通过离心机将过剩的酸液分离出来以便重新使用；而棉籽短绒上附着的稀硫酸液只占10%左右。

将与泡沫酸液混合（或与稀硫酸液混合）的棉籽经过烘干，硫酸液中的水分蒸发，使硫酸浓度增高，碳化棉籽表面短绒；通过摩擦机内部的强烈摩擦作用，磨掉棉籽表面碳化的短绒，成为光籽。

脱绒后的光籽可进行精选和拌药包衣。

G.1.2 手工脱绒

90%工业浓硫酸每500 g可脱棉籽2.5 kg～3.5 kg。

先将晒热后的棉籽放在容积5倍于棉种的陶制容器（缸、盆等）内，再将相应量的硫酸徐徐倒入，边倒边拌，直至短绒全部被硫酸溶解（烧掉），棉种呈乌黑发亮即可，一般脱绒时间不超过15 min。脱绒后立即用大量清水将种子漂洗干净，直至漂洗水不显黄色、没有酸味（用舌尖舔无酸味、不麻舌尖为准）。洗净后的种子直接播种或摊晒干后播种。

G.2 棉籽药剂处理

——拌种方法：选用50%多菌灵可湿性粉剂，或70%五氯硝基苯可湿性粉剂，或70%甲基托布津可湿性粉剂，按棉花种子重量0.8%的用量拌种；

——浸种方法：选用50%多菌灵可湿性粉剂25 g～50 g或50%敌克松可湿性粉剂20 g，加水400 g～500 g搓拌棉种500 g，晾干后播种。或用5%菌毒清水剂300倍～500倍液浸种24 h后，捞取晾干直接播种；

——“402”温浸种法：先将定量的热水倒入水缸中，并将水温调到65℃左右，再按既定的浓度倒入“402”药液，搅拌均匀，最后倒入经硫酸脱绒的棉籽，每100 kg干棉籽用250 kg～300 kg药液（药液量为棉籽量的2.5倍～3倍）。用麻袋或木盖封严，进行药液温汤浸闷种。在浸闷过程中要搅拌2次～3次，使上下温度一致，始终保持水温在55℃～60℃之间，浸闷种半小时即捞出。可以随处理随播种，也可以捞出摊在晒场上晾干备用。

G.3 病点土壤消毒处理技术

棉花生育期间或收花后拔棉秆前，将病株周围的病残体拾净，表土（1.67 cm～3.34 cm深）收集到病点中心，并以病点为中心标定1 m^2处理点，周围作一土埂，内0 cm～30 cm土层翻松（有条件的挖走病土），冬前进行药剂处理，药剂处理的方法为：

——棉隆处理：每平方米（40 cm深）放50%可湿性粉140 g或原粉70 g，与翻松土混拌均匀，然后加水 15 kg～25 kg 助渗。并用干细土严密封闭病点：

——氯化苦处理：棉花蕾期，每平方米施药时，先在病点打孔 3 个～5 个，孔深 20 cm，孔距病株 20 cm，每孔用吸管注药 10 mL；花铃期，每平方米打孔 9 个～12 个，每孔仍注药 10 mL，然后用土封闭孔口；

——农用氨水处理：含氨 16％的农用氨水 1∶9 倍液每平方米 45 kg。

附　录　H
（规范性附录）
产地检疫合格证

表 H.1　产地检疫合格证

编号：

植物或产品名称		品种名称	
面　　积		数　　量	
产　　地			
生产单位或户主		联 系 人	
单 位 地 址		电　　话	
产地检疫结果： 检疫员（签名）： 年　月　日			
植物检疫机构审定意见 植物检疫机构（检疫专用章） 年　月　日			
注：此证有效期1年，请妥善保存，不得转让，需调运该植物或产品时，凭此证向植物检疫机构办理《植物检疫证书》。			

产地检疫合格证（存根）

编号：

植物或产品名称		品种名称	
面　　积		数　　量	
产　　地			
生产单位或户主		联 系 人	
单 位 地 址		电　　话	
产地检疫结果： 检疫员（签名）： 年　月　日			
植物检疫机构审定意见 植物检疫机构（检疫专用章） 年　月　日			

本标准起草单位：全国农业技术推广服务中心、湖北省植物保护总站。
本标准主要起草人：王玉玺、许红、刘慧、刘元明、朱莉。

中华人民共和国国家标准

GB 7412—2003

小麦种子产地检疫规程

Plant quarantine rules for wheat seeds in producing areas

1 范围

本标准规定了小麦种子产地的检疫性有害生物和限定非检疫性有害生物种类、健康种子生产、检验和签证等。

本标准适用于实施小麦种子产地检疫的检疫机构和所有小麦种子的繁育单位和个人。

2 术语和定义

下列术语和定义适用于本标准。

2.1

有害生物

任何对植物或植物产品有害的植物、动物或病原物的种、株(品)系或生物型。

2.2

检疫性有害生物

对受其威胁的地区具有潜在经济重要性、但尚未在该地区发生,或虽已发生但分布不广并已进行官方防治的有害生物。

2.3

限定非检疫性有害生物

一种非检疫性有害生物,但它在供种植的植物中存在,危及这些植物的预期用途而产生无法接受的经济影响,因而在输入方境内受到限制。

2.4

检测

为确定是否存在有害生物或为鉴定有害生物种类而进行的,除肉眼检查以外的官方检查。

2.5

调查

在一个地区内为确定有害生物的种群特性(或确定存在的品种情况)而在一定时期采取的官方程序。

2.6

植物检疫

旨在防止检疫性有害生物传入、扩散以及确保其官方控制的一切活动。

2.7

产地检疫

在生长季节对植物和在收获后储藏期间对产品所进行的检疫,包括田间调查、现场检查以及室内检验、签证及疫情监督处理。

中华人民共和国国家质量监督检验检疫总局 2003-06-02 发布　　2003-11-01 实施

2.8

健康种子

经植物检疫部门检验未发现本规程第3章所列限定有害生物的小麦种子。

2.9

繁育地

经植物检疫部门核定作为繁育健康种苗的地块。

3 检疫性有害生物和限定非检疫性有害生物

3.1 检疫性有害生物：

小麦矮腥黑穗病菌 *Tilletia controversa* Kühn

小麦黑森瘿蚊 *Mayetiola destructor* Say

毒麦 *Lolium temulentum* L.

3.2 限定非检疫性有害生物：

小麦普通腥黑穗病菌

　小麦光腥黑穗病菌 *Tilletia foetida*(Wallr) Lindr.

　小麦网腥黑穗病菌 *Tilletia caries*(DC.)Tul.

小麦粒线虫 *Anguina tritici*(steinb) Filipjev et Stekn

小麦全蚀病菌 *Gaeumanomyces graminis*(Sace.) Arx et Oliver

3.3 省里补充的其他检疫性有害生物。

4 健康种子生产

4.1 选地及土壤处理

繁殖地的选择应在前一个生长季进行，应在当地植物检疫部门的指导下，选择在无检疫对象发生的地区或轻发生地区，但具有一定隔离条件的无检疫对象发生的地块。

繁殖地确定后，种子繁育单位或农户应在播种前一个月向当地植物检疫部门申请产地检疫，并提交产地检疫申报表(见表1)，经审查同意后，方可安排生产。

表1 产地检疫申报表

申报号：

作物名称：

申报单位(农户)　　　　　　联系人　　　　　　联系电话　　　　　　地址

种植地点	种植地块编号	种植面积/667 m²(亩)	品种	种苗来源	预计播期	预计总产量/kg	隔离条件
合计							
植物检疫机构审核意见： 审核人：　　　　　　植物检疫专用章 年　月　日							
注1:本表一式二联，第一联由审核机关留存，第二联交申报单位。 注2:本表仅供当季使用。							

4.2 选种及种子消毒处理

4.2.1 繁殖地应尽量选用健康种子。选用调入种子应附有植物检疫证书并报请当地植物检疫部门验证或复检；选用当地种子应为前一生长季产地检疫合格的种子。

4.2.2 播种前要进行种了精选，用泥（盐）水、比重选种机选种以汰除菌瘿、虫瘿、毒麦粒和小麦植株的残渣碎屑。汰除物集中销毁。

4.2.3 有条件地区应尽量使用包衣种子。

4.2.4 在黑森瘿蚊发生地区，用锐劲特、甲基异柳磷或其他有效剂进行拌种后播种。

4.2.5 在小麦矮腥黑穗发生地区，用萎锈灵或其他有效药剂处理麦种或55℃的0.13 mol/L次氯酸钠处理30 s。

4.2.6 在小麦普通腥黑穗病发生地区，用粉锈宁、烯唑醇、恶霉灵、卫福或其他有效药剂拌种后播种。

4.2.7 在小麦粒线虫发生地区，用甲基对硫磷、甲基异柳磷等闷、拌种。

4.3 繁殖地的检疫措施

4.3.1 生产小麦种子的地块与其他小麦田之间必须具有一定的隔离条件。

4.3.2 生产地不得使用病田秸秆饲喂牲口的粪肥和用病田秸秆沤制的粪肥。严禁和邻近田块串灌或大水漫灌。

4.3.3 在黑森瘿蚊、矮腥黑穗病、全蚀病、小麦粒线虫等发生地区，采用轮作倒茬、调整播期、高茬收割等措施。

4.3.4 在毒麦发生地区，用骠马、禾草灵等除草剂防除。

4.3.5 繁殖地收获的种子应单收、单打、单贮，并防止污染。

4.3.6 零星发生有检疫性有害生物的植株立即拔除，集中销毁，并通知生产单位或农户进一步查除。

4.3.7 检疫性有害生物严重发生的地块生产的小麦应禁止作种用。

5 检验和签证

5.1 田间调查

5.1.1 由申报单位（农户）协同植物检疫部门进行。在小麦拔节期、抽穗期调查小麦黑森瘿蚊、毒麦、小麦粒线虫病、小麦全蚀病；小麦乳熟期调查第3章所列全部有害生物（田间调查症状识别参见附录A）。将调查结果填入产地检疫田间调查记录表（见表2）。

表2 产地检疫田间调查记录表

编号：

<table>
<tr><td colspan="2">种苗繁育单位：</td><td>调查地点：</td></tr>
<tr><td colspan="2">调查地块编号：</td><td>对应申报号：</td></tr>
<tr><td colspan="2">调查面积：</td><td>调查日期：</td></tr>
<tr><td colspan="2">作物名称：</td><td>品种名称：</td></tr>
<tr><td colspan="2">种苗来源：</td><td>生长期：</td></tr>
<tr><td rowspan="3">田间调查情况</td><td colspan="2">症状/危害状：</td></tr>
<tr><td colspan="2">发病率/虫口密度及田间分布情况：</td></tr>
<tr><td>危害面积：</td><td>判断/初步判断：</td></tr>
<tr><td colspan="3">备注：</td></tr>
<tr><td colspan="3">填表人（签名）：
植物检疫专用章
审核人（签名）：　　年　月　日</td></tr>
</table>

5.1.2 调查方法：在全面目测的基础上，对疑似发生的地块采取棋盘式取样方法有针对性地调查，0.33 hm^2以下的地块取样数不少于10点；0.33 hm^2～1.33 hm^2的地块取样数不少于15点；1.33 hm^2～3.33 hm^2的地块取样数不少于20点；3.33 hm^2以上的地块取样数不少于25点；每点面积为0.5 m^2～1.0 m^2。

5.2 实验室检验

田间调查发现可疑病株或有害生物应带回实验室作进一步检验，繁育地收获的种子必须扦样进行实验室检验（方法见附录B），检验结果填入“实验室检验报告单”（见表3）。

表3 实验室检验报告单

编号：

对应申报号：	样本编号：	取样日期：
作物名称：	作物品种：	取样部位：
检验方法：		
检验结果：		
备注：		
检验人（签名）： 植物检疫专用章 年 月 日 审核人（签名）：		

5.3 签证

5.3.1 凡两次田间调查及实验室检验后均未发现第3章所列检疫性有害生物的，发给产地检疫合格证（见表4）。

表 4 产地检疫合格证

有效期至　年　月　日
检疫日期　年　月　日　　　　　　（　）检（　）字第　号

作物名称		品种名称	
种植面积		田块数目	
种苗产量	kg(株)	种苗来源	
种植单位		负责人	
检疫结果	经田间调查和实验室检验，未发现规程规定的限定有害生物，符合小麦健康种子标准，准予作种用。 签发机关(盖章)　　检疫员		
注 1：本证第一联交生产单位凭证换取植物检疫证书，第二联留存检疫机关备查。 注 2：本证不作《植物检疫证书》使用。			

5.3.2　在田间调查、实验室检验过程中，有一次发现带有第 3 章所列检疫性有害生物的，不发给产地检疫合格证，所繁育的种子经当地农业植物检疫部门监督处理后，可在当地发生区使用。发生田不得再作种子繁育地。

5.3.3　田间调查或实验室检验发现第 3 章所列限定非检疫性有害生物的，如果该限定非检疫性有害生物为所在省补充检疫对象，则不发给产地检疫合格证；如果不是，则发给产地检疫合格证。

5.3.4　种子繁育单位凭产地检疫合格证收购、出售种子。

附 录 A
(资料性附录)
小麦限定有害生物田间症状识别

A.1 小麦矮腥黑穗病

小麦矮腥黑穗病典型症状：

a) 病株矮化，高度为健株的1/4～2/3，在重病田可明显见到健穗在上面，病穗在下面，形成"二层楼"的现象。

b) 分蘖增多，病株分蘖一般比健株多一倍以上。

c) 小花增多，病穗宽展、小穗紧密，有芒品种芒外张。

d) 小花成菌瘿。菌瘿黑褐色，近球形，较硬，不易压破，破碎后呈块状，有鱼腥味。在小麦生长后期，如水分多病粒可胀破，使孢子外溢，干燥后形成不规则的硬块。

但是，在自然条件下，矮腥病株的多分蘖与矮化程度变异较大，这既与寄主、病菌和环境多种因素有关，也与侵染时间和程度密切相关，有时与网腥的症状不易区别，此时不宜以症状作为诊断的唯一依据。

小麦矮腥黑穗病的典型症状与小麦其他腥黑穗病有明显区别，见表A.1。

表A.1 小麦三种腥黑穗病典型症状比较

项　目	矮　腥	网腥和光腥
株　高	极度矮化，可为健株的1/4～2/3	较健株稍矮
分　蘖	增多，可比健株多一倍以上	较健株略多
穗部特征	1. 病穗宽展，小穗、小花明显增多； 2. 病粒整个变为孢子堆(菌瘿)，近球形，较硬； 3. 有鱼腥味	1. 病穗略短，小穗、小花略有增多，颖壳略开张； 2. 病粒整个变为孢子堆(菌瘿)，麦粒状，不硬，易破； 3. 有鱼腥味

A.2 小麦光腥黑穗病及网腥黑穗病

两种腥黑穗病的症状无区别。病株一般较健株稍矮，分蘖增多，矮化程度及分蘖情况依品种而异。当小麦行将成熟而健穗变黄时，病穗一般较短，直立，颜色较健穗深，保持灰绿色或灰白色。病穗的典型特征是颖壳略向外张开，露出灰黑色或灰白色菌瘿。菌瘿外面有一层灰色薄膜，用手指微压，容易破裂，散发黑色粉末，此即病菌的冬孢子。菌瘿有鱼腥味。病穗的籽粒多数变为菌瘿，但也有部分小穗仍为健粒，甚至同一粒部分完好，部分有病。还有一些病粒，外表完好，状如健粒，但胚内则有孢子堆。

A.3 小麦全蚀病

小麦全蚀病是一种典型根部病害。病菌侵染的部位只限于小麦根部和茎基部，地上部的症状，是根及茎基部受害所引起。受土壤菌量和根部受害程度的影响，田间症状显现期不一。轻病地块在小麦灌浆期病株始显零星成簇的早枯白穗，远看与绿色健株形成明显对照；重病地块在拔节后期即出现若干矮化发病中心，小麦植株生长高低不平，中心病株矮、黄、稀疏，极易识别。各期症状主要特征如下：

a) 拔节期　病株返青迟缓，黄叶多，拔节后期重病株矮化、稀疏，叶片自下向上变黄，似干旱、缺肥。植株种子根、次生根大部变黑。横剖病根，根轴变黑，湿度大时，在茎基部表面和叶鞘内侧，生有较明显的灰黑色菌丝层。

b) 乳熟期　病株成簇或点片出现早枯“白穗”，在潮湿麦田中，茎基部表面布满条点状黑斑，覆盖黑色菌丝块，形成“黑脚”。麦株基部叶鞘内侧生有黑色颗粒状突起即子囊壳。在土壤干燥的情况下，多不形成“黑脚”症状，也不产生子囊壳，仅在因病早死的无效分蘖和变黑的根部上，能够镜检到菌丝体。

A.4 小麦粒线虫

小麦被害后，从苗期到成熟期都有症状表现，但以接近成熟期在穗上形成虫瘿时最为明显。一般受害麦苗叶片短阔，皱边，直立，微现黄色，严重者可萎缩枯死。能成长起来的病株在抽穗前叶片皱缩畸卷，叶鞘疏松，茎秆肥肿扭曲，有时在幼嫩叶片上出现很小的圆形突起(叶片虫瘿)。孕穗期以后，病株矮小，茎秆肥大，节间缩短，受害重的不能抽穗。一般虽能抽穗，但麦穗的部分或全部不结籽实，而变成虫瘿。有时一花裂成2个～5个小虫瘿，有时还有半病半健麦粒。病穗比健穗短，颜色深绿，而且绿的时间较长，芒短而扭曲。虫瘿比健粒短而圆，近球形，颖壳及芒被挤向外张开，从颖缝间露出瘿粒。虫瘿顶上有钩状尖突，侧边有沟，最初油绿色，以后变成黄褐色至暗褐色，同时外壳增厚变硬，为老熟瘿粒。瘿粒外形与小麦腥黑穗病的病粒相似，但其外被硬壳不易压碎，内含物为白色棉絮状(线虫)。

A.5 小麦黑森瘿蚊

对冬小麦和春小麦都能造成严重危害。以幼虫潜伏在麦株茎秆基部的叶鞘内侧吸吮汁液，小麦在拔节前受害，植株严重矮化，受害麦叶比未受害麦叶短、宽而直立，时片变厚、叶色加深呈黑绿色，受害植株因不能拔节而匍伏地面，心叶变黄以致不能抽出，严重时分蘖枯黄乃至整株死亡。小麦拔节后，幼虫多数在地面上的1、2节上危害，被害植株由取食处折倒。田间检查若发现可疑植株，剥开叶鞘检查，发现幼虫和围蛹后，带回室内作进一步鉴定。

A.6 毒麦

幼苗基部紫红色，后变绿色，成株茎秆光滑坚硬，肥沃田中植株比小麦矮，瘠薄田中比小麦植株高。穗形狭长，穗轴平滑，两侧有轴沟，呈波浪形弯曲。每穗8个～19个小穗，互生于穗轴上，每个小穗2个～6个花，排成两列，其腹面可见明显的小穗节段，小穗第一颖缺，第二颖大，长短与小穗相近，所以，俗称小尾巴麦子。毒麦与其他近似种的区别见表A.2。

表A.2 毒麦与其他近似种的区别

名　称	学　名	典型症状
黑麦草	*Lolium perenne* L.	小穗含7个～15个花，外稃无芒
多花黑麦草	*Lolium multiflorum* Lam.	小穗含7个～15个花，外稃有长5 mm芒
细穗毒麦	*Lolium remotum* Scherank.	小穗含4个～6个花，颖短于小穗
欧毒麦	*Lolium persicum* Boiss &. Hohen.	小穗含4个～6个花，颖短或等长、或长于小穗，颖有5脉，芒自外稃顶伸出
毒麦	*Lolium temulentum* L.	小穗含4个～6个花，颖短或等长、或长于小穗，颖有6～7脉，芒自外稃顶端稍下方伸出
长芒毒麦	*L. temulentum* var. M. *Longiaristatum* Parnel	毒麦变种，芒长，每小穗9个～11个花
田毒麦	*L. temulentum* var. *arvense* Bab.	芒短，每小穗有7个～8个花

附　录　B
（规范性附录）
小麦限定有害生物实验室检验方法

B.1　筛检

将所取样品倒入二层规格筛内（上层筛孔 2.5 mm；下层筛孔 1.5 mm），过筛后将两层筛下物分别倒入两个白瓷盘内，摊开用肉眼或手持放大镜检查，最下层细小筛出物倒在黑底玻璃板上，用 50 倍～60 倍双筒体视显微镜观察。

通过筛检确定是否带有菌瘿、线虫虫瘿、毒麦及小麦全蚀病病株碎屑。如发现可疑物而肉眼不能确定的，应进一步作室内检验。

B.2　三种腥黑粉病菌的实验室鉴定

B.2.1　洗涤检验

B.2.1.1　仪器设备

a）振荡器；

b）低速大容量离心机；

c）高倍生物显微镜。

B.2.1.2　适用范围

本检验方法适用于检验黏附于小麦种子表面的三种腥黑粉病菌冬孢子的形态。

B.2.1.3　检验程序

B.2.1.3.1　将每份小麦样品按四分法提取两份试验样品，每份 50 g。

B.2.1.3.2　将 50 g 试样倒入灭菌三角瓶内，加无菌水 100 mL，再加表面活性剂（0.1%吐温-20）1 滴～2 滴，加塞后在振荡器上振荡 5 min，然后将悬浮液倾入 50 mL 的灭菌离心管内，以 1 000 r/min 离心 5 min，弃上清液，再加适量无菌水悬浮沉淀物并合并悬浮物于一 10 mL 离心管中，再以 1 000 r/min 离心 5 min，弃上清液。加席尔氏液悬浮沉淀物，视沉淀物多少，定容至 1 mL～2 mL。用灭菌吸管吸取悬浮液滴于灭菌玻片上，制片镜检。每个样品全片检查 5 个玻片。

B.2.1.3.3　应以油镜（1 000 倍）检测成熟孢子各种尺度，目尺要精确核校。

B.2.1.3.4　在鉴定腥黑穗冬孢子时，每个样品必须测量 25 个～30 个孢子，测量参数为网纹有无、网目大小、网脊高度、胶质鞘厚度。

B.2.1.4　结果判定

无网纹的孢子应确定为光腥，凡是 70%以上的孢子网脊高度集中在 1.5 μm～2.5 μm，胶质鞘厚度集中在 2.0 μm～3.0 μm，应确定为矮腥，低于这个数值的应确定为网腥。三种腥黑穗病冬孢子特征见表 B.1。

表 B.1　三种小麦腥黑穗病菌冬孢子形态特征比较

项　目	光腥	网腥	矮腥
菌瘿	麦粒状	麦粒状或近球状	球形坚实
网纹	无	有	有
网目大小/μm	无	2～4	3.5～6

表 B.1（续）

项　目	光腥	网腥	矮腥
网脊高度/μm	无	0.5～1.5	1.5～3
胶质鞘厚度/μm	无	1.5 以下	2～4

B.2.2　孢子自发荧光鉴定

B.2.2.1　仪器设备

落射式荧光显微镜。

B.2.2.2　适用范围

本方法主要针对发现菌瘿后的网腥和矮腥病菌的鉴别。

B.2.2.3　检验程序

B.2.2.3.1　从菌瘿上刮取少许冬孢子粉至洁净的载玻片上，加适量蒸馏水制成孢子悬浮液，其浓度以显微镜每视野(400 倍～600 倍)不多于 40 个孢子为宜，然后任其自然干燥。在载玻片干燥的孢子上加一滴无荧光浸泡油(Nd1.516)，加覆盖玻片。

B.2.2.3.2　用落射式荧光显微镜检查冬孢子的自发荧光，50 W 高压汞灯，激发滤光片 485 nm，屏障滤光片 520 nm。每视野照射 2.5 min，激发孢子产生荧光，并在此时开始计数。全过程不得超过 3 min。每份样品至少检查 5 个视野，不少于 200 个孢子。

B.2.2.3.3　通过观察冬孢子表面的网纹来判定冬孢子有无荧光。如网纹有不同程度的橙黄色至黄绿色的荧光，就认为该孢子有自发荧光。有些孢子网纹荧光亮而强，一经照射立即发生，有些孢子需经一定时间的照射后才缓慢地出现荧光，还有些孢子经近 3 min 的照射，才在网纹的边缘发出一定强度的荧光(称为“镶边”)。若网纹不可见或呈暗网状，则该孢子定为无荧光。

B.2.2.4　结果判定

自发荧光率在 80%以上为矮腥冬孢子，30%以下为网腥冬孢子。

B.2.3　冬孢子萌发鉴定

B.2.3.1　仪器设备

a)　高倍生物显微镜；

b)　光照培养箱。

B.2.3.2　适用范围

本方法可用于鉴别发现菌瘿后矮腥和网腥病菌。

B.2.3.3　检验程序

将冬孢子团块置于灭菌凹玻片上，加灭菌水数滴，用玻棒轻轻研碎成糊状物，然后用灭菌的 L 型玻棒将它均匀涂布于 3%水琼脂培养基平板上，密度以显微镜低倍视野不超过 40 个～60 个孢子为宜。然后分别在 5℃、弱光照(450 lx 上下)，以及 17℃、弱光照或黑暗条件下恒温培养。第一次检查可在培养 10 天后进行，以后每隔 3 天～7 天再行检查。

B.2.3.4　结果判定

矮腥冬孢子萌发通常始于第 3 周，有的甚至始于第 5 周以后。网腥冬孢子在 15℃～17℃下，经 7 天～10 天萌发，而在 5℃时约经 2 周萌发。

B.3　小麦全蚀病菌的实验室检验

B.3.1　田间标本的病原菌检查

B.3.1.1　仪器设备

体视显微镜和高倍生物显微镜。

B.3.1.2 适用范围

小麦各生育期田间调查所采集的可疑病株或种子筛出物中发现的可疑植株残片。

B.3.1.3 检查程序

B.3.1.3.1 检查匍匐菌丝：病株种子根、次生根不同程度地变黑腐烂，地下茎亦变黑，根表、茎基部和叶鞘内侧均有黑褐色、粗壮近平行分布的匍匐菌丝。将可疑病株带回实验室洗净泥土，直接以体视显微镜检查根部匍匐菌丝。若不清楚，可将变黑的细根剪成 3 mm 长的小段，浸入透明液中，待组织透明后制片镜检。茎基部检查，需剥取叶鞘，用体视显微镜检查，挑取有菌丝的叶鞘，用小镊子撕下一小段内表皮，置于载玻片上，滴加一滴乳酚油，镜检，观察菌丝形态。常用透明剂有：

a) 吡啶液(用于快速透明)；

b) 苯酚二甲苯液(苯酚 1 份与二甲苯 4 份混合而成)；

c) 乳酚油(苯酚 10 g、乳酸 10 mL、甘油 20 mL、蒸馏水 10 mL)。

B.3.1.3.2 检查子囊壳：将可疑病株带回实验室洗净泥土，仔细检查有无黑色颗粒状子囊壳，特别注意检查麦株基部叶鞘内侧。若发现可疑黑色颗粒状突起物，可用拨针挑取，用蒸馏水做浮载液制片镜检。若为子囊壳，用拨针轻压盖玻片，使子囊、子囊孢子溢出，观察子囊壳、子囊、子囊孢子形态，计测其尺度。

B.3.1.3.3 诱导子囊壳产生：若可疑病株未生有子囊壳或子囊壳未成熟，压碎后无子囊和孢子散放，可进一步诱生子囊壳，再行检查。用细沙土将病株茎基部(最好病根部已形成"黑膏药")埋在花盆中，并经常浇水，保持湿润。也可置于培养皿内，用棉球浸水保湿。在 16℃～25℃和有散射光的条件下诱导，约 20 天后即可产生子囊壳。

B.3.2 病原菌室内分离和检查

B.3.2.1 仪器设备

a) 高倍生物显微镜；

b) 高压灭菌锅；

c) 恒温培养箱。

B.3.2.2 适用范围

根据田间症状，自然发病植株上病原菌检查结果仍不能确诊时，需采取可疑植株，进行全蚀病菌分离和鉴定。

B.3.2.3 操作程序

B.3.2.3.1 全蚀病菌的分离

B.3.2.3.1.1 分离用培养基以 1/2 PDA 酵母膏培养基(马铃薯 100 g，葡萄糖 10 g，酵母膏 1 g，琼脂 17 g～20 g，水 1 000 mL，pH7.0)效果较好。也可以用普通 PDA 培养基(马铃薯 200 g，葡萄糖 20 g，琼脂 17 g～20 g，水 1 000 mL)或玉米粉琼脂培养基(玉米粉 100 g、琼脂 20 g、水 1 000 mL)。高压灭菌后制成培养基平板备用。为防止细菌污染，可在培养基内加入含量为 200 个～300 个单位的链霉素。

B.3.2.3.1.2 新鲜的病株直接用种子根、次生根和茎基部叶鞘或茎秆作为分离材料，以剥去叶鞘的茎基部第一节茎秆和新鲜种子根的中柱组织分离效果最好。病株根部严重腐烂或腐生菌较多时，可将病根茬切成 1 cm～2 cm 的小段混埋入灭菌沙中，再播种经表面消毒(用 75％酒精消毒 2 min)的小麦种子，15 天后麦苗种子根受侵变黑，用作分离材料很易成功。

B.3.2.3.1.3 将待分离的材料用水洗净，剪成 3 mm～5 mm 小段，用 0.1％硝酸银($AgNO_3$)溶液消毒 30 s～60 s，再用无菌水冲洗 3 次～5 次，移植于培养基平板上，置于 20℃～25℃恒温箱中培养。

B.3.2.3.1.4 产生子囊壳的标本，可直接用子囊孢子做分离材料。取有成熟子囊孢子的基部叶鞘一小块，用自来水充分冲洗后，在解剖镜下挑单个子囊壳，用 0.1％硝酸银溶液消毒 15 s～30 s，经无菌水冲洗后压碎子囊壳，在无菌水中稀释子囊孢子，取子囊孢子悬液在培养基表面画线，再置于 20℃～25℃恒温箱内培养。

B.3.2.3.1.5 病组织在 1/2 PDA 培养基上经 3 天～5 天后由两端长出纤细无色的菌丝，5 天～10 天后形成菌丝束,培养 6 周～8 周后形成成熟的子囊壳。

B.3.2.3.2　诱导子囊壳产生

B.3.2.3.2.1　用 1/2 PDA 酵母膏培养基分离全蚀病菌,分离物可在培养基平板上产壳,不需另行诱导。若采用其他培养基分离,不能产壳时,需行诱导。

B.3.2.3.2.2　三角瓶培养诱导法:50 mL 三角瓶中装入 15 mL PD 培养液或 15 mL WSY 培养液,然后选取平板培养菌落,切取菌苔,转接于三角瓶培养液中。在 25℃温箱中培养 1 周后,取出放在 20℃室内散射光下再培养 4 周～7 周,形成成熟子囊壳。PD 培养液(pH 7.0)成分为马铃薯 100 g,葡萄糖 10 g,酵母膏 2 g,水 1 000 mL。WSY 培养液(pH 7.0)成分为碎麦秆 1 g、0.2%酵母膏水溶液 15 mL。

B.3.2.3.2.3　寄主诱导法:将灭菌沙装入小花盆中,再将平板培养的菌落置于沙层表面,其上放置表面消毒后催芽的麦种,再覆以灭菌沙。在 18℃～22℃、每天光照 12 h 并保持湿润的条件下培养,30 天左右可在麦苗根和茎基部产生子囊壳。

B.3.2.3.2.4　培养基上产生的或经诱导后产生的子囊壳均需制片镜检。

B.3.3　全蚀病菌鉴定标准

小麦全蚀病菌为禾顶囊壳小麦变种(*Gaeumannomyces graminis* var. *trilici*),依据菌丝、菌落、有性态和附着枝特征鉴定,其中有性态特征最重要。

B.3.3.1　匍匐菌丝

病株上匍匐菌丝黑褐色,有隔,粗壮,宽 4 μm～6 μm,2 根～8 根为一束。菌丝分枝处主枝与侧枝各形成一横隔膜,两横隔构成"八"形。根部匍匐菌丝与根轴近平行分布。茎基部叶鞘内表皮上长满密集交织的黑色菌丝体和成串连生的菌丝结。

B.3.3.2　菌落

病组织在 1/2 PDA 培养基上经 3 天～5 天后由两端长出纤细无色的菌丝,呈风轮状平贴向周围延伸,5 天～10 天后形成浅灰色菌丝束,渐变为黑色扭曲状,类似婴儿头发,从接种点向外放射状分布。菌落颜色随菌龄增长由浅变深,最终呈深灰色或黑褐色。菌落边沿的菌丝有反卷现象,气生菌丝稀少。

B.3.3.3　附着枝

禾顶囊壳小麦变种附着枝简单,生于分枝菌丝上,浅褐色或无色,间生时为不规则球状,端生的卵圆形至长筒形,具小孔(清晰的小亮点),尺度(9～15) μm×(5～12) μm。

观察附着枝可在培养 5 天的菌落边缘,斜插灭菌盖玻片,使菌丝沿玻片生长,并形成附着枝,7 天～10 天后取下玻片镜检。

B.3.3.4　有性态

子囊壳散生,壳体卵圆形至近球形,有颈,黑色至暗褐色。周围有褐色毛茸状菌丝,基部埋入基质中,颈圆筒状,微弯曲,穿透寄主表皮外露,尺度(150)200 μm～400(500) μm,颈长 100 μm～250 μm。人工诱发的子囊壳比田间采集的大,颈也较长,位置居中,很少弯曲。

子囊无色,单壁,棍棒形,尺度[(70)80～130(140)] μm×(10～15) μm。端部钝圆,基部向柄变细。顶部壁较厚,侧看有两个折光小亮点为其原生质环,吸水后易从下部胀裂。

成熟的子囊孢子吸水后会溢出子囊壳孔口,干固后成团块,呈淡红色。单个子囊孢子无色线形,稍弯曲,中部较宽,两端渐细。尺度[(60)70～105(110)] μm×[2.5～3(4)] μm。刚成熟的子囊孢子有隔膜 5 个～12 (14)个,两周后隔膜消解,孢子成浑浊状,内含许多油球。

B.4　小麦粒线虫的实验室检验

B.4.1　仪器设备

a)　体视显微镜;

b)　高倍生物显微镜。

B.4.2　适用范围

线虫虫瘿。

B.4.3　操作程序

将虫瘿切开，加水一滴，稍后，即有白色丝状物游出，此即线虫。在显微镜下观察线虫形态。

B.4.4　结果判定

雌雄成虫线形，均不很活跃，具有内含物浓厚、呈不规则形腊肠状的体躯，卵母细胞和精母细胞成轴状排列。雌虫体肥胖常卷曲成发条状，头尾骤然锐尖，大小(3～5) mm×(0.1～0.5) mm。雄虫较雌虫短小，不卷曲，大小(1.9～2.5) mm×(0.07～0.1) mm；于绿色虫瘿将成阶段，在虫瘿内交配产卵。卵在绿色虫瘿腔内，散生，长椭圆形，大小为(73～140) μm×(33～63) μm，外被透明韧性的卵壳，内为半透明均匀的原生质及明亮的圆卵核。1 龄幼虫盘曲在卵壳内，纤细如丝，长约 500 μm。2 龄幼虫针状，头部钝圆，尾部细尖，大小(658～910) μm×(15～20) μm，前期在绿色虫瘿内活动为害，后期在褐色虫瘿内长期休眠。

B.5　小麦黑森瘿蚊的实验室检验

B.5.1　仪器设备

体视显微镜。

B.5.2　适用范围

在田间发现可疑幼虫、围蛹、成虫或田间发现的部分幼虫、围蛹经室内饲养羽化的成虫。

B.5.3　操作程序

在体视显微镜下观察，解剖围蛹、幼虫和成虫。

B.5.4　结果判定

B.5.4.1　幼虫：初孵化时为红褐色，取食脱皮后变为乳白色半透明状，纺锤形，沿背部中央有一半透明绿色条带。围蛹里的幼虫在胸腹面前有一个“Y”形骨质胸叉，此为幼虫鉴定的主要特征。

B.5.4.2　围蛹：色泽大小形状似亚麻种子，平均 4.4 mm，有的可达 5.9 mm，前端小呈钝圆，后端大且具凹缘，呈不对称菱形。围蛹内含白色 3 龄幼虫，蛹裸式，前期乳白色，中期橘红色，后期褐黑色，有头前毛一对，很短，前胸缘有一较长呼吸管。

B.5.4.3　成虫检查：似小蚊子，身体灰黑色。雌成虫长约 3 mm，雄虫约 2 mm，头部前端扁，后端大部分被眼所占据。触角黄褐色，位于额部中间，基部互相接触，1 7 节，长度超过体长的 1/3，每两节之间被透明的柄分开，称触角间柄，雄虫的柄明显等于节长。下颚须 4 节，黄色，第一节最短，第二节球形，第三节长，第四节圆柱形较细，但长于前一节的 1/3。胸部黑色，背面有两条明显的纵纹。平衡棒长，暗灰色。足极细长且脆弱，跗节 5 节，第一节很短，第二节等于末 3 节之和。翅脉简单，亚前缘脉很短。几乎跟前脉合并，径脉很发达，纵贯翅的全部，臀脉分成两叉。雌虫腹部肥大，橘红色或红褐色，雄虫腹部纤细，几乎为黑色，末端略带淡红色，雄虫外生殖器上生殖板很短，深深地凹入，有很少刻点，当从上面看时，被下生殖板和阳具鞘远远超过。尾铗的端节长近于宽的 4 倍，爪着生于末端。

B.6　毒麦的实验室检验

见附录 A。

本标准参加起草单位：农业部小麦玉米质量监督检验测试中心、河南省植保植检站、山东省植保植检站、安徽省植保植检站。

本标准主要起草人：王春林、林芙蓉、商鸿生、王伟新、韩世平、宋姝娥、戴钢、李传礼。

中华人民共和国国家标准

GB 7413—2009

甘薯种苗产地检疫规程

Quarantine protocol for propagating tubers and seedlings of sweet potato in producing areas

1 范围

本标准规定了甘薯种苗产地检疫的程序和方法。

本标准适用于农业植物检疫机构对甘薯种苗实施产地检疫。

2 术语和定义

下列术语和定义适用于本标准。

2.1

产地检疫 quarantine in producing areas

植物检疫机构对植物及其产品(含种苗及其他繁殖材料)在原产地生产过程中的全部检疫工作,包括田间调查、室内检验、签发证书及监督生产单位做好选地、选种和疫情处理等工作。

2.2

检验 inspection

对植物、植物产品或其他限定物进行官方的直观检查以确定是否存在有害生物,是否符合植物检疫法规。

2.3

检测 test

对确定是否存在有害生物或为鉴定有害生物而进行的除目测以外的官方检查。

2.4

检疫性有害生物 quarantine pests

对受其威胁的地区具有潜在经济重要性、但未在该地区发生,或虽已发生但分布不广并进行官方防治的有害生物。

2.5

甘薯种苗 propagating tubers and seedlings of sweet potatoes

甘薯的薯块和薯苗。

3 应检疫的有害生物

3.1 国务院农业行政主管部门公布的全国农业植物检疫性有害生物。

3.2 省级农业行政主管部门公布的补充农业植物检疫性有害生物。

中华人民共和国国家质量监督检验检疫总局
中 国 国 家 标 准 化 管 理 委 员 会 2009-04-27 发布 2009-10-01 实施

4 产地检疫受理

植物检疫机构审核甘薯种苗生产单位和个人提出的《产地检疫申请书》(见附录A)和提供的相关材料,决定是否受理。

5 准备与技术指导

植物检疫机构制定产地检疫计划,并对甘薯种苗繁育基地进行检疫指导,甘薯种苗生产防疫措施参见附录B。

6 调查检测

6.1 田间调查

6.1.1 调查时间

在甘薯育苗期、生长中期和出薯前各检查一次。

6.1.2 调查方法

在全面目测的基础上,采取随机取样方法检查,每块地抽查不少于五点,在苗期和生长期每点调查不少于10株;出薯前每点调查薯块不少于50块。调查面积不少于繁种面积的10%。

6.1.3 田间检验

根据检疫性有害生物危害症状和生物学特性进行鉴定。腐烂茎线虫田间症状鉴定方法参见附录C。将田间调查结果记入《产地检疫田间调查记录表》(见附录D)。

6.2 室内检测

6.2.1 样本采集

采集表现症状的可疑病株(块),或选取长势弱、黄化、矮小、萎蔫的植株,采集薯块及其周围的土壤,带回实验室进行室内检测;未发现可疑病株(块)的田块抽样采集部分标本进行室内检测。填写《有害生物调查抽样记录表》(见附录E)。

6.2.2 检测方法

检疫性有害生物的检测方法按照有关标准进行;无标准的,按照常规方法进行检测。腐烂茎线虫的检测方法参见附录F。

6.2.3 结果判定

将检测结果填入《有害生物样本鉴定报告》(见附录G)。必要时要制作标本进行保存。

7 疫情处理

7.1 发现种苗带有检疫性有害生物,立即停止育苗。

7.2 疫情发生地的种苗,进行检疫除害处理,或采取就地烧毁、挖坑深埋等措施。对尚未表现症状的薯块,需进行检疫除害处理,不能进行检疫除害处理的,可集中煮熟后作饲料等处理。

7.3 发生检疫性有害生物病地和病地周围田块,应改种该有害生物的非寄主作物。

8 签证

8.1 经田间、室内检验检测未发现检疫性有害生物的种苗,植物检疫机构签发《产地检疫合格证》(见附录H)。《产地检疫合格证》有效期1年。

8.2 发现检疫性有害生物,经检疫除害处理合格的,发给《产地检疫合格证》;经检疫除害处理不合格的,不签发《产地检疫合格证》,并告知产地检疫申请单位或个人。

9 档案管理

在产地检疫过程中的原始调查数据、表格、标本等资料档案要妥善保存，保存时间不少于2年。

附　录　A
（规范性附录）
产地检疫申请书

表 A.1　产地检疫申请书

编号：　　　　　　　　　　　　　　　　　　　　　　　　　　　　　　　　年　　月　　日

<table>
<tr><td>植物名称</td><td colspan="2"></td></tr>
<tr><td>品种名称</td><td colspan="2"></td></tr>
<tr><td>种(苗)来源</td><td colspan="2"></td></tr>
<tr><td>生产面积</td><td colspan="2"></td></tr>
<tr><td>预计产量</td><td colspan="2"></td></tr>
<tr><td>生产地点</td><td colspan="2"></td></tr>
<tr><td>生产期限</td><td colspan="2">从　　　　　　　　起，至　　　　　　　　止</td></tr>
<tr><td rowspan="6">申请单位</td><td colspan="2">名称(盖章)：</td></tr>
<tr><td colspan="2">地址：　　　　　　　　　　　　　　　　邮编：</td></tr>
<tr><td colspan="2">联系人(签名)：　　　　联系电话：　　　　传真：</td></tr>
<tr><td rowspan="3">要求批件
发送方式</td><td>来人领取</td></tr>
<tr><td>特快专递邮寄</td></tr>
<tr><td>普通邮寄</td></tr>
</table>

附 录 B
(资料性附录)
甘薯种苗生产防疫措施

B.1 种苗地的选择

B.1.1 种苗地应选在无检疫性有害生物发生的地区。选用3年以上未种过甘薯的地作为无病留种田，严格选种、选苗。

B.1.2 有疫情发生的地区应选在有隔离条件(周围1 km范围内不种甘薯，种苗地排灌系统独立或上游无检疫性有害生物)的地块。

B.2 种苗的选择

B.2.1 种苗采自无检疫性有害生物发生区。

B.2.2 育苗前对种苗进行逐一检查，选择健康种苗。发现可疑病株(块)进行室内鉴定。

B.3 种苗地防疫措施

B.3.1 禁止携带未经检疫的种苗进入种苗地。

B.3.2 严禁疫情发生区的猪、牛、羊粪和土杂肥进入种苗地。

B.3.3 种苗地的农具要新置专用，专人负责。

B.3.4 种苗地发生有害生物需及时进行防治。

B.4 种薯入窖管理

B.4.1 种薯单收、单放、单窖贮藏。

B.4.2 种薯入窖前应对窖进行消毒处理。

B.4.3 严格检查挑选无病种薯，晾干后入窖。

B.4.4 贮藏过程中专人负责管理。

附 录 C
(资料性附录)
腐烂茎线虫病的田间症状

C.1 秧苗期症状

苗床上出苗少,矮小发黄,苗茎基白色部分出现斑驳,后变为黑色,剖开后茎内有空隙,髓部褐色或紫红色,折断不流或很少流白浆。

C.2 大田生长期症状

在生长初期症状不明显,中期开始表现秧蔓短,近地面薯拐处表皮龟裂,叶片由下而上发黄,这些症状是由地下薯块受害引起。

C.3 薯块上症状

常见的有三种类型。一种是糠心型,发病的薯块从大小、颜色等方面与正常薯块无明显区别,表皮完好,但薯块内部由于受线虫刺激后,薄壁细胞失水、干缩呈白色海绵状(或粉末状),有大量空隙,称为“糠心型”。后期由于土壤中杂菌随机感染,因此呈现褐白相间的糠心状(严重的表皮呈暗褐色-猪肝色)。这种类型多是由秧苗带线虫直接侵染造成的;另一种是裂皮型,薯块表皮龟裂、失水皱缩。这种类型是由土壤中线虫直接侵染刺吸造成的;第三种类型是混合型,表现为内部糠心,外部裂皮。

附　录　D
（规范性附录）
产地检疫田间调查记录表

表 D.1　产地检疫田间调查记录表

微机档案编号：

<table>
<tr><td colspan="3">调查地点</td><td colspan="12"></td></tr>
<tr><td rowspan="3">植物</td><td colspan="2">植物名称</td><td colspan="5"></td><td colspan="3">品种名称</td><td colspan="4"></td></tr>
<tr><td colspan="2">调查日期</td><td colspan="5"></td><td colspan="3">植物生育期</td><td colspan="4"></td></tr>
<tr><td colspan="2">种植面积</td><td colspan="5"></td><td colspan="3">核定产量</td><td colspan="4"></td></tr>
<tr><td rowspan="4">有害生物</td><td colspan="2">中文名称</td><td colspan="5"></td><td colspan="3">拉丁名</td><td colspan="4"></td></tr>
<tr><td colspan="2">抽样面积</td><td colspan="5"></td><td colspan="3">发生面积</td><td colspan="4"></td></tr>
<tr><td colspan="2">抽样株数</td><td colspan="5"></td><td colspan="3">被害株数</td><td colspan="4"></td></tr>
<tr><td colspan="2">发生状况</td><td colspan="12"></td></tr>
<tr><td rowspan="8">有害生物抽样调查</td><td rowspan="2">样号</td><td rowspan="2">田块名称</td><td rowspan="2">调查单位</td><td rowspan="2">调查数量</td><td colspan="4">虫态分类记数</td><td colspan="6">病害分级记数(最高为　　级)</td></tr>
<tr><td>卵</td><td>幼虫</td><td>蛹</td><td>成虫</td><td>0</td><td>1</td><td>2</td><td>3</td><td>4</td><td>5</td></tr>
<tr><td>1</td><td></td><td></td><td></td><td></td><td></td><td></td><td></td><td></td><td></td><td></td><td></td><td></td><td></td></tr>
<tr><td>2</td><td></td><td></td><td></td><td></td><td></td><td></td><td></td><td></td><td></td><td></td><td></td><td></td><td></td></tr>
<tr><td>3</td><td></td><td></td><td></td><td></td><td></td><td></td><td></td><td></td><td></td><td></td><td></td><td></td><td></td></tr>
<tr><td>4</td><td></td><td></td><td></td><td></td><td></td><td></td><td></td><td></td><td></td><td></td><td></td><td></td><td></td></tr>
<tr><td>5</td><td></td><td></td><td></td><td></td><td></td><td></td><td></td><td></td><td></td><td></td><td></td><td></td><td></td></tr>
<tr><td colspan="2">小计</td><td></td><td></td><td></td><td></td><td></td><td></td><td></td><td></td><td></td><td></td><td></td><td></td></tr>
<tr><td colspan="3">检疫机构</td><td colspan="12"></td></tr>
<tr><td colspan="3">疫情结论</td><td colspan="5"></td><td colspan="3">记录员(签名)</td><td colspan="4"></td></tr>
<tr><td colspan="3">当事人(签名)</td><td colspan="5"></td><td colspan="3">检疫员(签名)</td><td colspan="4"></td></tr>
<tr><td colspan="3">备　　注</td><td colspan="12"></td></tr>
</table>

附　录　E
（规范性附录）
有害生物调查抽样记录表

表 E.1　有害生物调查抽样记录表

编号：

<table>
<tr><td colspan="2">生产/经营者</td><td colspan="2"></td><td colspan="2">地址及邮编</td><td></td></tr>
<tr><td colspan="2">联系/负责人</td><td colspan="2"></td><td colspan="2">联系电话</td><td></td></tr>
<tr><td colspan="2">调查日期</td><td colspan="2"></td><td colspan="2">抽样地点</td><td></td></tr>
<tr><td>样品
编号</td><td colspan="2">植物名称（中文名和学名）</td><td>品种
名称</td><td>植物
生育期</td><td>调查代表
株数或面积</td><td>植物
来源</td></tr>
<tr><td></td><td colspan="2"></td><td></td><td></td><td></td><td></td></tr>
<tr><td></td><td colspan="2"></td><td></td><td></td><td></td><td></td></tr>
<tr><td></td><td colspan="2"></td><td></td><td></td><td></td><td></td></tr>
<tr><td></td><td colspan="2"></td><td></td><td></td><td></td><td></td></tr>
<tr><td colspan="7">症状描述：</td></tr>
<tr><td colspan="7">发生与防控情况及原因：</td></tr>
<tr><td colspan="7">抽样方法、部位和抽样比例：</td></tr>
<tr><td colspan="7">备注：</td></tr>
<tr><td colspan="4">植物检疫机构（盖章）：

填表人（签名）：

年　　月　　日</td><td colspan="3">生产/经营者

现场负责人

年　　月　　日</td></tr>
<tr><td colspan="7">**注：**本单一式两联，第一联植物检疫机构存档，第二联交受检单位。</td></tr>
</table>

附　录　F
（资料性附录）
腐烂茎线虫室内检验方法

F.1　采样

在甘薯育苗期，发现苗床稀疏，苗长势弱、矮黄甚至烂苗，应逐株检查表现症状的苗，将病苗及其要根际土壤采回实验室进行线虫分离鉴定。在大田期间，在甘薯收刨和切薯干时，是调查该病的最佳时期，采集表现症状的薯块，带回实验室进行线虫分离鉴定。

F.2　样本的保存

将采集的样本带回实验室及时分离，若不能及时分离，可将样品保存于4℃～10℃的冷藏箱中。

F.3　样本中线虫的分离

F.3.1　贝曼漏斗法：选用直径10 cm～14 cm的玻璃漏斗，下面接一段乳胶管，在乳胶管上装一个止水夹，在漏斗中装满水，置于漏斗架上，把土壤样品或切碎的植物材料用2层～3层纱布或韧性较好的高级面巾纸包好，轻轻地放在漏斗中，24 h～48 h后，线虫由于其趋水性和自身的重量下沉至漏斗下的乳胶管中，用小培养皿或试管接乳胶管下，松开止水夹，收集线虫悬浮液。

F.3.2　浅盘漏斗法：把样品放在铺有2层纱布或面巾纸的小筛盘中，然后把小筛盘放入装满水的漏斗中，其他步骤同贝曼漏斗法。小筛盘直径比漏斗直径小2 cm～3 cm，深度为2 cm，筛眼直径为0.2 cm～0.5 cm。

F.3.3　浅盆法：将样品平放在铺有2层纱布或面巾纸的筛盘中，把筛盆放在装有适量清水的底盆内，水量以刚浸透样品为宜，24 h～48　h后，移去筛盆，将底盆中的线虫悬浮液通过400目（孔径38 μm）的筛子收集线虫。

F.4　镜检

将分离所得的线虫悬浮液放在试管中，置于60℃～65℃的水浴箱中2 min～3 min杀死线虫。已杀死的线虫及时用4%甲醛固定，制作成玻片，在显微镜下对线虫标本的形态进行观察和测量，并与腐烂茎线虫的形态特征进行比较，若相符，则确定所鉴定线虫为腐烂茎线虫。

F.5　形态特征

F.5.1　形态

雌虫：虫体线形，热杀死后虫体略向腹面弯，侧线6条。头部低平、略缢缩，口针有明显的基部球，中食道球纺锤形、有瓣，后食道腺短覆盖肠的背面（偶尔缢缩）。单卵巢、前伸，有时可伸达食道区，后阴子宫囊长是肛阴距的40%～98%。尾圆锥形，通常腹弯，端圆。

雄虫：体前部形态和尾形似雌虫。交合伞伸到尾部的50%～90%，交合刺长24 μm～27 μm。

F.5.2　测量值（据 Brzeski，1991）

雌虫：L＝0.69 mm～1.89 mm；a＝18～49；b＝4～12；c＝14～20；c'＝3～5；V＝77～84；口针长＝10 μm～13 μm。

雄虫：L=0.63 mm～1.35 mm；a=24～50；b= 4～11；c=11～21；口针长=10 μm～12 μm。

主要测计项目(De Man 公式)：

L——虫体长；

a——体长/最大体宽；

b——体长/体前端至食道末端的距离；

V——体前端至阴门的距离×100/体长；

c——体长/尾长；

c'——尾长/肛门处体宽。

F.6 所需仪器

显微镜 1 台；解剖镜 1 台；漏斗 1 个；熨斗架 1 个；浅盘 1 个；筛子 1 组；底盆 1 个；乳胶管 1 根；止水夹 1 个；试管若干；培养皿若干；纱布 2 块；挑针 1 根。

F.7 固定液配制

标准甲醛固定液：福尔马林(40%甲醛)：蒸馏水=1：9。

双倍甲醛甘油固定液：福尔马林(40%甲醛)：蒸馏水=2：8。

附　录　G
（规范性附录）
有害生物样本鉴定报告

表 G.1　有害生物样本鉴定报告

编号：

<table>
<tr><td>植物名称</td><td colspan="3"></td><td>品种名称</td><td></td></tr>
<tr><td>植物生育期</td><td></td><td>样品数量</td><td></td><td>取样部位</td><td></td></tr>
<tr><td>样品来源</td><td></td><td>送检日期</td><td></td><td>送检人</td><td></td></tr>
<tr><td>送检单位</td><td colspan="3"></td><td>联系电话</td><td></td></tr>
<tr><td colspan="6">检测鉴定方法：</td></tr>
<tr><td colspan="6">检测鉴定结果：</td></tr>
<tr><td colspan="6">备注：</td></tr>
<tr><td colspan="6">鉴定人(签名)：
审核人(签名)：
鉴定单位盖章：
年　　月　　日</td></tr>
<tr><td colspan="6">注：本单一式三份，检测单位、受检单位和检疫机构各一份。</td></tr>
</table>

附 录 H
（规范性附录）
产地检疫合格证

表 H.1 产地检疫合格证

编号：

<table>
<tr><td>植物或产品名称</td><td></td><td>品种名称</td><td></td></tr>
<tr><td>面　　积</td><td></td><td>数　量</td><td></td></tr>
<tr><td>产　　地</td><td colspan="3"></td></tr>
<tr><td>生产单位或户主</td><td></td><td>联系人</td><td></td></tr>
<tr><td>单位地址</td><td></td><td>电　话</td><td></td></tr>
<tr><td colspan="4">产地检疫结果：
检疫员(签名)：
年　月　日</td></tr>
<tr><td colspan="4">植物检疫机构审定意见
植物检疫机构(检疫专用章)
年　月　日</td></tr>
<tr><td colspan="4">注：此证有效期1年，请妥善保存，不得转让，需调运该植物或产品时，凭此证向植物检疫机构办理《植物检疫证书》。</td></tr>
</table>

产地检疫合格证（存根）

编号：

<table>
<tr><td>植物或产品名称</td><td></td><td>品种名称</td><td></td></tr>
<tr><td>面　　积</td><td></td><td>数　量</td><td></td></tr>
<tr><td>产　　地</td><td colspan="3"></td></tr>
<tr><td>生产单位或户主</td><td></td><td>联系人</td><td></td></tr>
<tr><td>单位地址</td><td></td><td>电　话</td><td></td></tr>
<tr><td colspan="4">产地检疫结果：
检疫员(签名)：
年　月　日</td></tr>
<tr><td colspan="4">植物检疫机构审定意见
植物检疫机构(检疫专用章)
年　月　日</td></tr>
</table>

本标准起草单位：全国农业技术推广服务中心、安徽省植物保护总站。

本标准主要起草人：项宇、黄超、吴立峰、朱景全、朱莉。

中华人民共和国国家标准

GB 8370—2009

苹果苗木产地检疫规程

Quarantine protocols for apple seedlings in producing areas

1 范围

本标准规定了苹果苗木产地检疫的程序和方法。

本标准适用于各级农业植物检疫机构对苹果苗木繁育基地实施产地检疫。

2 术语和定义

下列术语和定义适用于本标准。

2.1

产地检疫 quarantine in producing areas

农业植物检疫机构对植物及其产品(含种苗和其他繁殖材料)在原产地生产过程中的全部检疫工作,包括田间调查、室内检测、证书签发及监督生产单位做好选地、选种和疫情处理工作等。

2.2

苹果苗木 apple seedlings

具有根系和苗干的苹果树苗。

2.3

母本树 maternal plants

用于提供接穗的苹果母树。

3 应检疫的有害生物

3.1 国务院农业行政主管部门发布的农业植物检疫性有害生物。

3.2 省级农业行政主管部门发布的补充农业植物检疫性有害生物。

4 申请受理

4.1 选址受理

根据苹果苗木生产单位和个人的申请,依据常规普查和调查结果,决定是否出具产地选址合格检疫证明。

4.2 产地检疫受理

农业植物检疫机构审核苹果苗木生产单位和个人提出的申请和提供的相关资料,决定是否受理。《产地检疫申报单》见附录 A。

5 准备与技术指导

农业植物检疫机构制订产地检疫计划,并对苹果苗木繁育基地进行检疫指导(参见附录 B)。

中华人民共和国国家质量监督检验检疫总局
中国国家标准化管理委员会 2009-04-27 发布 2009-10-01 实施

6 调查检测

6.1 田间调查

6.1.1 调查时间

根据检疫性有害生物发生规律、气候条件和苹果苗木生育期确定调查时间和次数。

6.1.2 调查方法

母本园要逐株调查。

苗圃在普查的基础上，采取棋盘式取样，不少于9点，每点不少于50株。

6.1.3 田间检验

根据检疫性有害生物形态特征及为害症状进行田间现场初步检验。将田间调查取样结果填入《有害生物调查抽样记录表》(见附录C)。

调查过程中，检疫性有害生物特征参见附录D，危害症状识别参见附录E。对疑似检疫性有害生物或为害症状的植株取样，记载样品名称、采集地点、采集时间、采集人，带回室内检验检测。

6.2 室内检测

对检疫性有害生物或为害症状，有检测标准的按照标准进行鉴定，没有检测标准的按照常规方法进行鉴定。填写《有害生物样本鉴定报告》(见附录F)。

7 疫情处理

发现疫情，应立即采取有效措施进行防除，防除措施参见附录G。

8 签证

8.1 根据田间调查、室内检测鉴定结果，未发现检疫性有害生物的，或发现检疫性有害生物经除害处理合格的，由县级以上农业植物检疫机构签发《产地检疫合格证》(见附录H)，《产地检疫合格证》有效期1年。

8.2 发现检疫性有害生物，经检疫除害处理合格的，发给《产地检疫合格证》；经检疫除害处理不合格的，不签发《产地检疫合格证》，并告知产地检疫申请单位或个人。

9 档案管理

对在产地检疫工作中的原始调查数据、室内检测检验结果等资料要建立档案，并妥善保存，有条件的拍摄有关检疫性有害生物及其为害症状的照片进行保存，保存时间不少于2年。

附 录 A
（规范性附录）
产地检疫申请书

表 A.1 产地检疫申请书

编号： 年 月 日

<table>
<tr><td>植物名称</td><td colspan="2"></td></tr>
<tr><td>品种名称</td><td colspan="2"></td></tr>
<tr><td>种（苗）来源</td><td colspan="2"></td></tr>
<tr><td>生产面积</td><td colspan="2"></td></tr>
<tr><td>预计产量</td><td colspan="2"></td></tr>
<tr><td>生产地点</td><td colspan="2"></td></tr>
<tr><td>生产期限</td><td colspan="2">从 起，至 止</td></tr>
<tr><td rowspan="6">申请单位</td><td colspan="2">名称（盖章）：</td></tr>
<tr><td colspan="2">地址： 邮编：</td></tr>
<tr><td colspan="2">联系人（签名）： 联系电话： 传真：</td></tr>
<tr><td rowspan="3">要求批件
发送方式</td><td>来人领取</td></tr>
<tr><td>特快专递邮寄</td></tr>
<tr><td>普通邮寄</td></tr>
</table>

附　录　B
（资料性附录）
苹果苗木繁育防疫措施

B.1　苗圃地选定

B.1.1　苗圃地的选定应在当地农业植物检疫机构的指导下，选在无检疫性有害生物发生区。

B.1.2　如果选在检疫性有害生物零星发生区，应在有自然隔离条件、无检疫性有害生物的地块。

B.2　繁殖材料的采集和处理

B.2.1　砧木种子的来源和处理

砧木种子应立足自给或从无检疫性有害生物发生区调入。从外地调入的砧木种子应附有植物检疫证书并报请当地农业植物检疫机构验证或复检。同时，应注意对包装材料进行检疫检验。

B.2.2　接穗的来源和处理

接穗应从本单位健康母本树上采集或从无检疫性有害生物发生区调入。从外地引进的良种接穗应附有植物检疫证书并报请当地农业植物检疫机构验证或复检。发现有检疫性有害生物的应销毁；科研用的少量良种接穗，可采用药剂除害处理，经过处理确认无检疫性有害生物后方可使用。

B.3　母本园的建立

B.3.1　在建立苗圃前，应建立健康的母本园，以提供健康的接穗。

B.3.2　母本园应建立在无检疫性有害生物发生的地区。

B.3.3　母本园内补栽的新母本树应采用无检疫性有害生物的良种接穗培育。

B.4　苗圃、母本园防疫措施

B.4.1　禁止携带未经检疫的砧木种子、砧木、接穗、苗木、果实和包装器材进入苗圃、母本园。

B.4.2　工具要消毒专用。

B.4.3　加强母本园、苗圃地的管理，及时防治其他病虫害。

附　录　C
（规范性附录）
有害生物调查抽样记录表

表 C.1　有害生物调查抽样记录表

编号：

<table>
<tr><td colspan="2">生产/经营者</td><td colspan="2"></td><td>地址及邮编</td><td></td></tr>
<tr><td colspan="2">联系/负责人</td><td colspan="2"></td><td>联系电话</td><td></td></tr>
<tr><td colspan="2">调查日期</td><td colspan="2"></td><td>抽样地点</td><td></td></tr>
<tr><td>样品
编号</td><td>植物名称（中文名和学名）</td><td>品种
名称</td><td>植物
生育期</td><td>调查代表
株数或面积</td><td>植物
来源</td></tr>
<tr><td></td><td></td><td></td><td></td><td></td><td></td></tr>
<tr><td></td><td></td><td></td><td></td><td></td><td></td></tr>
<tr><td></td><td></td><td></td><td></td><td></td><td></td></tr>
<tr><td></td><td></td><td></td><td></td><td></td><td></td></tr>
<tr><td></td><td></td><td></td><td></td><td></td><td></td></tr>
<tr><td></td><td></td><td></td><td></td><td></td><td></td></tr>
<tr><td></td><td></td><td></td><td></td><td></td><td></td></tr>
<tr><td colspan="6">症状描述：</td></tr>
<tr><td colspan="6">发生与防控情况及原因：</td></tr>
<tr><td colspan="6">抽样方法、部位和抽样比例：</td></tr>
<tr><td colspan="6">备注：</td></tr>
<tr><td colspan="3">抽样单位（盖章）：
填表人（签名）：
年　　月　　日</td><td colspan="3">生产/经营者
现场负责人
年　　月　　日</td></tr>
<tr><td colspan="6">**注：**本单一式两联，第一联抽样单位存档，第二联交受检单位。</td></tr>
</table>

附 录 D
(资料性附录)
部分检疫性有害生物的形态特征

D.1 苹果绵蚜

有翅胎生雌蚜体长 1.7 mm～2.0 mm，翅展 5.5 mm。身体暗褐色，头及胸部黑色。体表覆盖有白色绵状物比无翅胎生的少。复眼红黑色，有眼瘤。触角 6 节，第三节特别长，上面有不完全或完全的环状感觉孔 24 个～28 个，第四节长度次之，环状感觉孔 3 个～4 个，第五节长于第六节。翅透明，翅脉及翅痣棕色。腹管退化为环状黑色小孔。

无翅胎生雌蚜体长 1.8 mm～2.2 mm。身体近椭圆形，体侧有瘤状突起，着生短毛，身体被有白色蜡质绵状物。头部无额瘤。触角 6 节，第三节最长，超过第二节的 2 倍。复眼红黑色，有眼瘤。腹部背面有 4 条纵裂的泌蜡孔，分泌白色蜡质绵状物，腹管退化，呈半圆形裂孔，位于第五第六腹节间。

有性雌蚜长约 1 mm，身体淡黄褐色，触角 5 节，口器退化，腹部赤褐色，稍有绵毛。有性雄蚜长约 0.7 mm，黄绿色，触角 5 节，口器退化，腹部各节中央隆起，有明显沟痕。

卵椭圆形，长约 0.5 mm。初产时为橙黄色，后变为褐色，表面光滑，外覆白粉，较大一端精孔突出。

若虫共 4 龄。身体略呈圆桶形，体色赤褐。喙细长，向后延伸。触角 5 节。身体被有白色绵状物。

D.2 苹果蠹蛾

成虫：体长 8 mm，翅展 19 mm～20 mm。全体灰褐色而带紫色光泽。雄蛾色深，雌蛾色浅。复眼深棕褐色。头部具有发达的灰白色鳞片丛；下唇须向上弯曲，第二节最长，末节着生于第二节末端的下方。前翅无前缘褶；各脉彼此分离。R1 脉出自中室中部或稍前，R2 脉距 R3 脉比 R1 脉近。后翅 M2 脉和 M3 脉平行；M3 脉和 Cu1 脉共柄。前翅肛上纹大，深褐色，椭圆形，有三条青铜色条纹，其间显出 4 条～5 条褐色横纹，这是本种外形上的显著特征。另外，翅基部淡褐色；外缘突出略呈三角，在此区内杂有较深的斜行波状纹，翅的中部颜色最浅，也杂有波状纹。雄蛾前翅腹面中室后缘有一黑褐色条斑，雌蛾无。后翅深褐色，基部较淡。雄性外生殖器的抱器瓣在中间有明显颈部；抱器腹在中部有凹陷，其外侧有一指状尖突，抱器端圆形，具有许多长毛；阳茎短粗，基部稍弯；阳茎针 6 枚～8 枚，分两行排列。雌性外生殖器的产卵瓣内侧平直，外侧弧形；交配孔宽扁；后阴片圆大；囊导管短粗，在近口处强烈几丁质化，阔大呈半圆；囊突两枚，牛角状。

卵：扁平椭圆形，长 1.1 mm～1.2 mm，宽 0.9 mm～1.0 mm，中部略隆起，表面无明显花纹。出产时为半透明，随后发育成黄色和红色。

幼虫：幼虫初龄为黄白色，成熟幼虫体长 14 mm～18 mm 体呈红色，背面色深，腹面色浅，前胸盾淡黄色，并有褐色斑点臀板上有淡褐色斑点。头部黄褐色，单侧眼区深褐色，每侧有六个单眼，第 1、6 单眼较大，呈椭圆形，第 3、4 单眼较小；前胸气门最大，椭圆形；其次为第八节气门，其余大致相等，近乎圆形。腹部腹足 4 对，趾钩单序缺环；末端臀足一对，趾钩单行排列。

蛹：体长 7 mm～10 mm，黄褐色，复眼黑色，喙不超过前足腿节。雌虫触角较短，不及中足的末端；而雄虫的触角较长，接近中足的末端。中足基节显露，后足及翅均超过第三腹节而达第四腹节前端，臀棘共 10 根。

D.3 美国白蛾

成虫：翅展 23 mm～46 mm，头被白色长毛，复眼突出，有单眼。喙短而弱，具有小下颚须。雄虫触角双节齿状。前翅 R1 脉由中室单独发出，R1 - R5 共柄；M1 由中室前角发出，M2、M3 由中室后角上方发出；Cu1 由中室后角发出；后翅 Sc+R1 由中室前缘中部发出 Rs+M1 由中室前角发出 M2、M3 有一短的共柄，由中室后角向上发出。前足基节及腿端部橘黄色。胫节端翅两个，一个短直，另一个长且弯曲。

卵：聚产，一块卵有数百粒单层排列，直径 0.4 mm～0.5 mm，卵面有规则的凹陷刻纹。

幼虫：发生在美国南部的为红头型。幼虫的头和背部毛瘤呈橘红色。发生在其他国家和地区的为黑头型，头和背部毛瘤呈黑色。

蛹：臀棘 8 根～17 根，棘的末端呈喇叭口状，中间凹陷。

D.4 苹果黑星病

分生孢子梗与菌丝区别明显或不明显，圆柱状，丛生，短而直立，不分枝，直或略弯，淡褐色至深褐色，或橄榄色，屈膝状或结节状，有时基部膨大，产孢细胞全壁芽生式产孢，环痕式延伸；分生孢子倒梨形或倒棒状，大小为(14 μm～24 μm)×(6 μm～8 μm)，初生时无色，渐为淡青褐色、深褐色，孢基平截，顶部钝圆或略尖，表面光滑或具小疣突，0～1 个隔膜，偶具 2 个或 2 个以上隔膜，分隔处略缢缩。菌落呈不规则形或圆形，平铺状，橄榄色、灰色或黑色，有时被有茸毛。菌丝多数生于寄主角质层下或表皮层中，做放射状生长。子囊座初埋于基质内，后外露或近表生，子囊壳球形或近球形，有孔口，稍突起作乳头状，在孔口周缘长有刚毛。每个子囊壳一般可产生 50 个～100 个子囊，最多 242 个。子囊无色，圆筒状，大小为(55 μm～75 μm)×(6 μm～12 μm)，具短柄，胞壁很薄。子囊内一般有 8 个子囊孢子，子囊孢子卵圆形，由 2 个大小不等的细胞组成，上面的细胞较小而稍尖，下面的细胞较大而圆，子囊孢子大小为(11 μm～15 μm)×(5 μm～7 μm)，成熟时为青褐色。

D.5 李属坏死环斑病毒

病毒为等轴对称球状体，直径 23 nm、25 nm 和 27 nm，无包膜。有些粒体为准等轴球状到短棒状(轴比为 1.01～1.5)，有些株系的病毒粒体呈明显棒状(轴比大于 2.2)，有的棒状粒体长达 70 nm，棒状粒体的有无及比例因株系而异。病毒在磷钨酸中易解，一定要用 1%戊二醛固定。

纯化的病毒有三个沉降组分，沉降系数为 95S(B)，72S(T)，90S(M，B 和 M 是侵染必需的)。分子量：5.2×10^6～7.3×10^6。CsCl 浮力密度是 1.35 gcm～3.260 gcm，在 280 nm 吸收光谱比值约 1.56。病毒含核酸 6%，蛋白质 84%，不含脂类。

病毒核酸为单链 RNA，三个组分，分别为 3.66 kb，2.50 kb，1.88 kb；蛋白亚基分子量大约 2.5×10^4，有 196 个氨基酸残基。

病毒具有中等免疫原性，用福氏不完全佐剂乳化病毒制剂，注射家兔可获得特异抗血清。PNRSV 与苹果花叶病毒(Apple mosaic virus)有一定的血清学关系。而与烟草线条病毒(Tobacco streak virus)、石刁柏 2 号病毒(Asparagus virus 2)、柑橘粗叶病毒(Citrus leaf rugose virus)、柑橘杂色病毒(Citrus variegation virus)、榆树斑驳病毒(Elm mottle virus)、图拉苹果花叶病毒(Tulare apple mosaic virus)和李矮缩病毒(Prune dwarf virus)无血清学关系。

体外存活期：0.4 d～0.75 d(6 h～18 h)，随浓度而异，未稀释的汁液几分钟内侵染性大多丧失；稀释限点为 10^{-2}～10^{-3}；钝化温度为 55℃～62℃，随株系不同而异。

附　录　E
（资料性附录）
部分检疫性有害生物的田间为害症状

E.1　苹果绵蚜

苹果绵蚜以无翅胎生成虫及幼虫在苹果背阴枝干的愈合伤口、剪锯口、新梢、短果枝端的叶丛中、果梗、萼洼以及地下的根部或露出地表的根际等处寄生危害。被害处出现大量体背披有白色绵状物的虫体。刺吸吸取树液，消耗树体营养，使树势衰弱。被害部分的组织因受刺激，渐成病状虫瘿，久则虫瘿破裂，造成深浅大小不等的伤口，更有利于它继续为害及越冬。苹果绵蚜的为害结果，严重影响苹果树的生长发育和花芽分化，因而使树势衰弱，树龄缩短，产量及品质降低。幼树受害后，枝条发育不良，推迟结果。其次，由于瘤状虫瘿的破裂，容易招致其他病虫害的侵袭。果树严重被害时，遇严寒或干旱，可导致树体的死亡。5 月～7 月上旬和 9 月中旬～10 月为发生盛期，是田间调查的最适时期。

E.2　苹果蠹蛾

苹果蠹蛾主要是以幼虫蛀食果实为害，每年在各地发生一至多个世代不等。以苹果为例，每个世代的大部分初孵幼虫均自果实表面蛀入果实内部，初龄幼虫在果实表面以下取食果肉，并向种室方向做不规则的蛀道，三龄幼虫时进入种室，取食果实的种子。果实表面蛀孔随虫龄的增加不断增大，其外部常有大量褐色的虫粪堆积。幼虫发育成熟后向果实表面方向做一较直的蛀道脱果。另外苹果蠹蛾幼虫有转果为害的习性，一头苹果蠹蛾幼虫可以蛀食 2 个～4 个果实，一般一个果实内仅有一头幼虫，少数情况会出现 2 头乃至多头。被苹果蠹蛾蛀食的果实往往容易脱落，因此该虫在为害严重时往往会造成大量落果。每年发生 2 代～3 代，世代重叠 5 月下旬～8 月下旬是各代幼虫发生盛期，此时是田间调查的最适时期。

E.3　美国白蛾

美国白蛾的幼虫取食叶肉，吐丝做网幕，有的网幕长达 1 m 以上。幼虫群集网幕中为害。1 龄～2 龄幼虫只取食叶肉，严重时全株树叶被吃光，只留下叶脉，整个叶片呈透明的纱网状。3 龄幼虫开始将叶片咬成缺刻，4 龄幼虫开始分成若干个小的群体，形成几个网幕，4 龄末幼虫食量大增，5 龄后进入单个取食的暴食期。整个幼虫期间取食量极大，造成植物长势衰弱，抗逆力低下，果实品质降低，部分枝条甚至整株死亡。每年发生 2 代，6 月中旬至 7 月下旬为第 1 代幼虫为害盛期。8 月下旬至 9 月下旬为第 2 代幼虫为害盛期。6 月中、下旬和 8 月中、下旬是调查的适宜时期。

E.4　苹果黑星病

能侵染叶片、果实、花及嫩枝等部位，但主要为害叶片及果实，症状在叶片及果实上也特别明显。此病于 5 月中、下旬开始发生，7 月中、下旬为发病盛期，是田间调查的适宜时期。叶片：病斑先从正面发生，也可在背面先发生。病斑初为淡黄绿色，后渐变褐色，最后变为黑色；圆形或放射状，直径 3 mm～6 mm 或更大；病斑周围有明显的边缘，老叶上更明显。病斑表面产生茂密的黑褐色至黑绿色绒状霉层。叶片受害严重时变小、变厚，呈卷曲或扭曲状。有时叶片上病斑很多，且常常数斑融合，致使叶片干枯脱落。有些情况下叶片上病斑向上突起呈泡状。叶柄受害后，病斑呈长条形，突破寄主表皮后露出黑霉，当叶柄上病斑多或环绕叶柄时，可引起落叶。果实：幼果期易感病，病斑圆形或椭圆形，初为淡黄绿色，后渐变褐色至黑色，表面生绒状霉层，随着果实膨大，病部渐凹陷、硬化、龟裂。幼果染病后因发育受阻而呈畸形。果实成熟期受害，病斑小而密集，黑色或咖啡色，角质层不破裂。果梗受害状和叶柄相似。花序：病菌可侵害花瓣、萼片的尖端使其褪色。花梗被害后呈黑色，造成落花落果。枝条：枝条不常染病，但在条件适宜时，当年新梢可被侵染，侵染点在枝端，病斑很小，枝条长大后病斑消失，在特别感病的品种上，有时造成新梢的泡状肿大。

附　录　F
（规范性附录）
有害生物样本鉴定报告

表 F.1　有害生物样本鉴定报告

编号：

植物名称				品种名称	
植物生育期		样品数量		取样部位	
样品来源		送检日期		送检人	
送检单位				联系电话	
检测鉴定方法：					
检测鉴定结果：					
备注：					
鉴定人(签名)： 审核人(签名) 鉴定单位盖章： 年　　月　　日					
注：本单一式三份，检测单位、受检单位和检疫机构各一份。					

附　录　G
（资料性附录）
部分检疫性有害生物的除害处理方法

G.1　苹果绵蚜

敌敌畏加热熏蒸法：在体积为 1 m^3 的聚乙烯塑料棚内分三格，底格离地面 10 cm，各间隔距离 30 cm。每格放苹果接穗 3 捆～4 捆（每捆不宜超过 150 支）。棚内一角放 1 个三脚架，架上放 1 个罐头盒，盒内注入 80％敌敌畏乳油 50 mL，架下面放一盏酒精灯加热 5 min～10 min，使原液蒸发完毕。在棚内温度 36℃条件下，熏蒸 30 min，取出在阴凉处放 4 h 后可全部杀死苹果绵蚜。

敌敌畏浸泡法：用 80％敌敌畏乳油 1 000 倍稀释液，在液温 25℃～30℃条件下，浸泡 5 min～10 min，取出在阴凉处放 18 h 后可全部杀死苹果绵蚜。

G.2　苹果蠹蛾

溴甲烷熏蒸法：除国光、倭锦等个别对溴甲烷敏感的品种外，该方法对多数果实及包装材料均适用，具体熏蒸剂量为 10℃～15℃时为 48 g；15.5℃～20.5℃时为 40 g；21℃～26℃时为 32 g；26.5℃～31.5℃时为 24 g；熏蒸时间均为 2 h。

低温冷藏处理：在－4℃～－10℃条件下冷藏 20 d～30 d，可杀死绝大部分的一、二龄幼虫及部分三龄幼虫，在 0℃左右条件下冷藏 30 d 可杀死所有的虫卵。该方式对老龄幼虫的效果不佳。

高温处理：以温度 48℃、相对湿度为 98％或温度 44℃、相对湿度为 100％的条件在水浴系统中处理果实 4 h～8 h，均可使苹果蠹蛾幼虫的死亡率达到 100％。但该法对一些耐热性较差的水果并不适用。

γ-射线处理：苹果蠹蛾的卵对 γ-射线最为敏感，剂量 60 gr，照射 24 h 可使初产（＜24 h）的虫卵的孵化率降至 1％，剂量 100 gr，照射 24 h，可以使被照射的虫卵在发育至化蛹之前 100％的死亡。

低氧高二氧化碳处理：处于滞育状态的苹果蠹蛾幼虫对二氧化碳最为敏感，27℃条件下 95％二氧化碳浓度处理 48 h 可使该时期幼虫死亡率达 99％，然而这种方式对于一些对二氧化碳敏感的水果种类并不适用。

G.3　美国白蛾

熏蒸处理：对带虫原木用磷化铝片剂（15 g/m^3）或溴甲烷（20 g/m^3）等熏蒸剂处理，熏蒸时间分别为 72 h 和 24 h，杀虫效果可达 100％。由于美国白蛾具有较强的爬行能力，可以爬到路过疫区的交通工具上而作远距离的传播，因此必须对来自疫区的各种交通工具进行严格的检疫或消毒处理。

G.4　苹果黑星病

苹果黑星病以生长期间的产地检疫为主，苹果黑星病的远距离传播主要是靠调运带菌的苗木和接穗。菌丝在其芽鳞内越冬，检验芽鳞尚无好的方法，故需严格封锁已发病的苹果园，禁止从已发病的果园调出苗木和接穗。有病的果实也不要运至外地销售。

G.5　李属坏死环斑病毒

对引进的苗木和种子应隔离种植观察 1 年～3 年，无毒即可放行，对带毒的贵重种苗可以施行脱毒和热处理后归还用户。

附 录 H
(规范性附录)
产地检疫合格证

表 H.1 产地检疫合格证

编号:

植物或产品名称		品种名称	
面 积		数 量	
产 地			
生产单位或户主		联 系 人	
单位地址		电 话	
产地检疫结果: 检疫员(签名): 年 月 日			
植物检疫机构审定意见 植物检疫机构(检疫专用章) 年 月 日			
注:此证有效期1年,请妥善保存,不得转让,需调运该植物或产品时,凭此证向植物检疫机构办理《植物检疫证书》。			

产地检疫合格证(存根)

编号:

植物或产品名称		品种名称	
面 积		数 量	
产 地			
生产单位或户主		联 系 人	
单位地址		电 话	
产地检疫结果: 检疫员(签名): 年 月 日			
植物检疫机构审定意见 植物检疫机构(检疫专用章) 年 月 日			

本标准起草单位:全国农业技术推广服务中心、山东省植物保护总站。

本标准主要起草人:吴立峰、杨勤民、张德满、刘慧、朱莉。

中华人民共和国国家标准

GB 8371—2009

水稻种子产地检疫规程

Quarantine protocols for rice seeds in producing areas

1 范围

本标准规定了水稻种子产地检疫的程序和方法。

本标准适用于各级植物检疫机构对水稻种子繁育基地实施产地检疫。

2 规范性引用文件

下列文件中的条款通过本标准的引用而成为本标准的条款，凡是注日期的引用文件，其随后所有的修改单(不包括勘误的内容)或修订版均不适用本标准，然而，鼓励根据本标准达成协议的各方研究是否可使用这些文件的最新版本。凡是不注日期的引用文件，其最新版本均适用于本部分。

NY/T 1482 稻水象甲检疫鉴定方法

3 术语和定义

下列术语和定义适用于本标准。

3.1

检疫性有害生物 quarantine pests

对受其威胁的地区具有潜在经济重要性、但未在该地区发生，或虽已发生但分布不广并进行官方防治的有害生物。

3.2

检测 test

为确定是否存在有害生物或为鉴定有害生物种类而进行的，除目测以外的检查。

3.3

产地检疫 quarantine in producing areas

植物检疫机构对植物及其产品(含种苗及其他繁殖材料)在原产地生产过程中的全部检疫工作，包括田间调查、室内检测、签发证书及监督生产单位做好选地、选种和疫情处理工作。

4 应检疫的有害生物

4.1 国务院农业行政主管部门公布的全国农业植物检疫性有害生物。

4.2 省级农业行政主管部门公布的补充农业植物检疫性有害生物。

5 水稻种子生产防疫措施

水稻种子生产防疫措施参见附录A。

中华人民共和国国家质量监督检验检疫总局
中国国家标准化管理委员会 2009-04-27 发布 2009-10-01 实施

6 原理

水稻种子繁育基地检疫性有害生物的形态学特征和危害症状(参见附录B)是该标准的科学依据。

7 受理申请

7.1 选址受理

根据水稻种子生产单位和个人的申请,依据调查结果,决定是否出具产地选址合格检疫证明。

7.2 产地检疫受理

植物检疫机构审核水稻种子生产单位和个人提出的申请(参见附录C)和提供的相关资料,决定是否受理。

8 调查检测

8.1 田间调查

8.1.1 调查时期

8.1.1.1 水稻病害

秧田期调查1次。本田期在拔节期至齐穗期检查不少于2次。

8.1.1.2 水稻害虫

秧田在插秧前调查1次。本田期检查2次,根据害虫发生特点和当地水稻生育期选择最易调查时期进行。

8.1.2 调查方法

在巡查(田间危害状识别参见附录B)的基础上,对疑似发生检疫性有害生物的田块采取棋盘式调查方法进行重点调查,0.3 hm^2 以下的地块取样数不少于10点;0.3 hm^2 以上的地块,取样数不少于15点,每点面积为0.5 m^2～1.0 m^2,每个点调查20穴。对田间可疑样本取样,带回室内检测。记录样品品种名称、种植地点、采集时间、采集人等,填入《有害生物调查抽样记录表》(参见附件D)。

8.2 室内检测

对田间调查带回的样本在室内进一步检测,必要时繁育地收获的种子可抽样进行室内检测,室内检测结果进行详细记载(见附件E)。

9 疫情处理

经田间调查或室内检测发现检疫性有害生物的,指导生产单位和个人实施检疫处理。

10 签证

10.1 凡经田间调查和室内检测未发现检疫性有害生物的,签发《产地检疫合格证》(见附件F),《产地检疫合格证》有效期1年。

10.2 发现检疫性有害生物,经检疫除害处理合格的,发给《产地检疫合格证》;经检疫除害处理不合格的,不签发《产地检疫合格证》,并告知产地检疫申请单位或个人。

11 档案管理

对于在产地检疫工作中的原始调查数据、表格、标本等资料档案要妥善保存,填写水稻种子产地检疫档案卡(见附件G),保存时间不少于2年。

附 录 A
(资料性附录)
水稻种子生产防疫措施

A.1 选地

水稻种子的地块与其他水稻田之间应具有一定的隔离条件，秧田要选择在灌水系统上游，距村庄较远的地势高的地方。

A.2 选种及种子消毒处理

A.2.1 繁殖地应选用健康种子。当地植物检疫机构对调入的种子验证或复检。

A.2.2 播种前要进行种子精选，用风选、筛选、泥水选等方法汰除秕粒、虫瘿。

A.2.3 细菌性条斑病浸种处理

A.2.3.1 温汤浸种

先将稻种在清水中预浸 12 h～24 h，然后用竹箩滤水后，放入 54℃～55℃的温水中浸泡 10 min，边浸边搅动稻种，使种子受热均匀，捞出后放入冷水中冷却后即可催芽播种。

A.2.3.2 强氯精浸种

先将稻种用清水预浸 12 h，再放入 40%强氯精 200 倍液中浸种 12 h，捞出用清水冲洗干净后，再用清水浸种 12 h 后催芽播种。

A.2.3.3 抗菌素浸种

用 70%抗菌素“402”200 倍液浸种 48 h，捞出催芽播种。

A.2.3.4 叶枯净浸种

用 10%叶枯净 2 000 倍液浸种 24 h～48 h，捞出后即可催芽播种。

A.3 栽培防疫措施

A.3.1 选用无病虫材料捆秧苗。

A.3.2 在秧田二叶期和移栽前 3 d～5 d 用药剂防治 1 次～2 次。

A.3.3 排灌分家，浅水勤灌，严禁串灌及漫灌，及时晒田。

A.3.4 基肥充分腐熟，防止偏施氮肥，氮、磷、钾要合理配比，防止水稻贪青诱发病虫害。生产地不得使用病虫田秸秆饲喂牲口的粪肥和用病虫田秸秆沤制的粪肥。

A.3.5 繁殖地收获的种子应单收、单打、单贮，并防止污染。检疫性有害生物发生的地块生产的水稻种子应做除害处理。

A.3.6 病虫稻草处理：病虫稻草作燃料烧掉，或作其他灭菌、灭虫处理。不得用病虫稻草捆秧和禁止带虫病肥料施入稻田。

附 录 B
(资料性附录)
部分水稻检疫性有害生物的危害状识别

B.1 水稻细菌性条斑病

水稻细菌性条斑病在叶片上形成暗绿色或黄褐色的狭窄条斑。初发期为暗绿色水渍状半透明小斑点，很快在叶脉之间伸展，形成宽约 1/3 mm～3/4 mm，长约 14 mm 的条斑，可扩大到宽 1 mm、长 10 mm 以上，转为黄褐色。病斑上带有成串的黄色珠状细菌溢出，形小而量多。严重时病斑增多而融聚一起，局部呈不规则的黄褐色至枯白斑块，对光观察，病斑部半透明，水浸状。病部菌胶多，色深，不易脱落。秧苗期即可见到典型症状。

B.2 稻水象甲

稻水象甲以成虫及幼虫为害水稻，尤以幼虫为害最烈。成虫沿水稻叶脉啃食叶肉或幼苗叶鞘，被取食的叶片仅存透明的表皮，在叶片上形成宽 0.38 mm～0.8 mm，通常为 0.5 mm，长不超过 30 mm，两端钝圆的白色长条斑；稻水象甲为害水稻叶片则形成一横排小孔。低龄幼虫在稻根内蛀食，高龄幼虫在稻根外咬食。

稻水象甲的形态识别见 NY/T 1482。

附　录　C
（规范性附录）
产地检疫申请书

表 C.1　产地检疫申请书

编号：　　　　　　　　　　　　　　　　　　　　　　　　年　月　日

<table>
<tr><td>植物名称</td><td colspan="2"></td></tr>
<tr><td>品种名称</td><td colspan="2"></td></tr>
<tr><td>种(苗)来源</td><td colspan="2"></td></tr>
<tr><td>生产面积</td><td colspan="2"></td></tr>
<tr><td>预计产量</td><td colspan="2"></td></tr>
<tr><td>生产地点</td><td colspan="2"></td></tr>
<tr><td>生产期限</td><td colspan="2">从　　　　　　起，至　　　　　　止</td></tr>
<tr><td rowspan="6">申请单位</td><td colspan="2">名称(盖章)：</td></tr>
<tr><td colspan="2">地址：　　　　　　　　　　　　邮编：</td></tr>
<tr><td colspan="2">联系人(签名)：　　　　联系电话：　　　　传真：</td></tr>
<tr><td rowspan="3">要求批件
发送方式</td><td>来人领取</td></tr>
<tr><td>特快专递邮寄</td></tr>
<tr><td>普通邮寄</td></tr>
</table>

附　录　D
（规范性附录）
有害生物调查抽样记录表

表 D.1　有害生物调查抽样记录表

编号：

生产/经营者		地址及邮编	
联系/负责人		联系电话	
调查日期		抽样地点	

样品编号	植物名称（中文名和学名）	品种名称	植物生育期	调查代表株数或面积	植物来源

症状描述：
发生与防控情况及原因：
抽样方法、部位和抽样比例：
备注：

植物检疫机构（盖章）： 填表人（签名）： 年　　月　　日	生产/经营者 现场负责人 年　　月　　日
注：本单一式两联，第一联植物检疫机构存档，第二联交受检单位。	

附　录　E
（规范性附录）
有害生物样本鉴定报告

表 E.1　有害生物样本鉴定报告

编号：

<table>
<tr><td>植物名称</td><td colspan="3"></td><td>品种名称</td><td></td></tr>
<tr><td>植物生育期</td><td></td><td>样品数量</td><td></td><td>取样部位</td><td></td></tr>
<tr><td>样品来源</td><td></td><td>送检日期</td><td></td><td>送检人</td><td></td></tr>
<tr><td>送检单位</td><td colspan="3"></td><td>联系电话</td><td></td></tr>
<tr><td colspan="6">检测鉴定方法：</td></tr>
<tr><td colspan="6">检测鉴定结果：</td></tr>
<tr><td colspan="6">备注：</td></tr>
<tr><td colspan="6">鉴定人(签名)：

审核人(签名)：

鉴定单位盖章：
年　　月　　日</td></tr>
<tr><td colspan="6">注：本单一式三份，检测单位、受检单位和检疫机构各一份。</td></tr>
</table>

附 录 F
（规范性附录）
产地检疫合格证

表 F.1 产地检疫合格证

编号：

植物或产品名称		品种名称	
面　　积		数　　量	
产　　地			
生产单位或户主		联 系 人	
单位地址		电　　话	
产地检疫结果： 检疫员（签名）： 年　月　日			
植物检疫机构审定意见： 植物检疫机构（检疫专用章） 年　月　日			
注：此证有效期1年，请妥善保存，不得转让，需调运该植物或产品时，凭此证向植物检疫机构办理《植物检疫证书》。			

产地检疫合格证（存根）

编号：

植物或产品名称		品种名称	
面　　积		数　　量	
产　　地			
生产单位或户主		联 系 人	
单位地址		电　　话	
产地检疫结果： 检疫员（签名）： 年　月　日			
植物检疫机构审定意见： 植物检疫机构（检疫专用章） 年　月　日			

附 录 G
（规范性附录）
水稻种子产地检疫档案卡

表 G.1 水稻种子产地检疫档案卡

地块：

<table>
<tr><td rowspan="3">检测日期</td><td rowspan="3">作物</td><td rowspan="3">品种</td><td rowspan="3">种苗来源</td><td rowspan="3">播种日期</td><td colspan="8">田间检查发现病(虫)株率</td><td>室内检测结果</td></tr>
<tr><td colspan="8">检疫性有害生物编号</td><td>阳性编号</td></tr>
<tr><td>1</td><td>2</td><td>3</td><td>4</td><td>5</td><td>6</td><td>7</td><td>8</td><td>检查人</td></tr>
<tr><td></td><td></td><td></td><td></td><td></td><td></td><td></td><td></td><td></td><td></td><td></td><td></td><td></td><td>备注</td></tr>
<tr><td colspan="14">注：检疫性有害生物编号为：
1——水稻细菌性条斑病；2——水稻稻水象甲。</td></tr>
</table>

本标准起草单位：全国农业技术推广服务中心、湖南省植保植检站、湖南农业大学生物安全科技学院。

本标准主要起草人：王玉玺、周社文、刘年喜、朱景全、李一平、廖晓兰、肖启明。

中华人民共和国国家标准

GB 12743—2003

大豆种子产地检疫规程

Plant quarantine rules for soybean seeds in producing areas

1 范围

本标准规定了大豆种子产地的限定性有害生物种类、健康种子生产、检验、检疫、签证等。

本标准适用于实施大豆种子产地检疫管理的植物检疫机构及繁育、生产大豆种子的单位和个人。

2 术语和定义

下列术语和定义适用于本标准。

2.1

产地

因植物检疫的目的而单独管理的生产点。

2.2

产地检疫

植物检疫机构对植物及其产品(含种苗及其他繁殖材料,下同)在原产地生产过程中的全部工作,包括田间调查、室内检验、签发证书及监督生产单位做好选地、选种和疫情处理等工作。

2.3

有害生物

任何对植物或植物产品有害的植物、动物或病原物的种、株(品)系或生物型。

2.4

限定性有害生物

一种检疫性有害生物或限定非检疫性有害生物。

2.5

检疫性有害生物

对受其威胁的地区具有潜在经济重要性、但尚未在该地区发生,或虽已发生但分布不广并进行官方防治的有害生物。

2.6

限定非检疫性有害生物

一种非检疫性有害生物,但它在供种植的植物中存在,危及这些植物的预期用途而产生无法接受的经济影响,因而在输入方境内受到限制。

2.7

健康种子

按本标准所列检验方法检验,符合本标准对限定性有害生物要求的大豆种子。

中华人民共和国国家质量监督检验检疫总局 2003-06-02 发布　　2003-11-01 实施

3 限定性有害生物

3.1 检疫性有害生物：

大豆疫病 *Phytophthora sojae* Kaufm. & Gerd.

菟丝子属 *Cuscuta* spp.

3.2 限定非检疫性有害生物：

大豆病毒病 Soybean virus disease

大豆霜霉病 *Peronospora manschurica*(Naum.)Syd

大豆灰斑病 *Cercospora sojina* Hara

3.3 省里补充的其他检疫对象。

4 健康种子生产

4.1 繁育地选择

4.1.1 繁育地设在排灌条件良好、土壤肥力中等的地块，并翻耕晒土。

4.1.2 繁育地选择连续种植禾谷类作物二至三年以上的地块，无本标准所列的检疫性有害生物发生。

4.1.3 避免邻作是限定性有害生物的寄主(如向日葵和油菜等)，并保持100 m内无大豆的隔离条件。

4.1.4 产地检疫申报：种子繁育单位或个人应在播种前一月向当地植物检疫机构申请产地检疫，并填写申报表(见表1)。

表1 产地检疫申报表

申报号：
作物名称：
申报单位(农户)：　　　　　　　　联系人：　　　　联系电话：　　　　地址：

种植地点	种植地块编号	种植面积/667 m^2(亩)	品种	种苗来源	预计播期	预产种子量/kg	隔离条件
合计							
植物检疫机构审核意见： 审核人：　　　　　　　　植物检疫专用章 年　月　日							
注1：本表一式二联，第一联由审核机关留存，第二联交申报单位。 注2：本表仅供当季使用。							

4.2 种子健康标准

4.2.1 原原种：不带本标准所列的限定性有害生物，无斑驳。

4.2.2 原种：无疫霉菌、菟丝子种粒；霜霉病、病毒病发病率要分别低于3%和0.2%，灰斑病发病率、种子斑驳率低于3%。

4.2.3 一般良种：无疫霉菌、菟丝子种粒；霜霉病、病毒病发病率要分别低于10%和0.5%，灰斑病发病率、种子斑驳率低于5%。

4.3 选种

4.3.1 原原种自上一年无限定性有害生物的大豆田中大豆健株上采集，经检疫证明符合原原种健康标准。

4.3.2 原种及一般良种采自上一级符合标准的种子田。

4.4 防疫措施

4.4.1 播种前用筛子、选种机等机械或人工办法粒选，汰除混入的杂质。

4.4.2 播种前用药剂拌种，防止大豆疫病或其他有害生物危害。

4.4.3 在幼苗期，及时拔除病苗杂草。

4.4.4 在大豆花期以前，如果有蚜虫发生，应对种子田及保护带施药灭蚜。

4.4.5 盛花期遇潮湿天气，田间灰斑病病叶率达到30%时，应施药防治。

4.4.6 开展大豆疫病田间监测，发现可疑株，应进行土壤检测，一旦确认立即销毁病株并进行土壤处理。

4.4.7 当田间发现菟丝子时，少的随即拔除，多的连同大豆一起销毁。

4.4.8 对田块内的大豆残株及落叶等应及时清除、烧毁，避免串田灌溉，并及时防治其他有害生物。

5 检查、检验、签证

5.1 检查以农业植物检疫部门为主，种子部门、生产单位(农户)协助。

5.2 原原种逐行逐株目测。原种、一般良种采用棋盘式抽样检验，检验区面积不得大于33.33 hm^2，0.67 hm^2 以下取5点，0.67 hm^2～6.67 hm^2，取8点，6.67 hm^2～13.33hm^2 取11点，13.33 hm^2～33.33 hm^2 取15点，每点检验株数不得少于200。33.33 hm^2 以上可根据各方面条件的均匀程度，另外划分检验区。

5.3 检查时期：在大豆整个生育期间，要进行限定性有害生物发生情况的系统调查。在幼苗期、盛花期、鼓粒成熟期进行三次田间检查，田间症状详见附录A，将检验结果填入大豆种子田间检验记录表(见表2)。

表2 大豆种子田间检验记录表

地点	品种	面积/hm^2	处理	种子级别	调查项目	调查时期					亩产量/kg	质量等级
						播前种子	苗期	开花盛期	结荚盛期	收获种子		
					检查株(粒)数							
					菟丝子种(株)数							
					疫病率/(%)							
					霜霉病率/(%)							
					灰斑病率/(%)							
					种子斑驳率/(%)							
					病毒种传率/(%)							
					其他							
					调查日期							
					调查人							

5.3.1 幼苗期检查：检查有无限定性有害生物的可疑症状，如发现有则按4.4的有关防疫措施处理。

5.3.2 盛花期检查：检查大豆疫病和菟丝子并按照4.4的有关防疫措施及时处理。病毒病检验以盛花期为主，该期原种及良种田田间病株率可作为该地块种传率预测的依据，原种及良种田花期病毒病株率应分别低于1%和3%。灰斑病于花期检查后，根据病情和当地气象预报决定是否应进行药剂防治。

5.3.3 鼓粒成熟期检查：检查大豆疫病并按照4.4给出的防疫措施及时处理。

5.4 田间不能确诊的限定性有害生物样本带回实验室，做室内检验（大豆疫病检测方法见附录B，病毒病检测方法详见附录C，其他有害生物按常规方法进行）。检验结果填入大豆室内检验报告单（见表3）。

表3 产地检疫室内检验报告单

对应申报号：	样本编号：	取样日期：
作物名称：	作物品种：	取样部位：
检验方法：		
检验结果：		
备注：		
检验人（签名）： 审核人（签名）： 植物检疫专用章 年　月　日		

5.5 签证

5.5.1 凡检查、检验发现大豆疫病者不予签证。

5.5.2 病毒病检验以田间为主，必要时做室内检验，若病毒病不符合本标准要求，不应签证。

5.5.3 发现菟丝子经严格处理合格，可以签证。

5.5.4 凡经过田间检验及室内检验后，收获的种子符合健康种子标准的，发给产地检疫合格证（见表4）。

表4 产地检疫合格证

有效期至：　年　月　日

检疫日期：　年　月　日　　　　（　）检（　）字第　号

作物名称		品种名称	
种植面积		田块数目	
种苗数量	kg（株）	种苗来源	
种植单位		负责人	
检疫结果	签发机关（盖章）　检疫员 年　月　日		
注：本证一式两联，第一联交生产单位凭证换取植物检疫证书，第二联留存检疫机关备查。 本证不作《植物检疫证书》使用。			

5.5.5 若检验没有发现检疫性有害生物，但发现限定非检疫性有害生物的，记录下结果，不予签发产地检疫合格证。调运时，检疫机构视是否符合种子调入地检疫要求确定是否签发植物检疫证书。

附 录 A
(资料性附录)
大豆限定有害生物的田间症状

A.1 大豆疫病

幼苗期,幼苗出土前后猝倒,根及下胚轴变褐、变软,真叶期被害幼苗茎部呈水渍状,叶片变黄,严重者枯萎而死。

成株受害时,往往在茎基部发病,出现咖啡色病斑,并向上下扩展,病茎髓部变褐,皮层和维管束组织坏死、叶片变黄下垂但不脱落,根部受害变黑褐色,病痕边缘不清晰

A.2 菟丝子

茎线状,直径 1.0 mm～1.5 mm,黄色、淡橙黄色或黄绿色,光滑无毛,在寄主茎上向左缠绕,叶鳞片状,膜质。花黄白色,多数簇生一起,呈绣球形,种子为小型蒴果。

A.3 大豆霜霉病

A.3.1 幼苗:沿叶片主脉两侧出现褪绿块斑,扩大后叶片全部变黄,病叶背面密生灰白色霉层,病株矮化,叶皱缩,封垄后死亡。

A.3.2 成株:叶片上病斑散生,呈圆形或不规则形的黄绿色小斑点,叶背有灰白色霉层,呈星芒状。发病重的,病斑可汇成更大病块,病叶干枯,被害籽粒表面粘附有灰白色霉层。

A.4 大豆灰斑病

叶背病斑色较深,生有黑灰色霉层(即分生孢子梗和分生孢子),干枯时破裂成孔。初在叶片表面生圆形小斑点,后扩大。中心变灰色或灰褐色,周缘成赤褐色,圆形、椭圆形、多角形或不规则形,荚上病斑为圆形,褐色,有深褐色轮廓。茎部病斑呈纺锤形,黑褐色,逐渐发展绕茎一周。种子上的病斑为褐色圆形,边缘深褐色,轻病粒仅产生褐色不规则形小点。

A.5 大豆病毒病

A.5.1 大豆花叶病毒病(Soybean mosaic virus)

A.5.1.1 病苗症状

大多数病苗在第 1～2 复叶展开后都已显症,气温持续在 25℃以上时则隐症或延迟显症,病苗单叶两侧向下纵卷成筒状,或倒三角形,单叶及复叶可有斑驳、花叶,或背面叶脉局部坏死,而引起叶片向下弯曲。

A.5.1.2 成株症状

花叶型:花叶、斑驳、黄斑、矮化、皱缩。

顶枯型:叶脉坏死,自茎顶部生长点向下坏死,也可弯曲

A.5.2 大豆矮化病毒病(Soybean stunt virus)

单叶扭曲,叶背脉部分坏死,叶片沿脉抽缩,复叶轻性斑驳,或叶脉退绿,成株期呈顶枯状,与大豆花叶病的顶枯型相同。

A.5.3 其他病毒病

由不同病毒引起。

A.5.3.1 花生轻性斑驳病毒病(Peanut mild mottle virus)

叶上有黄斑、枯斑、脉坏死、斑驳或皱缩。

A.5.3.2 苜蓿花叶病毒病(Alfalfa mosaic virus)

叶片上呈现黄色斑驳或花叶。

附 录 B
（规范性附录）
大豆疫病实验室检验方法

B.1 病原菌分离和培养

B.1.1 从病组织分离

选择典型病株，切取病斑边缘病健组织交界处约 5 cm 长的一段组织，放入滤网中，自来水冲洗 10 min，然后切成 0.5 cm 见方的小块，放入 0.1%次氯酸钠水溶液中浸泡 0.5 min～1 min 后取出，立即放入无菌水中冲洗 3 次～4 次，用选择性培养基进行分离，室温 22℃～25℃下培养 3 d，在实体解剖镜下观察，挑取疫霉菌丝，转移到胡萝卜(CA)或利马豆(LA)培养基上繁殖。

B.1.2 从土壤分离

将土壤风干，研碎，过筛(孔径 2 mm)，加蒸馏水润湿，使土壤含水量达到或接近饱和，24℃～26℃光照条件下培养 4 d～6 d 后，加适量蒸馏水浸泡，浸泡水面高出土表不超过 1.5 cm，加感病大豆品种 5 mm 叶碟诱集 6 h～12 h，取出叶碟，光照条件下用无菌水培养，1 d～3 d 后镜检叶碟边缘有无孢子囊。若有，则吸取游动孢子悬浮液，涂于选择性培养基上，24℃～26℃黑暗条件下培养 4 h～12 h，显微镜下选择已萌发的单个孢子，用接种针挑取含单个孢子的琼脂块转移到选择性培养基上，25℃黑暗条件下继续培养，4 h～6 h 后继续转皿纯化。取得单游动孢子菌株后，以形态和致病性作最终鉴定。

B.2 鉴别特征

大豆疫霉菌在 PDA 培养基上生长缓慢，气生菌丝致密，幼龄菌丝无隔多核，分枝大多呈直角，分枝基部稍有缢缩，菌丝老化时产生隔膜，并形成结节状或不规则膨大。膨大部球形、椭圆形，大小不等。菌丝体宽 3 μm～9 μm。可以产生厚垣孢子。

该菌在利马豆培养基和自来水中可以形成大量孢子囊。孢囊梗单生，无限生长，多数不分枝，孢子囊顶生，倒梨形，顶部稍厚，乳突不明显。新孢子囊在旧孢子囊内以层出方式产生，孢子囊不脱落，(23～89) μm×(17～52) μm，平均 58 μm×38 μm。游动孢子在孢子囊内形成，卵形，一端或两端钝尖，具两根鞭毛，茸鞭朝前，尾鞭长度为茸鞭的 4 倍～5 倍。

利马豆不易购得，可以用“白芸豆琼脂培养基”代替。该培养基用干豆吸胀 24 h，取吸胀豆 150 g，加 300 mL 蒸馏水，用高压灭菌锅 121℃煮 20 min，双层纱布过滤，滤汁加水补足至 1 000 mL，加琼脂制成含 2%琼脂的培养基。在白芸豆琼脂培养基平板上，菌落边缘整齐，菌丝致密，气生菌丝白色，菌落前沿有环形半透明带(淀粉利用带)，菌落上可产生大量卵孢子。

用胡萝卜或利马豆固体培养基培养、一周后可产生大量卵孢子。藏卵器壁薄，球形至扁球形，直径 29 μm～46 μm，一般在 40 μm 以下。雄器侧生，长形或圆形。卵孢子球形，直径 19 μm～38 μm，有光滑的内壁和外壁，淡黄色，壁厚 1 μm～3 μm。由于常规洗涤检验也可洗下大豆霜霉菌卵孢子，为免混淆，可根据表 B.1 进行甄别。

表 B.1 疫霉菌和霜霉菌卵孢子比较

项 目	疫霉菌卵孢子	霜霉菌卵孢子
卵孢子直径/μm	23.2～31.9	23.2～29.0
卵孢子壁厚/μm	2.3～3.2	1.3～2.6

表 B.1 (续)

项　　目	疫霉菌卵孢子	霜霉菌卵孢子
卵孢子形态及颜色	球形、黄褐色	球形、淡黄色
卵孢子着生部位及特点	种皮里面、分散	种皮表面、集中成堆
病种子表面特征	无霉层	灰白色干粉状霉层

B.3　常用培养基及其配方

B.3.1　胡萝卜琼脂培养基(CA):胡萝卜 200 g,加 200 mL 蒸馏水组织捣碎,过滤,汁液中加 20 g 琼脂加热融化,蒸馏水补足至 1 000 mL,分装灭菌 30 min。

B.3.2　利马豆琼脂培养基(LA):利马豆 25 g,加水浸胀后加入 1 000 mL 蒸馏水,高温灭菌 30 min,过滤,加 20 g 琼脂,将溶液体积补充至 1 000 mL,高温灭菌 30 min。

B.3.3　在 CA 或 LA 培养基中添加不同药剂即配置成多种选择性培养基,常用的有以下几种:

B.3.3.1　PARP 选择性培养基:在 CA 或 LA 基础培养基中添加匹马霉素(Pimaricin)10 mg/L,安比西林(Ampicillin)250 mg/L,利福平(Rifampicin)10 mg/L ,五氯硝基苯(PCNB)50 mg/L。

B.3.3.2　PARPH 选择性培养基:在 CA 或 LA 基础培养基中添加匹马霉素(Pimaricin)10 mg/L,安比西林(Ampicillin)250 mg/L,利福平(Rifampicin)10 mg/L,五氯硝基苯(PCNB)50 mg/L,恶霉灵(Hymexazol)50 mg/L。

B.3.3.3　PBNC 选择性培养基:在 LA 基础培养基中添加五氯硝基苯(PCNB)20 mg/L,苯莱特(Benlate)5 mg/L,硫酸新霉素(Neomycin Sulfate,新丝霉素)100 mg/L,氯霉素(Chloroampheicol)10 mg/L。

附　录　C
（规范性附录）
大豆病毒病种传率的检测技术

C.1　检测范围

原原种和原种。

C.2　器材

C.2.1　防虫温室或网室。

C.2.2　河沙、砾石、珍珠岩或消过毒土壤，任选一种。

C.2.3　花盆或塑料果盘（长方形，约长 45 cm、宽 33 cm、高 10 cm，底有细孔）供播种。

C.2.4　消毒钵体。

C.2.5　电镜。

C.2.6　硅藻土或金刚砂（400 目～600 目）。

C.2.7　指示作物菜豆品种“monroe bean”，供试幼苗，要求在防虫温室培育，在单叶到一片复叶时使用。

C.3　检测步骤

以生长试验为主，必要时进行指示植物反应、血清反应和电镜观察。

C.3.1　生长试验

C.3.1.1　取种样：原原种按种重 1/10，最多不超过 500 粒；原种取 500 粒。

C.3.1.2　播种：在防虫条件下播种和培育幼苗。种距 3 cm～5 cm。即于上述规格的塑料果盘中每行播 10 粒，10 行，共播 100 粒/盘。其他盘则以此类推。培育温度不低于 15℃，不高于 28℃，以 18℃～23℃为宜。

C.3.1.3　观察记载：第一次于单叶展平时，记下症状明显的病苗数，第二次于第一复叶平展时，记下症状明显的病苗数，拔除病苗和健苗，留下可疑而未确定的苗。

C.3.2　接种指示植物

取可疑苗的叶片少许，在加有少许金刚砂（或硅藻土）的消毒研钵中研成汁液状，常规接种菜豆“monroe bean”。观察指示植物接种叶的病斑或幼叶的系统症状，判断可疑苗是否有病毒病。

C.3.3　琼脂双扩散血清反应

平皿中倾入熔化的培养基（NaN_3 1%，SDS 0.5%，优质琼脂粉 0.8%，蒸馏水配制）。凝固后打二或四组孔，中央孔滴入抗血清，四周孔滴入待测植株的汁液。每克叶片加 1 mL pH7.2～7.4 的磷酸缓冲液研磨，并加 1 mL3% SDS 液处理，吸出汁液，加入平皿孔中（测定球状病毒时不用 SDS 处理）。平皿加盖，放 25℃～37℃孵育 1 d。样品孔与中央孔（抗血清）之间出现沉淀线为阳性反应。

C.3.4　电镜观察

切取一小块（1 mm×3 mm）叶片，放入一滴 2%～3%的磷钨酸（PTA）液中，用玻棒捣碎叶组织，取液滴放在被有福尔马膜的铜网上，浮载 30 s，取出吸去多余的液体，即可在电镜下观察。如观察 CMV，可用乙酸铀2%液染色。

本标准负责起草单位:全国农业技术推广中心、东北农业大学、辽宁省植保植检站、吉林省植物检疫站、黑龙江省植保植检站、农业部大豆种子质量监督检验中心、黑龙江省富锦市植保站。

本标准主要起草人:王福祥、吴立峰、文景芝、蔡明、吴雨泉、杜淑梅、孙波、万振家。

中华人民共和国国家标准

GB/T 23623—2009

向日葵种子产地检疫规程

Quarantine protocols for sunflower seeds in places of production

1 范围

本标准规定了实施向日葵种子产地检疫的程序和方法。

本标准适用于植物检疫机构对向日葵种子实施产地检疫。

2 术语和定义

下列术语和定义适用于本标准。

2.1

产地检疫 quarantine in places of production

特指向日葵种子生产过程中所开展的全部检疫工作，包括向日葵种子繁育地的检疫检查对象、向日葵种子生长期间的田间检疫调查及必要的室内检验等。

2.2

检测 detection

为确定是否存在有害生物或为鉴定有害生物而进行的除肉眼检查以外的官方检查。

2.3

检验 inspection

对植物、植物产品或其他限定物进行官方的直观检查以确定是否存在有害生物，或是否符合植物检疫法规。

2.4

检疫性有害生物 quarantine pest

对受其威胁的地区具有潜在经济重要性、但尚未在该地区发生，或虽已发生但分布不广并进行官方防治的有害生物。

3 应检疫的有害生物种类

3.1 国务院农业行政主管部门公布的全国农业植物检疫性有害生物。

3.2 省级农业行政主管部门公布的补充农业植物检疫性有害生物。

4 产地检疫受理

植物检疫机构审核向日葵种子生产单位和个人提交的《产地检疫申请书》(参见附录 A)和相关材料，决定是否受理，决定受理的，制定产地检疫计划。

中华人民共和国国家质量监督检验检疫总局
中国国家标准化管理委员会 2009-04-27 发布 2009-10-01 实施

5 繁育地的检疫检查

繁育基地应同时具备以下3个条件：

a) 繁育基地应从未发生或连续三年未发生检疫性有害生物；

b) 繁育基地应有隔离保护条件；

c) 应保证繁育基地的灌溉水源不会受到检疫性有害生物污染。

6 繁育用种的检疫检查

重点检查拟用作繁育向日葵种子的种子是否从无检疫性有害生物发生区选种或经植物检疫机构检疫证明不带检疫性有害生物。对检疫状况不清的种子应重新检疫。

7 生长期间的调查检测

7.1 田间调查

7.1.1 调查时间与次数

在向日葵苗期、生长中期和后期至少各检查一次。

7.1.2 调查方法

首先全面踏查目测，发现疑似检疫性有害生物的，进行记录，并采集样本。未见异常的，采用对角线或棋盘式法重点调查，1 hm^2 以下的地块调查不少于15点，1 hm^2～5 hm^2 的地块调查不少于20点，5.1 hm^2～10 hm^2 的地块调查不少于25点，10 hm^2 以上的地块调查不少于30点，每点不少于10株。

7.1.3 调查结果记录

根据检疫性有害生物危害症状进行鉴定(参见附录B)，记录检查结果，详细填写《产地检疫田间调查记录表》(参见附录C)。

7.2 室内检测

7.2.1 检测方法

发现有检疫性有害生物的可疑样本，现场又难以确切诊断的，应将被害植株、病残体或杂草样本现场拍照并及时送回实验室鉴定确诊。检疫性有害生物的检测方法执行有关标准；无标准的，按照常规方法进行检测。

7.2.2 检测结果记录

室内检测结束后，应出具《植物有害生物样本鉴定报告》(参见附录D)，同时保存样本。

8 疫情处理

依照植物检疫有关规定进行处理。

9 结果与签证

9.1 经田间调查、室内检测未发现检疫性有害生物，植物检疫机构签发《产地检疫合格证》(参见附录E)。

9.2 发现检疫性有害生物，经检疫除害处理合格的，发给《产地检疫合格证》；无法处理或经检疫除害处理不合格的，不签发《产地检疫合格证》，并告知产地检疫申请单位或个人。

10 档案管理

在产地检疫过程中的原始调查数据、表格、标本等资料档案要妥善保存，保存时间不少于2年。

附 录 A
(资料性附录)
产地检疫申请书

表 A.1 产地检疫申请书

编号： 年 月 日

<table>
<tr><td>植物名称</td><td colspan="2"></td></tr>
<tr><td>品种名称</td><td colspan="2"></td></tr>
<tr><td>种(苗)来源</td><td colspan="2"></td></tr>
<tr><td>生产面积</td><td colspan="2"></td></tr>
<tr><td>预计产量</td><td colspan="2"></td></tr>
<tr><td>生产地点</td><td colspan="2"></td></tr>
<tr><td>生产期限</td><td colspan="2">从 年 月 日起,至 年 月 日止。</td></tr>
<tr><td rowspan="6">申请单位</td><td colspan="2">名称(盖章)：</td></tr>
<tr><td colspan="2">地址： 邮编：</td></tr>
<tr><td colspan="2">联系人(签名)： 联系电话： 传真：</td></tr>
<tr><td rowspan="3">要求批件
发送方式</td><td>来人领取</td></tr>
<tr><td>特快专递邮寄</td></tr>
<tr><td>普通邮寄</td></tr>
</table>

附 录 B
(资料性附录)
向日葵检疫性有害生物识别鉴定

B.1 向日葵霜霉病

B.1.1 田间症状识别

典型症状：罹病幼苗细弱矮小，出苗 2 周～4 周后，出现沿叶脉失绿等典型系统发病症状。早期发病可造成幼苗猝倒，下胚轴接近土壤表面处出现坏死斑或组织肿大增生，形成瘿瘤等症状。有些病菌不表现表观症状，但内部带菌。

田间系统发病植株易于识别，其主要症状为：子叶沿叶脉褪绿黄化，上部叶片校下部叶片严重，且叶片不正常加厚，呈泡状皱缩。叶片黄化部位产生白色霉层，以叶片背面最多；病株矮化，一般为健林高度的 2/3，严重的仅为 1/10。茎秆纳弱，表面有霉层；根系不发达，次生根少；花盘小，僵硬，盘面向上，失去向光性。

症状表现受侵染时期和品种抗病性的影响。早期侵染的植株严重矮化，茎叶细小，多在成熟前死亡。侵染发生较晚的可能直到开花期才表现症状。有的病株无症状或仅叶脉周围轻微褪绿，产生外观正常的种子，但种子可能带菌传病。由孢子囊引起的再侵染，导致叶片上产生多角形局部病斑。

B.1.2 病原鉴定

用生物显微镜直接镜检。依据以下病原特征鉴定：孢囊梗从叶片气孔抽出，无色细长，单轴状直角分支，末端分枝 1 个～6 个，直短锥状，长 6 μm～9 μm，顶端着生孢子囊，孢子囊椭圆形，大小为(17 μm～30 μm)×(15 μm～21 μm)，顶端有一个乳头状突起。孢子囊萌发可产生双鞭游动孢子或形成芽管。在人工接菌十几天的病苗根部和茎基部观察病原卵孢子：卵孢子球形或椭圆形、淡黄色、壁光滑颜色稍淡、厚约 3 μm，卵孢子平均直径 27.0 μm～30.5 μm。在病株的根(主、侧根)、茎(皮层、木质部、髓部)、叶(叶柄、叶脉)、花器和种子里均有病菌的无隔孢间菌丝和吸器，吸器呈球形或稍长，大小差异较大。

B.2 列当属

B.2.1 田间症状识别

茎肉质，直立，单生或少数分枝，最高可达 60 cm，一般为 30 cm～40 cm。全株缺叶绿素，叶退化成鳞片螺旋状排列于茎上，无真根，退化成吸盘。向日葵植株生长缓慢，茎秆低矮细弱，花盘瘦小，秕粒增多，受害严重的花盘凋萎干枯，整株死亡。

B.2.2 鉴定

用体视显微镜直接镜检。叶鳞片状，卵形、卵状披针形或披针形，螺旋状排列，或生于茎基部的叶常紧密排列成覆瓦状；花多数两性，两侧对称，排成稠密或疏散的穗状或总状花序；苞片 1 枚，常与叶同形，苞片上方有小苞片 2 或无，小苞片常贴生于花萼基部，极少生于花梗上，无梗、几无梗或具极短的梗。花萼钟状或杯状，顶端 4 浅裂或近 4～5 深裂，偶见 5～6 齿裂，或花萼 2 深裂至基部或近基部，萼裂片全缘或 2 齿裂；花冠弯曲，二唇形，上唇龙骨状、全缘，或成穹形而顶端微凹或 2 浅裂，下唇顶端 3 裂，短于、近等于或长于上唇。雄蕊 4 枚，2 强，内藏，花丝纤细，着生于花冠筒的中部以下，基部常增粗并被柔毛或腺毛，稀近无毛，花药 2 室，平行，能育，卵形或长卵形，无毛或被短(长)柔毛。雌蕊由 2 合生心皮组成，子房上位，1 室，侧膜胎座 4，具多数倒生胚珠，花柱伸长，常宿存，柱头膨大，盾状或 2～4 浅裂。植株由下而上开花结实。蒴果卵球形或椭圆形,2瓣开裂。种子小,多数,长圆形或近球形,种皮表面具网状纹饰,网眼底部具细网状纹饰或具蜂巢状小穴。

B.3 菟丝子属

B.3.1 田间症状识别

茎缠绕,细丝状,多分枝,无叶;茎黄色或红色,具吸器。

B.3.2 鉴定

用体视显微镜直接镜检。花小,白色或淡红色;无梗或具短梗,集成穗状、总状或簇生成头状的花序;苞片小或无;萼片几乎等大。基部或多或少连合;雄蕊与花冠裂片同数,着生于花冠喉部,与花冠裂片互生。通常稍伸出,花丝短,花药向内,花粉粒椭圆形,无刺;雌蕊由二枚心皮构成,子房二室,上位,每室二胚珠;花柱二,完全分离或多少连合,柱头球形或伸长。蒴果球形、扁球形或卵形,有时稍肉质,周裂或不规则开裂,内含种子一至四粒。种子一般卵形,无毛,有喙或喙不明显,表面光或粗糙,胚包含在肉质的胚乳中,线形,成圆盘状或螺旋状弯曲,子叶无或仅有细小的鳞片状遗痕。单柱类种子一般大于2.0 mm,种脐明显。

B.4 其他

检疫性有害生物名单根据农业部公布的《全国农业植物检疫性有害生物名单》和各省公布补充农业植物检疫性有害生物名单进行调整。

附　录　C
（资料性附录）
产地检疫田间调查记录表

表 C.1　产地检疫田间调查记录表

调查日期		种子来源	
繁育单位		繁育地点	
品　　种		种植时间	
消毒方法			
隔离条件			
调查株数（面积）		可疑检疫性有害生物株数（面积）	
检疫性有害生物发生情况			
调查人			

附　录　D
(资料性附录)
植物有害生物样本鉴定报告

表 D.1　植物有害生物样本鉴定报告

编号：

<table>
<tr><td>植物名称</td><td colspan="3"></td><td>品种名称</td><td></td></tr>
<tr><td>植物生育期</td><td></td><td>样品数量</td><td></td><td>取样部位</td><td></td></tr>
<tr><td>样品来源</td><td></td><td>送检日期</td><td></td><td>送检人</td><td></td></tr>
<tr><td>送检单位</td><td colspan="3"></td><td>联系电话</td><td></td></tr>
<tr><td colspan="6">检测鉴定方法：</td></tr>
<tr><td colspan="6">检测鉴定结果：</td></tr>
<tr><td colspan="6">备注：</td></tr>
<tr><td colspan="6">鉴定人(签名)：
审核人(签名)：
鉴定单位盖章：
年　　月　　日</td></tr>
<tr><td colspan="6">注：本单一式三份，检测单位、受检单位和检疫机构各一份。</td></tr>
</table>

附 录 E
（资料性附录）
产地检疫合格证

表 E.1 产地检疫合格证

编号：

植物或产品名称		品种名称	
面　　积		数　　量	
产　　地			
生产单位或户主		联 系 人	
单位地址		电　　话	
产地检疫结果： 检疫员（签名）： 年　月　日			
植物检疫机构审定意见： 植物检疫机构（检疫专用章） 年　月　日			
注：此证有效期1年，请妥善保存，不得转让，需调运该植物或产品时，凭此证向植物检疫机构办理《植物检疫证书》。			

产地检疫合格证（存根）

编号：

植物或产品名称		品种名称	
面　　积		数　　量	
产　　地			
生产单位或户主		联 系 人	
单位地址		电　　话	
产地检疫结果： 检疫员（签名）： 年　月　日			
植物检疫机构审定意见： 植物检疫机构（检疫专用章） 年　月　日			

本标准起草单位：全国农业技术推广服务中心、甘肃省植保植检站。
本标准主要起草人：王玉玺、陈臻、贾迎春、姜红霞、刘慧、朱莉。

中华人民共和国国家标准

GB/T 23624—2009

玉米种子产地检疫规程

Quarantine protocols for maize seeds in places of production

1 范围

本标准规定了玉米种子产地检疫的程序和方法。

本标准适用于植物检疫机构对玉米种子实施产地检疫。

2 术语和定义

下列术语和定义适用于本标准。

2.1

检疫性有害生物 quarantine pest

对其受危害的地区具有潜在的经济重要性,但未在该地区发生,或虽已发生但分布不广并进行官方防治的有害生物。

2.2

产地检疫 quarantine in places of production

植物检疫机构对植物及其产品(含种苗及其他繁殖材料)在原产地生产过程中的全部检疫工作,包括田间调查、室内检测、签发证书及监督生产单位做好选地、选种和疫情处理工作。

2.3

检验 inspection

对植物、植物产品或其他限定物进行官方的直观检查以确定是否存在有害生物或是否符合植物检疫法规。

2.4

检测 detection

为确定是否存在有害生物或为鉴定有害生物进行的除目测以外的官方检查。

3 应检的有害生物

国务院农业行政主管部门公布的全国农业植物检疫性有害生物。

省级农业行政主管部门公布的补充农业植物检疫性有害生物。

4 产地检疫受理

植物检疫机构审核玉米种子生产单位或个人提出的《产地检疫申请书》(参见附录A)和相关材料,现场勘察制种基地,决定是否受理。

中华人民共和国国家质量监督检验检疫总局
中国国家标准化管理委员会 2009-04-27发布 2009-10-01实施

5 准备与技术指导

5.1 植物检疫机构制定产地检疫计划;指导制种单位或个人建立田间疫情调查档案并做好疫情调查;监督落实防疫措施。

5.2 查验亲本种子植物检疫证书或复检,确保其不携带检疫性有害生物。

5.3 选择没有检疫性有害生物发生并有较好隔离条件的地块作为制种田。

6 调查检测

6.1 田间调查

6.1.1 调查时间

根据目标有害生物确定最佳调查时间,一般在玉米苗期、大喇叭口期、灌浆成熟期各调查 1 次,必要时可增加调查次数。

6.1.2 调查方法

在全面目测的基础上,未见异常的,采用对角线或棋盘式方法调查,1 hm^2 以下的地块调查不少于 15 点,1.1 hm^2～5 hm^2 的地块调查不少于 20 点,5.1 hm^2～10 hm^2 的地块调查不少于 25 点,10 hm^2 以上的地块调查不少于 30 点,每点不少于 10 株。

6.1.3 调查结果记录

根据检疫性有害生物形态学特征、生物学特性、危害症状等进行田间现场诊断,填写《产地检疫田间调查记录表》(参见附录 B),同时保存样品。现场不能确认的,采集疑似样品带回,填写《有害生物调查抽样记录表》(参见附录 C)。

有条件的,可拍摄产地检疫的典型症状、疑似病株等图像资料。

6.2 室内检测

6.2.1 检测方法

检疫性有害生物的检测方法执行有关标准;无标准的,按照常规方法进行检测。

6.2.2 检测结果记录

实验室内检测鉴定带回的疑似样品,填写《植物有害生物样本鉴定报告》(参见附录 D)。必要时制作标本并保存。

7 疫情处理

经田间检验或室内检测发现检疫性有害生物的,植物检疫机构监督制种单位或个人实施检疫处理。

a) 发现检疫性昆虫的,要立即进行药剂防治,消灭疫点,对收获的种子要进行药剂熏蒸处理,彻底扑灭检疫性昆虫;
b) 发现检疫性真菌或细菌病害的,采取药剂防治封锁疫点,避免病害扩散,就地烧毁、挖坑深埋疫点植株等措施,铲除检疫性病害;
c) 发现检疫性杂草的,人工拔除或喷洒灭生性除草剂,杀死杂草,就地烧毁植株,收获的种子过筛汰除杂草种子,消灭检疫性杂草;
d) 发生检疫性有害生物疫点地块和疫点围周田块,应改种该有害生物的非寄主作物。

8 签证

8.1 检疫合格

田间检验或室内检测,未发现检疫性有害生物的,签发《产地检疫合格证》(参见附录 E)。

8.2 检疫不合格

田间检验或室内检测，发现检疫性有害生物，经检疫处理合格的，签发《产地检疫合格证》(参见附录E)；不能进行检疫处理或经检疫处理仍然不合格的，不签发《产地检疫合格证》，并告知产地检疫申请单位或个人。

9 档案管理

产地检疫中的原始调查数据、表格、标本等资料档案要妥善保存，保存时间不少于2年。

附　录　A
（资料性附录）
产地检疫申请书

表 A.1　产地检疫申请书

编号：　　　　　　　　　　　　　　　　　　　　　　　　　　　　　　　年　月　日

<table>
<tr><td>植物名称</td><td colspan="2"></td></tr>
<tr><td>品种名称</td><td colspan="2"></td></tr>
<tr><td>种(苗)来源</td><td colspan="2"></td></tr>
<tr><td>生产面积</td><td colspan="2"></td></tr>
<tr><td>预计产量</td><td colspan="2"></td></tr>
<tr><td>生产地点</td><td colspan="2"></td></tr>
<tr><td>生产期限</td><td colspan="2">从　　年　　月　　日起,至　　年　　月　　日止。</td></tr>
<tr><td rowspan="6">申请单位</td><td colspan="2">名称(盖章)：</td></tr>
<tr><td colspan="2">地址：　　　　　　　　　　　　　　　　　　　邮编：</td></tr>
<tr><td colspan="2">联系人(签名)：　　　　　　　　　联系电话：　　　　　　　传真：</td></tr>
<tr><td rowspan="3">要求批件
发送方式</td><td>来人领取</td></tr>
<tr><td>特快专递邮寄</td></tr>
<tr><td>普通邮寄</td></tr>
</table>

附　录　B
（资料性附录）
产地检疫田间调查记录表

表 B.1　产地检疫田间调查记录表

编号：

<table>
<tr><td colspan="5">调查地点</td><td colspan="10"></td></tr>
<tr><td rowspan="3">植物</td><td colspan="4">植物名称</td><td colspan="6"></td><td colspan="2">品种名称</td><td colspan="2"></td></tr>
<tr><td colspan="4">调查日期</td><td colspan="6"></td><td colspan="2">植物生育期</td><td colspan="2"></td></tr>
<tr><td colspan="4">种植面积</td><td colspan="6"></td><td colspan="2">核定产量</td><td colspan="2"></td></tr>
<tr><td rowspan="4">有害生物</td><td colspan="4">中文名称</td><td colspan="6"></td><td colspan="2">拉丁名</td><td colspan="2"></td></tr>
<tr><td colspan="4">抽样面积</td><td colspan="6"></td><td colspan="2">发生面积</td><td colspan="2"></td></tr>
<tr><td colspan="4">抽样株数</td><td colspan="6"></td><td colspan="2">被害株数</td><td colspan="2"></td></tr>
<tr><td colspan="4">发生状况</td><td colspan="10"></td></tr>
<tr><td rowspan="8">有害生物抽样调查</td><td rowspan="2">样号</td><td rowspan="2">田块名称</td><td rowspan="2">调查单位</td><td rowspan="2">调查数量</td><td colspan="4">虫态分类记数</td><td colspan="6">病害分级记数(最高为　级)</td></tr>
<tr><td>卵</td><td>幼虫</td><td>蛹</td><td>成虫</td><td>0</td><td>1</td><td>2</td><td>3</td><td>4</td><td>5</td></tr>
<tr><td>1</td><td></td><td></td><td></td><td></td><td></td><td></td><td></td><td></td><td></td><td></td><td></td><td></td><td></td></tr>
<tr><td>2</td><td></td><td></td><td></td><td></td><td></td><td></td><td></td><td></td><td></td><td></td><td></td><td></td><td></td></tr>
<tr><td>3</td><td></td><td></td><td></td><td></td><td></td><td></td><td></td><td></td><td></td><td></td><td></td><td></td><td></td></tr>
<tr><td>4</td><td></td><td></td><td></td><td></td><td></td><td></td><td></td><td></td><td></td><td></td><td></td><td></td><td></td></tr>
<tr><td>5</td><td></td><td></td><td></td><td></td><td></td><td></td><td></td><td></td><td></td><td></td><td></td><td></td><td></td></tr>
<tr><td>小计</td><td></td><td></td><td></td><td></td><td></td><td></td><td></td><td></td><td></td><td></td><td></td><td></td><td></td></tr>
<tr><td colspan="5">检疫机构</td><td colspan="10"></td></tr>
<tr><td colspan="5">疫情结论</td><td colspan="4"></td><td colspan="4">记录员(签名)</td><td colspan="2"></td></tr>
<tr><td colspan="5">当事人(签名)</td><td colspan="4"></td><td colspan="4">检疫员(签名)</td><td colspan="2"></td></tr>
<tr><td colspan="5">备　注</td><td colspan="10"></td></tr>
</table>

附 录 C
（资料性附录）
有害生物调查抽样记录表

表 C.1 有害生物调查抽样记录表

编号：

生产/经营者		地址及邮编	
联系/负责人		联系电话	
调查日期		抽样地点	

样品编号	植物名称（中文名和学名）	品种名称	植物生育期	调查代表株数或面积	植物来源

症状描述：
发生与防控情况及原因：
抽样方法、部位和抽样比例：
备注：

植物检疫机构（盖章）： 填表人（签名）： 年 月 日	生产/经营者： 现场负责人： 年 月 日

注：本单一式两联，第一联植物检疫机构存档，第二联交受检单位。

附　录　D
（资料性附录）
植物有害生物样本鉴定报告

表 D.1　植物有害生物样本鉴定报告

编号：

<table>
<tr><td>植物名称</td><td colspan="3"></td><td>品种名称</td><td></td></tr>
<tr><td>植物生育期</td><td></td><td>样品数量</td><td></td><td>取样部位</td><td></td></tr>
<tr><td>样品来源</td><td></td><td>送检日期</td><td></td><td>送检人</td><td></td></tr>
<tr><td>送检单位</td><td colspan="3"></td><td>联系电话</td><td></td></tr>
<tr><td colspan="6">检测鉴定方法：</td></tr>
<tr><td colspan="6">检测鉴定结果：</td></tr>
<tr><td colspan="6">备注：</td></tr>
<tr><td colspan="6">鉴定人(签名)：

审核人(签名)：

鉴定单位盖章：
年　　月　　日</td></tr>
<tr><td colspan="6">注：本单一式三份，检测单位、受检单位和检疫机构各一份。</td></tr>
</table>

附　录　E
（资料性附录）
产地检疫合格证

表 E.1　产地检疫合格证

编号：

<table>
<tr><td>植物或产品名称</td><td></td><td>品种名称</td><td></td></tr>
<tr><td>面　　积</td><td></td><td>数　　量</td><td></td></tr>
<tr><td>产　　地</td><td colspan="3"></td></tr>
<tr><td>生产单位或户主</td><td></td><td>联 系 人</td><td></td></tr>
<tr><td>单位地址</td><td></td><td>电　　话</td><td></td></tr>
<tr><td colspan="4">产地检疫结果：
检疫员（签名）：
年　　月　　日</td></tr>
<tr><td colspan="4">植物检疫机构审定意见：
植物检疫机构（检疫专用章）
年　　月　　日</td></tr>
<tr><td colspan="4">注：此证有效期 1 年，请妥善保存，不得转让，需调运该植物或产品时，凭此证向植物检疫机构办理《植物检疫证书》。</td></tr>
</table>

产地检疫合格证（存根）

编号：

<table>
<tr><td>植物或产品名称</td><td></td><td>品种名称</td><td></td></tr>
<tr><td>面　　积</td><td></td><td>数　　量</td><td></td></tr>
<tr><td>产　　地</td><td colspan="3"></td></tr>
<tr><td>生产单位或户主</td><td></td><td>联 系 人</td><td></td></tr>
<tr><td>单位地址</td><td></td><td>电　　话</td><td></td></tr>
<tr><td colspan="4">产地检疫结果：
检疫员（签名）：
年　　月　　日</td></tr>
<tr><td colspan="4">植物检疫机构审定意见：
植物检疫机构（检疫专用章）
年　　月　　日</td></tr>
</table>

本标准起草单位：全国农业技术推广服务中心、河北省植保植检站、河北省承德市植保植检站。

本标准主要起草人：项宇、张连生、任自忠、朱景全、刘慧、朱莉。

中华人民共和国农业行业标准

NY/T 2118—2012

蔬菜育苗基质

Plug seedling substrate of vegetables

1 范围

本标准规定了蔬菜育苗基质的质量要求、试验方法、检验规则、包装、标志、贮存和运输。

本标准适用于以腐熟有机物料及天然矿物为主要组分的商品化蔬菜育苗基质的质量判定。

2 规范性引用文件

下列文件对于本文件的应用是必不可少的。凡是注日期的引用文件，仅注日期的版本适用于本文件。凡是不注日期的引用文件，其最新版本（包括所有的修改单）适用于本文件。

GB/T 601 化学试剂 滴定分析（定量分析）用标准溶液的制备

GB/T 1250 极限数值的表示方法和判定方法

GB/T 6679 固体化工产品采样通则

GB/T 6682 分析实验室用水规格和试验方法

GB 7859 森林土壤 pH 值的测定

GB 7865 森林土壤交换性钙和镁的测定

GB 8172 城镇垃圾农用控制标准

LY/T 1229 森林土壤水解性氮的测定

LY/T 1233 森林土壤有效磷的测定

LY/T 1236 森林土壤速效钾的测定

LY/T 1237 森林土壤有机质的测定及碳氮比的计算

LY/T 1243 森林土壤阳离子交换量的测定

3 术语和定义

下列术语和定义适用于本文件。

3.1

基质 substrate

能够代替土壤，为栽培作物提供适宜养分和 pH，具备良好的保水、保肥、通气性能和根系固着力的混合轻质材料，组分包括草炭、蛭石、珍珠岩、木屑、作物秸秆、畜禽粪便、树皮和菌渣等。

3.2

容重 bulk density

指单位体积的基质干重，单位为克每立方厘米（g/cm^3）。

3.3

通气孔隙度 ventilatory porosity

中华人民共和国农业部 2012-02-21 发布　　2012-05-01 实施

指基质中空气所占据的空间，以相当于基质体积的百分数(%)表示。

3.4

持水孔隙度　water retention porosity

指基质中水分所占据的空间，在一定程度上反映了基质的保水力，以相当于基质体积的百分数(%)表示。

3.5

总孔隙度　general porosity

指基质中所有孔隙(持水孔隙和通气孔隙)的总和，以相当于基质体积的百分数(%)表示。

3.6

气水比　water air ratio

指基质中通气孔隙度与持水孔隙度的比值。

3.7

阳离子交换量　cation exchange capacity

指带负电荷的基质胶体，借静电引力而对溶液中的阳离子所吸附的数量，以每千克干基质所含全部交换性阳离子的厘摩尔数(按 NH_4^+ 计)表示，单位为厘摩尔每千克(cmol/kg)。

3.8

粒径大小　granule size

指基质颗粒的直径大小，单位为毫米(mm)。

3.9

电导率　electric conductivity

反映基质中可溶性盐分的含量，单位为毫西门子每厘米(mS/cm)。

3.10

缓冲能力　buffer capacity

指基质具有缓和酸碱度发生激烈变化的能力，它可以保持基质酸碱度的相对稳定。

4　质量要求

4.1　外观

各种组分混合均匀，手感松软，无霉变和结块。

4.2　理化指标

基质的理化指标应符合表1和表2的要求。

表1　蔬菜育苗基质物理性状指标

项　　目	指　　标
容重，g/cm^3	0.20～0.60
总孔隙度，%	>60
通气孔隙度，%	>15
持水孔隙度，%	>45
气水比	1∶(2～4)
相对含水量，%	<35.0
阳离子交换量(以 NH_4^+ 计)，cmol/kg	>15.0
粒径大小，mm	<20

表 2 蔬菜育苗基质化学性状指标

项目	指标
pH	5.5～7.5
电导率，mS/cm*	0.1～0.2
有机质，%	≥35.0
水解性氮，mg/kg	50～500
速效磷，mg/kg	10～100
速效钾，mg/kg	50～600
硝态氮/铵态氮	(4～6)∶1
交换性钙，mg/kg	50～200
交换性镁，mg/kg	25～100
* 测定方法采用 1∶10(*V*/*V*)稀释法。	

4.3 安全指标

有害生物和重金属含量指标应符合 GB 8172 的规定。

4.4 出苗率

种子发芽率 95%以上时，出苗率不小于 90%。

5 试验方法

5.1 分析实验室用水规格和试验方法

按 GB 6682 的规定执行。

5.2 标准溶液的制备

按 GB/T 601 的规定执行。

5.3 取样和试验样品制备

5.3.1 蔬菜育苗基质产品的抽样

5.3.1.1 每批产品总袋数不超过 10 000 袋时，抽样数量应符合表 3 的要求。

表 3 蔬菜育苗基质产品抽样数量

总袋数	取样，袋	总袋数	取样，袋	总袋数	取样，袋
1～200	3	1 001～2 000	6	4 001～6 000	9
201～500	4	2 001～3 000	7	6 001～9 000	10
501～1 000	5	3 001～4 000	8	9 001～10 000	11

5.3.1.2 每批产品总袋数超过 10 000 袋时，抽样袋数按式(1)计算。

$$n = 0.5 \times \sqrt[3]{N} \quad \cdots\cdots (1)$$

式中：

n ——取样袋数；

N——每批样品的总袋数。

5.3.1.3 样品按下述方法制备：将抽出的样品全部倒入洁净的容器中，混拌均匀后取不少于 0.04 m^3 样品数量进行蔬菜出苗率的检测，取不少于 1 000 g 的样品进行理化指标的检测。所取的样品中放入双标签，注明生产厂家、产品名称、批号、取样日期、取样人姓名。每次取样采取 3 次以上重复样进行检测，取多次重复的平均值作为最终测定数据。

5.3.2 采样方法

按 GB/T 6679 的规定执行。

5.4 外观检测

手摸、目测。

5.5 理化指标测定方法

5.5.1 容重

按附录 A 的规定执行。

5.5.2 总孔隙度

按附录 B 的规定执行。

5.5.3 相对含水量

按附录 C 的规定执行。

5.5.4 阳离子交换量

按 LY/T 1243 的规定执行。

5.5.5 pH

按 GB 7859 的规定执行。

5.5.6 电导率

按附录 D 的规定执行。

5.5.7 有机质含量

按 LY/T 1237 的规定执行。

5.5.8 水解性氮含量

按 LY/T 1229 的规定执行。

5.5.9 速效磷含量

按 LY/T 1233 的规定执行。

5.5.10 速效钾含量

按 LY/T 1236 的规定执行。

5.5.11 交换性钙含量

按 GB 7865 的规定执行。

5.5.12 交换性镁含量

按 GB 7865 的规定执行。

5.6 出苗率的测定

按附录 E 的规定执行。

6 检验规则

6.1 组批

同一原料、同一工艺、同一规格、同一时段生产的产品为一批。

6.2 出厂检验

每批产品应经生产企业质量检验部门检验合格，并附产品质量检验合格证方可出厂。

6.3 型式检验

6.3.1 型式检验在每年的生产季节中进行 1 次～2 次。

6.3.2 型式检测项目为本标准规定的全部项目。有下列情况之一时，亦应进行型式检验。

a） 每年开始生产时；

b） 当原料或配方有较大变动时；

c） 当出厂检验结果与型式检验结果有较大差异时；

d） 质量监督机构提出型式检验要求时。

6.4 判定规则

检验结果中若外观指标、理化指标、安全指标有一项不合格，可从该产品中加倍抽样对不合格项目进行复检，并以复检结果为准。出苗率小于 90%，则不再复检，直接判定该批产品为不合格。

7 包装、标志、贮存和运输

7.1 包装

基质用内衬聚乙烯薄膜的编织袋或覆膜袋包装，以升(L)为容量计量单位，实际容量不可低于所标识容量。

7.2 标志

包装袋上应印有下列标志：蔬菜育苗专用、产品名称、商标、有机质含量、总养分含量、相对含水量、净容量、标准号、企业名称、厂址、生产日期、保质期、联系电话、使用方法以及注意事项等。

7.3 贮存和运输

贮存于阴凉干燥处，在运输过程中应防潮、防晒、防止包装破裂。

附 录 A
（规范性附录）
基质容重测定方法

A.1 方法要点

用环刀量取一定体积的基质，用烘干称重求干基质质量。

A.2 主要仪器设备

环刀、分析天平（感量 0.01 g）、鼓风干燥箱、削土刀。

A.3 操作步骤

将新鲜基质样品均匀装入套有底盖的环刀（已知环刀的体积 V，环刀和底盖质量 m）中，基质填装量略高于环刀上表面 2 cm 左右，用质量 65 g 的小圆盘压在基质上，3 min 后取去小圆盘，削去高出环刀上底的多余基质，称取环刀和基质质量（M）。然后，置鼓风干燥箱中 105℃烘干 4 h，干燥器中自然冷却，称取环刀和基质质量，并计算基质相对含水量（W）。重复 3 次～4 次。

A.4 结果计算

按式（A.1）计算。

$$\gamma = \frac{(M-m)\times(1-W)}{V} \quad \text{(A.1)}$$

式中：

γ ——容重，单位为克每立方厘米（g/cm^3）；

M——环刀装满新鲜基质后的质量，单位为克（g）；

m ——环刀的质量，单位为克（g）；

W——相对含水量，单位为百分率（%）；

V ——环刀的体积，单位为立方厘米（cm^3）。

计算结果应保留 3 位有效数字。最终测定结果是多次重复的平均值。

附 录 B
(规范性附录)
基质孔隙度测定方法

B.1 方法要点

根据基质可容纳水分的体积计算基质孔隙度。

B.2 主要仪器设备

环刀(容积为 100 cm^3)、塑料方盒(5 L)、烧杯、漏斗、滤纸、分析天平(感量 0.01 g)。

B.3 操作步骤

B.3.1 填装基质

将环刀底部用不带孔的底盖扣紧,从上部装入风干基质,然后扣上带孔的顶盖,称重(W_1)。基质填装紧实度应接近育苗时基质紧实状态。

B.3.2 浸泡

带孔的顶盖居上,将环刀放入盛水的塑料方盒中浸泡 24 h,取出后用吸水纸擦掉环刀外表面的水,立即称重(W_2)。浸泡时,水位线应高出环刀顶盖 2 cm。

B.3.3 排水

将环刀带孔的顶盖朝下,倒置在铺有滤纸的漏斗上,静置 3h,用干净烧杯收集从基质中自由排出的水分,直至没有水分渗出为止,称环刀、基质及其中持有水的总重(W_3)。重复 3 次~4 次。

B.4 结果计算

按式(B.1)、式(B.2)、式(B.3)计算。

$$TP = W_2 - W_1 \qquad (B.1)$$

$$AP = W_2 - W_3 \qquad (B.2)$$

$$WHP = TP - AP \qquad (B.3)$$

式中:

TP ——基质总孔隙度,单位为百分数(%);

W_2 ——充分吸水后,环刀、基质和水的质量,单位为克(g);

W_1 ——环刀和风干基质的质量,单位为克(g);

AP ——基质通气孔隙度,单位为百分数(%);

W_3 ——经过环刀倒置排水后,环刀、基质及其中持有水的质量,单位为克(g);

WHP ——基质持水孔隙度,单位为百分数(%)。

最终测定结果是多次重复的平均值。

附 录 C
（规范性附录）
基质相对含水量测定方法

C.1 方法要点

用铝盒量取一定质量的基质，用烘干称重求水分含量。

C.2 主要仪器设备

鼓风干燥箱、分析天平（感量 0.01 g）、铝盒、干燥器。

C.3 操作步骤

C.3.1 取干燥、洁净的铝盒，标号并称取铝盒质量（W_1）。

C.3.2 将待测新鲜基质填装到铝盒中，并敲击铝盒外壁，基质填装紧实度应接近育苗时基质紧实状态，削去高出铝盒上表面的多余基质，称取铝盒和基质质量（W_2）。

C.3.3 将装有基质的铝盒放入鼓风干燥箱中，105℃烘干 4 h，然后取出，立即放入干燥器内冷却至室温，再称取铝盒和基质质量（W_3）。重复 3 次～4 次。

C.4 结果计算

按式（C.1）计算。

$$RWC = \frac{W_2 - W_3}{W_2 - W_1} \times 100\% \quad \cdots\cdots\cdots\cdots \text{(C.1)}$$

式中：

RWC ——基质相对含水量，单位为百分率（%）；

W_1 ——铝盒质量，单位为克（g）；

W_2 ——铝盒和新鲜基质的质量，单位为克（g）；

W_3 ——铝盒和烘干基质的质量，单位为克（g）。

最终基质相对含水量是多次重复的平均值。

附　录　D
（规范性附录）
基质电导率测定方法

D.1　方法要点

根据基质：水＝1：10(*V*/*V*)形成液体介质，通过液体介质中正负离子移动导电的原理，引用欧姆律表示液体的电导率。

D.2　主要仪器设备

电导仪、分析天平(感量 0.001 g)、磁力搅拌器。

D.3　测定步骤

D.3.1　待测液的准备

称取通过 2 mm 筛孔的风干基质样品 5 g，放入 100 mL 烧杯中，按基质：水＝1：10(*V*/*V*)的量加入无二氧化碳的蒸馏水。用磁力搅拌器搅拌 1 min，静置平衡 30 min。

D.3.2　电导仪的调试

将电导仪插上电源，调节"温度"旋钮，使之置于相应介质温度的刻度上(注：旋钮置于 25℃线上时，无温度补偿方式)。调节常数旋钮，使之置于与使用电极的常数相一致的位置上。如 DJS－1C 型电极，若常数为 0.95，则调到 0.95 位置。

D.3.3　选择量程

把"量程"开关打到所需的测量挡。应先把量程打到最大电导率挡，然后再逐渐下调，以防表针打坏。

D.3.4　测定

把电极插头插入电极插座(插头座严禁沾水)，使插头凹槽对准插座的凸槽，然后用食指按一下插头顶部，即可插入。然后把电极浸入介质。(电极使用前应用＜0.5 μS/cm 蒸馏水冲洗二次，再用被测试的溶液冲洗三次。)

D.3.5　读数

"量程"开关扳在黑点挡，读表面上行刻度(0－1)，"量程"开关扳在红点挡，读表面下行刻度(0－3)。

附 录 E
（规范性附录）
出苗率检测操作规范

E.1 方法要点

被检测的基质样品，用同样的种子，在同等条件下进行育苗试验，对出苗率进行检测。

E.2 主要设备仪器

温室、苗床、穴盘、温度计。

E.3 操作步骤

E.3.1 装盘

将已编号的基质拌湿，至手握成团，松手后轻轻抖动即可散开。将拌湿的基质填装至540 mm×280 mm×48 mm（长×宽×高）标准规格的128孔穴盘中，刮平，使穴盘网格清晰可见。每个编号的基质设3次重复，每次重复播种量不少于3个穴盘。

E.3.2 播种

采用发芽率≥95%的白菜种子进行试验，每个孔穴中播1粒种子。播种深度5 mm。将播好种子的穴盘随机排列在苗床上。白菜种子在适宜的温度条件下萌发，观测出苗率。

E.3.3 出苗率

播种后10 d，进行出苗率调查。出苗率按式（E.1）计算：

$$x = \frac{c}{k} \times 100\% \qquad \text{(E.1)}$$

式中：

x ——出苗率，单位为百分率（%）；

c ——每盘出苗数，单位为个；

k ——每盘孔数，单位为个。

每次重复的出苗率是重复内各穴盘出苗率的平均值，最终出苗率是3次重复出苗率的平均值。

本标准起草单位：全国农业技术推广服务中心、中国农业科学院蔬菜花卉研究所、中国农业大学。

本标准主要起草人：梁桂梅、尚庆茂、冷杨、张志刚、房嫚嫚、高丽红、曲梅、王娟娟。

中华人民共和国农业行业标准

NY/T 2164—2012

马铃薯脱毒种薯繁育基地建设标准

Construction standard for virus-free seed potatoes propagating farms

1 范围

本标准规定了马铃薯脱毒种薯繁育基地的基地规模与项目构成、选址与建设条件、生产工艺与配套设施、功能分区与规划布局、资质与管理和主要技术指标。

本标准适用于新建、改建及扩建的马铃薯脱毒种薯繁育基地。

2 规范性引用文件

下列文件对于本文件的应用是必不可少的。凡是注日期的引用文件，仅注日期的版本适用于本文件。凡是不注日期的引用文件，其最新版本(包括所有的修改单)适用于本文件。

GB 5084 农田灌溉水质标准

GB 7331 马铃薯种薯产地检疫规程

GB 15618 土壤环境质量标准

GB 18133 马铃薯脱毒种薯

JGJ 91—93 科学实验室设计规范

NY/T 1212 马铃薯脱毒种薯繁育技术规程

NY/T 1606 马铃薯种薯生产技术操作规程

SL 371—2006 农田水利示范园区建设标准

3 术语和定义

下列术语和定义适用于本文件。

3.1

脱毒种薯 virus-free seed potatoes

应用茎尖组织培养技术获得、经检测确认不带马铃薯X病毒(PVX)、马铃薯Y病毒(PVY)、马铃薯A病毒(PVA)、马铃薯卷叶病毒(PLRV)、马铃薯M病毒(PVM)、马铃薯S病毒(PVS)等病毒和马铃薯纺锤块茎类病毒(PSTVd)的再生组培苗，经脱毒种薯生产体系逐代扩繁生产的各级种薯。

3.2

繁育基地 propagating farms

具备完善的马铃薯脱毒种薯标准化生产体系和质量监控体系，生产合格的马铃薯脱毒组培苗和各级脱毒种薯的基地。

3.3

组培苗基地 virus-free in-vito plantlets propagating farms

中华人民共和国农业部 2012-06-06 发布 2012-09-01 实施

具备严格的无菌操作室内培养条件和设施设备，用不带病毒和类病毒的再生试管苗专门大量扩繁组培苗或诱导试管薯的生产基地。

3.4

原原种基地　pre-elite propagating farms

具备网室、温室等隔离防病虫的环境条件，用组培苗或试管薯专门生产符合质量要求原原种的生产基地。

3.5

原种基地　elite propagating farms

具备良好隔离防病虫环境条件，用原原种作种薯专门生产符合质量要求原种的生产基地。

3.6

大田用种基地　certified seed

具备一定的隔离防病虫环境条件，用原种作种薯繁殖一至两代，专门生产符合大田用种质量要求种薯的生产基地。

4　基地规模与项目构成

4.1　建设原则

基地类型和建设规模应按照“规范生产、引导市场”的原则，并根据区域规划、当地及周边区域市场对种薯需求量、生态和生物环境条件、社会经济发展状况，以及技术与经济合理性和管理水平等因素综合确定。

4.2　基地类别

分为组培苗基地、原原种基地、原种基地和大田用种基地。各类基地对环境条件的要求不同，生产方式有差异，可根据需要和环境条件选择独立建设或集中建设。

4.3　建设规模

4.3.1　基地的建设规模分别以组培苗生产株数、原原种生产粒数、原种生产面积和生产用种生产面积表示。各类别基地的建设规模应参考表1的规定。

表1　各类马铃薯脱毒种薯繁育基地建设规模

组培苗基地，万株	100	200	400	1 000
原原种基地，万粒	500	1 000	2 000	5 000
原种基地，亩	500	1 000	2 000	5 000
大田用种基地，亩	2 000	5 000	10 000	20 000

4.3.2　组培苗基地、原原种基地的生产能力为年最低生产能力；原种基地和大田用种基地面积为每年用于生产种薯的面积，实际建设面积应根据当地轮作周期进行调整。计算方法为：实际建设面积＝年马铃薯繁育面积×轮作周期。

4.3.3　两类以上基地集中建设时，上一级种薯（苗）的最低生产能力应满足下一级种薯基地的用种需求。可按每株组培苗生产2粒原原种、每亩需种薯5 000粒原原种、原种1∶10的繁殖系数，或技术水平所能达到的实际生产能力来计算确定各类基地需配套建设的最低规模。

4.4　项目构成

各类基地建设的项目构成参照表2。

表2　各类基地建设项目构成

基地类别	组培苗基地	原原种基地	原种基地	大田用种基地
建设内容	接种室、培养室、清洗室、培养基配置及灭菌室、检测及称量室、设施设备配套、办公用房	温（网）室、病害检测室及配套、原原种贮藏库及配套、办公及生活用房	种薯贮藏库（窖）、晾晒棚（场）、田间道路、水利设施、防疫设施、农机设备、办公及生活用房	种薯贮藏库（窖）、晾晒棚（场）、田间道路、水利设施、防疫设施、农机设备、办公及生活用房

5 选址与建设条件

5.1 符合国家农业行政主管部门制订的良种繁育体系规划和《全国马铃薯优势区域布局规划》的内容。

5.2 符合当地土地利用发展规划和村镇建设发展规划的要求。

5.3 基地水源充足(干旱地区的水源要好于周边区域),水质符合 GB 5084 的规定;原种基地和大田用种基地的土壤质量应符合 GB 15618 要求,土质疏松、排水性好、偏酸性(pH 在 5.0~6.0 之间最佳)。

5.4 组培苗基地、原原种基地建设应选择在具备较好的生产设施、生产技术和管理水平的最佳区域,原种基地和大田用种基地建设应选择在马铃薯主要产区县域、种薯生产水平高、或种薯产业较发达的地区。

5.5 根据组培苗和各级种薯生产特点和对环境的要求,各类基地建设的选址应符合表 3 的要求。

表 3 各类基地选址的基本要求

基地类别	选 址 要 求
组培苗基地	安静、洁净、无污染源、水源和电源充足、交通便利的地方
原原种基地	四周无高大建筑物,水源、电源充足、通风透光、交通便利;100m 内无可能成为马铃薯病虫害侵染源和蚜虫寄主的植物
原种基地	选择在无检疫性有害生物发生的地区,并且:具备良好的隔离条件,800 m 内无其他茄科、十字花科植物、桃树和商品薯生产;或具备防虫网棚等隔离条件;最佳生产期的气温在 8℃~29℃之间
大田用种基地	选择在无检疫性有害生物发生的地区,并且:具备一定的隔离条件,500 m 内无其他茄科、十字花科植物、桃树和商品薯生产;最佳生产期的气温在 8℃~29℃之间

5.6 原种基地和大田用种基地的建设区域应地势平缓、土地集中连片(部分山区相对集中连片,至少应达到百亩连片)、水资源条件较好,远离洪涝、滑坡等自然灾害威胁,避开盐碱土地;东北、华北区域耕地坡度不超过 10°,西北、西南及其他区域山区耕地坡度不超过 15°;基地位置应靠近交通主干道,便于运输。

6 生产工艺与配套设施

6.1 种薯生产的工艺流程

组培苗扩繁→原原种生产→原种生产→大田用种生产。

6.2 组培苗基地配套设施设备要求

6.2.1 组培苗基地建筑应满足 JGJ 91—93 中 4.3.3 生物培养室的设计建设要求。

6.2.2 接种室

接种室是组培生产的最核心和关键部分,是进行无菌操作的场所。配备能满足基地生产能力的超净工作台(表 4)和相关用具。同时,要有缓冲间,以便进入无菌室前在此洗手、换衣、换鞋、预处理材料等;地板和四周墙壁要光洁,不易积染灰尘,易于采取各种清洁和消毒措施;室内要吊装紫外灭菌灯,用于经常照射灭菌;要安装空调机,保持室温在 23℃~25℃;门窗闭合性好,保持与外界相对隔绝。接种室的环境要求较高,设计上坚持宜小不宜大的原则。

表 4 组培苗基地主要设备配置要求

项目名称	基地规模,万株			
	100	200	400	1 000
超净工作台,个	5	10	20	50
培养架,个	50	100	200	500
灭菌设备容量,L	300	600	1 200	3 000
组培瓶,个	25 000	50 000	100 000	250 000

6.2.3 培养室

培养室要求光亮、保温、隔热，室内温度保持在22℃～26℃，光照时间和光照强度可调控。地面选用浅色建材，四壁和顶部选用浅色涂料进行防霉处理；室内各处都应增强反光，以提高室内的光亮度和易于清扫；在侧壁、顶部设计有通风排气窗，以利于定期或需要时加强通风散热。为了减少能源消耗，培养室应尽量利用自然光照，最大限度地增加采光面积。配备可自动控时控光的培养架(表4)和控制温度的空调机。

6.2.4 清洗室

配备洗瓶机器、洗涤刷等，并设计建设具有耐酸碱的水池和排水口。排水口设计上要便于清洗检查，并安装过滤网，防止植物材料碎片、琼脂等东西流入下水道，减少微生物滋生源和避免排水系统堵塞。

6.2.5 培养基配制及灭菌室

配备培养基配制和灭菌所需的相关设备、容器、药剂等，如灭菌锅、干燥箱、药品放置柜等。为提高生产效率，可根据生产规模配置不同规格的灭菌设备，灭菌容量需达到表4要求。

6.2.6 检测及称量室

配备光照培养箱、冰箱、电子天平、pH酸度计、电导率仪、解剖镜等仪器设备；年生产规模在400万株以上的基地还需配备用于真菌和细菌性病原菌、主要病毒检测的PCR仪、酶标仪等仪器。

6.3 原原种基地配套设施要求

6.3.1 应以镀锌钢管、铝合金或新型环保材料为支撑，设计并建设标准化的温室和网室用于原原种生产，隔离的网纱孔径要达到45目以上。每栋温、网室的出入口应设计有工作人员更衣、消毒的缓冲间。

6.3.2 根据基地气候条件，按照有利生产、经济合理的原则确定温室和网室的比例。

6.3.3 以珍珠岩、蛭石、消毒的细沙或土壤作为栽培基质，也可用两种或几种基质混合配制。

6.3.4 应配备喷灌、植保等生产设施设备，病害检测、原原种分级机械、种薯储藏和生理调控等的附属设施设备条件。

6.3.5 储藏库(窖)应具备较好的通风、避光的能力，并能满足种薯储藏期间控温(温度2℃～4℃)、控湿(相对湿度70%～90%)的要求。

6.4 原种基地和大田用种基地设施要求

6.4.1 农田排灌设施

基地配套水利设施可参照SL 371—2006的要求，因地制宜地采取工程、农艺、管理等节水和排涝措施，科学规划灌溉系统和防洪排涝系统，达到旱能灌、涝能排。灌溉条件较差的旱作农业区，应采取农艺、工程等节水措施提高天然降水的利用率，根据地势合理设计沟、涵、闸等建筑物配套，确保排水出路通畅，防止水土流失。

6.4.2 田间道路

田间道路建设要科学设计，突出节约土地，提高利用效率。基地内田间道路以沙石、水泥路面为主，便于农机进出田间作业和农产品运输。适宜机耕的基地田间道路建设要满足农机通行要求，并配套农机下田(地)设施；不适宜机耕的基地田间道路建设要满足畜力车通行要求。

6.4.3 农机设备

根据基地规模、地形、耕作条件等因素综合考虑选择配套使用不同形式、不同规格的耕作机械、农用车和其他农机设备。适宜机耕的基地根据生产需求配备一体化的耕作机械和配套设备；地形较差、不完全集中连片、达不到机械化生产条件的基地，应因地制宜的选择配备部分小型机械进行半机械化生产。

6.4.4 防疫设施

四周应有天然隔离带或人工的农田防护林网与周边农田隔离。基地内需配套建设主要病虫害检测室和药剂喷施设备，有蚜虫的区域需配套建设蚜虫迁移监测系统，东北、西南及其他晚疫病重发区需配套建设晚疫病预测预报系统，使基地环境达到 GB 7331 规定的产地检疫的要求。

6.4.5 种薯包装及储藏设施

应配备与基地生产规模相匹配的种薯分级和包装机械，并配套建设晾晒棚(场)用于收获、中转时的种薯晾晒，配套建设的种薯最低仓储能力不低于种薯总产量的 1/4。储藏库(窖)应具备较好的通风、避光的能力，并达到种薯储藏期间控温(温度 2℃～4℃)、控湿(相对湿度 70%～90%)的要求。原种基地种薯储藏能力需达到表 5 的要求，大田用种基地种薯储藏能力需达到表 6 的要求。

表 5 原种基地种薯储藏能力要求

项目名称	基地规模，亩			
	500	1 000	2 000	5 000
种薯储藏能力，t	250～1 000	500～2 000	1 000～4 000	2 500～10 000

表 6 大田用种基地种薯储藏能力要求

项目名称	基地规模，亩			
	2 000	5 000	10 000	20 000
种薯储藏能力，t	1 000～4 000	2 500～10 000	5 000～20 000	10 000～40 000

7 功能分区与规划布局

7.1 组培苗基地应设具有管理、清洗、检测与称量、培养基配制、灭菌、无菌接种和组培(诱导)等功能分区，各功能区按 6.2.1～6.2.5 要求设置，布局上要相对集中和独立。组培生产各功能区应与管理区隔离，之间应设置用于洗手、消毒、更衣的缓冲间。

7.2 原原种基地设管理区、消毒隔离区、网室生产区、温室生产区、包装储存区、种薯(苗)病虫害检测室等，布局上相对集中，功能区之间有明显的界限或间隔，消毒隔离区应设置在管理区与其他各功能区之间。

7.3 原种基地和大田用种基地应设管理区、消毒隔离区、生产区、种薯周转区、包装储存区、种薯(苗)病虫害检测室。

7.3.1 管理区内包括工作人员的生活设施、基地办公设施、与外界接触密切的生产辅助设施(车库等)。

7.3.2 生产区根据种薯级别分别设置，包括相应的水利设施、田间道路等。

7.3.3 各功能区及建筑物之间应界限分明，协调合理，依地势和环境选择最佳布局，包装储藏区应建在地势较低、靠近道路的位置。

7.3.4 对于集中连片建设的基地，应在所有入口设立消毒区，对进入基地的人员、车辆、机械进行消毒。相对集中连片建设的基地，应在主要入口设立消毒区，对进入基地区域的人员、车辆、机械进行消毒。

7.4 各类基地集中建设的，应在组培苗快繁区、原原种生产区入口设隔离区，作为工作人员更换工作服、消毒的操作间。

8 资质与管理

基地应具备农业行政部门颁发的种薯(苗)生产许可证，并根据生产规模配备专门的生产技术人员，建立完善的标准化生产及质量控制体系，并达到表 7 规定的要求。

表 7 基地的资质、技术和质量控制要求

项目名称	组培苗基地	原原种基地	原种基地	大田用种基地
生产资质	生产许可证	生产许可证	生产许可证	生产许可证
技术人员配备	1 人/20 万株	1 人/100 万粒	1 人/500 亩	1 人/2 000 亩
质量控制及服务	1. 质量管理制度；2. 质量管理手册；3. 规范的质量技术规程；4. 售后技术服务；5. 售后质量追溯机制			

9 主要技术经济指标

9.1 根据建设规模、生产方式，组培苗基地各类设施建设面积应达到表 8 的规定，其建设总投资和分项工程建设投资应符合表 9 的规定。

表 8 组培苗基地占地面积控制及建筑面积指标

项目名称	基地规模，万株			
	100	200	400	1 000
基地占地面积≤，m^2	600	1 020	1 560	3 900
总建筑面积，m^2	200	340	520	1 300
培养室建筑面积，m^2	60	110	200	500
接种等配套建筑面积，m^2	90	150	200	500
其他附属建筑面积，m^2	50	80	120	300

表 9 组培苗基地建设投资额度表

项目名称	基地规模，万株			
	100	200	400	1 000
总投资指标，万元	47	88.6	166.4	416
实验室建设及基础配套，万元	20	40	80	200
实验室仪器设备及配套，万元	27	48.6	86.4	216

9.2 根据基地的建设规模，原原种基地各类设施建设面积应达到表 10 的规定，其建设总投资和分项工程建设投资应符合表 11 的规定。

表 10 原原种基地占地面积及建筑面积指标

项目名称	基地规模，万粒			
	500	1 000	2 000	5 000
基地占地面积≤，m^2	31 800	63 600	126 900	316 500
总建筑面积，m^2	10 600	21 200	42 300	105 500
温(网)室建筑面积，m^2	10 000	20 000	40 000	100 000
病害检测室建筑面积，m^2	100	200	300	400
原原种储藏库建筑面积，m^2	250	500	1 000	2 500
附属设施建筑面积，m^2	250	500	1 000	2 500

表 11 原原种基地建设投资额度表

项目名称	基地规模，万粒			
	500	1 000	2 000	5 000
总投资指标，万元	150～1 290	300～2 580	585～5 145	1 425～12 825
温(网)室建设，万元	60～1 200	120～2 400	240～4 800	600～12 000
附属设施建设，万元	90	180	345	825

9.3 根据基地的建设规模，原种基地各类设施建设面积应达到表 12 的规定，其建设总投资和分项工程建设投资应符合表 13 的规定。

表 12　原种基地建筑占地面积及建筑面积指标

项目名称	基地规模,亩			
	500	1 000	2 000	5 000
建筑占地面积≤,m^2	12 500～16 250	25 000～32 500	50 000～65 000	125 000～162 500
总建筑面积,m^2	1 250～1 625	2 500～3 250	5 000～6 500	12 500～16 250
种薯储藏库(窖)建筑面积,m^2	125～500	250～1 000	500～2 000	1 250～5 000
晾晒棚建筑面积,m^2	1 000	2 000	4 000	10 000
附属设施建筑面积,m^2	125	250	500	1 250

表 13　原种基地建设投资额度表

项目名称	基地规模,亩			
	500	1 000	2 000	5 000
总投资指标,万元	76.25～113.75	152.5～227.5	305～455	762.5～1 137.5
储藏库(窖)建设,万元	12.5～50	25～100	50～200	125～500
晾晒棚建设,万元	15	30	60	150
耕地改造及设施配套建设,万元	15	30	60.0	150
生产设备购置,万元	15	30	60	150
附属设施建设,万元	18.75	37.5	75	187.5

9.4　根据基地的建设规模,大田用种基地各类设施建设面积应达到表 14 的规定,其建设总投资和分项工程建设投资应符合表 15 的规定。

表 14　大田用种基地建筑占地面积及建筑面积指标

项目名称	基地规模,亩			
	2 000	5 000	10 000	20 000
建筑占地面积≤,m^2	50 000～65 000	125 000～162 500	250 000～325 000	500 000～650 000
总建筑面积,m^2	5 000～6 500	12 500～16 250	25 000～32 500	50 000～65 000
种薯储藏库(窖)建筑面积,m^2	500～2 000	1 250～5 000	2 500～10 000	5 000～20 000
晾晒棚建筑面积,m^2	4 000	10 000	20 000	40 000
附属设施建筑面积,m^2	500	1 250	2 500	5 000

表 15　大田用种基地建设投资额度表

项目名称	基地规模,亩			
	2 000	5 000	10 000	20 000
总投资指标,万元	305～455	762.5～1 137.5	1 525～2 275	3 050～4 550
储藏库(窖)建设,万元	50～200	125～500	250～1 000	500～2 000
晾晒棚建设,万元	60	150	300	600
耕地改造及设施配套建设,万元	60	150	300	600
生产设备购置,万元	60	150	300	600
附属设施建设,万元	75	187.5	375	750

本标准起草单位:云南省农业科学院质量标准与检测技术研究所。
本标准主要起草人:杨万林、黎其万、隋启君、梁国惠、李彦刚、杨芳、丁燕、李山云、张建华。

中华人民共和国农业行业标准

NY/T 2166—2012

橡胶树苗木繁育基地建设标准

Construction criterion for base of rubber tree seedling breeding

1 范围

本标准规定了橡胶树苗木繁育基地建设的基本要求。

本标准适用于我国县级以上橡胶树苗木繁育基地的新建、更新重建项目建设;在境外投资的橡胶树苗木繁育生产建设项目,应结合当地情况,灵活执行本标准;其他种类的橡胶树苗木繁育建设项目,可参照本标准。

本标准不适用于科研、试验性质的橡胶树育苗场地建设。

本标准可以作为编制、评估和审批橡胶树繁育基地建设项目建议书、可行性研究报告的依据。

2 规范性引用文件

下列文件对于本文件的应用是必不可少的。凡是注日期的引用文件,仅注日期的版本适用于本文件。凡是不注日期的引用文件,其最新版本(包括所有的修改单)适用于本文件。

GB/T 17822.1—2009 橡胶树种子

GB/T 17822.2—2009 橡胶树苗木

GB 50188—2007 镇规划标准

GB/SJ 50288—99 灌溉与排水工程设计规范

JGJ 26—1995 民用建筑节能设计标准

JIGB 01—2003 公路工程技术标准

NY/T 688—2003 橡胶树品种

NY/T 221—2006 橡胶树栽培技术规程

3 术语和定义

下列术语和定义适用于本文件。

3.1

橡胶树苗木繁育基地 base of rubber tree seedling breeding

得到国家县级以上人民政府有关部门投资支持或核准建设的,为满足市场对橡胶树定植材料的需要,繁育橡胶树的苗木生产区。

3.2

成品苗木 products seedling

符合橡胶树定植材料质量要求的橡胶树苗木。

3.3

苗圃地 nursery

用于直接繁育橡胶树苗木的土地。

中华人民共和国农业部 2012-06-06 发布　　2012-09-01 实施

3.4

炼苗棚 refined seedlings tent

用于橡胶组培苗移栽前或袋装苗木出圃定植前，逐步增强对自然环境适应性的过渡设施。

3.5

育苗荫棚 seedling pergola

为幼苗生长提供具有遮光、保温、保湿作用的棚室。

3.6

籽苗芽接工作室 seedling bud grafting studio

用于籽苗芽接操作的工作用房。

3.7

水肥池 water-fertilizer pool

用于存贮灌溉用水或沤制液态肥料的池子。

4 建设规模与项目构成

4.1 建设规模

4.1.1 确定建设规模的主要依据

4.1.1.1 橡胶树苗木供应区域的橡胶种植现状及发展规划。

4.1.1.2 基地的经营管理水平及技术力量。

4.1.1.3 土地等自然资源条件。

4.1.1.4 橡胶树苗木生产过程中的社会化服务程度。

4.1.2 建设规模

苗圃基地的建设规模，应按苗圃用地面积和年度供应市场需求的种植苗木数量确定。

一个基地的苗圃面积一般应在 10 hm^2 以上，年生产各种橡胶树成品苗木 30 万株以上。有较强科技力量支撑及良好的交通条件时，苗圃地面积可大一些，但不宜大于 65 hm^2。

4.2 项目构成与主要建设内容

4.2.1 苗圃地建设

项目建设的主要内容包括土地开垦与备耕、道路及灌排水、水肥池等农业田间工程和育苗荫棚、炼苗棚、全控式保温大棚等农业设施。

4.2.2 管理办公及配套生活设施

管理办公设施主要包括经营管理办公用房、实验检测用房、库房、门卫(值班室)、配电室、围墙及其他防护安全设施等。

配套生活设施主要有职工宿舍、食堂和文体娱乐设施等。

5 选址与建设条件

5.1 选址依据

5.1.1 省域的天然橡胶种植规划。

5.1.2 基地所在地区的土地利用总体规划。

5.1.3 橡胶树苗木统筹安排、合理布局、相对集中、规模化生产的要求。

5.1.4 充分结合利用现有工程设施。

5.2 建设条件

5.2.1 适宜建设条件

5.2.1.1 小区自然环境优良。宜选在平缓坡地，静风向阳，有适当的防护林保护系统。不宜利用迎冬季主风向的坡面。

5.2.1.2 土地条件良好。要求壤土或沙壤土；土层厚度>0.5 m，在0 m～0.5 m深的土层中无石砾层；排水良好。

5.2.1.3 生产用水、用电有保障。供水水源尽可能选用常年有水的自然水体以及有充分供水保障率的池塘、水库等。

5.2.1.4 交通便利。道路通畅，可以全天候通车。

5.2.2 有以下情况之一者，不适宜建设基地

5.2.2.1 地下水埋深小于0.5 m，排水困难的低洼地。

5.2.2.2 土层厚度<0.5 m，且土层下为坚硬基岩。

5.2.2.3 坡度>25°地段。

5.2.2.4 瘠瘦、干旱的沙土地带。

5.2.2.5 风害、寒害严重，不适宜种植橡胶树的地区。

6 农艺技术与设备

6.1 农艺技术

6.1.1 育苗农艺流程图

育苗农艺流程详见图1。

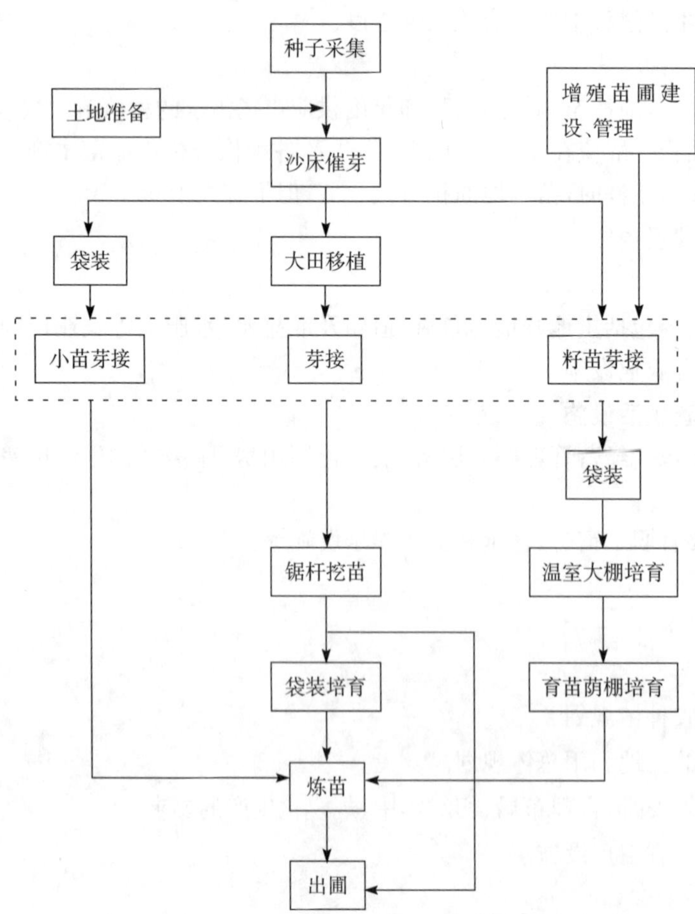

图1 橡胶树苗木繁育农艺流程图

6.1.2 育苗工作环节

6.1.2.1 土地准备

主要包括苗圃用地的土地开发、整理、复垦以及修苗床等土地备耕，还包括灌排水、道路等各项农业田间工程建设。

6.1.2.2 橡胶树种子采集

应在经鉴定或省级主管部门认定的合格采种区或省级主管部门批准的种子园中采集优良种子。

6.1.2.3 催芽与芽接

采集到的种子经沙床催芽后再行移床育苗。

可以采用大苗芽接、小苗芽接、籽苗芽接3种芽接方式。

6.1.2.4 采种、芽接、育苗、苗木出圃、芽条增殖、芽条包装运输和贮存

各项工作内容及技术管理应符合 NY/T 221、GB 17822.1 等有关规定。

6.2 主要设备

6.2.1 设备配置的基本原则

6.2.1.1 满足农艺技术要求和各生产过程的需要。

6.2.1.2 充分利用农机具的社会化服务能力。

6.2.1.3 先进实用、安全可靠、节能高效。

6.2.1.4 优先选择国产设备。

6.2.1.5 充分利用现有设备，按需要补充新设备。

6.2.2 主要设备的配置

6.2.2.1 办公设备

按管理办公人员数量和需要配置办公桌椅。按管理部门的设置和需要配备电脑、档案柜、打印机和投影设备等。

6.2.2.2 试(实)验设备

按试(实)验任务和项目建设需要，配置试验台及仪器设备。

6.2.2.3 农机具

用于苗圃地犁耙整地的中、小型拖拉机1台，小型旋耕机1台，以及必要的犁耙等农机具。

6.2.2.4 运输工具

用于基地内部生产运输、对外销售服务的农用汽车1辆～2辆。

6.2.2.5 植保机具

宜按病害、虫害发生的特点与规律性，配置充足适用的植保机具。

7 用地分类与规划布局

7.1 土地类别

橡胶树苗木繁育基地使用的土地主要是农用地，而且主要是用于繁育橡胶树苗木的园地；其次是用于环境保护的林地及少量其他用地。

7.2 用地规模与结构

7.2.1 用地面积

基地的土地总面积，应根据土地资源特点、基地建设规模等条件确定。一般情况，不应小于15 hm^2。

7.2.2 用地结构

7.2.2.1 苗圃地

苗圃地应占用地总面积的70%以上。

7.2.2.2 农业田间工程用地

包括道路、灌排水沟渠(管道)、供电线路、水肥池、机井及抽水站(房)、防护及安全设施等用地。一般控制在占用地10%左右,在满足育苗生产要求前提下尽量节省用地。

7.2.2.3 管理办公及配套生活设施用地

根据实际需要,合理安排。一般占用地6%以下。

7.2.2.4 其他用地

包括居民点占地以及防护林、景观生态林、节能设施、安全及环保设施等用地。应控制在用地总面积的14%左右。

7.3 主要用地规划布局

7.3.1 苗圃地

根据育苗生产过程特点划分用地功能区,保证工序作业流畅。

综合考虑地形特点、育苗的农艺流程、农业设施与田间设施要求以及其他用地分布等合理划分不同育苗功能小区范围,确定苗圃地块规格、育苗床的布设、棚室等农业设施的设置与用地布局。

7.3.2 管理办公及配套生活设施用地

尽可能布置在地势较高的地方或者苗圃用地的中部,靠近基地交通的主要出入口地带。

已经建有居民点的基地,管理办公、生活设施等应建设在居民点内,不另配置管理办公及配套生活设施用地。

7.3.3 道路

基地内道路分干道、生产路二级。干道为基地办公区对外交通的主要道路,生产路为苗圃地内的运输和生产管理的道路。

道路密度宜控制在6.5 km/km^2 左右。

道路建设标准应按满足车行、人行、机械作业要求而确定,可参考表1设计。

表1 道路等级与规格

级别	路基宽度 m	路面宽度 m	路面材料
干道	≥7.5	3.5～6.0	水泥混凝土
生产路	4.5～6.0	≥3.0	砂石或混凝土

8 主要工程设施

8.1 建筑工程及附属设施

8.1.1 管理办公建筑

新建基地的办公管理用房建筑面积按办公人数计,控制在每人20 m^2～30 m^2。宜采用砖混或框架结构,建低层房层。

8.1.2 试(实)验室

生产规模较大或常有科研任务的基地,根据试(实)验、检测任务配置高压灭菌锅、恒温干燥箱、分析天平、酸度计等相应设备,并根据试验、检测工艺和设备要求配建实验室。实验室建筑面积可在100 m^2 左右,采用砖混或框架结构,可以独立建设或与办公管理用房合并建设。

8.1.3 籽苗芽接工作室

新建基地,根据基地建设规模建设相应的籽苗芽接工作室。一般情况,建筑面积控制在100 m^2 左右,可选用砖混结构。

8.1.4 库房

包括生产资料仓库、汽车库、农机具库等。根据需要配建。宜采用砖混或轻钢结构。

8.1.5 宿舍、食堂

根据基地工作人员住宿、餐饮和文体活动需要配置。建筑物宜采用砖混或框架结构。

8.1.6 建筑防火设计

橡胶树苗木繁育基地的建设防火类别、耐火等级，应符合 GBJ 39 的规定。

火灾危险类别为丁级。

耐火等级：管理办公、配套公共建筑、生产及辅助生产建筑、各类库房、生活性建筑为三级；配电室按具体情况，可二级或三级。

8.1.7 建筑抗震设计

橡胶树苗木繁育基地的抗震设计，应符合 JGJ 161 的规定。

8.1.8 主要建筑结构设计使用年限

管理办公、试(实)验室、宿舍及食堂等框架或砖混结构建筑，设计使用年限为 50 年。

生产资料库等轻钢结构建筑使用年限为 25 年。

8.2 田间工程

8.2.1 田间工程布局与建设的基本要求

根据苗圃地的特点和生产内容要求，确定建设田间工程的类别与规模、规格。

各项工程设施应尽可能相互结合配置，统筹安排，合理布局。

8.2.2 防护林建设

有风害地区，应该营造防护林带。

在基地区、苗圃地周围设置宽度 10 m 以上的林带；苗圃区内，每隔 2 个～4 个苗圃地块，设置一条宽 6 m～8 m 的林带。

8.2.3 土地整理

8.2.3.1 划分苗圃地块

根据地形确定苗圃地块形状与规模。一般情况，地块取长方形，面积以 1.0 hm^2～1.33 hm^2 为宜。

8.2.3.2 土地平整

地形坡度 3°以下，不修梯田。3°以上，修水平梯田，相邻田面的高差宜控制在 1.0 m 以下。

8.2.3.3 苗圃地备耕

新建苗圃地的土地开垦，宜按 NY/T 221—2006 中 7.1.1～7.1.4 的规定执行。

各地类的备耕均要犁耙 2 遍～3 遍，耕深 25 cm 左右，并且清除杂草、树根等。

改良土壤。一般在修筑苗床的同时，施入优质腐熟有机肥和过磷酸钙等矿物质肥料。有条件的基地，可测土施肥。

8.2.4 棚室等农业设施

8.2.4.1 棚室用地结构

应根据组培苗、籽苗芽接苗、袋装苗等生产方向与用地规模，配建相应棚室类设施。一般情况，育苗荫棚占地面积为砧木苗圃地面积的 20%～25%。

基地的苗木繁育方针或低温寒害程度不同，各类棚室建设用地比例会有所差异。籽苗芽接繁育比重较大时，炼苗棚、全控式保温大棚的用地比例可适当大一些。

一般各类棚室的用地结构为：育苗荫棚∶炼苗棚∶全控式保温大棚＝15∶2∶1。

8.2.4.2 棚室结构及配套设备设施

各类棚室均可采用钢架结构。育苗荫棚采用遮阳网覆盖，配有喷淋系统；炼苗棚采用遮阳网加防雨的塑膜覆盖，配套固定式喷灌设施；全控式保温大棚采用塑膜覆盖，并有通风采光、喷灌设施和配电系统。

8.2.5 灌排水工程

8.2.5.1 灌溉方式及保证率

棚室区圃地采用喷灌方式，露地（地播）苗圃采用淋灌或喷灌方式。灌溉保证率应达到95%以上。

8.2.5.2 灌水设施

引水渠一般采用明渠，人工材料防渗。

灌水管道宜用PVC管。

配建抽水站、水塔或高位水池、加压泵、田间喷灌设施等。

参照灌溉与排水工程设计规范有关规定设计及选用相应设备设施。

8.2.5.3 排水工程

一般采用明沟排水，沟壁衬砌。排水标准的设计重现期不小于15年。育苗圃地的淹水时间不超过2 h。

8.2.6 水肥池

每0.20 hm^2～0.33 hm^2 圃地设置一个水肥池。池的容积为2 m^3～3 m^3。

8.2.7 供电

基地用电应以国家电网为电源，在基地内设置中低压变压器和开关站。

8.2.8 道路

8.2.8.1 道路

布设在苗圃地块边缘。一个地块至少两边有路。

干道宜按JTG B01中的三级或四级公路的规定修筑；生产路通常采用砂石路面。由于地质原因或综合交通功能需要，采用混凝土路面时，面层厚度为15 cm～18 cm。

8.2.8.2 桥梁、涵洞

桥梁、涵洞的修架，参照JTG B01的有关规定。

9 节能、节水与环境保护

9.1 节能节水

建筑设计应严格执行国家规定的有关节能设计标准。

棚室等设施应充分利用日光、太阳能、自然通风换气；宜采用节水灌溉工程设施，节约用水。

9.2 环境保护

9.2.1 农药保管与使用

农药仓库设计应符合国家有关的化学品、危险品仓库设计规范。

严禁使用国家规定禁用的高毒、高残留农药。

9.2.2 固体废弃物处理

禁止使用不符合环境保护要求的建筑材料。

建筑垃圾应分类堆放，充分回收利用，不能利用的垃圾要运送到垃圾处理场集中处理。

生产过程中产生的遮阳网、塑膜、包装袋等废弃物，应分类收集，集中存放，按有关规定处理。

10 主要技术经济指标

10.1 劳动定员

10.1.1 人员配备的主要依据

按苗圃地面积配备生产管理人员。

单位面积配备的人员指标，应考虑到基地的基础设施配套建设程度、苗圃用地的土地条件特点、育苗工作方法、农业生产机械化程度等因素，因基地而异。

10.1.2 劳动定员

每 10 hm² 苗圃地配备的生产管理、技术人员等，应按以下指标计：

直接生产工人：10 人～16 人；

育种技术员：2 人～3 人；

行政后勤人员：0.6 人～1.0 人；

每个生产基地营销人员 1 人～3 人；

每个生产基地负责人：1 人～3 人。

综合生产条件较好的基地，生产工人、技术人员及后勤人员的配备指标量应采用上限值。生产规模较小的生产基地，营销工作可以由基地负责人兼任。

10.2 主要生产物资消耗量

按繁育出的每万株成品苗木计，生产过程中主要物资消耗量宜按下列指标控制：

用水量 1 300 m³～1 500 m³；

用电量 500 kWh～800 kWh；

育苗袋 1.5 万个；

塑料薄膜 50 kg；

遮阳网等 12 kg。

10.3 主要建设内容及建设标准

10.3.1 建设投资控制指标

按建设规模，将基地划分为 4 种类别。各类别基地的建设投资额度控制参照表 2。

表 2 橡胶树苗木繁育基地建设投资额度表

类别	建设规模 hm²	总投资指标 万元	项目及其投资额度比例			
			建筑工程及附属设施 %	农业田间工程 %	农机具及主要设备 %	其他 %
小	10	377.84～485.24	25.6～29.7	55.7～58.4	9.3～10.5	5.3～5.5
较小	20	580.37～832.19	23.8～27.4	56.6～59.8	10.5～10.8	5.0～5.5
中	40	997.47～1 441.05	19.4～22.7	64.0～67.3	7.9～8.1	5.2～5.6
大	60	1 422.64～2 063.42	17.5～20.6	70.5～70.6	6.7～6.9	5.1～5.2

注 1：建筑工程及附属设施主要包括管理办公室用房、检测实验室、籽苗芽接室、宿舍及食堂、生产资料与农机具库(棚)、办公区配套设施。

注 2：农业田间工程主要包括土地管理、道路工程、灌排水设施、育苗棚室和防护设施。

注 3：农机具及主要设备包括农用汽车、拖拉机、农机具、办公及试验设备。

注 4：其他主要包括建设单位管理费、项目建设前期工作费、工程建设投标及监理费。

10.3.2 项目主要建设内容标准

项目主要建设内容、规模及标准见表 3。

表 3 项目主要建设内容、规模及标准

序号	建设内容	单位	建设规模	单价 元	建设标准	内容和要求
一、建筑工程						
1	管理、办公用房	m²	按管理办公人数计 20 m²/人～30 m²/人	1 400～1 700	框架或砖混结构、地砖地面，内外墙涂料，塑钢或铝合金门窗，水电常规配套，分体式空调	包括土建、装饰、给排水、消防、照明及弱电、通风及空调工程等
2	试(实)验室	m²	100 左右			

表 3（续）

序号	建设内容	单位	建设规模	单价 元	建设标准	内容和要求
3	籽苗芽接工作室	m²	100～200	1 100～1 300	砖混结构，普通地砖地面，内外墙涂料，塑钢或铝合金门窗	包括土建、装饰、通风及空调、给排水、消防、照明及弱电工程等
4	宿舍、食堂	m²	150～250	1 200～1 500		
5	生产资料库	m²	100～200	800～1 200	砖混或轻钢结构	包括土建、装饰、通风及空调、给排水、消防、照明及弱电工程等
6	汽车库	m²	50～80	800～1 200		
7	农机具库	m²	80～120	800～1 200		
8	农具棚	m²	150～250	500～700	轻钢结构，石棉瓦屋面，无围护或围护结构高不超过 1.2 m	包括土建、装饰、弱电及照明工程等
9	配电房	m²	20	2 000～2 700	砖混结构，变压器容量 100 kW～400 kW	包括土建、装饰工程和变压器等配电设备购置与安装
10	大门、门卫房	套	1	60 000～100 000	铁栏杆焊接、砖混结构	含门柱、包括土建、装饰、给排水、照明工程等
二、田间工程						
1	土地整理	hm²	10～65	6 500～8 000	地形坡度＞3°时修梯田，≤3°时全垦，修沟埂梯田；采用机械犁耙 2 遍，耕深 25 cm 左右	包括土地开垦、土地平整、修苗床、施有机肥和过磷配钙类矿物肥、土壤消毒、修步道等
2	道路工程					
2.1	干道	km	按规划设计	450 000～500 000	混凝土路面，宽 5 m～6 m，面层厚大于 22 cm	包括土方填挖、垫层、结构层、面层等修建内容，参照公路工程技术标准设计
2.2	生产路	km	按规划设计	50 000～70 000	砂石路面，宽大于 3 m	
2.3	桥梁、涵洞	m²	按规划设计		混凝土结构，参照公路工程技术标准设计	参照国家有关技术要求
3	灌排设施				在机井或提水灌溉水源附近设置，站房采用砖混结构	包括机井/抽水站、水泵、动力机、输变电设备、井台等
3.1	抽水站等及配套建设	座	1	50 000～80 000		
3.2	灌水渠道	m	按规划设计	80～120	明渠，混凝土预制板或砖石衬砌，断面按需要设计	包括沟渠土方、运土、夯实、衬砌、抹灰等各项工程
3.3	灌溉管道	m	按规划设计	90～130	PVC 管，输水管Φ150～250，配水主管 Φ110～120，支管 Φ90～110	包括首部加压系统及泵房、挖土、管道敷设、回填土、安装、过滤设备、化肥罐等
3.4	排水沟	m	按规划设计	70～100	明沟、混凝土预制板或砖石衬壁。断面按排水量设计	包括土方开挖、运土、砌衬、抹灰等各项工程
3.5	水肥池	个	30～200	1 900～2 400	砖石砌壁铺底、容积 2 m³/个～3 m³/个	包括土方开挖、衬砌、外填土、夯实、池内水泥砂浆抹面
4	全控式保温大棚	m²	按 8.1.5.1 条计算	600～900	钢架结构，配套喷灌、通风、采光设施	土建工程、灌溉、通风、采光、遮阳、配电等各项工程
5	炼苗棚	m²	按 8.1.5.1 条计算	60～100	钢架结构、喷灌设施	包括平整土地、钢架、遮阳、灌溉设施等工程

表 3（续）

序号	建设内容	单位	建设规模	单价 元	建设标准	内容和要求
6	育苗荫棚	m^2	按 8.1.5.1 条计算	40～80	钢架结构、遮阳网	包括平整土地、钢架、遮阳网等工程
7	输配电线	m	按规划设计	200～260		包括变配电设备及安装费、电杆、低压线路敷设等
8	围栏(墙)	m	按规划设计	100～160	高 1.5 m～2.0 m	包括基础、墙体或铁丝网栅栏等
9	围篱	m	按规划设计	10～15	密植 2 行～3 行刺树	包括种苗、种植及土方挖掘、筑埂
10	防畜(兽)沟	m	按规划设计	25～30	沟面宽 2.5 m,底宽 1.0 m,深 1.5 m;一侧筑埂	
三、主要仪器设备、农机具						
1	办公设备	套(台)	按规划设计	60 000～80 000		包括电脑 2 台、打印、投影设备、办公桌椅、档案柜、相机 1 台等。包括籽苗芽接工具、实验室仪器设备
2	试验仪器、芽接设备	套	1	60 000～90 000		

本标准起草单位:海南省农垦设计院。

本标准主要起草人:潘在焜、王振清、董保健、钟银宽、范海斌、张霞、王娇娜、韩成元、何英姿。

中华人民共和国农业行业标准

NY/T 2167—2012

橡胶树种植基地建设标准

Construction criterion for planting base of rubber tree

1 范围

本标准规定了橡胶树种植基地建设的基本要求。

本标准适用于我国县级以上橡胶树种植基地的新建、更新重建、扩建项目建设;在境外投资的橡胶树种植基地项目建设,可结合当地情况灵活执行本标准;其他类型的橡胶树种植项目建设可以参照本标准。

本标准不适用于以科研、试验为主要目的的橡胶树种植项目建设。

本标准可以作为编制、评估和审批橡胶树种植基地建设项目建议书、可行性研究报告的依据。

2 规范性引用文件

下列文件对于本文件的应用是必不可少的。凡是注日期的引用文件,仅注日期的版本适用于本文件。凡是不注日期的引用文件,其最新版本(包括所有的修改单)适用于本文件。

GB/T 17822.2—2009 橡胶树苗木

GB/50189—2005 公用建筑节能设计标准

GB 50188 镇规划标准

NY/T 221—2006 橡胶树栽培技术规程

NY/T 688—2003 橡胶树品种

JIG B01—2003 公路工程技术标准

JTG D20 公路线路设计规范

3 术语和定义

下列术语和定义适用于本文件。

3.1

橡胶树种植基地 planting base of rubber tree

得到国家县级以上人民政府投资支持或关注的,由企业投资建设,按照企业模式经营管理的橡胶树生产性种植区。

3.2

橡胶宜林地 rubber-suitable region

适合橡胶树生长和产胶的一种土地资源。

3.3

橡胶宜林地等级 grade of rubber-suitable region

依据风、寒为主要气候条件因子造成的橡胶树生长速度、产胶能力的差异,对植胶土地的生产力划分等级。目前分为甲、乙和丙 3 个等级。

中华人民共和国农业部 2012-06-06 发布 2012-09-01 实施

3.4

拦水沟　intercepting ditch

设置在橡胶园最高一行梯田上方的排水沟。

3.5

泄水沟　discharge ditch

设在橡胶林段下方排除胶园积水的水沟。

3.6

橡胶树非生产期　non-productive period of rubber tree

指生产性种植的橡胶树，从定植起至达到规定割胶标准的生长时间。

4　建设规模与项目构成

4.1　建设规模

橡胶树种植基地建设规模，应按橡胶树种植面积计算。一个橡胶树种植基地的橡胶树种植面积不宜小于 667 hm^2(1.0 万亩)。

4.2　建设项目

4.2.1　建设用地功能分区

按照节约用地、合理布局、有利生产、方便管理的原则，橡胶树种植基地的土地可以划分为农业生产、生活管理两类功能区。农业生产区主要安排田间工程建设；生活管理区集中安排建筑工程及附属设施。

4.2.2　农业生产区主要建设项目

主要有橡胶园区规划设计、(有风害地区的)防护林建设、道路(桥涵)建设、收胶站(点)建设、橡胶园土地治理、橡胶树定植及橡胶园生产管理等项目。

4.2.3　生活管理区主要建设项目

按基地建设、管理和生活居住的需要，并依据镇村建设有关规定，安排生产经营管理中心及配套生活设施、城乡居民点等各项建设。

生产经营管理中心的主要设施有管理办公用房、生产资料仓库、配电房、道路及停车场、环境与绿化建设、门卫、围墙等安全防护设施以及公用工程、防灾等工程设施。

配套生活设施主要有员工宿舍、食堂和文体娱乐设施。

居民点内，主要是居民住宅，配套文教、医疗等公共设施。

5　选址条件

5.1　原则与依据

5.1.1　依据所在省、地区(或县)的天然橡胶发展规划。

5.1.2　符合该地区的土地利用总体规划。

5.1.3　重视土地自然特点，严格保护生态环境。

5.1.4　交通方便。

5.2　橡胶树种植的自然条件

5.2.1　适宜条件

综合概括为：日照充足，热量丰富，雨量充沛，气温不低，风力不强，地势低平，坡度不大，土壤肥沃，土层深厚，排水良好。

具体指标各省区略有差异，可参考 NY/T 221 以及附录 A 和附录 D 的规定。

5.2.2　不适宜条件

主要有:经常受台风侵袭,橡胶树风害严重的地区;历年橡胶树寒害严重的地区;瘠瘦、干旱的砂土地带等。详见 NY/T 221—2006 中 4.2 条的规定。坡度在 25°～35°地段的选择利用,应执行所在地县级以上人民政府颁布的森林法实施条例(办法、细则)规定。

5.2.3 橡胶宜林地等级划分

以风、寒害作为限制性条件,综合考虑其他自然环境条件和胶园生产力等因素,将橡胶宜林地划分为三级。具体划分详见 NY/T 221—2006 中的 4.3 条。

6 农艺技术与设备

6.1 农艺技术

6.1.1 基地建设工作流程图

基地建设工作流程见图 1。

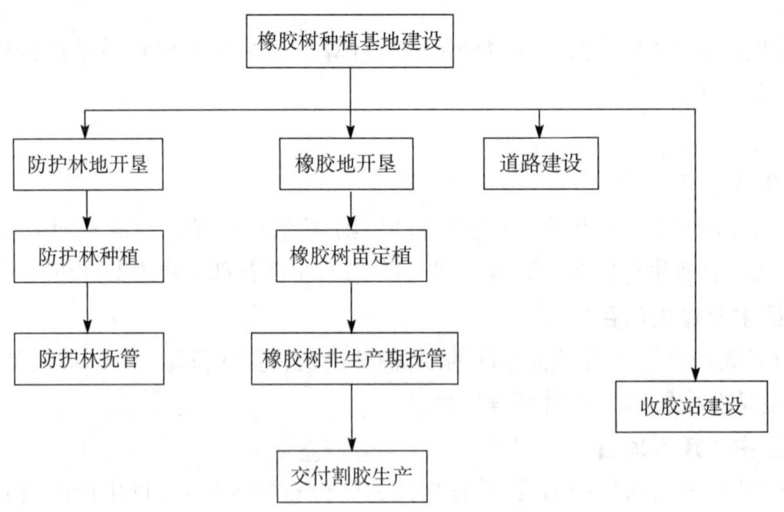

图 1 基地建设工作流程图

6.1.2 建设工作环节主要内容

6.1.2.1 防护林地、橡胶地土地开垦

按防护林种植、橡胶树种植的技术规程要求,做好土地准备,包括荒地开垦或橡胶更新地及其他已利用地的整理、复垦,修筑梯田(环山行),挖种植穴等橡胶园区工程建设。

6.1.2.2 道路建设

按基地的道路规划设计,修筑干道、林间道和人行道。

6.1.2.3 防护林种植与抚管

包括苗木准备,种植,补换植、除草、松土、施肥以及病虫害防治等。

6.1.2.4 橡胶树定植与抚管

包括苗木准备,定植,橡胶树非生产期间的苗木补换植、修芽、覆盖与间作、除草与控萌、扩穴与维修梯田、压青与施肥、防寒、防旱、防火、防畜兽危害以及风寒害树处理、病虫害防治等。

橡胶树非生产期的时间,一般规定为定植后的 7 年～8 年,丙级宜胶地也不应大于 9 年。

6.2 主要配套设备

6.2.1 生产、运输设备

6.2.1.1 耕作机械设备

新开垦种胶的基地,原则上不配置农业耕作机械(具),要充分利用社会化服务的农机具组织生产建设。

现有基地更新重建、扩建,应充分利用现有农机具。可根据需要适当增添新机具,提升自用程度和参与社会化服务能力。

6.2.1.2　植保机械设备

应根据当地橡胶树病虫害发生的规律及特点，配备充足、适用的植保机械设备。

6.2.1.3　运输工具

根据基地生产运输的需要配置中小型国产农用汽车。

6.2.2　办公设备

6.2.2.1　配置原则

现有的管理办公室，应继续使用现有设备设施，适当添置新设备。

新设置的管理办公室，在尽可能利用原有设备的情况下，配套充足的设备设施。

6.2.2.2　设备配置

按基地的组织机构设置及管理办公需要，配备相应的设备设施。一般情况可参考 9.3.5 条表 7。

7　基地规划设计与建设要求

7.1　基本要求

7.1.1　应编制基地区的土地利用总体规划，对山、水、园、林、路、居统筹规划设计、合理布局。

7.1.2　依据总体规划编制农业生产区、生活管理区的规划设计，因地制宜地确定各类主要建设项目的用地规模、布局要点和建设要求。

7.1.3　要充分利用土地、节约集约用地，注重生态保护和建设安全稳定的生态格局。

7.1.4　要认真按照规划设计开垦土地、种植和实施其他建设。

7.2　橡胶林段设计

7.2.1　林段规模

橡胶林段面积以 1.7 hm^2～2.8 hm^2 为宜，不应大于 3.3 hm^2。重风害地区宜小一些，风寒害轻、地形平缓地区可适当扩大一些。

7.2.2　林段形状

风害严重地区、地形平缓地区的林段宜采用正方形或长方形。长方形的长、短边比以 1.5～2.0：1 为宜。林段的长边应尽量与地形横坡向一致。其他地区应随地形而定，尽可能采用四边形。

7.2.3　林段界线

橡胶林段界线可以防护林带、行车道路、长久性工程设施或溪沟等天然界线划分。

7.3　防护林建设

7.3.1　基本要求

橡胶种植基地的防护林营造原则、林带种类与设置、树种选择与结构搭配、防护林营造与更新等，应按 NY/T 221—2006 中第 5 章的规定执行。

7.3.2　防护林占地

防护林用地规模因风害程度、地形条件而异。一般情况，防护林用地占橡胶种植面积的 15%～20%。

7.3.3　防护林抚管

防护林幼树抚管期为种植后的 2 年～3 年。管理作业包括除草、松土、施肥，种植当年要及时补种缺株、换植病弱株。

成龄林带的管理作业主要是除草、风后处理，有条件的应适量施肥。严禁在林带内铲草皮。

7.4　道路建设

7.4.1　道路分级与布局

基地的道路分干道、林间道、人行道三级。

应根据主要交通流向、橡胶园生产运输、机械作业要求，结合自然条件及现状道路特点，布设各级道路，保证各橡胶林段都有道路通达。

地形坡度较大，修筑林间道的工程难度较大时，可以修筑人行道。

林间道可以结合利用防护林带或橡胶树的林缘空地布设。

干道宜穿越主要橡胶园区，避免穿过居民点内部。

7.4.2 道路建设要求

干道、林间道的路基、路面等线路设计，可参照 JTG B01 中四级公路规定，交通流量较大的干道，可以参照三级公路规定，并且尽可能使用表 1 的有关指标；人行道宽度 0.8 m～1.2 m，呈直线或之字形。

设置错车道时，宜参照 JTED20 的要求。

桥涵布置的基本要求是安全、适用、经济、与周围环境协调、造型美观。

表 1 道路路基、路面主要建设要求

单位为米

道路级别	路基			路面	
	宽度	高度	材料与要求	宽度	材料与要求
干道	一般值≥7.5	高出设计洪水频率 1/25 计算水位 0.5	稳定性好的材料分层压实，压实度≥93%	3.5～6.0	水泥混凝土
	最小值≥4.5				
林间道	一般值 6.5	高出地面 0.3	就地取材；排水不良地段用砾石土	≥3.5	因地制宜。砂石材料时，压实度≥93%
	最小值≥4.5				
人行道				0.8～1.2	素土或砼预制块

7.4.3 生产运输道路密度

基地的干道、林间道的密度因基地用地的外形、集中连片程度、地形地貌条件以及国家各级公(道)路在基地区的分布情况等不同，有一定的差异。

按基地的橡胶种植面积计，生产运输道路密度应控制在 2.5 km/km² ～4.0 km/km² 。

7.5 橡胶园土地开垦

7.5.1 清岜

植胶土地开发(垦)、整理时，无法利用的树根、树枝、竹木杂草等，要清理干净，堆放到林段边缘，不得烧岜。

7.5.2 土地复垦植胶

居民点用地整理、工矿废弃地复垦方式形成的橡胶地，整理或复垦后的土层厚度、土壤质地等，要保证适宜植胶的要求。

7.5.3 修梯田、挖种植穴

7.5.4 条以外的处理地表附着物以及修梯田、挖植胶穴等土地开垦项目建设内容和标准，应按照 NY/T 221—2006 中 7.1 条的有关规定办理。橡胶更新地整理后植胶时，尽量修复利用原有的梯田等水土保持工程。

梯田田坎的修筑应做到安全、省工、就地取材。

环山行外缘不设土坎，根据需要适当设置横隔梯田面的土埂。

7.6 橡胶树定植与抚管

橡胶树的抚育管理(简称胶园抚管)期，指橡胶树定植到开割的非生产期。按植胶区自然条件可略有差异，一般为 7 年～8 年。

橡胶树的定植与抚育管理要求，应按照 NY/T 221—2006 中第 7 章和第 8 章的规定执行。

7.7 病虫害防治及风寒害树处理

应按 NY/T 221—2006 中第 10 章的规定执行。

7.8 收胶站(点)建设

7.8.1 主要建设内容

包括验收胶乳及凝胶块(或杂胶)的收胶房(棚)、胶乳储存罐、凝杂胶存放库(室)、胶桶清洗场等。

7.8.2 收胶站收胶服务范围

收胶站的收胶服务区应与基地橡胶管理基层单位的辖管范围一致。一般 133 hm^2～200 hm^2 植胶面积设置一个收胶站。

7.8.3 收胶站(点)用地规模与布局

一个收胶站(点)的建设用地面积可在 200 m^2 左右。

收胶站(点)用地,尽可能与收胶服务区域的工人交送胶乳方便的居民点用地结合,布局在居民点的下风向和水源的下游,与居民点保持 50 m 以上的卫生间隔;尽可能布置在与交通运输互不干扰的道路旁,用水充足的地方。

7.9 居民点建设要点

7.9.1 居民点配置与建设的基本原则

基地更新橡胶时,应继续利用现有居民点。

新开垦植胶区,尽量利用附近居民点扩建。不能利用现有居民点时,宜按新增植胶面积 200 hm^2～333 hm^2 配置一个居民点。

规模小、布局分散、建设水平不高的现有居民点,应主动接受相关村镇规划安排,实施撤并整合。

7.9.2 居民点建设要求

居民点建设用地规模,可参照 GB 50188,并执行当地政府的有关规定。

居民点建设内容,应符合所在县(市)的镇村建设规划的要求和安排,建成具有地方特色的新农村。

7.10 建筑工程与附属设施

7.10.1 管理办公建筑

根据基地具体情况,按需要配置管理办公建筑。

新建基地的管理办公用房建筑面积按办公人数计,控制在每人 20 m^2～30 m^2。宜采用砖混或框架结构,建低层房屋。

7.10.2 库房

包括各类生产资料仓库、汽车库等,根据基地具体情况,按需要配建。宜采用砖混结构。

7.10.3 收胶站用房

按收胶站服务区的胶乳生产规模配建适当建筑面积,一般每个收胶站用房面积 30 m^2～60 m^2。宜采用砖混结构。

7.10.4 宿舍、食堂

主要为单身员工、季节性工人等提供的生活居住类建筑。食堂的一部分建筑,可兼作文化、娱乐性活动室。宜采用砖混结构。

7.10.5 配电房、办公区大门及值班室等

建筑物宜采用砖混结构。

7.10.6 村镇居民点内的住宅、配套公共设施

执行村镇建设规划设计规定。

7.10.7 建筑防火设计

橡胶树种植基地的建筑防火设计,应符合 GBJ 39 的规定:火灾危险类别为丁级。

耐火等级,管理办公、配套公共建筑、生产及辅助生产建筑、各类库房、生活性建筑等为三级;配电房按具体情况,可二级或三级。

7.10.8　建筑抗震设计

橡胶树种植基地的建筑抗震设计，应符合 JGJ 161 的规定。

7.10.9　主要建筑结构设计使用年限

管理办公、宿舍及食堂等砖混或框架结构建筑，设计使用年限为 50 年。

库房、收胶站用房等轻钢结构的建筑，使用年限为 25 年。

8　环境保护与节能

8.1　水土保持

8.1.1　完善梯田工程建设

应按 6.2.4 条的有关要求，修筑及维修梯田(环山行)、拦(泄)水沟等水土保持工程，减轻水土流失。

8.1.2　合理安排植胶用地

在山岭上、水田边、河流水库边等开垦植胶时，应留有适当规模的空地，植树造林或保护自然植被，维护当地的自然环境。

8.2　农药保管与使用

农药仓库设计应符合国家有关化学品、危险品仓库的设计规范。

严禁使用国家规定禁用的高毒、高残留农药。

8.3　生产污水处理

严禁随意在自然水体中洗刷收胶桶、乳胶储存罐。

冲洗胶桶、乳胶储存罐、收胶站乳胶装运场地的污水应采取有效措施收集其中的乳胶；污水经净化处理后，要达到国家允许的排放标准。

8.4　建筑节能

建筑设计应严格执行国家规定的有关节能设计标准。

9　主要技术经济指标

9.1　劳动定员

9.1.1　人员配备的主要依据

生产人员：按人均抚管的橡胶地面积配备；

生产技术人员、后勤服务人员：按生产人员的一定比例配备；

管理人员：分别以基地、生产管理基层单位(生产队)为单元配备。

基地的土地条件、基础设施配套建设程度等情况不同，生产人员、后勤服务人员的配备指标可以有一定差异。

9.1.2　劳动定员指标

橡胶生产工人：橡胶园地面坡度多在 12°以下时，人/3.3 hm^2～4.0 hm^2；

橡胶园地面坡度多在 12°以上时，人/3.0 hm^2～3.7 hm^2；

橡胶生产技术人员：占生产工人总数的 3%～4%；

管理服务人员：占生产工人总数的 3%～5%；

汽车司机：部/2 人；

生产(队)基层单位负责人：每个单位 2 人；

基地负责人：2～5 人。

9.2　橡胶树开割前胶园建设主要材料消耗

从橡胶园土地开垦、橡胶树苗木定植至橡胶树开割，橡胶园建设的主要生产材料消耗应参照表 2 的控制指标。

表 2　每公顷橡胶地的主要生产消耗

材料名称	单位	消耗指标	材料名称	单位	消耗指标
柴油	kg	68～82	通用化肥	t	2.0～3.2
橡胶苗木	株	500～600	橡胶专用肥	t	4.5～5.0
			优质有机肥	t	40～70
注 1:橡胶苗木中含补换植用苗数。 注 2:化肥中尿素含纯氮、重过磷酸钙含磷、氯化钾含钾分别按 46%、46%、60%计。					

9.3　投资估算指标

9.3.1　一般规定

投资估算标准应与当地建设水平相一致。

9.3.2　建设投资控制指标

按建设规模,将基地划分为小型、较小型、中型、较大型 4 种类型。各类型基地建设投资的控制额度,参照表 3。

表 3　橡胶树种植基地建设投资额度表

类别	建设规模 hm^2	总投资指标 万元	项目及其投资额度比例					
			胶园土地准备 %	橡胶树定植与抚管%	胶园配套工程%	生产设备设施 %	公用配套设施 %	其他 %
小	667	5 341～6 661	8.2～8.5	69.0～71.7	11.6～13.8	0.6～0.7	2.9～3.5	4.7～4.8
较小	1 333	10 653～13 083	8.4～8.5	70.3～71.9	11.6～14.0	0.6～0.7	2.6～2.7	4.0～4.7
中	2 667	21 171～26 116	8.4～8.6	70.4～72.3	11.7～14.0	0.5～0.7	1.8～1.9	4.8～4.9
较大	4 000	31 609～39 033	8.4～8.6	70.7～72.7	11.8～14.1	0.4～0.5	1.6～1.7	4.7～4.8
注 1:胶园土地准备主要包括土地开垦或土地整理、修梯田(环山行)、挖植胶穴、胶园拦(泄)水沟及维护工程。 注 2:胶园配套工程包括道路、防护林建设。 注 3:生产设备设施主要包括农用汽车、植保机械、生产资料库、收胶站建设。 注 4:公用配套设施主要包括管理办公用房、配电房、办公设备以及办公区的大门、围墙、道路与停车场(位)、绿化、室外水电等。 注 5:其他主要包括建设单位管理费、项目建设前期工作费、农业保险费。								

9.3.3　建筑工程建设内容及标准

建筑工程建设内容及标准,应参照表 4 的规定。

表 4　建筑工程建设内容及标准

序号	建设内容	单位	建设规模	单价元	估算标准	估算内容和标准
1	办公、管理用房	m^2	按管理办公人数计,每人 20 m^2～30 m^2	1 400～1 700	砖混或框架结构,普通地砖地面,外墙涂料,塑钢或铝合金门窗。水电常规配置,分体空调	包括土建、装饰、给排水及消防、照明及弱电、通风及空调、电讯工程等
2	宿舍、食堂	m^2	200～350	1 200～1 500	砖混结构,普通地砖地面,内外墙涂料,塑钢或铝合金门窗	包括土建、装饰、给排水及消防、通风、弱电工程等
3	汽车库	m^2	80～150	800～1 200	砖混或轻钢结构	
4	生产资料仓库	m^2	100～300	800～1 200		
5	收胶站	m^2/个	30～60			
6	道路及停车场(位)	m^2	按规划设计	120～150	混凝土层面,厚 18 cm～22 cm	包括土方填挖、垫层、结构层、面层、绿化等

表 4（续）

序号	建设内容	单位	建设规模	单价元	估算标准	估算内容和标准
7	配电房	m^2	20～40	2 500～3 200	砖混结构	包括土建、供变压器等配电设备、室外安全防护设施
8	办公室外给排水、电力设施	项	1	250 000～300 000	镀锌钢管、PVC 管、铸铁排水管、电力线	包括土方填挖、垫层、电杆、管线敷设等
9	办公区绿化	m^2	占办公区总用地 45%左右	50～80		包括用地整理、改土施肥、绿化材料购置、绿地种植及设施安装等
10	办公区大门及值班室	套	1	100 000～150 000	铁栏栅或钢板推拉门。值班室砖混结构	含门柱、灯具；土建、装饰、给排水、电气照明等
11	办公区围墙(围栏)	m	按规划设计	500～700	高度 1.5 m～2.0 m	包括基础、墙体(或栅栏)

9.3.4 胶园(田间)工程建设内容及标准

胶园(田间)工程主要建设内容及标准应符合表 5 的规定。

表 5 胶园工程建设内容及标准

序号	建设内容	单位	数量	单价元	建设标准	估算内容
一、营造防护林						
1	防护林带土地开垦、植树与当年抚管	hm^2	占胶园面积 15%～20%	6 800～7 800	平缓地全垦，二犁二耙；丘陵地带垦或穴垦。株行距 1 m × 2 m；植穴规格 40 cm×40 cm×30 cm。植苗后，穴内回满表土并压实，防止荒芜	包括砍岜、清岜、犁地、耕地、挖种植穴。包括挖植穴、种树、除草、施肥等用工，苗木，化肥购置费等
2	第二年抚管	hm^2	占胶园面积 20%左右	3 750～4 500	除草 2 次～3 次，结合除草适当施化肥	包括除草、施肥用工和肥料费等
二、修建道路						
1	干道	km	按规划设计	500 000～550 000	路面混凝土层厚度 200 mm～220 mm	包括土方填挖、垫层、结构层、面层和排水沟等
2	林间道			20 000～30 000	路面材料为素土/砂石、砂石面层厚 100 mm～150 mm	
3	桥涵	m^2				
三、胶园开垦						
1	地表附着物处理	hm^2	占植胶地面积比：新开荒胶园为 110%；更新胶园 100%	开荒地：2 100～2 520 更新地：1 140～1 370	竹木杂树茬高不大于 10 cm，严格按规定处理带病树根	包括砍岜、清岜、带病树根防治
2	修梯田、挖植胶穴	hm^2	同植胶面积	开荒地：5 620～6 740 更新地：5 050～6 060	按 6.2.4 条的规定修梯田或环山行，尽可能机械作业，人工作业配合	包括挖、填、平整等土方工程；筑田埂或隔水埂等土、石方工程
3	挖拦泄水沟	m	按规划设计	20～30	明沟，沟宽、深均 0.4 m～0.6 m，沟底或壁局部毛石或混凝土板衬砌	包括挖沟的土方，局部沟埂填土及夯实，毛石或混凝土板衬砌
4	围栏	m	因畜、兽害设置	100～160	高 1.5 m～2.0 m	包括基础、木栅栏等

表 5（续）

序号	建设内容	单位	数量	单价元	建设标准	估算内容
5	种刺树带	m	因畜、兽害设置	8～10	密植 2 行～3 行刺树	包括种苗、种植及管理用工
6	挖防牛(兽)沟	m	因畜、兽害设置	25～30	沟面宽 2.5 m,沟底宽 1.0 m,深 1.5 m,一侧筑埂	土方挖掘、筑土埂
四、橡胶树定植与抚管						
1	定植及当年抚管	hm^2	同植胶面积	12 600～15 400	底肥与表土均匀混合后回填穴,分层回填土并压实,淋足定根水及盖草保湿,种覆盖植物	包括定植及补换植材料费,施有机肥及化肥、回填土、淋水、盖草、抹除砧木芽、犁地及种复盖等
2	第 2 年～第 7(或 8)年的每年抚管	hm^2	同植胶面积	7 500～9 000	铺死覆盖的厚度15 cm～20 cm,活覆盖种植当年要及时除草,胶树施有机肥及压青 1 次～2 次。补换植苗木一定要同原定植品种并略大于幼树植株,及时修枝抹芽	包括补换植、施肥、铺设死覆盖、犁地与种覆盖、间种、修枝抹芽等各项用工、机耕费、苗木费、肥料费等

9.3.5 农机具配置

9.3.5.1 配置原则

主要配置社会化服务能力较弱但自用性较强的植保机械、运输工具。

9.3.5.2 配置数量

基地建设规模及其地域自然、环境条件不同,农机具需用量也不一样。一般情况可参考表 6。

表 6　农机具配置

序号	项目名称	单位	数量	一般要求	单价,元	说明
1	农用汽车	台	2～4	中小型车	70 000～100 000	
2	植保机械					
2-1	烟雾机	台	按 60 hm^2 橡胶配 1 台计		2 500～3 500	防治炭疽病、白粉病
2-2	背负式喷粉机	台	按 47 hm^2 橡胶配 1 台计		2 000～2 500	防治白粉病

9.3.6 办公管理设备设施配置

办公设备配置内容与标准,应参照表 7。

表 7　办公设备设施配备表

序号	项目名称	单位	数量	一般要求	单价,元	说明
1	办公桌椅	套		适用、方便	300～450	按各管理部门(单位)设定岗位配备,每岗 1 套
2	多媒体设备、打印设备	套	1	先进、适用、方便	30 000～40 000	电脑 1 台、投影设备 1 套、打印设备等
3	台式电脑	台			6 000～8 000	基地主要管理部门各配 1 台
4	数码相机	台			4 000～5 500	基地生产技术、档案管理部门配置 1 台
5	文件、档案柜	个		方便、安全、适用	1 500～2 500	各管理部门、基层生产单位按需要配置

附　录　A
（资料性附录）
橡胶树农业气象灾害区划指标

A.1　橡胶树风害区划指标见表 A.1。

表 A.1　风害区划指标

风害区	≥10 级风出现概率(%)
	海　南
无风害区	0
轻风害区	0.1～5.0
中风害区	5.1～10.00
重风害区	>10
注:广东可参照海南。	

A.2　橡胶树寒害区划指标见表 A.2。

表 A.2　寒害区划指标

寒害区	极端最低气温多年平均值,℃		极端最低气温出现概率,%				日平均气温≤10℃阴(雨)天数≥20 d 出现概率,%	
			≤0℃		≤3.0℃			
	海　南	云　南	海　南	云　南	海　南	云　南	海　南	云　南
基本无寒害区	>8.0	>7.0	0	0	0		0	0
轻寒害区	5.1～8.0	4.1～7.0	0	0.1～3.0	5		0	0.1～5.0
中寒害区	3.0～5.0	2.6～4.0	3.0～10.0	3.1～10.0	30		0.1～10.0	5.1～10.0
重寒害区	<3.0	≤2.5	>10.0	3.1～10.0	～		>10.0	5.1～10.0
注:广东可参照海南。								

A.3　橡胶树栽培气候生产潜力指标

水分、气温为主要指标,风速为辅助指标。见表 A.3。

表 A.3　橡胶树栽培气候生产潜力指标

气候因子		潜力区			
		Ⅰ级区	Ⅱ级区	Ⅲ级区	Ⅳ级区
年降雨量 mm	海南	>2 000	1 501～2 000	1 200～1 500	<1 200
	云南	>1 200		1 000～1 200	<1 000
	广东	>1 500	1 200～1 500	<1 200	
年降雨日 d	海南	>150	130～150	110～129	<110
	云南				
	广东	>140	120～140	<120	
日均温≥18℃连续日数 d	海南	365	310	250	<250
	云南				
	广东	>270	>240	>210	

表 A.3（续）

气候因子		潜力区			
		Ⅰ级区	Ⅱ级区	Ⅲ级区	Ⅳ级区
年平均气温 ℃	海南	＞24	23～24	21～22	＜21
	云南	＞21	20～21	19～20	＜19
	广东	＞23	22～23	＜22	
年平均风速 m/s	海南	＜1.0	1.1～1.9	2.0～2.9	＞2.9
	云南				
	广东	＜2.0	2.0～3.0	＞3.0	

注 1：表中各项气候因子均为多年平均值。
注 2：水分、温度不属同级时，按下者定级；水分、温度在同一级，风速在另一级时，按水分、温度的级别。

附 录 B
(规范性附录)
道路建设技术指标(部分)

B.1 道路设计速度

B.1.1 干道设计速度宜采用 40 km/h,地质等自然条件复杂路段可采用 30 km/h。

B.1.2 林间道的设计速度采用 20 km/h~30 km/h。地形、地质条件较好,交通量较大的路段,宜采用上限。

B.2 较长的干级道路,可以分路段选择不同的道路等级。同一道路等级,可以分路段选择不同的设计速度。

B.3 道路平面设计的有关指标(部分)见表 B.1 和表 B.2。

表 B.1 停、超车视距及圆、平曲线指标表

设计速度 km/h	停车视距 m	指标					
		超车视距 m		圆曲线最小半径 m		平曲线最小长度 m	
		一般	最小值	一般	极限	一般	最小值
60	75	350	250	200	125	300	100
40	40	200	150	100	60	200	70
30	30	150	100	65	30	150	50
20	20	100	70	30	15	100	40

表 B.2 道路纵坡指标

设计速度 km/h	最大纵坡 %	最小纵坡 %
60	6	0.3
40	7	
30	8	
20	9	
注:地形较陡的山区设计速度 40 km/h 以下者,经技术论证,最大纵坡可增加 1%。		

附 录 C
（资料性附录）
大田橡胶树施肥参考量

肥料种类	施肥量,kg/（株・年）			说 明
	1龄～2龄幼树	3龄至开割前幼树	开割树	
优质有机肥	>10	>15	>25	以腐烂垫栏肥计
尿素	0.23～0.55	0.46～0.68	0.68～0.91	
过磷酸钙	0.3～0.5	0.2～0.3	0.4～0.5	
氯化钾	0.05～0.1	0.05～0.1	0.2～0.3	缺钾或重寒害地区用
硫酸镁	0.08～0.16	0.1～0.15	0.15～0.2	缺镁地区用

注1:施用其他化肥时,按表列品种肥分含量折算。
注2:最适施肥量应通过营养诊断确定。
注3:有拮抗作用的化肥应分别使用。

附 录 D
（规范性附录）
橡胶树风、寒害分级标准

D.1 橡胶树风害分级标准见表 D.1。

表 D.1 橡胶树风害分级标准

级别	类别	
	未分枝幼树	已分枝胶树
0	不受害	不受害
1	叶子破损，断茎不到 1/3	叶子破损，小枝折断条数少于 1/3 或树冠叶量损失＜1/3
2	断茎 1/3～2/3	主枝折断条数 1/3～2/3 或树冠叶量损失＞1/3～2/3
3	断茎 2/3 以上，但留有接穗	主枝折断条数多于 2/3 或树冠叶量损失＞2/3
4	接穗劈裂，无法重萌	全部主枝折断或一条主枝劈裂，或主干 2 m 以上折断
5		主干 2 m 以下折断
6		接穗全部断损
倾斜		主干倾斜＜30°
半倒		主干倾斜超过 30°～45°
倒伏		主干倾斜超过 45°
注：断倒株数＝4 级株数＋5 级株数＋6 级株数＋倒伏株数。		

D.2 橡胶树寒害分级标准见表 D.2。

表 D.2 橡胶树寒害分级标准

级别	类别			
	未分枝幼树	已分枝幼树	主干树皮	茎基树皮
0	不受害	不受害	不受害	不受害
1	茎干枯不到 1/3	树冠干枯不到 1/3	坏死宽度＜5 cm	坏死宽度＜5 cm
2	茎干枯 1/3～2/3	树冠干枯 1/3～2/3	坏死宽度占全树周 2/6	坏死宽度占全树周 2/6
3	茎干枯 2/3 以上，但接穗尚活	树冠干枯 2/3 以上	坏死宽度占全树周 3/6	坏死宽度占全树周 3/6
4	接穗全部枯死	树冠全部干枯，主干干枯至 1 m 以上	坏死宽度占全树周 4/6 或虽超过 4/6 但在离地 1 m 以上	坏死宽度占全树周 4/6
5		主干干枯至 1 m 以下	离地 1 m 以上坏死宽度占全树周 5/6	坏死宽度占全树周 5/6
6		接穗全部枯死	离地 1 m 以下坏死宽度占全树周 5/6 以上直至环枯	坏死宽度占全树周 5/6 以上直至环枯
注：茎基指芽接树结合线以上 15 cm，实生树地面以上 30 cm 的茎部。芽接树砧木受害另行登记，不列入茎基树皮寒害。				

本标准起草单位：海南省农垦设计院。

本标准主要起草人：潘在焜、王振清、董保健、钟银宽、范海斌、张霞、王娇娜、韩成元、何英姿。

中华人民共和国农业行业标准

NY/T 2442—2013

蔬菜集约化育苗场建设标准

Construction criterion for intensive vegetable nursery

1 范围

本标准规定了蔬菜集约化育苗场建设的内容和技术要求。

本标准适用于蔬菜集约化育苗场新建工程,改建、扩建工程项目可参照执行。

2 规范性引用文件

下列文件对于本文件的应用是必不可少的。凡是注日期的引用文件,仅注日期的版本适用于本文件。凡是不注日期的引用文件,其最新版本(包括所有的修改单)适用于本文件。

GB 15569 农业植物调运检疫规程

GB/T 18407.1 农产品安全质量 无公害蔬菜产地环境要求

GB/T 19165 日光温室和塑料大棚结构与性能要求

NY/T 1145 温室地基基础设计、施工与验收技术规范

NYJ/T 06 连栋温室建设标准

NYJ/T 07 日光温室建设标准

3 术语和定义

下列术语和定义适用于本文件。

3.1

集约化育苗场 nursery

利用先进的育苗设施,稳定地成批生产优质商品幼苗的场所。

3.2

集约化育苗 intensive seedling

在一定面积的育苗场内,采用先进的技术和设备,按照科学的工艺流程,集中、规范、批量、高效化培育优质幼苗的方式。

3.3

基质 substrate

为栽培作物提供适宜养分和 pH,具备良好的持水、保肥、通气性能和根系固着力的混合轻质材料。

3.4

播种车间 planting workshop

为播种及其相关操作提供便利条件、相对封闭的工作区域。

3.5

育苗设施 seedling facilities

中华人民共和国农业部 2013-09-10 发布 2014-01-01 实施

能够为幼苗生长发育提供适宜环境条件的保护性结构型式,如日光温室、塑料大棚、连栋温室等。

4 基本原则

4.1 贯彻执行国家以经济建设为中心的各项方针,因地制宜,选用科学的生产工艺,做到技术先进、经济合理、安全适用。

4.2 育苗场建设应根据市场预测和育苗体系的要求确定其规模,由规模确定工艺与设备,在此基础上进行设计与施工。新建场必须在竣工验收后才能投产。

4.3 贯彻节约能源、用水、用地和环境保护等有关政策法规。

4.4 育苗场一般应一次建成,如需分期建设,先期工程应形成独立的生产能力,后期工程应不妨碍已建项目的正常生产。

4.5 改(扩)建项目应充分利用原有的生产设施和设备,提高项目建设效益。

4.6 育苗场的建设除执行本建设标准外,尚应符合国家现行有关强制性标准。

5 建设规模与项目组成

5.1 建设规模应综合考虑当地蔬菜苗需求、拟建育苗场的技术水平和投资额度等条件后确定。

5.2 按照表1划分规模等级。

表1 蔬菜集约化育苗场建设规模划分

类别	Ⅰ类	Ⅱ类	Ⅲ类
苗床面积,m^2	≥10 000	≥5 000	≥2 000
预测年育苗量,万株	1 200～6 000	450～3 000	120～1 500

5.3 育苗场的项目构成,按功能划分为四个部分:

——育苗设施:培育蔬菜幼苗的保护地设施,包括日光温室、塑料大棚、连栋温室等,北方重点发展日光温室,南方重点发展塑料大棚或连栋温室。

——辅助性设施:为幼苗培育、商品苗销售提供直接服务的设施设备,包括催芽室、播种车间、消毒池、仓储间、种子健康检测室、新品种试验田等。

——配套设施:为育苗提供基本保障条件,包括供暖设施、灌排系统、供电系统、道路系统、运输工具等。

——管理设施:生产管理所需的配套设施,包括办公室等。

6 选址与建设条件

6.1 总体环境应符合 GB/T 18407.1 的要求。

6.2 场地要求地势较平坦,高燥,水源充足,排水方便。品种试验田要求土壤肥沃,土层深厚。

6.3 建设地应交通便利。

6.4 周边应没有高大树木或建筑物遮阴。

6.5 以下地区不得建场:

——易受洪涝威胁的地区;

——蔬菜检疫性病虫害发生地区;

——工业、农业、矿山和城市垃圾污染严重地区。

7 工艺与设备

7.1 工艺与设备的确定原则:

——符合建设地技术经济条件和生产规模；
——节能高效、优质安全；
——适度采取机械化和自动化操作设备，提高劳动生产率，减轻劳动强度。

7.2 育苗生产一般采取下列工艺流程：
——准备阶段：包括种子检测、种子消毒、设备调试、育苗设施及操作器具消毒、基质配制等；
——播种阶段：包括基质填装、压穴、播种、覆盖、喷淋等；
——成苗阶段：包括催芽、真叶发育和炼苗等；
——贮运阶段：包括成苗后短暂在圃贮存、包装和运输。

7.3 根据育苗工艺、育苗规模选择性能可靠的定型专用设备。设备的选用按表 2 执行。

表 2 蔬菜集约化育苗场设备选用范围

操作阶段	设备选用范围
准备阶段	种子催芽箱 2 台～3 台，基质搅拌机 1 台，高压蒸汽清洗机 1 台
播种阶段	精量播种机 1 台
生长阶段	移动式喷灌机(每座育苗温室 1 台)，温湿度记录仪(每座育苗温室 2 个～3 个)，喷雾器 1 台～2 台，频振式杀虫灯 3 个～10 个
贮运阶段	箱式货车 1 辆～2 辆

8 建筑与建设用地

8.1 总体布局与用地

8.1.1 总体布局应节约用地，避免土地浪费。

8.1.2 育苗场根据功能划分为育苗区(包括育苗设施、辅助育苗设施、配套设施)和管理区(包括办公室、生活区、厕所、门卫等)。其中，育苗区分为育苗设施单元、播种作业单元、生产资料贮放单元、作业机具贮放及维修单元、电力供应单元、排灌控制单元、包装运输单元、育苗垃圾处理单元；管理区分为办公单元、生活单元、门卫单元、生活垃圾处理单元。育苗区和管理区之间应保持一定距离，各单元之间根据工艺流程进行合理布局。

8.1.3 育苗场的占地面积与建筑面积指标，按表 3 规定。

表 3 各类育苗场占地及建筑面积

单位为平方米

类别	占地面积	总建筑面积	育苗设施建筑面积	辅助性设施建筑面积	配套设施建筑面积	管理设施建筑面积
Ⅰ类	20 000 以上	14 750～18 750	12 500～15 000	500～750	1 500～2 500	250～500
Ⅱ类	10 000 以上	7 125～8 875	6 000～7 000	250～375	750～1 250	125～250
Ⅲ类	5 000 以上	2 950～3 550	2 500～2 800	100～150	300～500	50～100
注：苗床面积一般按育苗设施建筑面积的 70%～80%计。						

8.2 建筑与结构

8.2.1 各类建筑应符合坚固耐用、性能优良、经济实用的原则。

8.2.2 日光温室、连栋温室、塑料大棚等育苗设施的建设符合 NYJ/T 07、NY/T 1145、NYJ/T 06 和 GB/T 19165 的规定。

8.2.3 播种车间、仓储车间宜采用钢架结构，办公用房宜采用砖混或混凝土结构。

8.2.4 育苗场内的排灌系统、供电系统应与道路建设相结合。

8.2.5 育苗场内的道路应采用硬化路面，主干道宽度 6 m，其他道路宽度 3 m。

9 配套工程

9.1 育苗场内配套工程设置水平应满足育苗需要，并与主体工程相适应；配套工程应布局合理、便于管理，并尽量利用当地条件。配套工程设备应选用高效、节能、低噪声、少污染、便于维修使用、安全可靠、机械化水平高的设备。

9.2 育苗场应具有可靠、配套的水源工程。

9.3 育苗场的排水系统应雨、污分流。

9.4 锅炉房的设计规划应根据生产、辅助生产、管理和生活建筑负荷统一考虑。

9.5 催芽室应设置空调系统。

9.6 育苗场育苗设施、锅炉房电力负荷等级应为二级，其余用电负荷为三级。

9.7 仓储设施的设置，应符合保证生产、加速周转、合理贮备的原则。

10 植物检疫与环境保护

10.1 植物检疫

秧苗检疫按 GB 15569 的规定执行。

10.2 环境保护

10.2.1 育苗场在生产过程中产生的幼苗残株、废弃基质应集中进行无害化处理。

10.2.2 育苗场污水、锅炉房、废弃物应符合国家相关排放标准。

11 主要技术经济指标

11.1 育苗场主要建筑材料消耗可根据表 4 的规定确定

表 4 育苗场基建三材用量指标

结构类型	钢材 kg/m²	水泥 kg/m²	木材 kg/m²
连栋温室	7～14	2～5	—
日光温室	6～9	18～20	—
塑料大棚	7～10	0.01～0.5	—
砖混结构	15～30	120～180	0.02～0.04
轻钢结构	15～25	80～100	0.01～0.02

11.2 育苗场生产用水、电、基质、肥料消耗按表 5 规定。

表 5 集约化育苗场生产消耗指标

项目	水 m³/万株	电 kW·h/万株	基质 m³/万株	肥料 kg/万株
消耗指标	0.7～3	25～100	0.15～0.6	0.2～0.8

11.3 投资比例与主要投资估算指标。

11.3.1 各专业投资占工程总投资的比例宜为：育苗设施 50%～70%，工艺设备费 10%～20%，水、电、暖通 10%～15%，其他费用 5%～10%。

11.3.2 各类育苗场工程建设投资估算指标按表 6 执行。

表 6　各类育苗场工程建设投资估算指标

类别	苗床面积 m^2	总投资额 万元	育苗设施 %	辅助性设施 %	配套设施 %	管理设施 %	其他费用 %	基本预备费 %
Ⅰ类	≥10 000	1 500～2 000	50～60	17～13	13～10	8～5	7	5
Ⅱ类	≥5 000	1 000～1 500	60～65	12～10	11～9	5～4	7	5
Ⅲ类	≥2 000	500～1 000	65～70	10～8	8～6	5～4	7	5

11.4　育苗场的工程建设工期不宜超过表 7 的规定。

表 7　育苗场建设总工期

项目	建设规模		
	Ⅰ	Ⅱ	Ⅲ
建设总工期 月	12	10	6

11.5　劳动定员

11.5.1　育苗场应根据建设规模和经营管理的要求，本着人员精干、统一领导、分级管理的原则，设置组织机构。

11.5.2　从事蔬菜幼苗生产的工人，应经过专业技术培训。

11.5.3　育苗场非生产人员占工厂全员的比例不应超过 10%。

11.5.4　育苗场劳动定员和劳动生产率应符合国家主管部门颁布实施的标准及规定。新建育苗场的劳动定员和实物劳动生产率应按表 8 控制。

表 8　各类育苗场劳动定员和劳动生产率

类别	全场定员 人	直接生产工人 人	全员劳动生产率 万株/(人・年)	直接生产工人劳动生产率 万株/(人・年)
Ⅰ类	11～19	10～17	53～91	60～100
Ⅱ类	9～14	8～13	36～56	40～60
Ⅲ类	6～11	5～10	18～33	20～40
注：全场定员和直接生产工人不含季节性用工人员。				

本标准起草单位：全国农业技术推广服务中心、中国农业科学院蔬菜花卉研究所。
本标准主要起草人：梁桂梅、尚庆茂、冷杨、张志刚、王娟娟、董春娟、房嫚嫚。

中华人民共和国农业行业标准

NY/T 2710—2015

茶树良种繁育基地建设标准

Construction standards for tea plant breeding base

1 范围

本标准可作为编写茶树良种繁育基地项目规划、建议书、可行性研究报告、初步设计文件的依据。

本标准适用于政府投资建设的茶树良种繁育基地项目决策、实施、监督、检查、验收等工作，其他社会投资的同类项目可参照执行。

2 规范性引用文件

下列文件对于本文件的应用是必不可少的。凡是注日期的引用文件，仅注日期的版本适用于本文件。凡是不注明日期的引用文件，其最新版本(包括所有的修改单)适用于本文件。

GB 3095—2012 环境空气质量标准

GB 5084—2005 农田灌溉水质量标准

GB/T 8321.3—2000 农药合理使用准则(三)

GB 9137 保护农作物的大气污染物最高允许浓度

GB 11767—2003 茶树种苗

GB 15618 土壤环境质量标准

GB/T 18621 温室通风降温设计规范

GB/T 50363 节水灌溉工程技术规范

GB 50016 建筑设计防火规范

GB 50039 农村防火规范

GB 50052 供配电系统设计规范

GB 50153 建筑结构可靠度设计统一标准

GB 50189 公共建筑节能设计标准

GB 50223 建筑工程抗震设防分类标准

GB 50288 灌溉与排水工程设计规范

JTG B01—2003 公路工程技术标准

NY/T 2019—2011 茶树短穗扦插技术规程

NY/T 5018—2001 无公害食品 茶叶生产技术规程

NY 5020—2001 无公害食品 茶叶产地环境条件

NYJ/T 60—2005 连栋温室建设标准

交公路发[2004]372 号 农村公路建设暂行技术要求

中华人民共和国农业部 2015-02-09 发布 2015-05-01 实施

3 术语和定义

下列术语和定义适用于本文件。

3.1

茶树良种繁育基地 quality tea cultivar clonal seedling breeding base

繁育生产茶树良种苗木和穗条的场所，一般由品种园、原种母本园、良种繁育苗圃、茶叶加工示范园等组成。

3.2

品种园 varieties of tea garden

用于活体保存茶树良种，展示和储备保存待推广茶树良种的园地。

3.3

原种母本园 breeder's seeds garden

为茶树良种扦插繁育苗木提供穗条的园地。

3.4

良种繁育苗圃 tea plant clonal seedlings breeding nursery

用短穗扦插方法繁育茶树良种苗木的园地。

4 一般规定

4.1 为了规范政府投资茶树良种繁育基地项目建设，统一项目建设内容，合理确定建设规模，正确把握建设水平，科学估算建设投资，推动技术进步，提高投资效益和工程建设质量，特制定本建设标准。

4.2 茶树良种繁育是茶产业发展的基础，是提升茶叶产量、品质和效益的关键，应加快建设茶树良种繁育基地。

4.3 基地建设应紧紧围绕农业农村经济发展的总体要求，贯彻落实国家关于茶产业政策和发展规划。

4.3.1 以服务产业为宗旨，以市场需求为导向，立足本地特色茶树资源，科学引进适宜品种，优化品种结构，增加单产，改善茶叶品质，实现茶树良种苗木生产专业化、规模化、标准化和集约化。

4.3.2 充分发挥良繁、展示、培训、研究功能和辐射带动作用，提高经济效益、生态效益和社会效益，增加农民收入，全面推动茶产业与当地经济可持续发展。

4.4 基地应合理确定建设规模和内容，可以一次投入一次建成，也可以在原有基础上改造完善或分期建设。

4.4.1 基地应科学规划、节约用地、保护环境、防止污染，提高土地产出率和资源利用率。

4.4.2 政府投资主要支持基地引种试验、原种母本、良种繁育、质量检测、良种良法示范展示以及先进工艺技术引用、机械设备配置等方面建设。

4.4.3 改造完善或分期建设时，后续项目应遵循填平补齐原则确定建设内容，保证与前期建设内容有机结合，促使基地形成更合理和更完善的茶树良种繁育功能。

4.5 基地生产的无性系茶树品种穗条和苗木的质量分级指标、检验方法、检测规则、包装和运输等方面要求应符合 GB 11767—2003 的规定。生产过程使用农药应符合 GB/T 8321.3—2000 的规定。

4.6 基地建设除执行本文件外，尚应符合国家现行的有关标准、规范、规程，应严格执行建筑、结构、供水、供电、采暖、通风、消防、安防等专业各类强制性标准。

5 基地要求与规模

5.1 基地要求

5.1.1 基地建设规模应依据当地经济、社会发展状况，茶叶生产和市场发展需要以及建设单位技术水平、管理能力综合确定，应符合国家和地方茶产业发展规划，相对集中连片、适度规模发展。

5.1.2　基地主要引进和繁育品种应选择经省级或省级以上品种审定机构审定（鉴定或认定）、优质丰产、市场前景好的良种。

5.1.3　引进的茶树无性系原种种苗质量应符合 GB 11767—2003 要求，禁止调入未经检疫或检疫不合格的种苗。

5.1.4　基地繁育品种覆盖面积在宜推广、已推广、拟推广方面应达到一定规模要求。

5.2　基地规模

5.2.1　基地面积不宜少于 300 亩，其中良种繁育苗圃应占基地面积的 30%，且不宜少于 100 亩。亩产茶树无性系良种苗木 10 万株～20 万株。

6　基地选址和建设条件

6.1　基地选址

6.1.1　基地选址应符合城乡建设规划和产业发展规划。选择生态环境良好、交通方便、地势平缓、水源充足、易于排灌的平地或缓坡丘陵地，离公路干线 50 m 以上。

6.1.2　茶园应为平地或缓坡，坡度宜在 25°以下。

6.2　建设条件

6.2.1　园地土壤应结构良好、地力肥沃，具备较好排灌条件。良种繁育苗圃有效土层厚度应达到0.4 m以上，其余园地有效土层应达到 0.8 m 以上。

6.2.2　土壤 pH 在 4.5～5.5。

6.2.3　土壤、空气、灌溉水质量应符合 NY 5020—2001、GB 15618、GB 3095—2012、GB 5084—2005、GB 9137 的规定。

7　工艺与技术

7.1　工艺流程

7.1.1　茶树良种苗木繁育工艺流程，见图 1。

7.1.2　茶树短穗扦插育苗应符合 NY/T 2019—2011 的规定。

7.2　技术要求

7.2.1　品种保存与展示

7.2.1.1　保存并展示基地主要引进和繁育茶树品种。

7.2.1.2　鼓励有技术创新能力的茶树良种苗木繁育基地开展引种试验，加强品种内部检测，不断筛选适宜本地区种植推广的茶树良种。

7.2.1.3　品种园要求水源条件好、设施完备，具备较强的抵御自然灾害能力。

7.2.2　原种母本培育

7.2.2.1　原种母本品种纯度要求达到 100%。基地应持续开展原种母本园建设和品种更新。

7.2.2.2　原种母本培育需要优良的土壤地力条件。有效养分供应达到丰产茶园要求，其中，有机质含量≥1.5%，全氮（N）含量≥0.10%，速效磷（稀盐酸浸提 P_2O_5）含量≥10 mg/kg，速效钾（醋酸铵浸提 K_2O）含量≥100 mg/kg。

7.2.2.3　原种母本园建设标准应高于一般生产茶园，园内应具备完善的灌排设施，茶园作业道、行间距和土地平整度宜符合机械化作业要求，满足插穗运输需要。

7.2.2.4　原种母本培育需要良好的日常管护条件，应配备修剪、培肥、病虫害防治等设施设备，保证插

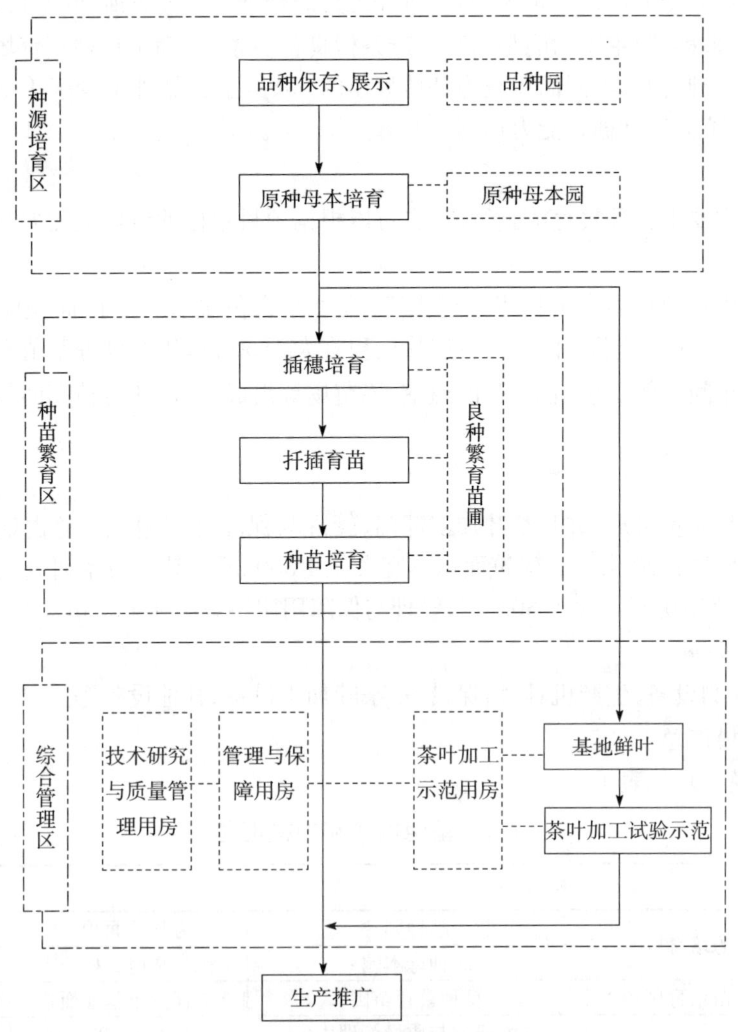

图1 工艺流程

穗质量。成园前对缺株、断行进行补苗时,应补种苗龄一致的苗木。

7.2.3 良种种苗繁育

7.2.3.1 良种种苗繁育包括插穗培育、扦插育苗和种苗生产3个环节。良种繁育苗圃的设施设备应满足种苗繁育生产能力的要求。

7.2.3.2 种苗繁育要求苗圃土地平整,周边心土资源充足,具备良好的灌排设施。圃内道路系统完备,并与周边交通干线相接,便于机械作业和种苗运输。

7.2.3.3 按地域和气候条件选择适当的育苗方式,配备适宜的设施设备。育苗期气候条件较好的茶区宜采用露天育苗,苗圃宜建立高1.8 m～2.0 m平棚式遮阳设施和简易越冬设施;育苗期气候条件较差的茶区宜采用设施育苗,建立钢架结构的温室或大棚,提高扦插苗越冬成活率。

8 基地构成

8.1 基地构成

茶树良种繁育基地建设由种源培育区、种苗繁育区、综合管理区,农机具及仪器设备组成。根据地形地貌、植被、道路、水系等情况,将园区按种源培育、种苗繁育、综合管理配套等功能进行区域划分。

8.2 种源培育区

8.2.1 种源培育区包括品种园、原种母本园,总面积不宜小于200亩。

8.2.2　品种园主要功能是活体保存茶树品种，对外进行品种展示。品种园面积宜为基地规模的10%。

8.2.3　原种母本园（采穗圃）主要功能是培育生产茶树良种穗条，以满足良种繁育场自身繁育和周边育苗场（户）的种源需求。原种母本园面积宜为基地规模的50%，主栽品种不少于15个，每个品种的面积不少于10亩，年生产茶树良种穗条能力达到700 kg/亩以上。

8.3　种苗繁育区

8.3.1　种苗繁育区主要由良种繁育苗圃组成，也可以根据项目单位业务职能需要和建设条件设置工厂化育苗车间。

8.3.2　良种苗木采用短穗扦插育苗技术进行繁育；良种繁育苗圃实际育苗面积应不少于基地规模的30%，且不宜低于100亩（未考虑轮作因素），连片面积宜大于50亩，年产良种茶苗不宜少于1 000万株。

8.3.3　工厂化育苗车间一般由组培室、智能温室、炼苗场等组成；工厂化育苗车间规模应根据繁育能力和工艺技术确定。

8.4　综合管理区

8.4.1　由技术研究与质量管理部门、茶叶加工部门、管理与保障部门组成。总占地规模不大于基地总用地规模的3%，且不大于20亩。总建筑面积不宜大于1 800 m²。其中技术研究与质量管理用房不宜大于400 m²，加工示范用房不宜大于800 m²，管理与保障用房不宜大于600 m²。

8.5　农机具及仪器设备

主要包括检验检测设备、生产机具、植保设备、茶叶加工设备、其他设备等。

8.6　基地构成和规模汇总

基地构成和规模汇总见表1。

表1　基地构成和规模汇总

序号	名　称		规　　模
1	种源培育区	品种园	宜为基地面积10%
2		原种母本园	宜为基地面积50%
3	种苗培育区	良种繁育苗圃	不宜少于基地面积30%，且不宜小于100亩
4	综合管理区	技术研究与质量管理用房	不宜大于400 m²
5		茶叶加工示范用房	不宜大于800 m²
6		管理与保障用房	不宜大于600 m²

9　规划布局与建设内容

9.1　规划布局

茶树良种繁育基地须结合当地总体规划、基地功能、建设规模、地形地貌、交通、环境等综合条件，统一规划、科学设计，实现区、园、房、林、路、水的合理布局。基地的规划建设应有利于保护和改善茶区生态环境、维护茶园生态平衡，发挥茶树良种的优良种性，有利于茶园排水、灌溉和机械作业。

9.1.1　平面布局

基地平面规划布局应按功能要求，合理布局种源培育、种苗繁育和综合管理3个功能区。各功能区宜相对独立，通过道路互联互通。各功能区内应按照地形条件，将地块划分成大小不等的作业单元，一般以4.5亩～19.5亩为宜。

9.1.2　竖向布局

基地应按地形条件进行竖向布局。25°以上坡地宜作为林地或蓄水池建设；15°～25°的陡坡地，可根据地形情况建设梯级茶园，同梯等宽，大弯随势，小弯取直；15°以内的坡地及平地可建设茶园和综合管理配套设施；低洼的凹地可用于建设水池。

9.1.3　道路规划

道路规划应有利于茶园布置，便于运输、耕作，尽量少占耕地。缓坡丘陵岗地茶园主干道与支道可设在岗顶；坡度较大的山地茶园，主干道宜设在坡脚，支道与作业道可设成S形，禁止陡坡开设直上直下道路，避免水土冲刷与茶园作业不便；平地主干道与支道应尽量设置成直线形，以减少占地面积，提高劳动效率。

9.1.4 灌排设施规划

灌排设施应具有保水、供水、排水、节水功能，应根据地形地貌，结合道路规划设置，做到小雨不出园，中雨、大雨能蓄能排。各项设施满足机械化、自动化作业要求。

9.1.5 防护林网规划

防护林网建设应与道路、灌排设施相结合，不妨碍茶园机械化管理。树种应选择速生、防护效果好、根系分布深、与茶树无共同病虫害、适合当地自然条件的品种。乔木与灌木相结合，针叶树与阔叶树相结合，常绿树与落叶树相结合，以宜做绿肥的品种为主。

9.1.6 房屋建设规划

各类用房确定建设用地时，应考虑便于组织生产和管理，优先选择不适宜茶树种植的土地。各建筑物之间的距离，应符合国家现行的规划、消防、日照等有关规定。茶叶加工示范用房离茶园直线距离宜在5 km以内，应与办公、生活区隔离。

9.2 种源培育区

9.2.1 园地深翻平整、开挖种植沟、施基肥

9.2.1.1 根据园地的地形地貌分类进行土地深翻平整，深度应达到0.6 m以上。按照确定的种植规格开挖种植沟，并施用基肥。

9.2.1.2 对于坡度小于15°的缓坡地和平地，可直接对土壤进行深翻平整；对于坡度大于15°的地块，应结合深翻土地建设梯级茶园。

9.2.1.3 种植沟深度应达到0.3 m～0.4 m，宽度应达到0.4 m。江南茶区、江北茶区、西南和华南大部中、小叶种茶区宜采用双行双株种植，大行距1.6 m，小行距0.3 m，株距0.3 m；西南和华南大叶种茶区宜采用单行单株种植，行距1.6 m，株距0.3 m。

9.2.1.4 施基肥应以农家肥或饼肥为主，农家肥用量为45 000 kg/hm²，饼肥用量为4 500 kg/hm²～7 500 kg/hm²。

9.2.1.5 园地深翻平整、开挖种植沟、施肥、病虫害防治及其他相关技术要求按NY/T 5018—2001的规定执行。

9.2.2 品种园和原种母本园建设

9.2.2.1 从育种单位引进国家或省级品种的原种种苗，品种纯度应为100%。

9.2.2.2 不同品种或与一般生产茶园同时建设时必须有道路隔离。母本园行株距可比一般采叶茶园适当放大。

9.2.2.3 原种母本园应土层深厚、土质肥沃、地势平缓、阳光充足、排灌条件好。

9.2.3 品种园、原种母本园基础设施建设内容主要是灌溉、排水、道路、供电等工程，具体要求详见9.6。

9.3 种苗繁育区

9.3.1 土地平整

对种苗繁育区进行全园土地平整，为露天育苗及设施育苗建设创造条件。每一块苗圃要相对水平，保证雨季不积水。

9.3.2 苗床建设

苗床建设应满足良种种苗繁育要求。宜采用东西走向，长度一般在10 m～20 m，畦面宽度1.0 m～

1.2 m,高度 0.2 m～0.4 m。畦沟宽度宜为 0.25 m～0.3 m,深度宜为 0.15 m～0.2 m,畦沟横断面应呈上宽下窄梯形,沟底平整,畦沟沿长度方向宜两头低、中间高,坡度为 3%,便于雨季排水。畦面铺 0.07 m～0.09 m 厚心土,压紧后的心土层保持在 0.05 m～0.07 m。苗床四周开深 0.4 m～0.5 m、宽 0.3 m 的水沟。

9.3.3 温室大棚建设

9.3.3.1 在北方茶区和高海拔茶区,冬季常出现长时低温冰冻天气,对扦插苗越冬易造成致命影响,建设温室大棚是提高育苗成活率和育苗效益的关键技术措施。

9.3.3.2 温室大棚宜采用连栋式,每栋跨度可采用 6 m 或 8 m,肩高宜≥1.8 m,顶高 3 m～4.5 m,长度宜在 50 m 以内。

9.3.3.3 覆盖材料宜采用双层薄膜或 PVC 中空板。PVC 板透光度≥80%。

9.3.3.4 应设置内、外双遮阳系统。外遮阳宜采用遮光度为 70%黑色塑料遮阳网,内遮阳宜采用薄膜—镀铝内遮阳保温幕。遮阳系统宜采用电动控制。

9.3.3.5 根据需要可设置湿帘—风机降温、侧通风和顶通风系统。设计标准按 GB/T 18621 的规定执行。

9.3.3.6 应配备自动喷灌系统,根据茶苗生长周期合理调整灌水雾化指标。

9.3.4 育苗网室建设

9.3.4.1 网室骨架宜采用热浸镀锌钢架结构或砼柱—钢架混合结构。网室高 1.8 m～2 m,宽度宜为 1.5 m 整数倍,长度不宜超过 50 m,顶宜为平顶。

9.3.4.2 网室遮阳系统可采用电动或手动开闭系统,遮阳材料宜采用遮光度为 70%黑色塑料遮阳网。

9.3.4.3 网室保温宜采用室内活动式塑料拱棚保温。骨架材料可为镀锌钢管或竹材。

9.3.4.4 网室宜采用自动喷雾灌溉—施肥系统。

9.3.5 种苗繁育区其他建设内容,具体要求详见 9.6。

9.4 综合管理区

9.4.1 技术研究与质量管理用房

9.4.1.1 由品种保存实验室、种苗繁育与质量控制实验室、茶叶质量检验实验室、培训中心和办公室组成。

9.4.1.2 房屋结构宜采用砖混结构或钢筋砼框架结构,按照普通实验室进行装修。

9.4.1.3 建筑面积不宜大于 400 m^2。

9.4.1.4 品种保存、种苗繁育与质量控制、茶叶质量检验等实验室应配备实验台、实验用品柜、实验仪器设备。

9.4.1.5 培训和办公用房可根据需要设置培训室桌椅和办公家具。

9.4.2 茶叶加工示范用房

9.4.2.1 由鲜叶摊青、加工示范试验、良种茶叶样品仓储室组成。

9.4.2.2 茶叶加工示范用房结构可采用砖混结构、轻型钢结构或钢结构。

9.4.2.3 茶叶加工示范应符合茶叶企业质量认证有关要求。

9.4.2.4 茶叶加工示范用房规模不宜大于 800 m^2。

9.4.2.5 鲜叶摊青、加工示范实验室按加工实验要求配备相关成套设备。良种茶叶样品仓储应采用冷藏方式。

9.4.3 管理与保障用房

9.4.3.1 包括行政管理、后勤管理、仓储、生活保障等用房。

9.4.3.2 房屋结构宜采用砖混结构或钢筋砼框架结构，按照普通办公用房、仓储用房、后勤用房进行装修。

9.4.3.3 建筑面积按照行政、后勤管理人员定编数量计算，建筑面积标准不宜超过 20 m^2/人，且总建筑面积不应超过 400 m^2。按照普通办公用房设置办公设施。

9.4.3.4 根据原材料、工器具数量确定仓储用房规模，库房存储规模应能满足一个生产季节所需物资的存储要求，总建筑面积不宜小于 200 m^2。

9.4.4 综合管理区建筑物应执行的相关标准和规范

9.4.4.1 建筑工程应符合国家、行业相关标准。建筑结构设计使用年限为 50 年，建筑结构安全等级为二级。应符合 GB 50153 的规定。

9.4.4.2 建筑抗震设防类别为标准设防类，采用丙类。应符合 GB 50223 的规定。

9.4.4.3 鲜叶摊青、加工示范实验室火灾危险性类别为丙类，耐火等级应不低于三级。良种茶叶样品火灾危险性类别为丙类，耐火等级宜为二级。技术研究与质量管理用房和管理与保障用房耐火等级宜为二级。应符合 GB 50016 的规定。

9.4.4.4 应按 GB 50189 或地方节能标准的规定，进行建筑节能设计。

9.4.4.5 综合管理区建筑物除应遵守本文件引用的标准规范之外，还应按照有关规定执行其他建筑工程标准规范。

9.5 农机具及仪器设备

9.5.1 检验、检测设备

检验检测设备主要包括土壤养分速测仪、土壤水分速测仪、光学显微镜、电子天平、恒温干燥箱、农残速测仪、超净工作台以及茶叶水分监测仪、茶叶分筛机等。

9.5.2 生产机具

生产机具主要包括茶树修剪机、移动喷灌设备、中耕机、深耕机、施肥机等，各类机具数量根据项目需要和设备性能选配，原则上不宜少于 2 套。

9.5.3 植保设备

植保设备主要包括智能型虫情测报灯、频振式杀虫灯、机动弥雾机、自动诱蛾器、病虫害远程监控系统、小型气象站等。

9.5.4 茶叶加工试验设备

茶叶加工试验设备包括茶叶初加工试验生产线、抽气充氮包装封口机、干评台、湿评台、样品柜、评茶盘、杯、匙等。

9.5.5 其他设备

根据工作需要确定办公设备和生产运输车辆配置数量。

9.6 其他建设工程

9.6.1 道路工程

9.6.1.1 基地道路分为主干道、支道和作业道。

9.6.1.2 主干道单车道宽不小于 4.5 m，双车道宽不小于 6.5 m，且都应与基地外道路交通线相连，通达基地各主要功能区，可行驶长度 9 m 以上货运车辆。路面采用水泥混凝土或沥青混凝土铺设，具体做法按照 JTG B01—2003 的规定执行。

9.6.1.3 支道路宽不小于 3 m，应与主干道相连，通达各区块，可行驶农用运输车辆。路面采用水泥混凝土或沥青混凝土铺设，具体做法按照 JTG B01—2003 的规定执行。

9.6.1.4 作业道路宽不小于 1.2 m，应与支、干道相连，可供茶园机具行驶。路面采用沙石、泥结碎石或手摆块石铺设，具体做法可按照交公路发[2004]372 号的规定执行。

9.6.2 **灌溉排水工程**

9.6.2.1 主要包括水源工程、蓄水池、灌排设施等。

9.6.2.2 水源工程。应保障园区有充足水源用于生产灌溉，可建设蓄水池或水井保证有效供水。新建水井工程应符合项目所在地有关政策、法规。

9.6.2.3 蓄水池。形状与大小根据需要确定，在基地范围内均匀布置，墙体可采用水泥砖、页岩砖、块石或混凝土，底板宜为混凝土，池内设砖砌梯步。蓄水池应通过管、渠与水源有效联通。

9.6.2.4 灌排设施。由主水渠、支渠以及固定式或移动式喷灌系统组成。主水渠、支渠宜采用混凝土、浆砌石、土工膜等防渗沟渠或低压管道。灌排设施应形成整体，各系统、区域有效衔接，确保旱能灌、涝能排。

9.6.2.5 灌溉排水工程规划设计宜符合 GB 50288 和 GB/T 50363 的规定。

9.6.3 **积肥池、垃圾收集池**

根据需要设置，底部应采用土工布膜防渗或其他防渗材料，四周池墙宜采用防渗混凝土或其他防渗材料。当采用砖墙时，应用防水砂浆砌筑和抹灰。各类池体上应设置盖板，确保车辆、人员安全。

9.6.4 **变配电与消防工程**

9.6.4.1 茶树良种苗木繁育基地供电电源宜从当地供电网络引入 10 kV 电源，建设变配电室或箱式变电站，并根据当地供电情况设置自备电源。

9.6.4.2 基地场区宜设路灯照明系统、电话与网络系统。

9.6.4.3 基地电气设计应符合 GB 50052 的规定。

9.6.4.4 综合管理区消防设施按照 GB 50039 的规定执行。

9.6.5 **附属工程设施**

包括围墙（含金属围网）、大门、监控、锅炉房、园圃内附属用房等，根据需要确定具体建设内容。

10 主要技术及经济指标

10.1 投资估算

10.1.1 应根据实际需要，遵循填平补齐原则，合理确定基地各项具体建设内容和规模，估算相应投资。

10.1.2 基地建设投资估算应依据建设地点现行造价定额及造价信息文件，并与当地建设水平相一致。

10.1.3 基地建设总投资包括建安工程费、田间工程费、农机具及仪器设备购置费、工程建设其他费和预备费 5 部分。

10.1.3.1 建安工程、田间工程建设规模及参考单价见附录 A。

10.1.3.2 农机具及仪器设备建设内容及参考单价见附录 A。

10.1.3.3 **工程建设其他费用**

工程建设其他费包括建设单位管理费、项目前期工作咨询费、工程勘察设计费、招标代理服务费、工程监理费、建设项目环境影响咨询服务费等。

工程建设其他费按照《基本建设财务管理规定》、《建设项目前期工作咨询收费暂行规定》、《工程勘察设计收费标准》、《招标代理服务收费管理暂行办法》、《建设工程监理与相关服务收费管理规定》、《建设项目环境影响咨询收费标准》等规定计取。

10.1.3.4 **预备费**

预备费按建安工程费、田间工程费、农机具及仪器设备购置费与工程建设其他费 4 项之和的 5%～8%计取。

10.2 劳动定员

项目劳动定员见表 2。

表 2 项目劳动定员

功能区名称	部门名称	管理人员	技术人员	合计
综合管理区	办公室	3 人		3 人
种源培育区	技术部	1 人/300 亩	3 人/300 亩	4 人/300 亩
种苗繁育区	生产管理部	1 人/300 亩	5 人/300 亩	6 人/300 亩
	营销部	2 人	3 人	5 人
	固定工人	5 人～10 人/100 亩苗圃		
注:本定员表中人员数量不包括劳动高峰期雇用的临时工人(施肥、植保、采茶等,该类人员数量随建设规模,特别是示范区的规模变化而变化);种源培育区技术部、种苗繁育区生产管理部按照基地面积总规模每 300 亩为单位配备管理、技术人员。				

10.3 种苗单位产品生产成本

种苗单位产品生产成本包括剪穗扦插费、综合费用、技术管理费、设施折旧费、生产投工费、成活保证费等,参见附录 B。

附　录　A
（规范性附录）
茶树良种繁育基地建设项目投资估算附表

A.1　基地建设项目投资估算

见表 A.1。

表 A.1　基地建设项目投资估算

建设规模，亩	投资规模，万元	苗圃，亩	单位面积年繁育种苗能力
300～600	330～660	100～150	苗圃：≥10 万株/亩 原种母本园：≥700 kg/亩
600～900	660～990	150～250	
900～1 300	990～1 430	250～500	

注 1：根据农业部 2006—2012 年批复的 39 个茶树良种苗木繁育基地（种子工程类、农业综合开发类）相关数据，确定本表的建设规模、投资规模。经过样本统计分析得出每亩基地投资约为 0.92 万元，但考虑到通货膨胀及人工、材料、农资等涨价因素，本标准估算指标调整为 1.1 万元/亩。

注 2：本表参考样本为农业部已批复项目，该类项目在投资前已经具备了一定规模和基础，投资的主要建设内容依据 4.4.2 确定，其他社会投资建设茶树良种苗木繁育基地估算投资可以参考本投资指标。

A.2　建安工程、田间工程建设规模及参考单价

见表 A.2。

表 A.2　建安工程、田间工程建设规模及参考单价

功能区	建设内容	数　　量	单位	参考单价 元	备　　注
综合管理区	综合管理用房	总占地规模不大于总用地规模的 3%，且不大于 20 亩；总建筑面积不宜大于 1 800 m^2	m^2	1 500～2 500	规模根据实际情况确定，估算指标根据砖混、钢筋砼、轻钢等不同结构类型和装修标准确定
种源培育区	土地整治	实际需求	亩	200～600	含土地平整和土壤改良，未包括等高地护坡建筑内容
	种植沟	实际需求	m	50	
种苗繁育区	土地平整	实际需求	亩	400	
	温室	实际需求	m^2	600～1 000	轻钢结构、PC 板维护
	大棚	实际需求	m^2	80～150	热浸镀锌钢管、塑料薄膜
	育苗网室	实际需求	m^2	80～120	热浸镀锌钢架结构或砼柱—钢架混合结构，遮阳网、雾喷系统
其他建设内容	主干道	实际需求	m^2	80～120	水泥混凝土或沥青混凝土路面
	支道	实际需求	m^2	80～120	水泥混凝土或沥青混凝土路面
	作业道	实际需求	m^2	40～60	砂石路、泥结碎石路或手摆块石路
	主渠	实际需求	m	100～150	防渗渠
	支渠	实际需求	m	70～100	防渗渠
	喷滴灌	实际需求	亩	2 000～3 000	含首部、管道、喷滴嘴
	积肥池、垃圾收集池	实际需求	m^3	600	底部 0.15 m 厚防渗砼，四周池墙防渗砼结构
	防护林网	实际需求	m	30～60	
	坡改梯		亩	4 000	
	场区工程、水源工程等				根据实际需求估算投资

A.3 仪器设备及农机具建设内容及参考单价

见表 A.3。

表 A.3 仪器设备及农机具建设内容及参考单价

序号	名 称	主要功能	参考单价 元/台(套)	参数指标
(一)	检验检测设备			
1	土壤养分速测仪	快速测定土壤养分	10 000	
2	土壤水分速测仪	快速测定土壤水分含量	9 900	
3	土壤 pH 速测仪	快速测定土壤 pH	650	
4	PCR 仪	进行茶树分子生物学研究	50 000	96 孔,适用 0.2 mL 样品管,控温精度≤0.5℃,基座温度均匀性<0.5℃
5	光学显微镜及成像设备	进行显微观察及摄像	30 000	放大倍数范围:40 倍～1 600 倍,数码摄像装置像素≥320 万
6	恒温水浴振荡器	用于茶叶内含物提取、分子生物学实验	7 800	
7	磁力加热搅拌器	用于黏稠度不是很大的液体或者固液混合物,可根据要求控制并维持样本温度	700	
8	凝胶成像仪	用于电泳结果的拍照	110 000	镜头 8 mm～48 mm,信噪比>56 dB
9	水平电泳仪	琼脂凝胶制备,样品分离	4 700	
10	电子天平	用于精确称量	3 000	
11	高压灭菌锅	用于组培实验室和生物学研究中培养基和器械用具灭菌	12 600	
12	荧光化学发光成像系统	用于分子生物学和蛋白质电泳结果的成像	95 000	透射波长:302 nm,分辨率:1 360×1 024
13	纯水/超纯水系统	制备纯水和超纯水	18 800	
14	电热恒温鼓风干燥箱	玻璃器皿及样品的干燥处理	5 680	
15	低温冰箱	用于样品保存	31 200	箱内温度:－20℃～－40℃,有效容积≥380 L
16	酸度计	用于测定样品的 pH,精度为 0.1	3 000	
17	超净工作台	用于微生物和分子生物学实验	8 800	
18	光照培养箱	光照度和温度可控的培养箱,用于分子生物学和组培实验	10 000	
19	水浴摇床	用于生物、生化、细胞、菌种等各种液态、固态化合物的振荡培养、制备生物样品	16 800	
20	台式离心机	用于固、液分离纯化	50 000	最高转速:5 000 r/min,标配转子:16 mL×15 mL
21	火焰光度计	用于 K、Na 等元素的定量分析	10 500	
22	实验台		2 000 元/m	具有防火、防水、防腐蚀能力
23	药品柜、标本柜	贮存试验药品或生物标准	800 元/m	
24	茶叶水分监测仪	用于茶叶水分的快速检测	35 000	灵敏阈:0.1 μg H_2O;精确度:10 μg～1 mg H_2O,RSD<0.5%;滴定速度:0.6 mg/min(最大值)
25	农残速测仪	用于鲜叶中农残的快速测定	16 000	
26	茶叶分筛机	用于产品中碎末茶的含量测定	4 000	
(二)	生产机具			
27	移动喷灌设备	用于园区的移动式喷灌	20 000	
28	茶树单人修剪机	单人茶树修剪	5 000	
29	茶树双人修剪机	双人茶树修剪	8 000	
30	茶园深耕机	茶园土壤的翻耕	5 600	

表 A.3（续）

序号	名　　称	主要功能	参考单价 元/台(套)	参数指标
31	茶园中耕机	茶园土壤的中耕作业	120 000	输出轴有 540 r/min、720 r/min、800 r/min、1 000 r/min 等多种转速可选
32	茶园施肥机	茶园开沟施肥	1 500	
33	提水泵	用于灌溉用水的提升增压	4 000	
（三）	植保设备			
34	小型气象站	为植保系统进行田间小气候观测研究用的自动气象站。可测量风向、风速、温度、湿度、露点、气压、降水量、光合辐射、日照时数等气象要素	45 000	温度范围：－30℃～70℃，湿度范围：0%～100%，风速量程：0 m/s～60 m/s，大气压力测量范围：500 mbar～1 100 mbar，降水量测量范围：0 mm/min～4 mm/min，电导率测量范围：0 mS/cm～15.00 mS/cm
35	智能型虫情测报灯	用于茶园病虫的自动测报	15 000	
36	自控诱蛾器	用于诱杀茶园翅害虫	1 000	
37	频振式杀虫灯	用于灯光诱杀茶园害虫	1 500	
38	机动弥雾机	茶园病虫害防治用	5 000	
39	病虫害远程监控系统		100 000	
（四）	茶叶加工试验设备			
40	茶叶初加工试验生产线	用于园区茶叶鲜叶原料初加工（根据企业产品确定生产线）	466 000	
41	抽气充氮包装封口机	用于产品包装	30 000	N_2 纯度：99.50%，包装速度：5 包/min～15 包/min
42	样品柜	茶叶样品低温陈列保存	500	
43	干评台、湿评台	用于茶叶质量的感官审评（按 QS 相关要求）	5 000	
44	评茶盘、审评杯碗、汤匙、叶底杯	用于茶叶质量的感官审评（按 QS 相关要求）	3 000	
（五）	其他设备			
45	空调	各功能用房的温湿度调节	6 200	
46	数码相机	茶树、病虫等图片拍摄	3 000	
47	扫描仪	图片扫描	3 000	
48	台式电脑	基地各类资料整理、存储	5 000	
49	笔记本电脑	基地各类资料整理、存储	6 000	
50	电冰箱、冰柜	标本、试剂、药品存放	3 600	
51	投影仪	培训	5 000	
52	档案柜	档案存放	650	
53	资料架	资料文件存放	80	

附　录　B
（资料性附录）
种苗单位产品生产成本估算

种苗单位产品生产成本估算见表 B.1。

表 B.1　种苗单位产品生产成本估算

序号	科目	单位	单价，元	备注
1	剪穗扦插费	株	0.010	
2	综合费用	株	0.015	水电肥药
3	技术管理费	株	0.015	
4	设施折旧费	株	0.05	
5	生产投工费	株	0.015	整畦、起苗
6	成活保证费	株	0.010	
合计	种苗	株	0.115	
注：以上成本为良种繁育苗圃繁育一株茶苗的成本费用，不包含母本园、良种示范园、管理用房、仪器设备等投资的种苗单位生产成本。				

本标准起草协作单位：北京方正联工程咨询有限公司。

本标准主要起草人：李晓钢、黄洁、牛明雷、张晓琳、李莉、曾建明、洪俊君。

中华人民共和国农业行业标准

NY/T 2777—2015

玉米良种繁育基地建设标准

The standard for corn seed producting bases

1 范围

1.1 本标准规定了玉米良种繁育基地的一般规定、基地规模与项目构成、选址与建设条件、农艺与农机、田间工程等内容。

1.2 本标准适用于玉米良种繁育基地建设工程项目规划、可行性研究、初步设计等前期工作，也适用于项目建设管理、实施监督检查和竣工验收。

2 规范性引用文件

下列文件对于本文件的应用是必不可少的。凡是注日期的引用文件，仅注日期的版本适用于本文件。凡是不注日期的引用文件，其最新版本(包括所有的修改单)适用于本文件。

GB/T 3543 农作物种子检验规程

GB 4404.1 粮食作物种子—禾谷类

GB 5084 农田灌溉水质标准

GB/T 12994 种子加工机械 术语

GB/T 14095 农产品干燥技术 术语

GB/T 21158 种子加工成套设备

GB/T 17315 玉米杂交种繁育制种技术操作规程

GB 50016 建筑设计防火规范

GB/SJ 50288 灌溉与排水工程设计规范

NYJ/T 08 种子贮藏库建设标准

NY/T 499 旋耕机 作业质量

NY/T 1142 种子加工成套设备质量评价管理规范

NY/T 1355 玉米收获机 作业质量

NY/T 1716 农业建设项目投资估算内容与方法

NY/T 2148 高标准农田建设标准

SL 207 节水灌溉技术规范

SL 482 灌溉与排水渠系建筑物设计规范

3 术语和定义

下列术语和定义适用于本文件。

3.1

玉米良种繁育基地 corn seed production area

中华人民共和国农业部 2015-05-21 发布　　2015-08-01 实施

具备完善的标准化生产体系、质量控制体系，能够确保生产合格的杂交玉米种子的基地。

4 一般规定

4.1 符合国家有关土地利用、规划、环境保护及资源节约的相关法律和规定。

4.2 适应当地的资源条件及投资水平。

4.3 满足建设场地所需的自然条件及技术要求。

4.4 统筹规划，节约用地。

5 基地规模与项目构成

5.1 基地建设规模

玉米良种繁育基地的建设规模由杂交玉米制种田规模和加工规模共同确定，共分三大类。划分如下：Ⅰ类 1 001 hm^2～2 000 hm^2 和 1 500 t/批次～3 000 t/批次；Ⅱ类 667～1 000 hm^2 和1 000 t/批次～1 500 t/批次；Ⅲ类 333 hm^2～666 hm^2 和 500 t/批次～1 000 t/批次。详见表 1。

表 1 玉米良种繁育基地建设规模

类　别	Ⅰ类	Ⅱ类	Ⅲ类
杂交玉米制种田规模，hm^2	1 001～2 000	667～1 000	333～666
加工规模，t/批次	1 500～3 000	1 000～1 500	500～1 000

5.2 建设项目构成

5.2.1 玉米良种繁育基地建设项目由生产设施、辅助生产设施、配套设施和管理及生活设施构成。

5.2.2 生产设施包括田间生产设施和加工生产设施。其中，田间生产设施包括杂交玉米制种田、田间道路、灌溉设施、防护林及农业机械等；加工生产设施包括种子加工所需各类生产用房及设备。

5.2.3 辅助生产设施包括种晒场、计量室、检验检测室、种子仓库、农机库以及贮藏和检验检测所需设备。

5.2.4 配套设施包括供配电设施、给排水设施(不包括田间灌溉)、消防设施、供热设施、通信设施、场区道路及绿化等。

5.2.5 管理及生活设施包括办公管理用房、食堂、宿舍及门卫等。

6 选址与建设条件

6.1 基本条件

6.1.1 地势平缓，积温充足，秋季干爽等生态条件优越。

6.1.2 土层深厚，土壤肥力中上，田块集中连片且自然隔离条件良好。

6.1.3 交通便利，水电供应可靠，灌溉水质符合 GB 5084 的有关规定。

6.1.4 基层政府重视，劳力相对充足，农技服务体系健全。

6.2 应规避的地区

6.2.1 自然灾害频繁的地区。

6.2.2 病虫害频繁发生的地区以及检疫性病虫害严重的地区。

6.2.3 土壤和灌溉水源污染严重的地区。

7 制种田农艺与农机

7.1 农艺技术

7.1.1 制种田农艺作业严格执行 GB/T 17315 的规定，确保隔离条件、花期调节、去杂去雄、肥水管理、安全收获及全程质量控制等各环节达到相应技术要求。

7.1.2 隔离包括空间隔离、屏障隔离和时间隔离。

7.1.3 田间作业农艺措施主要包括以下内容:播前整地、隔离带设计、种子预处理、适期(措期)播种、调节花期、(化学)除草、施肥、(节水)灌溉、病虫防治、去杂去劣、母本去雄、割除父本、果穗收获。

7.2 农机配套

7.2.1 玉米制种田应配套完备、齐全的农机设备,满足各阶段需求。

7.2.2 田间生产全过程所用农机包括耕整地、种植、施肥、去雄、收获及秸秆粉碎六大类型。

7.2.3 农业机械作业水平由机耕率、机播(栽植)率和机收率3项指标决定。其中,东北、西北和华北3个地区的机耕率、机播(栽植)率和机收率皆为100%;西南地区的机耕率、机播(栽植)率和机收率宜不低于90%。

7.2.4 农机作业指标应满足以下要求:

a) 耕作深度≥25 cm;

b) 平整度≤5 cm;

c) 机械收获率≥96%;

d) 收获破碎率≤1%;

e) 机械剥皮率≥85%。

7.2.5 提倡逐步实现机械化去雄。

7.2.6 在条件适宜的地方提倡使用机械化秸秆还田,秸秆粉碎合格率应不低于80%。

8 田间工程

8.1 一般要求

8.1.1 田间工程主要包括土地平整、土壤培肥、灌溉与排水、农田输配电、田间道路和防护林网六大方面。

8.1.2 田块布局应根据地形、降雨、作物、灌水方式,并综合考虑土地权属等情况。

8.1.3 农田灌溉与排水、田间道路、农田输配电、田间防护等田间基础设施占地率应不高于8%。

8.1.4 农田灌溉与排水、田间道路、农田输配电、田间防护等工程设施的使用年限应不少于15年。

8.2 土地平整工程

8.2.1 耕作田块应相对集中,便于机械化管理。

8.2.2 田块形状选择依次为长方形、正方形、梯形和其他形状,长宽比以不小于4∶1为宜。田块长度和宽度应根据地形地貌、作物种类、机械作业效率、灌排效率、防止风害等因素确定。

8.2.3 田块平整、田坎修筑、土体及耕作层各项指标应符合NY/T 2148的有关规定。

8.3 土壤培肥工程

8.3.1 根据目标产量确定施肥量,实施测土配方施肥覆盖率应达到100%,并保持土壤养分平衡,适量补足锌、硫等中微量元素,并应做到精确调整排肥量及均匀度。

8.3.2 灌溉区应结合灌溉追施拔节肥,垄侧追肥时随中耕深埋8 cm以上。

8.4 灌溉与排水工程

8.4.1 灌溉与排水工程指包括水源工程、输水工程、喷微灌工程、排水工程、渠系建筑物工程等。

8.4.2 水源配套应考虑地形条件、水源特点等因素,宜采用蓄、引、提相结合的配套方式。

8.4.3 灌溉设计保证率应符合表2的规定,灌溉水利用系数应不低于0.6,并应符合GB/T 50363的有关规定。灌溉要求保证用水率为85%。

表2 灌溉设计保证率

灌水方法	地　　区	灌溉设计保证率,%
地面灌溉	干旱地区或水资源紧缺地区	50～75
	半干旱、半湿润地区或水资源不稳定地区	80
	湿润地区或水资源丰富地区	85
喷灌、微灌	各类地区	90

8.4.4 发展节水灌溉,提高水资源利用效率,因地制宜采取渠道防渗、管道输水、喷微灌等节水灌溉措施。

8.4.5 田间斗、农渠等固定渠道宜进行防渗处理,防渗率不低于70%。井灌区固定渠道应全部进行防渗处理。

8.4.6 喷灌、微喷灌区的固定输水管道埋深应在冻土层以下,且不小于0.6 m。

8.4.7 排水设计暴雨重现期宜采用10年一遇,1 d～3 d暴雨从作物受淹起1 d～3 d排至田面无积水。

8.4.8 排涝农沟采用排灌结合的末级固定排灌沟、截流沟和防洪沟,宜采用砖、石、混凝土衬砌。

8.4.9 渠系建筑物应配套完整,满足灌溉与排水系统要求,其使用年限应与灌排系统总体工程相一致。

8.4.10 玉米制种田灌溉与排水工程除应符合本标准规定,还应执行GB 50288、SL 207、GB/T 50085、GB/T 50485、SL 482以及NY/T 2148等相关规定。

8.5 农田输配电工程

8.5.1 农田输配电主要为满足抽水站、机井等供电。农用供电建设包括高压线路、低压线路和变配电设备。

8.5.2 **输电线路** 宜采用10 kV高压和380 V/220 V低压线路输电。低压线路宜采用低压电缆,应有标志。地埋线应敷设在冻土层以下,且深度不小于0.7 m。

8.5.3 变配电设备宜采用地上变台或杆上变台。变压器外壳距地面建筑物的净距离不应小于0.8 m;变压器装设在柱上时,无遮拦导电部分距地面应不小于3.5 m,变压器的绝缘子最低瓷裙距地面高度小于2.5 m时,应设置固定围栏,其高度宜大于1.5 m。

8.6 田间道路工程

8.6.1 田间道路包括机耕路和生产路,机耕路建设应能满足当地机械化作业的通行要求。

8.6.2 机耕路通达度为0.5～1,生产路通达度为0.1～0.2。

8.6.3 机耕路和生产路建设应符合NY/T 2148的规定。

8.7 防护林网工程

8.7.1 在风沙区和干热风等危害严重的地区应设置农田防护林网。

8.7.2 防护林网建设应符合NY/T 2148的规定。

9 种子加工工艺与设备

9.1 加工工艺流程

见图1。

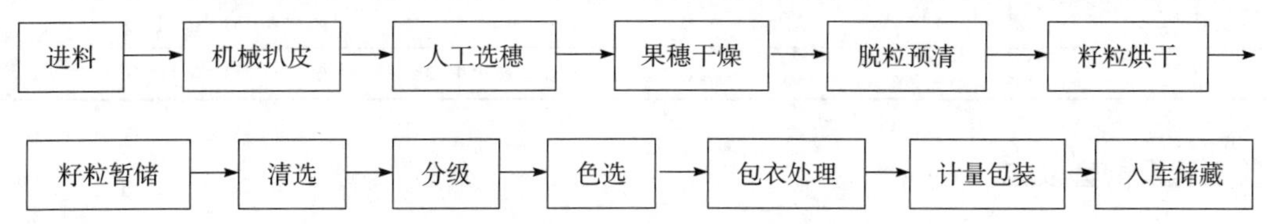

图1 种子加工工艺流程图

9.2 设备要求

9.2.1 应采用全程机械化和重点工序自动化、智能化作业的种子加工成套设备。

9.2.2 在有效的加工期限内，设备的加工能力应与基地种子生产规模相匹配。

9.2.3 选定的种子加工设备技术指标应符合 GB/T 21158 的相关要求。

9.2.4 加工后的种子质量应符合 GB 4404.1 的相关要求。

9.3 主要设备配置

玉米种子加工成套设备配置见附录 A 和附录 B。

9.4 种子储藏

9.4.1 储藏量应与基地生产规模及加工能力相匹配。

9.4.2 储藏库主要以常温库为主，在南方地区为防止种子霉变，应考虑低温和除湿要求。

9.4.3 储藏库内应配置移动式或固定式输送、电子控温、控湿、机械通风、熏蒸等设备及防虫、防鼠设施。

9.5 种子的包装

根据不同品种种植要求而有所不同，宜为每袋 1 kg～3 kg 或每袋满足 40 kg～50 kg。

9.6 种子检验

9.6.1 种子检验可分为扦样、室内检验和田间检验。室内检验包括净度分析、发芽试验、水分测定、真实性测定、品种纯度测定、转基因种子测定及种子健康测定。田间检验包括品种真实性和品种纯度的田间和小区种植鉴定。

9.6.2 检验应执行 GB/T 3543 中的有关规定。

9.6.3 扦样仪器包括扦样器。室内检验仪器设备包括显微镜、电子自动数粒仪、分样器、净度工作台、电动筛选器、电子天平、人工气候箱、种子低温储藏箱、干燥箱、高压灭菌器、冷冻离心机、分光光度计、PCR 仪、高压电泳仪、数显电导仪等。主要仪器设备功能见附录 C。

10 种子加工建设用地指标与规划布局

10.1 分区与布局

10.1.1 种子加工用地分为种子加工区和管理服务区两大部分。

10.1.2 种子加工区与制种田的运输距离宜控制在 50 km 以内，最远不要超过 150 km。

10.1.3 管理服务区包括办公管理与生活服务两方面，管理服务区可与种子加工区相毗邻。

10.2 用地指标

种子加工用地指标应符合表 3 的规定。

表 3 种子加工用地指标

类别	加工区总占地面积 hm^2	管理服务占地面积 hm^2
Ⅰ类	3.0～7.0	0.5～1.5
Ⅱ类	2.0～5.0	0.5～1.0
Ⅲ类	1.5～3.0	0.3～0.5

11 建筑工程及配套设施

11.1 建筑工程建设要求

11.1.1 基地各类建筑应满足生产、加工、储藏、检测、管理等要求，做到利于生产、方便生活、经济合理、安全适用。建设标准应根据建筑物用途和建设地区条件合理确定。

11.1.2 建筑工程包括种子加工基地内加工用房及设备基础、晒场、种子仓库、种子检验检测室、办公管理用房、生活类用房及水、电、热等配套设施用房以及制种田内作业管理用房等。

11.1.3 晒场建设应满足生产规模以及运输机械荷载要求,并应做好场地的排水。

11.1.4 各类建筑均应执行 GB 50016 的有关规定。种子生产和储藏的火灾危险性属丙类,生产性用房及辅助生产性用房(除农机具库)的耐火等级应不低于二级。

11.1.5 农机具库的耐火等级宜不低于三级。

11.1.6 主要建筑物的结构使用年限应达到 25 年及以上。

11.1.7 主要建筑物的抗震设防类别应为丙类及以上。

11.2 配套设施建设要求

11.2.1 应与主体工程相配套,力求达到高效、节能、低噪声、少污染。

11.2.2 配套设施包括道路、给水、排水、消防、供热、供配电、通信等。

11.2.3 道路建设应满足以下要求:

a) 应与外界保持便利通畅的联系,与场内各建筑连接通顺;
b) 路面结构宜采用混凝土或沥青路面;
c) 路面宽度单车道应为 3 m,双车道应为 6 m。

11.2.4 场区给水应满足以下要求:

a) 加工区应具有可靠的供水水源和完善的供水设施;
b) 在有市政供水管网的地区应利用市政供水系统供水;
c) 无市政供水管网时可自备水源。

11.2.5 场区排水应满足以下要求:

a) 加工区内排水系统应采用雨污分流制,并应以管道或暗沟方式进行排放;
b) 加工区内的生活污水应排入市政排水管网或经处理后循环使用;
c) 经包衣剂处理后的废水都应进行集中收集,妥善处理。

11.2.6 场区消防应满足以下要求:

a) 加工区的加工车间及种子仓库应设消防给水系统,并保证消防水源的安全供给;
b) 消防设施的配置应根据种子加工规模、建筑类型按国家现行标准确定。

11.2.7 场区供热应满足以下要求:

a) 寒冷地区除根据种子加工工艺要求配备供热设施外,还要考虑办公管理及生活类建筑冬季的采暖,供热系统的设置应执行所在地区相关规范;
b) 在非寒冷地区,根据种子加工工艺要求确定是否配备供热系统。

11.2.8 场区供电应满足以下要求:

加工区应采用当地电网供电,电力负荷等级应不低于三级。

11.2.9 场区通讯应满足以下要求:

加工区通讯设施应与当地电信网的要求相适应。

11.3 工程建设指标

基地内主要工程的建设规模见附录 D。

12 环境保护与节能节水

12.1 环境保护

基地建设应严格执行国家环境保护方面的相关规定。

12.2 节能节水

基地建设应严格执行国家节能节水方面的相关规定。

13 主要技术经济指标

13.1 投资估算原则

13.1.1 投资估算应与当地的建设水平相一致。

13.1.2 投资估算依据建设地点现行造价定额及造价文件。

13.1.3 基地辅助生产建筑的建设内容和规模，应与种植规模相匹配。其建设投资参照相关标准确定，纳入总投资中。

13.2 项目投资内容

玉米良种繁育基地的建设总投资包括田间工程费、种子加工区土建费、生产管理及生活区土建费、种子加工、种子检测检验设备购置及安装费、农机具购置费、工程建设其他费和基本预备费七大部分。

13.3 投资估算指标

不同规模基地的投资估算指标及分项目投资比例可按表4的指标控制。

表4 建设投资估算指标

投资内容	规模，hm^2			备 注
	Ⅰ类	Ⅱ类	Ⅲ类	
	1 001～2 000	667～1 000	333～666	
总投资，万元	12 000～22 000	8 000～12 000	5 000～8 000	
田间工程费，%	28.2～33.9	30.8～31.9	25.3～31.0	田间工程单项投资指标详见附录E
种子加工区土建工程费，%	19.8～21.1	21.2～22.4	20.5～21.3	指种子加工生产区
生产管理及生活区土建工程费，%	1.4～2.3	2.2～3.1	1.9～3.1	
种子加工、检测检验设备购置及安装费，%	22.5～30.5	21.1～24.9	23.8～32.8	含种子检验检测设备
农机具费，%	9.1～9.2	10.0～10.4	8.2～10.0	
工程建设其他费，%	5.0～7.0	5.0～7.0	5.0～7.0	
基本预备费，%	5.0	5.0	5.0	

13.4 劳动定员规定

13.4.1 田间生产管理人员为2人/66 hm^2，工作一个生产周期150 d～200 d。

13.4.2 田间生产机械作业人员为1人/3.3 hm^2，工作一个生产周期150 d～200 d。

13.4.3 加工技术管理人员：基地规模666.66 hm^2 需加工能力10 t的生产线一条。基地规模2 000 hm^2 需加工能力10 t的生产线二条。按每条生产线每小时实际加工8 t种子，每天8 h，加工周期100 d，需技术操作、机械维护、安全管理、取样检验人员4人计算。

13.4.4 加工作业人员：加工能力10 t的一条生产线，按每小时实际加工8 t种子，每天8 h，加工周期100 d，需加工作业人员6人计算。

13.4.5 服务区后勤管理人员、行政管理人员按基地规模大小，完成一个生产、加工周期确定。

13.5 劳动定员指标

13.5.1 各类型基地劳动定员控制应执行表5的规定。

表 5　劳动定员指标

生产基地		规模，hm^2		
		1 001～2 000	667～1 000	333～666
总定员，人		360～720	240～360	120～240
生产区	田间管理人员	30～60	20～30	10～20
	田间生产机械作业人员	303～606	202～303	101～202
加工区	加工技术管理人员	6～12	4～6	2～4
	加工作业人员	9～18	6～9	3～6
管理服务区	行政管理人员	6～12	4～6	2～4
	后勤管理人员	6～12	4～6	2～4

附　录　A
（规范性附录）
玉米果穗一次干燥成套设备各工序生产能力

玉米果穗一次干燥成套设备各工序生产能力见表 A.1。

表 A.1　玉米果穗一次干燥成套设备各工序生产能力

建设内容	建设规模		
	Ⅰ类	Ⅱ类	Ⅲ类
进料，t/h	50～100	30～50	15～30
机械扒皮，t/h	50～100	30～50	15～30
人工选穗，t/h	50～100	30～50	15～30
果穗干燥，t/批	1 500～3 000	1 000～1 500	500～1 000
脱粒预清，t/h	50～100	40～50	20～40
籽粒烘干，t/h	20～40	15～20	7.5～15
籽粒暂储，t	3 600～7 200	2 400～3 600	1 200～2 400
清选，t/h	13～24	8～13	5～8
分级，t/h	13～24	8～13	5～8
色选，t/h	13～24	8～13	5～8
包衣，t/h	15.6～31.2	9.6～15.6	6～9.6
包装，t/h	15.6～31.2	9.6～15.6	6～9.6

注 1：表中数值与内容可以根据种子生产能力和品种数量等进行调整或核减。

注 2：在相同规模条件下，西南地区建设规模按本表 60%～70%。

附　录　B
(规范性附录)
玉米穗、粒两次干燥成套设备各工序生产能力

玉米穗、粒两次干燥成套设备各工序生产能力见表B.1。

表B.1　玉米穗、粒两次干燥成套设备各工序生产能力

建设内容	建设规模,hm²			备　注
	Ⅰ类	Ⅱ类	Ⅲ类	
	1 001～2 000	667～1 000	333～666	
机械进料,t/h	50(2套)	50	30	每天工作时间不超过15 h
人工选穗,t/h	50(2套)	50	30	根据品种情况进行核减或取舍
果穗干燥,t/批	800～1 500(2座)	800～1 500	500～800	果穗干燥至16%～18%水分;每批次干燥时间按2.5 d
脱粒预清,t/h	50(2套)	50	30	每天工作时间不超过15 h
湿储仓,t/座	200～300(4～8座)	200～300(2～4座)	150～200(2座)	根据品种情况进行核减
籽粒干燥,t/d	300(2套)	300	200	每天24 h连续工作
籽粒暂储,t	14 000～8 000	2 400～4 000	1 200～2 400	西北、东北地区及华北北部地区按成品种子量的60%
	2 400～4 800	1 400～2 400	700～1 400	西南地区按成品种子量的35%
清选分级,t/h	8(2套)	8	5	每年工作时间不超过75 d
包衣包装Q,t/h	$8<Q<12$(2套)	$8<Q<12$	$5<Q<7.5$	按清选分级能力的1倍～1.5倍
注:本表中数值可以根据品种数量与种子产量进行调整。				

附　录　C
(规范性附录)
检验检测主要仪器设备及功能

检验检测主要仪器设备及功能见表 C.1。

表 C.1　检验检测主要仪器设备及功能

序号	仪器名称	单位	功　　能
1	显微镜	台	种子净度分析
2	电子数粒仪	台	数种
3	电子天平	台	样品称重
4	人工气候箱	台	发芽试验
5	低温储藏箱	台	样品储藏
6	干燥箱	台	水分测定
7	高压灭菌器	台	高压灭菌
8	冷冻离心机	台	DNA 提取
9	分光光度计	台	DNA 质量检测
10	PCR 仪	台	基因扩增
11	电泳仪	台	凝胶电泳
12	数显电导仪	台	活力测定
13	分样器	台	分样
14	净度工作台	台	净度检验
15	电动筛选器	台	净度检验

附 录 D
(规范性附录)
主要工程建设规模一览表

主要工程建设规模一览表见表 D. 1。

表 D. 1 主要工程建设规模一览表

序号	建设内容	单位	建设规模,hm^2			备 注
			Ⅰ类	Ⅱ类	Ⅲ类	
			1 001~2 000	667~1 000	333~666	
1	**种子加工生产设施**	m^2	4 000~7 500	2 000~4 000	1 500~3 000	1. 1~1. 4 之和。
1. 1	选穗车间	m^2	960	480	400	
1. 2	果穗烘干室	m^2	4 240	2 120	1 640	
1. 3	脱粒车间	m^2	270	180	144	
1. 4	清选加工车间	m^2	1 800	1 080	810	
1. 5	进料装置基础	m^2	300	150	120	占地面积
1. 6	籽粒烘干基础	m^2	600	300	240	占地面积
1. 7	各类仓群基础	m^2	1 500~2 400	750~1 200	550~800	占地面积
2	**辅助生产设施**					
2. 1	种子检验室	m^2	300	200	150	
2. 2	种子仓库	m^2	4 000~6 000	3 000	1 500	常温
2. 3	晒场	m^2	6 000~12 000	3 000~6 000	2 000~4 000	
2. 4	农机库	m^2	2 000	1 200	800	
3	**管理及生活设施**					
3. 1	办公用房	m^2	600	400	300	
3. 2	职工宿舍	m^2	300	200	60~100	
3. 3	食堂	m^2	500	400	300	
3. 4	门卫	m^2	8~20	8~20	8~10	
4	**配套设施**					
4. 1	锅炉房	m^2	200	180	50~100	
4. 2	加工区水泵房	座	1	1	1	
4. 3	配电(箱)室	座	1	1	1	
4. 4	场区道路	m^2	3 000~7 000	2 000~6 000	1 500~4 000	

附　录　E
（规范性附录）
田间工程项目投资指标一览表

田间工程项目投资指标一览表见表 E.1。

表 E.1　田间工程项目投资指标一览表

序号	工程名称	计量单位	估算指标，元
1	土地平整		
1.1	土地平整	hm^2	2 000～4 000
1.2	耕作层改造	hm^2	3 000～5 000
1.3	田坎(埂)	m	30～150
2	土壤培肥	hm^2	2 000～3 000
3	灌溉工程		
3.1	蓄水池	m^3	250～450
3.2	机井	眼	30 000～100 000
3.3	泵站	kw	15 000～20 000
3.4	灌溉水渠	m	60～250
3.5	管道灌溉	hm^2	9 000～12 000
3.6	喷灌	hm^2	25 000～33 000
3.7	微灌	hm^2	30 000～45 000
4	排水工程		
4.1	防洪沟	m	180～300
4.2	田间排水沟	m	100～250
4.3	暗管排水	m	200～350
5	农用输配电		
5.1	高压线	m	150～250
5.2	低压线	m	70～120
5.3	变配电	座(台)	20 000～60 000
6	道路		
6.1	沙石路	m^2	30～50
6.2	混凝土(沥青混凝土)道路	m^2	100～180
7	防护林网		
7.1	防护林	株	4～6

参编单位：吉林省农业科学院、黑龙江农垦勘测设计院、河北省种子管理总站、农业部农业机械化技术开发推广总站、张掖市多成农业集团有限公司、黑龙江省农业科学院、云南省农业科学院。

主要起草人：赵跃龙、李欣、李树君、陈海军、才卓、何艳秋、李志勇、徐振兴、曹靖生、王多成、肖占文、李向岭、范正华。

图书在版编目（CIP）数据

农作物种子标准汇编．第二卷，2015版/农业部种子管理局，全国农业技术推广服务中心，农业部科技发展中心编．—北京：中国农业出版社，2016.6
ISBN 978-7-109-21804-8

Ⅰ.①农… Ⅱ.①农…②全…③农… Ⅲ.①作物－种子－标准－汇编－中国 Ⅳ.①S330-65

中国版本图书馆CIP数据核字（2016）第133379号

中国农业出版社出版
（北京市朝阳区麦子店街18号楼）
（邮政编码 100125）
责任编辑 刘 伟 杨晓改

中国农业出版社印刷厂印刷 新华书店北京发行所发行
2016年7月第1版 2016年7月北京第1次印刷

开本：880mm×1230mm 1/16 印张：65.25
字数：2 250千字
定价：380.00元